Aerodinâmica, 3.4.59
Altitude média, 7.6.85
Amplitude de oscilações, 3.4.60
Área da superfície de um tumor, 2.R.53
Área de uma superfície, 2.R.53, E5.3.3,
   E6.2.7, 7.2.82
Astronomia, 1.3.60
Bioquímica, 1.4.51
Cálculo da meia-vida, E4.2.13, 4.2.70
Cálculo de dimensões, 3.5.48, 7.3.50,
   7.3.51, 7.5.48, 7.5.49, 7.5.52, 7.5.53
Cálculo de um volume, E2.5.4, 2.5.29,
   2.6.58, 2.R.50, 2.R.65, E5.6.5, 5.6.48,
   5.6.49
Camada de ozônio, 4.4.43
Catenária, 4.4.66
Ciência forense, 4.R.74
Circuito elétrico, 7.2.80
Comprimento de uma cerca, 7.3.50, E7.5.1,
   7.5.41, 7.5.42
Concentração de soluto, 4.R.72
Construção civil, 7.6.88
Consumo de combustível, 1.6.47
Conversão de temperatura, 1.3.55
Cristalografia, 3.R.53
Curva tratriz, 6.R.48
Datação por carbono, E4.2.14, 4.2.60 a
   4.2.64, 4.V.10, 4.R.80, 4.R.83
Decaimento radioativo, 1.4.10, 4.1.73,
   E4.2.13, 4.2.70, 4.2.71, 4.R.51, 4.R.69
Descongelamento, 5.1.71
Deslocamento de um fio, 1.5.67
Dilatação térmica, 2.5.31
Distância e velocidade, 2.V.6, 2.R.59,
   2.R.66, 2.R.70, 2.R.71, 5.1.72, 5.3.80,
   5.R.93, 6.1.64
Distância entre objetos em movimento,
   3.5.44
Distância entre um objeto e uma imagem,
   7.5.47
Distância focal de uma lente, 7.1.54
Distância percorrida com um automóvel
   até parar, E5.1.6, 5.1.75
Distribuição normal, 4.4.69
Eletricidade, 3.4.57
Energia eólica, 7.1.48
Engenharia civil, 4.4.66
Física de partículas, 7.3.52, 7.5.51
Físico-química, 2.2.68, 3.5.38
Idade de um fóssil, 4.2.60
Intensidade do campo elétrico, 1.6.52
Intensidade sonora, 4.2.74
Inversão térmica, 2.1.51
Lei de Benford, Para Pensar (Cap. 4)
Lei de Boyle, 2.6.59
Lei de Newton do resfriamento, 4.2.73,
   4.3.90
Limiar da dor, 4.2.74

Localização de um galpão, 7.3.42
Magnitude de um terremoto, 4.2.76, 4.2.77
Medida da respiração, 5.6.39, 5.6.40
Movimento de um projétil, 1.2.57, 1.2.58,
   E2.2.10, 2.2.74, 2.2.75, 5.3.81
Movimento de uma bola, 1.1.77
Movimento retilíneo, E2.2.9, 2.2.70 a
   2.2.73
Osmose reversa, 7.2.53
Paleoclimatologia, 7.2.56
Percepção auditiva humana,
   Para Pensar (Cap. 5)
Pergaminhos do Mar Morto, 4.2.62
Radiação, 2.5.32
Radiologia, 4.2.67, 4.R.84
Refrigeração, 2.6.60
Rejeitos nucleares, 6.3.42, 6.V.4, 6.R.39
Resfriamento, 4.2.73, 4.3.90, 4.4.67, 4.R.73
Sismologia, 4.2.76, 4.2.77
Sudário de Turim, 4.2.64
Temperatura de um gás, 7.2.55
Temperatura de uma sonda espacial, 7.5.54
Temperatura do corpo de um
   cadáver, 4.R.74
Temperatura ideal para beber café, 4.2.73
Temperatura média, 3.3.59, E5.4.6, 5.4.62,
   5.4.63, 6.2.46, 7.V.9
Variação da massa de proteína, E5.3.10,
   5.3.75
Variação de temperatura, 1.1.70, 1.4.11,
   5.R.83
Velocidade, E2.1.2, 2.1.56, 2.1.57, E2.2.9,
   E2.2.10, E2.3.10, 2.3.65, 2.4.82,
   2.4.83, 2.V.6
Velocidade de uma ave, 3.4.52
Velocidade de uma reação química, 4.R.76
Velocidade média, 5.4.67
Volume de um cilindro, 7.2.77, 7.5.44
Volume de um cone, 5.6.49
Volume de um estojo, 7.6.90
Volume de um galpão, 7.5.53, 7.6.87
Volume de um gás, 7.2.79
Volume de um pacote retangular, 7.5.43
Volume de um porta-joias, 7.5.48, 7.5.49
Volume de um sólido, E5.6.5
Volume de uma esfera, 5.6.48

Ciências Sociais
Aprendizado, 1.R.51, 2.4.80, 3.4.49, 4.1.60,
   4.2.69, 4.3.81, 4.3.88, E4.4.5, 4.4.58,
   5.1.63, 5.3.77, 7.3.44
Aprendizado infantil, 4.4.41
Arquitetura, 1.2.54, 3.R.45
Aumento da burocracia, 4.4.53
Cálculo da população a partir da densidade
   populacional, E5.6.3
Coeficiente de rendimento, E7.4.3
Combate a incêndios, 3.R.54

s, 3.4.48,
5, 1.4.6,
.38
Consumo de água, 1.3.53, 5.3.74
Consumo de petróleo, 5.R.71
Corrida de revezamento, 7.3.49
Corrupção na política, 1.4.13
Corrupção no governo, 6.1.62
Crescimento comparativo, 5.4.55
Crescimento populacional, 1.1.71, E1.4.4,
   1.4.3, 2.1.50, 2.1.52, E2.2.6, 2.2.61,
   2.2.62, 2.3.59, 2.5.25, 2.R.35, 2.R.57,
   3.2.64, 3.2.65, 4.1.63, 4.1.64, 4.2.58,
   4.2.65, 4.3.83, 4.3.84, 4.4.39, 4.4.40,
   4.4.54, 4.R.63, 4.R.77, 5.1.59, 5.3.73,
   5.6.15, 5.6.16, 5.6.22, 5.V.9, 6.1.57,
   6.3.40, E7.1.7, 9.1.60, 9.1.61
Criação de um município, 7.6.94
Decisão editorial, 1.4.27
Demanda de camarotes de luxo, 3.R.43
Demanda de obras de arte, 3.4.35
Demanda de passagens aéreas, 3.4.36
Demografia, 5.6.32, 5.6.33, 7.4.26, 7.4.27
Densidade populacional, 1.1.74, 2.R.45,
   4.1.61, E4.2.8, E5.6.3, 5.6.26, 5.6.27,
   6.2.47, E7.6.9, 7.6.91, 7.6.92, 7.R.68
Diagramação, 1.4.57, 3.5.39
Difusão de populações, Para Pensar (Cap. 3)
Disseminação de um boato, 3.2.66,
   E6.1.10, 6.V.9
Disseminação de uma notícia, 4.4.45
Distribuição de renda, E5.4.4, 5.4.50,
   5.4.51
Distribuição de uma população, 3.1.62
Ecologia, 7.3.40
Engenharia de trânsito, 5.4.58
Espaço de circulação, 7.3.47
Espionagem, 1.4.62, 2.2.69, 3.5.49, 4.2.75,
   5.1.73, 6.1.63, 7.5.50
Estimativa de uma área, 1.4.7
Estimativa de uma população, 6.R.37
Exame vestibular, 1.3.57
Fábulas antigas, 1.3.61
Falsificação de obras de arte, 4.2.63
Financiamento de um orfanato, 1.R.39
Índice de mortalidade, 4.4.64, 4.R.81
Linguística, 4.1.72
Matrícula, 1.3.49
Matrículas, 7.4.25
Modelo de população, 4.R.85
Movimento de veículos, 3.R.36
Namoro por computador, 5.6.23
Novos eletrodomésticos, 3.3.58
Paisagismo, 1.4.4
Pesquisas de opinião, 3.3.57
Planejamento urbano, 3.5.31, 7.3.43
População média, 5.4.52, 5.R.88

Cálculo
Um Curso Moderno e Suas Aplicações

O GEN | Grupo Editorial Nacional – maior plataforma editorial brasileira no segmento científico, técnico e profissional – publica conteúdos nas áreas de ciências exatas, humanas, jurídicas, da saúde e sociais aplicadas, além de prover serviços direcionados à educação continuada e à preparação para concursos.

As editoras que integram o GEN, das mais respeitadas no mercado editorial, construíram catálogos inigualáveis, com obras decisivas para a formação acadêmica e o aperfeiçoamento de várias gerações de profissionais e estudantes, tendo se tornado sinônimo de qualidade e seriedade.

A missão do GEN e dos núcleos de conteúdo que o compõem é prover a melhor informação científica e distribuí-la de maneira flexível e conveniente, a preços justos, gerando benefícios e servindo a autores, docentes, livreiros, funcionários, colaboradores e acionistas.

Nosso comportamento ético incondicional e nossa responsabilidade social e ambiental são reforçados pela natureza educacional de nossa atividade e dão sustentabilidade ao crescimento contínuo e à rentabilidade do grupo.

Décima Primeira Edição

Cálculo
Um Curso Moderno e Suas Aplicações

Laurence D. Hoffmann
Morgan Stanley Smith Barney

Gerald L. Bradley
Claremont McKenna College

Dave Sobecki
Miami University of Ohio

Michael Price
University of Oregon

Tradução e Revisão Técnica

Ronaldo Sérgio de Biasi, Ph.D.
Professor Emérito do Instituto Militar de Engenharia (IME)

Os autores e a editora empenharam-se para citar adequadamente e dar o devido crédito a todos os detentores dos direitos autorais de qualquer material utilizado neste livro, dispondo-se a possíveis acertos caso, inadvertidamente, a identificação de algum deles tenha sido omitida.

Não é responsabilidade da editora nem dos autores a ocorrência de eventuais perdas ou danos a pessoas ou bens que tenham origem no uso desta publicação.

Apesar dos melhores esforços dos autores, do tradutor, do editor e dos revisores, é inevitável que surjam erros no texto. Assim, são bem-vindas as comunicações de usuários sobre correções ou sugestões referentes ao conteúdo ou ao nível pedagógico que auxiliem o aprimoramento de edições futuras. Os comentários dos leitores podem ser encaminhados à **LTC — Livros Técnicos e Científicos Editora** pelo e-mail ltc@grupogen.com.br.

Translation of the EXPANDED Eleventh edition in English of APPLIED CALCULUS FOR BUSINESS, ECONOMICS, AND THE SOCIAL AND LIFE SCIENCES
Original edition copyright © 2013 by The McGraw-Hill Companies, Inc.
Previous editions copyright © 2010, 2007, and 2005 by The McGraw-Hill Companies, Inc.
All rights reserved.

ISBN: 978-0-07-353237-0

Portuguese edition copyright © 2015 by
LTC — Livros Técnicos e Científicos Editora Ltda.
All rights reserved.

Direitos exclusivos para a língua portuguesa
Copyright © 2015 by
LTC — Livros Técnicos e Científicos Editora Ltda.
Uma editora integrante do GEN | Grupo Editorial Nacional

Reservados todos os direitos. É proibida a duplicação ou reprodução deste volume, no todo ou em parte, sob quaisquer formas ou por quaisquer meios (eletrônico, mecânico, gravação, fotocópia, distribuição na internet ou outros), sem permissão expressa da editora.

Travessa do Ouvidor, 11
Rio de Janeiro, RJ – CEP 20040-040
Tels.: 21-3543-0770 / 11-5080-0770
Fax: 21-3543-0896
ltc@grupogen.com.br
www.grupogen.com.br

Design de capa: Ron Bissell
Ilustração de capa: Jillis van Nes, Gettyimages
Editoração Eletrônica: UNA | União Nacional de Autores

CIP-BRASIL. CATALOGAÇÃO-NA-FONTE
SINDICATO NACIONAL DOS EDITORES DE LIVROS, RJ

H648c
11. ed.

Hoffmann, Laurence D., 1943-
Cálculo: um curso moderno e suas aplicações / Laurence D. Hoffmann et al.; tradução Ronaldo Sérgio de Biasi. - 11. ed. - [Reimpr.]. - Rio de Janeiro: LTC, 2018.
il.; 28 cm.

Tradução de: Applied calculus : for business, economics, and the social and life sciences

Apêndice
Inclui bibliografia e índice
ISBN 978-85-216-2531-5

1. Cálculo. I. Título.

15-19154

CDD: 515
CDU: 517

*Em memória de nossos pais
Doris e Banesh Hoffmann
e
Mildred e Gordon Bradley*

Material Suplementar

Este livro conta com os seguintes materiais suplementares:

- **Graphing Calculator:** Aplicativo de instalação da Calculadora Gráfica em inglês em (.exe) (acesso livre).
- **Instructor Solutions Manual:** Manual de Soluções em inglês em (.pdf) (acesso restrito a docentes).
- **Lecture PowerPoint:** Apresentações em *slides* para uso em sala de aula em inglês em (.ppt) (acesso restrito a docentes).
- **Manuais:** Manual da Calculadora Gráfica HP9G e de Calculadoras Gráficas da Texas Instrument, comum aos dois volumes, em (.pdf) (acesso livre).
- **Slides em PowerPoint:** Ilustrações da obra em formato de apresentação (acesso restrito a docentes).
- **Soluções para a Seção "Para Pensar":** Soluções para as questões da seção "Para Pensar" em (.pdf) (acesso restrito a docentes).
- **Suplemento de Álgebra Matricial:** Material suplementar que acompanha o livro-texto em (.pdf) (acesso livre).
- **Supplemental Riemann Sum Exercises:** Exercício complementar em inglês em (.pdf) (acesso livre).
- **Test Bank:** Banco de testes em inglês em (.pdf) (acesso restrito a docentes).
- **Testes de Avaliação:** Contém questões de múltipla escolha e respostas curtas em (.pdf) (acesso restrito a docentes).

O acesso aos materiais suplementares é gratuito. Basta que o leitor se cadastre em nosso *site* (www.grupogen.com.br), faça seu *login* e clique em GEN-IO, no menu superior do lado direito. É rápido e fácil.

Caso haja alguma mudança no sistema ou dificuldade de acesso, entre em contato conosco (sac@grupogen.com.br).

GEN-IO (GEN | Informação Online) é o repositório de materiais suplementares e de serviços relacionados com livros publicados pelo GEN | Grupo Editorial Nacional, maior conglomerado brasileiro de editoras do ramo científico-técnico-profissional, composto por Guanabara Koogan, Santos, Roca, AC Farmacêutica, Forense, Método, Atlas, LTC, E.P.U. e Forense Universitária. Os materiais suplementares ficam disponíveis para acesso durante a vigência das edições atuais dos livros a que eles correspondem.

SUMÁRIO GERAL

Volume 1   Cálculo – Um Curso Moderno e Suas Aplicações

    1   Funções, Gráficos e Limites
    2   Derivação: Conceitos Básicos
    3   Aplicações Adicionais da Derivada
    4   Funções Exponenciais e Logarítmicas
    5   Integração
    6   Outros Tópicos de Integração
    7   Cálculo de Várias Variáveis

APÊNDICE A   Revisão de Álgebra

TABELAS
    I   Potências de e
    II   Logaritmos Naturais (Base e)
    III   Funções Trigonométricas

RESPOSTAS   Respostas dos Problemas Ímpares, dos Problemas de Verificação e dos Problemas de Revisão Ímpares

Volume 2   Cálculo – Um Curso Moderno e Suas Aplicações – Tópicos Avançados

    8   Funções Trigonométricas
    9   Equações Diferenciais
    10   Séries Infinitas e Aproximações em Série de Taylor
    11   Probabilidade e Cálculo

APÊNDICE A   Revisão de Álgebra

TABELAS
    I   Potências de e
    II   Logaritmos Naturais (Base e)
    III   Funções Trigonométricas

RESPOSTAS   Respostas dos Problemas Ímpares, dos Problemas de Verificação e dos Problemas de Revisão Ímpares

SUMÁRIO

Prefácio xiii

CAPÍTULO 1 Funções, Gráficos e Limites

1.1 Funções 2
1.2 Gráfico de uma Função 14
1.3 Funções Lineares 26
1.4 Modelos Funcionais 39
1.5 Limites 54
1.6 Limites Unilaterais e Continuidade 67
   Resumo do Capítulo 78
      Termos, Símbolos e Fórmulas Importantes 78
      Problemas de Verificação 78
      Problemas de Revisão 79
   Soluções dos Exercícios Explore! 83
   Para Pensar 85

CAPÍTULO 2 Derivação: Conceitos Básicos

2.1 A Derivada 88
2.2 Técnicas de Derivação 101
2.3 Regras do Produto e do Quociente; Derivadas de Ordem Superior 112
2.4 Regra da Cadeia 124
2.5 Análise Marginal e Aproximação por Incrementos 136
2.6 Derivação Implícita e Taxas Relacionadas 145
   Resumo do Capítulo 156
      Termos, Símbolos e Fórmulas Importantes 156
      Problemas de Verificação 156
      Problemas de Revisão 157
   Solução do Exercício Explore! 162
   Para Pensar 164

CAPÍTULO 3 Aplicações Adicionais da Derivada

3.1 Funções Crescentes e Decrescentes; Extremos Relativos 166
3.2 Concavidade e Pontos de Inflexão 180
3.3 Traçado de Curvas 196
3.4 Otimização; Elasticidade da Demanda 209
3.5 Problemas Práticos de Otimização 225
   Resumo do Capítulo 241
      Termos, Símbolos e Fórmulas Importantes 241
      Problemas de Verificação 241
      Problemas de Revisão 242
   Soluções dos Exercícios Explore! 247
   Para Pensar 249

SUMÁRIO ix

CAPÍTULO 4 Funções Exponenciais e Logarítmicas

4.1 Funções Exponenciais; Capitalização Contínua 254
4.2 Funções Logarítmicas 268
4.3 Derivação de Funções Exponenciais e Logarítmicas 282
4.4 Aplicações; Modelos Exponenciais 295
Resumo do Capítulo 310
   Termos, Símbolos e Fórmulas Importantes 310
   Problemas de Verificação 311
   Problemas de Revisão 312
Soluções dos Exercícios Explore! 317
Para Pensar 319

CAPÍTULO 5 Integração

5.1 Integração Indefinida e Equações Diferenciais 322
5.2 Integração por Substituição 336
5.3 A Integral Definida e o Teorema Fundamental do Cálculo 349
5.4 Aplicações da Integração Definida: Distribuição de Renda e Valor Médio 363
5.5 Outras Aplicações da Integração em Economia e Finanças 378
5.6 Outras Aplicações da Integração em Ciências Sociais e Biológicas 388
Resumo do Capítulo 401
   Termos, Símbolos e Fórmulas Importantes 401
   Problemas de Verificação 402
   Problemas de Revisão 403
Soluções dos Exercícios Explore! 407
Para Pensar 410

CAPÍTULO 6 Outros Tópicos de Integração

6.1 Integração por Partes; Tabelas de Integrais 414
6.2 Integração Numérica 426
6.3 Integrais Impróprias 439
Resumo do Capítulo 446
   Termos, Símbolos e Fórmulas Importantes 446
   Problemas de Verificação 447
   Problemas de Revisão 448
Soluções dos Exercícios Explore! 450
Para Pensar 452

CAPÍTULO 7 Cálculo de Várias Variáveis

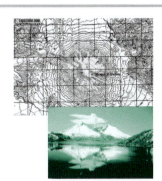

7.1 Funções de Várias Variáveis 460
7.2 Derivadas Parciais 473
7.3 Máximos e Mínimos de Funções de Duas Variáveis 486
7.4 O Método dos Mínimos Quadrados 500
7.5 Otimização com Restrições: o Método dos Multiplicadores de Lagrange 510
7.6 Integrais Duplas 524
Resumo do Capítulo 539
   Termos, Símbolos e Fórmulas Importantes 539

Problemas de Verificação 540
Problemas de Revisão 540
Soluções dos Exercícios Explore! 544
Para Pensar 546

APÊNDICE A Revisão de Álgebra

A.1 Uma Breve Revisão de Álgebra 552
A.2 Fatoração de Polinômios e Solução de Sistemas de Equações 562
A.3 Determinação de Limites com a Regra de L'Hôpital 572
A.4 Notação de Somatório 576
Resumo do Apêndice 578
Termos, Símbolos e Fórmulas Importantes 578
Problemas de Revisão 578
Para Pensar 581

TABELAS
I Potências de e 583
II Logaritmos Naturais (Base e) 584
III Funções Trigonométricas 585

RESPOSTAS   Respostas dos Problemas Ímpares, dos Problemas de Verificação e dos Problemas de Revisão Ímpares 587

Índice 655

PREFÁCIO

Visão Geral da Décima Primeira Edição

Cálculo – Um Curso Moderno e Suas Aplicações proporciona uma compreensão sólida e intuitiva dos conceitos básicos de que os estudantes necessitam para uma carreira nos campos de economia, finanças, biologia e ciências sociais. Entre as razões pelas quais os estudantes conseguem bons resultados usando este livro estão a ênfase em aplicações, a abordagem voltada para a solução de problemas, o estilo direto e conciso e as extensas listas de exercícios. Mais de 100.000 estudantes do mundo inteiro usaram esta obra como livro-texto!

Melhoramentos Desta Edição

Revisão do Conteúdo
Todas as seções do livro foram cuidadosamente analisadas e passaram por uma revisão minuciosa para assegurar que a apresentação fosse a mais clara possível. Passos adicionais e quadros de definição foram acrescentados sempre que necessário para maior clareza e precisão, e discussões e introduções foram acrescentadas ou modificadas para melhorar a apresentação.

Melhor Cobertura dos Tópicos
Com o avanço da tecnologia, as funções trigonométricas estão se tornando cada vez mais importantes para todas as aplicações do cálculo. Por esse motivo, o estudo das Funções Trigonométricas foi transferido do Capítulo 11 para o Capítulo 8, o que permite que o assunto seja abordado mais cedo, acompanhando a tendência dos cursos de cálculo aplicado e deixando claro que as funções trigonométricas são importantes para futuros estudos. Essas funções trigonométricas são identificadas em capítulos posteriores, permitindo que os professores que as ensinam recomendem tópicos relacionados com os assuntos abordados e, ao mesmo tempo, permitindo que os alunos que ainda não estudaram funções trigonométricas omitam as seções para as quais ainda não estão preparados.

Uma discussão da Propriedade dos Valores Extremos de funções de duas variáveis e da determinação de valores extremos em regiões fechadas e finitas foi acrescentada à Seção 7.3 para completar a analogia com o caso das funções de uma variável e preparar melhor os alunos para futuros estudos de estatística e matemática finita.

Novos Exercícios
Quase 250 novos problemas convencionais e aplicados foram acrescentados às listas já extensas de exercícios. Muitos desses novos problemas foram introduzidos para demonstrar a importância prática dos assuntos estudados. Nas listas de exercícios, os problemas aplicados foram separados em blocos de acordo com tipo de aplicação (economia e finanças, ciências biológicas e sociais, e outras aplicações).

Novos Recursos Pedagógicos
Todos os exemplos do texto receberam títulos, e objetivos de aprendizado foram especificados no início de cada seção. Os títulos dos exemplos ajudam alunos e professores a localizar tópicos de interesse. Esses novos recursos pedagógicos tornam os tópicos claros e compreensíveis para todos os estudantes, ajudam a organizar as ideias e facilitam a revisão da matéria por parte de alunos e professores.

Suplemento de Álgebra Matricial
Um suplemento de álgebra matricial, no formato pdf, está disponível no site do livro na Internet.

Mudanças Principais, Capítulo por Capítulo
- Todos os exemplos do livro receberam títulos.
- Uma lista de objetivos do aprendizado foi introduzida no início de cada seção.
- Os problemas no final de cada seção foram separados em blocos de acordo com o tipo de aplicação.

Capítulo 1
- Novos exercícios aplicados foram introduzidos nas Seções 1.1 a 1.5.
- O texto da Seção 1.2 a respeito do sistema de coordenadas retangulares, da fórmula da distância, dos pontos de interseção e das funções do segundo grau foi revisto e ampliado. Essas mudanças foram acompanhadas por problemas novos e revistos.
- Na Seção 1.4, a discussão de modelos foi revista e inclui exemplos novos e revistos.
- Novas notas, uma nova redação e exemplos novos e revistos na Seção 1.5 ajudam a tornar mais claros os tópicos de limites e infinito.
- Um novo exemplo de análise de equilíbrio foi introduzido na Seção 1.6.
- Novos Lembretes foram introduzidos nas Seções 1.2 e 1.5.

Capítulo 2
- Os quadros de regra de multiplicação por uma constante e regra da soma foram ampliados para incluir versões usando plicas.
- Muitas introduções foram revistas para manter o foco e definir conceitos com mais clareza.
- Dez novos exercícios foram introduzidos na Seção 2.3 (Exercícios 36 a 39) e na Seção 2.4 (Exercícios 61 a 64, 89 e 90).
- Um novo exemplo que utiliza duas vezes a regra da cadeia foi introduzido na Seção 2.4.
- A Seção 2.5 inclui uma nova introdução ao custo marginal, com um novo exemplo que ilustra os conceitos de custo e receita marginal. Novos exercícios a respeito de custo e receita marginal também foram introduzidos.
- Uma nova introdução à derivação implícita foi incluída, além de um novo Lembrete a respeito de taxas relacionadas.

Capítulo 3
- Um novo exemplo introdutório envolvendo funções crescentes e decrescentes foi introduzido.
- Foi incluída uma nova discussão de eficiência dos operários e do ponto de retornos decrescentes.
- A discussão e a definição de pontos de inflexão e o quadro que trata do uso da derivada segunda para esboçar curvas foram modificados.
- Novos exercícios foram introduzidos nas Seções 3.2 e 3.4.
- O texto a respeito da elasticidade da demanda foi totalmente reformulado.
- O resumo do capítulo foi modificado.

Capítulo 4
- Os quadros que tratam do valor presente e do valor futuro de um investimento foram modificados.
- Novos exercícios a respeito de investimentos e elasticidade da demanda foram introduzidos nas Seções 4.1 e 4.3, respectivamente.
- Um novo exemplo com nova função de demanda foi acrescentado na Seção 4.3.

Capítulo 5
- Na Seção 5.1, foi incluída uma introdução às equações diferenciais e um novo exemplo de capitalização contínua.
- Foram introduzidos mais 20 exercícios nas Seções 5.1 e 5.3 (35 novos exercícios foram introduzidos no Capítulo 5 como um todo).
- A subseção sobre o modelo de ajuste de preços na economia foi transferida da Seção 8.3 para a Seção 5.2 e novos exemplos de ajuste de preços e do uso de substituição para resolver uma equação diferencial separável foram introduzidos na Seção 5.2.
- Uma nova introdução foi incluída na Seção 5.5.
- A tabela de índices de Gini para vários países foi atualizada.
- As subseções Disposição do Consumidor para Gastar e Excedente do Consumidor foram totalmente refeitas.

Capítulo 6
- Exemplos antigos foram retirados da Seção 6.1 e substituídos por um novo exemplo aplicado que usa a tabela de integrais para resolver uma equação logística.
- Vinte e sete novos exercícios foram introduzidos no Capítulo 6.

- Foram introduzidos, na Seção 6.3, nova introdução às integrais impróprias, nova discussão e novos quadros para integrais impróprias que envolvem $-\infty$ e um novo exemplo.

Capítulo 7
- Vinte e seis novos exercícios foram introduzidos no Capítulo 7.
- Os dados da Seção 7.4 foram atualizados.
- A Seção 7.3 foi consideravelmente modificada. A introdução a problemas práticos de otimização foi refeita e foi acrescentada uma subseção a respeito da propriedade dos valores extremos para funções de duas variáveis. Essas mudanças ajudam o aluno a estabelecer uma relação entre os problemas de otimização unidimensionais e bidimensionais.
- Uma nova subseção a respeito do cálculo da população a partir da densidade populacional foi introduzida na Seção 7.6.

Capítulo 8
- Esse capítulo é uma nova versão do antigo Capítulo 11.
- As Seções 8.2 e 8.3 são versões consideravelmente modificadas das antigas Seções 11.2 e 11.3, e o Resumo do Capítulo foi refeito.
- A introdução do capítulo é nova.
- Na Seção 8.1, foram introduzidas uma tabela expandida de valores notáveis das funções trigonométricas e uma subseção a respeito da modelagem de fenômenos periódicos.
- Novos exemplos aplicados foram introduzidos nas Seções 8.2 e 8.3.
- Quarenta novos exercícios foram introduzidos no Capítulo 8.

Capítulo 9
- Esse capítulo é uma nova versão do antigo Capítulo 8.
- Novas subseções a respeito da modelagem através de equações diferenciais e de modelos populacionais e novos exemplos de modelos de aprendizado, modelos de estoque e crescimento logístico foram introduzidos.
- Foi incluída uma introdução à análise compartimental.
- Quarenta novos exercícios foram introduzidos no Capítulo 9.

Capítulo 10
- Esse capítulo é uma nova versão do antigo Capítulo 9.
- Foi introduzido um novo Lembrete.
- Foram introduzidos novos exercícios na Seção 10.3 e nos Exercícios de Revisão do Capítulo 10.

Capítulo 11
- Esse capítulo é uma nova versão do antigo Capítulo 10.
- A Seção 11.1 é uma versão consideravelmente modificada da antiga Seção 10.1, com ênfase em distribuições de probabilidades.
- Uma nova introdução a distribuições de probabilidades contínuas foi incluída na Seção 11.2.
- Vários novos exercícios convencionais e aplicados foram introduzidos nas Seções 11.1 e 11.2.
- Uma nova interpretação da variância foi introduzida na Seção 11.3.

CARACTERÍSTICAS IMPORTANTES DESTE LIVRO

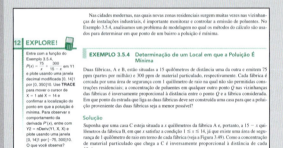

Objetivos de Aprendizado
Cada seção começa com uma lista de objetivos. Além de preparar os alunos para o que irão aprender, a lista ajuda a organizar as informações para estudo e revisão e a estabelecer uma relação entre os tópicos.

Aplicações
Em todo o texto, foi feito um grande esforço para assegurar que os tópicos fossem aplicados a problemas práticos logo depois de serem introduzidos, apresentando métodos para lidar tanto com cálculos de rotina como com problemas aplicados. Esses métodos e estratégias de solução de problemas são introduzidos em problemas aplicados e praticados nas listas de exercícios.

"Os títulos dos exemplos são excelente ideia. Do ponto de vista do aluno, despertam neles a atenção, levando-os a ler os exemplos que lhes interessam. Do ponto de vista do professor, permitem a escolha dos exemplos a serem apresentados, sem necessidade de ler cada exemplo."

Jay Zimmerman, Towson University

Exemplos e Quadros de Procedimentos
Neste livro, procuramos facilitar o entendimento de tópicos novos através da apresentação de técnicas detalhadas de solução de problemas. Essas técnicas são ilustradas através de exemplos e resumidas em quadros introduzidos em pontos estratégicos do texto.

Definições
Definições e conceitos importantes são destacados do texto para facilitar a busca por parte do aluno.

Lembretes
As observações colocadas nas margens são usadas para chamar a atenção do aluno para conceitos importantes da álgebra e do pré-cálculo que estão sendo usados em exemplos e discussões.

LEMBRETE
No Exemplo 1.5.6, calculamos o produto $(\sqrt{x} - 1)(\sqrt{x} + 1) = x - 1$ usando a identidade $(a - b)(a + b) = a^2 - b^2$ com $a = \sqrt{x}$ e $b = 1$.

CARACTERÍSTICAS IMPORTANTES DESTE LIVRO

Listas de Exercícios
As listas de exercícios foram consideradas um ponto forte das edições anteriores; a Décima Primeira edição oferece quase 250 novos problemas para aumentar ainda mais a eficácia dessas listas. Foram introduzidos novos problemas convencionais para que os estudantes dominassem melhor certas atividades básicas e novos problemas práticos para demonstrar a aplicação da matéria a situações do dia a dia.

Ensaios
Esses problemas, indicados pelo desenho de um lápis, testam a capacidade crítica dos estudantes e os estimulam a realizar pesquisas independentes.

Exercícios com Calculadoras
O desenho de uma calculadora indica problemas que devem ser resolvidos com o auxílio de uma calculadora gráfica.

"[O livro] propõe excelentes problemas práticos no campo das ciências sociais, ciências biológicas, economia e finanças."

Rebecca Leefers, Michigan State University – East Lansing

Resumo do Capítulo
O Resumo do Capítulo ajuda o estudante a rever os conceitos importantes de cada capítulo e inclui uma lista dos termos técnicos e fórmulas matemáticas discutidos no capítulo.

Problemas de Verificação
Os estudantes podem usar os Problemas de Verificação para testar a compreensão dos conceitos introduzidos no capítulo.

Problemas de Revisão

Uma lista extensa de exercícios convencionais e aplicados aparece no final de cada capítulo, oferecendo mais uma oportunidade para o aluno testar os conhecimentos e a capacidade de resolver problemas.

Explore!

Utilizando uma calculadora gráfica, os quadros Explore! testam o conhecimento dos tópicos abordados com explorações ligadas a exemplos específicos. No final de cada capítulo, as Atualizações do Explore! apresentam soluções e sugestões para alguns quadros Explore! do capítulo.

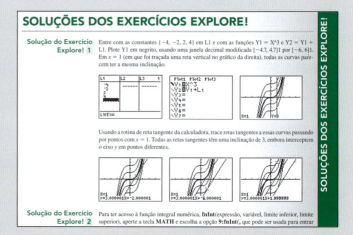

"O livro, como um todo, é um dos melhores livros de cálculo que utilizei... Gosto da forma como calculadoras são incluídas em todas as seções e, no final de cada capítulo, os estudantes têm oportunidade de usar ainda mais as calculadoras."

Joseph Oakes, Indiana University Southeast

Para Pensar

Os ensaios do módulo Para Pensar mostram aos alunos de que forma a matéria apresentada no capítulo pode ser usada para construir modelos matemáticos úteis, explicando ao mesmo tempo o processo de modelagem e constituindo um excelente ponto de partida para projetos de classe e para discussões de grupo.

Agradecimentos

Como nas edições anteriores, procuramos ouvir tanto a opinião dos professores que adotam nosso livro como a dos que usam outros livros-textos, em busca de possíveis melhoramentos. Nossas fontes de consulta forneceram muitas informações detalhadas a respeito do conteúdo do livro e da necessidade de mudanças, e muitas dessas mudanças que introduzimos foram consequência direta dessas sugestões. Uma parte considerável do sucesso deste texto se deve a essas valiosas contribuições; portanto, agradecemos a todos os indivíduos envolvidos no processo.

James N. Adair, *Missouri Valley College*
Wendy Ahrendsen, *South Dakota State University*
Faiz Al-Rubaee, *University of North Florida*
George Anastassiou, *University of Memphis*
Dan Anderson, *University of Iowa*
Randy Anderson, *Craig School of Business*
John Avioli, *Christopher Newport University*
Christina Bacuta, *University of Delaware*
Ratan Barua, *Miami Dade College*
John Beachy, *Northern Illinois University*
Jay H. Beder, *University of Wisconsin – Milwaukee*
Dennis Bell, *University of North Florida*
Don Bensy, *Suffolk County Community College*
Adel Boules, *University of North Florida*
Neal Brand, *University of North Texas*
Lori Braselton, *Georgia Southern University*
Randall Brian, *Vincennes University*
Paul W. Britt, *Louisiana State University – Baton Rouge*
Albert Bronstein, *Purdue University*
James F. Brooks, *Eastern Kentucky University*
Beverly Broomell, *SUNY – Suffolk*
Roxanne Byrne, *University of Colorado at Denver*
Laura Cameron, *University of New Mexico*
Rick Carey, *University of Kentucky*
Debra Carney, *University of Denver*
Jamylle Carney, *Diablo Valley College*
Steven Castillo, *Los Angeles Valley College*
Rose Marie Castner, *Canisius College*
Deanna Caveny, *College of Charleston*
Gerald R. Chachere, *Howard University*
Terry Cheng, *Irvine Valley College*
William Chin, *DePaul University*
Lynn Cleaveland, *University of Arkansas*
Dominic Clemence, *North Carolina Agricultural and Technical State University*
Charles C. Clever, *South Dakota State University*
Allan Cochran, *University of Arkansas*
Flavia Colonna, *George Mason University*
Peter Colwell, *Iowa State University*
Cecil Coone, *Southwest Tennessee Community College*
Charles Brian Crane, *Emory University*
Daniel Curtin, *Northern Kentucky University*
Raul Curto, *University of Iowa*
Jean F. Davis, *Texas State University – San Marcos*
John Davis, *Baylor University*
Shirley Davis, *South Plains College*

Yulia Dementieva, *Emmanuel College*
Karahi Dints, *Northern Illinois University*
Ken Dodaro, *Florida State University*
Eugene Don, *Queens College*
Dora Douglas, *Wright State University*
Peter Dragnev, *Indiana University – Purdue University, Fort Wayne*
Bruce Edwards, *University of Florida*
Margaret Ehrlich, *Georgia State University*
Maurice Ekwo, *Texas Southern University*
George Evanovich, *St. Peter's College*
Haitao Fan, *Georgetown University*
Brad Feldser, *Kennesaw State University*
Klaus Fischer, *George Mason University*
Guy Forrest, *Louisiana State University – Baton Rouge*
Michael Freeze, *University of North Carolina – Wilmington*
Constantine Georgakis, *DePaul University*
Sudhir Goel, *Valdosta State University*
Hurlee Gonchigdanzan, *University of Wisconsin – Stevens Point*
Ronnie Goolsby, *Winthrop College*
Lauren Gordon, *Bucknell University*
Michael Grady, *Loyola Marymount University*
Angela Grant, *University of Memphis*
John Gresser, *Bowling Green State University*
Murli Gupta, *George Washington University*
James Hager, *Pennsylvania State University*
Doug Hardin, *Vanderbilt University*
Marc Harper, *University of Illinois at Urbana – Champaign*
Sheyleah V. Harris-Plant, *South Plains College*
Jonathan Hatch, *University of Delaware*
John B. Hawkins, *Georgia Southern University*
Damon Hay, *University of North Florida*
Celeste Hernandez, *Richland College*
William Hintzman, *San Diego State University*
Frederick Hoffmann, *Florida Atlantic University*
Matthew Hudock, *St. Philips College*
Joel W. Irish, *University of Southern Maine*
Zonair Issac, *Vanderbilt University*
Erica Jen, *University of Southern California*
Jun Ji, *Kennesaw State University*
Shafiu Jibrin, *Northern Arizona University*
Victor Kaftal, *University of Cincinatti*
Sheldon Kamienny, *University of Southern California*
Georgia Katsis, *DePaul University*
Victoria Kauffman, *University of New Mexico*

AGRADECIMENTOS

Fritz Keinert, *Iowa State University*
Melvin Kiernan, *St. Peter's College*
Marko Kranjc, *Western Illinois University*
Donna Krichiver, *Johnson County Community College*
Harvey Lambert, *University of Nevada*
Kamila Larripa, *Humboldt State University*
Donald R. LaTorre, *Clemson University*
Melvin Lax, *California State University at Long Beach*
Rebecca Leefers, *Michigan State University*
Steffen Lempp, *University of Wisconsin – Madison*
Robert Lewis, *El Camino College*
Shlomo Libeskind, *University of Oregon*
W. Conway Link, *Louisiana State University – Shreveport*
James Liu, *James Madison University*
Yingjie Liu, *University of Illinois at Chicago*
Bin Lu, *California State University – Sacramento*
Jeanette Martin, *Washington State University*
James E. McClure, *University of Kentucky*
Mark McCombs, *University of North Carolina*
Ennis McCune, *Stephen F. Austin State University*
Ann B. Megaw, *University of Texas at Austin*
Fabio Milner, *Purdue University*
Kailash Misra, *North Carolina State University*
Mohammad Moazzam, *Salisbury State University*
Rebecca Muller, *Southeastern Lousiana University*
Sanjay Mundkur, *Kennesaw State University*
Kandasamy Muthuvel, *University of Wisconsin – Oshkosh*
Charlie Nazemian, *University of Nevada – Reno*
Karla Neal, *Lousiana State University*
Cornelius Nelan, *Quinnipiac University*
Said Ngobi, *Troy University eCampus*
Devi Nichols, *Purdue University – West Lafayette*
Joseph Oakes, *Indiana University Southeast*
Richard O'Beirne, *George Mason University*
Jaynes Osterberg, *University of Cincinnati*
Ray Otto, *Wright State University*
Hiram Paley, *University of Illinois*
Virginia Parks, *Georgia Perimeter College*
Shahla Peterman, *University of Missouri – St. Louis*
Murray Peterson, *College of Marin*
Lefkios Petevis, *Kirkwood Community College*
Boris Petracovici, *Western Illinois University*
Lia Petracovici, *Western Illinois University*
Cyril Petras, *Lord Fairfax Community College*
Robert E. Plant, II, *South Plains College*
Kimberley Polly, *Indiana University at Bloomington*
Natalie Priebe, *Rensselaer Polytechnic Institute*
Georgia Pyrros, *University of Delaware*
Richard Randell, *University of Iowa*

Ronda Sanders, *University of South Carolina*
Mohsen Razzaghi, *Mississippi State University*
Nathan P. Ritchey, *Youngstown State University*
Arthur Rosenthal, *Salem State College*
Judith Ross, *San Diego State University*
Robert Sacker, *University of Southern California*
Katherine Safford, *St. Peter's College*
Mansour Samimi, *Winston-Salem State University*]
Subhash Saxena, *Coastal Carolina University*
Daniel Schaal, *South Dakota State University*
Dolores Schaffner, *University of South Dakota*
Thomas J. Sharp, *West Georgia College*
Robert E. Sharpton, *Miami-Dade Community College*
Anthony Shershin, *Florida International University*
Minna Shore, *University of Florida International University*
Ken Shores, *Arkansas Tech University*
Gordon Shumard, *Kennesaw State University*
Jane E. Sieberth, *Franklin University*
Marlene Sims, *Kennesaw State University*
Brian Smith, *Parkland College*
Nancy Smith, *Kent State University*
Jim Stein, *California State University, Long Beach*
Joseph F. Stokes, *Western Kentucky University*
Keith Stroyan, *University of Iowa*
Hugo Sun, *California State University – Fresno*
Martin Tangora, *University of Illinois at Chicago*
Tuong Ton-That, *University of Iowa*
Lee Topham, *North Harris Community College*
George Trowbridge, *University of New Mexico*
Boris Vainberg, *University of North Carolina at Charlotte*
Nader Vakil, *Western Illinois University*
Dinh Van Huynh, *Ohio University*
Mildred Vernia, *Indiana University Southwest*
Maria Elena Verona, *University of Southern California*
Tilaka N. Vijithakumara, *Illinois State University*
Kimberly Vincent, *Washington State University*
Karen Vorwerk, *Westfield State College*
Charles C. Votaw, *Fort Hays State University*
Hiroko Warshauer, *Southwest Texas State University*
Pam Warton, *Bowling Green State University*
Jonathan Weston-Dawkes, *University of North Carolina*
Donald Wilkin, *University at Albany, SUNY*
Dr. John Woods, *Southwestern Oklahoma State University*
Henry Wyzinski, *Indiana University – Northwest*
Yangbo Ye, *University of Iowa*
Paul Yun, *El Camino College*
Xiao-Dong Zhang, *Florida Atlantic University*
Jay Zimmerman, *Towson University*

Agradecimentos especiais aos que fizeram a revisão do texto e dos problemas, incluindo Devilyna Nichols, Lucy Mullins, Kurt Norlin, Hal Whipple e Jaqui Bradley. Agradecimentos especiais também a Steffen Lempp e Amadou Gaye por apresentarem muitas sugestões específicas, detalhadas, que foram particularmente úteis para a preparação desta Décima Primeira Edição. Finalmente, queremos agradecer à nossa equipe na McGraw-Hill, Michael Lange, John Osgood, Vicki Krug, Christina Lane e Eve Lipton por sua paciência, dedicação e apoio.

CAPÍTULO 1

O preço das ações e outros ativos é determinado pela lei da oferta e da demanda.

Funções, Gráficos e Limites

1. **Funções**
2. **Gráfico de uma Função**
3. **Funções Lineares**
4. **Modelos Funcionais**
5. **Limites**
6. **Limites Unilaterais e Continuidade**

Resumo do Capítulo
   Termos, Símbolos e Fórmulas Importantes
   Problemas de Verificação
   Problemas de Revisão
Soluções dos Exercícios Explore!
Para Pensar

SEÇÃO 1.1 Funções

Objetivos do Aprendizado

1. Identificar o domínio de uma função e calcular o valor de uma função a partir de uma equação.
2. Ganhar familiaridade com funções definidas por partes.
3. Conhecer e aplicar funções usadas em economia.
4. Formar e usar funções compostas em problemas práticos.

A palavra *função* é usada na linguagem comum para designar a ação de exercer uma influência, como nas frases a seguir, obtidas em uma pesquisa no Google da expressão "é uma função":

LEMBRETE

Os Apêndices A.1 e A.2 apresentam uma revisão das propriedades algébricas necessárias para o estudo do cálculo.

"O comportamento humano é uma função da experiência."

"A população humana é uma função da fonte de alimento."

"A liberdade é uma função do conhecimento."

O que essas afirmações têm em comum é que certa grandeza ou característica (comportamento, população, liberdade) depende de outra (experiência, fonte de alimento, conhecimento). Essa é a essência do conceito matemático de função.

Em termos gerais, uma função consiste em dois conjuntos e uma regra que associa os elementos de um conjunto aos elementos do outro. Suponhamos, por exemplo, que o leitor esteja interessado em determinar o efeito do preço sobre o número de iPods que podem ser vendidos. Para estudar essa relação, é preciso conhecer o conjunto de preços admissíveis, o conjunto de vendas possíveis e uma regra para associar cada preço a determinado número de unidades vendidas. A definição de função que vamos adotar é a seguinte:

Função ■ **Função** é uma regra que associa a cada objeto de um conjunto A um e apenas um objeto de um conjunto B. O conjunto A é chamado de **domínio** da função e o conjunto B é chamado de **contradomínio**.

Na maioria das funções examinadas neste livro, o domínio e o contradomínio são conjuntos de números reais e a função é representada pela letra f ou outra letra do alfabeto. O valor que a função f associa a um número x pertencente ao domínio é representado como $f(x)$, que se lê "f de x" (*jamais* como "f vezes x"), e é frequentemente associado a uma expressão matemática, como no seguinte exemplo: $f(x) = x^2 + 4$.

Pode ser interessante pensar em uma função como um mapeamento de números em um domínio A para números em um contradomínio B (Figura 1.1a) ou em uma máquina que transforma um número do conjunto A em um número do conjunto B usando um processo especificado pela regra funcional (Figura 1.1b). Assim, por exemplo, a função $f(x) = x^2 + 4$ pode ser imaginada como uma máquina f que recebe uma entrada x, eleva essa entrada ao quadrado e soma 4 para obter uma saída $y = x^2 + 4$.

Seja como for que você encare a relação funcional, é importante lembrar que *existe um e apenas um número no contradomínio (saída) associado a cada número do domínio (entrada)*. O Exemplo 1.1.1 ilustra a conveniência da notação funcional.

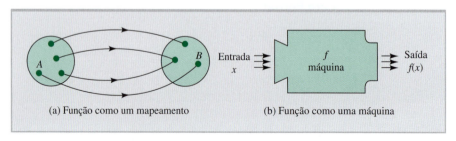

FIGURA 1.1 Interpretações da função f.

FUNÇÕES, GRÁFICOS E LIMITES 3

1 EXPLORE!

Entre com $f(x) = x^2 + 4$ na calculadora. Calcule os valores da função para $x = -3, -1, 0, 1$ e 3. Prepare uma tabela de valores. Faça o mesmo para a função $g(x) = x^2 - 1$. Explique como se comporta a diferença entre $f(x)$ e $g(x)$ quando x varia.

EXEMPLO 1.1.1 Cálculo do Valor de uma Função

Calcule e simplifique $f(-3)$ se $f(x) = x^2 + 4$.

Solução

Interpretamos $f(-3)$ como "substitua todas as letras x na fórmula da função cujo nome é f pelo número -3". O resultado é o seguinte:

$$f(-3) = (-3)^2 + 4 = 13$$

Observe a conveniência e simplicidade da notação funcional. No Exemplo 1.1.1, a expressão compacta $f(x) = x^2 + 4$ define perfeitamente a função; além disso, podemos indicar que o número que a função associa a -3 é 13, escrevendo simplesmente $f(-3) = 13$.

Muitas vezes é conveniente representar uma relação funcional com uma equação do tipo $y = f(x)$; nesse contexto, x e y são chamadas de **variáveis**. Em particular, como o valor numérico de y é determinado pelo valor de x, y é chamada de **variável dependente** e x, de **variável independente**. Observe que não há nada de especial nos símbolos x e y; a função $y = x^2 + 4$, por exemplo, também poderia ser escrita na forma $s = t^2 + 4$ ou na forma $w = u^2 + 4$. Essas formas são equivalentes porque, em todas, a variável independente é elevada ao quadrado e o resultado é somado a 4 para produzir o valor da variável dependente.

A notação funcional também pode ser usada para descrever dados tabulares. Assim, por exemplo, a Tabela 1.1 mostra as taxas escolares médias cobradas nos EUA pelos cursos superiores privados de quatro anos entre 1973 e 2008.

Podemos descrever esses dados como uma função T cuja regra é "atribua a cada valor de p as taxas escolares médias em dólares, $T(p)$, cobradas no início do p-ésimo período de cinco anos". Nesse caso, $T(1) = $ US\$ 1.898, $T(2) = $ US\$ 2.700, $\ldots$, $T(8) = $ US\$ 25.177. Note que, nesse exemplo, abandonamos a convenção de chamar a função de f e a variável independente de x. Em vez disso, usamos T para representar a função porque é a inicial de "taxas" e p para representar a variável independente porque é a inicial de "período".

Na falta de condições adicionais, supomos que o domínio de uma função f é o conjunto de todos os números x para os quais $f(x)$ existe. Assim, o domínio da função do Exemplo 1.1.1 é o conjunto dos números reais, visto que qualquer número real pode ser elevado ao quadrado e somado a 4. Por outro lado, o domínio da função taxas escolares T, cujos valores aparecem na Tabela 1.1, é o conjunto de números inteiros $\{1, 2, \ldots, 8\}$, já que $T(p)$ existe (é definida) apenas para $p = 1, 2, 3, \ldots, 8$. A convenção de domínio que vamos usar neste livro é a seguinte:

Convenção de Domínio ■ A menos que seja especificado de outra forma, o domínio de uma função f é o conjunto de todos os números reais x para os quais $f(x)$ é um número real; é o chamado **domínio natural** de f.

TABELA 1.1 Taxas Escolares Médias dos Cursos Superiores

Ano Escolar Terminando em	Período p	Taxas
1973	1	US\$1.898
1978	2	US\$2.700
1983	3	US\$4.639
1988	4	US\$7.048
1993	5	US\$10.448
1998	6	US\$13.785
2003	7	US\$18.273
2008	8	US\$25.177

4 CAPÍTULO 1

Para determinar o domínio natural de uma função, é preciso excluir, por exemplo, os números x que resultam em uma divisão por 0 ou na raiz quadrada de um número negativo. Esse processo é ilustrado nos Exemplos 1.1.2 e 1.1.3.

2 EXPLORE!

Entre com $f(x) = 1/(x - 3)$ na calculadora como Y1 e observe o gráfico usando a Janela Decimal do **ZOOM**. Use **TRACE** para examinar os valores da função entre X = 2,5 e X = 3,5. O que você observa em X = 3?

EXEMPLO 1.1.2 Determinação do Domínio de uma Função

Determine os domínios das funções a seguir

a. $f(x) = \dfrac{1}{x - 3}$ **b.** $g(t) = \dfrac{\sqrt{3 - 2t}}{t^2 + 4}$

Solução

a. Como a divisão por qualquer número diferente de zero é possível, o domínio de $f(x)$ é o conjunto de todos os números $x \neq 3$.

b. Como o denominador $t^2 + 4$ de $g(t)$ é um número positivo para qualquer valor de t, não precisamos nos preocupar com a divisão por 0. Entretanto, os números t, tais que $3 - 2t < 0$, devem ser excluídos do domínio porque a raiz quadrada de um número negativo não é um número real. Assim, o domínio de $g(t)$ é o conjunto de números t, tais que $3 - 2t \geq 0$, ou seja, tais que $t \leq 3/2$.

+ LEMBRETE

Se a e b são dois números inteiros, $x^{a/b} = \sqrt[b]{x^a}$. No caso do Exemplo 1.1.3, $a = 1$ e $b = 2$; $x^{1/2}$ é outra forma de escrever $\sqrt{x}$.

EXEMPLO 1.1.3 Cálculo do Valor de uma Função em um Problema Prático

Um estudo encomendado por uma empresa de tevê via satélite mostra que o número de clientes que podem ser atendidos por hora pela central de atendimento é dado pela função $N(o) = 30(o - 1)^{1/2}$, em que o é o número de operadores. Calcule $N(5)$, $N(17)$, $N(1)$, $N(0)$ e interprete os resultados.

Solução

Para começar, escrevemos a função na forma $N(o) = 30\sqrt{o - 1}$. (Expoentes fracionários são discutidos no Apêndice A.) Nesse caso,

$$N(5) = 30\sqrt{5 - 1} = 30\sqrt{4} = 30(2) = 60$$
$$N(17) = 30\sqrt{17 - 1} = 30\sqrt{16} = 30(4) = 120$$
$$N(1) = 30\sqrt{1 - 1} = 30(0) = 0$$

mas $N(0)$ não existe, pois $30\sqrt{0 - 1} = 30\sqrt{-1}$, e a raiz quadrada de um número negativo não é um número real.

Os resultados mostram que a central de atendimento pode atender 60 clientes por hora com cinco operadores, 120 clientes por hora com 17 operadores e menos de um cliente por hora com apenas um operador. Os resultados mostram também que 0 operador não é um valor válido para a variável independente dessa função.

As funções são frequentemente definidas por mais de uma expressão; cada expressão é usada para definir a função dentro de um subconjunto do domínio. Uma função definida assim é chamada de **função definida por partes**. Funções desse tipo são comuns nos problemas de economia, biologia e física. No Exemplo 1.1.4, uma função definida por partes é usada para descrever o valor das ações de uma empresa.

3 EXPLORE!

Crie uma função simples definida por partes usando as funções de álgebra booleana da calculadora. Entre com Y1 = 2(X < 1) + (−1)(X ≥ 1) no editor de funções. Observe o gráfico dessa função usando a Janela Decimal do **ZOOM**. Que valores assume Y1 para X = −2, 0, 1 e 3?

EXEMPLO 1.1.4 Cálculo dos Valores de uma Função Definida por Partes

Uma função foi usada para modelar a variação com o tempo do valor de mercado das ações da empresa Calçados Ultraleves S.A., fabricante das populares Sandálias Taiti. Embora as Sandálias Taiti estejam no mercado desde 1979, em 2003 as vendas do produto, e, consequentemente,

FUNÇÕES, GRÁFICOS E LIMITES   5

as ações da empresa, tiveram um aumento considerável. Por essa razão, faz sentido usar uma expressão para modelar o valor das ações antes de 2003 e outra para modelar o valor das ações a partir de 2003. Seja $P(t)$ o preço de mercado das ações da Calçados Ultraleves t anos após 1º de janeiro de 2000. Nesse caso,

$$V(t) = \begin{cases} 8,1 - 1,7t & \text{para } t < 3 \\ 6t^2 - 36t + 57 & \text{para } t \geq 3 \end{cases}$$

Calcule e interprete $V(2)$, $V(3)$ e $V(7,5)$.

Solução

Como $t = 2$ satisfaz a desigualdade $t < 3$, usamos a primeira expressão para calcular o valor da função. Assim, $V(2) = 8,1 - 1,7(2) = 4,7$. No que diz respeito ao modelo, isso significa que em 1º de janeiro de 2002, o valor das ações da Calçados Ultraleves S.A. era R$ 4,70.

Como $t = 3$ e $t = 7,5$ satisfazem a desigualdade $t \geq 3$, usamos a segunda expressão para calcular $V(3)$ e $V(7,5)$. Assim,

$$V(3) = 6(3)^2 - 36(3) + 57 = 3$$

e

$$V(7,5) = 6(7,5)^2 - 36(7,5) + 57 = 124,5$$

Assim, o valor das ações, de acordo com o modelo, era R$ 3,00 em 1º de janeiro de 2003 e R$ 124,50 em 1º de julho de 2007, 7,5 anos após 1º de janeiro de 2000.

Funções Usadas na Economia

Existem várias funções associadas à comercialização de um produto:

A **função demanda** do produto, $D(x)$, é o preço $p = D(x)$ que deve ser cobrado por unidade do produto para que x unidades sejam vendidas (demandadas).

A **função oferta** do produto, $O(x)$, é o preço unitário $p = O(x)$, pelo qual os fornecedores estão dispostos a fornecer x unidades ao mercado.

A **receita** $R(x)$ obtida com a venda de x unidades do produto é dada pela expressão

$$R(x) = (\text{número de unidades vendidas})(\text{preço unitário}) = xp(x)$$

A **função custo** $C(x)$ é o custo para produzir x unidades do produto.

A **função lucro** $L(x)$ é o lucro obtido com a venda de x unidades do produto e é dada pela expressão

$$L(x) = \text{receita} - \text{custo} = R(x) - C(x) = xp(x) - C(x)$$

A **função custo médio** é dada por $CM(x) = \dfrac{C(x)}{x}$. Analogamente, a função receita média $RM(x)$ e a função lucro médio $LM(x)$ são dadas por

$$RM(x) = \frac{R(x)}{x} \quad \text{e} \quad LM(x) = \frac{L(x)}{x}$$

Em geral, quanto maior o preço unitário, menor o número de unidades demandadas, e vice-versa. Por outro lado, um aumento do preço unitário leva a um aumento do número de unidades produzidas. Assim, as funções demanda tendem a ser decrescentes (têm uma inclinação para baixo da esquerda para a direita), enquanto as funções oferta tendem a ser crescentes (têm uma inclinação para cima da esquerda para a direita), como mostra a figura ao lado. O Exemplo 1.1.5 ilustra o uso dessas funções especiais da economia.

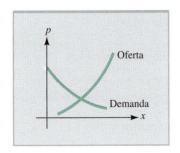

EXEMPLO 1.1.5 Estudo de um Processo de Produção

Uma pesquisa de mercado mostra que os consumidores comprarão x mil unidades de certa marca de cafeteira se o preço unitário for

$$p(x) = -0{,}27x + 51$$

reais. O custo para produzir as x mil unidades é

$$C(x) = 2{,}23x^2 + 3{,}5x + 85$$

mil reais.

a. Qual é o custo médio para produzir 4.000 cafeteiras?
b. Qual é a receita $R(x)$ e qual é o lucro $L(x)$ se x mil cafeteiras são produzidas e vendidas?
c. Para que valores de x a produção de cafeteiras é lucrativa?

Solução

a. Como x representa milhares de unidades, um nível de produção de 4.000 cafeteiras corresponde a $x = 4$ e o custo médio correspondente é

$$CM(4) = \frac{C(4)}{4} = \frac{2{,}23(4)^2 + 3{,}5(4) + 85}{4}$$

$$= \frac{134{,}68}{4} = 33{,}67 \text{ mil reais por mil unidades}$$

O custo médio é, portanto, R$ 33,67 por cafeteira produzida.

b. A receita é igual ao preço $p(x)$ vezes o número x de unidades:

$$R(x) = xp(x) = -0{,}27x^2 + 51x$$

mil reais. O lucro é igual à receita menos o custo:

$$\begin{aligned} L(x) &= R(x) - C(x) \\ &= 0{,}27x^2 + 51x - (2{,}23x^2 + 3{,}5x + 85) \\ &= -2{,}5x^2 + 47{,}5x - 85 \end{aligned}$$

mil reais.

c. Para que a produção seja lucrativa, devemos ter $L(x) > 0$. Em primeiro lugar, fatoramos

$$\begin{aligned} L(x) &= -2{,}5x^2 + 47{,}5x - 85 \\ &= -2{,}5(x^2 - 19x + 34) \\ &= -2{,}5(x - 2)(x - 17) \end{aligned}$$

Como o coeficiente $-2{,}5$ é negativo, $L(x) > 0$ apenas se os termos $(x - 2)$ e $(x - 17)$ tiverem sinais diferentes. Como não existem valores de x para os quais $x - 2 < 0$ e $x - 17 > 0$, devemos ter $x - 2 > 0$ e $x - 17 < 0$. Assim, a produção é lucrativa para $2 < x < 17$, ou seja, se o nível de produção está entre 2.000 e 17.000 unidades.

> **LEMBRETE**
>
> O produto de dois números é positivo se os números têm o mesmo sinal e negativo se têm sinais diferentes. Assim, $ab > 0$ se $a > 0$ e $b > 0$ e também se $a < 0$ e $b < 0$. Por outro lado, $ab < 0$ se $a < 0$ e $b > 0$ ou se $a > 0$ e $b < 0$.

O Exemplo 1.1.6 ilustra o uso da notação funcional em uma situação prática. Para facilitar a interpretação da expressão matemática, é comum usar letras que lembrem as grandezas pertinentes. (Nesse exemplo, a letra C representa o "custo", e n, o "número" de produtos fabricados.)

4 EXPLORE!

Leia o enunciado do Exemplo 1.1.6 e entre com a função de custo $C(q)$ em Y1 como X³ − 30X² + 500X + 200. Construa uma **tabela** de valores para $C(q)$ com o valor inicial TblStart de 5 e um incremento ΔTbl de 1 unidade. Observe na tabela o custo para fabricar a 10ª unidade.

EXEMPLO 1.1.6 Cálculo do Valor de uma Função Custo

O custo total em reais para fabricar m esteiras ergométricas é dado pela função $C(m) = m^3 - 30m^2 + 500m + 200$.

a. Determine o custo de fabricação de 10 esteiras e o custo médio para fabricá-las.
b. Determine o custo de fabricação da 10ª esteira.

Solução

a. O custo de fabricação de 10 esteiras é o valor da função custo para $m = 10$:

$$\begin{aligned} \text{Custo de 10 esteiras} &= C(10) \\ &= (10)^3 - 30(10)^2 + 500(10) + 200 \\ &= 3.200 \end{aligned}$$

O custo médio para fabricar 10 esteiras é

$$CM(10) = \frac{C(10)}{10} = \frac{3.200}{10} = 320$$

Assim, o custo total para fabricar 10 esteiras ergométricas é R$ 3.200,00 e o custo médio é R$ 320,00 por esteira.

b. O custo de fabricação da 10ª unidade é a diferença entre o custo de fabricação de 10 unidades e o custo de fabricação de nove unidades:

Custo da 10ª esteira = $C(10) - C(9) = 3.200 - 2.999 = R\$ 201,00$

Composição de Funções

Existem muitas situações nas quais uma grandeza é função de uma variável que, por sua vez, é função de outra variável. Combinando as funções de forma apropriada, pode ser possível expressar a grandeza inicial em função da segunda variável. Esse processo é conhecido como **composição de funções** ou **composição funcional**.

Considere, por exemplo, uma fábrica de aparelhos de GPS. O número de aparelhos produzidos depende da quantidade de matéria-prima disponível que, por sua vez, depende do capital investido. Assim, indiretamente, o nível de produção depende do capital investido e dizemos que a produção é uma função composta do capital investido. Segue uma definição de composição funcional.

> **Composição de Funções** ■ Dadas as funções $f(u)$ e $g(x)$, a composição $f(g(x))$ é a função formada substituindo u por $g(x)$ na expressão de $f(u)$.

Observe que a função composta $f(g(x))$ faz sentido apenas se o domínio de f contém o contradomínio de g. Na Figura 1.2, a função composta é mostrada como uma linha de montagem na qual a matéria-prima x é convertida em um produto intermediário $g(x)$, que, por sua vez, é convertido em um produto final $f(g(x))$.

FIGURA 1.2 A função composta $f(g(x))$ como uma linha de montagem.

5 EXPLORE!

Entre no editor de funções com $f(x) = x^2$ e $g(x) = x + 3$ como Y1 e Y2, respectivamente. Cancele a seleção de Y1 e Y2. Faça Y3 = Y1(Y2) e Y4 = Y2(Y1). Mostre graficamente (usando a janela padrão) e analiticamente (por meio dos valores de uma tabela) que $f(g(x))$, representada por Y3, e $g(f(x))$, representada por Y4, não são a mesma função. Quais são as equações explícitas dessas duas funções compostas?

O Exemplo 1.1.7 ilustra a determinação de uma função composta.

EXEMPLO 1.1.7 Expresse a Função Composta

Determine a função composta $f(g(x))$ para $f(u) = u^2 + 3u + 1$ e $g(x) = x + 1$.

Solução

Substitua u por $x + 1$ na expressão de $f(u)$ para obter

$$\begin{aligned} f(g(x)) &= (x+1)^2 + 3(x+1) + 1 \\ &= (x^2 + 2x + 1) + (3x + 3) + 1 \\ &= x^2 + 5x + 5 \end{aligned}$$

NOTA Invertendo os papéis de f e g na definição de função composta, é possível definir a composição $g(f(x))$; as funções $f(g(x))$ e $g(f(x))$ *não* são necessariamente iguais. No caso do Exemplo 1.1.7, por exemplo, escrevemos primeiro

$$g(w) = w + 1 \quad \text{e} \quad f(x) = x^2 + 3x + 1$$

e depois substituímos w por $x^2 + 3x + 1$ para obter

$$g(f(x)) = (x^2 + 3x + 1) + 1$$
$$= x^2 + 3x + 2$$

que é bem diferente da função $f(g(x)) = x^2 + 5x + 5$ calculada no Exemplo 1.1.7. Na verdade, $f(g(x)) = g(f(x))$ apenas se

$$x^2 + 5x + 5 = x^2 + 3x + 2$$
$$2x = -3$$
$$x = -\frac{3}{2}$$

O Exemplo 1.1.7 também poderia ter sido enunciado, de modo mais conciso, da seguinte forma: determine a função composta $f(x + 1)$, em que $f(u) = u^2 + 3u + 1$. O Exemplo 1.1.8 ilustra o uso dessa notação compacta.

EXEMPLO 1.1.8 Custo Expresso como uma Função Composta

Nelson, o dono de uma pequena fábrica de móveis, calcula que se r cadeiras forem produzidas por hora, o custo por hora será $C(r)$ reais, em que

$$C(r) = r^3 - 50r + \frac{1}{r+1}$$

Suponha que o nível de produção é dado por $r = 4 + 0{,}3w$, em que w é o salário por hora dos empregados.

a. Expresse o custo de produção como uma função composta do salário dos empregados.
b. Qual será o custo por hora se os empregados receberem R$ 20,00 por hora?

Solução

a. Para determinar a função composta pedida, substituímos r na expressão de $C(r)$ por $4 + 0{,}3w$. Para facilitar o cálculo, pode ser interessante escrever C na forma

$$C(\square) = (\square)^3 = 50(\square) + \frac{1}{\square + 1}$$

em que os quadrados ($\square$) devem ser substituídos por $4 + 0{,}3w$. Assim, temos:

$$C(r(w)) = C([4 + 0{,}3w]) = [4 + 0{,}3w]^3 - 50[4 + 0{,}3w] + \frac{1}{[(4 + 0{,}3w)] + 1}$$

b. Como um salário de R$ 20,00 por hora corresponde a $w = 20$, o custo por hora é

$$C(r(20)) = [4 + 0{,}3(20)]^3 - 50[4 + 0{,}3(20)] + \frac{1}{[4 + 0{,}3(20)] + 1}$$
$$= 500{,}091$$

o que significa que se os empregados receberem R$ 20,00, o custo de produção por hora será R$ 500,09.

Em certos casos, pode ser útil reescrever uma função comum na forma de uma função composta $g(h(x))$, definindo uma função externa $g(u)$ e a função interna $h(x)$. O processo é ilustrado no Exemplo 1.1.9.

FUNÇÕES, GRÁFICOS E LIMITES

> **EXEMPLO 1.1.9** Gere uma Função Composta a Partir de uma Função Comum

Se $f(x) = 5/(x - 2) + 4(x - 2)^3$, determine funções $g(u)$ e $h(x)$ tais que $f(x) = g(h(x))$.

Solução

A forma da função dada é

$$f(x) = \frac{5}{\square} + 4(\square)^3$$

em que os dois quadrados contêm a expressão $x - 2$. Assim, podemos fazer $f(x) = g(h(x))$, em que

$$\underbrace{g(u) = \frac{5}{u} + 4u^3}_{\text{função externa}} \quad \text{e} \quad \underbrace{h(x) = x - 2}_{\text{função interna}}$$

Na verdade, existe um número infinito de pares de funções $g(u)$ e $h(x)$ que permitem obter uma função composta equivalente à função comum do Exemplo 1.1.9. Um exemplo é o par de funções

$$g(u) = \frac{5}{u + 1} + 4(u + 1)^3 \quad \text{e} \quad h(x) = x - 3$$

O par de funções escolhido na solução desse exemplo é o mais natural e o que reflete mais claramente a estrutura da função original $f(x)$.

O Exemplo 1.1.10 envolve uma aplicação das funções compostas na qual o grau de poluição do ar em um bairro é expresso como uma função composta do tempo.

> **EXEMPLO 1.1.10** Uso de uma Função Composta para Estudar a Poluição do Ar

Ambientalistas estimam que, em certa cidade, a concentração média diária de monóxido de carbono no ar será $c(p) = 0{,}5p + 1$ partes por milhão quando a cidade tiver uma população de p mil habitantes. Um estudo demográfico indica que a população da cidade dentro de t anos será $p(t) = 10 + 0{,}1t^2$ mil habitantes.

a. Determine a concentração média de monóxido de carbono no ar em função do tempo.
b. Daqui a quanto tempo a concentração de monóxido de carbono atingirá o valor de 6,8 partes por milhão?

Solução

a. Como a concentração de monóxido de carbono está relacionada com a variável p por meio da equação

$$c(p) = 0{,}5p + 1$$

e a variável p está relacionada com a variável t pela equação

$$p(t) = 10 + 0{,}1t^2$$

a função composta

$$c(p(t)) = c(10 + 0{,}1t^2) = 0{,}5(10 + 0{,}1t^2) + 1 = 6 + 0{,}05t^2$$

expressa a concentração de monóxido de carbono no ar em função da variável t.

b. Fazendo $c(p(t))$ igual a 6,8 e explicitando t, obtemos

$$6 + 0{,}05t^2 = 6{,}8 \quad \text{subtraindo 6 de ambos os membros}$$
$$0{,}05t^2 = 0{,}8 \quad \text{dividindo ambos os membros por 0,05}$$
$$t^2 = \frac{0{,}8}{0{,}05} = 16 \quad \text{extraindo a raiz quadrada de ambos os membros}$$
$$t = \sqrt{16} = 4 \quad \text{desprezando a raiz negativa}$$

Assim, a concentração de monóxido de carbono chegará a 6,8 partes por milhão daqui a quatro anos.

O **quociente diferença** de uma função $f(x)$ é uma expressão da forma

$$\frac{f(x+h) - f(x)}{h}$$

em que h é uma constante. Quocientes diferença serão usados no Capítulo 2 para calcular a taxa média de variação na inclinação de uma reta tangente e, em seguida, para definir a **derivada**, um dos conceitos fundamentais do cálculo. O Exemplo 1.1.11 ilustra o cálculo do quociente diferença.

EXEMPLO 1.1.11   Cálculo de um Quociente Diferença

Determine o quociente diferença da função $f(x) = x^2 - 3x$.

Solução

Aplicando a definição de quociente diferença, temos:

$$\frac{f(x+h) - f(x)}{h} = \frac{[(x+h)^2 - 3(x+h)] - [x^2 - 3x]}{h} \quad \text{expandindo o numerador}$$
$$= \frac{[x^2 + 2xh + h^2 - 3x - 3h] - [x^2 - 3x]}{h} \quad \text{combinando os termos do numerador}$$
$$= \frac{2xh + h^2 - 3h}{h} \quad \text{dividindo por } h$$
$$= 2x + h - 3$$

PROBLEMAS ▪ 1.1

Nos Problemas 1 a 14, calcule os valores indicados da função.

1. $f(x) = 3x + 5$; $f(0), f(-1), f(2)$
2. $f(x) = -7x + 1$; $f(0), f(1), f(-2)$
3. $f(x) = 3x^2 + 5x - 2$; $f(0), f(-2), f(1)$
4. $h(t) = (2t + 1)^3$; $h(-1), h(0), h(1)$
5. $g(x) = x + \dfrac{1}{x}$; $g(-1), g(1), g(2)$
6. $f(x) = \dfrac{x}{x^2 + 1}$; $f(2), f(0), f(-1)$
7. $h(t) = \sqrt{t^2 + 2t + 4}$; $h(2), h(0), h(-4)$
8. $g(u) = (u + 1)^{3/2}$; $g(0), g(-1), g(8)$
9. $f(t) = (2t - 1)^{-3/2}$; $f(1), f(5), f(13)$
10. $f(t) = \dfrac{1}{\sqrt{3 - 2t}}$; $f(1), f(-3), f(0)$
11. $f(x) = x - |x - 2|$; $f(1), f(2), f(3)$
12. $g(x) = 4 + |x|$; $g(-2), g(0), g(2)$
13. $h(x) = \begin{cases} -2x + 4 & \text{para } x \leq 1 \\ x^2 + 1 & \text{para } x > 1 \end{cases}$; $h(3), h(1), h(0), h(-3)$
14. $f(t) = \begin{cases} 3 & \text{para } t < -5 \\ t + 1 & \text{para } -5 \leq t \leq 5 \\ \sqrt{t} & \text{para } t > 5 \end{cases}$; $f(-6), f(-5), f(16)$

Nos Problemas 15 a 18, determine se o domínio da função dada é o conjunto dos números reais.

15. $g(x) = \dfrac{x}{1 + x^2}$
16. $f(x) = \dfrac{x + 1}{x^2 - 1}$

17. $f(t) = \sqrt{1-t}$ **18.** $h(t) = \sqrt{t^2+1}$

Nos Problemas 19 a 24, determine o domínio da função dada.

19. $g(x) = \dfrac{x^2+5}{x+2}$

20. $f(x) = x^3 - 3x^2 + 2x + 5$

21. $f(x) = \sqrt{2x+6}$ **22.** $f(t) = \dfrac{t+1}{t^2-t-2}$

23. $f(t) = \dfrac{t+2}{\sqrt{9-t^2}}$ **24.** $h(s) = \sqrt{s^2-4}$

Nos Problemas 25 a 32, determine a função composta $f(g(x))$.

25. $f(u) = 3u^2 + 2u - 6$, $g(x) = x + 2$
26. $f(u) = u^2 + 4$, $g(x) = x - 1$
27. $f(u) = (u-1)^3 + 2u^2$, $g(x) = x + 1$
28. $f(u) = (2u+10)^2$, $g(x) = x - 5$
29. $f(u) = \dfrac{1}{u^2}$, $g(x) = x - 1$
30. $f(u) = \dfrac{1}{u}$, $g(x) = x^2 + x - 2$
31. $f(u) = \sqrt{u+1}$, $g(x) = x^2 - 1$
32. $f(u) = u^2$, $g(x) = \dfrac{1}{x-1}$

Nos Problemas 33 a 38, determine o quociente diferença de f, ou seja, o valor de $\dfrac{f(x+h)-f(x)}{h}$.

33. $f(x) = 4 - 5x$ **34.** $f(x) = 2x + 3$
35. $f(x) = 4x - x^2$ **36.** $f(x) = x^2$
37. $f(x) = \dfrac{x}{x+1}$ **38.** $f(x) = \dfrac{1}{x}$

Nos Problemas 39 a 42, determine as funções compostas $f(g(x))$ e $g(f(x))$ e os valores de x (se existirem) para os quais $f(g(x)) = g(f(x))$.

39. $f(x) = \sqrt{x}$, $g(x) = 1 - 3x$
40. $f(x) = x^2 + 1$, $g(x) = 1 - x$
41. $f(x) = \dfrac{2x+3}{x-1}$, $g(x) = \dfrac{x+3}{x-2}$
42. $f(x) = \dfrac{1}{x}$, $g(x) = \dfrac{4-x}{2+x}$

Nos Problemas 43 a 50, determine a função composta indicada.

43. $f(x-2)$ em que $f(x) = 2x^2 - 3x + 1$
44. $f(x+1)$ em que $f(x) = x^2 + 5$
45. $f(x-1)$ em que $f(x) = (x+1)^5 - 3x^2$
46. $f(x+3)$ em que $f(x) = (2x-6)^2$
47. $f(x^2 + 3x - 1)$ em que $f(x) = \sqrt{x}$
48. $f\left(\dfrac{1}{x}\right)$ em que $f(x) = 3x + \dfrac{2}{x}$
49. $f(x+1)$ em que $f(x) = \dfrac{x-1}{x}$
50. $f(x^2 - 2x + 9)$ em que $f(x) = 2x - 20$

Nos Problemas 51 a 56, determine funções $h(x)$ e $g(u)$ tais que $f(x) = g(h(x))$.

51. $f(x) = (x-1)^2 + 2(x-1) + 3$
52. $f(x) = (x^5 - 3x^2 + 12)^3$
53. $f(x) = \dfrac{1}{x^2+1}$
54. $f(x) = \sqrt{3x-5}$
55. $f(x) = \sqrt[3]{2-x} + \dfrac{4}{2-x}$
56. $f(x) = \sqrt{x+4} - \dfrac{1}{(x+4)^3}$

PROBLEMAS APLICADOS DE ECONOMIA E FINANÇAS

57. CUSTO DE PRODUÇÃO O custo total para produzir q unidades de certo produto é $C(q)$ reais, em que

$$C(q) = 0{,}01q^2 + 0{,}9q + 2$$

a. Calcule o custo total e o custo médio para produzir 10 unidades.
b. Calcule o custo para produzir a 10ª unidade.

58. CUSTO DE PRODUÇÃO Responda às perguntas do Problema 57 supondo que a função de custo é

$$C(q) = q^3 - 30q^2 + 400q + 500$$

RENTABILIDADE *Nos Problemas 59 a 62, a função demanda $p = D(x)$ e a função custo total $C(x)$ de certo produto são dadas em termos do nível de produção x. Em cada caso, determine:*
(a) A receita $R(x)$ e o lucro $L(x)$.
(b) Todos os valores de x para os quais a fabricação do produto é lucrativa.

59. $D(x) = -0{,}02x + 29$
$C(x) = 1{,}43x^2 + 18{,}3x + 15{,}6$

60. $D(x) = -0{,}37x + 47$
$C(x) = 1{,}38x^2 + 15{,}15x + 115{,}5$

61. $D(x) = -0{,}5x + 39$
$C(x) = 1{,}5x^2 + 9{,}2x + 67$

62. $D(x) = -0{,}09x + 51$
$C(x) = 1{,}32x^2 + 11{,}7x + 101{,}4$

63. CUSTO DE DISTRIBUIÇÃO Suponha que o número de homens-horas necessário para distribuir catálogos telefônicos para $x\%$ das residências em certa região rural seja dado pela função

$$W(x) = \dfrac{600x}{300-x}$$

a. Qual é o domínio da função W?
b. Para que valores de x a função W(x) tem significado nesse contexto?
c. Quantos homens-horas são necessários para distribuir catálogos para 50% das residências?
d. Quantos homens-horas são necessários para distribuir catálogos para todas as residências?
e. Que porcentagem das residências terá recebido novos catálogos depois de 150 homens-horas de trabalho?

64. **TRANSFERÊNCIA DE DADOS** No ano 2000, a Digicorp, uma empresa de processamento de dados, começou a transferir dados de bases de dados antigas e armazená-los em sistemas mais modernos. Medida em anos após 2010, a função $R(t) = 30\sqrt{6-t}$ representa o número de bases de dados que restam para serem transferidas.
a. Qual é o domínio de R?
b. Quantas bases de dados existiam inicialmente para serem transferidas?
c. Quantas bases de dados ainda restavam para serem transferidas em 2007?
d. Aproximadamente quantas bases restavam para serem transferidas em 2011?
e. A transferência de dados estava prevista para ser terminada em 2015. Essa meta será atingida? Justifique sua resposta.

65. **PREÇOS DE AÇÕES** A Apple Inc. (cujas ações na bolsa têm o nome de código APPL) fabrica produtos muito populares como o iPhone, o iPad e os computadores laptot MacBook. Entretanto, a empresa teve um começo difícil. Levando em conta os desdobramentos, o preço em dólares das APPL podem ser representados pela seguinte ação definida por partes:

$$S(t) = \begin{cases} 14{,}7 + 0{,}6t & \text{para } t \leq 4 \\ 14{,}2t^2 - 128t + 304 & \text{para } t > 4 \end{cases}$$

em que t é o tempo em anos após 2000.
a. De acordo com essa função, qual era o preço das APPL em 1990 (ou seja, para $t = -10$)? E em 2006?
b. Em que ano as APPL atingiram o valor de 200 dólares?
c. Qual era o valor das APPL em 2012?

66. **EFICIÊNCIA DA MÃO DE OBRA** Um estudo de eficiência no turno da manhã em uma fábrica mostra que, em média, um operário que chega no trabalho às 8h terá montado

$$f(x) = -x^3 + 6x^2 + 15x$$

aparelhos de televisão x horas depois.
a. Quantos aparelhos um operário já montou, em média, às 10h da manhã? [*Sugestão*: Às 10h, $x = 2$.]
b. Quantos aparelhos um operário monta, em média, entre as 9h e as 10h da manhã?

67. **DEMANDA DO CONSUMIDOR** Um importador norte-americano de café brasileiro estima que os consumidores locais comprarão aproximadamente $Q(p) = 4.374/p^2$ quilogramas de café por semana se o preço for p dólares por quilograma. O preço estimado do café após t semanas é

$$p(t) = 0{,}04t^2 + 0{,}2t + 12$$

dólares por quilograma.
a. Expresse a demanda semanal de café (quilogramas vendidos) em função de t.
b. Quantos quilogramas de café os consumidores estarão comprando após 10 semanas?
c. Após quantas semanas a demanda de café será 30,375 quilogramas?

68. **CUSTO DE PRODUÇÃO** Artur, o gerente de uma fábrica de móveis, estima que o custo para produzir q estantes no turno da manhã é $C(q) = q^2 + q + 500$ reais. Em um dia de trabalho típico, $q(t) = 25t$ estantes são produzidas durante as primeiras t horas de uma jornada de trabalho, para $0 \leq t \leq 5$.
a. Expresse o custo de produção C relativo a t.
b. Qual será a quantia gasta em produção até o final da terceira hora? Qual será o custo médio de produção durante as primeiras três horas?
c. O orçamento de Artur prevê um gasto de no máximo R$ 11.000,00 em produção no turno da manhã. Em que instante esse limite será atingido?

PROBLEMAS APLICADOS DE CIÊNCIAS SOCIAIS E BIOLÓGICAS

69. **VACINAÇÃO** Durante um programa nacional para vacinar a população contra certo tipo de gripe, as autoridades descobrem que o custo para vacinar $x\%$ da população é dado aproximadamente por $C(x) = 150x/200 - x$ milhões de reais.
a. Qual é o domínio da função C?
b. Para que valores de x a função C(x) tem significado nesse contexto?
c. Qual é o custo para vacinar 50% da população?
d. Qual é o custo para vacinar os 50% restantes da população?
e. Que porcentagem da população terá sido vacinada após serem gastos 37,5 milhões de reais no programa?

70. **VARIAÇÃO DE TEMPERATURA** Suponha que, t horas depois da meia-noite, a temperatura em Miami seja $C(t) = -1t^2/6 + 4t + 10$ graus Celsius.
a. Qual é a temperatura às 2h da manhã?
b. Qual é a variação de temperatura das 6h da tarde às 9h da noite?

71. **CRESCIMENTO POPULACIONAL** Estima-se que, daqui a t anos, certo bairro terá uma população de $P(t) = 20 - 6/t + 1$ mil habitantes.
a. Qual será a população do bairro daqui a nove anos?
b. Qual será o aumento da população durante o nono ano?
c. O que acontece com P(t) para grandes valores de t? Interprete o resultado.

72. **PSICOLOGIA EXPERIMENTAL** Para estudar a rapidez com que os animais aprendem, um estudante de psicologia executou um experimento no qual um rato teve de percorrer várias vezes um labirinto. Suponha que o tempo

necessário para o rato encontrar a saída do labirinto na enésima tentativa seja dado aproximadamente por

$$T(n) = 3 + \frac{12}{n}$$

minutos.
a. Qual é o domínio da função T?
b. Para que valores de n a função $T(n)$ tem significado no contexto desse experimento?
c. Quanto tempo o rato levou para encontrar a saída do labirinto na terceira tentativa?
d. Em que tentativa o rato conseguiu encontrar a saída pela primeira vez em quatro minutos ou menos?
e. De acordo com a função T, o que acontece com o tempo necessário para que o rato encontre a saída do labirinto quando o número de tentativas aumenta? O rato conseguirá, depois de certo número de tentativas, encontrar a saída em menos de três minutos?

73. **CIRCULAÇÃO SANGUÍNEA** Biólogos descobriram que a velocidade do sangue em uma artéria é uma função da distância entre o sangue e o eixo central da artéria. De acordo com a **lei de Poiseuille**,* a velocidade (em centímetros por segundo) do sangue que está a r centímetros do eixo central de uma artéria é dada pela função $S(r) = C(R^2 - r^2)$, em que C é uma constante e R é o raio da artéria. Suponha que, para certa artéria, $C = 1{,}76 \times 10^5$ cm^{-1}s^{-1} e $R = 1{,}2 \times 10^{-2}$ cm.
a. Determine a velocidade do sangue no eixo central da artéria.
b. Determine a velocidade do sangue a meio caminho entre o eixo central e a parede da artéria.

74. **DENSIDADE POPULACIONAL** Observações mostram que, no caso de mamíferos herbívoros, o número N de animais por quilômetro quadrado é dado aproximadamente pela expressão $N = 91{,}2/m^{0{,}73}$, em que m é a massa do animal em quilogramas.
a. Supondo que os alces de uma reserva tenham, em média, uma massa de 300 kg, qual é o número esperado de alces por quilômetro quadrado?
b. Usando essa fórmula, estima-se que existe menos de um animal de determinada espécie por quilômetro quadrado. Qual é a maior massa possível, em média, para um animal dessa espécie?

---
*Edward Batschelet, *Introduction to Mathematics for Life Scientists*, 3rd ed., New York: Springer-Verlag, 1979, pp. 101–103.

c. Certa espécie de animal possui, em média, uma massa duas vezes maior que os animais de uma segunda espécie. Se determinada reserva contém 100 animais da espécie maior, qual é o número esperado de animais da espécie menor?

75. **ECOLOGIA** Observações mostram que, em uma ilha de A quilômetros quadrados, o número de espécies de animais é dado aproximadamente por $s(A) = 2{,}9\sqrt[3]{A}$.
a. Quantas espécies existem, em média, em uma ilha de oito quilômetros quadrados?
b. Se s_1 é o número médio de espécies de animais em uma ilha de área A e s_2 é o número médio de espécies em uma ilha de área $2A$, qual é a relação entre s_1 e s_2?
c. Qual deve ser a área de uma ilha para que tenha cerca de 100 espécies de animais?

76. **POLUIÇÃO DO AR** Os ambientalistas estimam que, em certa cidade, a concentração média diária de monóxido de carbono no ar será $c(p) = 0{,}4p + 1$ partes por milhão quando a cidade tiver uma população de p mil habitantes. Um estudo demográfico indica que a população da cidade dentro de t anos será $p(t) = 8 + 0{,}2t^2$ mil habitantes.
a. Determine a concentração média de monóxido de carbono no ar em função do tempo.
b. Qual será a concentração de monóxido de carbono daqui a dois anos?
c. Daqui a quanto tempo a concentração de monóxido de carbono atingirá o valor de 6,2 partes por milhão?

PROBLEMAS VARIADOS

77. **MOVIMENTO DE UMA BOLA** Deixa-se cair uma bola do alto de um edifício. A altura da bola (em metros) após t segundos é dada pela função $H(t) = -4{,}9t^2 + 80$.
a. A que altura está a bola após dois segundos?
b. Que distância percorre a bola durante o terceiro segundo após o início da queda?
c. Qual é a altura do edifício?
d. Quanto tempo a bola leva para chegar ao solo?

78. Qual é o domínio de $f(x) = 7x^2 - 4/x^3 - 2x + 4$?

79. Qual é o domínio de $f(x) = 4x^2 - 3/2x^2 + x - 3$?

80. Para $f(x) = 2\sqrt{x-1}$ e $g(x) = x^3 - 1{,}2$, determine $g(f(4{,}8))$ com duas casas decimais.

81. Para $f(x) = 2\sqrt{x-1}$ e $g(x) = x^3 - 1{,}2$, determine $f(g(2{,}3))$ com duas casas decimais.

SEÇÃO 1.2 Gráfico de uma Função

Objetivos do Aprendizado

1. Conhecer o sistema de coordenadas retangulares.
2. Desenhar gráficos de funções
3. Estudar interseções de curvas, o teste da reta vertical e os pontos de interseção de curvas com eixos.
4. Desenhar e usar gráficos de funções do segundo grau em aplicações práticas.

Os gráficos têm impacto visual e mostram informações que podem não ser evidentes em descrições verbais ou algébricas. Dois gráficos típicos aparecem na Figura 1.3.

O gráfico da Figura 1.3a mostra a variação da produção industrial de certo país durante um período de quatro anos. Observe que o ponto mais alto do gráfico aparece perto do final do terceiro ano, mostrando que a produção passou por um máximo naquela ocasião. O gráfico da Figura 1.3b mostra o aumento da população em uma situação na qual fatores ambientais impõem um limite superior ao tamanho da população. De acordo com o gráfico, a *taxa* de aumento da população cresce no início e depois diminui, quando o tamanho da população se aproxima do limite.

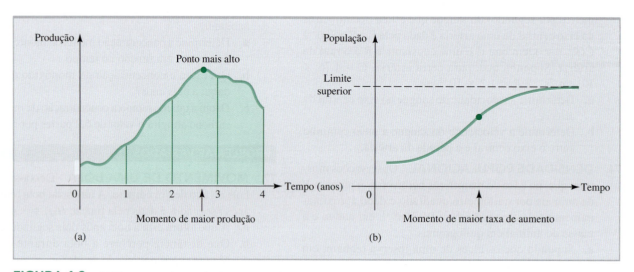

FIGURA 1.3 (a) Função produção. (b) Função população.

Sistema de Coordenadas Retangulares

Para representar gráficos em um plano, costuma-se usar um **sistema de coordenadas retangulares**, também chamado de **sistema de coordenadas cartesianas** em homenagem ao criador, o filósofo e matemático francês René Descartes, que viveu no século XVII. Para construir um sistema de coordenadas retangulares, começamos por escolher duas retas graduadas mutuamente perpendiculares; o ponto de interseção das duas retas é tomado como a origem. Por convenção, uma das retas é horizontal, com o sentido positivo da esquerda para a direita, e recebe o nome de **eixo x**. A outra reta é vertical, com o sentido positivo de baixo para cima, e recebe o nome de **eixo y**. As escalas dos dois eixos do sistema de coordenadas muitas vezes são diferentes e dependem das grandezas que estão sendo representadas pelas duas variáveis. Os eixos x e y dividem o plano em quatro partes chamadas **quadrantes**, que são numeradas de I a IV, no sentido anti-horário, a partir do quadrante situado no canto superior direito, como mostra a Figura 1.4.

Qualquer ponto P de um plano pode ser associado unicamente a um par ordenado de números (a, b), que recebem o nome de **coordenadas** de P. O número a é chamado de **coordenada x** (ou **abscissa**) e o número b é chamado de **coordenada y** (ou **ordenada**). Para determinar os valores de a e b, basta traçar duas retas, uma vertical e outra horizontal, passando pelo ponto P. A reta vertical intercepta o eixo x no ponto a e a reta horizontal intercepta o eixo y no ponto b.

FUNÇÕES, GRÁFICOS E LIMITES   15

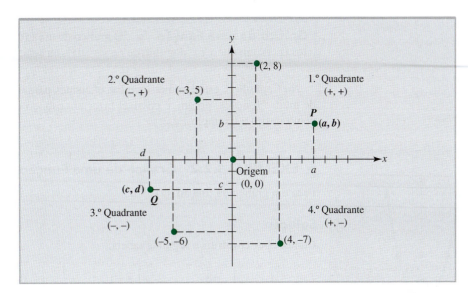

FIGURA 1.4 O sistema de coordenadas retangulares.

Por outro lado, se são dados dois valores c e d, a reta vertical que passa por c e a reta horizontal que passa por d se interceptam em um ponto Q de coordenadas (c, d).

Vários pontos foram plotados na Figura 1.4. Observe, em particular, que o ponto $(2, 8)$ está duas unidades à direita do eixo vertical e oito unidades acima do eixo horizontal, enquanto o ponto $(-3, 5)$ está três unidades à esquerda do eixo vertical e cinco unidades acima do eixo horizontal. A cada ponto P do plano corresponde univocamente um par de coordenadas (a, b) e, da mesma forma, cada par de coordenadas (c, d) determina univocamente um ponto do plano.

Fórmula da Distância

Existe uma fórmula simples para calcular a distância D entre dois pontos P e Q cujas coordenadas são (x_1, y_1) e (x_2, y_2), respectivamente. Note na Figura 1.5 que as diferenças $x_2 - x_1$ entre as coordenadas x e $y_2 - y_1$ entre as coordenadas y desses pontos correspondem aos catetos de um triângulo retângulo e que a hipotenusa do triângulo é a distância D entre os pontos P e Q. Assim, o teorema de Pitágoras nos dá a fórmula da distância, $D = \sqrt{(x_2 - x_1)^2 + (y_2 - y_1)^2}$. A Figura 1.5 mostra apenas o caso especial em que Q está acima e à direita de P, mas a fórmula da distância é válida para dois pontos quaisquer do plano, independentemente de sua posição relativa.

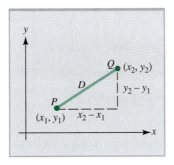

FIGURA 1.5 A fórmula da distância, $D = \sqrt{(x_2 - x_1)^2 + (y_2 - y_1)^2}$.

> **Fórmula da Distância** ■ A distância entre os pontos (x_1, y_1) e (x_2, y_2) é dada por
> $$D = \sqrt{(x_2 - x_1)^2 + (y_2 - y_1)^2}$$

EXEMPLO 1.2.1 Uso da Fórmula da Distância

Determine a distância entre os pontos $(-2, 5)$ e $(4, -1)$.

Solução

Usando a fórmula da distância com $x_1 = -2$, $y_1 = 5$, $x_2 = 4$ e $y_2 = -1$, obtemos:

$$D = \sqrt{[4 - (-2)]^2 + (-1 - 5)^2} = \sqrt{72} = 6\sqrt{2}$$

Gráfico de uma Função

Para representar graficamente uma função da forma $y = f(x)$, plotamos os valores da variável independente x no eixo x (horizontal) e os valores correspondentes da variável dependente y no eixo y (vertical). O gráfico da função é definido da seguinte maneira:

> **Gráfico de uma Função** ■ O gráfico de uma função f é o conjunto de todos os pontos (x, y), em que x é o domínio de f e $y = f(x)$, ou seja, todos os pontos da forma $(x, f(x))$.

No Capítulo 3, estudaremos técnicas eficientes para desenhar gráficos de funções. No caso de muitas funções, porém, é possível fazer um esboço razoável plotando uns poucos pontos, como ilustra o Exemplo 1.2.2.

EXEMPLO 1.2.2 Gráfico de uma Função a Partir de Alguns Pontos

Faça um gráfico da função $f(x) = x^2$.

Solução
Comece por construir a seguinte tabela:

x	-3	-2	-1	$-\frac{1}{2}$	0	$\frac{1}{2}$	1	2	3
$y = x^2$	9	4	1	$\frac{1}{4}$	0	$\frac{1}{4}$	1	4	9

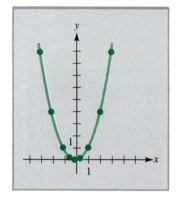

FIGURA 1.6 Gráfico da função $y = x^2$.

Em seguida, plote os pontos (x, y) e ligue-os por meio de uma curva suave, como na Figura 1.6.

NOTA É possível traçar muitas curvas diferentes passando pelos pontos do Exemplo 1.2.2. A Figura 1.7 mostra algumas possibilidades. Não há garantia de que a curva que traçamos a partir dos pontos disponíveis seja o verdadeiro gráfico de f. Entretanto, quanto mais pontos forem plotados, mais o gráfico se aproximará da função real. ■

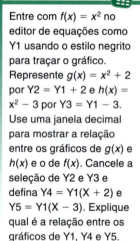

6 | EXPLORE!

Entre com $f(x) = x^2$ no editor de equações como Y1 usando o estilo negrito para traçar o gráfico. Represente $g(x) = x^2 + 2$ por Y2 = Y1 + 2 e $h(x) = x^2 - 3$ por Y3 = Y1 − 3. Use uma janela decimal para mostrar a relação entre os gráficos de $g(x)$ e $h(x)$ e o de $f(x)$. Cancele a seleção de Y2 e Y3 e defina Y4 = Y1(X + 2) e Y5 = Y1(X − 3). Explique qual é a relação entre os gráficos de Y1, Y4 e Y5.

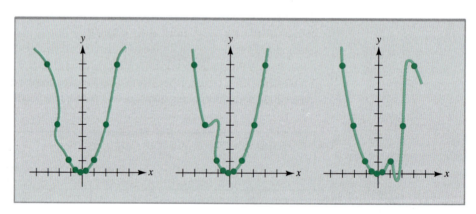

FIGURA 1.7 Gráficos de outras funções que passam pelos pontos do Exemplo 1.2.2.

O Exemplo 1.2.3 ilustra o traçado do gráfico de uma função definida por mais de uma expressão matemática.

EXEMPLO 1.2.3 Gráfico de uma Função Definida por Partes

Faça um gráfico da função

$$f(x) = \begin{cases} 2x & \text{para } 0 \leq x < 1 \\ \dfrac{2}{x} & \text{para } 1 \leq x < 4 \\ 3 & \text{para } x \geq 4 \end{cases}$$

7 EXPLORE!

Certas funções que são definidas por partes podem ser introduzidas na calculadora usando funções booleanas. Assim, por exemplo, a função de valor absoluto

$$f(x) = |x| = \begin{cases} x & \text{para } x \geq 0 \\ -x & \text{para } x < 0 \end{cases}$$

pode ser representada por Y1 = X(X ≥ 0) + (−X)(X < 0). Represente a função do Exemplo 1.2.3 usando funções booleanas e plote a função com uma janela de observação apropriada. [*Sugestão*: Será necessário representar o intervalo 0 < X < 1 pela expressão booleana (0 < X)(X < 1).]

Solução

Ao fazer uma tabela de valores para essa função, não se esqueça de usar a expressão apropriada para cada valor de x. Com a expressão $f(x) = 2x$ para $0 \leq x < 1$, a expressão $f(x) = 2/x$ para $1 \leq x < 4$ e a expressão $f(x) = 3$ para $x \geq 4$, é possível compilar a seguinte tabela:

x	0	$\frac{1}{2}$	1	2	3	4	5	6
$f(x)$	0	1	2	1	$\frac{2}{3}$	3	3	3

Em seguida, plote os pontos $(x, f(x))$ e desenhe o gráfico (Figura 1.8). Observe que os trechos para $0 \leq x < 1$ e $1 \leq x < 4$ estão ligados pelo ponto $(1, 2)$, mas o trecho para $x \geq 4$ está separado do resto do gráfico. [O "ponto aberto" em $(4, 1/2)$ mostra que o gráfico se aproxima do ponto, mas o ponto não faz parte do gráfico.]

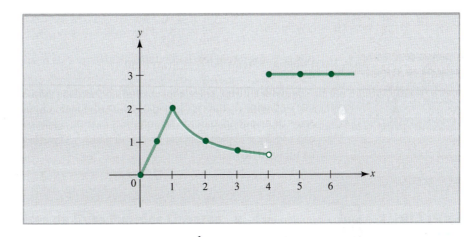

FIGURA 1.8 Gráfico de $f(x) = \begin{cases} 2x & 0 \leq x < 1 \\ \dfrac{2}{x} & 1 \leq x < 4 \\ 3 & x \geq 4 \end{cases}$

Pontos de Interseção

Às vezes, é necessário determinar as coordenadas dos pontos nos quais duas funções são iguais. Um economista, por exemplo, pode estar interessado em calcular o preço para o qual a demanda de um produto é igual à oferta, ou um analista político pode estar interessado em prever quanto tempo será necessário para que a popularidade de um candidato se torne igual à popularidade do adversário. Algumas dessas aplicações serão discutidas na Seção 1.4.

Em termos geométricos, os valores de x para os quais duas funções $f(x)$ e $g(x)$ são iguais são as coordenadas x nos pontos de interseção dos gráficos das duas funções. Na Figura 1.9, os grá-

LEMBRETE

Os **zeros**, ou as **raízes**, de uma função $f(x)$ são os valores, dentro do domínio de x, para os quais o valor da função é zero. A determinação dos zeros de uma função é uma parte importante do cálculo. Para verificar quais são os zeros de uma função $f(x)$, igualamos a zero a expressão da função e resolvemos a equação resultante para obter o valor (ou os valores) de x.

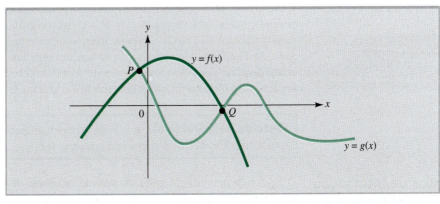

FIGURA 1.9 Os gráficos de $y = f(x)$ e $y = g(x)$ se interceptam nos pontos P e Q.

ficos de $y = f(x)$ e $y = g(x)$ se interceptam em dois pontos, P e Q. Para determinar algebricamente os pontos de interseção, basta calcular os valores de x para os quais $f(x) = g(x)$. Esse método é ilustrado no Exemplo 1.2.4.

LEMBRETE

A **fórmula de Bhaskara** é usada no Exemplo 1.2.4. De acordo com essa fórmula, a equação $Ax^2 + Bx + C = 0$ tem soluções reais se e apenas se $B^2 - 4AC \geq 0$, caso em que as soluções são

$$r_1 = \frac{-B + \sqrt{B^2 - 4AC}}{2A}$$

e

$$r_2 = \frac{-B - \sqrt{B^2 - 4AC}}{2A}$$

A fórmula de Bhaskara é discutida no Apêndice A.2.

EXEMPLO 1.2.4 Determinação de Pontos de Interseção

Determine todos os pontos de interseção dos gráficos das funções $f(x) = 3x + 2$ e $g(x) = x^2$.

Solução

Precisamos resolver a equação $x^2 = 3x + 2$. Reescrevendo a equação na forma $x^2 - 3x - 2 = 0$ e usando a fórmula de Bhaskara, obtemos

$$x = \frac{-(-3) \pm \sqrt{(-3)^2 - 4(1)(-2)}}{2(1)} = \frac{3 \pm \sqrt{17}}{2}$$

o que nos dá

$$x = \frac{3 + \sqrt{17}}{2} \approx 3{,}56 \quad \text{e} \quad x = \frac{3 - \sqrt{17}}{2} \approx -0{,}56$$

(Os cálculos foram feitos em uma calculadora e os resultados arredondados para duas casas decimais.)

Calculando as coordenadas y correspondentes com o auxílio da equação $y = x^2$, constatamos que os pontos de interseção são aproximadamente $(3{,}56; 12{,}67)$ e $(-0{,}56; 0{,}31)$. (Por causa dos erros de arredondamento, encontramos valores ligeiramente diferentes quando usamos a equação $y = 3x + 2$ para calcular as coordenadas y.) Gráficos e pontos de interseção são mostrados na Figura 1.10.

8 EXPLORE!

Leia o Exemplo 1.2.4 e use uma calculadora para determinar todos os pontos de interseção das curvas de $f(x) = 3x + 2$ e $g(x) = x^2$. Determine também as raízes de $g(x) - f(x) = x^2 - 3x - 2$. O que é possível concluir a partir desses resultados?

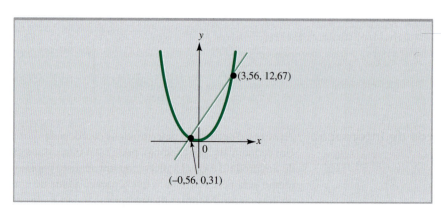

FIGURA 1.10 Interseção dos gráficos das funções $f(x) = 3x + 2$ e $g(x) = x^2$.

Teste da Reta Vertical

É importante notar que nem toda curva é o gráfico de uma função (Figura 1.11). Suponha, por exemplo, que a circunferência $x^2 + y^2 = 5$ fosse o gráfico de certa função $y = f(x)$. Nesse caso, como os pontos $(1, 2)$ e $(1, -2)$ pertencem à circunferência, teríamos $f(1) = 2$ e $f(1) = -2$, o que não está de acordo com a definição de função, segundo a qual existe um e *apenas* um valor no contradomínio associado a cada valor do domínio. O **teste da reta vertical** é uma regra geométrica usada para determinar se uma curva é o gráfico de uma função.

> **Teste da Reta Vertical** ■ Uma curva é o gráfico de uma função se e apenas se nenhuma reta vertical intercepta a curva mais de uma vez.

Pontos de Interseção com os Eixos x e y

O gráfico de uma função pode ter mais de um ponto de interseção com o eixo x, mas só pode ter, no máximo, um ponto de interseção com o eixo y, já que, de acordo com o teste da reta vertical, a reta vertical $x = 0$ (ou seja, o eixo y) não pode interceptar a curva da função mais

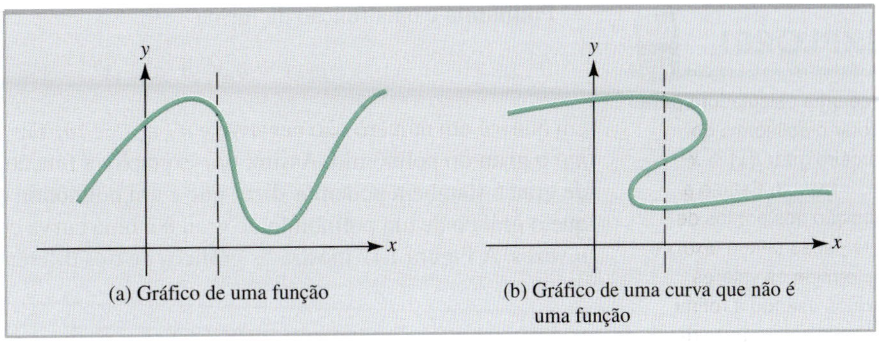

FUNÇÕES, GRÁFICOS E LIMITES 19

(a) Gráfico de uma função

(b) Gráfico de uma curva que não é uma função

FIGURA 1.11 Teste da reta vertical.

de uma vez. Os pontos de interseção com os eixos são pontos importantes de um gráfico e podem ser determinados algebricamente.

> **Como Determinar os Pontos de Interseção com os Eixos x e y** ■ Para determinar os pontos de interseção de um gráfico com o eixo x, basta fazer $y = 0$ e calcular o valor (ou valores) de x. Para determinar o ponto de interseção com o eixo y, basta fazer $x = 0$ e calcular o valor de y. No caso de uma função $f(x)$, o único valor possível do ponto de interseção com o eixo y é $y_0 = f(0)$, mas pode não ser fácil determinar os pontos de interseção com o eixo x.

EXPLORE!

Use uma calculadora para determinar os pontos em que a função $f(x) = -x^2 + x + 2$ intercepta o eixo x, primeiro graficamente, usando a tecla **ZOOM**, e depois numericamente, por meio da rotina para localizar raízes. Faça o mesmo para a função $g(x) = x^2 + x - 4$. Qual é o valor numérico dessas raízes, deixando indicados os radicais?

EXEMPLO 1.2.5 Determinação dos Pontos de Interseção de um Gráfico

Determine os pontos de interseção dos gráficos das seguintes funções:
a. $f(x) = -x^2 + x + 2$
b. $g(x) = x\sqrt{x^2 - 1}$

Solução

a. Como $f(0) = 2$, o ponto de interseção de $f(x)$ com o eixo y é o ponto $(0, 2)$. Para determinar os pontos de interseção com o eixo x, temos de resolver a equação $f(x) = 0$. Fatorando a equação, obtemos

$$-x^2 + x + 2 = 0 \quad \text{fatorando}$$
$$-(x + 1)(x - 2) = 0 \quad uv = 0 \text{ se e apenas se } u = 0 \text{ ou } v = 0$$
$$x = -1, x = 2$$

e, portanto, os pontos de interseção com o eixo x são $(-1, 0)$ e $(2, 0)$.

b. A função $g(x) = x\sqrt{x^2 - 1}$ não existe para $-1 < x < 1$, já que o radicando, $x^2 - 1$, é negativo nesse intervalo. Como 0 está no interior do intervalo, $g(0)$ não existe e, portanto, não existe um ponto de interseção do gráfico com o eixo y. Para obter os pontos de interseção com o eixo x, fazemos $g(x) = 0$, o que nos dá as soluções $x = 0$, 1 e -1. Como a função não existe no ponto $x = 0$, os pontos de interseção com o eixo x = 0 são os pontos $(1, 0)$ e $(-1, 0)$.

> **NOTA** A fatoração do Exemplo 1.2.5 não é difícil; em casos mais complicados, pode ser necessário usar um dos métodos do Apêndice A.2. ■

Funções Potência, Polinômios e Funções Racionais

Função potência é uma função da forma $f(x) = x^n$, em que n é um número real. Assim, por exemplo, $f(x) = x^2$, $f(x) = x^{-3}$ e $f(x) = x^{1/2}$ são funções potência. O mesmo se pode dizer de $f(x) = 1/x^2$ e $f(x) = \sqrt[3]{x}$, que podem ser escritas como $f(x) = x^{-2}$ e $f(x) = x^{1/3}$, respectivamente.

10 EXPLORE!

Use uma calculadora para plotar o polinômio do terceiro grau $f(x) = x^3 - x^2 - 6x + 3$. Estime a posição dos pontos de interseção com o eixo x e determine os valores exatos usando a rotina para calcular raízes da calculadora.

Polinômio é uma função da forma

$$p(x) = a_n x^n + a_{n-1} x^{n-1} + \cdots + a_1 x + a_0$$

em que n é um número não negativo e $a_0, a_1, \ldots, a_n$ são constantes. Se $a_n \neq 0$, o número inteiro n é o **grau** do polinômio. Assim, por exemplo, a função $f(x) = 3x^5 - 6x^2 + 7$ é um polinômio de grau 5 (também podemos dizer que é um polinômio do quinto grau). É possível demonstrar que o gráfico de um polinômio de grau n é uma curva contínua que não cruza o eixo x mais de n vezes. A Figura 1.12 mostra os gráficos de três diferentes polinômios do terceiro grau.

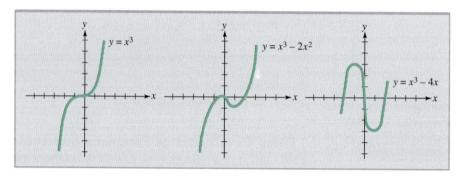

FIGURA 1.12 Três polinômios do terceiro grau.

O quociente $p(x)/q(x)$ de dois polinômios $p(x)$ e $q(x)$ é chamado de **função racional**. Muitos exemplos e problemas deste livro envolvem funções racionais. A Figura 1.13 mostra os gráficos de três funções racionais. Os métodos usados para traçar esses gráficos serão discutidos na Seção 3.3 do Capítulo 3.

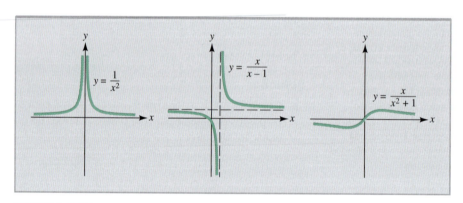

FIGURA 1.13 Gráficos de três funções racionais.

Gráficos de Parábolas

Um polinômio de grau 2 é chamado de **função do segundo grau** e tem a forma geral $f(x) = Ax^2 + Bx + C$, em que $A \neq 0$. O gráfico da função é uma curva chamada **parábola**. Como as funções do segundo grau aparecem frequentemente em problemas práticos que podem ser analisados graficamente, é interessante dispor de um método para desenhar rapidamente uma função desse tipo.

Todas as parábolas têm forma de U, como as da Figura 1.14; a abertura da parábola é voltada para cima se $A > 0$ (Figura 1.14a) e, para baixo, se $A < 0$ (Figura 1.14b). O "pico" ou "vale" da parábola recebe o nome de **vértice** e sempre ocorre no ponto em que $x = -B/2A$.

Para fazer um esboço da parábola $y = Ax^2 + Bx + C$, basta conhecer duas características da curva:

1. A localização do vértice (o ponto em que $x = -B/2A$).
2. Dois pontos adicionais da parábola, que, em geral, são os pontos de interseção com os eixos.

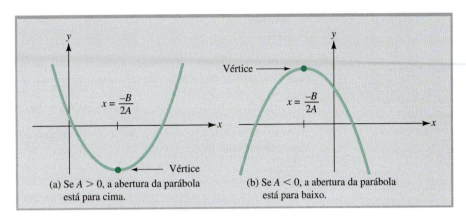

FIGURA 1.14 Gráfico da parábola $y = Ax^2 + Bx + C$.

Assim, por exemplo, a parábola $y = -x^2 + x + 2$ se abre para baixo (já que $A = -1$ é negativo) e o vértice (ponto mais alto, no caso) fica em $(1/2, 9/4)$, o ponto no qual

$$x = \frac{-B}{2A} = \frac{-1}{2(-1)} = \frac{1}{2}$$

e sabemos, por meio do Exemplo 1.2.5a, que os pontos de interseção com o eixo x são $(-1, 0)$ e $(2, 0)$. Usamos essas informações para esboçar o gráfico da função $y = -x^2 + x + 2$ na Figura 1.15.

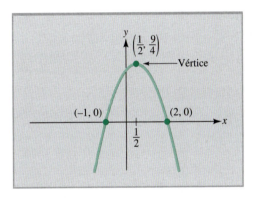

FIGURA 1.15 Gráfico da função $y = -x^2 + x + 2$.

No Exemplo 1.2.6, usamos o que sabemos a respeito do gráfico de uma parábola para determinar a receita máxima em um processo de produção.

EXEMPLO 1.2.6 Determinação da Receita Máxima

Jorge determina que, quando x centenas de unidades de certo produto são fabricadas, todas poderão ser vendidas por um preço unitário dado pela função demanda $p = 60 - x$ reais. Para que nível de produção a receita é máxima? Qual é a receita máxima?

Solução

A receita obtida produzindo x centenas de unidades e vendendo todas por $60 - x$ reais cada uma é dada por $R(x) = x(60 - x)$ centenas de reais. Observe que $R(x) \geq 0$ apenas para $0 \leq x \leq 60$. O gráfico da função receita

$$R(x) = x(60 - x) = -x^2 + 60x$$

é uma parábola com a abertura voltada para baixo (visto que $A = -1 < 0$) cujo ponto mais alto (vértice) fica em

$$x = \frac{-B}{2A} = \frac{-60}{2(-1)} = 30$$

como mostra a Figura 1.16. Assim, a receita é máxima quando $x = 30$ centenas (3.000) de unidades são produzidas e a receita máxima correspondente é

$$R(30) = 30(60 - 30) = 900$$

centenas de reais. Jorge deve produzir 3.000 unidades e com esse nível de produção a receita esperada é R$ 90.000,00.

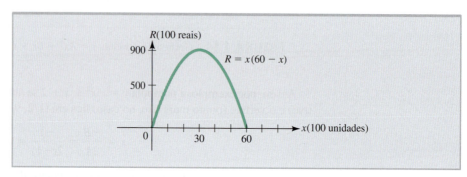

FIGURA 1.16 Uma função receita.

LEMBRETE

O método de completar o quadrado será discutido no Apêndice A.2 e ilustrado nos Exemplos A.2.12 e A.2.13.

Observe que também podemos determinar o valor máximo de $R(x) = -x^2 + 60x$ completando o quadrado:

$$\begin{aligned} R(x) &= -x^2 + 60x & &\text{colocando } -1 \text{ em evidência} \\ &= -(x^2 - 60x) & &\text{somando e subtraindo } (-60/2)^2 = 900 \\ & & &\text{para completar o quadrado} \\ &= -(x^2 - 60x + 900) + 900 \\ & \qquad\quad \uparrow \qquad\quad\ \uparrow \\ & \qquad\ -900 \ +\ 900 \\ &= (x - 30)^2 + 900 \end{aligned}$$

Assim, $R(30) = 0 + 900 = 900$ e, para $c \neq 30$, temos:

$$R(c) = -(c - 30)^2 + 900 < 900 \qquad \text{já que } -(c - 30)^2 < 0$$

o que significa que a receita máxima é 900 (R$ 90.000,00) para $x = 30$ (3.000 unidades).

PROBLEMAS ■ 1.2

Nos Problemas 1 a 6, plote os pontos dados em um plano, usando um sistema de coordenadas retangulares.

1. (4, 3)
2. (−2, 7)
3. (5, −1)
4. (−1, −8)
5. (0, −2)
6. (3, 0)

Nos Problemas 7 a 10, determine a distância entre os pontos dados.

7. (3, −1) e (7, 1)
8. (4, 5) e (−2, −1)
9. (7, −3) e (5, 3)
10. $\left(0, \dfrac{1}{2}\right)$ e $\left(-\dfrac{1}{5}, \dfrac{3}{8}\right)$

Nos Problemas 11 e 12, classifique cada função como um polinômio, uma função potência ou uma função racional. Se a função não é de nenhum desses tipos, classifique-a como "diferente".

11.
   a. $f(x) = x^{1,4}$
   b. $f(x) = -2x^3 - 3x^2 + 8$
   c. $f(x) = (3x - 5)(4 - x)^2$
   d. $f(x) = \dfrac{3x^2 - x + 1}{4x + 7}$

12.
   a. $f(x) = -2 + 3x^2 + 5x^4$
   b. $f(x) = \sqrt{x} + 3x$

c. $f(x) = \dfrac{(x-3)(x+7)}{-5x^3 - 2x^2 + 3}$

d. $f(x) = \left(\dfrac{2x+9}{x^2-3}\right)^3$

Nos Problemas 13 a 28, faça o gráfico da função dada, mostrando todas as interseções com os eixos x e y.

13. $f(x) = x$
14. $f(x) = x^2$
15. $f(x) = \sqrt{x}$
16. $f(x) = \sqrt{1-x}$
17. $f(x) = 2x - 1$
18. $f(x) = 2 - 3x$
19. $f(x) = x(2x+5)$
20. $f(x) = (x-1)(x+2)$
21. $f(x) = -x^2 - 2x + 15$
22. $f(x) = x^2 + 2x - 8$
23. $f(x) = x^3$
24. $f(x) = -x^3 + 1$
25. $f(x) = \begin{cases} x - 1 & \text{para } x \leq 0 \\ x + 1 & \text{para } x > 0 \end{cases}$
26. $f(x) = \begin{cases} 2x - 1 & \text{para } x < 2 \\ 3 & \text{para } x \geq 2 \end{cases}$
27. $f(x) = \begin{cases} x^2 + x - 3 & \text{para } x < 1 \\ 1 - 2x & \text{para } x \geq 1 \end{cases}$
28. $f(x) = \begin{cases} 9 - x & \text{para } x \leq 2 \\ x^2 + x - 2 & \text{para } x > 2 \end{cases}$

Nos Problemas 29 a 34, determine os pontos de interseção (se existirem) entre as curvas dadas e desenhe os gráficos correspondentes.

29. $y = 3x + 5$ e $y = -x + 3$
30. $y = 3x + 8$ e $y = 3x - 2$
31. $y = x^2$ e $y = 3x - 2$
32. $y = x^2 - x$ e $y = x - 1$
33. $3y - 2x = 5$ e $y + 3x = 9$
34. $2x - 3y = -8$ e $3x - 5y = -13$

Nos Problemas 35 a 38, é dado o gráfico de uma função f(x). Em cada caso, determine:
(a) A interseção com o eixo y.
(b) Todas as interseções com o eixo x.
(c) O maior valor de f(x) e o(s) valor(es) correspondente(s) de x.
(d) O menor valor de f(x) e o(s) valor(es) correspondente(s) de x.

35.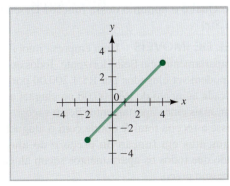

36.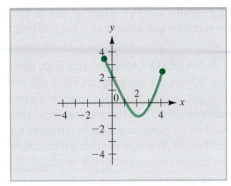

37.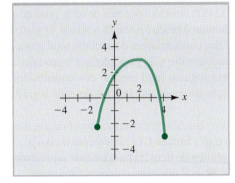

38.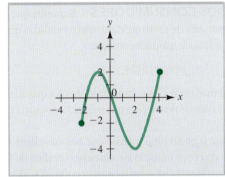

PROBLEMAS APLICADOS DE ECONOMIA E FINANÇAS

39. **CUSTO DE FABRICAÇÃO** A empresa de Vanda pode produzir gravadores digitais por um custo de R$ 40,00 a unidade. Estima-se que se os gravadores forem vendidos por p reais a unidade, os consumidores comprarão $120 - p$ gravadores por mês. Expresse o lucro mensal de Vanda em função do preço, faça um gráfico da função e use-o para estimar o preço ótimo de venda.

40. **CUSTO DE FABRICAÇÃO** Um fabricante pode produzir pneus por um custo de R$ 20,00 a unidade. Estima-se que se os pneus forem vendidos por p reais a unidade, os consumidores comprarão $1.560 - 12p$ pneus por mês. Expresse o lucro mensal do fabricante em função do preço, faça um gráfico da função e use-o para estimar o preço ótimo de venda. Quantos pneus serão vendidos por mês se o preço cobrado for o preço ótimo?

41. **VENDAS A VAREJO** A dona de uma loja de brinquedos pode comprar um jogo de tabuleiro no atacado por R$ 15,00 a unidade. Ela estima que, se vender o jogo por x reais, aproximadamente $5(27 - x)$ jogos serão vendidos por semana. Expresse o lucro semanal da loja com a venda dos jogos em função do preço, faça um gráfico da função

e use-o para estimar o preço ótimo de venda. Quantos jogos serão vendidos por semana se o preço cobrado for o preço ótimo?

42. **VENDAS A VAREJO** Uma livraria pode obter um atlas de uma editora por um preço de R$ 10,00 o exemplar e estima que, se vender o atlas a x reais o exemplar, aproximadamente $20(22 - x)$ exemplares serão vendidos por mês. Expresse o lucro mensal da livraria com a venda dos atlas em função do preço, faça um gráfico da função e use-o para estimar o preço ótimo de venda.

43. **GASTO DOS CONSUMIDORES** Suponha que $x = -200p + 12.000$ unidades por mês de certo produto sejam vendidas quando o preço é p reais a unidade. O gasto mensal total G dos consumidores é a quantia total gasta pelos consumidores em um mês para adquirir o produto.
    a. Expresse o gasto total mensal dos consumidores G em função do preço unitário p e desenhe o gráfico de $G(p)$.
    b. Discuta o significado, em termos econômicos, dos pontos em que a função $G(p)$ intercepta o eixo p.
    c. Use o gráfico do item (a) para estimar o preço no qual o gasto mensal dos consumidores é máximo.

44. **GASTO DOS CONSUMIDORES** Suponha que x mil unidades por mês de certo produto sejam vendidas quando o preço é p reais a unidade, em que

    $$p(x) = 5(24 - x)$$

    O gasto mensal total G dos consumidores é a quantia total gasta pelos consumidores em um mês para adquirir o produto.
    a. Expresse o gasto total mensal dos consumidores G em função do preço unitário p e desenhe o gráfico de $G(p)$.
    b. Discuta o significado, em termos econômicos, dos pontos em que a função $G(p)$ intercepta o eixo p.
    c. Use o gráfico do item (a) para estimar o preço para o qual o gasto mensal dos consumidores é máximo. Quantas unidades serão vendidas por mês se o preço cobrado for o preço ótimo?

45. **LUCRO** Suponha que, quando o preço de certo produto é p reais por unidade, x centenas de unidades são compradas pelos consumidores, em que $p = -0,05x + 38$. O custo para produzir x centenas de unidades é $C(x) = 0,02x^2 + 3x + 574,77$ centenas de reais.
    a. Expresse o lucro L obtido com a venda de x centenas de unidades em função de x. Desenhe o gráfico da função lucro.
    b. Determine o lucro médio LM quando o preço é R$ 37,00.
    c. Use a curva obtida no item (a) para determinar o nível de produção x que resulta no maior lucro possível. Que preço unitário p corresponde ao lucro máximo?

46. **ALUGUEL DE UM EQUIPAMENTO** O aluguel de certo equipamento custa R$ 90,00 mais R$ 21,00 por dia de uso.
    a. Faça uma tabela mostrando o número de dias durante os quais o equipamento permanece alugado e o custo do aluguel para dois dias, cinco dias, sete dias e 10 dias.
    b. Escreva uma expressão algébrica para o custo y em função do número de dias x.
    c. Faça um gráfico da expressão do item (b).

47. **PRODUÇÃO DE UMA FÁBRICA** Uma fábrica de cortadores de grama observou que um empregado novo é capaz de montar N aparadores por dia após t dias de treinamento, em que

    $$N(t) = \frac{45t^2}{5t^2 + t + 8}$$

    a. Faça uma tabela mostrando o número de cortadores montados para tempos de treinamento $t = 2$ dias, 3 dias, 5 dias, 10 dias e 50 dias.
    b. Com base na tabela do item (a), o que você acha que acontece com $N(t)$ para tempos de treinamento muito longos?
    c. Use uma calculadora para plotar $N(t)$.

48. **LUCRO** Carlos é dono de várias carrocinhas de cachorro-quente no centro da cidade. Ele estima que pode vender x cachorros-quentes por dia se o preço for $p = 4,2 - 0,01x$ reais. O custo para preparar x cachorros-quentes por dia é $C(x) = 0,002x^2 + 30$ reais.
    a. Expresse o lucro L de Carlos em função das vendas x e desenhe o gráfico da função lucro.
    b. Qual deve ser o preço dos cachorros-quentes para que o lucro de Carlos seja o máximo possível?

49. **CUSTO DE UM TELEFONE CELULAR** Uma empresa telefônica oferece um plano mensal por R$ 19,00 que inclui 200 minutos gratuitos. As chamadas adicionais custam quatro centavos por minuto até um máximo de 1.000 minutos. Seja $C(m)$ o custo em reais para fazer m minutos de chamadas com um telefone desse plano, para $0 \leq m \leq 1.000$.
    a. Escreva a expressão de $C(m)$ como uma função definida por partes.
    b. Desenhe o gráfico de $C(m)$.

PROBLEMAS APLICADOS DE CIÊNCIAS SOCIAIS E BIOLÓGICAS

50. **CIRCULAÇÃO SANGUÍNEA** Como vimos no Problema 73 da Seção 1.1, a velocidade do sangue a r centímetros do eixo central de uma artéria é dado pela função $S(r) = C(R^2 - r^2)$, em que C é uma constante e R é o raio da artéria. Qual é o domínio dessa função? Desenhe o gráfico de $S(r)$.

51. **ALUGUEL DE IMÓVEIS** Uma empresa imobiliária aluga 150 apartamentos em Belo Horizonte. Todos os apartamentos podem ser alugados por R$ 1.200,00 por mês, mas para cada aumento de R$ 100,00 no aluguel acima desse valor, mais cinco apartamentos ficam vagos.
    a. Expresse a receita total R obtida com o aluguel dos apartamentos em função do preço p do aluguel, supondo que todos os apartamentos sejam alugados pelo mesmo preço.

b. Desenhe o gráfico da função receita obtida no item (a).

c. Qual deve ser o aluguel cobrado pela empresa para que a receita seja a maior possível? Qual é a receita máxima?

52. ALUGUEL DE IMÓVEIS Suponha que a empresa do Problema 51 gaste R$ 500,00 para manter e anunciar cada apartamento desocupado.
a. Expresse a receita mensal total R com o aluguel dos apartamentos em função do preço do aluguel p.
b. Desenhe o gráfico da função receita obtido no item (a).
c. Qual deve ser o aluguel cobrado pela empresa para que a receita seja a maior possível? Qual é a receita máxima?

53. POLUIÇÃO DO AR As emissões de chumbo são uma das principais causas da poluição do ar nos EUA. Usando dados colhidos pela U.S. Environmental Protection Agency na década de 1990, é possível mostrar que a expressão

$$N(t) = -35t^2 + 299t + 3.347$$

fornece aproximadamente a emissão total N de chumbo (em milhares de toneladas) ocorrida nos EUA t anos após o ano-base de 1990.
a. Plote a função poluição $N(t)$.
b. De acordo com essa expressão, qual deveria ter sido a emissão de chumbo em 1995? (De acordo com os dados oficiais, a poluição foi da ordem de 3.924 milhares de toneladas.)
c. De acordo com essa expressão, em que ano da década de 1990 a 2000 a poluição de chumbo foi maior?
d. Essa expressão pode ser usada para prever o nível atual de emissão de chumbo? Justifique sua resposta.

54. ARQUITETURA Uma passarela sobre uma estrada tem forma parabólica, 6 metros de largura e altura suficiente para permitir a passagem de um caminhão com 5 metros de altura e 4 metros de largura.
a. Supondo que a equação da passarela seja da forma $y = ax^2 + b$, use as informações dadas para determinar os valores de a e b. Explique por que essa hipótese é razoável.
b. Desenhe a passarela usando os resultados do item (a).

55. SEGURANÇA NAS ESTRADAS Quando um automóvel está se movendo a v quilômetros por hora, um motorista médio necessita de D metros de visibilidade para frear com segurança, em que $D = 0{,}065v^2 + 0{,}148v$. Desenhe o gráfico de $D(v)$.

56. TARIFAS POSTAIS A partir de 11 de maio de 2009, o preço de uma carta de primeira classe nos EUA passou a ser 44 centavos para a primeira onça e 17 centavos para cada onça ou fração de onça adicional. Seja $Q(p)$ a quantia necessária para enviar uma carta pesando p onças, para $0 \leq p \leq 3$.
a. Descreva $Q(p)$ como uma função definida por partes.
b. Desenhe o gráfico de $Q(p)$.

PROBLEMAS VARIADOS

57. MOVIMENTO DE UM PROJÉTIL Se um objeto é arremessado verticalmente para cima a partir do solo com uma velocidade inicial de 49 metros por segundo, sua altura (em metros) t segundos mais tarde é dada pela função $H(t) = -4{,}9t^2 + 49t$.
a. Faça um gráfico da função $H(t)$.
b. Use o gráfico do item (a) para determinar em que instante o objeto se chocará com o solo.
c. Use o gráfico do item (a) para determinar a altura máxima atingida pelo objeto.

58. MOVIMENTO DE UM PROJÉTIL Um míssil é lançado verticalmente para cima a partir de um silo subterrâneo. Sabe-se que, t segundos após o lançamento, o míssil está s metros acima da superfície, em que $s(t) = -4{,}9t^2 + 245t - 15$
a. A que profundidade está o silo?
b. Plote a curva de $s(t)$.
c. Use a curva do item (b) para determinar o instante em que o míssil atinge a altitude máxima. Qual é a altitude máxima?

Nos Problemas 59 a 62, use o teste da reta vertical para determinar se a curva dada é o gráfico de uma função.

59.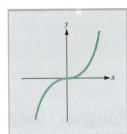

60.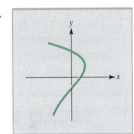

61.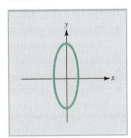

62.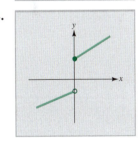

63. Que janela de observação deve ser usada para obter um gráfico adequado da função do segundo grau

$$f(x) = -9x^2 + 3.600x - 358.200?$$

64. Que janela de observação deve ser usada para obter um gráfico adequado da função do segundo grau

$$f(x) = 4x^2 + 2.400x - 355.000?$$

65. a. Plote as funções $y = x^2$ e $y = x^2 + 3$. Qual é a relação entre os dois gráficos?
b. Sem fazer nenhum cálculo adicional, plote a função $y = x^2 - 5$.
c. Suponha que $g(x) = f(x) + c$, em que c é uma constante. Qual é a relação entre os gráficos de f e g? Justifique sua resposta.

26 CAPÍTULO 1

66. **a.** Plote as funções $y = x^2$ e $y = -x^2$. Qual é a relação entre os dois gráficos?
    b. Suponha que $g(x) = -f(x)$. Qual é a relação entre os gráficos de f e g? Justifique sua resposta.

67. **a.** Plote as funções $y = x^2$ e $y = (x - 2)^2$. Qual é a relação entre os dois gráficos?
    b. Sem fazer nenhum cálculo adicional, plote a função $y = (x + 1)^2$.
    c. Suponha que $g(x) = f(x - c)$, em que c é uma constante. Qual é a relação entre os gráficos de f e g? Justifique sua resposta.

68. Use uma calculadora para plotar no mesmo gráfico as funções $y = x^4$, $y = x^4 - x$, $y = x^4 - 2x$ e $y = x^4 - 3x$, com uma janela $[-2,2]1$ por $[-2,5]1$. Que efeito tem o segundo termo, proporcional a x, sobre a forma das curvas? Repita para as funções $y = x^4$, $y = x^4 - x^3$, $y = x^4 - 2x^3$ e $y = x^4 - 3x^3$. Ajuste as dimensões da janela para ver melhor as novas curvas.

69. Desenhe o gráfico de $f(x) = -9x^2 - 3x - 4/4x^2 + x - 1$ e determine os valores de x para os quais a função é definida.

70. Desenhe o gráfico de $f(x) = 8x^2 + 9x + 3/x^2 + x - 1$ e determine os valores de x para os quais a função é definida.

71. Desenhe o gráfico de $g(x) = -3x^3 + 7x + 4$ e determine os pontos de interseção com o eixo x.

72. Use a fórmula da distância para mostrar que uma circunferência com centro no ponto (a, b) e raio R é expressa pela equação

$$(x - a)^2 + (y - b)^2 = R^2$$

73. Use o resultado do Problema 72 para resolver as seguintes questões:
    a. Escreva a equação de uma circunferência com centro no ponto $(2, -3)$ e raio 4.
    b. Determine o centro e o raio da circunferência cuja equação é
    $$x^2 + y^2 - 4x + 6y = 11$$
    c. Descreva o conjunto dos pontos (x, y) tais que
    $$x^2 + y^2 + 4y = 2x - 10$$

74. Mostre que o vértice da parábola $y = Ax^2 + Bx + C$ ($A \neq 0$) corresponde ao ponto para o qual $x = -B/2A$. {*Sugestão*: Mostre primeiro que $Ax^2 + Bx + C = A[(x + B/2A)^2 + (C/A - B^2/4A^2)]$. Em seguida, note que o valor máximo ou mínimo de $f(x) = Ax^2 + Bx + C$ corresponde ao ponto para o qual $x = -B/2A$.}

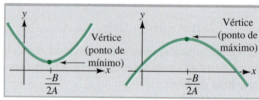

PROBLEMA 74

SEÇÃO 1.3 Funções Lineares

Objetivos do Aprendizado
1. Discutir as propriedades das linhas retas: inclinação, retas horizontais e verticais e as formas da equação de uma linha reta.
2. Resolver problemas aplicados que envolvem funções lineares.
3. Estudar retas paralelas e retas perpendiculares.
4. Discutir a aproximação de resultados experimentais por uma reta de mínimos quadrados.

Uma função da forma $f(x) = mx + b$ é chamada de **função linear** porque o gráfico de uma função desse tipo é uma linha reta. As linhas retas desempenham um papel importante em muitas aplicações práticas, algumas das quais serão examinadas daqui a pouco, mas primeiro vamos rever brevemente as propriedades principais das linhas retas.

Inclinação de uma Reta Um agrimensor pode dizer que um morro com uma *elevação* de 2 metros para cada metro de *extensão* tem uma **inclinação**

$$m = \frac{\text{elevação}}{\text{extensão}} = \frac{2}{1} = 2$$

A inclinação do gráfico de uma função pode ser medida da mesma maneira. Suponhamos, por exemplo que os pontos (x_1, y_1) e (x_2, y_2) pertencem a uma reta, como mostra a Figura 1.17. Entre esses pontos, x varia de $x_2 - x_1$ e y varia de $y_2 - y_1$. A inclinação da reta é dada pela razão

$$\text{Inclinação} = \frac{\text{variação de } y}{\text{variação de } x} = \frac{y_2 - y_1}{x_2 - x_1}$$

FUNÇÕES, GRÁFICOS E LIMITES 27

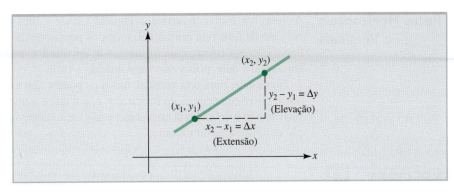

FIGURA 1.17 Inclinação $= \dfrac{y_2 - y_1}{x_2 - x_1} = \dfrac{\Delta y}{\Delta x}$.

Às vezes, é conveniente usar o símbolo Δy em vez de $y_2 - y_1$ para representar a variação de y. O símbolo Δy é chamado de "delta y". Da mesma forma, o símbolo Δx é usado para representar a variação $x_2 - x_1$.

> **Inclinação de uma Reta** ■ A inclinação de uma reta não vertical passando pelos pontos (x_1, y_1) e (x_2, y_2) é dada pela expressão
>
> $$\text{Inclinação} = \frac{\Delta y}{\Delta x} = \frac{y_2 - y_1}{x_2 - x_1}$$

EXEMPLO 1.3.1 Cálculo da Inclinação de uma Linha Reta

Calcule a inclinação da linha reta que liga os pontos $(-2, 5)$ e $(3, -1)$.

Solução

$$\text{Inclinação} = \frac{\Delta y}{\Delta x} = \frac{-1 - 5}{3 - (-2)} = \frac{-6}{5}$$

A linha reta está ilustrada na Figura 1.18.

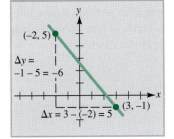

FIGURA 1.18 Linha reta que passa pelos pontos $(-2, 5)$ e $(3, -1)$.

O sinal e o valor absoluto da inclinação de uma reta indicam a direção e o grau de inclinação, respectivamente. A inclinação é positiva se a altura aumenta quando x aumenta, e negativa se a altura diminui quando x aumenta. O valor absoluto da inclinação é grande se a reta é muito inclinada, e pequeno se a reta é pouco inclinada (veja a Figura 1.19).

11 EXPLORE!

Entre com os valores de inclinação {2; 1; 0,5; −0,5; −1; −2} na Lista 1, usando o menu **STAT** e a opção **EDIT**. Plote uma família de linhas retas passando pela origem, semelhantemente à que aparece na Figura 1.19, entrando com Y1 = L1∗X no editor de equações. Plote usando uma janela decimal e use o comando **TRACE** para obter os valores das diferentes retas no ponto X = 1.

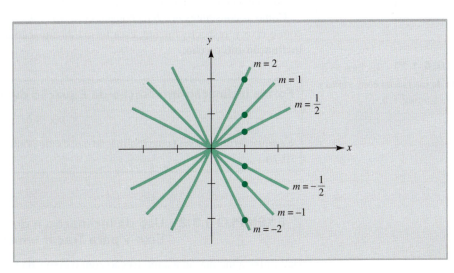

FIGURA 1.19 Direção e inclinação de uma reta.

Retas Horizontais e Verticais

As retas horizontais e verticais (Figuras 1.20a e 1.20b) têm equações particularmente simples. No caso de uma reta horizontal, todos os pontos têm a mesma coordenada y; assim, a função linear correspondente é da forma $y = b$, em que b é uma constante. A inclinação de uma reta horizontal é nula, pois y não varia quando x varia.

No caso de uma reta vertical, todos os pontos têm a mesma coordenada x; assim, a função linear correspondente é da forma $x = c$, em que c é uma constante. A inclinação de uma reta vertical não é definida, já que, como x não varia quando y varia, o denominador da razão variação de y/variação de x é nulo.

12 EXPLORE!

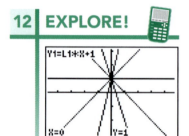

Determine os cinco valores de inclinação que devem ser colocados na Lista 1 para que a função Y1 = L1∗X + 1 produza na tela da calculadora o gráfico mostrado na figura.

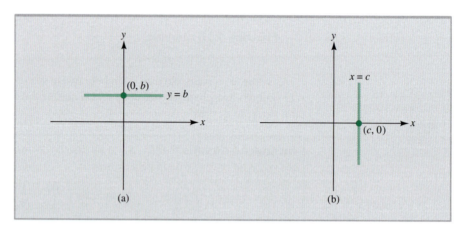

FIGURA 1.20 Exemplos de uma reta horizontal e uma reta vertical.

Formas da Equação de uma Reta

As constantes m e b na equação $y = mx + b$ de uma reta não vertical se prestam a uma interpretação geométrica. O coeficiente m é a inclinação da reta. Para verificar que isso é verdade, suponha que (x_1, y_1) e (x_2, y_2) são dois pontos da reta $y = mx + b$. Nesse caso, $y_1 = mx_1 + b$ e $y_2 = mx_2 + b$ e, portanto,

$$\text{Inclinação} = \frac{y_2 - y_1}{x_2 - x_1} = \frac{(mx_2 + b) - (mx_1 + b)}{x_2 - x_1}$$

$$= \frac{mx_2 - mx_1}{x_2 - x_1} = \frac{m(x_2 - x_1)}{x_2 - x_1} = m$$

Como a constante b da equação $y = mx + b$ é o valor de y correspondente a $x = 0$, b é a ordenada do ponto em que a reta $y = mx + b$ intercepta o eixo y e o ponto $(0, b)$ é o ponto de interseção com o eixo y, como mostra a Figura 1.21.

Como as constantes m e b na equação $y = mx + b$ correspondem à inclinação e à interseção com o eixo y, respectivamente, essa forma da equação de uma reta é conhecida como **forma inclinação-interseção**.

FIGURA 1.21 Inclinação e ponto de interseção com o eixo y da reta $y = mx + b$.

> **Forma Inclinação-Interseção da Equação de uma Reta** ■ A equação
> $$y = mx + b$$
> é a equação de uma reta cuja inclinação é m e cujo ponto de interseção com o eixo y é o ponto $(0, b)$.

EXEMPLO 1.3.2 Uso da Inclinação e do Ponto de Interseção com o Eixo y para Traçar uma Reta

Determine a inclinação e a interseção com o eixo y da reta $3y + 2x = 6$ e desenhe o gráfico da reta.

FUNÇÕES, GRÁFICOS E LIMITES   29

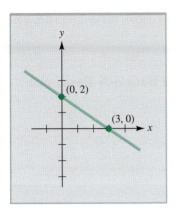

FIGURA 1.22 Gráfico da reta $3y + 2x = 6$.

Solução

Para expressar a equação $3y + 2x = 6$ na forma inclinação-interseção, $y = mx + b$, explicitamos y, o que nos dá

$$3y = -2x + 6 \quad \text{e} \quad y = -\frac{2}{3}x + 2$$

Por inspeção, a inclinação é $-2/3$ e a interseção com o eixo y é o ponto $(0, 2)$.

Para desenhar o gráfico de uma função linear, basta plotar dois pontos da função e ligá-los por uma linha reta. Nesse caso, já conhecemos um ponto, o ponto de interseção com o eixo y, $(0, 2)$. Uma escolha conveniente para a coordenada x do segundo ponto é $x = 3$, já que a coordenada y correspondente é $y = -(2/3)(3) + 2 = 0$. Fazendo passar uma linha reta pelos pontos $(0, 2)$ e $(3, 0)$, obtemos o gráfico da Figura 1.22.

A forma inclinação-interseção de expressar uma reta é particularmente útil se conhecemos a inclinação e o ponto de interseção com o eixo y. Nas aplicações práticas, porém, muitas vezes conhecemos a inclinação e um ponto da reta que não é o ponto de interseção com o eixo y. Nesse caso, é mais conveniente usar a forma ponto-inclinação da equação de uma reta, que é definida a seguir.

> **Forma Ponto-Inclinação da Equação de uma Reta** ■ A equação
>
> $$y - y_0 = m(x - y_0)$$
>
> é a equação de uma reta que passa pelo ponto (x_0, y_0) e tem uma inclinação m.

13 EXPLORE!

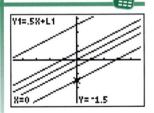

Determine os valores do ponto de interseção com o eixo y que devem ser colocados na Lista 1 para que a função Y1 = 0,5X + L1 produza na tela da calculadora o gráfico mostrado na figura.

A forma ponto-inclinação da equação de uma reta é simplesmente a fórmula da inclinação em outra roupagem. Para verificar que isso é verdade, suponha que o ponto (x, y) pertence à reta que passa por um ponto dado (x_0, y_0) e tem uma inclinação m. Usando os pontos (x, y) e (x_0, y_0) para calcular a inclinação, obtemos a equação

$$\frac{y - y_0}{x - x_0} = m$$

que pode ser colocada na forma ponto-inclinação

$$y - y_0 = m(x - y_0)$$

simplesmente multiplicando ambos os membros por $x - x_0$. O Exemplo 1.3.3 ilustra o uso da forma ponto-inclinação da equação de uma reta.

EXEMPLO 1.3.3 Expresse a Equação de uma Reta

Determine a equação da reta que passa pelo ponto $(5, 1)$ e cuja inclinação é igual a $1/2$.

Solução

Usando a expressão $y - y_0 = m(x - x_0)$ com $(x_0, y_0) = (5, 1)$ e $m = 1/2$, obtemos a equação

$$y - 1 = \frac{1}{2}(x - 5)$$

que pode ser escrita na forma

$$y = \frac{1}{2}x - \frac{3}{2}$$

O gráfico da reta é mostrado na Figura 1.23.

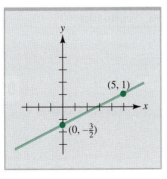

FIGURA 1.23 Gráfico da reta $y = x/2 - 3/2$.

No Capítulo 2, a forma ponto-inclinação será usada para determinar a equação da reta tangente ao gráfico de uma função em um ponto dado. Outra aplicação da forma ponto-inclinação é a determinação da equação de uma reta que passa por dois pontos dados, como ilustra o Exemplo 1.3.4.

> **EXEMPLO 1.3.4** Determine a Equação de uma Reta que Passa por Dois Pontos

Determine a equação da reta que passa pelos pontos $(3, -2)$ e $(1, 6)$.

Solução

Depois de calcular a inclinação

$$m = \frac{6 - (-2)}{1 - 3} = \frac{8}{-2} = -4$$

usamos a forma ponto-inclinação com $(1, 6)$ como o ponto dado (x_0, y_0) para obter

$$y - 6 = -4(x - 1) \quad \text{e} \quad y = -4x + 10$$

É fácil verificar que a equação resultante seria a mesma se o ponto $(3, -2)$ tivesse sido usado como ponto dado (x_0, y_0). O gráfico da linha reta aparece na Figura 1.24.

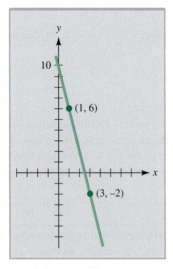

FIGURA 1.24 A reta $y = -4x + 10$.

> **NOTA** A forma geral da equação de uma reta é $Ax + By + C = 0$, em que A, B e C são constantes e A e B não são iguais a 0. Se $B = 0$, a reta é vertical; se $B \neq 0$, a equação $Ax + By + C = 0$ pode ser escrita na forma
>
> $$y = \left(\frac{-A}{B}\right)x + \left(\frac{-C}{B}\right)$$
>
> Comparando essa equação com a forma inclinação-interseção $y = mx + b$, vemos que a inclinação da reta é dada por $m = -A/B$ e o ponto de interseção com o eixo y é o ponto $(0, -C/B)$. Se $A = 0$, a reta é horizontal (a inclinação é 0). ■

Aplicações Práticas das Funções Lineares

Se a taxa de variação de uma grandeza y em relação a uma grandeza x é uma constante m, a grandeza y pode ser descrita por uma função linear $y = f(x) = mx + b$, como ilustram os Exemplos 1.3.5 e 1.3.6.

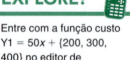

14 | EXPLORE!

Entre com a função custo Y1 = 50x + {200, 300, 400} no editor de equações, usando chaves para indicar três valores diferentes do custo fixo. Defina uma janela de observação [0, 5]1 por [−100, 700]100 para observar o efeito da variação do custo fixo.

> **EXEMPLO 1.3.5** Determinação de uma Função Custo Linear

O custo total de um fabricante consiste em um custo fixo de R\$ 200,00 mais um custo de produção de R\$ 50,00 por unidade. Expresse o custo total em função do número de unidades produzidas e desenhe o gráfico associado.

Solução

Seja x o número de unidades produzidas e seja $C(x)$ o custo total correspondente. Nesse caso, temos:

$$\text{Custo total} = (\text{custo unitário})(\text{número de unidades}) + \text{custo fixo}$$

em que

$$\text{Custo unitário} = 50$$
$$\text{Número de unidades} = x$$
$$\text{Custo fixo} = 200$$

Assim,

$$C(x) = 50x + 200$$

O gráfico da função custo total é mostrado na Figura 1.25. A inclinação é $m = 50$, que corresponde ao aumento constante do custo por unidade produzida, e o ponto de interseção com o eixo y é o ponto $(0, 200)$, que corresponde ao custo fixo.

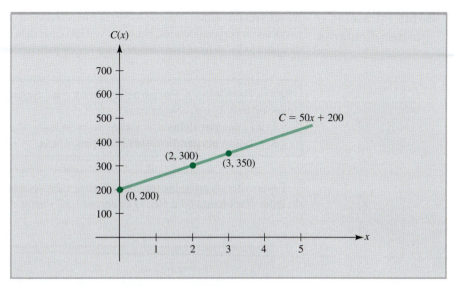

FIGURA 1.25 A função custo total $C(x) = 50x + 200$.

EXEMPLO 1.3.6 Determinação de uma Função Preço Linear

Desde o início do ano, o preço de uma lata de refrigerante nos supermercados vem subindo a uma taxa constante de 2 centavos por mês. No dia 1º de novembro, o preço era R$ 1,56. Expresse o preço da lata de refrigerante em função do tempo e determine quanto ela custava no início do ano.

Solução

Seja x o número de meses que se passaram desde o início do ano e y o preço da lata de refrigerante (em centavos). Como a taxa de variação de y em relação a x é constante, a função que relaciona y a x é linear e o gráfico associado é uma linha reta. Como o preço y aumenta de 2 cada vez que x aumenta de 1, a inclinação da reta é igual a 2. Como o preço era 156 centavos (R$ 1,56) em 1º de novembro, 10 meses após o início do ano, a reta deve passar pelo ponto (10, 156). Para escrever uma equação que expresse y em função de x, usamos a forma ponto-inclinação

$$y - y_0 = m(x - x_0)$$

com $\quad m = 2, x_0 = 10, x_0 = 156$

o que nos dá $\quad y - 156 = 2(x - 10) \quad$ ou $\quad y = 2x + 136$

O gráfico associado aparece na Figura 1.26. Observe que o ponto de interseção com o eixo y é (0, 136), o que significa que o preço da lata de refrigerante no início do ano era R$ 1,36.

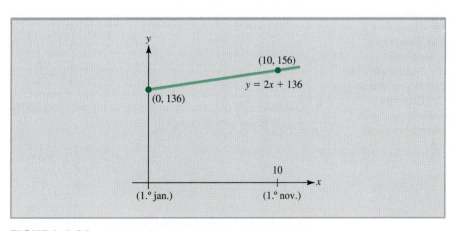

FIGURA 1.26 Preço da lata de refrigerante: $y = 2x + 136$.

Retas Paralelas e Perpendiculares

Ao resolver problemas práticos, às vezes é necessário ou conveniente saber se duas retas dadas são paralelas ou perpendiculares. Uma reta vertical é paralela a todas as outras retas verticais e perpendicular a todas as retas horizontais. Os critérios para retas não verticais são apresentados a seguir.

> **Retas Paralelas e Perpendiculares** ■ Sejam m_1 e m_2 as inclinações de duas retas não verticais L_1 e L_2. Nesse caso,
> L_1 e L_2 são **paralelas** se e apenas se $m_1 = m_2$.
> L_1 e L_2 são **perpendiculares** se e apenas se $m_2 = -1/m_1$.

Esses critérios estão ilustrados na Figura 1.27. As demonstrações geométricas ficam a cargo do leitor (Problemas 64 e 65). O Exemplo 1.3.7 ilustra o uso desses critérios.

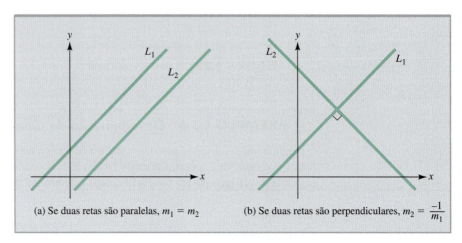

(a) Se duas retas são paralelas, $m_1 = m_2$. (b) Se duas retas são perpendiculares, $m_2 = \dfrac{-1}{m_1}$.

FIGURA 1.27 Critérios para determinar se duas retas são paralelas ou perpendiculares.

EXEMPLO 1.3.7 Determinação de Retas Paralelas e Perpendiculares

Seja L a reta $4x + 3y = 3$.
  a. Determine a equação de uma reta L_1 paralela a L, passando pelo ponto $P(-1, 4)$.
  b. Determine a equação de uma reta L_2 perpendicular a L, passando pelo ponto $Q(2, -3)$.

Solução

Escrevendo a equação $4x + 3y = 3$ na forma inclinação-interseção, $y = -(4/3)x + 1$, verificamos que a inclinação da reta L é $m_L = -4/3$.

  a. Qualquer reta paralela a L deve ter uma inclinação $m = -4/3$. Como a reta pedida passa pelo ponto $P(-1, 4)$, temos:

$$y - 4 = -\frac{4}{3}(x + 1)$$

$$y = -\frac{4}{3}x + \frac{8}{3}$$

  b. Qualquer reta perpendicular a L deve ter uma inclinação $m = -1/m_L = 3/4$. Como a reta pedida passa pelo ponto $Q(2, -3)$, temos:

$$y + 3 = \frac{3}{4}(x - 2)$$

$$y = \frac{3}{4}x - \frac{9}{2}$$

A Figura 1.28 mostra a reta L dada e as retas pedidas L_1 e L_2.

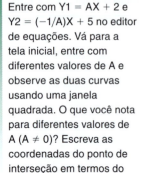

15 EXPLORE!

Entre com Y1 = AX + 2 e Y2 = (-1/A)X + 5 no editor de equações. Vá para a tela inicial, entre com diferentes valores de A e observe as duas curvas usando uma janela quadrada. O que você nota para diferentes valores de A (A ≠ 0)? Escreva as coordenadas do ponto de interseção em termos do valor de A.

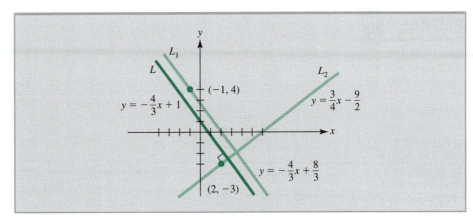

FIGURA 1.28 Uma reta paralela e uma reta perpendicular a uma reta L dada.

Uma Prévia do Método dos Mínimos Quadrados

Suponha que um pesquisador plote em um gráfico bidimensional os resultados de um experimento que envolve duas variáveis, x e y, e observe que o gráfico se parece com uma reta. O pesquisador gostaria de dispor de uma fórmula que expressasse a relação entre x e y, mas não pode obter essa fórmula usando os métodos algébricos que acabamos de discutir porque a relação entre x e y é *aproximadamente* linear.

O **método dos mínimos quadrados** é um método para encontrar uma reta da forma $y = ax + b$, em que x e y são os valores de duas grandezas e a e b são constantes, tal que a soma dos quadrados das distâncias verticais entre os valores de y dados pela equação da reta e os valores experimentais de y seja a menor possível quando os valores de x são os valores experimentais. O método será descrito na Seção 7.4, mas, desde já, você pode usar a rotina de mínimos quadrados de uma calculadora científica para obter a reta que melhor se ajusta a um conjunto de resultados experimentais. O processo está ilustrado no Exemplo 1.3.8.

TABELA 1.2 Índice de desemprego nos EUA no período 1991-2000

Ano	Número de Anos após 1991	Índice de Desemprego (%)
1991	0	6,8
1992	1	7,5
1993	2	6,9
1994	3	6,1
1995	4	5,6
1996	5	5,4
1997	6	4,9
1998	7	4,5
1999	8	4,2
2000	9	4,0

FONTE: U.S. Bureau of Labor Statistics, Bulletin 2307; e *Employment and Earnings*, mensalmente.

EXEMPLO 1.3.8 Determinação de uma Reta de Mínimos Quadrados

A Tabela 1.2 mostra o índice de desemprego nos EUA no período 1991-2000. Faça um gráfico com o tempo (medido em anos a partir de 1991) no eixo x e o índice de desemprego no eixo y. Os pontos seguem uma tendência clara? Com base nos dados disponíveis, como você calcula que tenha sido o índice de desemprego no ano 2005?

Solução

A Figura 1.29 mostra um gráfico traçado com base nos dados da Tabela 1.2. Observe que, com exceção do ponto inicial (0; 6,8), a variação é aproximadamente linear. O próximo quadro Explore! explica como usar uma calculadora científica para ajustar uma reta a esses dados usando o método dos mínimos quadrados; a equação da reta que melhor se ajusta aos dados é $y = -0{,}389x + 7{,}338$. Calculando o valor da função linear $f(x) = -0{,}389x + 7{,}338$ no ponto $x = 14$ (que corresponde ao ano 2005), obtemos

$$f(14) = -0{,}389(14) + 7{,}338 = 1{,}892$$

Assim, com base em uma extrapolação por mínimos quadrados dos dados conhecidos, estimamos que o índice de desemprego em 2005 foi aproximadamente 1,9%.

NOTA É preciso tomar cuidado ao fazer previsões por extrapolação a partir de dados conhecidos, sobretudo quando o número de dados é pequeno, como no Exemplo 1.3.8. Em particular, a economia começou a dar sinais de enfraquecimento a partir do ano 2000, mas a reta de mínimos quadrados da Figura 1.29 prevê que o índice de desemprego continue a diminuir indefinidamente. Isso é razoável? No Problema 48, o leitor é convidado a investigar o assunto usando a internet para obter os valores do índice de desemprego nos anos posteriores a 2000 e comparando os novos dados com os valores previstos pela reta de mínimos quadrados. ∎

16 EXPLORE!

Coloque os dados da Tabela 1.2 em L1 e L2 do editor de dados **STAT**, em que L1 é o número de anos a partir de 1991 e L2 é o índice de desemprego. Depois de colocar a calculadora no modo de gráficos de estatística usando as teclas **STAT** e **STAT PLOT**, observe o gráfico de pontos e a reta de ajuste por mínimos quadrados que aparecem na Figura 1.29.

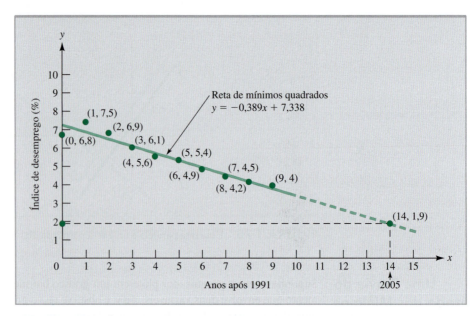

FIGURA 1.29 Índice de desemprego nos EUA no período 1991-2000.

PROBLEMAS ■ 1.3

Nos Problemas 1 a 8, determine a inclinação (se possível) da reta que passa pelos pontos dados.

1. $(2, -3)$ e $(0, 4)$
2. $(-1, 2)$ e $(2, 5)$
3. $(2, 0)$ e $(0, 2)$
4. $(5, -1)$ e $(-2, -1)$
5. $(2, 6)$ e $(2, -4)$
6. $\left(\dfrac{2}{3}, -\dfrac{1}{5}\right)$ e $\left(-\dfrac{1}{7}, \dfrac{1}{8}\right)$
7. $\left(\dfrac{1}{7}, 5\right)$ e $\left(-\dfrac{1}{11}, 5\right)$
8. $(-1{,}1,\ 3{,}5)$ e $(-1{,}1,\ -9)$

Nos Problemas 9 a 12, determine a inclinação e as interseções com os eixos x e y da reta cuja equação é dada e escreva a equação da reta.

9.
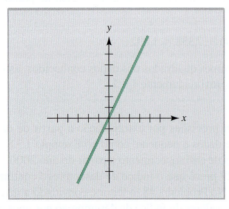

10.
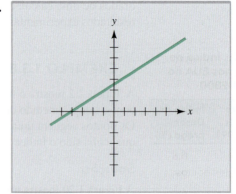

11.
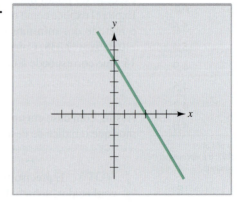

12.

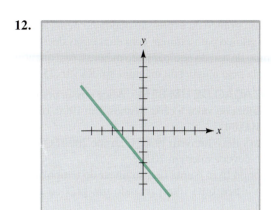

Nos Problemas 13 a 20, determine a inclinação e as interseções com os eixos x e y da reta cuja equação é dada e desenhe o gráfico associado.

13. $x = 3$
14. $y = 5$
15. $y = 3x$
16. $y = 3x - 6$
17. $3x + 2y = 6$
18. $5y - 3x = 4$
19. $\dfrac{x}{2} + \dfrac{y}{5} = 1$
20. $\dfrac{x+3}{-5} + \dfrac{y-1}{2} = 1$

Nos Problemas 21 a 36, escreva uma equação para a reta que apresenta as propriedades indicadas.

21. Passa pelo ponto (2, 0) com inclinação 1
22. Passa pelo ponto (−1, 2) com inclinação 2/3
23. Passa pelo ponto (5, −2) com inclinação −1/2
24. Passa pelo ponto (0, 0) com inclinação 5
25. Passa pelo ponto (2, 5) e é paralela ao eixo *x*
26. Passa pelo ponto (2, 5) e é paralela ao eixo *y*
27. Passa pelos pontos (1, 0) e (0, 1)
28. Passa pelos pontos (2, 5) e (1, −2)
29. Passa pelos pontos (−1/5, 1) e (2/3, 1/4)
30. Passa pelos pontos (−2, 3) e (0, 5)
31. Passa pelos pontos (1, 5) e (3, 5)
32. Passa pelos pontos (1, 5) e (1, −4)
33. Passa pelo ponto (4, 1) e é paralela à reta $2x + y = 3$
34. Passa pelo ponto (−2, 3) e é paralela à reta $x + 3y = 5$
35. Passa pelo ponto (3, 5) e é perpendicular à reta $x + y = 4$
36. Passa pelo ponto (−1/2, 1) e é perpendicular à reta $2x + 5y = 3$

PROBLEMAS APLICADOS DE ECONOMIA E FINANÇAS

37. CUSTO DE FABRICAÇÃO O custo total de fabricação de um produto é composto por um custo fixo de R$ 5.000,00 e um custo variável de R$ 60,00 por unidade.
  a. Expresse o custo total em função do número de unidades produzidas e desenhe o gráfico associado.
  b. Determine a função custo médio $CM(x)$. Qual é o custo médio para fabricar 20 unidades do produto?

38. CUSTO DE FABRICAÇÃO Um empresário estima em R$ 75,00 o custo unitário de fabricação de certo produto. O custo fixo é R$ 4.500,00.
  a. Expresse o custo total em função do número de unidades produzidas e desenhe o gráfico associado.
  b. Determine a função custo médio $CM(x)$. Qual é o custo médio para fabricar 50 unidades do produto?

39. DÍVIDAS EM CARTÃO DE CRÉDITO Uma empresa de cartão de crédito calcula que a dívida média *D* dos usuários de cartão de crédito era R$ 7.853,00 no ano 2005 e R$ 9.127,00 em 2010. Suponha que a dívida aumenta a uma taxa constante.
  a. Expresse *D* como uma função linear de *t*, o número de anos após o ano 2005, e desenhe o gráfico correspondente.
  b. Use a função do item (a) para estimar qual será a dívida média dos usuários de cartões de crédito em 2015.
  c. Em que ano, aproximadamente, a dívida média dos usuários de cartões de crédito será duas vezes maior que no ano 2005?

40. ALUGUEL DE AUTOMÓVEIS Certa locadora de automóveis cobra R$ 75,00 por dia mais 70 centavos por quilômetro rodado.
  a. Expresse o custo para alugar um carro na locadora por um dia em função do número de quilômetros rodados e desenhe o gráfico associado.
  b. Quanto custa alugar o carro por 1 dia para uma viagem de 50 quilômetros?
  c. A locadora também aluga automóveis por uma quantia fixa de R$ 125,00 por dia. Quantos quilômetros você precisa rodar em 1 dia para que essa opção seja mais vantajosa?

41. DEPRECIAÇÃO LINEAR Dr. Adão possui R$ 1.500,00 em livros de medicina que, para fins de imposto, sofrem uma depreciação linear que reduz o valor a zero após um período de 10 anos, ou seja, o valor dos livros diminui a uma taxa constante e se anula após 10 anos. Expresse o valor dos livros em função do tempo e desenhe o gráfico associado.

42. DEPRECIAÇÃO LINEAR Um empresário compra R$ 20.000,00 em equipamentos. Os equipamentos sofrem uma depreciação linear que reduz seu valor para R$ 1.000,00 em 10 anos.
  a. Expresse o valor dos equipamentos em função do tempo e desenhe o gráfico associado.
  b. Determine o valor dos equipamentos quatro anos após a data de aquisição.
  c. Após quanto tempo os equipamentos perdem totalmente o valor?
  d. Para o empresário, talvez não seja interessante esperar tanto tempo para se desfazer dos equipamentos. Discuta os fatores que ele pode levar em conta para decidir qual é a melhor ocasião para vender os equipamentos.

43. CONTABILIDADE Para efeitos fiscais, o valor nominal de certos ativos é calculado depreciando linearmente o valor original do bem ao longo de determinado período. Suponha que um bem com um valor inicial de V reais seja depreciado linearmente durante um período de N anos e no final desse período tenha um valor residual de S reais.

  a. Expresse o valor nominal B do ativo t anos após o início da depreciação como uma função linear de t. [*Sugestão*: Observe que $B = V$ para $t = 0$ e $B = S$ para $t = N$.]
  b. Suponha que um ativo de R$ 50.000,00 em equipamentos de escritório seja depreciado linearmente durante um período de 5 anos e que o valor residual seja R$ 18.000,00. Qual é o valor nominal dos equipamentos após três anos?

44. **CUSTO DE IMPRESSÃO**   Uma editora estima que o custo para imprimir 1.000 a 10.000 exemplares de certo livro didático é R$ 50,00 por exemplar; para imprimir 10.001 a 20.000 exemplares, o custo é R$ 40,00 por exemplar; para imprimir 20.001 a 50.000 exemplares, o custo é R$ 35,00 por exemplar.

  a. Determine uma função $F(N)$ que expresse o custo de impressão de N exemplares do livro para $1.000 \leq N \leq 50.000$.
  b. Desenhe o gráfico da função $F(N)$ obtida no item (a).

45. **PREÇOS DE AÇÕES**   O preço da oferta pública inicial (OPI) das ações de determinada empresa foi R$ 10,00 por ação, a qual é negociada 24 horas por dia. Desenhe o gráfico do preço da ação durante um período de dois anos para os seguintes casos:

  a. O preço da ação aumenta a uma taxa constante durante os primeiros 18 meses até chegar a R$ 50,00 e diminui a uma taxa constante durante os seis meses seguintes até chegar a R$ 25,00.
  b. O preço aumenta a uma taxa constante durante dois meses até chegar a R$ 15,00, diminui a uma taxa constante durante os nove meses seguintes até chegar a R$ 8,00 e torna a aumentar a uma taxa constante até chegar a R$ 20,00.
  c. O preço aumenta a uma taxa constante durante o primeiro ano até chegar a R$ 60,00. Um escândalo contábil faz com que o preço da ação caia instantaneamente para R$ 25,00 e o preço continua a cair durante os três meses seguintes, a uma taxa constante, até chegar a R$ 5,00. Em seguida, aumenta, a uma taxa constante, até chegar a R$ 12,00 no final do período de dois anos.

46. **ALUGUEL DE MÁQUINAS**   Uma empresa aluga uma máquina industrial por uma quantia fixa de R$ 60,00 mais R$ 5,00 por hora de uso.

  a. Faça uma tabela mostrando o número de horas de uso da máquina e o preço correspondente do aluguel para 2 horas, 5 horas, 10 horas e t horas.
  b. Escreva uma expressão para o custo y em função do número de horas de uso t. Suponha que o tempo t seja medido em horas e frações decimais de hora. (Em outras palavras, suponha que t seja um número real positivo.)
  c. Faça um gráfico da expressão obtida no item (b).
  d. Use o gráfico para estimar, com duas casas decimais, o tempo de uso do equipamento m horas, se a quantia cobrada pelo aluguel da máquina foi R$ 216,25.

47. **VALORIZAÇÃO DE UM BEM**   Alice possui um livro raro que dobra de valor a cada 10 anos. Em 1900, o livro valia R$ 100,00.

  a. Quanto valia o livro em 1930? E no ano 2000? Quanto o livro deverá valer em 2020?
  b. O valor do livro é uma função linear do tempo? Responda à pergunta interpretando um gráfico apropriado.

48. **ÍNDICE DE DESEMPREGO**   Na solução do Exemplo 1.3.8, vimos que a reta que melhor se ajusta aos dados disponíveis, usando o critério dos mínimos quadrados, é descrita pela equação $y = -0{,}389x + 7{,}338$. Os dados do exemplo vão apenas até o ano 2000. A tabela a seguir mostra os valores do índice de desemprego para os anos 2001 a 2009.

TABELA DO PROBLEMA 48   Índice de desemprego nos EUA no período 2001-2009

Ano	Número de Anos após 2001	Índice de Desemprego (%)
2001	0	4,7
2002	1	5,8
2003	2	6,0
2004	3	5,5
2005	4	5,1
2006	5	4,6
2007	6	4,6
2008	7	5,8
2009	8	9,3

  a. Faça um gráfico com os dados da tabela e use a rotina de mínimos quadrados de uma calculadora, seguindo as instruções do Explore! 16, para mostrar que a reta que melhor se ajusta aos dados disponíveis, usando o critério dos mínimos quadrados, é descrita pela equação $y = 0{,}245x + 4{,}731$.
  b. Interprete a inclinação da reta obtida no item (a) em termos da variação do índice de desemprego.
  c. A reta de mínimos quadrados obtida para os anos 1991 a 2000 permitiu estimar com razoável precisão o índice de desemprego em anos futuros? Justifique sua resposta.

PROBLEMAS APLICADOS DE CIÊNCIAS SOCIAIS E BIOLÓGICAS

49. **MATRÍCULA**   Os alunos de uma universidade estadual são aconselhados a fazer uma pré-matrícula pelo correio nos dois primeiros meses do ano; os que não fizeram a pré-matrícula devem se matricular pessoalmente em março. A secretaria pode atender 35 alunos por hora

durante o período de matrícula. Quatro horas depois de aberto o período de matrícula, com a secretaria funcionando à capacidade máxima, 360 alunos (incluindo os que fizeram pré-matrícula) já estavam matriculados.

a. Expresse o número de alunos matriculados em função do tempo e desenhe o gráfico associado.
b. Quantos alunos se matricularam nas primeiras três horas do período de matrícula?
c. Quantos alunos fizeram pré-matrícula?

50. **ENTOMOLOGIA** Foi observado que o número de cri-cris que um grilo faz por minuto depende da temperatura. Os resultados experimentais são os seguintes (para $T \leq 3{,}0°C$, os grilos permanecem em silêncio):

Número de cri-cris (C)	0	5	10	20	60
Temperatura T (°C)	3,0	4,0	4,5	5,5	10

a. Expresse T como uma função linear de C.
b. Quantos cri-cris faz um grilo por minuto quando a temperatura ambiente é 25°C? Se um grilo faz 37 cri-cris em 30 segundos, qual é a temperatura ambiente?

51. **CRESCIMENTO DE UMA CRIANÇA** Nos EUA, a altura média H em centímetros de uma criança de A anos de idade é dada pela função $H = 6{,}5A + 50$. Use essa expressão para responder às perguntas que seguem.

a. Qual é a altura média de uma criança de 7 anos?
b. Qual é a idade provável de uma criança com uma altura de 150 cm?
c. Qual é a altura média de um recém-nascido? Essa resposta parece razoável?
d. Qual é a altura média de um homem de 20 anos? Essa resposta parece razoável?

52. **TAXA DE FREQUÊNCIA** A taxa cobrada por um clube de natação é R$ 250,00 para a temporada de verão, que dura 12 semanas. Caso alguém se inscreva depois de iniciada a temporada, a taxa é cobrada *pro rata*, ou seja, é reduzida linearmente.

a. Expresse a taxa em função do número de semanas transcorridas após iniciada a temporada de verão e desenhe o gráfico associado.
b. Determine o valor da taxa cobrada cinco semanas após iniciada a temporada.

53. **CONSUMO DE ÁGUA** Desde o início do mês, o reservatório de água de uma cidade vem perdendo água a uma taxa constante. No dia 12, o reservatório está com 200 milhões de litros d'água; no dia 21, está apenas com 164 milhões de litros.

a. Expresse a quantidade de água no reservatório em função do tempo e desenhe o gráfico associado.
b. Quanta água havia no reservatório no dia 8?

54. **TRANSPORTE SOLIDÁRIO** Para estimular os motoristas a adotar o transporte solidário, o departamento de trânsito de uma cidade decidiu oferecer um desconto nos pedágios para os veículos que estiverem transportando quatro ou mais pessoas. No primeiro dia em que o plano entrou em vigor, há 30 dias, 157 veículos receberam o desconto. Desde então, o número de descontos vem aumentando a uma taxa constante. Hoje, 247 veículos foram beneficiados.

a. Expresse o número de veículos que receberam o desconto em função do tempo e desenhe o gráfico associado.
b. Se a tendência continuar, quantos veículos receberão o desconto daqui a 14 dias?

55. **CONVERSÃO DE TEMPERATURA**

a. A temperatura em graus Fahrenheit é uma função linear da temperatura em graus Celsius. Use as igualdades 0°C = 32°F e 100°C = 212°F para escrever a equação da função linear.
b. Use a função obtida no item (a) para converter 15°C em Fahrenheit.
c. Converta 68°F em Celsius.
d. Qual temperatura é a mesma nas escalas Celsius e Fahrenheit?

56. **NUTRIÇÃO** Cada 30 g do Alimento I contêm 3 g de carboidratos e 2 g de proteínas; cada 30 g do Alimento II contêm 5 g de carboidratos e 3 g de proteínas. Quando x g do Alimento I são misturados com y g do Alimento II, o alimento composto contém exatamente 73 g de carboidratos e 46 g de proteínas.

a. Explique por que existem $3x + 5y$ g de carboidratos no alimento composto e por que devemos ter $3x + 5y = 73$. Escreva uma equação semelhante para o teor de proteínas do alimento composto. Desenhe os gráficos das duas equações.
b. Quais são as coordenadas do ponto de interseção dos dois gráficos do item (a)? O que significa esse ponto de interseção?

57. **EXAME VESTIBULAR** As notas da prova de matemática do exame vestibular de uma universidade diminuíram a uma taxa constante durante vários anos. Em 2005, a nota média era 575; em 2010, era 545.

a. Expresse a nota média em função do tempo.
b. Se a tendência continuar, qual será a nota média em 2015?
c. Se a tendência continuar, em que ano a nota média será 527?

58. **EFEITOS DO ÁLCOOL** O álcool etílico é metabolizado pelo corpo humano a uma taxa constante (independentemente da concentração). Suponha que essa taxa seja de 10 mL por hora.

a. Quanto tempo é necessário para eliminar os efeitos de um litro de cerveja contendo 3% de álcool etílico?
b. Expresse o tempo T necessário para metabolizar o álcool etílico em função da quantidade A de álcool consumida.
c. Discuta de que forma a função obtida no item (b) pode ser usada para determinar um limite razoável para a quantidade de álcool ingerida em uma festa.

59. **POLUIÇÃO DO AR** Em algumas regiões do mundo, observou-se que o número N de mortes por semana está relacionado com a concentração x de dióxido de enxofre

no ar. Suponha que tenha havido 97 mortes quando $x = 100$ mg/m³ e 110 mortes quando $x = 500$ mg/m³.
  a. Qual é a relação funcional entre N e x?
  b. Use a função obtida no item (a) para determinar o número de mortes por semana quando $x = 300$ mg/m³. A que concentração de dióxido de enxofre 100 pessoas morrem por semana?
  c. Leia a respeito dos efeitos da poluição sobre a taxa de mortalidade.* Escreva um ensaio de pelo menos dez linhas a respeito do assunto.

PROBLEMAS VARIADOS

60. **ASTRONOMIA** tabela a seguir mostra a duração do ano (em anos da Terra), L, para todos os planetas do sistema solar, juntamente com a distância média do Sol, D, em unidades astronômicas (1 unidade astronômica é a distância média entre a terra e o sol).

Planeta	Distância Média do Sol, D	Duração do Ano, L
Mercúrio	0,388	0,241
Vênus	0,722	0,615
Terra	1,000	1,000
Marte	1,523	1,881
Júpiter	5,203	11,862
Saturno	9,545	29,457
Urano	19,189	84,013
Netuno	30,079	164,783

  a. Plote os pontos (D, L) em um gráfico. Parece haver uma relação linear entre as duas grandezas?
  b. Calcule a razão L^2/D^3 para todos os planetas. Interprete o resultado expressando L em função de D.
  c. O que o leitor descobriu no item (b) é uma das leis de Kepler, que recebeu esse nome em homenagem ao astrônomo alemão Johannes Kepler (1571-1630). Leia um artigo sobre Kepler e escreva a respeito do papel que ele desempenhou na história da ciência.

61. **UMA FÁBULA ANTIGA** Na fábula de Esopo *A lebre e a tartaruga*, a tartaruga se move com velocidade constante do início ao fim da corrida. No início, a lebre também se move com velocidade constante, muito maior que a da tartaruga, mas, depois de algum tempo, está tão na frente que resolve parar e tirar uma soneca. Quando a lebre acorda, vê que a tartaruga está se aproximando da linha de chegada e corre a toda velocidade, a mesma do início da corrida, tentando alcançá-la, mas perde por uma pequena diferença. Plote no mesmo gráfico as distâncias percorridas pela lebre e pela tartaruga em função do tempo, da linha de partida até a linha de chegada.

62. Use uma calculadora para plotar as funções $y = 54x/270 − 63/19$ e $y = 139x/695 − 346/14$ no mesmo gráfico, começando com uma janela $[−10, 10]1$ por $[−10, 10]1$. Ajuste a janela até que as duas retas sejam visíveis. Elas são paralelas?

63. Use uma calculadora para plotar as retas $y = 25x/7 + 13/2$ e $y = 144x/45 + 630/229$ no mesmo gráfico, com uma janela $[−10, 10]1$ por $[−10, 10]1$. As duas retas são paralelas?

64. **RETAS PARALELAS** Mostre que duas retas não verticais são paralelas se e apenas se tiverem a mesma inclinação.

65. **RETAS PERPENDICULARES** Mostre que, se uma reta não vertical L_1 de inclinação m_1 é perpendicular a uma reta L_2 de inclinação m_2, $m_2 = −1/m_1$. [*Sugestão*: Escreva expressões para as inclinações das retas L_1 e L_2 em função dos parâmetros a, b e c indicados na figura a seguir. Depois, aplique o teorema de Pitágoras e a fórmula da distância entre dois pontos da Seção 1.2 ao triângulo retângulo OAB para obter a relação desejada entre m_1 e m_2.]

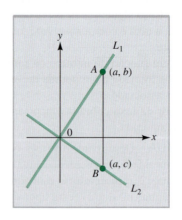

PROBLEMA 65

---

*Os seguintes artigos poderão servir como ponto de partida: D. W. Dockery, J. Schwartz e J. D. Spengler, "Air Pollution and Daily Mortality: Associations with Particulates and Acid Aerosols", *Environ. Res.*, Vol. 59, 1992, pp. 362-373; Y. S. Kim, "Air Pollution, Climate, Socioeconomics Status and Total Mortality in the United States", *Sci. Total Environ.*, Vol. 42, 1985, pp. 245–256.

SEÇÃO 1.4 Modelos Funcionais

Objetivos do Aprendizado
1. Estudar o método geral de modelagem.
2. Aplicar modelos a problemas práticos.
3. Conhecer os conceitos econômicos de equilíbrio do mercado e a análise de equilíbrio.

Os problemas práticos de economia, finanças e ciências físicas e biológicas são frequentemente complexos demais para serem descritos por expressões matemáticas simples. Um de nossos objetivos básicos é desenvolver métodos matemáticos para lidar com esses problemas. Para isso, vamos usar uma abordagem conhecida como **modelagem matemática**, que pode ser dividida em quatro estágios, mostrados de forma esquemática na Figura 1.30:

1º Estágio (Formulação): Dada uma situação real (como a dívida externa dos EUA, a epidemia de Aids ou o aquecimento global), adotamos um número suficiente de hipóteses simplificadoras para que o problema possa ser formulado matematicamente. Para isso, pode ser necessário coletar e analisar dados e usar conhecimentos de diferentes origens para descobrir quais são as variáveis mais importantes e estabelecer relações matemáticas entre essas variáveis. O resultado dessa formulação recebe o nome de **modelo matemático**.

2º Estágio (Análise): Usamos métodos matemáticos para analisar ou "resolver" o modelo matemático. Neste livro, o instrumento utilizado será basicamente o cálculo, mas, na prática, outros instrumentos, como a álgebra, a estatística, a análise numérica e a ciência da computação, podem ser aplicados a determinado modelo.

3º Estágio (Interpretação): Depois que o modelo matemático é analisado, as conclusões extraídas dessa análise são aplicadas ao problema original, tanto para verificar se o modelo reflete corretamente a realidade como para fazer previsões. Assim, por exemplo, a análise do modelo de uma empresa pode indicar que o lucro será máximo quando 200 unidades de certo produto forem fabricadas por mês.

4º Estágio (Testes e Ajustes): Neste estágio final, o modelo é testado usando novos dados para verificar se as previsões advindas da análise estão corretas. Se as previsões não são confirmadas pelos novos dados, as hipóteses do modelo são modificadas e o processo de modelagem é repetido. No exemplo mencionado no 3º estágio, pode ser que o lucro comece a diminuir muito antes de a produção chegar a 200 unidades por mês; isso seria uma indicação de que o modelo não está correto e precisa ser modificado.

Um modelo adequado é aquele no qual a simplificação do problema real é suficiente para que o problema possa ser analisado matematicamente, mas não modifica a essência da situação real. Assim, por exemplo, quando supomos que o clima em uma região é perfeitamente periódico, com chuva a cada dez dias, o modelo resultante pode ser fácil de analisar, mas está muito distante da realidade.

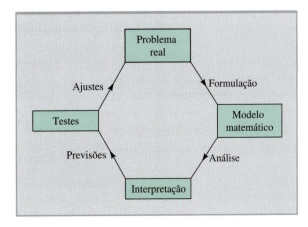

FIGURA 1.30 Diagrama que ilustra o processo de modelagem matemática.

Nas seções anteriores, foram usados modelos para representar grandezas como o custo de produção, o preço, a demanda, a poluição do ar e o tamanho da população; muitos outros modelos serão discutidos no restante do livro. Alguns desses modelos, sobretudo os analisados nas seções "Para Pensar" no final de cada capítulo, são mais detalhados e ilustram os processos de escolha das hipóteses e de comparação das previsões com os dados reais.

A formulação de modelos matemáticos é uma das habilidades mais importantes que se aprende em um curso de cálculo e o processo começa com a análise e solução de problemas práticos. O Exemplo 1.4.1 é um problema de otimização no qual a solução é apresentada em quatro partes, que correspondem aos quatro estágios do processo de modelagem.

EXEMPLO 1.4.1 Determinação do Lucro Máximo

Um fabricante pode produzir papel de impressora a um custo de R$ 2,00 por resma. O papel tem sido vendido a R$ 5,00 por resma e, a esse preço, o fabricante tem vendido 4.000 resmas por mês. O fabricante decidiu aumentar o preço de venda e estima que, para cada R$ 1,00 de aumento do preço, venderá menos 400 resmas por mês. Que preço corresponde ao máximo de lucro e qual é o lucro máximo possível?

Solução

Formulação: Começamos por descrever, em palavras, a relação que serve de base para o modelo.

$$\text{Lucro} = (\text{número de resmas vendidas})(\text{lucro por resma})$$

Como o objetivo é expressar o lucro em função do preço, a variável independente é o preço e a variável dependente é o lucro. Seja p o preço de venda de uma resma e seja $L(p)$ o lucro mensal correspondente.

O passo seguinte consiste em expressar o número de resmas vendidas em termos da variável p. Sabemos que 4.000 resmas são vendidas por mês quando o preço é R$ 5,00 e que, para cada R$ 1,00 de aumento do preço, menos 400 resmas serão vendidas. Como o número de aumentos de R$ 1,00 é a diferença $p - 5$ entre o novo preço e o preço antigo, podemos escrever:

$$\begin{aligned}\text{Número de resmas vendidas} &= 4.000 - 400(\text{número de aumentos de R\$ 1,00}) \\ &= 4.000 - 400(p - 5) \\ &= 6.000 - 400p\end{aligned}$$

Como o lucro por resma é a diferença $p - 2$ entre o preço de venda e o custo de R$ 2,00, o lucro total é

$$\begin{aligned}L(p) &= (\text{número de resmas vendidas})(\text{lucro por resma}) \\ &= (6.000 - 400p)(p - 2) \\ &= -400p^2 + 6.800p - 12.000\end{aligned}$$

Análise: O gráfico de $L(p)$ é a parábola mostrada na Figura 1.31. O lucro é máximo para o valor de p que corresponde ao ponto mais alto do gráfico do lucro, ou seja, ao vértice da parábola no qual, como foi visto na Seção 1.2,

$$p = \frac{-B}{2A} = \frac{-(6.800)}{2(-400)} = 8,5$$

Interpretação: concluímos que o lucro é máximo quando o fabricante cobra R$ 8,50 por uma resma e que o lucro máximo mensal é

$$\begin{aligned}L_{\text{máx}} &= L(8,5) = -400(8,5)^2 + 6.800(8,5) - 12.000 \\ &= \text{R\$ } 16.900,00\end{aligned}$$

Note que, se o fabricante cobrar menos de R$ 2,00 ou mais de R$ 15,00 por resma, a função lucro $L(p)$ assumirá um valor negativo, ou seja, o fabricante terá prejuízo. Esse fato está representado pela parte da curva da Figura 1.31 abaixo do eixo p.

FUNÇÕES, GRÁFICOS E LIMITES   41

17 EXPLORE!

Entre com a função Y1 = −400X² + 6.800X −12.000 no editor de equações. Use o comando **TBLSET** para fixar o valor inicial de *x* em 2 em TablStart com um incremento de 1 para ΔTbl. Escolha uma janela de observação apropriada para essa função lucro e, usando **TRACE**, **ZOOM** ou uma rotina para determinar mínimos, confirme os resultados do Exemplo 1.4.1, mostrados na Figura 1.31.

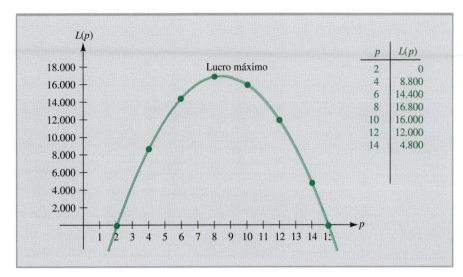

p	L(p)
2	0
4	8.800
6	14.400
8	16.800
10	16.000
12	12.000
14	4.800

FIGURA 1.31 A função lucro $L(p) = (6.000 - 400p)(p - 2)$.

Testes e Ajustes: Com base nessa análise, o fabricante provavelmente vai aumentar o preço do papel para R$ 8,50 por resma, esperando vender 6.000 − (400)(8,5) = 2.600 resmas e obter um lucro mensal de R$ 16.900,00. Se as vendas forem menores ou maiores que o previsto, deverá ajustar as previsões do modelo e repetir a análise.

Em muitos problemas práticos, temos uma grandeza que depende de mais de uma variável e precisamos expressá-la em termos de uma única variável. O modo mais comum de fazer isso é usar uma condição adicional, como ilustra o Exemplo 1.4.2.

EXEMPLO 1.4.2 Modelagem do Custo de Construção

Armando quer construir uma caixa d'água cilíndrica para sua fazenda com uma capacidade de 11.000 metros cúbicos. O custo do material usado na tampa é R$ 3,00 o metro quadrado, enquanto o custo do material usado no fundo e na superfície lateral é R$ 5,00 o metro quadrado. Expresse o custo total de construção em função do raio da caixa d'água.

Solução

Seja *r* o raio da tampa e do fundo, seja *h* a altura e seja *C* o custo (em reais) do material necessário para construir a caixa d'água. Nesse caso, temos:

$$C = \text{custo da tampa} + \text{custo do fundo} + \text{custo do lado}$$

Como a área da tampa e do fundo da caixa d'água é πr^2, temos:

Custo da tampa =
(custo por unidade de área do material da tampa)(área da tampa) = $3\pi r^2$ reais

e

Custo do fundo =
(custo por unidade de área do material do fundo)(área do fundo) = $5\pi r^2$ reais

Para determinar a área do lado da caixa d'água, imagine que a tampa e o fundo tenham sido retirados e o lado tenha sido aberto para formar um retângulo, como na Figura 1.32. A altura do retângulo é a altura *h* da caixa d'água; o comprimento é a circunferência $2\pi r$ da seção reta da caixa d'água. Assim, a área do retângulo (e, então, do lado da caixa d'água) é $2\pi r h$ metros quadrados e, portanto,

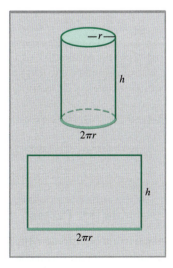

FIGURA 1.32 Caixa d'água cilíndrica do Exemplo 1.4.2.

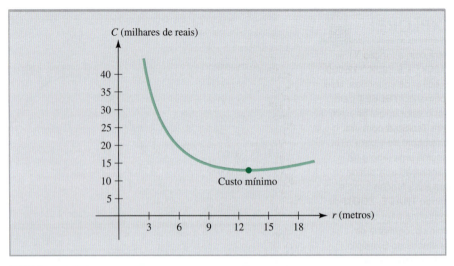

FIGURA 1.33 A função custo $C(r) = 8\pi r^2 + 110.000/r$.

> **18 EXPLORE!**
>
> Usando o comando de tabelas (**TBLSET**) da calculadora, escolha uma janela apropriada para plotar a função $C(r) = 8\pi r^2 + 110.000/r$. Em seguida, usando **TRACE**, **ZOOM** ou uma rotina para determinar mínimos, encontre o raio para o qual o custo é mínimo no Exemplo 1.4.2.

Custo dos lados =
(custo por unidade de área do material do lado) (área do lado) = $5(2\pi rh)$ reais

Somando todos os custos, obtemos:

$$C = 3\pi r^2 + 5\pi r^2 + 5(2\pi rh) = 8\pi r^2 + 10\pi rh$$

Como o objetivo é expressar o custo em função apenas do raio, precisamos de uma equação que relacione as variáveis r e h. Para isso, usamos o fato de que o volume de um cilindro circular de raio r e altura h é $V = \pi r^2 h$. Como a caixa d'água deve ter um volume de 11.000 metros cúbicos,

$$V = \pi r^2 h = 11.000$$

e, portanto,

$$h = \frac{11.000}{\pi r^2}$$

Substituindo h por esse valor na expressão de C, obtemos

$$C(r) = 8\pi r^2 + 10\pi rh = 8\pi r^2 + 10\pi r\left(\frac{11.000}{\pi r^2}\right)$$
$$= 8\pi r^2 + \frac{110.000}{r}$$

A Figura 1.33 mostra um gráfico de $C(r)$. Observe que a curva passa por um mínimo $r \approx 13$, o que significa que Armando pode minimizar o custo do material construindo uma caixa d'água com um raio de 13 metros. No Capítulo 3, vamos aprender a determinar os pontos de máximo e de mínimo de uma função usando métodos matemáticos.

O Exemplo 1.4.3 ilustra o uso de uma função definida por partes para modelar uma situação real.

EXEMPLO 1.4.3 Modelagem com uma Função Definida por Partes

Durante uma seca, os moradores do condado de Marin, na Califórnia, tiveram de enfrentar uma séria escassez de água. Para combater o desperdício, as autoridades aumentaram drasticamente as tarifas. O preço para uma família de quatro pessoas passou a ser de 1,22 dólar por 100 pés cúbicos de água para os primeiros 1.200 pés cúbicos; 10 dólares por 100 pés cúbicos para os

1.200 pés cúbicos seguintes; e 50 dólares por 100 pés cúbicos para consumos maiores. Expresse o valor da conta de água para uma família de quatro pessoas em função do consumo de água em centenas de pés cúbicos.

Solução

Seja x o número de centenas de pés cúbicos de água consumidos pela família durante o mês e $C(x)$ a conta correspondente em dólares. Se $0 \leq x \leq 12$, o custo é simplesmente o custo por centena de pés cúbicos multiplicado pelo consumo em centenas de pés cúbicos:

$$C(x) = 1{,}22x$$

Se $12 < x \leq 24$, as primeiras 12 centenas de pés cúbicos custarão 1,22 dólares e, portanto, o custo total das 12 unidades será $1{,}22(12) = 14{,}64$ dólares. Cada uma das $x - 12$ unidades restantes custará 10 dólares e, assim, o custo total dessas unidades será $10(x - 12)$ dólares. O custo das x unidades será, portanto,

$$C(x) = 14{,}64 + 10(x - 12) = 10x - 105{,}36$$

Se $x > 24$, o custo das primeiras 12 unidades será $1{,}22(12) = 14{,}64$ dólares, o custo das 12 unidades seguintes será $10(12) = 120$ dólares e o custo das $x - 24$ unidades restantes será $50(x - 24)$ dólares. O custo total das x unidades será, portanto,

$$C(x) = 14{,}64 + 120 + 50(x - 24) = 50x - 1.065{,}36$$

Combinando as três expressões, temos:

$$C(x) = \begin{cases} 1{,}22x & \text{para } 0 \leq x \leq 12 \\ 10x - 105{,}36 & \text{para } 12 < x \leq 24 \\ 50x - 1.065{,}36 & \text{para } x > 24 \end{cases}$$

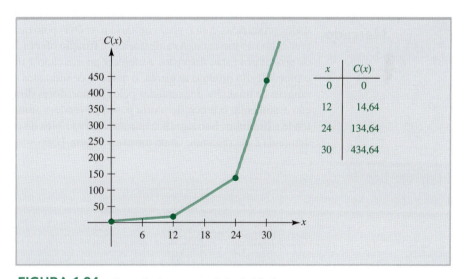

FIGURA 1.34 Custo da água no condado de Marin.

A Figura 1.34 mostra o gráfico dessa função. Observe que o gráfico é formado por três segmentos de reta, cada um mais inclinado que o anterior. Que aspecto da situação se reflete na inclinação crescente dos segmentos de reta?

Proporcionalidade

Muitas vezes na formulação de modelos matemáticos é necessário levar em conta relações de proporcionalidade. Três dos tipos mais importantes de proporcionalidade são definidos da seguinte forma:

> **Proporcionalidade** ■ Dizemos que uma grandeza Q é
> **diretamente proporcional** a x se $Q = kx$, em que k é uma constante
> **inversamente proporcional** a x se $Q = k/x$, em que k é uma constante
> **conjuntamente proporcional** a x e y se $Q = kxy$, em que k é uma constante

O Exemplo 1.1.4 ilustra o uso da proporcionalidade em um modelo de um problema de biologia.

EXEMPLO 1.4.4 Modelagem com Proporcionalidade

Quando fatores ambientais impõem um limite superior ao número de indivíduos, uma população cresce a uma taxa que é conjuntamente proporcional ao número de indivíduos e à diferença entre o limite superior e o número de indivíduos. Expresse a taxa de aumento da população em função do tamanho da população.

Solução

Seja p o tamanho da população, $R(p)$ a taxa de aumento correspondente e b o limite superior imposto pelo ambiente à população. Nesse caso,

$$\text{Diferença entre a população e o limite superior} = b - p$$

e, portanto,

$$R(p) = kp(b - p)$$

em que k é uma constante de proporcionalidade.

A Figura 1.35 mostra um gráfico de $R(p)$. No Capítulo 3, vamos aprender a calcular o valor de p para o qual essa função é máxima usando métodos matemáticos.

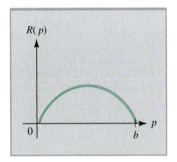

FIGURA 1.35 Taxa de crescimento de uma população com um limite superior: $R(p) = kp(b - p)$.

Equilíbrio do Mercado

Como vimos na Seção 1.1, a **função demanda** $D(x)$ de um produto relaciona o número x de unidades produzidas com o preço unitário $p = D(x)$ pelo qual todas as x unidades são demandadas (vendidas) no mercado. Analogamente, a **função oferta** $S(x)$ fornece o preço $p = S(x)$ pelo qual os produtores estão dispostos a oferecer ao mercado x unidades do produto. Em geral, quando o preço de um produto aumenta, o número de unidades oferecidas pelo fabricante aumenta e o número de unidades demandadas pelos compradores diminui. Assim, quando o nível de produção x aumenta, o preço de oferta $p = S(x)$ tende a aumentar e o preço de demanda $p = D(x)$ tende a diminuir. Isso significa que uma curva típica de oferta é crescente e uma curva típica de demanda é decrescente, como mostra a Figura 1.36.

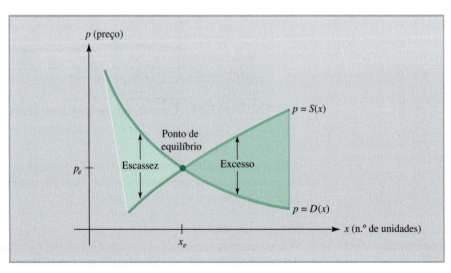

FIGURA 1.36 O mercado atinge o equilíbrio quando a oferta é igual à demanda.

De acordo com a **lei da oferta e da demanda**, em um mercado competitivo, a oferta tende a ser igual à demanda; quando isso ocorre, dizemos o mercado está em **equilíbrio**. Assim, o equilíbrio do mercado ocorre exatamente no nível de produção x_e para o qual $S(x_e) = D(x_e)$. O preço unitário correspondente, p_e, recebe o nome de **preço de equilíbrio**. Temos, portanto:

$$p_e = D(x_e) = S(x_e)$$

Se o mercado não está em equilíbrio, dizemos que há **escassez** do produto quando a demanda é maior que a oferta $[D(x) > S(x)]$ e **excesso** do produto quando a oferta é maior que a demanda $[S(x) > D(x)]$. Essa terminologia é ilustrada na Figura 1.36 e no Exemplo 1.4.5.

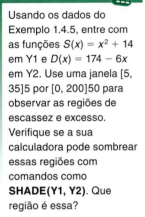

19 EXPLORE!

Usando os dados do Exemplo 1.4.5, entre com as funções $S(x) = x^2 + 14$ em Y1 e $D(x) = 174 - 6x$ em Y2. Use uma janela [5, 35]5 por [0, 200]50 para observar as regiões de escassez e excesso. Verifique se a sua calculadora pode sombrear essas regiões com comandos como **SHADE(Y1, Y2)**. Que região é essa?

EXEMPLO 1.4.5 Modelagem do Equilíbrio do Mercado

Uma pesquisa de mercado mostra que os fabricantes oferecerão x unidades de certo produto ao mercado se o preço unitário for $p = S(x)$ reais e que o mesmo número de unidades será demandado (comprado) pelos consumidores se o preço unitário for $p = D(x)$ reais, em que as funções oferta e demanda são dadas por

$$S(x) = x^2 + 14 \quad \text{e} \quad D(x) = 174 - 6x$$

a. Para que nível de produção x e preço unitário p o equilíbrio é atingido?
b. Plote no mesmo gráfico as curvas de oferta e de demanda, $p = S(x)$ e $p = D(x)$ e discuta a forma das curvas.

Solução

a. O equilíbrio do mercado é atingido para

$$\begin{aligned} S(x) &= D(x) \\ x^2 + 14 &= 174 - 6x \quad \text{subtraindo } 174 - 6x \text{ de ambos os membros} \\ x^2 + 6x - 160 &= 0 \quad \text{fatorando} \\ (x - 10)(x + 16) &= 0 \\ x = 10 \quad &\text{ou} \quad x = -16 \end{aligned}$$

Como apenas os valores positivos do nível de produção x têm significado físico, desprezamos a solução $x = -16$ e concluímos que o equilíbrio acontece para $x_e = 10$. O preço de equilíbrio pode ser obtido fazendo $x = 10$ na função oferta ou na função demanda. Temos:

$$p_e = D(10) = 174 - 6(10) = 114$$

b. Como se pode ver na Figura 1.37, a curva de oferta é uma parábola e a curva de demanda é uma linha reta. Observe que a oferta é zero até o preço unitário atingir o valor de R$ 14,00 e que a demanda é 29 unidades quando o preço unitário é 0. Para $0 \leq x \leq 10$, existe uma

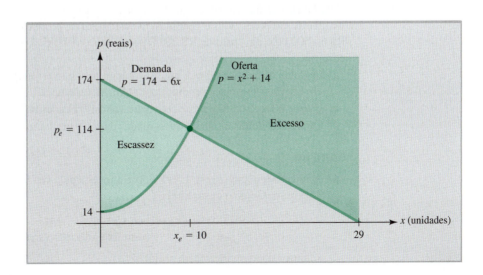

FIGURA 1.37 Curvas de oferta e demanda e ponto de equilíbrio do Exemplo 1.4.5.

escassez do produto, já que a curva de oferta está abaixo da curva de demanda. A curva de oferta intercepta a curva de demanda no ponto de equilíbrio (10, 114); para $10 < x \leq 29$, existe um excesso do produto.

Análise de Equilíbrio

As interseções de curvas surgem naturalmente no campo das finanças como resultado da **análise de equilíbrio**. Em uma situação típica, um fabricante está interessado em saber quantas unidades de certo produto terá de vender para que a receita total seja igual ao custo total. Suponha que x seja o número de unidades fabricadas e vendidas e $C(x)$ e $R(x)$ sejam as funções que representam o custo total e a receita total, respectivamente. A Figura 1.38 mostra um par típico de curvas de custo e receita.

Por causa dos custos fixos, a curva de custo está inicialmente acima da curva de receita. Assim, para um baixo nível de produção, o fabricante tem prejuízo, mas para um alto nível de produção, a receita total ultrapassa o custo total e o fabricante tem lucro. O ponto em que as duas curvas se interceptam é chamado de **ponto de equilíbrio** porque é nesse ponto que o custo e a receita se equilibram e o fabricante não tem lucro nem prejuízo. O Exemplo 1.4.6 ilustra a análise de equilíbrio.

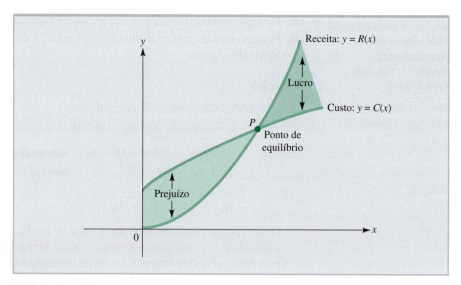

FIGURA 1.38 Curvas de custo e receita, com um ponto de equilíbrio em P.

EXEMPLO 1.4.6 Análise de Equilíbrio

Uma fábrica de móveis pode vender uma cadeira reclinável por $p = 1.500 - 3x$ reais quando x cadeiras são produzidas e vendidas. O custo total de produção consiste em um custo fixo de R\$ 66.500,00 e um custo de R\$ 20,00 por cadeira. A fábrica não pode produzir mais que 300 cadeiras.

a. Quantas cadeiras a fábrica precisa vender para não ter lucro nem prejuízo? Por que preço as cadeiras devem ser vendidas para que isso aconteça?
b. Qual é o lucro da fábrica se consegue vender 35 cadeiras?
c. Quantas cadeiras a fábrica deve vender para ter um lucro de R\$ 120.000,00?

Solução

a. A função demanda é $p = 1.500 - 3x$ e a receita pela venda de x cadeiras é $R(x) = (1.500 - 3x)x$ reais. Como o custo total é

$$C(x) = \underbrace{66.500}_{\text{custo fixo}} + \underbrace{20x}_{\text{custo variável}}$$

a fábrica não tem lucro nem prejuízo se

$$(1.500 - 3x)x = 66.500 + 20x$$

ou

$$-3x^2 + 1.480x - 66.500 = 0$$

De acordo com a fórmula de Bhaskara, as raízes dessa equação do segundo grau são

$$x = \frac{-1.480 \pm \sqrt{(1.480)^2 - 4(-3)(66.500)}}{2(-3)}$$
$$= 50 \text{ e } 443{,}33$$

Como a fábrica não pode produzir mais de 300 cadeiras, o ponto de equilíbrio corresponde a 50 cadeiras fabricadas e vendidas (veja o gráfico da Figura 1.39). O preço correspondente é

$$p(50) = 1.500 - 3(50) = R\$\ 1.350{,}00$$

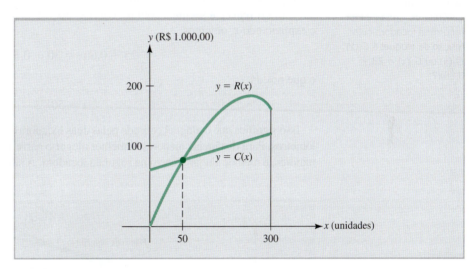

FIGURA 1.39 Receita $R(x) = (1.500 - 3x)x$ e custo $C(x) = 66.500 + 20x$.

b. O lucro $L(x)$ é a diferença entre a receita e o custo:

$$L(x) = R(x) - C(x) = (1.500 - 3x)x - (66.500 + 20x)$$
$$= -3x^2 + 1.480x - 66.500$$

O lucro quando 35 unidades são vendidas é

$$L(35) = -3(35)^2 + 1.480(35) - 66.500 = -18.375$$

O sinal negativo indica um lucro negativo (ou seja, um prejuízo), o que já era de se esperar, pois $x = 35$ é menor que o ponto de equilíbrio (50 unidades). Se apenas 35 unidades forem vendidas, a fábrica de móveis terá um prejuízo de R\$ 18.375,00.

c. Para determinar o número de unidades que devem ser vendidas para que a fábrica tenha um lucro de R\$ 120.000,00, igualamos a 120.000 a expressão de $L(x)$ e calculamos o valor de x. O resultado é

$$-3x^2 + 1.480x - 66.500 = 120.000$$

o que nos dá a seguinte equação do segundo grau:

$$-3x^2 + 1.480x - 186.500 = 0$$

Acontece que essa equação não tem nenhuma solução real, pois o discriminante

$$(1.480)^2 - 4(-3)(-186.500) = -47.600$$

é negativo. Assim, a fábrica não pode ter um lucro de R\$ 120.000,00 com a venda das cadeiras.

20 EXPLORE!

Leia o Exemplo 1.4.7. Entre com $C_1(x) = 25 + 0,6x$ em Y1 e com $C_2(x) = 30 + 0,5x$ em Y2 no editor de equações da calculadora. Use uma janela [−25, 250]25 por [−10, 125]50 a fim de determinar em que faixa de distâncias é melhor usar cada locadora. No caso de uma distância percorrida maior que 100 quilômetros, seria melhor recorrer à locadora cuja função de aluguel é $C_1(x)$, $C_2(x)$ ou $C_3(x) = 23 + 0,55x$?

O Exemplo 1.4.7 mostra de que forma a análise de equilíbrio pode ser usada como instrumento para tomada de decisões.

EXEMPLO 1.4.7 Análise de Custos

Certa locadora de automóveis cobra R$ 25,00 mais R$ 0,60 por quilômetro. Outra locadora cobra R$ 30,00 mais R$ 0,50 por quilômetro. Qual das duas ofertas é a melhor?

Solução

A resposta depende da quantidade de quilômetros rodados. Para viagens curtas, é mais barato alugar um carro na primeira locadora; para viagens longas, é mais barato alugar um carro na segunda locadora. A análise de equilíbrio pode ser usada para determinar a quantidade de quilômetros para a qual as duas locadoras cobram a mesma quantia pelo aluguel do carro.

Suponha que o carro rode x quilômetros. Nesse caso, a primeira locadora cobrará $C_1(x) = 25 + 0,60x$ reais e a segunda cobrará $C_2(x) = 30 + 0,50x$ reais. Igualando as duas expressões e explicitando x, obtemos:

$$25 + 0,60x = 30 + 0,50x$$

o que nos dá

$$x = 50$$

Isso significa que o aluguel cobrado pelas duas locadoras será o mesmo se o carro rodar 50 quilômetros. Para distâncias menores, é melhor alugar o carro na primeira locadora; para distâncias maiores, é melhor alugar o carro na segunda locadora. A situação está ilustrada na Figura 1.40.

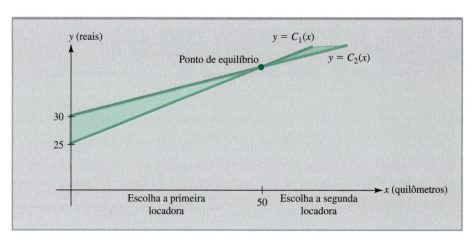

FIGURA 1.40 Custos do aluguel de carros em duas locadoras.

PROBLEMAS ■ 1.4

1. O produto de dois números é 318. Expresse a soma dos dois números em função do número menor.

2. A soma de dois números é 18. Expresse o produto dos números em função do número menor.

3. **CRESCIMENTO POPULACIONAL** Na ausência de limitações ambientais, a população cresce a uma taxa proporcional ao número de indivíduos. Expresse a taxa de aumento da população em função do tamanho da população.

4. **PAISAGISMO** Um paisagista deseja criar um jardim de forma retangular com um comprimento duas vezes maior que a largura. Expresse a área do jardim em função da largura.

5. **CERCANDO UM TERRENO** Um fazendeiro deseja cercar um pasto retangular usando 1.000 m de cerca. Se um dos lados mais compridos do pasto fica na margem de um rio (portanto, não precisa de cerca), expresse a área do pasto em função da largura.

6. **CERCANDO UM PARQUE** O departamento de parques e jardins de uma prefeitura pretende construir um parque retangular com uma área de 3.600 metros quadrados. O parque será cercado. Expresse o comprimento da cerca em função do comprimento de um dos lados do parque, desenhe o gráfico associado e estime as dimensões do parque para que o comprimento da cerca seja o menor possível.

7. **CÁLCULO DE ÁREAS** Expresse a área de um jardim retangular cujo perímetro é 320 metros em função do comprimento de um dos lados. Desenhe o gráfico associado e estime as dimensões do campo para que a área seja máxima.

8. **EMBALAGENS** Uma caixa fechada, cuja base é quadrada, deve ter um volume de 1.500 centímetros cúbicos. Expresse a área da superfície da caixa em função do lado da base.

9. **EMBALAGENS** Uma caixa fechada, cuja base é quadrada, tem uma área superficial de 4.000 centímetros quadrados. Expresse o volume da caixa em função do lado da base.

10. **DECAIMENTO RADIOATIVO** Uma amostra de rádio decai a uma taxa proporcional ao número de átomos de rádio presentes na amostra. Expresse a taxa de decaimento em função do número de átomos de rádio.

11. **VARIAÇÃO DE TEMPERATURA** A taxa de variação com o tempo da temperatura de um objeto é proporcional à diferença entre a temperatura do corpo e a temperatura do meio externo. Expresse essa taxa em função da temperatura do objeto.

12. **DISSEMINAÇÃO DE UMA EPIDEMIA** A velocidade com que uma epidemia se espalha em uma comunidade é proporcional ao produto do número de pessoas doentes pelo número de pessoas sãs. Expresse essa velocidade em função do número de pessoas doentes.

13. **CORRUPÇÃO NA POLÍTICA** A taxa de aumento do número de políticos envolvidos em um escândalo de corrupção é proporcional ao produto do número de políticos envolvidos pelo número de políticos que ainda não foram envolvidos. Expresse essa taxa em função do número de políticos envolvidos.

14. **CUSTO DE PRODUÇÃO** Em determinada fábrica, o custo de instalação é diretamente proporcional ao número de máquinas e o custo de operação é inversamente proporcional ao número de máquinas. Expresse o custo total em função do número de máquinas.

15. **CUSTO DE TRANSPORTE** Um caminhão é contratado para transportar produtos de uma fábrica para um depósito. O motorista é pago por hora, portanto seu salário é inversamente proporcional à velocidade do caminhão. O consumo de combustível é diretamente proporcional à velocidade do caminhão. Expresse o custo total de operação do caminhão em função da velocidade.

PROBLEMAS APLICADOS DE ECONOMIA E FINANÇAS

16. **LUCRO DE UM FABRICANTE** Um fabricante estima que o custo de fabricação de certo produto é R$ 14,00 a unidade; o produto é vendido por R$ 23,00 a unidade. Existe também um custo fixo de R$ 1.200,00.
    a. Expresse o custo $C(x)$ e a receita $R(x)$ em função do número x de unidades produzidas e vendidas.
    b. Qual é o lucro quando $x = 2.000$ unidades são produzidas e vendidas? E quando $x = 100$ unidades são produzidas e vendidas? Qual é o menor número de unidades que devem ser vendidas para que o fabricante tenha lucro?
    c. Qual é a função lucro médio $LM(x)$? Qual é o lucro médio quando 2.500 unidades são produzidas?

17. **LUCRO DE UM FABRICANTE** Um fabricante estima que cada unidade de certo produto pode ser vendida por R$ 3,00 a mais que o custo de fabricação. Existe também um custo fixo de R$ 17.000,00 associado à fabricação do produto.
    a. Expresse o lucro total $L(x)$ em função do nível de produção x.
    b. Qual é o lucro (ou prejuízo) quando 5.000 unidades são fabricadas? E quando 20.000 unidades são fabricadas? Qual é o menor número de unidades que devem ser vendidas para que o fabricante tenha lucro?
    c. Determine a função lucro médio $LM(x)$. Qual é o lucro médio quando 10.000 unidades são fabricadas?

18. **RECEITA DE VENDAS** Quando x unidades de determinado produto de luxo são fabricadas, podem ser todas vendidas a um preço unitário de p milhares de reais, em que $p = -6x + 100$.
    a. Expresse a receita $R(x)$ em função de x. Qual é a receita quando 15 unidades são fabricadas?
    b. Determine a função receita média $RM(x)$. Qual é a receita média quando 10 unidades são fabricadas?

19. **VENDAS A VAREJO** Um fabricante tem vendido luminárias a R$ 50,00 a unidade e por esse preço as vendas têm sido de 3.000 luminárias por mês. O fabricante pretende aumentar o preço e calcula que, para cada R$ 1,00 de aumento, menos 1.000 luminárias serão vendidas por mês. O custo de produção é R$ 29,00 por luminária. Expresse o lucro mensal do fabricante em função do preço de venda das lâmpadas, desenhe o gráfico associado e estime o preço ótimo de venda.

20. **VENDAS A VAREJO** Uma livraria pode encomendar certo livro a uma editora por um preço de R$ 3,00 o exemplar. A livraria está vendendo o livro a R$ 15,00 o exemplar e por esse preço tem vendido 200 exemplares por mês. A livraria pretende reduzir o preço para aumentar as vendas e calcula que, para cada R$ 1,00 de redução do preço, conseguirá vender mais 20 exemplares por mês. Expresse o lucro mensal da livraria com a venda desse livro em função do preço de venda, desenhe o gráfico associado e estime o preço ótimo de venda.

21. **IMPOSTO DE RENDA** A tabela a seguir mostra a tabela de imposto de renda para pessoas físicas nos EUA em 2010.
    a. Expresse o valor do imposto de renda a pagar em função da renda líquida x para $0 \leq x \leq 171.850$ e desenhe o gráfico associado.

b. O gráfico do item (a) é formado por quatro segmentos de reta. Determine a inclinação de cada segmento. O que acontece com a inclinação à medida que a renda líquida aumenta? Explique o que isso significa na prática.

Se a Renda Líquida É		O Imposto de Renda É	
Maior que	E Menor que		Da quantia que Exceder
0	US$8.375	10%	0
US$8.375	US$34.000	US$837,50 + 15%	US$8.375
US$34.000	US$82.400	US$4.681,25 + 25%	US$34.000
US$82.400	US$171.850	US$16.781,25 + 28%	US$82.400

22. PROPAGANDA Uma empresa fabrica dois produtos, A e B. O gerente estima que se $x\%$ da verba de propaganda forem investidos na propaganda do produto A, o lucro total com a venda dos dois produtos será L milhares de dólares, em que

$$L(x) = \begin{cases} 20 + 0,70x & \text{para} \quad 0 \le x < 30 \\ 26 + 0,50x & \text{para} \quad 30 \le x < 72 \\ 80 - 0,25x & \text{para} \quad 72 \le x \le 100 \end{cases}$$

a. Plote o gráfico de $P(x)$.
b. Qual será o lucro da empresa se a verba de propaganda for dividida igualmente entre os dois produtos?
c. Expresse o lucro total P em termos da porcentagem y da verba que é investida na propaganda do produto B.

23. COLHEITA O preço no atacado de um saco de batatas é R$ 8,00 em 1º de julho; após essa data, o preço cai 5 centavos por saco ao dia. Em 1º de julho, a plantação de batatas de um agricultor já produziu o equivalente a 140 sacos e ele calcula que, nos dias seguintes, a produção deverá ser, em média, de um saco por dia. Expresse a receita do fazendeiro com a venda das batatas em função do dia da colheita, desenhe o gráfico associado e estime o dia em que o fazendeiro deve realizar a colheita para que a receita seja máxima.

24. COMISSÃO DO LEILOEIRO Em geral, quando uma peça é comprada em um leilão, é necessário pagar não só o lance vencedor, mas também a comissão do leiloeiro. Em certa casa de leilões, a comissão do leiloeiro é 17,5% do lance vencedor para quantias até R$ 50.000,00. No caso de quantias maiores, a comissão é de 17,5% sobre os primeiros R$ 50.000,00 mais 10% do valor que exceder R$ 50.000,00.
a. Determine o valor total pago por um comprador (valor do lance mais comissão do leiloeiro) nessa casa de leilões para lances de R$ 1.000,00, R$ 25.000,00 e R$ 100.000,00.
b. Expresse o valor total pago em função do valor do lance. Plote essa função.

25. CUSTO DE TRANSPORTE Uma empresa de ônibus adotou a seguinte política de preços para grupos que desejam fretar um ônibus: grupos de 40 pessoas ou menos pagam uma quantia fixa de R$ 2.400,00 (40 vezes R$ 60,00). Nos grupos de 41 a 80 pessoas, o preço é de R$ 60,00 por pessoa menos 50 centavos para cada pessoa que exceder 40. Para grupos de mais de 80 pessoas, o preço é de R$ 40,00 por pessoa. Expresse a receita da empresa de ônibus em função do tamanho do grupo e desenhe o gráfico associado.

26. PREÇO DE INGRESSOS Um museu de história natural pratica a seguinte política de preços para o ingresso de grupos: grupos de menos de 50 pessoas pagam R$ 3,50 por pessoa, enquanto grupos de 50 pessoas ou mais pagam um preço reduzido de R$ 3,00 por pessoa.
a. Expresse o custo total dos ingressos de um grupo em função do tamanho do grupo e desenhe o gráfico associado.
b. Quanto dinheiro um grupo de 49 pessoas economizará se conseguir recrutar mais um membro?

27. DECISÃO EDITORIAL Um escritor recebe propostas de duas editoras interessadas em publicar seu último livro. A Editora A oferece uma comissão de 1% da receita líquida para os primeiros 30.000 exemplares vendidos e 3,5% para os exemplares que excederem 30.000 e espera lucrar R$ 2,00 com cada exemplar vendido. A Editora B não paga nenhuma comissão pelos primeiros 4.000 exemplares vendidos, mas oferece 2% de comissão para os exemplares que excederem 4.000 e espera lucrar R$ 3,00 com cada exemplar vendido. O autor espera vender N exemplares. Qual das duas ofertas é mais vantajosa?

28. CONTA BANCÁRIA A taxa cobrada para manter uma conta corrente em certo banco é R$ 12,00 por mês mais 10 centavos para cada cheque passado. Outro banco cobra R$ 10,00 por mês mais 14 centavos por cheque. Defina um critério para decidir em qual dos dois bancos é mais vantajoso manter uma conta corrente.

29. CUSTO DE PRODUÇÃO Uma companhia recebeu uma encomenda do departamento de esportes de uma prefeitura para fabricar 8.000 pranchas de isopor. A companhia possui várias máquinas, cada uma delas é capaz de produzir 30 pranchas por hora. O custo de programar as máquinas para produzir esse tipo de prancha é R$ 20,00 por máquina. Depois de programadas as máquinas, a operação é totalmente automática e pode ser supervisionada por um único funcionário, que ganha R$ 19,20 por hora para fazer o trabalho. Expresse o custo de fabricação das 8.000 pranchas em função do número de máquinas utilizadas, desenhe o gráfico associado e estime o número de máquinas que a companhia deve usar para minimizar o custo.

EQUILÍBRIO DO MERCADO *Nos Problemas 30 a 33, as funções oferta e demanda, $S(x)$ e $D(x)$, são dadas para determinado produto em termos do nível de produção x. Em cada caso,*

(a) Determine o valor de x_e, para o qual ocorre o equilíbrio e o preço de equilíbrio correspondente, p_e;
(b) Plote no mesmo gráfico as curvas de oferta e de demanda, $p = S(x)$ e $p = D(x)$;

(c) Determine para que valores de x existe uma escassez do produto e para que valores existe um excesso do produto.

30. $S(x) = 4x + 200$ e $D(x) = -3x + 480$
31. $S(x) = 3x + 150$ e $D(x) = -2x + 275$
32. $S(x) = x^2 + x + 3$ e $D(x) = 21 + 3x^2$
33. $S(x) = 2x + 7{,}43$ e $D(x) = -0{,}21x^2 - 0{,}84x + 50$

34. **OFERTA E DEMANDA** Quando um liquidificador é vendido no varejo por p reais, os fabricantes fornecem $p^2/10$ liquidificadores aos varejistas e a demanda é de 60 − p aparelhos. Qual é o preço de mercado para o qual a oferta de liquidificadores é igual à demanda? Quantos liquidificadores são vendidos a esse preço?

35. **OFERTA E DEMANDA** Os produtores fornecem ao mercado x unidades de certo produto quando o preço unitário é $p = S(x)$ reais e os consumidores demandam (compram) x unidades quando o preço unitário é $p = D(x)$, em que

$$S(x) = 2x + 15 \quad \text{e} \quad D(x) = \frac{385}{x+1}$$

a. Determine o nível de produção de equilíbrio x_e e o preço de equilíbrio p_e.
b. Plote as curvas de oferta e demanda no mesmo gráfico.
c. Em que ponto a curva de oferta intercepta o eixo y? Discuta o significado desse ponto em termos econômicos.

36. **ANÁLISE DE EQUILÍBRIO** Um fabricante de móveis pode vender mesas de jantar por R$ 500,00. O custo total do fabricante é composto por um custo fixo de R$ 30.000 e um custo de produção de R$ 350,00 por mesa.
a. Quantas mesas o fabricante precisa vender para não ter prejuízo?
b. Quantas mesas o fabricante precisa vender para ter um lucro de R$ 6.000,00?
c. Qual será o lucro ou prejuízo do fabricante se vender 150 mesas?
d. Plote no mesmo gráfico a receita total e o custo total em função do número de mesas vendidas. Explique como é possível determinar o custo fixo a partir do gráfico.

37. **ANÁLISE DE EQUILÍBRIO** Júlia pode vender certo produto por R$ 110,00. O custo total consiste em um custo fixo de R$ 7.500,00 mais um custo de produção de R$ 60,00 por unidade.
a. Expresse a receita total, o custo total e o lucro total de Júlia em termos de x, o número de unidades vendidas. Plote no mesmo gráfico a receita total e o custo total em função de x.
b. Quantas unidades Júlia precisa vender para não ter lucro nem prejuízo?
c. Qual é o lucro ou o prejuízo de Júlia se vender 100 unidades?
d. Quantas unidades Júlia precisa vender para ter um lucro de R$ 1.250,00?

38. **ANÁLISE DE EQUILÍBRIO** Uma empresa de cartões de aniversário pode vender cartões por R$ 2,75. O custo total dos cartões consiste em um custo fixo de R$ 12.000,00 e um custo variável de 35 centavos por cartão.
a. Expresse a receita total, o custo total e o lucro total da empresa em termos de x, o número de cartões vendidos.
b. Quantos cartões a empresa precisa vender para não ter lucro nem prejuízo?
c. Qual será o lucro ou o prejuízo da empresa se vender 5.000 cartões?
d. Quantos cartões a empresa precisa vender para ter um lucro de R$ 9.000,00?
e. Plote, no mesmo gráfico, a receita total e o custo total da empresa em função do número de cartões vendidos. Qual é o significado do ponto em que a função custo total intercepta o eixo y?

39. **CUSTO DE CONSTRUÇÃO** Uma empresa pretende construir uma nova sede, com estacionamento, um terreno de 120 metros de comprimento e 100 metros de largura. O edifício terá 20 metros e altura e forma retangular, como mostra a figura, com um perímetro de 320 metros.

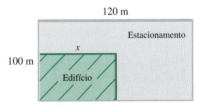

PROBLEMA 39

a. Expresse o volume $V(x)$ do edifício em função do comprimento x do lado maior.
b. Faça um gráfico do volume calculado no item (a) e determine as dimensões do edifício de maior volume que atende às especificações.
c. Suponha que a empresa tenha decidido construir o edifício de máximo volume. Se o custo de construção é R$ 75,00 por metro cúbico para o edifício e R$ 50,00 por metro quadrado para o estacionamento, qual é o custo total da nova sede?

40. **LUCRO DE UMA EDITORA** Uma editora gasta R$ 74.200,00 na preparação de um livro para ser impresso (composição, ilustrações, revisão etc.). O custo de impressão e encadernação é de R$ 5,50 por livro. O livro é vendido às livrarias por R$ 19,50 o exemplar.
a. Faça uma tabela mostrando o custo para produzir 2.000, 4.000, 6.000 e 8.000 livros.
b. Faça uma tabela mostrando a receita com a venda de 2.000, 4.000, 6.000 e 8.000 livros.
c. Escreva uma expressão matemática para o custo y em função do número x de livros impressos.
d. Escreva uma expressão matemática para a receita y em função do número x de livros impressos.
e. Use uma calculadora para plotar as duas funções no mesmo gráfico.

52 CAPÍTULO 1

   f. Use os comandos **TRACE** e **ZOOM** para determinar o ponto no qual o custo é igual à receita.
   g. Use o gráfico para determinar quantos livros devem ser impressos e vendidos para que a editora tenha uma receita de R$ 85.000,00. Qual é o lucro (ou o prejuízo) para essa quantidade de livros vendidos?

41. **OFERTA E DEMANDA** Os produtores fornecem ao mercado q unidades de certo produto quando o preço unitário é $p = S(q)$ reais e os consumidores demandam (compram) q unidades quando o preço unitário é $p = D(q)$ reais, em que

$$S(q) = aq + b \quad \text{e} \quad D(q) = cq + d$$

e a, b, c e d são constantes.
   a. O que se pode dizer a respeito dos sinais dos coeficientes a, b, c e d se as inclinações das curvas de oferta e demanda são as que aparecem na figura a seguir?
   b. Expresse o nível de produção equilíbrio q_e e o preço de equilíbrio p_e em termos dos coeficientes a, b, c e d.
   c. Use a resposta do item (b) para determinar o que acontece com o nível de produção de equilíbrio q_e quando a aumenta. O que acontece com q_e quando d aumenta?

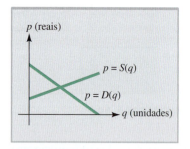

PROBLEMA 41

PROBLEMAS APLICADOS DE CIÊNCIAS SOCIAIS E BIOLÓGICAS

42. **PRODUÇÃO AGRÍCOLA** Um agricultor da Flórida calcula que, se plantar 60 pés de laranja, a produção será, em média, de 400 laranjas por pé. A produção diminui de quatro laranjas por pé para cada árvore a mais plantada na mesma região. Expresse a produção total do agricultor em função do número adicional de árvores plantadas, desenhe o gráfico associado e estime o número total de pés de laranja que o agricultor deve plantar para maximizar a produção.

43. **FISIOLOGIA** A pupila do olho humano é aproximadamente circular. Se a intensidade I da luz que entra no olho é proporcional à área da pupila, expresse I em função do raio r da pupila.

44. **RECICLAGEM** Para levantar fundos, uma organização beneficente está recolhendo garrafas usadas, que pretende vender a uma indústria para serem recicladas. Desde que a campanha começou, há 80 dias, a organização já recolheu 24 toneladas de garrafas, pelas quais a indústria se dispõe a pagar 1 centavo por quilo. Como, porém, as garrafas estão se acumulando mais depressa do que podem ser recicladas, a indústria já avisou que vai reduzir de 1 centavo por dia o preço que paga por 100 quilos de garrafas usadas. Supondo que a organização possa continuar a recolher a mesma quantidade de garrafas e que o custo com transporte torne inviável realizar mais de uma viagem à indústria de garrafas, expresse a receita da organização com a venda de garrafas usadas em função do número de dias a mais que a campanha permaneça em vigor. Desenhe o gráfico associado e estime o número de dias que a organização deve esperar para encerrar a campanha de modo a maximizar a receita.

45. **EXPECTATIVA DE VIDA** Em 1900, a expectativa de vida de uma criança recém-nascida era 46 anos. Em 2000, havia aumentado para 77 anos. No mesmo período, a expectativa de vida de uma pessoa de 65 anos aumentou de 76 anos para 83 anos. Essas duas expectativas de vida aumentaram linearmente com o tempo entre 1900 e 2000.
   a. Determine a função $B(t)$ que representa a expectativa de vida de uma criança recém-nascida e a função $E(t)$ que representa a expectativa de vida de uma pessoa de 65 anos, em que t é o tempo em anos após 1900.
   b. Plote $E(t)$ e $B(t)$ no mesmo gráfico e determine a idade A para a qual as duas retas se interceptam.
   c. Alguns cientistas acreditam que a idade A calculada no item (b) é uma idade limite imposta por restrições do corpo humano. Escreva um ensaio de pelo menos dez linhas sobre a ideia de que existe um limite para a expectativa de vida dos seres humanos.

REMÉDIOS PARA CRIANÇAS *Várias fórmulas diferentes foram propostas para calcular a dose apropriada para uma criança com base na dose para adultos. Suponha que a dose para adultos de certo medicamento seja A miligramas (mg) e C seja a dose apropriada para uma criança com N anos de idade. Nesse caso, de acordo com a* regra de Cowling,

$$C = \left(\frac{N+1}{24}\right)A$$

enquanto, pela regra de Friend,

$$C = \frac{2NA}{25}$$

Essas fórmulas são usadas nos Problemas 46 a 48.

46. Se a dose de ibuprofeno para adultos é 300 mg, qual é a dose para uma criança de 11 anos, de acordo com a regra de Cowling? E de acordo com a regra de Friend?

47. Supondo que a dose de certo medicamento para adultos é $A = 300$ mg, plote, no mesmo gráfico, as doses do mesmo medicamento para crianças em função da idade N, de acordo com a regra de Cowling e a regra de Friend.

48. Para crianças de que idade a dose indicada pela regra de Cowling é igual à dose indicada pela regra de Friend? Para que idades a dose indicada pela regra de Cowling é maior que a indicada pela regra de Friend? Para que idades a dose indicada pela regra de Friend é maior?

49. **DOSE DE UM REMÉDIO PARA CRIANÇAS** Como alternativa às regras de Cowling e de Friend, os pediatras às vezes usam a expressão

$$C = \frac{SA}{1,7}$$

para estimar a dose apropriada para uma criança cuja área superficial é S metros quadrados a partir de uma dose A mg do medicamento para adultos. A área superficial da criança é estimada com o auxílio da expressão

$$S = 0,0072 W^{0,425} H^{0,725}$$

em que W e H são, respectivamente, o peso da criança em quilogramas (kg) e a altura em centímetros (cm).
  a. A dose para adultos de determinado medicamento é 250 mg. Qual é a dose recomendada para uma criança com 91 cm de altura e 18 kg de peso?
  b. Um medicamento é receitado para duas crianças, uma das quais é duas vezes mais alta e duas vezes mais pesada que a outra. Mostre que a criança maior deve receber uma dose aproximadamente 2,22 vezes maior que a outra criança.

50. **VOLUME DE UM TUMOR** A forma de um tumor canceroso é aproximadamente esférica, portanto seu volume é dado, aproximadamente, por

$$V = \frac{4}{3}\pi r^3$$

em que r é o raio do tumor em centímetros.
  a. Quando foi descoberto, o tumor tinha 0,73 cm de raio; 45 dias depois, o raio aumentou para 0,95 cm. Qual foi o aumento de volume do tumor nesse período?
  b. Depois que o paciente foi tratado com quimioterapia, o raio do tumor diminuiu 23%. Qual foi a redução percentual de volume do tumor?

51. **BIOQUÍMICA** Na bioquímica, a constante de equilíbrio R de uma reação enzimática é dada pela equação

$$R = \frac{R_m[S]}{K_m + [S]}$$

em que K_m é uma constante (a chamada **constante de Michaelis**), R_m é o valor máximo de R e $[S]$ é a concentração do substrato.* Reescreva a equação de modo a expressar $y = 1/R$ em função de $x = 1/[S]$ e desenhe o gráfico dessa função. (Esse gráfico é conhecido como **gráfico duplamente recíproco de Lineweaver-Burk**.)

PROBLEMAS VARIADOS

Para resolver os Problemas 52 a 56, você precisa saber que um cilindro de raio r e altura h tem um volume $V = \pi r^2 h$ e uma área lateral $S = 2\pi rh$. Lembre-se também de que um círculo de raio r tem uma área $A = \pi r^2$.

52. **EMBALAGENS** Uma lata de refrigerante, de forma cilíndrica, tem uma capacidade de 300 mL. Expresse a área superficial da lata em função do raio da tampa.

---
*Mary K. Campbell, *Biochemistry*, Philadelphia: Saunders College Publishing, 1991, pp. 221–226.

53. **EMBALAGENS** Uma lata de refrigerante, de forma cilíndrica, tem uma área superficial de 120π centímetros quadrados. Expresse o volume da lata em função do raio da tampa.

54. **EMBALAGENS** Uma lata cilíndrica fechada tem raio r e altura h.
  a. Se a área superficial S da lata é constante, expresse o volume V em termos de S e r.
  b. Se o volume V da lata é constante, expresse a área superficial S em termos de V e r.

55. **EMBALAGENS** Um recipiente cilíndrico deve conter 4π centímetros cúbicos de suco de laranja. O custo por centímetro quadrado para fazer a tampa e o fundo do recipiente, que são de metal, é duas vezes maior que o custo para fazer o lado, que é de papelão. Expresse o custo do recipiente em função do raio se o custo do lado é 0,02 centavo por centímetro quadrado.

56. **EMBALAGENS** Uma lata cilíndrica sem tampa foi feita com 27π centímetros quadrados de metal. Expresse o volume da lata em função do raio.

57. **DIAGRAMAÇÃO** Um cartaz de forma retangular contém 25 centímetros quadrados de texto cercado por margens de 2 centímetros de cada lado e 4 centímetros em cima e em baixo. Expresse a área total do cartaz em função da largura da parte impressa.

58. **CUSTO DE FABRICAÇÃO** Uma caixa fechada, cuja base é quadrada, tem um volume de 250 metros cúbicos. O material usado para fazer a tampa e o fundo custa R$ 2,00 o metro quadrado, e o material usado para fazer os lados custa R$ 1,00 o metro quadrado. Expresse o custo da caixa em função do lado da base.

59. **CUSTO DE FABRICAÇÃO** Pretende-se construir uma caixa sem tampa por R$ 48,00. O preço do material usado para construir os lados da caixa é R$ 3,00 por metro quadrado e o do material usado para construir a base é R$ 4,00 por metro quadrado. Expresse o volume da caixa em função do lado da base.

60. **CUSTO DE FABRICAÇÃO** Uma caixa sem tampa é feita a partir de um pedaço quadrado de cartolina, de 18 centímetros por 18 centímetros, removendo um pequeno quadrado de cada canto e dobrando as abas resultantes

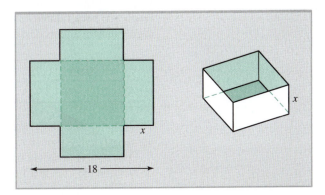

PROBLEMA 60

para formar os lados. Expresse o volume da caixa em função do lado *x* dos quadrados removidos. Desenhe o gráfico associado e estime o valor de *x* para o qual o volume da caixa é máximo.

61. **VIAGENS AÉREAS** Dois aviões comerciais partem de Nova York com destino a Los Angeles, com 30 minutos de diferença. O primeiro viaja a 880 quilômetros por hora; o segundo, a 1.040 quilômetros por hora. Quantos minutos após a partida do segundo avião o primeiro avião é ultrapassado?

62. **ESPIONAGEM** O herói de um filme de espionagem escapou do quartel-general de uma quadrilha internacional de contrabandistas de diamantes, no pequeno país europeu de Azusa. Nosso herói, dirigindo um caminhão de leite roubado a 72 quilômetros por hora, tem uma dianteira de 40 minutos em relação aos perseguidores, que estão em uma Ferrari a 168 quilômetros por hora. Se chegar à fronteira, que fica a 83,8 quilômetros do esconderijo dos bandidos, estará a salvo. Será que ele vai conseguir?

SEÇÃO 1.5 Limites

Objetivos do Aprendizado

1. Entender o conceito de limite a as propriedades gerais dos limites.
2. Calcular limites usando vários métodos.
3. Investigar os limites que envolvem valores infinitos.

Como o leitor irá constatar nos próximos capítulos, o cálculo é um ramo extremamente rico da matemática, com um grande número de aplicações, como a plotagem de curvas, a otimização de funções, a análise de taxas de variação e a determinação de áreas, volumes e probabilidades. O que torna o cálculo poderoso e o distingue da álgebra é a noção de limite. A presente seção tem por objetivo introduzir o leitor a esse importante conceito. Nossa abordagem será mais intuitiva do que formal; as ideias aqui apresentadas podem servir de base para um estudo mais rigoroso das leis e métodos do cálculo e estão presentes em boa parte da matemática moderna.

Abordagem Intuitiva do Conceito de Limite

Em termos simples, calcular um limite é investigar de que modo uma função $f(x)$ se comporta quando a variável independente x se aproxima de determinado número c, que não pertence necessariamente ao domínio de f. Os limites estão presentes em um grande número de situações da vida real. Assim, por exemplo, podemos nos aproximar do zero absoluto a uma temperatura T_c, na qual não existe nenhuma agitação molecular, mas jamais conseguimos atingi-lo. Os economistas que falam do lucro de um investimento em um mercado ideal e os engenheiros que calculam a eficiência de um motor em condições ideais também estão trabalhando com situações-limite.

Para ilustrar o conceito de limite, suponha que um corretor de imóveis estime que, daqui a t anos, S terrenos de certo bairro serão vendidos, em que

$$S(t) = \frac{-2t^3 + 19t^2 - 8t - 9}{-t^2 + 8t - 7}$$

Quantas vendas de terreno são esperadas daqui a um ano?

A primeira ideia seria simplesmente calcular $S(t)$ para $t = 1$, mas o resultado do cálculo é a fração 0/0, que tem um valor indeterminado. Entretanto, é possível fazer uma estimativa calculando $S(t)$ para valores de t muito próximos de 1, tanto para $t < 1$ como para $t > 1$. A tabela a seguir mostra alguns desses resultados.

t	0,95	0,98	0,99	0,999	1	1,001	1,01	1,1	1,2
$S(t)$	3,859	3,943	3,972	3,997	Indeterminado	4,003	4,028	4,285	4,572

Os números da segunda linha da tabela revelam que $S(t)$ se aproxima do valor 4 quando t se aproxima de 1. Assim, é razoável esperar que 4 terrenos sejam vendidos daqui a um ano.

O comportamento da função desse exemplo pode ser descrito da seguinte forma: "O limite de $S(t)$ quando t tende a 1 é igual a 4", ou, em notação matemática,

$$\lim_{t \to 1} S(t) = 4$$

FUNÇÕES, GRÁFICOS E LIMITES   55

No caso geral, o limite de $f(x)$ quando x tende a um número c pode ser definido da seguinte maneira informal:

> **Limite de uma Função** ■ Se $f(x)$ tende a um número L quando x tende a um número c tanto pela esquerda como pela direita, L é o **limite** de $f(x)$ quando x tende a c, o que, em notação matemática, é escrito como
>
> $$\lim_{x \to c} f(x) = L$$

Geometricamente, a relação $\lim_{x \to c} f(x) = L$ significa que a ordenada do gráfico de $y = f(x)$ se aproxima de L quando x se aproxima de c, como mostra a Figura 1.41. Essa interpretação é ilustrada, juntamente com o uso de tabelas para calcular limites, no Exemplo 1.5.1.

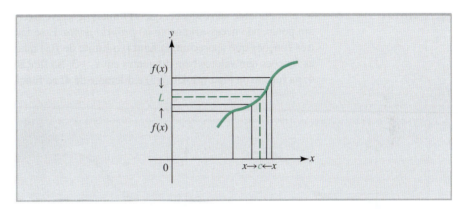

FIGURA 1.41 Se $\lim_{x \to c} f(x) = L$, a ordenada da curva tende para L quando x tende para c.

21 | EXPLORE!

Plote a função $f(x) = \dfrac{\sqrt{x} - 1}{x - 1}$, usando uma janela decimal modificada [0; 4,7]1 por [−1,1; 2,1]1. Examine os valores próximos de $x = 1$. Construa uma tabela de valores usando um valor inicial de 0,97 para x e um incremento de 0,01. Descreva suas observações. Mude o valor inicial para 0,997 e o incremento para 0,001. O que acontece quando x tende a 1 pela esquerda? E pela direita? Qual é o valor mais apropriado de $f(x)$ em $x = 1$ para completar o gráfico?

EXEMPLO 1.5.1 Uso de uma Tabela para Estimar um Limite

Use uma tabela para estimar o limite

$$\lim_{x \to 1} \frac{\sqrt{x} - 1}{x - 1}$$

Solução

Fazemos

$$f(x) = \frac{\sqrt{x} - 1}{x - 1}$$

e calculamos $f(x)$ para uma série de valores de x que se aproximem de 1 pela esquerda e pela direita:

$x \to 1 \leftarrow x$

x	0,99	0,999	0,9999	1	1,00001	1,0001	1,001
$f(x)$	0,50126	0,50013	0,50001	—	0,499999	0,49999	0,49988

Os números da linha de baixo sugerem que $f(x)$ tende para 0,5 quando x tende para 1, ou seja,

$$\lim_{x \to 1} \frac{\sqrt{x} - 1}{x - 1} = 0,5$$

O gráfico de $f(x)$ aparece na Figura 1.42. O cálculo do limite mostra que a ordenada do gráfico da função $y = f(x)$ tende para $L = 0,5$ quando x tende para 1. Esse ponto corresponde ao "buraco" no gráfico de $f(x)$ nas coordenadas (1; 0,5). Vamos calcular o mesmo limite usando um método algébrico no Exemplo 1.5.6.

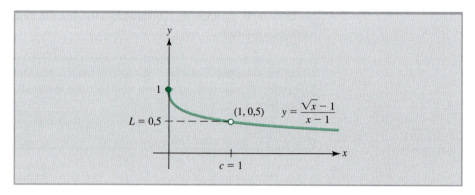

FIGURA 1.42 A função $f(x) = \dfrac{\sqrt{x}-1}{x-1}$ tende para $L = 0{,}5$ quando x tende para 1.

É importante não esquecer que os limites descrevem o comportamento de uma função *perto* de um ponto, não necessariamente *no próprio ponto*. Esse fato está ilustrado na Figura 1.43. Para as três funções que aparecem na figura, o limite de $f(x)$ quando x tende a 3 é igual a 4, entretanto as funções têm valores bem diferentes em $x = 3$. Na função da Figura 1.43a, $f(3)$ é igual ao limite 4; na função da Figura 1.43b, $f(3)$ é diferente de 4; na função da Figura 1.43c, $f(3)$ não é definida.

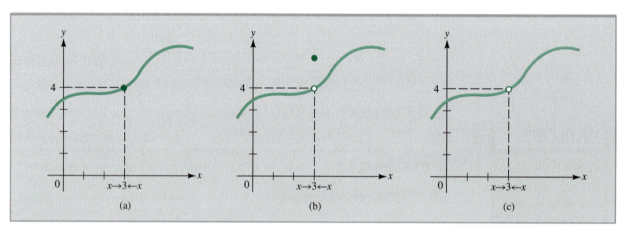

FIGURA 1.43 Três funções para as quais $\lim\limits_{x \to 3} f(x) = 4$.

A Figura 1.44 mostra os gráficos de duas funções que não têm um limite quando x tende a 2. O limite não existe na Figura 1.44a porque $f(x)$ tende a 5 quando x se aproxima de 2 pela direita e tende a um valor diferente, 3, quando x se aproxima de 2 pela esquerda. A função da Figura 1.44b não tem um limite finito quando x tende a 2 porque os valores de $f(x)$ se tornam cada vez

> **22 EXPLORE!**
>
> Plote a função $f(x) = \dfrac{2}{(x-2)^2}$ usando uma janela $[0, 4]1$ por $[-5, 40]5$. Observe o gráfico dos dois lados de $x = 2$ para estudar o comportamento de $f(x)$ nas proximidades desse ponto. Construa uma tabela de valores usando um valor inicial de 1,97 para x e um incremento de 0,01. O que acontece com os valores de $f(x)$ quando x tende a 2?

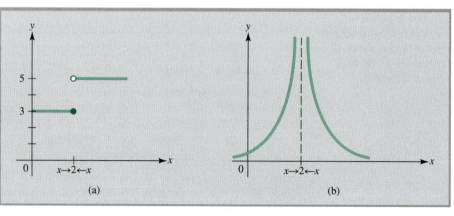

FIGURA 1.44 Duas funções para as quais $\lim\limits_{x \to 2} f(x)$ não existe.

maiores à medida que *x* se aproxima de 2 e, portanto, não tendem para um valor finito *L*. Esses chamados *limites infinitos* serão discutidos mais adiante nesta seção.

Propriedades dos Limites

Os limites obedecem a certas regras algébricas que podem ser usadas em computações. Essas regras, que parecem plausíveis com base em nossa definição informal de limite, são demonstradas formalmente em cursos mais avançados.

23 EXPLORE!

Plote a função
$$f(x) = \begin{cases} 3 & x \leq 2 \\ 5 & x > 2 \end{cases}$$
usando um gráfico de pontos e entrando com
Y1 = 30(X ≤ 2) + 50(X > 2)
no editor de funções da calculadora. Use a tecla **TRACE** para determinar os valores de *y* quando *x* está próximo de 2. Faz diferença se *x* se aproxima de 2 pela esquerda ou pela direita? Determine *f*(2).

Propriedades Algébricas dos Limites ■ Se $\lim_{x \to c} f(x)$ e $\lim_{x \to c} g(x)$ existem, temos:

$$\lim_{x \to c} [f(x) + g(x)] = \lim_{x \to c} f(x) + \lim_{x \to c} g(x)$$

$$\lim_{x \to c} [f(x) - g(x)] = \lim_{x \to c} f(x) - \lim_{x \to c} g(x)$$

$$\lim_{x \to c} [kf(x)] = k \lim_{x \to c} f(x) \quad \text{para qualquer constante } k$$

$$\lim_{x \to c} [f(x)g(x)] = [\lim_{x \to c} f(x)][\lim_{x \to c} g(x)]$$

$$\lim_{x \to c} \frac{f(x)}{g(x)} = \frac{\lim_{x \to c} f(x)}{\lim_{x \to c} g(x)} \quad \text{se } \lim_{x \to c} g(x) \neq 0$$

$$\lim_{x \to c} [f(x)]^p = [\lim_{x \to c} f(x)]^p \quad \text{se } [\lim_{x \to c} f(x)]^p \text{ existe}$$

Em outras palavras, o limite de uma soma, de uma diferença, de um múltiplo, de um produto, de um quociente e de uma potência é a soma, a diferença, o múltiplo, o produto, o quociente e a potência dos limites individuais, contanto que todas as expressões envolvidas existam.

Os dois limites elementares a seguir podem ser usados, juntamente com as regras dos limites, para calcular limites que envolvam expressões mais complexas.

Limites de Duas Funções Lineares ■ Para qualquer constante *k*,

$$\lim_{x \to c} k = k \quad \text{e} \quad \lim_{x \to c} x = c$$

Em outras palavras, o limite de uma constante é a própria constante e o limite de *f*(*x*) = *x* quando *x* tende a *c* é *c*.

Em termos geométricos, a expressão $\lim_{x \to c} k = k$ significa que a ordenada do gráfico da função constante *f*(*x*) = *k* conserva o valor *k* quando *x* se aproxima de *c*.

Analogamente, a expressão $\lim_{x \to c} x = c$ significa que a ordenada do gráfico da função linear *f*(*x*) = *x* se aproxima de *c* quando *x* se aproxima de *c*. Os dois casos estão ilustrados na Figura 1.45.

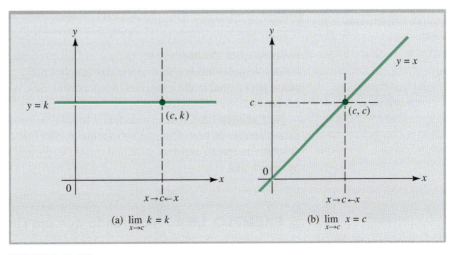

FIGURA 1.45 Limites de duas funções lineares.

Cálculo de Limites Os Exemplos 1.5.2 a 1.5.6 ilustram o uso das propriedades dos limites para calcular os limites de funções algébricas. No Exemplo 1.5.2, vamos determinar o limite de um polinômio.

EXEMPLO 1.5.2 Determinação do Limite de um Polinômio

Calcule $\lim_{x \to -1}(3x^3 - 4x + 8)$.

Solução

Usando as propriedades dos limites, temos:

$$\lim_{x \to -1}(3x^3 - 4x + 8) = 3(\lim_{x \to -1} x)^3 - 4(\lim_{x \to -1} x) + \lim_{x \to -1} 8$$
$$= 3(-1)^3 - 4(-1) + 8 = 9$$

No Exemplo 1.5.3, vamos determinar o limite de uma função racional cujo denominador não tende a zero.

24 EXPLORE!

Plote a função $f(x) = \dfrac{x^2 + x - 2}{x - 1}$ usando uma janela de observação [0, 2]0,5 por [0, 5]0,5. Use a tecla **TRACE** para $x = 1$ e observe que não há um valor correspondente de y. Prepare uma tabela com um valor inicial de 0,5 para x e um incremento de 0,1. Observe que é indicado um erro para $x = 1$, o que confirma que $f(x)$ não é definida nesse ponto. Qual é o valor apropriado para preencher essa lacuna? Mude o valor inicial de x para 0,9 e o incremento para 0,01 para obter uma aproximação melhor. Finalmente, use a tecla **ZOOM** para observar a curva nas vizinhanças de $x = 1$ e estimar o valor limite da função nesse ponto.

EXEMPLO 1.5.3 Determinação do Limite de uma Função Racional

Calcule $\lim_{x \to 1} \dfrac{3x^3 - 8}{x - 2}$.

Solução

Como $\lim_{x \to c}(x - 2) \neq 0$, podemos usar a regra do quociente para limites a fim de obter

$$\lim_{x \to 1} \frac{3x^3 - 8}{x - 2} = \frac{\lim_{x \to 1}(3x^3 - 8)}{\lim_{x \to 1}(x - 2)} = \frac{3 \lim_{x \to 1} x^3 - \lim_{x \to 1} 8}{\lim_{x \to 1} x - \lim_{x \to 1} 2} = \frac{3 - 8}{1 - 2} = 5$$

A partir das propriedades dos limites, é fácil obter os resultados gerais mostrados a seguir, que podem ser usados para calcular muitos limites que aparecem em problemas reais.

Limites de Polinômios e Funções Racionais ■ Se $p(x)$ e $q(x)$ são polinômios,

$$\lim_{x \to c} p(x) = p(c)$$

e

$$\lim_{x \to c} \frac{p(x)}{q(x)} = \frac{p(c)}{q(c)} \quad \text{para } q(c) \neq 0$$

Essas relações são importantes porque nos proporcionam um método simples para calcular os limites de polinômios e da maioria das funções racionais: basta calcular o valor da função no ponto para o qual tende a variável independente. Se o resultado é um número real, esse número é o limite.

No Exemplo 1.5.4, o denominador da função racional tende a zero, mas o numerador permanece diferente de zero. Quando isso acontece, concluímos que o limite não existe, já que o valor absoluto da fração aumenta indefinidamente e, portanto, o valor da função não tende para um número finito.

EXEMPLO 1.5.4 Mostrando que um Limite Não Existe

Calcule $\lim_{x \to 2} \dfrac{x + 1}{x - 2}$.

FUNÇÕES, GRÁFICOS E LIMITES   59

Solução

A regra do quociente não se aplica nesse caso, já que o limite do denominador é

$$\lim_{x \to 2} (x - 2) = 0$$

Como o limite do numerador é $\lim_{x \to 2}(x+1) = 3$, que é diferente de zero, chegamos à conclusão de que o limite não existe.

O gráfico da função $f(x) = (x + 1)/(x - 2)$, que aparece na Figura 1.46, dá uma ideia melhor do que está acontecendo nesse exemplo. Observe que $f(x)$ aumenta indefinidamente quando x se aproxima de 2 pelo lado direito e diminui indefinidamente quando x se aproxima de 2 pelo lado esquerdo.

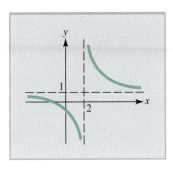

FIGURA 1.46 Gráfico da função $f(x) = (x + 1)/(x - 2)$.

25 | EXPLORE!

Plote a função $y = \dfrac{x+1}{x-2}$ usando uma janela decimal aumentada $[-9,4; 9,4]1$ por $[-6,2; 6,2]1$. Use a tecla **TRACE** para observar as vizinhanças do ponto $x = 2$ do lado esquerdo e do lado direito. Prepare uma tabela de valores usando um valor inicial de 1,97 para x e um incremento de 0,01. Descreva suas observações.

No Exemplo 1.5.5, tanto o numerador como o denominador de uma fração racional tendem a zero. Quando isso acontece, muitas vezes é possível simplificar algebricamente a fração e usar o fato de que, se $f(x) = g(x)$ para $x \neq c$, $\lim_{x \to c} f(x) = \lim_{x \to c} g(x)$. Em outras palavras, o limite quando x tende a c revela o que acontece nas proximidades do ponto c, mesmo que o valor exatamente no ponto c não seja definido.

EXEMPLO 1.5.5 Determinação de um Limite Simplificando uma Fração

Calcule $\lim_{x \to 1} \dfrac{x^2 - 1}{x^2 - 3x + 2}$.

Solução

Quando x tende a 1, o numerador e o denominador tendem a zero e não podemos tirar nenhuma conclusão a respeito do valor do quociente. Obviamente, a função dada não é definida para $x = 1$. Para qualquer outro valor de x, porém, podemos dividir o numerador e o denominador por $x - 1$, obtendo o seguinte resultado:

$$\frac{x^2 - 1}{x^2 - 3x + 2} = \frac{(x-1)(x+1)}{(x-1)(x-2)} = \frac{x+1}{x-2} \quad x \neq 1$$

(Como $x \neq 1$, não estamos dividindo por zero.) Agora podemos calcular o limite quando x tende a 1:

$$\lim_{x \to 1} \frac{x^2 - 1}{x^2 - 3x + 2} = \frac{\lim_{x \to 1}(x+1)}{\lim_{x \to 1}(x-2)} = \frac{2}{-1} = -2$$

O gráfico da função $f(x) = (x^2 - 1)/(x^2 - 3x + 2)$ aparece na Figura 1.47. Observe que se trata de um gráfico semelhante ao da Figura 1.46, mas com um buraco no ponto $(1, -2)$.

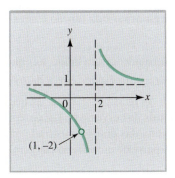

FIGURA 1.47 Gráfico de $f(x) = (x^2 - 1)/(x^2 - 3x + 2)$.

Em geral, quando o numerador e o denominador de uma fração tendem a zero quando x tende a c, a primeira coisa a fazer é tentar simplificar a fração (como fizemos no Exemplo 1.5.5, dividindo o numerador e o denominador por $x - 1$). Na maioria dos casos, essa forma simplificada da fração é válida para todos os valores de x, exceto $x = c$. Como estamos interessados no comportamento do quociente *nas vizinhanças* de $x = c$ e não *em* $x = c$, podemos usar a forma simplificada da fração para calcular o limite. No Exemplo 1.5.6, usamos essa técnica para obter o limite que havíamos estimado usando uma tabela no Exemplo 1.5.1.

EXEMPLO 1.5.6 Determinação de um Limite Simplificando uma Fração

Calcule $\lim_{x \to 1} \dfrac{\sqrt{x} - 1}{x - 1}$.

LEMBRETE

No Exemplo 1.5.6, calculamos o produto $(\sqrt{x} - 1)(\sqrt{x} + 1) = x - 1$ usando a identidade $(a - b)(a + b) = a^2 - b^2$ com $a = \sqrt{x}$ e $b = 1$.

Solução

O numerador e o denominador tendem a zero quando x tende a 1. Para simplificar a fração, racionalizamos o numerador (ou seja, multiplicamos o numerador e o denominador por $\sqrt{x} + 1$):

$$\frac{\sqrt{x} - 1}{x - 1} = \frac{(\sqrt{x} - 1)(\sqrt{x} + 1)}{(x - 1)(\sqrt{x} + 1)} = \frac{x - 1}{(x - 1)(\sqrt{x} + 1)} = \frac{1}{\sqrt{x} + 1} \qquad x \neq 1$$

Agora podemos calcular o limite:

$$\lim_{x \to 1} \frac{\sqrt{x} - 1}{x - 1} = \lim_{x \to 1} \frac{1}{\sqrt{x} + 1} = \frac{1}{2}$$

Limites no Infinito

O comportamento "a longo prazo" é uma questão de interesse tanto para economistas como para físicos e biólogos. Assim, por exemplo, um biólogo pode estar interessado em estimar o tamanho de uma colônia de bactérias após um longo tempo e um industrial pode querer saber qual será o custo médio para fabricar certo produto se o nível de produção aumentar indefinidamente.

Na matemática, o símbolo de infinito, ∞, é usado para representar o aumento sem limite de uma variável ou o resultado desse aumento. Seguem as definições de dois limites no infinito que podem ser usados para estudar o "comportamento a longo prazo".

Limites no Infinito ■ Se os valores da função $f(x)$ tendem para o número L quando x aumenta sem limite, escrevemos:

$$\lim_{x \to +\infty} f(x) = L$$

Analogamente, escrevemos

$$\lim_{x \to -\infty} f(x) = M$$

se os valores de $f(x)$ tendem para o número M quando x diminui sem limite.

NOTA A expressão "diminui sem limite" significa que o argumento x da função é negativo e aumenta sem limite em valor absoluto. ■

Geometricamente, a notação $\lim_{x \to +\infty} f(x) = L$ significa que, quando x aumenta sem limite, a curva de $f(x)$ tende para a reta horizontal $x = L$, enquanto $\lim_{x \to -\infty} f(x) = M$ significa que a curva de $f(x)$ tende para a reta horizontal $y = M$ quando x diminui sem limite. As retas $y = L$ e $y = M$ que aparecem nesse contexto recebem o nome de **assíntotas horizontais** da curva de $f(x)$. Existem várias formas de uma curva apresentar assíntotas horizontais, uma das quais é mostrada na Figura 1.48. Voltaremos a falar de assíntotas no Capítulo 3, como parte de uma discussão geral a respeito do uso do cálculo para traçar curvas.

As propriedades algébricas dos limites apresentadas anteriormente também se aplicam a limites no infinito. Além disso, como qualquer potência inversa $1/x^k$ com $k > 0$ tende a zero quando x aumenta ou diminui sem limite, temos as regras seguintes:

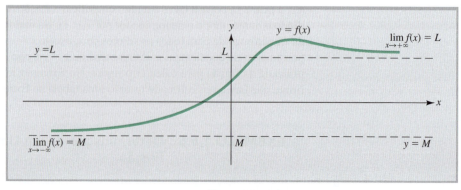

FIGURA 1.48 Gráfico para ilustrar limites no infinito e assíntotas horizontais.

Regras das Potências Inversas ■ Se A e k são constantes com $k > 0$ e x^k é definida para qualquer valor de x,

$$\lim_{x \to +\infty} \frac{A}{x^k} = 0 \quad \text{e} \quad \lim_{x \to -\infty} \frac{A}{x^k} = 0$$

O uso dessas regras é ilustrado no Exemplo 1.5.7.

EXEMPLO 1.5.7 Determinação do Limite no Infinito

Calcule $\lim\limits_{x \to +\infty} \dfrac{x^2}{1 + x + 2x^2}$.

Solução

Para ter uma ideia do que acontece nesse limite, calculamos o valor da função

$$f(x) = \frac{x^2}{1 + x + 2x^2}$$

para $x = 100, 1.000, 10.000$ e 100.000. Os resultados aparecem na tabela a seguir.

				$x \to +\infty$
x	100	1.000	10.000	100.000
$f(x)$	0,49749	0,49975	0,49997	0,49999

Os valores da função, que aparecem na linha de baixo da tabela, sugerem que $f(x)$ tende para 0,5 quando x tende para infinito. Para confirmar analiticamente essa observação, dividimos todos os termos de $f(x)$ pela maior potência de x que aparece no denominador, ou seja, por x^2. Isso permite determinar o valor de $\lim\limits_{x \to +\infty} f(x)$ aplicando uma das regras das potências inversas:

$$\lim_{x \to +\infty} \frac{x^2}{1 + x + 2x^2} = \lim_{x \to +\infty} \frac{x^2/x^2}{1/x^2 + x/x^2 + 2x^2/x^2} \qquad \text{aplicando várias propriedades algébricas dos limites}$$

$$= \frac{\lim\limits_{x \to +\infty} 1}{\lim\limits_{x \to +\infty} 1/x^2 + \lim\limits_{x \to +\infty} 1/x + \lim\limits_{x \to +\infty} 2} \qquad \text{aplicando uma das regras das potências inversas}$$

$$= \frac{1}{0 + 0 + 2} = \frac{1}{2}$$

O gráfico de $f(x)$ aparece na Figura 1.49. Para praticar, mostre que $\lim\limits_{x \to -\infty} f(x) = 0{,}5$.

> **26 EXPLORE!**
>
> Plote a função $f(x) = \dfrac{x^2}{1 + x + 2x^2}$ usando uma janela $[-20, 20]5$ por $[0, 1]1$. Use a tecla **TRACE** para observar o gráfico para grandes valores de x, como $x = 30, 40$ etc. O que você observa nos valores correspondentes de y e no comportamento do gráfico? Qual você imagina que seja o valor de $f(x)$ quando $x \to \infty$?

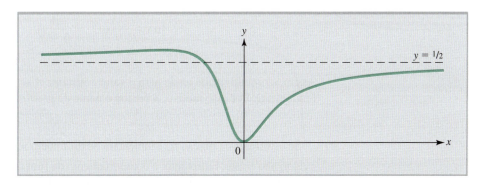

FIGURA 1.49 Gráfico de $f(x) = \dfrac{x^2}{1 + x + 2x^2}$.

Segue uma descrição geral do método para determinar o limite no infinito de uma função racional.

> **Método para Determinar o Limite no Infinito de $f(x) = p(x)/q(x)$**
>
> **1º passo.** Divida todos os termos de $f(x)$ pela maior potência de x que aparece no polinômio do denominador, $q(x)$.
>
> **2º passo.** Calcule $\lim_{x \to +\infty} f(x)$ ou $\lim_{x \to -\infty} f(x)$ usando as propriedades algébricas dos limites e as regras das potências inversas.

Os Exemplos 1.5.8 e 1.5.9 ilustram o cálculo e uma aplicação prática de um limite no infinito.

EXEMPLO 1.5.8   Determinação de um Limite no Infinito

Calcule $\lim_{x \to +\infty} \dfrac{2x^2 + 3x + 1}{3x^2 - 5x + 2}$.

Solução

A maior potência de x no denominador é x^2. Dividindo o numerador e o denominador por x^2, obtemos:

$$\lim_{x \to +\infty} \frac{2x^2 + 3x + 1}{3x^2 - 5x + 2} = \lim_{x \to +\infty} \frac{2 + 3/x + 1/x^2}{3 - 5/x + 2/x^2} = \frac{2 + 0 + 0}{3 - 0 + 0} = \frac{2}{3}$$

EXEMPLO 1.5.9   Aplicação Prática de um Limite no Infinito

Se uma cultura é plantada em um solo cujo teor de nitrogênio é N, a produtividade Y pode ser modelada pela função de *Michaelis-Menten*

$$Y(N) = \frac{AN}{B + N} \quad N \geq 0$$

em que A e B são constantes positivas. O que acontece com a produtividade se o teor de nitrogênio aumenta indefinidamente?

Solução

O limite que nos interessa é o seguinte:

$$\begin{aligned}
\lim_{N \to +\infty} Y(N) &= \lim_{N \to +\infty} \frac{AN}{B + N} \quad &&\text{dividindo o numerador e} \\
&&&\text{o denominador por } N \\
&= \lim_{N \to +\infty} \frac{AN/N}{B/N + N/N} \\
&= \lim_{N \to +\infty} \frac{A}{B/N + 1} = \frac{A}{0 + 1} \\
&= A
\end{aligned}$$

Assim, a produtividade tende para o valor constante A se o teor N de nitrogênio aumenta indefinidamente. Por esse motivo, A recebe o nome de *produtividade máxima possível*.

Se os valores da função $f(x)$ aumentam ou diminuem sem limite quando x tende a c, $\lim_{x \to c} f(x)$, a rigor, não existe. Entretanto, o comportamento da função nesse caso pode ser descrito usando uma notação especial, que é ilustrada no Exemplo 1.5.10.

> **Limites Infinitos** ■ Dizemos que $\lim_{x\to c} f(x)$ é um **limite infinito** se $f(x)$ aumenta ou diminui sem limite quando $x \to c$. Escrevemos
>
> $$\lim_{x\to c} f(x) = +\infty$$
>
> se $f(x)$ aumenta sem limite quando $x \to c$ e
>
> $$\lim_{x\to c} f(x) = -\infty$$
>
> se $f(x)$ diminui sem limite quando $x \to c$.

NOTA A expressão "$f(x)$ diminui sem limite quando $x \to c$" significa que o valor de $f(x)$ é negativo e aumenta sem limite em valor absoluto quando x tende a c. ■

EXEMPLO 1.5.10 Uso de um Limite Infinito para Determinar o Lucro Médio

Um fabricante estima que, se produzir e vender x centenas de unidades de determinado produto, terá um lucro dado por $L(x) = 4x - \sqrt{x}$ mil reais. Qual é o lucro médio para uma produção muito pequena?

Solução

O lucro médio é

$$LM(x) = \frac{4x - \sqrt{x}}{x} = 4 - \frac{1}{\sqrt{x}}$$

reais por cem unidades. Para determinar qual é o lucro médio para uma produção muito pequena, calculamos o limite de $AL(x)$ quando x tende a 0:

$$\lim_{x\to 0} LM(x) = \lim_{x\to 0} \frac{4x - \sqrt{x}}{x} = \lim_{x\to 0} 4 - \frac{1}{\sqrt{x}} \qquad \text{\color{green}$4 - 1/\sqrt{x}$ se torna negativo e aumenta indefinidamente em valor absoluto}$$
$$= -\infty$$

Interpretamos esse limite como significando que, quanto menos unidades são produzidas, maior é o prejuízo médio. Isso faz sentido, pois, quando apenas umas poucas unidades são produzidas, os custos fixos são muito maiores que a receita das vendas.

PROBLEMAS ■ 1.5

Nos Problemas 1 a 6, determine $\lim_{x\to a} f(x)$, caso o limite exista.

1.

2.

3.

4. **5.** **6.**

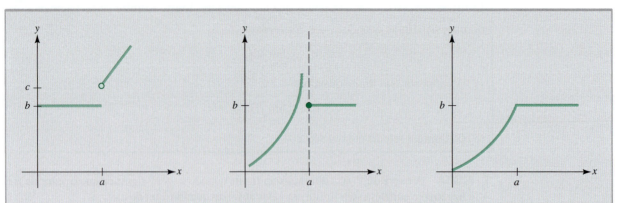

Nos Problemas 7 a 26, determine o limite indicado, caso exista.

7. $\lim_{x \to 2} (3x^2 - 5x + 2)$
8. $\lim_{x \to -1} (x^3 - 2x^2 + x - 3)$
9. $\lim_{x \to 0} (x^5 - 6x^4 + 7)$
10. $\lim_{x \to -1/2} (1 - 5x^3)$
11. $\lim_{x \to 3} (x - 1)^2(x + 1)$
12. $\lim_{x \to -1} (x^2 + 1)(1 - 2x)^2$
13. $\lim_{x \to 1/3} \dfrac{x + 1}{x + 2}$
14. $\lim_{x \to 1} \dfrac{2x + 3}{x + 1}$
15. $\lim_{x \to 5} \dfrac{x + 3}{5 - x}$
16. $\lim_{x \to 3} \dfrac{2x + 3}{x - 3}$
17. $\lim_{x \to 1} \dfrac{x^2 - 1}{x - 1}$
18. $\lim_{x \to 3} \dfrac{9 - x^2}{x - 3}$
19. $\lim_{x \to 5} \dfrac{x^2 - 3x - 10}{x - 5}$
20. $\lim_{x \to 2} \dfrac{x^2 + x - 6}{x - 2}$
21. $\lim_{x \to 4} \dfrac{(x + 1)(x - 4)}{(x - 1)(x - 4)}$
22. $\lim_{x \to 0} \dfrac{x(x^2 - 1)}{x^2}$
23. $\lim_{x \to -2} \dfrac{x^2 - x - 6}{x^2 + 3x + 2}$
24. $\lim_{x \to 1} \dfrac{x^2 + 4x - 5}{x^2 - 1}$
25. $\lim_{x \to 4} \dfrac{\sqrt{x} - 2}{x - 4}$
26. $\lim_{x \to 9} \dfrac{\sqrt{x} - 3}{x - 9}$

Nos Problemas 27 a 36, determine $\lim_{x \to +\infty} f(x)$ e $\lim_{x \to -\infty} f(x)$. Se o valor limite for infinito, indique se é $+\infty$ ou $-\infty$.

27. $f(x) = x^3 - 4x^2 - 4$
28. $f(x) = 1 - x + 2x^2 - 3x^3$
29. $f(x) = (1 - 2x)(x + 5)$
30. $f(x) = (1 + x^2)^3$
31. $f(x) = \dfrac{x^2 - 2x + 3}{2x^2 + 5x + 1}$
32. $f(x) = \dfrac{1 - 3x^3}{2x^3 - 6x + 2}$
33. $f(x) = \dfrac{2x + 1}{3x^2 + 2x - 7}$
34. $f(x) = \dfrac{x^2 + x - 5}{1 - 2x - x^3}$
35. $f(x) = \dfrac{3x^2 - 6x + 2}{2x - 9}$
36. $f(x) = \dfrac{1 - 2x^3}{x + 1}$

Nos Problemas 37 e 38, o gráfico de uma função f(x) é dado. Use o gráfico para determinar $\lim_{x \to +\infty} f(x)$ e $\lim_{x \to -\infty} f(x)$.

37.

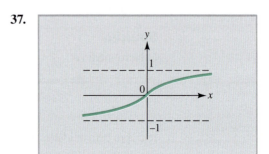

38.

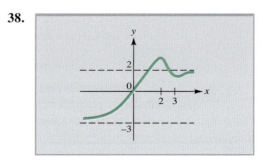

Nos Problemas 39 a 42, complete a tabela calculando f(x) para os valores especificados de x. Em seguida, use a tabela para estimar o limite indicado ou mostrar que o limite não existe.

39. $f(x) = x^2 - x;\ \lim_{x \to 2} f(x)$

x	1,9	1,99	1,999	2	2,001	2,01	2,1
f(x)							

40. $f(x) = x - \dfrac{1}{x};\ \lim_{x \to 0} f(x)$

x	−0,09	−0,009	0	0,0009	0,009	0,09
f(x)						

41. $f(x) = \dfrac{x^3 + 1}{x - 1}$; $\lim\limits_{x \to 1} f(x)$

x	0,9	0,99	0,999	1	1,001	1,01	1,1
$f(x)$							

42. $f(x) = \dfrac{x^3 + 1}{x + 1}$; $\lim\limits_{x \to -1} f(x)$

x	−1,1	−1,01	−1,001	−1	−0,999	−0,99	−0,9
$f(x)$							

Nos Problemas 43 a 50, calcule o limite indicado ou mostre que o limite não existe usando as seguintes informações a respeito de limites das funções f(x) e g(x):

$$\lim_{x \to c} f(x) = 5 \quad \text{e} \quad \lim_{x \to \infty} f(x) = -3$$
$$\lim_{x \to c} g(x) = -2 \quad \text{e} \quad \lim_{x \to \infty} g(x) = 4$$

43. $\lim\limits_{x \to c} [2f(x) - 3g(x)]$

44. $\lim\limits_{x \to c} f(x)\,g(x)$

45. $\lim\limits_{x \to c} \sqrt{f(x) + g(x)}$

46. $\lim\limits_{x \to c} f(x)[g(x) - 3]$

47. $\lim\limits_{x \to c} \dfrac{f(x)}{g(x)}$

48. $\lim\limits_{x \to c} \dfrac{2f(x) - g(x)}{5g(x) + 2f(x)}$

49. $\lim\limits_{x \to \infty} \dfrac{2f(x) + g(x)}{x + f(x)}$

50. $\lim\limits_{x \to \infty} \sqrt{g(x)}$

PROBLEMAS APLICADOS DE ECONOMIA E FINANÇAS

51. RENDA *PER CAPITA* Estudos mostram que, daqui a *t* anos, a população de certo país será $p = 0{,}2t + 1.500$ milhares de pessoas e a renda bruta do país será *E* milhões de dólares, em que

$$E(t) = \sqrt{9t^2 + 0{,}5t + 179}$$

a. Expresse a renda *per capita* do país $P = E/p$ em função do tempo *t*. (Cuidado para não errar nas unidades.)
b. O que acontecerá com a renda *per capita* a longo prazo (ou seja, para $t \to \infty$)?

52. PRODUÇÃO O gerente de uma empresa observa que, *t* meses após começar a fabricação de um novo produto, serão fabricadas *P* milhares de unidades, em que

$$P(t) = \dfrac{6t^2 + 5t}{(t + 1)^2}$$

O que acontecerá com a produção a longo prazo (ou seja, para $t \to \infty$)?

53. CUSTO MÉDIO Um gerente observa que o custo total para fabricar *x* unidades de um produto pode ser modelado pela função

$$C(x) = 7{,}5x + 120.000$$

(reais). O custo médio é $A(x) - C(x)/x$. Calcule $\lim\limits_{x \to +\infty} A(x)$ e interprete o resultado.

54. RECEITA E CUSTO O organizador de um evento esportivo estima que, se começar a anunciar o evento com *x* dias de antecedência, a receita obtida será R(x) mil reais, em que

$$R(x) = 400 + 120x - x^2$$

O custo para anunciar o evento durante *x* dias é $C(x)$ mil reais, em que

$$C(x) = 2x^2 + 300$$

a. Determine a função lucro $L(x) = R(x) - C(x)$ e plote a curva associada.
b. Com que antecedência o evento deve ser anunciado para que o lucro seja máximo? Qual é o lucro máximo?
c. Qual é a razão entre a receita e o custo

$$Q(x) = \dfrac{R(x)}{C(x)}$$

para a antecedência ótima calculada no item (b)? O que acontece com a razão quando $x \to 0$? Interprete esses resultados.

55. GERÊNCIA DE UMA FÁBRICA Alice, a gerente de uma fábrica, estima que, se *x*% da capacidade da fábrica estiver sendo utilizada, o custo total de operação será *C* centenas de reais, em que

$$C(x) = \dfrac{8x^2 - 636x - 320}{x^2 - 68x - 960}$$

A empresa adota uma política de manutenção rotativa que procura manter a fábrica operando o tempo todo com aproximadamente 80% da capacidade máxima. Que custo a gerente deve esperar quando a fábrica estiver operando com essa capacidade ideal?

56. PRODUTIVIDADE O departamento de RH de uma fábrica de eletrodomésticos observou que um empregado novo é capaz de montar *n* torradeiras por hora após *t* semanas de treinamento, em que

$$n(t) = 70 - \dfrac{150}{t + 4}$$

Os empregados recebem 20 centavos por torradeira montada.
a. Escreva uma expressão para a quantia $A(t)$ que um empregado com *t* semanas de experiência recebe por hora.
b. Quanto recebe por hora um empregado com muito tempo de experiência (ou seja, quando $t \to \infty$)?

57. CAPITALIZAÇÃO CONTÍNUA Se R$ 1.000,00 são investidos a juros de 5% ao ano, capitalizados *n* vezes por ano, o montante após 1 ano é $1.000(1 + 0{,}05x)^{1/x}$, em que $x = 1/n$ é o período de capitalização, ou seja, o intervalo entre duas capitalizações sucessivas. Assim, por exemplo, se $n = 4$, o período de capitalização é 1/4 de ano = 3 meses. Quando o período de capitalização tende a zero, dizemos que os juros são *capitalizados continuamente*; nesse caso, o montante após 1 ano é dado pelo limite

$$M = \lim_{x \to 0} 1.000(1 + 0{,}05x)^{1/x}$$

Estime o valor desse limite completando a segunda linha da tabela a seguir.

x	1	0,1	0,01	0,001	0,0001
$1.000(1 + 0{,}05x)^{1/x}$					

PROBLEMAS APLICADOS DE CIÊNCIAS SOCIAIS E BIOLÓGICAS

58. POPULAÇÃO Sérgio, um planejador urbano, modela a população $P(t)$ de certo bairro daqui a t anos (em milhares de moradores) por meio da função

$$P(t) = \frac{40t}{t^2 + 10} - \frac{50}{t + 1} + 70$$

a. Qual é a população atual do bairro?
b. Qual é variação da população durante o terceiro ano? A população está aumentando ou diminuindo durante esse período?
c. O que acontece com a população a longo prazo (isto é, quando $t \to \infty$)?

59. CONCENTRAÇÃO DE UM MEDICAMENTO A concentração de um medicamento no sangue de um paciente t horas após uma injeção é $C(t)$ miligramas por mililitro, em que

$$C(t) = \frac{0{,}4}{t^{1{,}2} + 1} + 0{,}013$$

a. Qual é a concentração do medicamento imediatamente após a injeção (ou seja, para $t = 0$)?
b. Qual é a variação da concentração do medicamento durante a 5ª hora? A concentração aumenta ou diminui durante esse período?
c. Qual é a concentração residual do medicamento, ou seja, a concentração "a longo prazo" (quando $t \to \infty$)?

60. PSICOLOGIA EXPERIMENTAL Para estudar o aprendizado em animais, um estudante de psicologia realizou um experimento no qual um rato teve de percorrer várias vezes o mesmo labirinto. Suponha que o tempo que o rato levou para atravessar o labirinto na enésima tentativa tenha sido da ordem de

$$T(n) = \frac{5n + 17}{n}$$

minutos. O que acontece com esse tempo quando o número n de tentativas aumenta indefinidamente? Interprete o resultado.

61. EXPLOSÃO E EXTINÇÃO Duas espécies coexistem no mesmo ecossistema. A Espécie I tem uma população $P(t)$ e a Espécie II tem uma população $Q(t)$, ambas em milhares de indivíduos, em que t é o tempo em anos e P e Q são modeladas pelas funções

$$P(t) = \frac{30}{3 + t} \quad \text{e} \quad Q(t) = \frac{64}{4 - t}$$

para todos os instantes de tempo $t \geq 0$ para os quais as populações respectivas são não negativas.
a. Qual é a população inicial de cada espécie?
b. O que acontece com $P(t)$ quando t aumenta? O que acontece com $Q(t)$?
c. Plote as curvas de $P(t)$ e $Q(t)$ em função de t.
d. A longo prazo, a população da Espécie I diminui até a **extinção**, enquanto a população da Espécie II sofre uma **explosão**. Escreva um ensaio de pelo menos dez linhas sobre as circunstâncias que podem levar à extinção ou explosão de uma população.

62. COLÔNIAS DE BACTÉRIAS O gráfico a seguir mostra a variação da taxa de crescimento $R(T)$ com a temperatura T para uma colônia de bactérias.*
a. Qual é o intervalo de temperaturas T no qual a taxa de crescimento $R(T)$ dobra de valor?
b. O que se pode dizer a respeito da taxa de crescimento para $25 < T < 45$?
c. O que acontece quando a temperatura atinge aproximadamente 45°C? Faz sentido calcular $\lim\limits_{T \to 50} R(T)$?
d. Escreva um ensaio de pelo menos dez linhas a respeito do efeito da temperatura sobre a taxa de crescimento de uma espécie.

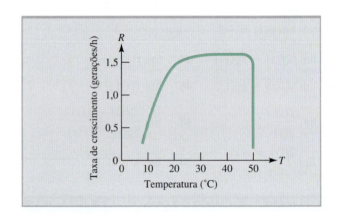

PROBLEMA 62

63. ETOLOGIA Em algumas espécies de animais, a ingestão de alimentos é afetada pelo grau de vigilância que o animal precisa manter enquanto está comendo. Em outras palavras, é difícil se alimentar adequadamente se você tem de estar em guarda o tempo todo para não ser comido por um predador. Em um modelo proposto recentemente,[†] se o animal se alimenta de plantas que permitem uma mordida de tamanho S, a ingestão de alimentos, $I(S)$, é dada por uma função da forma

$$I(S) = \frac{aS}{S + c}$$

em que a e c são constantes positivas.
a. O que acontece com a ingestão $I(S)$ se o tamanho S da mordida aumenta indefinidamente? Interprete o resultado.
b. Leia um artigo sobre os vários modos pelos quais o medo de predadores pode afetar a ingestão de alimentos. Em seguida, escreva um ensaio de pelo menos dez linhas sobre os modelos matemáticos usados pelos

---
Fonte: Michael D. La Grega, Phillip L. Buckingham e Jeffrey C. Evans, *Hazardous Waste Management*. New York: McGraw-Hill, 1994, pp. 565–566. Reproduzido com permissão.
[†]A. W. Willius e C. Fitzgibbon, "Costs of Vigilance in Foraging Ungulates", *Animal Behavior*, Vol. 47, Pt. 2 (Feb. 1994).

zoólogos para estudar esse comportamento. A referência citada no item anterior pode ser um bom ponto de partida.

PROBLEMAS VARIADOS

 64. Resolva os Problemas 17 a 26 usando o comando **TRACE** da calculadora para fazer uma tabela de valores de x e $f(x)$ perto do número para o qual o limite deve ser calculado.

65. Calcule o limite
$$\lim_{x \to +\infty} \frac{a_n x^n + a_{n-1} x^{n-1} + \cdots + a_1 x + a_0}{b_m x^m + b_{m-1} x^{m-1} + \cdots + b_1 x + b_0}$$
em termos das constantes $a_0, a_1, \ldots, a_n$ e $b_0, b_1, \ldots, b_n$ para os seguintes casos:
a. $n < m$
b. $n = m$
c. $n > m$ [*Nota*: No caso do item c, existem duas respostas possíveis, dependendo dos sinais de a_n e b_m.]

66. O gráfico a seguir mostra uma função $f(x)$ que oscila entre 1 e -1 com frequência cada vez maior à medida que x se aproxima de 0, tanto pelo lado esquerdo como pelo lado direito. Existe o limite $\lim_{x \to 0} f(x)$? Se existe, quanto vale?
[*Nota*: A função $f(x) = \text{sen}(1/x)$ se comporta dessa forma.]

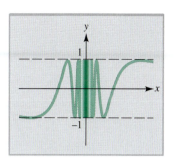

PROBLEMA 66

67. Um fio é estendido horizontalmente, como mostra a figura desse problema. Diferentes pesos são pendurados no centro do fio e os deslocamentos verticais correspondentes são medidos. Quando o peso é excessivo, o fio se rompe. Com base nos dados da tabela a seguir, qual é o maior deslocamento possível desse tipo de fio?

Peso P (kg)	15	16	17	18	17,5	17,9	17,99
Deslocamento y (cm)	1,7	1,75	1,78	Arrebenta	1,79	1,795	Arrebenta

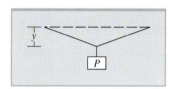

PROBLEMA 67

SEÇÃO 1.6 Limites Unilaterais e Continuidade

Objetivos do Aprendizado

1. Calcular e usar limites unilaterais.
2. Explorar o conceito de continuidade e investigar a continuidade de várias funções.
3. Estudar a propriedade do valor intermediário.

O dicionário define "contínuo" como "sem interrupções; continuado; seguido".[1] Os fenômenos contínuos desempenham um papel importante na natureza. O crescimento de uma árvore, o movimento de um foguete e o aumento do volume da água em uma banheira que se enche de água são exemplos de fenômenos contínuos. Nesta seção, vamos discutir o que significa uma função contínua e examinar algumas propriedades importantes desse tipo de função.

Limites Unilaterais Informalmente, função contínua é aquela cuja curva pode ser traçada sem que a "caneta" se afaste do papel (Figura 1.50a). Nem todas as funções têm essa propriedade, mas aquelas que a têm desempenham um papel importante no cálculo. Uma função *não é* contínua quando a curva possui um buraco ou um salto (Figura 1.50b), mas o que queremos dizer exatamente quando falamos em buracos e saltos de uma curva? Para descrever matematicamente essas entidades, precisamos usar o conceito de **limite unilateral** de uma função, isto é, o limite no qual nos apro-

---
[1]*Contínuo*. In: *Dicionário digital contemporâneo da língua portuguesa Caldas Aulete*. Rio de Janeiro: Lexikon. [online]. Disponível em: <http://www.auletedigital.com.br/download.html>. [N.R.]

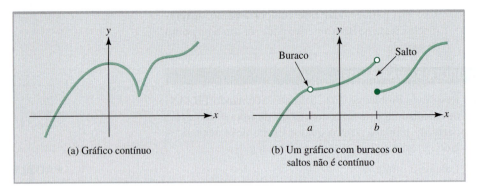

FIGURA 1.50 Curvas contínuas e descontínuas.

ximamos do ponto considerado apenas pela esquerda ou pela direita e não pelos dois lados, como no limite "bilateral" definido na Seção 1.5.

A Figura 1.51, por exemplo, mostra o gráfico do estoque I em função do tempo t para uma companhia que repõe o estoque até o nível L_1 sempre que o estoque cai abaixo de certo nível mínimo L_2. (Essa forma de gerenciar o estoque é conhecida como *just in time*.) Suponha que a primeira reposição ocorra no instante $t = t_1$. Quando t tende para t_1 pelo lado esquerdo, o valor limite é L_2; quando t tende para t_1 pelo lado direito, o valor limite é L_1.

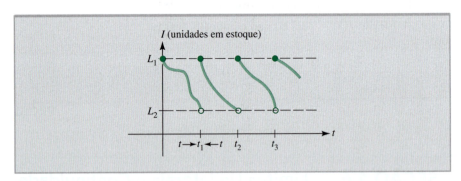

FIGURA 1.51 Limites unilaterais em um exemplo envolvendo um estoque *just in time*.

Para descrever os limites unilaterais, usaremos a notação definida a seguir.

> **Limites Unilaterais** ■ Se $f(x)$ tende a L quando x tende a c pela esquerda ($x < c$), escrevemos $\lim_{x \to c^-} f(x) = L$. Se $f(x)$ tende a M quando x tende a c pela direita ($x > c$), escrevemos $\lim_{x \to c^+} f(x) = M$.

Usando essa notação no exemplo do estoque, temos:

$$\lim_{t \to t_1^-} I(t) = L_2 \quad \text{e} \quad \lim_{t \to t_1^+} I(t) = L_1$$

Seguem dois Exemplos, 1.6.1 e 1.6.2, de limites unilaterais.

EXEMPLO 1.6.1 Cálculo de Limites Unilaterais

No caso da função

$$f(x) = \begin{cases} 1 - x^2 & \text{para} \quad 0 \leq x < 2 \\ 2x + 1 & \text{para} \quad x \geq 2 \end{cases}$$

FUNÇÕES, GRÁFICOS E LIMITES   69

determine os limites unilaterais $\lim_{x \to 2^-} f(x)$ e $\lim_{x \to 2^+} f(x)$.

Solução

O gráfico de $f(x)$ aparece na Figura 1.52. Como $f(x) = 1 - x^2$ para $0 \leq x < 2$, temos:

$$\lim_{x \to 2^-} f(x) = \lim_{x \to 2^-} (1 - x^2) = -3$$

Como $f(x) = 2x + 1$ para $x \geq 2$, temos:

$$\lim_{x \to 2^+} f(x) = \lim_{x \to 2^+} (2x + 1) = 5$$

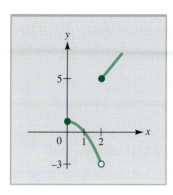

FIGURA 1.52 Gráfico de
$f(x) = \begin{cases} 1 - x^2 & \text{para} \quad 0 \leq x < 2 \\ 2x + 1 & \text{para} \quad x \geq 2 \end{cases}$

EXEMPLO 1.6.2 Cálculo de Limites Unilaterais Infinitos

Calcule $\lim \dfrac{x-2}{x-4}$ quando x tende a 4 pela esquerda e pela direita.

Solução

Em primeiro lugar, observe que, para $2 < x < 4$, a grandeza

$$f(x) = \frac{x-2}{x-4}$$

é negativa, de modo que, quando x tende a 4 pela esquerda, $f(x)$ *diminui* sem limite. Indicamos esse fato escrevendo

$$\lim_{x \to 4^-} \frac{x-2}{x-4} = -\infty$$

Por outro lado, quando x tende a 4 pela direita (ou seja, com $x > 4$), $f(x)$ *aumenta* sem limite, e escrevemos

$$\lim_{x \to 4^+} \frac{x-2}{x-4} = +\infty$$

A curva de f aparece na Figura 1.53.

27 EXPLORE!

Leia o Exemplo 1.6.2. Plote a função $f(x) = \dfrac{x-2}{x-4}$ usando uma janela [0; 9,4]1 por [−4, 4]1 para verificar qual é o limite quando x tende a 4 pela esquerda e pela direita. Verifique também qual é o valor de $f(x)$ para grandes valores positivos e negativos de x. O que você observa?

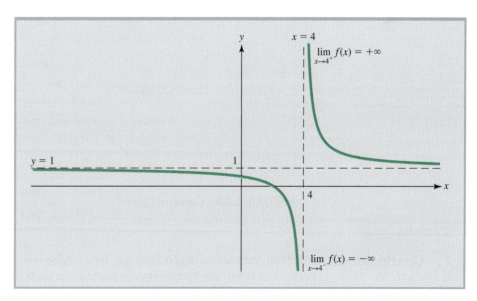

FIGURA 1.53 Curva de $f(x) = \dfrac{x-2}{x-4}$.

28 EXPLORE!

Crie novamente a função linear por partes $f(x)$ definida no Exemplo 1.6.1. Verifique graficamente que
$\lim_{x \to 2^-} f(x) = -3$ e
$\lim_{x \to 2^+} f(x) = 5$.

Note que o limite bilateral $\lim_{x \to 2} f(x)$ *não* existe para a função do Exemplo 1.6.1, já que os valores de $f(x)$ não tendem para um único valor L quando x tende a 2 pelo lado esquerdo e pelo lado direito. O critério para a existência de um limite é o seguinte:

> **Existência de um Limite** ■ O limite bilateral $\lim_{x \to c} f(x)$ existe se e apenas se os limites unilaterais $\lim_{x \to c^-} f(x)$ e $\lim_{x \to c^+} f(x)$ existem e são iguais, caso em que
>
> $$\lim_{x \to c} f(x) = \lim_{x \to c^-} f(x) = \lim_{x \to c^+} f(x)$$

EXEMPLO 1.6.3 Uso de Limites Unilaterais para Determinar um Limite Bilateral

Determine se $\lim_{x \to 1} f(x)$ existe, em que

$$f(x) = \begin{cases} x+1 & \text{para } x < 1 \\ -x^2 + 4x - 1 & \text{para } x \geq 1 \end{cases}$$

Solução

Calculando os limites unilaterais em $x = 1$, obtemos

$$\lim_{x \to 1^-} f(x) = \lim_{x \to 1^-} (x+1) = (1) + 1 = 2 \quad \text{pois } f(x) = x+1 \text{ para } x < 1$$

e

$$\lim_{x \to 1^+} f(x) = \lim_{x \to 1^+} (-x^2 + 4x - 1) \quad \text{pois } f(x) = -x^2 + 4x - 1 \text{ para } x \geq 1$$
$$= -(1)^2 + 4(1) - 1 = 2$$

Como os dois limites unilaterais são iguais, o limite bilateral de $f(x)$ quando x tende a 1 existe e é dado por

$$\lim_{x \to 1} f(x) = \lim_{x \to 1^-} f(x) = \lim_{x \to 1^+} f(x) = 2$$

A curva da função $f(x)$ aparece na Figura 1.54.

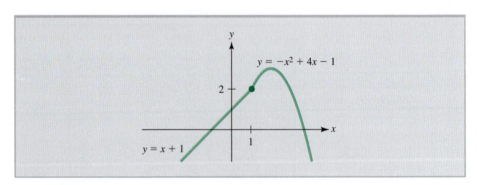

FIGURA 1.54 Curva de $f(x) = \begin{cases} x+1 & \text{para } x < 1 \\ -x^2 + 4x - 1 & \text{para } x \geq 1 \end{cases}$

Continuidade No início desta seção, observamos que uma função contínua é aquela cujo gráfico não possui buracos ou saltos. Um buraco em um ponto $x = c$ pode surgir de várias formas, três das quais estão representadas na Figura 1.55.

O gráfico de $f(x)$ possui um salto no ponto $x = c$ se os limites unilaterais $\lim_{x \to c^-} f(x)$ e $\lim_{x \to c^+} f(x)$ não são iguais. Três das formas pelas quais isso pode acontecer estão representadas na Figura 1.56.

Quais são as propriedades que garantem que $f(x)$ não possui um buraco ou um salto no ponto $x = c$? A resposta é surpreendentemente simples: a função deve ser definida em $x = c$, deve ter um limite finito em $x = c$ e $\lim_{x \to c} f(x)$ deve ser igual a $f(c)$. Resumindo:

FUNÇÕES, GRÁFICOS E LIMITES   71

> **Continuidade** ■ Uma função f é **contínua** no ponto c se três condições são satisfeitas:
> a. $f(c)$ é definida.
> b. $\lim_{x \to c} f(x)$ existe.
> c. $\lim_{x \to c} f(x) = f(c)$.
>
> Se $f(x)$ não é contínua no ponto c, dizemos que o ponto c é um ponto de **descontinuidade**.

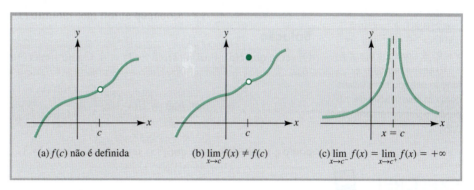

FIGURA 1.55 Três formas pelas quais uma função pode possuir um buraco no ponto $x = c$.

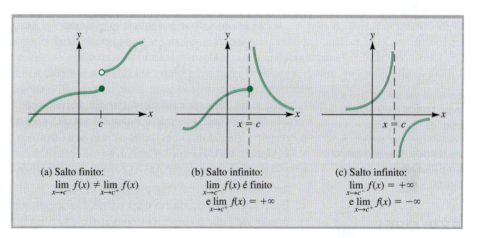

FIGURA 1.56 Três formas pelas quais uma função pode possuir um salto no ponto $x = c$.

Continuidade de Polinômios e Funções Racionais

Como vimos na Seção 1.5, se $p(x)$ e $q(x)$ são polinômios,

$$\lim_{x \to c} p(x) = p(c)$$

e

$$\lim_{x \to c} \frac{p(x)}{q(x)} = \frac{p(c)}{q(c)} \quad \text{para } q(c) \neq 0$$

De acordo com essas expressões, **um polinômio e uma função racional são contínuos em todos os pontos em que são definidos**. Essa afirmação é ilustrada nos Exemplos 1.6.4 a 1.6.7.

EXEMPLO 1.6.4 Demonstração de que um Polinômio É Contínuo

Mostre que o polinômio $p(x) = 3x^3 - x + 5$ é contínuo no ponto $x = 1$.

Solução

Temos de verificar se os três critérios de continuidade são satisfeitos. É evidente que $p(1)$ é definida, já que $p(1) = 7$. Além disso, $\lim_{x \to 1} p(x)$ existe e $\lim_{x \to 1} p(x) = 7$. Assim,

$$\lim_{x \to 1} p(x) = 7 = p(1)$$

como é necessário para que $p(x)$ seja contínua em $x = 1$.

29 EXPLORE!

Plote a função $f(x) = \dfrac{x+1}{x-2}$ usando a janela decimal expandida $[-9,4; 9,4]1$ por $[-6,2; 6,2]1$. A função é contínua? É contínua em $x = 2$? É contínua em $x = 3$? Examine também a função usando uma tabela com um valor inicial de 1,8 para x e um incremento de 0,2.

EXEMPLO 1.6.5 Demonstração de que uma Função Racional É Contínua

Mostre que a função racional $f(x) = (x+1)/(x-2)$ é contínua no ponto $x = 3$.

Solução

Observe que $f(3) = (3+1)/(3-2) = 4$. Como $\lim_{x \to 3}(x-2) \neq 0$, temos:

$$\lim_{x \to 3} f(x) = \lim_{x \to 3} \frac{x+1}{x-2} = \frac{\lim_{x \to 3}(x+1)}{\lim_{x \to 3}(x-2)} = \frac{4}{1} = 4 = f(3)$$

como é necessário para que $f(x)$ seja contínua em $x = 3$.

30 EXPLORE!

Entre com a função $h(x)$ do Exemplo 1.6.6(c) no editor de equações como Y1 = (X + 1)(X < 1) + (2 − X)(X ≥ 1). Use uma janela decimal e trace um gráfico de pontos. Essa função é contínua em $x = 1$? Use a tecla **TRACE** para obter o valor da função em $x = 1$ e para determinar os valores limites de y quando x tende a 1 pela esquerda e pela direita.

EXEMPLO 1.6.6 Verifique se uma Função É Contínua

Discuta a continuidade das seguintes funções:

a. $f(x) = \dfrac{1}{x}$ **b.** $g(x) = \dfrac{x^2 - 1}{x + 1}$ **c.** $h(x) = \begin{cases} x + 1 & \text{para } x < 1 \\ 2 - x & \text{para } x \geq 1 \end{cases}$

Solução

As funções dos itens (a) e (b) são racionais, portanto são contínuas em todos os pontos em que são definidas (ou seja, em todos os pontos nos quais o denominador é diferente de zero).

a. $f(x) = 1/x$ é definida em todos os pontos exceto $x = 0$, portanto é contínua para qualquer valor de $x \neq 0$ (Figura 1.57a).

b. Como $x = -1$ é o único valor de x para o qual $g(x)$ não é definida, $g(x)$ é contínua para qualquer valor de $x \neq -1$ (Figura 1.57b).

c. Essa função é definida em duas partes. Começamos por verificar a continuidade em $x = 1$, o valor de x que é comum às duas partes. Verificamos que $\lim_{x \to 1} h(x)$ não existe, já que $h(x)$ tende a 2 pela esquerda e a 1 pela direita. Assim, $h(x)$ não é contínua em $x = 1$ (Figura 1.57c). Como os polinômios $x + 1$ e $2 - x$ são contínuos para qualquer valor de x, $h(x)$ é contínua para qualquer valor de $x \neq 1$.

31 EXPLORE!

Plote a função $f(x) = \dfrac{x^3 - 8}{x - 2}$, usando uma janela padrão. O gráfico parece contínuo? Use em seguida uma janela decimal modificada $[-4,7; 4,7]1$ por $[0; 14,4]1$ e descreva o que vê. Esse caso é parecido com que caso do Exemplo 1.6.6?

EXEMPLO 1.6.7 Torne Contínua uma Função Definida por Partes

Para que valor da constante A a função a seguir é contínua para qualquer valor real de x?

$$f(x) = \begin{cases} Ax + 5 & \text{para } x < 1 \\ x^2 - 3x + 4 & \text{para } x \geq 1 \end{cases}$$

Solução

Como $Ax + 5$ e $x^2 - 3x + 4$ são polinômios, $f(x)$ é contínua para qualquer valor de x exceto, possivelmente, $x = 1$. Além disso, $f(x)$ tende a $A + 5$ quando x tende a 1 pela esquerda e tende a 2 quando x tende a 1 pela direita. Para que $\lim_{x \to 1} f(x)$ exista, portanto, devemos ter $A + 5 = 2$, ou seja, $A = -3$, caso em que

$$\lim_{x \to 1} f(x) = 2 = f(1)$$

Assim, f é contínua para qualquer valor de x se $A = -3$.

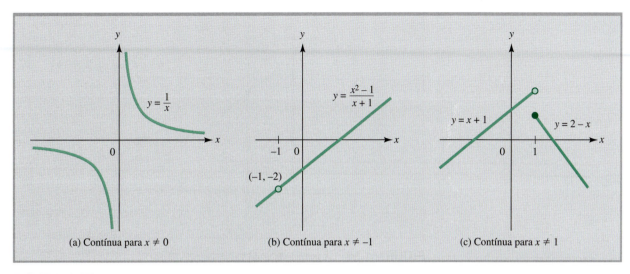

FIGURA 1.57 Curvas das funções do Exemplo 1.6.6.

Continuidade em um Intervalo

Em muitas aplicações práticas do cálculo, é interessante usar definições de continuidade que se apliquem a intervalos abertos e fechados.

> **Continuidade em um Intervalo** ■ Uma função $f(x)$ é dita contínua em um intervalo aberto $a < x < b$ se for contínua para todos os valores de x contidos no intervalo.
>
> Uma função $f(x)$ é dita contínua em um intervalo fechado $a \leq x \leq b$ se for contínua no intervalo aberto $a < x < b$ e se
>
> $$\lim_{x \to a^+} f(x) = f(a) \quad \text{e} \quad \lim_{x \to b^-} f(x) = f(b)$$

Em outras palavras, uma função é contínua em um intervalo se a curva de f não possuir buracos ou saltos no intervalo. O Exemplo 1.6.8 ilustra a determinação da continuidade de uma função em um intervalo aberto.

EXEMPLO 1.6.8 Decidindo Onde uma Função É Contínua

Discuta a continuidade da função

$$f(x) = \frac{x+2}{x-3}$$

no intervalo aberto $-2 < x < 3$ e no intervalo fechado $-2 \leq x \leq 3$.

Solução

A função racional $f(x)$ é contínua para todos os valores de x exceto $x = 3$. Assim, a função é contínua no intervalo aberto $-2 < x < 3$, mas não é contínua no intervalo fechado $-2 \leq x \leq 3$, já que é descontínua no ponto $x = 3$ (no qual o denominador se anula). A curva de f aparece na Figura 1.58.

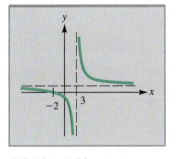

FIGURA 1.58 Gráfico de $f(x) = \dfrac{x+2}{x-3}$.

A Propriedade do Valor Intermediário

Uma propriedade importante das funções contínuas é a **propriedade do valor intermediário**, segundo a qual, se $f(x)$ é contínua no intervalo $a \leq x \leq b$ e L é um número entre $f(a)$ e $f(b)$, existe um número c entre a e b para o qual $f(c) = L$ (veja a Figura 1.59). Em outras palavras, **uma função contínua assume todos os valores possíveis entre dois quaisquer dos seus valores**. Assim, por exemplo, uma menina que pesa 3 kg ao nascer e 40 kg aos 15 anos deve ter pesado exatamente 30 kg em algum instante da vida, visto que o peso é uma função contínua do tempo.

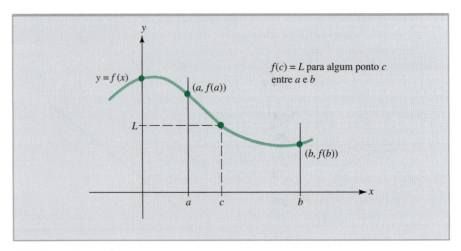

FIGURA 1.59 A propriedade do valor intermediário.

A propriedade do valor intermediário tem muitas aplicações. No Exemplo 1.6.9, apresentado a seguir, a propriedade é usada para estimar o ponto de equilíbrio de um processo industrial.

EXEMPLO 1.6.9 Análise de Equilíbrio Usando a Propriedade do Valor Intermediário

Uma indústria pode vender x centenas de unidades de um aspirador de piscina por $p = 400 - 3x^2$ reais a unidade. Se o custo total de produção envolve um custo fixo de R$ 120.000,00 e um custo adicional de R$ 7,00 por unidade, mostre que o nível de equilíbrio da produção é menor que 500 unidades.

Solução

A receita obtida com a venda de x centenas de unidades é

$$R(x) = 100xp(x) = 100x(400 - 3x^2)$$

e o custo total é

$$C(x) = 120.000 + 7(100x)$$

Para que não haja lucro nem prejuízo, a receita deve ser igual ao custo, ou seja

$$\underbrace{100x(400 - 3x^2)}_{R(x)} = \underbrace{120.000 + 700x}_{C(x)}$$

ou, em termos da função lucro $L(x) = R(x) - C(x)$,

$$\begin{aligned} L(x) &= 100x(400 - 3x^2) - (120.000 + 700x) \quad \text{combinando termos e colocando} \\ &= 100(-3x^3 + 393x - 1.200) \quad \text{100 em evidência} \\ &= 0 \end{aligned}$$

Note que $L(x)$ é um polinômio, portanto é uma função contínua. Quando $x = 0$ centenas de unidades são produzidas e vendidas, $L(0) = -120.000 < 0$; quando $x = 5$, o lucro é $L(5) = 39.000 > 0$. De acordo com a propriedade do valor intermediário, o fato de que $L(x)$ troca de sinal quando x varia de $x = 0$ para $x = 5$ indica que $L(x) = 0$ para algum valor de x no intervalo $0 < x < 5$. Isso equivale a dizer que o nível de equilíbrio da produção é menor que 500 unidades ($x = 5$).

PROBLEMAS ■ 1.6

Nos Problemas 1 a 4, determine os limites unilaterais $\lim_{x \to 2^-} f(x)$ e $\lim_{x \to 2^+} f(x)$ da função dada e verifique se $\lim_{x \to 2} f(x)$ existe.

1.
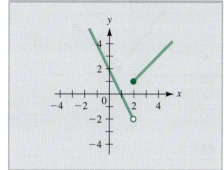

2.
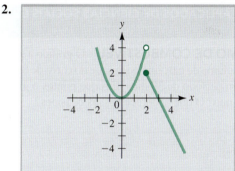

3.
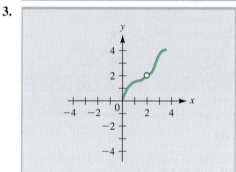

4.
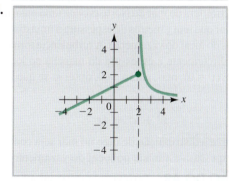

Nos Problemas 5 a 16, determine o limite unilateral indicado. Se o valor limite for infinito, indique se é $+\infty$ ou $-\infty$.

5. $\lim_{x \to 4^+} (3x^2 - 9)$

6. $\lim_{x \to 1^-} x(2 - x)$

7. $\lim_{x \to 3^+} \sqrt{3x - 9}$

8. $\lim_{x \to 2^-} \sqrt{4 - 2x}$

9. $\lim_{x \to 2^-} \dfrac{x + 3}{x + 2}$

10. $\lim_{x \to 2^-} \dfrac{x^2 + 4}{x - 2}$

11. $\lim_{x \to 0^+} (x - \sqrt{x})$

12. $\lim_{x \to 1^-} \dfrac{x - \sqrt{x}}{x - 1}$

13. $\lim_{x \to 3^+} \dfrac{\sqrt{x + 1} - 2}{x - 3}$

14. $\lim_{x \to 5^+} \dfrac{\sqrt{2x - 1} - 3}{x - 5}$

15. $\lim_{x \to 3^-} f(x)$ e $\lim_{x \to 3^+} f(x)$,

em que $f(x) = \begin{cases} 2x^2 - x & \text{para } x < 3 \\ 3 - x & \text{para } x \geq 3 \end{cases}$

16. $\lim_{x \to -1^-} f(x)$ e $\lim_{x \to -1^+} f(x)$

em que $f(x) = \begin{cases} \dfrac{1}{x - 1} & \text{para } x < -1 \\ x^2 + 2x & \text{para } x \geq -1 \end{cases}$

Nos Problemas 17 a 28, verifique se a função dada é contínua para o valor especificado de x.

17. $f(x) = 5x^2 - 6x + 1$ em $x = 2$

18. $f(x) = x^3 - 2x^2 + x - 5$ em $x = 0$

19. $f(x) = \dfrac{x + 2}{x + 1}$ em $x = 1$

20. $f(x) = \dfrac{2x - 4}{3x - 2}$ em $x = 2$

21. $f(x) = \dfrac{x + 1}{x - 1}$ em $x = 1$

22. $f(x) = \dfrac{2x + 1}{3x - 6}$ em $x = 2$

23. $f(x) = \dfrac{\sqrt{x} - 2}{x - 4}$ em $x = 4$

24. $f(x) = \dfrac{\sqrt{x} - 2}{x - 4}$ em $x = 2$

25. $f(x) = \begin{cases} x + 1 & \text{para } x \leq 2 \\ 2 & \text{para } x > 2 \end{cases}$ em $x = 2$

26. $f(x) = \begin{cases} x + 1 & \text{para } x < 0 \\ x - 1 & \text{para } x \geq 0 \end{cases}$ em $x = 0$

27. $f(x) = \begin{cases} x^2 + 1 & \text{para } x \leq 3 \\ 2x + 4 & \text{para } x > 3 \end{cases}$ em $x = 3$

28. $f(x) = \begin{cases} \dfrac{x^2 - 1}{x + 1} & \text{para } x < -1 \\ x^2 - 3 & \text{para } x \geq -1 \end{cases}$ em $x = -1$

Nos Problemas 29 a 42, determine todos os valores de x para os quais a função dada não é contínua.

29. $f(x) = 3x^2 - 6x + 9$

30. $f(x) = x^5 - x^3$

31. $f(x) = \dfrac{x + 1}{x - 2}$

32. $f(x) = \dfrac{3x - 1}{2x - 6}$

33. $f(x) = \dfrac{3x + 3}{x + 1}$

34. $f(x) = \dfrac{x^2 - 1}{x + 1}$

35. $f(x) = \dfrac{3x - 2}{(x + 3)(x - 6)}$ 36. $f(x) = \dfrac{x}{(x + 5)(x - 1)}$

37. $f(x) = \dfrac{x}{x^2 - x}$ 38. $f(x) = \dfrac{x^2 - 2x + 1}{x^2 - x - 2}$

39. $f(x) = \begin{cases} 2x + 3 & \text{para } x \le 1 \\ 6x - 1 & \text{para } x > 1 \end{cases}$

40. $f(x) = \begin{cases} x^2 & \text{para } x \le 2 \\ 9 & \text{para } x > 2 \end{cases}$

41. $f(x) = \begin{cases} 3x - 2 & \text{para } x < 0 \\ x^2 + x & \text{para } x \ge 0 \end{cases}$

42. $f(x) = \begin{cases} 2 - 3x & \text{para } x \le -1 \\ x^2 - x + 3 & \text{para } x > -1 \end{cases}$

PROBLEMAS APLICADOS DE ECONOMIA E FINANÇAS

43. **GERENCIAMENTO DE CUSTOS** Como foi visto no Problema 55 da Seção 1.5, Alice, a gerente de uma fábrica, estima que, se $x\%$ da capacidade da fábrica estiver sendo utilizada, o custo total de operação será C centenas de reais, em que

$$C(x) = \dfrac{8x^2 - 636x - 320}{x^2 - 68x - 960}$$

   a. Calcule $C(0)$ e $C(100)$.
   b. Explique por que o resultado do item (a) não pode ser usado, juntamente com a propriedade do valor intermediário, para mostrar que o custo de operação é exatamente R$ 700.000,00 quando certa porcentagem da capacidade das fábricas está sendo usada.

44. **SALÁRIOS** Em 1º de janeiro de 2012, Jorge começou a trabalhar para uma empresa com um salário mensal de R$ 4.000,00, pago no último dia do mês. Em 1º de julho, recebeu uma comissão de R$ 2.000,00; em 1º de setembro, o salário-base foi aumentado para R$ 4.500,00. Finalmente, em 21 de dezembro, recebeu uma bonificação de Natal igual a 1% do salário-base.
   a. Faça um gráfico dos pagamentos recebidos por Jorge, P, em função do tempo t (em dias) durante o ano 2012.
   b. Para que valores de t o gráfico de $P(t)$ é descontínuo?

45. **ANÁLISE CUSTO-BENEFÍCIO** Em certas situações, é necessário comparar os benefícios de determinada medida com o custo para executá-la. Suponha, por exemplo, que, para remover $x\%$ da poluição causada por um derramamento de petróleo, seja preciso gastar C milhares de reais, em que

$$C(x) = \dfrac{12x}{100 - x}$$

   a. Quanto custa remover 25% da poluição? E 50%?
   b. Plote a função custo.
   c. O que acontece quando $x \to 100^-$? É possível remover toda a poluição?

46. **CONTROLE DE ESTOQUE** O gráfico a seguir mostra o número de unidades em estoque de um produto durante um período de dois anos. Em que pontos o gráfico é descontínuo? O que acontece nessas ocasiões?

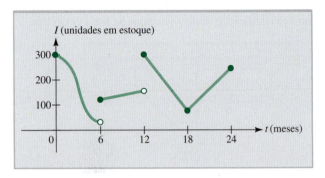

PROBLEMA 46

PROBLEMAS APLICADOS DE CIÊNCIAS SOCIAIS E BIOLÓGICAS

47. **CONSUMO DE COMBUSTÍVEL** O gráfico a seguir mostra o volume de gasolina no tanque do carro de Susana durante um período de 30 dias. Em que pontos o gráfico é descontínuo? O que acontece nessas ocasiões?

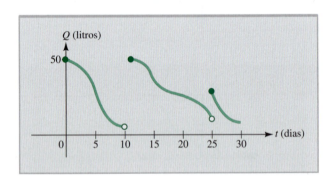

PROBLEMA 47

48. **POLUIÇÃO NO MAR** Um cano rompido em uma plataforma petrolífera do mar do Norte produz uma mancha de óleo circular que tem y metros de espessura a uma distância de x metros do local do vazamento. A turbulência torna difícil medir diretamente a espessura da mancha no local do vazamento ($x = 0$), mas, para $x > 0$, observa-se que

$$y = \dfrac{0{,}5(x^2 + 3x)}{x^3 + x^2 + 4x}$$

   Supondo que a distribuição de óleo no mar seja contínua, qual é a espessura estimada no local do vazamento?

49. **POLUIÇÃO DO AR** Estima-se que, daqui a t anos, a população de certo bairro será p mil habitantes, em que

$$p(t) = 20 - \dfrac{7}{t + 2}$$

   Um estudo ambiental mostra que a concentração média de monóxido de carbono no ar será c partes por milhão quando a população for p mil habitantes, em que

$$c(p) = 0{,}4\sqrt{p^2 + p + 21}$$

Qual será o nível de poluição c a longo prazo (ou seja, para $t \to \infty$)?

50. **METEOROLOGIA** Suponha que a temperatura do ar é 30 °F. Nesse caso, a sensação térmica (em °F) para uma velocidade do vento v (em milhas por hora) é dada por*

$$W(v) = \begin{cases} 30 & \text{para } 0 \leq v \leq 4 \\ 1{,}25v - 18{,}67\sqrt{v} + 62{,}3 & \text{para } 4 < v < 45 \\ -7 & \text{para } v \geq 45 \end{cases}$$

   a. Qual é a sensação térmica para $v = 20$ milhas por hora? E para $v = 50$ milhas por hora?
   b. Que velocidade do vento produz uma sensação térmica de 0 °F?
   c. A função sensação térmica $W(v)$ é contínua em $v = 4$? E em $v = 45$?

51. **METEOROLOGIA** Se a temperatura do ar em certo dia é 80 °F, o índice de calor $I(h)$ (também em °F) é dado aproximadamente pela seguinte função, em que h é a umidade relativa do ar em forma de porcentagem:

$$I(h) = \begin{cases} 80 & \text{para } 0 \leq h \leq 40 \\ 80 + 0{,}1(h - 40) & \text{para } 40 < h \leq 80 \\ 0{,}005h^2 - 0{,}65h + 104 & \text{para } 80 < h \leq 100 \end{cases}$$

   a. Qual é o índice de calor quando a umidade relativa do ar é 30%? E quando a umidade relativa do ar é 90%?
   b. Que umidade relativa do ar resulta em um índice de calor de 83 °F?
   c. O índice de calor $I(h)$ é contínuo em $h = 40$? E em $h = 80$?

PROBLEMAS VARIADOS

52. **INTENSIDADE DO CAMPO ELÉTRICO** Se uma esfera oca de raio R é carregada com uma unidade de eletricidade estática, a intensidade do campo elétrico $E(x)$ em um ponto P situado a uma distância de x unidades do centro da esfera é dada por

$$E(x) = \begin{cases} 0 & \text{para } 0 < x < R \\ \dfrac{1}{2x^2} & \text{para } x = R \\ \dfrac{1}{x^2} & \text{para } x > R \end{cases}$$

Faça um gráfico de $E(x)$. A função $E(x)$ é contínua para $x > 0$?

53. **TARIFAS POSTAIS** No correio dos EUA, a "função de porte" $p(x)$ pode ser descrita da seguinte forma:

$$p(x) = \begin{cases} 44 & \text{para } 0 < x \leq 1 \\ 61 & \text{para } 1 < x \leq 2 \\ 78 & \text{para } 2 < x \leq 3{,}5 \end{cases}$$

em que x é o peso de uma carta em onças e $p(x)$ é o preço correspondente do porte, em cents. Faça o gráfico de $p(x)$ para $0 < x \leq 3{,}5$. Para que valores de x a função $p(x)$ é descontínua no intervalo $0 < x \leq 3{,}5$?

54. Discuta a continuidade da função

$$f(x) = \begin{cases} x^2 - 3x & \text{para } x < 2 \\ 4 + 2x & \text{para } x \geq 2 \end{cases}$$

no intervalo aberto $0 < x < 2$ e no intervalo fechado $0 \leq x \leq 2$.

55. Discuta a continuidade da função $f(x) = x(1 + 1/x)$ no intervalo aberto $0 < x < 1$ e no intervalo fechado $0 \leq x \leq 1$.

Nos Problemas 56 e 57, determine os valores da constante A para os quais a função $f(x)$ é contínua para qualquer valor de x.

56. $f(x) = \begin{cases} 1 - 3x & \text{para } x < 4 \\ Ax^2 + 2x - 3 & \text{para } x \geq 4 \end{cases}$

57. $f(x) = \begin{cases} Ax - 3 & \text{para } x < 2 \\ 3 - x + 2x^2 & \text{para } x \geq 2 \end{cases}$

58. Considere a equação

$$x^2 - x - 1 = \frac{1}{x + 1}$$

   a. Use a propriedade do valor intermediário para mostrar que a equação tem uma solução entre $x = 1$ e $x = 2$.
   b. Existe uma solução entre $x = 1{,}5$ e $x = 1{,}6$? E entre $x = 1{,}7$ e $x = 1{,}8$? Justifique suas respostas.

59. Mostre que a equação $\sqrt[3]{x - 8} + 9x^{2/3} = 29$ tem pelo menos uma solução no intervalo $0 \leq x \leq 8$.

60. Mostre que a equação $\sqrt[3]{x} = x^2 + 2x - 1$ tem pelo menos uma solução no intervalo $0 \leq x \leq 1$.

61. Investigue o comportamento da função $f(x) = (2x^2 - 5x + 2)/(x^2 - 4)$ quando x está próximo (a) de 2 e (b) de -2. Existe um limite nesses valores de x? A função é contínua nesses valores de x?

62. Explique por que houve certamente um momento na vida do leitor em que sua altura em centímetros foi igual à sua idade em dias.

63. Explique por que existe um momento em cada hora no qual o ponteiro das horas e o ponteiro dos minutos estão alinhados.

64. Aos 15 anos, Maria tinha o dobro da altura do irmão João, de 5 anos. Quando João fez 21 anos, estava 15 centímetros mais alto que a irmã. Explique por que certamente existiu um momento em que os dois tinham exatamente a mesma altura.

---

*Adaptado de W. Bosch e L. G. Cobb, *UMAP Module No. 658*, "Windchill", 1984, pp. 244–247.

Termos, Símbolos e Fórmulas Importantes

Função (Seção 1.1)
Notação funcional: $f(x)$ (Seção 1.1)
Domínio e contradomínio de uma função (Seção 1.1)
Variáveis independentes e dependentes (Seção 1.1)
Convenção do domínio (Seção 1.1)
Funções definidas por partes (Seção 1.1)
Funções usadas em economia:
  Demanda (Seção 1.1)
  Oferta (Seção 1.1)
  Receita (Seção 1.1)
  Custo (Seção 1.1)
  Lucro (Seção 1.1)
Custo, receita e lucro médio (Seção 1.1)
Composição de funções: $g(h(x))$ (Seção 1.1)
Sistema de coordenadas retangulares (Seção 1.2)
Eixos x e y (Seção 1.2)
Quadrantes (Seção 1.2)
Coordenadas: (Seção 1.2)
  x (abscissa)
  y (ordenada)
Fórmula da distância: a distância entre os pontos (x_1, y_1) e (x_2, y_2) é dada por

$$D = \sqrt{(x_2 - x_1)^2 + (y_2 - y_1)^2}$$ (Seção 1.2)

Gráfico de uma função: os pontos $(x, f(x))$ (Seção 1.2)
Teste da reta vertical (Seção 1.2)
Pontos de interseção com o eixo x e com o eixo y (Seção 1.2)
Função potência (Seção 1.2)
Polinômio (Seção 1.2)
Função racional (Seção 1.2)
Função linear; taxa de variação constante (Seção 1.3)
Inclinação: $m = \Delta y/\Delta x = (y_2 - y_1)/(x_2 - x_1)$ (Seção 1.3)
Forma inclinação-interseção: $y = mx + b$ (Seção 1.3)
Forma ponto-inclinação: $y - y_0 = m(x - x_0)$ (Seção 1.3)
Critérios para que duas retas sejam paralelas ou perpendiculares (Seção 1.3)
Modelagem matemática (Seção 1.4)

Proporcionalidade direta: $Q = kx$ (Seção 1.4)
Proporcionalidade inversa: $Q = k/x$ (Seção 1.4)
Proporcionalidade conjunta: $Q = kxy$ (Seção 1.4)
Equilíbrio do mercado; lei da oferta e da demanda (Seção 1.4)
Escassez e excesso (Seção 1.4)
Análise de equilíbrio (Seção 1.4)
Limite de uma função: $\lim_{x \to c} f(x)$ (Seção 1.5)
Propriedades algébricas dos limites (Seção 1.5)
Limites no infinito:

$$\lim_{x \to +\infty} f(x) \quad \text{e} \quad \lim_{x \to -\infty} f(x) \text{(Seção 1.5)}$$

Assíntota horizontal (Seção 1.5)
Regras das potências inversas:

$$\lim_{x \to +\infty} \frac{A}{x^k} = 0 \quad \text{e} \quad \lim_{x \to -\infty} \frac{A}{x^k} = 0 \quad k > 0 \text{ (Seção 1.5)}$$

Limites no infinito de uma função racional $f(x) = p(x)/q(x)$:
  Divida todos os termos de $f(x)$ pela maior potência de x^k do denominador $q(x)$ e use as regras das potências inversas (Seção 1.5)
Limite infinito:

$$\lim_{x \to c} f(x) = +\infty \quad \text{ou} \quad \lim_{x \to c} f(x) = -\infty \text{ (Seção 1.5)}$$

Limites unilaterais:

$$\lim_{x \to c^-} f(x) \quad \text{e} \quad \lim_{x \to c^+} f(x) \text{(Seção 1.6)}$$

Existência de um limite: $\lim_{x \to c} f(x)$ existe se e apenas se $\lim_{x \to c^-} f(x)$ e $\lim_{x \to c^+} f(x)$ existem e são iguais (Seção 1.6)
Continuidade de $f(x)$ em $x = c$:

$$\lim_{x \to c} f(x) = f(c) \text{ (Seção 1.6)}$$

Descontinuidade (Seção 1.6)
Continuidade de polinômios e funções racionais (Seção 1.6)
Continuidade em um intervalo (Seção 1.6)
Propriedade do valor intermediário (Seção 1.6)

Problemas de Verificação

1. Especifique o domínio da função

$$f(x) = \frac{2x - 1}{\sqrt{4 - x^2}}$$

2. Determine a função composta $g(h(x))$, em que

$$g(u) = \frac{1}{2u + 1} \quad \text{e} \quad h(x) = \frac{x + 2}{2x + 1}$$

3. Escreva a equação das seguintes retas:
   a. Passando pelo ponto $(-1, 2)$ com inclinação $-1/2$
   b. Com inclinação 2 e interceptando o eixo y no ponto -3.

4. Plote as funções dadas, indicando os pontos de interseção com os eixos e os máximos e mínimos, se existirem.
   a. $f(x) = 3x - 5$ b. $f(x) = -x^2 + 3x + 4$

5. Determine os limites indicados. Se o limite for infinito, indique se é $+\infty$ ou $-\infty$.

   a. $\lim_{x \to -1} \dfrac{x^2 + 2x - 3}{x - 1}$ b. $\lim_{x \to 1} \dfrac{x^2 + 2x - 3}{x - 1}$

   c. $\lim_{x \to 1} \dfrac{x^2 - x - 1}{x - 2}$ d. $\lim_{x \to +\infty} \dfrac{2x^3 + 3x - 5}{-x^2 + 2x + 7}$

6. Determine se a função $f(x)$ é contínua no ponto $x = 1$:

$$f(x) = \begin{cases} 2x + 1 & \text{para } x \leq 1 \\ \dfrac{x^2 + 2x - 3}{x - 1} & \text{para } x > 1 \end{cases}$$

FUNÇÕES, GRÁFICOS E LIMITES   **79**

7. **PREÇO DA GASOLINA**   Desde o início do ano, o preço da gasolina comum tem aumentado a uma taxa constante de 2 centavos por litro ao mês. Em 1º de junho, o preço chegou a R$ 3,80 o litro.
   a. Expresse o preço da gasolina comum em função do tempo e plote o gráfico associado.
   b. Qual era o preço no início do ano?
   c. Qual será o preço no dia 1º de outubro?

8. **DISTÂNCIA**   Um caminhão está 300 quilômetros a leste de um carro e está rumando para oeste a uma velocidade constante de 30 quilômetros por hora. Ao mesmo tempo, o carro está rumando para o norte a uma velocidade constante de 60 quilômetros por hora. Expresse a distância entre o carro e o caminhão em função do tempo.

9. **OFERTA E DEMANDA**   Sabe-se que os produtores fornecerão ao mercado x unidades de certo produto se o preço unitário for $p = S(x)$ reais e que o mesmo número de unidades será demandado (comprado) pelos consumidores quando o preço unitário for $p = D(x)$ reais, em que

$$S(x) = x^2 + A \quad \text{e} \quad D(x) = Bx + 59$$

em que A e B são constantes. Também se sabe que não será oferecida nenhuma unidade até que o preço unitário seja pelo menos R$ 3,00 e que o equilíbrio do mercado é atingido para $x = 7$ unidades.

a. Use as informações anteriores para determinar os valores de A e B e do preço de equilíbrio.
b. Plote no mesmo gráfico as curvas de oferta e demanda.
c. Qual é a diferença entre o preço de oferta e o preço de demanda quando são produzidas cinco unidades? Qual é a diferença quando são produzidas 10 unidades?

10. **COLÔNIA DE BACTÉRIAS**   A população (em milhares) de uma colônia de bactérias t minutos após a introdução de uma toxina é dada pela função

$$f(t) = \begin{cases} t^2 + 7 & \text{para } 0 \leq t < 5 \\ -8t + 72 & \text{para } t \geq 5 \end{cases}$$

a. Em que instante a colônia deixa de existir?
b. Explique por que a população deve ser 10.000 em algum instante no intervalo $1 < t < 7$.

11. **MUTAÇÕES**   Em um estudo de mutações em drosófilas, pesquisadores irradiam as moscas com raios X e observam que a porcentagem M de mutações aumenta linearmente com a dose D de raios X, medida em quiloroentgens (kR). Quando uma dose $D = 3$ kR é usada, a porcentagem de mutações é 7,7%, enquanto uma dose de 5 kR resulta em uma porcentagem de mutações de 12,7%. Expresse M em função de D. Qual é a porcentagem de mutações quando as moscas não são irradiadas?

Problemas de Revisão

1. Especifique os domínios das seguintes funções:
   a. $f(x) = x^2 - 2x + 6$
   b. $f(x) = \dfrac{x - 3}{x^2 + x - 2}$
   c. $f(x) = \sqrt{x^2 - 9}$

2. Especifique os domínios das seguintes funções:
   a. $f(x) = 4 - (3 - x)^2$
   b. $f(x) = \dfrac{x - 1}{x^2 - 2x + 1}$
   c. $f(x) = \dfrac{1}{\sqrt{4 - 3x}}$

3. Determine a função composta $g(h(x))$.
   a. $g(u) = u^2 + 2u + 1$, $h(x) = 1 - x$
   b. $g(u) = \dfrac{1}{2u + 1}$, $h(x) = x + 2$

4. Determine a função composta $g(h(x))$.
   a. $g(u) = (1 - 2x)^2$; $h(x) = \sqrt{x + 1}$
   b. $g(u) = \sqrt{1 - u}$, $h(x) = 2x + 4$

5. a. Determine $f(3 - x)$ para $f(x) = 4 - x - x^2$.
   b. Determine $f(x^2 - 3)$ para $f(x) = x - 1$.
   c. Determine $f(x + 1)$ para $f(x) = 1/(x - 1)$.

6. a. Determine $f(x - 2)$ para $f(x) = x^2 - x + 4$.
   b. Determine $f(x^2 + 1)$ para $f(x) = \sqrt{x} + 2/(x - 1)$.
   c. Determine $f(x + 1) - f(x)$ para $f(x) = x^2$.

7. Determine funções $h(x)$ e $g(u)$ tais que $f(x) = g(h(x))$.
   a. $f(x) = (x^2 + 3x + 4)^5$
   b. $f(x) = (3x + 1)^2 + \dfrac{5}{2(3x + 2)^3}$

8. Determine funções $h(x)$ e $g(u)$ tais que $f(x) = g(h(x))$.
   a. $f(x) = (x - 1)^2 - 3(x - 1) + 1$
   b. $f(x) = \dfrac{2(x + 4)}{2x - 3}$

9. Plote a função do segundo grau
$$f(x) = x^2 + 2x - 8$$

10. Plote a função do segundo grau
$$f(x) = 3 + 4x - 2x^2$$

11. Determine a inclinação e o ponto de interseção com o eixo y da reta a seguir e trace a reta.
    a. $y = 3x + 2$
    b. $5x - 4y = 20$

12. Determine a inclinação e o ponto de interseção com o eixo y da reta a seguir e trace a reta.
    a. $2y + 3x = 0$ b. $\dfrac{x}{3} + \dfrac{y}{2} = 4$

RESUMO DO CAPÍTULO

RESUMO DO CAPÍTULO

13. Determine as equações das seguintes retas:
    a. Tem inclinação 5 e intercepta o eixo y no ponto $(0, -4)$
    b. Tem inclinação -2 e passa pelo ponto $(1, 3)$
    c. Passa pelo ponto $(5, 4)$ e é paralela à reta $2x + y = 3$

14. Determine as equações das seguintes retas:
    a. Passa pelos pontos $(-1, 3)$ e $(4, 1)$
    b. Intercepta o eixo x no ponto $(3, 0)$ e o eixo y no ponto $(0, -2/3)$
    c. Passa pelo ponto $(-1, 3)$ e é perpendicular à reta $5x - 3y = 7$

15. Determine os pontos de interseção (se existirem) dos pares de curvas a seguir e trace os gráficos.
    a. $y = -3x + 5$ e $y = 2x - 10$
    b. $y = x + 7$ e $y = -2 + x$

16. Determine os pontos de interseção (se existirem) dos pares de curvas a seguir e trace os gráficos.
    a. $y = x^2 - 1$ e $y = 1 - x^2$
    b. $y = x^2$ e $y = 15 - 2x$

17. Determine o valor de c para que a curva $y = 3x^2 - 2x + c$ passe pelo ponto $(2, 4)$.

18. Determine o valor de c para que a curva $y = 4 - x - cx^2$ passe pelo ponto $(-2, 1)$.

Nos Problemas 19 a 32, determine o limite pedido ou mostre que o limite não existe. Se o limite for infinito, indique se é $+\infty$ ou $-\infty$.

19. $\lim\limits_{x \to 1} \dfrac{x^2 + x - 2}{x^2 - 1}$

20. $\lim\limits_{x \to 2} \dfrac{x^2 - 3x}{x + 1}$

21. $\lim\limits_{x \to 2} \dfrac{x^3 - 8}{2 - x}$

22. $\lim\limits_{x \to 1} \left(\dfrac{1}{x^2} - \dfrac{1}{x} \right)$

23. $\lim\limits_{x \to 0} \left(2 - \dfrac{1}{x^3} \right)$

24. $\lim\limits_{x \to -\infty} \left(2 + \dfrac{1}{x^2} \right)$

25. $\lim\limits_{x \to -\infty} \dfrac{x}{x^2 + 5}$

26. $\lim\limits_{x \to 0^-} \left(x^3 - \dfrac{1}{x^2} \right)$

27. $\lim\limits_{x \to -\infty} \dfrac{x^4 + 3x^2 - 2x + 7}{x^3 + x + 1}$

28. $\lim\limits_{x \to -\infty} \dfrac{x^3 - 3x + 5}{2x + 3}$

29. $\lim\limits_{x \to -\infty} \dfrac{1 + \dfrac{1}{x} + \dfrac{1}{x^2}}{x^2 + 3x - 1}$

30. $\lim\limits_{x \to -\infty} \dfrac{x(x - 3)}{7 - x^2}$

31. $\lim\limits_{x \to 0^-} x\sqrt{1 - \dfrac{1}{x}}$

32. $\lim\limits_{x \to 0^+} \sqrt{x\left(1 + \dfrac{1}{x^2}\right)}$

Nos Problemas 33 a 36, determine todos os valores de x para os quais a função dada não é contínua.

33. $f(x) = \dfrac{x^2 - 1}{x + 3}$

34. $f(x) = 5x^3 - 3x + \sqrt{x}$

35. $h(x) = \begin{cases} x^3 + 2x - 33 & \text{para } x \leq 3 \\ \dfrac{x^2 - 6x + 9}{x - 3} & \text{para } x > 3 \end{cases}$

36. $g(x) = \dfrac{x^3 + 5x}{(x - 2)(2x + 3)}$

37. **PREÇOS** O valor de mercado de qualquer modelo de calculadora tende a diminuir com o tempo por causa do lançamento de modelos mais modernos. Suponha que, daqui a x meses, o preço unitário de certo modelo seja $P(x)$ reais, em que
$$P(x) = 40 + \dfrac{30}{x + 1}$$
a. Qual será o preço daqui a cinco meses?
b. Qual será a queda no preço durante o quinto mês?
c. Daqui a quanto tempo a calculadora custará R$ 43,00?
d. O que acontece com o preço a longo prazo (ou seja, para grandes valores de x)?

38. **MEIO AMBIENTE** Um estudo ambiental realizado em certo município revela que a concentração média de poluentes no ar será $Q(p) = \sqrt{0{,}5p + 19{,}4}$ unidades quando o município tiver p mil habitantes. Calcula-se que daqui a t anos a população será $p(t) = 8 + 0{,}2t^2$ mil habitantes.
a. Expresse a concentração de poluentes no ar em função do tempo.
b. Qual será a concentração de poluentes daqui a três anos?
c. Daqui a quanto tempo a concentração de poluentes atingirá o valor de cinco unidades?

39. **FINANCIAMENTO DE UM ORFANATO** Um orfanato lançou uma campanha para levantar fundos. Os organizadores calculam que serão necessárias $f(x) = 10x/(150 - x)$ semanas para atingir $x\%$ da meta da campanha.
a. Plote a parte relevante do gráfico dessa função.
b. Quanto tempo será necessário para atingir 50% da meta da campanha?
c. Quanto tempo será necessário para atingir 100% da meta?

40. **DESPESA DO CONSUMIDOR** A demanda de certo produto é $D(x) = -50x + 800$, ou seja, x unidades do produto são demandadas pelos consumidores quando o preço unitário é $p = D(x)$ reais. A despesa do consumidor $E(x)$ é a quantia que os consumidores pagam para comprar x unidades do produto.
a. Expresse a despesa do consumidor em função de x e faça o gráfico de $E(x)$.
b. Use o gráfico do item (a) para determinar o nível de produção x para o qual a despesa do consumidor é máxima. Que preço p corresponde à despesa máxima do consumidor?

41. **MICROBIOLOGIA** Uma célula esférica de raio r tem um volume $V = 4\pi r^3/3$ e uma superfície $S = 4\pi r^2$. Expresse V em função de S. Se S é multiplicada por 2, o que acontece com V?

42. **CIRCULAÇÃO DE UM JORNAL** A circulação de um jornal está aumentando a uma taxa constante. Há

três meses, a circulação era de 3.200 exemplares; atualmente, é de 4.400.
   a. Expresse a circulação em função do tempo e desenhe o gráfico.
   b. Qual será a circulação daqui a dois meses?

43. **EFICIÊNCIA DE PRODUÇÃO** Uma empresa recebeu uma encomenda para fabricar 400.000 medalhas comemorativas do aniversário do pouso da Apolo 11 na Lua. A firma possui várias máquinas, cada uma das quais é capaz de produzir 200 medalhas por hora. O custo de programar as máquinas para cunhar as medalhas é R$ 80,00 por máquina e o custo total de operação é R$ 5,76 por hora. Expresse o custo para produzir as 400.000 medalhas em função do número de máquinas utilizadas. Desenhe o gráfico associado e estime o número de máquinas que a empresa deve usar para minimizar o custo.

44. **PREÇO ÓTIMO DE VENDA** Uma fábrica pode produzir estantes a um custo de R$ 80,00 a unidade. Os analistas da empresa estimam que, se as estantes forem vendidas por x reais a unidade, aproximadamente $150 - x$ unidades serão vendidas por mês. Expresse o lucro mensal do fabricante em função do preço de venda, x, desenhe o gráfico associado e estime o preço ótimo de venda.

45. **PREÇO ÓTIMO DE VENDA** Um revendedor compra certo modelo de câmera digital na fábrica a R$ 150,00 a unidade. As câmeras vêm sendo vendidas a R$ 340,00; por esse preço, são vendidas em média 40 câmaras por mês. O revendedor pretende reduzir o preço para aumentar as vendas e calcula que para cada R$ 5,00 de redução no preço, 10 câmeras a mais serão vendidas por mês. Expresse o lucro mensal do revendedor em função do preço de venda das câmeras. Desenhe o gráfico associado e estime o preço ótimo de venda.

46. **PROJETO DE EMBALAGENS** Uma lata cilíndrica, sem tampa, deve ser construída por 80 centavos. O custo do material usado para fazer o fundo é 3 centavos por centímetro quadrado e o custo do material para fazer o lado é 2 centavos por centímetro quadrado. Expresse o volume da lata em função do raio.

47. **PAGAMENTO DE IMPOSTOS** O proprietário de uma casa pode pagar o imposto predial de duas formas. No Plano A, pagará R$ 100,00 mais 8% do valor do imóvel; no Plano B, terá de pagar R$ 1.900,00 mais 2% do valor do imóvel. Supondo que o único objetivo do proprietário seja pagar o mínimo possível de imposto, estabeleça um critério, com base no valor V do imóvel, para escolher o plano de pagamento.

48. **ANÁLISE DE ESTOQUE** Um empresário manteve um estoque durante um período de 30 dias da seguinte forma:

    do 1º ao 9º dia: 30 unidades
    do 10º ao 15º dia: 17 unidades
    do 16º ao 23º dia: 12 unidades
    do 24º ao 30º dia: redução de 12 unidades a 0 unidade a uma taxa constante

Faça um gráfico da função $E(t)$ que representa o estoque E em função do tempo t (em dias). Para que valores de t a função $E(t)$ é descontínua?

49. **ANÁLISE DE EQUILÍBRIO** Um fabricante pode vender determinado produto por R$ 80,00 a unidade. O custo total é composto por um custo fixo de R$ 4.500,00 e um custo de produção de R$ 50,00 a unidade.
   a. Quantas unidades o fabricante precisa vender para não ter prejuízo?
   b. Qual é o lucro ou prejuízo do fabricante se vender 200 unidades?
   c. Quantas unidades o fabricante precisa vender para ter um lucro de R$ 900,00?

50. **GERENCIAMENTO DA PRODUÇÃO** No verão, um grupo de estudantes fabrica caiaques em uma garagem adaptada. O aluguel da garagem é R$ 1.500,00 para todo o verão e os materiais necessários para construir um caiaque custam R$ 125,00. Os caiaques podem ser vendidos por R$ 275,00 cada um.
   a. Quantos caiaques os estudantes precisam vender para não ter prejuízo?
   b. Quantos caiaques os estudantes precisam vender para ter um lucro de R$ 1.000,00?

51. **APRENDIZADO** Alguns psicólogos acreditam que, quando se pede a uma pessoa para se lembrar de uma série de fatos, o número de fatos lembrados por unidade de tempo é proporcional ao número de fatos relevantes na memória do paciente que ainda não foram lembrados. Expresse o número de fatos lembrados por unidade de tempo em função do número de fatos que já foram lembrados.

52. **CÁLCULO DE CUSTOS** Pretende-se estender um cabo de uma usina de força à margem de um rio com 900 metros de largura até uma fábrica situada do outro lado do rio, 3.000 metros rio abaixo. O cabo deve ir em linha reta da usina até um ponto P na margem oposta do rio e em seguida acompanhar a margem do rio até a fábrica. O custo de estender um cabo no rio é R$ 5,00 o metro e o custo de estender um cabo em terra é R$ 4,00 o metro. Seja x a distância entre o ponto P e um ponto localizado em frente à usina de força, na margem oposta do rio. Expresse o custo de instalação do cabo em função de x.

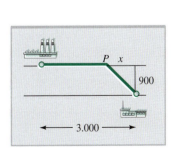

PROBLEMA 52   PROBLEMA 53

53. **CUSTO DE CONSTRUÇÃO** Uma janela com um perímetro (moldura) de 6 m é formada por um semicírculo de vidro colorido acima de um retângulo de vidro

claro, como mostra a figura. O vidro claro custa R$ 16,00 o metro quadrado e o vidro colorido custa R$ 48,00 o metro quadrado. Expresse o custo da janela em função do raio do painel de vidro colorido.

54. CUSTO FIXO DE FABRICAÇÃO Um fabricante de móveis pode vender mesas de canto por R$ 125,00 cada uma. O custo de fabricação de uma mesa é R$ 85,00 e o fabricante estima que a receita será igual ao custo se 200 mesas forem vendidas. Qual é o custo fixo associado à fabricação das mesas? [*Nota*: Custo fixo é o custo quando 0 unidade é fabricada.]

55. CUSTO DE FABRICAÇÃO Um fabricante é capaz de produzir no máximo 5.000 unidades por dia, por um custo fixo de R$ 1.500,00 por dia e um custo variável de R$ 2,00 por unidade produzida.
   a. Expresse o custo diário C em função do número de unidades produzidas e faça o gráfico de $C(x)$.
   b. Calcule o custo médio diário $CM(x)$. Qual é o custo médio diário para produzir 3.000 unidades por dia?
   c. A função $C(x)$ é contínua? Se a resposta for negativa, quais são os pontos de descontinuidade?

56. Em que instante, entre 15 h e 16 h, o ponteiro dos minutos coincide com o ponteiro das horas? [*Sugestão*: A velocidade do ponteiro dos minutos é 12 vezes maior que a do ponteiro das horas.]

57. O raio da Terra é de aproximadamente 6.400 quilômetros; um corpo situado a x quilômetros do centro da terra pesa $p(x)$ kg, em que

$$p(x) = \begin{cases} Ax & \text{para } x \leq 4.000 \\ \dfrac{B}{x^2} & \text{para } x > 4.000 \end{cases}$$

e A e B são constantes positivas. Qual deve ser a relação entre A e B para que $p(x)$ seja contínua para qualquer valor de x? Faça um esboço do gráfico de $p(x)$.

58. Determine o valor da constante A que torna contínua a função $f(x)$ dada para qualquer valor de x.
   a. $f(x) = \begin{cases} 2x + 3 & \text{para } x < 1 \\ Ax - 1 & \text{para } x \geq 1 \end{cases}$

   b. $f(x) = \begin{cases} \dfrac{x^2 - 1}{x + 1} & \text{para } x < -1 \\ Ax^2 + x - 3 & \text{para } x \geq -1 \end{cases}$

59. O gráfico a seguir mostra uma função $g(x)$ que oscila com frequência cada vez maior à medida que x se aproxima de 0, tanto pelo lado esquerdo como pelo lado direito, com amplitude cada vez menor. Existe o limite $\lim_{x \to 0} g(x)$? Se existe, quanto vale? [*Nota*: A função $g(x) = |x| \operatorname{sen}(1/x)$ se comporta dessa maneira.]

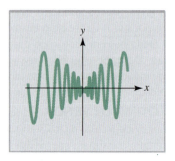

PROBLEMA 59

60. Plote $f(x) = (3x^2 - 6x + 9)/(x^2 + x - 2)$. Determine os valores de x para os quais a função não é definida.

61. Plote $y = 21x/9 - 84/35$ e $y = 654x/279 - 54/10$ no mesmo gráfico, usando uma janela $[-10, 10]1$ por $[-10, 10]1$. As duas retas são paralelas?

62. Para $f(x) = \sqrt{x + 3}$ e $g(x) = 5x^2 + 4$, determine:
   a. $f(g(-1,28))$
   b. $g(f(\sqrt{2}))$.
   Calcule o resultado com três casas decimais.

63. Plote $y = \begin{cases} x^2 + 1 & \text{para } x \leq 1 \\ x^2 - 1 & \text{para } x < 1 \end{cases}$. Determine os pontos de descontinuidade.

64. Plote a função $f(x) = (x^2 - 3x - 10)/(1 - x) - 2$. Determine as interseções com o eixo x e com o eixo y. Para que valores de x essa função é definida?

FUNÇÕES, GRÁFICOS E LIMITES   83

SOLUÇÕES DOS EXERCÍCIOS EXPLORE!

As soluções de alguns exercícios Explore! aparecem no final de cada capítulo deste livro. Atualizações oferecem instruções e problemas adicionais envolvendo o uso de calculadoras gráficas ou soluções de alguns problemas do Explore! apresentados no capítulo. Procuramos usar teclas de função que estão disponíveis na maioria das calculadoras gráficas de bolso. O nome exato da tecla pode variar de acordo com a marca da calculadora; em caso de dúvida, consulte o manual do fabricante.

Solução do Exercício Explore! 1

Entre com $f(x) = x^2 + 4$ no editor de funções (tecla **Y=**). Em uma tela limpa (**2nd MODE CLEAR**), localize o símbolo Y1 pela tecla **VARS**, movendo o cursor para a direita até **Y-VARS** e selecionando **1:Function** e **1:Y1**. (Veja também Graphing Calculator no site da LTC Editora.) Y1({−3, −1, 0, 1, 3}) fornece os valores desejados da função, todos de uma vez. Também é possível entrar com os valores um de cada vez, como Y1(−3).

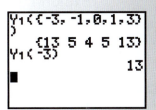

NOTA Uma dica do Explore! é que é mais fácil visualizar uma tabela de valores, sobretudo no caso de várias funções. Nesse caso, é necessário primeiramente definir os parâmetros da tabela com o menu **TBLSET (2nd WINDOW)**. Em seguida, entre com $g(x) = x^2 − 1$ em **Y2** do editor de equações (**Y=**). Observando os valores de Y1 e Y2, notamos que diferem de um valor constante, −5, já que as duas funções são simplesmente translações verticais de $f(x) = x^2$. ■

Solução do Exercício Explore! 2

A função $f(x) = 1/(x − 3)$ não é definida no ponto $x = 3$. O domínio é o conjunto de números reais diferentes de 3.

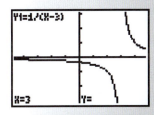

Solução do Exercício Explore! 3

O gráfico da função definida por partes Y1 = 2(X < 1)+(−1)(X ≥ 1) aparece na figura a seguir; a tabela à direita mostra os valores da função para −3, −2, −1, 0, 1, 2 e 3. Lembre-se de que para entrar com os símbolos de desigualdade é preciso usar a tecla **TEST (2nd MATH)**.

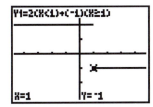
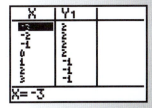

SOLUÇÕES DOS EXERCÍCIOS EXPLORE!

Solução do Exercício Explore! 18

Use **TBLSET** com **TblStart** = **1** e **ΔTbl** = **1** para obter a tabela a seguir (figura da esquerda), que indica um custo mínimo na faixa dos 12.000, que ocorre no intervalo [0, 25]. Em seguida, plote o gráfico usando uma janela com dimensões de [0, 25]5 por [0, 30000]5000 para obter a segunda tela, na qual usamos a opção para localizar mínimos em **CALC** (veja também Graphing Calculator no site da LTC Editora) para localizar um mínimo aparente de cerca de R$ 12.709,00 para um raio de 4 metros.

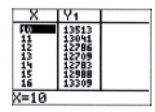

Solução do Exercício Explore! 31

O gráfico de $f(x) = (x^3 - 8)/(x - 2)$ parece contínuo em uma janela $[-6, 6]1$ por $[-2, 10]1$ (figura da esquerda). Entretanto, examinando o gráfico em uma janela decimal modificada, $[-4,7; 4,7]1$ por $[0; 14,4]1$ (figuras do centro e da direita), vemos que existe um buraco em $x = 2$.

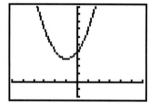
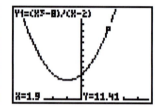
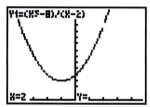

A função $f(x)$ não é contínua, pois não é definida no ponto $x = 2$. A situação é semelhante à da Figura 1.57(b). Que valor de y eliminaria o buraco do gráfico? Resposta: $\lim_{x \to 2} f(x) = 12$.

PARA PENSAR

MODELOS ALOMÉTRICOS

Quando criamos um modelo matemático, o primeiro passo é identificar as grandezas de interesse; o segundo é encontrar equações que expressem relações entre essas grandezas. As equações podem ser complexas, mas existem muitas relações importantes que podem ser expressas na forma relativamente simples $y = Cx^k$, em que uma grandeza y é expressa como um múltiplo de uma potência de outra grandeza x.

Na biologia, o estudo das taxas de crescimento relativas de diferentes partes de um organismo é chamado de **alometria**, nome que vem das palavras gregas *alo* (outro ou diferente) e *metria* (medida). Nos modelos alométricos, equações da forma $y = Cx^k$ são frequentemente usadas para descrever a relação entre duas medidas biológicas. Assim, por exemplo, a envergadura a dos chifres de um alce está relacionada com h, a altura do alce, por meio da equação alométrica

$$a = 0{,}026 h^{1{,}7}$$

em que a e h estão em centímetros (cm).* Essa relação é mostrada na figura a seguir.

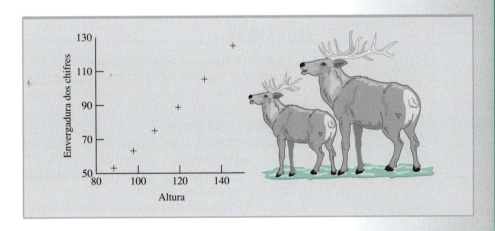

Sempre que possível, os modelos alométricos são formulados usando hipóteses básicas de princípios biológicos (ou de outros campos). Assim, por exemplo, é razoável supor que o volume corporal e, portanto, o peso da maioria dos animais é proporcional ao cubo da dimensão linear do corpo, como a altura dos animais bípedes ou o comprimento dos animais quadrúpedes. Também é razoável esperar que o peso de uma cobra seja proporcional ao cubo do comprimento e, na verdade, observações de uma cobra do Kansas indicam que o peso p (em gramas) e o comprimento C (em metros) dessa espécie de cobra estão relacionados pela equação[†]

$$p = 440 C^3$$

Às vezes, os dados observados podem ser muito diferentes dos resultados previstos por um modelo. Nesse caso, procuramos um modelo melhor. No caso da cobra do Kansas, as equações $p = 446 C^{2{,}99}$ e $p = 429 C^{2{,}90}$ constituem aproximações melhores para os machos e as fêmeas, respectivamente. Entretanto, não existe uma razão biológica para usarmos um

---

*Frederick R. Adler, *Modeling the Dynamics of Life*, Pacific Grove, CA: Brooks-Cole Publishing, 1998, p. 61.
[†]Edward Batschelet, *Introduction to Mathematics for Life Scientists*, 3rd ed., New York: Springer-Verlag, 1979, p. 178.

expoente diferente de 3; apenas acontece que essas equações permitem ajustes ligeiramente melhores.

O *metabolismo basal M* de um animal é a taxa de produção de calor por parte do animal quando está em repouso e em jejum. O metabolismo basal vem sendo estudado desde a década de 1830. Equações alométricas da forma $M = cp^r$, em que c e r são constantes, são usadas para formular modelos que relacionam o metabolismo basal com o peso corporal p de um animal. A formulação desses modelos se baseia na hipótese de que o metabolismo basal M é proporcional a A, a área da superfície do corpo, de modo que $M = aA$, em que a é uma constante. Para escrever uma equação que relacione M e p, precisamos relacionar o peso p de um animal com a área superficial A. Supondo que o animal tem a forma aproximada de uma esfera ou de um cubo e que o peso de um animal é proporcional ao volume, é possível mostrar (veja as Questões 1 e 2) que a área superficial é proporcional a $p^{2/3}$, portanto $A = bp^{2/3}$, em que b é uma constante. Combinando as equações $M = aA$ e $A = bp^{2/3}$, obtemos a equação alométrica

$$M = abp^{2/3} = kp^{2/3}$$

em que $k = ab$.

Entretanto, esse não é o final da história. Adotando hipóteses mais realistas, chega-se à conclusão de que o expoente da equação alométrica deve ser 3/4 e não 2/3. As observações sugerem também que a constante da equação deve ser igual a 70 (veja M. Kleiber, *The Fire of Life, An Introduction to Animal Energetics*, Wiley, 1961). Isso nos dá a equação

$$M = 70p^{3/4}$$

em que M está em quilocalorias por dia e p está em quilogramas.

Questões

1. Qual é o peso previsto pela equação alométrica $p = 440C^3$ para uma cobra com 0,7 metro de comprimento? No caso de um macho, qual é o peso previsto pela equação $p = 446C^{2,99}$? No caso de uma fêmea, qual é o peso previsto pela equação $p = 429C^{2,90}$?

2. Qual é o metabolismo basal previsto pela equação $M = 70p^{3/4}$ para animais com 50 kg, 100 kg e 350 kg de peso?

3. As observações mostram que o peso c do cérebro das fêmeas primatas adultas, em gramas, é dado pela equação alométrica $c = 0,064p^{0,822}$, em que p é o peso em gramas (g) do animal. Quais são os pesos previstos dos cérebros de fêmeas primatas com 5 kg, 10 kg, 25 kg, 50 kg e 100 kg de peso?

4. Se $y = Cx^k$, em que C e k são constantes, dizemos que y e x estão relacionados por uma alometria direta se $k > 0$ e por uma alometria inversa se $k < 0$. A *taxa metabólica específica* de um animal é definida como a razão M/p entre a taxa metabólica M e o peso p do animal. Mostre que, se o metabolismo basal e o peso estão relacionados por uma alometria direta da forma $M = Cp^{3/4}$, como na Questão 2, o metabolismo basal específico e o peso estão relacionados por uma alometria inversa.

5. Mostre que, supondo que um animal tem a forma aproximada de um cubo, a área superficial A do animal é proporcional a $V^{2/3}$, em que V é o volume do corpo. Combinando esse fato com a hipótese de que o peso p de um animal é proporcional ao volume, mostre que A é proporcional a $p^{2/3}$.

6. Mostre que, supondo que um animal tem a forma aproximada de uma esfera, a área superficial A do animal é proporcional a $V^{2/3}$, em que V é o volume do corpo. Combinando esse fato com a hipótese de que o peso p de um animal é proporcional ao volume, mostre que A é proporcional a $p^{2/3}$. (*Sugestão*: Lembre-se de que uma esfera de raio r tem uma área superficial $4\pi r^2$ e um volume $4\pi r^3/3$.)

CAPÍTULO 2

A aceleração de um corpo pode ser calculada derivando a velocidade.

Derivação: Conceitos Básicos

1 A Derivada
2 Técnicas de Derivação
3 Regras do Produto e do Quociente; Derivadas de Ordem Superior
4 Regra da Cadeia
5 Análise Marginal e Aproximação por Incrementos
6 Derivação Implícita e Taxas Relacionadas

   Resumo do Capítulo
      Termos, Símbolos e Fórmulas Importantes
      Problemas de Verificação
      Problemas de Revisão
   Solução do Exercício Explore!
   Para Pensar

SEÇÃO 2.1 A Derivada

Objetivos do Aprendizado

1. Estudar a inclinação de retas tangentes e taxas de variação.
2. Definir a derivada e estudar suas propriedades básicas.
3. Calcular e interpretar várias derivadas.
4. Conhecer a relação entre derivabilidade e continuidade.

O cálculo é a matemática das variações e o instrumento principal para estudar as taxas de variação é um método conhecido como **derivação**. Nesta seção, vamos descrever o método e mostrar algumas aplicações, especialmente no cálculo das taxas de variação. Nesta seção, e em outras seções deste capítulo, vamos falar de taxas de variação como velocidade, aceleração, produtividade da mão de obra e do capital, taxa de crescimento de uma população, taxa de infecção de uma população suscetível durante uma epidemia etc.

O cálculo foi inventado no século XVII por Isaac Newton (1642–1727), Gottfried Wilhelm Leibniz (1646–1716) e outros como parte de uma tentativa de lidar com dois problemas geométricos:

Problema da tangente: Determinar a reta tangente a uma curva passando por um ponto.
Problema da área: Determinar a área da região sob uma curva dada.

O problema da área envolve um método chamado **integração** no qual grandezas como área, valor médio, valor atual de um fluxo de receita e de um fluxo sanguíneo são calculados com um tipo especial de limite de uma soma. Vamos estudar esse método nos Capítulos 5 e 6. O problema da tangente está relacionado de perto com o estudo das taxas de variação; vamos começar nosso estudo do cálculo discutindo essa relação.

Taxa de Variação e Inclinação

Como vimos na Seção 1.3, uma função linear $L(x) = mx + b$ varia a uma taxa constante m com a variável independente x. Em outras palavras, a taxa de variação de $L(x)$ é dada pela inclinação do gráfico da função, a linha reta $y = mx + b$ (Figura 2.1a). No caso de uma função $f(x)$ que não é linear, a taxa de variação não é constante, mas depende do valor de x. Em particular, para $x = c$, a taxa é dada pela inclinação da curva de $f(x)$ no ponto $P(c, f(c))$, que pode ser medida pela inclinação da *reta tangente* à curva no ponto P (Figura 2.1b). A relação entre taxa de variação e inclinação é ilustrada no Exemplo 2.1.1.

EXEMPLO 2.1.1 Estimativa de uma Taxa de Variação

O gráfico da Figura 2.2 expressa a relação entre a porcentagem de desempregados U e o índice de inflação I. Use o gráfico para estimar a taxa de variação de I em relação a U quando o nível de desemprego é 3% e quando o nível de desemprego é 10%.

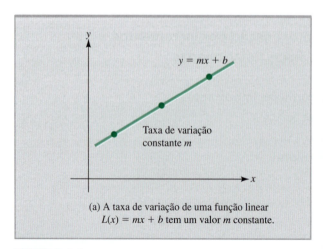

(a) A taxa de variação de uma função linear $L(x) = mx + b$ tem um valor m constante.

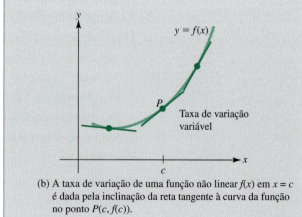

(b) A taxa de variação de uma função não linear $f(x)$ em $x = c$ é dada pela inclinação da reta tangente à curva da função no ponto $P(c, f(c))$.

FIGURA 2.1 A taxa de variação pode ser medida pela inclinação de uma reta.

Solução

De acordo com a figura, a inclinação da reta tangente no ponto (3, 14), que corresponde a $U = 3$, é aproximadamente -14. Assim, quando o nível de desemprego é 3%, o índice de inflação I *diminui* de 14 pontos percentuais para cada ponto percentual de aumento do nível de desemprego U.

No ponto $(10, -5)$, a inclinação da reta tangente é aproximadamente $-0,4$, o que significa que, quando o nível de desemprego é 10%, o índice de inflação diminui de apenas 0,4 ponto percentual para cada ponto percentual de aumento do nível de desemprego.

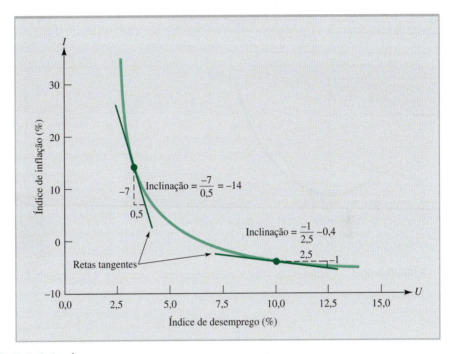

FIGURA 2.2 Índice de inflação em função do nível de desemprego.

Fonte: Adaptado de Robert Eisner, *The Misunderstood Economy: What Counts and How to Count It*. Boston, MA: Harvard Business School Press, 1994, p. 173.

No Exemplo 2.1.2 mostramos como é possível calcular matematicamente a inclinação e a taxa de variação usando um limite.

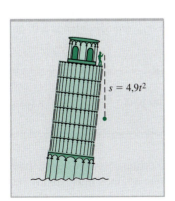

EXEMPLO 2.1.2 Cálculo da Velocidade Instantânea

Desprezando a resistência do ar, um corpo em queda livre nas proximidades da superfície da terra percorre uma distância $s(t) = 4,9t^2$ metros em t segundos.

a. Qual é a velocidade do corpo no instante $t = 2$ segundos?
b. Qual é a relação entre a velocidade do corpo calculada no item (a) e a curva de $s(t)$?

Solução

a. A velocidade após 2 segundos é a taxa *instantânea* de variação de $s(t)$ no instante $t = 2$. A menos que o corpo esteja equipado com um velocímetro, é difícil medir diretamente essa velocidade. Entretanto, podemos medir a distância percorrida pelo corpo enquanto sofre uma pequena variação h de $t = 2$ para $t = 2 + h$ e, em seguida, determinar a taxa *média* de variação de $s(t)$ no intervalo $[2, 2+h]$ calculando a razão

$$v_{med} = \frac{\text{distância}}{\text{tempo}} = \frac{s(2+h) - s(2)}{(2+h) - 2}$$

$$= \frac{4,9(2+h)^2 - 4,9(2)^2}{h} = \frac{4,9(4 + 4h + h^2) - 4,9(4)}{h}$$

LEMBRETE

Para simplificar certas discussões, às vezes usamos P(a, b) para representar um ponto P de coordenadas (a, b). Tome cuidado para não confundir essa notação com a notação funcional.

$$= \frac{19{,}6h + 4{,}9h^2}{h} = 19{,}6 + 4{,}9h$$

Como o acréscimo de tempo h é pequeno, esperamos que a diferença entre a velocidade média v_{med} e a velocidade instantânea v_{ins} em $t = 2$ seja muito pequena. Assim, é razoável definir a velocidade instantânea como o limite

$$v_{ins} = \lim_{h \to 0} v_{med} = \lim_{h \to 0}(19{,}6 + 4{,}9h) = 19{,}6$$

Isso significa que, após 2 segundos, o corpo está se movendo a uma velocidade de 19,6 metros por segundo.

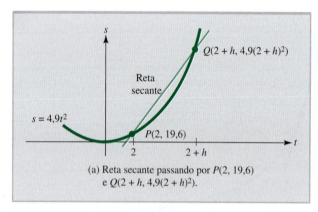 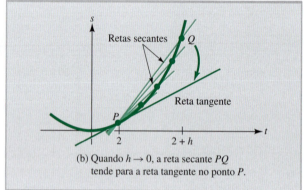

(a) Reta secante passando por P(2, 19,6) e Q(2 + h, 4,9(2 + h)²).

(b) Quando h → 0, a reta secante PQ tende para a reta tangente no ponto P.

FIGURA 2.3 Cálculo da inclinação da reta tangente à curva $s = 4{,}9t^2$ no ponto $P(2;\ 19{,}6)$.

b. O método descrito no item (a) está representado geometricamente na Figura 2.3. A Figura 2.3a mostra a curva da função $s(t) = 4{,}9t^2$, juntamente com os pontos $P(2;\ 19{,}6)$ e $Q(2 + h;\ 4{,}9(2 + h)^2)$. A reta que liga os pontos P e Q é chamada *reta secante* da curva de $s(t)$ e tem uma inclinação

$$m_{sec} = \frac{4{,}9(2+h)^2 - 19{,}6}{(2+h) - 2} = 19{,}6 + 4{,}9h$$

Como mostra a Figura 2.3b, quando tomamos valores cada vez menores de h, as retas secantes PQ correspondentes tendem para a posição da reta que consideramos intuitivamente como a tangente à curva de $s(t)$ no ponto P. Isso sugere que podemos determinar a inclinação m_{tan} da reta tangente calculando o valor limite de m_{sec} quando h tende a 0, ou seja,

$$m_{tan} = \lim_{h \to 0} m_{sec} = \lim_{h \to 0}(19{,}6 + 4{,}9h) = 19{,}6$$

Assim, a inclinação da reta tangente à curva de $s(t) = 4{,}9t^2$ no ponto $t = 2$ é igual à taxa instantânea de variação de $s(t)$ em relação a t no ponto $t = 2$.

O método usado no Exemplo 2.1.2 para determinar a velocidade de um corpo em queda livre pode ser usado para calcular outras taxas de variação. Suponha que estamos interessados em determinar a taxa com a qual a função $f(x)$ está variando em relação a x no ponto $x = c$. Começamos por calcular a **taxa média de variação** de $f(x)$ quando x varia de $x = c$ a $x = c + h$, que é dada pela seguinte equação:

$$\text{Taxa}_{med} = \frac{\text{variação de } f(x)}{\text{variação de } x} = \frac{f(c+h) - f(c)}{(c+h) - c}$$

$$= \frac{f(c+h) - f(c)}{h}$$

DERIVAÇÃO: CONCEITOS BÁSICOS   91

1 EXPLORE!

Uma calculadora gráfica pode ser usada para plotar várias retas secantes como aproximações cada vez melhores de uma reta tangente. Entre com $f(x) = (x - 2)^2 + 1$ como Y1 no editor de equações, escolhendo o estilo **BOLD** para plotar o gráfico. Entre com os valores (-0.2, -0.6, -1.1, -1.6, -2.0) em L1 (lista 1) usando o menu **STAT**. Entre com

L1*(X − 2) + 1

como Y2 no editor de equações. Plote a função usando uma janela decimal modificada [0, 4.7]1 por [0, 3.1]1 e descreva o que você observa. Qual é a equação da reta tangente limite?

Essa razão pode ser interpretada geometricamente como a inclinação da reta secante que liga o ponto $P(c, f(c))$ ao ponto $Q(c + h, f(c + h))$, como mostra a Figura 2.4a.

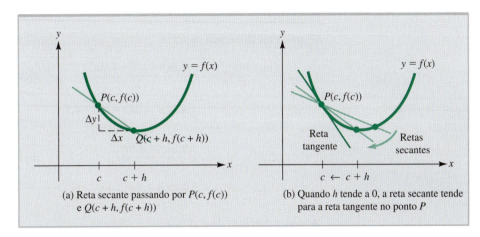

(a) Reta secante passando por $P(c, f(c))$ e $Q(c + h, f(c + h))$

(b) Quando h tende a 0, a reta secante tende para a reta tangente no ponto P

FIGURA 2.4 Aproximação de uma reta tangente por retas secantes.

Em seguida, determinamos a taxa instantânea de variação $f(x)$ no ponto $x = c$, calculando o valor limite da taxa média quando h tende a 0:

$$\text{Taxa}_{ins} = \lim_{h \to 0} \text{Taxa}_{med} = \lim_{h \to 0} \frac{f(c+h) - f(c)}{h}$$

Esse limite também corresponde à inclinação da reta tangente à curva $y = f(x)$ no ponto $P(c, f(c))$, como mostra a Figura 2.4b.

A Derivada A expressão

$$\frac{f(x + h) - f(x)}{h}$$

é chamada de **quociente diferença** da função $f(x)$. Como vimos, a taxa de variação e a inclinação podem ser determinadas calculando o limite quando h tende a 0 de um quociente diferença apropriado. Para unificar o estudo dessas e de outras aplicações que envolvem o limite de um quociente diferença, introduzimos a terminologia e notação apresentadas a seguir.

> **Derivada de uma Função** ■ A **derivada** da função $f(x)$ em relação a x é a função $f'(x)$ (que se lê "f linha de x") dada por
>
> $$f'(x) = \lim_{h \to 0} \frac{f(x + h) - f(x)}{h}$$
>
> e o processo de calcular a derivada é chamado de **derivação**. Dizemos que uma função $f(x)$ é **derivável** no ponto c se $f'(c)$ existe, ou seja, se o limite do quociente diferença que define $f'(x)$ existe no ponto $x = c$.

NOTA A letra "h" foi usada como incremento da variável independente no quociente diferença para simplificar a notação. Entretanto, nos casos em que é importante chamar a atenção para o fato de que é a variável x, por exemplo, que está sendo incrementada, chamamos o incremento de Δx (que se lê "delta x"). Da mesma forma, Δt e Δs representam pequenas mudanças (incrementos) das variáveis t e s, respectivamente. Essa notação é usada repetidas vezes na Seção 2.5. ■

EXEMPLO 2.1.3 Cálculo de uma Derivada

Calcule a derivada da função $f(x) = 4{,}9x^2$.

Solução

O quociente diferença de $f(x)$ é

$$\frac{f(x+h)-f(x)}{h} = \frac{4{,}9(x+h)^2 - 4{,}9x^2}{h} \quad \text{elevando } (x+h) \text{ ao quadrado}$$

$$= \frac{4{,}9(x^2 + 2hx + h^2) - 4{,}9x^2}{h} \quad \text{combinando termos}$$

$$= \frac{9{,}8hx + 4{,}9h^2}{h} \quad \text{dividindo por } h$$

$$= 9{,}8x + 4{,}9h$$

Assim, a derivada de $f(x) = 4{,}9x^2$ é a função

$$f'(x) = \lim_{h \to 0} \frac{f(x+h)-f(x)}{h} = \lim_{h \to 0} (9{,}8x + 4{,}9h)$$
$$= 9{,}8x$$

Depois que calculamos a derivada de uma função $f(x)$ ela pode ser usada em todos os cálculos que envolvem o limite do quociente diferença de $f(x)$ quando h tende a 0. Assim, por exemplo, a função do Exemplo 2.1.3 tem a mesma forma que a função distância $s = 4{,}9t^2$ do problema do corpo em queda livre (Exemplo 2.1.2). Usando o resultado do Exemplo 2.1.3, podemos calcular a velocidade do corpo no instante $t = 2$ simplesmente fazendo $t = 2$ na expressão da derivada $s'(t)$:

$$\text{Velocidade} = s'(2) = 9{,}8(2) = 19{,}6$$

Do mesmo modo, a inclinação da reta tangente à curva de $s(t)$ no ponto $P(2; 19{,}6)$ é dada por

$$\text{Inclinação} = s'(2) = 19{,}6$$

Para futura referência, nossas observações em relação à taxa de variação e à inclinação podem ser resumidas da seguinte forma, em termos da notação de derivada:

Inclinação como uma Derivada ■ A inclinação da reta tangente à curva $y = f(x)$ no ponto $(c, f(c))$ é dada por $m_{\text{tan}} = f'(c)$.

Taxa de Variação Instantânea como uma Derivada ■ A taxa de variação de $f(x)$ em relação a x no ponto $x = c$ é dada por $f'(c)$.

No Exemplo 2.1.4, calculamos a equação de uma reta tangente. No Exemplo 2.1.5, determinamos uma taxa de variação em um problema da área financeira.

EXEMPLO 2.1.4 Uso de uma Derivada para Determinar uma Inclinação

Calcule a derivada de $f(x) = x^3$ e use-a para determinar a inclinação da reta tangente à curva $y = x^3$ no ponto $x = -1$. Qual é a equação da reta tangente nesse ponto?

LEMBRETE

Lembre-se de que $(a + b)^3 = a^3 + 3a^2b + 3ab^2 + b^3$. Esse é um caso especial do teorema binomial em que o expoente é 3 e é usado para expandir o numerador do quociente diferença do Exemplo 2.1.4.

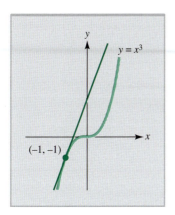

FIGURA 2.5 Gráfico da função $y = x^3$.

Solução
De acordo com a definição de derivada,

$$f'(x) = \lim_{h \to 0} \frac{f(x+h) - f(x)}{h} = \lim_{h \to 0} \frac{(x+h)^3 - x^3}{h}$$

$$= \lim_{h \to 0} \frac{(x^3 + 3x^2h + 3xh^2 + h^3) - x^3}{h} = \lim_{h \to 0} (3x^2 + 3xh + h^2)$$

$$= 3x^2$$

Assim, a inclinação da reta tangente à curva $y = x^3$ no ponto $x = -1$ é $f'(-1) = 3(-1)^2 = 3$ (Figura 2.5). Para determinar a equação da reta tangente, precisamos também da coordenada y do ponto de tangência, $y = (-1)^3 = -1$. A reta tangente passa, portanto, pelo ponto $(-1, -1)$ com inclinação 3. Usando a forma ponto-inclinação da equação de uma reta, obtemos:

$$y - (-1) = 3[x - (-1)]$$
ou
$$y = 3x + 2$$

EXEMPLO 2.1.5 Taxa de Variação de um Lucro

Gabriel possui uma pequena fábrica de peças. Ele calcula que, quando x milhares de unidades de uma peça são fabricadas e vendidas, o lucro é dado por

$$P(x) = -400x^2 + 6.800x - 12.000$$

reais. Qual é a taxa de variação do lucro em relação ao nível de produção quando estão sendo produzidas 9.000 unidades? Nesse nível de produção, o lucro vai aumentar ou diminuir se a produção aumentar?

Solução
Temos:

$$P'(x) = \lim_{h \to 0} \frac{P(x+h) - P(x)}{h}$$

$$= \lim_{h \to 0} \frac{[-400(x+h)^2 + 6.800(x+h) - 12.000] - (-400x^2 + 6.800x - 12.000)}{h}$$

$$= \lim_{h \to 0} \frac{-400h^2 - 800hx + 6.800h}{h}$$

$$= \lim_{h \to 0} (-400h - 800x + 6,800)$$

$$= -800x + 6.800$$

Assim, quando o nível de produção é $x = 9$ (9.000 unidades), o lucro está variando a uma taxa de

$$P'(9) = -800(9) + 6.800 = -400$$

reais por mil unidades.

Como $P'(9) = -400$ é um número negativo, a reta tangente à curva da função lucro, $y = P(x)$, tem uma inclinação negativa no ponto Q correspondente a $x = 9$, ou seja, a inclinação da reta nesse ponto é para baixo, como mostra a Figura 2.6. Isso significa que, para um nível de produção de 9.000 unidades, o lucro vai *diminuir* se a produção aumentar.

O significado do sinal da derivada está indicado na Figura 2.7 e no quadro a seguir. Teremos muito mais a dizer a respeito da relação entre a forma de uma curva e o sinal das derivadas no Capítulo 3, ao discutirmos um método geral para traçar as curvas de funções.

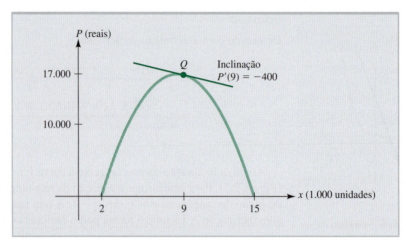

FIGURA 2.6 Gráfico da função lucro $P(x) = -400x^2 + 6.800x - 12.000$.

Significado do Sinal da Derivada $f'(x)$ ■ Se a função f é derivável em $x = c$,

$$f \text{ é \textbf{crescente} no ponto } x = c \text{ se } f'(c) > 0$$

e

$$f \text{ é \textbf{decrescente} no ponto } x = c \text{ se } f'(c) < 0$$

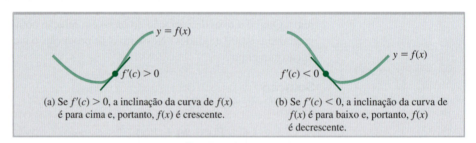

FIGURA 2.7 Significado do sinal da derivada $f'(c)$.

Notação de Derivada

A derivada $f'(x)$ da função $y = f(x)$ muitas vezes é escrita na forma dy/dx (que se lê "dê y sobre dê x") ou df/dx (que se lê "dê f sobre dê x"). Nessa notação, o valor da derivada no ponto $x = c$ [ou seja, $f'(c)$] é escrito na forma

$$\left.\frac{dy}{dx}\right|_{x=c} \quad \text{ou} \quad \left.\frac{df}{dx}\right|_{x=c}$$

Assim, por exemplo, se $y = x^2$, temos:

$$\frac{dy}{dx} = 2x$$

e o valor da derivada no ponto $x = -3$ é dado por

$$\left.\frac{dy}{dx}\right|_{x=-3} = 2x\bigg|_{x=-3} = 2(-3) = -6$$

A notação dy/dx para a derivada lembra a expressão da inclinação, $\Delta y/\Delta x$, e pode ser também interpretada como a "taxa de variação de y em relação a x". Às vezes é conveniente simplificar uma expressão como

$$\text{"para } y = x^2, \frac{dy}{dx} = 2x\text{"}$$

---

2 EXPLORE!

Muitas calculadoras gráficas dispõem de uma rotina especial para calcular derivadas numericamente, conhecida como *derivada numérica* (nDeriv), que pode ser ativada por meio da tela **MATH**. A derivada também pode ser calculada usando a tecla **CALC** (**2nd TRACE**), especialmente quando se deseja uma apresentação gráfica. Para praticar, entre com $f(x) = \sqrt{x}$. como Y1 no editor de equações e plote o gráfico usando uma janela decimal. Use a opção *dy/dx* da tecla **CALC** e observe o valor da derivada numérica no ponto $x = 1$.

escrevendo, simplesmente,

$$\frac{d}{dx}(x^2) = 2x$$

que se lê "a derivada de x^2 em relação a x é $2x$".

O Exemplo 2.1.6 ilustra o uso das diferentes notações para indicar uma derivada.

3 EXPLORE!

Entre com $f(x) = \sqrt{x}$ como Y1 no editor de equações e plote o gráfico usando uma janela decimal. Escolha a opção de reta tangente Tangent da tecla **DRAW** (**2nd PRGM**) e, usando a seta da esquerda, desloque o cursor para o ponto (4, 2) do gráfico. Aperte **ENTER** e observe o que acontece. A equação da tangente é igual à obtida no Exemplo 2.1.6a? Explique o motivo.

EXEMPLO 2.1.6 Cálculo de uma Inclinação e de uma Taxa de Variação

Calcule a derivada de $f(x) = \sqrt{x}$ e use o resultado para:
a. Determinar a equação da reta tangente à curva $y = \sqrt{x}$ no ponto $x = 4$.
b. Determinar a taxa de variação de $y = \sqrt{x}$ em relação a x no ponto $x = 1$.

Solução

A derivada de $y = \sqrt{x}$ em relação a x é dada por

$$\begin{aligned}\frac{d}{dx}(\sqrt{x}) &= \lim_{h \to 0} \frac{f(x+h) - f(x)}{h} = \lim_{h \to 0} \frac{\sqrt{x+h} - \sqrt{x}}{h} \\ &= \lim_{h \to 0} \frac{(\sqrt{x+h} - \sqrt{x})(\sqrt{x+h} + \sqrt{x})}{h(\sqrt{x+h} + \sqrt{x})} \\ &= \lim_{h \to 0} \frac{x + h - x}{h(\sqrt{x+h} + \sqrt{x})} = \lim_{h \to 0} \frac{h}{h(\sqrt{x+h} + \sqrt{x})} \\ &= \lim_{h \to 0} \frac{1}{\sqrt{x+h} + \sqrt{x}} = \frac{1}{2\sqrt{x}} \qquad \text{para } x > 0\end{aligned}$$

a. Para $x = 4$, a coordenada y correspondente no gráfico de $y = \sqrt{x}$ é $y = \sqrt{4} = 2$; assim, o ponto de tangência é $P(4, 2)$. Como $f'(x) = 1/2\sqrt{x}$, a inclinação da reta tangente à curva de $f(x)$ no ponto $P(4, 2)$ é dada por

$$f'(4) = \frac{1}{2\sqrt{4}} = \frac{1}{4}$$

Usando a forma ponto-inclinação da equação de uma reta, descobrimos que a equação da reta tangente no ponto P é

$$y - 2 = \frac{1}{4}(x - 4)$$

e, portanto,

$$y = \frac{1}{4}x + 1$$

b. A taxa de variação de $y = \sqrt{x}$ para $x = 1$ é

$$\left.\frac{dy}{dx}\right|_{x=1} = \frac{1}{2\sqrt{1}} = \frac{1}{2}$$

> **NOTA** Observe que a função $f(x) = \sqrt{x}$ do Exemplo 2.1.6 é definida no ponto $x = 0$, mas o mesmo não acontece com a derivada $f'(x) = 1/2\sqrt{x}$. Esse exemplo mostra que uma função e sua derivada nem sempre têm o mesmo domínio. ∎

Derivabilidade e Continuidade

Se uma função $f(x)$ é derivável em $x = c$, a curva de $y = f(x)$ possui uma tangente não vertical no ponto $P(c, f(c))$ e em todos os pontos nas vizinhanças de P. Isso sugere que a função é contínua em $x = c$, já que uma curva com uma reta tangente no ponto P não pode ter um buraco ou uma lacuna em P. Para resumir:

> **Continuidade de uma Função Derivável** ■ Se a função $f(x)$ é derivável em $x = c$, é contínua em $x = c$.

Essa observação é demonstrada no Problema 64. Observe que a recíproca *não é* verdadeira, ou seja, uma função contínua não é necessariamente derivável em todos os pontos. Uma função contínua $f(x)$ não é derivável em $x = c$ se $f'(c)$ é infinita ou se $(c, f(c))$ é um ponto de quebra, ou seja, um ponto em que a curva muda bruscamente de direção. Se $f(x)$ é contínua em $x = c$, mas $f'(c)$ é infinita, a curva de f pode ter uma tangente vertical (Figura 2.8a) ou uma cúspide (Figura 2.8b) no ponto $(c, f(c))$. A função valor absoluto $f(x) = |x|$ é contínua para qualquer valor de x, mas possui um *ponto de quebra* na origem (veja a Figura 2.8c e o Problema 63). A Figura 2.8d mostra outra curva com um ponto de quebra.

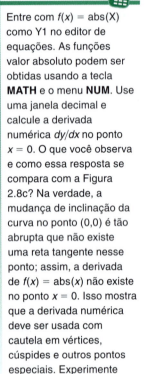

4 | EXPLORE!

Entre com $f(x) = \text{abs}(X)$ como Y1 no editor de equações. As funções valor absoluto podem ser obtidas usando a tecla **MATH** e o menu **NUM**. Use uma janela decimal e calcule a derivada numérica *dy/dx* no ponto $x = 0$. O que você observa e como essa resposta se compara com a Figura 2.8c? Na verdade, a mudança de inclinação da curva no ponto $(0,0)$ é tão abrupta que não existe uma reta tangente nesse ponto; assim, a derivada de $f(x) = \text{abs}(x)$ não existe no ponto $x = 0$. Isso mostra que a derivada numérica deve ser usada com cautela em vértices, cúspides e outros pontos especiais. Experimente calcular a derivada numérica de $y = 1/x$ no ponto $x = 0$ e explique o resultado obtido.

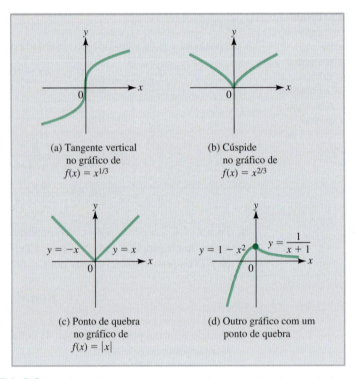

(a) Tangente vertical no gráfico de $f(x) = x^{1/3}$

(b) Cúspide no gráfico de $f(x) = x^{2/3}$

(c) Ponto de quebra no gráfico de $f(x) = |x|$

(d) Outro gráfico com um ponto de quebra

FIGURA 2.8 Gráficos de quatro funções contínuas que não são deriváveis em $x = 0$.

As funções apresentadas neste livro são deriváveis em quase todos os pontos. Em particular, os polinômios são deriváveis para qualquer valor da variável independente e as funções racionais são deriváveis em todos os pontos em que são definidas.

Um exemplo de situação prática que envolve uma função contínua não derivável em todos os pontos é a circulação sanguínea no corpo humano.* É natural imaginar que o sangue circula suavemente nas veias e artérias, mas, na verdade, o sangue é ejetado pelo coração nas artérias em pacotes discretos. O resultado é o *pulso arterial*, que pode ser usado para medir a frequência dos batimentos cardíacos aplicando pressão a uma artéria acessível, como a do pulso. A Figura 2.9 mostra a variação com o tempo da pressão arterial. Observe que a curva muda bruscamente de inclinação no ponto de pressão mínima (*diástole*) em que um novo "pacote" de sangue é injetado pelo coração nas artérias, fazendo com que a pressão arterial aumente rapidamente até o ponto de pressão máxima (*sístole*), a partir do qual a pressão diminui gradualmente enquanto o sangue é distribuído para os tecidos pelas artérias. A função pressão arterial é contínua, mas não é derivável no instante $t = 0{,}75$ s em que ocorre a injeção do sangue.

---

*Esse exemplo foi adaptado de F. C. Hoppensteadt e C. S. Peskin, *Mathematics in Medicine and the Life Sciences*, New York: Springer-Verlag, 1992, p. 131.

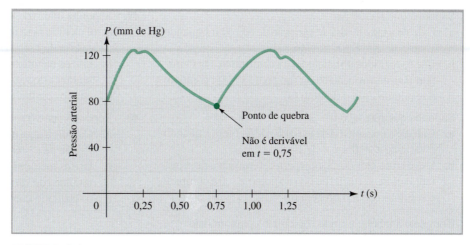

FIGURA 2.9 Curva da pressão arterial em função do tempo.

PROBLEMAS ■ 2.1

Nos Problemas 1 a 12, calcule a derivada da função dada e determine a inclinação da reta tangente à curva da função no ponto dado.

1. $f(x) = 4; x = 0$
2. $f(x) = -3; x = 1$
3. $f(x) = 5x - 3; x = 2$
4. $f(x) = 2 - 7x; x = -1$
5. $f(x) = 2x^2 - 3x - 5; x = 0$
6. $f(x) = x^2 - 1; x = -1$
7. $f(x) = x^3 - 1; x = 2$
8. $f(x) = -x^3; x = 1$
9. $g(t) = \dfrac{2}{t}; t = \dfrac{1}{2}$
10. $f(x) = \dfrac{1}{x^2}; x = 2$
11. $H(u) = \dfrac{1}{\sqrt{u}}; u = 4$
12. $f(x) = \sqrt{x}; x = 9$

Nos Problemas 13 a 24, calcule a derivada da função dada e determine a inclinação da reta tangente à curva da função no ponto c dado.

13. $f(x) = 2; c = 13$
14. $f(x) = 3; c = -4$
15. $f(x) = 7 - 2x; c = 5$
16. $f(x) = 3x; c = 1$
17. $f(x) = x^2; c = 1$
18. $f(x) = 2 - 3x^2; c = 1$
19. $f(x) = \dfrac{-2}{x}; c = -1$
20. $f(x) = \dfrac{3}{x^2}; c = \dfrac{1}{2}$
21. $f(x) = 2\sqrt{x}; c = 4$
22. $f(x) = \dfrac{1}{\sqrt{x}}; c = 1$
23. $f(x) = \dfrac{1}{x^3}; c = 1$
24. $f(x) = x^3 - 1; c = 1$

Nos Problemas 25 a 32, determine a taxa de variação dy/dx no ponto x_0 dado.

25. $y = 3; x_0 = 2$
26. $y = -17; x_0 = 14$
27. $y = 3x + 5; x_0 = -1$
28. $y = 6 - 2x; x_0 = 3$
29. $y = x(1 - x); x_0 = -1$
30. $y = x^2 - 2x; x_0 = 1$
31. $y = x - \dfrac{1}{x}; x_0 = 1$
32. $y = \dfrac{1}{2 - x}; x_0 = -3$

33. Suponha que $f(x) = x^2$.
    a. Calcule a inclinação da reta secante que liga os pontos da curva de f cujas coordenadas x são $x = -2$ e $x = 1,9$.
    b. Use os métodos do cálculo para determinar a inclinação da reta tangente à curva de f no ponto $x = -2$ e compare o resultado com o do item (a).

34. Suponha que $f(x) = 2x - x^2$.
    a. Calcule a inclinação da reta secante que liga os pontos da curva de f cujas coordenadas x são $x = 0$ e $x = 1/2$.
    b. Use os métodos do cálculo para determinar a inclinação da reta tangente à curva de f no ponto $x = 0$ e compare o resultado com o do item (a).

35. Suponha que $f(x) = x^3$.
    a. Calcule a inclinação da reta secante que liga os pontos da curva de f cujas coordenadas x são $x = 1$ e $x = 1,1$.
    b. Use os métodos do cálculo para determinar a inclinação da reta tangente à curva de f no ponto $x = 1$ e compare o resultado com o do item (a).

36. Suponha que $f(x) = x/(x - 1)$
    a. Calcule a inclinação da reta secante que liga os pontos da curva de f cujas coordenadas x são $x = -1$ e $x = -1/2$.
    b. Use os métodos do cálculo para determinar a inclinação da reta tangente à curva de f no ponto $x = -1$ e compare o resultado com o do item (a).

37. Suponha que $f(x) = 3x^2 - x$.
  a. Calcule a taxa média de variação de $f(x)$ com x quando x varia de $x = 0$ a $x = 1/16$.
  b. Use os métodos do cálculo para determinar a taxa instantânea de variação de $f(x)$ no ponto $x = 0$ e compare o resultado com o do item (a).

38. Suponha que $f(x) = x(1 - 2x)$.
  a. Calcule a taxa média de variação de $f(x)$ com x quando x varia de $x = 0$ a $x = 1/2$.
  b. Use os métodos do cálculo para determinar a taxa instantânea de variação de $f(x)$ no ponto $x = 0$ e compare o resultado com o do item (a).

39. Suponha que $s(t) = (t - 1)/(t + 1)$.
  a. Calcule a taxa média de variação de $s(t)$ com t quando t varia de $t = -1/2$ a $t = 0$.
  b. Use os métodos do cálculo para determinar a taxa instantânea de variação de $s(t)$ no ponto $t = -1/2$ e compare o resultado com o do item (a).

40. Suponha que $s(t) = \sqrt{t}$.
  a. Calcule a taxa média de variação de $s(t)$ com t quando t varia de $t = 0$ a $t = 1/4$.
  b. Use os métodos do cálculo para determinar a taxa instantânea de variação de $s(t)$ no ponto $t = 0$ e compare o resultado com o do item (a).

41. Complete a tabela, usando o exemplo como modelo.

	Se $f(t)$ representa...	então $\dfrac{f(t_0 + h) - f(t_0)}{h}$ representa... e	$\displaystyle\lim_{h \to 0} \dfrac{f(t_0 + h) - f(t_0)}{h}$ representa...
Exemplo	O número de bactérias em uma colônia no instante t	A taxa média de variação do número de bactérias durante o intervalo de tempo $[t_0, t_0+h]$	A taxa instantânea de variação do número de bactérias no instante $t = t_0$
a.	A temperatura em San Francisco t horas após a meia-noite de um dia específico		
b.	A concentração de álcool no sangue t horas depois que uma pessoa bebe uma lata de cerveja		
c.	A taxa de juros de um financiamento em 30 anos, t anos após o ano 2005		

42. Complete a tabela, usando o exemplo como modelo.

	Se $f(x)$ representa...	então $\dfrac{f(x_0 + h) - f(x_0)}{h}$ representa... e	$\displaystyle\lim_{h \to 0} \dfrac{f(x_0 + h) - f(x_0)}{h}$ representa...
Exemplo	O custo para produzir x unidades de uma mercadoria	A taxa média de variação do custo quando a produção varia de x_0 para $x_0 + h$ unidades	A taxa instantânea de variação do custo com o nível de produção quando x_0 unidades são produzidas
a.	A receita obtida quando x unidades de uma mercadoria são produzidas		
b.	A quantidade de combustível (em kg) que resta em um foguete quando está a x metros do solo		
c.	O volume (em cm³) de um câncer 6 meses depois que x mg de um remédio experimental são injetados em um paciente		

PROBLEMAS APLICADOS DE ECONOMIA E FINANÇAS

43. LUCRO Um empresário estima que, se fabricar x centenas de unidades de um produto, terá um lucro
$$L(x) = 4.000(15 - x)(x - 2) \text{ reais}$$
  a. Determine $L'(x)$.
  b. Qual é o significado do nível de produção x_m para o qual $L'(x) = 0$? Determine o valor de x_m.

44. LUCRO Um empresário pode produzir gravadores digitais por R$ 50,00 a unidade. Estima-se que se os gravadores forem vendidos por p reais a unidade, os consumidores comprarão $q = 120 - p$ gravadores por mês.
  a. Expresse o lucro L do empresário em função de q.
  b. Qual é a taxa média de aumento do lucro quando o nível de produção passa de $q = 0$ para $q = 20$?
  c. Com que taxa o lucro está variando quando a produção é de 20 gravadores por mês? Nesse nível de produção, o lucro está aumentando ou diminuindo?

45. CUSTO DE PRODUÇÃO Mário, o gerente de uma empresa que produz banheiras de hidromassagem, observa que o custo para produzir x banheiras é C milhares de reais, em que
$$C(x) = 0{,}04x^2 + 2{,}1x + 60$$
  a. Se Mário decidir aumentar o nível de produção de $x = 10$ para $x = 11$ banheiras, qual será a taxa média de variação do custo?
  b. Mário decide calcular a taxa instantânea de variação do custo com o nível de produção. Qual é a taxa instantânea para $x = 10$? Essa taxa é maior ou menor

que a taxa média calculada no item (a)? Quando Mário aumenta o nível de produção de 10 para 11 banheiras, o custo aumenta ou diminui?

46. **PRODUÇÃO DE UMA FÁBRICA** Em uma fábrica, determina-se que Q unidades são produzidas quando L homens-horas são usados na produção, em que

$$Q(L) = 3.100\sqrt{L}$$

a. Determine a taxa média de variação da produção quando a mão de obra varia de $L = 3.025$ homens-horas para 3.100 homens-horas.
b. Use os métodos do cálculo para determinar a taxa instantânea de variação da produção com a mão de obra para $L = 3.025$.

47. **DESEMPREGO** Em economia, um gráfico como o da Figura 2.2 é conhecido como **curva de Phillips** em homenagem a A. W. Phillips, um economista neozelandês ligado à Escola de Londres. Até Phillips divulgar suas ideias, na década de 1950, muitos economistas acreditavam que havia uma relação linear entre desemprego e inflação. Leia a respeito da curva de Phillips (a referência citada na Figura 2.2 é um bom começo) e escreva um ensaio de pelo menos 10 linhas sobre a natureza do desemprego na economia brasileira.

48. **DESPESA DO CONSUMIDOR** A demanda de um produto é dada por $D(x) = -35x + 200$, ou seja, x unidades são demandadas (vendidas) quando o preço unitário é $p = D(x)$ reais.
    a. A despesa do consumidor $E(x)$ é a quantia total paga pelos consumidores para comprar x unidades. Expresse a despesa do consumidor E em função de x.
    b. Determine a variação média da despesa do consumidor quando x varia de $x = 4$ para $x = 5$.
    c. Use os métodos do cálculo para determinar a taxa instantânea de variação da despesa do consumidor com o número de unidades compradas para $x = 4$. A despesa está aumentando ou diminuindo para $x = 4$?

PROBLEMAS APLICADOS DE CIÊNCIAS SOCIAIS E BIOLÓGICAS

49. **RECURSOS RENOVÁVEIS** O gráfico do problema mostra a variação do volume de madeira de uma árvore, V, com o tempo t (a idade da árvore). Use o gráfico para estimar a taxa de variação de V com o tempo para $t = 30$ anos. O que parece acontecer com a taxa de variação de V para grandes valores de t (ou seja, a longo prazo)?

50. **CRESCIMENTO POPULACIONAL** O gráfico do problema mostra a variação do número P de moscas-das-frutas (*Drosophila*) com o tempo t durante um experimento. Use o gráfico para estimar a taxa com a qual a população está aumentando após 20 dias e também após 36 dias. Em qual das duas ocasiões a população está aumentando mais depressa?

51. **INVERSÃO TÉRMICA** Geralmente, a temperatura do ar diminui com a altitude. No inverno, porém, graças a

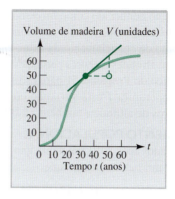

PROBLEMA 49 Curva da variação do volume de madeira de uma árvore, V, com o tempo t.

Fonte: Adaptado de Robert H. Frank, *Microeconomics and Behavior*, 2nd ed., New York: McGraw-Hill, 1994, p. 623.

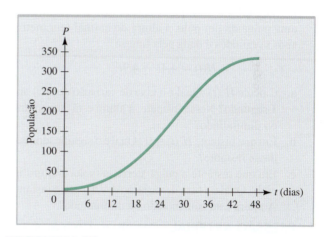

PROBLEMA 50 Curva da variação com o tempo do número de moscas-das-frutas.

Fonte: Adaptado de E. Batschelet, *Introduction to Mathematics for Life Scientists*, 3rd ed., New York: Springer-Verlag, 1979, p. 355.

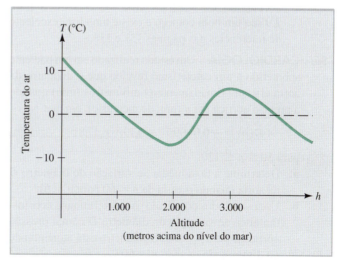

PROBLEMA 51

Fonte: E. Batschelet, *Introduction to Mathematics for Life Scientists*, 3rd ed., New York: Springer-Verlag, 1979, p. 150.

um fenômeno conhecido como *inversão térmica*, a temperatura do ar aquecido pelo sol nas montanhas pode passar do ponto de congelamento da água, enquanto a temperatura em altitudes menores permanece abaixo de 0°C. Use o gráfico do Problema 51 para estimar a taxa com a qual a temperatura T está variando com a altitude h a 1.000 metros de altitude e também a 2.000 metros.

52. **CRESCIMENTO POPULACIONAL** Um estudo mostrou que, t anos após 2010, um município tinha uma população de P mil habitantes, em que

$$P(t) = -6t^2 + 12t + 151$$

   a. A que taxa média a população estava variando entre 2010 e 2012?
   b. Qual era a taxa instantânea de variação da população em 2012 ($t = 2$)? A população estava aumentando ou diminuindo nesse ano?

53. **ETOLOGIA** Os experimentos mostram que, quando uma pulga dá um pulo, a altura do animal (em metros) após t segundos é dada pela função

$$H(t) = 4,4t - 4,9t^2$$

   a. Calcule $H'(t)$. Qual é a taxa de variação de $H(t)$ após 1 segundo? Nesse instante, a altura está aumentando ou diminuindo?
   b. Em que instante $H'(t) = 0$? Qual é o significado físico desse instante?
   c. Em que instante a pulga aterrissa (volta à altura inicial)? Qual é a taxa de variação de $H(t)$ nesse instante? A altura está aumentando ou diminuindo?

54. **PRESSÃO ARTERIAL** Consulte o gráfico da pressão arterial em função do tempo da Figura 2.9.
   a. Estime a variação média da pressão arterial nos períodos de tempo [0,70; 0,75] e [0,75; 0,80]. Discuta os resultados.
   b. Leia a respeito da dinâmica do pulso arterial e escreva um ensaio de pelo menos 10 linhas sobre o assunto. As páginas 131 a 136 da referência citada da Figura 2.9 são um bom começo e existe uma lista excelente de referências nas páginas 137 e 138.

55. **CARDIOLOGIA** Um estudo realizado em um paciente submetido a um cateterismo revelou que o diâmetro da aorta era aproximadamente D milímetros (mm) quando a pressão aórtica era p (mm de mercúrio), em que

$$D(p) = -0,0009p^2 + 0,13p + 17,81$$

   para $50 \leq p \leq 120$.
   a. Determine a taxa média de variação do diâmetro D da aorta quando p varia de $p = 60$ para $p = 61$.
   b. Use os métodos do cálculo para determinar a taxa instantânea de variação do diâmetro D com a pressão aórtica p para $p = 60$. O diâmetro está aumentando ou diminuindo quando $p = 60$?
   c. Para que valor de p a taxa instantânea de variação de D com p é igual a 0? Qual é o significado físico desse valor da pressão?

PROBLEMAS VARIADOS

56. **VELOCIDADE** Um foguete de brinquedo sobe verticalmente de tal modo que, t segundos após a decolagem, está $h(t) = -4,9t^2/2 + 60t$ metros acima do solo.
   a. A que altura está o foguete após 6 segundos?
   b. Qual é a velocidade média do foguete durante os primeiros 6 segundos de voo (entre $t = 0$ e $t = 6$)?
   c. Qual é a velocidade instantânea do foguete no momento da decolagem ($t = 0$)? Qual é a velocidade após 6 segundos?

57. **VELOCIDADE** Um objeto se move em linha reta de tal modo que, t segundos após iniciar o movimento, está a $s(t) = 4\sqrt{t+1} - 4$ metros do ponto de partida.
   a. Qual é a velocidade do objeto no instante t?
   b. Qual é a velocidade inicial do objeto?
   c. A que distância o objeto está do ponto de partida no instante $t = 3$ s? Qual é a velocidade do objeto nesse instante?

58. a. Determine a derivada da função linear $f(x) = 3x - 2$.
    b. Determine a equação da reta tangente ao gráfico da função no ponto $x = -1$.
    c. Explique de que forma as respostas aos itens (a) e (b) poderiam ser obtidas exclusivamente a partir de considerações geométricas, ou seja, sem realizar nenhum cálculo.

59. a. Calcule as derivadas das funções $y = x^2$ e $y = x^2 - 3$ e use um argumento geométrico para explicar o fato de que as derivadas são iguais.
    b. Sem realizar mais nenhum cálculo, determine a derivada da função $y = x^2 + 5$.

60. a. Determine a derivada da função $y = x^2 + 3x$.
    b. Determine as derivadas das funções $y = x^2$ e $y = 3x$ separadamente.
    c. Qual é a relação entre a derivada obtida no item (a) e as derivadas obtidas no item (b)?
    d. No caso geral, se $f(x) = g(x) + h(x)$, qual é a relação entre a derivada de f e as derivadas de g e h?

61. a. Calcule as derivadas das funções $y = x^2$ e $y = x^3$.
    b. Examine as respostas do item (a). É possível observar um padrão? Qual é a derivada de $y = x^4$? E a derivada de $y = x^{27}$?

62. Use os métodos do cálculo para mostrar que, se $y = mx + b$, a taxa de variação de y com x é constante.

63. Seja f a função valor absoluto

$$f(x) = \begin{cases} x & \text{para } x \geq 0 \\ -x & \text{para } x < 0 \end{cases}$$

Mostre que

$$f'(x) = \begin{cases} 1 & \text{para } x > 0 \\ -1 & \text{para } x < 0 \end{cases}$$

e explique por que a função f não é derivável no ponto $x = 0$.

64. Seja f uma função derivável no ponto $x = c$.
    a. Explique por que

$$f'(c) = \lim_{x \to c} \frac{f(x) - f(c)}{x - c}$$

b. Use o resultado do item (a) e o fato de que
$$f(x) - f(c) = \left[\frac{f(x) - f(c)}{x - c}\right](x - c)$$
para mostrar que
$$\lim_{x \to c} [f(x) - f(c)] = 0$$

c. Explique por que o resultado do item (b) mostra que f é contínua no ponto $x = c$.

65. Mostre que $f(x) = |x^2 - 1|/(x - 1)$ não é derivável no ponto $x = 1$.

66. Determine os valores de x para os quais a função $y = 2x^3 - 0{,}8x^2 + 4$ passa por máximos ou mínimos. Use quatro casas decimais.

67. Determine a inclinação da reta tangente à curva da função $f(x) = \sqrt{x^2 + 2x - \sqrt{3x}}$ no ponto $x = 3{,}85$ completando a tabela a seguir.

h	−0,02	−0,01	−0,001	0	0,001	0,01	0,02
$x + h$							
$f(x)$							
$f(x + h)$							
$\dfrac{f(x + h) - f(x)}{h}$							

SEÇÃO 2.2 Técnicas de Derivação

Objetivos do Aprendizado

1. Usar a regra de multiplicação por uma constante, a regra da soma e a regra da potência para calcular derivadas.
2. Calcular a taxa de variação relativa e a taxa de variação percentual.
3. Estudar o movimento retilíneo e o movimento de projéteis.

Se tivéssemos de usar a definição de limite toda vez que quiséssemos calcular uma derivada, o cálculo seria uma disciplina difícil e tediosa. Felizmente, isso não é necessário; nesta seção e na seguinte, apresentamos algumas regras que facilitam grandemente o processo de derivação. Vamos começar com a regra para obter a derivada de uma constante.

> **Regra da Constante** ■ Para qualquer constante c,
> $$\frac{d}{dx}[c] = 0$$
> Em outras palavras, a derivada de qualquer constante é nula.

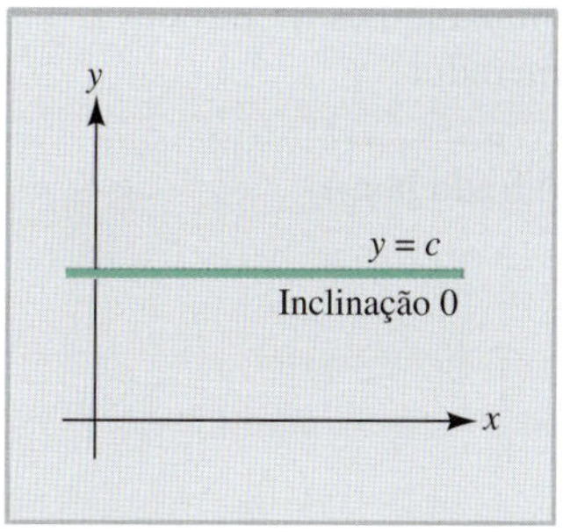

Podemos ver que isso é verdade considerando o gráfico de uma função constante $f(x) = c$, que é uma reta horizontal (veja a Figura 2.10). Como a inclinação de uma reta horizontal é 0 em todos os pontos, $f'(x) = 0$. Podemos chegar à mesma conclusão usando a definição de limite:

$$f'(x) = \lim_{h \to 0} \frac{f(x + h) - f(x)}{h} \quad \text{já que } f(x + h) = c \text{ para qualquer valor de } x$$
$$= \lim_{h \to 0} \frac{c - c}{h} = 0$$

FIGURA 2.10 Gráfico da função $f(x) = c$.

EXEMPLO 2.2.1 Cálculo da Derivada de uma Função Constante

Calcule a derivada da função constante $f(x) = -15$.

102 CAPÍTULO 2

5 EXPLORE!

É possível plotar simultaneamente uma função e sua derivada em uma calculadora gráfica. Para praticar, entre com $x^2 + 2x$ em Y1, usando o estilo **BOLD**. Entre com

nDeriv(Y1, X, X)

em Y2, em que nDeriv é uma opção do menu da tecla **MATH**. Plote Y1 e Y2 usando a janela decimal expandida [−4.7, 4.7]1 por [−3.1, 9.1]1. Em seguida, use a função *dy/dx* da tecla **CALC** (**2nd TRACE**) para obter a inclinação de Y1 para X = −2, −1, 0, 1 e 2. Como esses valores de *dy/dx* se comparam com os valores de Y2 para os mesmos valores de X? Qual é a sua conclusão? Para terminar, determine analiticamente a derivada *dy/dx*.

Solução

$$\frac{d}{dx}[-15] = 0$$

A regra seguinte é uma das mais úteis, já que ensina como calcular a derivada de qualquer função potência da forma $f(x) = x^n$. Observe que a regra se aplica não só a funções como $f(x) = x^5$, mas também a funções como $g(x) = \sqrt[5]{x^4} = x^{4/5}$ e $h(x) = 1/x^3 = x^{-3}$.

> **Regra da Potência** ■ Para qualquer número real n,
> $$\frac{d}{dx}[x^n] = nx^{n-1}$$
> Em palavras, para calcular a derivada de x^n, reduzimos de 1 o valor do expoente e multiplicamos o resultado pelo valor original do expoente.

De acordo com a regra da potência, a derivada de $y = x^3$ é $d(x^3)/dx = 3x^2$, o que está de acordo com o resultado obtido diretamente no Exemplo 2.1.4 da Seção 2.1. Podemos usar a regra da potência para derivar radicais e recíprocos convertendo-os, respectivamente, em potências fracionárias e negativas. (Uma revisão da notação exponencial aparece no Apêndice A.1, no final do livro.) Assim, por exemplo, como $\sqrt{x} = x^{1/2}$, derivada de $y = \sqrt{x}$ é

$$\frac{d}{dx}(\sqrt{x}) = \frac{d}{dx}(x^{1/2}) = \frac{1}{2}x^{-1/2} = \frac{1}{2\sqrt{x}}$$

o que está de acordo com o resultado do Exemplo 2.1.6 da Seção 2.1. No Exemplo 2.2.2, aplicamos a regra da potência a uma função recíproca.

EXEMPLO 2.2.2 Aplicação da Regra da Potência a um Expoente Negativo

Confirme que a regra da potência é válida para a função $F(x) = 1/x^2 = x^{-2}$ mostrando que a derivada da função é $F'(x) = -2x^{-3}$.

Solução

A derivada de $F(x)$ é dada por

$$F'(x) = \lim_{h \to 0} \frac{F(x+h) - F(x)}{h} = \lim_{h \to 0} \frac{\frac{1}{(x+h)^2} - \frac{1}{x^2}}{h} \quad \text{reduzindo o numerador a um denominador comum}$$

$$= \lim_{h \to 0} \frac{\frac{x^2 - (x+h)^2}{x^2(x+h)^2}}{h} \quad \text{simplificando a fração}$$

$$= \lim_{h \to 0} \frac{x^2 - (x^2 + 2hx + h^2)}{x^2 h(x+h)^2} \quad \text{combinando os termos do numerador}$$

$$= \lim_{h \to 0} \frac{-2xh - h^2}{x^2 h(x+h)^2} \quad \text{dividindo por } h$$

$$= \lim_{h \to 0} \frac{-2x - h}{x^2(x+h)^2}$$

$$= \frac{-2x}{x^2(x^2)}$$

$$= \frac{-2}{x^3} = -2x^{-3}$$

o que está de acordo com a regra de potência.

LEMBRETE

Aqui está a regra para simplificar uma fração complexa:

$$\frac{A/B}{C/D} = \frac{AD}{BC}$$

LEMBRETE

Lembre-se de que $x^{-n} = 1/x^n$ para n inteiro e $x^{a/b} = \sqrt[b]{x^a}$ para a e b inteiros e positivos.

Seguem mais alguns exemplos de aplicação da regra da potência:

$$\frac{d}{dx}(x^7) = 7x^{7-1} = 7x^6$$

$$\frac{d}{dx}(\sqrt[3]{x^2}) = \frac{d}{dx}(x^{2/3}) = \frac{2}{3}x^{2/3-1} = \frac{2}{3}x^{-1/3}$$

$$\frac{d}{dx}\left(\frac{1}{x^5}\right) = \frac{d}{dx}(x^{-5}) = -5x^{-5-1} = -5x^{-6}$$

$$\frac{d}{dx}(x^{1,3}) = 1{,}3x^{1,3-1} = 1{,}3x^{0,3}$$

Uma demonstração geral da regra da potência no caso em que n é um número inteiro positivo fica a cargo do leitor (Problema 78). Os casos em que n é um número inteiro negativo e em que n é um número racional ($n = r/s$, em que r e s são números inteiros, com $s \neq 0$) serão discutidos nas Seções 2.3 e 2.6, respectivamente.

A regra da constante e a regra da potência fornecem expressões simples para calcular as derivadas de funções importantes; para derivar funções mais complicadas, porém, precisamos saber manipular algebricamente as derivadas. De acordo com as duas regras a seguir, as derivadas de múltiplos e somas de funções são os múltiplos e as somas das derivadas correspondentes.

Regra da Multiplicação por uma Constante ■ Se c é uma constante e $f(x)$ é uma função derivável, $cf(x)$ também é uma função derivável e

$$\frac{d}{dx}[cf(x)] = c\frac{d}{dx}[f(x)]$$

ou

$$(cf)' = cf'$$

Em palavras, *a derivada do múltiplo de uma função é o múltiplo da derivada da função.*

EXEMPLO 2.2.3 Uso da Regra de Multiplicação por uma Constante

Calcule as derivadas de $f(x) = 3x^4$ e $g(x) = -7/\sqrt{x}$.

Solução

$$\frac{d}{dx}(3x^4) = 3\frac{d}{dx}(x^4) = 3(4x^3) = 12x^3$$

$$\frac{d}{dx}\left(\frac{-7}{\sqrt{x}}\right) = \frac{d}{dx}(-7x^{-1/2}) = -7\left(\frac{-1}{2}x^{-3/2}\right) = \frac{7}{2}x^{-3/2}$$

Regra da Soma ■ Se $f(x)$ e $g(x)$ são duas funções deriváveis, a soma $S(x) = f(x) + g(x)$ também é uma função derivável e a derivada é

$$\frac{d}{dx}[f(x) + g(x)] = \frac{d}{dx}[f(x)] + \frac{d}{dx}[g(x)]$$

ou

$$(f + g)' = f' + g'$$

Em palavras, *a derivada de uma soma de funções é a soma das derivadas das funções.*

A demonstração da regra da soma fica por conta do aluno (Problema 79).

EXEMPLO 2.2.4 Uso da Regra da Soma

Derive as seguintes funções:
- **a.** $f(x) = x^{-2} + 7$
- **b.** $g(x) = 2x^5 - 3x^{-7}$

Solução

a. $\dfrac{d}{dx}[x^{-2} + 7] = \dfrac{d}{dx}[x^{-2}] + \dfrac{d}{dx}[7] = -2x^{-3} + 0 = -2x^{-3}$

b. $\dfrac{d}{dx}[2x^5 - 3x^{-7}] = 2\dfrac{d}{dx}(x^5) + (-3)\dfrac{d}{dx}(x^{-7}) = 2(5x^4) + (-3)(-7x^{-8})$
$= 10x^4 + 21x^{-8}$

Para derivar um polinômio, basta combinar a regra da soma com a regra da multiplicação por uma constante. Seguem dois exemplos.

EXEMPLO 2.2.5 Derivada de um Polinômio

Calcule a derivada do polinômio $y = 5x^3 - 4x^2 + 12x - 8$.

Solução

Derivando a soma termo a termo, obtemos

$$\dfrac{dy}{dx} = \dfrac{d}{dx}[5x^3] + \dfrac{d}{dx}[-4x^2] + \dfrac{d}{dx}[12x] + \dfrac{d}{dx}[-8]$$
$$= 5[3x^2] - 4[2x] + 12[1] - 8[0]$$
$$= 15x^2 - 8x + 12$$

EXEMPLO 2.2.6 Uso de uma Derivada para Estudar a Variação de uma População

Estima-se que, daqui a x meses, a população de um município será $P(x) = x^2 + 20x + 8.000$.
- **a.** Qual será a taxa de variação da população com o tempo após 15 meses?
- **b.** Qual será a variação da população durante o 16º mês?

Solução

a. A taxa de variação da população com o tempo é a derivada da função população:

$$\text{Taxa de variação} = P'(x) = 2x + 20$$

A taxa de variação da população daqui a 15 meses será, portanto,

$$P'(15) = 2(15) + 20 = 50 \text{ moradores por mês}$$

b. A variação da população durante o 16º mês é igual à diferença entre a população após 16 meses e a população após 15 meses:

$$\text{Variação da população} = P(16) - P(15) = 8.576 - 8.525$$
$$= 51 \text{ moradores}$$

NOTA No Exemplo 2.2.6, a variação da população durante o 16º mês, calculada no item (b), é diferente da taxa de variação no início do 16º mês, calculada no item (a), porque a taxa de variação muda durante o mês. A taxa instantânea, como a calculada no item (a), pode ser vista como a variação de população que ocorreria durante o 16º mês se a taxa da variação da população permanecesse constante durante todo o mês.

---

6 EXPLORE!

Entre com $f(x) = x^3 - 3x + 1$ como Y1 em uma calculadora gráfica, usando o estilo **BOLD**. Siga o mesmo procedimento do exercício Explore! anterior para entrar com nDeriv(Y1, X, X) em Y2 e plotar as duas funções, usando uma janela decimal modificada [−4,7, 4,7]1 por [−5, 5]1. Use o modo **TRACE** para determinar os valores de x para os quais $f'(x) = 0$. O que você observa com relação ao gráfico de $f(x)$ nesses pontos? Qual é a equação de $f'(x)$?

DERIVAÇÃO: CONCEITOS BÁSICOS 105

Taxas de Variação Relativa e Percentual

Em muitas aplicações práticas, a taxa de variação instantânea de uma grandeza Q não é tão importante quanto a taxa de variação *relativa*, definida pela expressão

$$\text{variação relativa} = \frac{\text{variação de } Q}{\text{valor de } Q}$$

Assim, por exemplo, uma taxa de variação anual de 500 indivíduos em uma cidade cuja população é 5 milhões de habitantes corresponde uma taxa de variação relativa (ou taxa de variação *per capita*) insignificante, dada por

$$\frac{500}{5.000.000} = 0,0001$$

ou 0,01%, enquanto a mesma taxa de variação em uma cidade de 2.000 habitantes corresponde a uma taxa de variação relativa de

$$\frac{500}{2.000} = 0,25$$

ou 25%, o que pode representar um grande impacto para a cidade.

Como a taxa de variação de uma grandeza $Q(x)$ é medida pela derivada $Q'(x)$, podemos expressar da seguinte forma a taxa de variação relativa e a taxa de variação percentual associada:

Taxas de Variação Relativa e Percentual ■ A taxa de variação relativa de uma grandeza $Q(x)$ em relação a x é dada pela razão

$$\frac{\text{Taxa de variação}}{\text{relativa de } Q(x)} = \frac{Q'(x)}{Q(x)}$$

A **taxa de variação percentual** de uma grandeza $Q(x)$ em relação a x é dada por

$$\frac{\text{Taxa de variação}}{\text{percentual de } Q(x)} = \frac{100\, Q'(x)}{Q(x)}$$

---

7 EXPLORE!

Leia o Exemplo 2.2.7. Compare a taxa de variação do PIB para $N(t)$ no instante $t = 10$ com a taxa de variação de um novo PIB dado por

$N_1(t) = 2t^2 + 2t + 100$.

Plote as duas funções usando x como variável independente e uma janela [3, 12.4]1 por [90, 350]0, em que uma escala de zero significa a ausência de marcas no eixo y. Como se comparam as duas taxas de variação do PIB no ano 2010?

EXEMPLO 2.2.7 Cálculo de uma Taxa de Variação Percentual

O Produto Interno Bruto (PIB) de um país é dado por $N(t) = t^2 + 5t + 106$ bilhões de dólares, em que t é o número de anos após 2000.
a. Qual foi a taxa de variação do PIB em 2010?
b. Qual foi a taxa de variação percentual do PIB em 2010?

Solução

a. A taxa de variação do PIB é a derivada $N'(t) = 2t + 5$. A taxa de variação em 2010 foi $N'(10) = 2(10) + 5 = 25$ bilhões de dólares por ano.
b. A taxa de variação percentual do PIB foi

$$100\,\frac{N'(10)}{N(10)} = 100\,\frac{25}{256} \approx 9,77 \qquad (9{,}77\% \text{ ao ano}).$$

EXEMPLO 2.2.8 Cálculo de uma Taxa de Crescimento Percentual

Os experimentos mostram que a biomassa $Q(t)$ de uma espécie de peixe em uma região do oceano varia de acordo com a equação

$$\frac{dQ}{dt} = rQ\left(1 - \frac{Q}{a}\right)$$

em que *r* é a taxa natural de expansão da espécie e *a* é uma constante.* Determine a taxa de expansão percentual da espécie. O que acontece quando $Q(t) > a$?

Solução

A taxa de variação percentual de $Q(t)$ é

$$\frac{100\, Q'(t)}{Q(t)} = \frac{100\, rQ\left(1 - \dfrac{Q}{a}\right)}{Q} = 100r\left(1 - \frac{Q}{a}\right)$$

Observe que a taxa de variação percentual diminui quando Q aumenta e se torna nula para $Q = a$. Para $Q > a$, a taxa é negativa, o que significa que a biomassa começa a diminuir.

Movimento Retilíneo

O movimento de um corpo em linha reta é chamado de *movimento retilíneo*. O movimento de um foguete logo após o lançamento, por exemplo, pode ser considerado retilíneo. Quando estudamos o movimento retilíneo, podemos supor que o corpo está se movendo ao longo de um dos eixos de um sistema de coordenadas. Se a função $s(t)$ representa a *posição* do corpo no instante t, a taxa de variação de $s(t)$ com t é a *velocidade* $v(t)$; a taxa de variação de $v(t)$ com t é a *aceleração* $a(t)$. Em outras palavras, $v(t) = s'(t)$ e $a(t) = v'(t)$.

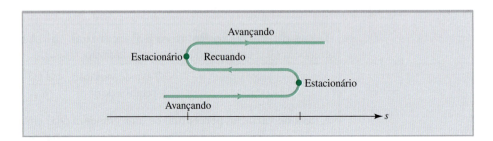

FIGURA 2.11 Diagrama do movimento retilíneo.

Dizemos que um corpo está *avançando* (movendo-se para a frente) quando $v(t) > 0$ e *recuando* (movendo-se para trás) quando $v(t) < 0$. Quando $v(t) = 0$, o corpo não está avançando nem recuando e dizemos que está *estacionário* (veja a Figura 2.11). Finalmente, um corpo está *acelerando* quando $a(t) > 0$ e *desacelerando* quando $a(t) < 0$. Resumindo:

Movimento Retilíneo ■ Se a **posição** no instante t de um corpo que se move em linha reta é dada por $s(t)$, o corpo tem uma

$$\textbf{velocidade} \quad v(t) = s'(t) = \frac{ds}{dt}$$

e uma

$$\textbf{aceleração} \quad a(t) = v'(t) = \frac{dv}{dt}$$

O corpo está **avançando** se $v(t) > 0$, **recuando** se $v(t) < 0$ e **estacionário** se $v(t) = 0$. Está **acelerando** se $a(t) > 0$ e **desacelerando** se $a(t) < 0$.

Se a posição é medida em metros e o tempo em segundos, a velocidade é medida em metros por segundo (m/s) e a aceleração é medida em metros por segundo ao quadrado (m/s²).

---

*Adaptado de W. R. Derrick e S. I. Grossman, *Introduction to Differential Equations*, 3rd ed., St. Paul, MN: West Publishing, 1987, p. 52, problema 20. Os autores esclarecem que se trata de apenas um dos muitos modelos discutidos em C. W. Clark, *Mathematical Bioeconomics* (Wiley-Interscience, 1976).

8 EXPLORE!

Faça a seguinte experiência: coloque a calculadora gráfica nos modos paramétrico, pontilhado e simultâneo. Entre com X1T = T, Y1T = 0,5, X2T = T e Y2T = T^3−6T^2+9T+5.

Plote usando uma janela de [0, 5]1 por [0, 10]1 e 0 ≤ t ≤ 4 com um incremento de 0,2. Descreva suas observações. O que representa o eixo vertical? O que significa a linha pontilhada horizontal?

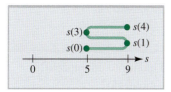

FIGURA 2.12 O movimento de um objeto dado pela equação:
$s(t) = t^3 - 6t^2 + 9t + 5$.

EXEMPLO 2.2.9 Estudo do Movimento de um Objeto

Um objeto se move em linha reta de tal forma que sua posição no instante t é dada por $s(t) = t^3 - 6t^2 + 9t + 5$.

a. Determine a velocidade do objeto e discuta seu movimento entre os instantes $t = 0$ e $t = 4$.
b. Determine a distância percorrida pelo objeto entre os instantes $t = 0$ e $t = 4$.
c. Determine a aceleração do objeto e os intervalos de tempo nos quais está acelerando e desacelerando entre os instantes $t = 0$ e $t = 4$.

Solução

a. A velocidade é dada por $v(t) = ds/dt = 3t^2 - 12t + 9$. O objeto está estacionário quando
$$v(t) = 3t^2 - 12t + 9 = 3(t-1)(t-3) = 0$$
isto é, nos instantes $t = 1$ e $t = 3$. Em todos os outros instantes, o corpo está avançando ou recuando, como mostra a tabela a seguir.

Intervalo	Sinal de v(t)	Descrição do Movimento
$0 < t < 1$	+	Avança de $s(0) = 5$ para $s(1) = 9$
$1 < t < 3$	−	Recua de $s(1) = 9$ para $s(3) = 5$
$3 < t < 4$	+	Avança de $s(3) = 5$ para $s(4) = 9$

O diagrama da Figura 2.12 mostra o movimento do corpo.

b. O objeto se move para a frente de $s(0) = 5$ até $s(1) = 9$, se move para trás de $s(1) = 9$ até $s(3) = 5$ e, finalmente, move para a frente de $s(3) = 5$ até $s(4) = 9$. Assim, a distância total percorrida é
$$D = \underbrace{|9-5|}_{0<t<1} + \underbrace{|5-9|}_{1<t<3} + \underbrace{|9-5|}_{3<t<4} = 12$$

c. A aceleração do objeto é dada por
$$a(t) = \frac{dv}{dt} = 6t - 12 = 6(t-2)$$

O objeto está acelerando [$a(t) > 0$] no intervalo $2 < t < 4$ e desacelerando [$a(t) < 0$] no intervalo $0 < t < 2$.

> **NOTA** Um corpo que está acelerando não está necessariamente "se movendo cada vez mais depressa" e um corpo que está desacelerando não está necessariamente "se movendo cada vez mais devagar". Assim, por exemplo, no intervalo $2 < t < 3$, o corpo do Exemplo 2.2.9 tem velocidade negativa e está acelerando. O fato de o corpo estar acelerando significa que a velocidade nesse intervalo de tempo está aumentando, ou seja, está se tornando *menos negativa*. Em outras palavras, o objeto está, na verdade, se movendo cada vez mais devagar. ■

Movimento de um Projétil

Um exemplo importante de movimento retilíneo é o movimento de um projétil. Suponha que um corpo seja lançado (isto é, arremessado, disparado ou largado) verticalmente de tal forma que a única aceleração a que está sujeito seja a aceleração da gravidade, g. Perto do nível do mar, g é aproximadamente 9,8 m/s². É possível demonstrar que, no instante t, a altitude do corpo é dada pela equação

$$H(t) = -\frac{1}{2}gt^2 + V_0 t + H_0$$

em que H_0 e V_0 são, respectivamente, a altitude inicial e a velocidade inicial do corpo. O Exemplo 2.2.10 ilustra o uso dessa equação.

> **EXEMPLO 2.2.10** Movimento de um Projétil

Uma pessoa que está no alto de um edifício de 34 metros de altura lança uma bola verticalmente para cima com uma velocidade inicial de 29 m/s (Figura 2.13).

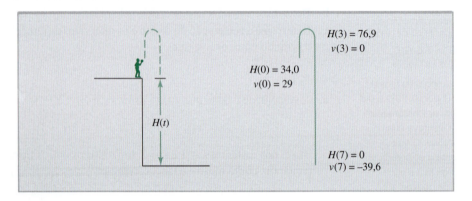

FIGURA 2.13 Movimento de uma bola lançada para cima do alto de um edifício.

a. Determine a altura e a velocidade da bola no instante t.
b. Em que instante a bola chega ao chão e qual a velocidade no momento do impacto?
c. Em que momento a velocidade é nula? O que acontece nesse momento?
d. Qual é a distância total percorrida pela bola?

Solução

a. Como $g = 9{,}8$, $V_0 = 29$ e $H_0 = 34$, a altura da bola em relação ao solo no instante t é dada por

$$H(t) = -4{,}9t^2 + 29t + 34 \text{ metros}$$

A velocidade no instante t é

$$v(t) = \frac{dH}{dt} = -9{,}8t + 29 \text{ m/s}$$

b. No instante em que a bola chega ao chão, $H = 0$. Resolvendo a equação $-4{,}9t^2 + 29t + 34 = 0$, verificamos que isso acontece para $t = 7$ e para $t = -1$ (verifique). Desprezando o tempo negativo $t = -1$, que não faz sentido nesse contexto, chegamos à conclusão de que o impacto ocorre no instante $t = 7$ s e que a velocidade no momento do impacto é

$$v(7) = -9{,}8(7) + 29 = -39{,}6 \text{ m/s}$$

(O sinal negativo significa que a bola está descendo no momento do impacto.)

c. A velocidade é nula quando $v(t) = -9{,}8t + 29 = 0$, o que acontece no instante $t = 3$ s. Para $t < 3$, a velocidade é positiva e a bola está subindo; para $t > 3$, a velocidade é negativa e a bola está descendo (Figura 2.13). Assim, a bola atinge o ponto mais alto da trajetória no instante $t = 3$ s.

d. A bola é lançada de uma altura $H(0) = 34$ metros e atinge uma altura máxima de $H(3) = 76{,}9$ metros antes de cair. Assim,

Distância total percorrida $= (76{,}9 - 34) + 76{,}9 = 119{,}8$ m

PROBLEMAS ■ 2.2

Nos Problemas 1 a 28, calcule a derivada da função dada.

1. $y = -2$
2. $y = 3$
3. $y = 5x - 3$
4. $y = -2x + 7$
5. $y = x^{-4}$
6. $y = x^{7/3}$
7. $y = x^{3,7}$
8. $y = 4 - x^{-1,2}$
9. $y = \pi r^2$
10. $y = \dfrac{4}{3}\pi r^3$
11. $y = \sqrt{2x}$
12. $y = 2\sqrt[4]{x^3}$
13. $y = \dfrac{9}{\sqrt{t}}$
14. $y = \dfrac{3}{2t^2}$
15. $y = x^2 + 2x + 3$
16. $y = 3x^5 - 4x^3 + 9x - 6$
17. $f(x) = x^9 - 5x^8 + x + 12$
18. $f(x) = \dfrac{1}{4}x^8 - \dfrac{1}{2}x^6 - x + 2$
19. $f(x) = -0{,}02x^3 + 0{,}3x$
20. $f(u) = 0{,}07u^4 - 1{,}21u^3 + 3u - 5{,}2$
21. $y = \dfrac{1}{t} + \dfrac{1}{t^2} - \dfrac{1}{\sqrt{t}}$
22. $y = \dfrac{3}{x} - \dfrac{2}{x^2} + \dfrac{2}{3x^3}$
23. $f(x) = \sqrt{x^3} + \dfrac{1}{\sqrt{x^3}}$
24. $f(t) = 2\sqrt{t^3} + \dfrac{4}{\sqrt{t}} - \sqrt{2}$
25. $y = -\dfrac{x^2}{16} + \dfrac{2}{x} - x^{3/2} + \dfrac{1}{3x^2} + \dfrac{x}{3}$
26. $y = -\dfrac{7}{x^{1,2}} + \dfrac{5}{x^{-2,1}}$
27. $y = \dfrac{x^5 - 4x^2}{x^3}$ [*Sugestão*: Divida antes de derivar.]
28. $y = x^2(x^3 - 6x + 7)$ [*Sugestão*: Multiplique antes de derivar.]

Nos Problemas 29 a 34, determine a equação de uma reta que seja tangente à curva da função dada no ponto especificado.

29. $y = -x^3 - 5x^2 + 3x - 1;\ (-1, -8)$
30. $y = x^5 - 3x^3 - 5x + 2;\ (1, -5)$
31. $y = 1 - \dfrac{1}{x} + \dfrac{2}{\sqrt{x}};\ \left(4, \dfrac{7}{4}\right)$
32. $y = \sqrt{x^3} - x^2 + \dfrac{16}{x^2};\ (4, -7)$
33. $y = (x^2 - x)(3 + 2x);\ (-1, 2)$
34. $y = 2x^4 - \sqrt{x} + \dfrac{3}{x};\ (1, 4)$

Nos Problemas 35 a 40, determine a equação de uma reta que seja tangente à curva da função dada no ponto correspondente ao valor de x especificado.

35. $f(x) = -2x^3 + \dfrac{1}{x^2};\ x = -1$
36. $f(x) = x^4 - 3x^3 + 2x^2 - 6;\ x = 2$
37. $f(x) = x - \dfrac{1}{x^2};\ x = 1$
38. $f(x) = x^3 + \sqrt{x};\ x = 4$
39. $f(x) = -\dfrac{1}{3}x^3 + \sqrt{8x};\ x = 2$
40. $f(x) = x(\sqrt{x} - 1);\ x = 4$

Nos Problemas 41 a 46, determine a taxa de variação com x da função f(x) no ponto correspondente ao valor de x especificado.

41. $f(x) = 2x^4 + 3x + 1;\ x = -1$
42. $f(x) = x^3 - 3x + 5;\ x = 2$
43. $f(x) = x - \sqrt{x} + \dfrac{1}{x^2};\ x = 1$
44. $f(x) = \sqrt{x} + 5x;\ x = 4$
45. $f(x) = \dfrac{x + \sqrt{x}}{\sqrt{x}};\ x = 1$
46. $f(x) = \dfrac{2}{x} - x\sqrt{x};\ x = 1$

Nos Problemas 47 a 50, determine a taxa relativa de variação com x da função f(x) no valor de x = c especificado.

47. $f(x) = 2x^3 - 5x^2 + 4;\ c = 1$
48. $f(x) = x + \dfrac{1}{x};\ c = 1$
49. $f(x) = x\sqrt{x} + x^2;\ c = 4$
50. $f(x) = (4 - x)x^{-1};\ c = 3$

PROBLEMAS APLICADOS DE ECONOMIA E FINANÇAS

51. **RECEITA ANUAL** A receita anual bruta de uma empresa foi $A(t) = 0{,}1t^2 + 10t + 20$ milhares de reais t anos após a empresa ter sido fundada em 2008.
    a. A que taxa a receita anual bruta da empresa estava aumentando com o tempo em 2012?
    b. A que taxa percentual a receita anual bruta da empresa estava aumentando com o tempo em 2012?

52. **EFICIÊNCIA DA MÃO DE OBRA** Um estudo realizado em uma fábrica mostra que os operários do turno da manhã, os quais chegam para trabalhar às 8h, terão montado em média $f(x) = -x^3 + 6x^2 + 15x$ receptores de rádio x horas mais tarde.
    a. Escreva uma expressão para o número de receptores por hora que os operários estarão montando x horas depois de começarem a trabalhar.

b. Quantos receptores por hora os operários estarão montando às 9h?

c. Quantos receptores os operários montam entre as 9h e as 10h?

53. IMPOSTO PREDIAL Os registros mostram que x anos após 2008, o imposto predial médio que incidia sobre um apartamento de três quartos em um município era $T(x) = 20x^2 + 40x + 600$ reais.

a. Qual era a taxa de aumento do imposto predial com o tempo no início de 2008?

b. Qual foi a variação do imposto predial entre 2008 e 2012?

54. PUBLICIDADE Um fabricante de motocicletas estima que, se gastar x milhares de reais por ano em publicidade, conseguirá vender

$$M(x) = 2.300 + \frac{125}{x} - \frac{517}{x^2} \quad 3 \leq x \leq 18$$

motocicletas. Qual será a taxa de variação das vendas com a quantia gasta se o fabricante investir R$ 9.000,00 em publicidade? Para esse nível de investimento em publicidade, as vendas estão aumentando ou diminuindo com a quantia investida?

55. GERENCIAMENTO DE CUSTOS Uma empresa usa um furgão para entregar seus produtos. Para estimar os custos, o gerente modela o consumo de combustível do veículo usando a função

$$L(x) = \frac{1}{250}\left(\frac{1.200}{x} + x\right)$$

litros/quilômetro, supondo que o furgão trafega a uma velocidade constante de x quilômetros por hora, para $x \geq 5$. O motorista recebe R$ 20,00 por hora para dirigir o caminhão por 250 quilômetros e o preço do litro de combustível é R$ 4,00.

a. Escreva uma expressão para o custo total $C(x)$ de uma viagem de 250 quilômetros.

b. Qual é a taxa de variação do custo $C(x)$ com x quando o caminhão está a 40 quilômetros por hora? A essa velocidade, o custo aumenta ou diminui quando a velocidade aumenta?

56. CIRCULAÇÃO DE UM JORNAL Estima-se que, daqui a t anos, a circulação de um jornal será $C(t) = 100t^2 + 400t + 5.000$.

a. Escreva uma expressão para a taxa de variação da circulação com o tempo daqui a t anos.

b. Qual será a taxa de variação da circulação com o tempo daqui a 5 anos? A circulação estará aumentando ou diminuindo nessa ocasião?

c. Qual será a variação da circulação durante o 6º ano?

57. AUMENTO DE SALÁRIOS O salário inicial de um empregado é R$ 45.000,00 por ano e todo ano ele recebe um aumento de R$ 2.000,00.

a. Expresse a taxa de variação percentual do salário do empregado em função do tempo e plote o gráfico associado.

b. Qual é a taxa de variação do salário com o tempo após 1 ano?

c. O que acontece com a taxa de variação percentual do salário a longo prazo?

58. PRODUTO INTERNO BRUTO O Produto Interno Bruto de um país está crescendo a uma taxa constante. Em 2000, o PIB foi 125 bilhões de dólares; em 2008, foi 155 bilhões de dólares. Se a tendência continuar, qual será a taxa de crescimento do PIB em 2015?

PROBLEMAS APLICADOS DE CIÊNCIAS SOCIAIS E BIOLÓGICAS

59. TESTES ESCOLARES Estima-se que daqui a x anos a nota média de matemática no vestibular de uma universidade será $f(x) = -6x + 582$.

a. Encontre uma expressão para a taxa com a qual a nota média de matemática estará variando com o tempo daqui a x anos.

b. O que significa o fato de que a expressão do item (a) é uma constante? O que significa o fato de que a constante do item (a) é negativa?

60. TRANSPORTE COLETIVO Após x semanas, o número de pessoas que usavam uma nova linha de ônibus era aproximadamente $N(x) = 6x^3 + 500x + 8.000$.

a. Com que taxa o número de usuários da linha estava variando com o tempo após 8 semanas?

b. Qual foi a variação do número de usuários da linha durante a 8ª semana?

61. CRESCIMENTO POPULACIONAL Segundo as projeções, a população de uma cidade daqui a x meses será $P(x) = 2x + 4x^{3/2} + 5.000$.

a. A que taxa a população estará variando com o tempo daqui a nove meses?

b. A que taxa percentual a população estará variando com o tempo daqui a nove meses?

62. CRESCIMENTO POPULACIONAL Estima-se que a população de uma cidade será $P(t) = t^2 + 200t + 10.000$ daqui a t anos.

a. Expresse a taxa de variação percentual da população em função de t, simplifique algebricamente a função e plote o gráfico associado.

b. O que acontecerá com a taxa de variação percentual da população a longo prazo (ou seja, para valores muito grandes de t)?

63. DISSEMINAÇÃO DE UMA EPIDEMIA Uma pesquisa mostra que, t dias após uma epidemia começar, $N(t) = 10t^3 + 5t + \sqrt{t}$ pessoas estavam infectadas, para $0 \leq t \leq 20$. A que taxa o número de pessoas infectadas estava aumentando no 9º dia?

64. DISSEMINAÇÃO DE UMA EPIDEMIA Uma doença está se disseminando de tal forma que, após t semanas, o número de pessoas infectadas é dado por

$$N(t) = 5.175 - t^3(t - 8) \quad 0 \leq t \leq 8$$

a. A que taxa a epidemia está se disseminando após 3 semanas?

b. Suponha que as autoridades sanitárias declarem que uma doença atingiu proporções epidêmicas quando a taxa de variação percentual do número de pessoas infectadas ultrapassa 25%. Qual é o período de tempo no qual esse critério é satisfeito?

 c. Leia um artigo sobre epidemiologia e escreva um ensaio de pelo menos 10 linhas a respeito da relação entre a política de saúde pública e a disseminação das doenças.

65. **ORNITOLOGIA** Um ornitólogo observa que a temperatura corporal de uma espécie de ave varia durante um período aproximado de 17 horas de acordo com a expressão

$$T(t) = -68{,}07t^3 + 30{,}98t^2 + 12{,}52t + 37{,}1$$

para $0 \leq t \leq 0{,}713$, em que T é a temperatura em graus Celsius t dias após o início de um período.
   a. Calcule e interprete a derivada $T'(t)$.
   b. A que taxas a temperatura está variando no início do período ($t = 0$) e no final do período ($t = 0{,}713$)? A temperatura está aumentando ou diminuindo nesses instantes?
   c. Em que instante a temperatura não está aumentando nem diminuindo? Qual é a temperatura da ave nessa ocasião? Interprete o resultado.

66. **CONTROLE DA POLUIÇÃO** Uma forma de reduzir as emissões de dióxido de carbono (CO_2) seria criar uma taxa proporcional às emissões de cada país. O gráfico a seguir mostra a redução percentual estimada das emissões de CO_2 em função do valor da taxa.
   a. Qual deve ser a taxa para que haja uma redução de 50% nas emissões de CO_2?
   b. Use o gráfico para estimar a taxa de variação da redução percentual das emissões de CO_2 quando a taxa é 200 dólares por tonelada.
   c. Leia a respeito das emissões de CO_2 e escreva um ensaio de pelo menos 10 linhas sobre o uso de políticas do governo federal para controlar a poluição do ar.*

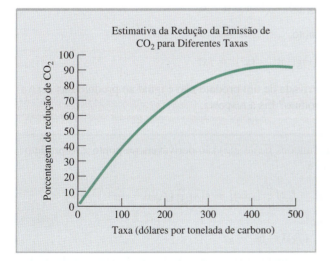

PROBLEMA 66 *Fonte*: Barry C. Field, *Environmental Economics: An Introduction*. New York: McGraw-Hill, 1994, p. 441.

---

*O leitor pode começar a pesquisa consultando o Capítulo 12, "Incentive-Based Strategies: Emission Taxes and Subsidies", e o Capítulo 15, "Federal Air Pollution-Control Policy", de Barry C. Field, *Environmental Economics: An Introduction*, New York: McGraw-Hill, 1994.

67. **POLUIÇÃO DO AR** Um estudo ambiental realizado em um bairro revela que daqui a t anos a concentração de monóxido de carbono no ar será $Q(t) = 0{,}05t^2 + 0{,}1t + 3{,}4$ partes por milhão.
   a. Qual será a taxa de variação da concentração de monóxido de carbono com o tempo daqui a um ano?
   b. Qual será a variação da concentração de monóxido de carbono durante o primeiro ano?
   c. Qual será a variação da concentração de monóxido de carbono durante os dois anos seguintes?

PROBLEMAS VARIADOS

68. **FÍSICO-QUÍMICA** De acordo com a fórmula de Debye da físico-química, a polarização orientacional P de um gás é dada pela equação

$$P = \frac{4}{3}\pi N\left(\frac{\mu^2}{3kT}\right)$$

em que μ, k e N são constantes positivas e T é a temperatura do gás. Determine a taxa de variação de P com T.

69. **ESPIONAGEM** Nosso amigo, o espião que escapou dos contrabandistas de diamantes no Capítulo 1 (Problema 62 da Seção 1.4), está em uma missão secreta no espaço. Uma luta com um agente inimigo o deixa com uma leve concussão e uma amnésia temporária. Felizmente, ele dispõe de um livro que contém a fórmula do movimento de um projétil e os valores de g em vários corpos celestes (9,8 m/s² na Terra, 1,7 m/s² na Lua, 3,7 m/s² em Marte e 8,5 m/s² em Vênus). Para descobrir onde se encontra, joga uma pedra verticalmente para cima (a partir do solo) e observa que a pedra atinge uma altura máxima de 11,4 m e chega ao solo 5 s após ser lançada. Em que planeta está o espião?

MOVIMENTO RETILÍNEO *Nos Problemas 70 a 73, $s(t)$ é a posição no instante t de uma partícula que está se movendo em linha reta.*
   (a) Determine a velocidade e a aceleração da partícula.
   (b) Determine todos os instantes no intervalo dado em que a partícula está estacionária.

70. $s(t) = t^2 - 2t + 6$ para $0 \leq t \leq 2$
71. $s(t) = 3t^2 + 2t - 5$ para $0 \leq t \leq 1$
72. $s(t) = t^3 - 9t^2 + 15t + 25$ para $0 \leq t \leq 6$
73. $s(t) = t^4 - 4t^3 + 8t$ para $0 \leq t \leq 4$

74. **MOVIMENTO BALÍSTICO** Deixa-se cair uma pedra de uma altura de 43 metros.
   a. Quanto tempo a pedra leva para atingir o solo?
   b. Qual é a velocidade da pedra no momento do impacto?

75. **MOVIMENTO BALÍSTICO** Um homem está no alto de um edifício e joga uma bola verticalmente para cima. Depois de 2 segundos, a pedra passa novamente pelo homem; 2 segundos mais tarde, choca-se com o solo.
   a. Qual é a velocidade inicial da bola?
   b. Qual é a altura do edifício?
   c. Qual é a velocidade da bola ao passar pelo homem?
   d. Qual é a velocidade da bola ao chegar ao solo?

76. Determine as equações de todas as retas tangentes à curva da função
$$f(x) = x^2 - 4x + 25$$
que passam pela origem (0,0).

77. Determine três números, a, b e c, tais que a curva da função $f(x) = ax^2 + bx + c$ intercepte o eixo x nos pontos (0, 0) e (5, 0) e possua uma tangente de inclinação 1 no ponto $x = 2$.

78. a. Se $f(x) = x^4$, mostre que $\dfrac{f(x+h)-f(x)}{h} = 4x^3 + 6x^2h + 4xh^2 + h^3$.

b. Se $f(x) = x^n$, em que n é um número inteiro positivo, mostre que
$$\frac{f(x+h) - f(x)}{h} = nx^{n-1} + \frac{n(n-1)}{2}x^{n-2}h + \cdots + nxh^{n-2} + h^{n-1}$$

c. Use o resultado do item (b) e a definição de derivada para demonstrar a regra da potência:
$$\frac{d}{dx}[x^n] = nx^{n-1}$$

79. Demonstre a regra da soma para derivadas. *Sugestão:* observe que o quociente diferença de $f + g$ pode ser escrito na forma
$$\frac{(f+g)(x+h) - (f+g)(x)}{h} = \frac{[f(x+h) + g(x+h)] - [f(x) + g(x)]}{h}$$

SEÇÃO 2.3 Regras do Produto e do Quociente; Derivadas de Ordem Superior

Objetivos do Aprendizado

1. Usar as regras do produto e do quociente para calcular derivadas.
2. Definir e estudar a derivada segunda e as derivadas de ordem superior.

Depois de conhecer as regras da soma e da multiplicação por uma constante, discutidas na Seção 2.2, o leitor talvez tenha chegado à conclusão de que a derivada do produto de duas funções é o produto das derivadas das funções, mas é fácil mostrar que essa conjectura não pode ser verdadeira. Por exemplo: se $f(x) = x^2$ e $g(x) = x^3$, $f'(x) = 2x$ e $g'(x) = 3x^2$; logo,

$$f'(x)g'(x) = (2x)(3x^2) = 6x^3$$

enquanto $f(x)g(x) = x^2x^3 = x^5$ e, portanto,

$$[f(x)g(x)]' = (x^5)' = 5x^4$$

o que mostra que $(fg)' \neq f'g'$. Se a derivada de um produto não é igual ao produto das derivadas, qual é a regra para derivar um produto? Eis a resposta:

Regra do Produto ■ Se as funções $f(x)$ e $g(x)$ são deriváveis no ponto x, o produto $P(x) = f(x)g(x)$ também é derivável e

$$\frac{d}{dx}[f(x)g(x)] = f(x)\frac{d}{dx}[g(x)] + g(x)\frac{d}{dx}[f(x)]$$

o que também pode ser escrito como

$$(fg)' = fg' + gf'$$

Em palavras, a derivada do produto fg é igual f vezes a derivada de g mais g vezes a derivada de f.

Aplicando a regra do produto ao nosso exemplo introdutório, temos:

$$(x^2x^3)' = x^2(x^3)' + (x^3)(x^2)'$$
$$= (x^2)(3x^2) + (x^3)(2x) = 3x^4 + 2x^4 = 5x^4$$

que é igual ao resultado obtido diretamente:

$$(x^2 x^3)' = (x^5)' = 5x^4$$

Outros dois exemplos são apresentados a seguir.

EXEMPLO 2.3.1 Uso da Regra do Produto

Calcule a derivada a função $P(x) = (x - 1)(3x - 2)$
a. Expandindo $P(x)$.
b. Usando a regra do produto.

Solução

a. Como $P(x) = (x - 1)(3x - 2) = x^2 - 5x + 2$, $P'(x) = 6x - 5$.
b. De acordo com a regra do produto, temos:

$$P'(x) = (x - 1)\frac{d}{dx}[3x - 2] + (3x - 2)\frac{d}{dx}[x - 1]$$
$$= (x - 1)(3) + (3x - 2)(1) = 6x - 5$$

EXEMPLO 2.3.2 Retas Tangentes a uma Curva

Dada a curva $y = (2x + 1)(2x^2 - x - 1)$:
a. Determine y'.
b. Determine a equação da reta tangente à curva no ponto $x = 1$.
c. Determine todos os pontos da curva nos quais a tangente é horizontal.

Solução

a. De acordo com a regra do produto, temos:

$$y' = (2x + 1)\frac{d}{dx}[2x^2 - x - 1] + (2x^2 - x - 1)\frac{d}{dx}[2x + 1]$$
$$= (2x + 1)(4x - 1) + (2x^2 - x - 1)(2)$$

b. O valor de y para $x = 1$ é

$$y(1) = [2(1) + 1][2(1)^2 - 1 - 1] = 0$$

e, portanto, o ponto de tangência é $(1,0)$. A inclinação em $x = 1$ é

$$y'(1) = [2(1) + 1][4(1) - 1] + [2(1)^2 - 1 - 1](2) = 9$$

Substituindo na fórmula ponto-inclinação, descobrimos que a equação da reta tangente no ponto $(1, 0)$ é

$$y - 0 = 9(x - 1)$$
ou
$$y = 9x - 9$$

c. Para que uma tangente seja horizontal, é preciso que a inclinação seja zero, ou seja, devemos ter $y' = 0$. Expandindo a expressão da derivada e combinando termos, obtemos

$$y' = (2x + 1)(4x - 1) + (2x^2 - x - 1)(2) = 12x^2 - 3$$

Resolvendo a equação $y' = 0$, encontramos

$$y' = 12x^2 - 3 = 0 \quad \text{somando 3 a ambos os membros e dividindo por 12}$$
$$x^2 = \frac{3}{12} = \frac{1}{4} \quad \text{extraindo a raiz quadrada de ambos os membros}$$

---

9 EXPLORE!

Use uma calculadora gráfica para plotar $f(x) = (x - 1)(3x - 2)$ usando uma janela $[0, 2]0.1$ por $[-1, 1]0.1$. Determine $f'(x)$ e plote a função no mesmo gráfico que $f(x)$. Explique por que o gráfico de $f'(x)$ é uma linha reta. Explique o que acontece de especial com a função $f(x)$ no ponto em que $f'(x) = 0$.

10 EXPLORE!

Entre com a função do Exemplo 2.3.2, $y = (2x + 1)(2x^2 - x - 1)$, no editor de equações como Y1. Plote usando a janela decimal modificada $[-2,35, 2,35]1$ por $[-3.1, 3.1]1$ e use **TRACE** para colocar o cursor em $X = 1$. Construa a reta tangente à curva nesse ponto usando a opção Tangent de **DRAW** (**2nd PRGM**). A equação da tangente é igual à obtida no exemplo?

$$x = \frac{1}{2} \quad \text{e} \quad x = -\frac{1}{2}$$

Fazendo $x = 1/2$ e $x = -1/2$ na expressão de y, obtemos $y(1/2) = -2$ e $y(-1/2) = 0$; assim, a tangente é horizontal nos pontos $(1/2, -2)$ e $(-1/2, 0)$.

No Exemplo 2.3.3, a regra do produto é usada para resolver um problema de economia.

EXEMPLO 2.3.3 Cálculo da Taxa de Variação de uma Receita

Um fabricante observa que, t meses após o lançamento de um novo produto no mercado, $x(t) = t^2 + 3t$ centenas de unidades podem ser produzidas e vendidas por um preço unitário $p(t) = -2t^{3/2} + 30$ reais.

a. Expresse a receita $R(t)$ com a venda do produto em função do tempo.
b. A que taxa a receita está variando em relação ao tempo 4 meses após o lançamento do produto? A receita está aumentando ou diminuindo nessa ocasião?

Solução

a. A receita é dada por

$$R(t) = x(t)p(t) = (t^2 + 3t)(-2t^{3/2} + 30)$$

centenas de reais.

b. A taxa de variação da receita $R(t)$ com o tempo é dada pela derivada $R'(t)$, que podemos calcular usando a regra do produto:

$$R'(t) = (t^2 + 3t)\frac{d}{dt}[-2t^{3/2} + 30] + (-2t^{3/2} + 30)\frac{d}{dt}[t^2 + 3t]$$

$$= (t^2 + 3t)\left[-2\left(\frac{3}{2}t^{1/2}\right)\right] + (-2t^{3/2} + 30)[2t + 3]$$

No instante $t = 4$, a taxa de variação da receita é

$$R'(4) = [(4)^2 + 3(4)][-3(4)^{1/2}] + [-2(4)^{3/2} + 30][2(4) + 3]$$
$$= -14$$

Assim, após quatro meses, a receita está variando à taxa de 14 centenas de reais (R$ 1.400,00) por mês. Nessa ocasião, a receita está *diminuindo*, já que $R'(4)$ é negativa.

Uma demonstração da regra do produto aparece no final desta seção. Também é importante saber derivar quocientes de funções; para esse fim, dispomos da regra a seguir, cuja demonstração fica a cargo do leitor (Problema 73).

ATENÇÃO: um erro comum é supor que $\left(\dfrac{f}{g}\right)' = \dfrac{f'}{g'}$.

Regra do Quociente ■ Se $f(x)$ e $g(x)$ são funções deriváveis, o quociente $Q(x) = f(x)/g(x)$ também é derivável e

$$\frac{d}{dx}\left[\frac{f(x)}{g(x)}\right] = \frac{g(x)\dfrac{d}{dx}[f(x)] - f(x)\dfrac{d}{dx}[g(x)]}{[g(x)]^2} \quad \text{se } g(x) \neq 0$$

o que também pode ser escrito como

$$\left(\frac{f}{g}\right)' = \frac{gf' - fg'}{g^2}$$

DERIVAÇÃO: CONCEITOS BÁSICOS

NOTA A regra do quociente é provavelmente a regra mais complicada que apresentamos até o momento neste livro. Para facilitar a memorização, observe que o numerador se parece com a regra do produto, a não ser pelo fato de que possui um sinal negativo, o que torna a ordem dos termos muito importante. Comece por elevar o denominador g ao quadrado para obter o denominador da derivada. Em seguida, monte o numerador começando também por g, o que o ajudará a colocar os termos do numerador na ordem correta. Para escrever o resto, basta recordar a regra do produto. Não se esqueça de colocar o sinal negativo entre o primeiro e o segundo termo do numerador! ∎

EXEMPLO 2.3.4 Uso da Regra do Quociente

Calcule a derivada do quociente $Q(x) = (x^2 - 5x + 7)/2x$
  a. Efetuando a divisão.
  b. Usando a regra do quociente.

LEMBRETE

Lembre-se de que
$$\frac{A+B}{C} = \frac{A}{C} + \frac{B}{C}$$
mas
$$\frac{A}{B+C} \neq \frac{A}{B} + \frac{A}{C}$$

Solução

a. Dividindo o numerador por $2x$, obtemos:

$$Q(x) = \frac{1}{2}x - \frac{5}{2} + \frac{7}{2}x^{-1}$$

ou

$$Q'(x) = \frac{1}{2} - 0 + \frac{7}{2}(-x^{-2}) = \frac{1}{2} - \frac{7}{2x^2}$$

b. Aplicando a regra do quociente,

$$Q'(x) = \frac{(2x)\dfrac{d}{dx}[x^2 - 5x + 7] - (x^2 - 5x + 7)\dfrac{d}{dx}[2x]}{(2x)^2}$$

$$= \frac{(2x)(2x - 5) - (x^2 - 5x + 7)(2)}{4x^2} = \frac{2x^2 - 14}{4x^2} = \frac{1}{2} - \frac{7}{2x^2}$$

EXEMPLO 2.3.5 Estudo da Variação de uma População com o Tempo

Um biólogo modela o efeito da introdução de uma toxina em uma colônia de bactérias usando a função

$$P(t) = \frac{t+1}{t^2 + t + 4}$$

em que P é o número de bactérias da colônia (em milhões) t horas após a toxina ser introduzida.
  a. A que taxa a população está variando no momento em que a toxina é introduzida? A população está aumentando ou diminuindo nessa ocasião?
  b. Em que instante a população começa a diminuir? De quanto a população aumenta antes de começar a diminuir?

Solução

a. A taxa de variação da população com o tempo é dada pela derivada $P'(t)$, que podemos calcular usando a regra do quociente:

$$P'(t) = \frac{(t^2 + t + 4)\dfrac{d}{dt}[t+1] - (t+1)\dfrac{d}{dt}[t^2 + t + 4]}{(t^2 + t + 4)^2}$$

$$= \frac{(t^2 + t + 4)(1) - (t + 1)(2t + 1)}{(t^2 + t + 4)^2}$$

$$= \frac{-t^2 - 2t + 3}{(t^2 + t + 4)^2}$$

A toxina é introduzida em $t = 0$; nesse instante, a taxa de variação da população é

$$P'(0) = \frac{0 + 0 + 3}{(0 + 0 + 4)^2} = \frac{3}{16} = 0{,}1875$$

Isso significa que a população inicialmente está variando a uma taxa de 0,1875 milhão de bactérias (187.500 bactérias) por hora e está aumentando, já que $P'(0) > 0$.

b. Para que a população diminua, é preciso que $P'(t) < 0$. Como o numerador de $P'(t)$ pode ser fatorado como

$$-t^2 - 2t + 3 = -(t^2 + 2t - 3) = -(t - 1)(t + 3)$$

podemos escrever

$$P'(t) = \frac{-(t - 1)(t + 3)}{(t^2 + t + 4)^2}$$

Como o denominador $(t^2 + t + 4)^2$ e o fator $t + 3$ são positivos para qualquer valor de $t \geq 0$, podemos escrever:

para $0 \leq t < 1$ $P'(t) > 0$ e $P(t)$ está aumentando

para $t > 1$ $P'(t) < 0$ e $P(t)$ está diminuindo

Assim, a população começa a diminuir após 1 hora.

A população inicial da colônia é

$$P(0) = \frac{0 + 1}{0 + 0 + 4} = \frac{1}{4}$$

milhões de bactérias; após 1 hora, passa a ser

$$P(1) = \frac{1 + 1}{1 + 1 + 4} = \frac{1}{3}$$

milhões. Assim, antes de começar a diminuir, a população aumenta de

$$P(1) - P(0) = \frac{1}{3} - \frac{1}{4} = \frac{1}{12}$$

milhões, o que corresponde a 83.333 bactérias.

A regra do quociente é trabalhosa e não deve ser usada desnecessariamente. Considere o Exemplo 2.3.6.

EXEMPLO 2.3.6 Uso da Regra da Potência com Quocientes

Calcule a derivada da função $y = \dfrac{2}{3x^2} - \dfrac{x}{3} + \dfrac{4}{5} + \dfrac{x+1}{x}$.

Solução

A regra do quociente pode ser empregada, mas é mais simples e mais rápido escrever a função na forma

$$y = \frac{2}{3}x^{-2} - \frac{1}{3}x + \frac{4}{5} + 1 + x^{-1}$$

e usar a regra da potência termo a termo para obter

$$\frac{dy}{dx} = \frac{2}{3}(-2x^{-3}) - \frac{1}{3} + 0 + 0 + (-1)x^{-2}$$

$$= -\frac{4}{3}x^{-3} - \frac{1}{3} - x^{-2}$$

$$= -\frac{4}{3x^3} - \frac{1}{3} - \frac{1}{x^2}$$

A Derivada Segunda

Em muitos problemas práticos, é necessário calcular a taxa de variação de uma grandeza que é a taxa de variação de outra grandeza. Assim, por exemplo, a aceleração de um automóvel é a taxa de variação da velocidade com o tempo, mas a velocidade é a taxa de variação da distância com o tempo. Se a distância é medida em quilômetros e o tempo em horas, a velocidade (taxa de variação da distância) é medida em quilômetros por hora e a aceleração (taxa de variação da velocidade) é medida em quilômetro por hora ao quadrado.

Problemas que envolvem a taxa de variação de uma taxa de variação são frequentes na economia. Em períodos de inflação, por exemplo, um economista do governo pode assegurar à nação que, embora a inflação esteja aumentando, a taxa de aumento da inflação está diminuindo. Em outras palavras, embora os preços continuem a subir, estão subindo mais devagar que no passado.

A taxa de variação da função $f(x)$ em relação a x é a derivada $f'(x)$; analogamente, a taxa de variação da função $f'(x)$ em relação a x é a derivada de f', $(f'(x))'$. Para simplificar a notação, escrevemos a derivada da derivada de $f(x)$ como $f''(x)$ e a chamamos de *derivada segunda* de $f(x)$ (o símbolo $f''(x)$ é lido como "f duas linhas de x"). Se $y = f(x)$, a segunda derivada de y em relação a x é escrita como y'' ou como d^2y/dx^2. Apresentamos a seguir um resumo da notação usada para representar derivadas segundas.

Derivada Segunda ■ A derivada segunda de uma função é a derivada da derivada da função. Se $y = f(x)$, a derivada segunda é representada como

$$f''(x) \quad \text{ou} \quad \frac{d^2y}{dx^2}$$

A derivada segunda corresponde à taxa de variação da taxa de variação da função original.

NOTA A derivada comum, $f'(x)$, é chamada de **derivada primeira** quando há necessidade de distingui-la da **derivada segunda**, $f''(x)$. ■

Não há necessidade de usar novas regras para calcular a derivada segunda de uma função; basta calcular a derivada da função e derivá-la mais uma vez usando as mesmas regras.

EXEMPLO 2.3.7 Cálculo de uma Derivada Segunda

Calcule a derivada segunda da função $f(x) = 5x^4 - 3x^2 - 3x + 7$.

Solução
Calculamos a derivada primeira

$$f'(x) = 20x^3 - 6x - 3$$

e derivamos novamente para obter

$$f''(x) = 60x^2 - 6$$

11 EXPLORE!

Uma calculadora gráfica pode ser usada para plotar a curva de uma derivada de ordem superior. Entre como Y1 a função

$f(x) = 5x^4 - 3x^2 - 3x + 7$

e faça

Y2 = nDeriv(Y1, X, X)

e

Y3 = nDeriv(Y2, X, X)

mudando o estilo de Y3 para negrito. Plote as três funções usando uma janela [−1, 1]0.1 por [−10, 10]1.

EXEMPLO 2.3.8 Cálculo de uma Derivada Segunda

Calcule a derivada segunda da função $y = x^2(3x + 1)$

Solução

De acordo com a regra do produto,

$$\frac{d}{dx}[x^2(3x + 1)] = x^2 \frac{d}{dx}[3x + 1] + (3x + 1)\frac{d}{dx}[x^2]$$
$$= x^2(3) + (3x + 1)(2x)$$
$$= 9x^2 + 2x$$

Assim, a derivada segunda é

$$\frac{d^2y}{dx^2} = \frac{d}{dx}[9x^2 + 2x]$$
$$= 18x + 2$$

NOTA Antes de calcular a derivada segunda, não deixe de simplificar a derivada primeira tanto quanto possível. Quanto mais complicada for a derivada primeira, mais trabalhoso será o cálculo da derivada segunda. ■

A derivada segunda será usada na Seção 3.2 para obter informações a respeito da forma das curvas e nas Seções 3.4 e 3.5 em problemas de otimização. O Exemplo 2.3.9 mostra uma aplicação mais elementar, na qual a segunda derivada é interpretada como a taxa de variação de uma taxa de variação.

EXEMPLO 2.3.9 Cálculo da Taxa de Variação de uma Taxa de Produção

Um estudo de eficiência realizado no turno da manhã de uma fábrica revela que um operário que chega ao trabalho às 8h terá produzido

$$Q(t) = -t^3 + 6t^2 + 24t$$

unidades t horas mais tarde.

a. Calcule a taxa de produção do operário às 11h.
b. Qual é a taxa de variação da taxa de produção do operário às 11h?

Solução

a. A taxa de produção do operário é a derivada primeira

$$R(t) = Q'(t) = -3t^2 + 12t + 24$$

da função de produção $Q(t)$. Às 11h, $t = 3$ e a taxa de produção é

$$R(3) = Q'(3) = -3(3)^2 + 12(3) + 24 = 33$$
$$= 33 \text{ unidades por hora}$$

b. A taxa de variação da taxa de produção é a derivada segunda

$$R'(t) = Q''(t) = -6t + 12$$

da função de produção. Às 11h, essa taxa é

$$R'(3) = Q''(3) = -6(3) + 12$$
$$= -6 \text{ unidades por hora ao quadrado}$$

DERIVAÇÃO: CONCEITOS BÁSICOS 119

O sinal negativo indica que a taxa de produção do operário está diminuindo; em outras palavras, o operário está trabalhando mais devagar. A taxa desse decréscimo de eficiência às 11h é 6 unidades por hora ao quadrado.

Como vimos na Seção 2.2, a **aceleração** $a(t)$ de um corpo que está se movendo em linha reta é a derivada da velocidade $v(t)$, que por sua vez é a derivada da função posição $s(t)$. Assim, a aceleração é a derivada segunda da posição:

$$a(t) = \frac{d^2s}{dt^2}$$

Essa notação é usada no Exemplo 2.3.10.

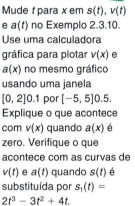

12 EXPLORE!

Mude t para x em $s(t)$, $v(t)$ e $a(t)$ no Exemplo 2.3.10. Use uma calculadora gráfica para plotar $v(x)$ e $a(x)$ no mesmo gráfico usando uma janela [0, 2]0.1 por [−5, 5]0.5. Explique o que acontece com $v(x)$ quando $a(x)$ é zero. Verifique o que acontece com as curvas de $v(t)$ e $a(t)$ quando $s(t)$ é substituída por $s_1(t) = 2t^3 - 3t^2 + 4t$.

EXEMPLO 2.3.10 Cálculo da Velocidade e Aceleração de um Objeto

Se a posição de um objeto que está se movendo em linha reta é dada por $s(t) = t^3 - 3t^2 + 4t$ no instante t, calcule a velocidade e a aceleração do objeto.

Solução

A velocidade do objeto é

$$v(t) = \frac{ds}{dt} = 3t^2 - 6t + 4$$

e a aceleração é

$$a(t) = \frac{dv}{dt} = \frac{d^2s}{dt^2} = 6t - 6$$

Derivadas de Ordem Superior

Derivando mais uma vez a derivada segunda $f''(x)$ de uma função $f(x)$, obtemos a derivada terceira, $f'''(x)$. Derivando mais uma vez, obtemos a derivada quarta, que é representada como $f^{(4)}(x)$, já que a notação das plicas $f''''(x)$ começa a se tornar pouco prática. No caso geral, a derivada obtida a partir de $f(x)$ por meio de n derivações sucessivas é chamada de **derivada enésima** ou **derivada de ordem n** e representada pelo símbolo $f^{(n)}(x)$.

> **Derivada de Ordem n** ■ Para qualquer número inteiro positivo n, a derivada de ordem n de uma função é obtida derivando a função n vezes sucessivas. Se a função original é $y = f(x)$, a derivada de ordem n é representada como
>
> $$f^{(n)}(x) \quad \text{ou} \quad \frac{d^n y}{dx^n}$$

EXEMPLO 2.3.11 Cálculo de Derivadas de Ordem Superior

Calcule a derivada quinta das funções indicadas.

a. $f(x) = 4x^3 + 5x^2 + 6x - 1$ **b.** $y = \dfrac{1}{x}$

Solução

a. $f'(x) = 12x^2 + 10x + 6$
$f''(x) = 24x + 10$
$f'''(x) = 24$
$f^{(4)}(x) = 0$
$f^{(5)}(x) = 0$

b. $\dfrac{dy}{dx} = \dfrac{d}{dx}(x^{-1}) = -x^{-2} = -\dfrac{1}{x^2}$

$\dfrac{d^2y}{dx^2} = \dfrac{d}{dx}(-x^{-2}) = 2x^{-3} = \dfrac{2}{x^3}$

$\dfrac{d^3y}{dx^3} = \dfrac{d}{dx}(2x^{-3}) = -6x^{-4} = -\dfrac{6}{x^4}$

$\dfrac{d^4y}{dx^4} = \dfrac{d}{dx}(-6x^{-4}) = 24x^{-5} = \dfrac{24}{x^5}$

$\dfrac{d^5y}{dx^5} = \dfrac{d}{dx}(24x^{-5}) = -120x^{-6} = -\dfrac{120}{x^6}$

Demonstração da Regra do Produto

As regras do produto e do quociente não são fáceis de demonstrar. Nos dois casos, é preciso expressar o quociente diferença da expressão dada (o produto fg ou o quociente f/g) em termos dos quocientes diferença de f e g. Segue uma demonstração da regra do produto. A demonstração da regra do quociente fica a cargo do leitor (Problema 73).

Para mostrar que $\dfrac{d}{dx}(fg) = f\dfrac{dg}{dx} + g\dfrac{df}{dx}$, começamos com o quociente diferença global e usamos o artifício de subtrair e somar ao numerador o termo $f(x+h)g(x)$:

$$\dfrac{d}{dx}(fg) = \lim_{h \to 0} \dfrac{f(x+h)g(x+h) - f(x)g(x)}{h}$$

$$= \lim_{h \to 0} \left[\dfrac{f(x+h)g(x+h) - f(x+h)g(x)}{h} + \dfrac{f(x+h)g(x) - f(x)g(x)}{h}\right]$$

$$= \lim_{h \to 0} \left(f(x+h)\left[\dfrac{g(x+h) - g(x)}{h}\right] + g(x)\left[\dfrac{f(x+h) - f(x)}{h}\right]\right)$$

Agora vamos fazer h tender a zero. Como

$$\lim_{h \to 0} \dfrac{f(x+h) - f(x)}{h} = \dfrac{df}{dx}$$

$$\lim_{h \to 0} \dfrac{g(x+h) - g(x)}{h} = \dfrac{dg}{dx}$$

e

$$\lim_{h \to 0} f(x+h) = f(x) \qquad \text{continuidade de } f(x)$$

temos: $\dfrac{d}{dx}(fg) = f\dfrac{dg}{dx} + g\dfrac{df}{dx}$

PROBLEMAS ■ 2.3

Nos Problemas 1 a 18, calcule a derivada da função dada.

1. $f(x) = (2x + 1)(3x - 2)$
2. $f(x) = (x - 5)(1 - 2x)$
3. $y = 10(3u + 1)(1 - 5u)$
4. $y = 400(15 - x^2)(3x - 2)$
5. $f(x) = \dfrac{1}{3}(x^5 - 2x^3 + 1)\left(x - \dfrac{1}{x}\right)$
6. $f(x) = -3(5x^3 - 2x + 5)(\sqrt{x} + 2x)$
7. $y = \dfrac{x+1}{x-2}$
8. $y = \dfrac{2x-3}{5x+4}$
9. $f(t) = \dfrac{t}{t^2 - 2}$
10. $f(x) = \dfrac{1}{x-2}$
11. $y = \dfrac{3}{x+5}$
12. $y = \dfrac{t^2+1}{1-t^2}$
13. $f(x) = \dfrac{x^2 - 3x + 2}{2x^2 + 5x - 1}$
14. $g(x) = \dfrac{(x^2 + x + 1)(4 - x)}{2x - 1}$
15. $f(x) = (2 + 5x)^2$
16. $f(x) = \left(x + \dfrac{1}{x}\right)^2$
17. $g(t) = \dfrac{t^2 + \sqrt{t}}{2t + 5}$

18. $h(x) = \dfrac{x}{x^2 - 1} + \dfrac{4 - x}{x^2 + 1}$

Nos Problemas 19 a 23, determine a equação da reta tangente à curva dada no ponto $x = x_0$.

19. $y = (5x - 1)(4 + 3x); x_0 = 0$

20. $y = (x^2 + 3x - 1)(2 - x); x_0 = 1$

21. $y = \dfrac{x}{2x + 3}; x_0 = -1$

22. $y = \dfrac{x + 7}{5 - 2x}; x_0 = 0$

23. $y = (3\sqrt{x} + x)(2 - x^2); x_0 = 1$

Nos Problemas 24 a 27, determine todos os pontos da curva da função dada nos quais a tangente é horizontal.

24. $f(x) = (x - 1)(x^2 - 8x + 7)$

25. $f(x) = (x + 1)(x^2 - x - 2)$

26. $f(x) = \dfrac{x^2 + x - 1}{x^2 - x + 1}$ **27.** $f(x) = \dfrac{x + 1}{x^2 + x + 1}$

Nos Problemas 28 a 31, determine a taxa de variação dy/dx para o valor especificado de x_0.

28. $y = (x^2 + 2)(x + \sqrt{x}); x_0 = 4$

29. $y = (x^2 + 3)(5 - 2x^3); x_0 = 1$

30. $y = \dfrac{2x - 1}{3x + 5}; x_0 = 1$

31. $y = x + \dfrac{3}{2 - 4x}; x_0 = 0$

A reta normal à curva $y = f(x)$ no ponto $P(x_0, f(x_0))$ é a reta perpendicular à tangente no ponto P. Nos Problemas 32 a 35, escreva a equação da reta normal à curva dada no ponto especificado.

32. $y = x^2 + 3x - 5; (0, -5)$

33. $y = \dfrac{2}{x} - \sqrt{x}; (1, 1)$

34. $y = (x + 3)(1 - \sqrt{x}); (1, 0)$

35. $y = \dfrac{5x + 7}{2 - 3x}; (1, -12)$

36. Calcule $h'(2)$ para $h(x) = (x^2 + 3)g(x)$ em que $g(2) = 3$ e $g'(2) = -2$.

37. Calcule $h'(-3)$ para $h(x) = [3x^2 - 2g(x)][g(x) + 5x]$ em que $g(-3) = 1$ e $g'(-3) = 2$.

38. Calcule $h'(0)$ para $h(x) = \dfrac{3x^2 - 5g(x)}{g(x) + 4}$ em que $g(0) = 2$ e $g'(0) = -3$.

39. Calcule $h'(-1)$ para $h(x) = \dfrac{x^3 + xg(x)}{3x - 5}$ em que $g(-1) = 0$ e $g'(-1) = 1$.

40. a. Calcule a derivada da função $y = 2x^2 - 5x - 3$.
   b. Escreva a função do item (a) na forma fatorada $y = (2x + 1)(x - 3)$ e calcule a derivada usando a regra do produto. Verifique que as duas respostas são iguais.

41. a. Use a regra do quociente para calcular a derivada da função $y = (2x + 3)/x^3$.
   b. Escreva a função na forma $y = x^{-3}(2x - 3)$ e calcule a derivada usando a regra do produto.
   c. Escreva a função na forma $y = 2x^{-2} - 3x^{-3}$ e calcule a derivada.
   d. Verifique que as respostas do itens (a), (b) e (c) são iguais.

Nos Problemas 42 a 47, calcule a derivada segunda da função dada. Em todos os casos, use a notação apropriada para a derivada segunda e simplifique a resposta. (Não se esqueça de simplificar ao máximo a derivada primeira antes de calcular a derivada segunda.)

42. $f(x) = 5x^{10} - 6x^5 - 27x + 4$

43. $f(x) = \dfrac{2}{5}x^5 - 4x^3 + 9x^2 - 6x - 2$

44. $y = 5\sqrt{x} + \dfrac{3}{x^2} + \dfrac{1}{3\sqrt{x}} + \dfrac{1}{2}$

45. $y = \dfrac{2}{3x} - \sqrt{2x} + \sqrt{2}x - \dfrac{1}{6\sqrt{x}}$

46. $y = (x^2 - x)\left(2x - \dfrac{1}{x}\right)$

47. $y = (x^3 + 2x - 1)(3x + 5)$

PROBLEMAS APLICADOS DE ECONOMIA E FINANÇAS

48. DEMANDA E RECEITA O gerente de uma empresa que fabrica calculadoras científicas observa que, se x mil calculadoras são produzidas, todas são vendidas quando o preço unitário é

$$p(x) = \dfrac{1.000}{0,3x^2 + 8}$$

reais.
   a. A que taxa a demanda $p(x)$ está variando em relação ao nível de produção x quando 3.000 calculadoras ($x = 3$) são fabricadas?
   b. A receita obtida com a venda de x mil calculadoras é $R(x) = xp(x)$ mil reais. A que taxa a receita está variando quando são produzidas 3.000 calculadoras? Para esse nível de produção, a receita está aumentando ou diminuindo?

49. VENDAS O gerente da joalheria Ouro Fino modela o total de vendas usando a função

$$S(t) = \dfrac{2.000t}{4 + 0,3t}$$

em que t é o tempo (em anos) após o ano 2010 e S está expresso em milhares de reais.
   a. A que taxa as vendas estavam variando em 2012?
   b. O que acontece com as vendas a longo prazo (ou seja, quando $t \to \infty$)?

50. LUCRO Vera Lúcia, dona da perfumaria Aroma, estima que se o preço unitário de um perfume for fixado em p reais, conseguirá vender

$$B(p) = \frac{500}{p+3} \quad p \geq 5$$

frascos de perfume por mês, a um custo de

$$C(p) = 0{,}2p^2 + 3p + 200 \text{ reais}$$

a. Expresse o lucro de Vera Lúcia, $P(p)$, em função do preço p.
b. A que taxa o lucro está variando em relação a p quando o preço do frasco é R$ 12,00? Para esse preço, o lucro está aumentando ou diminuindo?

51. PUBLICIDADE Uma empresa fabrica um gravador de DVD para computadores pessoais. O gerente de vendas observa que t semanas após o início de uma campanha publicitária, $P(t)$ por cento dos fregueses em potencial já conhecem o produto, em que

$$P(t) = 100\left(\frac{t^2 + 5t + 5}{t^2 + 10t + 30}\right)$$

a. A que taxa a porcentagem do mercado $P(t)$ está variando com o tempo após 5 semanas? A porcentagem está aumentando ou diminuindo?
b. O que acontece com a porcentagem $P(t)$ a longo prazo, isto é, quando $t \to +\infty$? O que acontece com a taxa de variação de $P(t)$ quando $t \to +\infty$?

52. EFICIÊNCIA DA MÃO DE OBRA Um estudo de eficiência realizado no turno da manhã de um fábrica revela que os operários que chegam ao trabalho às 8h produziram em média $Q(t) = -t^3 + 8t^2 + 15t$ unidades t horas mais tarde.
a. Calcule a taxa de produção dos operários $R(t) = Q'(t)$.
b. A que taxa a taxa de produção dos operários está variando com o tempo às 9h?

53. RECEITA No momento, uma empresa está vendendo 1.000 unidades de um produto por R$ 5,00 a unidade. O gerente da empresa estima que o preço está aumentando à taxa de 5 centavos por semana, enquanto a demanda está diminuindo à taxa de 4 unidades por semana.
a. Se x é o nível de produção no instante t, qual é a função $R(x)$? Calcule a taxa de variação com x de $R(x)$. No momento, a receita está aumentando ou diminuindo?
b. Qual é a taxa de variação atual da receita média $R(x)/x$? No momento, a receita média está aumentando ou diminuindo?

54. LUCRO O gerente de uma empresa estima que o custo para produzir 400 unidades de um produto daqui a 1 ano será R$ 10.000,00 e que o produto poderá ser vendido por um preço unitário de R$ 30,00. O gerente estima também que, daqui a 1 ano, o preço estará aumentando à taxa de 75 centavos por mês, o nível de produção estará aumentando à taxa de 2 unidades por mês e o custo permanecerá constante.

a. Se x é o nível de produção no instante t, em que $t = 0$ daqui a 1 ano, qual é a função lucro $L(x)$? Determine a taxa com a qual o lucro estará aumentando com x daqui a 1 ano. O lucro estará aumentando ou diminuindo daqui a 1 ano?
b. A que taxa o lucro médio $L(x)/x$ estará aumentando daqui a 1 ano? O lucro médio estará aumentando ou diminuindo daqui a 1 ano?

PROBLEMAS APLICADOS DE CIÊNCIAS SOCIAIS E BIOLÓGICAS

55. CONTROLE DA POLUIÇÃO Um estudo revela que os investimentos em controle da poluição são eficazes apenas até certo ponto. Suponha que se saiba que, quando o gasto é de x milhões de reais, a porcentagem de decréscimo da poluição é dada por

$$P(x) = \frac{100\sqrt{x}}{0{,}03x^2 + 9}$$

a. A que taxa a porcentagem de decréscimo da poluição $P(x)$ está variando quando 16 milhões de reais são investidos? A porcentagem está aumentando ou diminuindo para esse nível de gastos?
b. Para que valores de x a porcentagem $P(x)$ está aumentando? Para que valores está diminuindo?

56. COLÔNIA DE BACTÉRIAS A população de uma colônia de bactérias é dada por

$$P(t) = \frac{24t + 10}{t^2 + 1}$$

milhões de bactérias t horas após a introdução de uma toxina.
a. A que taxa a população está variando 1 hora após a toxina ser introduzida ($t = 1$)? A população está aumentando ou diminuindo nessa ocasião?
b. Em que instante a população começa a diminuir?

57. DOSAGEM DE UM MEDICAMENTO Um modelo biológico* sugere que a reação do organismo humano a uma dose de um medicamento pode ser modelada por uma função da forma

$$F = \frac{1}{3}(KM^2 - M^3)$$

em que K é uma constante positiva e M é a quantidade de medicamento presente no sangue. A derivada $S = dF/dM$ pode ser considerada uma medida da sensibilidade do organismo ao medicamento.
a. Determine a sensibilidade S.
b. Calcule $dS/dM = d^2F/dM^2$ e interprete fisicamente essa derivada segunda.

58. FARMACOLOGIA Um analgésico oral é administrado a um paciente; t horas depois, a concentração do medicamento no sangue do paciente é dada por

$$C(t) = \frac{2t}{3t^2 + 16}$$

---

*Thrall et al., *Some Mathematical Models in Biology*, U.S. Dept. of Commerce, 1967.

a. Qual é a taxa de variação da concentração do medicamento no sangue do paciente, $R(t)$, t horas após a administração? Qual é a taxa de variação de $R(t)$ nesse instante?
b. Qual é a taxa de variação da concentração do medicamento 1 hora após a administração? A concentração está aumentando ou diminuindo nesse instante?
c. Em que instante a concentração do medicamento começa a diminuir?
d. Durante que período de tempo a taxa de variação da concentração diminui?

59. **CRESCIMENTO POPULACIONAL** Calcula-se que, daqui a t anos, a população de um município será $P(t) = 20 - 6/(t+1)$ mil moradores.
    a. Escreva uma expressão para a taxa de variação do número de moradores daqui a t anos.
    b. Qual será a taxa de aumento da população daqui a 1 ano?
    c. Qual será o aumento da população durante o segundo ano?
    d. Qual será a taxa de aumento da população daqui a 9 anos?
    e. O que acontecerá com a taxa de aumento da população a longo prazo?

60. **PRODUÇÃO DAS CÉLULAS DO SANGUE** De acordo com um modelo biológico,* a produção de um tipo de glóbulos brancos (*granulócitos*) pode ser descrita por uma função da forma
$$p(x) = \frac{Ax}{B + x^m}$$
em que A e B são constantes positivas, o expoente m é positivo e x é o número de células presentes.
    a. Calcule a taxa de produção de granulócitos, $p'(x)$.
    b. Calcule $p''(x)$ e determine todos os valores de x para os quais $p''(x) = 0$ (a resposta deve ser dada em função de m).
    c. Leia a respeito da produção de células do sangue e escreva um ensaio de pelo menos 10 linhas sobre o uso de métodos matemáticos para modelar a produção desse tipo de célula. O leitor pode começar a pesquisa consultando o artigo "Blood Cell Population Model, Dynamical Diseases, and Chaos", de W. B. Gearhart e M. Martelli, UMAP Module 1990, Arlington, MA: Consortium for Mathematics and Its Applications, Inc., 1991.

PROBLEMAS VARIADOS

Nos Problemas 61 a 64, é dada a posição $s(t)$ de um objeto que se move em linha reta. Em cada caso:
(a) Determine a velocidade $v(t)$ e a aceleração $a(t)$ do objeto.
(b) Determine todos os instantes t em que a aceleração é 0.

61. $s(t) = 3t^5 - 5t^3 - 7$
62. $s(t) = 2t^4 - 5t^3 + t - 3$
63. $s(t) = -t^3 + 7t^2 + t + 2$
64. $s(t) = 4t^{5/2} - 15t^2 + t - 3$

65. **VELOCIDADE** Um corpo se move em linha reta de tal forma que, após t minutos, a distância percorrida é $D(t) = 10t + \dfrac{5}{t+1} - 5$ metros.
    a. Qual é a velocidade do corpo após 4 minutos?
    b. Qual é a distância percorrida pelo corpo durante o 5º minuto?

66. **ACELERAÇÃO** Após as primeiras t horas de uma viagem de 8 horas, um carro percorreu $D(t) = 64t + 10t^2/3 - 2t^3/9$ quilômetros.
    a. Escreva uma expressão para a aceleração do carro em função do tempo.
    b. A que taxa a velocidade do carro está variando em relação ao tempo após 6 horas de viagem? A velocidade está aumentando ou diminuindo nesse instante?
    c. Qual é a variação de velocidade do carro durante a sétima hora?

67. **ACELERAÇÃO** Se um corpo é deixado cair ou lançado verticalmente, a altura (em metros) do corpo após t segundos é dada por $H(t) = -4{,}9t^2 + S_0 t + H_0$, em que S_0 é a velocidade inicial do corpo e H_0 é a altura inicial.
    a. Escreva uma expressão para a aceleração do corpo.
    b. Como varia a aceleração com o tempo?
    c. O que significa o fato de que a resposta do item (a) é um número negativo?

68. Calcule $f^{(4)}(x)$ para $f(x) = x^5 - 2x^4 + x^3 - 3x^2 + 5x - 6$.

69. Calcule $\dfrac{d^3 y}{dx^3}$ para $y = \sqrt{x} - \dfrac{1}{2x} + \dfrac{x}{\sqrt{2}}$.

70. a. Mostre que
$$\frac{d}{dx}[fgh] = fg\frac{dh}{dx} + fh\frac{dg}{dx} + gh\frac{df}{dx}$$
[*Sugestão:* aplique duas vezes a regra do produto.]
    b. Determine $\dfrac{dy}{dx}$ para $y = (2x+1)(x-3)(1-4x)$.

71. a. Combinando a regra do produto com a regra do quociente, escreva uma expressão para $\dfrac{d}{dx}\left[\dfrac{fg}{h}\right]$.
    b. Determine $\dfrac{dy}{dx}$ para $y = \dfrac{(2x+7)(x^2+3)}{3x+5}$.

72. A regra do produto é usada para derivar o produto de duas funções, enquanto a regra da multiplicação por uma constante é usada para derivar produtos nos quais um dos fatores é constante. Mostre que a regra da multiplicação por uma constante é um caso especial da regra do produto, ou seja, que a aplicação da regra do produto ao produto cf leva à relação $\dfrac{d}{dx}[cf] = c\dfrac{df}{dx}$ se c for constante.

73. Demonstre a regra do quociente. [*Sugestão:* Mostre que o quociente diferença para f/g é

---

*M. C. Mackey e L. Glass, "Oscillations and Chaos in Physiological Control Systems", *Science*, Vol. 197, pp. 287–289.

$$\frac{1}{h}\left[\frac{f(x+h)}{g(x+h)} - \frac{f(x)}{g(x)}\right] = \frac{g(x)f(x+h) - f(x)g(x+h)}{g(x+h)g(x)h}$$

Antes de fazer h tender a zero, escreva o quociente usando o artifício de subtrair e somar $g(x)f(x)$ ao numerador.]

74. Demonstre a regra da potência, $\frac{d}{dx}[x^n] = nx^{n-1}$, para o caso em que $n = -p$ é um número inteiro negativo. [*Sugestão*: Aplique a regra do quociente à função $y = x^{-p} = 1/x^p$.]

75. Use uma calculadora gráfica para plotar a curva $f(x) = x^2(x-1)$ e trace no mesmo gráfico a reta tangente à curva de $f(x)$ no ponto $x = 1$. Use **TRACE** e **ZOOM** para localizar os pontos em que $f'(x) = 0$.

76. Use uma calculadora gráfica para plotar a curva $f(x) = (3x^2 - 4x + 1)/(x + 1)$ e trace no mesmo gráfico as retas tangentes à curva de $f(x)$ nos pontos $x = -2$ e $x = 0$. Use **TRACE** e **ZOOM** para localizar os pontos em que $f'(x) = 0$.

77. Use uma calculadora gráfica para plotar a curva da função $f(x) = x^4 + 2x^3 - x + 1$ usando uma janela de $[-5, 5]1$ por $[0, 2]0{,}5$. Use **TRACE** e **ZOOM** para encontrar os máximos e mínimos da função. Calcule algebricamente a derivada $f'(x)$ e plote $f(x)$ e $f'(x)$ no mesmo gráfico, usando uma janela de $[-5, 5]1$ por $[-2, 2]0{,}5$. Use **TRACE** e **ZOOM** para determinar os pontos em que $f'(x)$ intercepta o eixo x. Explique por que os máximos e mínimos de $f(x)$ ocorrem nos pontos em que $f'(x)$ intercepta o eixo x.

78. Repita o Problema 77 para a função produto $f(x) = x^3(x-3)^2$.

SEÇÃO 2.4 Regra da Cadeia

Objetivos do Aprendizado

1. Conhecer a regra da cadeia.
2. Usar a regra da cadeia para calcular derivadas.

Em muitas situações da vida real, a taxa de variação de uma grandeza pode ser expressa em termos do produto de outras taxas de variação. Suponha, por exemplo, que um automóvel esteja viajando a 80 km/h e o consumo de gasolina a essa velocidade seja de 0,1 L/km. Para calcular o consumo de gasolina em litros por hora, basta multiplicar as duas taxas:

$$(0{,}1 \text{ L/km})(80 \text{ km/h}) = 8 \text{ L/h}$$

Para dar outro exemplo, suponha que o custo total de fabricação de um produto seja função do número de unidades produzidas, que, por sua vez, é função do número de horas de funcionamento da fábrica. Se C, q e t representam respectivamente o custo, o número de unidades produzidas e o tempo de funcionamento da fábrica, temos:

$$\begin{bmatrix}\text{taxa de variação do custo} \\ \text{com o nível de produção}\end{bmatrix} = \frac{dC}{dq} \quad \text{reais por unidade}$$

e

$$\begin{bmatrix}\text{taxa de variação do nível} \\ \text{de produção com o tempo}\end{bmatrix} = \frac{dq}{dt} \quad \text{unidades por hora}$$

O produto das duas taxas é a taxa de variação do custo com o tempo, ou seja:

$$\frac{dC}{dt} = \frac{dC}{dq}\frac{dq}{dt} \quad \text{(reais por hora)}$$

Essa expressão é um caso particular de uma regra importante do cálculo, conhecida como **regra da cadeia**.

Regra da Cadeia ■ Se y é uma função derivável de u e $u = g(x)$ é uma função derivável de x, a função composta $y = f(g(x))$ é uma função derivável de x cuja derivada é dada pelo produto

$$\frac{dy}{dx} = \frac{dy}{du}\frac{du}{dx}$$

que também pode ser escrito na forma

$$\frac{dy}{dx} = f'(g(x))g'(x)$$

> **NOTA** Um modo de memorizar a regra da cadeia é fazer de conta que as derivadas dy/du e du/dx são frações e "cancelar" du:
>
> $$\frac{dy}{dx} = \frac{dy}{d\cancel{u}} \frac{\cancel{du}}{dx}$$

Para ilustrar o uso da regra da cadeia, suponha que você esteja interessado em derivar a função $y = (3x + 1)^2$. Seu primeiro impulso pode ser imaginar que a derivada é

$$\frac{dy}{dx} = \frac{d}{dx}[(3x + 1)^2] = 2(3x + 1)$$
$$= 6x + 2$$

Entretanto, esse palpite não pode estar correto, já que, expandindo $(3x + 1)^2$ e derivando termo a termo, obtemos

$$\frac{dy}{dx} = \frac{d}{dx}[(3x + 1)^2] = \frac{d}{dx}[9x^2 + 6x + 1] = 18x + 6$$

que é três vezes mais que o palpite de $6x + 2$. Por outro lado, escrevendo $y = (3x + 1)^2$ como $y = u^2$, em que $u = 3x + 1$, obtemos:

$$\frac{dy}{du} = \frac{d}{du}[u^2] = 2u \quad \text{e} \quad \frac{du}{dx} = \frac{d}{dx}[3x + 1] = 3$$

e, de acordo com a regra da cadeia,

$$\frac{dy}{dx} = \frac{dy}{du}\frac{du}{dx} = (2u)(3)$$
$$= 6(3x + 1) = 18x + 6$$

que coincide com a resposta encontrada expandindo $(3x + 1)^2$. Os Exemplos 2.4.1 e 2.4.2 ilustram duas formas de usar a regra da cadeia.

EXEMPLO 2.4.1 Uso da Regra da Cadeia

Determine dy/dx para $y = (x^2 + 2)^3 - 3(x^2 + 2)^2 + 1$.

Solução

Note que $y = u^3 - 3u^2 + 1$, em que $u = x^2 + 2$. Assim,

$$\frac{dy}{du} = 3u^2 - 6u \quad \text{e} \quad \frac{du}{dx} = 2x$$

e, de acordo com a regra da cadeia,

$$\frac{dy}{dx} = \frac{dy}{du}\frac{du}{dx} = (3u^2 - 6u)(2x) \qquad \text{substituindo } u \text{ por } x^2 + 2$$
$$= [3(x^2 + 2)^2 - 6(x^2 + 2)](2x)$$
$$= 6x^5 + 12x^3$$

Nas Seções 2.1, 2.2 e 2.3, vimos que existem vários problemas práticos, como o cálculo da inclinação de uma reta e a determinação da taxa de variação de uma função, que exigem o cálculo da derivada para um valor da variável independente. Existem duas formas de fazer isso quando a derivada é obtida com o auxílio da regra da cadeia.

Suponha, por exemplo, que, no Exemplo 2.4.1, estejamos interessados em calcular dy/dx para $x = -1$. Um modo de obter o valor desejado é simplesmente fazer $x = 1$ na expressão da derivada:

$$\left.\frac{dy}{dx}\right|_{x=-1} = 6x^5 + 12x^3 \bigg|_{x=-1}$$
$$= 6(-1)^5 + 12(-1)^3 = -18$$

Outro modo de resolver o problema é calcular $u(-1) = (-1)^2 + 2 = 3$ e substituir o resultado diretamente na expressão $dy/dx = (3u^2 - 6u)(2x)$ para obter

$$\left.\frac{dy}{dx}\right|_{x=-1} = (3u^2 - 6u)(2x)\bigg|_{\substack{x=-1\\u=3}}$$
$$= [3(3)^2 - 6(3)][2(-1)] = (9)(-2) = -18$$

Os dois métodos fornecem o resultado correto, mas, como é mais fácil substituir números do que expressões algébricas, o segundo método, conhecido como método numérico, é mais recomendável, a menos que, por alguma razão, seja necessário expressar a derivada dy/dx em função apenas de x. No Exemplo 2.4.2, o segundo método é usado para determinar a inclinação de uma reta tangente.

EXEMPLO 2.4.2 Determinação de uma Reta Tangente Usando a Regra da Cadeia

Considere a função $y = \dfrac{u}{u+1}$, em que $u = 3x^2 - 1$.

a. Use a regra da cadeia para calcular $\dfrac{dy}{dx}$ em função de x e u.

b. Determine a inclinação da reta tangente à curva de $y(x)$ no ponto em que $x = 1$.

Solução

a. Temos:

$$\frac{dy}{du} = \frac{(u+1)(1) - u(1)}{(u+1)^2} = \frac{1}{(u+1)^2} \quad \text{regra do quociente}$$

e

$$\frac{du}{dx} = 6x$$

De acordo com a regra da cadeia,

$$\frac{dy}{dx} = \frac{dy}{du}\frac{du}{dx} = \left[\frac{1}{(u+1)^2}\right](6x) = \frac{6x}{(u+1)^2}$$

b. Para obter uma equação para a reta tangente à curva de $y(x)$ em $x = 1$, precisamos conhecer o valor de y e a inclinação no ponto de tangência. Como

$$u(1) = 3(1)^2 - 1 = 2$$

o valor de y para $x = 1$ é

$$y(1) = \frac{(2)}{(2)+1} = \frac{2}{3} \quad \text{fazendo } u(1) = 2$$

e a inclinação é

$$\left.\frac{dy}{dx}\right|_{\substack{x=1\\u=2}} = \frac{6(1)}{(2+1)^2} = \frac{6}{9} = \frac{2}{3} \quad \begin{array}{l}\text{fazendo } x = 1\\ \text{e } u(1) = 2\end{array}$$

Assim, aplicando a forma ponto-inclinação da equação de uma reta, descobrimos que a reta tangente à curva de $y(x)$ no ponto em que $x = 1$ satisfaz a equação

$$y - \frac{2}{3} = \frac{2}{3}(x - 1)$$

que pode ser escrita na forma $y = 2x/3$.

Em muitos problemas práticos, uma grandeza é dada em função de uma variável que, por sua vez, é função de uma segunda variável, e o objetivo é determinar a taxa de variação da grandeza original com a segunda variável. Problemas desse tipo podem ser resolvidos com o auxílio da regra da cadeia, como ilustra o Exemplo 2.4.3.

EXEMPLO 2.4.3 Cálculo da Taxa de Variação de um Custo

O custo para produzir x unidades de um produto é $C(x) = x^2/3 + 4x + 53$ reais e o número de unidades produzidas em t horas de trabalho é $x(t) = 0{,}2t^2 + 0{,}03t$ unidades. Qual é a taxa de variação do custo com o tempo após 4 horas de trabalho?

Solução

Sabemos que

$$\frac{dC}{dx} = \frac{2}{3}x + 4 \quad \text{e} \quad \frac{dx}{dt} = 0{,}4t + 0{,}03$$

e, portanto, de acordo com a regra da cadeia,

$$\frac{dC}{dt} = \frac{dC}{dx}\frac{dx}{dt} = \left(\frac{2}{3}x + 4\right)(0{,}4t + 0{,}03)$$

Para $t = 4$, o número de unidades produzidas é

$$x(4) = 0{,}2(4)^2 + 0{,}03(4) = 3{,}32 \text{ unidades}$$

e fazendo $t = 4$ e $x = 3{,}32$ na expressão de dC/dt, obtemos

$$\left.\frac{dC}{dt}\right|_{\substack{t=4 \\ x=3{,}32}} = \left[\frac{2}{3}(3{,}32) + 4\right][0{,}4(4) + 0{,}03] = 10{,}1277$$

Assim, após quatro horas, o custo está aumentando à taxa de R$ 10,13 por hora.

Às vezes, quando estamos trabalhando com uma função composta do tipo $y = f(g(x))$, pode ser interessante pensar em f como a função *externa* e em g como a função *interna*:

$$\underset{\uparrow\text{função interna}}{y = f(\overset{\text{função externa}}{g(x)})}$$

Nesse caso, de acordo com a regra da cadeia, temos

$$\frac{dy}{dx} = f'(g(x))g'(x)$$

ou seja, *a derivada de $y = f(g(x))$ em relação a x é dada pela derivada da função externa calculada para a função interna vezes a derivada da função interna*. No Exemplo 2.4.4, chamamos atenção para essa interpretação usando um quadrado (□) para indicar a localização e o papel da função interna no cálculo de uma derivada usando a regra da cadeia.

EXEMPLO 2.4.4 Uso da Regra da Cadeia com uma Função Raiz

Calcule a derivada da função $f(x) = \sqrt{x^2 + 3x + 2}$.

Solução

A forma da função é

$$f(x) = (\square)^{1/2}$$

em que o quadrado simboliza a expressão $x^2 + 3x + 2$. Assim,

$$(\Box)' = (x^2 + 3x + 2)' = 2x + 3$$

e, de acordo com a regra da cadeia, a derivada da função composta $f(x)$ é

$$f'(x) = \frac{1}{2}(\Box)^{-1/2}(\Box)'$$
$$= \frac{1}{2}(\Box)^{-1/2}(2x + 3)$$
$$= \frac{1}{2}(x^2 + 3x + 2)^{-1/2}(2x + 3) = \frac{2x + 3}{2\sqrt{x^2 + 3x + 2}}$$

Regra da Potência Generalizada

Na Seção 2.2, apresentamos a regra

$$\frac{d}{dx}[x^n] = nx^{n-1}$$

para derivar funções potência. Combinando essa regra com a regra da cadeia, obtemos a seguinte regra para derivar funções da forma $[h(x)]^n$:

> **Regra da Potência Generalizada** ■ Para qualquer número real n e qualquer função derivável h,
>
> $$\frac{d}{dx}[h(x)]^n = n[h(x)]^{n-1}\frac{d}{dx}[h(x)]$$

Para demonstrar a regra da potência generalizada, basta considerar $[h(x)]^n$ como a função composta

$$[h(x)]^n = g[h(x)] \quad \text{em que} \quad g(u) = u^n$$

o que nos dá,

$$g'(u) = nu^{n-1} \quad \text{e} \quad h'(x) = \frac{d}{dx}[h(x)]$$

e, de acordo com a regra da cadeia,

$$\frac{d}{dx}[h(x)]^n = \frac{d}{dx}g[h(x)] = g'[h(x)]h'(x) = n[h(x)]^{n-1}\frac{d}{dx}[h(x)]$$

O uso da regra da potência é ilustrado nos Exemplos 2.4.5 e 2.4.6.

EXEMPLO 2.4.5 Uso da Regra da Potência Generalizada

Calcule a derivada da função $f(x) = (2x^4 - x)^3$.

Solução

Um modo de resolver esse problema é expandir a função, escrevendo-a na forma

$$f(x) = 8x^{12} - 12x^9 + 6x^6 - x^3$$

e calcular a derivada do polinômio termo a termo, obtendo

$$f'(x) = 96x^{11} - 108x^8 + 36x^5 - 3x^2$$

Muito mais fácil, porém, é usar a regra da potência generalizada. De acordo com a regra,

$$f'(x) = [3(2x^4 - x)^2]\frac{d}{dx}[2x^4 - x] = 3(2x^4 - x)^2(8x^3 - 1)$$

Não só esse método é mais rápido, mas a resposta é obtida na forma fatorada!

EXEMPLO 2.4.6 Uso da Regra da Potência Generalizada com uma Potência Negativa

Calcule a derivada da função $f(x) = \dfrac{1}{(2x+3)^5}$

Solução

Embora o problema possa ser resolvido usando a regra do quociente, é mais fácil escrever a função na forma

$$f(x) = (2x+3)^{-5}$$

e usar a regra da potência generalizada para obter

$$f'(x) = [-5(2x+3)^{-6}]\dfrac{d}{dx}[2x+3] = -5(2x+3)^{-6}(2) = -\dfrac{10}{(2x+3)^6}$$

A regra da potência generalizada é usada muitas vezes em combinação com outras regras que foram apresentadas nas Seções 2.2 e 2.3. O Exemplo 2.4.7 envolve a regra do produto.

EXEMPLO 2.4.7 Determinação dos Pontos em que uma Tangente É Horizontal

Calcule a derivada da função $f(x) = (3x+1)^4(2x-1)^5$ e simplifique o resultado. Em seguida, determine todos os valores de $x = c$ para os quais a reta tangente à curva de $f(x)$ em um ponto de coordenadas $(c, f(c))$ é horizontal.

Solução

De acordo com a regra do produto, temos:

$$f'(x) = (3x+1)^4 \dfrac{d}{dx}[(2x-1)^5] + (2x-1)^5 \dfrac{d}{dx}[(3x+1)^4]$$

Usando a regra da potência generalizada para calcular as duas derivadas, obtemos:

$$f'(x) = (3x+1)^4[5(2x-1)^4(2)] + (2x-1)^5[4(3x+1)^3(3)]$$
$$= 10(3x+1)^4(2x-1)^4 + 12(2x-1)^5(3x+1)^3$$

Finalmente, podemos simplificar o resultado por fatoração:

$$f'(x) = 2(3x+1)^3(2x-1)^4[5(3x+1) + 6(2x-1)]$$
$$= 2(3x+1)^3(2x-1)^4[15x + 5 + 12x - 6]$$
$$= 2(3x+1)^3(2x-1)^4(27x - 1)$$

A reta tangente à curva de $f(x)$ é horizontal nos pontos $(c, f(c))$ para os quais $f'(c) = 0$. Resolvendo a equação

$$f'(x) = 2(3x+1)^3(2x-1)^4(27x-1) = 0$$

vemos que $f'(c) = 0$ para

$$3c + 1 = 0 \quad \text{e} \quad 2c - 1 = 0 \quad \text{e} \quad 27c - 1 = 0$$

ou seja, para $c = -1/3$, $c = 1/2$ e $c = 1/27$.

Às vezes, é necessário aplicar a regra da cadeia mais de uma vez. No Exemplo 2.4.8, usamos duas vezes a regra da potência generalizada para calcular a derivada de uma função raiz.

EXEMPLO 2.4.8 Uso Repetido da Regra da Potência Generalizada

Calcule a derivada da função $f(x) = \sqrt{(x^2-4)^5 + 2x}$.

Solução

Depois de escrever a função na forma

$$f(x) = [(x^2-4)^5 + 2x]^{1/2}$$

aplicamos duas vezes a regra da potência generalizada para calcular a derivada:

$f(x) = [(x^2 - 4)^5 + 2x]^{1/2}$ *regra da potência generalizada*

$f'(x) = \dfrac{1}{2}[(x^2 - 4)^5 + 2x]^{-1/2} \dfrac{d}{dx}[(x^2-4)^5 + 2x]$ *regra da potência generalizada novamente*

$= \dfrac{1}{2}[(x^2-4)^5 + 2x]^{-1/2}\left[5(x^2-4)^4 \dfrac{d}{dx}(x^2-4) + 2\right]$ *regra da potência*

$= \dfrac{1}{2}[(x^2-4)^5 + 2x]^{-1/2}[5(x^2-4)^4(2x) + 2]$ *combinando termos e simplificando*

$= \dfrac{5x(x^2-4)^4 + 1}{\sqrt{(x^2-4)^5 + 2x}}$

A regra da cadeia é também é útil para calcular derivadas de ordem superior. O método geral é ilustrado no Exemplo 2.4.9, no qual usamos a regra da potência generalizada para calcular a derivada segunda de uma função racional.

EXEMPLO 2.4.9 Uso da Regra da Potência Generalizada para Calcular uma Derivada Segunda

Calcule a derivada segunda da função $f(x) = \dfrac{3x-2}{(x-1)^2}$.

Solução

De acordo com a regra do quociente, juntamente com a regra da potência generalizada [aplicada a $(x-1)^2$], temos:

$f'(x) = \dfrac{(x-1)^2(3) - (3x-2)[2(x-1)(1)]}{(x-1)^4}$ *colocando $(x-1)$ em evidência*

$= \dfrac{(x-1)[3(x-1) - 2(3x-2)]}{(x-1)^4}$ *dividindo por $(x-1)$ e efetuando os produtos*

$= \dfrac{3x - 3 - 6x + 4}{(x-1)^3}$

$= \dfrac{1-3x}{(x-1)^3}$

Usando novamente a regra do quociente, desta vez aplicando a regra da potência generalizada a $(x-1)^3$, obtemos:

$$f''(x) = \dfrac{(x-1)^3(-3) - (1-3x)[3(x-1)^2(1)]}{(x-1)^6}$$

$$= \dfrac{-3(x-1)^2[(x-1) + (1-3x)]}{(x-1)^6}$$

$$= \dfrac{-3(-2x)}{(x-1)^4} = \dfrac{6x}{(x-1)^4}$$

Os Exemplos 2.4.10 e 2.4.11 ilustram o uso da regra da cadeia em problemas práticos.

EXEMPLO 2.4.10 Determinação da Taxa de Variação da Demanda

O gerente de uma fábrica de eletrodomésticos observa que o número de batedeiras vendidas por mês por p reais cada uma pode ser modelado pela função

$$D(p) = \frac{8.000}{p}$$

O gerente estima que daqui a t meses o preço de uma batedeira será $p(t) - 0,06t^{3/2} + 22,5$ reais. A que taxa a demanda mensal de batedeiras $D(p)$ estará variando daqui a 25 meses? A taxa estará aumentando ou diminuindo?

Solução

Estamos interessados em determinar dD/dt para $t = 25$. Temos:

$$\frac{dD}{dp} = \frac{d}{dp}\left[\frac{8.000}{p}\right] = -\frac{8.000}{p^2}$$

e

$$\frac{dp}{dt} = \frac{d}{dt}[0,06t^{3/2} + 22,5] = 0,06\left(\frac{3}{2}t^{1/2}\right) = 0,09t^{1/2}$$

e, portanto, de acordo com a regra da cadeia,

$$\frac{dD}{dt} = \frac{dD}{dp}\frac{dp}{dt} = \left[-\frac{8.000}{p^2}\right](0,09t^{1/2})$$

Para $t = 25$, o preço é

$$p(25) = 0,06(25)^{3/2} + 22,5 = 30 \text{ reais}$$

e, portanto,

$$\left.\frac{dD}{dt}\right|_{\substack{t=25 \\ p=30}} = \left[-\frac{8.000}{30^2}\right][0,09(25)^{1/2}] = -4$$

Assim, daqui a 25 meses, a demanda de batedeiras estará variando à taxa de quatro unidades por mês e estará diminuindo, já que dD/dt é negativa.

13 EXPLORE!

A maioria das calculadoras gráficas é capaz de calcular o valor de uma derivada em um ponto. Para praticar, entre com a função $C(x) = \sqrt{0,5(3,1 + 0,1x^2)^2 + 17}$ como **Y1** e plote usando a janela padrão (**ZOOM 6**). Chegue ao comando dy/dx apertando a tecla **CALC** (**2nd TRACE**). Aperte 3 e **ENTER** para obter o valor da derivada no ponto X = 3. Para traçar a reta tangente à curva em X = 3, aperte a tecla **DRAW** (**2nd PRGM**), digite 3 e aperte **ENTER** para obter a equação da reta tangente com a inclinação correta.

EXEMPLO 2.4.11 Determinação da Taxa de Variação da Poluição do Ar

Um estudo ambiental realizado em um bairro sugere que a concentração média diária de monóxido de carbono no ar é $c(p) = \sqrt{0,5p^2 + 17}$ partes por milhão quando a população é p milhares de residentes. Estima-se que daqui a t anos a população do bairro será $p(t) = 3,1 + 0,1t^2$ mil residentes. Qual será a taxa de variação com o tempo da concentração de monóxido de carbono daqui a 3 anos?

Solução

O objetivo é determinar dc/dt para $t = 3$. Como

$$\frac{dc}{dp} = \frac{1}{2}(0,5p^2 + 17)^{-1/2}[0,5(2p)] = \frac{1}{2}p(0,5p^2 + 17)^{-1/2}$$

e

$$\frac{dp}{dt} = 0,2t$$

temos, de acordo com a regra da cadeia

$$\frac{dc}{dt} = \frac{dc}{dp}\frac{dp}{dt} = \frac{1}{2}p(0{,}5p^2 + 17)^{-1/2}(0{,}2t) = \frac{0{,}1pt}{\sqrt{0{,}5p^2 + 17}}$$

Para $t = 3$,

$$p(3) = 3{,}1 + 0{,}1(3)^2 = 4$$

e fazendo $t = 3$ e $p = 4$ na expressão de dc/dt, obtemos

$$\frac{dc}{dt} = \frac{0{,}1(4)(3)}{\sqrt{0{,}5(4)^2 + 17}}$$

$$= \frac{1{,}2}{\sqrt{25}} = \frac{1{,}2}{5} = 0{,}24 \text{ ppm por ano}$$

PROBLEMAS ■ 2.4

Nos Problemas 1 a 12, use a regra da cadeia para calcular a derivada dy/dx da função dada e simplifique a resposta.

1. $y = u^2 + 1;\ u = 3x - 2$
2. $y = 1 - 3u^2;\ u = 3 - 2x$
3. $y = \sqrt{u};\ u = x^2 + 2x - 3$
4. $y = 2u^2 - u + 5;\ u = 1 - x^2$
5. $y = \dfrac{1}{u^2};\ u = x^2 + 1$
6. $y = \dfrac{1}{u};\ u = 3x^2 + 5$
7. $y = \dfrac{1}{u-1};\ u = x^2$
8. $y = \dfrac{1}{\sqrt{u}};\ u = x^2 - 9$
9. $y = u^2 + 2u - 3;\ u = \sqrt{x}$
10. $y = u^3 + u;\ u = \dfrac{1}{\sqrt{x}}$
11. $y = u^2 + u - 2;\ u = \dfrac{1}{x}$
12. $y = u^2;\ u = \dfrac{1}{x-1}$

Nos Problemas 13 a 20, use a regra da cadeia para calcular a derivada dy/dx para a função dada e o valor especificado de x.

13. $y = u^2 - u;\ u = 4x + 3$ para $x = 0$
14. $y = u + \dfrac{1}{u};\ u = 5 - 2x$ para $x = 0$
15. $y = 3u^4 - 4u + 5;\ u = x^3 - 2x - 5$ para $x = 2$
16. $y = u^5 - 3u^2 + 6u - 5;\ u = x^2 - 1$ para $x = 1$
17. $y = \sqrt{u};\ u = x^2 - 2x + 6$ para $x = 3$
18. $y = 3u^2 - 6u + 2;\ u = \dfrac{1}{x^2}$ para $x = \dfrac{1}{3}$
19. $y = \dfrac{1}{u};\ u = 3 - \dfrac{1}{x^2}$ para $x = \dfrac{1}{2}$
20. $y = \dfrac{1}{u+1};\ u = x^3 - 2x + 5$ para $x = 0$

Nos Problemas 21 a 38, calcule a derivada da função dada e simplifique a resposta.

21. $f(x) = (2x + 3)^{1{,}4}$
22. $f(x) = \dfrac{1}{\sqrt{5 - 3x}}$
23. $f(x) = (2x + 1)^4$
24. $f(x) = \sqrt{5x^6 - 12}$
25. $f(x) = (x^5 - 4x^3 - 7)^8$
26. $f(t) = (3t^4 - 7t^2 + 9)^5$
27. $f(t) = \dfrac{1}{5t^2 - 6t + 2}$
28. $f(x) = \dfrac{2}{(6x^2 + 5x + 1)^2}$
29. $g(x) = \dfrac{1}{\sqrt{4x^2 + 1}}$
30. $f(s) = \dfrac{1}{\sqrt{5s^3 + 2}}$
31. $f(x) = \dfrac{3}{(1 - x^2)^4}$
32. $f(x) = \dfrac{2}{3(5x^4 + 1)^2}$
33. $h(s) = (1 + \sqrt{3s})^5$
34. $g(x) = \sqrt{1 + \dfrac{1}{3x}}$
35. $f(x) = (x + 2)^3(2x - 1)^5$
36. $f(x) = 2(3x + 1)^4(5x - 3)^2$
37. $f(x) = \dfrac{(x + 1)^5}{(1 - x)^4}$
38. $f(x) = \dfrac{1 - 5x^2}{\sqrt[3]{3 + 2x}}$

Nos Problemas 39 a 46, determine a equação de uma reta que seja tangente à curva da função dada no ponto especificado pelo valor de x.

39. $f(x) = \sqrt{3x + 4};\ x = 0$
40. $f(x) = (9x - 1)^{-1/3};\ x = 1$
41. $f(x) = (3x^2 + 1)^2;\ x = -1$
42. $f(x) = (x^2 - 3)^5(2x - 1)^3;\ x = 2$
43. $f(x) = \dfrac{1}{(2x - 1)^6};\ x = 1$
44. $f(x) = \left(\dfrac{x + 1}{x - 1}\right)^3;\ x = 3$

45. $f(x) = \sqrt[3]{\dfrac{x}{x+2}}; x = -1$

46. $f(x) = x^2\sqrt{2x+3}; x = -1$

Nos Problemas 47 a 52, determine todos os valores de $x = c$ para os quais a reta tangente à curva de $f(x)$ no ponto $(c, f(c))$ é horizontal.

47. $f(x) = (x^2 + x)^2$

48. $f(x) = x^3(2x^2 + x - 3)^2$

49. $f(x) = \dfrac{x}{(3x - 2)^2}$

50. $f(x) = \dfrac{2x + 5}{(1 - 2x)^3}$

51. $f(x) = \sqrt{x^2 - 4x + 5}$

52. $f(x) = (x - 1)^2(2x + 3)^3$

Nos Problemas 53 e 54, calcule a derivada da função $f(x)$ usando dois métodos diferentes, um com base na regra da potência generalizada e outro, na regra do produto. Mostre que as duas respostas são iguais.

53. $f(x) = (3x + 5)^2$

54. $f(x) = (7 - 4x)^2$

Nos Problemas 55 a 60, determine a derivada segunda da função dada.

55. $f(x) = (3x + 1)^5$

56. $f(t) = \dfrac{2}{5t + 1}$

57. $h(t) = (t^2 + 5)^8$

58. $y = (1 - 2x^3)^4$

59. $f(x) = \sqrt{1 + x^2}$

60. $f(u) = \dfrac{1}{(3u^2 - 1)^2}$

61. Calcule $h'(0)$ para $h(x) = \sqrt{5x^2 + g(x)}$, em que $g(0) = 4$ e $g'(0) = 2$.

62. Calcule $h'(-1)$ para $h(x) = [3g^2(x) + 4g(x) + 2]^5[g(x) + x]$, em que $g(-1) = -1$ e $g'(-1) = 1$.

63. Calcule $h'(1)$ para $h(x) = [3x + 1/g(x)]^{3/2}$, em que $g(1) = g'(1) = 1$.

64. Calcule $h'(0)$ para $h(x) = \left[\dfrac{g(x) - x}{3 + g(x)}\right]^2$, em que $g(0) = 3$ e $g'(0) = -2$.

PROBLEMAS APLICADOS DE ECONOMIA E FINANÇAS

65. RECEITA ANUAL A receita anual bruta de uma empresa é $f(t) = \sqrt{10t^2 + t + 229}$ milhares de reais t anos após a fundação da empresa, em janeiro de 2010.
   a. Qual será a taxa de aumento da receita anual bruta da empresa em janeiro de 2015?
   b. Qual será a taxa de aumento percentual da receita anual bruta da empresa em janeiro de 2015?

66. CUSTO DE FABRICAÇÃO Em uma fábrica, o custo total para fabricar q unidades de um produto é $C(q) = 0{,}2q^2 + q + 900$ reais. Foi determinado que aproximadamente $q(t) = t^2 + 100t$ unidades são fabricadas durante as primeiras t horas de uma jornada de trabalho. Calcule a taxa de variação do custo total de fabricação com o tempo 1 hora após o início de uma jornada de trabalho.

67. DEMANDA DO CONSUMIDOR Um importador de café do Brasil estima que os consumidores locais comprarão $D(p) = 4.374/p^2$ libras de café por semana quando o preço for p dólares por libra. Ele calcula também que, daqui a t semanas, o preço do café brasileiro será $p(t) = 0{,}02t^2 + 0{,}1t + 6$ dólares por libra.
   a. Qual será a taxa de variação da demanda de café com o preço quando o preço for 9 dólares?
   b. Qual será a taxa de variação da demanda de café com o tempo daqui a 10 semanas? A demanda estará aumentando ou diminuindo nessa ocasião?

68. DEMANDA DO CONSUMIDOR Quando um produto é vendido por p reais a unidade, os consumidores compram $D(p) = 40.000/p$ unidades do produto por mês. Calcula-se que daqui a t meses, o preço do produto será $p(t) = 0{,}4t^{3/2} + 6{,}8$ reais por unidade. Qual será a taxa de variação percentual da demanda mensal do produto com o tempo daqui a quatro meses?

69. PRODUÇÃO A produção de uma fábrica depois de um período de t meses é $N(t)$ mil unidades, em que

$$N(t) = \sqrt{t^2 + 3t + 6}$$

A que taxa a produção está variando após dois meses? A produção está aumentando ou diminuindo nessa ocasião?

70. PRODUÇÃO Após t semanas, uma fábrica está produzindo $N(t)$ mil DVD players, em que

$$N(t) = \dfrac{2t}{t^2 + 3t + 12}$$

A que taxa a produção está variando após quatro semanas? A produção está aumentando ou diminuindo nessa ocasião?

71. PRODUÇÃO O número de unidades Q de um produto que serão fabricadas com um capital de K milhares de reais é modelado pela função

$$Q(K)\ 500K^{2/3}$$

Suponha que o investimento de capital varie de tal modo que, daqui a t meses, haja um investimento de $K(t)$ milhares de reais, em que

$$K(t) = \dfrac{2t^4 + 3t + 149}{t + 2}$$

   a. Qual será o investimento de capital daqui a 3 meses? Quantas unidades serão produzidas nessa ocasião?
   b. Qual será a taxa de variação de produção com o tempo daqui a 5 meses? A produção estará aumentando ou diminuindo nessa ocasião?

72. PRODUÇÃO O número de unidades Q de um produto que serão fabricadas quando L homens-horas de trabalho forem empregados pode ser modelado pela função

$$Q(L)\ 000L^{1/3}$$

Suponha que a quantidade de mão de obra varia com o tempo de tal modo que, daqui a t meses, $L(t)$ homens-horas serão empregados, em que

$$L(t) = \sqrt{739 + 3t + t^2}$$

para $0 \leq t \leq 12$.

a. Quantos homens-horas serão empregados para fabricar o produto daqui a 5 meses? Quantas unidades serão produzidas nessa ocasião?
b. A que taxa a produção estará variando com o tempo daqui a 5 meses? A produção estará aumentando ou diminuindo nessa ocasião?

73. **JUROS COMPOSTOS** Se R$ 10.000,00 são investidos a uma taxa anual de juros de $r\%$, capitalizados mensalmente, o montante (capital mais juros) acumulado após 10 anos é dado pela expressão

$$A = 10.000\left(1 + \frac{0{,}01r}{12}\right)^{120}$$

a. Determine a taxa instantânea de variação de A com r. Quanto vale $A'(5)$? Qual é a unidade de A'?
b. Qual será a variação do valor da conta se a taxa de juros for aumentada de 5% para 6% ao ano?

74. **DEPRECIAÇÃO** O valor V (em milhares de reais) de uma máquina industrial pode ser modelado pela função

$$V(N) = \left(\frac{3N + 430}{N + 1}\right)^{2/3}$$

em que N é o número de horas diárias de uso da máquina. Suponha que o uso varia com o tempo de tal modo que

$$N(t) = \sqrt{t^2 + 10t + 45}$$

em que t é o número de meses de operação da máquina.
a. Quantas horas por dia a máquina estará sendo usada daqui a 9 meses? Qual será o valor da máquina nessa ocasião?
b. A que taxa o valor da máquina estará variando com o tempo daqui a 9 meses? O valor estará aumentando ou diminuindo nessa ocasião?

PROBLEMAS APLICADOS DE CIÊNCIAS SOCIAIS E BIOLÓGICAS

75. **POLUIÇÃO DO AR** Estima-se que daqui a t anos a população de um município será $p(t) = 20 - 6/(t + 1)$ mil habitantes. Um estudo ambiental revela que a concentração média de monóxido de carbono no ar é dada por $c(p) = 0{,}5\sqrt{p^2 + p + 58}$ partes por milhão, em que p é a população em milhares de habitantes.
a. Qual será a taxa de variação da concentração de monóxido de carbono com o tamanho da população quando o município tiver 18.000 habitantes?
b. Qual será a taxa de variação da concentração de monóxido de carbono com o tempo daqui a 2 anos? A concentração estará aumentando ou diminuindo nessa ocasião?

76. **ETOLOGIA** Em um artigo científico,[*] V. A. Tucker e K. Schmidt-Koenig mostraram que o consumo de energia de uma espécie de periquito australiano (o budgerigar) é dado pela expressão

$$E = \frac{1}{v}[0{,}074(v - 35)^2 + 22]$$

em que v é a velocidade do pássaro em km/h. Escreva uma expressão para a taxa de variação da energia com a velocidade do periquito.

77. **CRESCIMENTO DE UM MAMÍFERO** Observações mostram que o comprimento C em milímetros (mm), do focinho à ponta da cauda, de um tigre siberiano pode ser estimado usando a função $C = 0{,}25p^{2{,}6}$, em que p é o peso do tigre em quilogramas (kg). Além disso, quando o tigre tem menos de 6 meses de idade, o peso (em kg) pode ser estimado em termos da idade I em dias pela função $p = 3 + 0{,}21I$.
a. Qual é taxa de variação do comprimento de um tigre siberiano em relação ao peso quando está pesando 60 kg?
b. Qual é o comprimento de um tigre siberiano quando tem 100 dias de idade? Qual é a taxa de variação do comprimento com o tempo nessa idade?

78. **QUALIDADE DE VIDA** Um estudo demográfico modela a população p de uma comunidade (em milhares de habitantes) usando a função

$$p(Q) = 3Q^2 + 4Q + 200$$

em que Q é um índice de qualidade de vida que varia de $Q = 0$ (qualidade de vida extremamente baixa) a $Q = 10$ (qualidade de vida excelente). Suponha que o índice varia com o tempo de tal modo que, daqui a t anos,

$$Q(t) = \frac{t^2 + 2t + 3}{2t + 1}$$

para $0 \leq t \leq 10$.
a. Qual será o valor do índice de qualidade de vida daqui a quatro anos? Qual será a população nessa ocasião?
b. Qual será a taxa de variação da população com o tempo daqui a quatro anos? A população estará aumentando ou diminuindo nessa ocasião?

79. **POLUIÇÃO DA ÁGUA** Quando substâncias orgânicas são lançadas em um rio ou lago, a concentração de oxigênio na água diminui temporariamente por causa da oxidação. Suponha que t dias depois que dejetos sem tratamento são lançados em um lago, a fração da concentração normal de oxigênio que permanece na água do lago é dada pela função

$$P(t) = 1 - \frac{12}{t + 12} + \frac{144}{(t + 12)^2}$$

a. A que taxa a fração de oxigênio $P(t)$ está variando após 10 dias? A fração está aumentando ou diminuindo nessa ocasião?
b. A fração de oxigênio está aumentando ou diminuindo após 15 dias?
c. Se não são lançados novos dejetos, o que acontece a longo prazo com a concentração de oxigênio? Use um limite para confirmar o seu palpite.

80. **APRENDIZADO** Quando uma pessoa começa a estudar um assunto ou a praticar um esporte, pode não obter bons resultados; com a prática, porém, tende a melhorar.

---
[*]V. A. Tucker e K. Schmidt-Koenig, "Flight Speeds of Birds in Relation to Energetics and Wind Directions", *The Auk*, Vol. 88, 1971, pp. 97–107.

Um modelo para descrever o processo de aprendizado utiliza a equação

$$T = aL\sqrt{L - b}$$

em que T é o tempo necessário para uma pessoa aprender os elementos de uma lista de L elementos e a e b são constantes positivas.

a. Calcule a derivada dT/dL e interprete-a à luz do modelo de aprendizado.
b. Leia a respeito do uso de curvas de aprendizado para estudar a produtividade no trabalho* e escreva um ensaio sobre o assunto de pelo menos 10 linhas.

81. **CRESCIMENTO DE INSETOS** O crescimento de certos insetos varia com a temperatura. Suponha que determinada espécie de inseto cresce de tal modo que o volume de um espécime pode ser modelado pela função

$$V(T) = 0{,}41(-0{,}01T^2 + 0{,}4T + 3{,}52)\text{cm}^3$$

em que a temperatura está em graus Celsius e a massa em gramas pode ser modelada pela função

$$m(V) = \frac{0{,}39V}{1 + 0{,}09V}$$

a. Determine a taxa de variação do volume do inseto com a temperatura.
b. Determine a taxa de variação da massa do inseto com o volume.
c. Se $T = 10°C$, qual é o volume do inseto? A que taxa a massa do inseto está variando com a temperatura se $T = 10°C$?

PROBLEMAS VARIADOS

82. Um objeto está se movendo em linha reta com uma velocidade

$$v(t) = (2t^2 + 9)^2(8 - t)^3 \quad \text{para } 0 \leq t \leq 5$$

a. Determine a aceleração $a(t)$ do objeto no instante t.
b. Em que instante(s) o objeto está momentaneamente parado durante o intervalo $0 \leq t \leq 5$? Determine a aceleração nesse(s) instante(s).
c. Em que instante(s) a aceleração do objeto é zero no intervalo $0 \leq t \leq 5$? Determine a velocidade nesse(s) instante(s).
d. Use uma calculadora gráfica para plotar no mesmo gráfico as curvas da velocidade $v(t)$ e da aceleração $a(t)$ do objeto.
e. Dizemos que um objeto está *acelerando* se $v(t)$ e $a(t)$ têm o mesmo sinal (positivo ou negativo). Use uma calculadora para determinar em que intervalo(s) isso acontece para $0 \leq t \leq 5$.

83. Um objeto está se movendo em linha reta de tal modo que sua posição no instante t é dada por

$$s(t) = (3 + t - t^2)^{3/2} \quad \text{para } 0 \leq t \leq 2$$

a. Determine a velocidade $v(t)$ e a aceleração $a(t)$ do objeto no instante t.
b. Em que instante(s) o objeto está momentaneamente parado no intervalo $0 \leq t \leq 2$? Determine a posição e a aceleração nesse(s) instante(s).
c. Em que instante(s) a aceleração do objeto é zero no intervalo $0 \leq t \leq 2$? Determine a posição e velocidade nesse(s) instante(s).
d. Use uma calculadora gráfica para plotar no mesmo gráfico as curvas da posição $s(t)$, velocidade $v(t)$ e aceleração $a(t)$ do objeto no intervalo $0 \leq t \leq 2$.
e. Dizemos que um objeto está *freando* se $v(t)$ e $a(t)$ têm sinais opostos (um é positivo e o outro, negativo). Use uma calculadora para determinar em que intervalo(s) isso acontece para $0 \leq t \leq 2$.

84. Suponha que $L(x)$ é uma função com a propriedade de que $L'(x) = 1/x$. Use a regra da cadeia para calcular a derivada das funções a seguir e simplifique as respostas.

a. $f(x) = L(x^2)$
b. $f(x) = L\left(\dfrac{1}{x}\right)$
c. $f(x) = L\left(\dfrac{2}{3\sqrt{x}}\right)$
d. $f(x) = L\left(\dfrac{2x + 1}{1 - x}\right)$

85. Demonstre a regra da potência generalizada para $n = 2$ usando a regra do produto para calcular dy/dx com $y = [h(x)]^2$.

86. Demonstre a regra da potência generalizada para $n = 3$ usando a regra do produto e o resultado do Problema 85 para calcular dy/dx com $y = [h(x)]^3$. {*Sugestão:* Comece por escrever y na forma $h(x)[h(x)]^2$.}

87. Entre com a função $f(x) = \sqrt[3]{3{,}1x^2 + 19{,}4}$ em uma calculadora gráfica. Use a função de derivação numérica da calculadora para calcular $f'(1)$ e $f'(-3)$. Observe o gráfico de $f(x)$. Quantas tangentes horizontais a curva possui?

88. Entre com a função $f(x) = (2{,}7x^3 - 3\sqrt{x} + 5)^{2/3}$ em uma calculadora gráfica. Use a função de derivação numérica da calculadora para calcular $f'(0)$ e $f'(4{,}3)$. Observe o gráfico de $f(x)$. Quantas tangentes horizontais a curva possui?

89. Seja f uma função tal que $f'(x) = \dfrac{1}{1 + x^2}$. Se $g(x) = f(2x + 1)$, determine a função $g'(x)$.

90. Seja f uma função tal que $f(3) = -1$ e $f'(x) = \sqrt{x^2 + 3}$. Se $g(x) = x^3 f\left(\dfrac{x}{x - 2}\right)$, determine $g'(3)$.

---

*O leitor pode começar a pesquisa consultando Philip E. Hicks, *Industrial Engineering and Management: A New Perspective*, 2nd ed., Capítulo 6, New York: McGraw-Hill, Inc., 1994, pp. 267–293.

SEÇÃO 2.5 Análise Marginal e Aproximação por Incrementos

Objetivos do Aprendizado
1. Estudar o uso da análise marginal da economia.
2. Aprender a calcular o valor aproximado de derivadas usando incrementos e diferenciais.

O cálculo é uma ferramenta importante da economia. Discutimos rapidamente as vendas e a produção no Capítulo 1, no qual definimos grandezas econômicas como custo, receita, lucro, oferta, demanda e equilíbrio de mercado. Nesta seção, vamos usar a derivada para estudar taxas de variação que envolvem grandezas usadas na economia.

Análise Marginal

Na economia,* o uso da derivada para estimar a variação sofrida por uma grandeza quando ocorre um aumento unitário da produção é conhecido como **análise marginal**. Suponha, por exemplo, que $C(x)$ é o custo total para produzir x unidades de uma mercadoria. Se x_0 unidades estão sendo produzidas no momento, a derivada

$$C'(x_0) = \lim_{h \to 0} \frac{C(x_0 + h) - C(x_0)}{h}$$

é chamada de **custo marginal** para produzir x_0 unidades. Note que, quando fazemos $h = 1$, o quociente diferença de $C(x_0)$ se torna

$$\frac{C(x_0 + 1) - C(x_0)}{1} = C(x_0 + 1) - C(x_0)$$

que é o custo para produzir a unidade $(x_0 + 1)$. Se x_0 é muito maior que $h = 1$, esse coeficiente é aproximadamente igual à derivada $C'(x_0)$, ou seja,

$$C'(x_0) \approx \text{custo para produzir a unidade } (x_0 + 1).$$

Resumindo:

> **Custo Marginal** ■ Se $C(x)$ é o custo total para produzir x unidades de uma mercadoria, o **custo marginal** para produzir x_0 unidades é a derivada $C'(x_0)$.
>
> Para x_0 suficientemente grande, o custo marginal $C'(x_0)$ pode ser usado para estimar o custo adicional $C(x_0 + 1) - C(x_0)$ associado ao aumento de uma unidade do nível de produção, de x_0 para $x_0 + 1$.

A relação geométrica entre o custo marginal $C'(x_0)$ e o custo adicional $C(x_0 + 1) - C(x_0)$ está ilustrada na Figura 2.14.

A discussão precedente se aplica não só ao custo como também a outras grandezas usadas na economia, como a receita marginal e o lucro marginal, cujas definições são apresentadas a seguir.

> **Receita Marginal e Lucro Marginal** ■ Suponha que $R(x)$ é a receita gerada pela produção de x unidades de uma mercadoria e $P(x)$ é o lucro correspondente. Quando $x = x_0$ unidades são produzidas, temos:
>
> A **receita marginal** é $R'(x_0)$ e constitui uma aproximação para $R(x_0 + 1) - R(x_0)$, a receita adicional gerada pela produção de uma unidade a mais.
>
> O **lucro marginal** é $P'(x_0)$ e constitui uma aproximação para $P(x_0 + 1) - P(x_0)$, o lucro adicional obtido pela produção de uma unidade a mais.

---

*Os economistas e os homens de negócios encaram os tópicos que vamos discutir de um ponto de vista um pouco diferente. Uma boa amostra do ponto de vista dos economistas é o livro de J. M. Henderson e R. E. Quandt, *Microeconomic Theory*, New York: McGraw-Hill, 1986. O ponto de vista dos homens de negócios está em D. Salvatore, *Management Economics*, New York: McGraw-Hill, 1989, que é uma excelente fonte de exemplos práticos e estudos de caso.

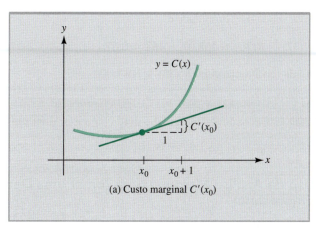
(a) Custo marginal $C'(x_0)$

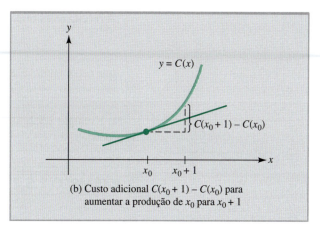
(b) Custo adicional $C(x_0 + 1) - C(x_0)$ para aumentar a produção de x_0 para $x_0 + 1$

FIGURA 2.14 O custo marginal $C'(x_0)$ é uma aproximação de $C(x_0 + 1) - C(x_0)$.

14 EXPLORE!

Leia o Exemplo 2.5.1. Plote a função custo $C(x)$ e a função receita $R(x)$ no mesmo gráfico, usando uma janela [0,50]10 por [0, 1000]100. Determine a reta tangente a $C(x)$ no ponto $x = 36$. Observe que o custo marginal, representado pela reta tangente, é uma boa aproximação para $C(x)$ em $x = 36$. Plote a reta tangente a $R(x)$ em $X = 36$ para demonstrar que a receita marginal também é uma boa aproximação para $R(x)$ nas vizinhanças de $X = 36$.

A análise marginal é ilustrada no Exemplo 2.5.1.

EXEMPLO 2.5.1 Cálculo do Custo Marginal e da Receita Marginal

Um fabricante estima que, quando x unidades de um produto são fabricadas, o custo total é $C(x) = x^2/8 + 3x + 98$ reais e que todas as x unidades são vendidas quando o preço é $p(x) = (75 - x)/3$ reais por unidade.

a. Determine o custo marginal e a receita marginal.

b. Use o custo marginal para estimar o custo para produzir a 37ª unidade. Qual é o custo real para produzir a 37ª unidade?

c. Use a receita marginal para estimar a receita obtida com a venda da 37ª unidade. Qual é a receita real obtida com a venda da 37ª unidade?

Solução

a. O custo marginal é $C'(x) = x/4 + 3$. Como x unidades do produto são vendidas quando o preço é $p(x) = (75 - x)/3$ reais, a receita total é

$$R(x) = (\text{número de unidades vendidas})(\text{preço unitário})$$
$$= xp(x) = x\left[\frac{1}{3}(75 - x)\right] = 25x - \frac{1}{3}x^2$$

A receita marginal é

$$R'(x) = 25 - \frac{2}{3}x$$

b. O custo para produzir a 37ª unidade é igual à variação do custo quando x aumenta de 36 para 37 e pode ser estimado pelo custo marginal a partir de uma produção de 36 unidades:

$$C'(36) = \frac{1}{4}(36) + 3 = R\$ \ 12{,}00$$

O custo real para produzir a 37ª unidade é

$$C(37) - C(36) = 380{,}125 - 368 \approx R\$ \ 12{,}13$$

que não é muito diferente do custo marginal $C'(36) = R\$ \ 12{,}00$.

c. A receita obtida com a venda da 37ª unidade pode ser estimada pela receita marginal a partir de uma produção de 36 unidades:

$$R'(36) = 25 - \frac{2}{3}(36) = R\$ \ 1{,}00$$

A receita real obtida com a venda da 37ª unidade é

$$R(37) - R(36) = 468{,}67 - 468 = 0{,}67$$

que não é muito diferente da receita marginal $R'(36) =$ R\$ 1,00.

No Exemplo 2.5.2, uma grandeza econômica marginal é usada para examinar um processo de produção.

EXEMPLO 2.5.2 Uso da Análise Marginal para Tomar uma Decisão Empresarial

Rubens, o diretor comercial de uma fábrica de câmeras digitais, estima que, quando x centenas de câmeras são produzidas, o lucro total é

$$P(x) = -0{,}035x^3 + 0{,}07x^2 + 25x - 200$$

milhares de reais.

Rubens pretende usar o lucro marginal para decidir a respeito da produção futura.

a. Determine a função lucro marginal.
b. O nível de produção atual é $x = 10$ (1.000 câmeras). Com base no lucro marginal para esse nível de produção, Rubens deve recomendar que a firma aumente ou diminua o nível de produção?
c. Qual seria a recomendação de Rubens se o nível atual de produção fosse $x = 50$ (5.000 câmeras)? E se fosse $x = 80$ (8.000 câmeras)?

Solução

a. O lucro marginal é dado pela derivada

$$\begin{aligned} P'(x) &= -0{,}0035(3x^2) + 0{,}07(2x) + 25 \\ &= -0{,}0105x^2 + 0{,}14x + 25 \end{aligned}$$

b. O fato de que $P'(10) = 25{,}35$ significa que um aumento de 1 unidade no nível de produção de 10 para 11 centenas de câmeras aumentará o lucro em aproximadamente 25,35 milhares de reais (R\$ 25.350,00). Assim, Rubens provavelmente vai recomendar que a firma aumente a produção.

c. O fato de que $P'(50) = 5{,}75$ significa que o aumento do nível de produção de 50 para 51 unidades aumentaria o lucro em apenas R\$ 5.750,00, o que talvez não seja um incentivo suficiente para aumentar a produção. Assim, Rubens provavelmente recomendaria que a firma não aumentasse nem diminuísse a produção.

O fato de que $P'(80) = -31$, um número negativo, significa que o aumento da produção de 80 para 81 unidades resultaria em uma *redução* de R\$ 31.000,00 no lucro da empresa. Nesse caso, Rubens provavelmente recomendaria que a firma reduzisse a produção.

Aproximação por Incrementos

A análise marginal é um exemplo importante de um método geral de aproximação com base no fato de que, como

$$f'(x_0) = \lim_{h \to 0} \frac{f(x_0 + h) - f(x_0)}{h}$$

para pequenos valores de h, a derivada $f'(x_0)$ é aproximadamente igual ao quociente diferença

$$\frac{f(x_0 + h) - f(x_0)}{h}$$

Indicamos essa aproximação escrevendo

$$f'(x_0) \approx \frac{f(x_0 + h) - f(x_0)}{h}$$

DERIVAÇÃO: CONCEITOS BÁSICOS 139

ou

$$f(x_0 + h) - f(x_0) \approx f'(x_0)h$$

Para chamar a atenção para o fato de que a mudança incremental ocorre na variável x, fazemos $h = \Delta x$ e descrevemos matematicamente da seguinte forma a aproximação incremental:

> **Aproximação Incremental** ■ Se uma função $f(x)$ é derivável no ponto $x = x_0$ e Δx é uma pequena variação de x,
>
> $$f(x_0 + \Delta x) \approx f(x_0) + f'(x_0)\Delta x$$
>
> ou, fazendo $f(x_0 + \Delta x) - f(x_0) = \Delta f$,
>
> $$\Delta f \approx f'(x_0)\Delta x$$

O Exemplo 2.5.3 ilustra o uso dessa expressão aproximada em um problema de economia.

EXEMPLO 2.5.3 Estimativa da Variação de Custo Usando uma Derivada

O custo total para fabricar q centenas de unidades de um produto é $C(q) = 3q^2 + 5q + 10$ milhares de reais. Se o nível atual de produção é 4.000 unidades, estime a variação do custo total se 4.050 unidades forem produzidas.

Solução

Nesse problema, a produção atual é $q = 40$ (4.000 unidades) e a variação da produção é $\Delta q = 0,5$ (50 unidades a mais). De acordo com a aproximação por incrementos, a variação do custo é

$$\Delta C = C(40,5) - C(40) \approx C'(40)\Delta q = C'(40)(0,5)$$

como

$$C'(q) = 6q + 5 \quad \text{e} \quad C'(40) = 6(40) + 5 = 245$$

temos:

$$\Delta C \approx [C'(40)](0,5) = 245(0,5) = 122,50$$

o que significa que o custo sofre um aumento de 122,50 milhares de reais (R$ 122.500,00).

Para praticar, calcule a variação exata de custo causada por um aumento da produção de 40 para 40,5 e compare o valor obtido com o resultado aproximado do Exemplo 2.5.3. A aproximação pode ser considerada razoável?

Suponha que você esteja interessado em calcular o valor de uma grandeza Q por meio de uma expressão $Q(x)$. Se o valor de x usado no cálculo não for preciso, a imprecisão passará ou se *propagará* para o valor calculado de Q. O Exemplo 2.5.4 mostra como é possível estimar essa **propagação do erro**.

EXEMPLO 2.5.4 Estimativa de um Erro de Medição

Em um exame médico, o tamanho de um tumor aproximadamente esférico é estimado medindo o diâmetro do tumor e usando a expressão $V = 4\pi R^3/3$ para calcular o volume. Se o diâmetro medido é 2,5 cm com um erro máximo de 2%, qual é a precisão da estimativa do volume do tumor?

Solução

Como o volume de uma esfera de raio R e diâmetro $x = 2R$ é dado por

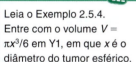

15 EXPLORE!

Leia o Exemplo 2.5.4. Entre com o volume $V = \pi x^3/6$ em Y1, em que x é o diâmetro do tumor esférico. Entre com

Y2 = Y1(X + 0.05) − Y1(X)

para calcular a variação incremental do volume e com

Y3 = nDeriv(Y1, X, X)*(0.05)

para calcular a variação diferencial do volume. Faça TblStart = 2,4 e ΔTbl = 0,05 em **TBLSET (2nd WINDOW)**. Examine a tabela de valores, com atenção especial para Y2 e Y3. Observe os resultados para X = 2,5. Execute cálculos semelhantes para obter a precisão do volume V se o diâmetro x for medido com uma precisão de 1%.

$$V = \frac{4}{3}\pi R^3 = \frac{4}{3}\pi\left(\frac{x}{2}\right)^3 = \frac{1}{6}\pi x^3$$

o volume calculado usando o diâmetro estimado, $x = 2,5$ cm, é

$$V = \frac{1}{6}\pi(2,5)^3 \approx 8,181 \text{ cm}^3$$

O erro cometido ao calcular o volume usando um diâmetro de 2,5 cm quando o diâmetro real é $2,5 + \Delta x$ é

$$V = V(2,5 + \Delta x) - V(2,5) \approx V'(2,5)\Delta x$$

Como o erro máximo na medida do diâmetro é 2%, o erro pode ser no máximo de $0,02(2,5) = 0,05$ para mais ou para menos. Assim, o erro máximo na medida do diâmetro é $\Delta x = \pm 0,05$ e o erro máximo do volume é

$$\text{Erro máximo do volume} = \Delta V \approx [V'(2,5)](\pm 0,05)$$

Como

$$V'(x) = \frac{1}{6}\pi(3x^2) = \frac{1}{2}\pi x^2 \quad \text{e} \quad V'(2,5) = \frac{1}{2}\pi(2,5)^2 \approx 9,817$$

temos:

$$\text{Erro máximo do volume} = (9,817)(\pm 0,05) \approx \pm 0,491$$

Assim, na pior das hipóteses, o erro ao calcular que o volume é 8,181 cm³ é 0,491 cm³, o que significa que o volume real V está no intervalo

$$7,690 \leq V \leq 8,672$$

No Exemplo 2.5.5, a variação desejada da função é conhecida e o objetivo é estimar a variação necessária da variável independente.

EXEMPLO 2.5.5 Estimativa da Variação de Mão de Obra

A produção diária de uma fábrica é $Q(L) = 900L^{1/3}$ unidades, em que L é a mão de obra utilizada, medida em homens-horas. No momento, a fábrica utiliza 1.000 homens-horas. Use os métodos do cálculo para estimar o número de homens-horas adicionais necessários para aumentar de 15 unidades a produção diária.

Solução

Calculamos o valor de ΔL usando a aproximação incremental

$$\Delta Q \approx Q'(L)\Delta L$$

com $\quad \Delta Q = 15 \quad L = 1.000 \quad$ e $\quad Q'(L) = 300L^{-2/3}$

para obter $\quad 15 \approx 300(1.000)^{-2/3} \Delta L$

e $\quad \Delta L \approx \dfrac{15}{300}(1.000)^{2/3} = \dfrac{15}{300}(10)^2 = 5$ homens-horas

Em alguns problemas práticos, estamos menos interessados na variação $\Delta Q = Q(x_0 + \Delta x) - Q(x_0)$ de uma grandeza $Q(x)$ do que na **variação relativa**

$$\frac{\Delta Q}{Q} = \frac{Q'(x)\Delta x}{Q(x)}$$

ou na **variação percentual**

$$100\frac{\Delta Q}{Q} = 100\frac{Q'(x)\Delta x}{Q(x)}$$

Essas equações podem ser usadas para expressar o **erro relativo** e o **erro percentual** quando calculamos uma grandeza $Q(x)$ usando um valor impreciso $x = x_0$ em vez do valor correto $x_0 + \Delta x$. O Exemplo 2.5.6 ilustra o uso da variação percentual em um problema de economia.

EXEMPLO 2.5.6 Estimativa da Variação Percentual do PIB

O PIB de um país foi $N(t) = t^2 + 5t + 200$ bilhões de dólares t anos após 2005. Use os métodos do cálculo para estimar a variação percentual do PIB durante o primeiro trimestre de 2013.

Solução
Usamos a expressão

$$\text{Variação percentual de } N \approx 100\frac{N'(t)\Delta t}{N(t)}$$

com $\quad t = 8 \quad \Delta t = 0{,}25 \quad$ e $\quad N'(t) = 2t + 5$

para obter

$$\text{Variação percentual de } N \approx 100\frac{N'(8)0{,}25}{N(8)}$$

$$= 100\frac{[2(8) + 5](0{,}25)}{(8)^2 + 5(8) + 200}$$

$$\approx 1{,}73\%$$

Diferenciais   O incremento Δx às vezes é chamado de *diferencial de x* e representado pelo símbolo dx. Nesse caso, a aproximação por incrementos pode ser escrita na forma $df \approx f'(x)dx$. Se $y = f(x)$, a *diferencial de y* é definida como $dy = f'(x)dx$. Esses conceitos podem ser resumidos da seguinte forma:

> **Diferenciais** ■ A **diferencial de x** é $dx = \Delta x$ e se $y = f(x)$ é uma função derivável de x, $dy = f'(x)dx$ é a **diferencial de y**.

EXEMPLO 2.5.7 Cálculo de Diferenciais

Determine a diferencial de $y = f(x)$ para as funções dadas.
a. $f(x) = x^3 - 7x^2 + 2$
b. $f(x) = (x^2 + 5)(3 - x - 2x^2)$

Solução
a. $dy = f'(x)dx = [3x^2 - 7(2x)]\,dx = (3x^2 - 14x)\,dx$
b. De acordo com a regra do produto,

$$dy = f'(x)dx = [(x^2 + 5)(-1 - 4x) + (2x)(3 - x - 2x^2)]\,dx$$

A Figura 2.15 mostra uma interpretação geométrica da aproximação de Δy pela diferencial dy. Observe que, como a inclinação da reta tangente à curva no ponto $P(x, f(x))$ é $f'(x)$, a diferencial $dy = f'(x)dx$ é a variação da altura da reta tangente que corresponde a uma variação de

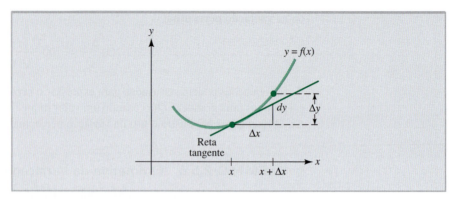

FIGURA 2.15 Aproximação de Δy pela diferencial dy.

x para $x + \Delta x$. Por outro lado, Δy é a variação da altura da curva que corresponde à mesma variação de x. Assim, aproximar Δy pela diferencial dy é o mesmo que aproximar a variação de altura de uma curva pela variação de altura da reta tangente. Se Δx é pequeno, é razoável esperar que essa seja uma boa aproximação.

PROBLEMAS ■ 2.5

Nos Problemas 1 a 6, $C(x)$ é o custo total para produzir x unidades de uma mercadoria e $p(x)$ é o preço pelo qual as x unidades serão vendidas. Suponha que $C(x)$ e $p(x)$ estão em reais.
 (a) *Determine o custo marginal e a receita marginal.*
 (b) *Use o custo marginal para estimar o custo para produzir a 21ª unidade.*
 (c) *Determine o custo real para produzir a 21ª unidade.*
 (d) *Use a receita marginal para estimar a receita conseguida com a venda da 21ª unidade e calcule a receita real conseguida com a venda da 21ª unidade.*

1. $C(x) = \dfrac{1}{5}x^2 + 4x + 57;\ p(x) = \dfrac{1}{4}(48 - x)$

2. $C(x) = \dfrac{1}{4}x^2 + 3x + 67;\ p(x) = \dfrac{1}{5}(45 - x)$

3. $C(x) = \dfrac{1}{3}x^2 + 2x + 39;\ p(x) = -x^2 - 10x + 4.000$

4. $C(x) = \dfrac{5}{9}x^2 + 5x + 73;\ p(x) = -2x^2 - 15x + 6.000$

5. $C(x) = \dfrac{1}{4}x^2 + 43;\ p(x) = \dfrac{3 + 2x}{1 + x}$

6. $C(x) = \dfrac{2}{7}x^2 + 65;\ p(x) = \dfrac{12 + 2x}{3 + x}$

Nos Problemas 7 a 10, use incrementos para fazer a estimativa pedida.

7. Estime a variação da função $f(x) = x^2 - 3x + 5$ quando x varia de 5 para 5,3.

8. Estime a variação da função $f(x) = x/(x + 1) - 3$ quando x diminui de 4 para 3,8.

9. Estime a variação percentual da função $f(x) = x^2 + 2x - 9$ quando x aumenta de 4 para 4,3.

10. Estime a variação percentual da função $f(x) = 3x + 2/x$ quando x diminui de 5 para 4,6.

PROBLEMAS APLICADOS DE ECONOMIA E FINANÇAS

11. **GERÊNCIA FINANCEIRA** Letícia é diretora financeira de uma empresa cuja receita semanal é
    $$R(q) = 240q - 0{,}05q^2$$
    reais quando q unidades são fabricadas e vendidas. No momento, a empresa está fabricando e vendendo 80 unidades por semana.
    a. Usando os métodos de análise marginal, Letícia estima a receita adicional que será gerada pela produção e venda da 81ª unidade. Qual é o resultado obtido? Com base nesse resultado, Letícia recomenda que a produção seja aumentada?
    b. Para verificar se o resultado está correto, Letícia usa a função renda para calcular a receita adicional real que o fabricante terá com a produção e venda da 81ª unidade. O resultado obtido usando os métodos de análise marginal pode ser considerado razoável?

12. **ANÁLISE MARGINAL** O custo total de um fabricante é $C(q) = 0{,}001q^3 - 0{,}05q^2 + 40q + 4.000$ reais, em que q é o número de unidades produzidas.
    a. Use os métodos de análise marginal para estimar o custo de fabricação da 251ª unidade.
    b. Calcule o custo real de fabricação da 251ª unidade.

13. **ANÁLISE MARGINAL** O custo total em reais para fabricar q unidades de um produto é $C(q) = 3q^2 + q + 500$.
    a. Use os métodos de análise marginal para estimar o custo de fabricação da 41ª unidade.
    b. Calcule o custo real de fabricação da 41ª unidade.

14. **FABRICAÇÃO** O custo total de um fabricante é $C(q) = 0{,}1q^3 - 0{,}5q^2 + 500q + 200$ reais, em que q é o número de milhares de unidades produzidas. No momento, estão sendo produzidas 4.000 unidades ($q = 4$) e o fabricante pretende aumentar a produção para 4.100 unidades. Use os métodos de análise marginal para estimar o efeito desse aumento sobre o custo total.

15. **FABRICAÇÃO** A receita mensal de um fabricante é $R(q) = 240q - 0{,}05q^2$ reais quando q centenas de unidades são produzidas durante o mês. No momento, o fabricante está produzindo 8.000 unidades por mês, mas pretende reduzir a produção mensal de 65 unidades. Estime qual será a variação resultante da receita mensal.

16. **EFICIÊNCIA** Um estudo realizado no turno da manhã de uma fábrica revela que um operário que chegou ao trabalho às 8h montou, em média, $f(x) = -x^3 + 6x^2 + 15x$ unidades x horas mais tarde. Quantas unidades são montadas, em média, por um operário entre as 9h e as 9h 15 min?

17. **PRODUÇÃO** Em uma fábrica, a produção diária é $Q(K) = 600K^{1/2}$ unidades, em que K é o capital imobilizado em milhares de reais. No momento, o capital imobilizado é R$ 900.000,00. Estime o efeito sobre a produção diária de um aumento de R$ 800,00 no capital imobilizado.

18. **PRODUÇÃO** Em uma fábrica, a produção diária é $Q(L) = 60.000L^{1/3}$ unidades, em que L é a mão de obra em homens-horas por dia. No momento, a mão de obra é 1.000 homens-horas por dia. Estime o efeito sobre a produção de uma redução da mão de obra para 940 homens-horas por dia.

19. **GERÊNCIA FINANCEIRA** Mateus é diretor financeiro de uma empresa que produz

$$Q = 3.000K^{1/2}L^{1/3}$$

unidades por dia, em que K é o capital imobilizado da empresa em milhares de reais e L é a mão de obra em homens-horas por dia. No momento, o capital imobilizado é R$ 400.000,00 ($K = 400$) e a mão de obra é 1.331 homens-horas por dia.

Mateus está tentando decidir se recomenda um aumento do capital imobilizado de R$ 10.000,00 ou um aumento da mão de obra de 10 homens-horas por dia para aumentar a produção diária. Use os métodos de análise marginal para ajudá-lo a escolher a melhor opção.

20. **GERÊNCIA FINANCEIRA** Adriana sabe que a produção diária de sua empresa é

$$Q(L) = 300L^{2/3}$$

unidades, em que L é a mão de obra utilizada, medida em homens-horas.

No momento, a fábrica utiliza 512 homens-horas. Use os métodos de análise marginal para ajudar Adriana a estimar o número de homens-horas adicionais que serão necessários para aumentar de 12,5 unidades a produção diária.

21. **FABRICAÇÃO** O custo total de um fabricante é $C(q) = q^3/6 + 642q + 400$ reais quando são produzidas q unidades. No momento, estão sendo produzidas quatro unidades. Estime qual deve ser a redução da produção para que o custo total seja diminuído de R$ 130,00.

22. **IMPOSTO PREDIAL** Uma projeção realizada em janeiro de 2005 indicou que, x anos mais tarde, o imposto predial de um apartamento de três quartos em uma cidade seria $T(x) = 60x^{3/2} + 40x + 1.200$ reais. Estime qual será o aumento percentual do imposto predial durante o primeiro semestre de 2013.

PROBLEMAS APLICADOS DE CIÊNCIAS SOCIAIS E BIOLÓGICAS

23. **CIRCULAÇÃO DE UM JORNAL** Calcula-se que, daqui a t anos, a circulação de um jornal será $C(t) = 100t^2 + 400t + 5.000$. Estime qual será o aumento da circulação do jornal nos próximos 6 meses.

24. **POLUIÇÃO DO AR** Um estudo ambiental realizado em um município revela que, daqui a t anos, a concentração de monóxido de carbono no ar será $Q(t) = 0{,}05t^2 + 0{,}1t + 3{,}4$ partes por milhão. Qual será a variação da concentração de monóxido de carbono nos próximos 6 meses?

25. **CRESCIMENTO POPULACIONAL** Uma projeção do aumento da população indica que, daqui a t anos, uma cidade terá uma população de $P(t) = -t^3 + 9t^2 + 48t + 200$ milhares de habitantes.
    a. Determine a taxa de variação da população com o tempo, $R(t) = P'(t)$.
    b. Qual é a taxa de variação com o tempo da taxa de aumento da população $R(t)$?
    c. Use o método dos incrementos para estimar a variação de $R(t)$ durante o primeiro mês do quarto ano. Qual será a variação real de $R(t)$ nesse período?

26. **CRESCIMENTO DE UMA CÉLULA** Uma célula tem forma esférica. Se as expressões $A = 4\pi r^2$ e $V = 4\pi r^3/3$ são usadas para calcular a área da superfície e o volume da célula, respectivamente, estime os efeitos sobre A e V de um aumento de 1% no raio r da célula.

27. **DÉBITO CARDÍACO** *Débito cardíaco* é o volume de sangue bombeado por minuto pelo coração. Um modo de medir o débito cardíaco é usar a fórmula de Fick

$$C = \frac{a}{x - b}$$

em que x é a concentração de dióxido de carbono no sangue que o ventrículo direito do coração transfere para os pulmões e a e b são constantes positivas. Se as medidas revelam que $x = c$ com um erro máximo de 3% para mais ou para menos, qual é o erro máximo percentual cometido ao calcular o débito cardíaco usando a fórmula de Fick? (A resposta deve ser dada em termos de a, b e c.)

28. **MEDICINA** Um pequeno balão esférico é introduzido em uma artéria entupida. Se o balão tem um diâmetro interno de 0,01 mm e é feito de um material com 0,0005 mm de espessura, qual é a quantidade introduzida na artéria? [*Sugestão*: Considere a quantidade de material como uma variação de volume ΔV, em que $V = 4\pi r^3/3$.]

29. ARTERIOSCLEROSE Na *arteriosclerose*, depósitos gordurosos chamados placas se acumulam gradualmente nas paredes das artérias, limitando o fluxo sanguíneo, o que, por sua vez, pode levar a um acidente vascular cerebral ou a um ataque cardíaco. Considere um modelo no qual a artéria carótida é representada como um cilindro circular de raio $R = 0,3$ cm e comprimento L. Suponha que tenha sido descoberto que uma placa com 0,07 cm de espessura está distribuída uniformemente na parede interna da carótida de um paciente. Use o método dos incrementos para estimar a porcentagem do volume total da artéria que está bloqueada pela placa. [*Sugestão*: O volume de um cilindro de raio R e comprimento L é $V = \pi R^2 L$. O resultado depende do comprimento L da artéria?]

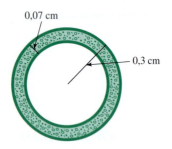

PROBLEMA 29

30. CIRCULAÇÃO SANGUÍNEA No Problema 73 da Seção 1.1, apresentamos uma lei importante atribuída ao médico francês Jean Poiseuille. De acordo com outra lei descoberta por Poiseuille, o volume do fluido que passa por um pequeno tubo por unidade de tempo, sob pressão constante, é dado pela expressão $V = kR^4$, em que k é uma constante positiva e R o raio do tubo. Essa expressão é usada na medicina para determinar quanto uma artéria obstruída deve ser dilatada para que a circulação volte ao normal.

a. Suponha que o raio de uma artéria seja aumentado em 5%. Qual é o efeito do aumento sobre o volume de sangue que passa pela artéria?

b. Leia a respeito do sistema cardiovascular e escreva um ensaio de pelo menos 10 linhas sobre a circulação sanguínea.*

PROBLEMAS VARIADOS

31. DILATAÇÃO TÉRMICA O **coeficiente de dilatação térmica** (linear) de um corpo é definido como

$$\sigma = \frac{L'(T)}{L(T)}$$

em que $L(T)$ é o comprimento do corpo quando a temperatura é T. Suponha que uma ponte de 50 m de comprimento é feita de aço, cujo coeficiente de dilatação térmica é $\sigma = 1,4 \times 10^{-5} \,°C^{-1}$. Qual é a variação de comprimento da ponte em um ano no qual a temperatura varia de $-20°C$ no inverno até $35°C$ no verão?

32. RADIAÇÃO De acordo com a lei de Stefan, a energia da radiação emitida por um corpo é dada pela expressão $R(T) = kT^4$, em que T é temperatura absoluta da superfície do corpo em kelvins e k é uma constante positiva. Estime a variação percentual de R quando T aumenta de 2%.

---

16 EXPLORE!

Entre com $f(x) = x^3 - x^2 - 1$ em Y1 e plote a função usando uma janela decimal para observar que existe uma raiz entre X = 1 e X = 2. Entre com Y2 = nDeriv(Y1, X, X). Em uma tela limpa, coloque em X o valor inicial 1, digitando 1 → X, e entre com X−Y1(X)/Y2(X) → X. Aperte **ENTER** várias vezes e observe a sequência de valores resultantes. Verifique quantas iterações são necessárias para que as quatro primeiras casas decimais sejam iguais em duas aproximações sucessivas. Repita o processo usando X = −2 como valor inicial. Verifique se é obtido um resultado estável e, caso a resposta seja afirmativa, quantas iterações são necessárias para que isso aconteça.

Método de Newton ■ A aproximação de uma função por uma reta tangente pode ser utilizada de várias formas. O *método de Newton* para determinar as raízes de uma equação da forma $f(x) = 0$ se baseia na ideia de que, se começamos com uma estimativa x_0 que está próxima do valor correto c da raiz, podemos obter um valor melhor determinando a interseção x_1 com o eixo x da reta tangente à curva $y = f(x)$ no ponto $x = x_0$ (veja a figura). O processo pode ser repetido várias vezes até que a raiz seja determinada com o grau de precisão desejado. Hoje em dia, é mais fácil usar as funções **ZOOM** e **TRACE** de uma calculadora gráfica para localizar as raízes, mas as ideias em que se baseia o método de Newton ainda são importantes. Os Problemas 33 a 37 ilustram o uso do método de Newton.

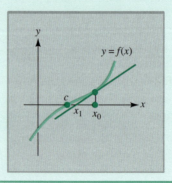

---

* O leitor pode começar a pesquisa consultando livros como Elaine N. Marieb, *Human Anatomy and Physiology*, 2nd ed. Redwood City, CA: The Benjamin/Cummings Publishing Co., 1992 e Kent M. Van De Graaf e Stuart Ira Fox, *Concepts of Human Anatomy and Physiology*, 3rd ed. Dubuque, IA: Wm. C. Brown Publishers, 1992.

DERIVAÇÃO: CONCEITOS BÁSICOS   145

33. Mostre que, quando o método de Newton é usado várias vezes, a enésima aproximação pode ser obtida a partir da aproximação anterior por meio da expressão

$$x_n = x_{n-1} - \frac{f(x_{n-1})}{f'(x_{n-1})} \quad n = 1, 2, 3, \ldots$$

[*Sugestão*: Determine o valor de x_1, a interseção com o eixo x da reta tangente à função $y = f(x)$ no ponto $x = x_0$. Em seguida, use x_1 para determinar x_2 da mesma forma.]

34. Seja $f(x) = x^3 - x^2 - 1$.
 a. Use uma calculadora gráfica para plotar $f(x)$. Observe que existe apenas uma raiz entre 1 e 2. Determine a raiz com o auxílio de **TRACE** e **ZOOM**.
 b. A partir da estimativa $x_0 = 1$, calcule o valor da raiz usando o método de Newton até que os valores de duas estimativas sucessivas sejam iguais até a quarta casa decimal.
 c. Substitua os valores encontrados nos itens (a) e (b) na equação $f(x) = 0$. Qual dos dois está mais próximo do valor correto da raiz?

35. Seja $f(x) = x^4 - 4x^3 + 10$. Use uma calculadora gráfica para plotar $f(x)$. Observe que a equação $f(x) = 0$ possui duas raízes. Estime o valor dessas raízes usando o método de Newton e verifique se o resultado está correto usando as funções **TRACE** e **ZOOM** da calculadora.

36. Os antigos babilônios, que viveram por volta de 1700 a.C., calculavam os valores de $\sqrt{N}$ usando a expressão

$$x_{n+1} = \frac{1}{2}\left(x_n + \frac{N}{x_n}\right) \text{ para } n = 1, 2, 3, \ldots$$

 a. Mostre que essa expressão pode ser obtida a partir da fórmula do método de Newton (Problema 33) e use-a para calcular $\sqrt{1{,}625}$. Repita os cálculos até que os valores de duas estimativas sucessivas sejam iguais até a quarta casa decimal. Use uma calculadora para verificar se o resultado está correto.
 b. Alguém roubou a calculadora do nosso amigo espião (Problema 69 da Seção 2.2). Escreva uma história de espionagem baseada no uso da fórmula dos antigos babilônios para calcular uma raiz quadrada.

37. Às vezes o método de Newton não funciona, qualquer que seja o valor da estimativa inicial x_0 (a menos, é claro, que o valor inicial seja a própria raiz). Suponha que $f(x) = \sqrt[3]{x}$ e escolha x_0 arbitrariamente ($x_0 \neq 0$).
 a. Mostre que $x_{n+1} = -2x_n$ para $n = 0, 1, 2, \ldots$ e que, portanto, as aproximações sucessivas geradas pelo método de Newton são $x_0, -2x_0, 4x_0, \ldots$
 b. Use uma calculadora gráfica para plotar $f(x)$ e as retas tangentes à curva $y = f(x)$ nos pontos $x_0, -2x_0, 4x_0, \ldots$ Por que os pontos não convergem para uma raiz de $f(x) = 0$?

SEÇÃO 2.6 Derivação Implícita e Taxas Relacionadas

Objetivos do Aprendizado

1. Usar a derivação implícita para determinar a inclinação de retas e a taxa de variação de funções.
2. Conhecer problemas práticos que envolvem taxas relacionadas.

As funções com as quais trabalhamos até o momento são todas dadas por equações da forma $y = f(x)$ nas quais a variável dependente y do lado esquerdo é definida explicitamente por uma expressão do lado direito que envolve a variável x. Quando uma função é especificada desse modo, dizemos que está na **forma explícita**. Por exemplo: as funções

$$y = x^2 + 3x + 1 \qquad y = \frac{x^3 + 1}{2x - 3} \qquad \text{e} \qquad y = \sqrt{1 - x^2}$$

estão todas na forma explícita.

Infelizmente, existem algumas equações em x e y, como

$$x^2 y^3 - 6 = 5y^2 + x \qquad \text{e} \qquad x^2 y + 2y^3 = 3x + 2y$$

nas quais não é possível expressar y em termos de x ou, pelo menos, não é óbvio como fazê-lo. Às vezes, mas nem sempre, uma equação desse tipo pode ser usada para definir implicitamente uma ou mais funções impondo certas restrições às variáveis. Assim, por exemplo, a equação $x^2 + y^2 = 16$ dá origem a duas funções definidas implicitamente,

$$y = \sqrt{16 - x^2} \quad \text{para } y \geq 0 \qquad \text{e} \qquad y = -\sqrt{16 - x^2} \quad \text{para } y < 0$$

Note que não é possível expressar a equação $x^2 + y^2 = 16$ como uma função da forma $y = f(x)$. (O leitor saberia explicar a razão?)

146 CAPÍTULO 2

Suponha que seja conhecida uma equação que define y implicitamente em função de x e haja necessidade de calcular a derivada dy/dx. Isso pode acontecer, por exemplo, se a equação relaciona o custo C de um produto com o nível de produção x e estamos interessados em conhecer o custo marginal $C'(x)$. Se não é possível expressar y explicitamente em termos de x, o que vamos fazer? A resposta é que podemos usar um método conhecido como **derivação implícita**, que consiste em derivar em relação a x os dois membros da equação que define a função em relação e, em seguida, explicitar dy/dx. O processo é ilustrado no Exemplo 2.6.1.

17 EXPLORE!

Entre com a função dy/dx do Exemplo 2.6.1 em uma calculadora gráfica. Faça $x = -4$ na expressão da função implícita dada e calcule o valor de y. Entre com esse valor como Y e com -4 como X. Determine a inclinação da reta tangente a $y = f(x)$ calculando dy/dx para esses valores de x e y. Finalmente, escreva uma equação para a reta tangente à função do Exemplo 2.6.1 no ponto $x = -4$.

EXEMPLO 2.6.1 Cálculo da Derivada de uma Função Definida Implicitamente

Calcule $\dfrac{dy}{dx}$ para a função $x^2 y + y^2 = x^3$.

Solução

Temos de derivar os dois membros da equação em relação a x. Para não nos esquecermos de que y é função de x, substituímos y temporariamente pelo símbolo $f(x)$, deixando a equação na forma

$$x^2 f(x) + (f(x))^2 = x^3$$

Vamos agora derivar termo a termo ambos os membros da equação em relação a x:

$$\frac{d}{dx}[x^2 f(x) + (f(x))^2] = \frac{d}{dx}[x^3] \quad \text{regra do produto e regra da potência generalizada}$$

$$\underbrace{\left[x^2 \frac{df}{dx} + f(x)\frac{d}{dx}(x^2)\right]}_{\frac{d}{dx}[x^2 f(x)]} + \underbrace{2f(x)\frac{df}{dx}}_{\frac{d}{dx}[(f(x))^2]} = \underbrace{3x^2}_{\frac{d}{dx}(x^3)}$$

Assim, temos:

$$x^2 \frac{df}{dx} + f(x)(2x) + 2f(x)\frac{df}{dx} = 3x^2 \quad \text{reunindo todos os termos em } df/dx \text{ de um lado da equação}$$

$$x^2 \frac{df}{dx} + 2f(x)\frac{df}{dx} = 3x^2 - 2xf(x) \quad \text{combinando termos}$$

$$[x^2 + 2f(x)]\frac{df}{dx} = 3x^2 - 2xf(x) \quad \text{explicitando } df/dx$$

$$\frac{df}{dx} = \frac{3x^2 - 2xf(x)}{x^2 + 2f(x)}$$

Finalmente, substituindo $f(x)$ por y, obtemos:

$$\frac{dy}{dx} = \frac{3x^2 - 2xy}{x^2 + 2y}$$

> **NOTA** De agora em diante, em todos os exemplos e problemas que envolvem derivação implícita, o leitor pode partir do princípio de que a equação dada define y implicitamente como uma função derivável de x.
>
> Substituir temporariamente y por $f(x)$, como no Exemplo 2.6.1, é um recurso válido para ilustrar o processo de derivação implícita; entretanto, depois que o leitor estiver familiarizado com a técnica, pode deixar de lado esse passo desnecessário e derivar diretamente a equação dada. Basta que não se esqueça de que y é uma função de x e, por isso, a regra da cadeia deve ser usada sempre que for necessário. ■

DERIVAÇÃO: CONCEITOS BÁSICOS   **147**

O processo pode ser resumido do seguinte modo:

> **Derivação Implícita** ■ Suponha que uma equação defina y implicitamente como uma função derivável de x. Para calcular dy/dx:
> 1. Derive ambos os membros da equação em relação a x. Não se esqueça de que y é uma função de x e use a regra da cadeia ao derivar os termos que contêm y.
> 2. Explicite dy/dx na equação resultante.

Cálculo da Inclinação de uma Reta Tangente por Derivação Implícita

Nos Exemplos 2.6.2 e 2.6.3, a derivação implícita é usada para calcular a inclinação de uma reta tangente.

EXEMPLO 2.6.2 Determinação da Inclinação de Retas Tangentes a Partir de uma Função Implícita

Calcule a inclinação das retas tangentes à circunferência $x^2 + y^2 = 25$ nos pontos (3, 4) e (3, −4).

Solução

Derivando ambos os membros da equação $x^2 + y^2 = 25$ em relação a x, obtemos:

$$2x + 2y\frac{dy}{dx} = 0$$

$$\frac{dy}{dx} = -\frac{x}{y}$$

A inclinação no ponto (3, 4) é o valor da derivada para $x = 3$ e $y = 4$:

$$\left.\frac{dy}{dx}\right|_{(3,\,4)} = -\frac{x}{y}\bigg|_{\substack{x=3\\y=4}} = -\frac{3}{4}$$

A inclinação no ponto (3, −4) é o valor de dy/dx para $x = 3$ e $y = -4$:

$$\left.\frac{dy}{dx}\right|_{(3,\,-4)} = -\frac{x}{y}\bigg|_{\substack{x=3\\y=-4}} = -\frac{3}{-4} = \frac{3}{4}$$

A Figura 2.16 mostra o gráfico da circunferência, juntamente com as tangentes cujas inclinações foram pedidas.

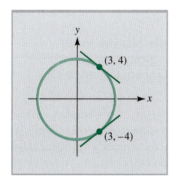

FIGURA 2.16 Gráfico da circunferência $x^2 + y^2 = 25$.

EXEMPLO 2.6.3 Determinação de Retas Tangentes Horizontais por Derivação Implícita

Determine todos os pontos da curva $x^2 - y^2 = 2x + 4y$ nos quais a reta tangente à curva é horizontal. Existe algum ponto da curva para o qual a tangente é vertical?

Solução

Derivando ambos os membros da equação dada em relação a x, obtemos:

$$2x - 2y\frac{dy}{dx} = 2 + 4\frac{dy}{dx}$$

$$\frac{dy}{dx} = \frac{2x - 2}{4 + 2y}$$

Os pontos nos quais a reta tangente à curva é horizontal são aqueles para os quais a inclinação é nula, ou seja, aqueles em que o *numerador* $2x - 2$ de dy/dx é zero:

$$2x - 2 = 0$$
$$x = 1$$

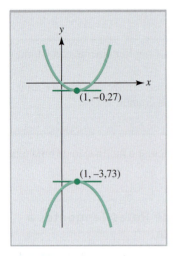

FIGURA 2.17 Gráfico da equação $x^2 - y^2 = 2x + 4y$.

Para calcular o valor correspondente de y, basta fazer $x = 1$ na equação dada e resolver a equação do segundo grau resultante, usando a fórmula de Báskara ou uma calculadora:

$$1 - y^2 = 2(1) + 4y$$
$$y^2 + 4y + 1 = 0$$
$$y = -0{,}27,\ -3{,}73$$

Assim, os pontos nos quais a reta tangente é horizontal são os pontos $(1, -0{,}27)$ e $(1, -3{,}73)$.

Como a inclinação de uma reta vertical não é definida, os pontos nos quais a reta tangente à curva é vertical são aqueles para os quais o *denominador* $4 + 2y$ de dy/dx é zero:

$$4 + 2y = 0$$
$$y = -2$$

Para calcular o valor correspondente de x, é preciso fazer $y = -2$ na equação dada e resolver a equação do segundo grau resultante:

$$x^2 - (-2)^2 = 2x + 4(-2)$$
$$x^2 - 2x + 4 = 0$$

Acontece que essa equação do segundo grau não tem raízes reais, o que significa que a curva dada não possui retas tangentes verticais. A curva aparece na Figura 2.17.

Aplicação à Economia

A derivação implícita é muito usada na economia. Na Seção 4.3, será empregada para demonstrar algumas relações teóricas. Uma aplicação mais direta da derivação implícita é ilustrada no Exemplo 2.6.4, que pode ser considerado uma introdução à discussão das curvas de nível de uma função de duas variáveis, apresentada na Seção 7.1.

EXEMPLO 2.6.4 Uso de Análise Marginal em Gerenciamento de Mão de Obra

Daniela é gerente de uma indústria cuja produção diária é $Q = 2x^3 + x^2y + y^3$ unidades, em que x é o número de homens-horas de trabalho especializado e y é o número de homens-horas de trabalho não especializado. No momento, a mão de obra disponível é constituída por 30 homens-horas de trabalho especializado e 20 homens-horas de trabalho não especializado. Daniela está interessada em aumentar em 1 homem-hora a mão de obra especializada sem que a produção seja alterada. Mostre de que forma Daniela pode usar os métodos do cálculo para determinar a redução da mão de obra não especializada que será necessária para atingir seu objetivo.

Solução

A produção atual é o valor de Q para $x = 30$ e $y = 20$. Assim,

$$Q = 2(30)^3 + (30)^2(20) + (20)^3 = 80.000 \text{ unidades}$$

Para que a produção não seja alterada, a relação entre a mão de obra especializada x e a mão de obra não especializada y deve respeitar a equação

$$80.000 = 2x^3 + x^2y + y^3$$

que define y implicitamente em função de x.

O objetivo é estimar a variação de y que corresponde a um aumento de 1 unidade no valor de x quando x e y estão relacionados da forma indicada. Como vimos na Seção 2.5, a variação de y causada por um aumento de 1 unidade em x é dada aproximadamente pela derivada dy/dx. Para calcular a derivada, podemos usar derivação implícita. (Lembre-se de que a derivada da constante 80.000 do lado esquerdo da equação é zero.)

$$0 = 6x^2 + x^2\frac{dy}{dx} + y\frac{d}{dx}(x^2) + 3y^2\frac{dy}{dx}$$
$$0 = 6x^2 + x^2\frac{dy}{dx} + 2xy + 3y^2\frac{dy}{dx}$$

$$-(x^2 + 3y^2)\frac{dy}{dx} = 6x^2 + 2xy$$

$$\frac{dy}{dx} = -\frac{6x^2 + 2xy}{x^2 + 3y^2}$$

Calculando o valor da derivada para $x = 30$ e $y = 20$, obtemos:

$$\text{Variação de } y \approx \frac{dy}{dx}\bigg|_{\substack{x=30\\y=20}} = -\frac{6(30)^2 + 2(30)(20)}{(30)^2 + 3(20)^2} \approx -3{,}14 \text{ horas}$$

Assim, para que a produção não seja alterada, devemos diminuir de 3,14 homens-horas a mão de obra não especializada.

> **NOTA** Se uma função $Q(x, y)$ é usada para expressar a produção correspondente a x unidades de um insumo e y unidades de outro, uma equação da forma $Q(x, y) = C$, em que C é uma constante, é chamada de **isoquanta**. Equações desse tipo são usadas pelos economistas para examinar as diferentes combinações de insumos x e y que resultam no mesmo nível de produção. Nesse contexto, a taxa dy/dx, muitas vezes obtida por derivação implícita, como no Exemplo 2.6.4, é chamada de **taxa marginal de substituição técnica** (TMST). ■

Taxas Relacionadas

Em alguns problemas práticos, as variáveis x e y estão relacionadas por uma equação e podem ser consideradas funções de uma terceira variável, t, que, quase sempre, representa o tempo. Nesse caso, a derivação implícita pode ser usada para relacionar dx/dt a dy/dt. As derivadas dx/dt e dy/dt são chamadas de **taxas relacionadas**. Apresentamos a seguir um método geral para analisar problemas de taxas relacionadas.

> **Método para Resolver Problemas de Taxas Relacionadas**
> 1. Faça um gráfico (se possível) e defina as variáveis.
> 2. Escreva uma expressão que envolva as variáveis.
> 3. Use derivação implícita para determinar a relação entre as taxas.
> 4. Substitua os resultados literais obtidos no item 3 por valores numéricos para obter a resposta desejada.

Os Exemplos 2.6.5 a 2.6.8 mostram algumas aplicações práticas das taxas relacionadas.

EXEMPLO 2.6.5 Cálculo de uma Taxa de Custo Relacionada

O gerente de uma empresa observa que, quando q centenas de unidades de uma mercadoria são produzidas, o custo total de produção é C milhares de reais, em que $C^2 - 3q^3 = 4.275$. Quando 1.500 unidades estão sendo produzidas, o nível de produção está aumentando a uma taxa de 20 unidades por semana. Qual é o custo total nessa ocasião? Qual é a taxa de variação do custo?

Solução

Estamos interessados em calcular dC/dt para $q = 15$ (1.500 unidades) e $dq/dt = 0{,}2$ (20 unidades por semana, com q medido em centenas de unidades). Derivando a equação $C^2 - 3q^3 = 4.275$ implicitamente em relação ao tempo, obtemos

$$2C\frac{dC}{dt} - 3\left[3q^2\frac{dq}{dt}\right] = 0$$

e, portanto,

$$2C\frac{dC}{dt} = 9q^2\frac{dq}{dt}$$

e

$$\frac{dC}{dt} = \frac{9q^2}{2C}\frac{dq}{dt}$$

Para $q = 15$, o custo C satisfaz a equação

$$C^2 - 3(15)^3 = 4.275$$
$$C^2 = 4.275 + 3(15)^3 = 14.400$$
$$C = 120$$

e fazendo $q = 15$, $C = 120$ e $dq/dt = 0{,}2$ na expressão de dC/dt, obtemos

$$\frac{dC}{dt} = \left[\frac{9(15)^2}{2(120)}\right](0{,}2) = 1{,}6875$$

milhares de reais (R\$ 1.687,50) por semana. Resumindo, o custo para produzir 1.500 unidades é R\$ 120.000 ($C = 120$) e, para esse nível de produção, o custo total está aumentando à taxa de R\$ 1.687,50 por semana.

> **LEMBRETE**
>
> Não se esqueça de que, nos problemas de taxas relacionadas, todas as derivadas devem ser calculadas por derivação implícita antes que as variáveis sejam substituídas por valores numéricos.

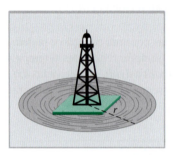

EXEMPLO 2.6.6 Uso de Taxas Relacionadas para Estudar um Vazamento de Petróleo

Uma tempestade no mar danificou uma plataforma de petróleo, produzindo um vazamento de 60 m³/min que criou uma mancha de forma circular com 25 centímetros de espessura.

a. Qual é a taxa de aumento do raio da mancha quando o raio é 70 metros?

b. Suponha que o defeito seja consertado de tal modo que o vazamento pare instantaneamente. Se o raio da mancha estava aumentando à taxa de 0,2 m/min quando o vazamento parou, qual foi o volume de petróleo derramado?

Solução

Podemos pensar na mancha como um cilindro de petróleo de raio r e espessura $h = 0{,}25$ m. O volume desse cilindro é

$$V = \pi r^2 h = 0{,}25\pi r^2 \text{ m}^3$$

Derivando implicitamente essa equação em relação ao tempo t, obtemos:

$$\frac{dV}{dt} = 0{,}25\pi\left(2r\frac{dr}{dt}\right) = 0{,}5\pi r\frac{dr}{dt}$$

e como $dV/dt = 60$ para qualquer valor de t, obtemos a relação

$$60 = 0{,}5\pi r\frac{dr}{dt}$$

a. Estamos interessados em calcular dr/dt para $r = 70$. Substituindo r por seu valor na equação anterior, temos:

$$60 = 0{,}5\pi(70)\frac{dr}{dt}$$

e, portanto,

$$\frac{dr}{dt} = \frac{60}{(0{,}5)\pi(70)} \approx 0{,}55$$

Assim, quando o raio é 70 metros, está aumentando à taxa de 0,55 m/min.

b. Podemos calcular o volume de petróleo derramado se conhecermos o raio da mancha no instante em que o vazamento parou. Como nesse instante $dr/dt = 0{,}2$, sabemos que

$$60 = 0{,}5\pi r(0{,}2)$$

e, portanto, o raio é

$$r = \frac{60}{0{,}5\pi(0{,}2)} \approx 191 \text{ metros}$$

Assim, o volume de petróleo derramado é

$$V = 0{,}25\pi(191)^2 \approx 28.652 \text{ m}^3$$

EXEMPLO 2.6.7 Uso de Taxas Relacionadas para Estudar uma População de Peixes

Um lago é poluído pelos rejeitos de uma fábrica. Os ecologistas observam que, quando a concentração de poluentes é x partes por milhão (ppm), existem F peixes de uma espécie no lago, em que

$$F = \frac{32.000}{3 + \sqrt{x}}$$

Quando existem 4.000 peixes no lago, a poluição está aumentando à taxa de 1,4 ppm/ano. A que taxa a população de peixes está variando na mesma ocasião?

Solução

Estamos interessados em calcular dF/dt para $F = 4.000$ e $dx/dt = 1{,}4$. Com 4.000 peixes no lago, o nível de poluição satisfaz a equação

$$4.000 = \frac{32.000}{3 + \sqrt{x}}$$
$$4.000(3 + \sqrt{x}) = 32.000$$
$$3 + \sqrt{x} = 8$$
$$\sqrt{x} = 5$$
$$x = 25$$

Assim, temos:

$$\frac{dF}{dx} = \frac{32.000(-1)}{(3 + \sqrt{x})^2}\left(\frac{1}{2}\frac{1}{\sqrt{x}}\right) = \frac{-16.000}{\sqrt{x}(3 + \sqrt{x})^2}$$

e, de acordo com a regra da cadeia,

$$\frac{dF}{dt} = \frac{dF}{dx}\frac{dx}{dt} = \left[\frac{-16.000}{\sqrt{x}(3 + \sqrt{x})^2}\right]\frac{dx}{dt}$$

Fazendo $x = 25$ e $dx/dt = 1{,}4$, obtemos

$$\frac{dF}{dt} = \left[\frac{-16.000}{\sqrt{25}(3 + \sqrt{25})^2}\right](1{,}4) = -70$$

e, portanto, a população de peixes está diminuindo à taxa de 70 peixes por ano.

EXEMPLO 2.6.8 Uso de Taxas Relacionadas para Estudar a Oferta

Quando o preço unitário de um produto é p reais, o fabricante tem interesse em produzir x mil unidades, em que

$$x^2 - 2x\sqrt{p} - p^2 = 31$$

Qual é a taxa de variação da oferta quando o preço unitário é R$ 9,00 e está aumentando à taxa de 20 centavos por semana?

Solução

Sabemos que para $p = 9$, $dp/dt = 0{,}20$. Queremos saber qual é o valor de dx/dt. Em primeiro lugar, observamos que, para $p = 9$, temos:

$$x^2 - 2x\sqrt{9} - 9^2 = 31$$
$$x^2 - 6x - 112 = 0$$
$$(x + 8)(x - 14) = 0$$
$$x = 14 \quad (x = -8 \text{h não tem significado físico})$$

Em seguida, derivamos implicitamente ambos os membros da equação de oferta em relação ao tempo para obter

$$2x\frac{dx}{dt} - 2\left[\left(\frac{dx}{dt}\right)\sqrt{p} + x\left(\frac{1}{2}\frac{1}{\sqrt{p}}\frac{dp}{dt}\right)\right] - 2p\frac{dp}{dt} = 0$$

Finalmente, fazendo $x = 14$, $p = 9$ e $dp/dt = 0{,}20$ na equação e explicitando dx/dt, obtemos:

$$2(14)\frac{dx}{dt} - 2\left[\sqrt{9}\frac{dx}{dt} + 14\left(\frac{1}{2}\frac{1}{\sqrt{9}}\right)(0{,}20)\right] - 2(9)(0{,}20) = 0$$

$$[28 - 2(3)]\frac{dx}{dt} = 2(14)\left(\frac{1}{2\sqrt{9}}\right)(0{,}20) + 2(9)(0{,}20)$$

$$\frac{dx}{dt} = \frac{14\left(\frac{1}{3}\right)(0{,}20) + 18(0{,}20)}{22}$$

$$\approx 0{,}206$$

Como a oferta é dada em milhares de unidades, chegamos à conclusão de que a oferta está aumentando à taxa de $0{,}206(1.000) = 206$ unidades por semana.

PROBLEMAS ■ 2.6

Nos Problemas 1 a 8, calcule dy/dx de duas formas:
  (a) Por derivação implícita.
  (b) Derivando uma expressão explícita de y.

Em cada caso, mostre que as duas respostas são iguais.

1. $2x + 3y = 7$
2. $5x - 7y = 3$
3. $x^3 - y^2 = 5$
4. $x^2 + y^3 = 12$
5. $xy = 4$
6. $x + \dfrac{1}{y} = 5$
7. $xy + 2y = 3$
8. $xy + 2y = x^2$

Nos Problemas 9 a 22, determine dy/dx por derivação implícita.

9. $x^2 + y^2 = 25$
10. $x^2 + y = x^3 + y^2$
11. $x^3 + y^3 = xy$
12. $5x - x^2y^3 = 2y$
13. $y^2 + 2xy^2 - 3x + 1 = 0$
14. $\dfrac{1}{x} + \dfrac{1}{y} = 1$
15. $\sqrt{x} + \sqrt{y} = 1$
16. $\sqrt{2x} + y^2 = 4$
17. $xy - x = y + 2$
18. $y^2 + 3xy - 4x^2 = 9$
19. $(2x + y)^3 = x$
20. $(x - 2y)^2 = y$
21. $(x^2 + 3y^2)^5 = 2xy$
22. $(3xy^2 + 1)^4 = 2x - 3y$

Nos Problemas 23 a 30, determine a equação da reta tangente à curva dada no ponto especificado.

23. $x^2 = y^3$; $(8, 4)$
24. $x^2 - y^3 = 2x$; $(1, -1)$
25. $xy = 2$; $(2, 1)$
26. $\dfrac{1}{x} - \dfrac{1}{y} = 2$; $\left(\dfrac{1}{4}, \dfrac{1}{2}\right)$

27. $xy^2 - x^2y = 6$; $(2, -1)$
28. $x^2y^3 - 2xy = 6x + y + 1$; $(0, -1)$
29. $(1 - x + y)^3 = x + 7$; $(1, 2)$
30. $(x^2 + 2y)^3 = 2xy^2 + 64$; $(0, 2)$

Nos Problemas 31 a 36, determine todos os pontos (forneça as duas coordenadas) sobre a curva dada para os quais a reta tangente é (a) horizontal e (b) vertical.

31. $x + y^2 = 9$
32. $x^2 + xy + y = 3$
33. $xy = 16y^2 + x$
34. $\dfrac{y}{x} - \dfrac{x}{y} = 5$
35. $x^2 + xy + y^2 = 3$
36. $x^2 - xy + y^2 = 3$

Nos Problemas 37 e 38, use derivação implícita para calcular a derivada segunda d^2y/dx^2.

37. $x^2 + 3y^2 = 5$
38. $xy + y^2 = 1$

PROBLEMAS APLICADOS DE ECONOMIA E FINANÇAS

39. **FABRICAÇÃO** A produção de uma fábrica é $Q = 0{,}08x^2 + 0{,}12xy + 0{,}03y^2$ unidades por dia, em que x é o número de homens-horas de mão de obra especializada e y o número de homens-horas de mão de obra não especializada. No momento são usados 80 homens-horas de mão de obra especializada e 200 homens-horas de mão de obra não especializada. Use os métodos do cálculo para estimar a variação de mão de obra não especializada necessária para compensar um aumento de 1 homem-hora da mão de obra especializada para que a produção não seja alterada.

40. **FABRICAÇÃO** A produção de uma fábrica é $Q = 0{,}06x^2 + 0{,}14xy + 0{,}05y^2$ unidades por dia, em que x é o número de homens-horas de mão de obra especializada e y o número de homens-horas de mão de obra não especializada. No momento são usados 60 homens-horas de mão de obra especializada e 300 homens-horas de mão de obra não especializada. Use os métodos do cálculo para estimar a variação de mão de obra não especializada necessária para compensar um aumento de 1 homem-hora da mão de obra especializada para que a produção não seja alterada.

41. **TAXA DE OFERTA** Quando o preço unitário de um produto é p reais, o fabricante tem interesse em fabricar x centenas de unidades, em que
$$3p^2 - x^2 = 12$$
Qual é a taxa de variação da oferta se o preço unitário é R$ 4,00 e está aumentando à taxa de 87 centavos por mês?

42. **TAXA DE DEMANDA** Quando o preço unitário de um produto é p reais, a demanda é de x centenas de unidades, em que
$$x^2 + 3px + p^2 = 79$$
Qual é a taxa de variação da demanda com o tempo se o preço unitário é R$ 5,00 e está diminuindo à taxa de 30 centavos por mês?

43. **DEMANDA DO CONSUMIDOR** Quando um modelo de torradeira elétrica é vendido por p reais, os consumidores compram $D(p) = 32.670/(2p + 1)$ unidades por mês. Estima-se que daqui a t meses o preço da torradeira será $p(t) = 0{,}04t^{3/2} + 44$ reais. Determine a taxa de variação com o tempo da demanda mensal de torradeiras daqui a 25 meses. A demanda estará aumentando ou diminuindo?

44. **FABRICAÇÃO** Em uma fábrica, a produção Q está relacionada com os insumos u e v pela equação
$$Q = 3u^2 + \dfrac{2u + 3v}{(u + v)^2}$$
Se os valores dos insumos são $u = 10$ e $v = 25$, use os métodos do cálculo para estimar qual deve ser a variação do insumo v para compensar uma diminuição de 0,7 no insumo u e manter a produção inalterada.

45. **PRODUÇÃO** Em uma fábrica, a produção é dada por $Q = 60K^{1/3}L^{2/3}$ unidades, em que K é o capital imobilizado (em milhares de reais) e L é a mão de obra utilizada em homens-horas. Se a produção se mantém constante, qual é a taxa de variação do capital imobilizado no instante em que $K = 8$, $L = 1.000$ e L está aumentando à razão de 25 homens-horas por semana?

[*Nota*: Funções de produção da forma geral $Q = AK^\alpha L^{1-\alpha}$, em que A e α são constantes com $0 < \alpha < 1$, são conhecidas como **funções de produção de Cobb-Douglas**. Essas funções aparecem em vários exemplos e exercícios deste livro, especialmente no Capítulo 7.]

46. **FABRICAÇÃO** Em uma fábrica, a produção Q está relacionada com os insumos x e y pela equação
$$Q = 2x^3 + 3x^2y^2 + (1 + y)^3$$
Se os valores dos insumos são $x = 30$ e $y = 20$, use os métodos do cálculo para estimar qual deve ser a variação do insumo y para compensar uma diminuição de 0,8 no insumo x e manter a produção inalterada.

PROBLEMAS APLICADOS DE CIÊNCIAS SOCIAIS E BIOLÓGICAS

47. **MEDICINA** Um pequeno balão esférico é introduzido em uma artéria obstruída e inflado à taxa de $0{,}002\pi$ mm^3/min. Qual é a taxa de aumento do raio do balão quando o raio é $R = 0{,}005$ mm? [*Nota:* uma esfera de raio R tem um volume $V = 4\pi R^3/3$.]

48. **CONTROLE DA POLUIÇÃO** Um estudo ambiental realizado em uma cidade revela que haverá $Q(p) = p^2 + 4p + 900$ unidades de um perigoso poluente no ar quando a população for de p mil habitantes. Se a população atualmente é de 50.000 habitantes e está aumentando à taxa de 1.500 habitantes por ano, qual é a taxa de aumento da poluição causada pelo produto?

49. **CRESCIMENTO DE UM TUMOR** Um tumor é modelado por uma esfera de raio R. Se o raio do tumor é atualmente $R = 0,54$ cm e está aumentando à taxa de 0,13 cm por mês, qual é a taxa correspondente de aumento do volume $V = 4\pi R^3/3$?

50. **POLUIÇÃO DA ÁGUA** Uma mancha de óleo de forma circular se espalha de tal modo que seu raio aumenta à razão de 6 m/h. Qual é a taxa de variação da área da mancha no momento em que o raio é 60 m?

PROBLEMA 50

51. **METABOLISMO** O *metabolismo basal* é o calor produzido por um animal em repouso por unidade de tempo. As observações indicam que o metabolismo basal de um animal de sangue quente com w quilogramas (kg) de massa é dado por

$$M = 70w^{3/4} \text{ quilocalorias por dia}$$

   a. Determine a taxa de variação do metabolismo basal de uma onça de 80 kg que está ganhando massa à taxa de 0,8 kg por dia.
   b. Determine a taxa de variação do metabolismo basal de um avestruz de 50 kg que está perdendo massa à taxa de 0,5 kg por dia.

52. **VELOCIDADE DE UM LAGARTO** Os herpetólogos propuseram o uso da equação $s = 1,1w^{0,2}$ para estimar a velocidade máxima s (em metros por segundo) de um lagarto de massa w (em gramas). A que taxa a velocidade máxima de um lagarto de 11 gramas está aumentando se o lagarto está crescendo à taxa de 0,02 grama por dia?

53. **CIRCULAÇÃO SANGUÍNEA** De acordo com uma das leis de Poiseuille (veja o Problema 73 da Seção 1.1), a velocidade do sangue a pressão constante a r centímetros de distância do eixo central de uma artéria é dada por

$$v = \frac{K}{L}(R^2 - r^2)$$

em que K é uma constante positiva, R é o raio da artéria e L é o comprimento da artéria.* Suponha que o raio R e o comprimento L variam com o tempo de tal modo que a velocidade do sangue no eixo central da artéria se mantém constante, ou seja, v não varia com o tempo. Mostre que, nesse caso, a taxa de variação relativa de L com o tempo é duas vezes maior que a taxa de variação relativa de R.

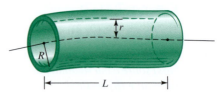

PROBLEMA 53

54. **CONTROLE DA POLUIÇÃO** Estima-se que, daqui a t anos, a população de um bairro será $p(t) = 10 - 20/(t + 1)^2$ milhares de habitantes. Um estudo ambiental revela que a concentração média diária de monóxido de carbono será $c(p) = 0,8\sqrt{p^2 + p + 139}$ unidades quando o bairro tiver uma população de p mil habitantes. Qual será a taxa de variação percentual da concentração de monóxido de carbono daqui a 1 ano?

55. **CIRCULAÇÃO SANGUÍNEA** Os fisiologistas observaram que o fluxo de sangue de uma artéria para um capilar é dado pela expressão

$$F = kD^3\sqrt{p^2 + p + 139} \quad (\text{cm}^3/\text{s})$$

em que D é o diâmetro do capilar, A é a pressão do sangue na artéria, C é a pressão do sangue no capilar e k é uma constante positiva.
   a. Qual é a taxa de variação do fluxo de sangue F com a pressão C no capilar se A e D permanecem constantes? O fluxo aumenta ou diminui quando C aumenta?
   b. Qual é a taxa de variação percentual com A do fluxo F se C e D permanecem constantes?

PROBLEMAS VARIADOS

56. **PRODUÇÃO DE MADEIRA** Para estimar a quantidade de madeira que existe no tronco de uma árvore, é razoável supor que a árvore é um cone truncado (veja a figura).

PROBLEMA 56

Se o raio superior do tronco é r, o raio inferior é R e a altura é H, o volume de madeira é dado por

---
*E. Batschelet, *Introduction to Mathematics for Life Scientists*, 3rd ed., New York: Springer-Verlag, 1979, pp. 102–103.

$$V = \frac{\pi}{3}H(R^2 + rR + r^2)$$

As taxas de aumento de r, R e H são respectivamente 10 cm/ano, 12,5 cm/ano e 22,5 cm/ano. Qual é a taxa de aumento de V no instante em que $r = 60$ cm, $R = 9$ cm e $H = 4,5$ m?

57. Um homem de 1 m e 80 cm de altura, caminhando com uma velocidade de 1 m/s, passa por uma luminária de rua com 3,5 m de altura. Qual é a taxa de variação da sombra do homem quando está a 6 m de distância do poste?

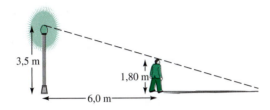

PROBLEMA 57

58. **TERMODINÂMICA** Nos processos *adiabáticos*, não existe troca de calor com o ambiente. Suponha que um balão de oxigênio seja submetido a um processo adiabático. Nesse caso, se a pressão do gás é P e o volume é V, pode-se demonstrar que $PV^{1,4} = C$, em que C é uma constante. Em um instante, $V = 5$ m^3, $P = 0,6$ kg/m^2 e P está aumentando à razão de 0,23 kg/m$^2 \cdot$ s. Qual é a taxa de variação do volume V nesse instante? O volume está aumentando ou diminuindo?

59. **LEI DE BOYLE** De acordo com a lei de Boyle, quando um gás é comprimido a uma temperatura constante, a pressão e o volume V do gás satisfazem a equação $PV = C$, em que C é uma constante. Suponha que, em um instante, o volume seja 0,1 m^3, a pressão seja 10 atmosferas e o volume esteja aumentando à razão de 0,005 m^3/s. Qual é a taxa de variação da pressão nesse instante? A pressão está aumentando ou diminuindo?

60. **REFRIGERAÇÃO** Um bloco de gelo usado para refrigeração é modelado por um cubo de lado s. No momento, o bloco tem um volume de 125.000 cm^3 e está derretendo à taxa de 1.000 cm^3 por hora.
    a. Qual é o comprimento s de um dos lados do cubo? Com que taxa esse comprimento s está variando no momento em relação ao tempo t?
    b. Qual é a atual taxa de variação da área S da superfície do bloco de gelo em relação ao tempo? [*Nota:* um cubo de lado s tem um volume $V = s^3$ e a área da superfície é $S = 6s^2$.]

61. Mostre que a reta tangente à curva
$$\frac{x^2}{a^2} + \frac{y^2}{b^2} = 1$$
no ponto (x_0, y_0) é
$$\frac{x_0 x}{a^2} + \frac{y_0 y}{b^2} = 1$$

62. Considere a equação $x^2 + y^2 = 6y - 10$.
    a. Mostre que não existem pontos (x, y) que satisfaçam a equação. [*Sugestão*: complete o quadrado.]
    b. Mostre que, aplicando a derivação implícita à equação, obtemos
    $$\frac{dy}{dx} = \frac{x}{3 - y}$$
    O objetivo desse problema é mostrar que é preciso cautela ao usar a derivação implícita. O fato de podermos calcular formalmente uma derivada por derivação implícita não quer dizer que a derivada exista.

63. Demonstre a regra do produto $d(x^n)/dx = nx^{n-1}$ para o caso em que $n = r/s$ é um número racional. [*Sugestão*: Observe que se $y = x^{r/s}$, $y^s = x^r$; em seguida, use derivação implícita.]

64. Use uma calculadora gráfica para plotar a curva $5x^2 - 2xy + 5y^2 = 8$. Trace a reta tangente à curva no ponto $(1, 1)$. Quantas retas tangentes horizontais a curva possui? Determine as equações dessas retas.

65. Use uma calculadora gráfica para plotar a curva $11x^2 + 4xy + 14y^2 = 21$. Trace a reta tangente à curva no ponto $(-1, 1)$. Quantas retas tangentes horizontais a curva possui? Determine as equações dessas retas.

66. Resolva as questões que se seguem a respeito da curva $x^3 + y^3 = 3xy$ (conhecida como **fólio de Descartes**).
    a. Determine as equações de todas as retas horizontais tangentes à curva.
    b. A curva intercepta a reta $y = x$ na origem e em mais um ponto. Qual é a equação da reta tangente nesse segundo ponto?
    c. Tente encontrar um método de plotar a curva usando uma calculadora gráfica.

67. Use uma calculadora gráfica para plotar a curva $x^2 + y^2 = \sqrt{x^2 + y^2} + x$. Determine as equações de todas as retas horizontais tangentes à curva. (A curva é conhecida como **cardioide**.)

RESUMO DO CAPÍTULO

Termos, Símbolos e Fórmulas Importantes

Reta secante e reta tangente   (Seção 2.1)
Taxas de variação média e instantânea   (Seção 2.1)
Quociente diferença

$$\frac{f(x+h) - f(x)}{h} \quad \text{(Seção 2.1)}$$

Derivada de $f(x)$: $f'(x) = \lim_{h \to 0} \frac{f(x+h) - f(x)}{h}$ (Seção 2.1)

Derivação   (Seção 2.1)
Função derivável   (Seção 2.1)
A derivada $f'(x_0)$ como a inclinação da reta tangente à curva $y = f(x)$ no ponto $(x_0, f(x_0))$ (Seção 2.1)
A derivada $f'(x_0)$ como a taxa de variação de $f(x)$ com x no ponto $x = x_0$ (Seção 2.1)
Notação da derivada de $f(x)$: $f'(x)$ e $\frac{df}{dx}$ (Seção 2.1)
Uma função derivável é contínua   (Seção 2.1)
Regra da constante: $\frac{d}{dx}[c] = 0$ (Seção 2.2)
Regra da potência: $\frac{d}{dx}[x^n] = nx^{n-1}$ (Seção 2.2)
Regra da multiplicação por uma constante: $\frac{d}{dx}[cf(x)] = c\frac{df}{dx}$ (Seção 2.2)
Regra da soma: $\frac{d}{dx}[f(x) + g(x)] = \frac{df}{dx} + \frac{dg}{dx}$ (Seção 2.2)
Taxa de variação relativa de $Q(x)$: $\frac{Q'(x)}{Q(x)}$ (Seção 2.2)
Taxa de variação percentual de $Q(x)$: $\frac{100Q'(x)}{Q(x)}$ (Seção 2.2)
Movimento retilíneo: posição $s(t)$
velocidade $v(t) = s'(t)$
aceleração $a(t) = v'(t)$ (Seção 2.2)
Movimento de um projétil:

altura $H(t) = -gt^2/2 + V_0 t + H_0$ (Seção 2.2)

Regra do produto:

$$\frac{d}{dx}[f(x)g(x)] = f(x)\frac{dg}{dx} + g(x)\frac{df}{dx} \quad \text{(Seção 2.3)}$$

Regra do quociente: para $g(x) \neq 0$,

$$\frac{d}{dx}\left[\frac{f(x)}{g(x)}\right] = \frac{g(x)\frac{df}{dx} - f(x)\frac{dg}{dx}}{g^2(x)} \quad \text{(Seção 2.3)}$$

Derivada segunda de $f(x)$: $f''(x) = [f'(x)]' = \frac{d^2 f}{dx^2}$ é a taxa de variação de $f'(x)$ (Seção 2.3)

Notação para a derivada de ordem n de $f(x)$:

$$f^{(n)}(x) = \frac{d^n f}{dx^n} \quad \text{(Seção 2.3)}$$

Regra da cadeia para $y = f(u(x))$: $\frac{dy}{dx} = \frac{dy}{du}\frac{du}{dx}$ ou $[f(u(x))]' = f'(u)u'(x)$ (Seção 2.4)

Regra da potência generalizada:

$$\frac{d}{dx}[h(x)]^n = n[h(x)]^{n-1}\frac{dh}{dx} \quad \text{(Seção 2.4)}$$

Custo marginal $C'(x_0)$: é uma estimativa de $C(x_0 + 1) - C(x_0)$, o custo adicional para produzir a unidade $x_0 + 1$ (Seção 2.5)

Receita marginal $R'(x_0)$: é uma estimativa de $R(x_0 + 1) - R(x_0)$, a receita adicional com a produção da unidade $x_0 + 1$ (Seção 2.5)

Lucro marginal $P'(x_0)$: é uma estimativa de $P(x_0 + 1) - P(x_0)$, o lucro adicional com a produção da unidade $x_0 + 1$ (Seção 2.5)

Aproximação por incrementos:

$$f(x_0 + \Delta x) \approx f(x_0) + f'(x_0)\Delta x \quad \text{(Seção 2.5)}$$

Propagação de erros   (Seção 2.5)
A diferencial de $y = f(x)$ é $dy = f'(x)dx$ (Seção 2.5)
Derivação implícita   (Seção 2.6)
Taxas relacionadas   (Seção 2.6)

Problemas de Verificação

1. Determine a derivada dy/dx da função dada.
   a. $y = 3x^4 - 4\sqrt{x} + \frac{5}{x^2} - 7$
   b. $y = (3x^3 - x + 1)(4 - x^2)$
   c. $y = \frac{5x^2 - 3x + 2}{1 - 2x}$
   d. $y = (3 - 4x + 3x^2)^{3/2}$

2. Determine a derivada segunda da função $f(t) = t(2t + 1)^2$.

3. Determine a equação da reta tangente à curva $y = x^2 - 2x + 1$ no ponto $x = -1$.

4. Determine a taxa de variação com x da função $f(x) = \frac{x + 1}{1 - 5x}$ para $x = 1$.

5. **IMPOSTO PREDIAL**   Os registros mostram que, x anos após o ano 2010, o imposto predial pago pelo proprietário de um apartamento de quatro quartos em uma cidade norte-americana de grande porte foi, em média, $T(x) = 3x^2 + 40x + 1800$ dólares.
   a. A que taxa o imposto predial estava variando com o tempo em 2013?
   b. A que taxa percentual o imposto predial estava aumentando em 2013?

6. **MOVIMENTO RETILÍNEO** Um corpo se move em linha reta de tal modo que sua posição no instante t é dada por $s(t) = 2t^3 - 3t^2 + 2$ para $t \geq 0$.
   a. Determine a velocidade $v(t)$ e a aceleração $a(t)$ do corpo.
   b. Em que instantes de tempo o corpo está parado? Em que instantes está avançando? Em que instantes está recuando?
   c. Qual é a distância percorrida pelo corpo no intervalo $0 \leq t \leq 2$?

7. **CUSTO DE PRODUÇÃO** O custo para produzir x centenas de unidades de uma mercadoria é $C(x) = 0{,}04x^2 + 5x + 73$ milhares de reais. Use o custo marginal para estimar o custo para produzir a 410ª unidade. Qual é o custo real para produzir a 410ª unidade?

8. **PRODUÇÃO INDUSTRIAL** Em uma fábrica, a produção diária é $Q = 500L^{3/4}$ unidades, em que L é a mão de obra disponível em homens-horas. No momento, são usados diariamente 2.401 homens-horas. Use o método dos incrementos para estimar o efeito sobre a produção de um aumento de 200 homens-horas na mão de obra.

9. **MEDICINA INFANTIL** Os pediatras usam a equação $S = 0{,}2029w^{0{,}425}$ para estimar a área da superfície S (em m²) de uma criança de 1 metro de altura que pesa w kg. Uma criança pesa 30 kg e está ganhando peso à taxa de 0,13 kg por semana sem que a altura aumente. Qual é a taxa de variação da área da superfície da criança?

10. **CRESCIMENTO DE UM TUMOR** Um tumor cancerígeno é modelado por uma esfera de raio r (em cm).
    a. Qual é a taxa de variação com r do volume $V = 4\pi r^3/3$ quando $r = 0{,}75$ cm?
    b. Estime o maior erro percentual que pode ser cometido na medida do raio r do tumor para que o erro no cálculo do volume não exceda 8%.

Problemas de Revisão

Problemas 1 e 2, use a definição de derivada para determinar $f'(x)$.

1. $f(x) = x^2 - 3x + 1$
2. $f(x) = \dfrac{1}{x-2}$

Nos Problemas 3 a 13, determine a derivada da função dada.

3. $f(x) = 6x^4 - 7x^3 + 2x + \sqrt{2}$
4. $f(x) = x^3 - \dfrac{1}{3x^5} + 2\sqrt{x} - \dfrac{3}{x} + \dfrac{1-2x}{x^3}$
5. $y = \dfrac{2 - x^2}{3x^2 + 1}$
6. $y = (x^3 + 2x - 7)(3 + x - x^2)$
7. $f(x) = (5x^4 - 3x^2 + 2x + 1)^{10}$
8. $f(x) = \sqrt{x^2 + 1}$
9. $y = \left(x + \dfrac{1}{x}\right)^2 - \dfrac{5}{\sqrt{3x}}$
10. $y = \left(\dfrac{x+1}{1-x}\right)^2$
11. $f(x) = (3x + 1)\sqrt{6x + 5}$
12. $f(x) = \dfrac{(3x+1)^3}{(1-3x)^4}$
13. $y = \sqrt{\dfrac{1-2x}{3x+2}}$

Nos Problemas 14 a 17, determine a equação da reta tangente à curva da função dada no ponto especificado.

14. $f(x) = x^2 - 3x + 2;\ x = 1$
15. $f(x) = \dfrac{4}{x-3};\ x = 1$
16. $f(x) = \dfrac{x}{x^2+1};\ x = 0$
17. $f(x) = \sqrt{x^2 + 5};\ x = -2$

18. Em cada caso, determine a taxa de variação de $f(t)$ com t para o valor de t dado.
    a. $f(t) = t^3 - 4t^2 + 5t\sqrt{t} - 5$ em $t = 4$
    b. $f(t) = \dfrac{2t^2 - 5}{1 - 3t}$ em $t = -1$

19. Em cada caso, determine a taxa de variação percentual de $f(t)$ com t para o valor de t dado.
    a. $f(t) = t^3(t^2 - 1)$ em $t = 0$
    b. $f(t) = (t^2 - 3t + 6)^{1/2}$ em $t = 1$

20. Em cada caso, determine a taxa de variação percentual de $f(t)$ com t para o valor de t dado.
    a. $f(t) = t^2 - 3t + \sqrt{t}$ em $t = 4$
    b. $f(t) = \dfrac{t}{t-3}$ em $t = 4$

21. Em cada caso, determine a taxa de variação percentual de $f(t)$ com t para o valor de t dado.
    a. $f(t) = t^2(3 - 2t)^3$ em $t = 1$
    b. $f(t) = \dfrac{1}{t+1}$ em $t = 0$

22. Use a regra da cadeia para determinar dy/dx.
    a. $y = 5u^2 + u - 1;\ u = 3x + 1$
    b. $y = \dfrac{1}{u^2};\ u = 2x + 3$

23. Use a regra da cadeia para determinar dy/dx.
    a. $y = (u + 1)^2;\ u = 1 - x$
    b. $y = \dfrac{1}{\sqrt{u}};\ u = 2x + 1$

RESUMO DO CAPÍTULO

24. Use a regra da cadeia para determinar dy/dx para o valor dado de x.
    a. $y = u - u^2$; $u = x - 3$; para $x = 0$
    b. $y = \left(\dfrac{u-1}{u+1}\right)^{1/2}$, $u = \sqrt{x-1}$; para $x = \dfrac{34}{9}$

25. Use a regra da cadeia para determinar dy/dx para o valor dado de x.
    a. $y = u^3 - 4u^2 + 5u + 2$; $u = x^2 + 1$; para $x = 1$
    b. $y = \sqrt{u}$, $u = x^2 + 2x - 4$; para $x = 2$

26. Determine a derivada segunda da função dada.
    a. $f(x) = 6x^5 - 4x^3 + 5x^2 - 2x + \dfrac{1}{x}$
    b. $z = \dfrac{2}{1+x^2}$
    c. $y = (3x^2 + 2)^4$

27. Determine a derivada segunda da função dada.
    a. $f(x) = 4x^3 - 3x$
    b. $f(x) = 2x(x+4)^3$
    c. $f(x) = \dfrac{x-1}{(x+1)^2}$

28. Determine dy/dx por derivação implícita.
    a. $5x + 3y = 12$
    b. $(2x + 3y)^5 = x + 1$

29. Determine dy/dx por derivação implícita.
    a. $x^2 y = 1$
    b. $(1 - 2xy^3)^5 = x + 4y$

30. Use derivação implícita para determinar a inclinação da reta tangente à curva dada no ponto especificado.
    a. $xy^3 = 8$; $(1, 2)$
    b. $x^2 y - 2xy^3 + 6 = 2x + 2y$; $(0, 3)$

31. Use derivação implícita para determinar a inclinação da reta tangente à curva dada no ponto especificado.
    a. $x^2 + 2y^3 = \dfrac{3}{xy}$; $(1, 1)$
    b. $y = \dfrac{x+y}{x-y}$; $(6, 2)$

32. Use derivação implícita para determinar d^2y/dx^2 se $4x^2 + y^2 = 1$.

33. Use derivação implícita para determinar d^2y/dx^2 se $3x^2 - 2y^2 = 6$.

34. Um projétil é lançado verticalmente a partir do solo com uma velocidade inicial de 48 m/s.
    a. Quanto tempo o projétil leva para se chocar com o solo?
    b. Qual é a velocidade no momento do impacto?
    c. Quanto tempo o projétil leva para atingir a altura máxima? Qual é a altura máxima?

35. **CRESCIMENTO POPULACIONAL** Uma projeção revela que daqui a t anos a população de uma cidade será P mil habitantes, em que
$$P(t) = -2t^3 + 9t^2 + 8t + 200$$
a. A que taxa a população estará aumentando daqui a 3 anos?
b. A que a taxa a taxa de aumento da população estará variando daqui a 3 anos?

Nos Problemas 36 e 37, $s(t)$ representa a posição de um corpo que está se movendo em linha reta.
  (a) Determine a velocidade e a aceleração do corpo e descreva o movimento no intervalo de tempo indicado.
  (b) Determine a distância percorrida pelo corpo no intervalo de tempo indicado.

36. $s(t) = 2t^3 - 21t^2 + 60t - 25$; $1 \le t \le 6$

37. $s(t) = \dfrac{2t+1}{t^2 + 12}$; $0 \le t \le 4$

38. **TRANSPORTE COLETIVO** Após x semanas, o número de usuários de uma nova linha de metrô é $N(x) = 6x^3 + 500x + 8.000$.
    a. Qual era a taxa de variação do número de passageiros após 8 semanas?
    b. Qual foi a variação do número de passageiros durante a 8ª semana?

31. **PRODUÇÃO** Calcula-se que a produção semanal de uma fábrica é $Q(x) = 50x^2 + 9.000x$ unidades, em que x é número de operários. No momento, a fábrica tem 30 operários.
    a. Use os métodos do cálculo para estimar qual será a variação da produção semanal se a fábrica contratar mais um operário.
    b. Calcule qual será a variação exata da produção se a fábrica contratar mais um operário.

40. **POPULAÇÃO** Estima-se que, daqui a t meses, a população de uma cidade será $P(t) = 3t + 5t^{3/2} + 6.000$. A que taxa percentual a população estará variando com o tempo daqui a 4 meses?

41. **PRODUÇÃO** A produção diária de uma fábrica é $Q(L) = 20.000 L^{1/2}$ unidades, em que L é a mão de obra em homens-horas. No momento, a fábrica está trabalhando com 900 homens-horas. Use os métodos do cálculo para estimar o efeito sobre a produção de uma redução da mão de obra para 885 homens-horas.

42. **PRODUTO INTERNO BRUTO** O Produto Interno Bruto de um país foi $N(t) = t^2 + 6t + 300$ bilhões de dólares t anos após o ano 2004. Use os métodos do cálculo para estimar qual foi a variação percentual do PIB no segundo trimestre de 2012.

43. **POLUIÇÃO** A poluição do ar em uma cidade é proporcional ao quadrado da população. Use os métodos do cálculo para estimar a porcentagem de aumento da poluição do ar se a população aumentar 5%.

44. **EPIDEMIA DE AIDS** Na fase inicial, mais especificamente no período de 1984 a 1990, a epidemia de AIDS podia ser modelada* pela função cúbica

---

*Mortality and Morbidity Weekly Report, U.S. Centers for Disease Control, Vol. 40, No. 53, October 2, 1992.

$$C(t) = -170{,}36t^3 + 1.707{,}5t^2 + 1.998{,}4t + 4.404{,}8$$

para $0 \leq t \leq 6$, em que C é o número de casos registrados t anos após o ano-base de 1984.

a. Calcule e interprete a derivada $C'(t)$.
b. A que taxa a epidemia estava se disseminando no ano de 1984?
c. A que taxa percentual a epidemia estava se disseminando em 1984? E em 1990?

45. DENSIDADE POPULACIONAL A expressão $D = 36m^{-1,14}$ é às vezes usada para determinar a densidade populacional ideal D (em espécimes por quilômetro quadrado) para um animal de grande porte de massa m (em quilogramas).

a. Qual é a densidade populacional ideal para os seres humanos, supondo que um ser humano típico pesa 70 kg?
b. O Brasil tem uma área de aproximadamente 8,5 milhões de quilômetros quadrados. Qual deveria ser a população do Brasil para que a densidade populacional fosse a ideal?
c. Considere uma ilha com uma área de 3.000 km². Duzentos animais de massa $m = 30$ kg são introduzidos na ilha; t anos mais tarde, a população é dada por

$$P(t) = 0{,}43t^2 + 13{,}37t + 200$$

Quanto tempo é necessário para que a densidade populacional ideal seja atingida? A que taxa a população está variando quando a densidade ideal é atingida?

46. COLÔNIA DE BACTÉRIAS A população P de uma colônia de bactérias t dias após ser iniciado um experimento pode ser modelada pela função cúbica

$$P(t) = 1{,}035t^3 + 103{,}5t^2 + 6.900t + 230.000$$

a. Calcule e interprete a derivada $P'(t)$.
b. A que taxa a população está variando após 1 dia? E após 10 dias?

c. Qual é a população inicial da colônia? Quanto tempo a população leva para dobrar de tamanho? A que taxa a população está variando no momento em que dobra de tamanho?

47. PRODUÇÃO A produção de uma fábrica é $Q(L) = 600L^{2/3}$ unidades, em que L é a mão de obra utilizada. O fabricante deseja aumentar a produção em 1%. Use os métodos do cálculo para estimar qual deve ser o aumento percentual da mão de obra para atingir essa meta.

48. PRODUÇÃO A produção Q de uma fábrica está relacionada com os insumos x e y por meio da equação

$$Q = x^3 + 2xy^2 + 2y^3$$

Se os valores atuais dos insumos são $x = 10$ e $y = 20$, use os métodos do cálculo para estimar qual deve ser a variação do insumo y para compensar um aumento de 0,5 no insumo x e manter a produção constante.

49. Um aluno mede o raio de um círculo, obtém o valor de 12 centímetros e usa a expressão $A = \pi r^2$ para calcular a área. Se a precisão na medida do raio é 3%, qual é a precisão do cálculo da área?

50. Estime o que acontece com o volume de um cubo quando o comprimento da aresta é reduzido de 2%. Expresse a resposta como uma porcentagem.

51. PRODUÇÃO A produção de uma fábrica é $Q = 600K^{1/2}L^{1/3}$ unidades, em que K é o capital imobilizado e L é a mão de obra. Estime o aumento percentual da produção em consequência de um aumento de 2% da mão de obra se o capital imobilizado permanecer o mesmo.

52. CIRCULAÇÃO SANGUÍNEA A velocidade do sangue no eixo central de uma artéria é $S(R) = 1{,}8 \times 10^5 R^2$ cm/s, em que R é o raio da artéria. Um estudante de medicina mede o raio da artéria e obtém o valor de $1{,}2 \times 10^{-2}$ cm, mas comete um erro de 5×10^{-4} cm. Estime a diferença entre o valor da velocidade do sangue calculado pelo estudante e o valor real.

53. ÁREA DA SUPERFÍCIE DE UM TUMOR Um médico mede o raio de um tumor esférico, obtém o valor de 1,2 cm e usa a expressão $S = 4\pi r^2$ para calcular a área da superfície do tumor. Se o raio foi medido com uma precisão de 3%, qual é o erro cometido na determinação da área?

54. SISTEMA CARDIOVASCULAR Um modelo do sistema cardiovascular relaciona $V(t)$, o volume de sangue na aorta no instante t durante a sístole (fase de contração), com $P(t)$, a pressão na aorta durante a sístole, por meio da equação

$$V(t) = [C_1 + C_2 P(t)]\left(\frac{3t^2}{T^2} - \frac{2t^3}{T^3}\right)$$

em que C_1 e C_2 são constantes positivas e T é a duração (constante) da sístole.* Obtenha uma relação entre as taxas dV/dt e dP/dt.

55. TAXA DE DEMANDA Quando o preço de um produto é p reais a unidade, a demanda é de x centenas de unidades, em que

$$75x^2 + 17p^2 += 5.300$$

Qual é a taxa de variação da demanda com o tempo quando o preço é R\$ 7,00 e está diminuindo à razão de 75 centavos por mês (ou seja, $dp/dt = -0{,}75$)?

56. Ao meio-dia, um caminhão está no cruzamento de duas estradas, rumando para o norte a 70 km/h. Uma hora depois, um carro passa pelo mesmo cruzamento viajando para leste a 105 km/h. Qual é a taxa de variação da distância entre o carro e o caminhão às 14h?

57. CRESCIMENTO POPULACIONAL Estima-se que, daqui a t anos, a população de um bairro será $P(t) = 20 - 6/(t + 1)$ milhares de habitantes. Qual será o aumento da população durante o próximo trimestre?

---

*J. G. Dafares, J. J. Osborn e H. H. Hura, *Acta Physiol. Pharm. Neerl.*, Vol. 12, 1963, pp. 189–265.

58. EFICIÊNCIA DA MÃO DE OBRA Um estudo de eficiência realizado no turno da manhã de uma fábrica revela que um operário que chega ao trabalho às 8h produz, em média, $Q(t) = -t^3 + 9t^2 + 12t$ unidades nas t horas seguintes.
   a. Calcule a produtividade do operário às 9h, em unidades por hora.
   b. Qual é a taxa de variação da produtividade do operário às 9h?
   c. Use os métodos do cálculo para estimar a variação da produtividade do operário entre as 9h e as 9h 6 min.
   d. Calcule a variação real da produtividade do operário entre as 9h e as 9h 6 min.

59. SEGURANÇA DO TRÂNSITO Um carro está viajando a uma velocidade de 26 m/s quando o motorista pisa no freio para não atropelar uma criança. Após t segundos, o carro está a $s = 26t - 2,4t^2$ metros de distância do local onde o motorista pisou no freio. Quanto tempo o carro vai levar para parar e que distância vai percorrer antes de parar?

 MATERIAIS DE CONSTRUÇÃO Como está vazando areia de um saco, restam apenas

$$S(t) = 50\left(1 - \frac{t^2}{15}\right)^3$$

quilos de areia no saco após t segundos.
   a. Quanta areia havia inicialmente no saco?
   b. A que taxa a areia está vazando do saco após 1 segundo?
   c. Quanto tempo o saco leva para esvaziar? A que taxa a areia está vazando do saco no instante em que a areia acaba?

61. INFLAÇÃO Estima-se que, daqui a t meses, o preço médio unitário em um setor da economia será P reais, em que

$$P(t) = -t^3 + 7t^2 + 200t + 300$$

   a. A que taxa o preço unitário estará aumentando com o tempo daqui a 5 meses?
   b. A que taxa a taxa de aumento do preço unitário estará variando com o tempo daqui a 5 meses?
   c. Use os métodos do cálculo para estimar a variação da taxa de aumento do preço durante a primeira metade do 6º mês.
   d. Calcule a variação exata da taxa de aumento do preço unitário durante a primeira metade do 6º mês.

62. CUSTO DE PRODUÇÃO Em uma fábrica, aproximadamente $q(t) = t^2 + 50t$ unidades são produzidas durante as primeiras t horas de uma jornada de trabalho e o custo total para produzir q unidades é $C(q) = 0,1q^2 + 10q + 400$ reais. Determine a taxa de aumento do custo de produção 2 horas após iniciada a jornada de trabalho.

63. CUSTO DE PRODUÇÃO Estima-se que o custo mensal para produzir x unidades de uma mercadoria é $C(x) = 0,06x + 3x^{1/2} + 20$ centenas de reais. Suponha que a produção está diminuindo à taxa de 11 unidades por mês quando a produção mensal é 2.500 unidades. A que taxa o custo está variando nesse nível de produção?

64. Estime o maior erro percentual que pode ser tolerado na medida do raio de uma esfera para que o erro cometido no cálculo da superfície da esfera usando a expressão $S = 4\pi r^2$ não ultrapasse 8%.

65. Uma bola de futebol feita de couro, com 3 mm de espessura, tem um diâmetro interno de 22 cm. Estime o volume do couro usado na bola. [*Sugestão*: Pense no volume do couro como uma variação ΔV do volume da bola.]

66. Um carro viajando para o norte a 60 km/h e um caminhão viajando para leste a 45 km/h deixam um cruzamento ao mesmo tempo. A que taxa a distância entre os dois veículos está variando duas horas depois?

67. Uma criança está empinando uma pipa a uma altura de 24 metros. Se a pipa se move horizontalmente a uma velocidade constante de 1,5 m/s, a que taxa a linha está sendo estendida quando a pipa está a 30 m de distância da criança?

68. Uma pessoa está de pé à beira de um cais, 4 m acima da água, e puxa uma corda presa a uma boia. Se a corda é puxada à taxa de 0,6 m/min, com que velocidade a boia está se movendo quando está a 3 m do cais?

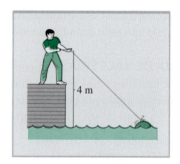

PROBLEMA 68

69. Uma escada de 5 m de comprimento está apoiada em uma parede. O alto da escada está escorregando para baixo ao longo da parede com uma velocidade de 3 m/s. Com que velocidade a base da escada está se afastando da parede quando o alto da escada está a 3 m do chão?

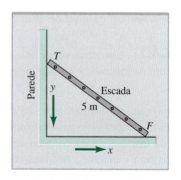

PROBLEMA 69

70. Uma lanterna cai do alto de um edifício de tal forma que após t segundos está $h(t) = 45 - 4{,}9t^2$ metros acima do chão. Uma mulher de 1 m e 50 cm de altura, que estava verticalmente abaixo da lanterna, começa a afastar-se com uma velocidade constante de 1,5 m/s. Qual é a taxa de aumento da sombra da mulher quando a lanterna está a 3 m do solo?

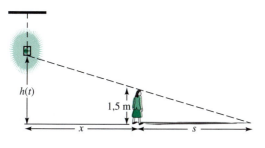

PROBLEMA 70

71. Um campo de beisebol tem a forma de um quadrado com 27 metros de lado. Um jogador corre da segunda base para a terceira com uma velocidade de 6 m/min. Qual é a taxa de variação da distância entre o corredor e a quarta base quando ele está a 4,5 metros de distância da terceira base?

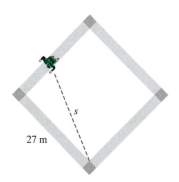

PROBLEMA 71

72. **CUSTO DE FABRICAÇÃO** Em uma indústria, o custo total de fabricação, C, é função do número q de unidades produzidas, que por sua vez é função do número t de horas de funcionamento da fábrica.
   a. Que grandeza é representada pela derivada $\dfrac{dC}{dq}$? Em que unidades a grandeza é medida?
   b. Que grandeza é representada pela derivada $\dfrac{dq}{dt}$? Em que unidades a grandeza é medida?
   c. Que grandeza é representada pelo produto $\dfrac{dC}{dq}\dfrac{dq}{dt}$? Em que unidades a grandeza é medida?

73. Um objeto é arremessado de um ponto P e se move o tempo todo em linha reta. Sabe-se que a velocidade do objeto é diretamente proporcional ao produto do tempo durante o qual está se movendo pela distância a que está de P. Sabe-se também que, 5 segundos após o arremesso, o objeto está a 6 metros de P e está se movendo com uma velocidade de 1,2 m/s. Determine a aceleração do objeto nesse instante (ou seja, em $t = 5$).

74. Determine todos os pontos (x, y) da curva da função $y = 4x^2$ com a propriedade de que a tangente à curva no ponto (x, y) passa pelo ponto $(2, 0)$.

75. Suponha que y é uma função linear de x, ou seja, que $y = mx + b$. O que acontece com a taxa de variação percentual de y com x quando x aumenta indefinidamente? Justifique sua resposta.

76. Determine a equação da reta tangente à curva
$$\frac{x^2}{a^2} - \frac{y^2}{b^2} = 1$$
no ponto (x_0, y_0).

77. Seja $f(x) = (3x + 5)(2x^3 - 5x + 4)$. Use uma calculadora gráfica para plotar $f(x)$ e $f'(x)$ no mesmo gráfico. Use **TRACE** e **ZOOM** para determinar os pontos em que $f'(x) = 0$.

78. Use uma calculadora gráfica para plotar as funções $f(x) = \dfrac{2x + 3}{1 - 3x}$ e $f'(x)$ no mesmo gráfico. Use **TRACE** e **ZOOM** para determinar os pontos em que $f'(x) = 0$.

79. A curva $y^2(2 - x) = x^3$ é chamada de **cissoide**.
   a. Use uma calculadora gráfica para plotar a curva.
   b. Determine uma equação para a reta tangente à curva em todos os pontos nos quais $x = 1$.
   c. Como se comporta a curva quando x tende a 2 pela esquerda?
   d. A curva possui uma reta tangente na origem? Caso a resposta seja afirmativa, qual é a equação da reta?

80. Um corpo se move em linha reta de tal modo que sua posição no instante t é dada por
$$s(t) = t^{5/2}(0{,}73t^2 - 3{,}1t + 2{,}7) \quad \text{para } 0 \le t \le 2$$
   a. Determine a velocidade $v(t)$ e a aceleração $a(t)$ e use uma calculadora gráfica para plotar $s(t)$, $v(t)$ e $a(t)$ no mesmo gráfico para $0 \le t \le 2$.
   b. Use uma calculadora gráfica para determinar o instante em que $v(t) = 0$ para $0 \le t \le 2$. Qual é a posição do corpo nesse instante?
   c. Em que instante o valor de $a(t)$ é mínimo? Em que posição está o corpo nessa ocasião e com que velocidade?

SOLUÇÃO DO EXERCÍCIO EXPLORE!

Determinação de Raízes

1. As interseções com o eixo x, também chamadas de **raízes**, são pontos importantes de uma função. Mais tarde veremos que tipo de informação é possível extrair das raízes da derivada de uma função. No momento, vamos examinar apenas o uso de uma calculadora gráfica para localizar raízes.

Certifique-se de que a calculadora está no modo função (Func) do menu **MODE**. Entre com $f(x) = x^2 - 2x - 10$ como Y1 no editor de equações (**Y=**). Plote a função usando uma janela padrão. Localize as interseções com o eixo x usando **TRACE** e **ZOOM** ou aperte a tecla **CALC (2nd TRACE)** e selecione 2:zero. No processo, é preciso especificar um limite à esquerda, um limite à direita e uma estimativa para a raiz. Verifique algebricamente que a raiz negativa dessa função é $x = 1 - \sqrt{11}$.

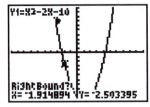
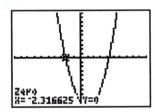

Outra maneira de localizar as raízes é usar diretamente o modo de solução de equações da calculadora. Entre na última linha de menu associado à tecla **MATH** (0:Solver). Entre com a equação a ser resolvida, no caso Y1, na rotina de solução de equações (eqn: 0 = Y1) e aperte **ENTER**. Suponha que esteja tentando localizar a raiz positiva de $f(x)$ que aparece no gráfico anterior. Como essa raiz parece estar próxima de $x = 4$, escolha esse valor como ponto de partida. Aperte a tecla verde **ALPHA** e em seguida a tecla **ENTER** (**SOLVE**). O valor que aparece na tela da calculadora, $x = 4{,}317$, corresponde a $x = 1 + \sqrt{11}$ com três casas decimais.

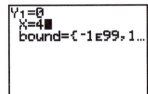
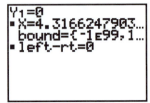

2. Outra maneira de localizar uma raiz é usar o método de Newton, um algoritmo iterativo que usa aproximações sucessivas da reta tangente. Veja a Seção 2.5, Problemas 33 a 37.

Vamos aplicar esse método a $f(x) = x^2 - 2x - 10$. Entre com $f(x)$ em Y1 e entre em Y2 com nDeriv(Y1, X, X), que é a derivada numérica de Y1, obtida como opção 8 da tecla **MATH**. Para usar o método de Newton, é preciso escolher um valor inicial. Observando o gráfico de $f(x)$, é fácil ver que a raiz positiva é menor que $x = 5$. Em uma janela inicial (**QUIT = 2nd MODE**), entre com 5 como X digitando 5 → X e entre com o algoritmo de Newton, X − Y1(X)/Y2(X) → X. Em seguida, aperte **ENTER** várias vezes e observe a sequência de valores resultantes. Verifique quantas iterações são necessárias para que duas aproximações sucessivas forneçam o mesmo valor até a 4ª casa decimal. Experimente usar $x = 4$ como valor inicial. Os valores convergem para a mesma raiz? E se o valor inicial for $x = -2$?

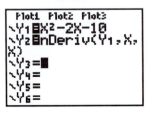
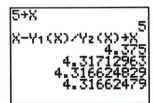
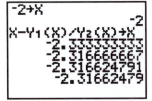

3. Podemos também usar a rotina de solução de equações para determinar as raízes da derivada de uma função. Como exemplo, entre com $f(x) = x^2(3x - 1)$ em Y1 no editor de equações e entre em Y2 com nDeriv(Y1, X, X). Use o estilo negrito para plotar Y2 em uma janela pequena, $[-1, 1]0,2$ por $[-1, 1]0,2$. Como se pode ver no gráfico a seguir, uma das raízes da derivada é $x = 0$. A outra raiz parece estar próxima de $x = 0,2$.

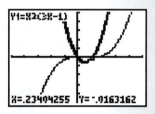

Para localizar a segunda raiz, coloque Y2 na posição da rotina para resolver equações, eqn: 0= (use a seta para cima para voltar à tela da rotina para resolver equações). Entre com $x = 0,2$ como valor inicial e aperte **ALPHA ENTER (SOLVE)** para obter a segunda raiz da derivada. O que acontece se você escolhe $x = -0,2$ como valor inicial?

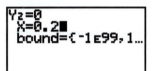
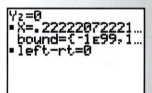

PARA PENSAR

MODELAGEM DO COMPORTAMENTO DO BICHO DA MAÇÃ

 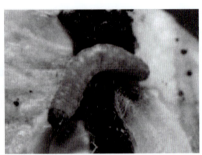

O **bicho da maçã** é uma pequena mariposa que causa sérios prejuízos aos plantadores de maçã. Os insetos adultos saem dos casulos na primavera, se acasalam e a fêmea põe até 130 ovos em folhas de macieiras. Assim que a larva sai do ovo, começa a procurar uma maçã. O período entre o instante em que a larva sai do ovo e o instante em que encontra uma maçã é chamado de **período de busca**. Quando uma larva encontra uma maçã, penetra na fruta e começa a comê-la, tornando-a imprópria para o consumo humano. Depois de aproximadamente quatro semanas, a larva sai da maçã e se instala sob a casca da árvore ou no solo para formar um casulo.

Observações do comportamento do bicho da maçã revelam que a duração do período de busca, $S(T)$, e a porcentagem de larvas que sobrevivem ao período de busca, $N(T)$, dependem da temperatura do ar T. Métodos de análise de dados (regressão polinomial) aplicados às observações mostram que se a temperatura T é expressa em graus Celsius e $20 \leq T \leq 30$, $S(T)$ e $N(T)$ podem ser modelados* pelas funções

$$S(T) = (-0{,}03T^2 + 1{,}6T - 13{,}65)^{-1} \text{ dias}$$

e

$$N(T) = -0{,}85T^2 + 45{,}4T - 547$$

Use essas expressões para resolver os exercícios a seguir.

Questões

1. Determine, usando as expressões de $S(T)$ e $N(T)$, a duração do período de busca e a porcentagem de larvas que sobrevivem ao período de busca quando a temperatura do ar é 25 °C.
2. Plote $N(T)$ e determine a temperatura na qual a porcentagem de larvas que sobrevivem ao período de busca é máxima. Em seguida, determine a temperatura na qual a porcentagem de larvas que sobrevivem ao período de busca é mínima. (Não se esqueça de que $20 \leq T \leq 30$.)
3. Calcule dS/dT, a taxa de variação da duração do período de busca com a temperatura. Para que temperatura essa taxa é nula? O que acontece de especial nessa temperatura?
4. Calcule dN/dS, a taxa de variação da porcentagem de larvas que sobrevivem ao período de busca com a duração do período de busca, usando a regra da cadeia,

$$\frac{dN}{dT} = \frac{dN}{dS}\frac{dS}{dT}$$

Que tipo de informação essa taxa fornece?

---

*P. L. Shaffer e H. J. Gold, "A Simulation Model of Population Dynamics of the Codling Moth *Cydia Pomonella*", *Ecological Modeling*, Vol. 30, 1985, pp. 247–274.

CAPÍTULO 3

Verificar se uma linha de montagem está funcionando com a maior eficiência possível é uma das aplicações da derivada.

Aplicações Adicionais da Derivada

1 Funções Crescentes e Decrescentes; Extremos Relativos
2 Concavidade e Pontos de Inflexão
3 Traçado de Curvas
4 Otimização; Elasticidade da Demanda
5 Problemas Práticos de Otimização
   Resumo do Capítulo
      Termos, Símbolos e Fórmulas Importantes
      Problemas de Verificação
      Problemas de Revisão
   Soluções dos Exercícios Explore!
   Para Pensar

SEÇÃO 3.1 Funções Crescentes e Decrescentes; Extremos Relativos

Objetivos do Aprendizado

1. Conhecer funções crescentes e decrescentes.
2. Definir pontos críticos e extremos relativos.
3. Usar o teste da derivada primeira para classificar extremos relativos e desenhar gráficos.

A curva da Figura 3.1 mostra os déficits e superávits comerciais dos EUA no período de 2000 a 2009, com os valores positivos representando um superávit e os valores negativos representando um déficit. Note que os valores diminuíram continuamente entre 2000 e 2004, aumentaram entre 2004 e 2007 e voltaram a cair, de modo acentuado, a partir de 2007. Usando uma terminologia intuitiva, dizemos que uma função $f(x)$ é *crescente*, se os valores da função aumentam da esquerda para a direita, e *decrescente*, se os valores da função diminuem da esquerda para a direita.

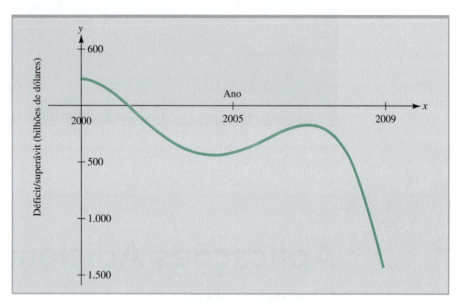

FIGURA 3.1 Déficits e superávits comerciais dos EUA.

Segue uma definição mais formal das funções crescentes e decrescentes, ilustrada graficamente na Figura 3.2.

Função Crescente e Função Decrescente ■ Seja $f(x)$ uma função definida no intervalo $a < x < b$ e sejam x_1 e x_2 dois números nesse intervalo. Nesse caso,

$f(x)$ é **crescente** no intervalo se $f(x_2) > f(x_1)$ para qualquer $x_2 > x_1$.

$f(x)$ é **decrescente** no intervalo se $f(x_2) < f(x_1)$ para qualquer $x_2 > x_1$.

Como se pode ver na Figura 3.3a, se as inclinações das retas tangentes à curva de uma função $f(x)$ são todas positivas no intervalo $a < x < b$, a inclinação da curva é para cima e $f(x)$ é crescente no intervalo. Como a inclinação da reta tangente é dada pela derivada $f'(x)$, concluímos que $f(x)$ é crescente nos intervalos em que $f'(x) > 0$. Da mesma forma, $f(x)$ é decrescente nos intervalos em que $f'(x) < 0$ (Figura 3.3b).

De acordo com a propriedade do valor intermediário (Seção 1.6), uma função contínua não pode mudar de sinal sem assumir o valor 0. Isso significa que, se assinalarmos em uma reta de números todos os números x para os quais $f'(x)$ é descontínua ou $f'(x) = 0$, a reta será dividida em intervalos nos quais $f'(x)$ não muda de sinal. Assim, se escolhemos um número de teste c pertencente a um dos intervalos e constatamos que $f'(c) > 0$, ficamos sabendo que $f'(x) > 0$

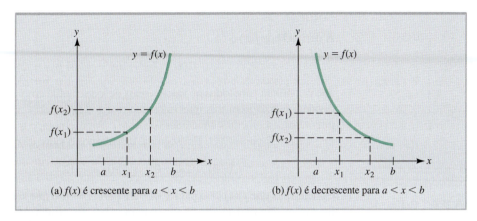

FIGURA 3.2 Função crescente e função decrescente.

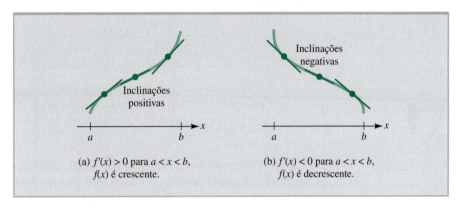

FIGURA 3.3 Critério da derivada para funções crescentes e decrescentes.

para todos os números x pertencentes a esse intervalo e $f(x)$ é crescente em todo o intervalo. Se, por outro lado, $f'(c) < 0$, ficamos sabendo que $f(x)$ é decrescente em todo o intervalo. Essas observações podem ser resumidas da seguinte forma:

Uso da Derivada para Determinar os Intervalos nos Quais a Função f É Crescente e Decrescente

1º passo. Determine todos os valores de x para os quais $f'(x) = 0$ ou $f'(x)$ não é contínua e assinale esses valores em uma reta de números, dividindo assim a reta em certo número de intervalos abertos.

2º passo. Escolha um número de teste c para cada intervalo $a < x < b$ determinado no 1º Passo e calcule $f'(c)$.

Se $f'(c) > 0$, a função $f(x)$ é crescente no intervalo $a < x < b$.
Se $f'(c) < 0$, a função $f(x)$ é decrescente no intervalo $a < x < b$.

Esse método é ilustrado nos Exemplos 3.1.1 e 3.1.2.

1 EXPLORE!

Entre com a função f(x) do Exemplo 3.1.1 como Y1 no estilo negrito e com a função f'(x) como Y2, usando a opção de derivada numérica da calculadora gráfica. Plote as duas funções usando uma janela decimal expandida [−4.7, 4.7]1 por [−20, 20]2. Você é capaz de identificar os intervalos em que f(x) é crescente e decrescente observando o comportamento de f'(x)?

EXEMPLO 3.1.1 Determinação dos Intervalos em que uma Função É Crescente e Decrescente

Determine os intervalos em que a função

$$f(x) = 2x^3 + 3x^2 - 12x - 7$$

é crescente e decrescente.

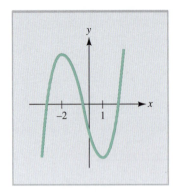

FIGURA 3.4 Gráfico da função $f(x) = 2x^3 + 3x^2 - 12x - 7$.

Solução

A derivada de $f(x)$ é

$$f'(x) = 6x^2 + 6x - 12 = 6(x+2)(x-1)$$

que é contínua para todos os valores reais de x e se anula em $x = 1$ e $x = -2$. Os números -2 e 1 dividem o eixo x em três intervalos abertos: $x < -2$, $-2 < x < 1$ e $x > 1$. Em cada um desses intervalos, escolhemos um número de teste c. Por exemplo: $c = -3$ para $x < -2$, $c = 0$ para $-2 < x < 1$ e $c = 2$ para $x > 1$. Em seguida, calculamos o valor de $f'(c)$ para cada número de teste:

$$f'(-3) = 24 > 0 \qquad f'(0) = -12 < 0 \qquad f'(2) = 24 > 0$$

Concluímos que $f'(x) > 0$ para $x < -2$ e para $x > 1$, o que significa que $f(x)$ é crescente nesses intervalos. Por outro lado, $f'(x) < 0$ para $-2 < x < 1$; portanto, $f(x)$ é decrescente nesses intervalos. Esses resultados aparecem na Tabela 3.1. A Figura 3.4 mostra o gráfico de $f(x)$.

TABELA 3.1 Intervalos em que $f(x) = 2x^3 + 3x^2 - 12x - 7$ É Crescente e Decrescente

Intervalo	Número de Teste c	$f'(x)$	Conclusão	Sentido da Curva
$x < -2$	-3	$f'(-3) > 0$	f é crescente	Subindo
$-2 < x < 1$	0	$f'(0) < 0$	f é decrescente	Descendo
$x > 1$	2	$f'(2) > 0$	f é crescente	Subindo

NOTA Daqui em diante, vamos indicar um intervalo no qual $f(x)$ é crescente por uma "seta inclinada para cima" (↗) e um intervalo no qual $f(x)$ é decrescente por uma "seta inclinada para baixo" (↘). Assim, os resultados do Exemplo 3.1.1 podem ser representados pelo *diagrama de setas* mostrado na figura a seguir.

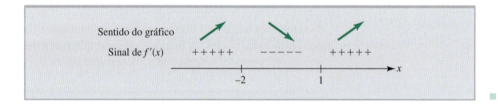

2 EXPLORE!

Plote a função

$$f(x) = \frac{x^2}{x-2}$$

em estilo comum e a função

$$g(x) = \frac{x^2}{x-4}$$

em negrito, usando uma janela $[-9,4, 9,4]1$ por $[-20, 30]5$. Qual é o efeito da mudança da constante do denominador sobre os picos e vales do gráfico? Em que intervalo $g(x)$ é decrescente?

EXEMPLO 3.1.2 Determinação dos Intervalos em que uma Função É Crescente e Decrescente

Determine os intervalos em que a função

$$f(x) = \frac{x^2}{x-2}$$

é crescente e decrescente.

Solução

A função existe para todos os valores reais de x, exceto $x = 2$, e sua derivada é

$$f'(x) = \frac{(x-2)(2x) - x^2(1)}{(x-2)^2} = \frac{x(x-4)}{(x-2)^2}$$

que é uma função contínua em todos os pontos, exceto $x = 2$, e se anula em $x = 0$ e $x = 4$. Assim, existem quatro intervalos nos quais o sinal de $f'(x)$ permanece constante: $x < 0$, $0 < x < 2$, $2 < x < 4$ e $x > 4$. Escolhendo números de teste nesses intervalos (-2, 1, 3 e 5, respectivamente), descobrimos que

$$f'(-2) = \frac{3}{4} > 0 \qquad f'(1) = -3 < 0 \qquad f'(3) = -3 < 0 \qquad f'(5) = \frac{5}{9} > 0$$

Concluímos que $f(x)$ é crescente para $x < 0$ e para $x > 4$ e é decrescente para $0 < x < 2$ e para $2 < x < 4$. Esses resultados aparecem no diagrama de setas abaixo [a reta vertical tracejada indica que $f(x)$ não existe no ponto $x = 2$].

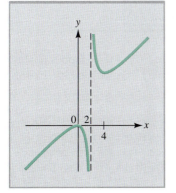

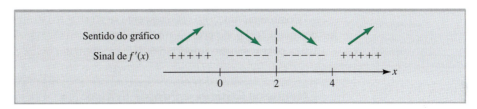

Intervalos nos quais $f(x) = \dfrac{x^2}{x-2}$ é crescente e decrescente.

FIGURA 3.5 Gráfico da função $f(x) = \dfrac{x^2}{x-2}$.

A Figura 3.5 mostra a curva de $f(x)$. Observe que a curva tende para a reta vertical $x = 2$ quando x tende a 2. Esse comportamento revela que $x = 2$ é uma *assíntota vertical* da curva de $f(x)$. As assíntotas serão discutidas na Seção 3.3.

Extremos Relativos

A simplicidade dos gráficos das Figuras 3.4 e 3.5 pode ser enganadora. A Figura 3.6 mostra um gráfico mais geral. Observe que existem *picos* em C e E e *vales* em B, D e G, mas só é possível traçar tangentes horizontais em B, C, D e G; no ponto E, que é um *ponto de quebra*, não existe tangente. Além disso, no ponto F existe uma tangente horizontal que não é um pico nem um vale. Nesta seção e na seguinte, vamos ver de que forma os métodos do cálculo podem ser usados para localizar e classificar os picos e vales de uma função, o que, por sua vez, facilita o traçado da curva associada e ajuda a resolver problemas de otimização.

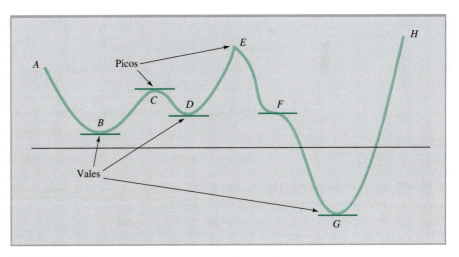

FIGURA 3.6 Gráfico com vários tipos de picos e vales.

Em uma linguagem mais formal, os picos de uma função f são chamados de **máximos relativos** de f, e os vales são chamados de **mínimos relativos**. Máximo relativo é um ponto do gráfico de f pelo menos tão alto quanto os pontos vizinhos, enquanto mínimo relativo é um ponto pelo menos tão baixo quanto os pontos vizinhos. Os máximos e mínimos relativos são conhecidos pelo nome genérico de **extremos relativos**. Na Figura 3.6, os máximos relativos são C e E, e os mínimos relativos são B, D e G. Observe que um extremo relativo não precisa ser o ponto mais alto ou mais baixo de toda a curva. Assim, por exemplo, na Figura 3.6, o ponto mais baixo é o mínimo relativo G, mas o ponto mais alto é H, o último ponto à direita. Essa terminologia pode ser resumida da seguinte forma:

> **Extremos Relativos** ■ Dizemos que uma função $f(x)$ possui um *máximo relativo* no ponto $x = c$ se $f(c) \geq f(x)$ para todos os valores de x em um intervalo $a < x < b$ que contém o ponto c. Uma função $f(x)$ possui um *mínimo relativo* no ponto $x = c$ se $f(c) \leq f(x)$ para todos os valores de x em um intervalo $a < x < b$ que contém o ponto c. Os máximos e mínimos relativos de f são conhecidos pelo nome genérico de *extremos relativos*.

Como uma função $f(x)$ é crescente se $f'(x) > 0$ e decrescente se $f'(x) < 0$, os únicos pontos nos quais $f(x)$ pode possuir um extremo relativo são aqueles em que $f'(x)$ é nula ou não existe. Esses pontos são tão importantes que recebem um nome especial.

> **Números Críticos e Pontos Críticos** ■ Um número c pertencente ao domínio de $f(x)$ é chamado de **número crítico** se $f'(c) = 0$ ou se $f'(c)$ não existe. O ponto correspondente $(c, f(c))$ no gráfico de $f(x)$ é chamado de **ponto crítico** de $f(x)$. Os extremos relativos podem ocorrer apenas em pontos críticos.

É importante notar que, embora todos os extremos relativos ocorram em pontos críticos, *nem todos os pontos críticos correspondem a extremos relativos*. A Figura 3.7 mostra três situações diferentes nas quais $f'(c) = 0$ e, portanto, existe uma tangente horizontal no ponto crítico $(c, f(c))$. O ponto crítico corresponde a um máximo relativo na Figura 3.7a e a um mínimo relativo na Figura 3.7b, mas não existe um extremo relativo no ponto crítico da Figura 3.7c.

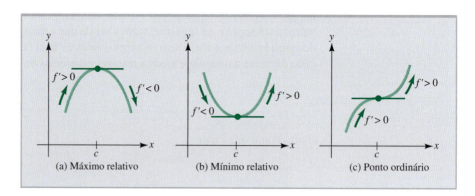

FIGURA 3.7 Três pontos críticos $(c, f(c))$ nos quais $f'(c) = 0$.

Três funções com pontos críticos nos quais a derivada não existe aparecem na Figura 3.8. Na Figura 3.8c, a reta tangente é vertical no ponto $(c, f(c))$ e, portanto, a derivada $f'(c)$ não existe. Nas Figuras 3.8a e 3.8b, não é possível traçar uma reta tangente (única) passando pelo ponto de quebra situado no ponto $(c, f(c))$.

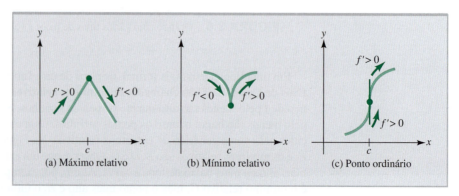

FIGURA 3.8 Três pontos críticos $(c, f(c))$ nos quais $f'(c)$ não existe.

O Teste da Derivada Primeira para Extremos Relativos

As Figuras 3.7 e 3.8 sugerem uma forma de usar o sinal da derivada para classificar pontos críticos como máximos relativos, mínimos relativos ou nem uma coisa nem outra. Suponha que c seja um número crítico de f e que $f'(x) > 0$ à esquerda de c, e $f'(x) < 0$ à direita. Geometricamente, isso significa que a curva de f está subindo antes de chegar ao ponto crítico $P(c, f(c))$ e começa a descer depois de passar pelo ponto, o que mostra que P é um máximo relativo. Da mesma forma, se $f'(x) < 0$ à esquerda de c e $f'(x) > 0$ à direita, isso significa que a curva de f está descendo antes de chegar ao ponto crítico $P(c, f(c))$ e começa a subir depois de passar pelo ponto, o que mostra que P é um mínimo relativo. Caso, porém, a derivada tenha o mesmo sinal dos dois lados de c, isso significa que a curva continua a subir ou a descer depois de passar por P; portanto, não existe um extremo relativo nesse ponto. Essas observações podem ser resumidas da seguinte forma:

Teste da Primeira Derivada para Extremos Relativos ■ Seja c um número crítico de $f(x)$ [isto é, $f'(c) = 0$ ou $f'(c)$ não existe]. Nesse caso, o ponto crítico $P(c, f(c))$ é

um **máximo relativo** se $f'(x) > 0$ à esquerda de c e $f'(x) < 0$ à direita de c.

um **mínimo relativo** se $f'(x) < 0$ à esquerda de c e $f'(x) > 0$ à direita de c.

um **ponto ordinário** se $f'(x) > 0$ ou $f'(x) < 0$ dos dois lados de c.

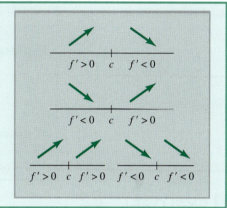

EXEMPLO 3.1.3 Determinação e Classificação de Números Críticos

Determine todos os números críticos da função

$$f(x) = 2x^4 - 2x^2 + 3$$

e classifique os pontos críticos correspondentes como um máximo relativo, um mínimo relativo ou um ponto ordinário.

Solução

O polinômio $f(x)$ é definido para qualquer valor de x, e sua derivada é

$$f'(x) = 8x^3 - 8x = 8x(x^2 - 1) = 8x(x-1)(x+1)$$

Como a derivada existe para qualquer valor de x, os únicos números críticos são aqueles para os quais $f'(x) = 0$, que são $x = 0$ e $x = 1$ e $x = -1$. Esses números dividem o eixo x em quatro intervalos nos quais o sinal da derivada permanece constante: $x < -1$, $-1 < x < 0$, $0 < x < 1$ e $x > 1$. Escolhemos um número de teste c em cada um desses intervalos (-5, $-1/2$, $1/4$ e 2, respectivamente) e calculamos o valor de $f'(c)$ em cada caso:

$$f'(-5) = -960 < 0 \quad f'\left(-\frac{1}{2}\right) = 3 > 0 \quad f'\left(\frac{1}{4}\right) = -\frac{15}{8} < 0 \quad f'(2) = 48 > 0$$

Assim, a curva de $f(x)$ é decrescente para $x < -1$ e para $0 < x < 1$ e crescente para $-1 < x < 0$ e para $x > 1$, o que indica que existe um máximo relativo em $x = 0$ e existem mínimos relativos em $x = -1$ e $x = 1$, como mostra o diagrama de setas a seguir.

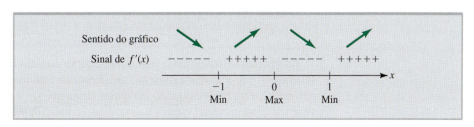

Aplicações

Depois de determinar os intervalos nos quais a função $f(x)$ é crescente e decrescente e localizar os extremos relativos, podemos esboçar a curva da função. Segue uma descrição passo a passo do método para esboçar o gráfico de uma função contínua $f(x)$ usando a derivada $f'(x)$. Na Seção 3.3, o método será estendido para cobrir a situação em que $f(x)$ é descontínua.

Método para Esboçar um Gráfico de uma Função Contínua $f(x)$ Usando a Derivada $f'(x)$

1º passo. Determine o domínio de $f(x)$. Construa uma reta de números restrita apenas aos números do domínio de $f(x)$.

2º passo. Determine $f'(x)$ e assinale os números críticos na reta de números obtida no 1º passo. Analise o sinal da derivada para determinar os intervalos da reta de números em que $f(x)$ é crescente e os intervalos em que $f(x)$ é decrescente.

3º passo. Para cada número crítico c, calcule o valor de $f(c)$ e plote o ponto crítico $P(c, f(c))$ em um sistema de eixos coordenados, com uma "copa" ⌒ em P, se P for um máximo relativo (↗ ↘) ou um "copo" ⌣ se P for um mínimo relativo (↘ ↗). Plote também os pontos correspondentes a interseções com os eixos x e y e outros pontos fáceis de determinar.

4º passo. Desenhe o gráfico de f como uma curva suave ligando os pontos críticos de tal forma que a curva suba nas regiões em que $f'(x) > 0$, desça das regiões em que $f'(x) < 0$ e tenha uma tangente horizontal nos pontos em que $f'(x) = 0$.

---

3 EXPLORE!

Plote a função $f(x)$ do Exemplo 3.1.4 em negrito, usando uma janela [−4.7, 4.7]1 por [−15, 45]5. No mesmo gráfico, plote também a função $g(x) = x^4 + 8x^3 + 18x^2 + 2$, igual a $f(x)$, a não ser pelo termo constante, que é 2 em vez de −8. Que efeito tem essa mudança sobre os números críticos?

EXEMPLO 3.1.4 Traçado de um Gráfico Usando a Derivada

Trace a curva da função $f(x) = x^4 + 8x^3 + 18x^2 − 8$.

Solução

Como a função $f(x)$ é um polinômio, é definida para qualquer valor de x. A derivada é

$$f'(x) = 4x^3 + 24x^2 + 36x = 4x(x^2 + 6x + 9) = 4x(x + 3)^2$$

Como a derivada existe para qualquer valor de x, os únicos números críticos são aqueles para os quais $f'(x) = 0$, ou seja, $x = 0$ e $x = −3$. Esses números dividem o eixo x em três intervalos nos quais o sinal da derivada $f'(x)$ permanece constante: $x < −3$, $−3 < x < 0$ e $x > 0$. Escolhemos um número de teste c em cada intervalo (−5, −1 e 1, respectivamente) e determinamos o sinal de $f'(c)$:

$$f'(-5) = -80 < 0 \qquad f'(-1) = -16 < 0 \qquad f'(1) = 64 > 0$$

Assim, a curva de f possui tangentes horizontais em $x = −3$ e $x = 0$, diminui (f é decrescente) para $x < −3$ e $−3 < x < 0$ e aumenta (f é crescente) para $x > 0$, como indica o diagrama de setas a seguir.

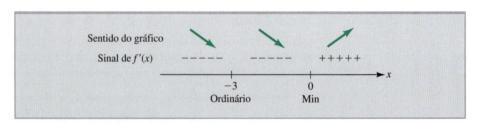

Interpretando o diagrama, vemos que a curva diminui até passar por uma tangente horizontal em $x = −3$, continua a diminuir até chegar ao mínimo relativo em $x = 0$ e aumenta indefinidamente a partir desse ponto. Sabemos ainda que $f(-3) = 19$ e $f(0) = -8$. Para começar o desenho, plotamos um "copo" (⌣) no ponto crítico $(0, -8)$ para indicar que existe um mínimo relativo nesse ponto (no caso de um máximo relativo, o símbolo usado seria uma "copa" (⌒)) e plotamos uma "cobra" (↘) no ponto $(-3, 19)$ para indicar uma curva decrescente com uma tangente horizontal. Esses elementos aparecem no gráfico preliminar da Figura 3.9a. Completamos o desenho fazendo passar uma curva suave pelos pontos críticos no sentido indicado pelas setas; o resultado é a Figura 3.9b.

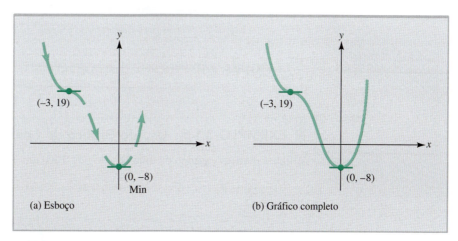

FIGURA 3.9 Gráfico de $f(x) = x^4 = 8x^3 + 18x^2 - 8$.

EXEMPLO 3.1.5 Traçado de um Gráfico Usando a Derivada

Determine os intervalos de subida e descida e os extremos relativos da função $g(t) = \sqrt{3 - 2t - t^2}$. Desenhe a curva de $g(t)$.

LEMBRETE

O produto ab satisfaz a desigualdade $ab \geq 0$ *apenas* se $a \geq 0$ e $b \geq 0$ ou se $a \leq 0$ e $b \leq 0$. Se a e b tiverem sinais opostos, $ab \leq 0$.

Solução

Como $\sqrt{u}$ é definida apenas para $u \geq 0$, o domínio de g é o conjunto de valores de t para os quais $3 - 2t - t^2 \geq 0$. Fatorando a expressão, obtemos:

$$3 - 2t - t^2 = (3 + t)(1 - t)$$

Observe que $3 + t \geq 0$ para $t \geq -3$ e que $1 - t \geq 0$ para $t \leq 1$. Para que $(3 + t)(1 - t) \geq 0$, é preciso que os *dois termos* sejam não negativos, ou seja, que $t \geq -3$ e $t \leq 1$, o que equivale a dizer que $-3 \leq t \leq 1$. Também teríamos $(3 + t)(1 - t) \geq 0$, se $3 + t \leq 0$ e $1 - t \leq 0$, mas isso não é possível (por quê?). Assim, $g(t)$ só existe no intervalo $-3 \leq t \leq 1$.

Em seguida, usando a regra da cadeia, calculamos a derivada de $g(t)$:

$$g'(t) = \frac{1}{2} \frac{1}{\sqrt{3 - 2t - t^2}} (-2 - 2t)$$

$$= \frac{-1 - t}{\sqrt{3 - 2t - t^2}}$$

Note que $g'(t)$ não existe nas extremidades $t = -3$ e $t = 1$ do domínio de $g(t)$ e que $g'(t) = 0$ apenas para $t = -1$. Assinalamos esses três números críticos sobre um segmento de reta limitado ao domínio de g (ou seja, ao intervalo $-3 \leq t \leq 1$) e determinamos o sinal da derivada $g'(t)$ nos subintervalos $-3 < t < -1$ e $-1 < t < 1$ para obter o diagrama de setas da Figura 3.10a. Finalmente, calculamos $g(-3) = g(1) = 0$ e $g(-1) = 2$ e observamos que, de acordo com o diagrama de setas, existe um máximo relativo no ponto $(-1, 2)$. A curva completa aparece na Figura 3.10b.

Às vezes, a curva de $f(x)$ é conhecida e a relação entre o sinal da derivada $f'(x)$ e os intervalos em que a função é crescente e decrescente pode ser usada para determinar a forma aproximada da curva de $f'(x)$. Esse método é ilustrado no Exemplo 3.1.6.

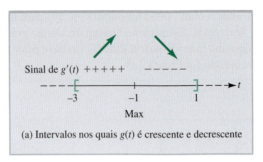
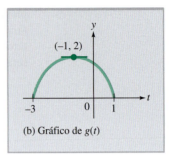

FIGURA 3.10 Traçado do gráfico de $g(t) = \sqrt{3 - 2t - t^2}$.

EXEMPLO 3.1.6 Uso do Gráfico de *f* para Traçar a Derivada *f'*

A figura mostra o gráfico de uma função $f(x)$. Faça um esboço da derivada $f'(x)$.

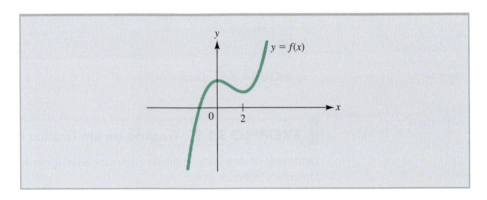

Solução

Como a curva de $f(x)$ é decrescente para $0 < x < 2$, temos $f'(x) < 0$ e a curva de $f'(x)$ está abaixo do eixo x nesse intervalo. Para $x < 0$ e $x > 2$, a curva de $f(x)$ é crescente e, portanto, $f'(x) > 0$ e a curva de $f'(x)$ está acima do eixo x nos dois casos. A curva de $f(x)$ é "plana" (possui uma tangente horizontal) em $x = 0$ e $x = 2$ e, portanto, $f'(0) = f'(2) = 0$, ou seja, $x = 0$ e $x = 2$ são os pontos de interseção da curva de $f'(x)$ com o eixo x. Segue um possível gráfico, que satisfaz todas essas condições.

4 EXPLORE!

Entre com a função $f(x) = x^3 - x^2 - 4x + 4$ como Y1 e com a função $f'(x)$ como Y2, no estilo negrito, usando a opção de derivada numérica da calculadora gráfica. Use uma janela $[-4.7, 4.7]1$ por $[-10, 10]2$. Qual é a relação entre os valores de $f'(x)$ e os extremos relativos de $f(x)$? Qual o maior valor e qual o menor valor de $f(x)$ no intervalo $[-2, 1]$?

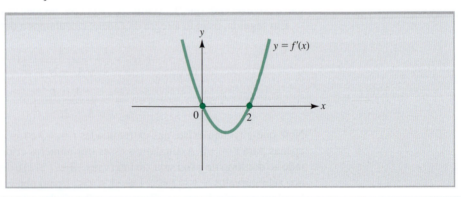

Na Seção 3.2, o traçado de curvas usando a derivada $f'(x)$ será complementado por informações obtidas a partir da derivada segunda, $f''(x)$; um método geral para esboçar curvas, que envolve derivadas e limites, será apresentado na Seção 3.3. O mesmo raciocínio usado para analisar gráficos pode ser utilizado para determinar valores ótimos, como o custo mínimo de um processo de fabricação e a produção máxima sustentável de uma criação de peixes. A otimização é ilustrada no Exemplo 3.1.7 e discutida com mais detalhes nas Seções 3.4 e 3.5.

APLICAÇÕES ADICIONAIS DA DERIVADA **175**

> ### EXEMPLO 3.1.7 Determinação da Receita Máxima
>
> A receita obtida com a venda de um novo tipo de skate motorizado t semanas após o lançamento do produto é dada por
>
> $$R(t) = \frac{63t - t^2}{t^2 + 63} \qquad 0 \le t \le 63$$
>
> milhões de reais. Em que semana a receita é máxima? Qual é a receita máxima?
>
> **Solução**
>
> Usando a regra do quociente para derivar $R(t)$, obtemos
>
> $$R'(t) = \frac{(t^2 + 63)(63 - 2t) - (63t - t^2)(2t)}{(t^2 + 63)^2} = \frac{-63(t - 7)(t + 9)}{(t^2 + 63)^2}$$
>
> Igualando a zero o numerador de $R'(t)$, verificamos que $t = 7$ é a única solução de $R'(t) = 0$ no intervalo $0 \le t \le 63$ e, portanto, é o único número crítico de $R(t)$ no domínio da função. O número crítico divide o domínio $0 \le t \le 63$ em dois intervalos: $0 \le t < 7$ e $7 < t \le 63$. Calculando o valor de $R'(t)$ para valores de teste nos dois intervalos, $t = 1$ e $t = 9$, obtemos o diagrama de setas mostrado a seguir.
>
>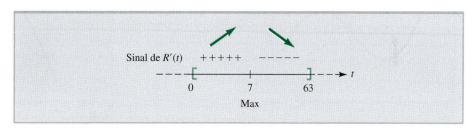
>
> As setas mostram que a receita aumenta até atingir um valor máximo em $t = 7$ e depois começa a diminuir. Para $t = 7$, a receita é
>
> $$R(7) = \frac{63(7) - (7)^2}{(7)^2 + 63} = 3{,}5 \text{ milhões de reais}$$
>
> O gráfico da função receita $R(t)$ aparece na Figura 3.11. De acordo com o gráfico, o skate motorizado é um produto muito procurado logo depois do lançamento, produzindo uma receita máxima de 3,5 milhões de reais após apenas sete semanas. Em seguida, a procura começa a diminuir. Após 63 semanas, a receita se anula quando, presumivelmente, os skates são tirados das prateleiras e substituídos por outro produto. Um produto que exibe esse tipo de comportamento, caracterizado por um aumento rápido seguido por um lento declínio, é chamado por alguns de *produto da moda*.

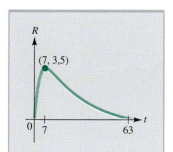

FIGURA 3.11 Gráfico da função $R(t) = \dfrac{63t - t^2}{t^2 + 63}$ para $0 \le t \le 63$.

PROBLEMAS ■ 3.1

Nos Problemas 1 a 4, especifique os intervalos nos quais a derivada da função dada é positiva e os intervalos nos quais é negativa.

1.

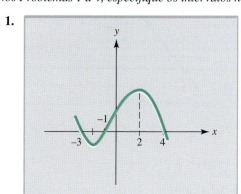

2.

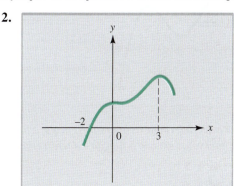

3.

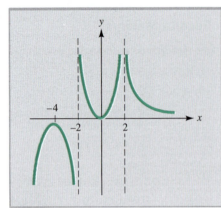

4.

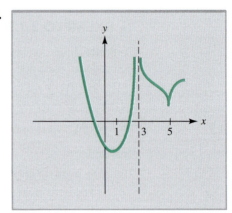

As curvas A, B, C e D dos gráficos da esquerda são as derivadas das funções dos Problemas 5 a 8. Estabeleça a correspondência correta entre cada função e sua derivada.

5.

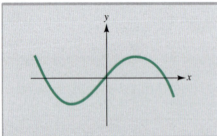

A

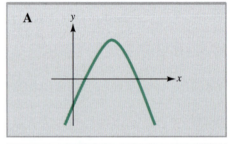

6.

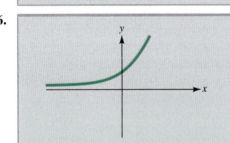

B

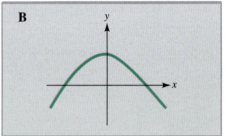

7.

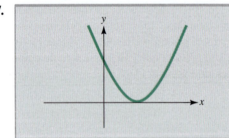

C

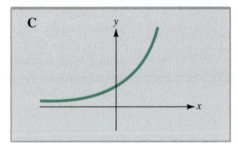

8.

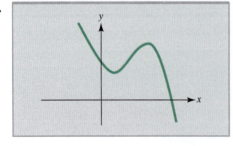

D

Nos Problemas 9 a 22, determine os intervalos em que a função é crescente e os intervalos em que a função é decrescente.

9. $f(x) = x^2 - 4x + 5$

10. $f(t) = t^2 - 3t^2 + 1$

11. $f(x) = x^3 - 3x - 4$

12. $f(x) = \dfrac{1}{3}x^3 - 9x + 2$

13. $g(t) = t^5 - 5t^4 + 100$

14. $f(x) = 3x^5 - 5x^3$

15. $f(t) = \dfrac{1}{4 - t^2}$

16. $g(t) = \dfrac{1}{t^2 + 1} - \dfrac{1}{(t^2 + 1)^2}$

17. $h(u) = \sqrt{9 - u^2}$

18. $f(x) = \sqrt{6 - x - x^2}$

19. $F(x) = x + \dfrac{9}{x}$

20. $f(t) = \dfrac{t}{(t + 3)^2}$

21. $f(x) = \sqrt{x} + \dfrac{1}{\sqrt{x}}$

22. $G(x) = x^2 - \dfrac{1}{x^2}$

Nos Problemas 23 a 34, determine os pontos críticos da função dada e classifique cada ponto crítico como máximo relativo, mínimo relativo ou ponto ordinário.

23. $f(x) = 3x^4 - 8x^3 + 6x^2 + 2$
24. $f(x) = 324x - 72x^2 + 4x^3$
25. $f(t) = 2t^3 + 6t^2 + 6t + 5$
26. $f(t) = 10t^6 + 24t^5 + 15t^4 + 3$
27. $g(x) = (x - 1)^5$
28. $F(x) = 3 - (x + 1)^3$
29. $f(t) = \dfrac{t}{t^2 + 3}$
30. $f(t) = t\sqrt{9 - t}$
31. $h(t) = \dfrac{t^2}{t^2 + t - 2}$
32. $g(x) = 4 - \dfrac{2}{x} + \dfrac{3}{x^2}$
33. $S(t) = (t^2 - 1)^4$
34. $F(x) = \dfrac{x^2}{x - 1}$

Nos Problemas 35 a 44, use os métodos do cálculo para traçar o gráfico da função dada.

35. $f(x) = x^3 - 3x^2$
36. $f(x) = 3x^4 - 4x^3$
37. $f(x) = 3x^4 - 8x^3 + 6x^2 + 2$
38. $g(x) = 3 - (x + 1)^3$
39. $f(t) = 2t^3 + 6t^2 + 6t + 5$
40. $f(x) = x^3(x + 5)^2$
41. $g(t) = \dfrac{t}{t^2 + 3}$
42. $f(x) = \dfrac{x + 1}{x^2 + x + 1}$

43. $f(x) = 3x^5 - 5x^3 + 4$

44. $H(x) = \dfrac{1}{50}(3x^4 - 8x^3 - 90x^2 + 70)$

Nos Problemas 45 a 48, a derivada de uma função f(x) é dada. Em cada caso, determine os números críticos de f(x) e classifique cada ponto crítico como máximo relativo, mínimo relativo ou ponto ordinário.

45. $f'(x) = x^2(4 - x^2)$

46. $f'(x) = \dfrac{x(2 - x)}{x^2 + x + 1}$

47. $f'(x) = \dfrac{(x + 1)^2(4 - 3x)^3}{(x^2 + 1)^2}$

48. $f'(x) = x^3(2x - 7)^2(x + 5)$

Nos Problemas 49 a 52, é dado o gráfico de uma função f. Em cada caso, desenhe um gráfico possível de f'.

49.

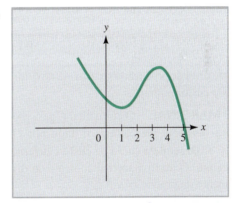

50.

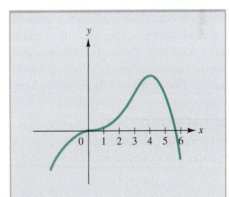

51.

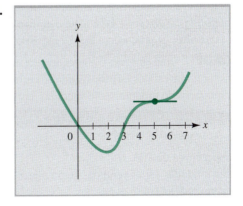

52.

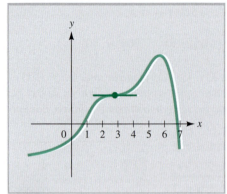

PROBLEMAS APLICADOS DE ECONOMIA E FINANÇAS

 53. CUSTO MÉDIO O custo para produzir x unidades de certa mercadoria é $C(x)$ milhares de reais, em que

$$C(x) = x^3 - 20x^2 + 179x + 242$$

a. Determine $A'(x)$, em que $A(x) = C(x)/x$ é a função custo médio.
b. Para que valores de x a função $A(x)$ é crescente? Para que valores é decrescente?
c. Para que nível de produção x o custo médio é mínimo? Qual é o custo mínimo?

54. ANÁLISE MARGINAL O custo total C para produzir x unidades de certa mercadoria é dado por $C(x) = \sqrt{5x+2} + 3$. Desenhe a curva de custo e determine o custo marginal. O custo marginal aumenta ou diminui com o aumento da produção?

55. ANÁLISE MARGINAL Seja $p = (10 - 3x)^2$ para $0 \le x \le 3$ o preço pelo qual serão vendidas x centenas de unidades de certo produto, e seja $R(x) = xp(x)$ a receita com a venda das x unidades. Determine a receita marginal $R'(x)$ e plote as curvas de receita e receita marginal no mesmo gráfico. Para que nível de produção a receita é máxima?

56. LUCRO DE UM MONOPÓLIO Para produzir x unidades de certo produto, um fabricante que detém o monopólio das vendas tem um custo total de

$$C(x) = 2x^2 + 3x + 5$$

e uma receita total de $R(x) = xp(x)$, em que $p(x) = 5 - 2x$ é o preço pelo qual são vendidas as x unidades. Determine a função lucro $P(x) = R(x) - C(x)$ e plote o gráfico associado. Para que nível de produção o lucro é máximo?

57. PUBLICIDADE Uma empresa estima que, se x milhares de reais forem investidos na propaganda de certo produto, $S(x)$ unidades do produto serão vendidas, em que

$$S(x) = -2x^3 + 27x^2 + 132x + 207$$
para $0 \le x \le 17$

a. Desenhe a curva de $S(x)$.
b. Quantas unidades serão vendidas se a empresa não investir em publicidade?

c. Quanto a empresa deve investir em publicidade para maximizar as vendas? Qual é o nível máximo de vendas?

58. PUBLICIDADE Repita o Problema 57 para a função de vendas

$$S(x) = \frac{200x + 1.500}{0,02x^2 + 5} \quad \text{para } x \ge 0$$

59. REFINANCIAMENTO DE IMÓVEIS Quando os juros estão baixos, muitos proprietários aproveitam a oportunidade para refinanciar seus imóveis. Quando os juros começam a subir, às vezes há um surto de atividade, com os retardatários se apressando para refinanciar os imóveis enquanto ainda é lucrativo fazê-lo. Finalmente, os juros atingem um nível que desencoraja novos pedidos de refinanciamento.
Suponha que, em uma cidade, haja $M(r)$ mil pedidos de refinanciamento quando a taxa de juros para um financiamento de 30 anos é $r\%$, em que

$$M(r) = \frac{1 + 0,05r}{1 + 0,004r^2} \quad \text{para } 1 \le r \le 8$$

a. Para que valores de r a função $M(r)$ é crescente?
b. Para que taxa de juros r o número de pedidos de refinanciamento é máximo? Qual é esse número máximo?

60. DEPRECIAÇÃO O valor V de uma máquina industrial, em milhares de reais, pode ser modelado pela função

$$V(N) = \left(\frac{3N + 430}{N + 1}\right)^{2/3}$$

em que N é o número de horas de uso da máquina por dia. Suponha que o número de horas de uso da máquina por dia varie de acordo com a função

$$N(t) = \sqrt{t^2 - 10t + 61}$$

em que t é o número de meses após a máquina entrar em operação.
a. Durante que período de tempo o valor da máquina aumenta? Durante que período de tempo o valor da máquina diminui?
b. Com quanto tempo de uso t o valor da máquina é máximo? Qual é o valor máximo?

61. PRODUTO INTERNO BRUTO O gráfico a seguir mostra o consumo da geração do *baby boom*[1] como porcentagem do PIB (produto interno bruto) no período de 1970-1997.
a. Em que anos ocorrem máximos relativos?
b. Em que anos ocorrem mínimos relativos?
c. Qual era a taxa aproximada de aumento do consumo em 1987?
d. Qual era a taxa aproximada de diminuição do consumo em 1972?

---
[1]Geração nascida nos EUA logo após a Segunda Guerra Mundial. [N.T.]

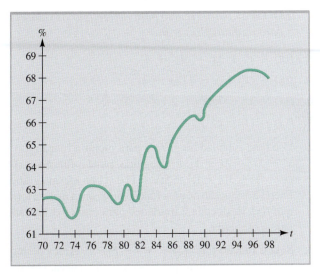

PROBLEMA 61 Consumo da Geração do *Baby Boom* como Porcentagem do PIB.

Fonte: Bureau of Economic Analysis.

PROBLEMAS APLICADOS DE CIÊNCIAS SOCIAIS E BIOLÓGICAS

62. **DISTRIBUIÇÃO DE UMA POPULAÇÃO** Um estudo demográfico realizado em certa cidade indica que $P(r)$ centenas de pessoas moram a r quilômetros do centro da cidade, em que

$$P(r) = \frac{5(3r + 1)}{r^2 + r + 2}$$

  a. Qual é a população no centro da cidade?
  b. Para que valores de r a função $P(r)$ é crescente? Para que valores é decrescente?
  c. A que distância do centro da cidade a população é máxima? Qual é essa população máxima?

63. **MEDICINA** A concentração de um remédio t horas após ter sido injetado no braço de um paciente é dada por

$$C(t) = \frac{0{,}15t}{t^2 + 0{,}81}$$

  Faça um gráfico da concentração em função do tempo. Para que valor de t a concentração é máxima?

64. **CONTROLE DA POLUIÇÃO** As autoridades de uma cidade observam que, se x milhões de reais são investidos no controle da poluição, a porcentagem de poluição removida é dada por

$$P(x) = \frac{100\sqrt{x}}{0{,}04x^2 + 12}$$

  a. Desenhe a curva de $P(x)$.
  b. Que investimento resulta na maior porcentagem de remoção da poluição?

65. **CRIAÇÃO DE PEIXES** Dario, o gerente de uma criação de peixes, observa que, se 300 peixes de certa espécie são colocados em um tanque, o peso médio de um peixe (em quilogramas) durante as primeiras 10 semanas é dado por

$$w(t) = 3 + t - 0{,}05t^2$$

em que t é o número de semanas após os peixes terem sido colocados no tanque.

Dario observa também que a fração de peixes que ainda estão vivos após t semanas é dada por

$$p(t) = \frac{31}{31 + t}$$

  a. A produção do tanque $Y(t)$ após t semanas é o peso total dos peixes que ainda estão vivos. Expresse $Y(t)$ em termos de $w(t)$ e $p(t)$ e plote $Y(t)$ para $0 \leq t \leq 10$.
  b. Qual é o valor de t para o qual a produção é máxima? Qual é a produção máxima?

66. **CRIAÇÃO DE PEIXES** Suponha que, para a situação descrita no Problema 65, depois que os peixes são colocados no tanque a manutenção e a supervisão do tanque durante t semanas custam $C(t) = 50 + 1{,}2t$ centenas de reais, e cada peixe recolhido após t semanas pode ser vendido por R$ 2,75 o quilo.
  a. Se todos os peixes que permanecem vivos no tanque após t semanas são recolhidos, expresse o lucro obtido pelo criador em função de t.
  b. Em que semana os peixes devem ser recolhidos para maximizar o lucro? Qual é o lucro máximo?

67. **ETOLOGIA** A porcentagem de ovos de bicho da maçã* que chocam a uma dada temperatura T (em graus Celsius) é dada por

$$H(T) = -0{,}53T^2 + 25T - 209 \quad \text{para } 15 \leq T \leq 30$$

Faça um gráfico da função $H(T)$. Para que temperatura T ($15 \leq T \leq 30$) a porcentagem de ovos chocados é máxima? Qual é a porcentagem máxima?

PROBLEMAS VARIADOS

68. Faça um esboço da curva de uma função com as seguintes propriedades:
  a. $f'(0) = f'(1) = f'(2) = 0$
  b. $f'(x) < 0$ para $x < 0$ e $x > 2$
  c. $f'(x) > 0$ para $0 < x < 1$ e $1 < x < 2$

69. Faça um esboço da curva de uma função com as seguintes propriedades:
  a. $f'(0) = f'(1) = f'(2) = 0$
  b. $f'(x) < 0$ para $0 < x < 1$
  c. $f'(x) > 0$ para $x < 0$, $1 < x < 2$ e $x > 2$

70. Faça um esboço da curva de uma função com as seguintes propriedades:
  a. $f'(x) > 0$ para $x < -5$ e para $x > 1$
  b. $f'(x) < 0$ para $-5 < x < 1$
  c. $f(-5) = 4$ e $f(1) = -1$

71. Faça um esboço da curva de uma função com as seguintes propriedades:
  a. $f'(x) < 0$ para $x < -1$

---

*P. L. Shaffer e H. J. Gold, "A Simulation Model of Population Dynamics of the Codling Moth *Cydia Pomonella*", *Ecological Modelling*, Vol. 30 (1985), pp. 247–274.

b. $f'(x) > 0$ para $-1 < x < 3$ e para $x > 3$
c. $f(-1) = 0$ e $f'(3) = 0$

72. Determine os valores das constantes a, b e c para que a curva da função $f(x) = ax^2 + bx + c$ tenha um máximo relativo no ponto $(5, 12)$ e intercepte o eixo y no ponto $(0, 3)$.

73. Determine o valor das constantes a, b, c e d para que a curva da função $f(x) = ax^3 + bx^2 + cx + d$ tenha um máximo relativo no ponto $(-2, 8)$ e um mínimo relativo no ponto $(1, -19)$.

74. Plote a função $f(x) = (x - 1)^{2/5}$. Explique por que $f'(x)$ não existe no ponto $x = 1$.

75. Plote a função $f(x) = 1 - x^{3/5}$.

76. Use os métodos do cálculo para demonstrar que o extremo relativo da função do segundo grau
$$f(x) = ax^2 + bx + c$$
acontece para $x = -b/2a$. Em que intervalo $f(x)$ é crescente? Em que intervalo é decrescente?

77. Use os métodos do cálculo para demonstrar que o extremo relativo da função do segundo grau $y = (x - p)(x - q)$ ocorre no ponto médio das duas interseções com o eixo x.

Nos Problemas 78 a 81, use uma calculadora gráfica para plotar $f(x)$. Em seguida, determine $f'(x)$ e plote a função no mesmo gráfico que $f(x)$. Finalmente, use **TRACE**, **ZOOM** *ou outro recurso para determinar os valores de x para os quais $f'(x) = 0$.*

78. $f(x) = x^4 + 3x^3 - 9x^2 + 4$
79. $f(x) = (x^2 + x - 1)^3(x + 3)^2$
80. $f(x) = x^5 - 7{,}6x^3 + 2{,}1x^2 - 5$
81. $f(x) = (1 - x^{1/2})^{1/2}$

82. Use uma calculadora gráfica para plotar a função $f(x) = x^3 + 3x^2 - 5x + 11$. Em seguida, plote a função $g(x) = (x + 1)^3 + 3(x + 1)^2 - 5(x + 1) + 11$ no mesmo gráfico. Escreva a equação de uma função $h(x)$ com a mesma forma que $f(x)$, deslocada 2 unidades para cima e 3 unidades para a esquerda.

83. Seja a função $f(x) = 4 + \sqrt{9 - 2 - x^2}$. Antes de mais nada, tente imaginar que aspecto terá a curva. Use uma calculadora gráfica para plotar a função. Seu palpite estava certo?

84. Seja a função $f(x) = x^3 - 6x^2 + 5x - 11$. Use uma calculadora gráfica para plotar $f(x)$. Em seguida, plote, no mesmo gráfico, a função
$$g(x) = f(2x) = (2x)^3 - 6(2x)^2 + 5(2x) - 11$$
Qual é a relação entre os dois gráficos?

SEÇÃO 3.2 Concavidade e Pontos de Inflexão

Objetivos do Aprendizado

1. Conhecer a noção de concavidade.
2. Usar o sinal da derivada segunda para determinar intervalos de concavidade.
3. Localizar e investigar pontos de inflexão.
4. Aplicar o teste da derivada segunda a extremos relativos.

Como vimos na Seção 3.1, o sinal da derivada $f'(x)$ pode ser usado para verificar se $f(x)$ está aumentando ou diminuindo e se a função possui extremos relativos. Nesta seção, vamos ver que a derivada segunda $f''(x)$ também fornece informações úteis a respeito de $f(x)$. À guisa de introdução, segue uma breve descrição de uma situação na indústria que pode ser analisada usando a derivada segunda.

O número de peças que um operário de fábrica produz em t horas de trabalho é frequentemente modelado por uma função $Q(t)$ como a da Figura 3.12. Observe que a inclinação da curva é inicialmente pequena, aumenta com o tempo até um ponto de máxima inclinação e depois começa a diminuir. Isso reflete o fato de que um operário, em geral, começa devagar e leva algum tempo para entrar no ritmo e trabalhar com boa eficiência. A partir de certo instante, por causa da fadiga, a eficiência volta a cair. O ponto P em que a eficiência atinge o maior valor é conhecido pelos economistas como **ponto de retornos decrescentes**.

Nesse exemplo, a eficiência do operário determina a taxa de variação da produção e, portanto, pode ser medida pela derivada primeira da função produção; assim, a *taxa de variação da eficiência* do operário pode ser medida pela *derivada segunda* da função produção. A eficiência aumenta antes do ponto de retornos decrescentes e diminui depois do ponto de retornos decrescentes. Geometricamente, isso significa que, à esquerda do ponto P, a inclinação da reta tangente à curva de $Q(t)$ aumenta quando t aumenta; à direita do ponto P, a inclinação da reta tangente à curva de $Q(t)$ diminui quando t aumenta, como mostra a Figura 3.12. Daqui a pouco (no Exemplo

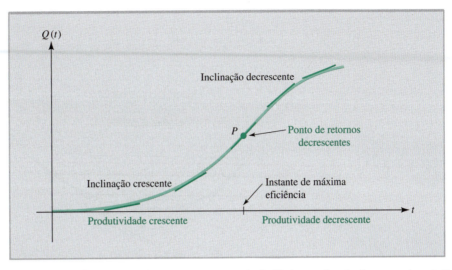

FIGURA 3.12 A produção $Q(t)$ de um operário de fábrica em função do tempo de trabalho t.

3.2.6) voltaremos à questão da eficiência dos operários, mas vamos examinar primeiro a interpretação geométrica da derivada segunda e mostrar como pode ser usada no traçado de gráficos e em problemas de otimização.

Concavidade O aumento e a diminuição da inclinação da reta tangente a uma curva são descritos por um conceito conhecido como **concavidade**. Segue uma definição desse termo.

> **Concavidade** ■ Se uma função $f(x)$ é derivável no intervalo $a < x < b$, a curva de f tem
> **concavidade para cima** no intervalo $a < x < b$ se $f'(x)$ é crescente em todo o intervalo.
> **concavidade para baixo** no intervalo $a < x < b$ se $f'(x)$ é decrescente em todo o intervalo.

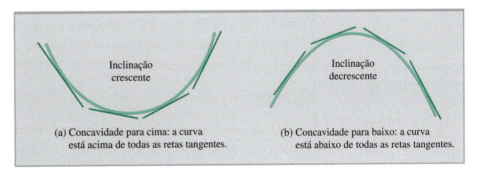

FIGURA 3.13 Concavidade.

Também podemos dizer que a concavidade de uma curva é para cima em um intervalo se a curva está acima de todas as retas tangentes no intervalo considerado (Figura 3.13a) e que a concavidade é para baixo se a curva está abaixo de todas as retas tangentes no intervalo (Figura 3.13b). Podemos dizer informalmente que a concavidade é para baixo quando a curva "derrama água" e é para cima quando a curva "retém água", como mostra a Figura 3.14.

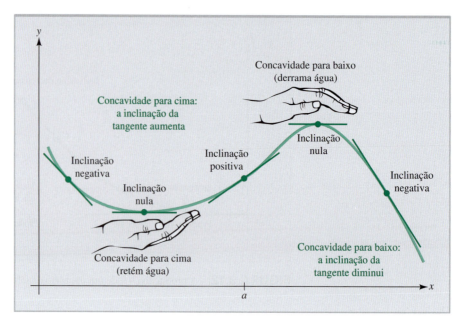

FIGURA 3.14 Concavidade e inclinação da tangente.

Determinação do Tipo de Concavidade Usando o Sinal de f″

Existe uma relação simples entre o tipo de concavidade da curva de uma função $f(x)$ e o sinal da derivada segunda, $f''(x)$. Como vimos na Seção 3.1, a curva de uma função $f(x)$ é crescente quando a derivada, $f'(x)$, é positiva. Da mesma forma, a curva da função derivada $f'(x)$ é crescente quando a derivada, $f''(x)$, é positiva. Suponha que $f''(x) > 0$ em um intervalo $a < x < b$. Nesse caso, $f'(x)$ é crescente, o que, por sua vez, significa que a concavidade da curva de $f(x)$ é para cima nesse intervalo. Analogamente, em um intervalo $a < x < b$ no qual $f''(x) < 0$, a derivada $f'(x)$ é decrescente e a concavidade da curva de $f(x)$ é para baixo. Usando essas informações, podemos modificar o método para determinar os intervalos em que uma função é crescente e decrescente apresentado na Seção 3.1 para obter um método para determinar os intervalos em que a concavidade de uma função é para cima e para baixo.

> **Uso da Derivada Segunda para Determinar os Intervalos em que a Concavidade de uma Função f É para Cima e para Baixo**
>
> **1º passo.** Determine todos os valores de x para os quais $f''(x) = 0$ ou $f''(x)$ não existe, e assinale esses valores em uma reta de números, dividindo assim a reta em certo número de intervalos abertos.
>
> **2º passo.** Escolha um número de teste c para cada intervalo $a < x < b$ determinado no 1º Passo e calcule $f''(c)$.
> Se $f''(c) > 0$, a concavidade da função $f(x)$ é crescente no intervalo $a < x < b$.
> Se $f''(c) < 0$, a concavidade da função $f(x)$ é decrescente no intervalo $a < x < b$.

EXEMPLO 3.2.1 Determinação de Intervalos de Concavidade

Determine os intervalos de concavidade da função

$$f(x) = 2x^6 - 5x^4 + 7x - 3$$

Solução

Derivando $f(x)$ duas vezes, obtemos

$$f'(x) = 12x^5 - 20x^3 + 7$$

e

$$f''(x) = 60x^4 - 60x^2 = 60x^2(x^2 - 1) = 60x^2(x - 1)(x + 1)$$

5 EXPLORE!

Entre com a função $f(x) = 2x^6 - 5x^4 + 7x - 3$ do Exemplo 3.2.1 em Y1 usando o estilo negrito. Entre com Y2 = nDeriv(Y1, X, X), mas desative Y2 posicionando no cursor no sinal de igualdade e apertando **ENTER** para que Y2 não seja plotada. Entre com Y3 = nDeriv(Y2, X, X). Plote Y1 e Y3 usando uma janela [−2,35, 2,35]1 por [−18, 8]2. Qual é a relação entre o comportamento de Y3, que representa $f''(x)$, e a concavidade de $f(x)$, especialmente em X = −1, 0 e 1?

A derivada segunda $f''(x)$ é contínua para qualquer valor de x e $f''(x) = 0$ para $x = 0$, $x = 1$ e $x = -1$. Esses números dividem o eixo x em quatro intervalos nos quais $f''(x)$ não muda de sinal: $x < -1$, $-1 < x < 0$, $0 < x < 1$ e $x > 1$. Calculando o valor de $f''(x)$ para números de teste em cada um desses intervalos ($x = -2$, $x = -1/2$, $x = 1/2$ e $x = 5$, respectivamente), obtemos:

$$f''(-2) = 720 > 0 \qquad f''\left(\frac{-1}{2}\right) = -\frac{45}{4} < 0$$
$$f''\left(\frac{1}{2}\right) = -\frac{45}{4} < 0 \qquad f''(5) = 36.000 > 0$$

Assim, a concavidade da curva de $f(x)$ é para cima para $x < -1$ e $x > 1$ e para baixo no intervalo $-1 < x < 0$ e $0 < x < 1$, como mostra o diagrama de concavidades a seguir.

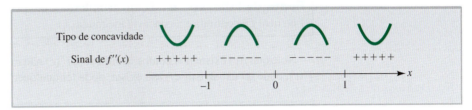

Intervalos de concavidade da função $f(x) = 2x^6 - 5x^4 + 7x - 3$

A Figura 3.15 mostra o gráfico de $f(x)$.

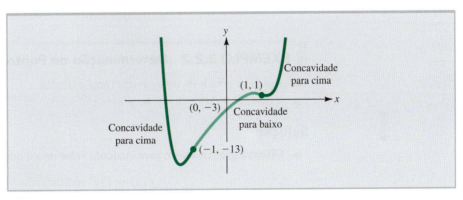

FIGURA 3.15 Gráfico de $f(x) = 2x^6 - 5x^4 + 7x - 3$.

NOTA O leitor não deve confundir a concavidade de uma curva com suas subidas e descidas. A curva de uma função f pode ser crescente ou decrescente em um intervalo, independentemente do fato de a concavidade da curva ser para cima ou para baixo nesse intervalo. As quatro possibilidades estão ilustradas na Figura 3.16. ■

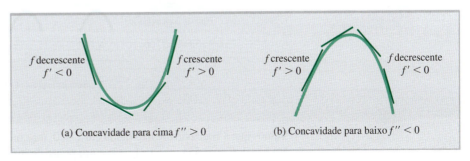

FIGURA 3.16 Combinações possíveis de subida, descida e concavidade.

Pontos de Inflexão   Um ponto P da curva de uma função f é chamado de **ponto de inflexão** se a concavidade da curva muda em P, ou seja, se a concavidade da curva de f é para cima de um lado de P e para baixo do lado oposto. Esses pontos de transição fornecem informações úteis a respeito da curva de f. Assim, por exemplo, o diagrama de concavidade da função $f(x) = 2x^6 - 5x^4 + 7x - 3$, analisado no Exemplo 3.2.1, mostra que a concavidade da curva de f muda de "para cima" para "para baixo" em $x = -1$ e de "para baixo" para "para cima" em $x = 1$, o que significa que os pontos correspondentes da curva, $(-1, -13)$ e $(1, 1)$, são pontos de inflexão de f. Os pontos de inflexão podem ser de interesse prático para a interpretação de um modelo matemático baseado na função f. Por exemplo: o ponto de retornos decrescentes da curva de produção de Figura 3.12 é um ponto de inflexão.

Em um ponto de inflexão $(c, f(c))$, a concavidade de f não pode ser nem para cima $[f''(c) > 0]$ nem para baixo $[f''(c) < 0]$. Assim, se $f''(c)$ existe no ponto, devemos ter $f''(c) = 0$. Resumindo:

> **Ponto de Inflexão** ■ **Ponto de inflexão** é um ponto $(c, f(c))$ da curva de uma função f no qual f é contínua e a concavidade muda.

Note que $f(c)$ existe nos pontos de inflexão, $f''(c)$ não existe ou é zero, e a derivada primeira, $f'(c)$, pode ou não existir e, caso exista, pode ter qualquer valor.

> **Método para Determinar os Pontos de Inflexão de uma Função f**
> **1º passo.** Calcule $f''(x)$ e determine os pontos do domínio de f nos quais $f''(x) = 0$ ou $f''(x)$ não existe.
> **2º passo.** Para cada número c encontrado no 1º Passo, determine o sinal de $f''(x)$ à esquerda de $x = c$ e à direita de $x = c$, ou seja, para $x < c$ e para $x > c$. Se $f''(x) > 0$ de um lado de $x = c$ e $f''(x) < 0$ do outro lado, $(c, f(c))$ é um ponto de inflexão de f.

EXEMPLO 3.2.2   Determinação de Pontos de Inflexão

Determine os pontos de inflexão das funções dadas.
a. $f(x) = 3x^5 - 5x^4 - 1$ **b.** $g(x) = x^{1/3}$

Solução

a. Observe que $f(x)$ existe para qualquer valor de x e que

$$f'(x) = 15x^4 - 20x^3$$
$$f''(x) = 60x^3 - 60x^2 = 60x^2(x - 1)$$

Assim, $f''(x)$ é contínua para qualquer valor de x e $f''(x) = 0$ para $x = 0$ e $x = 1$. Testando o sinal de $f''(x)$ de cada lado de $x = 0$ e $x = 1$ (em $x = -1$, $1/2$ e 2), obtemos:

$$f''(-1) = -120 < 0 \qquad f''\left(\frac{1}{2}\right) = -\frac{15}{2} < 0 \qquad f''(2) = 240 > 0$$

o que leva ao seguinte diagrama de concavidades:

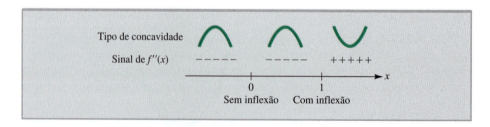

Vemos que a concavidade não muda em $x = 0$, mas muda de "para baixo" para "para cima" em $x = 1$. Como $f(1) = -3$, $(1, -3)$ é um ponto de inflexão de f. A curva de f é mostrada na Figura 3.17a.

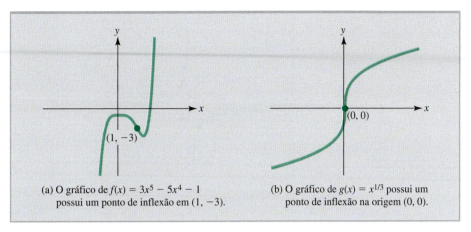

FIGURA 3.17 Duas curvas com pontos de inflexão.

b. A função $g(x)$ é contínua para qualquer valor de x; como

$$g'(x) = \frac{1}{3}x^{-2/3} \quad \text{e} \quad g''(x) = -\frac{2}{9}x^{-5/3}$$

vemos que $g''(x)$ não se anula para nenhum valor de x e não existe para $x = 0$. Testando o sinal de $g''(x)$ dos dois lados de $x = 0$, obtemos os seguintes resultados, mostrados na forma de um diagrama de concavidades:

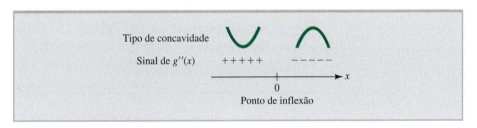

Como a concavidade da curva muda em $x = 0$ e $g(0) = 0$, $(0, 0)$ é um ponto de inflexão de f. A curva de f é mostrada na Figura 3.17b.

> **NOTA** Uma função só pode ter um ponto de inflexão nos pontos em que é contínua. Em particular, se $f(c)$ não existe, não pode haver um ponto de inflexão em $x = c$, mesmo que $f''(x)$ mude de sinal em $x = c$. Assim, por exemplo, se $f(x) = 1/x$, $f''(x) = 2/x^3$ e, portanto, $f''(x) < 0$ para $x < 0$ e $f''(x) > 0$ para $x > 0$. Isso significa que a concavidade muda de "para baixo" para "para cima" em $x = 0$ (veja a Figura 3.18a), mas não existe um ponto de inflexão em $x = 0$, já que $f(0)$ não existe.
>
> Entretanto, mesmo que $f(c)$ exista e $f''(c) = 0$, isso não é suficiente para garantir que $(c, f(c))$ é um ponto de inflexão. Assim, por exemplo, se $f(x) = x^4$, $f(0) = 0$ e $f''(x) = 12x^2$, o que significa que $f''(0) = 0$. Entretanto, $f''(x) > 0$ para qualquer número $x \neq 0$ e, portanto, a concavidade de f é para cima tanto para $x < 0$ como para $x > 0$, ou seja, $(0, 0)$ não é um ponto de inflexão (veja a Figura 3.18b).
>
> O leitor acha que, se $f(c)$ existe e $f''(c) = 0$, é possível ao menos concluir que existe um ponto de inflexão ou um extremo relativo em $x = c$? Essa questão é discutida no Problema 69. ∎

Uso da Derivada Segunda para Esboçar Curvas

Do ponto de vista geométrico, os pontos de inflexão são locais em que o gráfico da função apresenta uma "cobra", como se pode ver no quadro abaixo.

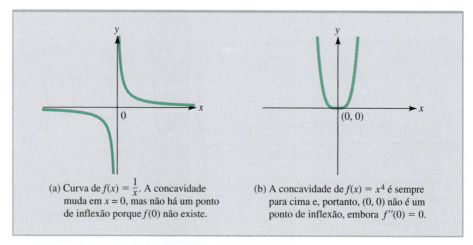

(a) Curva de $f(x) = \frac{1}{x}$. A concavidade muda em $x = 0$, mas não há um ponto de inflexão porque $f(0)$ não existe.

(b) A concavidade de $f(x) = x^4$ é sempre para cima e, portanto, $(0, 0)$ não é um ponto de inflexão, embora $f''(0) = 0$.

FIGURA 3.18 Uma função $f(x)$ não pode ter um ponto de inflexão em um ponto no qual $f(x)$ não existe e não tem necessariamente um ponto de inflexão em um ponto no qual $f(x)$ existe e $f''(x) = 0$.

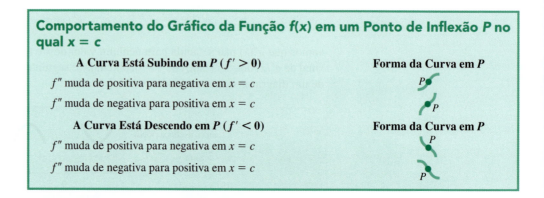

A Figura 3.19 mostra alguns pontos de inflexão de uma curva.

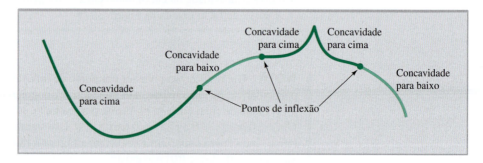

FIGURA 3.19 Gráfico com várias mudanças de concavidade e vários pontos de inflexão.

Acrescentando as informações relativas à concavidade e aos pontos de inflexão aos métodos baseados na derivada primeira, discutidos na Seção 3.1, podemos obter esboços bastante fiéis da maioria das funções. Conforme está ilustrado no Exemplo 3.2.3.

EXEMPLO 3.2.3 Uso da Concavidade para Traçar Gráficos

Determine os intervalos em que a função

$$f(x) = 3x^4 - 2x^3 - 12x^2 + 18x - 15$$

é crescente e decrescente e possui concavidade para cima ou para baixo. Determine todos os extremos relativos e pontos de inflexão e faça um esboço da curva da função.

Solução

Em primeiro lugar, como a função $f(x)$ é um polinômio, sabemos que é contínua para qualquer valor de x e que as derivadas $f'(x)$ e $f''(x)$ também são contínuas para qualquer valor de x. A derivada primeira de $f(x)$ é

$$f'(x) = 12x^3 - 6x^2 - 24x + 18 = 6(x-1)^2(2x+3)$$

e $f'(x) = 0$ apenas nos pontos $x = 1$ e $x = -1{,}5$. O sinal de $f'(x)$ não muda para $x < 1{,}5$, no intervalo $-1{,}5 < x < 1$ e para $x > 1$. Calculando o valor de $f'(x)$ para números de teste em cada intervalo ($x = -2$, 0 e 3), obtemos o diagrama de setas mostrado a seguir. Note que existe um mínimo relativo em $x = -1{,}5$, mas não há um extremo em $x = 1$.

> **6 EXPLORE!**
>
> Para confirmar graficamente os resultados do Exemplo 3.2.3, plote $f(x)$ (em negrito) e $f'(x)$ no mesmo gráfico e observe a localização dos extremos relativos de $f(x)$. Em seguida, plote $f(x)$ (em negrito) e $f''(x)$ no mesmo gráfico e observe as mudanças de concavidade de $f(x)$.

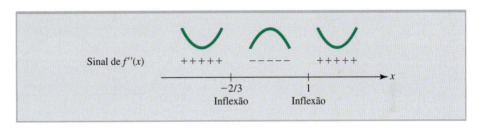

A derivada segunda é

$$f''(x) = 36x^2 - 12x - 24 = 12(x-1)(3x+2)$$

e $f''(x) = 0$ apenas para $x = 1$ e $x = -2/3$. O sinal de $f''(x)$ não muda para $x < -2/3$, no intervalo $-2/3 < x < 1$ e para $x > 1$. Calculando o valor de $f''(x)$ para números de teste em cada intervalo, obtemos o diagrama de concavidades mostrado a seguir.

Examinando os dois diagramas, chegamos à conclusão de que o ponto $x = -1{,}5$ é um mínimo relativo e os pontos $x = -2/3$ e $x = 1$ são pontos de inflexão (já que a concavidade muda nesses pontos).

Para traçar o gráfico, calculamos o valor da função no ponto de mínimo e nos pontos de inflexão

$$f(-1{,}5) = -17{,}06 \qquad f\left(-\frac{2}{3}\right) = -1{,}15 \qquad f(1) = 22$$

e plotamos um copo ($\smile$) em $(-1{,}5;\ -17{,}06)$ para mostrar a forma da curva nas vizinhanças do mínimo relativo. Também plotamos cobras ($\frown$) em $(-2/3;\ -1{,}15)$ e ($\frown$) em $(1;\ 22)$ para mostrar a forma da curva nas vizinhanças dos pontos de inflexão. Usando os diagramas de setas e de concavidades, chegamos ao esboço preliminar da Figura 3.20a. Finalmente, completamos o desenho fazendo passar uma curva suave pelo ponto de mínimo, pelos pontos de inflexão e pela interseção $(0, 15)$ com o eixo y (Figura 3.20b).

Às vezes, há necessidade de analisar o comportamento de uma função $f(x)$ a partir do gráfico da derivada primeira, $f'(x)$. Assim, por exemplo, se um fabricante conhece o custo marginal $C'(x)$ associado à produção de x unidades de uma mercadoria, é natural que esteja interessado em saber tudo que for possível a respeito do custo total $C(x)$. O Exemplo 3.2.4 ilustra esse tipo de análise.

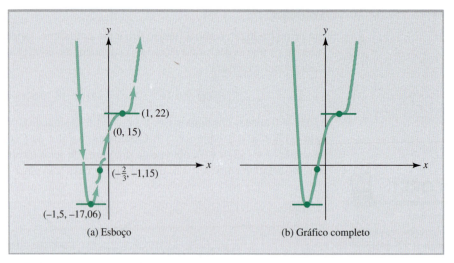

FIGURA 3.20 Gráfico da função $f(x) = 3x^4 - 2x^3 - 12x^2 + 18x + 15$.

EXEMPLO 3.2.4 Uso do Gráfico da Derivada f' para Traçar o Gráfico de f

A figura a seguir mostra o gráfico da derivada primeira $f'(x)$ de uma função $f(x)$. Determine os intervalos nos quais $f(x)$ é uma função crescente e decrescente, as concavidades e todos os extremos relativos e pontos de inflexão da função. Em seguida, faça um esboço da curva de $f(x)$.

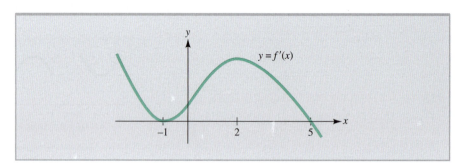

Solução

Em primeiro lugar, observamos que, para $x < -1$, $f'(x)$ é positiva e, portanto, $f(x)$ está aumentando. Além disso, $f'(x)$ está diminuindo e, portanto, $f''(x) < 0$ e a concavidade de $f(x)$ é para baixo. Os outros intervalos de interesse podem ser analisados da mesma forma; os resultados aparecem na tabela a seguir.

x	Descrição de $f'(x)$	Descrição de $f(x)$
$x < -1$	Positiva; crescente	Crescente; concavidade para baixo
$x = -1$	Intercepta o eixo x; tangente horizontal	Tangente horizontal; ponto de inflexão ($f''(x) = 0$)
$-1 < x < 2$	Positiva; crescente	Crescente; concavidade para cima
$x = 2$	Tangente horizontal	Possível ponto de inflexão
$2 < x < 5$	Positiva; decrescente	Crescente; concavidade para baixo
$x = 5$	Intercepta o eixo x	Tangente horizontal
$x > 5$	Negativa; decrescente	Decrescente; concavidade para baixo

Como a concavidade muda no ponto $x = -1$ (de "para baixo" para "para cima"), esse ponto é um ponto de inflexão; além disso, como $y = 0$ nesse ponto, a tangente é horizontal. Existe também um ponto de inflexão em $x = 2$, ponto em que a concavidade muda novamente, mas, nesse caso, a tangente não é horizontal. Como a curva de $f(x)$ é crescente à esquerda de $x = 5$ e decrescente à direita, existe um máximo relativo em $x = 5$.

A Figura 3.21 mostra um gráfico possível para a função $y = f(x)$, com todas as características determinadas pela análise de $f'(x)$. Observe, porém, que, como os valores de $f(-1), f(2)$ e $f(5)$ não foram dados, poderíamos traçar muitas outras curvas com as mesmas características.

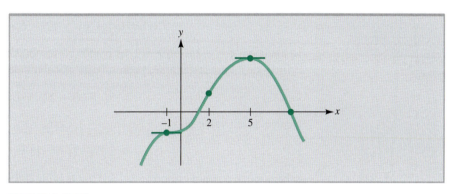

FIGURA 3.21 Um possível gráfico da função $y = f(x)$ do Exemplo 3.2.4.

O Teste da Derivada Segunda

A derivada segunda também pode ser usada para verificar se um ponto crítico de uma função é um máximo ou um mínimo relativo. Para isso, basta aplicar o teste a seguir, conhecido como **teste da derivada segunda**.

LEMBRETE

Intervalo aberto é um intervalo, como $a < x < b$ e $x > a$, que não inclui os pontos extremos. A terminologia dos intervalos é discutida na Seção A.1 do Apêndice A.

Teste da Derivada Segunda ■ Suponha que $f''(x)$ exista em um intervalo aberto que contém o ponto $x = c$ e que $f'(c) = 0$.

Se $f''(c) > 0$, f possui um mínimo relativo em $x = c$.
Se $f''(c) < 0$, f possui um máximo relativo em $x = c$.

Se $f''(c) = 0$ ou se $f''(c)$ não existe, o teste não pode ser aplicado e $x = c$ pode ser um máximo relativo, um mínimo relativo ou um ponto ordinário.

Para compreender como funciona o teste da derivada segunda, examine a Figura 3.22, que mostra quatro possibilidades compatíveis com o fato de que $f'(c) = 0$. Na Figura 3.22a, $f''(c) < 0$, o gráfico de f tem a concavidade para baixo e, portanto, o ponto $x = c$ é um máximo relativo. Na Figura 3.22b, $f''(c) > 0$, o gráfico de f tem a concavidade para cima e, portanto, o ponto $x = c$ é um mínimo relativo. Se $f'(c) = 0$ e $f''(c) = 0$, o teste não pode ser aplicado. Como se pode ver na Figura 3.22c, pode existir um ponto de inflexão em $x = c$. Entretanto, em vez de ponto de inflexão, pode existir um extremo relativo. Assim, por exemplo, a função $f(x) = x^4$ tem um mínimo relativo em $x = 0$ e a função $g(x) = -x^4$ tem um máximo relativo (veja a Figura 3.24).

O Exemplo 3.2.5 ilustra o uso do teste da derivada segunda.

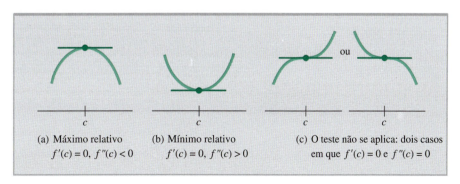

FIGURA 3.22 Teste da derivada segunda.

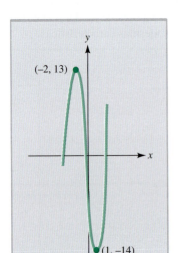

FIGURA 3.23 Gráfico da função $f(x) = 2x^3 + 3x^2 - 12x - 7$.

> **EXEMPLO 3.2.5** Uso do Teste da Derivada Segunda
>
> Determine os pontos críticos da função $f(x) = 2x^3 + 3x^2 - 12x - 7$ e use o teste da derivada segunda para classificar cada ponto crítico como máximo ou mínimo relativo.
>
> **Solução**
>
> Como a derivada primeira
>
> $$f'(x) = 6x^2 + 6x - 12 = 6(x + 2)(x - 1)$$
>
> se anula em $x = -2$ e em $x = 1$, os pontos correspondentes, $(-2, 13)$ e $(1, -14)$ são os pontos críticos de f. Para testar esses pontos, basta calcular a derivada segunda
>
> $$f''(x) = 12x + 6$$
>
> e calcular seu valor em $x = -2$ e em $x = 1$. Como
>
> $$f''(-2) = -18 < 0$$
>
> sabemos que o ponto crítico $(-2, 13)$ é um máximo relativo; como
>
> $$f''(1) = 18 > 0$$
>
> sabemos que o ponto crítico $(1, -14)$ é um mínimo relativo. A curva de f é mostrada na Figura 3.23.

> **NOTA** Embora tenha sido fácil usar o teste da derivada segunda para classificar os pontos críticos no Exemplo 3.2.5, o teste apresenta algumas limitações. Para certas funções, o cálculo da derivada segunda é muito trabalhoso, o que torna o teste menos atraente. Além disso, o teste se aplica aos pontos críticos nos quais a derivada primeira é nula, mas não aos pontos em que a derivada primeira não existe. Finalmente, se tanto $f'(c)$ como $f''(c)$ são nulas, o teste da derivada segunda não permite chegar a uma conclusão. Esse fato está ilustrado na Figura 3.24, que mostra os gráficos de três funções cujas derivadas primeira e segunda são nulas no ponto $x = 0$, uma com um máximo relativo, outra com um mínimo relativo e outra com um ponto de inflexão. Nos casos em que é pouco prático ou impossível usar o teste da derivada segunda, muitas vezes é possível usar o teste da derivada primeira, descrito na Seção 3.1, para classificar os pontos críticos. ■

No Exemplo 3.2.6, voltaremos à questão da eficiência dos operários e dos retornos decrescentes, que foi discutida no início da seção. Nosso objetivo será maximizar a *produtividade* do operário, ou seja, a derivada primeira da produção. Assim, igualamos a zero a derivada *segunda* da produção e encontramos um ponto de inflexão na função produção, que interpretamos como o ponto de retornos decrescentes da produção.

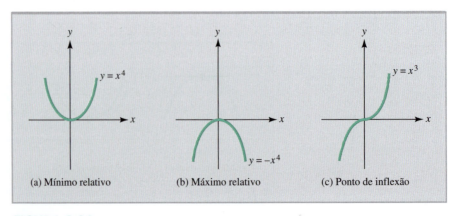

FIGURA 3.24 Três funções cujas derivadas primeira e segunda são nulas em $x = 0$.

EXEMPLO 3.2.6 Determinação de um Ponto de Retornos Decrescentes na Curva de Produção

André é um especialista em eficiência que trabalha em uma firma de produtos eletrônicos. Um estudo de eficiência realizado durante o turno da manhã em uma das fábricas da empresa mostra que um operário que começa a trabalhar às 8 h terá produzido, em média, $Q(t) = -t^3 + 9t^2 + 12t$ unidades t horas mais tarde. Em que hora da manhã André espera que o operário seja mais produtivo?

Solução

A produtividade $R(t)$ do operário é a derivada da curva de produção $Q(t)$:

$$R(t) = Q'(t) = -3t^2 + 18t + 12$$

Como o turno da manhã vai das 8 h ao meio-dia, o objetivo de André é encontrar o maior valor possível de $R(t)$ no intervalo $0 \leq t \leq 4$. A derivada da função produtividade é

$$R'(t) = Q''(t) = -6t + 18$$

que é nula para $t = 3$, positiva para $0 < t < 3$ e negativa para $3 < t < 4$, como mostra o diagrama de setas a seguir.

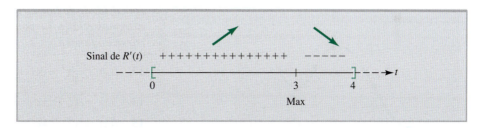

Assim, a produtividade $R(t)$ aumenta para $0 < t < 3$, diminui para $3 < t < 4$ e é máxima para $t = 3$, ou seja, às 11 h. Isso significa que a função produção $Q(t)$ tem um ponto de inflexão em $t = 3$, já que, nesse instante, $Q''(t) = R'(t)$ muda de sinal. O gráfico da função produção $Q(t)$ é mostrado na Figura 3.25a, enquanto o da função produtividade $R(t)$ aparece na Figura 3.25b.

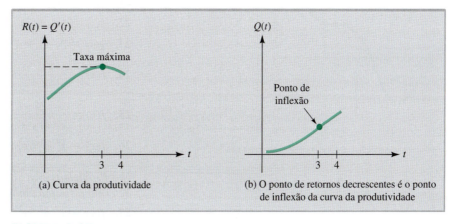

FIGURA 3.25 Produção de um operário.

PROBLEMAS ■ 3.2

Nos Problemas 1 a 4, determine em que intervalo(s) a derivada segunda da função é positiva e em que intervalo(s) é negativa.

1.
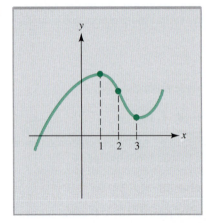

2.
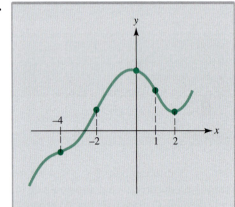

3.
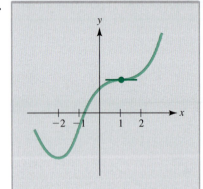

4.
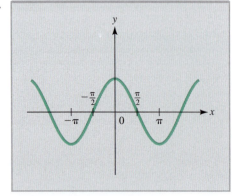

Nos Problemas 5 a 12, determine em que intervalo(s) a concavidade da função é para cima e em que intervalo(s) a concavidade é baixo. Determine também as coordenadas de todos os pontos de inflexão.

5. $f(x) = x^3 + 3x^2 + x + 1$
6. $f(x) = x^4 - 4x^3 + 10x - 9$
7. $f(x) = x(2x + 1)^2$
8. $f(s) = s(s + 3)^2$
9. $g(t) = t^2 - \dfrac{1}{t}$
10. $F(x) = (x - 4)^{7/3}$
11. $f(x) = x^4 - 6x^3 + 7x - 5$
12. $g(x) = 3x^5 - 25x^4 + 11x - 17$

Nos Problemas 13 a 26, determine em que intervalo(s) a função dada é crescente e decrescente e em que intervalo(s) a concavidade da função é para cima e para baixo. Encontre os extremos relativos e pontos de inflexão e faça um esboço da curva da função.

13. $f(x) = \dfrac{1}{3}x^3 - 9x + 2$
14. $f(x) = x^3 + 3x^2 + 1$
15. $f(x) = x^4 - 4x^3 + 10$
16. $f(x) = x^3 - 3x^2 + 3x + 1$
17. $f(x) = (x - 2)^3$
18. $f(x) = x^5 - 5x$
19. $f(x) = (x^2 - 5)^3$
20. $f(x) = (x - 2)^4$
21. $f(s) = 2s(s + 4)^3$
22. $f(x) = (x^2 - 3)^3$
23. $g(x) = \sqrt{x^2 + 1}$
24. $f(x) = \dfrac{x^2}{x^2 + 3}$
25. $f(x) = \dfrac{1}{x^2 + x + 1}$
26. $f(x) = x^4 + 6x^3 - 24x^2 + 24$

Nos Problemas 27 a 38, use o teste da derivada segunda para determinar os máximos e mínimos relativos da função.

27. $f(x) = x^3 + 3x^2 + 1$
28. $f(x) = x^4 - 2x^2 + 3$
29. $f(x) = (x^2 - 9)^2$
30. $f(x) = x + \dfrac{1}{x}$
31. $f(x) = 2x + 1 + \dfrac{18}{x}$

32. $f(x) = \dfrac{x^2}{x-2}$

33. $f(x) = x^2(x-5)^2$

34. $f(x) = \left(\dfrac{x}{x+1}\right)^2$

35. $h(t) = \dfrac{2}{1+t^2}$

36. $f(s) = \dfrac{s+1}{(s-1)^2}$

37. $f(x) = \dfrac{(x-2)^3}{x^2}$

38. $h(t) = \dfrac{(t+3)^3}{(t-1)^2}$

Nos Problemas 39 a 42, a derivada segunda f"(x) de uma função é dada. Use essa informação para determinar os intervalos em que a concavidade da curva de f(x) é para cima e os intervalos em que a concavidade é para baixo e determine todos os valores de x para os quais existe um ponto de inflexão. [Não é necessário determinar f(x) nem a coordenada y dos pontos de inflexão.]

39. $f''(x) = x^2(x-3)(x-1)$
40. $f''(x) = x^3(x^2 + 2x - 3)$
41. $f''(x) = (x-1)^{1/3}$
42. $f''(x) = \dfrac{x^2 + x - 2}{x^2 + 4}$

Nos problemas 43 a 46, a derivada primeira f'(x) de uma função f(x) é dada. Em cada caso,
    (a) *Determine os intervalos nos quais f é crescente e os intervalos nos quais é decrescente.*
    (b) *Determine os intervalos nos quais a concavidade da curva de f é para cima e os intervalos nos quais a concavidade é para baixo.*
    (c) *Determine as coordenadas x dos extremos relativos e dos pontos de inflexão de f.*
    (d) *Faça um esboço de uma curva possível de f(x).*

43. $f'(x) = x^2 - 4x$
44. $f'(x) = x^2 - 2x - 8$
45. $f'(x) = 5 - x^2$
46. $f'(x) = x(1-x)$

47. Faça um esboço da curva de uma função f com as seguintes propriedades:
    a. $f'(x) > 0$ para $x < -1$ e para $x > 3$
    b. $f'(x) < 0$ para $-1 < x < 3$
    c. $f''(x) < 0$ para $x < 2$
    d. $f''(x) > 0$ para $x > 2$

48. Faça um esboço da curva de uma função f com as seguintes propriedades:
    a. A função f possui descontinuidades em $x = -1$ e em $x = 3$.
    b. $f'(x) > 0$ para $x < 1, x \neq -1$
    c. $f'(x) < 0$ para $x > 1, x \neq 3$
    d. $f''(x) > 0$ para $x < -1$ e $x > 3$ e $f''(x) < 0$ para $-1 < x < 3$
    e. $f(0) = 0 = f(2), f(1) = 3$

Nos Problemas 49 a 52 é dado o gráfico de uma função derivada $y' = f'(x)$. Descreva a função f(x) e faça um esboço de $y = f(x)$.

49.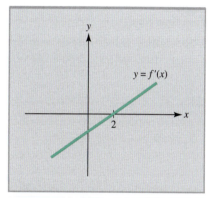

50.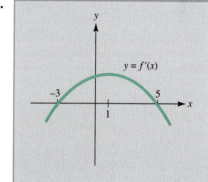

51.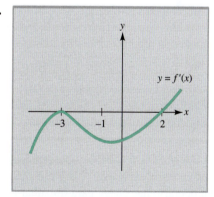

52.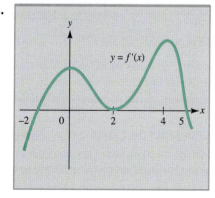

PROBLEMAS APLICADOS DE ECONOMIA E FINANÇAS

53. ANÁLISE MARGINAL O custo para produzir x unidades por semana de certa mercadoria é

$$C(x) = 0{,}3x^3 - 5x^2 + 28x + 200$$

a. Determine o custo marginal $C'(x)$ e plote no mesmo gráfico as curvas das funções $C'(x)$ e $C(x)$.
b. Determine o(s) valor(es) de x para o(s) qual(quais) $C''(x) = 0$. Qual a relação entre esse(s) ponto(s) e a curva do custo marginal?

54. ANÁLISE MARGINAL O lucro obtido com a produção anual de x mil unidades de certo produto é $P(x)$ reais, em que

$$P(x) = -x^{9/2} + 90x^{7/2} - 5.000$$

a. Determine o lucro marginal $P'(x)$ e determine todos os valores de x para os quais $P'(x) = 0$.
b. Plote no mesmo gráfico as curvas das funções $P'(x)$ e $P(x)$.
c. Calcule $P''(x)$ e determine todos os valores de x para os quais $P''(x) = 0$. Qual a relação entre esses níveis de produção e a curva do lucro marginal?

55. VENDAS Uma empresa estima que, se x milhares de reais forem investidos na comercialização de certo produto, $S(x)$ unidades do produto serão vendidas, em que

$$S(x) = -x^3 + 33x^2 + 60x + 1.000$$

a. Quantas unidades serão vendidas se a empresa não investir em comercialização?
b. Desenhe o gráfico de $S(x)$. Para que valor de x o gráfico possui um ponto de inflexão? Qual é o significado desse valor de investimento?

56. VENDAS Uma empresa estima que, se x milhares de reais forem investidos na comercialização de certo produto, $Q(x)$ unidades do produto serão vendidas, em que

$$Q(x) = -4x^3 + 252x^2 - 3.200x + 17.000$$

para $10 \leq x \leq 40$. Faça um esboço da curva de $Q(x)$. Onde fica o ponto de inflexão da função? Qual o significado do investimento em comercialização correspondente a esse ponto?

57. EFICIÊNCIA DA MÃO DE OBRA Um estudo de eficiência realizado no turno da manhã (das 7 h ao meio-dia) revela que um operário que chega para trabalhar às 7 h produziu Q unidades t horas mais tarde, em que

$$Q(t) = -t^3 + \frac{9}{2}t^2 + 15t$$

a. Em que instante do turno da manhã a produtividade do operário é máxima?
b. Em que instante do turno da manhã a produtividade é mínima?

58. EFICIÊNCIA DA MÃO DE OBRA Um estudo de eficiência realizado no turno da tarde (do meio-dia às 17 h) revela que um operário que chega para trabalhar ao meio-dia produziu

$$Q(t) = -t^3 + 6t^2 - 15t$$

unidades t horas mais tarde.
a. Em que instante do turno da tarde a produtividade do operário é máxima?
b. Em que instante do turno da tarde a produtividade é mínima?

59. HABITAÇÃO Suponha que, em certa cidade, $M(r)$ milhares de novas casas serão construídas se a taxa fixa de juros para um financiamento em 30 anos for $r\%$, em que

$$M(r) = \frac{1 + 0{,}02r}{1 + 0{,}009r^2}$$

a. Determine $M'(r)$ e $M''(r)$.
b. Faça um esboço da curva da função $M(r)$.
 c. Qual é a taxa de juros r para a qual a taxa de construção de novas casas é mínima?

60. GASTOS DO GOVERNO Durante uma recessão, o Congresso decide estimular a economia liberando uma verba destinada à contratação de desempregados para trabalhar em projetos do governo. Suponha que, t meses após o início do programa, existirão $N(t)$ milhares de desempregados, em que

$$N(t) = -t^3 + 45t^2 + 408x + 3.078$$

a. Qual será o número máximo de desempregados? Quantos meses após o início do programa esse número será atingido?
b. Para não estimular excessivamente a economia (o que levaria a uma inflação), o governo decidiu encerrar o programa de estímulo no momento em que o índice de desemprego começar a diminuir. Quantos meses após o início do programa isso vai ocorrer? Qual será o número de desempregados nessa ocasião?

61. PUBLICIDADE O gerente de uma fábrica de calçados estima que, t meses após o início de uma campanha publicitária, $S(t)$ centenas de pares serão vendidos, em que

$$S(t) = \frac{3}{t+2} - \frac{12}{(t+2)^2} + 5$$

a. Determine $S'(t)$ e $S''(t)$.
b. Em que mês as vendas serão maiores? Qual será o nível máximo de vendas?
c. O gerente pretende encerrar a campanha quando a taxa de aumento do número de vendas atingir o valor mínimo. Em que mês isso vai acontecer? Quais serão, nesse mês, o nível de vendas e a taxa de aumento do nível de vendas?

PROBLEMAS APLICADOS DE CIÊNCIAS SOCIAIS E BIOLÓGICAS

62. DISSEMINAÇÃO DE UMA EPIDEMIA Seja $Q(t)$ o número de habitantes de uma cidade de população N_0 que são infectados com certa doença t dias após o início de uma epidemia. Estudos indicam que a taxa $R(Q)$ com a qual a epidemia se espalha é conjuntamente proporcional ao número de pessoas que contraíram a doença e ao número de pessoas que não foram infectadas, de modo que $R(Q) = kQ(N_0 - Q)$. Plote a função $R(Q)$ e interprete o gráfico. Em particular, o que significa o ponto mais alto da curva de $R(Q)$?

63. **DISSEMINAÇÃO DE UMA EPIDEMIA** Um epidemiologista observa que certa doença se dissemina de tal forma que, t semanas após o início de um surto, N centenas de casos novos são relatados, em que

$$N(t) = \frac{5t}{12 + t^2}$$

   a. Determine $N'(t)$ e $N''(t)$.
   b. Em que semana o número de casos da doença é máximo? Qual é o número máximo de casos?
   c. As autoridades consideram a epidemia sob controle quando a taxa de aumento do número de casos é mínima. Em que semana isso ocorre e qual é o número de casos nessa semana?

64. **CRESCIMENTO POPULACIONAL** Os estudos mostram que, quando fatores ambientais impõem um limite superior ao tamanho de uma população $P(t)$, a população costuma crescer de tal forma que a taxa de variação percentual de $P(t)$ satisfaz a equação

$$\frac{100 P'(t)}{P(t)} = A - BP(t)$$

   em que A e B são constantes positivas. Qual é a localização do ponto de inflexão de $P(t)$? Qual é o significado desse ponto? (A resposta deve ser dada em função de A e B.)

65. **CRESCIMENTO DA POPULAÇÃO** Uma projeção, válida para cinco anos, revela que, daqui a t anos, a população de certo bairro será $P(t) = -t^3 + 9t^2 + 48t + 50$ mil habitantes.
   a. Em que instante, dentro do período de 5 anos, a taxa de crescimento da população será máxima?
   b. Em que instante, dentro do período de 5 anos, a taxa de crescimento da população será mínima?
   c. Em que instante a taxa de crescimento da população estará variando mais rapidamente?

66. **DISSEMINAÇÃO DE UM BOATO** A rapidez com que um boato se espalha em uma comunidade de P pessoas é conjuntamente proporcional ao número N de pessoas que já ouviram o boato pelo número de pessoas que ainda não o ouviram. Mostre que o boato se espalha com a máxima rapidez no instante em que metade das pessoas ainda não ouviu o boato.

67. **CRESCIMENTO DE UM TECIDO** A cultura de um tecido tem uma área $A(t)$ no instante t e uma área máxima potencial M. Com base nas propriedades da divisão celular, é razoável supor que a área A aumenta a uma taxa conjuntamente proporcional a $\sqrt{A(t)}$ e a $M - A(t)$, ou seja, que

$$\frac{dA}{dt} = k\sqrt{A(t)}[M - A(t)]$$

   em que k é uma constante positiva.
   a. Seja $R(t) = A'(t)$ a taxa de crescimento do tecido. Mostre que $R'(t) = 0$ para $A(t) = M/3$.
   b. A taxa de crescimento do tecido é máxima ou mínima para $A(t) = M/3$? [*Sugestão*: Use o teste da primeira derivada ou o teste da segunda derivada.]
   c. Com base nas informações dadas e no resultado do item (a), o que se pode dizer a respeito da curva de $A(t)$?

PROBLEMAS VARIADOS

68. A jarra da figura é enchida com água a uma vazão constante. Seja $h(t)$ a altura da água na jarra no instante t (suponha que a jarra está vazia no instante $t = 0$). Faça um esboço da função $h(t)$. Em particular, o que acontece quando o nível da água chega ao pescoço da jarra?

PROBLEMA 68

69. Seja $f(x) = x^4 + x$. Mostre que, embora $f''(0) = 0$, a curva de f não possui um extremo relativo nem um ponto de inflexão em $x = 0$. Faça um esboço da curva de $f(x)$.

70. Use os métodos do cálculo para demonstrar que a função do segundo grau $y = ax^2 + bx + c$ tem a concavidade para cima quando a é positivo e a concavidade para baixo quando a é negativo.

71. Se $f(x)$ e $g(x)$ são funções contínuas com um ponto de inflexão em $x = c$, é verdade que a soma $h(x) = f(x) + g(x)$ também possui um ponto de inflexão em $x = c$? Explique por que a resposta é afirmativa ou apresente um exemplo de funções $f(x)$ e $g(x)$ para as quais a afirmação é falsa.

72. Suponha que $f(x)$ e $g(x)$ são funções contínuas com $f'(c) = 0$. Se $f(x)$ e $g(x)$ possuem um ponto de inflexão em $x = c$, o produto $P(x) = f(x)g(x)$ também possui um ponto de inflexão em $x = c$? Explique por que a resposta é afirmativa ou apresente um exemplo de funções $f(x)$ e $g(x)$ para as quais a afirmação é falsa.

73. Dada a função $f(x) = 2x^3 + 3x^2 - 12x - 7$, faça o seguinte:

   a. Plote a função usando janelas $[-10, 10]1$ por $[-10, 10]1$ e $[-10, 10]1$ por $[-20, 20]2$.
   b. Complete a tabela a seguir.

x	−4	−2	−1	0	1	2
$f(x)$						
$f'(x)$						
$f''(x)$						

   c. Determine as interseções da função com o eixo x e com o eixo y com precisão de duas casas decimais.
   d. Determine os máximos e mínimos relativos de $f(x)$.
   e. Determine os intervalos em que $f(x)$ é crescente.
   f. Determine os intervalos em que $f(x)$ é decrescente.
   g. Determine os pontos de inflexão.

h. Determine os intervalos em que a concavidade de $f(x)$ é para cima.

i. Determine os intervalos em que a concavidade de $f(x)$ é para baixo.

j. Mostre que a concavidade se inverte quando a curva de $f(x)$ passa por um ponto de inflexão.

k. Determine o máximo absoluto e o mínimo absoluto de $f(x)$ no intervalo $-4 \leq x \leq 2$.

74. Repita o Problema 73 para a função
$$f(x) = 3{,}7x^4 - 5{,}03x^3 + 2x^2 - 0{,}7$$

SEÇÃO 3.3   Traçado de Curvas

Objetivos do Aprendizado
1. Determinar as assíntotas horizontais e verticais de um gráfico.
2. Conhecer e utilizar um método geral para desenhar gráficos.

LEMBRETE

É importante lembrar que ∞ *não é* um número, e sim um símbolo usado para representar um processo de aumento sem limite ou o resultado desse aumento.

Nas seções anteriores, vimos que é possível usar a derivada $f'(x)$ para verificar se a curva de $f(x)$ é crescente ou decrescente e a derivada segunda $f''(x)$ para verificar se a concavidade de $f(x)$ é para cima ou para baixo. Embora esses instrumentos sejam adequados para identificar os pontos altos e baixos de uma curva e desenhar suas tortuosidades, existem outros aspectos gráficos que podem ser mais bem descritos usando limites.

Vimos na Seção 1.5 que um limite da forma $\lim\limits_{x \to +\infty} f(x)$ ou $\lim\limits_{x \to -\infty} f(x)$, no qual a variável independente x aumenta ou diminui indefinidamente, é chamado de *limite no infinito*. Se, por outro lado, os valores de $f(x)$ aumentam sem limite quando x se aproxima de um número c, dizemos que $f(x)$ tem um *limite infinito* em $x = c$ e escrevemos $\lim\limits_{x \to c} f(x) = +\infty$ se $f(x)$ aumenta indefinidamente quando x tende a c ou $\lim\limits_{x \to c} f(x) = -\infty$ se $f(x)$ diminui indefinidamente. Quando tomados em conjunto, os limites no infinito e limites infinitos recebem o nome de **limites que envolvem o infinito**. Nosso primeiro objetivo nesta seção é mostrar de que forma os limites que envolvem o infinito podem ser interpretados graficamente. Em seguida, essa informação será combinada com os métodos da Seção 3.1 e 3.2 para formar um método geral de traçado de curvas.

Assíntotas Verticais

Os limites que envolvem o infinito podem ser usados para definir retas, chamadas *assíntotas*, que estão frequentemente associadas a funções. Em particular, dizemos que uma função $f(x)$ possui uma **assíntota vertical** no ponto $x = c$ se $f(x)$ aumenta ou diminui indefinidamente quando x tende a c pelo lado direito ou pelo lado esquerdo.

Considere, por exemplo, a função racional

$$f(x) = \frac{x+1}{x-2}$$

Quando x tende a 2 pela esquerda ($x < 2$), os valores da função diminuem indefinidamente; quando x tende a 2 pela direita ($x > 2$), os valores da função aumentam indefinidamente. Esse comportamento está ilustrado na tabela a seguir e na Figura 3.26.

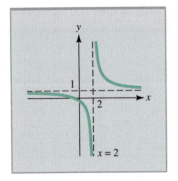

FIGURA 3.26 Gráfico da função $f(x) = \dfrac{x+1}{x-2}$.

x	1,95	1,97	1,99	1,999	2	2,001	2,005	2,01
$f(x) = \dfrac{x+1}{x-2}$	-59	-99	-299	-2.999	Não existe	3.001	601	301

O comportamento da função nesse exemplo pode ser resumido da seguinte forma, usando a notação de limite unilateral apresentada na Seção 1.6:

$$\lim_{x \to 2^-} \frac{x+1}{x-2} = -\infty \quad \text{e} \quad \lim_{x \to 2^+} \frac{x+1}{x-2} = +\infty$$

Podemos usar a notação de limite unilateral para definir o conceito de assíntota vertical.

APLICAÇÕES ADICIONAIS DA DERIVADA   **197**

> **Assíntota Vertical** ■ A reta $x = c$ é uma *assíntota vertical* da curva da função $f(x)$ se
> $$\lim_{x \to c^-} f(x) = +\infty \quad (\text{ou} -\infty)$$
> $$\lim_{x \to c^+} f(x) = +\infty \quad (\text{ou} -\infty)$$

Uma função racional $R(x) = p(x)/q(x)$ possui uma assíntota vertical nos pontos c para os quais $q(c) = 0$ e $p(c) \neq 0$. O exemplo a seguir envolve uma função com uma assíntota vertical.

EXEMPLO 3.3.1 Determinação de Assíntotas Verticais

Determine as assíntotas verticais da curva da função

$$f(x) = \frac{x^2 - 9}{x^2 + 3x}$$

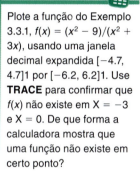

7 EXPLORE!

Plote a função do Exemplo 3.3.1, $f(x) = (x^2 - 9)/(x^2 + 3x)$, usando uma janela decimal expandida $[-4.7, 4.7]1$ por $[-6.2, 6.2]1$. Use **TRACE** para confirmar que $f(x)$ não existe em $X = -3$ e $X = 0$. De que forma a calculadora mostra que uma função não existe em certo ponto?

Solução

Sejam $p(x) = x^2 - 9$ e $q(x) = x^2 + 3x$ o numerador e o denominador de $f(x)$, respectivamente. O denominador $q(x)$ se anula para $x = -3$ e para $x = 0$. Entretanto, para $x = -3$, também temos $p(-3) = 0$ e

$$\lim_{x \to -3} \frac{x^2 - 9}{x^2 + 3x} = \lim_{x \to -3} \frac{x - 3}{x} = 2$$

o que significa que a curva de $f(x)$ tem um buraco no ponto $(-3, 2)$ e $x = -3$ *não é* uma assíntota vertical.

Por outro lado, para $x = 0$ temos $q(0) = 0$ e $p(0) \neq 0$, o que sugere que o eixo y (ou seja, a reta vertical $x = 0$) é uma assíntota vertical da curva de $f(x)$. Para confirmar esse comportamento assintótico, observamos que

$$\lim_{x \to 0^-} \frac{x^2 - 9}{x^2 + 3x} = +\infty \quad \text{e} \quad \lim_{x \to 0^+} \frac{x^2 - 9}{x^2 + 3x} = -\infty$$

A Figura 3.27 mostra o gráfico de $f(x)$.

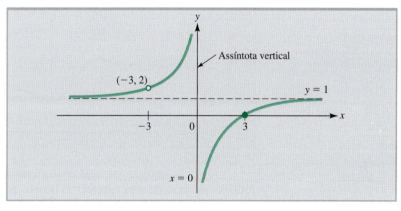

FIGURA 3.27 Gráfico de $f(x) = \dfrac{x^2 - 9}{x^2 + 3x}$.

Assíntotas Horizontais

Observe na Figura 3.27 que a curva da função se aproxima da reta horizontal $y = 1$ quando x aumenta ou diminui indefinidamente, ou seja, que

$$\lim_{x \to -\infty} \frac{x^2 - 9}{x^2 + 3x} = 1 \quad \text{e} \quad \lim_{x \to +\infty} \frac{x^2 - 9}{x^2 + 3x} = 1$$

Quando uma função $f(x)$ tende para um valor finito b quando x aumenta ou diminui indefinidamente (ou as duas coisas, como nesse exemplo), dizemos que a reta horizontal $y = b$ é uma **assíntota horizontal** da curva de $f(x)$. Segue uma definição formal.

> **Assíntota Horizontal** ■ A reta $y = b$ é uma *assíntota horizontal* da curva $y = f(x)$ se
> $$\lim_{x \to -\infty} f(x) = b \quad \text{ou} \quad \lim_{x \to +\infty} f(x) = b$$

EXEMPLO 3.3.2 Determinação de Assíntotas Horizontais

Determine as assíntotas horizontais da curva da função
$$f(x) = \frac{x^2}{x^2 + x + 1}$$

LEMBRETE

Lembre-se das regras das potências inversas para limites (Seção 1.5):
$$\lim_{x \to +\infty} \frac{A}{x^k} = 0$$
e
$$\lim_{x \to -\infty} \frac{A}{x^k} = 0$$
para A e k constantes, com $k > 0$ e x^k definida para todos os valores de x.

Solução

Dividindo todos os termos da função racional $f(x)$ por x^2 (a potência mais elevada de x no denominador), obtemos:

$$\lim_{x \to +\infty} f(x) = \lim_{x \to +\infty} \frac{x^2}{x^2 + x + 1} = \lim_{x \to +\infty} \frac{x^2/x^2}{x^2/x^2 + x/x^2 + 1/x^2}$$

$$= \lim_{x \to +\infty} \frac{1}{1 + 1/x + 1/x^2} = \frac{1}{1 + 0 + 0} = 1 \quad \text{regra das potências inversas}$$

e, analogamente,

$$\lim_{x \to -\infty} f(x) = \lim_{x \to -\infty} \frac{x^2}{x^2 + x + 1} = 1$$

Assim, a reta $y = 1$ é uma assíntota horizontal da curva de $f(x)$. O gráfico da função aparece na Figura 3.28.

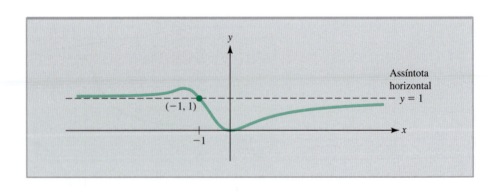

FIGURA 3.28 Gráfico de $f(x) = \dfrac{x^2}{x^2 + x + 1}$.

> **NOTA** A curva de uma função $f(x)$ jamais atravessa uma assíntota vertical $x = c$, já que pelo menos um dos limites unilaterais, $\lim_{x \to c^-} f(x)$ e $\lim_{x \to c^+} f(x)$, é infinito. Por outro lado, nada impede que a curva de uma função atravesse uma assíntota horizontal. No Exemplo 3.3.2, a curva da função $y = x^2/(x^2 + x + 1)$ atravessa a assíntota horizontal $y = 1$ no ponto em que
> $$\frac{x^2}{x^2 + x + 1} = 1$$
> $$x^2 = x^2 + x + 1$$
> $$x = -1$$
> ou seja, no ponto $(-1, 1)$. ■

Método Geral de Traçado de Curvas

Agora dispomos de todos os instrumentos necessários para apresentar um método geral de traçado de curvas.

> **Método Geral para Traçar a Curva de f(x)**
>
> **1º passo.** Determine o domínio de $f(x)$.
>
> **2º passo.** Determine as interseções com os eixos x e y. As interseções com o eixo y (isto é, os pontos em que $x = 0$) são normalmente fáceis de calcular, mas, para determinar as interseções com o eixo x [isto é, os pontos em que $f(x) = 0$], pode ser necessário usar uma calculadora.
>
> **3º passo.** Determine todas as assíntotas verticais e horizontais da curva da função. Plote as assíntotas.
>
> **4º passo.** Calcule a derivada primeira, $f'(x)$, e use-a para determinar os números críticos de $f(x)$ e os intervalos em que a função é crescente e decrescente.
>
> **5º passo.** Determine as coordenadas de todos os extremos relativos. Plote os máximos relativos como uma copa (⌢) e os mínimos relativos como um copo (⌣).
>
> **6º passo.** Calcule a derivada segunda, $f''(x)$, e use-a para determinar os intervalos de concavidade e os pontos de inflexão. Plote os pontos de inflexão como cobras (∿ ou ∿) para ter uma ideia da forma da curva das proximidades do ponto.
>
> **7º passo.** O resultado dos passos anteriores é um gráfico preliminar, com as assíntotas, os pontos de interseção e copas, copos e cobras mostrando a forma da curva nos pontos mais importantes. Complete o esboço ligando os pontos já marcados. Não se esqueça de que a curva da função não pode atravessar uma assíntota vertical.

Segue uma análise passo a passo da curva de uma função racional.

EXEMPLO 3.3.3 Traçado do Gráfico de uma Função Racional

Plote a função

$$f(x) = \frac{x}{(x+1)^2}$$

Solução

1º e 2º Passos. A função existe para todos os valores de x, exceto $x = -1$, e a única interseção está na origem $(0, 0)$.

3º Passo. Como $f(x)$ diminui indefinidamente quando x tende a -1 pela esquerda, a reta $x = -1$ é uma assíntota vertical, ou seja,

$$\lim_{x \to -1^-} \frac{x}{(x+1)^2} = \lim_{x \to -1^+} \frac{x}{(x+1)^2} = -\infty$$

Além disso, como

$$\lim_{x \to -\infty} \frac{x}{(x+1)^2} = \lim_{x \to +\infty} \frac{x}{(x+1)^2} = 0$$

a reta $y = 0$ é uma assíntota horizontal. No caso geral, deveríamos traçar no gráfico as retas correspondentes à assíntota vertical e à assíntota horizontal. Nesse caso particular, precisamos traçar apenas a reta correspondente à assíntota vertical ($x = -1$), já que a reta correspondente à assíntota horizontal ($y = 0$) coincide com o eixo x.

4º Passo. Calculamos a derivada $f(x)$ usando a regra do quociente:

$$f'(x) = \frac{(x+1)^2(1) - x[2(x+1)(1)]}{(x+1)^4} = \frac{1-x}{(x+1)^3}$$

Como $f'(1) = 0$, $x = 1$ é um número crítico. Observe que, embora $f'(-1)$ não exista, $x = -1$ não é um número crítico porque não pertence ao domínio de $f(x)$. Assinale $x = 1$ e $x = -1$ em uma reta de números com uma reta vertical tracejada em $x = -1$ para indicar que existe uma assíntota vertical nesse ponto. Calcule o valor de $f'(x)$ em pontos apropriados (-2, 0 e 3) para obter o diagrama de setas que aparece a seguir.

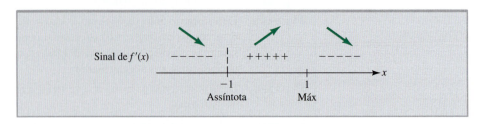

5º Passo. De acordo com o diagrama de setas obtido no 4º Passo, existe um máximo relativo para $x = 1$. Como $f(1) = 1/4$, desenhamos uma copa no ponto $(1, 1/4)$.

6º Passo. Usamos de novo a regra do quociente para obter

$$f''(x) = \frac{2(x - 2)}{(x + 1)^4}$$

Como $f''(x) = 0$ para $x = 2$ e $f''(x)$ não existe para $x = -1$, marcamos os pontos -1 e 2 em uma reta de números e verificamos o sinal de $f''(x)$ nos intervalos $x < -1$, $-1 < x < 2$ e $x > 2$ para obter o diagrama de concavidades mostrado a seguir.

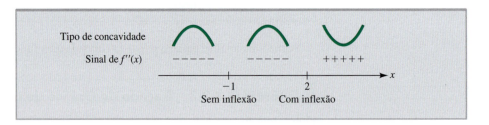

Observe a mudança de concavidade em $x = 2$. Como $f(2) = 2/9$, desenhamos uma cobra (⌒) no ponto $(2, 2/9)$ para indicar o ponto de inflexão associado.

7º Passo. O gráfico preliminar aparece na Figura 3.29a. Observe que a assíntota vertical (reta tracejada) divide a curva em duas partes. Ligamos os pontos à esquerda e à direita da linha tracejada por curvas suaves para obter o gráfico da Figura 3.29b.

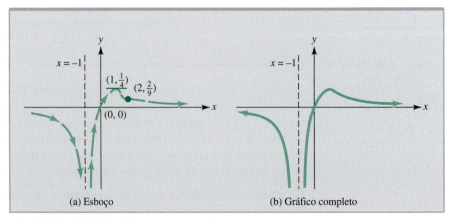

FIGURA 3.29 Gráfico de $f(x) = \dfrac{x}{(x + 1)^2}$.

APLICAÇÕES ADICIONAIS DA DERIVADA   201

No Exemplo 3.3.4, desenhamos a curva de uma função racional mais complexa usando uma forma compacta da solução apresentada no Exemplo 3.3.3.

> **8 EXPLORE!**
>
> Entre com a função $f(x)$ do Exemplo 3.3.4 no editor de equações. Como se comporta a curva de $f(x)$ para grandes valores de x?

EXEMPLO 3.3.4   Traçado do Gráfico de uma Função Racional

Plote a função

$$f(x) = \frac{3x^2}{x^2 + 2x - 15}$$

Solução

Como $x^2 + 2x - 15 = (x + 5)(x - 3)$, a função $f(x)$ é definida para todos os valores de x, exceto $x = -5$ e $x = 3$. O único ponto de interseção é a origem $(0, 0)$.

Sabemos que $x = 3$ e $x = -5$ são assíntotas verticais porque, se fazemos $f(x) = p(x)/q(x)$, em que $p(x) = 3x^2$ e $q(x) = x^2 + 2x - 15$, $q(3) = 0$ e $q(-5) = 0$, enquanto $p(3) \neq 0$ e $p(-5) \neq 0$. Além disso, $y = 3$ é uma assíntota horizontal, já que

$$\lim_{x \to +\infty} f(x) = \lim_{x \to +\infty} \frac{3x^2}{x^2 + 2x - 15} = \lim_{x \to +\infty} \frac{3}{1 + 2/x - 15/x^2} = \frac{3}{1 + 0 - 0} = 3$$

e, analogamente, $\lim_{x \to -\infty} f(x) = 3$. Começamos a esboçar a curva traçando as assíntotas $x = 3$, $x = -5$ e $y = 3$ como retas tracejadas em um sistema de eixos coordenados.

Em seguida, usamos a regra do quociente para obter

$$f'(x) = \frac{(x^2 + 2x - 15)(6x) - (3x^2)(2x + 2)}{(x^2 + 2x - 15)^2} = \frac{6x(x - 15)}{(x^2 + 2x - 15)^2}$$

Vemos que $f'(x) = 0$ para $x = 0$ e $x = 15$ e que $f'(x)$ não existe para $x = -5$ e $x = -3$. Fazemos $x = -5, 0, 3$ e 15 em uma reta de números e obtemos o diagrama de setas da Figura 3.30a determinando o sinal de $f'(x)$ para números de teste apropriados ($-7, -1, 2, 5$ e 20). Interpretando o diagrama de setas, vemos que existe um máximo relativo em $x = 0$ e um mínimo relativo em $x = 15$. Como $f(0) = 0$ e $f(15) \approx 2,81$, incluímos em nosso esboço uma copa em $(0, 0)$ e um copo em $(15; 2,81)$.

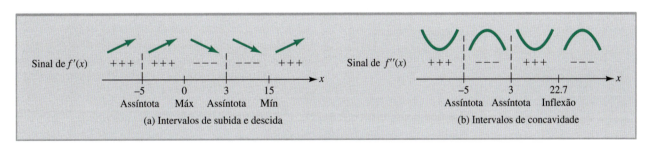

FIGURA 3.30   Diagrama de setas e diagrama de concavidades para a função $f(x) = \dfrac{3x^2}{x^2 + 2x - 15}$.

Usando de novo a regra do quociente, obtemos:

$$f''(x) = \frac{-6(2x^3 - 45x^2 - 225)}{(x^2 + 2x - 15)^3}$$

Vemos que $f''(x)$ não existe para $x = -5$ e para $x = 3$ e que $f''(x) = 0$ para

$$2x^3 - 45x^2 - 225 = 0$$

$$x \approx 22,7 \quad \text{usando uma calculadora}$$

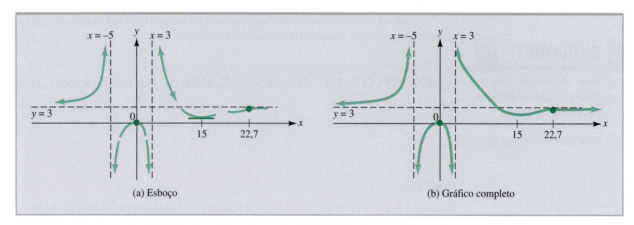

FIGURA 3.31 Gráfico de $f(x) = \dfrac{3x^2}{x^2 + 2x - 15}$.

Assinalamos os pontos $x = -5$, 3 e $22{,}7$ em uma reta de números e obtemos o diagrama de concavidades da Figura 3.30b determinando o sinal de $f''(x)$ em pontos de teste apropriados (-6, 0, 4 e 25). Note que a concavidade muda em todos os pontos assinalados, mas apenas $x = 22{,}7$ corresponde a um ponto de inflexão, já que $x = -5$ e $x = 3$ não pertencem ao domínio de $f(x)$. Calculamos $f(22{,}7) \approx 2{,}83$ e introduzimos uma cobra (⌒●) no ponto $(22{,}7;\ 2{,}83)$.

O gráfico preliminar aparece na Figura 3.31a. Note que as duas assíntotas verticais dividem a curva em três partes. Ligamos os pontos dentro de cada região por curvas suaves para obter o gráfico da Figura 3.31b.

Quando $f'(x)$ não existe para um ponto $x = c$ pertencente ao domínio de $f(x)$, existem várias possibilidades para a curva de $f(x)$ no ponto $(c, f(c))$. Duas dessas possibilidades são examinadas no Exemplo 3.3.5.

EXEMPLO 3.3.5 Traçado de Gráficos com Cúspides e Tangentes Verticais

Plote as curvas de $f(x) = x^{2/3}$ e $g(x) = (x-1)^{1/3}$.

Solução

As duas funções existem para qualquer valor de x. No caso de $f(x) = x^{2/3}$, temos:

$$f'(x) = \frac{2}{3}x^{-1/3} \quad \text{e} \quad f''(x) = -\frac{2}{9}x^{-4/3} \quad x \neq 0$$

O único ponto crítico é $(0, 0)$; os diagramas de setas e de concavidades são mostrados a seguir.

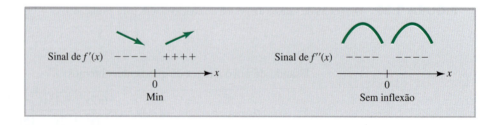

Interpretando esses diagramas, concluímos que a concavidade da curva de $f(x)$ é para baixo para todos os valores de $x \neq 0$, mas a curva é decrescente para $x < 0$ e crescente para $x > 0$. Assim, existe um mínimo relativo na origem $(0, 0)$ e a forma da curva nas proximidades da origem é a de uma *cúspide* (∨). A curva de $f(x)$ é mostrada na Figura 3.32a.

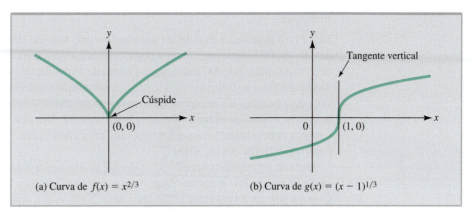

(a) Curva de $f(x) = x^{2/3}$ (b) Curva de $g(x) = (x - 1)^{1/3}$

FIGURA 3.32   Um gráfico com uma cúspide e outro com uma tangente vertical.

As derivadas de $g(x) = (x - 1)^{1/3}$ são

$$g'(x) = \frac{1}{3}(x - 1)^{-2/3} \quad \text{e} \quad g''(x) = -\frac{2}{9}(x - 1)^{-5/3} \quad x \neq 1$$

O único ponto crítico é (1, 0); os diagramas de setas e de concavidades são mostrados a seguir.

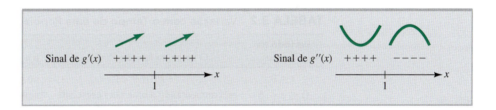

Assim, a curva de $g(x)$ é crescente para qualquer valor de $x \neq 0$, mas a concavidade é para cima para $x < 1$ e para baixo para $x > 1$. Isso significa que (1, 0) é um ponto de inflexão. Além disso, observamos que

$$\lim_{x \to 1^-} g'(x) = \lim_{x \to 1^+} g'(x) = +\infty$$

Geometricamente, isso significa que, quando x tende a 0 pela esquerda ou pela direita, a inclinação da reta tangente no ponto $[x, g(x)]$ aumenta indefinidamente. Isso pode ser interpretado como uma indicação de que a curva de $g(x)$ possui uma reta tangente no ponto (1, 0) com inclinação "infinita", ou seja, uma **tangente vertical**. A curva de $g(x)$ aparece na Figura 3.32b.

Às vezes, a representação gráfica das observações de um fenômeno pode permitir uma compreensão melhor do que está acontecendo. Esse fato é ilustrado no Exemplo 3.3.6.

EXEMPLO 3.3.6   Representação Gráfica de uma População

A população de uma cidade é 230.000 habitantes em 1990 e aumenta a uma taxa crescente durante cinco anos, chegando a 300.000 habitantes em 1995. Continua a aumentar, mas a uma taxa decrescente, até passar por um máximo de 350.000 habitantes em 2002. Em seguida, a população diminui a uma taxa decrescente durante 3 anos até atingir o valor de 320.000 habitantes e depois a uma taxa crescente, tendendo a longo prazo para 280.000 habitantes. Represente essas informações em um gráfico.

Solução

Seja $P(t)$ a população da cidade t anos após o ano-base de 1990, em que P é medida em unidades de 10.000 habitantes. Como a população aumenta a uma taxa crescente durante cinco anos de 230.000 para 300.000 habitantes, a curva de $P(t)$ sobe de $(0, 23)$ para $(5, 30)$ com a concavidade para cima no intervalo $(0 < t < 5)$. A população continua a aumentar até 2002, mas a uma taxa decrescente, até atingir o valor máximo de 350.000 habitantes. Isso significa que, nesse intervalo, a curva continua a subir, de $(5, 30)$ para $(12, 35)$, mas agora a concavidade é para baixo. Como a concavidade muda em $x = 5$ (de "para cima" para "para baixo"), a curva possui um ponto de inflexão em $(5, 30)$.

Durante os três anos seguintes, a população diminui a uma taxa decrescente, o que significa que a curva de $P(t)$ é decrescente, com a concavidade para baixo, no intervalo $12 < t < 15$. Como a população continua a diminuir após 2005, mas a uma taxa crescente, a curva continua a descer para $t > 15$, mas com a concavidade para cima. Como a concavidade muda em $x = 15$ (de "para cima" para "para baixo"), a curva possui um segundo ponto de inflexão em $(5, 32)$.

A afirmação de que "a população diminui a uma taxa crescente" para $t > 15$ significa que a população está variando a uma taxa negativa que está se tornando menos negativa com o passar do tempo. Em outras palavras, a queda da população se torna mais lenta após 2005. Esse fato, combinado com a afirmação de que a população "tende a longo prazo para 280.000 habitantes", sugere que a curva da população, $y = P(t)$, se "estabiliza" e tende assintoticamente para $y = 28$, quando $t \to +\infty$.

Essas observações estão resumidas na Tabela 3.2 e representadas graficamente na Figura 3.33.

TABELA 3.2 Variação com o Tempo de uma População $P(t)$

Período de Tempo	O valor da função $P(t)$...	e a curva de $P(t)$ está...
$t = 0$	é $P(0) = 23$	no ponto $(0, 23)$
$0 < t < 5$	está aumentando a uma taxa crescente	aumentando com a concavidade para cima
$t = 5$	é $P(5) = 30$	no ponto de inflexão $(5, 30)$
$5 < t < 12$	está aumentando a uma taxa decrescente	aumentando com a concavidade para baixo
$t = 12$	é $P(12) = 35$	no ponto de máximo $(12, 35)$
$12 < t < 15$	está diminuindo a uma taxa decrescente	diminuindo com a concavidade para baixo
$t = 15$	é $P(15) = 32$	no ponto de inflexão $(15, 32)$
$t > 15$	está diminuindo a uma taxa crescente e tendendo para 28	diminuindo com a concavidade para baixo e tendendo assintoticamente para $y = 28$

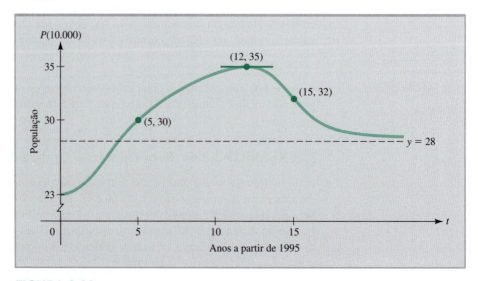

FIGURA 3.33 Gráfico da variação com o tempo de uma população.

PROBLEMAS ■ 3.3

Nos Problemas 1 a 8, identifique as assíntotas verticais e horizontais de cada curva.

1.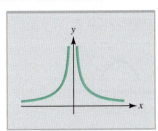

2.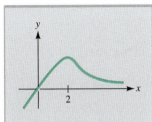

3.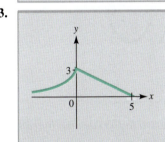

4.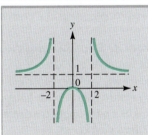

5.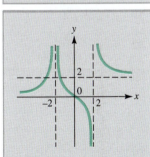

6.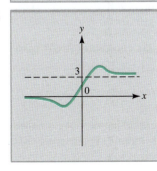

7.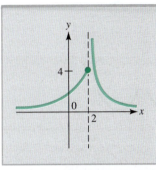

8.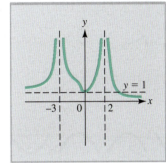

Nos Problemas 9 a 16, identifique as assíntotas verticais e horizontais da curva de cada função.

9. $f(x) = \dfrac{3x-1}{x+2}$ **10.** $f(x) = \dfrac{x}{2-x}$

11. $f(x) = \dfrac{x^2+2}{x^2+1}$ **12.** $f(t) = \dfrac{t+2}{t^2}$

13. $f(t) = \dfrac{t^2+3t-5}{t^2-5t+6}$ **14.** $g(x) = \dfrac{5x^2}{x^2-3x-4}$

15. $h(x) = \dfrac{1}{x} - \dfrac{1}{x-1}$ **16.** $g(t) = \dfrac{t}{\sqrt{t^2-4}}$

Nos Problemas 17 a 32, desenhe a curva da função dada.

17. $f(x) = x^3 + 3x^2 - 2$ **18.** $f(x) = x^5 - 5x^4 + 93$

19. $f(x) = x^4 + 4x^3 + 4x^2$ **20.** $f(x) = 3x^4 - 4x^2 + 3$

21. $f(x) = (2x-1)^2(x^2-9)$

22. $f(x) = x^3 - 3x^4$

23. $f(x) = \dfrac{1}{2x+3}$ **24.** $f(x) = \dfrac{x+3}{x-5}$

25. $f(x) = x - \dfrac{1}{x}$ **26.** $f(x) = \dfrac{x^2}{x+2}$

27. $f(x) = \dfrac{1}{x^2-9}$ **28.** $f(x) = \dfrac{1}{\sqrt{1-x^2}}$

29. $f(x) = \dfrac{x^2-9}{x^2+1}$ **30.** $f(x) = \dfrac{1}{\sqrt{x}} - \dfrac{1}{x}$

31. $f(x) = x^{3/2}$ **32.** $f(x) = x^{4/3}$

Nos Problemas 33 a 38, desenhe a curva de uma função compatível com os diagramas de setas e de concavidades especificados.

33.
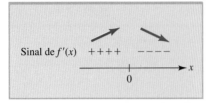

34.
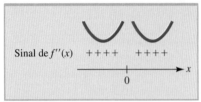
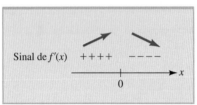
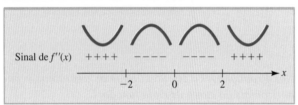

35.
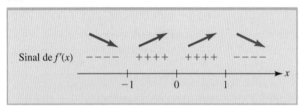
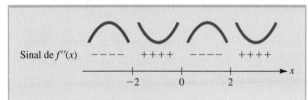

36.
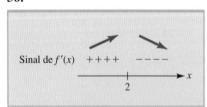
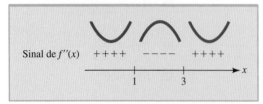

37.
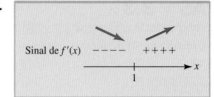
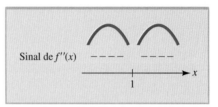

38.
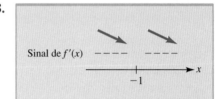
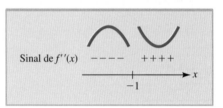

Nos Problemas 39 a 42, a derivada f'(x) de uma função derivável f(x) é dada. Em cada caso,

    (a) Determine os intervalos em que f(x) é crescente e decrescente.
    (b) Determine os valores de x para os quais existem máximos e mínimos relativos na curva de f(x).
    (c) Calcule f''(x) e determine os intervalos em que a concavidade de f(x) é para cima e para baixo.
    (d) Determine os valores de x para os quais existem pontos de inflexão na curva de f(x).

39. $f'(x) = x^3(x-2)^2$ **40.** $f'(x) = x^2(x+1)^3$

41. $f'(x) = \dfrac{x+3}{(x-2)^2}$ **42.** $f'(x) = \dfrac{x+2}{(x-1)^2}$

43. Determine os valores das constantes A e B para que a curva da função

$$f(x) = \frac{Ax - 3}{5 + Bx}$$

possua uma assíntota vertical para $x = 2$ e uma assíntota horizontal para $y = 4$. Plote $f(x)$ para esses valores de A e B.

44. Determine os valores das constantes A e B para que a curva da função

$$f(x) = \frac{Ax + 2}{8 - Bx}$$

possua uma assíntota vertical para $x = 4$ e uma assíntota horizontal para $y = -1$. Plote $f(x)$ para esses valores de A e B.

PROBLEMAS APLICADOS DE ECONOMIA E FINANÇAS

45. CUSTO MÉDIO O custo total em reais para fabricar x unidades de certo produto é C mil reais, em que $C(x) = 3x^2 + x + 48$, e o custo médio é

$$A(x) = \frac{C(x)}{x} = 3x + 1 + \frac{48}{x}$$

a. Determine as assíntotas verticais e horizontais da curva de $A(x)$.
b. Observe que, quando x aumenta indefinidamente, o termo $48/x$ de $A(x)$ se torna cada vez menor. O que isso significa do ponto de vista da relação entre a curva de custo médio $y = A(x)$ e a reta $y = 3x + 1$?
c. Desenhe a curva de $A(x)$, levando em conta o resultado do item (b). [*Nota*: A reta $y = 3x + 1$ é chamada de *assíntota oblíqua* da curva.]

46. CUSTO DE ARMAZENAMENTO Um fabricante estima que, se cada remessa de matérias-primas contém x unidades, o custo total em reais para adquirir e armazenar um suprimento de matérias-primas para um ano é dado por

$$C(x) = 2x + \frac{80.000}{x}.$$

a. Determine as assíntotas verticais e horizontais da curva de $C(x)$.
b. Observe que, quando x aumenta sem limite, o termo $80.000/x$ de $C(x)$ se torna cada vez menor. O que isso significa em termos da relação entre a curva de $y = C(x)$ e a reta $y = 2x$?
c. Desenhe a curva de $C(x)$, levando em conta o resultado do item (b). [*Nota*: A reta $y = 2x$ é chamada de *assíntota oblíqua* da curva.]

47. CUSTO DE DISTRIBUIÇÃO O número W de homens-horas necessários para distribuir catálogos telefônicos a $x\%$ das residências de certa cidade pode ser modelado pela função

$$W(x) = \frac{200x}{100 - x}$$

a. Desenhe a curva de $W(x)$.
b. Suponha que apenas 1.500 homens-horas estejam disponíveis para distribuir catálogos. Que percentagem dos domicílios não receberá os catálogos?

48. PRODUÇÃO O gerente de uma empresa estima que, t meses após o início da fabricação de um novo produto, o número de unidades produzidas será P milhões por mês, em que

$$P(t) = \frac{t}{(t+1)^2}$$

a. Determine $P'(t)$ e $P''(t)$.
b. Plote $P(t)$.
c. O que acontece com a produção a longo prazo (quando $t \to \infty$)?

49. VENDAS Uma empresa estima que, se investir x milhares de reais na comercialização de certo produto, $Q(x)$ milhares de unidades do produto serão vendidas, em que

$$Q(x) = \frac{7x}{27 + x^2}$$

a. Desenhe a curva da função vendas $Q(x)$.
b. Para que investimento x em comercialização as vendas são maximizadas? Qual é o nível máximo de vendas?
c. Para que valor de x a taxa de variação das vendas é máxima?

50. PUBLICIDADE Um fabricante de motocicletas estima que, se investir x milhares de reais em publicidade, o número de motocicletas vendidas (para $x > 1$) será dado por

$$M(x) = 2.300 + \frac{125}{x} - \frac{500}{x^2}$$

a. Plote a função vendas $M(x)$.
b. Qual é o valor do investimento para o qual o número de motocicletas vendidas é máximo? Qual é o número máximo de motocicletas vendidas?

51. GERENCIAMENTO DE CUSTOS Uma empresa usa um caminhão para entregar seus produtos. Para estimar o custo, o gerente modela o consumo de combustível por meio da função

$$G(x) = \frac{1}{500}\left(\frac{60}{x} + x\right)$$

litros/quilômetro, supondo que o caminhão mantém uma velocidade constante de x quilômetros por hora para $x \geq 5$. O motorista recebe R\$ 18,00 por hora para realizar uma viagem de 400 quilômetros, e o litro de óleo diesel custa R\$ 1,95. A velocidade do caminhão na estrada deve ser mantida no intervalo $30 \leq x \leq 80$.

a. Escreva uma expressão para o custo $C(x)$ de uma viagem. Plote a curva de $C(x)$ no intervalo $30 \leq x \leq 80$.
b. Qual é a velocidade para a qual o custo da viagem é mínimo? Qual é o custo mínimo?

PROBLEMAS APLICADOS DE CIÊNCIAS SOCIAIS E BIOLÓGICAS

52. CONCENTRAÇÃO DE UM MEDICAMENTO Um paciente recebe uma injeção de um medicamento ao meio-dia, e amostras de sangue são colhidas a intervalos regulares para determinar a concentração do medicamento no sangue do paciente. Observa-se que a concentração aumenta a uma taxa crescente até as 13 horas e continua a aumentar durante as 3 horas seguintes, mas a uma taxa decrescente, até atingir o valor máximo às 16 horas. Em seguida, a concentração diminui a uma taxa decrescente até as 17 horas e depois diminui a uma taxa crescente até zero. Faça um esboço da curva da concentração do remédio, $C(t)$, em função do tempo.

53. POPULAÇÃO DE UMA COLÔNIA DE BACTÉRIAS A população de uma colônia de bactérias aumenta a uma taxa crescente durante uma hora; em seguida, continua a aumentar, mas a uma taxa que diminui gradualmente até zero. Faça um esboço da curva do número de bactérias, $P(t)$, em função do tempo.

54. EPIDEMIOLOGIA
Os epidemiologistas que estudam uma doença contagiosa observam que o número de novas pessoas infectadas aumenta a uma taxa crescente durante os primeiros três anos da epidemia. Nesse momento, um novo medicamento começa a ser usado e o número de pessoas infectadas diminui a uma taxa decrescente. Dois anos após ser introduzido, o medicamento começa a perder eficácia. O número de novos casos continua a diminuir por mais 1 ano, mas a uma taxa crescente, até começar a aumentar de novo a uma taxa crescente. Faça um esboço da curva do número de novos casos, $N(t)$, em função do tempo.

55. PSICOLOGIA EXPERIMENTAL
Para estudar o aprendizado em animais, um estudante de psicologia executou um experimento no qual um rato teve que encontrar várias vezes a saída do mesmo labirinto. O tempo gasto pelo rato para atravessar o labirinto na enésima tentativa foi, aproximadamente, $f(n) = 3 + 12/n$ minutos.
  a. Plote a função $f(n)$.
  b. Que parte do gráfico é relevante para a situação considerada?
  c. O que acontece com a curva para valores arbitrariamente grandes de n? Interprete a resposta em termos práticos.

56. VACINAÇÃO
Durante um programa nacional para vacinar a população contra uma nova gripe, as autoridades de saúde pública estimam que o custo para vacinar $x\%$ da população suscetível será aproximadamente
$$C(x) = \frac{1{,}7x}{100 - x}$$
milhões de reais.
  a. Plote a função custo $C(x)$.
  b. Suponha que o governo disponha apenas de 40 milhões de reais para o programa. Que porcentagem da população suscetível será vacinada?

57. PESQUISAS DE OPINIÃO
Uma pesquisa encomendada por um candidato a um cargo público revela que, t dias após se declarar a favor de certa lei, a porcentagem de antigos eleitores que continuarão a apoiá-lo é dada por
$$S(t) = \frac{100(t^2 - 3t + 25)}{t^2 + 7t + 25}$$
A eleição será realizada 10 dias depois que o político anunciar sua posição.
  a. Plote $S(t)$ para $0 \le t \le 10$.
  b. Em que dia a porcentagem de eleitores que continuam a apoiar o candidato será máxima? Em que dia será mínima?
  c. A derivada $S'(t)$ pode ser considerada uma taxa de aprovação. A taxa de aprovação é positiva ou negativa no dia da eleição? A taxa de aprovação está aumentando ou diminuindo nessa ocasião? Interprete esses resultados.

PROBLEMAS VARIADOS

58. NOVOS ELETRODOMÉSTICOS
Desenhe uma possível curva da porcentagem de residências que dispõem de um novo tipo de eletrodoméstico se essa porcentagem aumenta a uma taxa constante durante os primeiros 2 anos e, em seguida, a taxa de aumento diminui, com a penetração no mercado do novo eletrodoméstico chegando a 90% a longo prazo.

59. TEMPERATURA AMBIENTE
Um pesquisador modela a temperatura T (em graus Celsius) em uma cidade, entre 6 horas da manhã e 6 da tarde, por meio da função
$$T(t) = \frac{-1}{36}t^3 + \frac{1}{8}t^2 + \frac{7}{3}t - 2 \quad \text{para } 0 \le t \le 12$$
em que t é o número de horas após 6 horas da manhã.
  a. Desenhe o gráfico de $T(t)$.
  b. A que horas a temperatura é máxima? Qual é a temperatura máxima?

60. Seja $f(x) = x^{1/3}(x - 4)$.
  a. Calcule $f'(x)$ e determine os intervalos nos quais $f(x)$ é crescente e decrescente. Determine os extremos relativos da curva de $f(x)$.
  b. Calcule $f''(x)$ e determine os intervalos nos quais a concavidade de $f(x)$ é para cima e para baixo. Determine os pontos de inflexão da curva de $f(x)$.
  c. Determine os pontos em que a curva de $f(x)$ intercepta os eixos x e y. A curva possui alguma assíntota?
  d. Plote $f(x)$.

61. Repita o Problema 60 para a função
$$f(x) = x^{2/3}(2x - 5)$$

62. Repita o Problema 60 para a função
$$f(x) = \frac{x + 9{,}4}{25 - 1{,}1x - x^2}$$

63. Sejam $f(x) = (x - 1)/(x^2 - 1)$ e $g(x) = (x - 1{,}01)/(x^2 - 1)$.
  a. Use uma calculadora gráfica para plotar $f(x)$. O que acontece no ponto $x = 1$?
  b. Plote $g(x)$. O que acontece nesse caso no ponto $x = 1$?

64. Determine os valores das constantes A, B e C para que a função $f(x) = Ax^3 + Bx^2 + C$ tenha um extremo relativo no ponto $(2, 11)$ e um ponto de inflexão em $(1, 5)$. Plote a função $f(x)$.

SEÇÃO 3.4 Otimização; Elasticidade da Demanda

Objetivos do Aprendizado

1. Usar a propriedade dos valores extremos para identificar extremos absolutos.
2. Determinar extremos absolutos em problemas práticos.
3. Estudar princípios de otimização da economia.
4. Conhecer e analisar a elasticidade de preço da demanda.

Em muitos problemas discutidos nas seções e capítulos anteriores, os métodos do cálculo foram usados para determinar o menor ou o maior valor de uma função de interesse, como o menor custo e o maior lucro. Na maioria desses problemas de otimização, o objetivo é encontrar o mínimo absoluto ou o máximo absoluto de uma função dentro de certo intervalo de interesse. O máximo absoluto de uma função dentro de um intervalo é o maior valor da função nesse intervalo, e o mínimo absoluto é o menor valor da função nesse intervalo. Segue uma definição dos extremos absolutos.

> **Máximos e Mínimos Absolutos de uma Função** ■ Seja f uma função definida em um intervalo I que contém o número c. Nesse caso,
>
> $f(c)$ é o *máximo absoluto* de f em I se $f(c) \geq f(x)$ para todo x pertencente a I
>
> $f(c)$ é o *mínimo absoluto* de f em I se $f(c) \leq f(x)$ para todo x pertencente a I
>
> Os máximos e mínimos absolutos são conhecidos pelo nome genérico de *extremos absolutos*.

Os extremos absolutos nem sempre coincidem com os extremos relativos. Na Figura 3.34, por exemplo, o máximo absoluto e o máximo relativo no intervalo $a \leq x \leq b$ estão no mesmo ponto, mas o mínimo absoluto está no limite esquerdo do intervalo, ou seja, no ponto $x = a$, embora exista um mínimo relativo entre os pontos $x = c$ e $x = b$.

9 EXPLORE!

Use uma calculadora gráfica para plotar

$f(x) = \dfrac{x^3}{\sqrt{x+2}}$ usando uma

janela decimal modificada [0, 4.7]1 por [0, 60]5. Use **TRACE** e **ZOOM** para determinar o máximo absoluto e o mínimo absoluto de $f(x)$ no intervalo [1, 3].

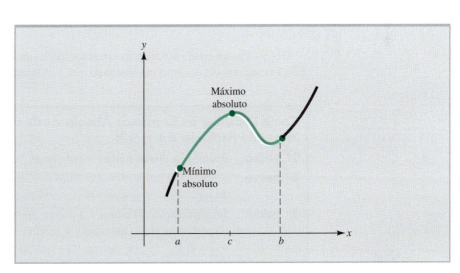

FIGURA 3.34 Extremos absolutos.

Nesta seção, vamos aprender a localizar os extremos absolutos das funções. Começamos por considerar intervalos "fechados", isto é, intervalos do tipo $a \leq x \leq b$, que incluem as extremidades a e b. É possível demonstrar que uma função contínua em um intervalo fechado contém necessariamente um máximo absoluto e um mínimo absoluto nesse intervalo. Esses extremos absolutos podem estar em uma das extremidades do intervalo (a e b) ou em um número crítico c no interior do intervalo (Figura 3.35). Resumindo:

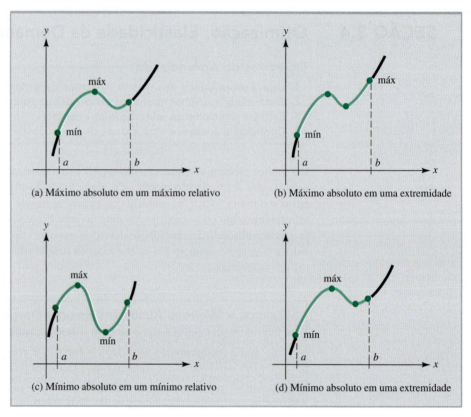

FIGURA 3.35 Extremos absolutos de uma função contínua no intervalo $a \leq x \leq b$.

> **Propriedade dos Valores Extremos** ■ Os extremos absolutos de uma função $f(x)$ contínua no intervalo fechado $a \leq x \leq b$ podem estar em uma das extremidades do intervalo (a e b) ou em um ponto crítico c tal que $a < c < b$.

Graças à propriedade dos valores extremos, podemos localizar os extremos absolutos de uma função contínua em um intervalo fechado $a \leq x \leq b$ usando o método descrito a seguir.

> **Como Localizar os Extremos Absolutos de uma Função Contínua f em um Intervalo Fechado $a \leq x \leq b$**
>
> **1º passo.** Encontre todos os números críticos de f no intervalo aberto $a < x < b$.
>
> **2º passo.** Calcule $f(x)$ nos números críticos encontrados no 1º passo e nas extremidades do intervalo, $x = a$ e $x = b$.
>
> **3º passo. Interpretação:** O maior e o menor dos valores encontrados no 2º passo são, respectivamente, o máximo e o mínimo absoluto de $f(x)$ no intervalo fechado $a \leq x \leq b$.

Esse método é ilustrado nos Exemplos 3.4.1 a 3.4.3.

EXEMPLO 3.4.1 Determinação de Extremos Absolutos

Determine o máximo absoluto e o mínimo absoluto da função

$$f(x) = 2x^3 + 3x^2 - 12x - 7$$

no intervalo $-3 \leq x \leq 0$.

APLICAÇÕES ADICIONAIS DA DERIVADA **211**

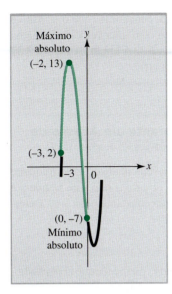

FIGURA 3.36 Extremos absolutos da função $y = 2x^3 + 3x^2 - 12x - 7$ no intervalo $-3 \leq x \leq 0$.

Solução

Calculando a derivada

$$f'(x) = 6x^2 + 6x - 12 = 6(x+2)(x-1)$$

vemos que os números críticos são $x = -2$ e $x = 1$. Desses números, apenas $x = -2$ está no intervalo $-3 \leq x \leq 0$. O passo seguinte consiste em calcular $f(x)$ no ponto $x = -2$ e nas extremidades do intervalo, $x = -3$ e $x = 0$.

$$f(-2) = 13 \quad f(-3) = 2 \quad f(0) = -7$$

Comparando esses valores, constatamos que o máximo absoluto de f no intervalo $-3 \leq x \leq 0$ é $f(-2) = 13$ e o mínimo absoluto é $f(0) = -7$.

Observe que não é necessário classificar os pontos críticos ou plotar a curva para identificar os extremos absolutos. A curva da Figura 3.36 é mostrada apenas para fins ilustrativos.

EXEMPLO 3.4.2 Velocidade Máxima e Mínima dos Carros em um Cruzamento

Durante várias semanas, o departamento de trânsito vem registrando a velocidade dos veículos que passam em certo cruzamento. Os resultados mostram que entre 13 e 18 horas de um dia de semana, a velocidade nesse cruzamento é dada aproximadamente por $v(t) = t^3 - 10{,}5t^2 + 30t = 20$ quilômetros por hora, em que t é o número de horas após o meio-dia. Qual é o instante, entre 13 e 18 horas, no qual o trânsito é mais rápido? Qual é o instante no qual o trânsito é mais lento?

Solução

O objetivo é determinar o máximo absoluto e o mínimo absoluto da função $v(t)$ no intervalo $1 \leq t \leq 6$. Calculando a derivada

$$v'(t) = 3t^2 - 21t + 30 = 3(t-2)(t-5)$$

verificamos que os números críticos são $t = 2$ e $t = 5$, ambos pertencentes ao intervalo $1 \leq t \leq 6$.

> **10 EXPLORE!**
>
> Na situação descrita no Exemplo 3.4.2, devido a um aumento do limite de velocidade, a velocidade média dos veículos que passam no quarteirão passou a ser $v_1(t) = t^3 - 10{,}5t^2 + 30t + 25$. Plote $v_1(t)$ e $v(t)$ no mesmo gráfico usando uma janela [0, 6]1 por [20, 60]5. Em que instante, entre 13 h e 18 h, o tráfego é mais rápido, de acordo com a nova função $v_1(t)$? Em que instante é mais lento?

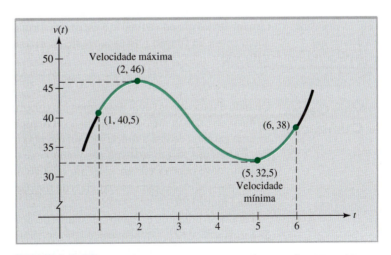

FIGURA 3.37 Velocidade dos carros $v(t) = t^3 - 10{,}5t^2 + 30t + 20$.

Calculando $v(t)$ para esses valores de t e para os valores correspondentes às extremidades do intervalo, $t = 1$ e $t = 6$, obtemos:

$$v(1) = 40{,}5 \quad v(2) = 46 \quad v(5) = 32{,}5 \quad v(6) = 38$$

Como o maior desses valores é $v(2) = 46$ e o menor é $v(5) = 32{,}5$, concluímos que o trânsito é mais rápido às 14 horas, quando os carros passam no cruzamento com uma velocidade média de 46 km/h, e mais lento às 17 horas, quando a velocidade média é 32,5 km/h. A Figura 3.37 (que foi incluída apenas para fins ilustrativos) mostra o gráfico de $v(t)$.

EXEMPLO 3.4.3 Velocidade Máxima do Ar Durante um Acesso de Tosse

Quando uma pessoa tosse, o raio da traqueia diminui, o que afeta a velocidade do ar na traqueia. Se r_0 é o raio normal da traqueia, a relação entre a velocidade v do ar e o raio r da traqueia é dada por uma função da forma $v(r) = ar^2(r_0 - r)$, em que a é uma constante positiva.* Determine o raio r para o qual a velocidade do ar é máxima.

Solução

O raio r da traqueia contraída não pode ser maior que o raio normal r_0 ou menor que zero; assim, o objetivo é encontrar o máximo absoluto de $v(r)$ no intervalo $0 \leq r \leq r_0$.

Em primeiro lugar, derivamos $v(r)$ em relação a r usando a regra do produto e fatoramos o resultado (observe que a e r_0 são constantes), o que nos dá

$$v'(r) = -ar^2 + (r_0 - r)(2ar) = ar[-r + 2(r_0 - r)] = ar(2r_0 - 3r)$$

Em seguida, igualamos a derivada a zero para obter os números críticos:

$$ar(2r_0 - 3r) = 0$$
$$r = 0 \quad \text{ou} \quad r = \frac{2}{3}r_0$$

Esses dois valores de r pertencem ao intervalo $0 \leq r \leq r_0$; um deles está em uma das extremidades do intervalo. Calculando $v(r)$ para os dois valores de r e para o valor correspondente à outra extremidade do intervalo, obtemos:

$$v(0) = 0 \qquad v(2r_0/3) = 4r_0^3/27 \qquad v(r_0) = 0$$

Comparando esses valores, chegamos à conclusão de que a velocidade do ar é máxima quando o raio da traqueia contraída é $2r_0/3$, isto é, quando é igual a dois terços do raio normal da traqueia.

A Figura 3.38 mostra o gráfico da função $v(r)$. Observe que as interseções com o eixo x se tornam óbvias quando a função é escrita na forma fatorada, $v(r) = ar^2(r_0 - r)$. Observe também que a curva da função possui tangentes horizontais em $r = 0$ e $r = 2r_0/3$, os pontos em que $v'(0) = 0$.

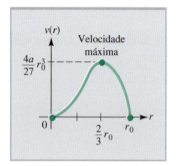

FIGURA 3.38 Velocidade do ar na traqueia durante um acesso de tosse: $v(r) = ar^2(r_0 - r)$.

Casos Mais Gerais de Otimização

Quando o intervalo no qual desejamos maximizar ou minimizar uma função contínua não é da forma $a \leq x \leq b$, o método ilustrado nos Exemplos 3.4.1 a 3.4.3 não pode ser usado, já que não há uma garantia de que a função possui um máximo ou mínimo absoluto no intervalo em questão. Entretanto, se um extremo absoluto existe e a função é contínua no intervalo, o extremo absoluto deve ocorrer em um extremo relativo ou em uma extremidade incluída no intervalo. Várias possibilidades para os extremos de funções definidas em intervalos abertos estão ilustradas na Figura 3.39.

Para determinar os extremos absolutos de uma função contínua em um intervalo que não é da forma $a \leq x \leq b$, também calculamos o valor da função para os números críticos e para as extremidades que estão incluídas no intervalo. Antes de tirar qualquer conclusão, porém, devemos verificar se a função realmente possui extremos absolutos no intervalo. Uma forma de fazer isso é usar a primeira derivada para determinar em que intervalos a função é crescente e em que intervalos é decrescente e plotar a função. A técnica é ilustrada no Exemplo 3.4.4.

---

*Philip M. Tuchinsky, "The Human Cough", *UMAP Modules 1976: Tools for Teaching*, Lexington, MA: Consortium for Mathematics and Its Application, Inc., 1977.

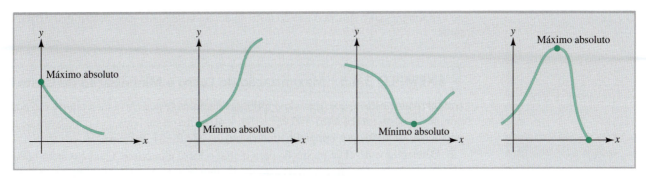

FIGURA 3.39 Extremos de funções definidas em intervalos abertos.

EXEMPLO 3.4.4 Determinação de Extremos Absolutos em um Intervalo Aberto

Determine o máximo absoluto e o mínimo absoluto (se existirem) da função $f(x) = x^2 + 16/x$ no intervalo $x > 0$.

Solução

A função é contínua no intervalo $x > 0$, já que é descontínua apenas no ponto $x = 0$. A derivada é

$$f'(x) = 2x - \frac{16}{x^2} = \frac{2x^3 - 16}{x^2} = \frac{2(x^3 - 8)}{x^2}$$

que se anula para

$$x^3 - 8 = 0 \qquad x^3 = 8 \qquad \text{ou} \qquad x = 2$$

Como $f'(x) < 0$ para $0 < x < 2$ e $f'(x) > 0$ para $x > 2$, a função $f(x)$ é decrescente para $0 < x < 2$ e crescente para $x > 2$, como mostra a Figura 3.40. Assim,

$$f(2) = 2^2 + \frac{16}{2} = 12$$

é o mínimo absoluto de f no intervalo $x > 0$ e não existe um máximo absoluto.

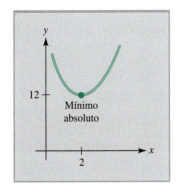

FIGURA 3.40 Gráfico da função $f(x) = x^2 + \dfrac{16}{x}$ no intervalo $x > 0$.

O método ilustrado no Exemplo 3.4.4 pode ser usado sempre que estamos interessados em encontrar o valor máximo ou mínimo de uma função f que é contínua em um intervalo I e possui *um e apenas um* número crítico c nesse intervalo. Em particular, se $f(x)$ possui apenas um máximo (mínimo) *relativo* no ponto $x = c$, isso significa que a função possui um máximo (mínimo) *absoluto* no mesmo ponto. Para compreender por que, suponha que a função possui um mínimo relativo no ponto $x = c$. Nesse caso, a função é decrescente para qualquer valor de x menor que c e crescente para qualquer valor de x maior que c, já que qualquer mudança adicional de inclinação estaria necessariamente associada à existência de um segundo ponto crítico (veja a Figura 3.41). Assim, o mínimo relativo também é um mínimo absoluto. Essa observação mostra que, nesse caso especial, qualquer teste para extremos relativos é também um teste para extremos absolutos. Apresentamos a seguir uma definição do teste da derivada segunda para extremos absolutos.

FIGURA 3.41 Nesse caso, o mínimo relativo não é o mínimo absoluto.

Teste da Derivada Segunda para Extremos Absolutos ■ Se uma função $f(x)$ é contínua no intervalo I, $x = c$ é o único número crítico nesse intervalo e $f'(c) = 0$.

Logo, se $f''(c) > 0$, $f(c)$ é o mínimo absoluto de $f(x)$ no intervalo I.
se $f''(c) < 0$, $f(c)$ é o máximo absoluto de $f(x)$ no intervalo I.

O Exemplo 3.4.5 ilustra o uso do teste da derivada segunda para determinar extremos absolutos.

EXEMPLO 3.4.5 Maximização do Lucro e Minimização do Custo Médio

Um fabricante estima que, quando q milhares de unidades de certa mercadoria são produzidos por mês, o custo total é $C(q) = 0{,}4q^2 + 3q + 40$ milhares de reais e os q milhares de unidades podem ser vendidos por um preço unitário $p(q) = 22{,}2 - 1{,}2q$ reais.

a. Determine o nível de produção para o qual o lucro é máximo. Qual é o lucro máximo?
b. Para que nível de produção o custo médio unitário $A(q) = C(q)/q$ é mínimo?
c. Para que nível de produção o custo médio é igual ao custo marginal $C'(q)$?

Solução

a. A receita é
$$R(q) = qp(q) = q(22{,}2 - 1{,}2q) = -1{,}2q^2 + 22{,}2q$$

milhares de reais e, portanto, o lucro é
$$P(q) = R(q) - C(q) = -1{,}2q^2 + 22{,}2q - (0{,}4q^2 + 3q + 40)$$
$$= -1{,}6q^2 + 19{,}2q - 40$$

milhares de reais. Temos
$$P'(q) = -1{,}6(2q) + 19{,}2 = -3{,}2q + 19{,}2$$
$$= 0$$

para
$$-3{,}2q + 19{,}2 = 0$$
$$q = \frac{19{,}2}{3{,}2} = 6$$

Como $P''(6) = -3{,}2 < 0$, o teste da derivada segunda para extremos absolutos mostra que o lucro é máximo quando 6.000 unidades são produzidas. O lucro máximo é
$$P(6) = -1{,}6(6)^2 + 19{,}2(6) - 40 = 17{,}6$$

milhares de reais (R$ 17.600,00). O gráfico da função lucro aparece na Figura 3.42a.

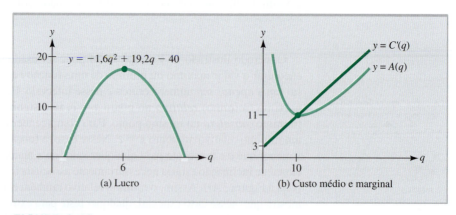

FIGURA 3.42 Curvas de lucro, custo médio e custo marginal do Exemplo 3.4.5.

b. O custo médio é
$$A(q) = \frac{C(q)}{q} = \frac{0{,}4q^2 + 3q + 40}{q} \quad \frac{\text{milhares de reais}}{\text{milhares de unidades}}$$
$$= 0{,}4q = 3 + \frac{40}{q} \quad \frac{\text{reais}}{\text{unidade}}$$

para $q > 0$ (o nível de produção não pode ser nulo ou negativo). A derivada dessa função é

$$A'(q) = 0{,}4 - \frac{40}{q^2} = \frac{0{,}4q^2 - 40}{q^2}$$

que se anula para $q > 0$ apenas no ponto $q = 10$. Como

$$A''(q) = \frac{0{,}8}{q} + \frac{80}{q^3} > 0 \quad \text{para} \quad q > 0$$

a função custo médio $A(q)$, de acordo com o teste da derivada segunda para extremos absolutos, é mínima para $q = 10$ (mil) unidades. O custo médio mínimo é

$$A(10) = 0{,}4(10) + 3 + \frac{40}{10} = 11 \quad \frac{\text{reais}}{\text{unidade}}$$

c. O custo marginal é $C'(q) = 0{,}8q + 3$, que é igual ao custo médio para

$$0{,}8q + 3 = 0{,}4q + 3 + \frac{40}{q}$$
$$0{,}4q = \frac{40}{q}$$
$$0{,}4q^2 = 40$$
$$q = 10 \text{ (mil) unidades}$$

que corresponde ao nível ótimo de produção calculado no item (b). Os gráficos do custo marginal $C'(q)$ e do custo médio $A(q) = C(q)/q$ aparecem na Figura 3.42b.

Dois Princípios Gerais de Análise Marginal

Se a receita proveniente da venda de q unidades é $R(q)$ e o custo para produzir essas unidades é $C(q)$, o lucro é $P(q) = R(q) - C(q)$. Como

$$P'(q) = [R(q) - C(q)]' = R'(q) - C'(q)$$

sabemos que $P'(q) = 0$ para um valor de q, q_c, tal que $R'(q_c) = C'(q_c)$. Se além disso $P''(q_c) < 0$, ou seja, $R''(q_c) < C''(q_c)$, o lucro é máximo para $q = q_c$.

> **Critério de Análise Marginal para o Lucro Máximo** ■ O lucro $P(q) = R(q) - C(q)$ é máximo para um nível de produção q_c no qual a receita marginal é igual ao custo marginal e a taxa de variação do custo marginal é maior que a taxa de variação da receita marginal, ou seja,
>
> $$R'(q_c) = C'(q_c) \text{ e } R''(q_c) < C''(q_c)$$

No Exemplo 3.4.5, a função receita é $R(q) = -1{,}2q^2 + 22{,}2q$ e a função custo é $C(q) = 0{,}4q^2 + 3q + 40$. Assim, a receita marginal é $R'(q) = -2{,}4q + 22{,}2$ e o custo marginal é $C'(q) = 0{,}8q + 3$. A receita marginal é igual ao custo marginal para

$$R'(q) = C'(q)$$
$$-2{,}4q + 22{,}2 = 0{,}8q + 3$$
$$3{,}2q = 19{,}2$$
$$q = 6$$

que é o nível ótimo de produção encontrado no item (a) do Exemplo 3.4.5. Observe que a condição $R'' < C''$ também é satisfeita, já que $R'' = -2{,}4$ e $C'' = 0{,}8$.

No item (c) do Exemplo 3.4.5, vimos que o custo marginal é igual ao custo médio no nível de produção para o qual o custo médio é mínimo. Isso também não é uma coincidência. Para entender por que, suponha que $C(q)$ é o custo para produzir q unidades de uma mercadoria. Nesse caso, o custo médio unitário é $A(q) = C(q)/q$; usando a regra do quociente, obtemos:

$$A'(q) = \frac{qC'(q) - C(q)}{q^2}$$

Assim, $A'(q) = 0$ quando o numerador do lado direito da equação é zero, ou seja, para

$$qC'(q) = C(q)$$

uma igualdade que pode ser escrita na forma

$$\underbrace{C'(q)}_{\text{custo marginal}} = \underbrace{\frac{C(q)}{q}}_{\text{custo médio}} = A(q)$$

Para demonstrar que o custo médio é mínimo (e não máximo) quando o custo médio é igual ao custo marginal, é necessário fazer algumas suposições a respeito do custo total (veja o Problema 40).

> **Critério da Análise Marginal para o Custo Médio Mínimo** ■ O custo médio é mínimo para o nível de produção no qual o custo médio é igual ao custo marginal, ou seja, para um nível de produção q_c tal que $A(q_c) = C'(q_c)$.

Vamos apresentar agora uma explicação informal da relação entre o custo médio e o custo marginal que aparece frequentemente nos livros de economia. O custo marginal (CM) é aproximadamente igual ao custo necessário para produzir uma unidade a mais. Se essa unidade a mais custar menos para produzir que o custo médio (A) das unidades já produzidas (ou seja, se CM < A), a unidade a mais fará diminuir o custo médio por unidade. Por outro lado, se a unidade a mais custar mais para produzir que o custo médio das unidades já produzidas (ou seja, se CM > A), a unidade a mais fará aumentar o custo médio por unidade. Se o custo da unidade a mais for igual ao custo médio das unidades já produzidas (ou seja, se CM = A), a unidade produzida a mais não terá efeito sobre o custo médio por unidade, ou seja, o custo médio marginal AM será nulo.

A relação entre o custo médio e o custo marginal pode ser generalizada para qualquer par de grandezas; a única modificação que talvez seja necessária diz respeito à natureza do ponto crítico que é atingido quando a grandeza média é igual à grandeza marginal. Assim, por exemplo, a receita média geralmente apresenta um *máximo* relativo (em vez de um mínimo relativo) quando a receita média é igual à receita marginal.

Elasticidade-Preço da Demanda

Os consumidores tendem a reagir a um aumento do preço de um produto reduzindo a demanda, mas a sensibilidade ou resposta da demanda a uma variação do preço varia de acordo com o produto. Assim, por exemplo, a demanda de produtos como leite, sabonete e pilhas de lanterna não é muito afetada por uma pequena variação relativa do preço, enquanto uma variação relativa semelhante no preço das passagens aéreas ou dos aluguéis residenciais pode afetar drasticamente a demanda.

Os economistas usam uma função $E(p)$, conhecida como **elasticidade-preço da demanda**, para medir a sensibilidade da demanda q de um produto a uma variação do preço p. Essa função é definida como o negativo da razão entre taxa de variação percentual da demanda do produto e a taxa de variação percentual do preço. *Isso equivale, aproximadamente, à redução percentual da demanda produzida por um aumento de 1% do preço do produto.*

Como vimos na Seção 2.2, a taxa de variação percentual com x de uma função derivável $f(x)$ é dada pela expressão $100f'(x)/f(x)$. Assim, temos:

$$\begin{bmatrix} \text{Taxa de variação} \\ \text{percentual da demanda a } q \end{bmatrix} = \frac{100\dfrac{dq}{dp}}{q}$$

e

$$\begin{bmatrix} \text{Taxa de variação} \\ \text{percentual do preço } p \end{bmatrix} = \frac{100\dfrac{dp}{dp}}{p} = \frac{100}{p}$$

e a função elasticidade-preço da demanda é dada por

$$E(p) = -\left[\frac{\text{Taxa de variação percentual de } q}{\text{Taxa de variação percentual de } p}\right] = -\frac{100\frac{dq}{dp}}{\frac{100}{p}}$$

$$= -\frac{p}{q}\frac{dq}{dp}$$

Resumindo:

> **Elasticidade-Preço da Demanda** ■ Se $q = D(p)$ unidades de uma mercadoria são demandadas pelo mercado quando o preço unitário é p, em que D é uma função derivável, a elasticidade-preço da demanda da mercadoria é dada por
>
> $$E(p) = -\frac{p}{q}\frac{dq}{dp}$$
>
> e interpretada da seguinte forma:
>
> $$E(p) \approx \left[\begin{array}{c}\text{taxa de variação percentual da demanda } q \text{ produzida} \\ \text{por uma taxa de variação de 1\% no preço } p\end{array}\right]$$

> **NOTA** O leitor talvez esteja curioso para saber por que existe um sinal negativo na definição de $E(p)$. Como, em geral, a demanda diminui quando o preço aumenta, a taxa percentual da variação da demanda com o preço é negativa. Introduzindo um sinal negativo na definição de $E(p)$, fazemos com que a elasticidade-preço da demanda seja quase sempre um número positivo, o que é mais conveniente, especialmente no caso de comparações entre diferentes produtos. ■

EXEMPLO 3.4.6 Determinação da Elasticidade da Demanda

Suponha que a demanda q e o preço p de certo produto estejam relacionados pela equação linear $q = 240 - 2p$ (para $0 \leq p \leq 120$).
a. Expresse a elasticidade da demanda em função de p.
b. Calcule a elasticidade da demanda quando o preço é $p = 100$. Interprete a resposta.
c. Calcule a elasticidade da demanda quando o preço é $p = 50$. Interprete a resposta.
d. Para que preço a elasticidade da demanda é 1? Qual é o significado econômico desse preço?

Solução

a. Como $q = 240 - 2p$, a derivada de q em relação a p é $dq/dp = -2$ e a elasticidade da demanda é

$$E(p) = -\frac{p}{q}\frac{dq}{dp} = -\frac{p}{q}(-2) = -\left[\frac{-2p}{240 - 2p}\right] = \frac{p}{120 - p}$$

b. Para $p = 100$, a elasticidade da demanda é

$$E(100) = \frac{100}{120 - 100} = 5$$

Isso significa que, para um preço $p = 100$, um aumento de 1% no preço produz uma redução da demanda de aproximadamente 5%.

c. Para $p = 50$, a elasticidade da demanda é

$$E(50) = \frac{50}{120 - 50} \approx 0{,}71$$

Isso significa que, para um preço $p = 50$, um aumento de 1% no preço produz uma redução da demanda de aproximadamente 0,71%.

d. A elasticidade da demanda é igual a 1 para

$$1 = \frac{p}{120 - p} \qquad 120 - p = p \qquad 2p = 120 \qquad \text{ou} \qquad p = 60$$

Para esse preço, um aumento de 1% no preço produz uma redução da demanda de aproximadamente 1%, ou seja, a variação percentual da demanda e a variação percentual do preço são iguais em valor absoluto.

Existem três níveis de elasticidade, dependendo do fato de $|E(p)|$ ser maior, menor ou igual a 1. Seguem as descrições e interpretações econômicas desses níveis.

Níveis de Elasticidade

$|E(p)| > 1$ **Demanda elástica.** A redução percentual da demanda é maior que o aumento percentual do preço. Isso significa que a demanda é muito sensível a variações do preço.

$|E(p)| < 1$ **Demanda inelástica.** A redução percentual da demanda é menor que o aumento percentual do preço. Isso significa que a demanda é pouco sensível a variações do preço.

$|E(p)| = 1$ **Demanda de elasticidade unitária.** As variações percentuais do preço e da demanda são aproximadamente iguais em valor absoluto.

De acordo com o item (b) do Exemplo 3.4.6, $E(100) = 5 > 1$, o que significa que a demanda é elástica em relação ao preço para $p = 100$. De acordo com o tem (c) do mesmo exemplo, $E(50) = 0,71 < 1$, o que significa que a demanda é inelástica para $p = 50$, Finalmente, no item (d), obtivemos $E(60) = 1$, o que significa que a demanda é de elasticidade unitária para $p = 60$.

O conhecimento da elasticidade-preço da demanda de um produto permite estimar qual será a receita total R obtida com a venda de q unidades de um produto a um preço p. A receita é dada por $R(p) = pq(p)$; supondo que a demanda q seja uma função derivável do preço unitário p, podemos derivar R implicitamente em relação a p para obter

$$\frac{dR}{dp} = p\frac{dq}{dp} + q \quad \text{pela regra do produto}$$

Para calcular a elasticidade $E(p) = -\frac{p}{q}\frac{dq}{dp}$, basta multiplicar e dividir por q a expressão do lado direito:

$$\frac{dR}{dp} = \frac{q}{q}\left(p\frac{dq}{dp} + q\right) = q\left(\frac{p}{q}\frac{dq}{dp} + 1\right) = q[-E(p) + 1]$$

No Exemplo 3.4.7, usamos essa expressão para estudar a relação entre a receita obtida em um processo de produção e o tipo de elasticidade.

EXEMPLO 3.4.7 Relação entre a Variação da Receita e o Tipo de Elasticidade

O gerente de uma livraria observa que, quando o preço de certo romance é p reais, a demanda diária é $q = 300 - p^2$ exemplares, em que $0 \leq p \leq \sqrt{300}$.

a. Determine para que valores do preço a demanda é elástica, inelástica e de elasticidade unitária.

b. Interprete os resultados do item (a) em termos do comportamento da receita em função do preço.

Solução

a. A elasticidade da demanda é

$$E(p) = -\frac{p}{q}\frac{dq}{dp} = \frac{-p}{300 - p^2}(-2p) = \frac{2p^2}{300 - p^2}$$

e, como $0 \leq p \leq \sqrt{300}$,

$$E(p) = \frac{2p^2}{300 - p^2}$$

A demanda é de elasticidade unitária para $E = 1$, ou seja, para

$$\frac{2p^2}{300 - p^2} = 1$$
$$2p^2 = 300 - p^2$$
$$3p^2 = 300$$
$$p = \pm 10$$

mas apenas a solução $p = 10$ pertence ao intervalo de interesse $0 \leq p \leq \sqrt{300}$. Para $0 \leq p \leq 10$,

$$E = \frac{2p^2}{300 - p^2} < \frac{2(10)^2}{300 - (10)^2} = 1$$

e, portanto, a demanda é inelástica. Para $10 < p < \sqrt{300}$,

$$E = \frac{2p^2}{300 - p^2} > \frac{2(10)^2}{300 - (10)^2} = 1$$

e a demanda é elástica.

b. Como vimos na discussão que precede esse exemplo, a derivada em relação ao preço p da função receita $R = pq$ é dada por

$$R'(p) = q(p)[-E(p) + 1]$$

Para $0 \leq p < 10$, a demanda é inelástica e, portanto, $E(p) < 1$ e o fator $-E(p) + 1$ é positivo. Nesse caso, $R'(q) > 0$ e a receita é uma função crescente. Nessa faixa de preços, certo aumento percentual do preço resulta em uma menor redução percentual da demanda e, portanto, a livraria obtém uma receita maior se aumentar o preço para qualquer valor até R$ 10,00.

Na faixa de preços $10 < p \leq \sqrt{300}$, a demanda é elástica e, portanto, $E(p) > 1$ e o fator $-E(p) + 1$ é negativo. Nesse caso, $R'(q) < 0$ e a receita é uma função decrescente. Se o preço do livro está nessa faixa, certo aumento percentual do preço resulta em uma redução percentual maior da demanda e, portanto, em uma redução da receita. Assim, se a livraria aumentar o preço do livro acima de R$ 10,00, terá uma queda na receita.

Finalmente, a receita é otimizada quando $R'(p) = 0$, o que acontece quando $E(p) = 1$, ou seja, quando o preço é R$ 10,00 (elasticidade unitária). As curvas de demanda e receita são mostradas na Figura 3.43.

Generalizando a abordagem ilustrada na solução do Exemplo 3.4.7 (veja o Problema 61), podemos resumir da seguinte forma a relação entre a receita e o tipo de elasticidade:

Tipos de Elasticidade e o Efeito Sobre a Receita

Se a demanda é **elástica** $[E(p) > 1]$, a receita R diminui quando o preço p aumenta.

Se a demanda é **inelástica** $[E(p) < 1]$, a receita R aumenta quando o preço p aumenta.

Se a demanda é de **elasticidade unitária** $[E(p) = 1]$, a receita não é afetada por uma pequena variação do preço.

11 EXPLORE!

Suponha que a equação da demanda em função do preço do Exemplo 3.4.7 seja q = 300 - ap2. Verifique de que forma o preço é afetado quando a demanda é de elasticidade unitária para a = 0, 1, 3 e 5 examinando as curvas de x(300 - ax2) para esses valores de a. Use uma janela de [0, 20]1 por [0, 3.000]500.

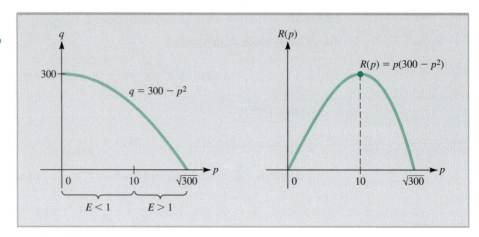

FIGURA 3.43 Curvas de demanda e receita do Exemplo 3.4.7.

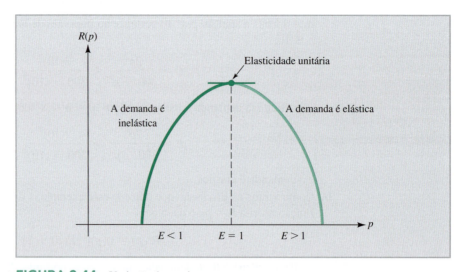

FIGURA 3.44 Variação da receita com o preço.

A relação entre receita e preço é mostrada graficamente na Figura 3.44. Observe que a curva de receita é crescente na região em que a demanda é inelástica, decrescente na região em que a demanda é elástica e possui uma tangente horizontal no ponto em que a demanda é de elasticidade unitária.

PROBLEMAS ■ 3.4

Nos Problemas 1 a 16, determine o máximo absoluto e o mínimo absoluto (se existirem) da função dada no intervalo especificado.

1. $f(x) = x^2 + 4x + 5; -3 \leq x \leq 1$
2. $f(x) = x^3 + 3x^2 + 1; -3 \leq x \leq 2$
3. $f(x) = \frac{1}{3}x^3 - 9x + 2; 0 \leq x \leq 2$
4. $f(x) = x^5 - 5x^4 + 1; 0 \leq x \leq 5$
5. $f(t) = 3t^5 - 5t^3; -2 \leq t \leq 0$
6. $f(x) = 10x^6 + 24x^5 + 15x^4 + 3; -1 \leq x \leq 1$
7. $f(x) = (x^2 - 4)^5; -3 \leq x \leq 2$
8. $f(t) = \frac{t^2}{t-1}; -2 \leq t \leq -\frac{1}{2}$
9. $g(x) = x + \frac{1}{x}; \frac{1}{2} \leq x \leq 3$
10. $g(x) = \frac{1}{x^2 - 9}; 0 \leq x \leq 2$
11. $f(u) = u + \frac{1}{u}; u > 0$

15. $f(x) = \dfrac{1}{x+1}; x \geq 0$

16. $f(x) = \dfrac{1}{(x+1)^2}; x \geq 0$

LUCRO MÁXIMO E CUSTO MÉDIO MÍNIMO *Nos Problemas 17 a 22, são dados o preço p(q) pelo qual q unidades de certa mercadoria podem ser vendidas e o custo total C(q) para produzir as q unidades. Em cada caso:*
(a) *Determine a receita R(q), a receita marginal R'(q), o custo marginal C'(q) e o lucro P(q). Plote R'(q), C'(q) e P(q) no mesmo gráfico e determine o nível de produção q para o qual o lucro é máximo.*
(b) *Determine o custo médio A(q) = C(q)/q, plote no mesmo gráfico as curvas de A(q) e o custo marginal C'(q) e determine o nível de produção para o qual o custo médio é mínimo.*

17. $p(q) = 49 - q;\ C(q) = \dfrac{1}{8}q^2 + 4q + 200$

18. $p(q) = 37 - 2q;\ C(q) = 3q^2 + 5q + 75$

19. $p(q) = 180 - 2q;\ C(q) = q^3 + 5q + 162$

20. $p(q) = 710 - 1{,}1q^2;$
    $C(q) = 2q^3 - 23q^2 + 90{,}7q + 151$

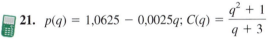
21. $p(q) = 1{,}0625 - 0{,}0025q;\ C(q) = \dfrac{q^2+1}{q+3}$

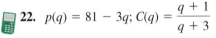
22. $p(q) = 81 - 3q;\ C(q) = \dfrac{q+1}{q+3}$

ELASTICIDADE DA DEMANDA *Nos Problemas 23 a 28, calcule a elasticidade da demanda para a função demanda D(p) e determine se a demanda é elástica, inelástica ou de elasticidade unitária para o preço p especificado.*

23. $D(p) = -1{,}3p + 10;\ p = 4$
24. $D(p) = -1{,}5p + 25;\ p = 12$
25. $D(p) = 200 - p^2;\ p = 10$
26. $D(p) = \sqrt{400 - 0{,}01p^2};\ p = 120$
27. $D(p) = \dfrac{3.000}{p} - 100;\ p = 10$
28. $D(p) = \dfrac{2.000}{p^2};\ p = 5$

29. Para que valor de x no intervalo $-1 \leq x \leq 4$ a curva da função
$$f(x) = 2x^2 - \dfrac{1}{3}x^3$$
é mais inclinada? Qual é a inclinação da reta tangente nesse ponto?

30. Em que ponto a curva $y = 2x^3 - 3x^2 + 6x$ possui uma reta tangente com a menor inclinação? Qual é a inclinação da reta tangente nesse ponto?

PROBLEMAS APLICADOS DE ECONOMIA E FINANÇAS

31. **LUCRO MÉDIO** Um empresário estima que, se q unidades de certo produto forem produzidas, o lucro obtido será $P(q)$ milhares de reais, em que
$$P(q) = -2q^2 + 68q - 128$$
a. Determine as funções lucro médio e lucro marginal.
b. Para que nível de produção $\bar{q}$ o lucro médio é igual ao lucro marginal?
c. Mostre que o lucro médio é máximo para o nível de produção $\bar{q}$ calculado no item (b).
d. Plote no mesmo gráfico as partes relevantes das funções receita média e receita marginal.

32. **ANÁLISE MARGINAL** Um fabricante estima que, se x unidades de certa mercadoria forem produzidas, o custo total será $C(x)$ reais, em que
$$C(x) = x^3 - 24x^2 + 350x + 338$$
a. Qual é o nível de produção que maximiza o custo marginal $C'(x)$?
b. Qual é o nível de produção que maximiza o custo médio $A(x) = C(x)/x$?

33. **ELASTICIDADE DA DEMANDA** Quando o preço de um produto é p reais, os consumidores demandam q unidades, em que p e q estão relacionados pela equação $q^2 + 3pq = 22$.
a. Determine a elasticidade da demanda do produto.
b. A demanda é elástica, inelástica ou de elasticidade unitária para um preço de R$ 3,00?

34. **ELASTICIDADE DA DEMANDA** Quando uma loja de eletrodomésticos fixa o preço de um aparelho de som em p centenas de reais, q aparelhos de som são vendidos por mês, em que $q^2 + 2p^2 = 41$.
a. Determine a elasticidade da demanda do aparelho de som.
b. A demanda é elástica, inelástica ou de elasticidade unitária para um preço $p = 4$ (R$ 400,00)?

35. **DEMANDA DE OBRAS DE ARTE** Uma galeria de arte põe à venda 50 reproduções de um quadro famoso. Se cada reprodução dessa edição limitada custar p reais, espera-se que $q = 500 - 2p$ reproduções sejam vendidas.
a. Em que intervalo deve estar o preço p?
b. Calcule a elasticidade da demanda e determine os valores de p para os quais a demanda é elástica, inelástica e de elasticidade unitária.
c. Interprete os resultados do item (b) em termos do comportamento da receita total em função do preço p.
d. Se você fosse o dono da galeria, que preço cobraria pelas reproduções? Justifique sua resposta.

36. **DEMANDA DE PASSAGENS AÉREAS** Uma empresa aérea observa que, quando uma passagem de ida e volta entre Rio de Janeiro e São Paulo custa p reais ($0 \leq p \leq 160$), a demanda diária de passagens é $q = 256 - 0{,}01p^2$.

a. Determine a elasticidade da demanda e calcule os valores de p para os quais a demanda é elástica, inelástica e de elasticidade unitária.
b. Interprete os resultados do item (a) em termos do comportamento da receita total em função do preço p.
c. Que preço você acha que a companhia aérea deveria cobrar pela passagem? Justifique sua resposta.

37. **CONTROLE DA PRODUÇÃO** Um fabricante de brinquedos produz x centenas de unidades de uma boneca simples (Lalá) e y centenas de unidades de uma boneca de luxo (Lili) de tal forma que $y = (82 - 10x)/(10 - x)$ para $0 \leq x \leq 8$. A companhia vende uma Lili pelo dobro do preço de uma Lalá. Determine o nível de produção (ou seja, os valores de x e y) para que a receita total com a venda das bonecas seja máxima. Suponha que a empresa consiga vender todas as bonecas que produz.

38. **CONSUMO INTERNO DE UM PAÍS** Suponha que o consumo interno total de um país seja dado por uma função $C(x)$, em que x é a renda interna total. A derivada $C'(x)$ é chamada de **tendência marginal para o consumo**; se $S = x - C$ representa a poupança interna total, $S'(x)$ é chamada de **tendência marginal para a poupança**. Suponha que a função consumo é $C(x) = 8 - 0{,}8x - 0{,}8\sqrt{x}$. Determine a tendência marginal para o consumo e calcule o valor de x para o qual a poupança total é mínima.

39. **EFICIÊNCIA DA MÃO DE OBRA** Um estudo de eficiência no turno da manhã de uma fábrica mostrou que um operário que chega para trabalhar às 8 horas terá montado, em média, $f(x) = -x^3 + 6x^2 + 15x$ receptores de rádio x horas mais tarde. O estudo revelou ainda que, depois de um intervalo de 15 minutos para descanso, o operário é capaz de montar $g(x) = -x^3/3 + x^2 + 23x$ receptores de rádio em x horas. Determine em que ocasião, entre as 8 h e o meio-dia, deve começar o intervalo de descanso para que o número de rádios montados entre as 8 h e o horário de almoço, 12h15min, seja o maior possível. [*Sugestão*: Se o intervalo começar x horas após as 8 horas, restarão $4 - x$ horas de trabalho.]

40. **ANÁLISE MARGINAL** Uma fábrica produz q unidades de uma mercadoria por um custo total de $C(q)$ reais e um custo médio $A(q) = C(q)/q$. Nesta seção, mostramos que $q = q_c$ satisfaz a equação $A'(q_c) = 0$ se e apenas se $C'(q_c) = A(q_c)$, isto é, se o custo marginal for igual ao custo médio. O objetivo desse problema é mostrar que $A(q)$ é *mínimo* para $q = q_c$.
    a. De forma geral, a taxa de variação do custo de produção de uma mercadoria aumenta quando o número de unidades produzidas aumenta. Tomando essa afirmação como verdadeira, o que se pode dizer a respeito do sinal de $C''(q)$?
    b. Mostre que $A''(q_c) > 0$ se e apenas se $C''(q_c) > 0$. Em seguida, use o resultado do item (a) para mostrar que o custo médio $A(q)$ é mínimo para $q = q_c$.

41. **ELASTICIDADE E RECEITA** Suponha que a demanda de certa mercadoria seja dada por $q = b - ap$, em que a e b são constantes positivas e $0 \leq p \leq b/a$.

a. Expresse a elasticidade da demanda em função de p.
b. Mostre que a demanda é de elasticidade unitária no ponto médio $p = b/2a$ do intervalo $0 \leq p \leq b/a$.
c. Para que valores de p a demanda é elástica? Para que valores é inelástica?

42. **ELASTICIDADE-RENDA DA DEMANDA** A **elasticidade-renda da demanda** é definida como a variação percentual da demanda dividida pela variação percentual da renda.
    a. Escreva uma expressão para a elasticidade-renda da demanda E em termos da renda I e da demanda Q.
    b. Qual você espera que seja maior no Brasil, a elasticidade-renda da demanda de automóveis ou a de alimentos? Justifique sua resposta.
    c. O que significa um valor *negativo* da elasticidade-renda da demanda? Entre os produtos a seguir, escolha os que, na sua opinião, têm maior probabilidade de apresentar $E < 0$: roupas usadas, computadores pessoais, passagens de ônibus, geladeiras, carros usados. Justifique sua resposta.
    d. Leia a respeito da elasticidade-renda da demanda e escreva um ensaio de pelo menos dez linhas a respeito do motivo pelo qual a elasticidade-renda da demanda de alimentos é muito maior nas nações em desenvolvimento do que em países como os EUA e o Japão.*

43. **ELASTICIDADE DA DEMANDA** Suponha que a equação da demanda de certa mercadoria é $q = a/p^m$, em que a e m são constantes positivas. Mostre que a elasticidade da demanda é igual a m para qualquer valor de p. Interprete esse resultado.

44. **ANÁLISE MARGINAL** Seja $R(x)$ a receita obtida com a produção e venda de x unidades de um produto, e seja $C(x)$ o custo total para fabricar x unidades do produto. Mostre que a razão $Q(x) = R(x)/C(x)$ é otimizada quando a taxa relativa de variação da receita é igual à taxa relativa de variação do custo. Você espera que esse valor ótimo seja um máximo ou um mínimo?

PROBLEMAS APLICADOS DE CIÊNCIAS SOCIAIS E BIOLÓGICAS

45. **QUADRO DE ASSOCIADOS** O número de membros de uma associação de consumidores x anos após sua fundação, em 1998, é dado por

$$y = \frac{82 - 10x}{10 - x}$$

a. Em que ano, entre 2000 e 2013, a associação teve o maior número de membros? Em que ano a associação teve o menor número de membros?
b. Quais foram o maior e o menor número de membros entre 2008 e 2013?

---

*O leitor talvez ache conveniente começar com Campbell R. McConnell e Stanley L. Brue, *Microeconomics*, 12nd ed., New York: McGraw-Hill, 1993.

46. ETOLOGIA A porcentagem de bichos da maçã* que sobrevivem ao estágio de pupa a certa temperatura T (em graus Celsius) pode ser modelada pela função

$$P(T) = -1{,}42T^2 + 68T - 746$$
$$\text{para } 20 \leq T \leq 30$$

Determine as temperaturas em que o número de bichos da maçã sobreviventes é máximo e mínimo.

47. CIRCULAÇÃO SANGUÍNEA De acordo com a lei de Poiseuille, a velocidade do sangue a r centímetros de distância do eixo central de uma artéria de raio R é $v(r) = c(R^2 - r^2)$, em que c é uma constante positiva. A que distância do eixo central da artéria a velocidade do sangue é máxima?

48. POLÍTICA Uma pesquisa de opinião revela que, x meses após anunciar sua candidatura, certo político terá o apoio de $S(x)$ por cento dos eleitores, em que

$$S(x) = \frac{1}{29}(-x^3 + 6x^2 + 63x + 1.080)$$
$$\text{para } 0 \leq x \leq 12$$

Se a eleição está marcada para novembro, qual é o melhor mês para o político anunciar a candidatura? Se para vencer o político necessita de pelo menos 50% dos votos, é provável que seja eleito?

49. APRENDIZADO Em um modelo de aprendizado, duas respostas (A e B) são possíveis para cada uma de uma série de observações. Se existe uma probabilidade p de obter a resposta A em uma observação isolada, a probabilidade de obter a resposta A exatamente n vezes em uma série de m observações é $F(p) = p^n(1-p)^{m-n}$. A **estimativa de máxima probabilidade** é o valor de p que maximiza a função $F(p)$ para $0 \leq p \leq 1$. Qual é esse valor?

50. POLÍTICA Depois de uma eleição para presidente dos EUA, a fração $h(p)$ de deputados eleitos pelo partido que ganhou a eleição presidencial pode ser modelada pela "regra do cubo":

$$h(p) = \frac{p^3}{p^3 + (1-p)^3} \quad \text{para } 0 \leq p \leq 1$$

em que p é a fração de votos populares recebida pelo candidato que venceu a eleição para presidente.
a. Determine $h'(p)$ e $h''(p)$.
b. Desenhe a curva de $h(p)$.
c. Em 1964, o democrata Lyndon Johnson recebeu 61% dos votos populares. Que porcentagem dos deputados eleitos deveria pertencer ao Partido Democrático, de acordo com a regra do cubo? (A porcentagem real foi 72%.)
d. A regra do cubo tem fornecido resultados muito próximos da realidade em todas as eleições americanas desde 1900. Use a Internet para verificar os resultados dessas eleições e escreva um ensaio de pelo menos dez linhas a respeito de suas observações.

51. ORNITOLOGIA De acordo com os resultados* de Tucker e Schmidt-Koenig, o consumo de energia de certa espécie de periquito é dado pela expressão

$$E(v) = \frac{1}{v}[0{,}074(v-35)^2 + 22]$$

em que v é a velocidade do pássaro em km/h.
a. Qual é a velocidade para a qual o consumo de energia é mínimo?
b. Leia a respeito do uso de modelos matemáticos para estudar o comportamento dos animais e escreva um ensaio de pelo menos dez linhas dizendo o que pensa a respeito da validade desses modelos. Um bom ponto de partida é a referência citada nesse problema.

52. VELOCIDADE DE UMA AVE Em um modelo[†] proposto por C. J. Pennycuick, a potência P necessária para que uma ave se mantenha no ar é dada pela expressão

$$P = \frac{w^2}{2\rho S v} + \frac{1}{2}\rho A v^3$$

em que v é a velocidade da ave em relação ao ar, w é o peso da ave, ρ é a massa específica do ar e S e A são constantes positivas associadas à forma e tamanho da ave. Qual é a velocidade v para a qual a potência é mínima?

53. SENSIBILIDADE A MEDICAMENTOS A reação do organismo à administração de um medicamento é frequentemente modelada[§] por uma função da forma

$$R(D) = D^2\left(\frac{C}{2} - \frac{D}{3}\right)$$

em que D é a dose e C (uma constante) é a dose máxima que pode ser administrada. A taxa de variação de $R(D)$ com D é chamada de **sensibilidade**.
a. Determine o valor de D para o qual a sensibilidade é máxima. Qual é a máxima sensibilidade? (Expresse a resposta em termos de C.)
b. Qual é a reação (em termos de C) quando a dose que produz a máxima sensibilidade é usada?

54. SOBREVIVÊNCIA DE ANIMAIS AQUÁTICOS Sabe-se que uma massa de água que ocupa um volume de 1 litro a 0°C ocupa um volume de

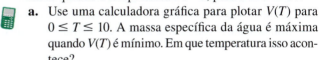

litros quando a temperatura é T °C, para $0 \leq T \leq 30$.
a. Use uma calculadora gráfica para plotar $V(T)$ para $0 \leq T \leq 10$. A massa específica da água é máxima quando $V(T)$ é mínimo. Em que temperatura isso acontece?
b. O leitor ficou surpreso com a resposta do item (a)? Pois deveria ficar. A água é o único líquido de uso corrente

---

*P. L. Shaffer e H. J. Gold, "A Simulation Model of Population Dynamics of the Codling Moth *Cydia Pomonella*", *Ecological Modelling*, Vol. 30 (1985), pp. 247–274.

*V. A. Tucker e K. Schmitt-Koenig, "Flight Speeds of Birds in Relation to Energetics and Wind Directions", *The Auk*, Vol. 88, 1971, pp. 97–107.
[†]C. J. Pennycuick, "The Mechanics of Bird Migration", *Ibis* III, 1969, pp. 525–556.
[§]R. M. Thrall et al., *Some Mathematical Models in Biology*, U. of Michigan, 1967.

cuja massa específica é máxima a uma temperatura *maior* que a temperatura de fusão (0°C, no caso da água). Escreva um ensaio de pelo menos dez linhas sobre a relação entre essa propriedade da água e a sobrevivência dos animais aquáticos durante o inverno.

55. **PRODUÇÃO SANGUÍNEA** Um modelo para a produção $p(x)$ de células do sangue envolve uma função da forma

$$p(x) = \frac{Ax}{B + x^m}$$

em que x é o número de células presentes e A, B e m são constantes positivas.*

   a. Determine a taxa de produção de células do sangue $R(x) = p'(x)$ e encontre o valor de x para o qual $R(x) = 0$.
   b. Determine a taxa de variação de $R(x)$ e encontre os valores de x para os quais $R'(x) = 0$.
   c. Se $m > 1$, o número crítico diferente de zero obtido no item (b) corresponde a um máximo relativo ou a um mínimo relativo? Justifique sua resposta.

56. **RESPIRAÇÃO** Os fisiologistas definem a vazão F de ar na traqueia por meio da expressão $F = SA$, em que S é a velocidade do ar e A é a área de uma seção reta da traqueia.

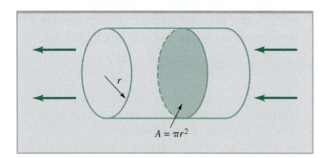

EXERCÍCIO 56

   a. Suponha que a traqueia possui uma seção reta circular de raio r. Use a expressão para a velocidade do ar na traqueia durante um acesso de tosse, dada no Exemplo 3.4.3, para expressar a vazão de ar F em termos de r.
   b. Determine o raio r para o qual a vazão é máxima.

PROBLEMAS VARIADOS

57. **ELETRICIDADE** Quando um resistor de R ohms é ligado aos terminais de uma bateria com uma força eletromotriz de E volts e uma resistência interna de r ohms, uma corrente de I ampères atravessa o circuito e dissipa uma potência de P watts, com

$$I = \frac{E}{r + R} \quad \text{e} \quad P = I^2 R$$

Supondo que r seja constante, qual é o valor de R para o qual a potência dissipada é máxima?

58. **RADIODIFUSÃO** Uma estação de rádio fez um levantamento da audiência entre as 17 h e a meia-noite. A pesquisa mostrou que a porcentagem de adultos sintonizados na estação x horas após as 17 h pode ser modelada pela função

$$f(x) = \frac{1}{8}(-2x^3 + 27x^2 - 108x + 240)$$

   a. Em que instante, entre as 17 h e a meia-noite, existem mais ouvintes sintonizados na estação? Qual é a porcentagem de ouvintes nesse momento?
   b. Em que instante, entre as 17 horas e a meia-noite, existem menos ouvintes sintonizados na estação? Qual é a porcentagem de ouvintes nesse momento?

59. **AERODINÂMICA** Um parâmetro importante para o projeto de aeronaves é o arrasto, que expressa a resistência do ar ao movimento da aeronave. Em certas circunstâncias, o arrasto pode ser modelado por uma função da forma

$$F(v) = Av^2 + \frac{B}{v^2}$$

em que v é a velocidade do avião e A e B são constantes positivas. Determine a velocidade (em termos de A e B) para a qual $F(v)$ é mínimo. Mostre que realmente se trata de um mínimo e não de um máximo.

60. **AMPLITUDE DE OSCILAÇÕES** É possível demonstrar que a amplitude $A(r)$ das oscilações forçadas de uma partícula em um meio viscoso é dada por

$$A(r) = \frac{1}{(1 - r^2)^2 + kr^2}$$

em que r é a razão entre a frequência da força motriz e a frequência natural de oscilação e k é uma constante positiva que expressa o efeito do meio viscoso. Mostre que $A(r)$ possui um e apenas um número crítico positivo. Esse número crítico corresponde a um máximo relativo ou a um mínimo relativo? O que se pode dizer a respeito dos extremos *absolutos* de $A(r)$?

61. Mostre que as relações entre receita e tipo de elasticidade apresentadas no final desta seção estão corretas.

---

*M. C. Mackey e L. Glass, "Oscillations and Chaos in Physiological Control Systems", *Science*, Vol. 197, pp. 287–289.

APLICAÇÕES ADICIONAIS DA DERIVADA   225

SEÇÃO 3.5   Problemas Práticos de Otimização

Objetivos do Aprendizado
1. Conhecer um método geral de solução para problemas práticos de otimização.
2. Modelar e analisar vários problemas de otimização.
3. Resolver problemas de controle de estoque.

Na Seção 3.4, examinamos vários problemas nos quais era fornecida uma expressão matemática, e o objetivo era determinar o máximo ou o mínimo da expressão. Na prática, as coisas muitas vezes não são tão simples; para poder formular e analisar um modelo matemático apropriado, é necessário, antes de mais nada, colher informações a respeito da grandeza de interesse.

Nesta seção, vamos combinar as técnicas de modelagem da Seção 1.4 com as técnicas de otimização da Seção 3.4. O método geral para lidar com problemas desse tipo é apresentado a seguir.

Método Geral para Resolver Problemas Práticos de Otimização

1º passo. Comece por escolher a grandeza a ser otimizada. Em seguida, atribua um nome ou uma letra a todas as variáveis de interesse. Procure usar letras que tenham alguma relação com a variável, como R para receita e A para área.

2º passo. Expresse as relações entre as variáveis por meio de equações ou desigualdades. Uma figura pode ajudar.

3º passo. Expresse a grandeza a ser otimizada (maximizada ou minimizada) em termos de apenas uma variável (a variável independente), usando, se for necessário, uma ou mais das equações obtidas no 2º passo para eliminar outras variáveis. Determine também as possíveis restrições da variável independente.

4º passo. Se $f(x)$ é a grandeza a ser otimizada, calcule $f'(x)$ e determine todos os números críticos de f. Em seguida, determine o valor máximo ou mínimo desejado, usando os métodos da Seção 3.4 (a propriedade dos valores extremos ou o teste da derivada segunda para extremos absolutos). Dependendo do problema, pode ser necessário verificar o valor de $f(x)$ nas extremidades de um intervalo.

5º passo. Interprete os resultados em termos das grandezas físicas, geométricas ou econômicas apropriadas.

Esse método é ilustrado no Exemplo 3.5.1.

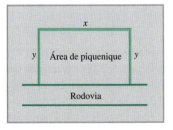

FIGURA 3.45 Área de piquenique de forma retangular.

EXEMPLO 3.5.1   Minimização do Comprimento de uma Cerca

O Departamento de Estradas de Rodagem pretende construir uma área de piquenique para motoristas à beira de uma rodovia movimentada. O terreno deve ser retangular, com uma área de 5.000 metros quadrados, e deve ser cercado nos três lados que não dão para a rodovia. Qual é o menor comprimento da cerca necessária para a obra? Quais devem ser o comprimento e a largura da área de piquenique para que o comprimento da cerca seja o menor possível?

Solução
1º Passo. Desenhe a área de piquenique, como na Figura 3.45. Chame de x (em metros) o comprimento da área (o lado paralelo à rodovia) e de y (em metros) a largura.
2º Passo. Como o parque deve ter uma área de 5.000 metros quadrados, $xy = 5.000$.
3º Passo. O comprimento da cerca F é igual a $x + 2y$, em que x e y são dois números positivos. Como

$$xy = 5.000 \quad \text{ou} \quad y = \frac{5.000}{x}$$

podemos eliminar y da expressão de F para obter uma expressão que depende apenas de x:

$$F(x) = x + 2y = x + 2\left(\frac{5.000}{x}\right) = x + \frac{10.000}{x} \quad \text{para } x > 0$$

4º Passo. A derivada de $F(x)$ é

$$F'(x) = 1 - \frac{10.000}{x^2}$$

e podemos obter os números críticos de $F(x)$ fazendo $F'(x) = 0$ e explicitando x:

$$F'(x) = 1 - \frac{10.000}{x^2} = 0 \qquad \text{reduzindo a um denominador comum}$$

$$\frac{x^2 - 10.000}{x^2} = 0 \qquad \text{igualando o numerador a 0}$$

$$x^2 = 10.000 \qquad \text{desprezando } -100, \text{ já que } x > 0$$

$$x = 100$$

Como $x = 100$ é o único número crítico no intervalo $x > 0$, podemos usar o teste da derivada segunda para extremos absolutos. A derivada segunda de $F(x)$ é

$$F''(x) = \frac{20.000}{x^3}$$

e, portanto, $F''(100) > 0$ e o ponto crítico $x = 100$ corresponde a um mínimo absoluto de $F(x)$. O gráfico de $F(x)$, incluído apenas para fins ilustrativos, aparece na Figura 3.46.

5º Passo. O comprimento mínimo da cerca é

$$F(100) = 100 + \frac{10.000}{100} = 200 \text{ metros}$$

que corresponde a uma área de piquenique com $x = 100$ metros de comprimento e

$$y = \frac{5.000}{100} = 50 \text{ metros}$$

de largura.

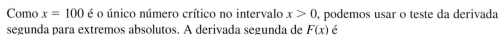

FIGURA 3.46 Gráfico da função $F(x) = x + \dfrac{10.000}{x}$ para $x > 0$

No Exemplo 1.4.1, ilustramos o processo de modelagem por meio de um problema no qual o lucro foi maximizado usando as propriedades geométricas de uma parábola. No Exemplo 3.5.2, analisamos um problema semelhante, usando desta vez os métodos do cálculo para chegar ao resultado.

EXEMPLO 3.5.2   Maximização do Lucro

Um fabricante produz camisetas de propaganda a um custo unitário de R$ 2,00. As camisetas vêm sendo vendidas por R$ 5,00; por esse preço, são vendidas 4.000 camisetas por mês. O fabricante pretende aumentar o preço e calcula que, para cada R$ 1,00 de aumento no preço, menos 400 camisetas serão vendidas por mês. Qual deve ser o preço de venda das camisetas para que o lucro do fabricante seja o maior possível?

Solução

Seja x o novo preço de venda das camisetas e seja $P(x)$ o lucro correspondente. O objetivo é maximizar o lucro. Começamos por expressar o lucro em palavras:

$$\text{Lucro} = (\text{número de camisetas vendidas})(\text{lucro por camiseta})$$

Como 4.000 camisetas são vendidas por mês quando o preço é R$ 5,00 e menos 400 camisetas serão vendidas para cada R$ 1,00 de aumento no preço, temos:

$$\text{Número de camisetas vendidas} = 4.000 - 400(\text{número de aumentos de R\$ 1,00})$$

O número de aumentos de R$ 1,00 no preço é a diferença $x - 5$ entre o preço novo e o antigo. Assim,

$$\text{Números de camisetas vendidas} = 4.000 - 400(x - 5)$$
$$= 400[10 - (x - 5)]$$
$$= 400(15 - x)$$

O lucro por camiseta vendida é simplesmente a diferença entre o preço de venda x e o custo, R$ 2,00. Assim,

$$\text{Lucro por camiseta} = x - 2$$

Combinando as relações anteriores, obtemos:

$$P(x) = 400(15 - x)(x - 2)$$

O objetivo é determinar o máximo absoluto da função lucro, $P(x)$. Para estabelecer qual é o intervalo relevante para o problema, basta observar que, como foi dito no enunciado que o novo preço será mais alto que o antigo, devemos ter $x \geq 5$. Por outro lado, o número de camisetas vendidas é $400(15 - x)$, um número que se torna negativo (e, portanto, não tem significado físico) para $x > 15$. Assim, podemos restringir o problema de otimização ao intervalo fechado $5 \leq x \leq 15$.

Para determinar os números críticos, basta calcular a derivada usando as regras do produto e da multiplicação por uma constante. O resultado é o seguinte:

$$P'(x) = 400[(15 - x)(1) + (x - 2)(-1)]$$
$$= 400(15 - x - x + 2) = 400(17 - 2x)$$

que se anula para

$$17 - 2x = 0 \quad \text{ou} \quad x = 8,5$$

Comparando os valores da função lucro

$$P(x) = 12.000 \quad P(8,5) = 16.900 \quad \text{e} \quad P(15) = 0$$

nesse ponto crítico e nas extremidades do intervalo, chegamos à conclusão de que o maior lucro possível é R$ 16.900,00, que será obtido se as camisetas forem vendidas por R$ 8,50. O gráfico de $P(x)$, incluído apenas para fins ilustrativos, aparece na Figura 3.47.

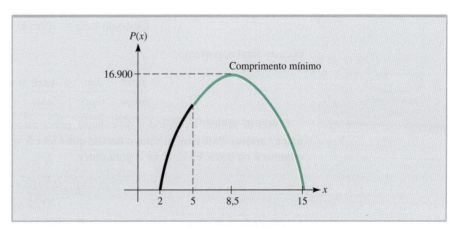

FIGURA 3.47 Gráfico da função lucro $P(x) = 400(15 - x)(x - 2)$.

NOTA **Solução Alternativa para o Problema de Maximização do Lucro do Exemplo 3.5.2**

Como o número de camisetas vendidas no Exemplo 3.5.2 é expresso em termos do número N de aumentos de R$ 1,00 no preço, é possível resolver o problema usando N como variável independente em vez do novo preço. Nesse caso, temos:

$$\text{Número de camisetas} = 4.000 - 400N$$
$$\text{Lucro por camisetas} = (N + 5) - 2 = N + 3$$

Assim, o lucro total é dado por

$$P(N) = (4.000 - 400N)(N + 3) = 400(10 - N)(N + 3)$$

e o intervalo de interesse é $0 \leq N \leq 10$ (o leitor é capaz de explicar por quê?). O máximo absoluto nesse caso corresponde a $N = 3,5$ (os detalhes ficam por conta do leitor), ou seja, para maximizar o lucro, o preço deve ser aumentado de R$ 5,00 para R$ 5,00 + R$ 3,50 = R$ 8,50. Como era de se esperar, o resultado é idêntico ao obtido no Exemplo 3.5.2 usando o preço como variável independente. ∎

No Exemplo 1.4.2, usamos um gráfico para estimar o custo mínimo para construir uma caixa d'água com certo volume. No Exemplo 3.5.3, analisamos um problema semelhante, usando desta vez os métodos do cálculo para determinar o raio que minimiza o custo para fabricar uma lata cilíndrica com certo volume.

EXEMPLO 3.5.3 Maximização do Custo de Fabricação

Deseja-se fabricar uma lata cilíndrica com certo volume interno. O preço do material usado para fazer o fundo e a tampa da lata é três centavos por centímetro quadrado, e o do material usado para fazer o lado da lata é dois centavos por centímetro quadrado. Usando os métodos do cálculo, determine a relação entre o raio e a altura da lata para que o custo total do material seja o menor possível.

Solução

Seja r o raio, h a altura, C o custo (em centavos) e V o volume (especificado) da lata. O objetivo é minimizar o custo, dado pela seguinte expressão:

$$\text{Custo total} = \text{custo da tampa} + \text{custo do fundo} + \text{custo do lado}$$

na qual, para cada componente do custo,

$$\text{Custo} = (\text{preço por centímetro quadrado})(\text{área})$$

Assim,
$$\text{Custo da tampa} = \text{custo do fundo} = 3(\pi r^2)$$

e
$$\text{Custo do lado} = 2(2\pi rh) = 4\pi rh$$

O custo total é, portanto,

$$C = \underbrace{3\pi r^2}_{\text{tampa}} + \underbrace{3\pi r^2}_{\text{fundo}} + \underbrace{4\pi rh}_{\text{lados}} = 6\pi r^2 + 4\pi rh$$

Antes de aplicar os métodos do cálculo, precisamos expressar o custo em termos de uma única variável. Para isso, usamos o fato de que a lata deve ter um volume especificado V_0 e explicitamos h na equação $V_0 = \pi r^2 h$ para obter

$$h = \frac{V_0}{\pi r^2}$$

Substituindo esse valor de h na fórmula de C, podemos expressar o custo em termos apenas de r:

$$C(r) = 6\pi r^2 + 4\pi r\left(\frac{V_0}{\pi r^2}\right) = 6\pi r^2 + \frac{4V_0}{r}$$

Como o raio r pode ser qualquer número positivo, o objetivo é determinar o mínimo absoluto de $C(r)$ no intervalo $r > 0$. Derivando $C(r)$, obtemos

$$C'(r) = 12\pi r - \frac{4V_0}{r^2} \qquad \text{note que } V_0 \text{ é constante}$$

LEMBRETE

Um cilindro de raio r e altura h tem uma área lateral $A = 2\pi rh$ e um volume $V = \pi r^2 h$.

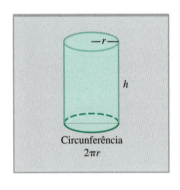

Circunferência $2\pi r$

APLICAÇÕES ADICIONAIS DA DERIVADA   **229**

Como $C'(r)$ existe para qualquer valor de $r > 0$, todos os valores críticos $r = R$ devem satisfazer a equação $C'(R) = 0$, ou seja,

$$C'(R) = 12\pi R - \frac{4V_0}{R^2} = 0$$

$$12\pi R = \frac{4V_0}{R^2}$$

$$R^3 = \frac{4V_0}{12\pi}$$

$$R = \sqrt[3]{\frac{V_0}{3\pi}}$$

Se H é a altura da lata que corresponde ao raio R, $V_0 = \pi r^2 H$; como R deve satisfazer a equação

$$12\pi R = \frac{4V_0}{R^2}$$

obtemos

$$12\pi R = \frac{4(\pi R^2 H)}{R^2} = 4\pi H$$

ou

$$H = \frac{12\pi R}{4\pi} = 3R$$

Finalmente, observe que a derivada segunda de $C(r)$ satisfaz a desigualdade

$$C''(r) = 12\pi + \frac{8V_0}{r^3} > 0 \quad \text{para } r > 0$$

Assim, como $r = R$ é o único ponto crítico de $C(r)$ e como $C''(R) > 0$, o teste da derivada segunda para extremos absolutos assegura que o custo de material é o menor possível quando a altura da lata é três vezes maior que o raio. O gráfico de $C(r)$, incluído apenas para fins ilustrativos, aparece na Figura 3.48.

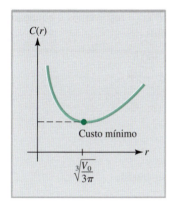

FIGURA 3.48 A função custo $C(r) = 6\pi r^2 + \dfrac{4V}{r}$ para $r > 0$.

Nas cidades modernas, nas quais novas zonas residenciais surgem muitas vezes nas vizinhanças de instalações industriais, é importante monitorar e controlar a emissão de poluentes. No Exemplo 3.5.4, analisamos um problema de modelagem no qual os métodos do cálculo são usados para determinar em que ponto de um bairro a poluição é mínima.

12 EXPLORE!

Entre com a função do Exemplo 3.5.4,
$P(x) = \dfrac{75}{x} + \dfrac{300}{15-x}$ em Y1 e plote usando uma janela decimal modificada [0, 14]1 por [0, 350]10. Use **TRACE** para mover o cursor de X = 1 até X = 14 e confirmar a localização do ponto em que a poluição é mínima. Para observar o comportamento da derivada $P'(x)$, entre com Y2 = nDeriv(Y1, X, X) e plote usando uma janela [0, 14]1 por [−75, 300]10. O que você observa?

EXEMPLO 3.5.4 Determinação de um Local em que a Poluição É Mínima

Duas fábricas, A e B, estão situadas a 15 quilômetros de distância uma da outra e emitem 75 ppm (partes por milhão) e 300 ppm de material particulado, respectivamente. Cada fábrica é cercada por uma área de segurança com 1 quilômetro de raio na qual não são permitidas construções residenciais; a concentração de poluentes em qualquer outro ponto Q nas vizinhanças das fábricas é inversamente proporcional à distância entre o ponto Q e a fábrica considerada. Em que ponto da estrada que liga as duas fábricas deve ser construída uma casa para que a poluição proveniente das duas fábricas seja a menor possível?

Solução

Suponha que uma casa C esteja situada a x quilômetros da fábrica A e, portanto, a $15 - x$ quilômetros da fábrica B, em que x satisfaz a condição $1 \leq x \leq 14$, já que existe uma área de segurança de 1 quilômetro de raio em torno de cada fábrica (veja a Figura 3.49). Como a concentração de material particulado que chega a C é inversamente proporcional à distância de cada fábrica, a concentração de poluentes provenientes da fábrica A é 75/x e a concentração de poluentes provenientes da fábrica B é 300/(15 − x). Assim, a concentração total de material particulado que chega a C é dada pela função

$$P(x) = \underbrace{\frac{75}{x}}_{\text{poluição de A}} + \underbrace{\frac{300}{15-x}}_{\text{poluição de B}}$$

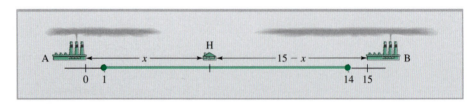

FIGURA 3.49 Poluição em uma casa situada entre duas fábricas.

Para minimizar a poluição total $P(x)$, calculamos a derivada $P'(x)$ e resolvemos a equação $P'(x) = 0$. Usando a regra do quociente e a regra da cadeia, obtemos

$$P'(x) = \frac{-75}{x^2} + \frac{-300(-1)}{(15-x)^2} = \frac{-75}{x^2} + \frac{300}{(15-x)^2}$$

Resolvendo a equação $P'(x) = 0$, obtemos:

$$\frac{-75}{x^2} = \frac{300}{(15-x)^2} = 0$$

$\qquad\qquad\dfrac{75}{x^2} = \dfrac{300}{(15-x)^2}$ por multiplicação cruzada

$\qquad\qquad 75(15-x)^2 = 300x^2$ dividindo por 75 e expandindo

$\qquad\qquad x^2 + 30x + 225 = 4x^2$ combinando termos

$\qquad\qquad 3x^2 + 30x - 225 = 0$ fatorando

$\qquad\qquad 3(x-5)(x+15) = 0$

$\qquad\qquad x = 5, x = -15$

> **LEMBRETE**
>
> Multiplicação cruzada significa que se
>
> $$\frac{A}{B} = \frac{C}{D}$$
>
> então
>
> $$AD = CB$$

> **LEMBRETE**
>
> O símbolo ≈ significa "aproximadamente igual a". Assim, $a \approx b$ significa "a é aproximadamente igual a b".

O único número crítico no intervalo $1 \leq x \leq 14$ é $x = 5$. Calculando $P(x)$ em $x = 5$ e, nas duas extremidades do intervalo, $x = 1$ e $x = 14$, obtemos

$$P(1) \approx 96{,}43 \text{ ppm}$$
$$P(5) = 45 \text{ ppm}$$
$$P(14) \approx 305{,}36 \text{ ppm}$$

Assim, a poluição total é a menor possível quando a casa está situada a 5 quilômetros da fábrica A.

EXEMPLO 3.5.5   Minimização do Custo de uma Obra

Pretende-se estender um cabo de uma usina de energia elétrica, situada à margem de um rio com 900 metros de largura, até uma fábrica do outro lado do rio, 3.000 metros rio abaixo. O custo para estender o cabo no fundo do rio é R$ 5,00 o metro e para estender o cabo em terra é R$ 4,00 o metro. Qual é o percurso mais econômico para o cabo?

Solução

Para visualizar a situação, começamos por desenhar um diagrama como o da Figura 3.50. (Observe que, quando desenhamos o diagrama, supusemos que o cabo é estendido *em linha reta* no fundo do rio. O leitor pode explicar por que esta é a opção mais indicada?)

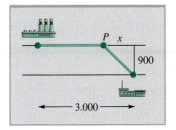

FIGURA 3.50 Posições relativas da fábrica, do rio e da usina.

LEMBRETE

De acordo com o teorema de Pitágoras, o quadrado da hipotenusa de um triângulo retângulo é igual à soma dos quadrados dos catetos.

O objetivo é minimizar o custo de instalação do cabo. Seja C esse custo. Podemos representá-lo da seguinte forma:

$$C = 5(\text{número de metros de cabo no fundo do rio}) + 4(\text{número de metros de cabo em terra})$$

Como estamos interessados em descrever o trajeto ótimo para o cabo, é conveniente escolher uma variável em termos da qual o ponto P possa ser facilmente localizado. Duas escolhas possíveis para a variável x estão representadas na Figura 3.51.

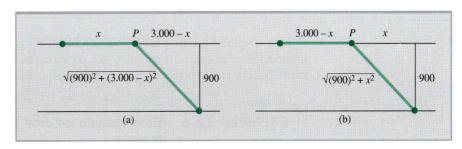

FIGURA 3.51 Duas escolhas possíveis para a variável x.

Antes de iniciar os cálculos, vamos verificar qual das duas escolhas é a mais adequada. Na Figura 3.51a, a distância sob a água entre a usina e o ponto P (de acordo com o teorema de Pitágoras) é $\sqrt{(900)^2 + (3.000 - x_1)^2}$ e a função custo total é

$$C(x) = 5\sqrt{(900)^2 + (3.000 - x)^2} + 4x$$

Na Figura 3.51b, a distância sob a água é $\sqrt{(900)^2 + x^2}$ e a função custo total é

$$C(x) = 5\sqrt{(900)^2 + x^2} + 4(3.000 - x)$$

A segunda função é mais adequada porque o termo $3.000 - x$ aparece simplesmente multiplicado por 4, enquanto na primeira função é elevado ao quadrado e aparece dentro do radical. Assim, definimos a variável x como na Figura 3.51b e trabalhamos com a função custo total

$$C(x) = 5\sqrt{(900)^2 + x^2} + 4(3.000 - x)$$

Como as distâncias x e $3.000 - x$ não podem ser negativas, o intervalo de interesse é $0 \leq x \leq 3.000$, e nosso objetivo é determinar o mínimo absoluto da função $C(x)$ nesse intervalo fechado. Para calcular os valores críticos, igualamos a zero a derivada

$$C'(x) = \frac{5}{2}[(900)^2 + x^2]^{-1/2}(2x) - 4 = \frac{5x}{\sqrt{(900)^2 + x^2}} - 4$$

para obter

$$\frac{5x}{\sqrt{(900)^2 + x^2}} - 4 = 0 \quad \text{ou} \quad \sqrt{(900)^2 + x^2} = \frac{5}{4}x$$

Elevando ao quadrado ambos os membros da equação da direita e explicitando x, obtemos:

$$(900)^2 + x^2 = \frac{25}{16}x^2 \qquad \text{subtraindo } 25x^2/16 \text{ e } (900)^2 \text{ de ambos os membros}$$

$$x^2 - \frac{25}{16}x^2 = -(900)^2 \qquad \text{combinando os termos do lado esquerdo}$$

$$-\frac{9}{16}x^2 = -(900)^2 \qquad \text{multiplicando por } -16/9$$

$$x^2 = \frac{16}{9}(900)^2 \qquad \text{extraindo a raiz quadrada de ambos os membros}$$

$$x = \pm\frac{4}{3}(900) = \pm 1.200$$

Como o único valor positivo, $x = 1.200$, pertence ao intervalo $0 \leq x \leq 3.000$, calculamos $C(x)$ para esse número crítico e também para as extremidades do intervalo, $x = 0$ e $x = 3.000$. Como

$$C(0) = 5\sqrt{(900)^2 + 0} + 4(3.000 - 0) = 16.500$$
$$C(1.200) = 5\sqrt{(900)^2 + (1.200)^2} + 4(3.000 - 1.200) = 14.700$$
$$C(3.000) = 5\sqrt{(900)^2 + (3.000)^2} + 4(3.000 - 3.000) = 15.660$$

chegamos à conclusão de que o custo mínimo de instalação é R$ 14.700,00. Para que o custo tenha esse valor, é preciso que o ponto P esteja a 1.200 m de distância da usina de força.

No Exemplo 3.5.6, a função a ser maximizada tem significado físico apenas quando a variável independente é um número inteiro. Como o método de otimização leva a um resultado fracionário, é necessário interpretá-lo para chegar a uma solução que faça sentido.

EXEMPLO 3.5.6 Maximização de uma Função Receita com Dados Inteiros

Uma empresa de turismo aluga um ônibus com capacidade para 50 pessoas a grupos de 35 ou mais pessoas. No caso de grupos de 35 pessoas, cada pessoa paga R$ 60,00. No caso de grupos maiores, o preço por pessoa é reduzido de R$ 1,00 para cada pessoa que exceder 35. Determine o tamanho do grupo para o qual a receita da empresa é máxima.

Solução

Seja R a receita da empresa. Temos:

$$R = (\text{número de pessoas do grupo})(\text{preço por pessoa})$$

A variável x poderia ser usada para designar o número total de pessoas do grupo, mas é mais conveniente chamar de x o número de pessoas menos 35. Nesse caso,

$$\text{Número de pessoas do grupo} = 35 + x$$

e

$$\text{Preço por pessoa} = 60 - x$$

de modo que a função receita é

$$R(x) = (35 + x)(60 - x)$$

Como o número total de pessoas não pode ser maior que 50 nem menor que 35, o objetivo é maximizar $R(x)$ para um número inteiro positivo x no intervalo $0 \leq x \leq 15$ (veja a Figura 3.52a). Entretanto, para podermos usar os métodos do cálculo, trabalhamos com uma função *contínua* $R(x) = (35 + x)(60 - x)$ definida no intervalo $0 \leq x \leq 15$ (veja a Figura 3.52b).

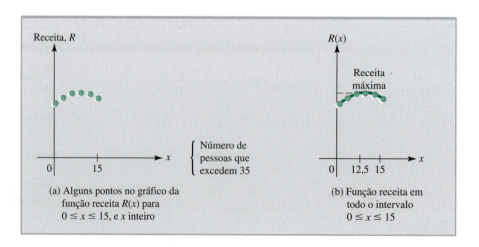

FIGURA 3.52 Gráfico da função receita $R(x) = (35 + x)(60 - x)$.

(a) Alguns pontos no gráfico da função receita $R(x)$ para $0 \leq x \leq 15$, e x inteiro

(b) Função receita em todo o intervalo $0 \leq x \leq 15$

A derivada

$$R'(x) = (35 + x)(-1) + (60 - x)(1) = 25 - 2x$$

é nula para $x = 12{,}5$. Como

$$R(0) = 2.100 \qquad R(12{,}5) = 2.256{,}25 \qquad R(15) = 2.250$$

chegamos à conclusão de que o máximo absoluto de $R(x)$ no intervalo $0 \leq x \leq 15$ é atingido para $x = 12{,}5$.

Como x representa certo número de pessoas, deve ser um número inteiro. Assim, $x = 12{,}5$ não pode ser a solução desse problema prático de otimização. Para determinar o valor *inteiro* ótimo de x, observe que R é uma função crescente para $0 < x < 12{,}5$ e uma função decrescente para $x > 12{,}5$, como mostra o diagrama de setas a seguir (veja também a Figura 3.52b).

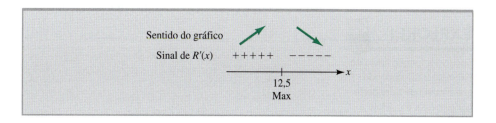

O valor inteiro ótimo de x deve ser, portanto, $x = 12$ ou $x = 13$. Como

$$R(12) = 2.256 \quad \text{e} \quad R(13) = 2.256$$

concluímos que a receita da empresa de turismo será máxima quando o grupo contiver 12 ou 13 pessoas a mais que 35, ou seja, quando o grupo for composto por 47 ou 48 pessoas. A receita nesse caso será R$ 2.256,00.

Controle de Estoque

O controle de estoque é um problema muito comum no mundo dos negócios. Para cada remessa de matérias-primas, o fabricante tem que pagar uma taxa de transporte. Quando as matérias-primas chegam, devem permanecer em estoque até serem utilizadas, o que resulta em certo custo de armazenamento. Quando uma grande quantidade de matérias-primas é adquirida de uma vez, o número de remessas é menor, o que diminui os gastos de transporte, mas o custo de armazenamento é elevado. Por outro lado, quando são feitas pequenas encomendas, os gastos com transporte aumentam, porque é necessário um número maior de remessas, mas os custos de armazenamento são menores. O Exemplo 3.5.7 mostra de que forma os métodos do cálculo podem ser usados para determinar o tamanho das remessas para o qual o custo total é o menor possível.

EXEMPLO 3.5.7 Minimização do Custo de Armazenamento

Um fabricante de bicicletas compra 6.000 pneumáticos por ano. A taxa de transporte é R$ 20,00 por encomenda; o custo de armazenamento é 96 centavos por pneu por ano; um pneu custa R$ 21,00. Suponha que a demanda de pneus se mantém constante durante todo o ano e as remessas são entregues no momento em que o estoque se esgotou. Quantos pneus o fabricante de bicicletas deve encomendar de cada vez para minimizar o custo?

Solução

O objetivo é minimizar o custo total, que pode ser escrito da seguinte forma:

$$\text{Custo total} = \text{custo de armazenamento} + \text{custo de transporte} + \text{custo de aquisição}$$

Seja x o número de pneus em cada remessa e seja $C(x)$ o custo total correspondente em reais. Nesse caso,

Custo de transporte = (taxa de transporte por encomenda)(número de encomendas)

Como 6.000 pneus são encomendados durante o ano e cada remessa contém x pneus, o número de encomendas é $6.000/x$ e, portanto,

$$\text{Custo de transporte} = 20\left(\frac{6.000}{x}\right) = \frac{120.000}{x}$$

Além disso,

$$\text{Custo de aquisição} = (\text{número total de pneus})(\text{preço de um pneu})$$
$$= 6.000(21) = 126.000$$

O cálculo do custo de armazenamento é um pouco mais complicado. Quando uma remessa chega, todos os x pneus são armazenados e passam a ser retirados a uma taxa constante. O estoque diminui de forma linear até que não restam mais pneus, momento em que uma nova remessa é recebida. O processo está ilustrado na Figura 3.53a. Por questões óbvias, essa forma de gerenciar o estoque é conhecida como **just in time** (bem a tempo, em português).

13 | EXPLORE!

Escreva a função custo do Exemplo 3.5.7 supondo que o custo de transporte por remessa é q. Plote a função de custo para q = 10, 15, 20 e 25, usando uma janela de [0, 6,000]500 por [126,000, 130,000]5,000 seguida por uma janela de [0, 1,000]100 por [126,000, 127,000]1,000. Observe a diferença entre as curvas para diferentes valores de q. Determine o custo mínimo em cada caso. Descreva como varia o mínimo quando q varia.

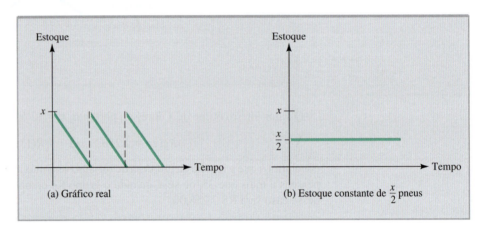

FIGURA 3.53 Gráficos do estoque em função do tempo.

O número médio de pneus armazenados durante o ano é $x/2$ e o custo anual de armazenamento desses pneus é o mesmo que se $x/2$ pneus fossem mantidos em estoque durante o ano inteiro (veja a Figura 3.53b). (Essa afirmação, embora razoável, não é óbvia; o leitor tem todo o direito de exigir uma prova. A prova, que envolve o uso do cálculo integral, será apresentada no Capítulo 5.) Nesse caso, temos:

$$\text{Custo de armazenamento} = (\text{número médio de pneus armazenados})(\text{custo de armazenamento por pneu})$$
$$= \frac{x}{2}(0,96) \quad 0,48x$$

Combinando as equações anteriores, obtemos:

$$C(x) = \underbrace{0,48x}_{\text{custo de armazenamento}} + \underbrace{\frac{120.000}{x}}_{\text{custo de transporte}} + \underbrace{126.000}_{\text{custo de aquisição}}$$

e o objetivo é determinar o mínimo absoluto de $C(x)$ no intervalo

$$0 < x \leq 6.000$$

A derivada de $C(x)$ é

$$C'(x) = 0,48 - \frac{120.000}{x^2}$$

que se anula para

APLICAÇÕES ADICIONAIS DA DERIVADA 235

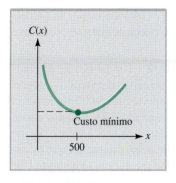

FIGURA 3.54 Função custo total $C(x) = 0,48x + \dfrac{120.000}{x} + 126.000$.

$$x^2 = \frac{120.000}{0,48} = 250.000 \quad \text{ou} \quad x = \pm 500$$

Como $x = 500$ é o único número crítico no intervalo de interesse $0 < x \leq 6.000$, podemos usar o teste da derivada segunda para extremos absolutos. A derivada segunda da função custo é

$$C''(x) = \frac{240.000}{x^3}$$

que é positiva para $x > 0$. Assim, o mínimo absoluto do custo total $C(x)$ no intervalo $0 < x \leq 6.000$ é atingido para $x = 500$. Isso significa que o fabricante deve encomendar os pneus em lotes de 500. O gráfico de $C(x)$, incluído apenas para fins ilustrativos, aparece na Figura 3.54.

NOTA Como a derivada do custo de aquisição dos pneus no Exemplo 3.5.7 era nula, já que supusemos que o preço dos pneus se manteve constante durante todo o processo, essa componente do custo não teve influência na solução. Em geral, os economistas fazem distinção entre os **custos fixos** (como o custo de aquisição dos pneus no exemplo que acabamos de discutir) e os **custos variáveis** (como os custos de armazenamento e transporte). Para minimizar o custo total, basta minimizar a soma dos custos variáveis. ■

PROBLEMAS ■ 3.5

1. Determine o número que excede o seu quadrado o máximo possível. [*Sugestão*: Determine o número x para o qual $f(x) = x - x^2$ é máxima.]

2. Determine o número que é excedido pela sua raiz quadrada o máximo possível.

3. Determine dois números positivos cuja soma é 50 e cujo produto é o maior possível.

4. Determine dois números positivos x e y cuja soma é 30 e tais que o produto xy^2 é o maior possível.

5. A prefeitura de um município pretende construir um parque retangular, cercado, com uma área de 3.600 metros quadrados. Que forma deve ter o parque para que o comprimento da cerca seja mínimo?

6. Existem 320 metros de cerca disponíveis para cercar um terreno retangular. Como deve ser cercado o terreno para que a área seja a maior possível?

7. Demonstre que, de todos os retângulos com o mesmo perímetro, o quadrado é o que possui a maior área.

8. Demonstre que, de todos os retângulos com a mesma área, o quadrado é o que possui o menor perímetro.

9. Um retângulo é inscrito em um triângulo retângulo, como mostra a figura. Se os lados do triângulo são 5, 12 e 13, quais são as dimensões do retângulo inscrito com a maior área possível?

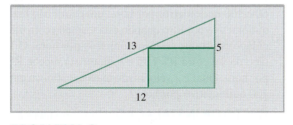

PROBLEMA 9

10. Um triângulo retângulo é posicionado com a hipotenusa sobre o diâmetro de uma circunferência, como na figura. Se o raio da circunferência é 4, quais são as dimensões do triângulo de área máxima?

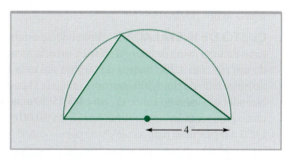

PROBLEMA 10

PROBLEMAS APLICADOS DE ECONOMIA E FINANÇAS

11. **VENDAS NO VAREJO** Uma loja está vendendo um videogame por R$ 40,00 e, por esse preço, tem vendido 50 jogos por mês. O dono da loja quer aumentar o preço e calcula que, para cada R$ 1,00 de aumento, três jogos a menos serão vendidos por mês. Se cada jogo custa à loja R$ 25,00, qual deve ser o preço para que o lucro seja o maior possível?

12. **VENDAS NO VAREJO** Uma livraria pode conseguir certo livro de uma editora por R$ 3,00 o exemplar. A livraria vem oferecendo o livro por R$ 15,00 e, por esse preço, tem vendido 200 exemplares por mês. A livraria pretende diminuir o preço para aumentar as vendas e estima que, para cada redução de R$ 1,00, 20 livros a mais serão vendidos por mês. Qual deve ser o preço para que o lucro da livraria seja o maior possível?

13. **PRODUTIVIDADE AGRÍCOLA** Um fazendeiro de São Paulo calcula que, se plantar 60 pés de laranja, cada

árvore produzirá em média 400 laranjas. A produtividade diminui de quatro laranjas por árvore para cada árvore a mais que é plantada no mesmo terreno. Quantas árvores o fazendeiro deve plantar para maximizar a produção?

14. COLHEITA Os fazendeiros conseguem vender 1 kg de batatas por R$ 2,00 no primeiro dia do ano, mas, depois disso, o preço cai à taxa de 2 centavos por quilo por dia. No dia 1º de janeiro, um fazendeiro tem 80 kg de batatas no campo e estima que a produção está aumentando à taxa de 1 kg por dia. Em que dia o fazendeiro deve colher as batatas para maximizar a receita?

15. LUCRO Uma loja de material esportivo pode conseguir bolas de tênis a um preço de R$ 5,00 a caixa. A loja tem vendido as bolas a R$ 10,00 a caixa e, por esse preço, vende em média 25 caixas por mês. A loja pretende diminuir o preço para aumentar as vendas e estima que, para cada redução de 25 centavos no preço, mais 5 caixas serão vendidas por mês. Por que preço as bolas devem ser vendidas para que o lucro seja o maior possível?

16. LUCRO Um fabricante tem vendido lâmpadas a R$ 6,00; por esse preço, os consumidores compram 3.000 lâmpadas por mês. O fabricante quer aumentar o preço e estima que, para cada aumento de R$ 1,00 no preço, menos 1.000 lâmpadas serão vendidas por mês. As lâmpadas podem ser produzidas a um custo de R$ 4,00. Por quanto o fabricante deve vender as lâmpadas para que o lucro seja o maior possível?

17. CUSTO DE INSTALAÇÃO Pretende-se estender um cabo de uma usina de energia elétrica situada na margem de um rio com 1.200 metros de largura até uma fábrica do outro lado do rio, 1.500 metros rio abaixo. O custo para estender um cabo no fundo do rio é R$ 25,00 o metro e o custo para estender um cabo em terra é R$ 20,00 o metro. Qual é o percurso mais econômico para o cabo?

18. CUSTO DE INSTALAÇÃO Repita o Problema 17 supondo que a fábrica está a 2.000 metros rio acima.

19. VENDAS A VAREJO Um comerciante comprou várias caixas de um vinho importado. Quando um vinho envelhece, o valor aumenta a princípio e depois começa a diminuir. Suponha que, daqui a x anos, o valor de uma caixa esteja variando à taxa de $53 - 10x$ reais por ano. Suponha também que o custo de armazenamento durante todo o período seja de R$ 3,00 por caixa por ano. Em que ocasião o comerciante deve vender o vinho para obter o maior lucro possível?

20. CUSTO DE PRODUÇÃO Cada máquina de certa fábrica pode produzir 50 unidades por hora. O custo para preparar as máquinas é R$ 80,00 por máquina e o custo de operação é R$ 5,00 por hora. Quantas máquinas devem ser usadas para produzir 8.000 unidades pelo menor custo possível? (Não se esqueça de que a resposta deve ser um número inteiro.)

21. ANÁLISE DE CUSTO Estima-se que o custo para construir um edifício de escritórios de n andares é $C(n) = 2n^2 + 500n + 600$ milhares de reais. Quantos andares deve ter o edifício para que o custo médio por andar seja o menor possível? (Não se esqueça de que a resposta deve ser um número inteiro.)

22. CONTROLE DE ESTOQUE Um fabricante de equipamentos médicos usa 36.000 caixas de circuitos integrados por ano. O custo de transporte é R$ 54,00 por remessa e o custo anual de armazenamento é R$ 1,20 por caixa. O uso dos circuitos se mantém constante ao longo do ano e as encomendas são recebidas no instante em que os circuitos da remessa anterior se esgotaram. Quantas caixas devem ser encomendadas de cada vez para que o custo total seja o menor possível?

23. CONTROLE DE ESTOQUE Uma loja pretende vender 800 vidros de perfume esse ano. Cada vidro de perfume custa R$ 20,00, o custo de transporte é R$ 10,00 por remessa e o custo para manter o perfume em estoque é 40 centavos por vidro por ano. A venda de perfume se mantém constante ao longo do ano e as encomendas são recebidas no instante em que os vidros da encomenda anterior se esgotam.
  a. Quantos vidros a loja deve encomendar de cada vez para que o custo seja mínimo?
  b. Com que frequência a loja deve fazer as encomendas do perfume?

24. CUSTO DE TRANSPORTE Um caminhão é contratado para transportar mercadorias de uma fábrica para um depósito. O motorista é pago por hora e, portanto, o gasto com o motorista é inversamente proporcional à velocidade do caminhão. O consumo de combustível é diretamente proporcional à velocidade do caminhão e o preço do combustível permanece constante durante a viagem. Mostre que a velocidade para a qual o custo é mínimo é aquela em que o gasto com o motorista é igual ao gasto com combustível.

25. CUSTO DE PRODUÇÃO Uma fábrica de produtos de plástico recebeu uma encomenda para fabricar 8.000 pranchas de isopor. A firma possui 10 máquinas, cada uma das quais é capaz de produzir 30 pranchas por hora. O custo de programar as máquinas para fabricar as pranchas é R$ 20,00 por máquina. As máquinas são automáticas e necessitam apenas de um supervisor, que ganha R$ 15,00 por hora.
  a. Quantas máquinas devem ser usadas para minimizar o custo de produção?
  b. Quanto ganhará o supervisor pelo trabalho se o número ideal de máquinas for usado?
  c. Qual será o custo para programar as máquinas?

26. CUSTO DE TRANSPORTE Para velocidades entre 60 e 100 quilômetros por hora, um caminhão faz $1350/x$ quilômetros por litro quando está viajando com uma velocidade constante de x quilômetros por hora. O litro do óleo diesel custa R$ 1,95 e o motorista recebe R$ 12,00 por hora. Qual é a velocidade mais econômica entre 60 e 100 quilômetros por hora?

27. CUSTO DE INSTALAÇÃO Em certa fábrica, o custo de instalação é diretamente proporcional ao número N de máquinas e o custo de operação é inversamente proporcional a N. Mostre que, quando o custo total é mínimo, o custo de instalação é igual ao custo de operação.

28. **PRODUTIVIDADE MÉDIA** A produção Q de certa fábrica é função do número L de homens-horas utilizados. Use os métodos do cálculo para mostrar que, quando a produção média por homem-hora é máxima, a produção média é igual à produção marginal por homem-hora. Use como dado a informação de que o ponto crítico da função produção média é um máximo absoluto (e não um mínimo absoluto). [*Sugestão*: A produção marginal por homem-hora é a derivada da produção Q em relação ao número de homens-horas L.]

29. **IMPOSTOS** O **monopolista** é um fabricante que tem o poder de manipular o preço de uma mercadoria de modo a maximizar o lucro. Quando o governo cobra imposto sobre a produção, o imposto passa a ser um dos componentes de custo, e o monopolista se vê forçado a decidir que parcela do imposto deve absorver e que parte deve repassar ao consumidor.

    Certo monopolista estima que, quando x unidades de certo produto são fabricadas, o custo total é $C(x) = 7x^2/8 + 5x + 100$ reais e o preço de venda do produto é $p(x) = 15 - 3x/8$ reais a unidade. Suponha que o governo estabeleça um imposto de t reais para cada unidade produzida.

    a. Mostre que o lucro é maximizado para
    $$x = \frac{2}{5}(10 - t).$$

    b. O governo sabe que o monopolista fixará a produção de modo a maximizar o lucro total. Qual deve ser o valor de t para que a receita com o imposto seja máxima?

    c. Se valor escolhido para o imposto é o calculado no item (b), qual é a parcela do imposto absorvida pelo monopolista e qual é a parcela repassada ao consumidor?

    d. Leia a respeito de impostos e escreva um ensaio de pelo menos dez linhas sobre o efeito dos impostos sobre o consumo.*

30. **CONTROLE DE ESTOQUE** O modelo de estoque analisado no Exemplo 3.5.7 não é o único possível. Suponha que uma empresa deva fornecer N unidades de um produto por período de tempo a uma taxa constante. Suponha ainda que o custo de armazenamento por unidade seja D_1 reais por período de tempo e que o custo fixo seja D_2 reais por unidade. Se o produto é fabricado a uma taxa constante de m unidades por período de tempo (e não restam unidades em estoque no final de cada período), é possível demonstrar que o custo total de armazenamento é dado por

$$C_1 = \frac{D_1 x}{2}\left(1 - \frac{N}{m}\right)$$

em que x é o número de unidades produzidas em cada batelada.

a. Mostre que o custo médio total por período é
$$C = \frac{D_1 x}{2}\left(1 - \frac{N}{m}\right) + \frac{D_2 N}{x}$$

b. Escreva uma expressão para o número de unidades que devem ser produzidas em cada batelada para que o custo médio total por período seja mínimo.

c. O número encontrado no problema de estoque do Exemplo 3.5.7 é às vezes chamado de **lote econômico de compra (LEC)**, enquanto o número encontrado no item (b) desse problema é chamado de **lote econômico de produção (LEP)**. As técnicas modernas de gerenciamento de estoques utilizam modelos muito mais sofisticados, mas elementos dos modelos associados ao LEC e ao LEP ainda são muito importantes. O gerenciamento *just in time* discutido no Exemplo 3.5.7, por exemplo, combina muito bem com a filosofia de gerenciamento de produção dos japoneses. Leia a respeito dos métodos de produção dos japoneses e escreva um ensaio de pelo menos dez linhas a respeito das razões pelas quais os japoneses consideram indesejável o uso de espaço para o armazenamento de materiais.*

PROBLEMAS APLICADOS DE CIÊNCIAS SOCIAIS E BIOLÓGICAS

31. **PLANEJAMENTO URBANO** Duas fábricas, A e B, estão situadas a 18 quilômetros de distância uma da outra e emitem, respectivamente, 80 ppm (partes por milhão) e 720 ppm de material particulado. A fábrica A está cercada por uma área de segurança com 1 quilômetro de raio, enquanto a área de segurança em torno da fábrica B tem dois quilômetros de raio. A concentração de poluentes em qualquer ponto Q nas vizinhanças das fábricas é inversamente proporcional à distância entre o ponto Q e a fábrica considerada. Em que ponto da estrada que liga as duas fábricas deve ser construída uma casa para que a poluição proveniente das duas fábricas seja a menor possível?

32. **PLANEJAMENTO URBANO** No Problema 31, suponha que a concentração de material particulado que chega a um ponto Q seja inversamente proporcional ao *quadrado* da distância entre o ponto Q e a fábrica considerada. Com essa alteração, em que ponto da estrada que liga as duas fábricas deve ser construída uma casa para que a poluição proveniente das duas fábricas seja a menor possível?

33. **ETOLOGIA** Os pombos-correios preferem não sobrevoar grandes extensões de água, possivelmente porque é

---

*O leitor talvez ache conveniente começar com as seguintes referências: Robert Eisner, *The Misunderstood Economics: What Counts and How to Count It*, Boston, MA: Harvard Business School Press, 1994, pp. 196–199; Robert H. Frank, *Microeconomics and Behavior*, 2nd ed., New York: McGraw-Hill, 1994, pp. 656–657.

*O leitor talvez ache conveniente começar com Philip E. Hicks, *Industrial Engineering and Management: A New Perspective*, New York: McGraw-Hill, Inc., 1994, pp. 144–170.

preciso mais energia para manter a altitude no ar mais denso que existe acima da água fria.* Um pombo é liberado de um barco B que flutua em um lago a 5 quilômetros de um ponto A em terra e a 13 quilômetros do pombal L, como mostra a figura. Supondo que o pombo gaste duas vezes mais energia para voar sobre a água do que sobre a terra, qual deve ser a trajetória do pombo para voltar ao pombal gastando o mínimo possível de energia? Suponha que a margem do lago no trecho de interesse é uma linha reta, e descreva a trajetória como uma linha reta de B a um ponto P na margem, seguida por outra linha reta de P até L.

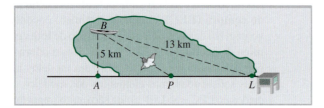

PROBLEMA 33

34. **RECICLAGEM** Para levantar fundos, uma organização beneficente está recolhendo garrafas usadas, que pretende vender a uma indústria para serem recicladas. Desde que a campanha começou, há 80 dias, a organização já recolheu 24 toneladas de garrafas, pelas quais a indústria se dispõe a pagar um centavo por quilo. Como, porém, as garrafas estão se acumulando mais depressa do que podem ser recicladas, a indústria já avisou que vai reduzir de 1 centavo por dia o preço que paga por 100 quilos de garrafas usadas. Supondo que a organização possa continuar a recolher a mesma quantidade de garrafas por dia e que os custos de transporte tornem inviável realizar mais de uma viagem à indústria de garrafas, qual é a data mais favorável para a organização encerrar a campanha e entregar as garrafas?

35. **ELIMINAÇÃO DE REJEITOS** Certos rejeitos biológicos perigosos apresentam a propriedade de que o aumento da concentração do substrato (a substância que está sendo transformada por ação de enzimas) tende a inibir a produção dos rejeitos. Esse comportamento pode ser descrito pela **equação de Haldane**[†]

$$R(S) = \frac{cS}{a + S + bS^2}$$

em que R é a taxa de aumento da concentração dos rejeitos (ou seja, a rapidez com que as células se multiplicam), S é a concentração do substrato, e a, b e c são constantes positivas.
   a. Faça um esboço de $R(S)$. A curva parece ter um máximo? Um mínimo? Um ponto de inflexão? O que acontece com a taxa de aumento da concentração de rejeitos quando S aumenta indefinidamente? Interprete suas observações.
   b. Leia um artigo a respeito do gerenciamento de rejeitos perigosos e escreva um ensaio de pelo menos 10 linhas a respeito do uso de modelos matemáticos para desenvolver métodos de eliminação de rejeitos. Um bom lugar para começar é a referência citada no enunciado.

36. **BOTÂNICA** Uma plantação experimental contém N plantas anuais, cada uma das quais produz S sementes que são plantadas no mesmo local. Em um modelo botânico, o número $A(N)$ de descendentes que sobrevivem até o ano seguinte é dado pela função

$$A(N) = \frac{NS}{1 + (cN)^p}$$

em que c e p são constantes positivas.
   a. Para que valor de N a curva de $A(N)$ atinge o valor máximo? Qual é o valor máximo? Expresse a resposta em termos de S, c e p.
   b. Para que valor de N a taxa de sobrevivência $A'(N)$ dos descendentes é mínima?
   c. A função $F(N) = A(N)/N$, conhecida como *taxa líquida de reprodução*, é uma medida do número de descendentes que sobrevivem por planta. Determine $F'(N)$ e mostre que, quanto maior o número de plantas, menor o número de descendentes que sobrevivem por planta. Esse resultado é conhecido como princípio de *mortalidade dependente da densidade*.

37. **BIOLOGIA MARINHA** Quando um peixe nada rio acima com velocidade v contra uma correnteza constante de velocidade v_w, a energia gasta por unidade de distância pode ser modelada por uma função da forma

$$E(v) = \frac{Cv^k}{v - v_w}$$

em que C é uma constante positiva e $k > 2$ é um número que depende da espécie de peixe considerada.*
   a. Mostre que $E(v)$ possui um e apenas um número crítico. Esse número crítico corresponde a um máximo relativo ou a um mínimo relativo?
   b. Observe que o número crítico do item (a) depende de k. Seja $F(k)$ o número crítico. Desenhe a curva de $F(k)$ para $k > 1$. O que se pode dizer a respeito de $F(k)$ para grandes valores de k?

38. **FÍSICO-QUÍMICA** Em físico-química, demonstra-se que a pressão P de um gás está relacionada com o volume V e à temperatura T por meio da *equação de van der Waals*:

$$\left(P + \frac{a}{V^2}\right)(V - b) = nRT$$

---

*E. Batschelet, *Introduction to Mathematics for Life Sciences*, 3rd ed., New York: Springer-Verlag, 1979, pp. 276–277.
[†]Michael D. La Grega, Philip L. Buckingham e Jeffrey C. Evans, *Hazardous Waste Management*, New York: McGraw-Hill, 1994, p. 578.

*E. Batschelet, *Introduction to Mathematics for Life Scientists*, 2nd ed., New York: Springer-Verlag, 1976, p. 280.

em que a, b, n e R são constantes. A *temperatura crítica* T_c do gás é a temperatura mais alta para a qual as fases gasosa e líquida podem existir como fases separadas.
a. Para $T = T_c$, a pressão P é uma função apenas do volume, $P(V)$. Desenhe a curva de $P(V)$.
b. O volume crítico V_c é o volume para o qual $P'(V_c) = 0$ e $P''(V_c) = 0$. Mostre que $V_c = 3b$.
c. Expresse a pressão crítica $P_c = P(V_c)$ e a temperatura crítica T_c em termos de a, b, n e R.

PROBLEMAS VARIADOS

39. DIAGRAMAÇÃO Uma gráfica recebe uma encomenda para imprimir um cartaz retangular com 648 centímetros quadrados de área impressa e margens de 2 centímetros de cada lado e 4 centímetros em cima e embaixo. Quais são as dimensões do menor pedaço de papel que pode ser usado para fazer o cartaz? [*Sugestão*: Se as variáveis forem mal escolhidas, o problema se tornará desnecessariamente complicado.]

40. EMBALAGENS Uma lata cilíndrica tem capacidade para 65π mL de suco de laranja. O custo por centímetro quadrado para fazer a tampa e o fundo de metal é duas vezes maior que o custo por centímetro quadrado para fazer o lado de papelão. Quais são as dimensões da lata mais barata?

41. EMBALAGENS Use o fato de que 1 litro equivale a 1 decímetro cúbico para determinar as dimensões de uma lata de refrigerante de 330 mL construída com a menor quantidade possível de metal. Compare as dimensões calculadas com as de uma lata de refrigerante comercial. A que você atribui a diferença?

PROBLEMA 41

42. EMBALAGENS Uma lata cilíndrica (com tampa) deve ser construída com certa área de chapa metálica. Use os métodos do cálculo para encontrar uma relação simples entre o raio e a altura da lata para que o volume seja máximo.

43. CUSTO DE MATERIAL Pretende-se construir um recipiente cilíndrico, sem tampa, com um volume dado. O custo do material usado para fazer o fundo é 3 centavos por centímetro quadrado e o do material usado para fazer o lado é 2 centavos por centímetro quadrado. Use os métodos do cálculo para encontrar uma relação simples entre o raio e a altura do recipiente para que o custo seja mínimo.

44. DISTÂNCIA ENTRE VEÍCULOS EM MOVIMENTO Um caminhão está 300 km a leste de um carro e viaja para oeste a uma velocidade constante de 30 km/h. Enquanto isso, o carro viaja para o norte a uma velocidade constante de 60 km/h. Em que instante a distância entre o carro e o caminhão será mínima? [*Sugestão*: Para simplificar os cálculos, minimize o *quadrado* da distância entre o carro e o caminhão. O leitor sabe explicar por que essa simplificação pode ser usada?]

45. CUSTO DE MATERIAL Um carpinteiro recebeu a missão de construir uma caixa aberta, de fundo quadrado. O material usado para fazer os lados da caixa custa R$ 3,00 o metro quadrado e o material usado para fazer o fundo custa R$ 4,00 o metro quadrado. Quais são as dimensões da caixa de maior volume que pode ser construída por R$ 48,00?

46. CUSTO DE MATERIAL Uma caixa fechada, de fundo quadrado, tem um volume de 250 metros cúbicos. O material usado para fazer a tampa e o fundo da caixa custa R$ 2,00 o metro quadrado e o material usado para fazer os lados custa R$ 1,00 o metro quadrado. A caixa pode ser construída por menos de R$ 300,00?

47. CUSTO DE INSTALAÇÃO A empresa encarregada de instalar o cabo do Exemplo 3.5.5 contratou João Safo como consultor. João, lembrando-se de um problema que estudou no primeiro ano da faculdade, garante que, qualquer que seja a distância a que a fábrica esteja situada rio abaixo (além de 1.200 metros), será mais econômico fazer com que o cabo chegue à margem oposta 1.200 metros rio abaixo em relação à usina de energia elétrica. O supervisor, irritado com a aparente ingenuidade de João, argumenta: "Qualquer idiota pode ver que, quanto mais afastada estiver a fábrica, mais afastado deve estar o ponto em que o cabo chega à margem oposta. É uma questão de bom senso!" É claro que João não é um idiota, mas será que ele tem razão? Por quê?

48. CONSTRUÇÃO CIVIL Como parte de um projeto de construção, é necessário passar com um cano pela esquina mostrada na figura, sem tirá-lo da horizontal. Qual é o comprimento máximo do cano para o qual a manobra terá sucesso?

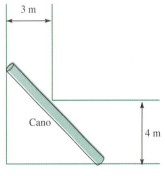

PROBLEMA 48

49. ESPIONAGEM É meio-dia, e nosso espião está de volta do espaço sideral (veja o Problema 69 da Seção 2.2), dirigindo um jipe no deserto, no pequeno principado de Alta Loma. O agente se encontra a 32 km do ponto mais próximo de uma estrada pavimentada retilínea. A uma distância de 16 km, na mesma estrada, existe uma usina de energia elétrica abandonada na qual um grupo de espiões rivais está mantendo refém o seu chefe, cujo codinome é "N". Se nosso amigo não chegar com o dinheiro do resgate até as 12h50min, os bandidos vão executar N. O jipe pode viajar a 48 km/h na areia do deserto e a 80 km/h na estrada pavimentada. Nosso herói conseguirá chegar a tempo? [*Sugestão*: O objetivo é minimizar o tempo, que é a distância dividida pela velocidade.]

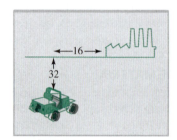

PROBLEMA 49

50. **CONSTRUÇÃO CIVIL** A resistência mecânica de uma viga retangular é proporcional ao produto da largura pelo quadrado da profundidade. Determine as dimensões da viga mais resistente que pode ser fabricada usando uma tora de madeira de 15 centímetros de diâmetro. (Observe a figura do Problema 51.)

51. **CONSTRUÇÃO CIVIL** A rigidez de uma viga retangular é proporcional ao produto da largura w pelo cubo da profundidade h. Determine as dimensões da viga mais rígida que pode ser fabricada usando uma tora de madeira de 15 centímetros de diâmetro. (Observe a figura.)

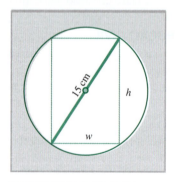

PROBLEMAS 50 E 51

52. **EMBALAGENS** Pretende-se fazer uma caixa aberta a partir de uma folha quadrada de papelão de 18 centímetros por 18 centímetros removendo um quadrado de cada canto e dobrando as abas para formar os lados. Quais são as dimensões da caixa de maior volume que pode ser construída dessa forma?

53. **TARIFAS POSTAIS** De acordo com o regulamento do correio dos EUA, a soma da cintura com o comprimento de um pacote não pode exceder 108 polegadas no caso de uma remessa de quarta classe. Qual é o maior volume de um pacote retangular com dois lados quadrados que pode ser enviado como uma remessa de quarta classe?

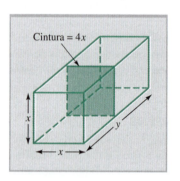

PROBLEMA 53

54. **TARIFAS POSTAIS** Repita o Problema 53 para o caso de um pacote cilíndrico.

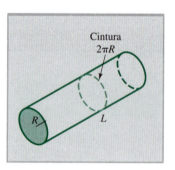

PROBLEMA 54

Termos, Símbolos e Fórmulas Importantes

f crescente $f'(x) > 0$ (Seção 3.1)
f decrescente $f'(x) < 0$ (Seção 3.1)
Ponto crítico: $(c, f(c))$, em que $f'(c) = 0$ ou $f'(c)$ não existe (Seção 3.1)
Máximos e mínimos relativos (Seção 3.1)
Teste da primeira derivada para extremos relativos: (Seção 3.1)
  Se $f'(c) = 0$ ou $f'(c)$ não existe, então

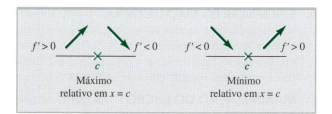

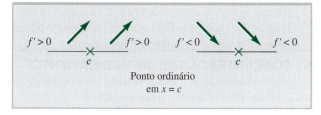

Ponto de retornos decrescentes (Seção 3.2)
Concavidade: (Seção 3.2)
  Para cima se $f'(x)$ está aumentando; logo, $f''(x) > 0$
  Para baixo se $f'(x)$ está diminuindo; logo, $f''(x) < 0$
Ponto de inflexão: ponto de um gráfico em que a concavidade muda (Seção 3.2)
Teste da segunda derivada para extremos relativos: (Seção 3.2)
  Se $f'(c) = 0$, então

Máximo relativo se $f''(c) < 0$

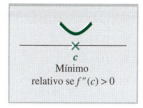

Mínimo relativo se $f''(c) > 0$

Assíntota vertical (Seção 3.3)
Assíntota horizontal (Seção 3.3)
Máximos e mínimos absolutos (Seção 3.4)
Propriedade dos valores extremos: (Seção 3.4)
  Os extremos absolutos de uma função contínua em um intervalo fechado $a \leq x \leq b$ ocorrem em números críticos no intervalo aberto $a < x < b$ ou nas extremidades do intervalo (a ou b).
Teste da derivada segunda para extremos absolutos: (Seção 3.4)
  Se $f(x)$ possui apenas um número crítico $x = c$ em um intervalo I, então $f(c)$ é um máximo absoluto em I se $f''(c) < 0$ e um mínimo absoluto se $f''(c) > 0$.
O lucro $P(q) = R(q) - C(q)$ é máximo quando a receita marginal é igual ao custo marginal: $R'(q) = C'(q)$. (Seção 3.4)
O custo médio $A(q) = C(q)/q$ é mínimo quando o custo médio é igual ao custo marginal: $A(q) = C'(q)$. (Seção 3.4)
Elasticidade da demanda $q = D(p)$: $E(p) = -\dfrac{p}{q}\dfrac{dq}{dp}$ (Seção 3.4)
Tipos de elasticidade da demanda: (Seção 3.4)
  inelástica se $|E(p)| < 1$
  elástica se $|E(p)| > 1$
  elasticidade unitária se $|E(p)| = 1$
Controle de estoque (Seção 3.5)

Problemas de Verificação

1. Das duas curvas mostradas na figura, uma é a curva de uma função $f(x)$ e a outra é a curva da derivada da função, $f'(x)$. Determine qual é a curva da derivada e justifique sua resposta.

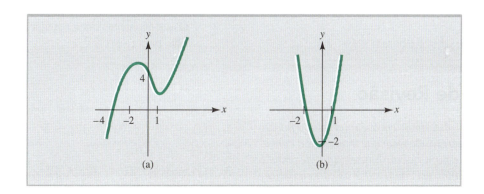

2. Determine os intervalos nos quais cada função a seguir é crescente e decrescente e se cada número crítico corresponde a um máximo relativo, um mínimo relativo ou um ponto ordinário.
   a. $f(x) = -x^4 + 4x^3 + 5$
   b. $f(t) = 2t^3 - 9t^2 + 12t + 5$
   c. $g(t) = \dfrac{t}{t^2 + 9}$
   d. $g(x) = \dfrac{4 - x}{x^2 + 9}$

3. Determine os intervalos em que a concavidade da curva de cada função é para cima ou para baixo e as coordenadas x (ou t) dos pontos de inflexão.
   a. $f(x) = 3x^5 - 10x^4 + 2x - 5$
   b. $f(x) = 3x^5 + 20x^4 - 50x^3$
   c. $f(t) = \dfrac{t^2}{t - 1}$
   d. $g(t) = \dfrac{3t^2 + 5}{t^2 + 3}$

4. Determine as assíntotas verticais e horizontais da curva de cada função.
   a. $f(x) = \dfrac{2x - 1}{x + 3}$
   b. $f(x) = \dfrac{x}{x^2 - 1}$
   c. $f(x) = \dfrac{x^2 + x - 1}{2x^2 + x - 3}$
   d. $f(x) = \dfrac{1}{x} - \dfrac{1}{\sqrt{x}}$

5. Desenhe a curva de cada função, levando em conta todas as características importantes, como pontos de interseção com os eixos x e y, assíntotas, máximos e mínimos, pontos de inflexão, cúspides e tangentes verticais.
   a. $f(x) = 3x^4 - 4x^3$
   b. $f(x) = x^4 - 3x^3 + 3x^2 + 1$
   c. $f(x) = \dfrac{x^2 + 2x + 1}{x^2}$
   d. $f(x) = \dfrac{1 - 2x}{(x - 1)^2}$

6. Desenhe a curva de uma função $f(x)$ com as seguintes propriedades:
   a. $f'(x) > 0$ para $x < 0$ e para $0 < x < 2$
   b. $f'(x) < 0$ para $x > 2$
   c. $f'(0) = f'(2) = 0$
   d. $f''(x) < 0$ para $x < 0$ e para $x > 1$
   e. $f''(x) > 0$ para $0 < x < 1$
   f. $f(-1) = f(4) = 0; f(0) = 1, f(1) = 2, f(2) = 3$

7. Determine os valores máximo e mínimo de cada função no intervalo dado.
   a. $f(x) = x^3 - 3x^2 - 9x + 1$ para $-2 \leq x \leq 4$
   b. $g(t) = -4t^3 + 9t^2 + 12t - 5$ para $-1 \leq t \leq 4$
   c. $h(u) = 8\sqrt{u} - u + 3$ para $0 \leq u \leq 25$

8. **EFICIÊNCIA DA MÃO DE OBRA** Um funcionário dos correios chega ao trabalho às 6 horas, e t horas depois separou aproximadamente $f(t) = -t^3 + 7t^2 + 200t$ cartas. Em que instante, durante o período de 6 h a 10 h, o funcionário está trabalhando com eficiência máxima?

9. **MAXIMIZAÇÃO DO LUCRO** Um fabricante pode produzir MP3 players por um custo unitário de R$ 90,00. Estima-se que, se o preço de venda for x reais, $20(180 - x)$ aparelhos serão vendidos por mês. Que preço o fabricante deve cobrar para maximizar o lucro?

10. **CONCENTRAÇÃO DE UM MEDICAMENTO** A concentração de um medicamento no sangue de um paciente t horas depois de ser injetado é
$$C(t) = \dfrac{0{,}05t}{t^2 + 27}$$
miligramas por centímetro cúbico.
   a. Desenhe a curva da função concentração.
   b. Em que instante a concentração está diminuindo mais depressa?
   c. O que acontece com a concentração a longo prazo (ou seja, para $t \to \infty$)?

11. **POPULAÇÃO DE BACTÉRIAS** Estima-se que uma colônia de bactérias tem uma população de
$$P(t) = \dfrac{15t^2 + 10}{t^3 + 6} \text{ milhão}$$
t horas após a introdução de uma toxina.
   a. Qual é a população no instante em que a toxina é introduzida?
   b. Em que instante a população é máxima? Qual é a população máxima?
   c. Desenhe a curva da população em função do tempo. O que acontece com a população a longo prazo (ou seja, para $t \to \infty$)?

Problemas de Revisão

Nos Problemas 1 a 10, determine em que intervalos a função dada é crescente e decrescente e em que intervalos a concavidade é para cima e para baixo. Em seguida, desenhe a curva da função, levando em conta todas as características importantes, como pontos de interseção com os eixos x e y, assíntotas, máximos e mínimos, pontos de inflexão, cúspides e tangentes verticais.

1. $f(x) = -2x^3 + 3x^2 + 12x - 5$
2. $f(x) = x^2 - 6x + 1$
3. $f(x) = 3x^3 - 4x^2 - 12x + 17$
4. $f(x) = x^3 - 3x^2 + 2$
5. $f(t) = 3t^5 - 20t^3$

6. $f(x) = \dfrac{x^2 + 3}{x - 1}$

7. $g(t) = \dfrac{t^2}{t + 1}$

8. $G(x) = (2x - 1)^2(x - 3)^3$

9. $F(x) = 2x + \dfrac{8}{x} + 2$

10. $f(x) = \dfrac{1}{x^3} + \dfrac{2}{x^2} + \dfrac{1}{x}$

Nos Problemas 11 e 12, uma das duas curvas mostradas é a curva de uma função f(x) e a outra é a curva da derivada, f'(x). Determine qual é a curva da derivada e justifique sua resposta.

11.

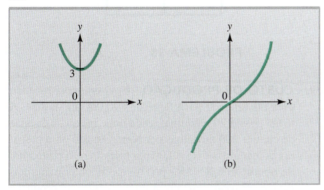

12.

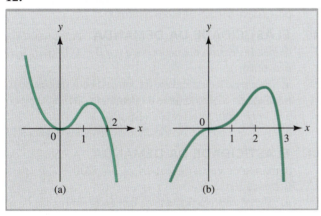

Nos Problemas 13 a 16, a derivada f'(x) de uma função é dada. Use essa informação para classificar cada número crítico de f(x) como máximo relativo, mínimo relativo ou ponto ordinário.

13. $f'(x) = x^3(2x - 3)^2(x + 1)^5(x - 7)$

14. $f'(x) = \sqrt[3]{x}(3 - x)(x + 1)^2$

15. $f'(x) = \dfrac{x(x - 2)^2}{x^4 + 1}$

16. $f'(x) = \dfrac{x^2 + 2x - 3}{x^2(x^2 + 1)}$

Nos Problemas 17 a 20, desenhe a curva de uma função f com todas as propriedades especificadas.

17.
  a. $f'(x) > 0$ para $x < 0$ e para $x > 5$
  b. $f'(x) < 0$ para $0 < x < 5$
  c. $f''(x) > 0$ para $-6 < x < -3$ e para $x > 2$
  d. $f''(x) < 0$ para $x < -6$ e para $-3 < x < 2$

18.
  a. $f'(x) > 0$ para $x < -2$ e para $-2 < x < 3$
  b. $f'(x) < 0$ para $x > 3$
  c. $f'(-2) = 0$ e $f'(3) = 0$

19.
  a. $f'(x) > 0$ para $1 < x < 2$
  b. $f'(x) < 0$ para $x < 1$ e para $x > 2$
  c. $f''(x) > 0$ para $x < 2$ e para $x > 2$
  d. $f'(1) = 0$ e $f'(2)$ não existe.

20.
  a. $f'(x) > 0$ para $x < 1$
  b. $f'(x) < 0$ para $x > 1$
  c. $f''(x) > 0$ para $x < 1$ e para $x > 1$
  d. $f'(1)$ não existe.

Nos Problemas 21 a 24, determine todos os números críticos da função dada f(x) e use o teste da segunda derivada para determinar se os pontos críticos (se existirem) são máximos relativos ou mínimos relativos.

21. $f(x) = -2x^3 + 3x^2 + 12x - 5$

22. $f(x) = x(2x - 3)^2$

23. $f(x) = \dfrac{x^2}{x + 1}$

24. $f(x) = \dfrac{1}{x} - \dfrac{1}{x + 3}$

Nos Problemas 25 a 28, determine o máximo absoluto e o mínimo absoluto (se existirem) da função dada no intervalo especificado.

25. $f(x) = -2x^3 + 3x^2 + 12x - 5;\ -3 \leq x \leq 3$

26. $f(t) = -3t^4 + 8t^3 - 10;\ 0 \leq t \leq 3$

27. $g(s) = \dfrac{s^2}{s + 1};\ -\dfrac{1}{2} \leq s \leq 1$

28. $f(x) = 2x + \dfrac{8}{x} + 2;\ x > 0$

29. A derivada de certa função é $f'(x) = x(x - 1)^2$.
  a. Em que intervalos $f(x)$ é crescente? Em que intervalos é decrescente?
  b. Em que intervalos a concavidade de $f(x)$ é para cima? Em que intervalos é para baixo?
  c. Determine as coordenadas x dos extremos relativos e dos pontos de inflexão de $f(x)$.
  d. Desenhe uma possível curva de $f(x)$.

30. A derivada de certa função é $f'(x) = x^2(5 - x)$.
  a. Em que intervalos $f(x)$ é crescente? Em que intervalos é decrescente?
  b. Em que intervalos a concavidade de $f(x)$ é para cima? Em que intervalos é para baixo?
  c. Determine as coordenadas x dos extremos relativos e dos pontos de inflexão de $f(x)$.
  d. Desenhe uma possível curva de $f(x)$.

31. **LUCRO** Um fabricante pode produzir óculos escuros por um custo unitário de R$ 5,00 e estima que, se o preço de venda for x reais, serão vendidos $100(20 - x)$ óculos

por dia. Que preço o fabricante deve cobrar para maximizar o lucro?

32. **CUSTO DE MATERIAL** Uma caixa de base retangular deve ser construída com dois materiais. O material usado nos lados e no fundo da caixa custa R$ 2,00/cm³ e o material da tampa custa R$ 3,00/cm³. Se a caixa deve ter um volume de 1.215 cm³ e o comprimento da base deve ser duas vezes maior que a largura, quais são as dimensões da caixa que minimizam o custo? Qual é o custo mínimo?

33. **CUSTO DE MATERIAL** Um recipiente cilíndrico sem tampa deve ser construído por uma quantia fixa. O custo do material usado para fazer o fundo é 3 centavos por centímetro quadrado e o custo do material usado para fazer o lado é 2 centavos por centímetro quadrado. Use os métodos do cálculo para encontrar uma relação simples entre o raio e a altura do recipiente para que o volume seja o maior possível.

34. **MERCADO IMOBILIÁRIO** Um empresário do setor imobiliário calcula que, se construir 60 casas de luxo em certo terreno, terá um lucro médio de R$ 47.500,00 por casa. O lucro médio diminuirá de R$ 500,00 por casa para cada casa a mais que for construída do mesmo terreno. Quantas casas o empresário deve construir para auferir o maior lucro possível? (Não se esqueça de que a resposta deve ser um número inteiro.)

35. **OTIMIZAÇÃO** Um fazendeiro dispõe de 320 metros de cerca para delimitar um pasto retangular. Quais devem ser as dimensões do curral para que a área seja máxima
    a. se os quatro lados do pasto tiverem que ser cercados?
    b. se apenas três lados tiverem que ser cercados e o quarto lado for um muro?

36. **MOVIMENTO DE VEÍCULOS** Estima-se que, entre o meio-dia e as 19 h, a velocidade média dos automóveis em certa rua é dada por

    $$v(t) = t^3 - 9t^2 + 15t + 45$$

    quilômetros por hora, em que t é o número de horas após o meio-dia. Em que instante entre o meio-dia e as 19 h o tráfego é mais rápido? Em que instante entre o meio-dia e as 19 h o tráfego é mais lento?

37. **TEMPO DE PERCURSO** Um homem está de pé na margem de um rio de um quilômetro de largura e quer chegar a uma cidade situada na margem oposta, um quilômetro rio acima. Para isso, pretende remar em linha reta até um ponto P na margem oposta e caminhar até a cidade. Qual deve ser a localização do ponto P para que o percurso seja coberto no menor tempo possível, sabendo que o homem é capaz de remar a 4 quilômetros por hora e andar a cinco quilômetros por hora?

38. **OTIMIZAÇÃO** Um fazendeiro deseja usar 300 metros de cerca para delimitar dois currais retangulares vizinhos, como mostra a figura. Quais devem ser as dimensões dos currais para que a área total seja a maior possível?

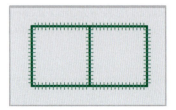

PROBLEMA 38

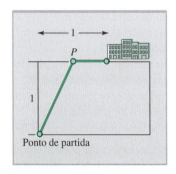

PROBLEMA 37

39. **CUSTO DE PRODUÇÃO** Uma empresa recebeu uma encomenda para fabricar 400.000 medalhas. A firma possui 20 máquinas, cada uma das quais é capaz de cunhar 200 medalhas por hora. O custo para preparar as máquinas é R$ 80,00 por máquina e o custo total de operação é R$ 5,76 por hora. Quantas máquinas devem ser usadas para minimizar o custo de produção das 400.000 medalhas? (Não se esqueça de que a resposta deve ser um número inteiro.)

40. **ELASTICIDADE DA DEMANDA** A equação da demanda de certa mercadoria é $q = 60 - 0{,}1p$ (para $0 \leq p \leq 600$).
    a. Expresse a elasticidade da demanda em função de p.
    b. Calcule a elasticidade da demanda quando o preço é $p = 200$. Interprete a resposta.
    c. Para que preço a elasticidade da demanda é igual a 1?

41. **ELASTICIDADE DA DEMANDA** A equação da demanda de certa mercadoria é $q = 200 - 2p^2$ (para $0 \leq p \leq 10$).
    a. Expresse a elasticidade da demanda em função de p.
    b. Calcule a elasticidade da demanda quando o preço é $p = 6$. Interprete a resposta.
    c. Para que preço a elasticidade da demanda é igual a 1?

42. **ELASTICIDADE E RECEITA** Suponha que $q = 500 - 2p$ unidades de certo produto sejam vendidas quando o preço é p reais, para $0 \leq p \leq 250$.
    a. Determine os intervalos em que a demanda é elástica, inelástica e de elasticidade unitária em relação ao preço.
    b. Use os resultados do item (a) para determinar os intervalos em que a função receita é crescente e decrescente e o preço para o qual a receita é a maior possível.
    c. Escreva uma expressão para a função receita e use a derivada primeira para determinar os intervalos

em que a função é crescente e decrescente e o preço para o qual a receita é a maior possível.

d. Plote as funções demanda e receita.

43. **CRUZEIROS MARÍTIMOS** Uma empresa de navegação estima que, quando o preço de um camarote de luxo em um cruzeiro marítimo é p milhares de dólares, são vendidos q camarotes, em que $q = 300 - 0,7p^2$.
   a. Determine a elasticidade da demanda de camarotes de luxo.
   b. Se o preço de um camarote é 8.000 dólares ($p = 8$), a empresa deve aumentar ou diminuir o preço para aumentar a receita?

44. **EMBALAGENS** Qual é o maior volume possível de uma lata cilíndrica, sem tampa, feita de 27π centímetros quadrados de chapa metálica?

45. **ARQUITETURA** Uma janela tem a forma de um triângulo equilátero acima de um retângulo. O retângulo é feito de vidro transparente e transmite duas vezes mais luz que o triângulo, que é feito de vidro colorido. Se a janela inteira tem um perímetro de 2 m, determine as dimensões da janela para que a intensidade da luz que a atravessa seja máxima.

46. **PLATAFORMA DE PETRÓLEO** O petróleo de uma plataforma oceânica 3 quilômetros a leste da costa (que tem a direção norte-sul) deve ser bombeado para um reservatório situado no litoral, 8 quilômetros ao norte. O custo para construir um oleoduto da plataforma até o litoral é 1,5 vez maior do que o custo para construir um oleoduto em terra. Qual deve ser o percurso do oleoduto para que o custo seja mínimo?

47. **CONTROLE DE ESTOQUE** Uma empresa petrolífera distribui 16.000 mapas rodoviários por ano por meio dos postos de gasolina de sua bandeira. O custo de preparar uma máquina para imprimir os mapas é R$ 100,00; além disso, a empresa gasta 6 centavos por ano para imprimir um mapa e 20 centavos por ano para mantê-lo em estoque. Os mapas são fornecidos aos postos com regularidade durante o ano e impressos em lotes iguais, entregues de tal forma que cada lote chega aos postos no momento em que o lote anterior se esgotou. Quantos mapas a empresa deve imprimir em cada lote para minimizar o custo?

48. **CONTROLE DE ESTOQUE** Uma firma de eletrônica usa 600 caixas de circuitos integrados por ano. Cada caixa custa R$ 1.000,00. O custo para armazenar uma caixa durante um ano é 90 centavos e o custo de transporte é R$ 30,00 por remessa. Quantas caixas a firma deve encomendar de cada vez para minimizar o custo total? (Suponha que o uso dos circuitos se mantenha constante ao longo do ano e que as encomendas são recebidas no instante em que os circuitos da remessa anterior se esgotam.)

49. **CONTROLE DE ESTOQUE** Uma fábrica recebe matérias-primas em remessas iguais, que chegam a intervalos regulares. O custo de armazenamento das matérias-primas é diretamente proporcional ao tamanho de cada remessa, enquanto o custo de transporte é inversamente proporcional ao tamanho de cada remessa. Mostre que o custo total é mínimo quando o custo de armazenamento e o custo de transporte são iguais.

50. **GERENCIAMENTO DE UMA CONTA** João precisa de R$ 10.000,00 para despesas pessoais por ano, que retira de uma conta de poupança fazendo N saques iguais. Para cada saque é cobrada uma taxa de R$ 8,00 e o dinheiro depositado rende juros de 4% ao ano.
   a. O custo total C de gerenciamento da conta é igual ao custo das transações mais a perda de juros devido aos saques. Expresse C em função de N. [*Sugestão*: Use a relação $1 + 2 + \ldots + N = N(N + 1)/2$.]
   b. Quantas retiradas João deve fazer por ano para minimizar o custo total de gerenciamento da conta $C(N)$?

51. **CUSTO DE PRODUÇÃO** Uma empresa recebe uma encomenda de q unidades de um produto. Cada máquina da empresa pode produzir n unidades por hora. O custo de preparação das máquinas para o trabalho é s reais por máquina e o custo de operação é p reais por hora.
   a. Escreva uma expressão para o número de máquinas que minimiza o custo total.
   b. Prove que, se o custo total é mínimo, o custo de preparação das máquinas é igual ao custo de operação.

52. **CUSTO DE PRODUÇÃO** Um fabricante observa que a fabricação de x unidades por dia de certo produto (para $0 < x < 100$) envolve três custos:
   a. Um custo fixo de R$ 1.200,00 por dia em salários;
   b. Um custo de produção de R$ 1,20 por dia por unidade produzida;
   c. Um custo de reposição de $100/x^2$ reais por dia.
   Expresse o custo total em função de x e determine o nível de produção para o qual o custo total é mínimo.

53. **CRISTALOGRAFIA** Um problema fundamental da cristalografia é a determinação da **fração de empacotamento** de uma rede cristalina, que é a fração do espaço disponível ocupada pelos átomos da rede, supondo que os átomos se comportam como esferas rígidas. Quando a rede cristalina contém exatamente dois tipos diferentes de átomos, é possível demonstrar que a fração de empacotamento é dada pela expressão*

$$f(x) = \frac{K(1 + c^2x^3)}{(1 + x)^3}$$

em que $x = r/R$ é a razão entre os raios, r e R, dos dois tipos de átomos da rede, e c e K são constantes positivas.
   a. A função $f(x)$ tem um e apenas um número crítico. Calcule esse número e use o teste da derivada segunda para classificá-lo como um máximo relativo ou um mínimo relativo.

---

*John C. Lewis e Peter P. Gillis, "Packing Factors in Diatomic Crystals", *American Journal of Physics*, Vol. 61, No. 5 (1993), pp. 434–438.

b. Os valores das constantes c e K e o domínio de $f(x)$ dependem da geometria da rede. No caso do sal de cozinha, $c = 1$, $K = 2\pi/3$ e o domínio é o intervalo $(\sqrt{2} - 1) \le x \le 1$. Determine os valores máximo e mínimo de $f(x)$.

c. Repita o item (b) para o caso da β-cristobalita, em que $c = \sqrt{2}$, $K = \pi\sqrt{3}/16$, e o domínio é o intervalo $0 \le x \le 1$.

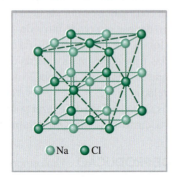

PROBLEMA 53

d. O que se pode dizer a respeito da fração de empacotamento $f(x)$ se r é muito menor que R? Responda a essa pergunta calculando $\lim_{x \to 0} f(x)$.

e. Leia o artigo citado no problema e escreva um ensaio de pelo menos dez linhas a respeito de como os fatores de empacotamento são calculados e usados na cristalografia.

54. COMBATE A INCÊNDIOS Se desprezarmos a resistência do ar, o jato de água emitido por uma mangueira chega a uma altura

$$y = -5(1 + m^2)\left(\frac{x}{v}\right)^2 + mx$$

metros acima de um ponto situado a x metros da boca da mangueira, em que m é a inclinação da mangueira e v é a velocidade com que a água deixa a mangueira. Suponha que v seja constante.

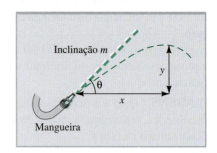

PROBLEMA 54

a. Se m também for constante, determine a altura máxima atingida pela água e a distância horizontal atingida pela água (ou seja, o valor de x para $y = 0$).

b. Se m for variável, determine a inclinação para a qual um bombeiro conseguirá atingir o fogo da maior distância possível.

c. Suponha que um bombeiro se encontre a uma distância $x = x_0$ metros da base de um edifício. Se m for variável, qual é o ponto mais alto do edifício que o bombeiro consegue atingir com a água lançada pela mangueira?

APLICAÇÕES ADICIONAIS DA DERIVADA   247

SOLUÇÕES DOS EXERCÍCIOS EXPLORE!

Solução do Exercício Explore! 1

Entre com a função $f(x) = 2x^3 + 3x^2 - 12x - 7$ em Y1 no estilo negrito e com a função $f'(x)$ em Y2, usando a opção de derivada numérica. Use uma janela decimal modificada de $[-4,7, 4,7]1$ por $[-20, 20]2$ para obter os gráficos abaixo. Use **TRACE** para localizar o ponto em que $f'(x)$ intercepta o eixo x (um valor de y menor que $2E-6 = 0,000002$ pode ser considerado nulo).

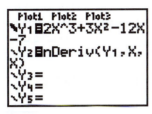 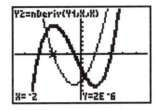 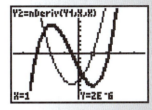

Observe que $f(x)$ (em negrito) é decrescente entre $x = -2$ e $x = 1$, o mesmo intervalo no qual $f'(x)$ é negativa (a curva está abaixo do eixo x). Nas regiões em que $f(x)$ é crescente (para $x < -2$ e $x > 1$), $f'(x)$ é positiva. Nos pontos em que a derivada é nula, $x = -2$ e $x = 1$, a curva de $f(x)$ passa por um extremo, que no primeiro caso é um máximo e no segundo é um mínimo.

Solução do Exercício Explore! 2

Entre com $f(x) = x^2/(x - 2)$ em Y1 e $g(x) = x^2/(x - 4)$ em Y2, usando o estilo negrito. Use uma janela $[-9,4, 9,4]1$ por $[-20, 30]5$ para obter os gráficos abaixo. Qual é a diferença entre os dois gráficos? O máximo relativo (no ramo da esquerda, antes da assíntota) está na origem nas duas curvas. Por outro lado, o mínimo relativo (no ramo da direita) está mais próximo da origem para $f(x)$ (em $x = 4$) do que para $g(x)$ (em $x = 8$). Observe que, nas duas curvas, o máximo relativo é menor que o mínimo relativo. A função $g(x)$ é decrescente nos intervalos $0 \leq x < 4$ e $4 < x \leq 8$.

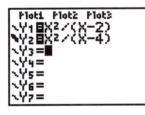 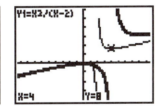 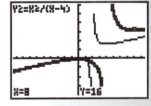

Solução do Exercício Explore! 6

Entre com $f(x) = 3x^4 - 2x^3 - 12x^2 + 18x + 15$ em Y1, usando o estilo negrito, e com as funções $f'(x)$ e $f''(x)$ em Y2 e Y3, usando a opção de derivada numérica. Desative Y3 e considere apenas Y1 e Y2, usando a janela decimal modificada que aparece na figura. Os números críticos de $f(x)$ são os zeros de $f'(x)$, $x = -1,5$ e $x = 1$; o segundo é uma raiz dupla.

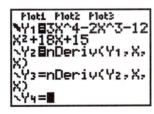 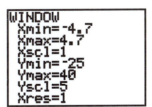 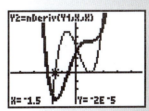

Em seguida, ative Y3 e desative Y2, como mostra a figura abaixo. A curva de Y3, a derivada segunda de $f(x)$, mostra que existem dois pontos de inflexão, em $x = -2/3$ e $x = 1$. A rotina de cálculo de raízes da calculadora pode confirmar que essas são as raízes de $f''(x)$, que coincidem com os pontos em que $f(x)$ muda de concavidade.

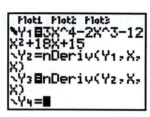 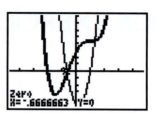 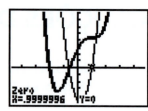

Solução do Exercício Explore! 8

Entre com $f(x) = 3x^2/(x^2 + 2x - 15)$ em Y1. Quando a curva é traçada para grandes valores de x, $f(x)$ primeiro se torna ligeiramente menor que 3 e depois se aproxima de 3, deixando claro que $y = 3$ é uma assíntota horizontal. Isso indica que existe um mínimo relativo no ramo direito da curva de $f(x)$? Até que ponto a curva deve ser prolongada para que y assuma um valor maior que 2,9? A tabela da direita da figura abaixo pode ajudar.

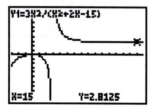 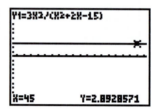 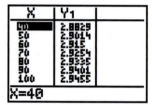

PARA PENSAR

MODELANDO UMA EPIDEMIA: MORTES PROVOCADAS PELA AIDS NOS EUA

Os modelos matemáticos são muito usados para estudar doenças infecciosas. Em particular, nos últimos 20 anos, muitos modelos matemáticos diferentes têm sido propostos para calcular o número de mortes provocadas pela Aids. Nesse ensaio, vamos descrever alguns desses modelos e discutir até que ponto refletem a realidade. Antes, porém, vamos apresentar alguns fatos a respeito da doença.

De 1980 a 1995, o número de vítimas fatais de Aids nos EUA aumentou rapidamente, de quase zero para mais de 51.000. Em meados da década de 1990, parecia que o número de mortes continuaria a aumentar de ano para ano. Graças a novos tratamentos e remédios, porém, o número de mortes nos EUA diminuiu sensivelmente, para menos de 16.000 vítimas fatais em 2001. Mesmo assim, a tendência futura do número de mortes por Aids nos EUA não é clara. O vírus causador da Aids se tornou resistente a alguns dos remédios usados para combatê-lo; além disso, existem indicações de que muitas pessoas no chamado grupo de risco não estão tomando precauções adequadas para evitar a disseminação da doença. Esses fatores levarão a um aumento do número de mortes provocadas pela Aids, ou o número de casos continuará a cair por causa dos novos medicamentos que estão constantemente sendo criados?

Ano	Número de Mortes por Aids nos EUA
1989	27.408
1990	31.120
1991	36.175
1992	40.587
1993	45.850
1994	50.842
1995	51.670
1996	38.296
1997	22.245
1998	18.823
1999	18.249
2000	16.672
2001	15.603

A tabela mostra o número anual de mortes por Aids nos EUA entre 1989 e 2001.
(FONTE: Centers for Disease Control & Prevention, National Center for HIV, STD and TB Prevention.)

O objetivo da modelagem do número de mortes causadas pela Aids nos EUA é encontrar uma função $f(t)$ relativamente simples que forneça uma boa aproximação para o número de mortes por Aids nos EUA t anos após o ano de 1989. Uma das abordagens mais simples para gerar essas funções é usar a *regressão polinomial*, um método para encontrar o polinômio de certo grau que melhor se ajusta aos dados experimentais. Para usar esse método, a primeira coisa a fazer é especificar o grau do polinômio que será usado no ajuste. Quanto maior o grau, melhor a aproximação e mais complicada a função. Suponha que seja escolhido um polinômio de terceiro grau; nesse caso, $f(t)$ é da forma geral $f(t) = at^3 + bt^2 + ct + d$. Os coeficientes a, b, c e d da curva procurada são determinados impondo a condição de que a soma dos quadrados das distâncias verticais entre os pontos experimentais da tabela e os pontos correspondentes do polinômio do terceiro grau $y = f(t)$ seja a menor possível. Os métodos do cálculo para executar esse processo de otimização serão apresentados na Seção 7.4. Na prática, porém, os polinômios de regressão são quase sempre obtidos com o auxílio de um computador ou de uma calculadora gráfica. O uso de uma calculadora para ajustar uma função polinomial a dados experimentais é discutido na seção Calculator Introduction no *site* da LTC Editora.

É importante notar que não existe uma razão biológica para que um polinômio seja uma boa aproximação para o número de mortes causadas pela Aids nos EUA em certo ano. Mesmo assim, começamos com esses modelos porque são fáceis de criar. Modelos mais sofisticados, incluindo alguns que se baseiam em argumentos biológicos, podem ser desenvolvidos usando as funções exponenciais que serão estudadas no Capítulo 4.

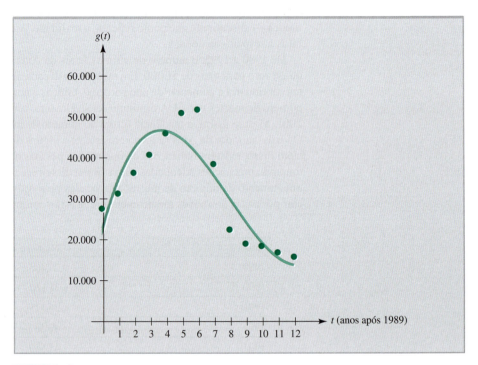

FIGURA 1 Ajuste de uma curva do terceiro grau aos dados experimentais.

Vamos examinar os polinômios de terceiro e quarto graus produzidos por regressão polinomial a partir de nossos 13 pontos (t_j, d_j), em que d_j é o número de mortes causadas pela Aids nos EUA j anos após o ano 1989. (Nossos dados correspondem a $t_j = 0, 1, ..., 12$.) Os cálculos mostram que o polinômio do terceiro grau que mais se aproxima dos dados é

$$g(t) = 107{,}0023t^3 - 2.565{,}0889t^2 + 14.682{,}6031t + 21.892{,}5055$$

Esse polinômio foi plotado, juntamente com os dados, na Figura 1. Cálculos semelhantes mostram que o polinômio do quarto grau que mais se aproxima dos dados é

$$h(t) = 29{,}6957t^4 - 605{,}6941t^3 + 2.801{,}3456t^2 + 1.599{,}5330t + 26.932{,}2873$$

que foi plotado, juntamente com os dados, na Figura 2. Curvas como as da Figura 1 e da Figura 2 podem ser usadas para analisar novos dados e fazer previsões. Alguns exemplos desse tipo de análise aparecem nas perguntas a seguir.

APLICAÇÕES ADICIONAIS DA DERIVADA   251

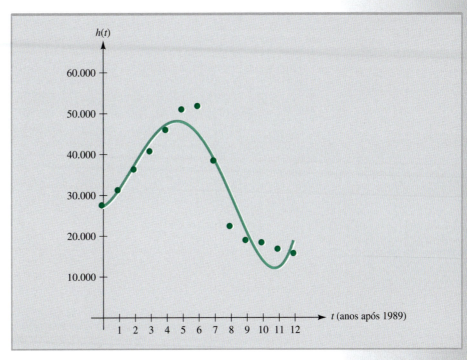

FIGURA 2 Ajuste de uma curva do quarto grau aos dados experimentais.

Exercícios

1. Em que intervalo de tempo o ajuste entre o polinômio do terceiro grau $g(t)$ e o número de mortes causadas pela Aids nos EUA é melhor? Em que intervalo de tempo o ajuste é pior? Responda às mesmas perguntas para o polinômio do quarto grau $h(t)$.

2. Determine todos os números críticos do polinômio $g(t)$ para o intervalo de tempo $0 \leq t \leq 12$. Quais são o maior e o menor número anual de mortes causadas pela Aids nos EUA previstos por esse modelo para o período de 1989 a 2001? Responda às mesmas perguntas para o polinômio $h(t)$. Comente essas previsões.

3. Estime o número de mortes causadas pela Aids nos EUA em 2002 usando as funções $g(t)$ e $h(t)$. Se conseguir descobrir qual foi o número real de mortes, verifique qual dos dois modelos forneceu a melhor previsão. O que os dois modelos preveem a respeito do número de mortes causadas pela Aids nos anos que se seguem a 2002?

4. Por que uma equação linear, como a que resulta de uma regressão linear, não permite prever com boa precisão o número de mortes causadas pela Aids nos EUA entre 1989 e 2001?

5. Use uma calculadora gráfica para ajustar aos dados um polinômio do segundo grau $Q(t)$. Resolva os Exercícios 2 e 3 para o polinômio $Q(t)$. Comente a respeito da qualidade do ajuste do polinômio aos dados experimentais.

6. Existe um polinômio que reproduza exatamente o número de mortes causadas pela Aids nos EUA entre 1989 e 2001? Se a resposta for afirmativa, qual é o grau desse polinômio?

CAPÍTULO 4

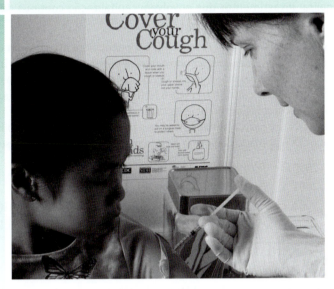

As funções exponenciais podem ser usadas para modelar os efeitos de medicamentos.

Funções Exponenciais e Logarítmicas

1. Funções Exponenciais; Capitalização Contínua
2. Funções Logarítmicas
3. Derivação de Funções Exponenciais e Logarítmicas
4. Aplicações; Modelos Exponenciais

Resumo do Capítulo
- Termos, Símbolos e Fórmulas Importantes
- Problemas de Verificação
- Problemas de Revisão

Soluções dos Exercícios Explore!

Para Pensar

SEÇÃO 4.1 Funções Exponenciais; Capitalização Contínua

Objetivos do Aprendizado
1. Conhecer funções exponenciais.
2. Estudar as propriedades da função exponencial natural.
3. Analisar investimentos que envolvem capitalização contínua de juros.

Dizemos que uma população $Q(t)$ aumenta **exponencialmente** se, ao ser medida a intervalos iguais, a população no final de cada intervalo é igual à população no final do intervalo anterior multiplicada por uma constante maior que 1. Assim, por exemplo, de acordo com as Nações Unidas, a população mundial no ano 2000 era de 6,1 bilhões de habitantes e estava aumentando 1,4% ao ano. Se a tendência continuasse, no final de cada ano a população seria 1,014 vez maior que no final do ano anterior. Nesse caso, chamando de $P(t)$ a população mundial (em bilhões de habitantes) t anos após o ano 2000, tomado como ano-base, a população aumentaria da seguinte forma:

$$
\begin{array}{ll}
2000 & P(0) = 6{,}1 \\
2001 & P(1) = 6{,}1(1{,}014) = 6{,}185 \\
2002 & P(2) = 6{,}185(1{,}014) = [6{,}1(1{,}014)](1{,}014) = 6{,}1(1{,}014)^2 = 6{,}272 \\
2003 & P(3) = 6{,}272(1{,}014) = [6{,}1(1{,}014)^2](1{,}014) = 6{,}1(1{,}014)^3 = 6{,}360 \\
\vdots & \vdots \\
2000 + t & P(t) = 6{,}1(1{,}014)^t
\end{array}
$$

O gráfico de $P(t)$ é mostrado na Figura 4.1a. Observe que, de acordo com esse modelo, a população mundial cresce lentamente a princípio, mas se torna duas vezes maior em apenas 50 anos, chegando a 12,22 bilhões de habitantes em 2050.

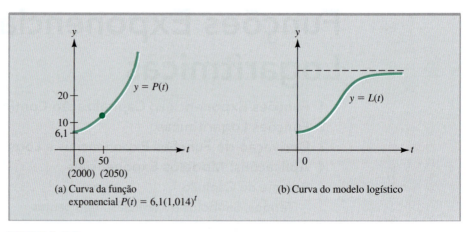

FIGURA 4.1 Dois modelos para o aumento de uma população.

Essa forma de aumento da população é conhecida como *modelo malthusiano* em homenagem a Thomas Malthus (1766-1834), um economista inglês segundo o qual grande parte da população mundial passaria fome no futuro, já que a tendência da população era aumentar exponencialmente, enquanto o aumento da produção de alimentos se processava a uma taxa constante (ou seja, linearmente). Felizmente, a população mundial não continuou a aumentar exponencialmente como previa o modelo de Malthus; modelos que levam em conta várias restrições ao aumento da população fornecem previsões mais exatas. A curva de aumento da população que resulta de um desses modelos, o chamado modelo *logístico*, é mostrada na Figura 4.1b. Observe que a curva do modelo logístico se comporta inicialmente como a curva exponencial, mas depois a taxa de aumento diminui e tende a zero porque o aumento da população é limitado por fatores ambientais. O modelo logístico será discutido na Seção 4.4 (Exemplo 4.4.6) e, novamente, no Capítulo 6, como parte de um estudo mais detalhado dos modelos populacionais.

Uma função da forma geral $f(x) = b^x$, em que b é um número positivo, é conhecida como **função exponencial**. As funções exponenciais são usadas na demografia para prever o tamanho de populações, nas finanças para calcular o valor de investimentos, na arqueologia para datar artefatos antigos, na psicologia para estudar padrões de aprendizado, na indústria para estimar a confiabilidade de produtos e em muitos outros campos do conhecimento.

Nesta seção, vamos estudar as propriedades das funções exponenciais e apresentar alguns modelos básicos nos quais essas funções desempenham um papel importante. Outras aplicações, como o modelo logístico, serão discutidas em seções subsequentes.

Para trabalhar com funções exponenciais, é preciso saber usar a notação exponencial e conhecer as operações algébricas que envolvem funções exponenciais. Exemplos resolvidos e problemas para praticar operações desse tipo podem ser encontrados no Apêndice A. Segue um breve resumo das propriedades das funções exponenciais.

Definição de b^n para Valores Racionais de n (e $b > 0$) ■ Potências inteiras: Se n é um número inteiro positivo,

$$b^n = \underbrace{b \cdot b \cdots b}_{n \text{ fatores}}$$

Potências fracionárias: Se n e m são números inteiros positivos,

$$b^{n/m} = (\sqrt[m]{b})^n = \sqrt[m]{b^n}$$

em que $\sqrt[m]{b}$ é a raiz m de b.

Potências negativas: $b^{-n} = \dfrac{1}{b^n}$

Potência nula: $b^0 = 1$

Eis alguns exemplos:

$$3^4 = 3 \cdot 3 \cdot 3 \cdot 3 = 81 \qquad 3^{-4} = \frac{1}{3^4} = \frac{1}{81}$$

$$4^{1/2} = \sqrt{4} = 2 \qquad 4^{3/2} = (\sqrt{4})^3 = 2^3 = 8$$

$$4^{-3/2} = \frac{1}{4^{3/2}} = \frac{1}{8} \qquad 27^{-2/3} = \frac{1}{(\sqrt[3]{27})^2} = \frac{1}{3^2} = \frac{1}{9}$$

Uma potência da forma b^r é definida apenas quando o expoente, r, é um número racional. Quando tentamos plotar a função $y = b^x$, aparecem "buracos" na curva para todos os valores de x que não são racionais, como $x = \sqrt{2}$. Entretanto, é possível demonstrar, usando métodos que não cabe discutir aqui, que os números irracionais podem ser aproximados por números racionais, o que, por sua vez, significa que existe apenas uma curva contínua que apresenta a propriedade de passar por todos os pontos (r, b^r) nos quais r é um número racional. Em outras palavras, existe uma função contínua $f(x)$ que é definida univocamente para todos os números reais x e é igual a b^r quando $x = r$ é número racional. Quando x é um número irracional, definimos b^x como o valor de $f(x)$ nesse ponto. A definição dessa forma generalizada da função exponencial é apresentada a seguir.

1 EXPLORE!

Plote a função $y = (-1)^x$ usando uma janela decimal modificada $[-4.7, 4.7]1$ por $[-1, 7]1$ e explique por que a curva aparece pontilhada. Em seguida, plote a função $y = b^x$ para $b = 0{,}5$; $0{,}25$ e $0{,}1$. Explique o comportamento desses gráficos.

Função Exponencial ■ Se b é um número positivo diferente de 1 ($b > 0, b \neq 1$), existe uma e apenas uma função chamada *função exponencial* de base b, definida como

$$f(x) = b^x \qquad \text{para qualquer número real } x$$

Para ter uma ideia do aspecto da curva de uma função exponencial, considere o Exemplo 4.1.1.

EXEMPLO 4.1.1 Gráficos de Funções Exponenciais

Plote as funções $y = 2^x$ e $y = (1/2)^x$.

Solução

Para começar, construímos uma tabela de valores de $y = 2^x$ e $y = (1/2)^x$.

x	−15	−10	−1	0	1	3	5	10	15
$y = 2^x$	0,00003	0,001	0,5	1	2	8	32	1.024	32.768
$y = \left(\dfrac{1}{2}\right)^x$	32.768	1.024	2	1	0,5	0,125	0,313	0,001	0,00003

Os valores da tabela sugerem que as funções $y = 2^x$ e $y = (1/2)^x$ apresentam as seguintes características:

A função $y = 2^x$	A função $y = \left(\dfrac{1}{2}\right)^x$
sempre crescente	sempre decrescente
$\lim\limits_{x \to -\infty} 2^x = 0$	$\lim\limits_{x \to -\infty} \left(\dfrac{1}{2}\right)^x = +\infty$
$\lim\limits_{x \to +\infty} 2^x = +\infty$	$\lim\limits_{x \to +\infty} \left(\dfrac{1}{2}\right)^x = 0$

Usando essas informações, desenhamos as curvas que aparecem na Figura 4.2. Observe que as duas curvas interceptam o eixo y no ponto $(0, 1)$, têm o eixo x como assíntota horizontal e parecem ter a concavidade para cima para qualquer valor de x. As curvas também parecem ser simétricas em relação ao eixo y; a prova de que isso é verdade fica por conta do leitor (Problema 74).

A Figura 4.3 mostra as curvas de vários membros da família de funções exponenciais $y = b^x$. Observe que as curvas de $y = 2^x$ e $y = (1/2)^x$ da Figura 4.2 são típicas da função $y = b^x$ para $b > 1$ e $0 < b < 1$, respectivamente. No caso especial em que $b = 1$, a função $y = b^x$ se torna a função constante $y = 1$.

EXPLORE!

Plote a função $y = b^x$ para $b = 0, 1, 2, 3$ e 4 usando uma janela decimal modificada $[−4.7, 4.7]1$ por $[−1, 7]1$. Explique os resultados. Estime e depois verifique a posição da curva $y = 4^x$ em relação às curvas $y = 2^x$ e $y = 6^x$. Em que posição estaria a curva $y = e^x$, já que e é um número entre 2 e 3?

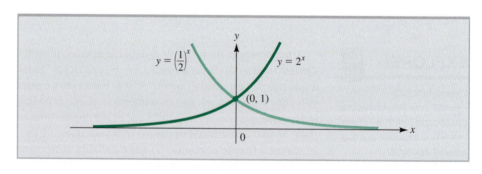

FIGURA 4.2 Gráficos das funções $y = 2^x$ e $y = \left(\dfrac{1}{2}\right)^x$.

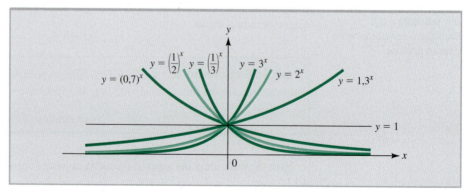

FIGURA 4.3 Gráficos de funções exponenciais da forma $y = b^x$.

O quadro a seguir mostra as propriedades gráficas e analíticas mais importantes de uma função exponencial.

> **Propriedades de uma Função Exponencial** ■ A função exponencial $f(x) = b^x$ para $b > 0$, $b \neq 1$ possui as seguintes propriedades:
>
> 1. É definida, contínua e positiva ($b^x > 0$) para todos os valores de x.
> 2. O eixo x é uma assíntota horizontal da curva de $f(x)$.
> 3. O ponto de interseção da curva de $f(x)$ com o eixo y é o ponto $(0, 1)$; a curva não intercepta o eixo x.
> 4. Se $b > 1$, $\lim_{x \to -\infty} b^x = 0$ e $\lim_{x \to +\infty} b^x = +\infty$.
>   Se $0 < b < 1$, $\lim_{x \to -\infty} b^x = +\infty$ e $\lim_{x \to +\infty} b^x = 0$.
> 5. Para qualquer valor de x, a função é crescente (a curva sobe) se $b > 1$ e decrescente (a curva desce) se $0 < b < 1$.

NOTA Os estudantes muitas vezes confundem a função *potência* $p(x) = x^b$ com a função *exponencial* $f(x) = b^x$. Observe que, em x^b, a variável x é a base e o expoente b é constante, enquanto em b^x, a base b é constante e a variável x é o expoente. As curvas de $y = x^2$ e $y = 2^x$ aparecem na Figura 4.4. Note que, à direita do ponto de interseção $(4, 16)$, a curva da função exponencial $y = 2^x$ aumenta muito mais rapidamente com x do que a curva da função potência $y = x^2$. Para $x = 10$, por exemplo, o valor de y na curva da função potência é $y = 10^2 = 100$, enquanto o valor de y na curva da função exponencial é $y = 2^{10} = 1.024$. ■

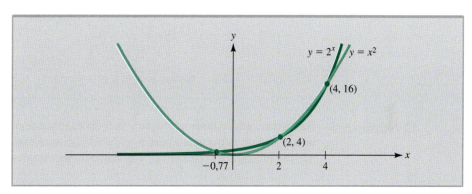

FIGURA 4.4 Comparação entre a curva da função potência $y = x^2$ e a curva da função exponencial $y = 2^x$.

As funções exponenciais obedecem às mesmas regras algébricas que os números exponenciais discutidos no Apêndice A. Essas regras são mostradas no quadro a seguir.

> **Regras dos Números e Funções Exponenciais** ■ Dadas as bases a e b ($a > 0$, $b > 0$), temos, para quaisquer números reais x e y:
>
> **Regra da igualdade:** Para $b \neq 1$, $b^x = b^y$ se e apenas se $x = y$
> **Regra do produto:** $b^x b^y = b^{x+y}$
> **Regra do quociente:** $\dfrac{b^x}{b^y} = b^{x-y}$
> **Regra da potência:** $(b^x)^y = b^{xy}$
> **Regra da multiplicação:** $(ab)^x = a^x b^x$
> **Regra da divisão:** $\left(\dfrac{a}{b}\right)^x = \dfrac{a^x}{b^x}$

EXEMPLO 4.1.2 Cálculo de Expressões Exponenciais

Calcule o valor das expressões exponenciais dadas.

a. $(3)^2(3)^3$ **b.** $(2^3)^2$ **c.** $(5^{1/3})(2^{1/3})$ **d.** $\dfrac{2^3}{2^5}$ **e.** $\left(\dfrac{4}{7}\right)^3$

Solução

a. $(3)^2(3)^3 = 3^{2+3} = 3^5 = 243$

b. $(2^3)^2 = 2^{(3)(2)} = 2^6 = 64$

c. $(5^{1/3})(2^{1/3}) = [(5)(2)]^{1/3} = 10^{1/3} = \sqrt[3]{10}$

d. $\dfrac{2^3}{2^5} = 2^{3-5} = 2^{-2} = \dfrac{1}{4}$

e. $\left(\dfrac{4}{7}\right)^3 = \dfrac{4^3}{7^3} = \dfrac{64}{343}$

EXEMPLO 4.1.3 Solução de uma Equação Exponencial

Se $f(x) = 5^{x^2+2x}$, determine todos os valores de x para os quais $f(x) = 125$.

Solução

A equação $f(x) = 125 = 5^3$ é satisfeita se e apenas se

$$5^{x^2+2x} = 5^3 \quad \text{pois } b^x = b^y \text{ apenas se } x = y$$
$$x^2 + 2x = 3$$
$$x^2 + 2x - 3 = 0 \quad \text{fatorando}$$
$$(x-1)(x+3) = 0$$
$$x = 1,\ x = -3$$

Assim, $f(x) = 125$ se e apenas se $x = 1$ ou $x = -3$.

O Número e

Na álgebra, a base mais usada para as funções exponenciais é a base $b = 10$. Na informática, utiliza-se com frequência a base $b = 2$. No cálculo, é mais conveniente utilizar como base um número representado pela letra e e definido da seguinte forma:

$$e = \lim_{n \to +\infty} \left(1 + \frac{1}{n}\right)^n$$

3 EXPLORE!

Entre com $\left(1 + \dfrac{1}{x}\right)^x$ em Y1 do editor de funções e examine o gráfico. Trace o gráfico para a direita para grandes valores de x. Para que número tende y para grandes valores de x? Use a calculadora para construir uma tabela, fixando o valor inicial e o incremento primeiro em 10, depois em 1.000 e, finalmente, em 100.000. Estime o limite com precisão de cinco casas decimais. Repita o processo para valores negativos de x e observe o novo limite.

"Um momento!" — devem ter exclamado alguns leitores. — "Esse limite tem que ser igual a 1, já que $(1 + 1/n)$ tende a 1 quando n tende a infinito, e $1^n = 1$ para qualquer valor de n." Entretanto, o raciocínio está errado, como se pode ver na tabela a seguir.

n	10	100	1.000	10.000	100.000	1.000.000
$\left(1+\dfrac{1}{n}\right)^n$	2,59374	2,70481	2,71692	2,71815	2,71827	2,71828

O número e é um dos números mais importantes da matemática e seu valor é conhecido com grande precisão. O valor de e com doze casas decimais é o seguinte:

$$e = \lim_{n \to +\infty} \left(1 + \frac{1}{n}\right)^n = 2{,}718281828459\ldots$$

A função $y = e^x$ recebe o nome de **função exponencial natural**. Para conhecer o valor de e^N correspondente a um número N, é preciso consultar uma tabela de valores de funções exponenciais ou usar uma calculadora científica. Para obter o valor de $e^{1,217}$, por exemplo, apertamos a tecla e^x da calculadora e entramos com 1.217; o resultado é $e^x \approx 3{,}37704$.

FUNÇÕES EXPONENCIAIS E LOGARÍTMICAS

EXEMPLO 4.1.4 Cálculo de uma Função Exponencial de Demanda

Um empresário estima que, quando x unidades de certo produto são fabricadas, podem ser todas vendidas se o preço unitário for p reais, em que p é dado pela função demanda $p(x) = 200e^{-0,01x}$. Qual é a receita obtida quando 100 unidades do produto são fabricadas?

Solução

A receita é dada pelo produto (preço unitário)(número de unidades vendidas), ou seja,

$$R(x) = p(x)x = (200e^{-0,01x})x = 200xe^{-0,01x}$$

Usando uma calculadora, constatamos que a receita obtida com a produção e venda de $x = 100$ unidades é

$$R(100) = 200(100)e^{-0,01(100)} \approx 7.357{,}59$$

ou seja, R$ 7.357,59.

EXEMPLO 4.1.5 Cálculo de uma Função Exponencial de População

De acordo com os biólogos, o número de bactérias em certa cultura pode ser modelado pela função

$$P(t) = 5.000e^{0,015t}$$

em que t é o número de minutos após o início da observação. Qual é a taxa média de crescimento da cultura durante a segunda hora?

Solução

Como, durante a segunda hora (de $t = 60$ até $t = 120$), a variação da população de bactérias é $P(120) - P(60)$, a taxa média de variação durante o período é dada por

$$\begin{aligned} A &= \frac{P(120) - P(60)}{120 - 60} \\ &= \frac{[5.000e^{0,015(120)}] - [5.000e^{0,015(60)}]}{60} \\ &= \frac{30.248 - 12.298}{60} \\ &\approx 299 \end{aligned}$$

Assim, o aumento do número de bactérias é, em média, 299 bactérias por minuto durante a segunda hora.

Capitalização Contínua de Juros

O número e é chamado de "base da função exponencial natural", embora, a princípio, seja difícil entender o que existe de "natural" em uma função cuja base precisa ser definida por um limite. Para mostrar que essa função aparece naturalmente em problemas práticos, vamos examinar uma prática financeira conhecida como capitalização contínua de juros.

Começamos por rever as ideias básicas associadas aos juros compostos. Suponha que uma quantia seja investida e os juros sejam capitalizados apenas uma vez. Se P é o investimento inicial (o *principal*) e r é a taxa de juros (expressa em forma decimal), o montante B depois que os juros são acrescentados é dado por

$$B = P + Pr = P(1 + r) \qquad \text{reais}$$

Assim, para calcular o montante após um dado período, é preciso multiplicar o montante no início do período pelo fator $1 + r$, em que r é a taxa de juros para o período.

Na maioria dos bancos, os juros são capitalizados mais de uma vez ao ano. Os juros que são acrescentados à conta durante cada período passam a render juros nos períodos subsequentes. Se a taxa anual de juros é r e os juros são capitalizados k vezes por ano, o ano é dividido em k períodos iguais e a taxa de juros em cada período é r/k. Assim, o montante no final do primeiro período é

$$P_1 = \underbrace{P}_{\text{principal}} + \underbrace{P\left(\frac{r}{k}\right)}_{\text{juros}} = P\left(1 + \frac{r}{k}\right)$$

No final do segundo período, o montante é

$$P_2 = P_1 + P_1\left(\frac{r}{k}\right) = P_1\left(1 + \frac{r}{k}\right) = \left[P\left(1 + \frac{r}{k}\right)\right]\left(1 + \frac{r}{k}\right) = P\left(1 + \frac{r}{k}\right)^2$$

No final do período m, o montante é

$$P_m = P\left(1 + \frac{r}{k}\right)^m$$

Como um ano tem k períodos, o montante após 1 ano é

$$P\left(1 + \frac{r}{k}\right)^k$$

Depois de transcorridos t anos, os juros foram capitalizados kt vezes e o montante é dado pela função

$$B(t) = P\left(1 + \frac{r}{k}\right)^{kt}$$

Quanto maior a frequência com a qual os juros são capitalizados, maior o montante correspondente, $B(t)$; assim, um banco que capitaliza frequentemente os juros tende a atrair mais clientes do que um banco que oferece a mesma taxa de juros mas capitaliza os juros com menor frequência. Que acontece, porém, com o montante ao final de t anos quando a frequência com a qual os juros são capitalizados tende a infinito? Mais especificamente, qual será o montante ao final de t anos se os juros não forem capitalizados anual, nem mensal, nem diariamente, mas de forma contínua? Em termos matemáticos, isso equivale a perguntar o que acontece à expressão $P(1 + r/k)^{kt}$ quando k tende a infinito. Como mostramos a seguir, a resposta envolve o número e.

Para simplificar os cálculos, vamos fazer $n = k/r$. Nesse caso, $k = nr$ e, portanto,

$$P\left(1 + \frac{r}{k}\right)^{kt} = P\left(1 + \frac{1}{n}\right)^{nrt} = P\left[\left(1 + \frac{1}{n}\right)^n\right]^{rt}$$

Como n tende a infinito quando k tende a infinito e como $(1 + 1/n)^n$ tende a e quando n tende a infinito, o montante após t anos é

$$B(t) = \lim_{k \to +\infty} P\left(1 + \frac{r}{k}\right)^{kt} = P\left[\lim_{n \to +\infty}\left(1 + \frac{1}{n}\right)^n\right]^{rt} = Pe^{rt}$$

Resumindo:

> **Valor Futuro de um Investimento** ■ Suponha que P reais sejam investidos a uma taxa anual de juros r e que o valor acumulado na conta (conhecido como **valor futuro**) após t anos seja $B(t)$ reais. Se os juros forem capitalizados k vezes por ano,
>
> $$B(t) = P\left(1 + \frac{r}{k}\right)^{kt}$$
>
> e se os juros forem capitalizados continuamente,
>
> $$B(t) = Pe^{rt}$$

---

4 EXPLORE!

Suponha que você dispõe de R$ 1.000,00 para investir. Qual é o melhor investimento: 5% capitalizados mensalmente por 10 anos ou 6% capitalizados trimestralmente por 10 anos? Entre com 1,000(1 + R/K)^(K*T) na calculadora e calcule o valor da expressão depois de especificar valores apropriados para R, K e T.

5 EXPLORE!

Entre com
P*(1 + R/K)^(K*T) e
P*e^(R*T) na calculadora e compare os valores das duas expressões para os valores de *P*, *R*, *T* e *K* do Exemplo 4.1.6. Repita o cálculo usando os mesmos valores de *P*, *R* e *K*, mas com *T* = 15 anos.

EXEMPLO 4.1.6 Cálculo do Valor Futuro

A quantia de R$ 1.000,00 é investida a uma taxa anual de juros de 6%. Determine o montante após 10 anos se os juros forem capitalizados

a. Trimestralmente   **b.** Mensalmente
c. Diariamente   **d.** Continuamente

Solução

a. Para calcular o montante após 10 anos se os juros forem capitalizados trimestralmente, usamos a fórmula $B(t) = P(1 + r/k)^{kt}$ com $t = 10$, $P = 1.000$, $r = 0,06$ e $k = 4$:

$$B(10) = 1.000\left(1 + \frac{0,06}{4}\right)^{40} \approx \text{R\$ } 1.814,02$$

b. Fazemos $t = 10$, $P = 1.000$, $r = 0,06$ e $k = 12$ para obter

$$B(10) = 1.000\left(1 + \frac{0,06}{12}\right)^{120} \approx \text{R\$ } 1.819,40$$

c. Fazemos $t = 10$, $P = 1.000$, $r = 0,06$ e $k = 365$ para obter

$$B(10) = 1.000\left(1 + \frac{0,06}{365}\right)^{3.650} \approx \text{R\$ } 1.822,03$$

d. No caso em que os juros são compostos continuamente, usamos a fórmula $B(t) = Pe^{rt}$ com $t = 10$, $P = 1.000$ e $r = 0,06$:

$$B(10) = 1.000 e^{0,6} \approx \text{R\$ } 1.822,12$$

Este último valor, R$ 1.822,12, constitui um limite superior para o montante. Por maior que seja a frequência com a qual os juros são capitalizados, R$ 1.000,00 investidos a uma taxa anual de juros de 6% não podem render mais do que R$ 1.822,12 em 10 anos.

Valor Atual

Em muitas situações, existe interesse em saber que quantia *P* deve ser investida a certa taxa de juros para obter um montante *B* após um dado período de tempo *T*. Esse investimento *P* é chamado de **valor atual do montante *B* a ser recebido em *T* anos**. O valor atual é usado pelos economistas para comparar diferentes possibilidades de investimento.

Para chegar a uma expressão para o valor atual, basta explicitar *P* na fórmula de *B*. Assim, se o investimento é capitalizado *k* vezes por ano a uma taxa anual *r*, temos:

$$B = P\left(1 + \frac{r}{k}\right)^{kT}$$

e o valor atual de *B* reais em *t* anos é obtido multiplicando ambos os membros da equação por $(1 + r/k)^{-kt}$ para obter

$$P = B\left(1 + \frac{r}{k}\right)^{-kT}$$

Se a capitalização é contínua, temos:

$$B = Pe^{rT}$$

e o valor atual é dado por

$$P = Be^{-rT}$$

LEMBRETE

Se $C \neq 0$, o valor de *P* na equação
$$A = PC$$
pode ser obtido multiplicando ambos os membros por
$$\frac{1}{C} = C^{-1}$$
para obter
$$P = AC^{-1}$$

Resumindo:

> **Valor Atual de um Investimento** ■ O **valor atual** $P(T)$ de um investimento de B reais em um termo[1] de T anos a uma taxa anual r de juros capitalizados k vezes ao ano é dado por
>
> $$P(T) = B\left(1 + \frac{r}{k}\right)^{-kT}$$
>
> Se os juros são capitalizados continuamente à mesma taxa, o valor atual em t anos é dado por
>
> $$P(T) = Be^{-rT}$$

6 EXPLORE!

Calcule o valor atual de tal forma que o montante daqui a 25 anos seja R$ 40.000,00 se a taxa anual de juros é 6% capitalizados continuamente. Para isso, entre com a equação F − P*e^(R*T) = 0 no editor de equações da calculadora (usando a opção **SOLVER**), com F = 40.000, R = 0,06 e T = 25. Em seguida, determine o valor de P.

EXEMPLO 4.1.7 Cálculo do Valor Atual

Susana acabou de passar no vestibular. Quando se formar, daqui a 4 anos, ela gostaria de fazer uma viagem à Europa que, conforme seus cálculos, custará R$ 5.000,00. Determine a quantia que deve investir a juros anuais de 7% para conseguir dinheiro suficiente para a viagem se os juros forem capitalizados:

a. Trimestralmente   **b.** Continuamente

Solução

O valor futuro desejado é B = R$ 5.000,00 em T = 4 anos com r = 0,07.

a. Se os juros forem capitalizados trimestralmente, $k = 4$ e o valor atual é

$$P = 5.000\left(1 + \frac{0,07}{4}\right)^{-4(4)} = \text{R\$ } 3.788{,}08$$

b. Se os juros forem capitalizados continuamente, o valor atual é

$$P = 5.000 e^{-0,07(4)} = \text{R\$ } 3.778{,}92$$

Assim, Susana terá que investir mais R$ 9,16 se os juros forem capitalizados trimestralmente em vez de continuamente.

Taxa Efetiva de Juros

Qual é melhor, um investimento que rende 10% de juros capitalizados trimestralmente, um investimento que rende 9,95% de juros capitalizados mensalmente ou um investimento que rende 9,9% de juros capitalizados continuamente? Uma forma de responder a essa pergunta é calcular a taxa anual de juros simples que equivale a cada investimento. Essa taxa é conhecida como **taxa efetiva de juros** e pode ser calculada facilmente usando as fórmulas de juros compostos.

Suponha que os juros sejam capitalizados k vezes por ano a uma taxa anual r. Esta é a chamada **taxa nominal de juros**. O montante após um ano será

$$A = P(1 + i)^k \qquad \text{em que } i = \frac{r}{k}$$

Por outro lado, se x é a taxa efetiva de juros, o montante após um ano será $A = P(1 + x)$. Igualando as duas expressões de A, obtemos

$$P(1 + i)^k = P(1 + x) \qquad \text{ou} \qquad x = (1 + i)^k - 1$$

Se a capitalização for contínua,

$$Pe^r = P(1 + x) \qquad \text{ou} \qquad x = e^r - 1$$

---

[1] "Termo" é uma palavra usada frequentemente pelos economistas, que, neste contexto, significa "período". [N.T.]

FUNÇÕES EXPONENCIAIS E LOGARÍTMICAS   263

Resumindo:

> **Fórmulas da Taxa Efetiva de Juros** ■ Se os juros são capitalizados a uma taxa nominal r, a taxa efetiva de juros é a taxa de juros simples r_e que rende os mesmos juros no final de 1 ano. Se os juros são capitalizados k vezes por ano, a taxa efetiva é dada pela expressão
>
> $$r_e = (1 + i)^k - 1 \qquad \text{em que } i = \frac{r}{k}$$
>
> e se os juros forem capitalizados continuamente a expressão é
>
> $$r_e = e^r - 1$$

O Exemplo 4.1.8 responde à pergunta anterior.

EXEMPLO 4.1.8   Comparação de Três Investimentos

Qual é melhor: um investimento que rende 10% de juros capitalizados trimestralmente, um investimento que rende 9,95% de juros capitalizados mensalmente, ou um investimento que rende 9,9% de juros capitalizados continuamente?

Solução

Podemos responder a essa pergunta comparando a taxa efetiva de juros dos três investimentos. No primeiro, como a taxa nominal é 10% e os juros são capitalizados trimestralmente, $r = 0,10$, $k = 4$ e

$$i = \frac{r}{k} = \frac{0,10}{4} = 0,025$$

Substituindo i e k por seus valores na expressão da taxa efetiva, obtemos

Primeira taxa efetiva $= (1 + 0,025)^4 - 1 = 0,10381$

No caso do segundo investimento, como a taxa nominal é 9,95% e os juros são capitalizados mensalmente, $r = 0,0995$, $k = 12$ e

$$i = \frac{r}{k} = \frac{0,0995}{12} = 0,008292$$

Assim,

Segunda taxa efetiva $= (1 + 0,008292)^{12} - 1 = 0,10417$

Finalmente, se os juros são capitalizados continuamente a uma taxa de 9,9%, $r = 0,099$, e a taxa efetiva é

Terceira taxa efetiva $= e^{0,099} - 1 = 0,10407$

Como as taxas efetivas são, respectivamente, 10,38%, 10,42% e 10,41%, o segundo investimento é o melhor.

PROBLEMAS ■ 4.1

Nos Problemas 1 e 2, use uma calculadora para determinar a potência de e pedida. (Arredonde as respostas para três casas decimais.)

1. $e^2, e^{-2}, e^{0,05}, e^{-0,05}, e^0, e, \sqrt{e},$ e $\dfrac{1}{\sqrt{e}}$

2. $e^3, e^{-1}, e^{0,01}, e^{-0,1}, e^2, e^{-1/2}, e^{1/3},$ e $\dfrac{1}{\sqrt[3]{e}}$

3. Plote no mesmo gráfico as funções $y = 3^x$ e $y = 4^x$.

4. Plote no mesmo gráfico as funções $y = (1/3)^x$ e $y = (1/4)^x$.

Nos Problemas 5 a 12, determine o valor da expressão dada.

5. a. $27^{2/3}$ b. $\left(\dfrac{1}{9}\right)^{3/2}$

6. a. $(-128)^{3/7}$ b. $\left(\dfrac{27}{64}\right)^{2/3}\left(\dfrac{64}{25}\right)^{3/2}$

7. a. $8^{2/3} + 16^{3/4}$ b. $\left(\dfrac{27 + 36}{121}\right)^{3/2}$

8. a. $(2^3 - 3^2)^{11/7}$ b. $(27^{2/3} + 8^{4/3})^{-3/2}$

9. a. $(3^3)(3^{-2})$ b. $(4^{2/3})(2^{2/3})$

10. a. $\dfrac{5^2}{5^3}$ b. $\left(\dfrac{\pi^2}{\sqrt{\pi}}\right)^{4/3}$

11. a. $(3^2)^{5/2}$ b. $(e^2 e^{3/2})^{4/3}$

12. a. $\dfrac{(3^{1,2})(3^{2,7})}{3^{4,1}}$ b. $\left(\dfrac{16}{81}\right)^{1/4}\left(\dfrac{125}{8}\right)^{-2/3}$

Nos Problemas 13 a 18, use as propriedades das potências para simplificar a expressão dada.

13. a. $(27x^6)^{2/3}$ b. $(8x^2y^3)^{1/3}$

14. a. $(x^{1/3})^{3/2}$ b. $(x^{2/3})^{-3/4}$

15. a. $\dfrac{(x+y)^0}{(x^2y^3)^{1/6}}$ b. $(x^{1,1}y^2)(x^2+y^3)^0$

16. a. $(-2t^{-3})(3t^{2/3})$ b. $(t^{-2/3})(t^{3/4})$

17. a. $(t^{5/6})^{-6/5}$ b. $(t^{-3/2})^{-2/3}$

18. a. $(x^2y^{-3}z)^3$ b. $\left(\dfrac{x^3y^{-2}}{z^4}\right)^{1/6}$

Nos Problemas 19 a 28, determine todos os números reais x que satisfazem a equação dada.

19. $4^{2x-1} = 16$ 20. $3^x 2^{2x} = 144$

21. $2^{3-x} = 4^x$ 22. $4^x\left(\dfrac{1}{2}\right)^{3x} = 8$

23. $(2,14)^{x-1} = (2,14)^{1-x}$ 24. $(3,2)^{2x-3} = (3,2)^{2-x}$

25. $10^{x^2-1} = 10^3$ 26. $\left(\dfrac{1}{10}\right)^{1-x^2} = 1.000$

27. $\left(\dfrac{1}{8}\right)^{x-1} = 2^{3-2x^2}$ 28. $\left(\dfrac{1}{9}\right)^{1-3x^2} = 3^{4x}$

Nos Problemas 29 a 32, use uma calculadora gráfica para traçar o gráfico da função exponencial dada.

29. $y = 3^{1-x}$ 30. $y = e^{x+2}$

31. $y = 4 - e^{-x}$ 32. $y = 2^{x/2}$

Nos Problemas 33 e 34, determine os valores das constantes C e b para que a curva $y = Cb^x$ passe pelos pontos indicados.

33. $(2, 12)$ e $(3, 24)$ 34. $(2, 3)$ e $(3, 9)$

35. Uma quantia de R$ 1.000,00 é investida a uma taxa anual de juros de 7%. Calcule o valor futuro do investimento após 10 anos se os juros forem capitalizados
    a. Anualmente
    b. Trimestralmente
    c. Mensalmente
    d. Continuamente

36. Uma quantia de R$ 5.000,00 é investida a uma taxa anual de juros de 10%. Calcule o valor futuro do investimento após 10 anos se os juros forem capitalizados
    a. Anualmente
    b. Semestralmente
    c. Diariamente (supondo um ano de 365 dias)
    d. Continuamente

37. Calcule o valor atual de R$ 10.000,00 para um termo de 5 anos a uma taxa anual de juros de 7% se os juros forem capitalizados
    a. Anualmente
    b. Trimestralmente
    c. Diariamente (supondo um ano de 365 dias)
    d. Continuamente

38. Calcule o valor atual de R$ 25.000,00 para um termo de 10 anos a uma taxa anual de juros de 5% se os juros forem capitalizados
    a. Semestralmente
    b. Mensalmente
    c. Continuamente

Nos Problemas 39 a 42, calcule a taxa efetiva de juros r_e para o investimento dado.

39. Juros de 6% ao ano, capitalizados trimestralmente.

40. Juros de 8% ao ano, capitalizados diariamente (suponha um ano de 365 dias).

41. Juros de 5% ao ano, capitalizados continuamente.

42. Juros de 7,3% ao ano, capitalizados continuamente.

PROBLEMAS APLICADOS DE ECONOMIA E FINANÇAS

43. **INVESTIMENTOS** Esmeralda pretende viajar para o Peru quando se formar na faculdade, daqui a quatro anos, e para isso vai precisar de R$ 5.000,00. Quanto deve investir agora, a juros de 5% capitalizados continuamente, para conseguir a quantia necessária?

44. **INVESTIMENTOS** Bernardo e Alice pretendem fazer uma reforma no apartamento daqui a 3 anos. Eles calculam que o serviço vai custar R$ 25.000,00. Quanto devem eles investir agora, a juros de 7% ao ano capitalizados trimestralmente, para conseguir a quantia necessária? E se os juros forem capitalizados continuamente?

45. **DEMANDA** Um empresário estima que, quando x unidades de certo produto são fabricadas, o preço de mercado (em reais por unidade) é dado pela função demanda

$$p = 300e^{-0,02x}$$

a. Que preço de mercado corresponde a uma produção de $x = 100$ unidades?

b. Qual é a receita obtida quando 100 unidades do produto são fabricadas?

c. Qual é o aumento (ou diminuição) da receita quando 100 unidades são produzidas em vez de 50?

FUNÇÕES EXPONENCIAIS E LOGARÍTMICAS   265

46. DEMANDA Um empresário estima que, quando x unidades de certo produto são fabricadas, o preço de mercado (em reais por unidade) é dado pela função demanda

$$p = 7 + 50e^{-x/200}$$

a. Que preço de mercado corresponde a uma produção de $x = 0$ unidades?
b. Qual é a receita obtida quando 200 unidades do produto são fabricadas?
c. Qual é o aumento (ou diminuição) da receita quando 100 unidades são produzidas em vez de 50?

47. ANÁLISE DE INVESTIMENTOS Coloque os investimentos a seguir na ordem crescente da taxa efetiva de juros:
a. juros de 7,9% ao ano, capitalizados semestralmente.
b. juros de 7,8% ao ano, capitalizados trimestralmente.
c. juros de 7,7% ao ano, capitalizados mensalmente.
d. juros de 7,65% ao ano, capitalizados continuamente.

48. ANÁLISE DE INVESTIMENTOS Coloque os investimentos a seguir na ordem crescente da taxa efetiva de juros:
a. juros de 4,87% ao ano, capitalizados trimestralmente.
b. juros de 4,85% ao ano, capitalizados mensalmente.
c. juros de 4,81% ao ano, capitalizados diariamente (365 dias).
d. juros de 4,79% ao ano, capitalizados continuamente.

49. EFEITO DA INFLAÇÃO Paulo compra um selo raro por R$ 500,00. Se o índice de inflação anual é 4%, que preço deve cobrar quando vender o selo, 5 anos mais tarde, para não ter lucro nem prejuízo?

50. EFEITO DA INFLAÇÃO Suponha que, durante um período de 10 anos de inflação, os preços aumentam à taxa de 5% ao ano. Se um produto custava R$ 3,00 no início do período, quanto deverá custar no final do período?

51. CONFIABILIDADE DE UM PRODUTO Um estudo estatístico mostra que a fração de torradeiras fabricadas por certa companhia e que ainda funcionam após t anos de uso é de, aproximadamente, $f(t) = e^{-0,2t}$.
a. Qual é a fração de torradeiras que funcionam durante pelo menos três anos?
b. Qual é a fração de torradeiras que deixam de funcionar no primeiro ano de uso?
c. Qual é a fração de torradeiras que deixam de funcionar durante o terceiro ano de uso?

52. PUBLICIDADE Um gerente de vendas estima que, t dias após o término de uma campanha publicitária, $S(t)$ unidades serão vendidas, em que

$$S(t) = 4.000e^{-0,015t}$$

a. Quantas unidades estavam sendo vendidas no encerramento da campanha publicitária?
b. Quantas unidades serão vendidas 30 dias após o término da campanha publicitária? E após 60 dias?
c. Qual é a taxa média de variação das vendas nos três meses (90 dias) que se seguem ao término da campanha publicitária?

53. MERCADO IMOBILIÁRIO Em 1626, Peter Minuit comprou dos índios a Ilha de Manhattan por 24 dólares em bugigangas. Suponha que, em 1990, a mesma terra valesse 25,2 bilhões de dólares. Se os índios tivessem investido os 24 dólares a uma taxa anual de juros de 7%, capitalizados continuamente durante todo o período de 364 anos, quem sairia ganhando na transação? Qual seria o lucro ou o prejuízo dos índios?

54. OFERTA Um fabricante oferece ao mercado $S(x) = 300e^{0,03x} - 310$ unidades de certo produto quando o preço unitário é x reais.
a. Quantas unidades são oferecidas quando o preço unitário é R$ 10,00?
b. Quantas unidades a mais serão oferecidas quando o preço unitário for R$ 100,00 em vez de R$ 80,00?

55. CRESCIMENTO DO PIB O Produto Interno Bruto (PIB) de certo país foi de 500 bilhões de dólares no início de 2005 e aumentou à taxa de 2,7% ao ano.
a. Expresse o PIB do país em função do número t de anos após 2005. (Sugestão: Pense no problema como se fosse um problema de juros compostos.)
b. Se essa taxa de crescimento for mantida, qual será o PIB do país no início de 2015?

> **Amortização de Dívidas** ■ Se um empréstimo de A reais é amortizado em n anos a uma taxa anual r de juros (expressa como um número decimal) capitalizados mensalmente, os pagamentos mensais são dados por
>
> $$M = \frac{Ai}{1 - (1 + i)^{-12n}}$$
>
> em que $i = r/12$ é a taxa mensal de juros. Use essa expressão nos Problemas 56 e 57. [*Nota*: *Amortizar* uma dívida significa pagar a dívida em prestações regulares.]

56. PRESTAÇÕES Determine as prestações mensais para comprar um carro no valor de R$ 15.675,00 se a entrada é de R$ 4.000,00 e o restante é financiado em 5 anos a uma taxa anual de 6% de juros capitalizados mensalmente.

57. PRESTAÇÕES Um apartamento no valor de R$ 150.000,00 é financiado a uma taxa anual de juros de 9%, capitalizados mensalmente durante 30 anos. Qual é o valor das prestações mensais?

58. PRESTAÇÕES Uma família chega à conclusão de que está em condições de arcar com uma prestação mensal de no máximo R$ 1.200,00. Qual é a maior quantia em dinheiro que a família pode pedir emprestado, supondo que o emprestador esteja disposto a amortizar a dívida em 30 anos a uma taxa anual de juros de 8% capitalizados mensalmente?

59. PRESTAÇÕES O leitor está vendendo um carro por R$ 6.000,00. Um comprador em potencial diz o seguinte: "Posso pagar R$ 1.000,00 imediatamente e o restante a juros de 12% em prestações mensais durante três anos.

Vejamos... 12% de R$ 5.000,00 são R$ 600,00 e R$ 5.600,00 divididos por 36 meses são R$ 155,60, mas vou ser bonzinho e arredondar a prestação para R$ 160,00 por mês. Que tal?"

a. Se o leitor considera a proposta razoável, estou vendendo uma ponte quase nova que talvez lhe interesse. Se não, explique o que há de errado no raciocínio do comprador e determine qual seria o valor correto da prestação para amortizar a dívida de R$ 5.000,00 em três anos a juros de 12% ao ano.

b. Leia a respeito de matemática financeira e invente alguns exemplos de propostas enganosas, como a do comprador do item (a).

PROBLEMAS APLICADOS DE CIÊNCIAS SOCIAIS E BIOLÓGICAS

60. APRENDIZADO Segundo o modelo de Ebbinghaus, a fração $F(t)$ de fatos ensinados em curso que são lembrados t meses após o exame final é dado, aproximadamente, pela expressão

$$F(t) = B + (1 - B)e^{-kt}$$

em que B é a fração de fatos que nunca mais são esquecidos e k é uma constante que depende da capacidade de memorização do aluno. Suponha que, para certo aluno, $B = 0,3$ e $k = 0,2$. Que fração dos fatos será lembrada por esse aluno um mês após o término do curso? Que fração será lembrada um ano após o término do curso?

61. DENSIDADE POPULACIONAL A densidade populacional a x quilômetros do centro de certa cidade é $D(x) = 12e^{-0,07x}$ milhares de habitantes por quilômetro quadrado.
a. Qual é a densidade populacional no centro da cidade?
b. Qual é a densidade populacional a 10 quilômetros do centro da cidade?

62. COLÔNIA DE BACTÉRIAS A população de uma colônia de bactérias, $P(t)$, aumenta à taxa de 3,1% ao dia. Se a população inicial é de 10.000 bactérias, qual é a população após 10 dias? (*Sugestão*: Pense nesse problema como se fosse um problema de juros compostos.)

63. CRESCIMENTO POPULACIONAL Estima-se que, daqui a t anos, a população de certo país será $P(t) = 50e^{0,02t}$ milhões de habitantes.
a. Qual é a população atual?
b. Qual será a população daqui a 30 anos?

64. CRESCIMENTO POPULACIONAL Estima-se que, t anos após 2005, a população de certo país será $P(t)$ milhões de habitantes, em que

$$P(t) = 2 \cdot 5^{0,018t}$$

a. Qual era a população em 2005?
b. Qual será a população em 2015?

65. CONCENTRAÇÃO DE UM MEDICAMENTO A concentração de um medicamento no sangue de um paciente t horas após uma injeção é dada por $C(t) = 3 \times 2^{-0,75t}$ miligramas por mililitro (mg/mL).
a. Qual é a concentração do medicamento no instante $t = 0$? E após uma hora?
b. Qual é a taxa média de variação da concentração do medicamento durante a segunda hora?

66. CONCENTRAÇÃO DE UM MEDICAMENTO A concentração de um medicamento no sangue de um paciente t horas após uma injeção é dada por $C(t) = Ae^{-0,87t}$ miligramas por mililitro, em que A é uma constante. A concentração é de 4 mg/mL após 1 hora.
a. O que representa a constante A?
b. Qual é a concentração inicial? Qual é a concentração após 2 horas?
c. Qual é a taxa média de variação da concentração durante as primeiras duas horas?

67. COLÔNIA DE BACTÉRIAS A população de uma colônia de bactérias aumenta de tal forma que, após t minutos, existem $P(t) = A \times 2^{0,001t}$ bactérias presentes, em que A é uma constante. Após 10 minutos, existem 10.000 bactérias.
a. Qual é o valor de A?
b. Qual é a população inicial de bactérias? Quantas bactérias existem após 20 minutos? E após 1 hora?
c. Qual é a taxa média de variação da população de bactérias durante a segunda hora?

68. CONCENTRAÇÃO DE UM MEDICAMENTO A concentração de um medicamento em um órgão t minutos após uma injeção é dada por

$$C(t) = 0,05 - 0,04(1 - e^{-0,03t})$$

gramas por centímetro cúbico (g/cm³).
a. Qual é a concentração inicial do medicamento (ou seja, para $t = 0$)?
b. Qual é a concentração 10 minutos após a injeção? E 1 hora após a injeção?
c. Qual é a taxa média de variação da concentração durante a primeira hora?
d. Qual é a concentração do medicamento a longo prazo (ou seja, para $t \to \infty$)?

e. Plote $C(t)$.

69. CONCENTRAÇÃO DE UM MEDICAMENTO A concentração de um medicamento em um órgão t minutos após uma injeção é dada por

$$C(t) = 0,065(1 + e^{-0,025t})$$

gramas por centímetro cúbico (g/cm³).
a. Qual é a concentração inicial do medicamento (ou seja, para $t = 0$)?
b. Qual é a concentração 20 minutos após a injeção? E 1 hora após a injeção?
c. Qual é a taxa média de variação da concentração durante o primeiro minuto?
d. Qual é a concentração do medicamento a longo prazo (ou seja, para $t \to \infty$)?

e. Plote $C(t)$.

FUNÇÕES EXPONENCIAIS E LOGARÍTMICAS

70. AUMENTO DA POPULAÇÃO Estima-se que, t anos após 1995, a população de certo país será $P(t)$ milhões de habitantes, em que

$$P(t) = Ae^{0,03t} - Be^{0,005t}$$

e A e B são constantes. O país tinha 100 milhões de habitantes em 1997 e 200 milhões em 2010.
a. Use as informações fornecidas para determinar A e B.
b. Qual era a população em 1995?
c. Qual será a população em 2015?

71. PLANTAS AQUÁTICAS As plantas aquáticas são encontradas apenas nos 10 metros superiores dos lagos e oceanos, o que é explicado pelo fato de que a intensidade da luz diminui exponencialmente com a profundidade. De acordo com a **lei de Bouguer-Lambert**, um raio luminoso que atinge a superfície da água com intensidade I_0 tem uma intensidade I a uma profundidade de x metros, em que $I = I_0 e^{-kx}$ com $k > 0$. A constante k, conhecida como **coeficiente de absorção**, depende do comprimento de onda da luz e da densidade da água. Suponha que um raio de luz solar a 3 metros de profundidade tem uma intensidade igual a 10% da intensidade na superfície. Qual é a intensidade do mesmo raio a 1 metro de profundidade? (Expresse a resposta em termos de I_0.)

72. LINGUÍSTICA Glotocronologia é o nome dado a uma técnica usada pelos linguistas para determinar quantos anos se passaram desde que duas línguas modernas se "ramificaram" a partir de um antepassado comum. Os experimentos mostram que, se N palavras estão em uso corrente em um instante de referência $t = 0$, o número de palavras $N(t)$ ainda em uso, com essencialmente o mesmo significado t milhares de anos mais tarde, é dado pela chamada **equação fundamental da glotocronologia**[*]

$$N(t) = N_0 e^{-0,217t}$$

a. De um conjunto de 500 palavras básicas usadas no latim clássico em 200 a.C., quantas palavras, aproximadamente, deverão estar em uso no italiano moderno no ano 2010?
b. A pesquisa de C. W. Feng e M. Swadesh mostrou que, de um conjunto de 210 palavras usadas no chinês clássico em 950 d.C., 167 ainda estavam em uso no mandarim moderno em 1950. Esse número é o previsto pela equação clássica da glotocronologia? A diferença é significativa?
c. Leia a respeito da glotocronologia e escreva um ensaio de pelo menos dez linhas a respeito do método. Um bom lugar para começar é a referência citada no enunciado desse problema.

---

[*]*Fonte*: Anthony LoBello e Maurice D. Weir, "Glottochronology: An Application of Calculus to Linguistics", *UMAP Modules 1982: Tools for Teaching*, Lexington, MA: Consortium for Mathematics and Its Applications, Inc., 1983.

PROBLEMAS VARIADOS

73. DECAIMENTO RADIOATIVO A massa que resta de uma substância radioativa após t anos é dada por uma função da forma $Q = Q_0 e^{-0,0001t}$. Depois de 5.000 anos, restam 200 gramas da substância. Qual era a massa inicial?

74. Os gráficos de duas funções, $y = f(x)$ e $y = g(x)$, são ditos simétricos em relação ao eixo y se, como mostra a figura, a cada ponto (a, b) de um dos gráficos corresponde um ponto $(-a, b)$ do outro gráfico. Use esse critério para mostrar que os gráficos das funções $y = b^x$ e $y = (1/b)^x$ para $b > 0$, $b \neq 1$ são simétricos em relação ao eixo y.

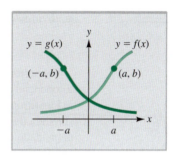

PROBLEMA 74

75. Complete a tabela para a função $f(x) = \dfrac{1}{2}\left(\dfrac{1}{4}\right)^x$.

x	$-2,2$	$-1,5$	0	$1,5$	$2,3$
$f(x)$					

76. Programe um computador ou use uma calculadora para calcular

$$\left(1 + \frac{1}{n}\right)^n \text{ para } n = 1.000, 2.000, \ldots, 50.000.$$

77. Programe um computador ou use uma calculadora para calcular

$$\left(1 + \frac{1}{n}\right)^n \text{ para } n = -1.000, -2.000, \ldots, -50.000.$$

Com base nesses cálculos, o que você conclui a respeito do comportamento da função $f(x) = \left(1 + \dfrac{1}{n}\right)^n$ quando $n \to -\infty$?

78. Programe um computador ou use uma calculadora para estimar o valor de

$$\lim_{n \to +\infty} \left(1 + \frac{3}{n}\right)^{2n}.$$

79. Programe um computador ou use uma calculadora para estimar o valor de

$$\lim_{n \to +\infty} \left(2 - \frac{5}{2n}\right)^{n/3}.$$

SEÇÃO 4.2 Funções Logarítmicas

Objetivos do Aprendizado

1. Conhecer e utilizar as funções logarítmicas e suas propriedades.
2. Usar logaritmos para resolver equações exponenciais.
3. Resolver problemas aplicados usando logaritmos.

Suponha que você tenha investido R$ 1.000,00 a juros de 8% capitalizados continuamente e esteja interessado em saber quanto tempo seu investimento levará para dobrar de valor. De acordo com a expressão apresentada na Seção 4.1, o montante após t anos será $1.000e^{0,08t}$; assim, para encontrar a resposta, você precisa resolver a equação

$$1.000e^{0,08t} = 2.000$$

ou, dividindo ambos os membros por 1.000,

$$e^{0,08t} = 2$$

Voltaremos ao problema do seu investimento no Exemplo 4.2.10. Para resolver uma equação exponencial como essa, é preciso usar *logaritmos*, que invertem o processo de exponenciação. Os logaritmos desempenham um papel importante em muitos setores da atividade humana, desde a medida da capacidade dos canais de comunicação até a famosa escala Richter para indicar a intensidade dos terremotos. Nesta seção, vamos discutir as propriedades básicas das funções logarítmicas e algumas aplicações. Começamos com uma definição.

> **Função Logarítmica** ■ Se x é um número positivo, o **logaritmo** de x na base b ($b > 0$, $b \neq 1$), representado pelo símbolo $\log_b x$, é o número y tal que $b^y = x$, ou seja,
>
> $$y = \log_b x \quad \text{se e apenas se} \quad b^y = x \quad \text{para} \quad x > 0$$

EXEMPLO 4.2.1 Cálculo de Logaritmos

Calcule o valor das seguintes expressões:

a. $\log_{10} 1.000$ **b.** $\log_2 32$ **c.** $\log_5\left(\dfrac{1}{125}\right)$

Solução

a. $\log_{10} 1.000 = 3$ pois $10^3 = 1.000$.
b. $\log_2 32 = 5$ pois $2^5 = 32$.
c. $\log_5 \dfrac{1}{125} = -3$ pois $5^{-3} = \dfrac{1}{125}$.

EXEMPLO 4.2.2 Solução de Equações Usando Logaritmos

Determine o valor de x nas seguintes equações:

a. $\log_4 x = \dfrac{1}{2}$ **b.** $\log_{64} 16 = x$ **c.** $\log_x 27 = 3$

Solução

a. Por definição, $\log_4 x = 1/2$ equivale a $x = 4^{1/2} = 2$.

b. $\log_{64} 16 = x$ significa que

$$64^x = 16$$
$$(2^6)^x = 2^4$$
$$2^{6x} = 2^4 \qquad \text{se } b^m = b^n, \text{ então } m = n$$
$$6x = 4 \quad \text{e, portanto,} \quad x = \frac{2}{3}$$

c. Se $\log_x 27 = 3$,

$$x^3 = 27$$
$$x = (27)^{1/3} = 3$$

Os logaritmos foram inventados no século XVII como forma de facilitar os cálculos matemáticos, já que podem ser usados para converter expressões que envolvem produtos e quocientes em expressões muito mais simples envolvendo somas e diferenças. As propriedades dos logaritmos que permitem esse tipo de simplificação são as seguintes:

Propriedades dos Logaritmos ■ Seja b ($b > 0$, $b \neq 1$) qualquer base logarítmica. Nesse caso,

$$\log_b 1 = 0 \qquad \text{e} \qquad \log_b b = 1$$

e, se u e v são dois números positivos quaisquer, temos:

Regra da igualdade $\log_b u = \log_b v$ se e apenas se $u = v$
Regra do produto $\log_b (uv) = \log_b u + \log_b v$
Regra da potência $\log_b u^r = r \log_b u$ para qualquer número real r
Regra do quociente $\log_b (u/v) = \log_b u - \log_b v$
Regra da inversão $\log_b b^u = u$

Todas essas regras para logaritmos podem ser demonstradas a partir de regras para exponenciais. Assim, por exemplo,

$$\log_b 1 = 0 \qquad \text{pois} \qquad b^0 = 1$$
$$\log_b b = 1 \qquad \text{pois} \qquad b^1 = b$$

Para demonstrar a regra da igualdade, fazemos

$$m = \log_b u \qquad \text{e} \qquad n = \log_b v$$

de modo que, por definição,

$$b^m = u \qquad \text{e} \qquad b^n = v$$

e, portanto, se

$$\log_b u = \log_b v$$

temos $m = n$, o que nos dá

$$b^m = b^n \qquad \text{regra da igualdade para exponenciais}$$

donde

$$u = v$$

como estabelece a regra da igualdade para logaritmos. Para demonstrar a regra do produto para logaritmos, note que

$$\log_b u + \log_b v = m + n \qquad \text{definição de logaritmo}$$
$$= \log_b(b^{m+n}) \qquad \text{regra do produto para exponenciais}$$
$$= \log_b(b^m b^n) \qquad \text{pois } b^m = u \text{ e } b^m = v$$
$$= \log_b(uv)$$

A demonstração das regras da potência e do quociente fica a cargo do leitor (Problema 78). A Tabela 4.1 mostra a correspondência entre as propriedades básicas das funções exponenciais e logarítmicas.

TABELA 4.1 Comparação entre as Regras das Funções Exponenciais e Logarítmicas

Funções Exponenciais	Funções Logarítmicas
$b^x\, b^y = b^{x+y}$	$\log_b(xy) = \log_b x + \log_b y$
$\dfrac{b^x}{b^y} = b^{x-y}$	$\log_b\left(\dfrac{x}{y}\right) = \log_b x - \log_b y$
$b^{xp} = (b^x)^p$	$\log_b x^p = p \log_b x$

EXEMPLO 4.2.3 Uso das Regras dos Logaritmos

Use as regras dos logaritmos para escrever as expressões a seguir em termos de $\log_5 2$ e $\log_5 3$.

a. $\log_5\left(\dfrac{5}{3}\right)$ **b.** $\log_5 8$ **c.** $\log_5 36$

Solução

a. $\log_5\left(\dfrac{5}{3}\right) = \log_5 5 - \log_5 3$ regra do quociente

$\qquad\qquad\quad = 1 - \log_5 3$ pois $\log_5 5 = 1$

b. $\log_5 8 = \log_5 2^3 = 3 \log_5 2$ regra da potência

c. $\log_5 36 = \log_5(2^2 3^2)$ regra do produto

$\qquad\quad = \log_5 2^2 + \log_5 3^2$ regra da potência

$\qquad\quad = 2 \log_5 2 + 2 \log_5 3$

EXEMPLO 4.2.4 Uso das Regras dos Logaritmos

Use as regras dos logaritmos para expandir as expressões a seguir.

a. $\log_3(x^3 y^{-4})$ **b.** $\log_2\left(\dfrac{y^5}{x^2}\right)$ **c.** $\log_7(x^3 \sqrt{1-y^2})$

Solução

a. $\log_3(x^3 y^{-4}) = \log_3 x^3 + \log_3 y^{-4}$ regra do produto

$\qquad\qquad\quad = 3 \log_3 x + (-4)\log_3 y$ regra da potência

$\qquad\qquad\quad = 3 \log_3 x - 4 \log_3 y$

b. $\log_2\left(\dfrac{y^5}{x^2}\right) = \log_2 y^5 - \log_2 x^2$ regra do quociente

$\qquad\qquad\quad = 5 \log_2 y - 2 \log_2 x$ regra da potência

c. $\log_7(x^3 \sqrt{1-y^2}) = \log_7[x^3(1-y^2)^{1/2}]$ regra do produto

$\qquad\qquad\quad = \log_7 x^3 + \log_7(1-y^2)^{1/2}$ regra da potência

$\qquad\qquad\quad = 3 \log_7 x + \dfrac{1}{2}\log_7(1-y^2)$ fatorando $1-y^2$

$\qquad\qquad\quad = 3 \log_7 x + \dfrac{1}{2}\log_7[(1-y)(1+y)]$ regra do produto

$\qquad\qquad\quad = 3 \log_7 x + \dfrac{1}{2}[\log_7(1-y) + \log_7(1+y)]$ distribuindo

$\qquad\qquad\quad = 3 \log_7 x + \dfrac{1}{2}\log_7(1-y) + \dfrac{1}{2}\log_7(1+y)$

Curvas de Funções Logarítmicas

Existe uma forma simples de obter a curva da função logarítmica $y = \log_b x$ a partir da curva da função exponencial $y = b^x$. A ideia é que, como $y = \log_b x$ é equivalente a $x = b^y$, a curva de $y = \log_b x$ é igual à curva de $y = b^x$ com os papéis de x e y invertidos. Assim, se (u, v) é um ponto da curva de $y = \log_b x$, $v = \log_b u$ e, portanto, $u = b^v$, o que significa que (v, u) é um ponto da curva de $y = b^x$. Além disso, como mostra a Figura 4.5a, os pontos (u, v) e (v, u) são simétricos em relação à reta $y = x$ (veja o Problema 79). Assim, a curva de $y = \log_b x$ pode ser obtida simplesmente traçando a curva *simétrica* da curva de $y = b^x$ em relação à reta $y = x$, como mostra a Figura 4.5b para o caso em que $b > 1$. Resumindo:

> **Relação entre as Curvas de $y = \log_b x$ e $y = b^x$** ■ As curvas de $y = \log_b x$ e $y = b^x$ são simétricas em relação à reta $y = x$. Assim, a curva de $y = \log_b x$ pode ser obtida traçando a curva simétrica de $y = b^x$ em relação à reta $y = x$.

A Figura 4.5b revela propriedades importantes da função logarítmica $y = \log_b x$ para o caso em que $b > 1$. O quadro a seguir descreve essas propriedades, juntamente com propriedades semelhantes para o caso em que $0 < b < 1$.

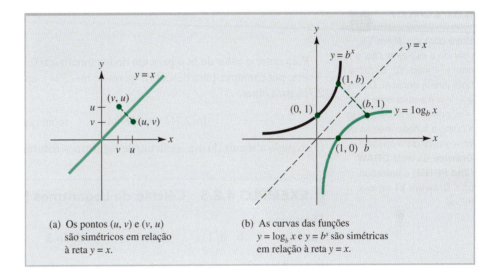

FIGURA 4.5 A curva de $y = \log_b x$ para $b > 1$ pode ser obtida traçando a curva simétrica de $y = b^x$ em relação à reta $y = x$.

(a) Os pontos (u, v) e (v, u) são simétricos em relação à reta $y = x$.

(b) As curvas das funções $y = \log_b x$ e $y = b^x$ são simétricas em relação à reta $y = x$.

> **Propriedades de uma Função Logarítmica** ■ A função logarítmica $f(x) = \log_b x$ ($b > 0$, $b \neq 1$) possui as seguintes propriedades:
>
> 1. É definida e contínua para todos os valores de $x > 0$.
> 2. O eixo y é uma assíntota vertical.
> 3. O ponto de interseção com o eixo x é o ponto $(1, 0)$; não há ponto de interseção com o eixo y.
> 4. Se $b > 1$, $\lim_{x \to 0^+} \log_b x = -\infty$ e $\lim_{x \to +\infty} \log_b x = +\infty$.
>   Se $0 < b < 1$, $\lim_{x \to 0^+} \log_b x = +\infty$ e $\lim_{x \to +\infty} \log_b x = -\infty$.
> 5. Para qualquer valor de $x > 0$, a função é crescente (a curva sobe) para $b > 1$ e decrescente (a curva desce) para $0 < b < 1$.

O Logaritmo Natural

No cálculo diferencial e integral, a base logarítmica mais usada é o número e. Nesse caso particular, o logaritmo $\log_e x$ é chamado de **logaritmo natural** de x e é representado pelo símbolo $\ln x$ (que se lê "ele ene de x"); assim, para $x > 0$, temos:

$$y = \ln x \quad \text{se e apenas se} \quad e^y = x$$

O gráfico da função logaritmo natural aparece na Figura 4.6, juntamente com o gráfico da função simétrica $y = e^x$.

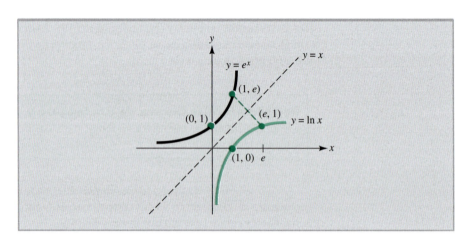

FIGURA 4.6 Gráficos de $y = e^x$ e $y = \ln x$.

7 EXPLORE!

Entre com $y = e^x$ em Y1, usando o estilo negrito, e com $y = x$ em Y2. Escolha uma janela decimal. Como $y = \ln x$ é equivalente a $e^y = x$, podemos plotar $y = \ln x$ como a função inversa de $e^x = y$ usando a opção 8: **DrawInv** da tecla **DRAW** (**2nd PRGM**) e entrando com **DrawInv Y1** na tela inicial.

Para obter o valor de ln a para um dado número $a > 0$, basta usar a tecla **LN** da calculadora. Assim, por exemplo, para descobrir quanto é ln(2,714), aperte a tecla **LN** e entre com o número 2,714 para obter

$$\ln(2{,}714) = 0{,}9984 \qquad \text{(com quatro decimais)}$$

O exemplo a seguir ilustra o cálculo de logaritmos naturais.

EXEMPLO 4.2.5 Cálculo de Logaritmos Naturais

Determine
a. $\ln e$ **b.** $\ln 1$ **c.** $\ln \sqrt{e}$ **d.** $\ln 2$

Solução

a. De acordo com a definição, $\ln e$ é o número c para o qual $e = e^c$. É evidente que esse número é $c = 1$. Assim, $\ln e = 1$.
b. $\ln 1$ é o número c para o qual $1 = e^c$. Como $e^0 = 1$, $\ln 1 = 0$.
c. $\ln \sqrt{e} = \ln e^{1/2}$ é o número c para o qual $e^{1/2} = e^c$; isso significa que $c = 1/2$. Assim, $\ln \sqrt{e} = 1/2$.
d. $\ln 2$ é o número c para o qual $2 = e^c$. O valor desse número não é óbvio, mas, usando uma calculadora, descobrimos que $\ln 2 \approx 0{,}69315$.

LEMBRETE

Como os logaritmos de qualquer base são definidos apenas para argumentos positivos, uma expressão como ln (−3) não faz sentido.

EXEMPLO 4.2.6 Uso das Propriedades dos Logaritmos Naturais

a. Determine $\ln \sqrt{ab}$ para $\ln a = 3$ e $\ln b = 7$.
b. Mostre que $\ln (1/x) = -\ln x$.
c. Determine x se $2^x = e^3$.

Solução

a. $\ln \sqrt{ab} = \ln(ab)^{1/2} = \dfrac{1}{2} \ln ab = \dfrac{1}{2}(\ln a + \ln b) = \dfrac{1}{2}(3 + 7) = 5$

b. $\ln \dfrac{1}{x} = \ln 1 - \ln x = 0 - \ln x = -\ln x$

FUNÇÕES EXPONENCIAIS E LOGARÍTMICAS   273

c. Tomando o logaritmo natural de ambos os membros da equação $2^x = e^3$, obtemos

$$\ln 2^x = \ln e^3 \quad \text{regra da potência}$$
$$x \ln 2 = 3 \ln e = 3 \quad \text{pois } \ln e = 1$$

e, portanto,

$$x = \frac{3}{\ln 2} \approx 4{,}33$$

Quando duas funções f e g têm a propriedade de que $f(g(x)) = x$ e $g(f(x)) = x$ em todos os pontos nos quais as duas funções compostas são definidas, dizemos que uma das funções é a **inversa** da outra. Essa relação de inversão existe entre as funções exponencial e logarítmica de mesma base. Assim, por exemplo,

$$\ln e^x = x \ln e = x(1) = x \qquad \text{para qualquer valor de } x$$

Da mesma forma, se $y = e^{\ln x}$ para $x > 0$, $\ln y = \ln x$ por definição de logaritmo. Assim, $y = x$; portanto,

$$e^{\ln x} = y = x$$

Essa relação de inversão entre as funções exponencial natural e logarítmica natural, que aparece no quadro a seguir, é especialmente importante e está ilustrada no Exemplo 4.2.7.

Relações entre e^x e $\ln x$ como Funções Inversas ■

$e^{\ln x} = x \quad \text{para } x > 0 \qquad \text{e} \qquad \ln e^x = x \quad \text{para qualquer valor de } x$

---

8 | EXPLORE!

Resolva a equação

$3 - e^x = \ln(x^2 + 1)$

entrando com o lado esquerdo da equação em Y1 e o lado direito em Y2. Use a Janela-Padrão (**ZOOM** 6) para determinar as coordenadas x dos pontos de interseção.

EXEMPLO 4.2.7   Solução de Equações Exponenciais e Logarítmicas

Determine o valor de x nas seguintes equações:

a. $3 = e^{20x}$ **b.** $2 \ln x = 1$

Solução

a. Tomando o logaritmo natural de ambos os membros, obtemos:

$$\ln 3 = \ln e^{20x} \qquad \text{ou} \qquad \ln 3 = 20x$$

Explicitando x e usando uma calculadora para obter o valor de $\ln 3$, obtemos:

$$x = \frac{\ln 3}{20} \approx \frac{1{,}0986}{20} \approx 0{,}0549$$

9 | EXPLORE!

Entre com $y = 10^x$ em Y1 e plote a função no estilo negrito. Em seguida, entre com $y = x$ em Y2, $y = \ln x$ em Y3 e $y = \log_{10} x$ em Y4. O que você pode concluir a partir dessa série de curvas?

b. Em primeiro lugar, isolamos $\ln x$ do lado esquerdo da equação dividindo ambos os membros por 2:

$$\ln x = \frac{1}{2}$$

Em seguida, aplicamos a função exponencial a ambos os membros da equação para obter

$$e^{\ln x} = e^{1/2} \qquad \text{ou} \qquad x = e^{1/2} = \sqrt{e} \approx 1{,}6487$$

O Exemplo 4.2.8 ilustra o modo como usamos logaritmos para obter uma função exponencial que satisfaz certas condições.

10 EXPLORE!

Leia o Exemplo 4.2.8. Entre com a equação 0 = Q − 15*e^(−0.051*X) na calculadora e determine o valor da distância do centro da cidade para a qual Q = 13.500 habitantes por quilômetro quadrado. Para verificar se o valor é razoável, observe que, de acordo com o Exemplo 4.2.8. a densidade populacional no centro da cidade é 15.000 habitantes por quilômetro quadrado e a densidade populacional a 10 quilômetros do centro é 9.000 habitantes por quilômetro quadrado.

EXEMPLO 4.2.8 Determinação de uma Função Exponencial

A densidade populacional a x quilômetros do centro de uma cidade é dada por uma função da forma $Q(x) = Ae^{-kx}$. Determine essa função sabendo que a densidade populacional no centro da cidade é de 15.000 habitantes por quilômetro quadrado e a densidade a 10 quilômetros do centro é de 9.000 habitantes por quilômetro quadrado.

Solução

Para simplificar os cálculos, expressamos a densidade populacional em unidades de 1.000 habitantes por quilômetro quadrado. Como $Q(0) = 15$, sabemos que $A = 15$. Como $Q(10) = 9$, sabemos que

$$9 = 15e^{-10k} \quad \text{e} \quad \frac{3}{5} = e^{-10k}$$

Tomando o logaritmo de ambos os membros da equação da direita, obtemos

$$\ln\frac{3}{5} = -10k \quad \text{e} \quad k = -\frac{\ln 3/5}{10} \approx 0{,}051$$

Assim, a função exponencial que representa a densidade populacional é $Q(x) = 15e^{-0,051x}$.

Já vimos que a tecla **LN** das calculadoras pode ser usada para determinar o valor dos logaritmos naturais, e a maioria das calculadoras também possui uma tecla **LOG** para calcular os logaritmos de base 10; o que fazer, porém, no caso de logaritmos cuja base não é e nem 10? Suponha que estamos interessados em calcular o número $c = \log_b a$. Nesse caso, temos:

$$\begin{aligned}
c &= \log_b a & &\text{definição de logaritmo} \\
b^c &= a & &\text{tomando o logaritmo de ambos os membros} \\
\ln b^c &= \ln a & &\text{regra da potência} \\
c \ln b &= \ln a & & \\
c &= \frac{\ln a}{\ln b} & &
\end{aligned}$$

11 EXPLORE!

Entre com $f(x) = B^x$ em Y1 e com $g(x) = \log_B x$ em Y2 como ln(x)/ln(B). Experimente diferentes valores de B, com $1 < B < 2$, usando a tecla **STO▶**, para determinar para que valores de B as duas curvas se interceptam, se tocam em um ponto, ou não se encontram.

Assim, o logaritmo $\log_b a$ é igual à razão entre dois logaritmos naturais, ln b e ln a. Resumindo:

Fórmula de Conversão de Base para Logaritmos ■ Se a e b são números positivos com $b \neq 1$,

$$\log_b a = \frac{\ln a}{\ln b}$$

EXEMPLO 4.2.9 Uso da Fórmula de Conversão de Base para Logaritmos

Determine $\log_5 3{,}172$.

Solução

Usando a fórmula de conversão, obtemos

$$\log_5 3{,}172 = \frac{\ln 3{,}172}{\ln 5} \approx \frac{1{,}1544}{1{,}6094} \approx 0{,}7172$$

Aplicação a Cálculos Financeiros

No parágrafo introdutório do início desta seção, perguntamos quanto tempo seria necessário para que um investimento dobrasse de valor. A pergunta é respondida no Exemplo 4.2.10.

EXEMPLO 4.2.10 Cálculo do Tempo para um Investimento Dobrar de Valor

Se R$ 1.000,00 são investidos a uma taxa de juros de 8% ao ano, capitalizados continuamente, quanto tempo é necessário para que o investimento dobre de valor? O tempo seria diferente se a quantia investida fosse maior ou menor que R$ 1.000,00?

Solução

Com um principal de R$ 1.000,00, o montante após t anos será $B(t) = 1.000e^{0,08t}$. O investimento dobrará de valor quando $B(t) = $ R$ 2.000,00, ou seja, quando

$$2.000 = 1.000e^{0,08t}$$

Dividindo por 1.000 e tomando o logaritmo natural de ambos os membros da equação, obtemos:

$$2 = e^{0,08t}$$
$$\ln 2 = 0,08t$$
$$t = \frac{\ln 2}{0,08} \approx 8,66 \text{ anos}$$

Se o principal fosse P_0 reais em vez de R$ 1.000,00, o tempo para dobrar o investimento teria que satisfazer a equação

$$2P_0 = P_0 e^{0,08t}$$
$$2 = e^{0,08t}$$

que é igual à anterior. Assim, o tempo, 8,66 anos, não depende da quantia investida.

---

12 EXPLORE!

Entre com F − P*e^(R*T) = 0 na calculadora e resolva a equação para determinar quanto tempo é necessário para duplicar um investimento de R$ 2.500 a uma taxa anual de 8,5% de juros capitalizados continuamente.

A situação ilustrada no Exemplo 4.2.10 se aplica a qualquer grandeza $Q(t) = Q_0 e^{kt}$ com $k > 0$. Em particular, como, para $t = 0$, temos $Q(0) = Q_0 e^0 = Q_0$, o tempo necessário para que a grandeza dobre de valor é dado por

$$2Q_0 = Q_0 e^{kt}$$
$$2 = e^{kt}$$
$$\ln 2 = kt$$
$$t = \frac{\ln 2}{k}$$

Resumindo:

Tempo para Dobrar de Valor ■ Uma grandeza $Q(t) = Q_0 e^{kt}$ ($k > 0$) dobra de valor quando $t = d$, em que

$$d = \frac{\ln 2}{k}$$

O tempo necessário para que um investimento dobre de valor é apenas um dos fatores que um investidor deve levar em conta na hora de comparar oportunidades de investimento. Dois outros fatores são ilustrados nos Exemplos 4.2.11 e 4.2.12, a seguir.

EXEMPLO 4.2.11 Tempo para Atingir uma Meta

Determine o tempo necessário para que o montante de um investimento de R$ 5.000,00 a uma taxa anual de juros de 6% chegue a R$ 7.000,00 se os juros forem capitalizados

a. Trimestralmente **b.** Continuamente

Solução

a. Usamos a fórmula do valor futuro $B = P(1 + 1)^{kx}$ com $i = r/k$. Temos $B = 7.000$, $P = 5.000$ e $i = 0,06/4 = 0,015$, já que $r = 0,06$ e os juros são capitalizados $k = 4$ vezes por ano. Substituindo esses valores na fórmula, obtemos

$$7.000 = 5.000(1,015)^{4t}$$
$$(1,015)^{4t} = \frac{7.000}{5.000} = 1,4$$

Tomando o logaritmo natural de ambos os membros da equação, obtemos

$$\ln(1,015)^{4t} = \ln 1,4 \qquad \text{regra da potência}$$
$$4t \ln 1,015 = \ln 1,4$$
$$t = \frac{\ln 1,4}{4(\ln 1,015)} \approx 5,65$$

Assim, serão necessários 5,65 anos.

b. Se os juros são capitalizados continuamente, usamos a fórmula $B = Pe^{rt}$:

$$7.000 = 5.000e^{0,06t}$$
$$e^{0,06t} = \frac{7.000}{5.000} = 1,4$$

Tomando o logaritmo de ambos os membros, obtemos

$$\ln e^{0,06t} = \ln 1,4$$
$$0,06t = \ln 1,4$$
$$t = \frac{\ln 1,4}{0,06} = 5,61$$

Assim, se os juros forem capitalizados continuamente, serão necessários 5,61 anos para atingir a meta desejada.

EXEMPLO 4.2.12 Cálculo de uma Taxa de Juros

Um investidor dispõe de R$ 1.500,00 e deseja conseguir R$ 2.000,00 em cinco anos. Qual deve ser a taxa anual r de juros, capitalizados continuamente, para que ele consiga atingir o objetivo?

Solução

Se a taxa de juros é r, o valor futuro de R$ 1.500,00 em cinco anos é dado por $1.500e^{r(5)}$. Para que esse valor seja igual a R$ 2.000,00, devemos ter

$$1.500e^{r(5)} = 2.000$$
$$e^{5r} = \frac{2.000}{1.500} = \frac{4}{3}$$

Tomando o logaritmo natural de ambos os membros da equação, obtemos

$$\ln e^{5r} = \ln \frac{4}{3}$$
$$5r = \ln \frac{4}{3}$$

e, portanto,

$$r = \frac{1}{5} \ln \frac{4}{3} \approx 0,575$$

Assim, a taxa anual de juros deve ser 5,75%.

Decaimento Radioativo e Datação por Carbono

Foi observado experimentalmente que, se uma amostra possui uma massa inicial Q_0, a massa que resta após t anos é dada por uma função da forma $Q(t) = Q_0 e^{-kt}$. A constante positiva k é uma medida da taxa de decaimento, mas a taxa em geral é dada em termos do tempo t necessário para que metade da amostra decaia. Esse tempo é chamado de **meia-vida** da substância radioativa. O Exemplo 4.2.13 mostra qual é a relação entre k e a meia-vida.

EXEMPLO 4.2.13 Cálculo da Meia-Vida

Mostre que a meia-vida de uma substância radioativa que decai segundo a equação $Q(t) = Q_0 e^{-kt}$ é $h = (\ln 2)/k$.

Solução

O objetivo é encontrar um valor h para o tempo tal que $Q(h) = Q_0/2$, o que nos dá

$$\frac{1}{2} Q_0 = Q_0 e^{-kh}$$

Dividindo por Q_0 e tomando o logaritmo natural de ambos os membros, obtemos:

$$\ln \frac{1}{2} = -kh$$

Assim, a meia-vida é

$$h = \frac{\ln \frac{1}{2}}{-k} \qquad \ln \frac{1}{2} = \ln 2^{-1} = -\ln 2$$

$$= \frac{-\ln 2}{-k} = \frac{\ln 2}{k}$$

como queríamos demonstrar.

Em 1960, W. F. Libby ganhou o prêmio Nobel de Física pela descoberta da **datação por carbono**, uma técnica usada para determinar a idade de fósseis e artefatos. Apresentamos a seguir uma descrição resumida da técnica.*

O dióxido de carbono existente no ar contém, além do isótopo estável ^{12}C ("carbono 12"), o isótopo radioativo ^{14}C ("carbono 14"). As plantas vivas absorvem dióxido de carbono do ar, o que significa que a razão entre as massas de ^{14}C e ^{12}C em uma planta viva (ou em um animal que se alimente de plantas) é a mesma que no ar. Quando uma planta ou animal morre, deixa de absorver dióxido de carbono. A massa de ^{12}C continua a mesma após a morte do organismo, mas a massa de ^{14}C diminui exponencialmente por causa do decaimento radioativo, o que faz com que a razão entre as massas de ^{14}C e ^{12}C também diminua exponencialmente. É razoável supor que a razão R_0 entre as massas de ^{14}C e ^{12}C na atmosfera se manteve praticamente constante nos últimos milhares de anos, caso em que a razão entre as massas de ^{14}C e ^{12}C em uma amostra (isto é, um fóssil ou artefato) é dada por uma função da forma $R(t) = R_0 e^{-kt}$.[2] A meia-vida do ^{14}C é 5.730 anos. Comparando $R(t)$ com R_0, os arqueólogos podem estimar a idade da amostra. O Exemplo 4.2.14 ilustra o uso do método de datação por carbono.

---

*Para mais detalhes, veja, por exemplo, Raymond J. Cannon, "Exponential Growth and Decay", *UMAP Modules 1977*: *Tools for Teaching*, Lexington, MA: Consortium for Mathematics and Its Applications, Inc., 1978. Técnicas de datação mais avançadas são discutidas em Paul Campbell, "How Old Is the Earth?", *UMAP Modules 1992*: *Tools for Teaching*, Lexington, MA: Consortium for Mathematics and Its Applications, Inc., 1993.
[2] O valor atual de R_0 é $1{,}35 \times 10^{-12}$. [N.T.]

EXEMPLO 4.2.14 Datação por Carbono

Um arqueólogo encontrou um fóssil no qual a razão entre as massas de ^{14}C e ^{12}C era 1/5 da razão observada na atmosfera. Qual é a idade aproximada do fóssil?

Solução

A idade do fóssil é o valor de t para o qual $R(t) = R_0/5$, o que nos dá

$$\frac{1}{5}R_0 = R_0 e^{-kt}$$

Dividindo por R_0 e tomando os logaritmos de ambos os membros, obtemos:

$$\frac{1}{5} = e^{-kt}$$

$$\ln\frac{1}{5} = -kt$$

e

$$t = \frac{-\ln\frac{1}{5}}{k} = \frac{\ln 5}{k}$$

Como vimos no Exemplo 4.2.13, a meia-vida h satisfaz a equação $h = (\ln 2)/k$. Como, no caso do ^{14}C, $h = 5.730$ anos, temos:

$$k = \frac{\ln 2}{h} = \frac{\ln 2}{5.730} \approx 0,000121$$

Assim, a idade do fóssil é

$$t = \frac{\ln 5}{k} = \frac{\ln 5}{0,000121} \approx 13.300$$

O fóssil tem, portanto, 13.300 anos de idade.

PROBLEMAS ■ 4.2

 Nos Problemas 1 e 2, use uma calculadora para obter os valores dos logaritmos naturais indicados.

1. Determine os valores de $\ln 1$, $\ln 2$, $\ln e$, $\ln 5$, $\ln(1/5)$ e $\ln e^2$. O que acontece quando você tenta calcular $\ln 0$ e $\ln -2$? Por quê?

2. Determine os valores de $\ln 7$, $\ln(1/3)$, $\ln e^{-3}$, $\ln(1/e^{2,1})$ e $\ln\sqrt[5]{e}$. O que acontece quando você tenta calcular $\ln(-7)$ e $\ln(-e)$?

Nos Problemas 3 a 8, determine o valor da expressão dada usando as propriedades dos logaritmos.

3. $\ln e^3$
4. $\ln\sqrt{e}$
5. $e^{\ln 5}$
6. $e^{2\ln 3}$
7. $e^{3\ln 2 - 2\ln 5}$
8. $\ln\dfrac{e^3\sqrt{e}}{e^{1/3}}$

Nos Problemas 9 a 12, use as regras dos logaritmos para escrever a expressão dada em termos de $\log_3 2$ e $\log_3 5$.

9. $\log_3 270$
10. $\log_3(2,5)$
11. $\log_3 100$
12. $\log_3\left(\dfrac{64}{125}\right)$

Nos Problemas 13 a 20, use as regras dos logaritmos para simplificar as expressões dadas.

13. $\log_2(x^4 y^3)$
14. $\log_3(x^5 y^{-2})$
15. $\ln\sqrt[3]{x^2 - x}$
16. $\ln(x^2\sqrt{4 - x^2})$
17. $\ln\left[\dfrac{x^2(3-x)^{2/3}}{\sqrt{x^2 + x + 1}}\right]$
18. $\ln\left[\dfrac{1}{x} + \dfrac{1}{x^2}\right]$
19. $\ln(x^3 e^{-x^2})$
20. $\ln\left[\dfrac{\sqrt[4]{x}}{x^3\sqrt{1 - x^2}}\right]$

Nos Problemas 21 a 36, determine o valor de x.

21. $4^x = 53$
22. $\log_2 x = 4$
23. $\log_3(2x - 1) = 2$
24. $3^{2x-1} = 17$
25. $2 = e^{0,06x}$
26. $\dfrac{1}{2}Q_0 = Q_0 e^{-1,2x}$
27. $3 = 2 + 5e^{-4x}$
28. $-2\ln x = b$

29. $-\ln x = \dfrac{t}{50} + C$ 30. $5 = 3\ln x - \dfrac{1}{2}\ln x$

31. $\ln x = \dfrac{1}{3}(\ln 16 + 2\ln 2)$ 32. $\ln x = 2(\ln 3 - \ln 5)$

33. $3^x = e^2$ 34. $a^k = e^{kx}$

35. $\dfrac{25e^{0,1x}}{e^{0,1x} + 3} = 10$ 36. $\dfrac{5}{1 + 2e^{-x}} = 3$

37. Se $\log_2 x = 5$, qual é o valor de $\ln x$?

38. Se $\log_{10} x = -3$, qual é o valor de $\ln x$?

39. Se $\log_5 (2x) = 7$, qual é o valor de $\ln x$?

40. Se $\log_3 (x - 5) = 2$, qual é o valor de $\ln x$?

41. Calcule o valor de $\ln \dfrac{1}{\sqrt{ab^3}}$ para $\ln a = 2$ e $\ln b = 3$.

42. Determine o valor de $\dfrac{1}{a}\ln\left(\dfrac{\sqrt{b}}{c}\right)^a$ para $\ln b = 6$ e $\ln c = -2$.

PROBLEMAS APLICADOS DE ECONOMIA E FINANÇAS

43. **JUROS COMPOSTOS** Quanto tempo um investimento leva para dobrar de valor se os juros anuais forem de 6%, capitalizados continuamente?

44. **JUROS COMPOSTOS** Quanto tempo um investimento leva para dobrar de valor se os juros anuais forem de 7%, capitalizados continuamente?

45. **JUROS COMPOSTOS** Um depósito em certo banco dobra de valor a cada 13 anos. O banco capitaliza os juros continuamente. Qual é a taxa anual de juros oferecida pelo banco?

46. **TEMPO PARA TRIPLICAR** Quanto tempo uma quantia A_0 leva para triplicar de valor se é investida a uma taxa anual r de juros, capitalizados continuamente?

47. **TEMPO PARA TRIPLICAR** Se uma conta que rende juros capitalizados continuamente leva 12 anos para dobrar de valor, quanto tempo leva para triplicar de valor?

48. **INVESTIMENTO** João depositou R$ 10.000,00 em uma conta remunerada cujo saldo aumentou para R$ 12.000 em cinco anos. Determine qual foi a taxa anual de juros se os juros foram capitalizados
    a. Trimestralmente   b. Continuamente

49. **JUROS COMPOSTOS** Um banco oferece uma taxa de juros de 6% ao ano, capitalizados anualmente. Um banco rival capitaliza os juros continuamente. Qual deve ser a taxa (nominal) de juros oferecida pelo segundo banco para que as taxas efetivas de juros dos dois bancos sejam iguais?

50. **PUBLICIDADE** O departamento de vendas de uma grande editora estima que, se x mil exemplares de um novo livro didático forem distribuídos gratuitamente aos professores, o livro venderá no primeiro ano

$$N(x) = 20 - 12e^{-0,03x}$$

milhares de exemplares. De acordo com essa estimativa, quantos exemplares gratuitos devem ser distribuídos para que o livro venda 12.000 exemplares no primeiro ano?

51. **EFICIÊNCIA NO TRABALHO** Um especialista em eficiência no trabalho, contratado por uma empresa, compilou os seguintes dados a respeito da relação entre a produção e a experiência dos operários:

Experiência t (meses)	0	6
Produção Q (unidades por hora)	300	410

O especialista acredita que a produção Q esteja relacionada com a experiência t por uma função da forma $Q(t) = 500 - Ae^{-kt}$. Determine a função $Q(t)$ com essa forma que melhor se ajusta aos dados experimentais. Qual é a produção esperada de um operário com 1 ano de experiência?

52. **OFERTA E DEMANDA** Um empresário observa que a função oferta de um produto é $S(x) = e^{0,02x}$ e a função demanda é $D(x) = 3e^{-0,03x}$, em que x é o número de unidades do produto.
    a. Determine o preço de demanda $p = D(x)$ correspondente a um nível de produção de 10 unidades.
    b. Determine o preço de oferta $p = S(x)$ correspondente a um nível produção de 12 unidades.
    c. Determine o nível de produção e o preço unitário correspondentes ao equilíbrio de mercado (ou seja, para os quais a oferta é igual à demanda).

53. **OFERTA E DEMANDA** Um empresário observa que a função oferta de um produto é $S(x) = \ln(x + 2)$ e a função demanda é $D(x) = 10 - \ln(x + 1)$, em que x é o número de unidades do produto.
    a. Determine o preço de demanda $p = D(x)$ correspondente a um nível de produção de 10 unidades.
    b. Determine o preço de oferta $p = S(x)$ correspondente a um nível produção de 100 unidades.
    c. Determine o nível de produção e o preço unitário correspondentes ao equilíbrio de mercado (ou seja, para os quais a oferta é igual à demanda).

54. **PRODUTO INTERNO BRUTO** Um economista compilou os seguintes dados a respeito do Produto Interno Bruto (PIB) de certo país:

Ano	1995	2005
PIB (bilhões)	100	180

Use esses dados para prever qual será o valor do PIB no ano 2015 se o PIB estiver aumentando:
    a. Linearmente, de modo que $PIB = at + b$.
    b. Exponencialmente, de modo que $PIB = Ae^{kt}$.

55. **INVESTIMENTOS** Uma firma de investimentos estima que o valor de sua carteira após t anos será A milhões de reais, em que

$$A(t) = 300\ln(t + 3)$$

   a. Qual é o valor inicial da carteira?
   b. Quanto tempo será necessário para que a carteira dobre de valor?
   c. Quanto tempo será necessário para que o valor da carteira chegue a um bilhão de reais?

PROBLEMAS APLICADOS A CIÊNCIAS SOCIAIS E BIOLÓGICAS

56. CONCENTRAÇÃO DE UM MEDICAMENTO Certo medicamento é injetado no sangue de um paciente; t segundos depois, a concentração do medicamento é C gramas por centímetro cúbico, em que

$$C(t) = 0{,}1(1 + 3e^{-0{,}03t})$$

a. Qual é a concentração do medicamento após 10 segundos?
b. Qual é o tempo necessário para que a concentração do medicamento atinja o valor de 0,12 g/cm³?

57. CONCENTRAÇÃO DE UM MEDICAMENTO A concentração de um medicamento nos rins de um paciente no instante t (em segundos) é C gramas por centímetro cúbico (g/cm³), em que

$$C(t) = 0{,}4(2 - 0{,}13e^{-0{,}02t})$$

a. Qual é a concentração do medicamento após 20 segundos? E após 60 segundos?
b. Qual é o tempo necessário para que a concentração do medicamento atinja o valor de 0,75 g/cm³?

58. DEMOGRAFIA A população mundial aumenta à taxa de aproximadamente 2% ao ano. Supondo que o aumento da população seja exponencial, a população daqui a t anos será dada por uma função da forma $P(t) = P_0 e^{0{,}02t}$, em que P_0 é a população atual. (Essa expressão será demonstrada no Capítulo 6.) Supondo que esse modelo do aumento da população esteja correto, quanto tempo a população mundial levará para dobrar de valor?

59. ALOMETRIA Suponha que, durante os primeiros 6 anos da vida de um alce, a altura do animal $H(t)$ e a envergadura dos chifres $A(t)$ aumentem com o tempo t (em anos) de acordo com as expressões $H(t) = 125e^{0{,}08t}$ e $A(t) = 50e^{0{,}16t}$, em que H e A estão em centímetros.
a. Plote no mesmo gráfico $y = H(t)$ e $y = A(t)$ para o período no qual as expressões são válidas, $0 \leq t \leq 6$.
b. Expresse a envergadura A dos chifres em função da altura H. [Sugestão: Primeiro tome o logaritmo de ambos os membros da equação $H = 125e^{0{,}08t}$ para expressar o tempo em termos de H e depois substitua o resultado na expressão de $A(t)$.]

60. ARQUEOLOGIA Um arqueólogo encontrou um fóssil no qual a razão entre as massas de ^{14}C e ^{12}C é 1/3 da razão existente na atmosfera. Qual é a idade aproximada do fóssil?

61. ARQUEOLOGIA Testes realizados em um artefato descoberto no sítio arqueológico de Debert, na Nova Escócia, revelam que 28% do ^{14}C original ainda estão presentes. Qual é a idade aproximada do artefato?

62. ARQUEOLOGIA Os Pergaminhos do Mar Morto foram escritos por volta do ano 100 a.C. Que porcentagem do ^{14}C original ainda existia nos pergaminhos em 1947, quando foram descobertos?

63. FALSIFICAÇÃO DE OBRAS DE ARTE Um quadro supostamente pintado por Rembrandt em 1640 conserva 99,7% do ^{14}C original. Há quanto tempo foi pintado o quadro? Qual seria a porcentagem de ^{14}C se o quadro fosse legítimo?

64. ARQUEOLOGIA Em 1389, Pierre d'Arcis, o bispo de Troyes, escreveu uma carta ao papa acusando um colega de fazer passar "certo pano, espertamente pintado", como a mortalha de Jesus Cristo. Apesar da denúncia, a imagem no pedaço de pano era tão realista que muitas pessoas passaram a considerá-lo como uma relíquia sagrada. Conhecido como o Sudário de Turim, o pano foi submetido à datação por carbono em 1988. Se fosse autêntico, teria aproximadamente 1.960 anos de idade.
a. Se o Sudário tivesse realmente 1.960 anos, que porcentagem do ^{14}C original restaria no tecido?
b. Os cientistas verificaram que o Sudário continha 92,3% do ^{14}C original. Com base nessa informação, qual era a idade provável do Sudário em 1988?

65. CRESCIMENTO POPULACIONAL Uma cidade cresce de tal forma que, daqui a t anos, a população será de $P(t)$ milhares de habitantes, em que

$$P(t) = 51 + 100 \ln(t + 3)$$

a. Qual é a população atual da cidade?
b. Quanto tempo será necessário para que a população se torne duas vezes maior?
c. Qual será a taxa média de crescimento da população durante os próximos 10 anos?

66. COLÔNIA DE BACTÉRIAS Um aluno de medicina que está estudando o crescimento de colônias de bactérias em certo meio de cultura compilou os seguintes dados:

Número de minutos	0	20
Número de bactérias	6.000	9.000

Use esses dados para escrever uma função exponencial da forma $Q(t) = Q_0 e^{kt}$ que expresse o número de bactérias na colônia em função do tempo. Quantas bactérias estão presentes após uma hora?

67. RADIOLOGIA O iodo radioativo, ^{133}I, tem uma meia-vida de 20,9 horas. Quando é injetado na corrente sanguínea, o iodo tende a se acumular na glândula tireoide.
a. Depois de 24 horas, um técnico examina a glândula tireoide do paciente para verificar se está funcionando normalmente. Se a tireoide absorveu todo o iodo injetado, que porcentagem da massa inicial de iodo radioativo deve ser detectada?
b. Um paciente volta à clínica 25 horas depois de receber uma injeção de ^{133}I. O técnico examina a glândula tireoide e detecta a presença de 41,3% da massa de iodo que foi injetada. Qual é a porcentagem da massa inicial que permanece no resto do corpo do paciente ou que foi eliminada?

68. ENTOMOLOGIA Foi observado que o volume da gema do ovo de uma mosca doméstica diminui de volume de acordo com a equação $V(t) = 5e^{-1{,}3t}$ mm³, em que t é o número dias após a postura. A larva sai do ovo após 4 dias.

a. Qual é o volume da gema quando a larva sai do ovo?
b. Faça o gráfico do volume da gema no período de tempo $0 \leq t \leq 4$.
c. Calcule a meia-vida do volume da gema, ou seja, o tempo necessário para que o volume da gema seja reduzido à metade do volume original.

69. **APRENDIZADO** Em um experimento para testar a memória de curto prazo,* L. R. Peterson e M. J. Peterson observaram que a probabilidade $p(t)$ de que um indivíduo consiga se lembrar de uma lista de números e letras t segundos depois de examiná-la é dada por

$$p(t) = 0{,}89[0{,}01 + 0{,}99(0{,}85)^t]$$

a. Qual é a probabilidade de que o indivíduo se lembre da lista imediatamente após examiná-la (isto é, no instante $t = 0$)?
b. Quanto tempo é necessário para que a probabilidade se reduza a 0,5?
c. Faça o gráfico de $p(t)$.

PROBLEMAS VARIADOS

70. **DECAIMENTO RADIOATIVO** A massa de certa substância radioativa que resta após t anos é dada por uma função da forma $Q(t) = Q_0 e^{-0{,}003t}$. Determine a meia-vida da substância.

71. **DECAIMENTO RADIOATIVO** A meia-vida do elemento rádio é 1.690 anos. Quanto tempo uma amostra de 50 g de rádio leva para se reduzir a 5 gramas?

72. **PRESSÃO DO AR** A pressão do ar $f(x)$ a uma altitude de s metros acima do nível do mar é dada por

$$f(s) = e^{-0{,}000125s} \text{ atmosferas}$$

a. A pressão atmosférica do lado de fora de um avião é 0,25 atmosfera. A que altitude se encontra o avião?
b. Um alpinista decide que vai colocar uma máscara de oxigênio quando chegar a uma altitude de 7.000 metros. Qual é a pressão atmosférica nessa altitude?

73. **RESFRIAMENTO** Para fazer café instantâneo, misturamos água fervente (a 100 °C) com café solúvel. Se a temperatura do ar é 20 °C, uma lei da física nos diz que a temperatura do café após t minutos é dada por uma função da forma $f(t) = 20 1 Ae^{-kt}$. Depois de esfriar durante meio minuto, o café ainda está 17 °C acima da temperatura considerada ideal, mas, meio minuto depois, está pronto para ser bebido. Qual é a temperatura "ideal"?

74. **INTENSIDADE SONORA** O **decibel**, que recebeu esse nome em homenagem a Alexander Graham Bell, corresponde aproximadamente à menor variação de volume sonoro que pode ser detectada pelo ouvido humano e é definido pela equação

$$D = 10 \log_{10}\left(\frac{I_1}{I_2}\right)$$

em que D é o número de decibéis e I_1 e I_2 são duas intensidades sonoras. Quando a intensidade sonora é medida em relação ao limiar da audição humana ($I_0 = 10^{-12}$ watts/cm³), o volume normal de conversação é 60 decibéis e o som produzido por uma banda de rock pode chegar a 110 decibéis.

a. Quantas vezes mais intenso que o som de uma conversa normal é o som produzido por uma banda de rock?
b. O limiar da dor é atingido quando o volume sonoro é aproximadamente 10 vezes maior que o som produzido por uma banda de rock. Qual é a intensidade sonora, em decibéis, correspondente ao limiar da dor?

75. **ESPIONAGEM** Depois de salvar o chefe no Problema 49 da Seção 3.5, nosso espião volta para casa, no Rio de Janeiro, e descobre que seu melhor amigo, Alexandre ("Xande") Dentro, foi assassinado. Segundo a polícia, o corpo de Xande foi descoberto às 13 horas de uma quinta-feira, dentro de um *freezer* regulado para uma temperatura de -12 °C. A polícia também informa que a temperatura do corpo no momento em que foi descoberto era 4 °C. Nosso espião sabe que, t horas após a morte, a temperatura de um cadáver é dada pela expressão

$$T = T_a + (37 - T_a)(0{,}97)^t$$

em que T_a é a temperatura do ar nas vizinhanças do corpo. O espião sabe também que o criminoso foi Francesco Petta ou André Scélérat. Se Francesco saiu da prisão na tarde de quarta-feira e André foi visto deixando a cidade na manhã do mesmo dia, quem cometeu o crime e quando o crime foi cometido?

76. **SISMOLOGIA** Na escala Richter, a magnitude R de um terremoto de intensidade I é dada por

$$R = \frac{\ln I}{\ln 10}$$

a. Determine a intensidade do terremoto de 1906 em San Francisco, que atingiu 8,3 na escala Richter.
b. Quantas vezes mais intenso foi o terremoto de 1906 em San Francisco que o trágico terremoto de 2010 no Haiti, que atingiu 7,0 na escala Richter?

77. **SISMOLOGIA** A magnitude de um terremoto na escala Richter é dada por

$$R = \frac{2}{3}\log_{10}\left(\frac{E}{E_0}\right)$$

em que E é a energia liberada pelo terremoto (em joules) e $E_0 = 10^{4,4}$ joules é a energia liberada por um pequeno terremoto, usada como referência.

a. O terremoto de 1906 em San Francisco liberou aproximadamente $5{,}96 \times 10^{16}$ joules de energia. Qual foi a magnitude do terremoto na escala Richter?
b. Qual foi a energia liberada pelo terremoto de 2011 em Fukushima, no Japão, que atingiu 9,0 na escala Richter?

---
*L. R. Peterson e M. J. Peterson, "Short-Term Retention of Individual Verbal Items", *Journal of Experimental Psychology*, Vol. 58 (1959), pp. 193–198.

78. Use uma das regras dos expoentes para demonstrar a regra dos logaritmos indicada.
    a. Regra do quociente: $\ln(u/v) = \ln u - \ln v$
    b. Regra da potência: $\ln u^r = r \ln u$

79. Mostre que o ponto simétrico do ponto (a, b) em relação à reta $y = x$ é o ponto (b, a). [*Sugestão*: Mostre que a reta que liga os pontos (a, b) e (b, a) é perpendicular à reta $y = x$ e que a distância do ponto (a, b) à reta $y = x$ é igual à distância da reta $y = x$ ao ponto (b, a).]

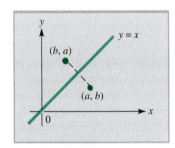

PROBLEMA 79

80. Depois de fazer um esboço da curva da função $y = \log_b x$ (para $0 < b < 1$) traçando a curva simétrica da curva de $y = b^x$ em relação à reta $y = x$, responda às seguintes perguntas:
    a. A curva de $y = \log_b x$ é crescente ou decrescente?
    b. A concavidade da curva é para cima ou para baixo?
    c. Quais são os pontos de interseção da curva com os eixos x e y? A curva possui assíntotas horizontais ou verticais?
    d. Quais são os valores de
    $$\lim_{x \to +\infty} \log_b x \quad \text{e} \quad \lim_{x \to 0^+} \log_b x?$$

81. Mostre que, se y é uma função potência de x, ou seja, se $y = Cx^k$, em que C e k são constantes, $\ln y$ é uma função linear de $\ln x$. (*Sugestão*: Tome o logaritmo de ambos os membros da equação $y = Cx^k$.)

82. Use uma calculadora gráfica para plotar, no mesmo gráfico, as funções $y = 10^x$, $y = x$ e $y = \log_{10} x$ (use uma janela $[-5, 5]1$ por $[-5, 5]1$). Existe alguma relação especial entre os três gráficos?

Nos Problemas 83 a 86, determine o valor de x.

83. $x = \ln(3{,}42 \times 10^{-8{,}1})$

84. $3{.}500 e^{0{,}31x} = \dfrac{e^{-3{,}5x}}{1 + 257 e^{-1{,}1x}}$

85. $e^{0{,}113x} + 4{,}72 = 7{,}031 - x$

86. $\ln(x + 3) - \ln x = 5 \ln(x^2 - 4)$

87. Sejam a e b dois números positivos diferentes de 1.
    a. Mostre que $(\log_a b)(\log_b a) = 1$.
    b. Mostre que $\log_a x = (\log_b x)/(\log_b a)$ para qualquer número $x > 0$.

SEÇÃO 4.3 Derivação de Funções Exponenciais e Logarítmicas

Objetivos do Aprendizado

1. Conhecer as derivadas das funções exponenciais e logarítmicas.
2. Resolver problemas aplicados usando as derivadas das funções exponenciais e logarítmicas.
3. Usar a derivada logarítmica.

Nos exemplos e problemas propostos até agora neste capítulo, vimos que as funções exponenciais podem ser usadas para modelar várias situações práticas, do cálculo de juros compostos ao decaimento radioativo, passando pelo crescimento populacional. Para discutir as taxas de variação e determinar os valores extremos nessas situações, precisamos conhecer as derivadas das funções exponenciais e logarítmicas. Nesta seção, vamos obter as expressões dessas derivadas e apresentar algumas aplicações simples. Outros modelos exponenciais e logarítmicos serão discutidos na Seção 4.4. Começamos por mostrar que a função exponencial natural $f(x) = e^x$ apresenta a propriedade notável de ter como derivada a própria função.

A Derivada de e^x ■ Para qualquer número real x
$$\frac{d}{dx}(e^x) = e^x$$

FUNÇÕES EXPONENCIAIS E LOGARÍTMICAS   283

Para obter esse resultado, fazemos $f(x) = e^x$ e usamos a definição de derivada:

$$f'(x) = \lim_{h \to 0} \frac{f(x+h) - f(x)}{h}$$

$$= \lim_{h \to 0} \frac{e^{x+h} - e^x}{h} \qquad \text{pois } e^{A+B} = e^A e^B$$

$$= \lim_{h \to 0} \frac{e^x e^h - e^x}{h} \qquad \text{passando } e^x \text{ para fora do limite}$$

$$= e^x \lim_{h \to 0} \frac{e^h - 1}{h}$$

É possível mostrar que

$$\lim_{h \to 0} \frac{e^h - 1}{h} = 1$$

TABELA 4.2

h	$\dfrac{e^h - 1}{h}$
0,01	1,005017
0,001	1,000500
0,0001	1,000050
−0,00001	1,999995
−0,0001	1,999950

como indica a Tabela 4.2. (Uma prova formal de que esse é o limite correto está além do escopo deste livro.) Assim, temos:

$$f'(x) = e^x \lim_{h \to 0} \frac{e^h - 1}{h}$$
$$= e^x(1)$$
$$= e^x$$

como queríamos demonstrar. A derivada de e^x é usada no Exemplo 4.3.1.

EXEMPLO 4.3.1   Derivadas de Funções Exponenciais

Derive as seguintes funções:

a. $f(x) = x^2 e^x$ **b.** $g(x) = \dfrac{x^3}{e^x + 2}$

Solução

a. Aplicando a regra do produto, obtemos:

$$f'(x) = x^2 \frac{d}{dx}(e^x) + \frac{d}{dx}(x^2)e^x \qquad \text{regra da potência e regra da exponencial}$$

$$= x^2 e^x + (2x)e^x \qquad \text{colocando } x \text{ e } e^x \text{ em evidência}$$

$$= xe^x(x + 2)$$

b. Para derivar essa função, usamos a regra do quociente:

$$g'(x) = \frac{(e^x + 2)\dfrac{d}{dx}(x^3) - x^3 \dfrac{d}{dx}(e^x + 2)}{(e^x + 2)^2} \qquad \text{regra da potência e regra da exponencial}$$

$$= \frac{(e^x + 2)[3x^2] - x^3[e^x + 0]}{(e^x + 2)^2} \qquad \text{colocando } x^2 \text{ em evidência e combinando termos}$$

$$= \frac{x^2(3e^x - xe^x + 6)}{(e^x + 2)^2}$$

O fato de que a derivada de e^x é a própria função significa que, em todos os pontos $P(c, e^c)$ da curva $y = e^x$, a inclinação é igual a e^c, a coordenada y do ponto P (Figura 4.7). Essa é uma das principais razões para usar o número e como base das funções exponenciais no cálculo diferencial e integral.

284 CAPÍTULO 4

13 EXPLORE!

Plote a função $y = e^x$ usando uma janela decimal modificada $[-0.7, 8.7]1$ por $[-0.1, 6.1]1$. Escolha um valor para x e determine o valor da derivada para esse valor de x. Observe quão próximo o valor da derivada está da coordenada y da curva. Repita para vários outros valores de x.

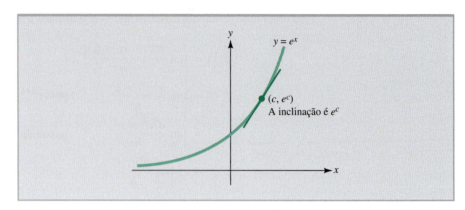

FIGURA 4.7 Em todos os pontos $P(c, e^c)$ do gráfico da função $y = e^x$, a inclinação é igual a e^c.

Combinando a regra da cadeia com a expressão da derivada de e^x

$$\frac{d}{dx}(e^x) = e^x$$

obtemos a seguinte regra para derivar funções exponenciais:

Regra da Cadeia para Funções Exponenciais ■ Se $u(x)$ é uma função derivável de x,

$$\frac{d}{dx}(e^{u(x)}) = e^{u(x)}\frac{du}{dx}$$

EXEMPLO 4.3.2 Derivada de uma Função da Forma $e^{u(x)}$

Determine a derivada da função $f(x) = e^{x^2+1}$.

Solução

De acordo com a regra da cadeia, com $u = x^2 + 1$, temos:

$$f'(x) = e^{x^2+1}\left[\frac{d}{dx}(x^2 + 1)\right] = 2xe^{x^2+1}$$

EXEMPLO 4.3.3 Derivada de uma Função da Forma $e^{u(x)}/P(x)$

Determine a derivada da função

$$f(x) = \frac{e^{-3x}}{x^2 + 1}$$

Solução

Usando a regra da cadeia e a regra do quociente, obtemos

$$f'(x) = \frac{(x^2 + 1)(-3e^{-3x}) - (2x)e^{-3x}}{(x^2 + 1)^2}$$

$$= e^{-3x}\left[\frac{-3(x^2 + 1) - 2x}{(x^2 + 1)^2}\right] = e^{-3x}\left[\frac{-3x^2 - 2x - 3}{(x^2 + 1)^2}\right]$$

EXEMPLO 4.3.4 Determinação dos Valores Extremos de uma Função Exponencial

Determine o maior e o menor valor da função $f(x) = xe^{2x}$ no intervalo $-1 \le x \le 1$.

Solução

De acordo com a regra do produto,

$$f'(x) = x\frac{d}{dx}(e^{2x}) + e^{2x}\frac{d}{dx}(x) = x(2e^{2x}) + e^{2x}(1) = (2x+1)e^{2x}$$

e, portanto, para que $f'(x) = 0$ é preciso que

$$(2x+1)e^{2x} = 0 \quad \text{pois } e^{2x} > 0 \text{ para qualquer valor de } x$$
$$2x + 1 = 0$$
$$x = -\frac{1}{2}$$

Calculando os valores de $f(x)$ no número crítico $x = 1/2$ e nas extremidades do intervalo, $x = -1$ e $x = 1$, obtemos:

$$f(-1) = (-1)e^{-2} \approx -0{,}135$$
$$f\left(-\frac{1}{2}\right) = \left(-\frac{1}{2}\right)e^{-1} \approx -0{,}184 \quad \text{mínimo}$$
$$f(1) = (1)e^{2} \approx 7{,}389 \quad \text{máximo}$$

Assim, o maior valor de $f(x)$ é 7,389, em $x = 1$, e o menor é $-0{,}184$, em $x = -1/2$.

Derivadas das Funções Logarítmicas

A derivada da função logarítmica natural é calculada usando a seguinte expressão:

Derivada de ln x ■ Para qualquer valor de $x > 0$,

$$\frac{d}{dx}(\ln x) = \frac{1}{x}$$

Uma demonstração baseada na definição de derivada é assunto do Problema 94. Como veremos a seguir, a expressão também pode ser obtida por derivação implícita. Considere a equação

$$e^{\ln x} = x$$

Derivando ambos os membros em relação a x, obtemos:

$$\frac{d}{dx}[e^{\ln x}] = \frac{d}{dx}[x] \quad \text{regra da cadeia } e^u$$
$$e^{\ln x}\frac{d}{dx}[\ln x] = 1 \quad \text{pois } e^{\ln x} = x$$
$$x\frac{d}{dx}[\ln x] = 1 \quad \text{dividindo ambos os membros por } x$$

e, portanto,

$$\frac{d}{dx}[\ln x] = \frac{1}{x}$$

como queríamos demonstrar. A expressão da derivada da função logaritmo natural é usada nos Exemplos 4.3.5 a 4.3.7.

14 | EXPLORE!

Plote a função $y = \ln x$ usando uma janela decimal modificada $[-0.7, 8.7]1$ por $[-3.1, 3.1]1$. Escolha um valor para x e trace a reta tangente à curva para esse valor de x. Observe quão próxima a inclinação dessa reta tangente está de $1/x$. Repita para vários outros valores de x.

EXEMPLO 4.3.5 Derivada de uma Função Logarítmica

Determine a derivada da função $f(x) = x \ln x$.

Solução

Combinando a regra do produto com a expressão da derivada de $\ln x$, obtemos:

$$f'(x) = x\left(\frac{1}{x}\right) + \ln x = 1 + \ln x$$

EXEMPLO 4.3.6 Derivada de uma Função Logarítmica

Determine a derivada da função $g(t) = (t + \ln t)^{3/2}$.

Solução

A função tem a forma $g(t) = u^{3/2}$, em que $u = t + \ln t$. Aplicando a regra da potência para derivadas, obtemos:

$$g'(t) = \frac{d}{dt}(u^{3/2}) = \frac{3}{2}u^{1/2}\frac{du}{dt}$$

$$= \frac{3}{2}(t + \ln t)^{1/2}\frac{d}{dt}(t + \ln t)$$

$$= \frac{3}{2}(t + \ln t)^{1/2}\left(1 + \frac{1}{t}\right)$$

As regras para logaritmos podem facilitar a derivação de expressões complexas. No Exemplo 4.3.7, usamos a regra da potência para logaritmos antes de derivar a expressão.

EXEMPLO 4.3.7 Derivada de uma Função Logarítmica

Determine a derivada da função $f(x) = \dfrac{\ln \sqrt[3]{x^2}}{x^4}$.

Solução

Como $\sqrt[3]{x^2} = x^{2/3}$, temos, de acordo com a regra da potência para logaritmos:

$$f(x) = \frac{\ln \sqrt[3]{x^2}}{x^4} = \frac{\ln x^{2/3}}{x^4} = \frac{\frac{2}{3}\ln x}{x^4}$$

Aplicando a regra do quociente para derivadas, obtemos:

$$f'(x) = \frac{2}{3}\left[\frac{x^4\frac{d}{dx}(\ln x) - \frac{d}{dx}(x^4)\ln x}{(x^4)^2}\right]$$

$$= \frac{2}{3}\left[\frac{x^4\left(\frac{1}{x}\right) - 4x^3 \ln x}{x^8}\right] \quad \text{dividindo numerador e denominador por } x^3$$

$$= \frac{2}{3}\left[\frac{1 - 4\ln x}{x^5}\right]$$

Se $f(x) = \ln u(x)$, em que $u(x)$ é uma função derivável de x, a regra da cadeia fornece a seguinte expressão para $f'(x)$:

> **Regra da Cadeia para Funções Logarítmicas** ■ Se $u(x)$ é uma função derivável de x,
> $$\frac{d}{dx}[\ln u(x)] = \frac{1}{u(x)}\frac{du}{dx} \quad \text{para } u(x) > 0$$

EXEMPLO 4.3.8 Derivada de uma Função da Forma ln[u(x)]

Determine a derivada da função $f(x) = \ln(2x^3 + 1)$.

Solução

Nesse caso, $f(x) = \ln u$, em que $u(x) = 2x^3 + 1$. Assim,

$$f'(x) = \frac{1}{u}\frac{du}{dx} = \frac{1}{2x^3 + 1}\frac{d}{dx}(2x^3 + 1)$$
$$= \frac{2(3x^2)}{2x^3 + 1} = \frac{6x^2}{2x^3 + 1}$$

EXEMPLO 4.3.9 Equação de uma Reta Tangente

Escreva a equação da reta tangente à curva de $f(x) = x - \ln\sqrt{x}$ no ponto em que $x = 1$.

Solução

Para $x = 1$, temos:

$$y = f(1) = 1 - \ln(\sqrt{1}) = 1 - 0 = 1$$

e, portanto, o ponto de tangência é $(1, 1)$. Para determinar a inclinação da reta tangente nesse ponto, escrevemos

$$f(x) = x - \ln\sqrt{x} = x - \ln x^{1/2} = x - \frac{1}{2}\ln x \quad \text{regra da potência para logaritmos}$$

e calculamos a derivada

$$f'(x) = 1 - \frac{1}{2}\left(\frac{1}{x}\right) = 1 - \frac{1}{2x}$$

Assim, a reta tangente passa pelo ponto $(1, 1)$ com inclinação

$$f'(1) = 1 - \frac{1}{2(1)} = \frac{1}{2}$$

e, portanto, a equação da reta é

$$y - 1 = \frac{1}{2}(x - 1) \quad \text{forma ponto-inclinação}$$

ou

$$y = \frac{1}{2}x + \frac{1}{2}$$

As expressões das derivadas de funções exponenciais e logarítmicas com base diferente de e, mostradas no quadro a seguir, são semelhantes às obtidas para $y = e^x$ e $y = \ln x$.

> **Derivadas de b^x e $\log_b x$ para $b > 0$, $b \neq 1$**
>
> $$\frac{d}{dx}(b^x) = (\ln b)b^x \qquad \text{para qualquer valor de } x$$
>
> e
>
> $$\frac{d}{dx}(\log_b x) = \frac{1}{x \ln b} \qquad \text{para qualquer valor de } x > 0$$

Assim, por exemplo, para obter a derivada de $y = \log_b$, basta lembrar que

$$\log_b x = \frac{\ln x}{\ln b}$$

e, portanto,

$$\frac{d}{dx}(\log_b x) = \frac{d}{dx}\left[\frac{\ln x}{\ln b}\right] = \frac{1}{\ln b}\frac{d}{dx}(\ln x)$$
$$= \frac{1}{x \ln b}$$

A demonstração da fórmula da derivada de $y = b^x$ fica por conta do leitor (Problema 89).

EXEMPLO 4.3.10 Derivadas de Funções da Forma b^x e $\log_b x$

Determine a derivada das seguintes funções:

a. $f(x) = 5^{2x-3}$ **b.** $g(x) = (x^2 + \log_7 x)^4$

Solução

Aplicando a regra da cadeia, obtemos:

a. $f'(x) = [(\ln 5)5^{2x-3}]\dfrac{d}{dx}[2x - 3] = (\ln 5)5^{2x-3}(2) = (2 \ln 5)5^{2x-3}$

b. $g'(x) = 4(x^2 + \log_7 x)^3 \dfrac{d}{dx}[x^2 + \log_7 x]$ regra geral da potência

$= 4(x^2 + \log_7 x)^3\left[2x + \dfrac{1}{x \ln 7}\right]$

Aplicações Vamos agora apresentar alguns exemplos de aplicações do cálculo que envolvem funções exponenciais e logarítmicas. No Exemplo 4.3.11, calculamos a receita marginal com a venda de um produto cuja demanda é modelada por uma função logarítmica.

EXEMPLO 4.3.11 Estimativa de uma Receita Adicional Usando a Receita Marginal

Um fabricante estima que x unidades de determinado produto serão vendidas se o preço unitário for $p(x) = 112 - x \ln(\sqrt{x})$ centenas de reais.

a. Determine as funções receita e receita marginal.

b. Use o método de análise marginal para estimar a receita obtida com a produção da 12ª unidade. Qual é a receita real obtida com a produção da 12ª unidade?

Solução

a. A receita é

$$R(x) = xp(x) = x(112 - x\ln(\sqrt{x})) = 112x - x^2\left(\frac{1}{2}\ln x\right) \quad \text{regra da potência para logaritmos}$$

centenas de reais e, portanto, a receita marginal é

$$R'(x) = 112 - \frac{1}{2}\left[x^2\left(\frac{1}{x}\right) + (2x)\ln x\right] = 112 - \frac{1}{2}x - x\ln x$$

b. A receita obtida com a venda da 12ª unidade é estimada usando a receita marginal calculada para $x = 11$, ou seja, usando a relação

$$R'(11) = 112 - \frac{1}{2}(11) - (11)\ln(11) \approx 80{,}12$$

Assim, de acordo com a análise marginal, o fabricante terá uma receita de aproximadamente 80,12 centenas de reais, ou seja, R$ 8.012,00 com a venda da 12ª unidade. A receita real obtida com a venda da quinta unidade é

$$R(12) - R(11) = \left[112(12) - (12)^2\left(\frac{1}{2}\ln 12\right)\right] - \left[112(11) - (11)^2\left(\frac{1}{2}\ln 11\right)\right]$$
$$\approx 1.165{,}09 - 1.086{,}93 = 78{,}16$$

centenas de reais (R$ 7.816,00).

No Exemplo 4.3.12, a análise marginal é utilizada para estudar a demanda exponencial de uma mercadoria e determinar o preço para o qual a receita obtida é máxima. O exemplo faz uso do conceito de elasticidade da demanda, que foi apresentado na Seção 3.4.

EXEMPLO 4.3.12 Estudo da Elasticidade da Demanda

Um fabricante estima que $D(p) = 5.000e^{-0{,}02p}$ unidades de uma mercadoria serão vendidas se o preço unitário for p reais.

a. Determine a elasticidade da demanda da mercadoria. Para que valores de p a demanda é elástica, inelástica e de elasticidade unitária?

b. Se o preço for aumentado 3% acima de R$ 40,00, qual é o efeito esperado sobre a demanda?

c. Determine a receita $R(p)$ obtida com a venda de $q = D(p)$ unidades a um preço unitário de p reais. Para que valor de p a receita é máxima?

Solução

a. De acordo com a expressão obtida na Seção 3.4, a elasticidade da demanda é dada por

$$E(p) = -\frac{p}{q}\frac{dq}{dp}$$
$$= -\left(\frac{p}{5.000e^{-0{,}02p}}\right)[5.000e^{-0{,}02p}(-0{,}02)]$$
$$= -\frac{p[5.000(-0{,}02)e^{-0{,}02p}]}{5.000e^{-0{,}02p}} = 0{,}02p$$

e, portanto,

a demanda é de elasticidade unitária para $E(p) = 0{,}02p = 1$, ou seja, para $p = 50$
a demanda é elástica para $E(p) = 0{,}02p > 1$, ou seja, para $p > 50$
a demanda é inelástica para $E(p) = 0{,}02p < 1$, ou seja, para $p < 50$

A curva de função de demanda, mostrando as faixas de elasticidade, aparece na Figura 4.8a.

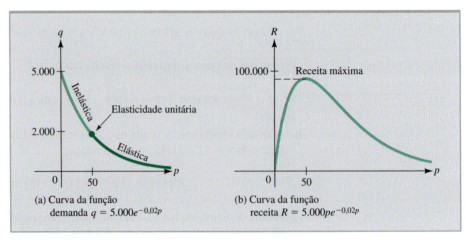

FIGURA 4.8 Curvas de demanda e receita para a mercadoria do Exemplo 4.3.12.

> **15 EXPLORE!**
>
> Para examinar o caso geral do Exemplo 4.3.12, entre com a função $y = Axe^{-Bx}$ em Y1 do editor de equações e determine a posição do máximo de y para diferentes valores de A e B. Assim, por exemplo, faça $A = 1$ e varie o valor de B (fazendo $B = 1$, 0,5 e 0,1, digamos) para ver como varia a posição do máximo. Em seguida, conserve B constante (fazendo $B = 0,1$) e varie o valor de A (fazendo $A = 1$, 10 e 100). Tente encontrar uma correlação entre os dois resultados.

b. Para $p = 40$, a demanda é

$$q(40) = 5.000e^{-0,02(40)} \approx 2.247 \text{ unidades}$$

e a elasticidade da demanda é

$$E(40) = 0,02(40) = 0,8$$

Assim, um aumento de 1% no preço a partir de $p = $ R$ 40,00 resulta em uma redução na demanda de aproximadamente 0,8% e um aumento de 3% no preço, de R$ 40,00 para R$ 41,20, resulta em uma redução na demanda de aproximadamente $2.247[3(0,008)] = 54$ unidades, de 2.247 para 2.193 unidades.

c. A função receita é

$$R(p) = pq = 5.000pe^{-0,02p}$$

para $p \geq 0$ (o preço não pode ser negativo), cuja derivada é

$$\begin{aligned} R'(p) &= 5.000(-0,02pe^{-0,02p} + e^{-0,02p}) \\ &= 5.000(1 - 0,02p)e^{-0,02p} \end{aligned}$$

Como $e^{-0,02p}$ é uma grandeza positiva, $R'(p) = 0$ se e apenas se

$$1 - 0,02p = 0 \quad \text{ou} \quad p = \frac{1}{0,02} = 50$$

Para confirmar se $p = 50$ corresponde a um máximo absoluto, observe que

$$R''(p) = 5.000(0,0004p - 0,04)e^{-0,02p}$$

e, portanto,

$$R''(50) = 5.000[0,0004(50) - 0,04]e^{-0,02(50)} \approx -37 < 0$$

Assim, o teste da derivada segunda mostra que o máximo absoluto de $R(p)$ está realmente em $p = 50$ (veja a Figura 4.8b).

Derivação Logarítmica

Às vezes é possível simplificar a derivação de funções que envolvem produtos, quocientes e potências calculando primeiro o logaritmo da função. Essa técnica, conhecida como **derivação logarítmica**, é ilustrada no Exemplo 4.3.13.

EXEMPLO 4.3.13 Uso da Derivação Logarítmica

Determine a derivada da função $f(x) = \dfrac{\sqrt[3]{x+1}}{(1-3x)^4}$.

Solução

É possível resolver esse problema usando a regra do quociente e a regra da cadeia, mas os cálculos envolvidos são trabalhosos. (Experimente!)

Um método mais simples consiste em tomar o logaritmo de ambos os membros da expressão de $f(x)$:

$$\ln f(x) = \ln\left[\frac{\sqrt[3]{x+1}}{(1-3x)^4}\right] = \ln\sqrt[3]{(x+1)} - \ln(1-3x)^4$$

$$= \frac{1}{3}\ln(x+1) - 4\ln(1-3x)$$

Observe que, ao introduzirmos o logaritmo, eliminamos o quociente, a raiz cúbica e a quarta potência.

Agora podemos derivar ambos os membros da equação usando a regra da cadeia para logaritmos:

$$\frac{f'(x)}{f(x)} = \frac{1}{3}\frac{1}{x+1} - 4\left(\frac{-3}{1-3x}\right) = \frac{1}{3}\frac{1}{x+1} + \frac{12}{1-3x} \qquad \frac{d}{dx}\ln f(x) = \frac{f'(x)}{f(x)}$$

e, portanto,

$$f'(x) = f(x)\left[\frac{1}{3}\frac{1}{x+1} + \frac{12}{1-3x}\right]$$

$$= \left[\frac{\sqrt[3]{x+1}}{(1-3x)^4}\right]\left[\frac{1}{3}\frac{1}{x+1} + \frac{12}{1-3x}\right]$$

Se $Q(x)$ é uma função derivável de x,

$$\frac{d}{dx}(\ln Q) = \frac{Q'(x)}{Q(x)}$$

em que a razão do lado direito é a taxa de variação relativa de $Q(x)$. Isso significa que *a taxa de variação relativa de uma grandeza $Q(x)$ é igual à derivada de* $\ln Q$. Esse tipo especial de derivação logarítmica pode ser usado para simplificar o cálculo de taxas de crescimento, como ilustra o Exemplo 4.3.14.

EXEMPLO 4.3.14 Cálculo de uma Taxa de Crescimento Relativa

Um país exporta três produtos: trigo (T), aço (A) e petróleo (P). No instante $t = t_0$, as receitas obtidas com a venda desses produtos, em bilhões de dólares, são

$$T(t_0) = 4 \; A(t_0) = 7 \; P(t_0) = 10$$

e A está crescendo a 8%, P está crescendo a 15% e T está diminuindo a 3%. Qual é a taxa relativa de aumento da receita com a exportação dos três produtos?

Solução

Seja $R = T + A + P$. Sabemos que, no instante $t = t_0$,

$$R(t_0) = T(t_0) + A(t_0) + P(t_0)$$

e

$$\frac{T'(t_0)}{T(t_0)} = -0{,}03 \qquad \frac{A'(t_0)}{A(t_0)} = 0{,}08 \qquad \frac{P'(t_0)}{P(t_0)} = 0{,}15$$

de modo que

$$T'(t_0) = -0{,}03\,T(t_0) \qquad A'(t_0) = 0{,}08\,A(t_0) \qquad P'(t_0) = 0{,}15\,P(t_0)$$

Assim, no instante $t = t_0$, a taxa de crescimento relativa de R é dada por

$$\begin{aligned}\frac{R'(t_0)}{R(t_0)} &= \frac{d(\ln R)}{dt} = \frac{d}{dt}[\ln(T + A + P)]\Big|_{t=t_0}\\ &= \frac{[T'(t_0) + A'(t_0) + P'(t_0)]}{[T(t_0) + A(t_0) + P(t_0)]}\\ &= \frac{-0{,}03\,T(t_0) + 0{,}08\,A(t_0) + 0{,}15\,P(t_0)}{T(t_0) + A(t_0) + P(t_0)}\\ &= \frac{-0{,}03\,T(t_0) + 0{,}08\,A(t_0) + 0{,}15\,P(t_0)}{R(t_0)}\\ &= \frac{-0{,}03\,T(t_0)}{R(t_0)} + \frac{0{,}08\,A(t_0)}{R(t_0)} + \frac{0{,}15\,P(t_0)}{R(t_0)}\\ &= \frac{-0{,}03(4)}{21} + \frac{0{,}08(7)}{21} + \frac{0{,}15(10)}{21}\\ &= 0{,}0924\end{aligned}$$

Assim, no instante $t = t_0$, a receita obtida com a exportação dos três produtos está aumentando à taxa de 9,24%.

PROBLEMAS ■ 4.3

Nos Problemas 1 a 38, calcule a derivada da função dada.

1. $f(x) = e^{5x}$
2. $f(x) = 3e^{4x+1}$
3. $f(x) = xe^x$
4. $f(x) = \dfrac{e^x}{x}$
5. $f(x) = 30 + 10e^{-0{,}05x}$
6. $f(x) = e^{x^2+2x-1}$
7. $f(x) = (x^2 + 3x + 5)e^{6x}$
8. $f(x) = xe^{-x^2}$
9. $f(x) = (1 - 3e^x)^2$
10. $f(x) = \sqrt{1 + e^x}$
11. $f(x) = e^{\sqrt{3x}}$
12. $f(x) = e^{1/x}$
13. $f(x) = \ln x^3$
14. $f(x) = \ln 2x$
15. $f(x) = x^2 \ln x$
16. $f(x) = x \ln \sqrt{x}$
17. $f(x) = \sqrt[3]{e^{2x}}$
18. $f(x) = \dfrac{\ln x}{x}$
19. $f(x) = \ln\left(\dfrac{x+1}{x-1}\right)$
20. $f(x) = e^x \ln x$
21. $f(x) = e^{-2x} + x^3$
22. $f(t) = t^2 \ln \sqrt[3]{t}$
23. $g(s) = (e^s + s + 1)(2e^{-s} + s)$
24. $F(x) = \ln(2x^3 - 5x + 1)$
25. $h(t) = \dfrac{e^t + t}{\ln t}$
26. $g(u) = \ln(u^2 - 1)^3$
27. $f(x) = \dfrac{e^x + e^{-x}}{2}$
28. $h(x) = \dfrac{e^{-x}}{x^2}$
29. $f(t) = \sqrt{\ln t + t}$
30. $f(x) = \dfrac{e^x + e^{-x}}{e^x - e^{-x}}$
31. $f(x) = \ln(e^{-x} + x)$
32. $f(s) = e^{s + \ln s}$
33. $g(u) = \ln(u + \sqrt{u^2 + 1})$
34. $L(x) = \ln\left[\dfrac{x^2 + 2x - 3}{x^2 + 2x + 1}\right]$
35. $f(x) = \dfrac{2^x}{x}$
36. $f(x) = x^2 3^{x^2}$

37. $f(x) = x \log_{10} x$

38. $f(x) = \dfrac{\log_2 x}{\sqrt{x}}$

Nos Problemas 39 a 46, determine o maior e o menor valor da função dada no intervalo especificado.

39. $f(x) = e^{1-x}$ para $0 \leq x \leq 1$
40. $F(x) = e^{x^2 - 2x}$ para $0 \leq x \leq 2$
41. $f(x) = (3x - 1)e^{-x}$ para $0 \leq x \leq 2$
42. $g(x) = \dfrac{e^x}{2x + 1}$ para $0 \leq x \leq 1$
43. $g(t) = t^{3/2} e^{-2t}$ para $0 \leq t \leq 1$
44. $f(x) = e^{-2x} - e^{-4x}$ para $0 \leq x \leq 1$
45. $f(x) = \dfrac{\ln(x+1)}{x+1}$ para $0 \leq x \leq 2$
46. $h(s) = 2s \ln s - s^2$ para $0{,}5 \leq s \leq 2$

Nos Problemas 47 a 52, determine a equação da reta tangente à curva da função $y = f(x)$ no ponto especificado.

47. $f(x) = xe^{-x}$; em que $x = 0$
48. $f(x) = (x+1)e^{-2x}$; em que $x = 0$
49. $f(x) = \dfrac{e^{2x}}{x^2}$; em que $x = 1$
50. $f(x) = \dfrac{\ln x}{x}$; em que $x = 1$
51. $f(x) = x^2 \ln \sqrt{x}$; em que $x = 1$
52. $f(x) = x - \ln x$; em que $x = e$

Nos Problemas 53 a 56, determine a derivada segunda da função dada.

53. $f(x) = e^{2x} + 2e^{-x}$
54. $f(x) = \ln(2x) + x^2$
55. $f(t) = t^2 \ln t$
56. $g(t) = t^2 e^{-t}$

Nos Problemas 57 a 64, use a técnica da derivação logarítmica para calcular a derivada $f'(x)$.

57. $f(x) = (2x+3)^2 (x - 5x^2)^{1/2}$
58. $f(x) = x^2 e^{-x} (3x+5)^3$
59. $f(x) = \dfrac{(x+2)^5}{\sqrt[6]{3x-5}}$
60. $f(x) = \sqrt[4]{\dfrac{2x+1}{1-3x}}$
61. $f(x) = (x+1)^3 (6-x)^2 \sqrt[3]{2x+1}$
62. $f(x) = \dfrac{e^{-3x}\sqrt{2x-5}}{(6-5x)^4}$
63. $f(x) = 5^{x^2}$
64. $f(x) = \log_2(\sqrt{x})$

Nos Problemas 65 a 68, a função demanda $q = D(p)$ de um produto é dada em termos de um preço unitário p para o qual todas as q unidades serão vendidas. Em cada caso:

(a) Determine a elasticidade da demanda e calcule os valores de p para os quais a demanda é elástica, inelástica e de elasticidade unitária.

(b) Se o preço for aumentado em 2% a partir de R\$ 15,00, qual é o efeito esperado sobre a demanda?

(c) Determine a receita $R(p)$ obtida com a venda de q unidades por um preço unitário p. Para que valor de p a receita é máxima?

65. $D(p) = 3.000 e^{-0{,}04p}$
66. $D(p) = 10.000 e^{-0{,}025p}$
67. $D(p) = 5.000(p+11)e^{-0{,}1p}$
68. $D(p) = \dfrac{10.000 e^{-p/10}}{p+1}$

Nos Problemas 69 a 72, o custo $C(x)$ para produzir x unidades de um produto é dado. Em cada caso:

(a) Determine o custo marginal $C'(x)$.

(b) Determine o nível x de produção para o qual o custo médio $A(x) = C(x)/x$ é mínimo.

69. $C(x) = e^{0{,}2x}$
70. $C(x) = 100 e^{0{,}01x}$
71. $C(x) = 12\sqrt{x}\, e^{x/10}$
72. $C(x) = x^2 + 10xe^{-x}$

PROBLEMAS APLICADOS DE ECONOMIA E FINANÇAS

73. **DEPRECIAÇÃO** Certa máquina industrial sofre uma depreciação tal que o valor da máquina após t anos é dado por $Q(t) = 20.000 e^{-0{,}4t}$ reais.
    a. Qual é a taxa de variação, com o tempo, do valor da máquina após 5 anos?
    b. Qual é a taxa de variação percentual do valor da máquina após t anos? Essa taxa depende de t ou é constante?

74. **JUROS COMPOSTOS** Certa quantia é depositada em um banco e rende juros de 6% ao ano, capitalizados continuamente. Determine a taxa de variação percentual do montante com o tempo.

75. **ANÁLISE MARGINAL** O responsável pelos livros de matemática de uma grande editora estima que, se x mil exemplares forem distribuídos gratuitamente aos professores, um novo livro-texto venderá $f(x) = 20 - 15e^{-0{,}2x}$ exemplares no primeiro ano. No momento, a intenção é distribuir 10.000 exemplares gratuitos.
    a. Use os métodos de análise marginal para estimar o aumento das vendas no primeiro ano se, além dos 10.000, mais 1.000 exemplares forem distribuídos.
    b. Calcule qual será o aumento real das vendas no primeiro ano se mais 1.000 exemplares forem distribuídos. A estimativa do item (a) é boa?

76. **RENDA *PER CAPITA*** A renda nacional $R(t)$ de certo país está aumentando 2,3% ao ano, enquanto a população

do país está diminuindo a uma taxa anual de 1,75%. A renda *per capita* C é definida pela relação

$$C(t) = \frac{I(t)}{P(t)}$$

a. Determine a derivada de ln C(t).
b. Use o resultado do item (a) para calcular a taxa de aumento percentual da renda *per capita*.

77. **AUMENTO DA RECEITA** Um país exporta componentes eletrônicos E e tecidos T. Suponha que, em certo instante $t = t_0$, as receitas obtidas com essas exportações, em bilhões de dólares, são

$$E(t_0) = 11 \quad \text{e} \quad T(t_0) = 8$$

e que E está aumentando a uma taxa de 9%, enquanto T está diminuindo a uma taxa de 2%. Qual é a taxa de variação da receita total, nesse instante, com a exportação dos dois produtos, $R = E + T$?

78. **DESPESA DOS CONSUMIDORES** A demanda de certo produto é $D(p) = 3.000e^{-0,01p}$ unidades por mês quando o preço é p reais por unidade.
    a. Qual é a taxa de variação da despesa dos consumidores $E(p) = pD(p)$ em relação ao preço p?
    b. Para que preço a despesa dos consumidores deixa de aumentar e começa a diminuir?
    c. Para que preço a *taxa de variação* da despesa dos consumidores começa a aumentar? Interprete esse resultado.

79. **ELASTICIDADE DA DEMANDA** Mostre que, se q(p) unidades de um produto são demandadas quando o preço é p, a elasticidade-preço da demanda é dada pela razão de derivadas

$$E(p) = \frac{-(\ln q)'}{(\ln p)'}$$

PROBLEMAS APLICADOS A CIÊNCIAS SOCIAIS E BIOLÓGICAS

80. **ECOLOGIA** Em um modelo proposto por John Helms,[*] a evaporação da água de um pinheiro ponderosa é dada por

$$E(T) = 4,6e^{17,3T/(T+237)}$$

em que T é a temperatura ambiente em °C.
    a. Qual é a taxa de evaporação quando a temperatura ambiente é 30 °C?
    b. Qual é a taxa de evaporação percentual? Para que temperatura a taxa de evaporação é igual a 0,5?

81. **APRENDIZADO** De acordo com o modelo de Ebbinghaus (veja o Problema 60 da Seção 4.1), a fração F(t) de fatos ensinados em um curso que são lembrados t meses após o exame final é dada aproximadamente pela expressão $F(t) = B + (1 - B)e^{-kt}$, em que B é a fração de fatos que nunca mais são esquecidos e k é uma constante que depende da capacidade de memorização do aluno.

    a. Determine F'(t) e explique o que representa essa derivada.
    b. Mostre que F'(t) é proporcional a F − B e interprete esse resultado. [*Sugestão*: O que representa F − B em relação aos fatos aprendidos?]
    c. Plote a curva de F(t) para B = 0,3 e k = 0,2.

82. **CONTROLE DO ALCOOLISMO** Suponha que a concentração de álcool no sangue t horas após a ingestão da dose de certa bebida alcoólica é dada por

$$C(t) = 0,12te^{-t/2}$$

    a. Qual é a taxa de variação da concentração de álcool no sangue no instante t?
    b. Quanto tempo após a ingestão a concentração de álcool no sangue começa a diminuir?
    c. Suponha que o limite legal para a concentração de álcool no sangue seja 0,04%. Quanto tempo após a ingestão a concentração atinge esse valor? Qual é a taxa de variação da concentração de álcool no sangue quando esse valor é atingido?

83. **CRESCIMENTO POPULACIONAL** Estima-se que, daqui a t anos, a população de certo país será $P(t) = 50e^{0,02t}$ milhões de habitantes.
    a. Qual será a taxa de variação da população com o tempo daqui a 10 anos?
    b. Qual será a taxa de variação percentual da população com o tempo daqui a t anos? Essa taxa depende de t ou é constante?

84. **CRESCIMENTO POPULACIONAL** Estima-se que, daqui a t anos, a população de certa cidade será aproximadamente P(t) milhares de habitantes, em que

$$P(t) = \frac{100}{1 + e^{-0,2t}}$$

Qual será a taxa de variação da população daqui a 10 anos? Qual será a taxa de variação percentual da população daqui a 10 anos?

85. **ECOLOGIA** Uma organização internacional observa que o número de membros sobreviventes de uma espécie ameaçada de extinção t anos após ser lançada uma política de proteção pode ser modelado pela função

$$N(t) = \frac{600}{1 + 3e^{-0,02t}}$$

    a. Qual é a taxa de variação da população no instante t? Para que valores de t a população é crescente? Para que valores é decrescente?
    b. Para que valores de t a taxa de variação da população é crescente? Para que valores é decrescente? Interprete esses resultados.
    c. O que acontece com a população a longo prazo (ou seja, para $t \to +\infty$)?

86. **ECOLOGIA** A organização do Problema 85 estuda uma segunda espécie ameaçada de extinção, mas não consegue arrecadar recursos suficientes para implementar uma política de proteção. A população da espécie pode ser modelada pela função

---

[*]John A. Helms, "Environmental Control of Net Photosynthesis in Naturally Growing Pinus Ponderosa Nets", *Ecology*, Winter, 1972, p. 92.

$$N(t) = \frac{30 + 500e^{-0,3t}}{1 + 5e^{-0,3t}}$$

a. Qual é a taxa de variação da população no instante t? Para que valores de t a população é crescente? Para que valores é decrescente?

b. Para que valores de t a taxa de variação da população é crescente? Para que valores é decrescente? Interprete esses resultados.

c. O que acontece com a população a longo prazo (ou seja, para $t \to +\infty$)?

87. **CRESCIMENTO DE PLANTAS** Duas plantas crescem de uma forma tal que, t dias após serem plantadas, têm $P_1(t)$ e $P_2(t)$ centímetros de altura, respectivamente, em que

$$P_1(t) = \frac{21}{1 + 25e^{-0,3t}} \quad \text{e} \quad P_2(t) = \frac{20}{1 + 17e^{-0,6t}}$$

a. Qual é a taxa de crescimento da primeira planta para $t = 10$ dias? A taxa de crescimento da segunda planta é crescente ou decrescente nessa ocasião?

b. Em que dia as duas plantas atingem a mesma altura? Qual é essa altura? Qual das duas plantas está crescendo mais depressa quando as duas plantas têm a mesma altura?

88. **APRENDIZADO** Em um experimento para testar o aprendizado, um indivíduo recebe uma série de tarefas e é observado que, t minutos após o início do experimento, o número de tarefas completadas com sucesso é dado por

$$R(t) = \frac{15(1 - e^{-0,01t})}{1 + 1,5e^{-0,01t}}$$

a. Para que valores de t a função aprendizado $R(t)$ é crescente? Para que valores é decrescente?

b. Para que valores de t a taxa de variação da função aprendizado $R(t)$ é crescente? Para que valores é decrescente? Interprete esses resultados.

PROBLEMAS VARIADOS

89. Para uma base $b > 0$, $b \neq 1$, mostre que

$$\frac{d}{dx}(b^x) = (\ln b)b^x$$

a. Usando o fato de que $b^x = e^{x \ln b}$.
b. Usando derivação logarítmica.

90. **RESFRIAMENTO** Um refrigerante é retirado da geladeira em um dia quente de verão e deixado em um aposento no qual a temperatura é 30 °C. De acordo com a lei de Newton do resfriamento, a temperatura da bebida t minutos mais tarde é dada por uma função da forma $f(t) = 30 - Ae^{-kt}$. Mostre que a taxa de variação da temperatura do refrigerante é proporcional à diferença entre a temperatura do aposento e a temperatura da bebida.

91. Use o modo de derivação numérica de uma calculadora para determinar $f'(c)$, em que $c = 0,65$ e

$$f(x) = \ln\left[\frac{\sqrt[3]{x+1}}{(1+3x)^4}\right]$$

Em seguida, use o modo gráfico para plotar a curva de $f(x)$ e traçar a reta tangente à curva no ponto $x = c$.

92. Repita o Problema 91 para a função

$$f(x) = (3,7x^2 - 2x + 1)e^{-3x+2}$$

e $c = -2,17$.

93. Uma grandeza aumenta de acordo com a equação $Q(t) = Q_0 e^{kt}/t$. Determine a taxa de variação percentual de Q com t.

94. Mostre que a derivada de $f(x) = \ln x$ é $f'(x) = 1/x$ usando o seguinte roteiro:

a. Mostre que o quociente diferença de $f(x)$ pode ser escrito na forma

$$\frac{f(x+h) - f(x)}{h} = \ln\left(1 + \frac{h}{x}\right)^{1/h}$$

b. Mostre que, fazendo $n = x/h$ e, portanto, $x = nh$, o quociente diferença do item (a) pode ser escrito na forma

$$\ln\left[\left(1 + \frac{1}{n}\right)^n\right]^{1/x}$$

c. Mostre que o limite da expressão do item (b) quando $n \to \infty$ é $\ln e^{1/x} = 1/x$. [*Sugestão*: Quanto é $\lim_{n \to \infty}\left(1 + \frac{1}{n}\right)^n$?]

d. Complete a demonstração calculando o limite do quociente diferença do item (a) quando $h \to 0$. [*Sugestão*: Qual é a relação entre esse limite e o limite calculado no item (c)?]

SEÇÃO 4.4 Aplicações; Modelos Exponenciais

Objetivos do Aprendizado

1. Usar as derivadas de funções exponenciais e logarítmicas para traçar curvas.
2. Resolver problemas aplicados que usam modelos exponenciais.

Em seções anteriores deste capítulo, vimos que a capitalização contínua de juros e o decaimento radioativo podem ser modelados por funções exponenciais. Nesta seção, vamos apresentar outros modelos exponenciais, usados em áreas como economia e finanças, biologia, psicologia, demografia e sociologia. Começamos com dois exemplos que ilustram os problemas particulares associados ao traçado de curvas exponenciais e logarítmicas.

Traçado de Curvas

Como no caso dos gráficos de funções polinomiais e racionais, o segredo para plotar uma função $f(x)$ que envolve e^x ou $\ln x$ está em usar a derivada primeira $f'(x)$ para determinar os intervalos em que a função é crescente e decrescente e a derivada segunda $f''(x)$ para determinar a concavidade.

EXEMPLO 4.4.1 Traçado de uma Curva Logarítmica

Faça um esboço da curva da função $f(x) = x^2 - 8 \ln x$.

Solução

A função $f(x)$ existe apenas para $x > 0$. A derivada é

$$f'(x) = 2x - \frac{8}{x} = \frac{2x^2 - 8}{x}$$

e $f'(x) = 0$ se e apenas se $2x^2 = 8$ ou $x = 2$ (já que $x > 0$). Testando o sinal de $f'(x)$ para $0 < x < 2$ e para $x > 2$, obtemos os intervalos mostrados na figura a seguir.

16 EXPLORE!

Leia o Exemplo 4.4.1. Plote $f(x)$ no estilo normal e $f'(x)$ em negrito, usando uma janela decimal modificada [0, 4.7]1 por [−3.1, 3.1]1. Localize o ponto de mínimo de $f(x)$ usando o programa de busca de extremos da calculadora aplicado a $f(x)$ ou o programa para encontrar raízes aplicado a $f'(x)$.

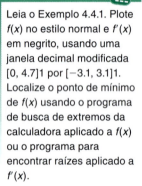

De acordo com as setas, existe um mínimo relativo em $x = 2$. Como $f(2) = 2^2 - 8 \ln 2 \approx -1{,}5$, o ponto de mínimo é $(2, -1{,}5)$.

Como a derivada segunda

$$f''(x) = 2 + \frac{8}{x^2}$$

satisfaz a desigualdade $f''(x) > 0$ para qualquer valor de $x > 0$, a concavidade da curva de $f(x)$ é para cima em todo o domínio da função e, portanto, não existem pontos de inflexão.

Procurando por assíntotas, verificamos que

$$\lim_{x \to 0} (x^2 - 8 \ln x) = +\infty \qquad \text{e} \qquad \lim_{x \to +\infty} (x^2 - 8 \ln x) = +\infty$$

o que mostra que o eixo y ($x = 0$) é uma assíntota vertical e não existem assíntotas horizontais. Os pontos de interseção com o eixo x podem ser determinados usando uma calculadora para resolver a equação

$$x^2 - 8 \ln x = 0$$
$$x \approx 1{,}2 \qquad \text{e} \qquad x \approx 2{,}9$$

Resumindo, a curva desce (a partir da assíntota vertical) até o mínimo em $(2, -1{,}5)$ e depois sobe sem limite, mantendo a concavidade para cima. Intercepta o eixo x duas vezes, uma antes de chegar ao mínimo, no ponto $(1{,}2; 0)$, e outra depois de passar pelo mínimo, no ponto $(2{,}9; 0)$. A curva é mostrada na Figura 4.9.

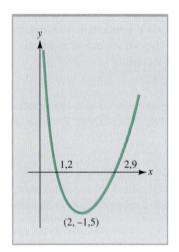

FIGURA 4.9 Gráfico da função $f(x) = x^2 - 8 \ln x$.

EXEMPLO 4.4.2 Traçado de uma Curva Exponencial

Determine os intervalos em que a função

$$f(x) = \frac{1}{\sqrt{2\pi}} e^{-x^2/2}$$

é crescente e decrescente e os intervalos em que a concavidade da curva da função é para cima e para baixo. Determine os extremos relativos e pontos de inflexão e trace a curva.

17 EXPLORE!

Leia o Exemplo 4.4.2. Plote f(x) no estilo normal e f'(x) em negrito, usando uma janela decimal modificada [−4,7; 4,7]1 por [−0,5; 0,5]0.1. Determine os pontos em que f'(x) intercepta o eixo x e explique por que esses pontos são as coordenadas x dos pontos de inflexão de f(x).

Solução

A derivada primeira é

$$f'(x) = \frac{-x}{\sqrt{2\pi}} e^{-x^2/2}$$

Como o fator $e^{-x^2/2}$ é sempre positivo, $f'(x)$ é igual a zero se e apenas se $x = 0$. Como $f(0) = 1/\sqrt{2\pi} \approx 0{,}4$, o único ponto crítico é $(0; 0{,}4)$. Pela regra do produto, a derivada segunda é

$$f''(x) = \frac{x^2}{\sqrt{2\pi}} e^{-x^2/2} - \frac{1}{\sqrt{2\pi}} e^{-x^2/2} = \frac{1}{\sqrt{2\pi}}(x^2 - 1)e^{-x^2/2}$$

que se anula para $x = \pm 1$. Como

$$f(1) = \frac{e^{-1/2}}{\sqrt{2\pi}} \approx 0{,}24 \quad \text{e} \quad f(-1) = \frac{e^{-1/2}}{\sqrt{2\pi}} \approx 0{,}24$$

os possíveis pontos de inflexão são $(1; 0{,}24)$ e $(-1; 0{,}24)$.

Plotamos os pontos críticos e verificamos os sinais das derivadas primeira e segunda nos intervalos definidos por esses pontos:

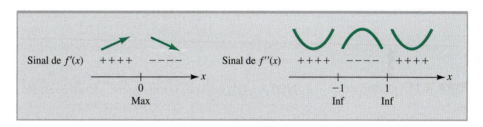

O gráfico de setas mostra que existe um máximo relativo no ponto $(0; 0{,}4)$; como a concavidade muda em $x = -1$ (de "para cima" para "para baixo") e em $x = 1$ (de "para baixo" para "para cima"), tanto $(-1; 0{,}24)$ como $(1; 0{,}24)$ são pontos de inflexão.

Completamos o gráfico da forma indicada na Figura 4.10, ligando os pontos críticos por uma curva da forma apropriada para cada intervalo. Observe que a curva não possui nenhuma interseção com o eixo x, pois o fator $e^{-x^2/2}$ é sempre positivo, e que o eixo x é uma assíntota horizontal, já que $e^{-x^2/2}$ tende a zero quando x tende a $\pm\infty$.

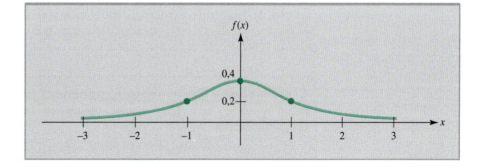

FIGURA 4.10 A função densidade de probabilidade normal $f(x) = \dfrac{1}{\sqrt{2\pi}} e^{-x^2/2}$.

NOTA A função $f(x) = e^{-x^2/2}/\sqrt{2\pi}$, cujo gráfico foi traçado no Exemplo 4.4.2, é conhecida como **função densidade de probabilidade normal** e desempenha um papel importante nos estudos de probabilidade e estatística. A famosa curva em forma de sino é usada por físicos e cientistas sociais para descrever os resultados dos exames de QI, a velocidade das moléculas nos gases, os traços físicos de populações, e muitos outros fenômenos importantes. ■

Melhor Ocasião para Vender

Suponha que alguém possua um bem cujo valor aumenta com o tempo. Quanto mais tempo a pessoa conserva o bem, maior é o valor que tem em mãos, mas pode chegar um momento em que será mais lucrativo vendê-lo e reinvestir o dinheiro recebido. Os economistas determinam qual é a melhor ocasião para vender um bem maximizando o valor atual do bem para a taxa de juros em vigor, capitalizada continuamente. O uso desse critério é ilustrado no Exemplo 4.4.3.

18 EXPLORE!

Entre com a função $P(x) = 20.000\ e^{\sqrt{x} - 0,07x}$ do Exemplo 4.4.3 como Y1 no editor de equações da calculadora. Escolha a janela apropriada para observar a curva e determine o valor máximo.

EXEMPLO 4.4.3 Determinação da Melhor Ocasião para Vender

Marcelo possui um terreno cujo valor de mercado daqui a t anos será $V(t) = 20.000 e^{\sqrt{t}}$ reais. Se a taxa de juros permanecer constante em 7% ao ano capitalizados continuamente, em que ocasião o valor atual do preço de mercado do terreno será máximo?

Solução

Em t anos, o valor de mercado do terreno será $V(t) = 20.000 e^{\sqrt{t}}$. O valor atual desse preço é

$$P(t) = V(t)e^{-0,07t} = 20.000 e^{\sqrt{t}} e^{-0,07t} = 20.000 e^{\sqrt{t} - 0,07t}$$

O objetivo é maximizar $P(t)$ para $t \geq 0$. A derivada de P é

$$P'(t) = 20.000 e^{\sqrt{t} - 0,07t}\left(\frac{1}{2\sqrt{t}} - 0,07\right)$$

Assim, $P'(t)$ não existe para $t = 0$ e $P'(t) = 0$ para

$$\frac{1}{2\sqrt{t}} - 0,07 = 0 \quad \text{ou} \quad t = \left[\frac{1}{2(0,07)}\right]^2 \approx 51,02$$

Como $P'(t)$ é positiva para $0 < t < 51,02$ e negativa para $t > 51,02$, a função $P(t)$ é crescente para $0 < t < 51,02$ e decrescente para $t > 51,02$, como mostra a Figura 4.11. Assim, o valor atual do terreno será máximo daqui a aproximadamente 51 anos.

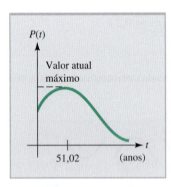

FIGURA 4.11 Gráfico da função valor atual $P(t) = 20.000 e^{\sqrt{t} - 0,07t}$.

NOTA O critério de otimização usado no Exemplo 4.4.3 não é a única forma de determinar o momento mais apropriado para uma pessoa se desfazer de um bem. Parece razoável, por exemplo, vender o bem no instante em que a taxa de aumento percentual do valor se torna igual à taxa de juros vigente (7%, no exemplo). Qual dos dois critérios o leitor considera mais adequado? Na verdade, isso não importa, pois ambos conduzem exatamente ao mesmo resultado! A prova dessa equivalência fica a cargo do leitor (Problema 38). ■

Crescimento e Decaimento Exponencial

Dizemos que uma grandeza $Q(t)$ **cresce exponencialmente**, se $Q(t) = Q_0 e^{kt}$, e **decai exponencialmente** se $Q(t) = Q_0 e^{-kt}$, em que k é uma constante positiva. Muitas grandezas importantes em economia e finanças e nas ciências físicas, sociais e biológicas podem ser modeladas em termos de crescimento e decaimento exponencial. O valor futuro de um investimento capitalizado continuamente cresce exponencialmente, e o mesmo se pode dizer de uma população na ausência de restrições. O decaimento de substâncias radioativas foi discutido na Seção 4.2. Outros exemplos de decaimento exponencial são o valor atual de um investimento capitalizado continuamente, as vendas de certas mercadorias depois que uma campanha publicitária é interrompida, e a concentração de muitos medicamentos no sangue de um paciente.

Crescimento e Decaimento Exponencial ■ Uma grandeza $Q(t)$ *cresce exponencialmente* se $Q(t) = Q_0 e^{kt}$ e *decai exponencialmente* se $Q(t) = Q_0 e^{-kt}$, em que k é uma constante positiva.

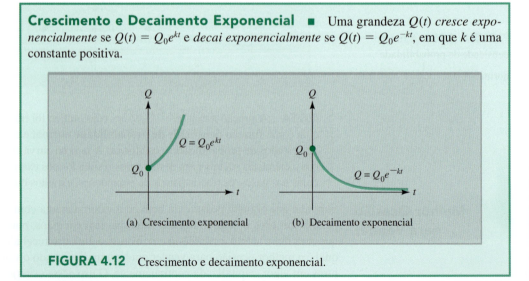

FIGURA 4.12 Crescimento e decaimento exponencial.

A Figura 4.12 mostra curvas típicas de crescimento e decaimento exponencial. Em geral, essas curvas são desenhadas apenas para $t \geq 0$. Note que a curva de $Q(t) = Q_0 e^{kt}$ "começa" no ponto Q_0 do eixo vertical, já que

$$Q(0) = Q_0 e^{k(0)} = Q_0$$

Note também que a curva de $Q(t) = Q_0 e^{kt}$ sobe muito depressa, pois

$$Q'(t) = Q_0 k e^{kt} = kQ(t)$$

o que significa que $Q(t)$ aumenta a uma taxa proporcional ao seu valor. Assim, quanto maior o valor de Q, maior a taxa de aumento e maior a inclinação da curva. A curva de $Q(t) = Q_0 e^{-kt}$ também começa em Q_0, mas cai rapidamente, tendendo assintoticamente para o eixo horizontal. Segue um exemplo de um modelo da economia que envolve o decaimento exponencial.

EXEMPLO 4.4.4 Determinação de uma Taxa de Variação de Vendas

O gerente de marketing de uma empresa espera que as vendas diárias de certo produto diminuam exponencialmente após o encerramento da campanha de publicidade do produto. No dia do encerramento, 21.000 unidades do produto foram vendidas; cinco semanas depois, o número caiu para 19.000 unidades.

a. Determine os valores de S_0 e k para que a função $S(t) = S_0 e^{-kt}$ forneça as vendas diárias do produto t semanas após o encerramento de campanha de publicidade. Qual é o número esperado de unidades vendidas 8 semanas após o encerramento?

b. Qual é a taxa de variação das vendas t semanas após o encerramento da campanha? Qual é a taxa de variação percentual?

Solução

Para simplificar os cálculos, expressamos as vendas S em milhares de unidades.

a. Sabemos que $S = 21$ para $t = 0$ e $S = 19$ para $t = 5$. Fazendo $t = 0$ na expressão $S(t) = S_0 e^{-kt}$, obtemos

$$S(0) = 21 = S_0 e^{-k(0)} = S_0(1) = S_0$$

e, portanto, $S_0 = 21$ e $S(t) = 21 e^{-kt}$ para qualquer valor de $t > 0$. Fazendo $S = 19$ e $t = 5$, temos $19 = 21 e^{-k(5)}$ ou

$$e^{-5k} = \frac{19}{21}$$

Tomando o logaritmo natural de ambos os membros, obtemos:

$$\ln(e^{-5k}) = \ln\frac{19}{21}$$

$$-5k = \ln\frac{19}{21}$$

$$k = -\frac{1}{5}\ln\left(\frac{19}{21}\right) \approx 0{,}02$$

Assim, para qualquer valor de $t > 0$,

$$S(t) = 21 e^{-0{,}02t}$$

Para $t = 8$,

$$S(8) = 21 e^{-0{,}02(8)} \approx 17{,}9$$

e, portanto, de acordo com o modelo, 17.900 unidades serão vendidas oito semanas após o encerramento da campanha.

b. A taxa de variação das vendas é dada pela derivada

$$S'(t) = 21[e^{-0{,}02t}(-0{,}02)] = -0{,}42 e^{-0{,}02t}$$

e a taxa de variação percentual (*TVP*) é

$$TVP = \frac{100\,S'(t)}{S(t)} = \frac{100[-0{,}02(21)e^{-0{,}02t}]}{21e^{-0{,}02t}}$$
$$= -2$$

Ou seja, as vendas diminuem à taxa de 2% por semana.

Note que a taxa de variação percentual obtida no Exemplo 4.4.4b é igual ao valor de *k*, expresso na forma de uma porcentagem. Isso não é uma coincidência; para qualquer função da forma $Q(t) = Q_0 e^{rt}$, a taxa de variação percentual é

$$TVP = \frac{100 Q'(t)}{Q(t)} = \frac{100 r Q_0 e^{rt}}{Q_0 e^{rt}} = 100r$$

Assim, por exemplo, o valor futuro de uma aplicação que rende juros anuais de 5% capitalizados continuamente é dado por $B = Pe^{0{,}05t}$. A taxa de variação percentual do valor futuro é $100(0{,}05) = 5\%$, como era de se esperar.

Curvas de Aprendizado

O gráfico de uma função da forma $Q(t) = B - Ae^{-kt}$, em que *A*, *B* e *k* são constantes positivas, é chamado de **curva de aprendizado**. O nome se deve ao fato de que, em muitas situações, funções desse tipo descrevem, para $t \geq 0$, a relação entre a eficiência com a qual um indivíduo realiza uma tarefa e o tempo de treinamento ou experiência na atividade considerada.

Para traçar o gráfico de $Q(t) = B - Ae^{-kt}$ para $t \geq 0$, observe que

$$Q'(t) = -Ae^{-kt}(-k) = Ake^{-kt}$$

e

$$Q''(t) = Ake^{-kt}(-k) = -Ak^2 e^{-kt}$$

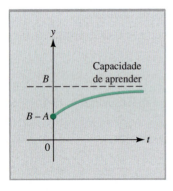

FIGURA 4.13 Gráfico da curva de aprendizado $y = B - Ae^{-kt}$.

Como as constantes *A* e *k* são positivas, $Q'(t) > 0$ e $Q''(t) < 0$ para qualquer valor de *t*. Isso significa que a curva de $Q(t)$ é monotonicamente crescente e a concavidade é sempre para baixo. Além disso, a curva intercepta o eixo vertical (eixo *Q*) no ponto $Q(0) = B - A$ e a reta $Q = B$ é uma assíntota horizontal, já que

$$\lim_{t \to +\infty} Q(t) = \lim_{t \to +\infty} (B - Ae^{-kt}) = B - 0 = B$$

A Figura 4.13 mostra o gráfico de uma função com essas características. O comportamento da curva de aprendizado quando $t \to +\infty$ reflete o fato de que, depois de decorrido um tempo "suficientemente longo", todo indivíduo chega ao seu limite e os ganhos adquiridos com mais tempo de treinamento passam a ser insignificantes. Um modelo típico de aprendizado é analisado no Exemplo 4.4.5.

EXEMPLO 4.4.5 Análise de um Modelo de Aprendizado

A rapidez com a qual um funcionário dos correios separa a correspondência é função da experiência. O chefe de uma agência dos correios estima que, após *t* meses de trabalho, um funcionário consegue separar $Q(t) = 700 - 400e^{-0{,}5t}$ cartas por hora.

a. Quantas cartas um funcionário inexperiente consegue separar por hora?
b. Quantas cartas um funcionário com 6 meses de experiência consegue separar por hora?
c. Quantas cartas um funcionário muito experiente consegue separar por hora?

Solução

a. O número de cartas que um funcionário inexperiente consegue separar por hora é

$$Q(0) = 700 - 400e^0 = 300$$

FUNÇÕES EXPONENCIAIS E LOGARÍTMICAS **301**

b. Com 6 meses de experiência, um funcionário consegue separar

$$Q(6) = 700 - 400e^{-0,5(6)} = 700 - 400e^{-3} \approx 680 \quad \text{cartas por hora}$$

c. Quando t tende a infinito, $Q(t)$ tende a 700; assim, um funcionário muito experiente consegue separar 700 cartas por hora. O gráfico da função $Q(t)$ aparece na Figura 4.14.

Curvas Logísticas

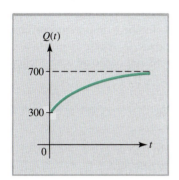

FIGURA 4.14 Gráfico da curva de aprendizado $Q(t) = 700 - 400e^{-0,5t}$.

O gráfico de uma função da forma $Q(t) = B/(1 + Ae^{-Bkt})$, em que A, B e k são constantes positivas, é chamado de **curva logística**. A Figura 4.15 mostra uma curva logística típica. Observe que, para pequenos valores de x, a curva cresce rapidamente, como a curva exponencial, mas, para grandes valores x, passa a crescer lentamente, aproximando-se de uma assíntota horizontal, como a curva de aprendizado. A assíntota representa um "nível de saturação" da grandeza representada pela curva logística e é chamada de **capacidade de suporte** da grandeza. Assim, por exemplo, nos modelos de população, a capacidade de suporte é o número máximo de indivíduos que o ambiente pode sustentar, enquanto, em um modelo logístico da disseminação de uma epidemia, a capacidade de suporte é o número de indivíduos suscetíveis à doença, que, dependendo do caso, pode ser o número de pessoas que não foram vacinadas ou, na pior das hipóteses, o número total de habitantes.

Para traçar a curva de $Q(t) = B/(1 + Ae^{-Bkt})$ para $t \geq 0$, observe que

$$Q'(t) = \frac{AB^2ke^{-Bkt}}{(1 + Ae^{-Bkt})^2}$$

e

$$Q''(t) = \frac{AB^3k^2e^{-Bkt}(-1 + Ae^{-Bkt})}{(1 + Ae^{-Bkt})^3}$$

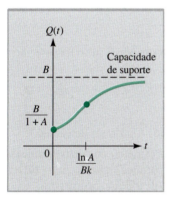

FIGURA 4.15 Gráfico da curva logística $Q(t) = \dfrac{B}{1 + Ae^{-Bkt}}$.

Verifique que essas expressões estão corretas e também o fato de que $Q'(t) > 0$ para qualquer valor de t, o que significa que a função $Q(t)$ é monotonicamente crescente. A equação $Q''(t) = 0$ tem apenas uma raiz, que pode ser calculada da seguinte forma:

$$-1 + Ae^{-Bkt} = 0 \quad \text{somando 1 a ambos os membros e dividindo por } A$$

$$e^{-Bkt} = \frac{1}{A} \quad \text{tomando o logaritmo de ambos os membros}$$

$$-Bkt = \ln\left(\frac{1}{A}\right) = -\ln A \quad \text{dividindo ambos os membros por } -Bk$$

$$t = \frac{\ln A}{Bk}$$

Como se pode ver no diagrama de concavidades, esse valor de t corresponde a um ponto de inflexão.

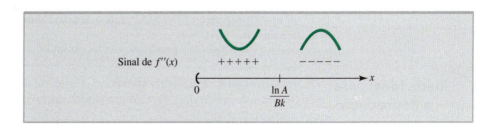

O ponto em que a curva logística intercepta o eixo vertical é

$$Q(0) = \frac{B}{1 + Ae^0} = \frac{B}{1 + A}$$

Como a função $Q(t)$ existe para qualquer valor de $t \geq 0$, a curva logística não possui nenhuma assíntota vertical, mas a reta $y = B$ é uma assíntota horizontal, já que

$$\lim_{t \to +\infty} Q(t) = \lim_{t \to +\infty} \frac{B}{1 + Ae^{-Bkt}} = \frac{B}{1 + A(0)} = B$$

Resumindo, como mostra a Figura 4.15, a curva logística começa no ponto $Q(0) = B/(1 + A)$, cresce rapidamente (concavidade para cima) até chegar ao ponto de inflexão $t = \ln A/Bk$ e continua a crescer, ainda que mais devagar (concavidade para baixo), aproximando-se assintoticamente da reta $y = B$. Assim, B é a capacidade de suporte da grandeza representada pela curva logística, e o ponto de inflexão em $t = \ln A/Bk$ pode ser interpretado como um ponto de *crescimento decrescente*.

As curvas logísticas podem ser usadas para representar o aumento da população nos casos em que o número de indivíduos é limitado por fatores ambientais. Também descrevem corretamente a disseminação de epidemias e de boatos em uma comunidade. A seguir apresentamos um exemplo no qual uma curva logística é usada para modelar a disseminação de uma doença contagiosa.

19 EXPLORE!

Plote a função do Exemplo 4.4.6 usando uma janela [0, 10]1 por [0, 25]5. Como se comporta a função para grandes valores de *x*? Determine graficamente quanto tempo após o primeiro surto 90% das pessoas foram infectadas.

EXEMPLO 4.4.6 Estudo de uma Epidemia

Os registros revelam que, t semanas após o primeiro surto de certo tipo de gripe, aproximadamente $Q(t) = 20/(1 + 19e^{-1,2t})$ milhares de indivíduos contraíram a doença.

a. Quantas pessoas estavam doentes quando o surto foi detectado? Quantas pessoas estavam doentes duas semanas depois?

b. Quanto tempo após o surto ser detectado a taxa de aumento do número de pessoas infectadas começou a diminuir?

c. Se a tendência continuar, qual será o número total de pessoas infectadas?

Solução

a. Como $Q(0) = 20/(1 + 19) = 1$, havia 1.000 pessoas doentes quando o surto foi detectado. Para $t = 2$,

$$Q(2) = \frac{20}{1 + 19e^{-1,2(2)}} \approx 7,343$$

e, portanto, 7.343 pessoas estavam doentes duas semanas após o surto ser detectado.

b. A taxa de aumento do número de pessoas infectadas começa a diminuir no ponto de inflexão da curva de $Q(t)$. Comparando a expressão do enunciado com a fórmula logística $Q(t) = B/(1 + Ae^{-kt})$, vemos que $B = 20$, $A = 19$ e $Bk = 1,2$. Assim, o ponto de inflexão ocorre para

$$t = \frac{\ln A}{Bk} = \frac{\ln 19}{1,2} \approx 2,454$$

e, portanto, o número de novos casos começou a diminuir 2,5 semanas após o surto ser detectado.

c. Como $Q(t)$ tende a 20 quando t tende a infinito, o número total de pessoas infectadas será de aproximadamente 20.000. O gráfico de $Q(t)$ é mostrado, apenas a título de ilustração, na Figura 4.16.

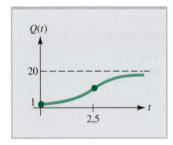

FIGURA 4.16 Gráfico da curva logística
$Q(t) = \dfrac{20}{1 + 19e^{-1,2t}}$

Idade Ideal para a Reprodução

Os seres vivos que se reproduzem apenas uma vez na vida, como o salmão do Pacífico e o bambu, são chamados de *semélparas*. Os biólogos modelam a taxa de reprodução *per capita* dessas espécies usando a função*

$$R(x) = \frac{\ln[p(x)f(x)]}{x}$$

---

*Adaptado de Claudia Neuhauser, *Calculus for Biology and Medicine*, Upper Saddle River, NJ: Prentice-Hall, 2000, p. 199 (Problema 22).

em que $p(x)$ é a probabilidade de que um espécime sobreviva até a idade x e $f(x)$ é o número de fêmeas geradas por um espécime que se reproduz com x anos de idade. Quanto maior o valor de $R(x)$, maior o número de descendentes. Assim, a idade em que $R(x)$ é máxima é considerada a idade ideal para a reprodução.

EXEMPLO 4.4.7 Cálculo da Idade Ideal para a Reprodução

Suponha que, para certo organismo semélpara, a probabilidade de que um espécime sobreviva até x anos de idade é dada por $p(x) = e^{-0,15x}$ e o número de fêmeas geradas por um espécime com x anos de idade é $f(x) = 3x^{0,85}$. Qual é a idade ideal para a reprodução?

Solução

De acordo com esse modelo, a taxa de reprodução *per capita* é

$$R(x) = \frac{\ln[e^{-0,15x}(3x^{0,85})]}{x} \quad \text{regra do produto para logaritmos}$$
$$= x^{-1}(\ln e^{-0,15x} + \ln 3 + \ln x^{0,85}) \quad \text{regra da potência para logaritmos}$$
$$= x^{-1}(-0,15x + \ln 3 + 0,85 \ln x) \quad \text{distribuindo } x^{-1}$$
$$= -0,15 + (\ln 3 + 0,85 \ln x)x^{-1}$$

Usando a regra do produto para derivar $R(x)$, obtemos:

$$R'(x) = 0 + (\ln 3 + 0,85 \ln x)(-x^{-2}) + \left[0,85\left(\frac{1}{x}\right)\right]x^{-1}$$
$$= \frac{-\ln 3 - 0,85 \ln x + 0,85}{x^2}$$

Assim, $R'(x) = 0$ para

$$-\ln 3 - 0,85 \ln x + 0,85 = 0$$
$$\ln x = \frac{0,85 - \ln 3}{0,85} \approx -0,2925$$
$$x = e^{-0,2925} \approx 0,7464$$

Para verificar se esse número crítico corresponde realmente a um máximo, podemos usar o teste da derivada segunda. Temos

$$R''(x) = \frac{1,7 \ln x + 2 \ln 3 - 2,55}{x^3}$$

(os detalhes ficam por conta do leitor) e como

$$R''(0,7464) \approx -2,0441 < 0$$

sabemos que $R(x)$ passa por um máximo em $x \approx 0,7464$. Assim, a idade ideal para esse organismo se reproduzir é 0,7464 ano (9 meses, aproximadamente).

PROBLEMAS ■ 4.4

Cada uma das curvas dos Problemas 1 a 4 é o gráfico de uma das seis funções a seguir. Em cada caso, associe a curva dada à função correta.

$$f_1(x) = 2 - e^{-2x} \qquad f_2(x) = x \ln x^5$$

$$f_3(x) = \frac{2}{1 - e^{-x}} \qquad f_4(x) = \frac{2}{1 + e^{-x}}$$

$$f_5(x) = \frac{\ln x^5}{x} \qquad f_6(x) = (x - 1)e^{-2x}$$

1.
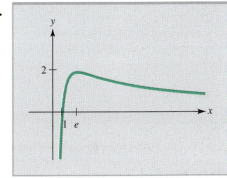

2.
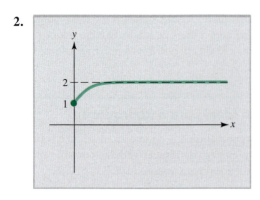

3.
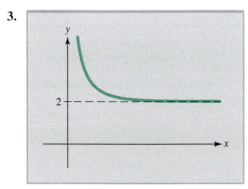

4.
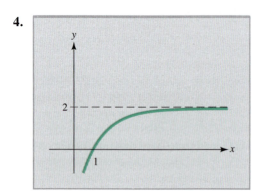

Nos Problemas 5 a 20, determine os intervalos em que a função é crescente e decrescente e os intervalos em que a concavidade da curva da função é para cima e para baixo. Plote a função e assinale o maior número possível de elementos importantes, como máximos e mínimos, pontos de inflexão, assíntotas verticais e horizontais, pontos de interseção com os eixos x e y, cúspides e tangentes verticais.

5. $f(t) = 2 + e^t$
6. $g(x) = 3 + e^{-x}$
7. $g(x) = 2 - 3e^x$
8. $f(t) = 3 - 2e^t$
9. $f(x) = \dfrac{2}{1 + 3e^{-2x}}$
10. $h(t) = \dfrac{2}{1 + 3e^{2t}}$
11. $f(x) = xe^x$
12. $f(x) = xe^{-x}$
13. $f(x) = xe^{2-x}$
14. $f(x) = e^{-x^2}$
15. $f(x) = x^2 e^{-x}$
16. $f(x) = e^x + e^{-x}$
17. $f(x) = \dfrac{6}{1 + e^{-x}}$
18. $f(x) = x - \ln x$ (para $x > 0$)
19. $f(x) = (\ln x)^2$ (para $x > 0$)
20. $f(x) = \dfrac{\ln x}{x}$ (para $x > 0$)

PROBLEMAS APLICADOS DE ECONOMIA E FINANÇAS

21. **VENDAS A VAREJO** O número de hambúrgueres vendidos em uma rede de lanchonetes está aumentando exponencialmente. Se 4 bilhões foram vendidos em 2000 e 12 bilhões foram vendidos em 2005, quantos serão vendidos em 2015?

22. **VENDAS** Depois que a campanha publicitária de lançamento de um livro é encerrada, as vendas do livro tendem a diminuir exponencialmente. Na ocasião em que a campanha foi encerrada, certo livro estava vendendo 25.000 exemplares por mês. Um mês depois, as vendas tinham caído para 10.000 exemplares por mês. Quantos exemplares deverão ser vendidos no mês seguinte?

23. **CONFIABILIDADE DE UM PRODUTO** Um fabricante de brinquedos observou que a fração de petroleiros de plástico movidos a pilha que afundam em menos de t dias é dada aproximadamente por $f(t) = 1 - e^{-0,03t}$.
    a. Plote essa função de confiabilidade. O que acontece com a curva para grandes valores de t?
    b. Que fração dos petroleiros continua flutuando durante pelo menos 10 dias?
    c. Que fração dos petroleiros deve afundar entre o 15º e o 20º dia?

24. **DEPRECIAÇÃO** Quando certa máquina industrial tem t anos de idade, o valor de revenda é $V(t) = 4.800e^{-t/5} + 400$ reais.
    a. Faça o gráfico de $V(t)$. O que acontece com o valor da máquina a longo prazo?
    b. Qual era o valor da máquina quando era nova?
    c. Qual será o valor da máquina após 10 anos?

25. **EFICIÊNCIA DA MÃO DE OBRA** A produção diária de um operário que foi admitido há t semanas é dada por uma função da forma $Q(t) = 40 - Ae^{-kt}$. Inicialmente, o operário é capaz de produzir 20 unidades por dia; após uma semana, o operário está produzindo 30 unidades por dia. Quantas unidades o operário estará produzindo após três semanas?

26. **PUBLICIDADE** Quando os professores escolhem livros-texto para os cursos, geralmente optam por livros que já possuem. Por esse motivo, a maioria das editoras envia exemplares gratuitos de livros novos para os professores que lecionam matérias correlatas. O responsável pelos livros de matemática de uma grande editora estima que, se x mil exemplares de um novo livro-texto forem distri-

buídos gratuitamente, as vendas do livro no primeiro ano serão aproximadamente $f(x) = 20 - 15e^{-0,02x}$ mil exemplares.
  a. Faça um gráfico da função.
  b. Quantos exemplares a editora venderá no primeiro ano, se não distribuir exemplares gratuitos?
  c. Quantos exemplares a editora venderá no primeiro ano se distribuir 10.000 exemplares gratuitos?
  d. Quantos exemplares a editora venderá no primeiro ano na melhor das hipóteses?

27. **ANÁLISE MARGINAL** O responsável pelos livros de economia de uma grande editora estima que, se x mil exemplares de um novo livro-texto forem distribuídos gratuitamente a professores, as vendas do livro no primeiro ano serão aproximadamente $f(x) = 15 - 20e^{-0,3x}$ mil exemplares. No momento, a intenção é distribuir 9.000 exemplares gratuitos.
  a. Use os métodos de análise marginal para estimar o aumento das vendas se a editora decidir distribuir mais 1.000 exemplares gratuitos.
  b. Calcule qual será o aumento real das vendas se a editora distribuir mais 1.000 exemplares gratuitos. A estimativa do item (a) é boa?

28. **RECURSOS HUMANOS** Uma empresa de produtos eletrônicos estima que, se contratar x mil empregados, o lucro será $P(x)$ milhões de reais, em que
$$P(x) = \ln(4x + 1) + 3x - x^2$$
Qual é o número de empregados que maximiza o lucro da empresa? Qual é o lucro máximo?

29. **ESPECULAÇÃO COM AÇÕES** Em um artigo clássico a respeito da teoria dos conflitos,* L. F. Richardson sugeriu que a porcentagem p de uma população que defende a guerra ou outros atos agressivos em um instante t obedece à equação
$$p(t) = \frac{Ce^{kt}}{1 + Ce^{kt}}$$
em que k e C são constantes positivas. A negociação especulativa de ações na bolsa de valores pode ser considerada um ato agressivo. Suponha que, inicialmente, 1/200 das ações negociadas diariamente na bolsa de valores estão envolvidas em negócios especulativos, e que, quatro semanas depois, a fração baixou para 1/100. Em que dia a fração está variando mais depressa? Qual é a fração nesse dia?

30. **TREINAMENTO DE PESSOAL** Uma empresa organiza um programa de treinamento no qual é observado que, após t semanas, um aprendiz produz, em média,
$$P(t) = 50(1 - e^{-0,15t}) \text{ unidades}$$

enquanto um operário típico, sem treinamento especial, produz
$$W(t) = \sqrt{150t} \text{ unidades}$$
  a. Quantas unidades um aprendiz produz, em média, durante a terceira semana de treinamento?
  b. Explique por que a função $F(t) = P(t) - W(t)$ pode ser usada para avaliar a eficácia do programa de treinamento. O programa será eficaz se tiver cinco semanas de duração? E se tiver sete semanas de duração? Justifique sua resposta.

31. **MELHOR OCASIÃO PARA VENDER** Paulo possui um terreno cujo valor daqui a t anos será $V(t) = 8.000e^{\sqrt{t}}$ reais. Se a taxa de juros permanecer constante em 6% ao ano capitalizados continuamente, qual será o momento mais adequado para vender o terreno?

32. **MELHOR OCASIÃO PARA VENDER** Uma família possui um livro raro cujo valor daqui a t anos será $V(t) = 200e^{\sqrt{2t}}$ reais. Se a taxa de juros permanecer constante em 6% ao ano capitalizados continuamente, qual será o momento mais adequado para a família vender o livro?

33. **MELHOR OCASIÃO PARA VENDER** Um filatelista possui uma coleção de selos que vale atualmente R$ 1.200,00 e cujo valor aumenta linearmente à razão de R$ 200,00 por ano. Se a taxa de juros permanecer constante em 8% ao ano capitalizados continuamente, qual será a melhor ocasião para vender os selos?

34. **MELHOR OCASIÃO PARA VENDER** Uma pessoa recebe de herança um terreno cujo valor daqui a t anos é estimado em $V(t) = 20.000te^{\sqrt{0,4t}}$ reais. Se a taxa de juros permanecer constante em 7% capitalizados continuamente, qual será o momento mais adequado para vender o terreno? (Use uma calculadora gráfica e as opções **ZOOM** e **TRACE** para resolver o problema.)

35. **CONTABILIDADE** A expressão do **montante duplamente decrescente**, uma grandeza usada em contabilidade, é
$$V(t) = V_0\left(1 - \frac{2}{L}\right)^t$$
em que $V(t)$ é o valor após t anos de um artigo que originalmente custou V_0 reais e L é uma constante conhecida como "vida útil" do artigo.
  a. Uma geladeira custou R$ 875,00 e tem uma vida útil de 8 anos. Qual é o valor da geladeira após cinco anos? Qual é a taxa anual de depreciação?
  b. No caso geral, qual é a taxa de variação percentual de $V(t)$?

36. **ANÁLISE MARGINAL** Um fabricante pode produzir gravadores digitais a um custo de R$ 125,00 a unidade e estima que, se o preço for de x reais a unidade, serão vendidos aproximadamente $1.000e^{-0,02x}$ aparelhos por semana.
  a. Expresse o lucro P em função de x. Faça o gráfico de $P(x)$.
  b. Por que preço devem ser vendidos os gravadores para que o lucro seja máximo?

---

*O trabalho original de Richardson apareceu em *Generalized Foreign Politics*, Monograph Supplement 23 do *British Journal of Psychology* (1939). Seu trabalho também é apresentado no livro de T. L. Saaty *Mathematical Models of Arms Control and Disarmament*, New York: John Wiley & Sons, 1968.

37. **PESQUISA DE MERCADO** Uma empresa está tentando usar a televisão para anunciar um novo produto ao maior número possível de pessoas em uma grande área metropolitana, com 2 milhões de telespectadores em potencial. O número N de pessoas (em milhões) que conhecem o produto após t dias é modelado pela função

$$N = 2(1 - e^{-0{,}037t})$$

Use uma calculadora gráfica para plotar essa função. O que acontece quando $t \to \infty$? (*Sugestão*: Use uma janela [0, 200]10 por [0, 3]1.)

38. **MELHOR OCASIÃO PARA VENDER** Seja $V(t)$ o valor de um bem daqui a t anos. Suponha que a taxa anual de juros (expressa com um número decimal) permaneça constante com o valor r e os juros sejam capitalizados continuamente.
    a. Mostre que o valor atual do bem $P(t) = V(t)e^{-rt}$ possui um número crítico para $V'(t) = V(t)r$. (Usando argumentos econômicos, é possível mostrar que esse ponto crítico corresponde a um máximo.)
    b. Explique por que o valor atual de $V(t)$ é máximo para o valor de t tal que a taxa de variação percentual (expressa em forma decimal) é igual a r.

PROBLEMAS APLICADOS A CIÊNCIAS SOCIAIS E BIOLÓGICAS

39. **CRESCIMENTO POPULACIONAL** Estima-se a que a população de certo país cresce exponencialmente. Se o país tinha 60 milhões de habitantes em 1997 e 90 milhões em 2002, qual é a população em 2012?

40. **CRESCIMENTO POPULACIONAL** Estima-se que, daqui a t anos, a população de certo país será $P(t) = 20/(2 + 3e^{-0{,}06t})$ milhões de habitantes.
    a. Faça um gráfico de $P(t)$.
    b. Qual é a população atual?
    c. Qual será a população daqui a 50 anos?
    d. Qual será a população a longo prazo?

41. **APRENDIZADO INFANTIL** Um psicólogo modela a capacidade de aprender de uma criança usando a função

$$L(t) = \frac{\ln(t+1)}{t+1}$$

em que t é a idade da criança em anos, para $0 \le t \le 5$. Responda às perguntas a seguir a respeito desse modelo.
    a. Com que idade a capacidade de aprender de uma criança é máxima?
    b. Com que idade a capacidade de aprender de uma criança está aumentando mais depressa?

42. **CAPACIDADE AERÓBICA** A capacidade aeróbica de uma pessoa com x anos de idade pode ser modelada pela função

$$A(x) = \frac{110(\ln x - 2)}{x} \quad \text{para } x \ge 10$$

a. Com que idade a capacidade aeróbica é máxima?
b. Com que idade a capacidade aeróbica está diminuindo mais depressa?

43. **CAMADA DE OZÔNIO** Sabe-se que os fluorocarbonetos reduzem a concentração de ozônio na atmosfera superior. Suponha que os cientistas cheguem à conclusão de que a parte que resta da concentração inicial de ozônio, Q_0, após t anos é dada por

$$Q = Q_0 e^{-0{,}0015t}$$

a. Qual é a taxa de decaimento percentual da concentração de ozônio no ano t?
b. Quantos anos são necessários para que a quantidade de ozônio se reduza a 10% do valor inicial? Qual é a taxa percentual de decaimento da concentração de ozônio nessa ocasião?

44. **DISSEMINAÇÃO DE UMA EPIDEMIA** Na seção Para Pensar do Capítulo 3, foram apresentados vários modelos para a epidemia de Aids. Usando um programa de análise de dados, obtemos a função

$$C(t) = 456 + 1.234 t e^{-0{,}137t}$$

como modelo para o número de casos conhecidos de Aids t anos após o ano-base de 1990.
a. De acordo com esse modelo, em que ano o número de casos conhecidos de Aids será máximo?
b. Em que ano o número de casos conhecidos será igual ao de 1990?

45. **DISSEMINAÇÃO DE UMA NOTÍCIA** Um acidente de trânsito foi testemunhado por 10% dos residentes de uma pequena cidade e 25% dos residentes tinham ouvido falar do acidente duas horas depois. Suponha que o número de residentes que tinham ouvido falar do acidente t horas depois é dado por uma função da forma

$$N(t) = \frac{B}{1 + Ce^{-kt}}$$

em que B é a população da cidade e C e k são constantes.
a. Use as informações acima para determinar os valores de C e k.
b. Quanto tempo após o acidente metade dos residentes da cidade ficou sabendo da notícia?
c. Em que ocasião a notícia do acidente estava se disseminando com maior rapidez? [*Sugestão*: Veja o Exemplo 4.4.6(b).]

46. **DISSEMINAÇÃO DE UMA EPIDEMIA** Uma doença se dissemina de tal forma em uma comunidade que, t semanas após o início do surto, o número de pessoas infectadas é dado por uma função da forma $f(t) = B/(1 + Ce^{-kt})$, em que B é o número de pessoas suscetíveis. Se um quinto das pessoas suscetíveis foram infectadas inicialmente e metade dessas pessoas estava infectada no final da quarta semana, que fração das pessoas suscetíveis terão sido infectadas no final da oitava semana?

47. DISSEMINAÇÃO DE UMA EPIDEMIA Os registros revelam que t semanas após o início de um surto de certo tipo de gripe, aproximadamente $f(t) = 2/(1 + 3e^{-0,8t})$ milhares de indivíduos contraíram a doença.
a. Faça um gráfico de $f(t)$.
b. Quantas pessoas estavam doentes quando o surto foi detectado?
c. Quantas pessoas estavam doentes três semanas depois?
d. Se a tendência continuar, qual será o número total de pessoas infectadas?

48. EFEITO DE UMA TOXINA Um pesquisador estima que, t horas após uma toxina ser introduzida, a população de uma colônia de bactérias será

$$P(t) = 10.000(7 + 15e^{-0,05t} + te^{-0,05t})$$

a. Qual é a população no instante em que a toxina é introduzida?
b. Em que instante a população é máxima? Qual é a população máxima?
c. O que acontece com a população de bactérias quando $t \to +\infty$?

49. IDADE IDEAL PARA A REPRODUÇÃO Suponha que, no caso de certo animal semélparo, a probabilidade de que um espécime sobreviva até x anos de idade é $p(x) = e^{-0,2x}$ e o número de fêmeas geradas por um espécime de x anos de idade é $f(x) = 5x^{0,9}$. Qual é a idade ideal para a reprodução de um indivíduo da espécie? (Veja o Exemplo 4.4.7.)

50. IDADE IDEAL PARA A REPRODUÇÃO Suponha que uma mudança no ambiente afete a espécie do Problema 49 de tal forma que a probabilidade de um indivíduo sobreviver até x anos de idade seja reduzida à metade. Se o número $f(x)$ de fêmeas geradas permanecer o mesmo, qual será o efeito da mudança sobre a idade ideal para a reprodução?

51. RESPOSTA A UM ESTÍMULO De acordo com a **lei de Hoorweg**, quando um nervo é estimulado pelas descargas de um capacitor de capacitância C, a energia elétrica necessária para provocar uma resposta mínima (uma contração muscular) é dada por

$$E(C) = C\left(aR + \frac{b}{C}\right)^2$$

em que a, b e R são constantes positivas.
a. Para que valor de C a energia $E(C)$ é mínima? Como é possível ter certeza de que se trata do valor mínimo? (A resposta deve ser dada em termos de a, b e R.)
b. Outro modelo para E é da forma

$$E(C) = mCe^{k/C}$$

em que m e k são constantes. Quais devem ser os valores de m e k para que os dois modelos levem à mesma energia mínima para o mesmo valor de C?

52. POPULAÇÃO MUNDIAL De acordo com certo modelo logístico, a população mundial (em bilhões de habitantes) t anos após 1960 será de aproximadamente

$$P(t) = \frac{40}{1 + 12e^{-0,08t}}$$

a. Segundo esse modelo, com que rapidez aumentou a população no ano 2000? Qual foi a taxa de aumento *percentual* da população naquele ano?
b. Em que ano a população aumentou mais depressa?
c. Faça o gráfico de $P(t)$. A que ponto especial do gráfico corresponde a resposta do item (b)? O que acontece com $P(t)$ a longo prazo?
d. Você acha que esse modelo de população é razoável? Justifique sua resposta.

53. AUMENTO DA BUROCRACIA De acordo com a **lei de Parkinson**,* em qualquer departamento administrativo que não esteja envolvido ativamente em atividades de guerra, o número de funcionários aumenta à taxa de 6% ao ano, independentemente das necessidades do trabalho.
a. Parkinson aplicou essa lei ao Escritório Colonial Britânico. Segundo Parkinson, o Escritório Colonial Britânico tinha 1.139 funcionários em 1947. Qual o número de funcionários do Escritório Colonial Britânico previsto pela lei de Parkinson para 1954? (O número real foi 1.661.)
b. De acordo com a lei de Parkinson, quantos anos são necessários para que o número de funcionários se torne duas vezes maior?
c. Leia a respeito da lei de Parkinson e escreva um ensaio de pelo menos dez linhas a respeito da validade da lei nos dias de hoje. Um bom lugar para começar a pesquisa é o livro citado no enunciado do problema.

54. CRESCIMENTO POPULACIONAL Com base na estimativa de que existem 10 bilhões de acres de terras aráveis em nosso planeta e cada acre pode produzir alimento suficiente para alimentar quatro pessoas, alguns demógrafos acreditam que a Terra pode sustentar uma população máxima de 40 bilhões de habitantes. A Terra tinha aproximadamente 3 bilhões de habitantes em 1960 e 4 bilhões em 1975. Se a população da Terra estivesse crescendo exponencialmente, quando atingiria o limite teórico de 40 bilhões de habitantes?

55. PISCICULTURA O gerente de uma criação de peixes observa que t dias depois que 1.000 peixes de certa espécie são introduzidos em um viveiro, o peso médio dos peixes é $w(t)$ quilogramas e a fração de peixes ainda vivos após t dias é $p(t)$, em que

$$w(t) = \frac{10}{1 + 15e^{-0,05t}} \quad \text{e} \quad p(t) = e^{-0,01t}$$

a. A produção esperada $E(t)$ após t dias é o peso total dos peixes que ainda estão vivos. Expresse $E(t)$ em termos de $w(t)$ e $p(t)$.

---

*C. N. Parkinson, *Parkinson's Law*, Boston, MA: Houghton-Mifflin, 1957.

b. Para que valor de t a produção esperada $E(t)$ é máxima? Qual é a produção máxima?

c. Plote a curva de produção $y = E(t)$.

56. PISCICULTURA O gerente de uma criação de peixes observa que t semanas depois que 3.000 peixes de certa espécie são desovados, o peso médio dos peixes é $w(t) = 0{,}8te^{-0{,}05t}$ quilogramas, para $0 \leq t \leq 20$. Além disso, a fração de peixes que ainda estão vivos após t semanas é dada por

$$p(t) = \frac{10}{10 + t}$$

a. A produção esperada $E(t)$ após t semanas é o peso total dos peixes que ainda estão vivos. Expresse $E(t)$ em termos de $w(t)$ e $p(t)$.

b. Para que valor de t a produção esperada $E(t)$ é máxima? Qual é a produção máxima?

c. Plote a curva de produção $y = E(t)$ para $0 \leq t \leq 20$.

57. MEMÓRIA Os psicólogos acreditam que, quando uma pessoa tenta se lembrar de uma série de fatos, o número de fatos lembrados após t minutos é dado por uma função da forma $Q(t) = A(1 - e^{-kt})$, em que k é uma constante positiva e A é o número total de fatos relevantes na memória da pessoa.

a. Faça um gráfico de $Q(t)$.

b. O que acontece a longo prazo? Explique o significado dessa tendência.

58. TEORIA DO APRENDIZADO Em um modelo de aprendizado proposto por C. L. Hull, a força do hábito H em um indivíduo está relacionada com o número de reforços r pela equação

$$H(r) = M(1 - e^{-kr})$$

a. Plote $H(r)$. O que acontece com $H(r)$ quando $r \to \infty$?

b. Mostre que, se o número de reforços é duplicado de r para $2r$, a força do hábito é multiplicada por $1 + e^{-kr}$.

59. EPIDEMIOLOGIA Uma doença contagiosa se dissemina em uma comunidade de tal forma que t semanas após o primeiro surto, o número de pessoas infectadas é dado por uma função da forma $f(t) = A/(1 + Ce^{-kt})$, em que A é o número de pessoas suscetíveis. Mostre que a taxa de disseminação da doença é máxima quando metade das pessoas suscetíveis está infectada.

60. CONCENTRAÇÃO DE UM MEDICAMENTO A concentração de certo medicamento no sangue de um paciente t horas após ter sido administrado oralmente é dada pela função $C(t) = Ate^{kt}$, em que C é expressa em microgramas do medicamento por mililitro de sangue. Os exames mostram que a concentração máxima de 5 μg/mL ocorre 20 minutos depois que o medicamento é administrado.

a. Use essas informações para determinar os valores de A e k.

b. Qual é a concentração do medicamento no sangue do paciente 1 hora após a administração?

c. Em que instante após atingir o valor máximo a contração atinge um valor igual à metade do valor máximo?

d. Se o tempo calculado no item (c) for multiplicado por dois, a concentração correspondente será igual a 1/4 do valor máximo? Justifique sua resposta.

61. CONCENTRAÇÃO DE UM MEDICAMENTO Em um artigo clássico,* E. Heinz mostrou que a concentração $y(t)$ de um remédio administrado por injeção intramuscular é dada por

$$y(t) = \frac{c}{b - a}(e^{-at} - e^{-bt}) \qquad t \geq 0$$

em que t é o número de horas após a injeção e a, b e c são constantes positivas, com $b > a$.

a. Em que instante a concentração é máxima? O que acontece com a concentração a longo prazo?

b. Faça o gráfico de $y(t)$.

c. Escreva um ensaio de pelo menos dez linhas sobre a confiabilidade do modelo de Heinz. Em particular, o modelo é mais confiável para grandes ou pequenos valores de t? Um bom lugar para começar a pesquisa é a referência citada no enunciado.

62. CONCENTRAÇÃO DE UM MEDICAMENTO Uma função da forma $C(t) = Ate^{-kt}$, em que A e k são constantes positivas, recebe o nome de **função de surto** e às vezes é usada para modelar a concentração de um medicamento no sangue de um paciente t horas após a administração. Suponha que $t \geq 0$.

a. Calcule $C'(t)$ e determine os intervalos de tempo nos quais a concentração do medicamento está aumentando e diminuindo. Para que valor de t a concentração é máxima? Qual é a concentração máxima? (As respostas devem ser dadas em termos de A e k.)

b. Calcule $C''(t)$ e determine os intervalos de tempo nos quais a concavidade da curva de $C(t)$ é para cima e para baixo. Determine todos os pontos de inflexão e explique o que acontece com a taxa de variação da concentração do medicamento nos instantes que correspondem aos pontos de inflexão.

c. Plote a função $C(t) = te^{-kt}$ para $k = 0{,}2$, $k = 0{,}5$, $k = 1{,}0$ e $k = 2{,}0$. Descreva o que acontece com a forma da curva quando k aumenta.

63. NÚMERO DE EMPREGADOS A **curva de Gompertz** é um gráfico de uma função da forma

$$N(t) = CA^{B^t}$$

em que A, B e C são constantes. Esse tipo de curva é usado para descrever fenômenos como o aprendizado e o número de empregados de uma organização.†

---

*E. Heinz, "Probleme bei der Diffusion kleiner Substanzmengen innerhalb des menschlichen Körpers", *Biochem. Z.*, Vol. 319, 1949, pp. 482–492.

†Uma discussão das curvas de Gompertz e de outros modelos de crescimento diferencial pode ser encontrada em um artigo de Roger V. Jean intitulado "Differential Growth, Huxley's Allometric Formula, and Sigmoid Growth", *UMAP Modules 1983*: *Tools for Teaching*, Lexington, MA: Consortium for Mathematics and Its Applications, Inc., 1984.

a. Suponha que o chefe do departamento de pessoal de uma grande empresa chegue à conclusão, depois de um estudo estatístico, de que, após t anos, a empresa terá

$$N(t) = 500(0,03)^{(0,4)t}$$

empregados. Quantos empregados a empresa possuía inicialmente (no instante $t = 0$)? Quantos empregados possuía após cinco anos? Em que ocasião a empresa terá 300 empregados? Quantos empregados terá a empresa a longo prazo?

b. Plote no mesmo gráfico $N(t)$ e a função de Gompertz

$$F(t) = 500(0,03)^{-(0,4)^{-t}}$$

Qual é a relação entre as duas curvas?

64. **ÍNDICE DE MORTALIDADE** Um atuário calcula a probabilidade de que um indivíduo de certa população morra com x anos de idade usando a expressão

$$P(x) = \lambda^2 x e^{-\lambda x}$$

em que λ é um parâmetro tal que $0 < \lambda < e$.
a. Determine o valor máximo de $P(x)$ em função de λ.
b. Faça o esboço de $P(x)$.
c. Leia a respeito das expressões matemáticas usadas pelos atuários para cálculos desse tipo. Escreva um ensaio de pelo menos dez linhas a respeito do significado do parâmetro λ nesse contexto.

65. **ONCOLOGIA** No Problema 60 da Seção 2.3 foi mostrada uma função para modelar a produção das células do sangue. Modelos como esse são úteis no estudo da leucemia e outras *doenças dinâmicas* nas quais certos sistemas fisiológicos começam a se comportar de forma errática. Um modelo alternativo* para a produção de células do sangue, proposto por A. Lasota em 1977, se baseia na função exponencial

$$p(x) = Ax^s e^{-sx/r}$$

em que A, s e r são constantes positivas e x é o número de granulócitos (um tipo de leucócito) presentes.
a. Determine o número de células do sangue para o qual a produção $p(x)$ é máxima. Como é possível saber se o nível ótimo corresponde a um máximo?
b. Mostre que a curva de $p(x)$ possui dois pontos de inflexão para $s > 1$. Faça um esboço da curva e apresente uma interpretação física para os pontos de inflexão.
c. Faça um esboço de $p(x)$ para $0 \leq s \leq 1$. Qual é a diferença entre esse caso e o do item (b)?

d. Leia a respeito do uso de métodos matemáticos para o estudo de doenças dinâmicas e escreva um ensaio de pelo menos dez linhas sobre esses métodos. Um bom lugar para começar é o artigo citado no enunciado.

PROBLEMAS VARIADOS

66. **ENGENHARIA CIVIL** Quando uma corda de roupa ou uma linha de transmissão é pendurada entre dois apoios, a curva formada é conhecida como **catenária**. A equação de uma catenária típica é

$$y = 0,125(e^{4x} + e^{-4x})$$

a. Plote a catenária.
b. As curvas catenárias são importantes na arquitetura. Leia a respeito do "Gateway Arch to the West", em St. Louis, Missouri, e escreva um ensaio de pelo menos dez linhas a respeito do uso da curva catenária para projetar o arco.*

67. **RESFRIAMENTO** Em um dia frio de inverno, uma bebida quente é levada para fora de casa, em que a temperatura do ar é -5 °C. De acordo com uma lei da física chamada lei de resfriamento de Newton, a temperatura T da bebida (em graus Celsius), t minutos depois de ser levada para fora de casa, é dada por uma função da forma

$$T(t) = -5 + Ae^{-kt}$$

em que A e k são constantes. Suponha que a temperatura da bebida ao ser levada para fora de casa é 80 °C e, 20 minutos depois, é 25 °C.
a. Use essas informações para determinar A e k.
b. Faça um esboço da curva da função de temperatura $T(t)$. O que acontece quando a temperatura t aumenta indefinidamente ($t \to +\infty$)?
c. Qual é a temperatura após 30 minutos?
d. Em que instante a temperatura chega a 0 °C?

68. Use uma calculadora gráfica para plotar a função $f(x) = x(e^{-x} + e^{-2x})$. Use **ZOOM** e **TRACE** para determinar a posição do máximo de $f(x)$. O que acontece com $f(x)$ quando $x \to \pm\infty$?

69. **DISTRIBUIÇÃO NORMAL** A função densidade de probabilidade da distribuição normal é da forma

$$f(x) = \frac{1}{\sigma\sqrt{2\pi}} e^{-(x-\mu)^2/2\sigma^2}$$

em que μ e σ são constantes, com $\sigma > 0$.
a. Mostre que $f(x)$ tem um máximo absoluto em $x = \mu$ e pontos de inflexão em $x = \mu + \sigma$ e $x = \mu - \sigma$.
b. Mostre que $f(\mu + c) = f(\mu - c)$ para qualquer valor de c. O que isso significa em termos da curva de $f(x)$?

---

*W. B. Gearhart e M. Martelli, "A Blood Cell Population Model, Dynamical Diseases, and Chaos", *UMAP Modules 1990: Tools for Teaching*, Arlington, MA: Consortium for Mathematics and Its Applications, Inc., 1991.

*Um bom lugar para começar é o artigo de William V. Thayer, "The St. Louis Arch Problem", *UMAP Modules 1983: Tools for Teaching*, Lexington, MA: Consortium for Mathematics and Its Applications, Inc., 1984.

Termos, Símbolos e Fórmulas Importantes

Função exponencial $y = b^x$: (Seção 4.1)
Propriedades de $y = b^x$ ($b > 0, b \neq 1$): (Seção 4.1)

É definida, contínua e positiva para qualquer valor de x.
O eixo x é uma assíntota horizontal.
O ponto de interseção com o eixo y é o ponto $(0, 1)$.

Se $b > 1$, $\lim_{x \to -\infty} b^x = 0$ e $\lim_{x \to +\infty} b^x = +\infty$.

Se $0 < b < 1$, $\lim_{x \to +\infty} b^x = 0$ e $\lim_{x \to -\infty} b^x = +\infty$.

Para qualquer valor de x, é crescente se $b > 1$ e decrescente se $0 < b < 1$.

Regras dos números e funções exponenciais: (Seção 4.1)

$$b^x = b^y \text{ se e apenas se } x = y$$
$$b^x b^y = b^{x+y}$$
$$\frac{b^x}{b^y} = b^{x-y}$$
$$(b^x)^y = b^{xy}$$
$$b^0 = 1$$

O número e: (Seção 4.1)

$$e = \lim_{n \to +\infty} \left(1 + \frac{1}{n}\right)^n = 2{,}71828\ldots$$

Função logarítmica $y = \log_b x$: (Seção 4.2)
Propriedades dos logaritmos: (Seção 4.2)

$\log_b u = \log_b v$ se e apenas se $u = v$
$\log_b uv = \log_b u + \log_b v$
$\log_b\left(\dfrac{u}{v}\right) = \log_b u - \log_b v$
$\log_b u^r = r \log_b u$
$\log_b 1 = 0$ e $\log_b b = 1$
$\log_b b^u = u$

Propriedades de $y = \log_b x$ ($b > 0, b \neq 1$): (Seção 4.2)
É definida e contínua para qualquer valor de $x > 0$.
O eixo y é uma assíntota vertical.
O ponto de interseção com o eixo x é o ponto $(1, 0)$.

Se $b > 1$, $\lim_{x \to +\infty} \log_b x = +\infty$ e $\lim_{x \to 0^+} \log_b x = -\infty$.

Se $0 < b < 1$, $\lim_{x \to +\infty} \log_b x = -\infty$ e $\lim_{x \to 0^+} \log_b x = +\infty$.

Para qualquer valor de $x > 0$, é crescente se $b > 1$ e decrescente se $0 < b < 1$.

Gráficos de $y = b^x$ e $y = \log_b x$ ($b > 1$): (Seção 4.2)

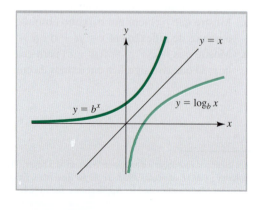

Funções exponencial natural e logarítmica natural:
$y = e^x$: (Seção 4.1)
$y = \ln x$: (Seção 4.2)

Relações entre e^x e $\ln x$ como funções inversas: (Seção 4.2)

$e^{\ln x} = x$ para $x > 0$
$\ln e^x = x$ para qualquer valor de x

Fórmula de conversão de base para logaritmos: (Seção 4.2)

$$\log_b a = \frac{\ln a}{\ln b}$$

Derivadas de funções exponenciais: (Seção 4.3)

$$\frac{d}{dx}(e^x) = e^x \quad \text{e} \quad \frac{d}{dx}[e^{u(x)}] = e^{u(x)}\frac{du}{dx}$$

Derivadas de funções logarítmicas: (Seção 4.3)

$$\frac{d}{dx}(\ln x) = \frac{1}{x} \quad \text{e} \quad \frac{d}{dx}[\ln u(x)] = \frac{1}{u(x)}\frac{du}{dx}$$

Derivação logarítmica: (Seção 4.3)

Aplicações

Juros capitalizados k vezes por ano durante t anos a uma taxa anual r:

O valor futuro de P reais é $B = P\left(1 + \dfrac{r}{k}\right)^{kt}$: (Seção 4.1)

O valor atual de B reais é $P = B\left(1 + \dfrac{r}{k}\right)^{-kt}$: (Seção 4.1)

A taxa efetiva de juros é $r_e = \left(1 + \dfrac{r}{k}\right)^k - 1$: (Seção 4.1)

Juros capitalizados continuamente durante t anos a uma taxa anual r:

O valor futuro de P reais é $B = Pe^{RT}$: (Seção 4.1)
O valor atual de B reais é $P = Be^{-rt}$: (Seção 4.1)
A taxa efetiva de juros é $r_e = e^r - 1$: (Seção 4.1)

Melhor ocasião para vender: (Seção 4.4)
Crescimento exponencial: (Seção 4.4)

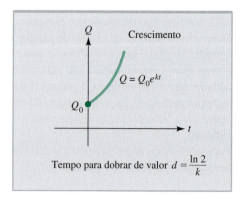

Decaimento exponencial: (Seção 4.4)

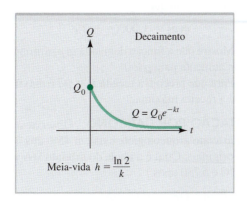

Datação por carbono: (Seção 4.2)
Curva de aprendizado $y = B - Ae^{-kt}$: (Seção 4.4)

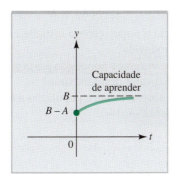

Curva logística $y = \dfrac{B}{1 + Ae^{-Bkt}}$ (Seção 4.4)

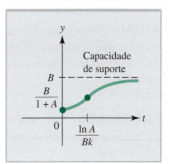

Problemas de Verificação

1. Calcule o valor das seguintes expressões:

   a. $\dfrac{(3^{-2})(9^2)}{(27)^{2/3}}$

   b. $\sqrt[3]{(25)^{1,5}\left(\dfrac{8}{27}\right)}$

   c. $\log_2 4 + \log_4 16^{-1}$

   d. $\left(\dfrac{8}{27}\right)^{-2/3}\left(\dfrac{16}{81}\right)^{3/2}$

2. Simplifique as seguintes expressões:

   a. $(9x^4 y^2)^{3/2}$

   b. $(3x^2 y^{4/3})^{-1/2}$

   c. $\left(\dfrac{y}{x}\right)^{3/2}\left(\dfrac{x^{2/3}}{y^{1/6}}\right)^2$

   d. $\left(\dfrac{x^{0,2} y^{-1,2}}{x^{1,5} y^{0,4}}\right)^5$

3. Determine todos os números reais x que satisfazem as seguintes equações:

   a. $4^{2x-x^2} = \dfrac{1}{64}$

   b. $e^{1/x} = 4$

   c. $\log_4 x^2 = 2$

   d. $\dfrac{25}{1 + 2e^{-0,5t}} = 3$

4. Calcule a derivada dy/dx das funções a seguir. (Em alguns casos, o uso da derivação logarítmica pode facilitar a solução.)

   a. $y = \dfrac{e^x}{x^2 - 3x}$

   b. $y = \ln(x^3 + 2x^2 - 3x)$

   c. $y = x^3 \ln x$

   d. $y = \dfrac{e^{-2x}(2x - 1)^3}{1 - x^2}$

5. Em cada caso, determine os intervalos em que a função é crescente e decrescente e os intervalos em que a concavidade da curva da função é para cima e para baixo. Plote a função e assinale o maior número possível de elementos importantes, como máximos e mínimos, pontos de inflexão, assíntotas verticais e horizontais, pontos de interseção com os eixos x e y, cúspides e tangentes verticais.

   a. $y = x^2 e^{-x}$

   b. $y = \dfrac{\ln \sqrt{x}}{x^2}$

   c. $y = \ln(\sqrt{x} - x)^2$

   d. $y = \dfrac{4}{1 + e^{-x}}$

RESUMO DO CAPÍTULO

6. **VALOR FUTURO** Se você investir R$ 2.000,00 a juros de 5% ao ano, capitalizados continuamente, qual será o montante após três anos? Quanto tempo você levará para acumular R$ 3.000,00?

7. **VALOR ATUAL** Determine o valor atual de R$ 8.000,00 a serem pagos daqui a 10 anos se a taxa de juros é de 6,25% ao ano e os juros são capitalizados
   a. Semestralmente
   b. Continuamente.

8. **ANÁLISE DE PREÇOS** Um produto é lançado no mercado e, t meses depois, o preço unitário é $p(t)$ centenas de reais, em que

$$p = \frac{\ln(t+1)}{t+1} + 5$$

   a. Em que período de tempo o preço está aumentando? Em que período o preço está diminuindo?
   b. Em que instante o preço está diminuindo mais depressa?
   c. O que acontece com o preço a longo prazo (ou seja, para $t \to +\infty$)?

9. **MAXIMIZAÇÃO DA RECEITA** O dono de uma empresa observa que q unidades de uma mercadoria podem ser vendidas quando o preço unitário é p centenas de reais, em que

$$q(p) = 1.000(p+2)e^{-p}$$

   a. Mostre que a função demanda $q(p)$ diminui quando p aumenta para $p \geq 0$.
   b. Para que preço p a receita $R = pq$ é máxima? Qual é a receita máxima?

10. **DATAÇÃO POR CARBONO** Observa-se que, em um artefato arqueológico, existem 45% dos átomos de ^{14}C originais. Qual é a idade do artefato? (A meia-vida do ^{14}C é 5.730 anos.)

11. **COLÔNIA DE BACTÉRIAS** Uma toxina é introduzida em uma colônia de bactérias; t horas mais tarde, a população é dada por

$$N(t) = 10.000(8+t)e^{-0,1t}$$

   a. Qual era a população no instante em que a toxina foi introduzida?
   b. Em que instante a população passa por um máximo? Qual é o valor desse máximo?
   c. O que acontece com a população a longo prazo (ou seja, para $t \to +\infty$)?

Problemas de Revisão

Nos Problemas 1 a 4, faça um esboço da curva da função exponencial ou logarítmica dada sem usar os métodos do cálculo.

1. $f(x) = 5^x$
2. $f(x) = -2e^{-x}$
3. $f(x) = \ln x^2$
4. $f(x) = \log_3 x$

5. a. Determine $f(4)$ sabendo que $f(x) = Ae^{-kx}$, $f(0) = 10$ e $f(1) = 25$.
   b. Determine $f(3)$ sabendo que $f(x) = Ae^{kx}$, $f(1) = 3$ e $f(2) = 10$.
   c. Determine $f(9)$ sabendo que $f(x) = 30 + Ae^{-kx}$, $f(0) = 50$ e $f(3) = 40$.
   d. Determine $f(10)$ sabendo que $f(t) = 6/(1 + Ae^{-kx})$, $f(0) = 3$ e $f(5) = 2$.

6. Determine o valor das expressões a seguir sem usar uma tabela ou uma calculadora.
   a. $\ln e^5$
   b. $e^{\ln 2}$
   c. $e^{3 \ln 4 - \ln 2}$
   d. $\ln 9e^2 + \ln 3e^{-2}$

Nos Problemas 7 a 14, determine todos os números x reais que satisfazem a equação dada.

7. $8 = 2e^{0,04x}$
8. $5 = 1 + 4e^{-6x}$
9. $4 \ln x = 8$
10. $5^x = e^3$
11. $\log_9(4x - 1) = 2$
12. $\ln(x - 2) + 3 = \ln(x + 1)$
13. $e^{2x} + e^x - 2 = 0$ (*Sugestão*: Faça $u = e^x$.)
14. $e^{2x} + 2e^x - 3 = 0$ (*Sugestão*: Faça $u = e^x$.)

Nos Problemas 15 a 30, determine a derivada dy/dx. Em alguns casos, pode ser necessário usar derivação implícita ou derivação logarítmica.

15. $y = x^2 e^{-x}$
16. $y = 2e^{3x+5}$
17. $y = x \ln x^2$
18. $y = \ln \sqrt{x^2 + 4x + 1}$
19. $y = \log_3(x^2)$
20. $y = \dfrac{x}{\ln 2x}$
21. $y = \dfrac{e^{-x} + e^x}{1 + e^{-2x}}$
22. $y = \dfrac{e^{3x}}{e^{3x} + 2}$
23. $y = \ln(e^{-2x} + e^{-x})$
24. $y = (1 + e^{-x})^{4/5}$
25. $y = \dfrac{e^{-x}}{x + \ln x}$

26. $y = \ln\left(\dfrac{e^{3x}}{1+x}\right)$

27. $ye^{x-x^2} = x + y$

28. $xe^{-y} + ye^{-x} = 3$

29. $y = \dfrac{(x^2 + e^{2x})^3 e^{-2x}}{(1 + x - x^2)^{2/3}}$

30. $y = \dfrac{e^{-2x}(2 - x^3)^{3/2}}{\sqrt{1 + x^2}}$

Nos Problemas 31 a 38, determine os intervalos em que a função dada é crescente e decrescente e os intervalos em que a concavidade da curva da função é para cima e para baixo. Plote a função e assinale o maior número possível de elementos importantes da curva, como máximos e mínimos, pontos de inflexão, assíntotas verticais e horizontais, pontos de interseção com os eixos x e y, cúspides e tangentes verticais.

31. $f(x) = e^x - e^{-x}$

32. $f(x) = xe^{-2x}$

33. $f(t) = t + e^{-t}$

34. $f(x) = \dfrac{4}{1 + e^{-x}}$

35. $F(u) = u^2 + 2\ln(u + 2)$

36. $g(t) = \dfrac{\ln(t+1)}{t+1}$

37. $G(x) = \ln(e^{-2x} + e^{-x})$

38. $f(u) = e^{2u} + e^{-u}$

Nos Problemas 39 a 42, determine o maior e o menor valor da função dada no intervalo especificado.

39. $f(x) = \ln(4x - x^2)$ para $1 \le x \le 3$

40. $f(x) = \dfrac{e^{-x/2}}{x^2}$ para $-5 \le x \le -1$

41. $h(t) = (e^{-t} + e^t)^5$ para $-1 \le t \le 1$

42. $g(t) = \dfrac{\ln(\sqrt{t})}{t^2}$ para $1 \le t \le 2$

Nos Problemas 43 a 46, escreva a equação da reta tangente à curva dada no ponto especificado.

43. $y = x \ln x^2$ em que $x = 1$

44. $y = (x^2 - x)e^{-x}$ em que $x = 0$

45. $y = x^3 e^{2-x}$ em que $x = 2$

46. $y = (x + \ln x)^3$ em que $x = 1$

47. Calcule o valor de $f(9)$ se $f(x) = e^{kx}$ e $f(3) = 2$.

48. Calcule o valor de $f(8)$ se $f(x) = A(2^{kx})$, $f(0) = 20$ e $f(2) = 40$.

49. **JUROS COMPOSTOS** Certa quantia foi investida a uma taxa fixa de juros, capitalizados trimestralmente. Depois de 15 anos, o investimento dobrou de valor. Qual é a razão entre o montante após 30 anos e a quantia inicial?

50. **JUROS COMPOSTOS** Um banco paga 5% de juros ao ano, capitalizados trimestralmente, e um fundo de poupança paga 4,9% de juros ao ano, capitalizados continuamente. Qual é o investimento mais rentável para uma aplicação de um ano? E para uma aplicação de cinco anos?

51. **DECAIMENTO RADIOATIVO** Uma substância radioativa decai exponencialmente. Se 500 gramas da substância estavam presentes inicialmente e 400 gramas estão presentes 50 anos depois, quantos gramas estarão presentes 200 anos depois?

52. **JUROS COMPOSTOS** Certa quantia foi investida a uma taxa fixa de juros, capitalizados continuamente. Depois de 10 anos, o investimento dobrou de valor. Qual é a razão entre o montante após 20 anos e a quantia inicial?

53. **COLÔNIA DE BACTÉRIAS** Os dados da tabela foram compilados por um pesquisador durante os primeiros 10 minutos de um estudo de uma colônia de bactérias:

Número de minutos	0	10
Número de bactérias	5.000	8.000

Supondo que o número de bactérias aumenta exponencialmente, quantas bactérias estarão presentes após 30 minutos?

54. **DECAIMENTO RADIOATIVO** Os dados da tabela foram compilados por um pesquisador em um estudo do decaimento de uma substância radioativa:

Número de horas	0	5
Gramas da substância	1.000	700

Sabendo que o número de átomos de uma substância radioativa diminui exponencialmente com o tempo, quantos gramas da substância estarão presentes após 20 horas?

55. **PUBLICIDADE** Uma empresa estima que, se investir x milhares de reais em publicidade, poderá vender aproximadamente $Q(x) = 50 - 40e^{-0,1x}$ mil unidades de certo produto.

   a. Plote a curva de vendas para $x \ge 0$.

   b. Quantas unidades serão vendidas se a empresa não investir em publicidade?

   c. Quantas unidades serão vendidas se a empresa investir R$ 8.000,00 em publicidade?

   d. Quanto a empresa deve investir em publicidade para vender 35.000 unidades do produto?

   e. De acordo com esse modelo, qual é a projeção de vendas mais otimista?

56. **PRODUTIVIDADE** Um empresário observa que a produção diária de um operário após t semanas no emprego é $Q(t) = 120 - Ae^{-kt0}$ unidades. Inicialmente, um operário consegue produzir 30 unidades por dia, e, após oito semanas, está produzindo 80 unidades por dia. Quantas unidades um operário é capaz de produzir por dia após quatro semanas?

57. JUROS COMPOSTOS Determine o tempo que um investimento de R$ 2.000,00 levará para se transformar em R$ 5.000,00 a uma taxa anual de juros de 8% se os juros forem capitalizados
   a. Trimestralmente
   b. Continuamente

58. JUROS COMPOSTOS Determine a quantia que deve ser investida a uma taxa anual de juros de 6,25% para que o montante daqui a 10 anos seja de R$ 2.000,00 se os juros forem capitalizados
   a. Mensalmente
   b. Continuamente

59. PAGAMENTO DE UMA DÍVIDA Você tem uma dívida de R$ 10.000,00, que deve ser paga integralmente em um prazo de 10 anos. Se você está disposto a pagar a dívida imediatamente, determine quanto deve exigir o credor se a taxa de juros vigente for:
   a. 7% ao ano, capitalizados mensalmente
   b. 6% ao ano, capitalizados continuamente

60. JUROS COMPOSTOS Um banco capitaliza continuamente os juros. Qual é a taxa anual de juros se um investimento de R$ 1.000,00 resulta em um montante de R$ 2.054,44 em 12 anos?

61. TAXA EFETIVA DE JUROS Qual investimento rende uma taxa efetiva de juros maior: 8,25% ao ano capitalizados trimestralmente ou 8,20% ao ano capitalizados continuamente?

62. DEPRECIAÇÃO O valor de certa máquina industrial diminui exponencialmente. Se a máquina valia inicialmente R$ 50.000,00 e vale R$ 20.000,00 cinco anos depois, quanto valerá quando tiver 10 anos de uso?

63. CRESCIMENTO POPULACIONAL Estima-se que, daqui a t anos, a população de certo país será P milhões de habitantes, em que

$$P(t) = \frac{30}{1 + 2e^{-0,05t}}$$

   a. Plote a função $P(t)$.
   b. Qual é a população atual?
   c. Qual será a população daqui a 20 anos?
   d. O que acontece com a população a longo prazo?

64. COLÔNIA DE BACTÉRIAS O número de bactérias em certa cultura aumenta exponencialmente. Se 5.000 bactérias estavam presentes inicialmente e 8.000 estavam presentes 10 minutos depois, quanto tempo será necessário para que o número de bactérias seja o dobro do valor inicial?

65. POLUIÇÃO DO AR Um estudo realizado em um bairro de uma grande cidade revela que daqui a t anos a concentração média de monóxido de carbono no ar será de $Q(t) = 4e^{0,03t}$ partes por milhão.
   a. Qual será a taxa de variação da concentração de monóxido de carbono daqui a 2 anos?
   b. Qual será a taxa de variação percentual da concentração de monóxido de carbono daqui a t anos? Essa taxa depende de t ou é constante?

66. LUCRO Um fabricante de câmaras digitais estima que, se vender as câmaras por x reais cada uma, os consumidores comprarão $8.000e^{-0,02x}$ câmaras por semana. O fabricante também observa que o lucro é máximo quando o preço de venda é 1,4 vez maior que o custo de produção. Qual é o preço que maximiza o lucro? Quantas câmaras serão vendidas por esse preço?

67. MELHOR OCASIÃO PARA VENDER Suponha que você possua um bem cujo valor daqui a t anos será $V(t) = 2.000e^{\sqrt{2t}}$ reais. Se a taxa de juros permanecer constante em 5% ao ano, capitalizados continuamente, qual é o melhor ano para vender o bem e investir a quantia recebida?

68. REGRA DO 70 Os investidores muitas vezes querem saber quanto tempo será necessário para duplicar a quantia investida. Um método simples para calcular esse tempo é a chamada "regra do 70", segundo a qual o tempo para duplicar um investimento com uma taxa anual de juros r (expressa como um número decimal), capitalizados continuamente, é dado pela expressão $d = 70/r$.
   a. Chamando de r a taxa anual de juros, use a expressão $B = Pe^{rt}$ para calcular o tempo para duplicar o investimento se $r = 4, 6, 9, 10$ e 12. Compare os valores calculados com os valores obtidos usando a regra do 70.
   b. Algumas pessoas preferem usar a "regra do 72" e outras utilizam a "regra do 69". Teste essas regras alternativas usando o mesmo método do item (a) e escreva um ensaio de pelo menos 10 linhas explicando qual é a regra que você considera mais adequada.

69. DECAIMENTO RADIOATIVO Uma substância radioativa decai exponencialmente com meia-vida λ. A quantidade da substância inicialmente presente (no instante $t = 0$) é Q_0.
   a. Mostre que a quantidade da substância que resta após t anos é dada por $Q(t) = Q_0 e^{(\ln 2/\lambda)t}$.
   b. Determine um número k tal que a quantidade do item (a) possa ser expressa na forma $Q(t) = Q_0(0,5)^{kt}$.

70. DEMOGRAFIA ANIMAL Um naturalista em uma reserva ecológica verificou que a função

$$f(x) = \frac{4e^{-(\ln x)^2}}{\sqrt{\pi}\, x}$$

fornece uma boa estimativa do número de animais com x anos de idade. Faça um gráfico de $f(x)$ para $x > 0$ e determine a idade mais provável dos animais, ou seja, a idade que maximiza $f(x)$.

71. DATAÇÃO POR CARBONO "Homem do Gelo" é o nome atribuído a um homem pré-histórico, do período neolítico, cujo corpo congelado foi encontrado em uma geleira dos Alpes em 1991. A princípio, pensou-se que se tratava de um indivíduo da Idade do Bronze, por causa da machadinha que estava carregando. Entretanto, a machadinha era feita de cobre e não de bronze. Leia a respeito da Idade do Bronze e determine a menor idade que o Homem do Gelo poderia ter se fosse de uma época anterior à Idade do Bronze. Nesse caso, qual a *maior* porcentagem do ^{14}C original que poderia estar presente em uma amostra retirada do seu corpo?[3]

72. **LEI DE FICK** De acordo com a lei de Fick,* $f(t) = C(1 - e^{-kt})$, em que $f(t)$ é a concentração de soluto no interior de uma célula no instante t, C é a concentração (constante) de soluto do lado de fora da célula e k é uma constante positiva. Suponha que, no caso de certa célula, a concentração no interior da célula após duas horas é 0,8% da concentração do lado de fora.
    a. Qual é o valor de k?
    b. Qual é a taxa de variação percentual de $f(t)$ no instante t?
    c. Escreva um ensaio de pelo menos dez linhas sobre a importância da lei de Fick para a ecologia.

73. **RESFRIAMENTO** Uma criança cai acidentalmente em um lago no qual a temperatura da água é -3 °C. A temperatura do corpo da criança depois de passar t minutos na água é $T(t) = 35e^{0,32t}$. A criança perderá os sentidos, se a temperatura do corpo cair abaixo de 27 °C. De quanto tempo dispõe a equipe de resgate para salvar a criança? Qual é a taxa de resfriamento do corpo da criança no momento em que atinge a temperatura de 27 °C?

74. **CIÊNCIA FORENSE** A temperatura T do corpo de uma vítima de assassinato encontrada em um quarto cuja temperatura é 20 °C é dada por

$$T(t) = 20 + 17e^{-0,07t}$$

em que t é o número de horas após a morte da vítima.
    a. Faça um gráfico da temperatura do corpo $T(t)$ para $t \geq 0$. Qual é a assíntota horizontal do gráfico? O que representa?
    b. Qual é a temperatura do corpo da vítima 10 horas após a morte? Quanto tempo a temperatura do corpo leva para chegar a 25 °C?
    c. João Ning Hen trabalha na firma de advogados Fraud, Tranbeek & Suborn. Chega ao trabalho de manhã e encontra o corpo do chefe, Jafiz Tranbeek, tombado sobre a mesa de trabalho. Chama a polícia e às 8 horas o médico-legista verifica que a temperatura do corpo é 33 °C. Como a última anotação encontrada na agenda da vítima é "Despedir o idiota do Ning Hen", João é considerado o principal suspeito. Entretanto, João não é nenhum idiota e andou lendo este livro nas horas de folga. Depois de consultar o termostato e verificar que a temperatura da sala é 20 °C, ele sabe exatamente para que instante necessita de um álibi de modo a comprovar sua inocência. Que instante é esse?

75. **CONCENTRAÇÃO DE UM MEDICAMENTO** Suponha que, t horas após a administração oral de um antibiótico, sua concentração no sangue de um paciente seja dada por uma função de surto da forma $C(t) = Ate^{-kt}$, em que A e k são constantes positivas e C é medida em microgramas por mililitro de sangue. Amostras de sangue são colhidas periodicamente e os médicos constatam que a concentração máxima do medicamento ocorre 2 horas após a administração e é de 10 microgramas por mililitro.
    a. Use essas informações para determinar os valores de A e k.
    b. Uma nova dose deve ser administrada quando a concentração atingir o valor de 1 micrograma por mililitro. Em que momento isso acontece?

76. **VELOCIDADE DE UMA REAÇÃO QUÍMICA** O efeito da temperatura sobre a velocidade de uma reação química é expresso pela **equação de Arrhenius**

$$k = Ae^{-E_0/RT}$$

em que k é a velocidade da reação, T é a temperatura absoluta e R é a constante dos gases perfeitos. Os parâmetros A e E_0 dependem da reação considerada, mas não da temperatura. Sejam k_1 e k_2 as velocidades da reação nas temperaturas T_1 e T_2. Escreva uma expressão para $\ln(k_1/k_2)$ em função de E_0, R, T_1 e T_2.

77. **CRESCIMENTO POPULACIONAL** Segundo um modelo logístico baseado na hipótese de que a Terra pode sustentar no máximo 40 bilhões de pessoas, a população mundial (em bilhões de habitantes) t anos após 1960 é dada por uma função da forma $P(t) = 40/(1 + Ce^{-kt})$, em que C e k são constantes positivas. Determine uma função com essa forma que seja compatível com o fato de que a população mundial era de aproximadamente 3 bilhões de habitantes em 1960 e 4 bilhões em 1975. O que o modelo prevê para a população no ano 2010? Verifique se o modelo é razoável consultando a Internet.

78. **DISSEMINAÇÃO DE UMA EPIDEMIA** Os registros mostram que, t semanas após o início de um surto de certa forma de gripe, aproximadamente

$$Q(t) = \frac{80}{4 + 76e^{-1,2t}}$$

milhares de pessoas foram infectadas. Com que rapidez a doença estava se espalhando no final da segunda semana? Em que ocasião a doença estava se espalhando mais depressa?

79. **ACIDEZ (pH) DE UMA SOLUÇÃO** Na química, a acidez de uma solução é medida pelo valor do pH, definido pela equação pH $= -\log_{10}[\text{H}_3\text{O}^+]$, em que $[\text{H}_3\text{O}^+]$ é a concentração do íon hidrônio na solução em mols/litro. O pH do suco de limão é metade do pH do suco de laranja. Se o pH do suco de laranja é 3,2, qual é a concentração de hidrônio no suco de limão?

80. **DATAÇÃO POR CARBONO** Uma pintura rupestre encontrada em uma caverna em Lascaux, França, e atribuída ao homem de Cro Magnon, tem aproximadamente

---
[3] Quando foi realizada, a datação por carbono revelou que o Homem do Gelo viveu entre 3.350 e 3.100 a.C., enquanto a Idade do Bronze na Europa começou por volta de 3.000 a.C. [N.T.]

*A lei de Fick desempenha um papel importante na ecologia. Veja, por exemplo, M. D. LaGrega, P. L. Buckingham, e J. C. Evans, *Hazardous Waste Management*, New York: McGraw-Hill, 1994, pp. 95, 464 e especialmente p. 813, em que os autores discutem a difusão de poluentes em aterros sanitários.

15.000 anos de idade. Qual é a razão esperada entre as massas de ^{14}C e ^{12}C em um fóssil encontrado na mesma caverna?

81. **TAXAS DE MORTALIDADE** Os atuários têm interesse em estimar a taxa de mortalidade para diferentes populações. Uma expressão usada para calcular a taxa de mortalidade $D(t)$ para mulheres na faixa etária dos 25 aos 29 anos é a seguinte:

$$D(t) = (D_0 - 0{,}00046)e^{-0{,}162t} + 0{,}00046$$

em que t é o número de anos após determinado ano, tomado como referência, e D_0 é a taxa de mortalidade para $t = 0$.

  a. Suponha que a taxa de mortalidade inicial em certa população seja 0,008 (8 mortes por 1.000 mulheres). Qual será a taxa de mortalidade 10 anos depois? Qual será a taxa de mortalidade 25 anos depois?
  b. Faça um gráfico de $D(t)$ para $0 \le t \le 25$, usando o valor de D_0 do item (a).

82. **PRODUTO INTERNO BRUTO** O Produto Interno Bruto (PIB) de certo país foi 100 bilhões de dólares em 1995 e 165 bilhões de dólares em 2005. Supondo que o PIB esteja crescendo exponencialmente, qual será seu valor no ano 2015?

83. **ARQUEOLOGIA** Os cientistas acreditam que "Lucy", a famosa pré-humana cujo esqueleto foi descoberto na África, viveu há aproximadamente 3,8 milhões de anos.
  a. Que porcentagem do ^{14}C original você esperaria encontrar se aplicasse o método de datação por carbono ao caso de Lucy? Por que seria difícil descobrir a idade de Lucy por esse método?
  b. Na prática, a datação por carbono funciona bem, apenas para amostras "recentes", isto é, com menos de 50.000 anos de idade. No caso de amostras mais antigas, como Lucy, é possível usar métodos de datação baseados no decaimento radioativo de outros elementos, como o método do potássio-argônio e o método do rubídio-estrôncio. Leia a respeito desses outros métodos de datação e escreva um ensaio de pelo menos dez linhas a respeito de suas aplicações.*

84. **RADIOLOGIA** O isótopo radioativo gálio 67 (^{67}Ga), usado para diagnosticar tumores malignos, tem uma meia-vida de 46,5 horas. Se começamos com 100 miligramas do isótopo, quantos miligramas restam após 24 horas? Em que instante restam apenas 25 miligramas? Responda a essas perguntas plotando uma função exponencial apropriada em uma calculadora e usando **TRACE** e **ZOOM**.

85. Um modelo de população que já foi usado pelo governo americano utiliza a expressão

$$P(t) = \frac{202{,}31}{1 + e^{3{,}938 - 0{,}314t}}$$

para estimar a população dos EUA (em milhões de habitantes) a cada dez anos a partir do ano-base de 1790. Por exemplo: $t = 0$ corresponde a 1790, $t = 1$ a 1800, $t = 10$ a 1890, e assim por diante. Os números não incluem as populações do Alasca e do Havaí.
  a. Use essa expressão para calcular a população dos EUA nos anos 1790, 1800, 1830, 1860, 1880, 1900, 1920, 1940, 1960, 1980, 1990 e 2000.
  b. Faça um gráfico de $P(t)$. De acordo com esse modelo, em que ano a população dos EUA estava aumentando com maior rapidez?
  c. Use a Internet ou qualquer outra fonte para descobrir os resultados dos recenseamentos para os anos mencionados no item (a). A equação mencionada no enunciado do problema parece adequada? (Não se esqueça de excluir o Alasca e o Havaí.) Escreva um ensaio de pelo menos dez linhas discutindo as possíveis razões para as discrepâncias entre os números previstos e os observados.

86. Use uma calculadora para plotar no mesmo gráfico as funções $y = 2^{-x}$, $y = 3^{-x}$, $y = 5^{-x}$ e $y = (0{,}5)^{-x}$. Qual é o efeito de uma mudança de base sobre o gráfico de uma função exponencial? (Sugestão: Use uma janela $[-3, 3]1$ por $[-3, 3]1$.)

87. Use uma calculadora para plotar no mesmo gráfico as funções $y = \sqrt{3^x}$, $y = \sqrt{3^{-x}}$ e $y = 3^{-x}$. Qual é a diferença entre esses gráficos? (Sugestão: Use uma janela $[-4, 4]1$ por $[-2, 6]1$.)

88. Use uma calculadora para plotar no mesmo gráfico as funções $y = 3^x$ e $y = 4 - \ln\sqrt{x}$. Em seguida, use **TRACE** e **ZOOM** para determinar todos os pontos de interseção dos dois gráficos.

89. Resolva a seguinte equação com precisão de três casas decimais:

$$\log_5(x + 5) - \log_2 x = 2 \log_{10}(x^2 + 2x)$$

90. Use uma calculadora para plotar no mesmo gráfico as curvas das funções

$$y = \ln(1 + x^2) \quad \text{e} \quad y = \frac{1}{x}$$

As duas curvas se interceptam?

91. Faça uma tabela com os valores de $(\sqrt{n})^{\sqrt{n+1}}$ e $(\sqrt{n+1})^{\sqrt{n}}$ para $n = 8, 9, 12, 20, 25, 31, 37, 38, 43, 50, 100$ e 1.000. Qual das duas expressões é maior? A desigualdade se mantém para qualquer valor de $n \ge 8$?

---

*Um bom lugar para começar a pesquisa é o artigo de Paul J. Campbell, "How Old Is the Earth?", *UMAP Modules 1992: Tools for Teaching*, Arlington, MA: Consortium for Mathematics and Its Applications, 1993.

SOLUÇÕES DOS EXERCÍCIOS EXPLORE!

Solução do Exercício Explore! 2

Uma forma de mostrar todas as curvas pedidas é entrar com Y1 = {1, 2, 3, 4}^X no editor de equações da calculadora. Observe que, como $b > 1$, as curvas crescem rapidamente; quanto maior o valor de b, mais rápido é o crescimento. Observe também que todas as curvas passam pelo ponto (0, 1). Por quê? Agora experimente entrar com Y1 = {2, 4, 6}^X. Observe que a curva de $y = 4^x$ está entre a curva de $y = 2^x$ e a curva de $y = 6^x$. Da mesma forma, a curva de $y = e^x$ está entre a curva de $y = 2^x$ e a curva de $y = 3^x$.

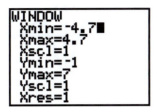 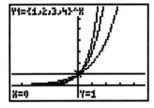 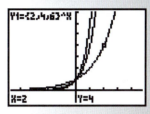

Solução do Exercício Explore! 11

Entre com $f(x) = B^x$ em Y1 e $g(x) = \log_B x$ em Y2 como $\ln(x)/\ln(B)$. Experimentando vários valores de B, descobrimos o seguinte: Para $B < e^{1/e} \approx 1{,}444668$, as duas curvas se interceptam em dois pontos (quais, em termos de B?), para $B = e^{1/e}$ existe apenas um ponto de interseção, e para $B > e^{1/e}$ não existe interseção. (Veja Classroom Capsules, "An Overlooked Calculus Question", *The College Mathematics Journal*, Vol. 33, N° 5, November 2002.)

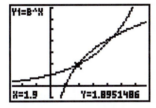 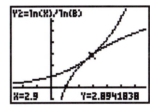 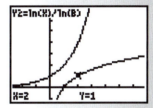

Solução do Exercício Explore! 15

Para examinar o caso geral do Exemplo 4.3.12, entre com a função $y = Axe^{-Bx}$ em Y1 do editor de equações e determine a posição do máximo de y para diferentes valores de A e B. Por exemplo: faça $A = 1$ e varie o valor de B (fazendo $B = 1$, 0,5 e 0,01, digamos) para verificar como varia a posição do máximo. Em seguida, conserve B constante (fazendo $B = 0{,}1$, por exemplo) e varie o valor de A (fazendo $A = 1$, 10 e 100). Tente encontrar uma correlação entre esses resultados.

Por exemplo: para $A = 1$ e $B = 1$, y passa pelo máximo em $x = 1$ (figura da esquerda). Para $A = 1$ e $B = 0{,}1$, o máximo está em $x = 10$ (figura do meio). Para $A = 10$ e $B = 0{,}1$, o máximo permanece em $x = 10$ (figura da direita). Nesse caso, a coordenada y do máximo é multiplicada por 10. Na verdade, é possível demonstrar que a coordenada x do ponto de máximo é igual a $1/B$. O valor de A não afeta a coordenada x do ponto de máximo, mas, quando o valor de A é multiplicado por certo fator, a coordenada y do ponto de máximo é multiplicada pelo mesmo fator. Para confirmar essas observações, iguale a zero a derivada da função $y = Axe^{-Bx}$ e resolva a equação resultante para determinar a posição do máximo.

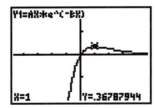 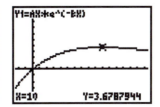 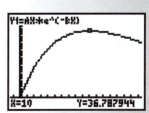

Solução do Exercício Explore! 17

Entre com a função $f(x)$ do Exemplo 4.4.2 em Y1, entre com $f'(x)$ em Y2 (mas sem ativar a opção) e entre com $f''(x)$ em Y3 em negrito, usando uma janela $[-4,7, 4,7]1$ por $[-0,5, 0,5]1$. Usando **TRACE** ou a rotina para calcular raízes, é possível determinar que os dois pontos de interseção de $f''(x)$ com o eixo x estão situados em $x = -1$ e $x = 1$. Como o sinal da derivada segunda $f''(x)$ indica a concavidade de $f(x)$, sabemos que, para esses valores de x, a função $f(x)$ muda de concavidade. No ponto de inflexão $(-1; 0{,}242)$, a concavidade de $f(x)$ muda de "para cima" [sinal positivo de $f''(x)$] para "para baixo" [sinal negativo de $f(x)$]. No ponto de inflexão $(1; 0{,}242)$, a concavidade muda de "para baixo" para "para cima".

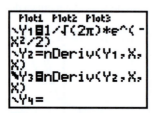 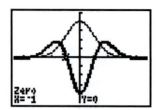 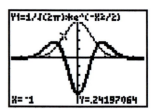

Solução do Exercício Explore! 19

Entre em Y1 com a função do Exemplo 4.4.6, $Q(t) = 20/(1 + 19e^{-1,2t})$, e plote a curva correspondente usando uma janela $[0, 10]1$ por $[0, 25]5$. Observe o comportamento da função para grandes valores da variável independente, o tempo. Quando x se aproxima de 10 (semanas), o valor da função se aproxima do valor máximo de 20 mil pessoas infectadas ($Y > 19{,}996$). Fazendo Y2 = 18 (mil) e localizando o ponto de interseção dessa reta com a curva da função, é possível determinar que a epidemia atinge 90% da população após 4,28 semanas (cerca de 30 dias).

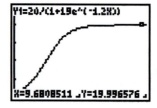 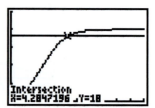

PARA PENSAR

CONTABILIDADE FORENSE: A LEI DE BENFORD

Embora pareça óbvio que o primeiro dígito de um número extraído de um conjunto de números pode ser qualquer dígito de 1 a 9 com a mesma probabilidade, o físico Frank Benford descobriu, em 1938, que a probabilidade de o dígito ser 1 é maior que 30%! Os números obtidos por meios naturais apresentam um padrão curioso nas proporções do primeiro dígito: como se pode ver no histograma abaixo e na tabela ao lado, os dígitos menores, como 1, 2 e 3, são muito mais frequentes que os dígitos maiores.

Primeiro Dígito	Porcentagem
1	30,1%
2	17,6
3	12,5
4	9,7
5	7,9
6	6,7
7	5,8
8	5,1
9	4,6

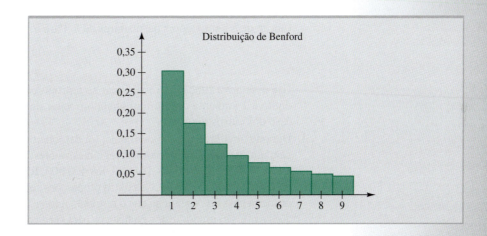

Serem obtidos por meios naturais, nesse caso, significa que os números não estão sujeitos a limitações explícitas e expressam a mesma grandeza, como a população de cidades ou o valor de cheques. O mesmo padrão também se aplica a números que crescem exponencialmente e a alguns tipos de números escolhidos aleatoriamente (embora não se aplique a números pseudoaleatórios) e, por essa razão, pode ser usado para verificar se certos dados são genuínos. A distribuição de dígitos em geral segue de perto a seguinte regra:

A proporção de números cujo primeiro dígito é n é dada por

$$\log_{10}(n+1) - \log_{10} n = \log_{10}\frac{n+1}{n}$$

Essa regra, conhecida como lei de Benford, é usada para detectar fraudes contábeis e faz parte de um conjunto de técnicas utilizadas em um campo conhecido como *contabilidade forense*. Muitas pessoas que preenchem cheques fraudulentos, como um tesoureiro que pratica seguidos desfalques, procuram fazer com que os primeiros dígitos (ou mesmo todos os dígitos) ocorram *com a mesma frequência*, para dar a impressão de que os saques não foram feitos pela mesma pessoa. De acordo com a lei de Benford, porém, os primeiros dígitos dos valores dos cheques não devem aparecer na mesma proporção; os dígitos menores devem ser mais frequentes. Se um empregado está passando um grande número de cheques ou fazendo um grande número de transferências para uma pessoa suspeita, os valores dos cheques podem ser analisados para verificar se obedecem à lei de Benford; caso não obedeçam, isso pode ser considerado um indício de fraude.

Essa técnica pode ser aplicada a vários tipos de dados contábeis (como impostos e despesas) e tem sido usada para analisar dados socioeconômicos, como o produto interno bruto de muitos países. A lei de Benford também é usada pela Receita Federal dos EUA para detectar fraudes e tem sido empregada para localizar erros de digitação e análise de dados.

Questões

1. Mostre que a fórmula apresentada para a proporção de dígitos,

$$P(n) = \log_{10}\frac{n+1}{n}$$

produz os valores mostrados na tabela. Use os métodos do cálculo para mostrar que a proporção é uma função decrescente de n.

2. A frequência dos primeiros dígitos depende da base do sistema de numeração. Em geral, os computadores usam sistemas de numeração baseados em potências de 2. A lei de Benford para uma base b é

$$P(n) = \log_b\frac{n+1}{n}$$

em que $1 \leq n \leq b$. Prepare uma tabela para as bases 4 e 8 semelhante à que foi fornecida para $b = 10$. Comparando as três tabelas, as proporções parecem se tornar mais iguais ou mais desiguais quando o valor da base aumenta?

Use os métodos do cálculo para justificar sua conclusão, considerando $P(n)$ como uma função de b para valores particulares de n. Para $n = 1$, por exemplo,

$$f(b) = \log_b 2 = \frac{\ln 2}{\ln b}$$

Use essa nova função para verificar se a proporção de números nos quais o primeiro dígito é 1 aumenta ou diminui quando o valor da base b aumenta. O que acontece no caso dos outros dígitos?

3. Durante uma investigação de fraude, foi descoberto que um empregado passou cheques, para uma pessoa suspeita, com os seguintes valores: R$ 234,00, R$ 444,00, R$ 513,00, R$ 1.120,00, R$ 2.201,00, R$ 3.614,00, R$ 4.311,00, R$ 5.342,00, R$ 5.557,00, R$ 6.710,00, R$ 8.712,00 e R$ 8.998,00. Calcule as proporções correspondentes aos diferentes dígitos na primeira posição. Você acha que o resultado reforça as suspeitas de fraude? (Nas investigações reais, são usados testes estatísticos para verificar se as diferenças são significativas.)

4. Escolha um conjunto de números da mesma natureza em um jornal ou revista e anote o primeiro dígito (o primeiro dígito diferente de zero, no caso de um número decimal menor que 1). Os números parecem seguir a lei de Benford?

5. A lista de números a seguir mostra as alturas, em pés, de algumas montanhas do estado da Califórnia. Esses números estão de acordo com a lei de Benford?

10.076	1.677	7.196	2.894	9.822
373	1.129	1.558	1.198	343
331	1.119	932	2.563	1.936
1.016	364	1.003	833	765
755	545	1.891	2.027	512
675	2.648	2.601	1.480	719
525	570	884	560	1.362
571	1.992	745	541	385
971	1.220	984	879	1.135
604	2.339	1.588	594	587

Fonte: http://en.wikipedia.org/wiki/Mountain_peaks_of_California.

Referências

T.P. Hill, "The First Digit Phenomenon", *American Scientist*, Vol. 86, 1998, p. 358.

Steven W. Smith, "The Scientist's and Engineer's Guide to Signal Processing", Chapter 34. Disponível na Internet em http://www.dspguide.com/ch341/1.htm.

C. Durtschi et al., "The Effective Use of Benford's Law in Detecting Fraud in Accounting Data". Disponível na Internet em http://www.auditnet.org/articles/JFA-V-1-17-34.pdf.

CAPÍTULO 5

O cálculo da área sob uma curva, como a área da região ocupada pelos suportes da pista da montanha-russa nesta fotografia, é uma das aplicações das integrais.

Integração

1. Integração Indefinida e Equações Diferenciais
2. Integração por Substituição
3. A Integral Definida e o Teorema Fundamental do Cálculo
4. Aplicações da Integração Definida: Distribuição de Renda e Valor Médio
5. Outras Aplicações da Integração em Economia e Finanças
6. Outras Aplicações da Integração em Ciências Sociais e Biológicas

Resumo do Capítulo
  Termos, Símbolos e Fórmulas Importantes
  Problemas de Verificação
  Problemas de Revisão
Soluções dos Exercícios Explore!
Para Pensar

SEÇÃO 5.1 Integração Indefinida e Equações Diferenciais

Objetivos do Aprendizado

1. Estudar e calcular integrais indefinidas.
2. Conhecer equações diferenciais e problemas de valor inicial.
3. Formular e resolver equações diferenciais separáveis.

Como podemos usar a taxa de inflação para prever os preços futuros? Como varia a velocidade de um corpo que se move em linha reta com aceleração conhecida? De que forma o conhecimento da taxa de crescimento de uma população pode ser usado para estimar o número futuro de habitantes? Em todas essas situações, a derivada (taxa de variação) de uma grandeza é conhecida e estamos interessados em determinar o valor da grandeza. Esse processo é chamado de antiderivação.

Antiderivação ■ Uma função $F(x)$ é chamada de *antiderivada* de $f(x)$ se

$$F'(x) = f(x)$$

para qualquer valor de x no domínio de $f(x)$. O processo de obter antiderivadas é chamado de *antiderivação* ou *integração indefinida*.

NOTA Às vezes a equação

$$F'(x) = f(x)$$

na forma

$$\frac{dF}{dx} = f(x) \quad ■$$

As técnicas usadas para determinar as antiderivadas serão discutidas mais adiante. Depois de calcular uma suposta antiderivada, é fácil verificar se está correta; basta derivá-la e comparar o resultado com a função original. Segue um exemplo.

EXEMPLO 5.1.1 Verificação de uma Antiderivada

Mostre que $F(x) = x^3/3 + 5x + 2$ é uma antiderivada da função $f(x) = x^2 + 5$.

Solução

$F(x)$ é uma antiderivada de $f(x)$ se e apenas se $F'(x) = f(x)$. Derivando F, temos:

$$F'(x) = \frac{1}{3}(3x^2) + 5$$
$$= x^2 + 5 = f(x)$$

como queríamos demonstrar.

Antiderivada Geral de uma Função

Uma função tem mais de uma antiderivada. Por exemplo: uma das antiderivadas de $f(x) = 3x^2$ é $F(x) = x^3$, já que

$$F'(x) = 3x^2 = f(x)$$

mas o mesmo se pode dizer de $x^3 + 12$, $x^3 - 5$ e $x^3 + \pi$, pois

$$\frac{d}{dx}(x^3 + 12) = 3x^2 \quad \frac{d}{dx}(x^3 - 5) = 3x^2 \quad \frac{d}{dx}(x^3 + \pi) = 3x^2$$

Na verdade, se F é uma das antiderivadas de f, qualquer função G da forma $G(x) = F(x) + C$, em que C é uma constante, também é uma antiderivada de f, já que

$$\begin{aligned} G'(x) &= [F(x) + C]' & &\text{regra da soma para derivadas} \\ &= F'(x) + C' & &\text{a derivada de uma constante é 0} \\ &= F'(x) + 0 & &\text{pois } F \text{ é uma antiderivada de } f \\ &= f(x) \end{aligned}$$

É possível demonstrar (Problema 74) que a recíproca é verdadeira: se F e G são antiderivadas de f, $G(x) = F(x) + C$, em que C é uma constante. Resumindo:

> **Propriedade Fundamental das Antiderivadas** ■ Se $F(x)$ é uma antiderivada de uma função contínua $f(x)$, qualquer outra antiderivada de $f(x)$ é da forma $G(x) = F(x) + C$, em que C é uma constante.

Existe uma interpretação geométrica simples para a propriedade fundamental das antiderivadas. Se F e G são antiderivadas de f,

$$G'(x) = F'(x) = f(x)$$

Isso significa que a inclinação $F'(x)$ da reta tangente à curva $y = F(x)$ no ponto $(x, F(x))$ é igual à inclinação $G'(x)$ da curva $y = G(x)$ no ponto $(x, G(x))$. Como as inclinações são iguais, as duas retas tangentes são paralelas, como mostra a Figura 5.1a. Como isso é verdade para qualquer valor de x, a curva $y = G(x)$ é paralela à curva $y = F(x)$ e, portanto,

$$y = G(x) = F(x) + C$$

LEMBRETE

Duas retas são paralelas se e apenas se possuem a mesma inclinação.

1 EXPLORE!

Entre com a função $F(x) = x^3$ em Y1 do editor de equações em estilo negrito. Gere uma família de transformações verticais Y2 = Y1 + L1, em que L1 é uma lista de constantes, {−4, −2, 2, 4}. Use uma janela [−4.7, 4.7]1 por [−6, 6]1. O que você observa a respeito da inclinação de todas essas curvas em $x = 1$?

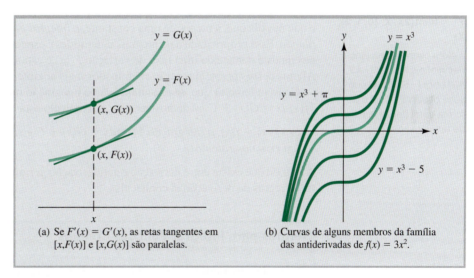

(a) Se $F'(x) = G'(x)$, as retas tangentes em $[x, F(x)]$ e $[x, G(x)]$ são paralelas.

(b) Curvas de alguns membros da família das antiderivadas de $f(x) = 3x^2$.

FIGURA 5.1 Os gráficos das antiderivadas de uma função f formam uma família de curvas paralelas.

Assim, o conjunto das curvas das antiderivadas de uma função f é uma família de curvas paralelas que diferem entre si apenas por uma translação vertical, como mostra a Figura 5.1b para a função $f(x) = 3x^2$.

A Integral Indefinida

Como vimos, se $F(x)$ é uma antiderivada da função contínua $f(x)$, todas as antiderivadas de $f(x)$ são da forma $F(x) + C$, em que C é uma constante. A família das antiderivadas de $f(x)$ é representada matematicamente pela expressão

$$\int f(x)\, dx = F(x) + C$$

324 CAPÍTULO 5

e é chamada de **integral indefinida** de f(x). A integral é "indefinida" porque envolve uma constante C que pode assumir qualquer valor. Na Seção 5.3 será apresentada a **integral definida**, que possui um valor numérico e é usada para representar grandezas físicas e matemáticas como área, valor médio, débito cardíaco e valor atual de um fluxo de receita, para citar apenas alguns exemplos. A ligação entre integral definida e integral indefinida será estabelecida na Seção 5.3 por meio de uma relação tão importante que é chamada de **teorema fundamental do cálculo**.

Na integral indefinida $\int f(x)dx = F(x) + C$, o símbolo $\int$ é chamado de **sinal de integração**, a função f(x) é chamada de **integrando**, C é a **constante de integração** e dx é uma diferencial usada para indicar que x é a **variável de integração**. Esses elementos estão assinalados no diagrama a seguir, para a integral indefinida da função $f(x) = 3x^2$.

> **LEMBRETE**
> As diferenciais foram definidas na Seção 2.5.

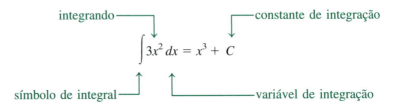

> **2 EXPLORE!**
> A maioria das calculadoras gráficas permite calcular uma antiderivada usando a opção de integração numérica **fnInt**(expressão, variável, limite inferior, limite superior) do menu **MATH**. Entre no editor de equações com
>
> Y1 = **fnInt(2X, X, {0, 1, 2}, X)**
>
> e plote usando uma janela decimal expandida [−4.7, 4.7]1 por [−5, 5]1. O que você observa? Qual é a forma geral dessa família de antiderivadas?

Para qualquer função derivável F,

$$\int F'(x)\, dx = F(x) + C$$

já que, por definição, F(x) é uma antiderivada de F'(x). Essa igualdade também pode ser escrita na forma

$$\int \frac{dF}{dx} dx = F(x) + C,$$

o que nos diz que, a menos de uma constante, *a integral da derivada de uma função é a própria função*. Essa propriedade das integrais indefinidas é especialmente útil em problemas aplicados nos quais é conhecida uma taxa de variação F'(x) e estamos interessados em determinar F(x). Alguns desses problemas serão examinados mais adiante.

Convém lembrar que, se executamos uma integração indefinida que nos leva a acreditar que $\int f(x)dx = G(x) + C$, podemos verificar se o cálculo está correto derivando G(x):

Se G'(x) = f(x), a integração $\int f(x)dx = G(x) + C$ está correta; se G'(x) ≠ f(x), existe um erro nos cálculos.

A ligação que existe entre derivação e antiderivação permite obter regras de antiderivação a partir de regras de derivação já conhecidas.

Regras para Integrar Funções Comuns

Regra da constante: $\int k\, dx = kx + C$ para k constante

Regra da potência: $\int x^n\, dx = \dfrac{x^{n+1}}{n+1} + C$ para qualquer $n \neq -1$

Regra do logaritmo: $\int \dfrac{1}{x}\, dx = \ln|x| + C$ para qualquer $x \neq 0$

Regra da exponencial: $\int e^{kx}\, dx = \dfrac{1}{k}e^{kx} + C$ para k constante $\neq 0$

Para demonstrar a regra da potência, basta mostrar que a derivada de $x^{n+1}/(n+1)$ é igual a x^n:

$$\frac{d}{dx}\left(\frac{x^{n+1}}{n+1}\right) = \frac{1}{n+1}[(n+1)x^n] = x^n \quad \text{regra da potência para derivação}$$

No caso da regra do logaritmo, se $x > 0$, $|x| = x$ e

$$\frac{d}{dx}(\ln |x|) = \frac{d}{dx}(\ln x) = \frac{1}{x}$$

Se $x < 0$, $-x > 0$, $\ln |x| = \ln(-x)$ e, portanto, de acordo com a regra da cadeia,

$$\frac{d}{dx}(\ln |x|) = \frac{d}{dx}[\ln(-x)] = \frac{1}{(-x)}(-1) = \frac{1}{x}$$

Assim, para qualquer valor de $x \neq 0$,

$$\frac{d}{dx}(\ln |x|) = \frac{1}{x}$$

e, portanto,

$$\int \frac{1}{x} dx = \ln |x| + C$$

Fica a cargo do leitor (Problema 76) demonstrar a regra da constante e a regra da exponencial.

NOTA Observe que a regra do logaritmo completa a "lacuna" que existe na regra da potência, ou seja, permite calcular a antiderivada de x^n no caso em que $n = -1$. As duas regras podem ser expressas da seguinte forma combinada:

$$\int x^n \, dx = \begin{cases} \dfrac{x^{n+1}}{n+1} + C & \text{para } n \neq -1 \\ \ln |x| + C & \text{para } n = -1 \end{cases}$$

3 EXPLORE!

Plote $y = F(x)$, em que
$F(x) = \ln |x| = \ln[\text{abs}(x)]$
em negrito e $f(x) = 1/x$ em estilo normal usando uma janela decimal. Mostre que em qualquer ponto $x \neq 0$ a derivada de $F(x)$ é igual ao valor de $f(x)$, confirmando assim que $F(x)$ é uma antiderivada de $f(x)$.

EXEMPLO 5.1.2 Cálculo de Integrais Indefinidas

Calcule as seguintes integrais:

a. $\displaystyle\int 3 \, dx$ **b.** $\displaystyle\int x^{17} \, dx$ **c.** $\displaystyle\int \frac{1}{\sqrt{x}} \, dx$ **d.** $\displaystyle\int e^{-3x} \, dx$

Solução

a. Usando a regra da constante com $k = 3$: $\displaystyle\int 3 \, dx = 3x + C$

b. Usando a regra da potência com $n = 17$: $\displaystyle\int x^{17} \, dx = \frac{1}{18} x^{18} + C$

c. Usando a regra da potência com $n = -1/2$: Como $n + 1 = 1/2$,

$$\int \frac{dx}{\sqrt{x}} = \int x^{-1/2} \, dx = \frac{1}{1/2} x^{1/2} + C = 2\sqrt{x} + C$$

d. Usando a regra da exponencial com $k = -3$:

$$\int e^{-3x} \, dx = \frac{1}{-3} e^{-3x} + C$$

O Exemplo 5.1.2 mostra como algumas funções simples podem ser integradas; mas o que fazer no caso de combinações de funções, como $x^5 + 2x^3 + 7$ ou $5e^{-x} + \sqrt{x}$? As regras algébricas a seguir permitem lidar facilmente com essas expressões.

> **Regras Algébricas para Integração Indefinida**
>
> **Regra da multiplicação por uma constante:** $\int kf(x)\,dx = k\int f(x)\,dx$ para k constante
>
> **Regra da soma:** $\int [f(x) + g(x)]\,dx = \int f(x)\,dx + \int g(x)\,dx$
>
> **Regra da diferença:** $\int [f(x) - g(x)]\,dx = \int f(x)\,dx - \int g(x)\,dx$

Para demonstrar a regra da multiplicação por uma constante, basta observar que, se $dF/dx = f(x)$, temos

$$\frac{d}{dx}[kF(x)] = k\frac{dF}{dx} = kf(x)$$

e, portanto,

$$\int kf(x)\,dx = k\int f(x)\,dx$$

As regras da soma e da diferença podem ser demonstradas de forma análoga.

EXEMPLO 5.1.3   Uso das Regras Algébricas para Integração

Calcule as seguintes integrais:

a. $\int (2x^5 + 8x^3 - 3x^2 + 5)\,dx$

b. $\int \left(\dfrac{x^3 + 2x - 7}{x}\right) dx$

c. $\int (3e^{-5t} + \sqrt{t})\,dt$

Solução

a. Usando a regra da soma, a regra da diferença, a regra da multiplicação por uma constante e a regra da potência, obtemos:

$$\int (2x^5 + 8x^3 - 3x^2 + 5)\,dx = 2\int x^5\,dx + 8\int x^3\,dx - 3\int x^2\,dx + \int 5\,dx$$

$$= 2\left(\frac{x^6}{6}\right) + 8\left(\frac{x^4}{4}\right) - 3\left(\frac{x^3}{3}\right) + 5x + C$$

$$= \frac{1}{3}x^6 + 2x^4 - x^3 + 5x + C$$

b. Não existe uma "regra do quociente" para integração, mas, pelo menos nesse caso, podemos dividir o numerador pelo denominador e integrar o resultado usando o método do item (a):

$$\int \left(\frac{x^3 + 2x - 7}{x}\right) dx = \int \left(x^2 + 2 - \frac{7}{x}\right) dx$$

$$= \frac{1}{3}x^3 + 2x - 7\ln|x| + C$$

c. $\int (3e^{-5t} + \sqrt{t})\,dt = \int (3e^{-5t} + t^{1/2})\,dt$

$$= 3\left(\frac{1}{-5}e^{-5t}\right) + \frac{1}{3/2}t^{3/2} + C = -\frac{3}{5}e^{-5t} + \frac{2}{3}t^{3/2} + C$$

4 EXPLORE!

Leia o Exemplo 5.1.4. Entre com a função $f(x) = 3x^2 + 1$ em Y1. Plote usando o estilo negrito e uma janela [0, 2.35]0.5 por [−2, 12]1. Entre em Y2 com a família de antiderivadas

$F(x) = x^3 + x +$ **L1**

em que L1 é a lista de números inteiros de −5 a 5. Qual dessas antiderivadas passa pelo ponto (2, 6)? Repita esse exercício para $f(x) = 3x^2 - 2$.

EXEMPLO 5.1.4 Determinação de uma Função pela Inclinação da Tangente

Determine a função $f(x)$ cuja tangente tem uma inclinação $3x^2 + 1$ para qualquer valor de x e cuja curva passa pelo ponto (2, 6).

Solução

A inclinação da tangente a uma curva no ponto $(x, f(x))$ é a derivada $f'(x)$. Assim,

$$f'(x) = 3x^2 + 1$$

e, portanto, $f(x)$ é a antiderivada

$$f(x) = \int f'(x)\,dx = \int (3x^2 + 1)\,dx = x^3 + x + C$$

Para determinar o valor de C, usamos o fato de que a curva de f passa pelo ponto (2, 6), ou seja, fazemos $x = 2$ e $f(x) = f(2) = 6$ na equação de $f(x)$ e explicitamos C para obter

$$6 = (2)^3 + 2 + C \quad \text{ou} \quad C = -4$$

Assim, a função pedida é $f(x) = x^3 + x - 4$. A curva da função aparece na Figura 5.2.

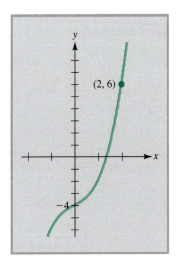

FIGURA 5.2 Gráfico da função $y = x^3 + x - 4$.

O Exemplo 5.1.5 ilustra o uso da integração para calcular o custo total de produção quando o custo marginal é conhecido.

EXEMPLO 5.1.5 Cálculo do Custo Total a Partir do Custo Marginal

Um fabricante constatou que o custo marginal de um certo produto é $3q^2 - 60q + 400$ reais por unidade, em que q é o número de unidades produzidas. O custo total para produzir as primeiras duas unidades é R$ 900,00. Qual é o custo total para produzir as primeiras cinco unidades?

Solução

Como o custo marginal é a derivada da função custo total $C(q)$, temos:

$$\frac{dC}{dq} = 3q^2 - 60q + 400$$

e, portanto, $C(q)$ é a antiderivada

$$C(q) = \int \frac{dC}{dq}\,dq = \int (3q^2 - 60q + 400)\,dq = q^3 - 30q^2 + 400q + K$$

em que K é uma constante. (A constante foi representada pela letra K para evitar confusão com a função custo C.)

O valor de K é determinado pelo fato de que $C(2) = 900$. Temos:

$$900 = (2)^3 - 30(2)^2 + 400(2) + K \quad \text{e} \quad K = 212$$

Assim,
$$C(q) = q^3 - 30q^2 + 400q + 212$$

e o custo para produzir as primeiras cinco unidades é

$$C(5) = (5)^3 - 30(5)^2 + 400(5) + 212 = \text{R\$1.587}$$

Como vimos na Seção 2.2, se um objeto que se move em linha reta está na posição $s(t)$ no instante t, sua velocidade é dada por $v = ds/dt$ e sua aceleração é dada por $a = dv/dt$. Invertendo o raciocínio, se a aceleração de um objeto é conhecida, sua velocidade e sua posição podem ser calculadas por integração. Esse tipo de cálculo está ilustrado no Exemplo 5.1.6.

EXEMPLO 5.1.6 Determinação da Velocidade e da Posição a Partir da Aceleração

Um carro está se movendo em uma estrada plana e retilínea a uma velocidade de 65 quilômetros por hora (18 metros por segundo) quando o motorista tem que frear para evitar um acidente. Se os freios fazem com que o carro perca velocidade à taxa de 6 metros por segundo ao quadrado, que distância o carro percorre até parar?

Solução

Seja $s(t)$ a distância percorrida pelo carro t segundos após o momento em que o motorista pisa no freio. Como o carro perde velocidade à taxa de 6 metros por segundo ao quadrado, $a(t) = -6$, ou seja,

$$\frac{dv}{dt} = a(t) = -6$$

Integrando essa equação, descobrimos que a velocidade no instante t é dada por

$$v(t) = \int \frac{dv}{dt} dt = \int -6\, dt = -6t + C_1$$

Para determinar o valor de C_1, observamos que $v = 18$ para $t = 0$ e, portanto,

$$18 = v(0) = -6(0) + C_1$$

e $C_1 = 18$. Assim, a velocidade no instante t é $v(t) = -6t + 18$.

Para determinar a posição $s(t)$, começamos com o fato de que

$$\frac{ds}{dt} = v(t) = -6t + 18$$

Integrando, obtemos

$$s(t) = \int (-6t + 18) dt = -3t^2 + 18t + C_2$$

Como $s(0) = 0$ (o leitor sabe explicar por quê?), $C_2 = 0$ e

$$s(t) = -3t^2 + 18t$$

Finalmente, para determinar a distância percorrida pelo carro, observamos que, como a velocidade é nula no instante em que o carro para, temos:

$$v(t) = -6t + 18 = 0$$

Resolvendo essa equação, descobrimos que o carro leva 3 segundos para parar e que a distância percorrida é

$$s(3) = -3(3)^2 + 18(3) = 27 \text{ metros}$$

5 EXPLORE!

Leia o Exemplo 5.1.6. Entre com a função posição $s(t)$ na calculadora como Y1 = $-3x^2 + 18x$ e plote o gráfico usando uma janela [0, 9.4]1 por [0, 40]5. Assinale o instante em que o carro para e a posição correspondente no gráfico. Repita o problema para um carro que esteja inicialmente a 90 km/h (25 m/s). Nesse caso, o que está acontecendo 3 segundos após o motorista pisar no freio?

Introdução às Equações Diferenciais

Equação diferencial é uma equação que envolve uma ou mais derivadas, e uma função que satisfaz uma equação diferencial é chamada de **solução**. Assim, por exemplo,

$$\frac{dy}{dx} = 3x^2 + 5 \qquad \frac{dP}{dt} = kP \qquad \text{e} \qquad \left(\frac{dy}{dx}\right)^2 + 3\frac{dy}{dx} + 2y = e^x$$

são equações diferenciais. As equações diferenciais são usadas em modelagem, especialmente nos casos que envolvem uma ou mais taxas de variação.

O tipo mais simples de equação diferencial é da forma

$$\frac{dQ}{dx} = g(x)$$

em que a derivada da grandeza $Q(x)$ é dada explicitamente como uma função da variável independente x. Para resolver esse tipo de equação diferencial, basta calcular a integral indefinida de $g(x)$, ou seja,

$$Q(x) = \int g(x)\, dx$$

Assim, por exemplo, a solução da equação diferencial

$$\frac{dy}{dx} = x^2 + 3x$$

é

$$y = \int (x^2 + 3x)\, dx = \frac{1}{3}x^3 + \frac{3}{2}x^2 + C$$

A função $y(x)$ acima é chamada de **solução geral** da equação porque, na verdade, envolve um número infinito de soluções, uma para cada valor da constante arbitrária C.

Um tipo mais geral de equação diferencial, conhecido como **equação separável**, é da forma

$$\frac{dy}{dx} = \frac{h(x)}{g(y)}$$

e pode ser resolvido algebricamente separando as variáveis e integrando ambos os membros, da seguinte forma:

$$g(y)\, dy = h(x)\, dx;$$

assim,

$$\int g(y)\, dy = \int h(x)\, dx$$

Uma breve justificativa desse método, ilustrado no Exemplo 5.1.7, é apresentada no final da seção.

6 EXPLORE!

Leia o Exemplo 5.1.7. Entre com a família de curvas $y = (3x^2 + L1)^{\wedge}(1/3)$ em Y1, em que L1 é uma lista de constantes {−16, −12, −8, −4, 0, 4, 8, 12, 16}. Use uma janela decimal modificada [−4.7, 4.7]1 por [−3, 4]1 para plotar a família de curvas e descreva o que observar. Qual das curvas passa pelo ponto (0, 2)?

EXEMPLO 5.1.7 Solução de uma Equação Diferencial Separável

Determine a solução da equação diferencial $\dfrac{dy}{dx} = \dfrac{2x}{y^2}$.

Solução

Para separar as variáveis, fazemos de conta que a derivada dy/dx é uma razão entre as grandezas dy e dx e usamos o método da multiplicação cruzada para obter a equação

$$y^2\, dy = 2x\, dx$$

Integrando ambos os membros da equação, temos:

$$\int y^2\, dy = \int 2x\, dx$$

$$\frac{1}{3}y^3 + C_1 = x^2 + C_2$$

em que C_1 e C_2 são constantes arbitrárias. Explicitando y, obtemos

$$\frac{1}{3}y^3 = x^2 + (C_2 - C_1) = x^2 + C_3 \quad \text{em que } C_3 = C_2 - C_1$$
$$y^3 = 3x^2 + 3C_3 = 3x^2 + C \quad \text{em que } C = 3C_3$$
$$y = (3x^2 + C)^{1/3}$$

Problema de valor inicial é um problema que envolve uma equação diferencial e uma condição adicional, que pode ser usada para determinar o valor da constante arbitrária C da solução geral e assim obter uma solução única para o problema. Os Exemplos 5.1.4 a 5.1.6 são problemas de valor inicial. No Exemplo 5.1.8, mostramos que um empresário pode usar um problema de valor inicial para calcular uma receita.

EXEMPLO 5.1.8 Solução de uma Equação Diferencial para Determinar uma Receita

Willis Jenkins é um texano que começou a explorar este mês um poço de petróleo no quintal da sua casa. O poço produz 200 barris de petróleo cru por mês e, segundo as previsões, deverá se esgotar em 3 anos. Willis calcula que, daqui a t meses, o preço do barril de petróleo será $p(t) = 140 + 2{,}4\sqrt{t}$ dólares. Se Willis consegue vender imediatamente todo o petróleo que retira do subsolo, qual deverá ser sua receita total com o poço?

Solução

Seja $R(t)$ a receita gerada durante os primeiros t meses de funcionamento do poço. Nesse caso, a condição inicial é $R(0) = 0$. Para escrever a equação diferencial que descreve o problema, usamos a relação

$$\text{Taxa de variação da receita com o tempo (dólares por mês)} = \left(\begin{array}{c}\text{dólares}\\\text{por barril}\end{array}\right)\left(\begin{array}{c}\text{barris por}\\\text{mês}\end{array}\right)$$

que nos dá o problema de valor inicial

$$\underbrace{\frac{dR}{dt}}_{\substack{\text{taxa de}\\\text{variação}\\\text{da receita}}} = \underbrace{(140 + 2{,}4\sqrt{t})}_{\substack{\text{dólares por}\\\text{barril}}}\underbrace{(200)}_{\substack{\text{barris}\\\text{por mês}}} \quad \text{com } R(0) = 0$$

Resolvendo a equação diferencial

$$\frac{dR}{dt} = (140 + 2{,}4\sqrt{t})(200)$$
$$= 28.000 + 480t^{1/2}$$

obtemos a solução geral

$$R(t) = \int (28.000 + 480t^{1/2})\,dt = 28.000t + 480\left(\frac{t^{3/2}}{3/2}\right) + C$$
$$= 28.000t + 320t^{3/2} + C$$

Como $R(0) = 0$, temos

$$R(0) = 0 = 28.000(0) + 320(0)^{3/2} + C$$

e, portanto, a solução particular desejada é

$$R(t) = 28.000t + 320t^{3/2}$$

INTEGRAÇÃO **331**

Finalmente, como o poço vai se esgotar em 36 meses, a receita total gerada pelo poço deverá ser

$$R(36) = 28.000(36) + 320(36)^{3/2}$$
$$= \$1.077.120$$

Cálculo de Juros Compostos Usando uma Equação Diferencial

Dizemos que uma aplicação a juros fixos é *capitalizada continuamente* se a taxa percentual de aumento do montante B é igual à taxa de juros. Assim, por exemplo, se a taxa de juros é 5%, temos:

$$\underbrace{\frac{100\dfrac{dB}{dt}}{B}}_{\text{taxa de variação percentual de } B} = \underbrace{5}_{\text{taxa de juros}}$$

Na fórmula usual da capitalização contínua, a taxa de juros é expressa em forma decimal, ou seja, em vez de 5%, utiliza-se $r = 0{,}05$. Além disso, em vez da taxa percentual de aumento do montante, utiliza-se a taxa relativa:

$$\frac{100\dfrac{dB}{dt}}{B} = 5 = 100(0{,}05) \quad \text{dividindo ambos os membros por 100}$$

assim,

$$\underbrace{\frac{\dfrac{dB}{dt}}{B}}_{\substack{\text{taxa de variação} \\ \text{relativa de } B}} = \underbrace{0{,}05}_{\substack{\text{taxa de juros} \\ \text{em forma} \\ \text{decimal}}}$$

LEMBRETE

Como foi visto na Seção 2.2, a *taxa de variação percentual* de uma grandeza $Q(t)$ é

$$\frac{100\dfrac{dQ}{dt}}{Q}$$

e a *taxa de variação relativa* de $Q(t)$ é

$$\frac{\dfrac{dQ}{dt}}{Q}$$

Na Seção 4.1, usamos um limite para mostrar que, se P reais (o principal) são investidos a uma taxa anual r de juros capitalizados continuamente, o montante da conta será $B(t) = Pe^{rt}$ reais após t anos. No Exemplo 5.1.9, mostramos que a mesma fórmula pode ser obtida resolvendo um problema de valor inicial que envolve uma equação diferencial separável.

EXEMPLO 5.1.9 Demonstração da Fórmula de Juros Compostos

Resolva um problema de valor inicial para mostrar que, se P reais forem investidos a uma taxa anual r de juros capitalizados continuamente, o valor futuro da conta após t anos será $B(t) = Pe^{rt}$ reais, em que r é a taxa de juros expressa em forma decimal.

Solução

De acordo com a discussão anterior, a taxa relativa de aumento do montante é igual à taxa de juros expressa em forma decimal, o que nos leva ao problema de valor inicial

$$\underbrace{\frac{\dfrac{dB}{dt}}{B}}_{\substack{\text{taxa de variação} \\ \text{relativa de } B}} = \underbrace{r}_{\substack{\text{taxa de juros} \\ \text{em forma} \\ \text{decimal}}} \quad \text{com } B(0) = P$$

ou

$$\frac{dB}{dt} = rB$$

Separando as variáveis da equação diferencial e integrando, obtemos

$$\int \frac{dB}{B} = \int r\, dt$$

$$\ln |B| = \ln B = rt + C_1 \quad |B(t)| = B(t) \text{ pois } B(t) > 0 \text{ para qualquer valor de } t$$

Tomando exponenciais de ambos os membros, temos:

$$B(t) = e^{\ln B} = e^{rt + C_1} = e^{rt}\, e^{C_1} \quad \text{regra do produto para expoentes}$$
$$= C\, e^{rt}$$

em que $C = e^{C_1}$. Como $B(0) = P$, isso nos dá

$$B(0) = Ce^0 = C = P$$

e, portanto, $B(t) = Pe^{rt}$, como queríamos demonstrar.

Uma grandeza $Q(t)$ que varia a uma taxa relativa constante, como um investimento a juros fixos capitalizados continuamente, **cresce exponencialmente**, se a taxa de variação é positiva, ou **decai exponencialmente**, se a taxa de variação é negativa. Para uma grandeza desse tipo, o mesmo tratamento matemático do Exemplo 5.1.9 pode ser usado para mostrar que

$$Q(t) = Q_0\, e^{kt}$$

em que $Q_0 = Q(0)$ é o valor da grandeza no instante $t = 0$. Os modelos de crescimento e decaimento exponencial são extremamente importantes e podem ser aplicados a fenômenos tão diversos quanto o decaimento de substâncias radioativas, o crescimento de certas populações e a eliminação de um medicamento da corrente sanguínea.

Por que o Método de Separação de Variáveis Leva ao Resultado Correto

Para entender por que o método de separação das variáveis leva ao resultado correto, considere a equação diferencial separável

$$\frac{dy}{dx} = \frac{h(x)}{g(y)}$$

que também pode ser escrita na forma

$$g(y)\frac{dy}{dx} - h(x) = 0$$

O lado esquerdo dessa equação pode ser escrito em termos das antiderivadas de g e h. Chamando de G a antiderivada de g e de H a antiderivada de h, a regra da cadeia nos dá

$$\frac{d}{dx}[G(y) - H(x)] = G'(y)\frac{dy}{dx} - H'(x) = g(y)\frac{dy}{dx} - h(x)$$

Assim, a equação diferencial $g(y)\dfrac{dy}{dx} - h(x) = 0$ equivale a

$$\frac{d}{dx}[G(y) - H(x)] = 0$$

o que nos dá

$$G(y) - H(x) = C$$

e, portanto,

$$G(y) = H(x) + C$$

o que nos dá

$$\int g(y)\, dy = \int h(x)\, dx + C$$

como queríamos demonstrar.

PROBLEMAS ■ 5.1

Nos Problemas 1 a 30, calcule a integral dada e verifique se o cálculo está correto derivando o resultado.

1. $\int -3\, dx$
2. $\int dx$
3. $\int x^5\, dx$
4. $\int \sqrt{t}\, dt$
5. $\int \dfrac{1}{x^2}\, dx$
6. $\int 3e^x\, dx$
7. $\int \dfrac{2}{\sqrt{t}}\, dt$
8. $\int x^{-0.3}\, dx$
9. $\int u^{-2/5}\, du$
10. $\int \left(\dfrac{1}{x^2} - \dfrac{1}{x^3}\right) dx$
11. $\int (3t^2 - \sqrt{5}t + 2)\, dt$
12. $\int (x^{1/3} - 3x^{-2/3} + 6)\, dx$
13. $\int (3\sqrt{y} - 2y^{-3})\, dy$
14. $\int \left(\dfrac{1}{2y} - \dfrac{2}{y^2} + \dfrac{3}{\sqrt{y}}\right) dy$
15. $\int \left(\dfrac{e^x}{2} + x\sqrt{x}\right) dx$
16. $\int \left(\sqrt{x^3} - \dfrac{1}{2\sqrt{x}} + \sqrt{2}\right) dx$
17. $\int u^{1,1}\left(\dfrac{1}{3u} - 1\right) du$
18. $\int \left(2e^u + \dfrac{6}{u} + \ln 2\right) du$
19. $\int \left(\dfrac{x^2 + 2x + 1}{x^2}\right) dx$
20. $\int \dfrac{x^2 + 3x - 2}{\sqrt{x}}\, dx$
21. $\int (x^3 - 2x^2)\left(\dfrac{1}{x} - 5\right) dx$
22. $\int y^3\left(2y + \dfrac{1}{y}\right) dy$
23. $\int \sqrt{t}(t^2 - 1)\, dt$
24. $\int x(2x + 1)^2\, dx$
25. $\int (e^t + 1)^2\, dt$
26. $\int e^{-0,02t}(e^{-0,13t} + 4)\, dt$
27. $\int \left(\dfrac{1}{3y} - \dfrac{5}{\sqrt{y}} + e^{-y/2}\right) dy$
28. $\int \dfrac{1}{x}(x + 1)^2\, dx$
29. $\int t^{-1/2}(t^2 - t + 2)\, dt$
30. $\int \ln(e^{-x^2})\, dx$

Nos Problemas 31 a 34, resolva o problema de valor inicial para $y = f(x)$.

31. $\dfrac{dy}{dx} = 3x - 2$ em que $y = 2$ para $x = -1$
32. $\dfrac{dy}{dx} = e^{-x}$ em que $y = 3$ para $x = 0$
33. $\dfrac{dy}{dx} = \dfrac{2}{x} - \dfrac{1}{x^2}$ em que $y = -1$ para $x = 1$
34. $\dfrac{dy}{dx} = \dfrac{x + 1}{\sqrt{x}}$ em que $y = 5$ para $x = 4$

Nos Problemas 35 a 42, é dada a inclinação $f'(x)$ em cada ponto (x, y) de uma curva $y = f(x)$, juntamente com um ponto particular (a, b) da curva. Use essas informações para determinar $f(x)$.

35. $f'(x) = 4x + 1$; $(1, 2)$
36. $f'(x) = 3 - 2x$; $(0, -1)$
37. $f'(x) = -x(x + 1)$; $(-1, 5)$
38. $f'(x) = 3x^2 + 6x - 2$; $(0, 6)$
39. $f'(x) = x^3 - \dfrac{2}{x^2} + 2$; $(1, 3)$
40. $f'(x) = x^{-1/2} + x$; $(1, 2)$
41. $f'(x) = e^{-x} + x^2$; $(0, 4)$
42. $f'(x) = \dfrac{3}{x} - 4$; $(1, 0)$

Nos Problemas 43 a 46, resolva o problema de valor inicial separando as variáveis.

43. $\dfrac{dy}{dx} = -2y$; $y = 3$ para $x = 0$
44. $\dfrac{dy}{dx} = xy$; $y = 1$ para $x = 0$
45. $\dfrac{dy}{dx} = e^{x+y}$; $y = 0$ para $x = 0$
46. $\dfrac{dy}{dx} = \sqrt{\dfrac{y}{x}}$; $y = 1$ para $x = 1$

PROBLEMAS APLICADOS DE ECONOMIA E FINANÇAS

47. CUSTO MARGINAL Um fabricante estima que o custo marginal para produzir q unidades de um produto é $C'(q) = 3q^2 - 24q + 48$ reais por unidade. Se o custo para produzir 10 unidades é R$ 5.000,00, qual é o custo para produzir 30 unidades?

48. RECEITA MARGINAL A receita marginal obtida com a produção de q unidades de uma mercadoria é $R'(q) = 4q - 1,2q^2$ reais por unidade. Se a receita obtida com a produção de 20 unidades é R$ 30.000,00, qual é a receita obtida com a produção de 40 unidades?

49. LUCRO MARGINAL Um fabricante estima que a receita marginal é $R'(q) = 100q^{-1/2}$ reais quando o nível de produção é q unidades. O custo marginal correspondente é $0,4q$ reais por unidade. O lucro do fabricante é R$ 520,00 quando o nível de produção é 16 unidades. Qual é o lucro do fabricante quando o nível de produção é 25 unidades?

50. VENDAS O movimento mensal de vendas de uma importadora é, atualmente, R$ 10.000,00, mas deverá estar diminuindo a uma taxa de
$$S'(t) = -10t^{2/5} \text{ reais por mês}$$
daqui a t meses. O negócio deixará de ser lucrativo se o movimento mensal cair abaixo de R$ 8.000,00.
  a. Escreva uma expressão para o movimento de vendas esperado para daqui a t meses.
  b. Qual deverá ser o movimento de vendas daqui a dois anos?
  c. Durante quantos meses o negócio continuará a ser lucrativo?

51. PUBLICIDADE Depois de lançar uma campanha publicitária, um provedor de televisão via satélite estima que o número $N(t)$ de novos assinantes aumentará a uma taxa dada por $N'(t) = 154t^{2/3} + 37$, em que t é o número de meses após o início da campanha. Quantos novos assinantes são esperados para 8 meses após o início da campanha?

52. RECEITA MARGINAL A receita marginal associada à fabricação de x unidades de um produto é $R'(x) = 240 - 4x$ reais por unidade. Qual é a função receita $R(x)$? Suponha que $R(0) = 0$. Qual é o preço cobrado por unidade quando estão sendo produzidas cinco unidades por dia?

53. LUCRO MARGINAL O lucro marginal com a venda de uma mercadoria é $P'(q) = 100 - 2q$ reais por unidade quando q unidades são produzidas. Quando 10 unidades são produzidas, o lucro é R$ 700,00.
  a. Determine a função lucro $P(q)$.
  b. Qual é o nível de produção q para o qual o lucro é máximo? Qual é o lucro máximo?

54. PRODUÇÃO Em uma fábrica, quando K milhares de reais são investidos, a produção varia a uma taxa dada por
$$Q'(K) = 200K^{-2/3}$$
unidades por mil reais investidos. Quando R$ 8.000,00 são investidos, o nível de produção é 5.500 unidades.
  a. Escreva uma expressão para o nível de produção Q esperado quando K milhares de reais são investidos.
  b. Quantas unidades são produzidas quando R$ 27.000,00 são investidos?
  c. Que investimento K é necessário para produzir 7.000 unidades?

55. TENDÊNCIA MARGINAL PARA O CONSUMO A função consumo para certo país é $c(x)$, em que x é a poupança nacional. Nesse caso, a **tendência marginal para o consumo** é $c'(x)$. Suponha que x e c sejam medidos em bilhões de dólares e que
$$c'(x) = 0,9 + 0,3\sqrt{x}$$
Se o consumo é 10 bilhões de dólares para $x = 0$, determine $c(x)$.

56. ANÁLISE MARGINAL Um empresário estima que terá uma receita marginal de $200q^{-1/2}$ reais por unidade quando o nível de produção de sua fábrica for q unidades. O custo marginal correspondente foi estimado em $0,4q$ reais por unidade. Se o lucro do empresário é R$ 2.000,00 quando o nível de produção é 25 unidades, qual é o lucro quando o nível de produção é 36 unidades?

57. PRODUÇÃO DE PETRÓLEO Certo poço de petróleo, que produz 400 barris de petróleo bruto por mês, deverá secar em dois anos. O preço atual do petróleo bruto é 98 dólares o barril e deve aumentar a uma taxa constante de 40 cents por barril por mês. Se o petróleo é vendido no momento em que é extraído, qual será a receita total com o petróleo extraído do poço?

58. PRODUÇÃO DE PETRÓLEO Suponha que o dono do poço de petróleo do Problema 57 decida aumentar a produção para 600 barris por mês e todos os outros parâmetros permaneçam os mesmos.
  a. Quantos meses o poço levará para secar?
  b. Qual será a receita total com o petróleo extraído do poço?

PROBLEMAS APLICADOS DE CIÊNCIAS SOCIAIS E BIOLÓGICAS

59. CRESCIMENTO POPULACIONAL Estima-se que, daqui a t meses, a população de certa cidade estará aumentando à taxa de $4 + 5t^{2/3}$ habitantes por mês. Se a população atual é 10.000 habitantes, qual será a população daqui a oito meses?

60. VARIAÇÃO DE UMA BIOMASSA Uma biomassa está variando a uma taxa $M'(t) = 0,5e^{0,2t}$ g/h. Qual é a variação da biomassa durante a segunda hora?

61. COLÔNIA DE BACTÉRIAS Após t horas de observação, a população $P(t)$ de uma colônia de bactérias está variando a uma taxa dada por
$$\frac{dP}{dt} = 200e^{0,1t} + 150e^{-0,03t}$$

Se havia 200.000 bactérias na colônia quando a observação começou, qual será o número de bactérias 12 horas depois?

62. **CRESCIMENTO DE UMA ÁRVORE** Um botânico descobre que certo tipo de árvore cresce de tal forma que a altura $h(t)$ após t anos está variando a uma taxa

$$h'(t) = 0{,}06t^{2/3} + 0{,}3t^{1/2} \text{ metros/ano}$$

Se a árvore tinha 60 cm de altura quando foi plantada, que altura terá após 27 anos?

63. **APRENDIZADO** Seja $f(x)$ o número total de palavras que um paciente é capaz de memorizar x minutos após ser apresentado a uma longa lista de palavras. Os psicólogos chamam a função $y = f(x)$ de **curva de aprendizado** e a função $y' = f'(x)$ de **taxa de aprendizado**. O instante de **máxima eficiência** é aquele no qual a taxa de aprendizado é máxima. Suponha que a curva de aprendizado seja dada pela expressão

$$f'(x) = 0{,}1(10 + 12x - 0{,}6x^2) \text{ para } 0 \leq x \leq 25$$

a. Qual é a taxa de aprendizado no instante de máxima eficiência?
b. Qual é a função $f(x)$? Suponha que $f(0) = 0$.
c. Qual é o maior número de palavras que o paciente consegue memorizar?

64. **SISTEMA PENITENCIÁRIO** Estatísticas levantadas pelas autoridades indicam que, daqui a x anos, o número de detentos de certo município estará aumentando à razão de $280e^{0{,}2x}$ por ano. No momento, os presídios do município abrigam 2.000 detentos. Quantos detentos o município deve esperar daqui a 10 anos?

65. **APRENDIZADO** Jorge está fazendo um teste de aprendizado no qual o tempo necessário para memorizar os elementos de uma lista é registrado. Seja $M(t)$ o número de elementos que ele é capaz de memorizar em t minutos. A taxa de aprendizado é

$$M'(t) = 0{,}4t - 0{,}005t^2$$

a. Quantos elementos Jorge é capaz de memorizar nos primeiros 10 minutos?
b. Quantos elementos a mais ele é capaz de memorizar durante os 10 minutos seguintes (de $t = 10$ a $t = 20$)?

66. **ESPÉCIES AMEAÇADAS DE EXTINÇÃO** Um conservacionista observa que a população $P(t)$ de certa espécie ameaçada de extinção está aumentando a uma taxa dada por $P'(t) = 0{,}51 \, e^{-0{,}03t}$, em que t é o número de anos após a data em que foram iniciados os registros.
a. Se a população é $P_0 = 500$ em $t = 0$ (momento em que foram iniciados os registros), qual será a população 10 anos depois?
b. Leia a respeito das espécies ameaçadas de extinção e escreva um ensaio de pelo menos 10 linhas a respeito do uso de modelos matemáticos para estudar essas espécies.

67. **ONCOLOGIA** Um novo tratamento é aplicado a um tumor canceroso com um volume de 30 cm³; t dias depois, observa-se que o tumor está variando a uma taxa dada por

$$V'(t) = 0{,}15 - 0{,}09e^{0{,}006t} \text{ cm}^3/\text{dia}$$

a. Escreva uma expressão para o volume do tumor após t dias.
b. Qual é o volume após 60 dias? E após 120 dias?
c. Para que o tratamento seja considerado um sucesso, é preciso que o tumor não leve mais de 90 dias para começar a diminuir. Com base nesse critério, o tratamento é um sucesso?

68. **RESPOSTA A UM ESTÍMULO** De acordo com a lei de Weber-Fechner da psicologia experimental, a taxa de variação de uma resposta R em relação a um estímulo S é inversamente proporcional à intensidade do estímulo, ou seja,

$$\frac{dR}{dS} = \frac{k}{S}$$

em que k é uma constante.

Seja S_0 o limiar de estímulo, ou seja, o maior estímulo para o qual não existe uma resposta (isso equivale a dizer que $R = 0$ para $S \leq S_0$).
a. Resolva a equação diferencial separável acima em termos de k e S_0.
b. Desenhe o gráfico da função resposta obtida no item (a).

69. **HEMODINÂMICA** De acordo com uma das leis de Poiseuille para o fluxo de sangue em uma artéria, se $v(r)$ é a velocidade do sangue a r cm do eixo central da artéria, a velocidade diminui a uma taxa proporcional a r, ou seja,

$$v'(r) = -ar$$

em que a é uma constante positiva.* Escreva uma expressão para $v(r)$ supondo que $v(R) = 0$, R é o raio da artéria.

PROBLEMA 69

70. **ALOMETRIA** Como foi visto no ensaio Para Pensar do Capítulo 1, o estudo das taxas de crescimento relativas de diferentes partes de um organismo é chamado de **alometria**. Suponha que $x(t)$ seja uma função que representa o tamanho (comprimento, volume ou peso) de um órgão ou membro de um organismo em função do tempo e que $y(t)$ seja uma função que representa o tamanho de outro órgão ou membro do mesmo organismo em função do tempo. Nesse caso, de acordo com a **lei da alometria**, as

---

*E. Batschelet, *Introduction to Mathematics for Life Scientists*, 2nd ed., New York: Springer-Verlag, 1979, pp. 101–103.

taxas relativas de crescimento de x e y são proporcionais, ou seja,

$$\frac{y'(t)}{y(t)} = k\frac{x'(t)}{x(t)}$$

em que k é uma constante positiva.

Mostre que a lei da alometria pode ser escrita na forma

$$\frac{dy}{dx} = k\frac{y}{x}$$

e resolva essa equação separável para expressar y em função de x.

PROBLEMAS VARIADOS

71. **DESCONGELAMENTO** Um assado é retirado do freezer e deixado em cima da pia da cozinha para descongelar. A temperatura do assado era $-4\,°C$ quando foi retirado do freezer e, t horas depois, estava aumentando à taxa de

    $$T'(t) = 7e^{-0,35t}\;°C/h$$

    a. Escreva uma expressão para a temperatura do assado após t horas.
    b. Qual é a temperatura após duas horas?
    c. Suponha que o assado fique totalmente descongelado quando a temperatura chega a $10\,°C$. Quanto tempo o assado leva para descongelar?

72. **DISTÂNCIA E VELOCIDADE** Um corpo está se movendo de tal forma que sua velocidade após t minutos é $v(t) = 3 + 2t + 6t^2$ metros por minuto. Que distância o corpo percorre no segundo minuto?

73. **ESPIONAGEM** Nosso espião, disposto a vingar a morte de Xande Dentro (Problema 75 da Seção 4.2), está ao volante de um carro esporte, aproximando-se do esconderijo do assassino. Para não chamar atenção, ele mantém a velocidade em 96 km/h (27 m/s), dentro do limite de 100 km/h. De repente, vê um cavalo na estrada, 65 metros à frente. Leva 0,7 s para reagir, pisando no freio, o que faz o carro desacelerar à taxa constante de 8 m/s². Será que o espião consegue parar antes de atropelar o cavalo?

74. Se $H'(x) = 0$ para qualquer valor de x, que propriedade deve ter a função $H(x)$? Explique de que forma essa observação pode ser usada para demonstrar que, se $G'(x) = F'(x)$ para qualquer valor de x, $F(x) = G(x) + C$, em que C é uma constante.

75. Um carro viajando a 20 m/s desacelera à taxa constante de 7 m/s² quando os freios são aplicados.
    a. Determine a velocidade $v(t)$ do carro t segundos após os freios serem aplicados e a distância $s(t)$ percorrida a partir do ponto em que os freios foram aplicados.
    b. Use uma calculadora gráfica para plotar $v(t)$ e $s(t)$ no mesmo gráfico (use uma janela [0, 5]1 por [0, 200]10).
    c. Use **TRACE** e **ZOOM** para determinar o instante em que o carro para, bem como a distância percorrida até esse instante. A que velocidade estava o carro depois de percorrer 14 metros?

76. a. Demonstre a regra da constante: $\int k\,dx = kx + C$.
    b. Demonstre a regra da exponencial: $\int e^{kx}\,dx = \frac{1}{k}e^{kx} + C$.

77. Qual é o valor de $\int b^x\,dx$, em que b é uma constante ($b > 0$, $b \neq 1$)? [*Sugestão*: Lembre-se de que $b^x = e^{x\ln b}$.]

78. Estima-se que, daqui a x meses, a população de certa cidade estará aumentando à taxa de $P'(x) = 2 + 1,5\sqrt{x}$ habitantes por mês. A população atual é 5.000 habitantes.
    a. Determine a função $P(x)$ que satisfaz essas condições. Use uma calculadora gráfica para plotar a função.
    b. Use **TRACE** e **ZOOM** para determinar qual será a população daqui a nove meses. Daqui a quanto tempo a cidade terá uma população de 7.590 habitantes?
    c. Suponha que a população atual é 2.000 habitantes (e não 5.000). Plote a nova função $P(x)$. Plote também as funções obtidas supondo que a população atual é 4.000 e 6.000 habitantes. Qual é a diferença entre as curvas?

SEÇÃO 5.2 Integração por Substituição

Objetivos do Aprendizado

1. Usar o método de substituição na solução de integrais indefinidas.
2. Resolver problemas de valor inicial usando o método de substituição.
3. Conhecer o modelo de ajuste de preços da economia.

Podemos calcular a derivada de quase todas as funções usadas em problemas práticos usando regras e fórmulas como as que foram apresentadas no Capítulo 2. A integração, por outro lado, é mais arte que ciência; integrais aparentemente simples frequentemente exigem o uso de métodos especiais ou artifícios apropriados.

Assim, por exemplo, podemos facilmente verificar que

$$\int x^7 \, dx = \frac{1}{8}x^8 + C$$

aplicando a regra da potência, mas suponha que estejamos interessados em calcular

$$\int (3x + 5)^7 \, dx$$

> **LEMBRETE**
>
> A diferencial de $y = f(x)$ é $dy = f'(x) \, dx$.

Poderíamos expandir o integrando, $(3x + 5)^7$, e integrar termo a termo, mas o trabalho seria enorme. Em vez disso, fazemos a mudança de variável

$$u = 3x + 5 \quad \text{o que nos dá} \quad du = 3 \, dx \quad \text{e} \quad dx = \frac{1}{3} du$$

Substituindo esses valores na integral original, obtemos:

$$\int (3x + 5)^7 \, dx = \int u^7 \left(\frac{1}{3} du\right) \quad \text{regra da potência}$$

$$= \frac{1}{3}\left(\frac{1}{8}u^8\right) + C = \frac{1}{24}u^8 + C \quad \text{pois } u = 3x + 5$$

$$= \frac{1}{24}(3x + 5)^8 + C$$

Podemos verificar que o cálculo está correto derivando a expressão acima com o auxílio da regra da cadeia (Seção 2.4):

$$\frac{d}{dx}\left[\frac{1}{24}(3x + 5)^8\right] = \frac{1}{24}[8(3x + 5)^7(3)] = (3x + 5)^7$$

o que mostra que $(3x + 5)^8/24$ é, realmente, a antiderivada de $(3x + 5)^7$.

O método de mudança de variável que acabamos de mostrar é chamado de **integração por substituição** e pode ser considerado o inverso da regra da cadeia para derivadas. Para demonstrar esse ponto, considere uma integral que possa ser escrita na forma

$$\int f(x) \, dx = \int g(u(x)) u'(x) \, dx$$

para certas funções g e u. Suponha que G seja uma antiderivada de g, caso em que $G' = g$. Nesse caso, de acordo com a regra da cadeia,

$$\frac{d}{dx}[G(u(x))] = G'(u(x))u'(x)$$

$$= g(u(x))u'(x)$$

Integrando ambos os membros da equação em relação a x, obtemos

$$\int f(x) \, dx = \int g(u(x))u'(x) \, dx$$

$$= \int \left(\frac{d}{dx}[G(u(x))]\right) dx \quad \int G' = G$$

$$= G(u(x)) + C$$

Em outras palavras, se conhecemos a antiderivada de $g(u)$, conhecemos também a antiderivada de $f(x)$.

Um artifício para memorizar o método de substituição é pensar em $u = u(x)$ como uma variável cuja diferencial du é igual a $u'(x)dx$. Nesse caso,

$$\int f(x)\,dx = \int g(u(x))u'(x)\,dx \quad \text{substituindo } u'(x)\,dx \text{ por } du$$
$$= \int g(u)\,du \quad \text{em que } G \text{ é uma antiderivada de } g$$
$$= G(u) + C \quad \text{substituindo } u \text{ por } u(x)$$
$$= G[u(x)] + C$$

Segue um método passo a passo para integrar uma função por substituição.

Uso da Substituição para Calcular $\int f(x)\,dx$

1º Passo. Escolha uma substituição $u = u(x)$ que "simplifique" o integrando $f(x)$.

2º Passo. Expresse toda a integral em termos de u e $du = u'(x)dx$. Isso significa que *todos* os termos que envolvem x e dx devem ser transformados em termos que envolvem u e du.

3º Passo. Depois de executado o 2º passo, a integral deve estar na forma

$$\int f(x)\,dx = \int g(u)\,du$$

Se possível, calcule o valor da integral transformada determinando uma antiderivada $G(u)$ de $g(u)$.

4º Passo. Substitua u por $u(x)$ em $G(u)$ para obter uma antiderivada $G(u(x))$ para $f(x)$, de modo que

$$\int f(x)\,dx = G(u(x)) + C$$

Como diz o velho ditado: "O primeiro passo para fazer ensopado de coelho é arranjar um coelho". O primeiro passo para integrar por substituição é descobrir uma mudança de variável $u = u(x)$ que simplifique o integrando da integral dada, $\int f(x)$, sem complicá-lo excessivamente quando dx é substituído por $du = u'(x)dx$. Aqui estão algumas regras de bolso para escolher $u(x)$:

1. Se possível, escolha u de tal forma que $u'(x)$ seja parte do integrando $f(x)$.
2. Procure escolher u como a parte do integrando que torna a função $f(x)$ difícil de integrar diretamente, como um radicando, um denominador ou um expoente.
3. Não exagere nas substituições. Em nosso exemplo introdutório, $\int(3x + 5)^7\,dx$, um erro compreensível seria fazer $u = (3x + 5)^7$. Isso certamente simplifica o integrando, mas, nesse caso, $du = 7(3x + 5)^6(3)dx$, e ficaríamos com uma integral transformada que é mais difícil de resolver do que a integral original.
4. Não desista. Se a substituição que você escolheu não resultar em uma integral fácil de resolver, experimente usar uma substituição diferente.

Os Exemplos 5.2.1 a 5.2.7 ilustram o uso de substituições em vários tipos de integral.

EXEMPLO 5.2.1 Substituição de uma Função Linear

Determine $\int \sqrt{2x + 7}\,dx$.

Solução

Fazendo $u = 2x + 7$, temos:

$$du = 2\,dx \quad \text{de modo que} \quad dx = \frac{1}{2}du$$

Nesse caso, a integral se torna

$$\int \sqrt{2x+7}\, dx = \int \sqrt{u}\left(\frac{1}{2}du\right) \qquad \text{pois } \sqrt{u} = u^{1/2}$$

$$= \frac{1}{2}\int u^{1/2}\, du \qquad \text{regra da potência}$$

$$= \frac{1}{2}\frac{u^{3/2}}{3/2} + C = \frac{1}{3}u^{3/2} + C \qquad \text{substituindo } u \text{ por } 2x+7$$

$$= \frac{1}{3}(2x+7)^{3/2} + C$$

EXEMPLO 5.2.2 Substituição de uma Função do Segundo Grau

Determine $\int 8x(4x^2 - 3)^5\, dx$.

Solução

Em primeiro lugar, observe que o integrando $8x(4x^2 - 3)^5$ é um produto no qual um dos fatores, $8x$, é a derivada de uma expressão, $4x^2 - 3$, que aparece no outro fator. Isso sugere que é conveniente usar a substituição

$$u = 4x^2 - 3 \qquad \text{e} \qquad du = 4(2x\, dx) = 8x\, dx$$

para obter

$$\int 8x(4x^2 - 3)^5\, dx = \int (4x^2 - 3)^5 (8x\, dx)$$

$$= \int u^5\, du$$

$$= \frac{1}{6}u^6 + C \qquad \text{substituindo } u \text{ por } 4x^2 - 3$$

$$= \frac{1}{6}(4x^2 - 3)^6 + C$$

EXEMPLO 5.2.3 Substituição de um Expoente

Determine $\int x^3 e^{x^4 + 2}\, dx$.

Solução

Se o integrando contém uma função exponencial, muitas vezes é aconselhável substituir todo o expoente. Nesse caso, fazemos

$$u = x^4 + 2 \qquad \text{e} \qquad du = 4x^3\, dx$$

para obter

$$\int x^3 e^{x^4 + 2}\, dx = \int e^{x^4 + 2}(x^3\, dx) \qquad du = 4x^3\, dx \text{ e, portanto, } x^3\, dx = \frac{1}{4}du$$

$$= \int e^u \left(\frac{1}{4}du\right) \qquad \text{regra da exponencial}$$

$$= \frac{1}{4}e^u + C \qquad \text{substituindo } u \text{ por } x^4 + 2$$

$$= \frac{1}{4}e^{x^4 + 2} + C$$

EXEMPLO 5.2.4 Substituição de um Denominador

Determine $\int \dfrac{x}{x-1}\, dx$.

Solução

De acordo com as regras de bolso, substituímos o denominador do integrando, fazendo $u = x - 1$ e $du = dx$. Como $u = x - 1$, também temos $x = u + 1$. Assim,

$$\int \dfrac{x}{x-1}\, dx = \int \dfrac{u+1}{u}\, du \qquad \text{dividindo por } u$$

$$= \int \left[1 + \dfrac{1}{u}\right] du \qquad \text{regras da constante e do logaritmo}$$

$$= u + \ln|u| + C \qquad \text{substituindo } u \text{ por } x - 1$$

$$= x - 1 + \ln|x-1| + C$$

EXEMPLO 5.2.5 Substituição de um Radicando

Determine $\int \dfrac{3x+6}{\sqrt{2x^2+8x+3}}\, dx$.

Solução

Desta vez, nossas regras de bolso sugerem a substituição do radicando do denominador:

$$u = 2x^2 + 8x + 3 \qquad du = (4x+8)\, dx$$

À primeira vista, o leitor pode ter a impressão de que essa substituição não leva a nada, já que $du = (4x+8)dx$ parece muito diferente do termo $(3x+6)\, dx$ que aparece na integral. Entretanto, note que

$$(3x+6)\, dx = 3(x+2)\, dx = \dfrac{3}{4}(4)[(x+2)\, dx]$$

$$= \dfrac{3}{4}[(4x+8)\, dx] = \dfrac{3}{4}\, du$$

Substituindo, obtemos:

$$\int \dfrac{3x+6}{\sqrt{2x^2+8x+3}}\, dx = \int \dfrac{1}{\sqrt{2x^2+8x+3}}[(3x+6)\, dx]$$

$$= \int \dfrac{1}{\sqrt{u}}\left(\dfrac{3}{4}\, du\right) = \dfrac{3}{4}\int u^{-1/2}\, du \qquad \text{escrevendo } 1/\sqrt{u} \text{ como } u^{-1/2}$$

$$= \dfrac{3}{4}\left(\dfrac{u^{1/2}}{1/2}\right) + C = \dfrac{3}{2}\sqrt{u} + C \qquad \text{substituindo } u \text{ por } 2x^2+8x+3$$

$$= \dfrac{3}{2}\sqrt{2x^2+8x+3} + C$$

EXEMPLO 5.2.6 Substituição de um Logaritmo

Determine $\int \dfrac{(\ln x)^2}{x}\, dx$.

Solução

Como

$$\dfrac{d}{dx}(\ln x) = \dfrac{1}{x}$$

o integrando

$$\frac{(\ln x)^2}{x} = (\ln x)^2\left(\frac{1}{x}\right)$$

é um produto no qual um dos fatores, $1/x$, é a derivada de uma expressão, $\ln x$, que aparece no outro fator. Isso sugere a substituição $u = \ln x$, $du = (1/x)dx$, o que nos dá

$$\int \frac{(\ln x)^2}{x} dx = \int (\ln x)^2 \left(\frac{1}{x} dx\right)$$
$$= \int u^2\, du = \frac{1}{3}u^3 + C \quad \text{substituindo } u \text{ por } \ln x$$
$$= \frac{1}{3}(\ln x)^3 + C$$

EXEMPLO 5.2.7 Uso de uma Transformação Algébrica Antes da Substituição

Determine $\int \dfrac{x^2 + 3x + 5}{x + 1}\, dx$.

Solução

Não existe uma forma simples de calcular a integral da forma como foi proposta (lembre-se de que não existe uma "regra do quociente" para integrais). Entretanto, podemos dividir o numerador pelo denominador:

$$\begin{array}{r}
x + 2 \\
x + 1 \overline{\smash{)}\, x^2 + 3x + 5} \\
\underline{-x(x + 1)} \\
2x + 5 \\
\underline{-2(x + 1)} \\
3
\end{array}$$

o que nos dá

$$\frac{x^2 + 3x + 5}{x + 1} = x + 2 + \frac{3}{x + 1}$$

Podemos integrar $x + 2$ diretamente, usando a regra da potência. Para integrar o termo $3/(x + 1)$, usamos a substituição $u = x + 1$, $du = dx$:

$$\int \frac{x^2 + 3x + 5}{x + 1}\, dx = \int \left[x + 2 + \frac{3}{x + 1}\right] dx \qquad \begin{array}{l} u = x + 1 \\ du = dx \end{array}$$
$$= \int x\, dx + \int 2\, dx + \int \frac{3}{u}\, du$$
$$= \frac{1}{2}x^2 + 2x + 3\ln|u| + C \quad \text{substituindo } u \text{ por } x + 1$$
$$= \frac{1}{2}x^2 + 2x + 3\ln|x + 1| + C$$

O método de substituição não é infalível. No Exemplo 5.2.8, apresentamos uma integral que é muito parecida com a do Exemplo 5.2.3, mas não pode ser calculada pelo método de substituição.

LEMBRETE

Note que se $u = x^4 + 2$, $x^4 = u - 2$ e, portanto,
$$x = (u-2)^{1/4} = \sqrt[4]{u-2}$$

EXEMPLO 5.2.8 Uma Integral que Não Pode Ser Resolvida por Substituição

Determine $\int x^4 e^{x^4+2}\, dx$.

Solução

A substituição natural é fazer $u = x^4 + 2$, como no Exemplo 5.2.3. Nesse caso, $du = 4x^3 dx$ e, portanto, $x^3 dx = du/4$. Entretanto, o fator que aparece no integrando é x^4 e não x^3. Em função de u, esse x "a mais" deve ser escrito como $\sqrt[4]{u-2}$; ao fazer a substituição, obtemos:

$$\int x^4 e^{x^4+2}\, dx = \int x e^{x^4+2}(x^3\, dx) = \int \sqrt[4]{u-2}\, e^u \left(\frac{1}{4} du\right)$$

que é uma integral tão difícil de resolver quanto a integral inicial! Experimente fazer outras substituições aparentemente promissoras ($u = x^2$, digamos, ou $u = x^3$) até se convencer de que nenhuma delas funciona. Isso não quer dizer que o integrando não possui uma antiderivada; podemos concluir apenas que a antiderivada não pode ser obtida por substituição.

Solução de Equações Diferenciais por Substituição

O método de substituição é usado frequentemente para resolver equações diferenciais. O método está ilustrado nos Exemplos 5.2.9 e 5.2.10.

EXEMPLO 5.2.9 Uso de Substituição para Resolver uma Equação Diferencial Separável

Determine a solução geral da equação diferencial separável

$$\frac{dy}{dx} = \frac{\sqrt{4-y^2}}{xy}$$

Solução

Em primeiro lugar, separamos as variáveis para obter

$$\int \frac{y\, dy}{\sqrt{4-y^2}} = \int \frac{dx}{x}$$

A integração do lado direito é imediata. Do lado esquerdo, usamos a substituição

$$u = 4 - y^2 \qquad du = -2y\, dy \qquad y\, dy = -\frac{1}{2} du$$

Integrando, obtemos

$$\int \frac{y\, dy}{\sqrt{4-y^2}} = \int \frac{dx}{x}$$

$$\int \frac{(-1/2)\, du}{\sqrt{u}} = \int \frac{dx}{x} \qquad \text{escrevendo } \frac{1}{\sqrt{u}} \text{ como } u^{-1/2}$$

$$\int -\frac{1}{2} u^{-1/2}\, du = \int x^{-1}\, dx \qquad \text{regras da potência e do logaritmo}$$

$$\frac{(-1/2)\, u^{1/2}}{1/2} = \ln|x| + C$$

Finalmente, fazendo $u = 4 - y^2$ e simplificando, obtemos

$$-\sqrt{4-y^2} = \ln|x| + C$$

> **NOTA** No Exemplo 5.2.9, deixamos a solução da equação diferencial na forma implícita (na forma de uma equação que envolve x e y). Na prática, isso muitas vezes é necessário, já que expressar y em função de x pode ser impossível ou muito trabalhoso. ∎

EXEMPLO 5.2.10 Cálculo do Preço a Partir da Taxa de Variação

A taxa de variação do preço p (em reais) de um produto é dada por

$$\frac{dp}{dx} = \frac{-135x}{\sqrt{9+x^2}}$$

em que x é a demanda do produto (número de unidades vendidas) em centenas de unidades. Suponha que a demanda seja de 400 unidades ($x = 4$) para um preço de R\$ 30,00.
  a. Determine a função demanda $p(x)$.
  b. Para que preço a demanda é de 300 unidades? Para que preço a demanda é zero?
  c. Qual é a demanda para um preço de R\$ 20,00?

Solução

a. Para determinar a função demanda $p(x)$, é preciso integrar $p'(x)$ em relação a x. Isso pode ser feito, por exemplo, usando a substituição

$$u = 9 + x^2 \qquad du = 2x\,dx \qquad x\,dx = \frac{1}{2}du$$

para obter

$$p(x) = \int \frac{-135x}{\sqrt{9+x^2}}\,dx = \int \frac{-135}{u^{1/2}}\left(\frac{1}{2}\right)du$$

$$= -\frac{135}{2}\int u^{-1/2}\,du$$

$$= -\frac{135}{2}\left(\frac{u^{1/2}}{1/2}\right) + C \qquad \text{substituindo } u \text{ por } 9 + x^2$$

$$= -135\sqrt{9+x^2} + C$$

Como $p = 30$ para $x = 4$, temos:

$$30 = -135\sqrt{9+4^2} + C$$
$$C = 30 + 135\sqrt{25} = 705$$

e, portanto,

$$p(x) = -135\sqrt{9+x^2} + 705$$

b. Se a demanda é de 300 unidades, $x = 3$ e o preço correspondente é

$$p(3) = -135\sqrt{9+3^2} + 705 = \text{R\$ 132,24}$$

Se a demanda é zero, $x = 0$ e o preço correspondente é

$$p(0) = -135\sqrt{9+0} + 705 = \text{R\$ 300,00}$$

c. Para determinar qual é a demanda para um preço de R\$ 20,00, resolvemos a equação

$$-135\sqrt{9+x^2} + 705 = 20$$
$$135\sqrt{9+x^2} = 685$$
$$\sqrt{9+x^2} = \frac{685}{135} \qquad \text{elevando ambos os membros ao quadrado}$$
$$9 + x^2 \approx 25{,}75$$
$$x^2 \approx 16{,}75$$
$$x \approx 4{,}09$$

Assim, a demanda será de 409 unidades para um preço de R$ 20,00.

Um Modelo de Ajuste de Preços

Seja $S(p)$ o número de unidades de um produto que são oferecidas ao mercado quando o preço unitário é p reais, e seja $D(p)$ o número de unidades do produto que são demandadas pelo mercado quando o preço é p. Em uma situação estável, o preço se estabiliza no valor para o qual a oferta é igual à demanda (veja a Seção 1.4). Certos modelos econômicos, porém, consideram uma economia dinâmica, na qual o preço, a oferta e a demanda variam com o tempo. Um desses modelos, o *modelo de ajuste de preços de Evans*,* supõe que a taxa de variação do preço com o tempo é proporcional à escassez $D - S$, o que leva à equação diferencial

$$\frac{dp}{dt} = k(D - S)$$

em que k é uma constante positiva. A aplicação desse modelo está ilustrada no Exemplo 5.2.11.

EXEMPLO 5.2.11 Estudo de um Modelo de Ajuste de Preços

Maria Helena tem a missão de estabelecer o preço de um produto que foi lançado no mercado por um preço inicial de R$ 5,00. A moça estima que, t meses mais tarde, o preço $p(t)$ estará variando à taxa de 2% da escassez $D - S$, em que a oferta $S(p)$ e a demanda $D(p)$ do produto, em milhares de unidades, são dadas por

$$D = 50 - p \quad \text{e} \quad S = 23 + 2p \quad \text{para } 0 \le p < 9$$

a. Formule e resolva um problema de valor inicial para o preço $p(t)$ do produto.
b. Qual a receita estimada com a venda do produto após seis meses?
c. Qual é o preço de equilíbrio p_e, para o qual a oferta é igual à demanda? Mostre que $p(t)$ tende para p_e a longo prazo, ou seja, quando $t \to \infty$.

Solução

a. De acordo com as informações do enunciado, o preço $p(t)$ é a solução do problema de valor inicial

$$\frac{dp}{dt} = k(D - S) = \underbrace{0{,}02[(50 - p) - (23 + 2p)]}_{\text{2\% da escassez } D - S} \quad \text{em que } \underbrace{p(0) = 5}_{\text{preço inicial}}$$

$$\frac{dp}{dt} = 0{,}02(27 - 3p) = 0{,}06(9 - p)$$

---

*O modelo de ajuste de preços de Evans e vários outros modelos dinâmicos são discutidos no livro de J. E. Draper e J. S. Klingman, *Mathematical Analysis with Business and Economic Applications*, New York: Harper and Row, 1967, pp. 430–434.

Separando as variáveis e integrando, obtemos

$$\int \frac{dp}{9-p} = \int 0{,}06\, dt$$

$$-\ln(9-p) = 0{,}06t + C_1$$

$$9 - p = e^{-0{,}06t} e^{-C_1} = Ce^{-0{,}06t}$$

$$p = 9 - Ce^{-0{,}06t}$$

fazendo $u = 9 - p$, $du = -dp$
$|9 - p| = 9 - p$, pois $p < 9$
multiplicando por -1 e tomando as exponenciais de ambos os membros
em que $C = e^{-C_1}$

Como $p = 5$ para $t = 0$, temos:

$$5 = 9 - Ce^0 = 9 - C$$
$$C = 9 - 5 = 4$$

e, portanto, para $t \geq 0$,

$$p(t) = 9 - 4e^{-0{,}06t}$$

O gráfico da função $p(t)$ é mostrado na Figura 5.3.

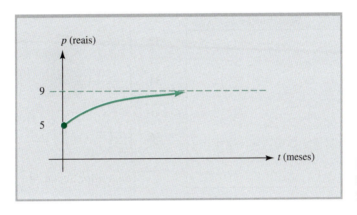

FIGURA 5.3 Gráfico da função preço unitário $p(t) = 9 - 4e^{-0{,}06t}$.

b. Para $t = 6$, o preço do produto é

$$p(6) = 9 - 4e^{-0{,}06(6)} \approx 6{,}21$$

Como a demanda é dada em milhares de unidades, a receita, quando o preço é R\$ 6,21, é

$$R(6) = 1.000 D[p(6)]p(6) = 1.000[50 - p(6)]p(6)$$
$$= 1.000(50 - 6{,}21)(6{,}21) = 1.000(271{,}936) = 271.936$$

portanto, a receita estimada após 6 meses é, aproximadamente, R\$ 271,94.

c. O preço de equilíbrio p_e deve satisfazer a equação

$$\underbrace{23 + 2p_e}_{\text{oferta}} = \underbrace{50 - p_e}_{\text{demanda}}$$

o que nos dá

$$p_e = 9$$

Para $t \to \infty$, temos:

$$\lim_{t \to \infty} p(t) = \lim_{t \to \infty} (9 - 6e^{-0{,}3465t}) = 9$$
$$= p_e$$

se $m > 0$, $e^{-mt} \to 0$
para $t \to +\infty$

como queríamos demonstrar.

PROBLEMAS ■ 5.2

Nos Problemas 1 e 2, complete a tabela especificando a substituição mais indicada para resolver cada uma das integrais dadas.

1.

Integral	Substituição u
a. $\int (3x+4)^{5/2}\, dx$	
b. $\int \dfrac{4}{3-x}\, dx$	
c. $\int t e^{2-t^2}\, dt$	
d. $\int t(2+t^2)^3\, dt$	

2.

Integral	Substituição u
a. $\int \dfrac{3}{(2x-5)^4}\, dx$	
b. $\int x^2 e^{-x^3}\, dx$	
c. $\int \dfrac{e^t}{e^t+1}\, dt$	
d. $\int \dfrac{t+3}{\sqrt[3]{t^2+6t+5}}\, dt$	

Nos Problemas 3 a 36, determine a integral indicada e verifique se os cálculos estão corretos derivando o resultado.

3. $\int (2x+6)^5\, dx$

4. $\int e^{5x+3}\, dx$

5. $\int \sqrt{4x-1}\, dx$

6. $\int \dfrac{1}{3x+5}\, dx$

7. $\int e^{1-x}\, dx$

8. $\int [(x-1)^5 + 3(x-1)^2 + 5]\, dx$

9. $\int x e^{x^2}\, dx$

10. $\int 2x e^{x^2-1}\, dx$

11. $\int t(t^2+1)^5\, dt$

12. $\int 3t\sqrt{t^2+8}\, dt$

13. $\int x^2(x^3+1)^{3/4}\, dx$

14. $\int x^5 e^{1-x^6}\, dx$

15. $\int \dfrac{2y^4}{y^5+1}\, dy$

16. $\int \dfrac{y^2}{(y^3+5)^2}\, dy$

17. $\int (x+1)(x^2+2x+5)^{12}\, dx$

18. $\int (3x^2-1)e^{x^3-x}\, dx$

19. $\int \dfrac{3x^4+12x^3+6}{x^5+5x^4+10x+12}\, dx$

20. $\int \dfrac{10x^3-5x}{\sqrt{x^4-x^2+6}}\, dx$

21. $\int \dfrac{3u-3}{(u^2-2u+6)^2}\, du$

22. $\int \dfrac{6u-3}{4u^2-4u+1}\, du$

23. $\int \dfrac{\ln 5x}{x}\, dx$

24. $\int \dfrac{1}{x\ln x}\, dx$

25. $\int \dfrac{1}{x(\ln x)^2}\, dx$

26. $\int \dfrac{\ln x^2}{x}\, dx$

27. $\int \dfrac{2x\ln(x^2+1)}{x^2+1}\, dx$

28. $\int \dfrac{e^{\sqrt{x}}}{\sqrt{x}}\, dx$

29. $\int \dfrac{e^x+e^{-x}}{e^x-e^{-x}}\, dx$

30. $\int e^{-x}(1+e^{2x})\, dx$

31. $\int \dfrac{x}{2x+1}\, dx$

32. $\int \dfrac{t-1}{t+1}\, dt$

33. $\int x\sqrt{2x+1}\, dx$

34. $\int \dfrac{x}{\sqrt[3]{4-3x}}\, dx$

35. $\int \dfrac{1}{\sqrt{x}(\sqrt{x}+1)}\, dx$
[*Sugestão:* Seja $u = \sqrt{x}+1$.]

36. $\int \dfrac{1}{x^2}\left(\dfrac{1}{x}-1\right)^{2/3}\, dx$
[*Sugestão:* Seja $u = \dfrac{1}{x}-1$.]

Nos Problemas 37 a 42, resolva o problema de valor inicial para obter a função $y = f(x)$.

37. $\dfrac{dy}{dx} = (3-2x)^2$ em que $y=0$ para $x=0$

38. $\dfrac{dy}{dx} = \sqrt{4x+5}$ em que $y=3$ para $x=1$

39. $\dfrac{dy}{dx} = \dfrac{1}{x+1}$ em que $y=1$ para $x=0$

40. $\dfrac{dy}{dx} = e^{2-x}$ em que $y=0$ para $x=2$

41. $\dfrac{dy}{dx} = \dfrac{x+2}{x^2+4x+5}$ em que $y=3$ para $x=-1$

42. $\dfrac{dy}{dx} = \dfrac{\ln\sqrt{x}}{x}$ em que $y=2$ para $x=1$

Nos Problemas 43 a 46, a inclinação $f'(x)$ em cada ponto (x, y) de uma curva $y = f(x)$ é dada, juntamente com um ponto (a, b) sobre a curva. Use essas informações para determinar $f(x)$.

43. $f'(x) = (1-2x)^{3/2}$; $(0, 0)$

44. $f'(x) = x\sqrt{x^2+5}$; $(2, 10)$

45. $f'(x) = xe^{4-x^2}$; $(-2, 1)$

46. $f'(x) = \dfrac{2x}{1+3x^2}$; $(0, 5)$

Nos Problemas 47 a 50, use uma substituição apropriada para resolver a equação diferencial separável dada.

47. $\dfrac{dy}{dx} = \dfrac{2 - y}{(x + 1)^2}$
48. $\dfrac{dy}{dx} = \dfrac{xy}{2x - 1}$
49. $\dfrac{dy}{dx} = \dfrac{2 - y^2}{xy}$
50. $\dfrac{dx}{dt} = \dfrac{\ln t}{xt}$

PROBLEMAS APLICADOS DE ECONOMIA E FINANÇAS

51. **CUSTO MARGINAL** Em certa fábrica, o custo marginal é $3(q - 4)^2$ reais por unidade quando o nível de produção é q unidades.
    a. Expresse o custo total de produção em termos do custo fixo (custo para produzir 0 unidade) e do número de unidades produzidas.
    b. Qual é o custo para produzir 14 unidades se o custo fixo é R$ 436,00?

52. **DEPRECIAÇÃO** O valor de revenda de certa máquina industrial diminui a uma taxa que varia com o tempo. Quando a máquina tem t anos de idade, a taxa de variação do valor é $-960e^{-t/5}$ reais por ano.
    a. Expresse o valor da máquina em termos da idade o do valor inicial.
    b. Se a máquina valia inicialmente R$ 5.200,00, quanto vale 10 anos depois?

53. **RECEITA** A receita marginal com a venda de x unidades de certa mercadoria é $R'(x) = 50 + 3{,}5xe^{-0{,}01x^2}$ reais por unidade em que $R(x)$ é a receita unitária em reais.
    a. Determine $R(x)$, supondo que $R(0) = 0$.
    b. Qual é a receita esperada com a venda de 1.000 unidades?

54. **PREÇOS NO VAREJO** Em certa região do país, estima-se que, daqui a t semanas, o preço do frango estará aumentando, à taxa $p'(t) = 3\sqrt{t + 1}$ centavos por quilograma por semana. Se o quilo do frango custa atualmente R$ 2,30, quanto custará daqui a oito semanas?

55. **LUCRO MARGINAL** Uma empresa calcula que a receita marginal com a venda de x unidades de um produto é $R'(x) - x(5 - x)^3$ centenas de reais por unidade, enquanto o custo marginal correspondente é $C'(x) = 5 + 2x$ centenas de reais por unidade. Qual é a variação do lucro quando o nível de produção aumenta de uma para cinco unidades?

56. **LUCRO MARGINAL** Repita o Problema 55 para uma receita marginal $R'(x) = \dfrac{11 - x}{\sqrt{14 - x}}$ e um custo marginal $C'(x) = 2 + x + x^2$.

57. **DEMANDA** O gerente de uma sapataria observa que o preço p (em reais) de um par de sapatos de uma marca popular varia a uma taxa de
$$p'(x) = \dfrac{-300x}{(x^2 + 9)^{3/2}}$$
quando x centenas de pares são demandados (comprados) pelos consumidores. Quando o preço do par é R$ 75,00, 400 pares ($x = 4$) são demandados pelos consumidores.
   a. Determine a função $p(x)$.
   b. Qual é o preço para o qual a demanda é 500 pares? Qual é o preço acima do qual a demanda é zero?
   c. Qual é a demanda se o preço do par de sapatos é R$ 90,00?

58. **OFERTA** A taxa de aumento do preço unitário p de certo produto é
$$p'(x) = \dfrac{20x}{(7 - x)^2}$$
quando x centenas de unidades do produto são oferecidas ao mercado. O fabricante fornece 200 unidades ($x = 2$) por R$ 2,00 a unidade.
   a. Determine a função $p(x)$.
   b. Qual é o preço correspondente a uma oferta de 500 unidades?

59. **OFERTA** O dono de uma cadeia de lanchonetes determina que, se x mil unidades de um novo sanduíche forem vendidas por dia, o preço marginal para esse nível de oferta será
$$p'(x) = \dfrac{x}{(x + 3)^2} \text{ reais}$$
em que $p(x)$ é o preço do sanduíche em reais. No momento, 5.000 sanduíches estão sendo vendidos por dia a um preço de R$ 2,20.
   a. Determine a função $p(x)$.
   b. Se 10.000 sanduíches são fornecidos diariamente às lanchonetes da cadeia, que preço deve ser cobrado para que todos os sanduíches sejam vendidos?

60. **INVESTIMENTOS** Um investidor faz depósitos regulares de D reais por ano em uma conta que rende uma taxa anual r de juros capitalizados continuamente.
   a. Explique por que o montante da conta aumenta a uma taxa dada por
$$\dfrac{dV}{dt} = rV + D$$
em que $V(t)$ é o montante da conta t anos após o depósito inicial. Resolva essa equação diferencial separável para obter $V(t)$. A resposta deve ser dada em função de r e D.
   b. Amanda pretende se aposentar daqui a 20 anos. Para acumular um pecúlio, faz depósitos regulares anuais de R$ 8.000,00. Se a taxa de juros permanece constante em 4% ao ano capitalizados continuamente, qual será o montante da conta de Amanda após 20 anos?
   c. Aníbal pretende ter R$ 800.000,00 no banco ao se aposentar. Se a taxa de juros permanece constante em 5% ao ano capitalizados continuamente, quanto deve depositar por ano para que possa se aposentar daqui a 30 anos?

61. **APOSENTADORIA** Um aposentado deposita D reais em uma conta que rende uma taxa anual r de juros capitalizados continuamente e retira anualmente R reais.
   a. Explique por que o montante da conta varia a uma taxa dada por
$$\dfrac{dM}{dt} = rD - R$$

em que $M(t)$ é o montante t anos após a abertura da conta. Resolva essa equação diferencial separável para obter $M(t)$. A resposta deve ser dada em termos de r, R e D.

b. Mário e Sílvia Ribeiro depositam R$ 500.000,00 em uma conta que rende 5% de juros capitalizados continuamente. Se o casal retira anualmente R$ 50.000,00, qual é o montante da conta após 10 anos?

c. Qual deve ser a retirada anual do casal, nas condições do item (b), para que o montante da conta permaneça constante em R$ 500.000,00?

d. Se o casal do item (b) decidir retirar anualmente R$ 80.000,00, quanto tempo a conta permanecerá com saldo positivo?

62. **VALOR DA TERRA** Estima-se que, daqui a x anos, o valor $V(x)$ de um hectare de terra na zona rural estará aumentando à taxa de
$$V'(x) = \frac{0{,}4x^3}{\sqrt{0{,}2x^4 + 8.000}}$$
reais por ano. O valor atual da terra é R$ 500,00 o hectare.

a. Determine $V(x)$.
b. Quanto valerá a terra após 10 anos?

c. Use uma calculadora gráfica com **TRACE** e **ZOOM** para determinar o tempo necessário para que a terra chegue a valer R$ 1.000,00 o hectare.

AJUSTE DE PREÇOS PELA OFERTA E DEMANDA

Nos Problemas 63 a 66, as funções oferta $S(t)$ e demanda $D(t)$ de um produto são fornecidas em termos do preço $p(t)$ no instante t. Suponha que o preço varia a uma taxa proporcional à escassez $D(t) - S(t)$, com a constante de proporcionalidade k indicada e um preço inicial p_0. Em cada problema,

(a) *Escreva e resolva uma equação diferencial envolvendo a função $p(t)$.*
(b) *Calcule o preço do produto no instante $t = 4$.*
(c) *Determine o que acontece com o preço quando $t \to \infty$.*

63. $S(t) = 3 + t$; $D(t) = 9 - t$; $k = 0{,}01$; $p_0 = 1$
64. $S(t) = 5 + 2t$; $D(t) = 17 - t$; $k = 0{,}03$; $p_0 = 2$
65. $S(t) = 2 + 3p(t)$; $D(t) = 10 - p(t)$; $k = 0{,}02$; $p_0 = 1$
66. $S(t) = 1 + 4p(t)$; $D(t) = 15 - 3p(t)$; $k = 0{,}015$; $p_0 = 3$

PROBLEMAS APLICADOS DE CIÊNCIAS SOCIAIS E BIOLÓGICAS

67. **CRESCIMENTO DE UMA ÁRVORE** Uma árvore foi transplantada e, x anos depois, está crescendo à razão de $1 + 1/(x + 1)^2$ metros por ano. Após dois anos, atingiu uma altura de 5 metros. Qual era a altura da árvore quando foi transplantada?

68. **POLUIÇÃO DA ÁGUA** Um vazamento de petróleo no oceano produziu uma mancha de forma aproximadamente circular de raio $R(t)$ metros, em que t é o tempo em minutos após o início do vazamento. O raio está aumentando a uma taxa
$$R'(t) = \frac{6}{0{,}07t + 5} \quad \text{m/min}$$

a. Escreva uma expressão para o raio $R(t)$, supondo que $R = 0$ para $t = 0$.
b. Qual é a área $A = \pi R^2$ da mancha após 1 hora?

69. **CONCENTRAÇÃO DE UM MEDICAMENTO** A concentração $C(t)$ em miligramas por centímetro cúbico (mg/cm³) de um medicamento no sangue de um paciente é 0,5 mg/cm³ imediatamente após uma injeção; t minutos depois, está diminuindo a uma taxa
$$C'(t) = \frac{-0{,}01 e^{0{,}01t}}{(e^{0{,}01t} + 1)^2} \quad \text{mg/cm}^3 \text{ por minuto}$$

Uma nova injeção é administrada quando a concentração cai abaixo de 0,05 mg/cm³.

a. Escreva uma expressão para $C(t)$.
b. Qual é a concentração após 1 hora? E após 3 horas?

c. Use uma calculadora gráfica com **TRACE** e **ZOOM** para determinar o tempo transcorrido até que se torne necessário administrar uma nova injeção.

70. **PRODUÇÃO AGRÍCOLA** De acordo com o **modelo de Mitscherlich** da produção agrícola, o tamanho $Q(t)$ de uma colheita varia a uma taxa proporcional à diferença entre o tamanho máximo possível B e Q, ou seja,
$$\frac{dQ}{dt} = k(B - Q)$$

a. Resolva essa equação diferencial separável para obter a função $Q(t)$. Expresse a resposta em termos de k e do tamanho inicial da colheita, $Q_0 = Q(0)$.
b. O tamanho máximo de certa colheita é 200 sacas por hectare. No início da temporada ($t = 0$), o tamanho da colheita é 50 sacas por hectare; um mês depois, é 60 sacas por hectare. Qual é o tamanho da colheita três meses depois do início da temporada ($t = 3$)?
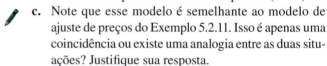
c. Note que esse modelo é semelhante ao modelo de ajuste de preços do Exemplo 5.2.11. Isso é apenas uma coincidência ou existe uma analogia entre as duas situações? Justifique sua resposta.

71. **POLUIÇÃO DO AR** Em certo subúrbio de Los Angeles, a concentração de ozônio no ar, $L(t)$, é 0,25 parte por milhão (ppm) às 7 horas. De acordo com o serviço de meteorologia, a concentração de ozônio t horas mais tarde estará variando à taxa de
$$L'(t) = \frac{0{,}24 - 0{,}03t}{\sqrt{36 + 16t - t^2}}$$

partes por milhão por hora (ppm/h).

a. Expresse a concentração de ozônio $L(t)$ em função de t. Em que instante a concentração de ozônio é máxima? Qual é a concentração máxima de ozônio?

b. Plote $L(t)$ em uma calculadora gráfica. Use **TRACE** e **ZOOM** para responder às perguntas do item (a). Determine em que instante a concentração de ozônio é a mesma que às 11 horas.

PROBLEMAS VARIADOS

Nos Problemas 72 a 75, a velocidade $v(t) = x'(t)$ no instante t de um corpo que está se movendo ao longo do eixo x é dada, juntamente com a posição inicial $x(0)$ do corpo. Em cada caso, determine:

(a) *A posição do corpo $x(t)$ no instante t.*
(b) *A posição do corpo no instante $t = 4$.*
(c) *O instante em que o corpo passa pelo ponto $x = 3$.*

72. $x'(t) = \dfrac{-1}{1 + 0{,}5t}$; $x(0) = 5$

73. $x'(t) = -2(3t + 1)^{1/2}$; $x(0) = 4$

74. $x'(t) = \dfrac{-2t}{(1 + t^2)^{3/2}}$; $x(0) = 4$

75. $x'(t) = \dfrac{1}{\sqrt{2t + 1}}$; $x(0) = 0$

76. Determine $\int x^3(4 - x^2)^{-1/2}\, dx$. [*Sugestão*: Faça $u = 4 - x^2$.]

77. Determine $\int \dfrac{e^{2x}}{1 + e^x}\, dx$. [*Sugestão*: Faça $u = 1 + e^x$.]

78. Determine $\int e^{-x}(1 + e^x)^2\, dx$. [*Sugestão*: É melhor fazer $u = 1 + e^x$ ou $u = e^x$? Ou é melhor não usar o método de substituição?]

79. Determine $\int x^{1/3}(x^{2/3} + 1)^{3/2}\, dx$. [*Sugestão*: Faça $u = x^{2/3} + 1$.]

80. Determine $\int \dfrac{1}{1 + e^{-x}}\, dx$. [*Sugestão*: Escreva e^{-x} como $\dfrac{1}{e^x}$, e simplifique a fração antes de fazer uma substituição apropriada.]

81. Determine $\int \dfrac{dx}{1 + e^x}$. [*Sugestão*: Escreva e^x como $\dfrac{1}{e^{-x}}$ e simplifique a fração antes de fazer uma substituição apropriada.]

SEÇÃO 5.3 A Integral Definida e o Teorema Fundamental do Cálculo

Objetivos do Aprendizado

1. Saber que a área sob uma curva pode ser expressa como o limite de uma soma.
2. Conhecer a definição de integral definida e examinar algumas de suas propriedades.
3. Conhecer o teorema fundamental do cálculo e usá-lo para calcular integrais definidas.
4. Usar o teorema fundamental do cálculo para resolver problemas práticos.
5. Conhecer uma interpretação geométrica do teorema fundamental do cálculo.

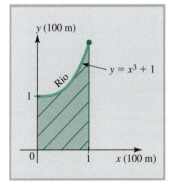

FIGURA 5.4 Determinação do valor de um terreno pelo cálculo da área sob uma curva.

Um corretor de imóveis está interessado em avaliar um terreno com 100 metros de largura, limitado por ruas em três lados e por um rio no quarto lado. O corretor verifica que, em um sistema de coordenadas como da Figura 5.4, o rio é descrito pela curva $y = x^3 + 1$, em que x e y são medidos em centenas de metros. O corretor estima que o preço do metro quadrado de terra na região é R\$ 12,00; assim, se o terreno tiver A metros quadrados de área, poderá ser vendido por $12A$ reais. Se o terreno fosse retangular, triangular ou mesmo trapezoidal, seria possível calcular a área A usando uma fórmula da geometria, mas o limite superior do terreno é curvo. O que o corretor deve fazer para calcular a área do terreno e assim saber quanto vale?

Nosso objetivo nesta seção é mostrar que a área sob uma curva, como a área A nesse exemplo, pode ser expressa como o limite de uma soma que recebe o nome de **integral definida**. Em seguida, vamos apresentar um resultado, conhecido como **teorema fundamental do cálculo**, que permite calcular integrais *definidas*, como áreas e outras grandezas, a partir de integrais *indefinidas* (antiderivadas) como as que foram discutidas nas Seções 5.1 e 5.2. No Exemplo 5.3.3, vamos ilustrar esse método expressando a área A do exemplo como uma integral definida e calculando o valor da integral com o auxílio do teorema fundamental do cálculo.

A Área como Limite de uma Soma

Considere a área da região sob a curva $y = f(x)$ em um intervalo $a \leq x \leq b$, em que $f(x) \geq 0$ e f é contínua, como mostra a Figura 5.5a. Para determinar a área, usamos o seguinte princípio geral:

Quando estiver diante de um problema desconhecido, procure relacioná-lo com um problema conhecido.

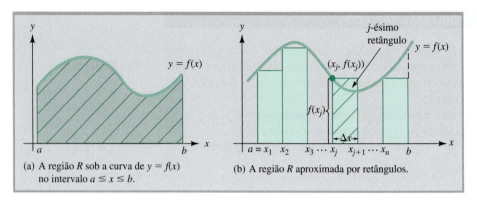

FIGURA 5.5 Aproximação da área sob uma curva por retângulos.

Nesse caso em particular, podemos não saber calcular a área sob a curva dada, mas sabemos calcular a área de um retângulo. Assim, dividimos a região em uma série de regiões retangulares e calculamos o valor aproximado da área A sob a curva $y = f(x)$ somando as áreas dessas regiões retangulares.

Para começar, dividimos o intervalo $a \leq x \leq b$ em n subintervalos iguais de largura $\Delta x = (b - a)/n$ e chamamos de x_j a extremidade esquerda do intervalo de ordem j, para $j = 1, 2, \ldots, n$. Em seguida, traçamos n retângulos tais que o retângulo de ordem j tenha uma largura igual a Δx e uma altura igual a $f(x_j)$. O processo está ilustrado na Figura 5.5b.

A área do retângulo de ordem j, $f(x_j)\Delta x$, é aproximadamente igual à área sob a curva no intervalo $x_j \leq x \leq x_{j+1}$. A soma das áreas dos n retângulos é

$$S_n = f(x_1)\Delta x + f(x_2)\Delta x + \cdots + f(x_n)\Delta x$$
$$= [f(x_1) + f(x_2) + \cdots + f(x_n)]\Delta x$$

que é aproximadamente igual à área total A sob a curva.

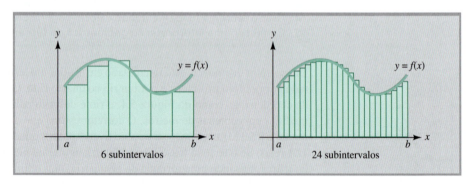

FIGURA 5.6 Quanto maior o número de intervalos, melhor a aproximação.

Como mostra a Figura 5.6, quanto maior o número n de subintervalos, mais a soma aproximada S_n se aproxima do que consideramos intuitivamente como a área sob a curva dada. É razoável, portanto, definir a área real sob a curva, A, como o limite da soma aproximada quando o número de subintervalos tende a infinito. Resumindo:

> **Área sob uma Curva** ■ Seja $f(x)$ uma função contínua tal que $f(x) \geq 0$ no intervalo $a \leq x \leq b$. A área sob a curva $y = f(x)$ no intervalo $a \leq x \leq b$ é dada por
>
> $$A = \lim_{n \to +\infty} [f(x_1) + f(x_2) + \cdots + f(x_n)]\Delta x$$
>
> em que x_j é a extremidade esquerda do subintervalo de ordem j se o intervalo $a \leq x \leq b$ for dividido em n partes iguais de comprimento $\Delta x = (b - a)/n$.

> **NOTA** A esta altura, talvez o leitor esteja se perguntando: "Por que usar a extremidade esquerda de cada intervalo em vez da extremidade direita ou do ponto central?" A resposta é que esses pontos poderiam perfeitamente ter sido usados nos cálculos. Na verdade, mesmo que a posição do ponto no interior de cada subintervalo fosse escolhida arbitrariamente, o resultado final seria o mesmo. Entretanto, provar a equivalência está além do escopo deste livro. ■

No exemplo a seguir, a área sob uma curva é calculada de duas formas: como o limite de uma soma e usando uma expressão da geometria.

EXEMPLO 5.3.1 Cálculo de uma Área Usando o Limite de uma Soma

Seja R a região sob a curva da função $f(x) = 2x + 1$ no intervalo $1 \leq x \leq 3$, como mostra a Figura 5.7a. Calcule a área da região R como o limite de uma soma.

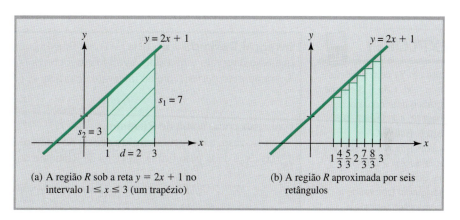

(a) A região R sob a reta $y = 2x + 1$ no intervalo $1 \leq x \leq 3$ (um trapézio)

(b) A região R aproximada por seis retângulos

FIGURA 5.7 Aproximação da área sob uma reta por retângulos.

Solução

Na Figura 5.7b, a região R foi substituída por seis retângulos de largura $\Delta x = (3 - 1)/6 = 1/3$. As extremidades esquerdas dos seis subintervalos são $x_1 = 1$, $x_2 = 1 + 1/3 = 4/3$, $x_3 = 5/3$, $x_4 = 6/3 = 2$, $x_5 = 7/3$ e $x_6 = 8/3$. Os valores correspondentes de $f(x) = 2x + 1$ aparecem na tabela a seguir.

x_j	1	$\frac{4}{3}$	$\frac{5}{3}$	2	$\frac{7}{3}$	$\frac{8}{3}$
$f(x_j) = 2x_j + 1$	3	$\frac{11}{3}$	$\frac{13}{3}$	5	$\frac{17}{3}$	$\frac{19}{3}$

Assim, a área A da região R é dada aproximadamente por

$$S = \left(3 + \frac{11}{3} + \frac{13}{3} + 5 + \frac{17}{3} + \frac{19}{3}\right)\left(\frac{1}{3}\right) = \frac{28}{3} \approx 9{,}333$$

Se continuarmos a subdividir a região R usando um número cada vez maior de retângulos, as somas correspondentes, S_n, se aproximam cada vez mais da área exata A da região. A soma já calculada para $n = 6$ aparece na tabela a seguir, juntamente com as somas para $n = 10, 20, 50, 100$ e 500. (Se o leitor tem acesso a um computador ou a uma calculadora programável, pode escrever um programa para gerar a soma para qualquer valor de n.)

Número de retângulos n	6	10	20	50	100	500
Soma aproximada S_n	9,333	9,600	9,800	9,920	9,960	9,992

Os números da segunda linha da tabela parecem se aproximar de 10 para grandes valores de n; assim, é razoável supor que a área exata da região R é dada por

$$A = \lim_{n \to +\infty} S_n = 10$$

> **LEMBRETE**
>
> O trapézio é um polígono de quatro lados com dois lados paralelos. A área é dada por
>
> $$A = \frac{1}{2}(s_1 + s_2)h$$
>
> em que s_1 e s_2 são os comprimentos dos lados paralelos e h é a distância entre eles.

Observe na Figura 5.7a que a região R é um trapézio de largura $d = 3 - 1 = 2$ e lados paralelos cujos comprimentos são

$$s_1 = 2(3) + 1 = 7 \quad \text{e} \quad s_2 = 2(1) + 1 = 3$$

A área do trapézio é

$$A = \frac{1}{2}(s_1 + s_2)d = \frac{1}{2}(7 + 3)(2) = 10$$

o mesmo resultado obtido como limite da soma de retângulos.

A Integral Definida

A área é apenas uma das muitas grandezas que podem ser expressas como o limite de uma soma. Para lidar com todos os casos, incluindo aqueles nos quais a condição $f(x) \geq 0$ *não é* satisfeita, usamos a terminologia e a notação apresentadas a seguir.

7 EXPLORE!

Entre em Y1 com a função $f(x) = -x^2 + 4x - 3$ e plote o gráfico usando uma janela [0, 4.7]1 por [−0.5, 1.5]0.5. Estime visualmente a área sob a curva de $x = 2$ a $x = 3$, usando triângulos ou retângulos. Determine a mesma área usando a rotina de integração numérica da calculadora (tecla **CALC**, opção 7). Qual foi a diferença entre os dois resultados? Por que os resultados foram diferentes?

Integral Definida ■ Seja $f(x)$ uma função contínua no intervalo $a \leq x \leq b$. Suponha que esse intervalo tenha sido dividido em n partes iguais de largura $\Delta x = (b - a)/n$, e seja x_k um número pertencente ao intervalo de ordem k, para $k = 1, 2, \ldots, n$. Forme a soma

$$[f(x_1) + f(x_2) + \ldots + f(x_n)]\Delta x$$

conhecida como **soma de Riemann**.

Nesse caso, a **integral definida** de $f(x)$ no intervalo $a \leq x \leq b$, representada pelo símbolo $\int_a^b f(x)\,dx$, é dada pelo limite da soma de Riemann para $n \to +\infty$, ou seja,

$$\int_a^b f(x)\,dx = \lim_{n \to +\infty} [f(x_1) + f(x_2) + \cdots + f(x_n)]\Delta x$$

A função $f(x)$ recebe o nome de **integrando** e os números a e b são chamados de **limite inferior de integração** e **limite superior de integração**, respectivamente. O processo de calcular uma integral definida é chamado de **integração definida**.

Surpreendentemente, o fato de que $f(x)$ é contínua no intervalo $a \leq x \leq b$ é suficiente para garantir que o limite usado para definir a integral $\int_a^b f(x)\,dx$ existe e é o mesmo, qualquer que seja a forma de escolher os subintervalos x_k.

O símbolo $\int_a^b f(x)\,dx$ usado para representar a integral definida é igual ao símbolo $\int f(x)\,dx$ usado para representar a integral indefinida, embora a integral definida seja um número, enquanto a integral indefinida é uma família de funções, as antiderivadas de f. Logo veremos que esses dois conceitos, aparentemente muito diversos, estão intimamente relacionados. Segue uma definição compacta da área sob uma curva usando a notação de integral.

A Área como uma Integral Definida ■ Se $f(x)$ é uma função contínua e $f(x) \geq 0$ no intervalo $a \leq x \leq b$, a área A da região R sob a curva $y = f(x)$ no intervalo $a \leq x \leq b$ é dada pela integral definida $A = \int_a^b f(x)\,dx$.

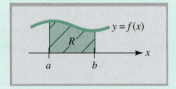

O Teorema Fundamental do Cálculo

Se calcular o limite de uma soma fosse a única forma de obter o valor de uma integral definida, o processo de integração provavelmente não passaria de uma curiosidade matemática. Felizmente, existe um meio mais simples de executar o cálculo, graças a um importante teorema que relaciona a integral definida com a antiderivação.

Teorema Fundamental do Cálculo ■ Se a função $f(x)$ é contínua no intervalo $a \leq x \leq b$,

$$\int_a^b f(x)\, dx = F(b) - F(a)$$

em que $F(x)$ é a antiderivada de $f(x)$ no intervalo $a \leq x \leq b$.

O teorema fundamental será demonstrado, para um caso particular, no final desta seção. Nas aplicações do teorema fundamental, usaremos a notação

$$F(x)\Big|_a^b = F(b) - F(a)$$

Assim,

$$\int_a^b f(x)\, dx = F(x)\Big|_a^b = F(b) - F(a)$$

NOTA O leitor pode estar se perguntando como o teorema fundamental do cálculo pode garantir que, se $F(x)$ é *qualquer* antiderivada de $f(x)$, então

$$\int_a^b f(x)\, dx = F(b) - F(a)$$

Para verificar que isso é verdade, suponha que $G(x)$ é outra antiderivada da mesma função. Nesse caso, $G(x) = F(x) + C$, em que C é uma constante, e

$$\int_a^b f(x)\, dx = F(b) - F(a)$$
$$= [G(b) - C] - [G(a) - C]$$
$$= G(b) - G(a)$$

já que as constantes se cancelam. Assim, o valor é o mesmo, qualquer que seja a antiderivada escolhida. ■

No Exemplo 5.3.2, usamos o teorema fundamental do cálculo para calcular a mesma área que foi estimada como o limite de uma soma no Exemplo 5.3.1.

EXEMPLO 5.3.2 Determinação de uma Área Usando o Teorema Fundamental do Cálculo

Use o teorema fundamental do cálculo para determinar a área da região sob a reta $y = 2x + 1$ no intervalo $1 \leq x \leq 3$.

Solução

Como $f(x) = 2x + 1$ satisfaz a condição $f(x) \geq 0$ no intervalo $1 \leq x \leq 3$, a área é dada pela integral definida $A = \int_1^3 (2x + 1)\, dx$. Como uma das antiderivadas de $f(x) = 2x + 1$ é $F(x) = x^2 + x$, o teorema fundamental do cálculo nos diz que

$$A = \int_1^3 (2x + 1)\, dx = x^2 + x \Big|_1^3$$
$$= [(3)^2 + (3)] - [(1)^2 + (1)] = 10$$

o mesmo resultado que obtivemos no Exemplo 5.3.1.

8 EXPLORE!

Leia o Exemplo 5.3.3. Use a rotina de integração numérica da calculadora para confirmar que
$$\int_0^1 (x^3 + 1)\,dx = 1{,}25$$

O Exemplo 5.3.3 mostra que a integração definida pode ser usada para determinar a área do terreno mencionado no início desta seção.

EXEMPLO 5.3.3 Uso da Integração para Determinar a Área de um Terreno

Um corretor de imóveis está interessado em avaliar um terreno com 100 metros de largura, limitado por ruas em três lados e por um rio no quarto lado. O corretor verifica que, em um sistema de coordenadas no qual as ruas são representadas pelas retas $y = 0$, $x = 0$ e $x = 1$, o rio é descrito pela curva $y = x^3 + 1$, em que x e y são medidos em centenas de metros (veja a Figura 5.4). Se o corretor estima que o preço do metro quadrado de terra na região é R$ 12,00, quanto vale o terreno?

Solução

A área do terreno é dada pela integral definida
$$A = \int_0^1 (x^3 + 1)\,dx$$

Como uma das antiderivadas de $f(x) = x^3 + 1$ é $F(x) = x^4/4 + x$, o teorema fundamental do cálculo nos diz que

$$A = \int_0^1 (x^3 + 1)\,dx = \frac{1}{4}x^4 + x \Big|_0^1$$
$$= \left[\frac{1}{4}(1)^4 + 1\right] - \left[\frac{1}{4}(0)^4 + 0\right] = \frac{5}{4}$$

Como x e y estão em centenas de metros, a área total é

$$\frac{5}{4} \times 100 \times 100 = 12.500 \text{ m}^2$$

e, como preço da terra é R$ 12,00 o metro quadrado, o valor do terreno é

$$V = (\text{R\$ } 12{,}00/\text{m}^2)(12.500 \text{ m}^2) = \text{R\$ } 150.000{,}00$$

Nossa definição de integral definida foi motivada pelo interesse em calcular uma área, que é sempre uma grandeza positiva, mas a definição de integral não exige que a função $f(x)$ seja positiva em todo o intervalo de integração. Nos Exemplos 5.3.4 e 5.3.5, duas integrais definidas são determinadas usando o teorema fundamental do cálculo. Note que o valor da integral do Exemplo 5.3.5 é negativo, o que não seria possível se a integral representasse a área sob uma curva.

LEMBRETE

Quando o teorema fundamental do cálculo
$$\int_a^b f(x)\,dx = F(b) - F(a)$$
é usado para calcular uma integral definida, não se esqueça de calcular **tanto** $F(b)$ **como** $F(a)$, mesmo que $a = 0$.

EXEMPLO 5.3.4 Cálculo de uma Integral Definida

Calcule a integral definida $\int_0^1 (e^{-x} + \sqrt{x})\,dx$.

Solução

Como uma das antiderivadas de $f(x) = e^{-x} + \sqrt{x}$ é $F(x) = -e^{-x} + \frac{2}{3}x^{3/2}$, a integral definida é

$$\int_0^1 (e^{-x} + \sqrt{x})\,dx = \left(-e^{-x} + \frac{2}{3}x^{3/2}\right)\Big|_0^1$$
$$= \left[-e^{-1} + \frac{2}{3}(1)^{3/2}\right] - \left[-e^0 + \frac{2}{3}(0)\right]$$
$$= \frac{5}{3} - \frac{1}{e} \approx 1{,}299$$

EXEMPLO 5.3.5 Cálculo de uma Integral Definida

Determine $\int_{1}^{4}\left(\frac{1}{x} - x^2\right) dx$.

Solução

Como uma das antiderivadas de $f(x) = 1/x = x^2$ é $F(x) = \ln|x| - x^3/3$, temos

$$\int_{1}^{4}\left(\frac{1}{x} - x^2\right) dx = \left(\ln|x| - \frac{1}{3}x^3\right)\Big|_{1}^{4}$$

$$= \left[\ln 4 - \frac{1}{3}(4)^3\right] - \left[\ln 1 - \frac{1}{3}(1)^3\right]$$

$$= \ln 4 - 21 \approx -19{,}6137$$

Regras de Integração

As regras a seguir podem ser usadas para facilitar o cálculo de integrais definidas.

Regras para Integrais Definidas

Sejam f e g funções contínuas no intervalo $a \leq x \leq b$. Nesse caso,

1. **Regra da multiplicação por uma constante:** $\int_{a}^{b} kf(x)\, dx = k\int_{a}^{b} f(x)\, dx$ em que k é uma constante

2. **Regra da soma:** $\int_{a}^{b} [f(x) + g(x)]\, dx = \int_{a}^{b} f(x)\, dx + \int_{a}^{b} g(x)\, dx$

3. **Regra da diferença:** $\int_{a}^{b} [f(x) - g(x)]\, dx = \int_{a}^{b} f(x)\, dx - \int_{a}^{b} g(x)\, dx$

4. $\int_{a}^{a} f(x)\, dx = 0$

5. $\int_{b}^{a} f(x)\, dx = -\int_{a}^{b} f(x)\, dx$

6. **Regra da subdivisão:** $\int_{a}^{b} f(x)\, dx = \int_{a}^{c} f(x)\, dx + \int_{c}^{b} f(x)\, dx$

As Regras 4 e 5 são, na verdade, casos especiais da definição de integral definida. As primeiras três regras podem ser demonstradas usando o teorema fundamental do cálculo e uma regra análoga para integrais indefinidas. Para demonstrar a regra da multiplicação por uma constante, por exemplo, suponha que $F(x)$ é uma das antiderivadas de $f(x)$. Nesse caso, de acordo com a regra da multiplicação por uma constante para integrais indefinidas, $kF(x)$ é uma das antiderivadas de $kf(x)$ e o teorema fundamental do cálculo nos diz que

$$\int_{a}^{b} kf(x)\, dx = kF(x)\Big|_{a}^{b}$$

$$= kF(b) - kF(a) = k[F(b) - F(a)]$$

$$= k\int_{a}^{b} f(x)\, dx$$

A demonstração da regra da soma usando um raciocínio semelhante fica por conta do leitor (Problema 82).

No caso em que $f(x) \geq 0$ no intervalo no intervalo $a \leq x \leq b$, a regra da subdivisão pode ser interpretada geometricamente como o fato de que a área sob a curva $y = f(x)$ no intervalo $a \leq x \leq b$ é a soma das áreas sob a curva $y = f(x)$ nos subintervalos $a \leq x \leq c$ e $c \leq x \leq b$, como mostra a Figura 5.8. Entretanto, é importante lembrar que a regra da subdivisão é válida, mesmo que $f(x)$ *não satisfaça* a desigualdade $f(x) \geq 0$ em todo o intervalo $a \leq x \leq b$.

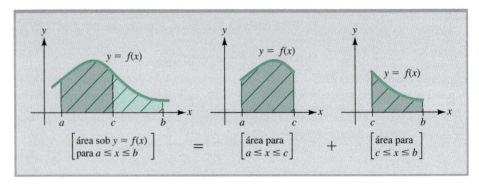

FIGURA 5.8 Regra da subdivisão para integrais definidas [caso em que $f(x) \geq 0$].

EXEMPLO 5.3.6 Uso das Regras para Integrais Definidas

Sejam $f(x)$ e $g(x)$ funções contínuas no intervalo $-2 \leq x \leq 5$ que satisfazem as equações

$$\int_{-2}^{5} f(x)\, dx = 3 \qquad \int_{-2}^{5} g(x)\, dx = -4 \qquad \int_{3}^{5} f(x)\, dx = 7$$

Use essas informações para calcular as seguintes integrais definidas:

a. $\displaystyle\int_{-2}^{5} [2f(x) - 3g(x)]\, dx$
b. $\displaystyle\int_{-2}^{3} f(x)\, dx$

Solução

a. Aplicando a regra da diferença e a regra da multiplicação por uma constante, obtemos:

$$\int_{-2}^{5} [2f(x) - 3g(x)]\, dx = \int_{-2}^{5} 2f(x)\, dx - \int_{-2}^{5} 3g(x)\, dx \quad \text{regra da diferença}$$

$$= 2 \int_{-2}^{5} f(x)\, dx - 3 \int_{-2}^{5} g(x)\, dx \quad \text{regra da multiplicação por uma constante}$$

$$= 2(3) - 3(-4) = 18 \quad \text{substituindo por valores numéricos}$$

b. De acordo com a regra da subdivisão,

$$\int_{-2}^{5} f(x)\, dx = \int_{-2}^{3} f(x)\, dx + \int_{3}^{5} f(x)\, dx$$

Explicitando a integral pedida, temos:

$$\int_{-2}^{3} f(x)\, dx = \int_{-2}^{5} f(x)\, dx - \int_{3}^{5} f(x)\, dx$$

$$= 3 - 7 = -4$$

Uso da Substituição em Integrais Definidas

Quando usamos uma substituição $u = g(x)$ para calcular uma integral definida da forma $\int_a^b f(x)\, dx$, podemos proceder de duas formas diferentes:

1. Usar a substituição para obter uma antiderivada $F(x)$ de $f(x)$ e, em seguida, calcular a integral definida usando o teorema fundamental do cálculo.
2. Usar a substituição para expressar o integrando e dx em termos de u e du e substituir os limites originais de integração, a e b, por limites transformados $c = g(a)$ e $d = g(b)$. A integral original pode ser calculada aplicando o teorema fundamental do cálculo à integral definida transformada.

Esses procedimentos estão ilustrados nos Exemplos 5.3.7 e 5.3.8.

INTEGRAÇÃO   357

> **LEMBRETE**
>
> Apenas um membro da família de antiderivadas de $f(x)$ é necessário para calcular $\int_a^b f(x)\,dx$, usando o teorema fundamental do cálculo. Assim, "$+\,C$" pode ser deixado de fora dos cálculos intermediários.

EXEMPLO 5.3.7 Integração Definida Usando Substituição

Determine $\int_0^1 8x(x^2+1)^3\,dx$.

Solução

O integrando é um produto no qual um dos fatores, $8x$, é um múltiplo da derivada de uma expressão, x^2+1, que aparece no outro fator. Isso sugere que seja usada a substituição $u = x^2+1$. Nesse caso, $du = 2x\,dx$ e

$$\int 8x(x^2+1)^3\,dx = \int 4u^3\,du = u^4$$

Os limites de integração, 0 e 1, se aplicam à variável x e não a u. Para continuar a resolver o problema, podemos proceder de duas formas: escrever a antiderivada em termos de x ou determinar os valores de u que correspondem a $x=0$ e $x=1$.

Se escolhermos a primeira alternativa, escrevemos

$$\int 8x(x^2+1)^3\,dx = u^4 = (x^2+1)^4$$

o que nos dá

$$\int_0^1 8x(x^2+1)^3\,dx = (x^2+1)^4 \Big|_0^1 = 16 - 1 = 15$$

Se escolhermos a segunda alternativa, usamos o fato de que $u = x^2+1$ para concluir que $u=1$ para $x=0$ e $u=2$ para $x=1$. Assim,

$$\int_0^1 8x(x^2+1)^3\,dx = \int_1^2 4u^3\,du = u^4 \Big|_1^2 = 16 - 1 = 15$$

> **9 EXPLORE!**
>
> Leia o Exemplo 5.3.8. Use uma janela [0, 3]1 por [−4, 1]1 para plotar a curva de $f(x) = \dfrac{\ln x}{x}$. Explique, em termos de área, por que a integral de $f(x)$ no intervalo $\dfrac{1}{4} \le x \le 2$ é negativa.

EXEMPLO 5.3.8 Integração Definida Usando Substituição

Determine $\int_{1/4}^{2} \left(\dfrac{\ln x}{x}\right) dx$.

Solução

Fazendo $u = \ln x$, $du = dx/x$, temos:

$$\int \dfrac{\ln x}{x}\,dx = \int \ln x \left(\dfrac{1}{x}\,dx\right) = \int u\,du$$

$$= \dfrac{1}{2}u^2 = \dfrac{1}{2}(\ln x)^2$$

o que nos dá

$$\int_{1/4}^{2} \dfrac{\ln x}{x}\,dx = \left[\dfrac{1}{2}(\ln x)^2\right]\Big|_{1/4}^{2} = \dfrac{1}{2}(\ln 2)^2 - \dfrac{1}{2}\left(\ln \dfrac{1}{4}\right)^2$$

$$= -0{,}721$$

Outra possibilidade é usar a substituição $u = \ln x$ para transformar os limites de integração:

para $x = 1/4$, $u = \ln(1/4)$
para $x = 2$, $u = \ln 2$

Substituindo os limites de integração, obtemos:

$$\int_{1/4}^{2} \frac{\ln x}{x}\,dx = \int_{\ln 1/4}^{\ln 2} u\,du = \frac{1}{2}u^2 \Big|_{\ln 1/4}^{\ln 2}$$

$$= \frac{1}{2}(\ln 2)^2 - \frac{1}{2}\left(\ln \frac{1}{4}\right)^2 \approx -0{,}721$$

Variação Total

Em certas aplicações práticas, conhecemos a taxa de variação $Q'(x)$ de uma grandeza $Q(x)$ e estamos interessados em calcular a **variação total** $Q(b) - Q(a)$ de $Q(x)$ quando x varia de $x = a$ até $x = b$. Fizemos isso na Seção 5.1 resolvendo problemas de valor inicial (Exemplos 5.1.5 a 5.1.7). Entretanto, como $Q(x)$ é uma antiderivada de $Q'(x)$, o teorema fundamental do cálculo permite calcular a variação total usando a seguinte fórmula de integração definida:

> **Variação Total** ■ Se $Q'(x)$ é contínua no intervalo $a \leq x \leq b$, a **variação total** de $Q(x)$ quando x varia de $x = a$ até $x = b$ é dada por
>
> $$Q(b) - Q(a) = \int_{a}^{b} Q'(x)\,dx$$

EXEMPLO 5.3.9 Cálculo da Variação Total do Custo

Em certa fábrica, o custo marginal é $3(q-4)^2$ reais por unidade quando o nível de produção é q unidades. Qual é o aumento do custo de fabricação quando o nível de produção aumenta de 6 para 10 unidades?

Solução

Seja $C(q)$ o custo para produzir q unidades. Nesse caso, o custo marginal é a derivada $dC/dq = 3(q-4)^2$, e o aumento do custo se a produção aumenta de 6 para 10 unidades é dado pela integral definida

$$\begin{aligned} C(10) - C(6) &= \int_{6}^{10} \frac{dC}{dq}\,dq \\ &= \int_{6}^{10} 3(q-4)^2\,dq \qquad u = q - 4,\, du = dq \\ &= (q-4)^3 \Big|_{6}^{10} = (10-4)^3 - (6-4)^3 \\ &= R\$\ 208{,}00 \end{aligned}$$

EXEMPLO 5.3.10 Cálculo da Variação Total da Massa de Proteína

Uma amostra de proteína de massa m (em gramas) se decompõe em aminoácidos a uma taxa dada por

$$\frac{dm}{dt} = \frac{-30}{(t+3)^2} \quad \text{g/h}$$

Qual é a variação da massa da amostra de proteína durante as primeiras 2 horas?

Solução

A variação de massa é dada pela integral definida

$$m(2) - m(0) = \int_{0}^{2} \frac{dm}{dt}\,dt = \int_{0}^{2} \frac{-30}{(t+3)^2}\,dt$$

Fazendo a substituição $u = t + 3$, $du = dt$ e substituindo os limites de integração ($t = 0$ se torna $u = 3$, e $t = 2$ se torna $u = 5$), obtemos:

$$m(2) - m(0) = \int_0^2 \frac{-30}{(t+3)^2} dt = \int_3^5 -30u^{-2} du$$

$$= -30\left(\frac{u^{-1}}{-1}\right)\bigg|_3^5 = 30\left[\frac{1}{5} - \frac{1}{3}\right]$$

$$= -4$$

Assim, a massa de proteína diminui de 4 gramas nas primeiras duas horas.

Demonstração do Teorema Fundamental do Cálculo para um Caso Particular

Vamos encerrar esta seção com uma demonstração do teorema fundamental do cálculo para o caso em que $f(x) \geq 0$. Nesse caso, a integral definida $\int_a^b f(x) \, dx$ representa a área sob a curva $y = f(x)$ no intervalo $[a, b]$. Para um valor de x qualquer entre a e b, seja $A(x)$ a área sob a curva $f(x)$ no intervalo $[a, x]$. O quociente diferença de $A(x)$ é

$$\frac{A(x+h) - A(x)}{h}$$

em que, por definição, a expressão $A(x + h) - A(x)$ no numerador é a área sob a curva $y = f(x)$ entre x e $x + h$. Para pequenos valores de h, essa área é aproximadamente igual à área de um retângulo de altura $f(x)$ e largura h, como mostra a Figura 5.9. Assim,

$$A(x+h) - A(x) \approx f(x)h$$

ou

$$\frac{A(x+h) - A(x)}{h} \approx f(x)$$

Quando h tende a 0, o erro de aproximação tende a 0; assim,

$$\lim_{h \to 0} \frac{A(x+h) - A(x)}{h} = f(x)$$

De acordo com a definição de derivada,

$$\lim_{h \to 0} \frac{A(x+h) - A(x)}{h} = A'(x)$$

e, portanto,

$$A'(x) = f(x)$$

Em outras palavras, $A(x)$ é uma antiderivada de $f(x)$.

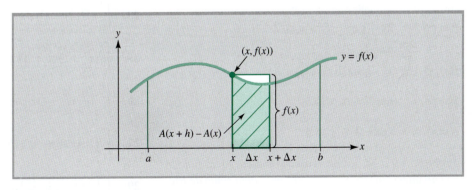

FIGURA 5.9 A área $A(x + h) - A(h)$.

Suponha que $F(x)$ seja outra antiderivada de $f(x)$. Nesse caso, de acordo com a propriedade fundamental das antiderivadas (Seção 5.1), temos:

$$A(x) = F(x) + C$$

em que C é uma constante e x pode ter qualquer valor no intervalo $a \leq x \leq b$. Como $A(x)$ é a área sob a curva $y = f(x)$ entre a e x, $A(a)$, a área entre a e a, é 0 e, portanto,

$$A(a) = 0 = F(a) + C$$

e $C = -F(a)$. A área sob a curva $y = f(x)$ entre $x = a$ e $x = b$ é $A(b)$, que satisfaz a relação

$$A(b) = F(b) + C = F(b) - F(a)$$

Finalmente, como a área sob a curva $y = f(x)$ na região $a \leq x \leq b$ também é dada pela integral definida $\int_a^b f(x)\,dx$, temos:

$$\int_a^b f(x)\,dx = A(b) = F(b) - F(a)$$

como estabelece o teorema fundamental do cálculo.

PROBLEMAS ▪ 5.3

Nos Problemas 1 e 2, a tabela fornece as coordenadas $(x, f(x))$ de alguns pontos do gráfico de uma função $f(x)$ no intervalo $a \leq x \leq b$. Em cada caso, estime o valor da integral definida por uma soma de Riemann, usando a extremidade esquerda de cada subintervalo.

1. $\int_0^2 f(x)\,dx$

x	0	0,4	0,8	1,2	1,6	2,0
$f(x)$	1,1	1,7	2,3	2 5	2,4	2,1

2. $\int_1^2 f(x)\,dx$

x	1	1,2	1,4	1,6	1,8	2,0
$f(x)$	1,1	1,4	0,8	−0,3	−1,4	−1,1

Nos Problemas 3 a 8, estime o valor da integral definida $\int_a^b f(x)\,dx$ por uma soma de Riemann da função $f(x)$ no intervalo $a \leq x \leq b$ para 8 subintervalos, usando a extremidade esquerda de cada subintervalo.

3. $f(x) = 4 - x$ para $0 \leq x \leq 4$

4. $f(x) = 3 - 2x$ para $-1 \leq x \leq 2$

5. $f(x) = x^2$ para $1 \leq x \leq 2$

6. $f(x) = 1 - x^2$ para $1 \leq x \leq 4$

7. $f(x) = \dfrac{1}{x}$ para $1 \leq x \leq 2$

8. $f(x) = \sqrt{x}$ para $0 \leq x \leq 4$

Nos Problemas 9 a 14, estime a área sob a curva da função $y = f(x)$ no intervalo $0 \leq x \leq 4$ calculando uma soma de Riemann da função para oito subintervalos, usando a extremidade esquerda de cada subintervalo. Em seguida, calcule a área exata usando o teorema fundamental do cálculo.

9. $f(x) = x$

10. $f(x) = 4 - x$

11. $f(x) = x^2 + 1$

12. $f(x) = \dfrac{x}{x+1}$

13. $f(x) = \dfrac{1}{5-x}$

14. $f(x) = x(4-x)$

Nos Problemas 15 a 44, calcule a integral definida dada usando o teorema fundamental do cálculo.

15. $\int_{-1}^{2} 5\,dx$

16. $\int_{-2}^{1} \pi\,dx$

17. $\int_0^5 (3x + 2)\,dx$

18. $\int_1^4 (5 - 2t)\,dt$

19. $\int_{-1}^{1} 3t^4\,dt$

20. $\int_1^4 2\sqrt{u}\,du$

21. $\int_{-1}^{1} (2u^{1/3} - u^{2/3})\,du$

22. $\int_4^9 x^{-3/2}\,dx$

23. $\int_0^1 e^{-x}(4 - e^x)\,dx$

24. $\int_{-1}^{1} \left(\dfrac{1}{e^x} - \dfrac{1}{e^{-x}}\right) dx$

25. $\int_0^1 (x^4 + 3x^3 + 1)\,dx$

26. $\int_{-1}^{0} (-3x^5 - 3x^2 + 2x + 5)\,dx$

27. $\int_2^5 (2 + 2t + 3t^2)\,dt$

28. $\int_1^9 \left(\sqrt{t} - \dfrac{4}{\sqrt{t}}\right) dt$

29. $\int_1^3 \left(1 + \dfrac{1}{x} + \dfrac{1}{x^2}\right) dx$

30. $\int_0^{\ln 2} (e^t - e^{-t})\,dt$

31. $\displaystyle\int_{-3}^{-1} \frac{t+1}{t^3}\, dt$ 32. $\displaystyle\int_{1}^{6} x^2(x-1)\, dx$

33. $\displaystyle\int_{1}^{2} (2x-4)^4\, dx$ 34. $\displaystyle\int_{-3}^{0} (2x+6)^4\, dx$

35. $\displaystyle\int_{0}^{4} \frac{1}{\sqrt{6t+1}}\, dt$ 36. $\displaystyle\int_{1}^{2} \frac{x^2}{(x^3+1)^2}\, dx$

37. $\displaystyle\int_{0}^{1} (x^3+x)\sqrt{x^4+2x^2+1}\, dx$

38. $\displaystyle\int_{0}^{1} \frac{6t}{t^2+1}\, dt$ 39. $\displaystyle\int_{2}^{e+1} \frac{x}{x-1}\, dx$

40. $\displaystyle\int_{1}^{2} (t+1)(t-2)^6\, dt$ 41. $\displaystyle\int_{1}^{e^2} \frac{(\ln x)^2}{x}\, dx$

42. $\displaystyle\int_{e}^{e^2} \frac{1}{x \ln x}\, dx$ 43. $\displaystyle\int_{1/3}^{1/2} \frac{e^{1/x}}{x^2}\, dx$

44. $\displaystyle\int_{1}^{4} \frac{(\sqrt{x}-1)^{3/2}}{\sqrt{x}}\, dx$

Nos Problemas 45 a 50, f(x) e g(x) são funções contínuas no intervalo $-3 \leq x \leq 2$ *e satisfazem as equações*

$$\int_{-3}^{2} f(x)\, dx = 5 \qquad \int_{-3}^{2} g(x)\, dx = -2$$

$$\int_{-3}^{1} f(x)\, dx = 0 \qquad \int_{-3}^{1} g(x)\, dx = 4$$

Em cada caso, use essas informações e as regras das integrais definidas para calcular a integral indicada.

45. $\displaystyle\int_{-3}^{2} [-2f(x) + 5g(x)]\, dx$ 46. $\displaystyle\int_{-3}^{1} [4f(x) - 3g(x)]\, dx$

47. $\displaystyle\int_{4}^{4} g(x)\, dx$ 48. $\displaystyle\int_{2}^{-3} f(x)\, dx$

49. $\displaystyle\int_{1}^{2} [3f(x) + 2g(x)]\, dx$ 50. $\displaystyle\int_{-3}^{1} [2f(x) + 3g(x)]\, dx$

Nos Problemas 51 a 58, determine a área sob a região R da curva dada no intervalo indicado.

51. $y = x^4$ no intervalo $-1 \leq x \leq 2$

52. $y = (x+1)\sqrt{x}$ no intervalo $0 \leq x \leq 4$

53. $y = (3x+4)^{1/2}$ no intervalo $0 \leq x \leq 4$

54. $y = \dfrac{3}{\sqrt{9-2x}}$ no intervalo $-8 \leq x \leq 0$

55. $y = e^{2x}$ no intervalo $0 \leq x \leq \ln 3$

56. $y = e^{-x^2}$ no intervalo $0 \leq x \leq 3$

57. $y = \dfrac{3}{5-2x}$ no intervalo $-2 \leq x \leq 1$

58. $y = \dfrac{3}{x}$ no intervalo $1 \leq x \leq e^2$

PROBLEMAS APLICADOS DE ECONOMIA E FINANÇAS

59. **VALOR DE UM TERRENO** Estima-se que, daqui a t anos, o valor de um terreno estará aumentando à taxa de $V'(t)$ reais por ano. Escreva uma expressão para o aumento total do valor do terreno durante os próximos cinco anos.

60. **PREÇO DE INGRESSOS** Os organizadores de uma exposição estimam que, t horas após os portões serem abertos às 9 horas, os visitantes estarão chegando à taxa de $N'(t)$ pessoas por hora. Escreva uma expressão para o número de pessoas que entrarão na exposição entre 11 e 13 horas.

61. **CUSTO DE ARMAZENAMENTO** Um revendedor recebe uma remessa de 12.000 quilogramas de soja que serão distribuídos a uma taxa constante de 300 quilogramas por semana. Se o custo de armazenamento da soja é 0,2 centavo por quilo por semana, quanto o revendedor terá que pagar de armazenamento durante as próximas 40 semanas?

62. **CUSTO DE ARMAZENAMENTO** Vera Correia é uma comerciante de cereais. Ela recebe uma remessa de 10.000 quilogramas de arroz que serão distribuídos a uma taxa constante de 2.000 quilogramas por mês durante um período de cinco meses. Se o custo de armazenamento do arroz é 80 centavos por quilo por semana, quanto Vera terá que pagar de armazenamento durante os próximos cinco meses?

63. **AGRICULTURA** Estima-se que, após t dias, a quantidade de feijão colhida por um fazendeiro estará aumentando à razão de $0{,}3t^2 + 0{,}6t + 1$ sacos por dia. Qual será o aumento do valor da colheita nos próximos cinco dias se o preço do saco de feijão permanecer constante em R$ 3,00?

64. **VENDAS** Estima-se que a demanda de um produto está aumentando exponencialmente à taxa de 2% ao ano. Se a demanda atual é 5.000 unidades por ano e o preço permanece fixo em R$ 400,00 a unidade, qual será a receita auferida pelo fabricante com a venda do produto durante os próximos dois anos?

65. **DEPRECIAÇÃO** O valor de revenda de certa máquina industrial diminui durante um período de 10 anos a uma taxa que varia com o tempo. Quando a máquina tem x anos de idade, a taxa com a qual o valor está diminuindo é $220(x - 10)$ reais por ano. Qual é a depreciação da máquina durante o segundo ano?

66. **CUSTO MARGINAL** O custo marginal para fabricar certo produto é $C'(q) = 6q + 1$ reais por unidade quando q unidades são produzidas.
    a. Qual é o custo total para fabricar as primeiras 10 unidades?
    b. Qual é o custo para produzir as 10 unidades seguintes?

67. **PRODUÇÃO** Um empresa criou uma linha de montagem para fabricar um novo modelo de telefone celular. A taxa de produção dos telefones é

$$\frac{dP}{dt} = 1.500\left(2 - \frac{t}{2t+5}\right) \text{ unidades por mês}$$

Quantos telefones serão produzidos durante o terceiro mês?

68. PRODUÇÃO A produção de uma fábrica varia a uma taxa dada por
$$Q'(t) = 2t^3 - 3t^2 + 10t + 3 \text{ unidades por hora}$$
em que t é o número de horas após o início do turno da manhã, às 8 horas. Quantas unidades são produzidas entre as 10 e as 12 horas?

69. INVESTIMENTOS O valor de uma carteira de investimentos varia a uma taxa dada por
$$V'(t) = 12e^{-0,05t}(e^{0,3t} - 3)$$
em que V é o valor da carteira em milhares de reais e t é número de anos após 2006. Determine a variação do valor da carteira
a. Entre 2006 e 2010
b. Entre 2010 e 2012

70. PUBLICIDADE Uma agência de publicidade começa uma campanha para promover um novo produto e observa que, t dias mais tarde, o número $N(t)$ de pessoas que ouviram falar do produto está variando a uma taxa dada por
$$N'(t) = 5t^2 - \frac{0{,}04t}{t^2 + 3} \text{ pessoas por dia}$$
Quantas pessoas ouviram falar do produto durante a primeira semana? E durante a segunda semana?

PROBLEMAS APLICADOS DE CIÊNCIAS SOCIAIS E BIOLÓGICAS

71. POLUIÇÃO DO AR A análise do ar em certa região indica que, daqui a t anos, a concentração $L(t)$ de monóxido de carbono no ar estará variando à taxa de $L'(t) = 0{,}1t + 0{,}1$ partes por milhão (ppm) por ano. Qual será a variação da concentração de monóxido de carbono durante os próximos três anos?

72. POLUIÇÃO DA ÁGUA Estima-se que, daqui a t anos, a população de certa cidade à beira de um lago estará aumentando à taxa de $0{,}6t^2 + 0{,}2t + 0{,}5$ milhares de pessoas por ano. Os ambientalistas observaram que o nível de poluição do lago aumenta à taxa de aproximadamente 5 unidades por 1.000 pessoas. Qual será o aumento da poluição do lago nos próximos dois anos?

73. CRESCIMENTO POPULACIONAL Um estudo indica que, daqui a t meses, a população de certa cidade estará crescendo a uma taxa de $P'(t) = 5 + 3t^{2/3}$ habitantes por mês. Qual será o aumento da população da cidade nos próximos oito meses?

74. CONSUMO DE ÁGUA A prefeitura da cidade de Praia Linda estima que a água está sendo consumida pelos moradores a uma taxa $C'(t) = 10 + 0{,}3e^{0,03t}$ bilhões de litros por ano, em que $C(t)$ é o consumo de água t anos após o ano 2005. Qual será o consumo total de água no período de 2005 a 2015?

75. VARIAÇÃO DE BIOMASSA Uma amostra de proteína de massa m (em gramas) se decompõe em aminoácidos a uma taxa dada por
$$\frac{dm}{dt} = \frac{-2}{t+1} \text{ g/h}$$
Qual é a diferença entre as massas de proteína após duas horas e após cinco horas?

76. VARIAÇÃO DE BIOMASSA Resolva o Problema 75 para uma taxa de decomposição dada por
$$\frac{dm}{dt} = -(0{,}1t + e^{0,1t})$$

77. APRENDIZADO Em um experimento de aprendizado, os participantes têm que memorizar uma série de fatos, e observa-se que, t minutos após o experimento, os participantes estão aprendendo, em média, a uma taxa dada por
$$L'(t) = \frac{4}{\sqrt{t+1}} \text{ fatos por minuto}$$
em que $L(t)$ é o número total de fatos memorizados no instante t. Quantos fatos um participante típico aprende entre 5 e 10 minutos após o início do experimento?

78. ESPÉCIE AMEAÇADA DE EXTINÇÃO Um estudo realizado por uma ONG no ano de 2005 revelou que, t anos mais tarde, a população de uma espécie de ave ameaçada de extinção estaria diminuindo a uma taxa $P'(t) = -0{,}75t\sqrt{10 - 0{,}2t}$ espécimes por ano. Qual é a variação da população prevista para o período de 2005 a 2015?

79. CONCENTRAÇÃO DE UM MEDICAMENTO A concentração de um medicamento no sangue de um paciente t horas após receber uma injeção está diminuindo a uma taxa de
$$C'(t) = \frac{-0{,}33t}{\sqrt{0{,}02t^2 + 10}} \text{ mg/cm}^3 \text{ por hora}$$
Qual é a variação da concentração do medicamento nas primeiras quatro horas após a injeção?

PROBLEMAS VARIADOS

80. DISTÂNCIA E VELOCIDADE Um motorista, a partir de uma velocidade de 45 km/h, acelera o carro de tal forma que a velocidade t horas mais tarde é $v(t) = 45 + 12t$ km/h. Qual é a distância percorrida pelo carro nas primeiras 2 horas?

81. MOVIMENTO DE UMA BOLA Uma bola é arremessada verticalmente para cima, do alto de um edifício, e, t segundos mais tarde, a velocidade da bola é $v(t) = -9{,}8t + 24$ m/s. Qual é a distância entre a bola e o alto do edifício após 3 segundos?

82. Demonstre a regra da soma para integrais definidas, ou seja, mostre que, se $f(x)$ e $g(x)$ são funções contínuas no intervalo $a \leq x \leq b$,
$$\int_a^b [f(x) + g(x)] \, dx = \int_a^b f(x) \, dx + \int_a^b g(x) \, dx$$

83. Vimos que a integral definida pode ser usada para calcular a área sob uma curva, mas o conceito da área como uma integral funciona nos dois sentidos, ou seja, podemos calcular uma integral de uma função se conhecermos a área sob a curva que descreve a função.

a. Determine $\int_0^1 \sqrt{1-x^2}\,dx$. [*Sugestão*: Observe que a integral é parte da área sob a circunferência $x^2 + y^2 = 1$.]

b. Determine $\int_1^2 \sqrt{2x - x^2}\,dx$. [*Sugestão*: Identifique a curva de $y = \sqrt{2x - x^2}$ e procure uma solução geométrica, como no item (a).]

 84. Dada a função $f(x) = 2\sqrt{x} + \dfrac{1}{x+1}$, determine o valor aproximado de $\int_0^2 f(x)\,dx$ da seguinte forma:

a. Calcule os números x_1, x_2, x_3, x_4 e x_5 que subdividem o intervalo $0 \leq x \leq 2$ em quatro intervalos iguais. Use esses números para formar quatro retângulos que representam aproximadamente a área sob a curva $y = f(x)$ no intervalo $0 \leq x \leq 2$.

b. Estime o valor da integral calculando a soma das áreas dos quatro retângulos do item (a).

c. Repita os itens (a) e (b) usando oito subintervalos em vez de quatro.

SEÇÃO 5.4 Aplicações da Integração Definida: Distribuição de Renda e Valor Médio

Objetivos do Aprendizado

1. Conhecer um método geral para usar a integração definida em problemas práticos.
2. Determinar a área entre duas curvas e usá-la para calcular a distribuição de renda (curvas de Lorenz).
3. Conhecer e aplicar a expressão do valor médio de uma função.
4. Interpretar o valor médio como uma taxa e como uma área.

Na Seção 5.3, apresentamos o processo de integração definida expressando a área como um tipo especial de limite de somas, conhecido como integral definida, e calculando a integral com o auxílio do teorema fundamental do cálculo. A área foi usada nessa apresentação porque as áreas são fáceis de visualizar, mas existem muitos outros problemas práticos, além do cálculo de áreas, que podem ser resolvidos com o auxílio da integração definida.

Nesta seção, vamos usar as ideias da Seção 5.3 para calcular a área entre duas curvas e o valor médio de uma função. Como parte do estudo da área entre curvas, vamos discutir um conceito socioeconômico muito importante, conhecido como curva de Lorenz, que é usado para medir a distribuição de renda em uma sociedade.

Aplicações da Integral Definida

Intuitivamente, a integração definida pode ser imaginada como o processo de "acumular" um número infinito de pequenos pedaços de uma grandeza para obter o valor total da grandeza. Segue uma descrição passo a passo do uso do processo em problemas práticos.

Método para Usar a Integração Definida em Problemas Práticos

Para acumular uma grandeza Q em um intervalo $a \leq x \leq b$ pela integração definida, fazemos o seguinte:

1º Passo. Dividimos o intervalo $a \leq x \leq b$ em n subintervalos iguais, de largura $\Delta x = (b-a)/n$. Escolhemos um número x_j no subintervalo j para $j = 1, 2, \ldots, n$.

2º Passo. Supomos que a contribuição do subintervalo j para o valor total da grandeza Q é dada, aproximadamente, pelo produto $f(x_j)\Delta x$, em que $f(x)$ é uma função apropriada que seja contínua no intervalo $a \leq x \leq b$.

3º Passo. Somamos as contribuições de todos os subintervalos para estimar o valor total da grandeza Q pela soma de Riemann

$$[f(x_1) + f(x_2) + \ldots + f(x_n)]\Delta x$$

4º Passo. Tornamos exata a aproximação do 3º Passo calculando o limite da soma de Riemann quando $n \to +\infty$ para expressar Q na forma de uma integral definida:

$$Q = \lim_{n \to +\infty} [f(x_1) + f(x_2) + \cdots + f(x_n)]\Delta x = \int_a^b f(x)\,dx$$

5º Passo. Usamos o teorema fundamental do cálculo para calcular $\int_a^b f(x)\,dx$ e, dessa forma, obter o valor desejado de Q.

LEMBRETE

A notação de somatório é discutida no Apêndice A.4, com exemplos. Não há nada de especial no uso de "*j*" como índice. Os índices mais usados são *i*, *j* e *k*.

NOTAÇÃO Podemos usar a *notação de somatório* para representar as somas de Riemann que aparecem na discussão das integrais definidas. Por exemplo: para indicar a soma

$$a_1 + a_2 + \cdots + a_n$$

basta especificar o termo genérico a_j da soma e indicar que *n* termos da mesma forma devem ser somados, começando pelo termo com $j = 1$ e terminando com o termo com $j = n$. Para esse fim, costuma-se usar a letra grega sigma maiúsculo (Σ) e escrever a soma como $\sum_{j=1}^{n} a_j$, ou seja,

$$\sum_{j=1}^{n} a_j = a_1 + a_2 + \cdots + a_n$$

Em particular, a soma de Riemann

$$[f(x_1) + f(x_2) + \cdots + f(x_n)]\Delta x$$

pode ser escrita na forma compacta

$$\sum_{j=1}^{n} f(x_j)\Delta x$$

Assim, a relação

$$\lim_{n \to +\infty} [f(x_1) + f(x_2) + \cdots + f(x_n)]\Delta x = \int_a^b f(x)\, dx$$

usada para definir a integral definida pode ser escrita na forma

$$\lim_{n \to +\infty} \sum_{j=1}^{n} f(x_j)\Delta x = \int_a^b f(x)\, dx \quad \blacksquare$$

Área Entre Duas Curvas

Em certos problemas práticos, pode ser interessante representar uma grandeza de interesse na forma da área entre duas curvas. Inicialmente, vamos supor que *f* e *g* são funções contínuas e não negativas [ou seja, que $f(x) \geq 0$ e $g(x) \geq 0$] e que satisfazem a desigualdade $f(x) \geq g(x)$ no intervalo $a \leq x \leq b$, como mostra a Figura 5.10a.

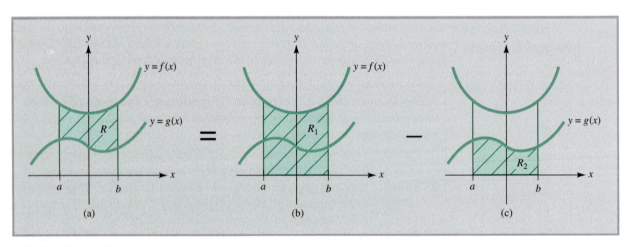

FIGURA 5.10 Área R = área R_1 − área R_2.

Nesse caso, para determinar a área da região *R* entre as curvas $y = f(x)$ e $y = g(x)$ no intervalo $a \leq x \leq b$, simplesmente subtraímos a área sob a curva de baixo $y = g(x)$ (Figura 5.10c) da área sob a curva de cima $y = f(x)$ (Figura 5.10b):

$$\text{Área } R = [\text{área sob a curva } y = f(x)] - [\text{área sob a curva } y = g(x)]$$

$$= \int_a^b f(x)\, dx - \int_a^b g(x)\, dx = \int_a^b [f(x) - g(x)]\, dx$$

Essa expressão é válida se $f(x) \geq g(x)$ no intervalo $a \leq x \leq b$, mesmo que as curvas $y = f(x)$ e $y = g(x)$ não estejam acima do eixo dos x para todos os valores de x. Vamos provar que isso é verdade usando o método para usar a integral definida que foi descrito no início desta seção.

1º Passo. Dividimos o intervalo $a \leq x \leq b$ em n subintervalos iguais, de largura $\Delta x = (b - a)/n$. Para $j = 1, 2, \ldots, n$, seja x_j o ponto correspondente à extremidade esquerda do subintervalo de ordem j.

2º Passo. Construímos retângulos de largura Δx e altura $f(x_j) - g(x_j)$. Isso é sempre possível, já que $f(x) \geq g(x)$ no intervalo $a \leq x \leq b$, o que garante que a altura é não negativa, ou seja, que $f(x_j) - g(x_j) \geq 0$. Para $j = 1, 2, \ldots, n$, a área $[f(x_j) - g(x_j)]\Delta x$ do retângulo de ordem j é aproximadamente igual à área entre as duas curvas no subintervalo de ordem j, como mostra a Figura 5.11a.

3º Passo. Somamos todos os produtos $[f(x_j) - g(x_j)]\Delta x$ para estimar o valor da área total A entre as duas curvas no intervalo $a \leq x \leq b$ pela soma de Riemann

$$A \approx [f(x_1) - g(x_1)]\Delta x + [f(x_2) - g(x_2)]\Delta x + \cdots + [f(x_n) - g(x_n)]\Delta x$$

$$= \sum_{j=1}^{n} [f(x_j) - g(x_j)]\Delta x$$

(Veja a Figura 5.11b.)

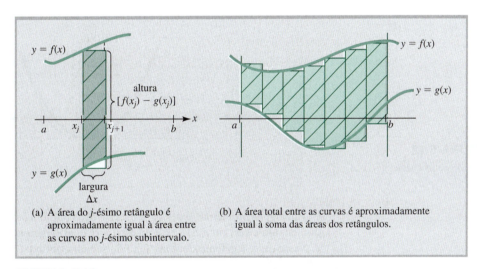

FIGURA 5.11 Cálculo da área entre curvas por integração definida.

4º Passo. Tornamos exata a aproximação do 3º passo calculando o limite da soma de Riemann quando $n \to +\infty$ para expressar a área total A entre as duas curvas na forma de uma integral definida:

$$A = \lim_{n \to +\infty} \sum_{j=1}^{n} [f(x_j) - g(x_j)]\Delta x = \int_{a}^{b} [f(x) - g(x)]\, dx$$

Resumindo:

Área Entre Duas Curvas ■ Se $f(x)$ e $g(x)$ são funções contínuas, com $f(x) \geq g(x)$ no intervalo $a \leq x \leq b$, a área A entre as curvas $y = f(x)$ e $y = g(x)$ no intervalo é dada por

$$A = \int_{a}^{b} [f(x) - g(x)]\, dx$$

LEMBRETE

Note que $x^2 \geq x^3$ para $0 \leq x \leq 1$. Assim, por exemplo,

$$\left(\frac{1}{3}\right)^2 > \left(\frac{1}{3}\right)^3$$

Isso significa que a curva de $y = x^2$ está acima da curva de $y = x^3$ entre $x = 0$ e $x = 1$.

EXEMPLO 5.4.1 Determinação da Área Entre Duas Curvas

Determine a área da região R limitada pelas curvas $y = x^3$ e $y = x^2$.

Solução

Para obter os pontos de interseção, basta igualar as equações das duas curvas:

$$\begin{aligned} x^3 &= x^2 & &\text{subtraindo } x^2 \text{ de ambos os membros} \\ x^3 - x^2 &= 0 & &\text{colocando } x^2 \text{ em evidência} \\ x^2(x - 1) &= 0 & &uv = 0 \text{ se e apenas se } u = 0 \text{ e/ou } v = 0 \\ x &= 0, 1 \end{aligned}$$

Os pontos de interseção são, portanto, os pontos $(0, 0)$ e $(1, 1)$.

No intervalo $0 \leq x \leq 1$, a região R situada entre as duas curvas é limitada acima por $y = x^2$ e abaixo por $y = x^3$ (veja a Figura 5.12). A área da região é dada pela integral

$$A = \int_0^1 (x^2 - x^3)\, dx = \frac{1}{3}x^3 - \frac{1}{4}x^4 \bigg|_0^1$$

$$= \left[\frac{1}{3}(1)^3 - \frac{1}{4}(1)^4\right] - \left[\frac{1}{3}(0)^3 - \frac{1}{4}(0)^4\right] = \frac{1}{12}$$

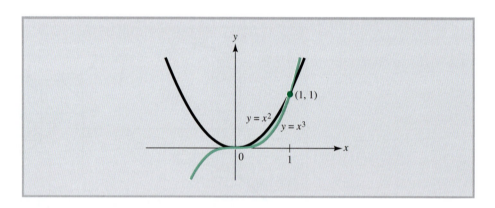

FIGURA 5.12 A região limitada pelas curvas $y = x^2$ e $y = x^3$.

Em alguns problemas práticos, é preciso determinar a área A entre duas curvas $y = f(x)$ e $y = g(x)$ em um intervalo $a \leq x \leq b$ no qual $f(x) \geq g(x)$ para $a \leq x \leq c$ e $g(x) \geq f(x)$ para $c \leq x \leq b$. Nesse caso, o cálculo deve ser feito da seguinte forma:

$$A = \underbrace{\int_a^c [f(x) - g(x)]\, dx}_{f(x) \geq g(x) \text{ para } a \leq x \leq c} + \underbrace{\int_c^b [g(x) - f(x)]\, dx}_{g(x) \geq f(x) \text{ para } c \leq x \leq b}$$

Considere o Exemplo 5.4.2.

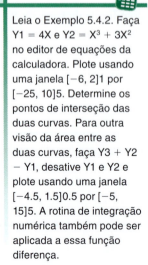

10 EXPLORE!

Leia o Exemplo 5.4.2. Faça Y1 = 4X e Y2 = X³ + 3X² no editor de equações da calculadora. Plote usando uma janela [−6, 2]1 por [−25, 10]5. Determine os pontos de interseção das duas curvas. Para outra visão da área entre as duas curvas, faça Y3 + Y2 − Y1, desative Y1 e Y2 e plote usando uma janela [−4.5, 1.5]0.5 por [−5, 15]5. A rotina de integração numérica também pode ser aplicada a essa função diferença.

EXEMPLO 5.4.2 Determinação da Área Entre Duas Curvas

Determine a área da região limitada pela reta $y = 4x$ e pela curva $y = x^3 + 3x^2$.

Solução

Para obter os pontos de interseção da reta com a curva, basta igualar as duas equações:

$$\begin{aligned} x^3 + 3x^2 &= 4x & &\text{subtraindo } 4x \text{ de ambos os membros} \\ x^3 + 3x^2 - 4x &= 0 & &\text{colocando } x \text{ em evidência} \\ x(x^2 + 3x - 4) &= 0 & &\text{fatorando } x^2 + 3x - 4 \\ x(x - 1)(x + 4) &= 0 & &uv = 0 \text{ se e apenas se } u = 0 \text{ e/ou } v = 0 \\ x &= 0, 1, -4 \end{aligned}$$

Os pontos de interseção são, portanto, os pontos (0, 0), (1, 4) e (−4, −6). A reta e a curva aparecem na Figura 5.13.

No intervalo $-4 \leq x \leq 0$, a curva está acima da reta, ou seja, $x^3 + 3x^2 \geq 4x$, e a área é

$$A_1 = \int_{-4}^{0} [(x^3 + 3x^2) - 4x]\, dx = \frac{1}{4}x^4 + x^3 - 2x^2 \Big|_{-4}^{0}$$

$$= \left[\frac{1}{4}(0)^4 + (0)^3 - 2(0)^2\right] - \left[\frac{1}{4}(-4)^4 + (-4)^3 - 2(-4)^2\right] = 32$$

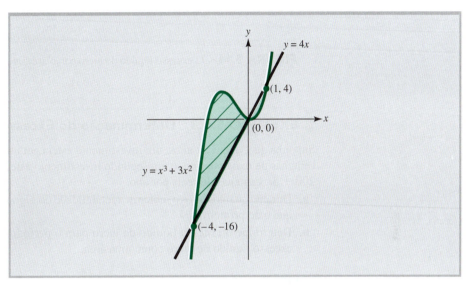

FIGURA 5.13 Região limitada pela reta $y = 4x$ e a curva $y = x^3 + 3x^2$.

No intervalo $0 \leq x \leq 1$, a reta está acima da curva e, portanto, a área é

$$A_2 = \int_{0}^{1} [4x - (x^3 + 3x^2)]\, dx = 2x^2 - \frac{1}{4}x^4 - x^3 \Big|_{0}^{1}$$

$$= \left[2(1)^2 - \frac{1}{4}(1)^4 - (1)^3\right] - \left[2(0)^2 - \frac{1}{4}(0)^4 - (0)^3\right] = \frac{3}{4}$$

A área total limitada pela reta e a curva é, portanto,

$$A = A_1 + A_2 = 32 + \frac{3}{4} = 32{,}75$$

Excesso Líquido de Lucro

A área entre duas curvas pode ser usada para medir a quantidade de uma grandeza que se acumulou durante certo período. Suponha que, daqui a t anos, dois planos de investimentos estejam apresentando lucros $P_1(t)$ e $P_2(t)$, respectivamente, e que os índices de rentabilidade previstos, $P_1'(t)$ e $P_2'(t)$, satisfaçam a desigualdade $P_2'(t) \geq P_1'(t)$ nos próximos N anos, ou seja, no período $0 \leq t \leq N$. Nesse caso, $E(t) = P_2(t) - P_1(t)$ representa o **excesso de lucro** do plano 2 em relação ao plano 1 no instante t, e o **excesso líquido de lucro** $\text{EL} = E(N) - E(0)$ no intervalo $0 \leq t \leq N$ é dado pela integral definida

$$\text{EL} = E(N) - E(0) = \int_{0}^{N} E'(t)\, dt \quad E'(t) = [P_2(t) - P_1(t)]$$
$$= P_2'(t) - P_1'(t)$$
$$= \int_{0}^{N} [P_2'(t) - P_1'(t)]\, dt$$

Essa integral pode ser interpretada geometricamente como a área entre as curvas de rentabilidade $y = P_1'(t)$ e $y = P_2'(t)$, como mostra a Figura 5.14. O Exemplo 5.4.3 ilustra o cálculo do excesso líquido de lucro.

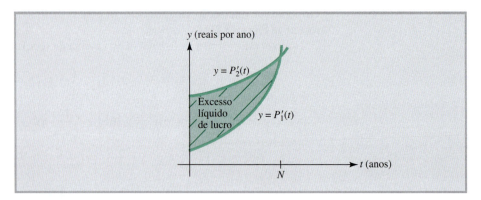

FIGURA 5.14 O excesso líquido de lucro como área entre curvas de rentabilidade.

EXEMPLO 5.4.3 Determinação do Excesso Líquido de Lucro

Suponha que, daqui a t anos, um investimento esteja gerando lucro a uma taxa $P_1'(t) = 50 + t^2$ centenas de reais por ano, e um segundo investimento esteja gerando lucro a uma taxa $P_2'(t) = 200 + 5t$ centenas de reais por ano.

a. Durante quantos anos o índice de rentabilidade do segundo investimento permanecerá maior que o do primeiro?

b. Determine o excesso líquido de lucro para o período calculado no item (a). Interprete o excesso líquido de lucro como uma área.

Solução

a. O índice de rentabilidade do segundo investimento é maior que o do primeiro até que

$$P_1'(t) = P_2'(t)$$
$$50 + t^2 = 200 + 5t \quad \text{subtraindo } 200 + 5t \text{ de ambos os membros}$$
$$t^2 - 5t - 150 = 0 \quad \text{fatorando}$$
$$(t - 15)(t + 10) = 0 \quad \text{pois } uv = 0 \text{ se e apenas se } u = 0 \text{ e/ou } v = 0$$
$$t = 15, -10 \quad \text{desprezando o tempo negativo } t = -10$$
$$t = 15 \text{ anos}$$

b. O excesso de lucro do plano 2 em relação ao plano 1 é $E(t) = P_2(t) - P_1(t)$, e o excesso líquido de lucro EL no período $0 \leq t \leq 15$ calculado no item (a) é dado pela integral definida

$$\text{EL} = E(15) - E(0) = \int_0^{15} E'(t)\, dt \quad \text{teorema fundamental do cálculo}$$

$$= \int_0^{15} [P_2'(t) - P_1'(t)]\, dt \quad \text{pois } E(t) = P_2(t) - P_1(t)$$

$$= \int_0^{15} [(200 + 5t) - (50 + t^2)]\, dt \quad \text{combinando termos}$$

$$= \int_0^{15} [150 + 5t - t^2]\, dt$$

$$= \left[150t + 5\left(\frac{1}{2}t^2\right) - \left(\frac{1}{3}t^3\right) \right]\Big|_0^{15}$$

$$= \left[150(15) + \frac{5}{2}(15)^2 - \frac{1}{3}(15)^3 \right] - \left[150(0) + \frac{5}{2}(0)^2 - \frac{1}{3}(0)^3 \right]$$

$$= 1.687,50 \text{ centenas de reais}$$

Assim, o excesso líquido de lucro é R$ 168.750,00.

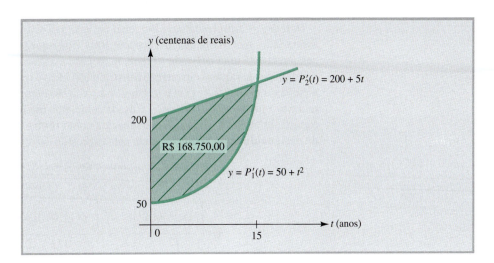

FIGURA 5.15 Excesso de lucro de um investimento em relação a outro.

A Figura 5.15 mostra as curvas de rentabilidade $P_1'(t)$ e $P_2'(t)$ dos dois investimentos. O excesso líquido de lucro

$$\text{EL} = \int_0^{15} [P_2'(t) - P_1'(t)]\,dt$$

é a região entre as duas curvas, que aparece sombreada na figura.

Curvas de Lorenz

A área também desempenha um papel importante no estudo das **curvas de Lorenz**, usadas por economistas e sociólogos para medir a distribuição de renda em uma sociedade. A curva de Lorenz de um país é o gráfico da função $L(x)$, que representa a fração da renda nacional anual recebida pelos $100x\%$ assalariados menos bem remunerados do país, para $0 \leq x \leq 1$. Assim, por exemplo, se os 30% menos bem remunerados assalariados do país recebem 23% da renda nacional, $L(0,3) = 0,23$.

Observe que $L(x)$ é uma função crescente no intervalo $0 \leq x \leq 1$ e apresenta as seguintes propriedades:

1. $0 \leq L(x) \leq 1$ porque $L(x)$ é uma fração
2. $L(0) = 0$ porque não há renda quando não há assalariados
3. $L(1) = 1$ porque 100% da renda é recebida por 100% dos assalariados
4. $L(x) \leq x$ porque os $100x\%$ assalariados menos bem pagos não podem receber mais que $100x\%$ da renda total

Uma curva de Lorenz típica aparece na Figura 5.16a.

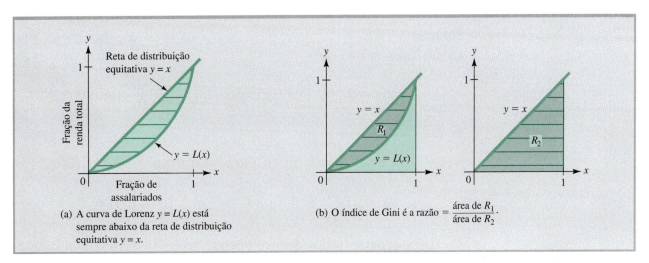

FIGURA 5.16 Uma curva de Lorenz $y = L(x)$ e o índice de Gini correspondente.

A reta $y = x$ representa o caso ideal em que a distribuição de renda é uniforme (os $100x\%$ assalariados menos bem pagos recebem $100x\%$ da riqueza da sociedade). Quanto mais próxima dessa reta está uma curva de Lorenz, mais justa é a distribuição de renda no país. O desvio da distribuição de riqueza em relação à distribuição ideal é representado pela área da região R_1 entre a curva de Lorenz $y = L(x)$ e a reta $y = x$. A razão entre essa área e a área da região R_2 sob a reta $y = x$ no intervalo $0 \leq x \leq 1$ é usada como uma medida da desigualdade na distribuição de riqueza de um país. Essa razão, conhecida como **índice de Gini** (também chamado de **índice de desigualdade de renda**), é dada pela expressão

$$\text{IG} = \frac{\text{área de } R_1}{\text{área de } R_2} = \frac{\text{área entre } y = L(x) \text{ e } y = x}{\text{área sob } y = x \text{ entre } 0 \text{ e } 1}$$

$$= \frac{\int_0^1 [x - L(x)] \, dx}{\int_0^1 x \, dx} = \frac{\int_0^1 [x - L(x)] \, dx}{1/2} = 2 \int_0^1 [x - L(x)] \, dx$$

(veja a Figura 5.16b). Resumindo:

Índice de Gini ■ Se $y = L(x)$ é a equação de uma curva de Lorenz, a desigualdade na distribuição de riqueza correspondente é medida pelo *índice de Gini*, dado pela expressão

$$\text{Índice de Gini} = 2 \int_0^1 [x - L(x)] \, dx$$

Os valores do índice de Gini estão sempre entre 0 e 1. O índice 0 corresponde a uma igualdade total da distribuição de renda, e o índice 1 corresponde a uma desigualdade total (toda a renda pertence a 0% da população). Quanto menor o índice, mais justa é a distribuição de renda; quanto maior o índice, mais a riqueza está concentrada em uns poucos indivíduos. O Exemplo 5.4.4 ilustra o modo como as curvas de Lorenz e o índice de Gini são usados para comparar as distribuições de renda de duas profissões.

EXEMPLO 5.4.4 Estudo da Distribuição de Renda

O governo federal observa que as curvas de Lorenz para as distribuições de renda dos dentistas e médicos em certo estado são dadas pelas funções

$$L_1(x) = x^{1,7} \qquad \text{e} \qquad L_2(x) = 0{,}8x^2 + 0{,}2x$$

respectivamente. Para que profissão a distribuição de renda é menos desigual?

Solução

Os dois índices de Gini são

$$G_1 = 2 \int_0^1 (x - x^{1,7}) \, dx = 2 \left(\frac{x^2}{2} - \frac{x^{2,7}}{2{,}7} \right) \Big|_0^1 = 0{,}2593$$

e

$$G_2 = 2 \int_0^1 [x - (0{,}8x^2 + 0{,}2x)] \, dx$$

$$= 2 \left[-0{,}8 \left(\frac{x^3}{3} \right) + 0{,}8 \left(\frac{x^2}{2} \right) \right] \Big|_0^1 = 0{,}2667$$

Como o índice de Gini para os dentistas é menor, chegamos à conclusão de que, nesse estado, a distribuição de renda dos dentistas é menos desigual.

TABELA 5.1 Índices de Gini para Alguns Países

País	Índice de Gini
EUA	0,450
Brasil	0,567
Canadá	0,321
Dinamarca	0,290
Alemanha	0,270
Japão	0,381
África do Sul	0,650
Panamá	0,561
Tailândia	0,430
Inglaterra	0,340

Fonte: CIA World Factbook.

Podemos usar o índice de Gini para comparar a distribuição de renda em diferentes países do mundo. A Tabela 5.1 mostra o índice de Gini para alguns países industrializados e em desenvolvimento. Observe que, com um índice de 0,450, a distribuição de renda nos EUA é semelhante à da Tailândia. É mais desigual que na Inglaterra, Alemanha e Dinamarca, mas muito menos desigual que no Brasil[1] e no Panamá. (Existe alguma correlação entre a desigualdade de renda e a estrutura sociopolítica das nações?)

Valor Médio de uma Função

Como segunda ilustração do uso da integral definida em problemas práticos, vamos calcular o **valor médio de uma função**, que é de interesse em várias situações. Antes, porém, vamos esclarecer o que queremos dizer com a expressão *valor médio*. Para obter a nota média de uma prova, tudo que um professor tem a fazer é somar as notas dos alunos e dividir o resultado pelo número de alunos; como, porém, um ecologista vai calcular o nível médio de poluição do ar em uma cidade durante o horário comercial? O problema está no fato de que, como o tempo é uma variável contínua, o número de pontos experimentais possíveis é grande demais para que a média seja calculada da forma usual.

Considere o caso geral, em que estamos interessados em calcular o valor médio de uma função $f(x)$ em um intervalo $a \leq x \leq b$ no qual $f(x)$ é contínua. Começamos por subdividir o intervalo $a \leq x \leq b$ em n partes iguais, cada uma de largura $\Delta x = (b - a)/n$. Se x_j é um número pertencente ao intervalo de ordem j para $j = 1, 2, \ldots, n$, a média dos valores correspondentes da função, $f(x_1), f(x_2), \ldots, f(x_n)$ é dada por

$$V_n = \frac{f(x_1) + f(x_2) + \cdots + f(x_n)}{n} \quad \text{multiplicando e dividindo por } (b - a)$$

$$= \frac{b-a}{b-a}\left[\frac{f(x_1) + f(x_2) + \cdots + f(x_n)}{n}\right] \quad \text{colocando } \frac{b-a}{n} \text{ em evidência}$$

$$= \frac{1}{b-a}[f(x_1) + f(x_2) + \cdots + f(x_n)]\left(\frac{b-a}{n}\right) \quad \text{pois } \Delta x = \frac{b-a}{n}$$

$$= \frac{1}{b-a}[f(x_1) + f(x_2) + \cdots + f(x_n)]\Delta x$$

$$= \frac{1}{b-a}\sum_{j=1}^{n} f(x_j)\Delta x$$

que reconhecemos como uma soma de Riemann.

Quando aumentamos o número de subdivisões do intervalo $a \leq x \leq b$, V_n se aproxima do que consideramos intuitivamente o valor médio V de $f(x)$ no intervalo $a \leq x \leq b$. Assim, é

---

11 EXPLORE!

Suponha que você esteja interessado em calcular o valor médio de $f(x) = x^3 - 6x^2 + 10x - 1$ no intervalo [1, 4]. Entre com $f(x)$ em Y1 e plote usando uma janela [0, 4.7]1 por [−2, 8]1. Sombreie a região sob a curva no intervalo [1, 4] e calcule a área A. Faça Y2 igual à função constante $\frac{A}{b-a} = \frac{A}{3}$. Esse é o valor médio. Plote Y2 e Y1 no mesmo gráfico. Para que número(s) entre 1 e 4 $f(x)$ é igual ao valor médio?

---

[1] De acordo com a tabela atualizada do CIA World Factbook, o índice de Gini do Brasil foi 0,519 em 2012. [N.T.]

razoável *definir* o valor médio V como o limite da soma de Riemann V_n quando $n \to +\infty$, ou seja, como a integral definida

$$V = \lim_{n \to +\infty} V_n = \lim_{n \to +\infty} \frac{1}{b-a} \sum_{j=1}^{n} f(x_j) \Delta x$$

$$= \frac{1}{b-a} \int_a^b f(x)\, dx$$

Resumindo:

> **Valor Médio de uma Função** ■ Seja $f(x)$ uma função contínua no intervalo $a \leq x \leq b$. O *valor médio V* de $f(x)$ no intervalo $a \leq x \leq b$ é dado pela integral definida
>
> $$V = \frac{1}{b-a} \int_a^b f(x)\, dx$$

EXEMPLO 5.4.5 Determinação da Receita Média

Um fabricante estima que, t meses após lançar um novo produto no mercado, a receita da empresa com a venda do produto será $S(t)$ milhares de reais, em que

$$S(t) = \frac{750t}{\sqrt{4t^2 + 25}}$$

Qual será a receita média da empresa com a venda do produto nos primeiros seis meses?

Solução

A receita média V no período de tempo $0 \leq t \leq 6$ é dada pela integral

$$V = \frac{1}{6-0} \int_0^6 \frac{750t}{\sqrt{4t^2 + 25}}\, dt$$

Para calcular a integral, fazemos a substituição

$$u = 4t^2 + 25 \quad \text{limites de integração:}$$
$$du = 4(2t\, dt) \quad \text{se } t = 0, u = 4(0)^2 + 25 = 25$$
$$t\, dt = \frac{1}{8} du \quad \text{se } t = 6, u = 4(6)^2 + 25 = 169$$

O resultado é o seguinte:

$$V = \frac{1}{6} \int_0^6 \frac{750}{\sqrt{4t^2 + 25}} (t\, dt)$$

$$= \frac{1}{6} \int_{25}^{169} \frac{750}{\sqrt{u}} \left(\frac{1}{8} du\right) = \frac{750}{6(8)} \int_{25}^{169} u^{-1/2}\, du$$

$$= \frac{750}{6(8)} \left(\frac{u^{1/2}}{1/2}\right) \Big|_{25}^{169} = \frac{750(2)}{6(8)} [(169)^{1/2} - (25)^{1/2}]$$

$$= 250$$

Assim, no período de seis meses após o lançamento do novo produto, a empresa obtém uma receita média de R$ 250.000,00 por mês.

EXEMPLO 5.4.6 Determinação da Temperatura Média

Um pesquisador modela a temperatura T (em ºC) em uma cidade canadense entre as 6 e as 18 h usando a função

$$T(t) = 3 - \frac{1}{3}(t-4)^2 \quad \text{para } 0 \le t \le 12$$

em que t é o número de horas após 6 horas.

a. Qual é a temperatura média da cidade durante o horário comercial, das 8 às 17 horas?

b. Em que instante (ou instantes), durante o horário comercial, a temperatura é igual à temperatura média calculada no item (a)?

Solução

a. Como 8 e 17 horas correspondem, respectivamente, a $t = 2$ e $t = 11$ horas após as 6 horas, estamos interessados em calcular a média da temperatura $T(t)$ no período $2 \le t \le 11$, que é dada pela integral definida

$$\begin{aligned}
T_{\text{méd}} &= \frac{1}{11-2} \int_2^{11} \left[3 - \frac{1}{3}(t-4)^2 \right] dt \\
&= \frac{1}{9} \left[3t - \frac{1}{3}\frac{1}{3}(t-4)^3 \right] \Big|_2^{11} \\
&= \frac{1}{9} \left[3(11) - \frac{1}{9}(11-4)^3 \right] - \frac{1}{9}\left[3(2) - \frac{1}{9}(2-4)^3 \right] \\
&= -\frac{4}{3} \approx -1{,}33
\end{aligned}$$

Assim, a temperatura média durante o horário comercial é aproximadamente $-1{,}33$ ºC.

b. Precisamos determinar o instante $t = t_m$ no intervalo $2 \le t_m \le 11$ no qual $T(t_m) = -4/3$. Resolvendo essa equação, obtemos

$$3 - \frac{1}{3}(t_a - 4)^2 = -\frac{4}{3} \quad \text{subtraindo 3 de ambos os membros}$$

$$-\frac{1}{3}(t_a - 4)^2 = -\frac{4}{3} - 3 = -\frac{13}{3} \quad \text{multiplicando ambos os membros por } -3$$

$$(t_a - 4)^2 = (-3)\left(-\frac{13}{3}\right) = 13 \quad \text{extraindo a raiz quadrada de ambos os membros}$$

$$t_a - 4 = \pm\sqrt{13} \quad \text{somando 4 a ambos os membros}$$

$$t_a = 4 \pm \sqrt{13}$$

$$\approx 0{,}39 \quad \text{ou} \quad 7{,}61$$

Como $t = 0{,}39$ não pertence ao intervalo $2 \le t_m \le 11$ (8 às 17 horas), a temperatura instantânea é igual à temperatura média apenas para $t = 7{,}61$, ou seja, aproximadamente às 13h37min.

> **LEMBRETE**
>
> A temperatura F em graus Fahrenheit está relacionada com a temperatura C em graus Celsius pela expressão
>
> $$F = \frac{9}{5}C + 32$$

> **LEMBRETE**
>
> Como uma hora tem 60 minutos, 0,61 hora é o mesmo que $0{,}61(60) \approx 37$ minutos. Assim, 7,61 horas após as 6 horas é o mesmo que 37 minutos após as 13 horas ou 13h37min.

Duas Interpretações do Valor Médio

O valor médio de uma função tem várias interpretações úteis. Observe, em primeiro lugar, que, se $f(x)$ é contínua no intervalo $a \le x \le b$ e $F(x)$ é qualquer antiderivada de $f(x)$ no mesmo intervalo, o valor médio V de $f(x)$ no intervalo satisfaz a equação

$$\begin{aligned}
V &= \frac{1}{b-a} \int_a^b f(x)\, dx \\
&= \frac{1}{b-a}[F(b) - F(a)] \quad \text{teorema fundamental do cálculo} \\
&= \frac{F(b) - F(a)}{b-a}
\end{aligned}$$

Reconhecemos esse quociente diferença como a taxa média de variação de $F(x)$ no intervalo $a \leq x \leq b$ (veja a Seção 2.1). Isso nos leva à seguinte interpretação:

> **Interpretação do Valor Médio como uma Taxa** ■ O valor médio de uma função $f(x)$ em um intervalo $a \leq x \leq b$ no qual $f(x)$ é contínua é igual à taxa média de variação de qualquer antiderivada $F(x)$ de $f(x)$ no mesmo intervalo.

Assim, por exemplo, como o custo total $C(x)$ para fabricar x unidades de um produto é uma antiderivada do custo marginal $C'(x)$, a *taxa média de variação do custo na faixa de produção* $a \leq x \leq b$ *é igual ao valor médio do custo marginal na mesma faixa*.

O valor médio de uma função $f(x)$ em um intervalo $a \leq x \leq b$ no qual $f(x) \geq 0$ também pode ser interpretado geometricamente escrevendo a expressão do valor médio

$$V = \frac{1}{b-a} \int_a^b f(x)\, dx$$

na forma

$$(b-a)V = \int_a^b f(x)\, dx$$

No caso em que $f(x) \geq 0$ no intervalo $a \leq x \leq b$, a integral do lado direito pode ser interpretada como a área sob a curva $y = f(x)$ no intervalo $a \leq x \leq b$, e o produto do lado esquerdo como a área de um retângulo de altura V e largura $b - a$ igual à largura do intervalo. Em outras palavras,

> **Interpretação Geométrica do Valor Médio** ■ O valor médio V de $f(x)$ em um intervalo $a \leq x \leq b$ no qual $f(x)$ é contínua e satisfaz a desigualdade $f(x) \geq 0$ é igual à altura de um retângulo cuja base é o intervalo e cuja área é igual à área sob a curva $y = f(x)$ no intervalo $a \leq x \leq b$.

Essa interpretação geométrica está ilustrada na Figura 5.17.

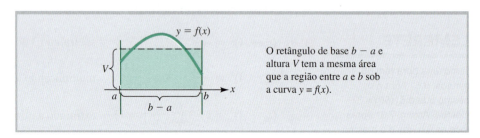

FIGURA 5.17 Interpretação geométrica do valor médio V.

PROBLEMAS ■ 5.4

Nos Problemas 1 a 4, determine a área da região sombreada.

1.
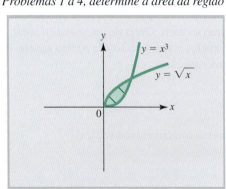

2.
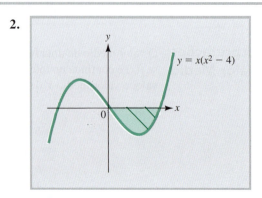

3.

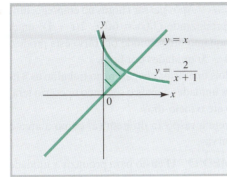

4.

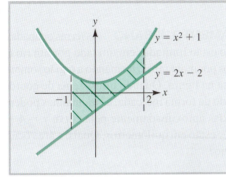

Nos Problemas 5 a 18, desenhe a região R e determine a área dessa região.

5. R é a região limitada pelas retas $y = x$, $y = -x$ e $x = 1$.
6. R é a região limitada pelas curvas $y = x^2$, $y = -x^2$ e a reta $x = 1$.
7. R é a região limitada pelo eixo x e a curva $y = -x^2 + 4x - 3$.
8. R é a região limitada pelas curvas $y = e^x$, $y = e^{-x}$ e a reta $x = \ln 2$.
9. R é a região limitada pela curva $y = x^2 - 2x$ e o eixo x. [*Sugestão*: Note que a região está abaixo do eixo x.]
10. R é a região limitada pela curva $y = 1/x^2$ e pelas retas $y = x$ e $y = x/8$.
11. R é a região limitada pelas curvas $y = x^2 - 2x$ e $y = -x^2 + 4$.
12. R é a região entre a curva $y = x^3$ e a reta $y = 9x$, para $x \geq 0$.
13. R é a região entre as curvas $y = x^3 - 3x^2$ e $y = x^2 + 5x$.
14. R é o triângulo limitado pela reta $y = 4 - 3x$ e os eixos x e y.
15. R é o triângulo cujos vértices são os pontos $(-4, 0)$, $(2, 0)$ e $(2, 6)$.
16. R é o retângulo cujos vértices são os pontos $(1, 0)$, $(-2, 0)$, $(-2, 5)$ e $(1, 5)$.
17. R é o trapézio limitado pelas retas $y = x + 6$ e $x = 2$ e pelos eixos x e y.
18. R é o trapézio limitado pelas retas $y = x + 2$, $y = 8 - x$, $x = 2$ e o eixo y.

Nos Problemas 19 a 24, determine o valor médio da função f(x) no intervalo especificado.

19. $f(x) = 1 - x^2$ para $-3 \leq x \leq 3$
20. $f(x) = x^2 - 3x + 5$ para $-1 \leq x \leq 2$
21. $f(x) = e^{-x}(4 - e^{2x})$ para $-1 \leq x \leq 1$
22. $f(x) = e^{2x} + e^{-x}$ para $0 \leq x \leq \ln 2$
23. $f(x) = \dfrac{e^x - e^{-x}}{e^x + e^{-x}}$ para $0 \leq x \leq \ln 3$
24. $f(x) = \dfrac{x + 1}{x^2 + 2x + 6}$ para $-1 \leq x \leq 1$

Nos Problemas 25 a 28, determine o valor médio V da função dada no intervalo especificado. Em cada caso, plote no mesmo gráfico a função e um retângulo cuja base é o intervalo dado e cuja altura é o valor médio V.

25. $f(x) = 2x - x^2$ para $0 \leq x \leq 2$
26. $f(x) = x$ para $0 \leq x \leq 4$
27. $h(u) = \dfrac{1}{u}$ para $2 \leq u \leq 4$
28. $g(t) = e^{-2t}$ para $-1 \leq t \leq 2$

PROBLEMAS APLICADOS DE ECONOMIA E FINANÇAS

CURVAS DE LORENZ *Nos Problemas 29 a 34, determine o índice de Gini para a curva de Lorenz dada.*

29. $L(x) = x^3$
30. $L(x) = x^2$
31. $L(x) = 0{,}55x^2 + 0{,}45x$
32. $L(x) = 0{,}7x^2 + 0{,}3x$
33. $L(x) = \dfrac{2}{3}x^{3,7} + \dfrac{1}{3}x$
34. $L(x) = \dfrac{e^x - 1}{e - 1}$

35. **OFERTA MÉDIA** Um fabricante coloca no mercado $S(p) = 0{,}5p^2 + 3p + 7$ centenas de unidades de um produto quando o preço unitário é p reais. Determine a oferta média quando o preço varia de $p =$ R\$ 2,00 até $p =$ R\$ 5,00.

36. **EFICIÊNCIA** Com t meses de experiência, um funcionário dos correios é capaz de separar $Q(t) = 700 - 400\,e^{-0,5t}$ cartas por hora. Qual é a velocidade média com a qual um funcionário dos correios consegue separar a correspondência durante os três primeiros meses de trabalho?

37. **ESTOQUE** Um estoque de 60.000 quilogramas de certo produto foi usado a uma taxa constante e se esgotou após 1 ano. Qual foi o estoque médio durante o ano?

38. **PREÇOS DE ALIMENTOS** Os registros mostram que t meses após o início do ano, o preço da carne moída nos supermercados era
$$P(t) = 0{,}09t^2 - 0{,}2t + 4$$

reais o quilo. Qual foi o preço médio da carne moída durante os 3 primeiros meses do ano?

39. **INVESTIMENTOS** Maria investe R$ 10.000,00 durante cinco anos em uma aplicação que rende 5% de juros ao ano.
    a. Qual é o montante médio da aplicação durante o período se os juros forem capitalizados continuamente?
    b. Como você calcularia o montante médio da aplicação se os juros fossem capitalizados trimestralmente? Escreva um ensaio de pelo menos dez linhas sobre o método que você usaria.

40. **INVESTIMENTOS** Suponha que, daqui a t anos, um fundo de investimento estará produzindo lucros a uma taxa $P_1'(t) = 100 + t^2$ centenas de reais por ano, enquanto um segundo fundo estará produzindo lucros a uma taxa $P_2'(t) = 220 + 2t$ centenas de reais por ano.
    a. Durante quantos anos a rentabilidade do segundo fundo permanecerá maior que a do primeiro?
    b. Determine o excesso líquido de lucro supondo que você tenha investido no segundo fundo durante o período calculado no item (a).
    c. Plote as curvas de rentabilidade $y = P_1'(t)$ e $y = P_2'(t)$ e sombreie a região cuja área representa o excesso líquido de lucro determinado no item (b).

41. **INVESTIMENTOS** Resolva o Problema 40 para dois investimentos de rentabilidades $P_1'(t) = 130 + t^2$ centenas de reais por ano e $P_2'(t) = 306 + 5t$ centenas de reais por ano.

42. **INVESTIMENTOS** Resolva o Problema 40 para dois investimentos de rentabilidades $P_1'(t) = 60e^{0,12t}$ milhares de reais por ano e $P_2'(t) = 160e^{0,08t}$ milhares de reais por ano.

43. **INVESTIMENTOS** Resolva o Problema 40 para dois investimentos de rentabilidades $P_1'(t) = 60e^{0,1t}$ milhares de reais por ano e $P_2'(t) = 140e^{0,07t}$ milhares de reais por ano.

44. **PUBLICIDADE** Uma empresa de propaganda é contratada para promover um novo programa de televisão durante três semanas antes da estreia e duas semanas após a estreia. Após t semanas de campanha, $P(t)$ por cento do público já ouviu falar do programa, em que
$$P(t) = \frac{59t}{0,7t^2 + 16} + 6$$
    a. Qual é a porcentagem média do público que ouviu falar do programa durante as cinco semanas da campanha publicitária?
    b. Em que instante das cinco semanas da campanha a porcentagem do público que ouviu falar do programa é igual ao valor calculado no item (a)?

45. **PRODUÇÃO MÉDIA** Uma empresa observa que, quando L homens-horas são empregados, Q unidades de um certo produto são fabricadas, em que
$$Q(L) = 500L^{2/3}$$
    a. Qual é a produção média quando a mão de obra varia de 1.000 a 2.000 homens-horas?
    b. Que nível de mão de obra entre 1.000 e 2.000 homens-horas resulta em uma produção igual ao valor calculado no item (a)?

46. **EFICIÊNCIA** Após passar t horas no emprego, um operário está produzindo $Q_1'(t) = 60 - 2(t-1)^2$ unidades por ano, enquanto um segundo operário está produzindo $Q_2'(t) = 50 - 5t$ unidades por hora.
    a. Se os dois operários chegaram ao trabalho às 8 horas, quantas unidades a mais o segundo operário terá produzido até o meio-dia?
    b. Interprete a resposta do item (a) como a área entre duas curvas.

47. **CUSTO MÉDIO** O custo para produzir x unidades de um novo produto é $C(x) = 3x\sqrt{x} + 10$ centenas de reais. Qual é o custo médio para produzir as primeiras 81 unidades?

48. **PLANEJAMENTO URBANO** As terras ocupadas por um vilarejo estão limitadas em um lado por um rio e nos outros lados por montanhas, formando a região sombreada que aparece na figura. Quando um sistema de coordenadas é traçado da forma indicada, as montanhas podem ser representadas aproximadamente pela curva $y = 4 - x^2$, em que x e y estão em quilômetros. Qual é a área ocupada pelo vilarejo?

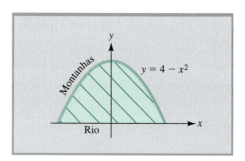

PROBLEMA 48

49. **VALOR DE UMA PROPRIEDADE** A figura mostra uma casa de campo situada à beira de um lago. Quando um sistema de coordenadas é traçado da forma indicada, a margem do lago pode ser descrita aproximadamente por um arco da curva $y = 10e^{0,04x}$. Supondo que a casa custa R$ 2.000,00 o metro quadrado e o terreno do lado de fora da casa (a região sombreada da figura) custa R$ 800,00 o metro quadrado, qual é o valor total da propriedade?

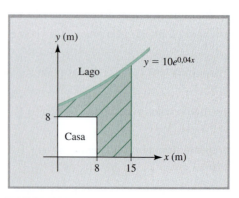

PROBLEMA 49

50. **DISTRIBUIÇÃO DE RENDA** Em certo país, observa-se que a distribuição de renda dos advogados é dada pela curva de Lorenz $y = L_1(x)$, em que

$$L_1(x) = \frac{4}{5}x^2 + \frac{1}{5}x$$

enquanto a dos médicos é dada por $y = L_2(x)$, em que

$$L_2(x) = \frac{5}{8}x^4 + \frac{3}{8}x$$

Calcule o índice de Gini para as duas curvas de Lorenz. Em que profissão a distribuição de renda é menos desigual?

51. **DISTRIBUIÇÃO DE RENDA** Em certo país, um estudo indica que a distribuição de renda dos jogadores de voleibol é dada pela curva de Lorenz $y = L_1(x)$, em que

$$L_1(x) = \frac{2}{3}x^3 + \frac{1}{3}x$$

enquanto a dos jogadores de basquete e a dos jogadores de futebol são dadas por $y = L_2(x)$ e $y = L_3(x)$, respectivamente, em que

$$L_2(x) = \frac{5}{6}x^2 + \frac{1}{6}x$$

e

$$L_3(x) = \frac{3}{5}x^4 + \frac{2}{5}x$$

Calcule o índice de Gini para os três esportes e verifique qual é o que apresenta uma distribuição de renda menos desigual. Em qual dos esportes a distribuição de renda é mais desigual?

PROBLEMAS APLICADOS DE CIÊNCIAS SOCIAIS E BIOLÓGICAS

52. **POPULAÇÃO MÉDIA** A população de certa cidade t anos após o ano 2000 é dada por

$$P(t) = \frac{e^{0,2t}}{4 + e^{0,2t}} \quad \text{milhões de habitantes}$$

Qual foi a população média da cidade entre 2000 e 2010?

53. **COLÔNIAS DE BACTÉRIAS** Em um experimento, o número de bactérias presentes em uma cultura após t minutos era $Q(t) = 2.000e^{0,05t}$. Qual foi o número médio de bactérias presentes na cultura durante os primeiros 5 minutos do experimento?

54. **CRESCIMENTO COMPARATIVO** A população de um país do terceiro mundo cresce exponencialmente a uma taxa insustentável de

$$P'_1(t) = 10e^{0,02t} \text{ milhares de habitantes por ano}$$

em que t é o número de anos após o ano 2005. Um estudo indica que, se certas mudanças socioeconômicas forem introduzidas no país, a população passará a crescer a uma taxa mais modesta, dada por

$$P'_2(t) = 10 + 0,02t + 0,002t^2$$

milhares de habitantes por ano. Qual será a redução de população no ano 2015 se as mudanças forem executadas?

55. **CRESCIMENTO COMPARATIVO** Um segundo estudo realizado no país do Problema 54 indica a existência de limitações naturais que tendem a tornar a taxa de crescimento igual a

$$P'_3(t) = \frac{20e^{0,02t}}{1 + e^{0,02t}}$$

em vez da taxa exponencial $P'_1(t) = 10e^{0,02t}$. Se o novo estudo estiver correto, qual será a redução de população no ano 2015 em relação ao modelo de crescimento exponencial?

56. **CAPACIDADE AERÓBICA MÉDIA** A capacidade aeróbica de uma pessoa com x anos de idade é dada por

$$A(x) = \frac{110(\ln x - 2)}{x} \quad \text{para } x \geq 10$$

Qual é a capacidade aeróbica média de uma pessoa entre 15 e 25 anos? E entre 60 e 70 anos?

57. **EFEITO TÉRMICO DOS ALIMENTOS** O metabolismo de um ser vivo em repouso ocorre a uma taxa praticamente constante, conhecida como *taxa de metabolismo basal*. Entretanto, qualquer tipo de atividade física acelera o metabolismo. Em particular, depois de ingerir alimentos, os organismos frequentemente experimentam uma aceleração brusca do metabolismo, que leva algumas horas para retornar ao nível basal.

Juliana comeu uma feijoada, o que fez com que sua taxa de metabolismo ficasse bem acima do nível basal M_0. A moça passou as 12 horas seguintes em jejum. Suponha que, t horas após a refeição, a taxa de metabolismo da jovem seja dada pela função

$$M(t) = M_0 + 50te^{-0,1t^2} \quad 0 \leq t \leq 12$$

quilojoules por hora (kJ/h).
a. Qual é a taxa média de metabolismo de Juliana durante esse período de 12 horas?
b. Plote a função $M(t)$. Qual é o valor máximo da taxa de metabolismo? Em que instante a taxa de metabolismo é máxima? [*Nota*: A escala vertical do gráfico e o valor máximo da taxa de metabolismo devem ser expressos em função de M_0.]

58. **ENGENHARIA DE TRÂNSITO** Durante várias semanas, o Departamento de Estradas de Rodagem vem registrando a velocidade dos veículos em uma via expressa de uma grande cidade. Os dados mostram que, entre 13 e 18 horas de um dia de semana, a velocidade dos veículos é dada por $S(t) = t^3 - 10,5t^2 + 30t + 20$ quilômetros por hora, em que t é o número de horas após o meio-dia.
a. Determine a velocidade média dos veículos entre 13 e 18 horas.

b. Em que instante, entre 13 e 18 horas, a velocidade dos veículos é igual ao valor calculado no item (a)?

59. **CONCENTRAÇÃO MÉDIA DE UM MEDICAMENTO** Um paciente recebe uma injeção e, t horas mais tarde, a concentração do medicamento no sangue do paciente é dada por

$$C(t) = \frac{3t}{(t^2 + 36)^{3/2}} \quad \text{mg/cm}^3$$

Qual é a concentração média do medicamento durante as primeiras oito horas após a injeção?

60. **HEMODINÂMICA** Um modelo* do sistema cardiovascular relaciona o volume de sangue $V(t)$ na aorta no instante t durante a sístole (fase de contração) com a pressão $P(t)$ na aorta no mesmo instante por meio da equação

$$V(t) = [C_1 + C_2 P(t)]\left(\frac{3t^2}{T^2} - \frac{2t^3}{T^3}\right)$$

em que C_1 e C_2 são constantes positivas e T é o período da fase sistólica (um tempo fixo). Suponha que a pressão aórtica $P(t)$ aumenta a uma taxa constante a partir de P_0 (no instante $t = 0$) até P_1 (no instante $t = T$).
a. Mostre que

$$P(t) = \left(\frac{P_1 - P_0}{T}\right)t + P_0$$

b. Determine o volume médio de sangue na aorta durante a fase sistólica ($0 \leq t \leq T$). (*Nota*: A resposta deve ser dada em termos de C_1, C_2, P_0, P_1 e T.)

61. **REAÇÃO A UM MEDICAMENTO** Em alguns modelos biológicos, a reação do corpo humano a um medicamento é medida por uma função da forma

$$F(M) = \frac{1}{3}(kM^2 - M^3) \qquad 0 \leq M \leq k$$

em que k é uma constante positiva e M é a quantidade de medicamento absorvida pelo corpo. A sensibilidade do corpo ao medicamento é medida pela derivada $S = F'(M)$.
a. Mostre que a sensibilidade do corpo ao medicamento é máxima para $M = k/3$.
b. Qual é a reação média ao medicamento para $0 \leq M \leq k/3$?

---
*J. G. Defares, J. J. Osborn e H. H. Hura, *Acta Physiol. Pharm. Neerl.*, Vol. 12, 1963, pp. 189–265.

PROBLEMAS VARIADOS

62. **TEMPERATURA** Os registros mostram que t horas após a meia-noite, a temperatura em certo aeroporto era $f(t) = -0{,}3t^2 + 4t + 10$ °C. Qual foi a temperatura média no aeroporto entre as 9 h e o meio-dia?

63. **TEMPERATURA** Um pesquisador modela a temperatura T (em °C) em certa cidade do norte dos EUA, entre 6 e 18 horas, usando a função

$$T(t) = 3 - \frac{1}{3}(t-5)^2 \quad \text{para } 0 \leq t \leq 12$$

em que t é o número de horas após as 6 horas.
a. Qual é a temperatura média na cidade durante o horário comercial, das 8 às 17 horas?
b. Em que instante (ou instantes), durante o horário comercial, a temperatura na cidade é igual ao valor calculado no item (a)?

64. Use uma calculadora para plotar as curvas $y = x^2 e^{-x}$ e $y = 1/x$ no mesmo gráfico. Use **ZOOM** e **TRACE** ou outro recurso da calculadora para determinar os pontos de interseção das duas curvas. Em seguida, calcule a área da região limitada pelas curvas usando a rotina de integração numérica da calculadora.

65. Repita o Problema 62 para as curvas

$$\frac{x^2}{5} - \frac{y^2}{2} = 1 \quad \text{e} \quad y = x^3 - 8{,}9x^2 + 26{,}7x - 27$$

66. Mostre que o valor médio V de uma função contínua $f(x)$ no intervalo $a \leq x \leq b$ pode ser calculado como a inclinação da reta que liga os pontos $(a, F(a))$ e $(b, F(b))$ na curva $y = F(x)$, em que $F(x)$ é uma antiderivada de $f(x)$.

67. Considere um corpo que esteja se movendo em linha reta. Explique por que a velocidade média do corpo em qualquer intervalo de tempo é igual ao valor médio da velocidade no mesmo intervalo.

SEÇÃO 5.5   Outras Aplicações da Integração em Economia e Finanças

Objetivos do Aprendizado

1. Usar a integração para calcular os valores atual e futuro de um fluxo de renda.
2. Conhecer a definição de disposição do consumidor para gastar como uma integral definida e usar essa integral para calcular os excedentes do consumidor e do produtor.

Nesta seção, vamos discutir algumas aplicações importantes da integração definida em economia e finanças, como os valores futuro e atual de um fluxo de renda, a disposição do consumidor para gastar e os excedentes do consumidor e do produtor.

Valor Futuro e Valor Atual de um Fluxo de Receita

A receita gerada por uma operação comercial pode muitas vezes ser considerada um fluxo contínuo de renda, que pode ser reaplicada para gerar uma receita ainda maior. O valor futuro de um fluxo de renda por um período especificado é a quantia total (dinheiro depositado na conta mais juros) que é acumulada durante o período.

A **anuidade** é um tipo especial de fluxo de renda no qual os depósitos (ou retiradas) são feitos a intervalos regulares, como os pagamentos de prestações de imóveis e de planos de pensão. As anuidades muitas vezes são fixas (como as prestações da compra de carros). O Exemplo 5.5.1 ilustra o cálculo do valor futuro de um fluxo de renda a partir do valor futuro de uma anuidade.

EXEMPLO 5.5.1 Cálculo do Valor Futuro de uma Anuidade

Uma conta recebe depósitos a uma taxa constante de R$ 1.200,00 ao ano. A conta rende juros anuais de 8%, capitalizados continuamente. Qual é o saldo da conta após dois anos?

Solução

Como vimos na Seção 4.1, P reais investidos a 8% de juros capitalizados continuamente resultam em $Pe^{0,08t}$ reais t anos depois.

Para determinar o valor futuro do fluxo de receita, o primeiro passo é dividir o intervalo de 2 anos, $0 \leq t \leq 2$, em n subintervalos iguais de largura Δt anos. Seja t_j o início do subintervalo de ordem j. Durante esse subintervalo,

$$\text{Dinheiro depositado} = (\text{reais por ano})(\text{número de anos}) = 1.200\Delta t$$

Supondo que todo o dinheiro foi depositado no início do subintervalo (ou seja, no instante t_j), a quantia permaneceu na conta $2 - t_j$ anos e, portanto, resultou em $(1.200\,\Delta t)e^{0,08(2-t_j)}$ reais. Assim,

$$\text{Valor futuro do dinheiro depositado durante o intervalo de ordem } j \approx 1.200 e^{0,08(2-t_j)}\Delta t$$

Essa situação está ilustrada na Figura 5.18.

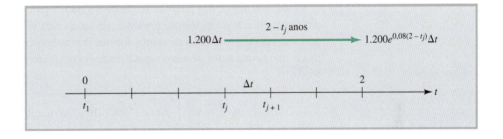

FIGURA 5.18 Valor futuro (aproximado) do dinheiro depositado durante o subintervalo de ordem j.

O valor futuro do fluxo de receita é a soma dos valores futuros das quantias depositadas nos n subintervalos. Assim,

$$\text{Valor futuro do fluxo de receita} \approx \sum_{j=1}^{n} 1.200 e^{0,08(2-t_j)} \Delta t$$

(Note que esse valor é apenas de uma aproximação, já que se baseia na premissa de que $1.200\Delta t$ reais são depositados no início de cada intervalo e não continuamente ao longo do intervalo.)

Quando n aumenta indefinidamente, a largura dos intervalos tende a zero e a aproximação tende para o valor futuro real do fluxo de receita. Assim,

$$\begin{aligned}
\text{Valor futuro do} \atop \text{fluxo de receita} &= \lim_{n \to +\infty} \sum_{j=1}^{n} 1.200 e^{0,08(2-t_j)} \Delta t \\
&= \int_0^2 1.200 e^{0,08(2-t)}\, dt = 1.200 e^{0,16} \int_0^2 e^{-0,08t}\, dt \\
&= -\frac{1.200}{0,08} e^{0,16}(e^{-0,08t}) \Big|_0^2 = -15.000 e^{0,16}(e^{-0,16} - 1) \\
&= -15.000 + 15.000 e^{0,16} \approx 2.602{,}66
\end{aligned}$$

e, portanto, o saldo da conta após dois anos é R$ 2.602,66.

Generalizando o raciocínio ilustrado no Exemplo 5.5.1, chegamos às seguintes fórmulas de integração para o valor futuro de um fluxo de receita $f(t)$ com um termo de T anos:

$$\text{VF} = \int_0^T f(t)\, e^{r(T-t)}\, dt \quad e^{r(T-t)} = e^{(rT-rt)} = e^{rT}\, e^{-rt}$$

$$= \int_0^T f(t)\, e^{rT}\, e^{-rt}\, dt \quad \text{tirando a constante } e^{rT} \text{ da integral}$$

$$= e^{rT} \int_0^T f(t)\, e^{-rt}\, dt$$

A primeira e a última dessas fórmulas são apresentadas a seguir para futuras consultas.

Valor Futuro de um Fluxo de Receita ■ Suponha que sejam realizados depósitos continuamente em uma conta durante um período de tempo $0 \leq t \leq T$ a uma taxa dada pela função $f(t)$ e a conta renda uma taxa anual r de juros, capitalizados continuamente. Nesse caso, o **valor futuro VF do fluxo de receita** durante o termo T é dado pela integral definida

$$\text{VF} = \int_0^T f(t)\, e^{r(T-t)}\, dt = e^{rT} \int_0^T f(t)\, e^{-rt}\, dt$$

No Exemplo 5.5.1, tínhamos $f(t) = 1.200$, $r = 0{,}08$, $T = 2$; portanto,

$$\text{VF} = e^{0{,}08(2)} \int_0^2 1.200 e^{-0{,}08t}\, dt$$

O **valor atual** de um fluxo de renda contínuo $f(t)$ para um termo de T anos é a quantia A que deve ser aplicada no momento presente, de uma única vez, à taxa de juros vigente, para gerar a mesma receita que o fluxo de renda durante o mesmo período de T anos. Como A reais investidos a uma taxa anual r de juros capitalizados continuamente resultam em Ae^{rT} reais após T anos, temos:

$$Ae^{rT} = e^{rT} \int_0^T f(t)\, e^{-rt}\, dt \quad \text{dividindo ambos os membros por } e^{rT}$$

$$A = \int_0^T f(t)\, e^{-rt}\, dt$$

Resumindo:

Valor Atual de um Fluxo de Receita ■ O **valor atual VA de um fluxo de receita contínuo** $f(t)$ em uma aplicação por um termo de T anos que rende uma taxa anual r de juros capitalizados continuamente é dado por

$$\text{VA} = \int_0^T f(t)\, e^{-rt}\, dt$$

O Exemplo 5.5.2 ilustra o uso do valor atual para tomar decisões financeiras.

EXEMPLO 5.5.2 Uso do Valor Atual para Comparar Dois Fluxos de Renda

Jane está tentando decidir entre dois investimentos. O primeiro é de R$ 9.000,00 e deverá gerar um fluxo de receita contínuo $f_1(t) = 3.000 e^{0{,}03t}$ reais por ano. O segundo é uma anuidade que envolve um gasto inicial de R$ 12.000,00 e deverá gerar um fluxo de receita constante $f_2(t) = 4.000$ reais por ano. Se a taxa de juros permanece constante em 5% ao ano capitalizados continuamente por cinco anos, qual é o melhor investimento durante esse período de tempo?

Solução

O valor líquido de cada investimento para o período de 5 anos é o valor atual do investimento menos o custo inicial. Para os dois investimentos, $r = 0{,}05$ e $T = 5$.

No caso do primeiro investimento,

$$\begin{aligned}
\text{VA} - \text{custo} &= \int_0^5 (3.000e^{0,03t})e^{-0,05t}\, dt - 9.000 \\
&= 3.000\int_0^5 e^{0,03t - 0,05t}\, dt - 9.000 \\
&= 3.000\int_0^5 e^{-0,02t}\, dt - 9.000 \\
&= 3.000\left(\frac{e^{-0,02t}}{-0,02}\right)\bigg|_0^5 - 9.000 \\
&= -150.000[e^{-0,02(5)} - e^0] - 9.000 \\
&= 5.274{,}39
\end{aligned}$$

No caso do segundo investimento,

$$\begin{aligned}
\text{VA} - \text{custo} &= \int_0^5 (4.000)e^{-0,05t}\, dt - 12.000 \\
&= 4.000\left(\frac{e^{-0,05t}}{-0,05}\right)\bigg|_0^5 - 12.000 \\
&= -80.000[e^{-0,05(5)} - e^0] - 12.000 \\
&= 5.695{,}94
\end{aligned}$$

Assim, o valor líquido do primeiro investimento é R$ 5.274,39 e o do segundo é R$ 5.695,94, o que significa que o segundo investimento é ligeiramente melhor.

Uma fórmula geral para calcular o valor atual de uma anuidade é apresentada no Problema 45.

Disposição do Consumidor para Gastar e o Excedente do Consumidor

Suponha que um jovem casal está disposto a gastar R$ 500,00 para comprar um aparelho de televisão. Pela conveniência de dispor de dois aparelhos (para evitar, por exemplo, disputas quanto ao programa a ser assistido), o casal está disposto a pagar mais R$ 300,00 por um segundo aparelho. Entretanto, como não haveria muita vantagem em poder contar com três aparelhos, o casal não gastaria mais que R$ 50,00 em um terceiro aparelho. Assim, a função demanda de aparelhos de televisão do casal, $p = D(q)$, deve ser tal que

$$500 = D(1) \qquad 300 = D(2) \qquad 50 = D(3)$$

e a disposição do casal para gastar o suficiente para possuir três aparelhos de televisão é

$$\text{R\$ } 500{,}00 + \text{R\$ } 300{,}00 + \text{R\$ } 50{,}00 = \text{R\$ } 850{,}00$$

Considere agora uma mercadoria, como um cereal, que pode ser vendida em qualquer quantidade q até q_0 unidades (ou seja, $0 \leq q \leq q_0$) e seja $p = D(q)$ a função demanda da mercadoria. Para determinar a disposição do consumidor para comprar até q_0 unidades, não podemos simplesmente somar os gastos parciais, como fizemos no caso dos aparelhos de televisão, porque, nesse caso, o número de possibilidades é praticamente infinito. Assim, recorremos a uma integral definida.

Mais especificamente, como mostra a Figura 5.19, dividimos o intervalo $0 \leq q \leq q_0$ em n subintervalos igualmente espaçados e supomos que a demanda é $D(q_{k-1})$ para todo o subintervalo de ordem k, em que q_{k-1} é a extremidade esquerda do subintervalo e $k = 1, 2, \ldots, n$. Nesse caso, a disposição do consumidor para comprar entre q_{k-1} e q_k unidades é dada aproximadamente por $D(q_{k-1})\Delta q$, em que $\Delta q = q_0/n$ é a largura dos subintervalos, e a disposição *total* do consu-

382 CAPÍTULO 5

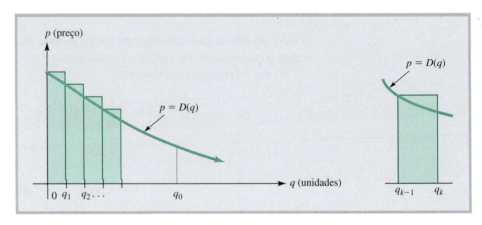

FIGURA 5.19 Cálculo da disposição do consumidor para gastar.

midor para gastar até q_0 unidades é dada aproximadamente por $\sum_{k=1}^{n} D(q_{k-1})\Delta q$ e podemos *definir* a disposição total para gastar como o limite

$$\text{DG} = \lim_{n \to \infty} \sum_{k=1}^{n} D(q_{k-1})\Delta q$$

que reconhecemos como a integral definida da função demanda $p = D(q)$ no intervalo $0 \leq q \leq q_0$. Note que, como a função demanda é sempre positiva, essa integral pode ser interpretada geometricamente como a área sob a curva da demanda, como indicado no quadro abaixo.

Disposição do Consumidor para Gastar ■ A disposição do consumidor para gastar até q_0 unidades de uma mercadoria, DG, é dada por

$$\text{DG} = \int_0^{q_0} D(q)\, dq$$

em que $p = D(q)$ é a função demanda de mercadoria. Geometricamente, DG é a área sob a curva da função demanda no intervalo $0 \leq q \leq q_0$.

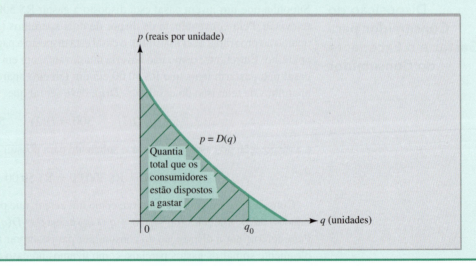

12 EXPLORE!

No Exemplo 5.5.3, mude $D(q)$ para $D_{\text{nova}}(q) = 4(23 - q^2)$. A quantia que os consumidores estão dispostos a gastar para obter 3 unidades do produto aumenta ou diminui? Plote $D_{\text{nova}}(q)$ em negrito para comparar com a curva de $D(q)$, usando uma janela [0, 5]1 por {0, 150]10.

EXEMPLO 5.5.3 Cálculo da Disposição do Consumidor para Gastar

Roberto, o dono de uma fazenda, estima que q toneladas de milho serão vendidas se o preço for $p = 10(25 - q^2)$ reais a tonelada. Determine quanto os consumidores estão dispostos a gastar por 3 toneladas de milho.

Solução

Como a função demanda é $p = 10(25 - q^2)$, a disposição do consumidor para gastar para $q_0 = 3$ é

$$DG = \int_0^{q_0} D(q)\, dq = \int_0^3 10(25 - q^2)\, dq$$

$$= 250q - 10\left(\frac{1}{3}q^3\right)\Big|_0^3 = 660$$

Assim, os consumidores estão dispostos a pagar R$ 660,00 a Roberto por 3 toneladas de milho.

O **excedente do consumidor** é uma grandeza da economia que está relacionada de perto com a disposição do consumidor para gastar. Em uma economia competitiva, a quantia total que os consumidores gastam com um produto geralmente é menor que a que estariam dispostos a gastar. Suponha que você esteja esperando pagar R$ 60,00 por um novo videogame e descubra que ele custa apenas R$ 40,00. Nesse caso, o excedente do consumidor é o dinheiro que você economizou, R$ 60,00 − R$ 40,00 = R$ 20,00.

No caso geral, suponha que os consumidores estejam dispostos a comprar q_0 unidades de uma mercadoria cuja função demanda é $p = D(q)$. Se os consumidores estão *dispostos* a pagar $DG = \int_0^{q_0} D(q)\, dq$ reais por q_0 unidades da mercadoria e pagam apenas $p_0 q_0$ reais, em que $p_0 = D(q_0)$, o excedente do consumidor é a diferença

$$EC = \int_0^{q_0} D(q)\, dq - p_0 q_0$$

Resumindo:

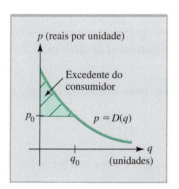

Excedente do Consumidor ■ Se q_0 unidades de um produto são vendidas a um preço p_0 e se $p = D(q)$ é a função demanda do consumidor para esse produto,

$$\begin{bmatrix} \text{Excedente do} \\ \text{consumidor} \end{bmatrix} = \begin{bmatrix} \text{quantia que os consumidores} \\ \text{estão dispostos a gastar} \\ \text{com } q_0 \text{ unidades} \end{bmatrix} - \begin{bmatrix} \text{quantia gasta pelos} \\ \text{consumidores com} \\ q_0 \text{ unidades} \end{bmatrix}$$

$$CS = \int_0^{q_0} D(q)\, dq - p_0 q_0$$

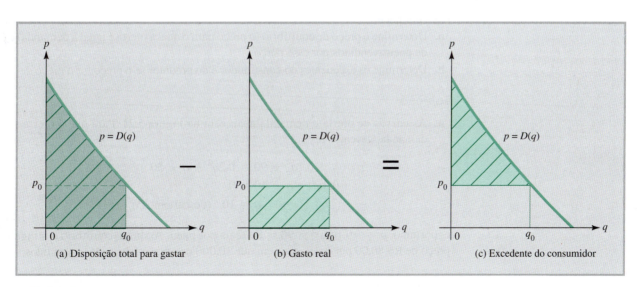

FIGURA 5.20 Interpretação geométrica do excedente do consumidor.

O excedente do consumidor tem uma interpretação geométrica simples, que está ilustrada na Figura 5.20. A Figura 5.20a mostra a região sob a curva de demanda no intervalo $0 \leq q \leq q_0$, que representa a quantia que os consumidores estão dispostos a gastar para comprar q_0 unidades do produto. O retângulo da Figura 5.20b tem uma área igual a $p_0 q_0$ e, portanto, representa a quantia gasta pelo consumidor para adquirir q_0 unidades a um preço unitário p_0. A diferença entre as duas áreas (Figura 5.20c) representa o excedente do consumidor. Note que o excedente do consumidor é a área da região entre a curva de demanda $p = D(q)$ e a reta horizontal $p = p_0$.

O **excedente do produtor** é o equivalente para o produtor do excedente do consumidor. Como vimos, a função oferta $p = S(q)$ representa o preço unitário que os produtores estão dispostos a aceitar para fornecer q unidades de um produto. Um produtor que estava disposto a aceitar um preço unitário menor que $p_0 = S(q_0)$ reais pelo produto se beneficia do fato de que o preço é p_0. O excedente do produtor é a diferença entre a quantia que os produtores estariam dispostos a aceitar para fornecer q_0 unidades e a quantia recebida. Raciocinando como no caso do excedente do consumidor, obtemos a seguinte expressão para o excedente do produtor:

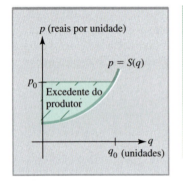

Excedente do Produtor ■ Se q_0 unidades de um produto são vendidas a um preço de p_0 reais a unidade e $p = S(q)$ é a função de oferta do produtor, o excedente do produtor EP é dado por

$$\text{PS} = p_0 q_0 - \int_0^{q_0} S(q)\, dq$$

Como mostra a figura ao lado, o excedente do produtor é a região entre a curva de oferta $p = S(q)$ e a reta $p = p_0$.

EXEMPLO 5.5.4 Cálculo do Excedente do Consumidor e do Excedente do Produtor

Estima-se que q (mil) pneus radiais serão comprados (demandados) pelos atacadistas se o preço for

$$p = D(q) = -0{,}1q^2 + 90$$

reais por pneu e q (mil) pneus serão produzidos (oferecidos) pelos fabricantes se o preço for

$$p = S(q) = 0{,}2q^2 + q + 50$$

reais por pneu.
a. Determine o preço de equilíbrio (o preço para o qual a oferta é igual à demanda) e o número de pneus vendidos por esse preço.
b. Determine os excedentes do consumidor e do produtor se o preço for o preço de equilíbrio.

Solução

a. As curvas de oferta e demanda aparecem na Figura 5.21. Para que a oferta seja igual à demanda, devemos ter

$$-0{,}1q^2 + 90 = 0{,}2q^2 + q + 50$$
$$0{,}3q^2 + q - 40 = 0$$
$$q = 10 \quad (\text{descartamos } q \approx -13{,}33)$$

e, portanto, $p = -0{,}1(10)^2 + 90 = 80$ reais por pneu. Assim, o equilíbrio é atingido para um preço de R$ 80,00 por pneu, caso em que 10.000 pneus são fabricados e vendidos.

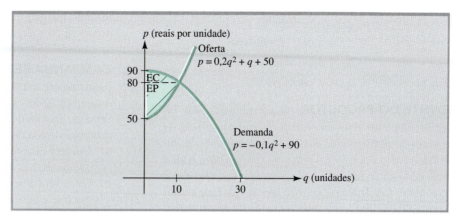

FIGURA 5.21 Excedentes do consumidor e do produtor para as funções oferta e demanda do Exemplo 5.5.4.

b. Fazendo $p_0 = 80$ e $q_0 = 10$, verificamos que o excedente do consumidor é

$$EC = \int_0^{10} (-0{,}1q^2 + 90)\, dq - (80)(10)$$

$$= \left[-0{,}1\left(\frac{q^3}{3}\right) + 90q \right]_0^{10} - (80)(10)$$

$$\approx 866{,}67 - 800 = 66{,}67$$

ou R\$ 66.670,00 (já que $q_0 = 10$ corresponde a 10.000 pneus). O excedente do consumidor é a região sombreada EC da Figura 5.21.

O excedente do produtor é

$$EP = (80)(10) - \int_0^{10} (0{,}2q^2 + q + 50)\, dq$$

$$= (80)(10) - \left[0{,}2\left(\frac{q^3}{3}\right) + \left(\frac{q^2}{2}\right) + 50q \right]_0^{10}$$

$$\approx 800 - 616{,}67 = 183{,}33$$

ou R\$ 183.330,00. O excedente do produtor é a região sombreada EP da Figura 5.21.

PROBLEMAS ■ 5.5

DISPOSIÇÃO DO CONSUMIDOR PARA GASTAR *Para as funções demanda D(q) dos Problemas 1 a 6:*
  (a) Determine a quantia total que os consumidores estão dispostos a gastar para adquirir q_0 unidades do produto.
  (b) Trace a curva de demanda e interprete a disposição do consumidor para gastar do item (a) como uma área.

1. $D(q) = 2(64 - q^2)$ reais por unidade; $q_0 = 6$ unidades

2. $D(q) = 300/(0{,}1q + 1)^2$ reais por unidade; $q_0 = 5$ unidades

3. $D(q) = 400/(0{,}5q + 2)$ reais por unidade; $q_0 = 12$ unidades

4. $D(q) = 300/(4q + 3)$ reais por unidade; $q_0 = 10$ unidades

5. $D(q) = 40e^{-0{,}05q}$ reais por unidade; $q_0 = 10$ unidades

6. $D(q) = 50e^{-0{,}04q}$ reais por unidade; $q_0 = 15$ unidades

EXCEDENTE DO CONSUMIDOR *Nos Problemas 7 a 10, $p = D(q)$ é o preço unitário em reais pelo qual q unidades de certo produto são demandadas pelo mercado (ou seja, todas as q unidades são vendidas se forem oferecidas por esse preço) e q_0 é um certo nível de produção. Em cada caso, determine o preço $p_0 = D(q_0)$ para o qual q_0 unidades são demandadas e calcule o excedente do consumidor correspondente, EC. Trace a curva de demanda $y = D(q)$ e sombreie a região cuja área representa o excedente do consumidor.*

7. $D(q) = 2(64 - q^2)$; $q_0 = 3$ unidades
8. $D(q) = 150 - 2q - 3q^2$; $q_0 = 6$ unidades
9. $D(q) = 40e^{-0,05q}$; $q_0 = 5$ unidades
10. $D(q) = 75e^{-0,04q}$; $q_0 = 3$ unidades

EXCEDENTE DO PRODUTOR *Nos Problemas 11 a 14, $p = S(q)$ é o preço unitário em reais pelo qual q unidades de uma mercadoria serão produzidas e q_0 é certo nível de produção. Em cada caso, determine o preço $p_0 = S(q_0)$ para o qual q_0 unidades são oferecidas e calcule o excedente do produtor correspondente, EP. Trace a curva de oferta $y = S(q)$ e sombreie a região cuja área representa o excedente do produtor.*

11. $S(q) = 0,3q^2 + 30$; $q_0 = 4$ unidades
12. $S(q) = 0,5q + 15$; $q_0 = 5$ unidades
13. $S(q) = 10 + 15e^{0,03q}$; $q_0 = 3$ unidades
14. $S(q) = 17 + 11e^{0,01q}$; $q_0 = 7$ unidades

EXCEDENTES DO CONSUMIDOR E DO PRODUTOR NO EQUILÍBRIO *Nos Problemas 15 a 19, são dadas as funções demanda e oferta, $D(q)$ e $S(q)$ para certo produto. Isso significa que q unidades do produto serão demandadas (vendidas) se o preço unitário for $p = D(q)$ reais e q unidades serão oferecidas (fabricadas) se o preço unitário for $p = S(q)$ reais. Em cada caso:*

(a) Determine o preço de equilíbrio p_e (para o qual a oferta é igual à demanda).
(b) Determine o excedente do consumidor e o excedente do produtor no equilíbrio.

15. $D(q) = 131 - \frac{1}{3}q^2$; $S(q) = 50 + \frac{2}{3}q^2$
16. $D(q) = 65 - q^2$; $S(q) = \frac{1}{3}q^2 + 2q + 5$
17. $D(q) = -0,3q^2 + 70$; $S(q) = 0,1q^2 + q + 20$
18. $D(q) = \sqrt{245 - 2q}$; $S(q) = 5 + q$
19. $D(q) = \frac{16}{q+2} - 3$; $S(q) = \frac{1}{3}(q + 1)$

20. **LUCRO DURANTE A VIDA ÚTIL DE UMA MÁQUINA** Suponha que, após t anos de uso, certa máquina industrial gere receita à taxa de $R'(t) = 6.025 - 8t^2$ reais por ano e que os custos de operação e manutenção se acumulem à taxa de $C'(t) = 4.681 + 13t^2$ reais por ano.
    a. A **vida útil** de uma máquina é o número T de anos durante os quais o lucro gerado pela máquina é crescente. Qual é a vida útil dessa máquina?
    b. Calcule a receita líquida gerada pela máquina durante sua vida útil.
    c. Plote a curva da taxa de variação da receita $y = R'(t)$ e a curva da taxa de variação de custo $C'(t)$ e sombreie a região cuja área representa a receita líquida calculada no item (b).

21. **LUCRO DURANTE A VIDA ÚTIL DE UMA MÁQUINA** Responda às perguntas do Problema 20 para uma máquina que gere receita à taxa de $R'(t) = 7.250 - 18t^2$ reais por ano e para a qual os custos de operação e manutenção se acumulem à taxa de $C'(t) = 3.620 + 12t^2$ reais por ano.

22. **CAMPANHA BENEFICENTE** Estima-se que daqui a t semanas as contribuições para uma campanha beneficente estarão chegando a uma taxa $R'(t) = 5.000e^{-0,2t}$ reais por semana, enquanto as despesas com a campanha estão se acumulando à taxa constante de R$ 676,00 por semana.
    a. Durante quanto tempo vale a pena prosseguir com a campanha?
    b. Qual será a receita líquida gerada pela campanha durante o período calculado no item (a)?
    c. Interprete o resultado do item (b) como a área entre duas curvas.

23. **CAMPANHA BENEFICENTE** Responda às perguntas do Problema 22 para o caso de uma campanha beneficente em que as contribuições chegam a uma taxa $R'(t) = 6.537e^{-0,3t}$ reais por semana e as despesas se acumulam a uma taxa constante de R$ 593,00 por semana.

24. **MONTANTE DE UM FLUXO DE RECEITA** Depósitos são feitos continuamente em uma conta bancária à taxa constante de R$ 2.400,00 por ano. A conta rende juros de 6% ao ano, capitalizados continuamente. Qual é o saldo da conta após 5 anos?

25. **MONTANTE DE UM FLUXO DE RECEITA** Depósitos são feitos continuamente em uma conta bancária à taxa constante de R$ 1.000,00 por ano. A conta rende juros de 10% ao ano, capitalizados continuamente. Qual é o saldo da conta após 10 anos?

26. **DECISÃO SOBRE UMA REFORMA** Magda pretende ampliar sua loja de produtos importados, e recebeu duas propostas para a reforma. A primeira custará R$ 40.000,00, e a segunda, mais modesta, apenas R$ 25.000,00. Entretanto, ela espera que os melhoramentos introduzidos com a primeira reforma permitam obter uma receita contínua de R$ 10.000,00 por ano, enquanto a receita obtida com a segunda seria de apenas R$ 8.000,00 por ano. Qual dos dois planos é mais vantajoso para os próximos três anos se a taxa de juros prevista é de 5% ao ano, capitalizados continuamente?

27. **APOSENTADORIA** Com 25 anos, Rubem começa a fazer depósitos anuais de R$ 2.500,00 em um fundo de aposentadoria que rende juros de 5% ao ano capitalizados continuamente. Considerando os depósitos como um fluxo de receita contínuo, qual será o saldo do fundo quando Rubem tiver 60 anos? E quando tiver 65 anos?

28. **APOSENTADORIA** Aos 30 anos, Luzia começa a fazer depósitos anuais de R$ 2.000,00 em um fundo de aposentadoria que rende juros de 8% ao ano capitalizados continuamente. Considerando os depósitos como um fluxo de receita contínuo, qual será o saldo do fundo quando Luzia tiver 55 anos?

29. **VALOR ATUAL DE UM INVESTIMENTO** Um investimento gera receita continuamente a uma taxa constante de R$ 1.200,00 por ano durante cinco anos. Se a taxa de

juros permanece constante em 5% ao ano, capitalizados continuamente, qual é o valor atual do investimento?

30. **VALOR ATUAL DE UMA FRANQUIA** A administração de uma cadeia nacional de pizzarias está oferecendo uma franquia de 10 anos para uma filial em Fortaleza. A experiência em locais semelhantes sugere que daqui a t anos a loja estará gerando lucro à taxa de $f(t) = 100.000$ reais por ano. A taxa de juros deverá permanecer fixa durante os próximos seis anos em 4% capitalizados continuamente. Qual é o valor atual da franquia?

31. **ANÁLISE DE INVESTIMENTOS** Almir recebeu duas propostas de investimento. A primeira é uma aplicação de R$ 50.000,00, que proporcionará um fluxo de receita contínuo de R$ 15.000,00 ao ano. A segunda é uma aplicação de R$ 30.000,00, que proporcionará um fluxo de receita contínuo de R$ 9.000,00 ao ano. Se a taxa de juros permanecer constante em 6% ao ano, capitalizados continuamente, qual é a proposta mais vantajosa para os próximos cinco anos?

32. **ANÁLISE DE INVESTIMENTOS** Alberto aplica R$ 4.000,00 em um investimento que proporciona um fluxo de receita contínuo a uma taxa de $f_1(t) = 3.000$ reais por ano. A esposa, Patrícia, faz outro investimento que proporciona um fluxo de receita contínuo a uma taxa de $f_2(t) = 2.000e^{0,04t}$ reais por ano. O casal descobre que os dois investimentos têm exatamente o mesmo valor após um período de 4 anos. Se a taxa de juros permanece constante em 5% ao ano, capitalizados continuamente, qual foi a aplicação inicial de Patrícia?

33. **EXCEDENTE DO CONSUMIDOR** Um fabricante de peças de máquinas estima que q unidades de certa peça serão vendidas se o preço unitário for $p = 110 - q$ reais. O custo total para produzir essas q unidades é $C(q)$ reais, em que
$$C(q) = q^3 - 25q^2 + 2q + 3.000$$
   a. Qual é o lucro obtido com a venda de q unidades a um preço unitário de p reais? [*Sugestão*: Determine primeiro a receita $R = pq$; o lucro é igual à diferença entre a receita e o custo.]
   b. Para que valor de q o lucro é máximo?
   c. Determine o excedente do consumidor para o nível de produção q_0 correspondente ao lucro máximo.

34. **EXCEDENTE DO CONSUMIDOR** Repita o Problema 33 para $C(q) = 2q^3 - 59q^2 + 4q + 7.600$ e $p = 124 - 2q$.

35. **ESGOTAMENTO DE RECURSOS NATURAIS** O petróleo está sendo retirado de um campo petrolífero, t anos após sua abertura, a uma taxa $P'(t) = 1,3e^{0,04t}$ bilhões de barris por ano. O campo tem uma reserva de 20 bilhões de barris, e o preço do petróleo se mantém constante em 112 dólares o barril.
   a. Determine $P(t)$, a quantidade de petróleo retirada do campo até o instante t. Qual foi a quantidade de petróleo retirada do campo durante os primeiros três anos de operação? E durante os três anos seguintes?
   b. Qual será o número total T de anos de funcionamento do campo até que se esgote por completo?
   c. Se os juros permanecerem constantes em 5% ao ano, capitalizados continuamente, qual é o valor atual do fluxo de receita contínuo $V = 112P'(t)$ durante o tempo total de operação do campo, $0 \leq t \leq T$?
   d. Se o proprietário do campo decide vendê-lo no primeiro dia de operação, você acha que o valor atual determinado no item (c) é um preço justo? Justifique sua resposta.

36. **ESGOTAMENTO DOS RECURSOS NATURAIS** Responda às perguntas do Problema 35 para um campo petrolífero do qual o petróleo está sendo retirado a uma taxa $P'(t) = 1,5e^{0,03t}$ e com uma reserva de 16 bilhões de barris. Suponha que o preço do petróleo se mantém constante em 112 dólares o barril e que os juros são de 5% ao ano, capitalizados continuamente.

37. **ESGOTAMENTO DOS RECURSOS NATURAIS** Responda às perguntas do Problema 35 para um campo petrolífero do qual o petróleo está sendo retirado a uma taxa $P'(t) = 1,2e^{0,02t}$ e com uma reserva de 12 bilhões de barris. Suponha que os juros são de 5% ao ano, capitalizados continuamente, e que o preço do petróleo após t anos é dado por $A(t) = 112e^{0,015t}$.

38. **LOTERIA** O ganhador de um prêmio de 2 milhões de reais na loteria pode escolher entre receber todo o dinheiro de uma vez ou receber imediatamente um cheque de R$ 250.000 e mais 10 prestações anuais de R$ 200.000,00. Se o mercado está oferecendo juros de 5% ao ano, capitalizados continuamente, qual é a melhor opção? Justifique sua resposta.

39. **LOTERIA** O ganhador de uma loteria pode escolher entre receber 10 milhões de reais de uma vez e receber A reais por ano durante seis anos como um fluxo de receita contínuo. Se o mercado está oferecendo juros de 5% ao ano, capitalizados continuamente, e as duas opções são equivalentes, qual é o valor de A?

40. **CONTRATOS ESPORTIVOS** Um astro do futebol está sendo disputado por dois clubes. O primeiro oferece 3 milhões de reais de luvas e um contrato de cinco anos, que garante 8 milhões de reais no primeiro ano e um aumento de 3% por ano pelo resto do contrato. O segundo oferece 9 milhões de reais por ano por cinco anos e nada mais. Se a taxa anual de juros permanece constante em 4% ao ano, capitalizados continuamente, qual é a melhor oferta? [*Sugestão*: Suponha que, nos dois casos, o salário é pago na forma de um fluxo de receita contínuo.]

41. **VALOR ATUAL DE UM INVESTIMENTO** Um investimento produz um fluxo de receita contínuo à taxa de $A(t)$ mil reais por ano no instante t, em que
$$A(t) = 10e^{1 - 0,05t}$$
A taxa de juros é 5% ao ano capitalizados continuamente.
   a. Qual é o valor futuro do investimento para um termo de 5 anos ($0 \leq t \leq 5$)?
   b. Qual é o valor atual do investimento no período de tempo $1 \leq t \leq 3$?

42. LUCRO COM UMA INVENÇÃO Uma pesquisa de mercado revela que, t meses depois que um novo tipo de purificador de ar computadorizado for lançado no mercado, as vendas do produto estarão gerando lucro à taxa de $P'(t)$ reais por mês, em que

$$P'(t) = \frac{500[1{,}4 - \ln(0{,}5t + 1)]}{t + 2}$$

a. Em que intervalo de tempo a taxa de rentabilidade é positiva e em que intervalo é negativa? Em que intervalo de tempo a taxa é crescente e em que intervalo é decrescente?

b. Em que instante $t = t_m$ o lucro mensal é máximo? Determine a variação total do lucro no período de tempo $0 \le t \le t_m$.

c. Como o fabricante teve que gastar R$ 100.000,00 para desenvolver o produto, $P(0) = -100$. Use essa informação e uma integral para determinar $P(t)$.

d. Plote a função $P(t)$ para $t \ge 0$. Um *produto da moda* é um produto cuja popularidade cresce rapidamente e, algum tempo depois, decresce com a mesma rapidez. Com base no gráfico de $P(t)$, você chamaria o purificador de ar de produto da moda? Justifique sua resposta.

43. RECEITA TOTAL Considere o seguinte problema: Certo poço de petróleo, que produz 300 barris de petróleo bruto por mês, se esgotará em 3 anos. Estima-se que daqui a t meses o preço do petróleo bruto será $P(t) = 118 + 0{,}3\sqrt{t}$ dólares por barril. Se o petróleo for vendido imediatamente após ser extraído do solo, qual será a receita futura total do poço?

a. Resolva o problema usando integração definida. [*Sugestão*: Divida o intervalo de três anos (36 meses) $0 \le t \le 36$ em n subintervalos iguais de duração Δt e chame de t_j o início do intervalo de ordem j. Encontre uma expressão aproximada para a receita $R(t_j)$ obtida durante o subintervalo de ordem j e expresse a receita total como o limite de uma soma.]

b. Leia a respeito da indústria petrolífera e escreva um ensaio de pelo menos dez linhas sobre os métodos matemáticos usados para modelar a produção de petróleo.[2]

44. CUSTO DE ARMAZENAMENTO Um fabricante recebe N unidades de certa matéria-prima, que são inicialmente armazenadas e, em seguida, retiradas e usadas a uma taxa constante até que o estoque acabe, 1 ano depois. O custo de armazenamento permanece fixo em p reais por unidade por ano. Use uma integral definida para obter uma expressão para o custo total de armazenamento que o fabricante terá que pagar durante o ano. [*Sugestão*: Chame de $Q(t)$ o número de unidades armazenadas após t meses (expressos como fração de um ano) e encontre uma expressão para $Q(t)$. Em seguida, subdivida o intervalo $0 \le t \le 1$ em n subintervalos iguais e expresse o custo total de armazenamento como o limite de uma soma.]

45. VALOR FUTURO E VALOR ATUAL DE UM INVESTIMENTO Um fluxo de receita constante de M reais por ano é investido a uma taxa anual r de juros, capitalizados continuamente, por um prazo de T anos.

a. Mostre que o valor futuro do investimento é dado por

$$\text{VF} = \frac{M}{r}(e^{rT} - 1)$$

b. Mostre que o valor atual do investimento é dado por

$$\text{VA} = \frac{M}{r}(1 - e^{-rT})$$

---

[2] Um bom lugar para começar é o artigo de J. A. Weyland e D. W. Ballew, "A Relevant Calculus Problem: Estimation of U.S. Oil Reserves", *The Mathematics Teacher*, Vol. 69, 1976, pp. 125-126.

SEÇÃO 5.6 Outras Aplicações da Integração em Ciências Sociais e Biológicas

Objetivos do Aprendizado

1. Conhecer as funções sobrevivência e renovação.
2. Usar a integração definida para calcular a população a partir da densidade populacional e a vazão de sangue em uma artéria.
3. Encontrar uma fórmula de integração para o volume de um sólido de revolução e usá-la para estimar o tamanho de um tumor.

Já vimos que a integração definida pode ser usada para calcular grandezas de interesse para as ciências sociais e biológicas, como a variação total, o valor médio e o índice de Gini de uma curva de Lorenz. Nesta seção, vamos discutir outras aplicações das integrais nessas áreas, como o cálculo da sobrevivência e renovação dentro de um grupo, da vazão de sangue em uma artéria e do volume de um tumor.

Sobrevivência e Renovação

No Exemplo 5.6.1, uma **função sobrevivência** indica a fração de indivíduos de um grupo ou população que permanecerão no grupo em função do tempo. Uma **função renovação**, que representa a taxa com a qual novos membros chegam ao grupo, também é dada. O objetivo é calcular o tamanho do grupo em função do tempo. Problemas desse tipo surgem em muitos campos, como a sociologia, a ecologia, a demografia e mesmo a economia, caso em que a *população* é o número de reais em uma conta bancária, e a *sobrevivência e renovação* são os elementos de uma estratégia de investimento.

EXEMPLO 5.6.1   Cálculo de Sobrevivência e Renovação

Uma clínica psiquiátrica acabou de ser inaugurada. A experiência com estabelecimentos semelhantes sugere que a fração de pacientes que ainda estarão recebendo tratamento na clínica t meses após a consulta inicial é dada pela função $f(t) = e^{-t/20}$. A clínica, inicialmente, aceita 300 pessoas para tratamento e pretende receber novos pacientes à taxa constante de $g(t) = 10$ pacientes por mês. Quantas pessoas deverão estar recebendo tratamento na clínica daqui a 15 meses?

Solução

Como $f(15)$ é a fração de pacientes cujo tratamento terá uma duração igual ou maior que 15 meses, dos 300 pacientes iniciais apenas $300f(15)$ estarão ainda recebendo tratamento daqui a 15 meses.

Para determinar o número de *novos* pacientes que estarão recebendo tratamento daqui a 15 meses, dividimos o intervalo de 15 meses $0 \leq t \leq 15$ em n subintervalos de duração $\Delta_n t$ e chamamos de t_j o início do subintervalo de ordem j. Como os novos pacientes são aceitos à taxa de 10 por mês, o número de novos pacientes admitidos durante o intervalo de ordem j é $10\Delta_n t$. Daqui a quinze meses, aproximadamente $15 - t_j$ meses terão se passado desde que esses $10\Delta_n t$ pacientes fizeram a primeira consulta e, portanto, aproximadamente $(10\Delta_n t)f(15 - t_j)$ ainda estarão recebendo tratamento (veja a Figura 5.22). Assim, o número total de novos pacientes que ainda estarão recebendo tratamento daqui a 15 meses pode ser aproximado pelo somatório

$$\sum_{j=1}^{n} 10f(15 - t_j)\Delta t$$

Somando esse valor ao número de pacientes iniciais que ainda estarão recebendo tratamento daqui a 15 meses, temos:

$$P \approx 300f(15) + \sum_{j=1}^{n} 10f(15 - t_j)\Delta t$$

em que P é o número *total* de pacientes (novos e antigos) que estarão recebendo tratamento daqui a 15 meses.

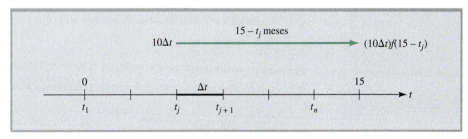

FIGURA 5.22   O que acontece com os novos pacientes que chegam durante o subintervalo de ordem j.

Quando fazemos n tender a infinito, a aproximação tende para o verdadeiro valor de P. Assim,

$$P = 300f(15) + \lim_{n \to +\infty} \sum_{j=1}^{n} 10f(15 - t_j)\Delta t$$

$$= 300f(15) + \int_{0}^{15} 10f(15 - t)\, dt$$

Como $f(t) = e^{-t/20}$, temos $f(15) = e^{-3/4}$, $f(15 - t) = e^{-(15-t)/20} = e^{-3/4} e^{t/20}$. Por isso,

$$P = 300e^{-3/4} + 10e^{-3/4} \int_0^{15} e^{t/20} \, dt$$

$$= 300e^{-3/4} + 10e^{-3/4} \left(\frac{e^{t/20}}{1/20} \right) \Bigg|_0^{15}$$

$$= 300e^{-3/4} + 200(1 - e^{-3/4})$$

$$\approx 247{,}24$$

Assim, daqui a 15 meses, a clínica estará tratando aproximadamente 247 pacientes.

No Exemplo 5.6.1 a função sobrevivência $f(t)$ é variável e a função taxa de renovação $g(t)$ é constante. Uma análise semelhante pode ser usada quando a taxa de renovação também varia com o tempo; o resultado é apresentado a seguir. Note que o tempo aparece em anos, mas a mesma expressão pode ser usada, como no Exemplo 5.6.1, com outras unidades de tempo como minutos, semanas ou meses.

> **Sobrevivência e Renovação** ■ Suponha que uma população possui, inicialmente, P_0 membros e que novos indivíduos chegam à região a uma taxa de $R(t)$ indivíduos por ano (taxa de renovação). Suponha ainda que a fração da população que permanece na região durante pelo menos t anos é dada pela função $S(t)$ (função de sobrevivência). Nesse caso, após um termo de T anos, a população é dada por
>
> $$P(T) = P_0 S(T) + \int_0^T R(t) \, S(T - t) \, dt$$

No Exemplo 5.6.1, cada período de tempo é um mês, a "população" inicial (número de pacientes) é $P_0 = 300$, a taxa de renovação é $R = 10$, a função de sobrevivência é $f(t) = e^{-t/20}$ e o termo é $T = 15$ meses. Segue outro exemplo de sobrevivência e renovação, desta vez extraído da biologia.

EXEMPLO 5.6.2 Cálculo de Sobrevivência e Renovação

Uma toxina branda é introduzida em uma colônia de bactérias cuja população inicial é de 600.000 espécimes. As observações indicam que $R(t) = e^{0{,}01t}$ bactérias por hora nascem na colônia no instante t e que a fração da população que sobrevive por t horas após o nascimento é $S(t) = e^{-0{,}015t}$. Qual é a população da colônia após 10 horas?

Solução

Fazendo $P_0 = 600.000$, $R(t) = 200e^{0{,}01t}$ e $S(t) = e^{-0{,}015t}$ na fórmula de sobrevivência e renovação, descobrimos que a população no final do termo $T = 10$ horas é

$$P(10) = \underbrace{600.000 e^{-0{,}015(10)}}_{P_0 \; S(10)} + \int_0^{10} \underbrace{200 e^{0{,}01t}}_{R(t)} \underbrace{e^{-0{,}015(10-t)}}_{S(T-t)} dt \qquad e^{a-b} = e^a e^{-b}$$

$$\approx 516.425 + \int_0^{10} 200 e^{0{,}01t} [e^{-0{,}015(10)} e^{0{,}015t}] \, dt \qquad \text{tirando da integral o fator } 200e^{-0{,}015(10)}$$

$$\approx 516.425 + 200 e^{-0{,}015(10)} \int_0^{10} [e^{0{,}01t} e^{0{,}015t}] \, dt \qquad e^{a+b} = e^a e^b \text{ e } 200 e^{-0{,}015(10)} \approx 172{,}14$$

$$\approx 516.425 + 172{,}14 \int_0^{10} e^{0{,}025t} \, dt \qquad \text{regra da exponencial para integração}$$

$$\approx 516.425 + 172{,}14 \left[\frac{e^{0{,}025t}}{0{,}025} \right]_0^{10}$$

$$\approx 516.425 + \frac{172,14}{0,025}[e^{0,025(10)} - e^0]$$

$$\approx 518.381$$

Assim, a população da colônia diminui de 600.000 para 518.381 espécimes durante as primeiras 10 horas após a introdução da toxina.

Densidade Populacional

A **densidade populacional** de uma região urbana é o número $p(r)$ de pessoas por quilômetro quadrado que moram a r quilômetros do centro da cidade. Para calcular a população total P da parte da cidade que está a menos de R quilômetros do centro, podemos usar uma integral.

Dividimos o intervalo $0 \leq r \leq R$ em n subintervalos de largura $\Delta r = R/n$ e chamamos de r_k o início (extremidade esquerda) do subintervalo de ordem k, para $k = 1, 2, \ldots, n$. Esses subintervalos definem n anéis concêntricos, como mostra a Figura 5.23.

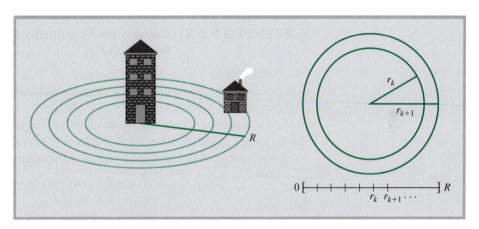

FIGURA 5.23 Subdivisão de uma região urbana em anéis concêntricos.

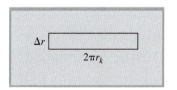

FIGURA 5.24 A área do k-ésimo anel é aproximadamente igual à área de um retângulo de comprimento $2\pi r_k$ (a circunferência do anel) e largura Δr.

Como mostra a Figura 5.24, se o k-ésimo anel é cortado e retificado, a figura resultante é muito próxima de um retângulo cujo comprimento é a circunferência interna do anel. (Não se trata exatamente de um retângulo porque os dois lados maiores, que resultam da retificação dos perímetros interno e externo do anel, têm comprimentos ligeiramente diferentes.) Como a largura do anel é Δr, temos:

$$\text{Área do } k\text{-ésimo anel} = 2\pi r_k \Delta r$$

e como a densidade populacional é $p(r)$ habitantes por quilômetro quadrado, obtemos:

$$\text{População do } k\text{-ésimo anel} \approx \underbrace{p(r_k)}_{\substack{\text{população} \\ \text{por unidade} \\ \text{de área}}} \cdot \underbrace{[2\pi r_k \Delta r]}_{\substack{\text{área do} \\ \text{anel}}} = 2\pi r_k p(r_k) \Delta r$$

Podemos estimar a população que vive na região limitada por uma circunferência de raio R somando as populações de todos os anéis, ou seja, calculando a soma de Riemann

$$\begin{bmatrix} \text{População total} \\ \text{dentro do raio } R \end{bmatrix} = P(R) \approx \sum_{k=1}^{n} 2\pi r_k p(r_k) \Delta r$$

Para $n \to \infty$, a estimativa tende para o valor exato da população P; como o limite de uma soma de Riemann é uma integral definida, temos:

$$P(R) = \lim_{n \to \infty} \sum_{k=1}^{n} 2\pi r_k p(r_k) \Delta r = \int_0^R 2\pi r p(r) \, dr$$

Resumindo:

> **Cálculo da População Total a Partir da Densidade Populacional** ■ Se, em uma região, a densidade populacional é $p(r)$ indivíduos por quilômetro quadrado a uma distância de r quilômetros do centro da região, o número de indivíduos que vivem a menos de R quilômetros do centro, $P(R)$, é dado por
>
> $$P(R) = \int_0^R 2\pi r p(r)\, dr$$

> **NOTA** Embora a fórmula da densidade populacional tenha sido demonstrada para a população de uma cidade, pode ser aplicada a outros conjuntos de elementos, como colônias de bactérias ou mesmo a "população" de gotas d'água produzidas por um borrifador. ■

EXEMPLO 5.6.3 Cálculo da População a Partir da Densidade Populacional

Uma cidade tem uma densidade populacional $p(r) = 3e^{-0{,}01r^2}$, em que $p(r)$ é o número de habitantes (em milhares de pessoas) por quilômetro quadrado a uma distância de r quilômetros do centro da cidade.

a. Quantas pessoas vivem a menos de cinco quilômetros do centro da cidade?

b. Os limites da cidade ficam a uma distância R do centro tal que a densidade populacional é 1.000 habitantes por quilômetro quadrado. Quantas pessoas vivem dentro dos limites da cidade?

Solução

a. O número de habitantes dentro de um raio de cinco quilômetros é

$$P(5) = \int_0^5 2\pi r (3e^{-0{,}01r^2})\, dr = 6\pi \int_0^5 e^{-0{,}01r^2} r\, dr$$

Fazendo a substituição $u = -0{,}01r^2$, temos:

$$du = -0{,}01(2r\, dr) \quad \text{ou} \quad r\, dr = \frac{du}{-0{,}02} = -50\, du$$

Os limites de integração também devem ser transformados:

Para $r = 5$, $u = -0{,}01(5)^2 = -0{,}25$.
Para $r = 0$, $u = -0{,}01(0)^2 = 0$.

Assim, temos:

$$\begin{aligned}
P(5) &= 6\pi \int_0^5 e^{-0{,}01r^2} r\, dr && \text{fazendo } u = -0{,}01r^2 \\
&&& r\, dr = -50\, du \\
&= 6\pi \int_0^{-0{,}25} e^u (-50\, du) \\
&= 6\pi(-50)[e^u]\Big|_{u=0}^{u=-0{,}25} \\
&= -300\pi[e^{-0{,}25} - e^0] \\
&\approx 208{,}5
\end{aligned}$$

Isso significa que aproximadamente 200.000 pessoas vivem a menos de cinco quilômetros do centro da cidade.

b. Para determinar o raio R que corresponde aos limites da cidade, igualamos a 1 (mil) a densidade populacional e resolvemos a equação resultante:

$$3e^{-0,01R^2} = 1$$
$$e^{-0,01R^2} = \frac{1}{3} \quad \text{tomando logaritmos naturais de ambos os membros}$$
$$-0,01R^2 = \ln\left(\frac{1}{3}\right)$$
$$R^2 = \frac{\ln\left(\frac{1}{3}\right)}{-0,01} = 109,86$$
$$R \approx 10,48$$

Em seguida, usando a mesma substituição $u = -0,01r^2$ do item (a), calculamos que o número de habitantes que vivem dentro dos limites da cidade é

$$P(10,48) = 6\pi \int_0^{10,48} e^{-0,01r^2} r\, dr \quad \begin{array}{l}\text{Limites de integração:}\\ \text{para } r = 10,48, u = -0,01(10,48)^2 \approx -1,1\\ \text{para } r = 0, u = 0\end{array}$$
$$= 6\pi \int_0^{-1,1} e^u(-50\, du)$$
$$\approx -300\pi[e^u]\Big|_{u=0}^{u=-1,1}$$
$$\approx -300\pi[e^{-1,1} - e^0]$$
$$\approx 628,75$$

Assim, aproximadamente 600.000 pessoas vivem dentro dos limites da cidade.

Vazão do Sangue em uma Artéria

Os biólogos descobriram que a velocidade do sangue em um ponto de uma artéria é uma função da distância entre esse ponto e o eixo central da artéria. De acordo com a lei de Poiseuille, a velocidade do sangue (em centímetros por segundo) em um ponto situado a r centímetros do eixo central da artéria é dada por $S(r) = k(R^2 - r^2)$, em que R é o raio da artéria e k é uma constante. No Exemplo 5.6.4, vamos ver como essa informação pode ser usada para calcular a vazão do sangue (em centímetros cúbicos por segundo) em uma artéria.

EXEMPLO 5.6.4 Cálculo da Vazão de Sangue em uma Artéria

Escreva uma expressão para a vazão do sangue (em centímetros por segundo) em uma artéria de raio R se a velocidade do sangue em um ponto a r centímetros do eixo central é dada por $S(r) = k(R^2 - r^2)$, em que k é uma constante.

Solução

Para calcular o valor aproximado do volume de sangue que atravessa uma seção reta da artéria por segundo, dividimos o intervalo $0 \leq r \leq R$ em n subintervalos de largura Δr e chamamos de r_j o início do subintervalo de ordem j. Os subintervalos definem n anéis concêntricos, como mostra a Figura 5.25.

Se Δr é pequeno, a área do j-ésimo anel é aproximadamente igual à área de um retângulo cujo comprimento é a circunferência do limite interno do anel e cuja largura é Δr. Assim,

$$\text{Área do } j\text{-ésimo anel} \approx 2\pi r_j \Delta r$$

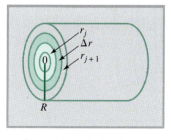

FIGURA 5.25 Divisão da seção reta de uma artéria em anéis concêntricos.

Multiplicando a área do j-ésimo anel (em centímetros quadrados) pela velocidade do sangue que atravessa o anel (em centímetros por segundo), obtemos a vazão do sangue no anel (em centímetros cúbicos por segundo). Como a velocidade do sangue no j-ésimo anel é aproximadamente $S(r_j)$ centímetros por segundo, temos:

$$\begin{pmatrix}\text{Vazão do sangue}\\ \text{no }j\text{-ésimo anel}\end{pmatrix} \approx \begin{pmatrix}\text{área do}\\ j\text{-ésimo anel}\end{pmatrix}\begin{pmatrix}\text{velocidade do sangue}\\ \text{no }j\text{-ésimo anel}\end{pmatrix}$$
$$\approx (2\pi r_j \,\Delta r)S(r_j)$$
$$\approx (2\pi r_j \,\Delta r)[k(R^2 - r_j^2)]$$
$$\approx 2\pi k(R^2 r_j - r_j^3)\Delta r$$

A vazão de sangue em toda a seção reta é a soma de n termos como esse, um para cada um dos n anéis concêntricos. Assim,

$$\text{Vazão} \approx \sum_{j=1}^{n} 2\pi k(R^2 r_j - r_j^3)\Delta r$$

Quando n tende a infinito, o somatório tende para o valor exato da vazão. Assim,

$$\text{Vazão} = \lim_{n \to +\infty} \sum_{j=1}^{n} 2\pi k(R^2 r_j - r_j^3)\Delta r$$
$$= \int_{0}^{R} 2\pi k(R^2 r - r^3)\,dr$$
$$= 2\pi k\left(R^2 \frac{r^2}{2} - \frac{1}{4}r^4\right)\Big|_{0}^{R}$$
$$= \frac{\pi k R^4}{2}$$

A vazão do sangue é, portanto, $\pi k R^4/2$ centímetros cúbicos por segundo.

Volume de um Sólido: O Tamanho de um Tumor

A integração definida também pode ser usada para calcular o volume de certos objetos. Nesta subseção, vamos apresentar um método geral para calcular o volume de um sólido formado pela rotação de uma região R do plano xy em torno do eixo x. Em seguida, mostraremos como a integração pode ser usada para estimar o volume de um tumor.

A técnica consiste em expressar o volume do sólido como o limite de uma soma de volumes de discos. Suponha que S seja o sólido formado pela rotação em torno do eixo x da região R sob a curva $y = f(x)$ entre os pontos $x = a$ e $x = b$, como mostra a Figura 5.26a. Dividindo o intervalo $a \leq x \leq b$ em n subintervalos iguais de largura Δx, podemos aproximar a região R por n retângulos e o sólido S pelos n discos cilíndricos formados pela rotação desses retângulos em torno do eixo x. Esse método geral de aproximação está ilustrado na Figura 5.26b para o caso em que $n = 3$.

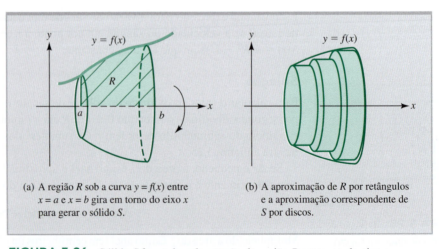

(a) A região R sob a curva $y = f(x)$ entre $x = a$ e $x = b$ gira em torno do eixo x para gerar o sólido S.

(b) A aproximação de R por retângulos e a aproximação correspondente de S por discos.

FIGURA 5.26 Sólido S formado pela rotação da região R em torno do eixo x.

INTEGRAÇÃO 395

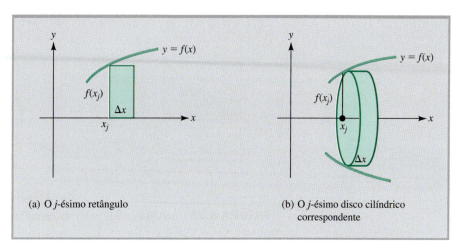

(a) O j-ésimo retângulo

(b) O j-ésimo disco cilíndrico correspondente

FIGURA 5.27 O volume aproximado do sólido S é dado pela soma dos volumes de vários discos.

Se x_j representa o início (extremidade esquerda) do j-ésimo subintervalo, o j-ésimo retângulo tem altura $f(x_j)$ e largura Δx, como mostra a Figura 5.27a. O j-ésimo disco formado pela rotação desse retângulo em torno do eixo x aparece na Figura 5.27b.

Como o j-ésimo disco cilíndrico tem raio $r_j = f(x_j)$ e espessura Δx, o volume do disco é

$$\text{Volume do } j\text{-ésimo disco} = (\text{área da seção reta circular})(\text{largura})$$
$$= \pi r_j^2 (\text{largura}) = \pi [f(x_j)]^2 \Delta x$$

O volume total de S é aproximadamente igual à soma dos volumes dos n discos, ou seja,

$$\text{Volume de } S \approx \sum_{j=1}^{n} \pi [f(x_j)]^2 \Delta x$$

A aproximação tende para o valor exato quando n tende a infinito e

$$\text{Volume de } S = \lim_{n \to \infty} \sum_{j=1}^{n} \pi [f(x_j)]^2 \Delta x = \pi \int_{a}^{b} [f(x)]^2 \, dx$$

Resumindo:

Fórmula do Volume
Suponha que $f(x)$ é contínua e $f(x) \geq 0$ no intervalo $a \leq x \leq b$, e seja R a região sob a curva $y = f(x)$ entre $x = a$ e $x = b$. Nesse caso, o volume do sólido S formado pela rotação de R em torno do eixo x é dado por

$$\text{Volume de } S = \pi \int_{a}^{b} [f(x)]^2 \, dx$$

Os Exemplos 5.6.5 e 5.6.6 ilustram o uso dessa fórmula.

EXEMPLO 5.6.5 Determinação do Volume de um Sólido

Determine o volume do sólido S formado pela rotação em torno do eixo x da região sob a curva $y = x^2 + 1$ entre $x = 0$ e $x = 2$.

Solução

A região, o sólido de revolução e o j-ésimo disco aparecem na Figura 5.28.

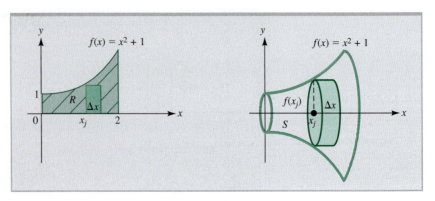

FIGURA 5.28 Sólido formado pela rotação em torno do eixo x da região sob a curva $y = x^2 + 1$ entre $x = 0$ e $x = 2$.

O raio do j-ésimo disco é $f(x_j) = x_j^2 + 1$. Assim,

$$\text{Volume do } j\text{-ésimo disco} = \pi [f(x_j)]^2 \Delta x = \pi (x_j^2 + 1)^2 \Delta x$$

e

$$\begin{aligned}
\text{Volume de } S &= \lim_{n \to \infty} \sum_{j=1}^{n} \pi (x_j^2 + 1)^2 \Delta x \\
&= \pi \int_0^2 (x^2 + 1)^2 \, dx = \pi \int_0^2 (x^4 + 2x^2 + 1) \, dx \\
&= \pi \left(\frac{1}{5} x^5 + \frac{2}{3} x^3 + x \right) \Big|_0^2 = \frac{206}{15} \pi \approx 43{,}14
\end{aligned}$$

EXEMPLO 5.6.6 Estimativa do Tamanho de um Tumor

Um tumor tem aproximadamente a mesma forma que o sólido formado pela rotação da região sob a curva $y = \frac{1}{3}\sqrt{16 - 4x^2}$ em torno do eixo x, em que x e y estão em centímetros. Determine o volume do tumor.

Solução

Para determinar os pontos de interseção da curva com o eixo x, igualamos a zero a equação da curva:

$$\begin{aligned}
\frac{1}{3}\sqrt{16 - 4x^2} &= 0 \qquad \text{pois } \sqrt{a - b} = 0 \text{ apenas se } a = b. \\
16 &= 4x^2 \\
x^2 &= 4 \\
x &= \pm 2
\end{aligned}$$

A curva (uma *elipse*) aparece na Figura 5.29.

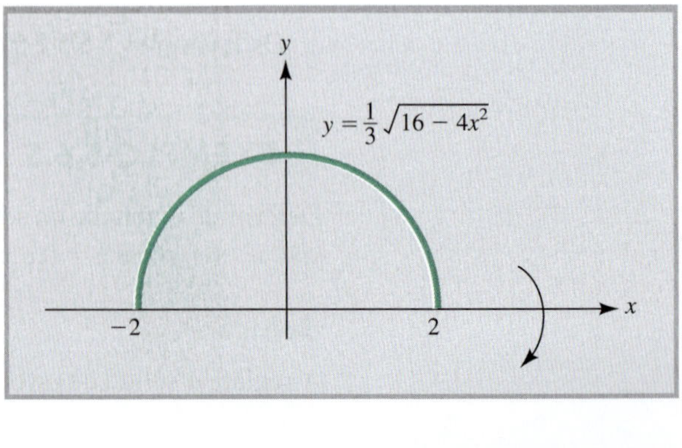

FIGURA 5.29 Tumor com a forma aproximada do sólido formado pela rotação da curva $y = \frac{1}{3}\sqrt{16 - 4x^2}$ em torno do eixo x.

Seja $f(x) = \frac{1}{3}\sqrt{16 - 4x^2}$. O volume do sólido de revolução é dado por

$$V = \int_{-2}^{2} \pi[f(x)]^2 \, dx = \int_{-2}^{2} \pi \left[\frac{1}{3}\sqrt{16 - 4x^2}\right]^2 dx$$

$$= \int_{-2}^{2} \frac{\pi}{9}(16 - 4x^2) \, dx$$

$$= \frac{\pi}{9}\left[16x - \frac{4}{3}x^3\right]\Big|_{-2}^{2}$$

$$= \frac{\pi}{9}\left[16(2) - \frac{4}{3}(2)^3\right] - \frac{\pi}{9}\left[16(-2) - \frac{4}{3}(-2)^3\right] = \frac{128}{27}\pi$$

$$\approx 14{,}89$$

Assim, o volume do tumor é aproximadamente 15 cm³.

PROBLEMAS ▪ 5.6

SOBREVIVÊNCIA E RENOVAÇÃO *Nos Problemas 1 a 6, são dadas uma população inicial P_0, uma taxa de renovação R e uma função de sobrevivência $S(t)$. Em cada caso, use as informações dadas para determinar a população ao final do termo T dado.*

1. $P_0 = 50.000$; $R(t) = 40$; $S(t) = e^{-0{,}1t}$, t em meses; termo $T = 5$ meses

2. $P_0 = 100.000$; $R(t) = 300$; $S(t) = e^{-0{,}02t}$, t em dias; termo $T = 10$ dias

3. $P_0 = 500.000$; $R(t) = 800$; $S(t) = e^{-0{,}011t}$, t em anos; termo $T = 3$ anos

4. $P_0 = 800.000$; $R(t) = 500$; $S(t) = e^{-0{,}005t}$, t em meses; termo $T = 5$ meses

5. $P_0 = 500.000$; $R(t) = 100e^{0{,}01t}$; $S(t) = e^{-0{,}013t}$, t em anos; termo $T = 8$ anos

6. $P_0 = 300.000$; $R(t) = 150e^{0{,}12t}$; $S(t) = e^{-0{,}02t}$, t em meses; termo $T = 20$ meses

VOLUME DE UM SÓLIDO DE REVOLUÇÃO *Nos Problemas 7 a 14, determine o volume do sólido de revolução formado pela rotação da região R em torno do eixo x.*

7. R é a região sob a reta $y = 3x + 1$ de $x = 0$ a $x = 1$.

8. R é a região sob a curva $y = \sqrt{x}$ de $x = 1$ a $x = 4$.

9. R é a região sob a curva $y = x^2 + 2$ de $x = -1$ a $x = 3$.

10. R é a região sob a curva $y = 4 - x^2$ de $x = -2$ a $x = 2$.

11. R é a região sob a curva $y = \sqrt{4 - x^2}$ de $x = -2$ a $x = 2$.

12. R é a região sob a curva $y = 1/x$ de $x = 1$ a $x = 10$.

13. R é a região sob a curva $y = 1/\sqrt{x}$ de $x = 1$ a $x = e^2$.

14. R é a região sob a curva $y = e^{-0{,}1x}$ de $x = 0$ a $x = 10$.

15. **CRESCIMENTO POPULACIONAL** Estima-se que daqui a t anos a população de certo país estará crescendo à taxa de $e^{0{,}02t}$ milhões de habitantes por ano. Se a população atual é 50 milhões de habitantes, qual será a população daqui a 10 anos?

16. **CRESCIMENTO POPULACIONAL** Um estudo revela que daqui a x meses a população de certa cidade estará aumentando à taxa de $10 + 2\sqrt{x}$ habitantes por mês. Qual será o aumento da população nos próximos nove meses?

17. **QUADRO DE ASSOCIADOS** Uma associação nacional de consumidores estima que a fração de membros que ainda pertencem à associação t meses após se inscreverem é dada por $f(t) = e^{-0{,}2t}$. Uma divisão local tem 200 membros fundadores e espera atrair novos membros à taxa de 10 por mês. Quantos membros a divisão deverá ter após oito meses?

18. **TENDÊNCIAS POLÍTICAS** Jorge Santos está concorrendo à prefeitura. As pesquisas indicam que a fração de eleitores que o apoiam t semanas após tomarem conhecimento da sua candidatura é dada por $f(t) = e^{-0{,}03t}$. Inicialmente, 25.000 pessoas o apoiavam e novos eleitores estavam aderindo a ele, à taxa de 100 por semana. Quantas pessoas devem votar em Jorge se a eleição vai ser realizada 20 semanas após o dia em que se declarou candidato?

19. **DISSEMINAÇÃO DE UMA EPIDEMIA** Uma epidemia causada por uma nova linhagem do vírus da gripe acaba de ser descoberta pelas autoridades sanitárias. No momento, 5.000 pessoas estão infectadas e 60 pessoas contraem a doença todo dia. Se a fração de pessoas infectadas que ainda estão doentes t dias após o início dos sintomas é dada por $f(t) = e^{-0{,}02t}$, quantas pessoas estarão gripadas daqui a 30 dias?

20. **REJEITOS NUCLEARES** Certa usina nuclear produz rejeitos radioativos na forma de estrôncio 90 à taxa constante de 500 kg por ano. Os rejeitos decaem espontaneamente com uma meia-vida de 28 anos. Qual será a quantidade de rejeitos da usina daqui a 140 anos, se continuar funcionando até lá? [*Sugestão*: Pense nesse problema como um problema de sobrevivência e renovação.]

21. **CONSUMO DE PETRÓLEO** O governo de um pequeno país estima que a demanda de petróleo está aumentando exponencialmente à taxa de 10% ao ano. Se

a demanda atual de petróleo é 30 bilhões de barris por ano, qual será o consumo total de petróleo nesse país durante os próximos 10 anos?

22. **CRESCIMENTO POPULACIONAL** A prefeitura de um município calcula que a fração de residentes que continuarão a morar no município t anos depois de se instalarem na região é dada pela função $f(t) = e^{-0,04t}$. Se a população atual é 20.000 habitantes e o município recebe 500 novos residentes por ano, qual será a população daqui a 10 anos?

23. **NAMORO POR COMPUTADOR** Os operadores de um site de namoro estimam que a fração de pessoas que continuam a assinar o serviço durante pelo menos t meses é dada pela função $f(t) = e^{-t/10}$. O serviço tem 8.000 assinantes e os operadores esperam conquistar 200 novos membros por mês. Quantos assinantes o serviço terá daqui a 10 meses?

24. **VAZÃO DE SANGUE** Calcule a taxa (em centímetros cúbicos por segundo) com a qual o sangue flui em uma artéria com 0,1 centímetro de raio se a velocidade do sangue a r centímetros de distância do eixo central é $8 - 800r^2$ centímetros por segundo.

25. **VELOCIDADE MÉDIA DO SANGUE** De acordo com a Lei de Poiseuille, a velocidade do sangue a r centímetros de distância do eixo central de uma artéria de raio R é dada por $v(r) = k(R^2 - r^2)$, em que k é uma constante. Mostre que a velocidade média do sangue em uma artéria é metade da velocidade máxima.

26. **DENSIDADE POPULACIONAL** A densidade populacional a r quilômetros do centro de certa cidade é $D(r) = 5.000(1 + 0,5r^2)^{-1}$ habitantes por quilômetro quadrado.
    a. Quantas pessoas vivem a menos de cinco quilômetros do centro da cidade?
    b. Os limites da cidade ficam a uma distância L do centro tal que a densidade populacional é 1.000 habitantes por quilômetro quadrado. Qual é o valor de L? Quantas pessoas vivem dentro dos limites da cidade?

27. **DENSIDADE POPULACIONAL** A densidade populacional a r quilômetros do centro de certa cidade é $D(r) = 25.000e^{-0,05r^2}$ habitantes por quilômetro quadrado. Quantas pessoas vivem a uma distância entre 1 e 2 quilômetros do centro da cidade?

28. **CONTROLE DO COLESTEROL** Em uma revisão anual, Jorge é aconselhado pelo médico a adotar um programa de exercícios, dieta e medicamentos para reduzir o nível de colesterol no sangue para 220 miligramas por decilitro (mg/dL). Suponha que Jorge observe que o nível de colesterol t dias após o início do programa é dado por

$$L(t) = 190 + 65e^{-0,003t}$$

    a. Qual era o nível de colesterol de Jorge no início do programa?
    b. Qual é o número N de dias para que o nível de colesterol chegue a 220 mg/dL?
    c. Qual é o nível médio de colesterol nos primeiros 30 dias após o início do regime? Qual é o nível médio durante todo o período $0 \leq t \leq N$ do programa?

29. **CONTROLE DO COLESTEROL** A gordura circula na corrente sanguínea ligada a uma proteína, em uma combinação conhecida como *lipoproteína*. A lipoproteína de baixa densidade (LDL) recolhe colesterol no fígado e o distribui pelas células, depositando o colesterol em excesso na parede das artérias. O excesso de LDL no sangue aumenta o risco de doenças cardíacas e derrames. Um paciente com uma alta concentração de LDL recebe um remédio que reduz o nível de LDL a uma taxa dada por

$$L'(t) = -0,3t(49 - t^2)^{0,4} \quad \text{unidades por dia}$$

em que t é o número de dias após a administração do remédio, para $0 \leq t \leq 7$.
    a. Qual é a variação do nível de LDL durante os primeiros três dias após a administração do remédio?
    b. Suponha que o nível de LDL é 120 na ocasião em que o remédio é administrado. Determine $L(t)$.
    c. O nível considerado "seguro" de LDL é 100. Quantos dias a concentração de LDL no sangue do paciente leva para atingir o nível "seguro"?

30. **QUADRO DE ASSOCIADOS** Ao ser fundada, uma associação tinha 10.000 membros. Suponha que a fração dos membros que permanecem na associação durante pelo menos t anos é $S(t) = e^{-0,03t}$ e que, no instante t, a associação está recebendo novos membros à taxa de $R(t) = 10e^{0,017t}$ membros por ano. Quantos membros terá a associação daqui a cinco anos?

31. **ESPÉCIE AMEAÇADA DE EXTINÇÃO** Os ambientalistas estimam que a população de uma espécie ameaçada de extinção é atualmente de 3.000 animais. A população está crescendo à taxa de $R(t) = 10e^{0,01t}$ animais por ano e a fração dos animais que sobrevivem por t anos é dada por $S(t) = e^{-0,07t}$. Qual será a população daqui a 10 anos?

32. **DEMOGRAFIA** Uma pequena cidade possui atualmente 85.000 habitantes. Um estudo encomendado pela prefeitura mostra que o número de moradores está crescendo à taxa de $R(t) = 1.200e^{0,01t}$ por ano e que a fração dos moradores que continuam a viver na cidade t anos depois de chegarem à região é $S(t) = e^{-0,02t}$. Qual deverá ser a população da cidade daqui a 10 anos?

33. **DEMOGRAFIA** Responda à pergunta do Problema 32 para uma taxa de renovação constante $R = 1.000$ e uma função de sobrevivência

$$S(t) = \frac{1}{t+1}$$

34. **EFICÁCIA DE UM MEDICAMENTO** Uma firma farmacêutica recebeu permissão do Ministério da Saúde para testar um novo medicamento antiviral. O medicamento é administrado a um grupo de indivíduos suscetíveis, mas não infectados; usando métodos estatísticos, os pesquisadores determinam que t meses após o teste ser iniciado, os membros do grupo estão sendo infectados a uma taxa de $D'(t)$ centenas de indivíduos por mês, em que

$$D'(t) = 0,2 - 0,04t^{1/4}$$

Os dados do governo mostram que, sem o medicamento, a taxa de infecção teria sido $W'(t)$ centenas de indivíduos por mês, em que

$$W'(t) = \frac{0{,}8e^{0{,}13t}}{(1 + e^{0{,}13t})^2}$$

Se os resultados do teste forem avaliados um ano após o seu início, quantos indivíduos terão sido poupados da infecção? Que porcentagem das pessoas que teriam sido infectadas, se o medicamento não tivesse sido usado, foi poupada da infecção?

35. **EFICÁCIA DE UM MEDICAMENTO** Repita o Problema 34 no caso de um medicamento para o qual a taxa de infecção é

$$D'(t) = 0{,}12 + \frac{0{,}08}{t+1}$$

Suponha que a taxa de infecção na ausência do remédio seja a mesma do Problema 34, ou seja,

$$W'(t) = \frac{0{,}8e^{0{,}13t}}{(1 + e^{0{,}13t})^2}$$

36. **EXPECTATIVA DE VIDA** Em certo país do terceiro mundo, a expectativa de vida de uma pessoa com t anos de idade é $L(t)$ anos, em que

$$L(t) = 41{,}6(1 + 1{,}07t)^{0{,}13}$$

a. Qual é a expectativa de vida de uma pessoa desse país ao nascer? E com 50 anos de idade?
b. Qual é a expectativa de vida média da população desse país entre as idades de 10 e 70 anos?
c. Determine a idade T para a qual $L(T) = T$. Essa idade é chamada de *limite de vida*. O que se pode dizer a respeito da expectativa de vida de uma pessoa com mais de T anos?
d. Determine a expectativa de vida média L_e para o intervalo de idades $0 \leq t \leq T$. Por que é razoável chamar L_e de *duração esperada da vida* dos habitantes do país?

37. **EXPECTATIVA DE VIDA** Responda às perguntas do Problema 36 para um país em que a função de expectativa de vida é

$$L(t) = \frac{110e^{0{,}015t}}{1 + e^{0{,}015t}}$$

38. **ENERGIA GASTA PARA VOAR** Em uma investigação de V. A. Tucker e K. Schmidt-Koenig,* foi observado que a energia E consumida por um pássaro em voo varia com a velocidade v do pássaro. Para certa espécie de periquito, a taxa de variação da energia com a velocidade é dada por

$$\frac{dE}{dv} = \frac{0{,}31v^2 - 471{,}75}{v^2} \quad \text{para } v > 0$$

em que E está em joules por grama e por quilômetro e v em quilômetros por hora. As observações indicam que o periquito tende a voar na velocidade $v_{\min}$ que minimiza E.
a. Qual é a velocidade mais econômica $v_{\min}$?
b. Suponha que, quando o periquito está voando à velocidade mais econômica, $v_{\min}$, o consumo de energia é $E_{\min}$. Use essa informação para expressar $E(v)$ para $v > 0$ em termos de $E_{\min}$.

39. **MEDIDA DA RESPIRAÇÃO** O pneumotacógrafo é um aparelho usado pelos médicos para medir a entrada e saída de ar dos pulmões quando o paciente respira. A figura mostra a taxa de inspiração (entrada de ar) para um paciente. A área sob a curva corresponde ao volume total de ar inalado pelo paciente durante a fase de inspiração de um ciclo respiratório. Suponha que a taxa de inspiração é dada por

$$R(t) = -0{,}41t^2 + 0{,}97t \text{ L/s}$$

a. Quanto tempo dura a fase de inspiração?
b. Determine o volume de ar inspirado pelo paciente durante a fase de inspiração.
c. Qual é a vazão média do ar que entra nos pulmões na fase de inspiração?

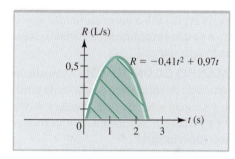

PROBLEMA 39

40. **MEDIDA DA RESPIRAÇÃO** Repita o Problema 39 supondo uma taxa de respiração

$$R(t) = -1{,}2t^3 + 5{,}72t \text{ L/s}$$

e plote a curva de $R(t)$.

41. **POLUIÇÃO DA ÁGUA** Uma tubulação rompida em uma plataforma de petróleo produz uma mancha circular de petróleo que tem T metros de espessura a uma distância de r metros da tubulação, em que

$$T(r) = \frac{3}{2+r} \quad r \geq 0$$

No instante em que o vazamento é contido, o raio de mancha é 7 metros. Estamos interessados em determinar o volume do petróleo derramado.
a. Plote a curva de $T(r)$. Note que o volume desejado é obtido fazendo girar a curva de $T(r)$ em torno do eixo T (eixo vertical) e não do eixo r (eixo horizontal).
b. Resolva a equação $T = 3(2 + r)$ para obter r em função de T. Plote a curva de $r(T)$, com T no eixo horizontal.
c. Determine o volume desejado fazendo girar em torno do eixo T a curva de $r(T)$ obtida no item (b).

---
*E. Batschelet, *Introduction to Mathematics for Life Scientists*, 3rd ed., New York: Springer-Verlag, 1979, p. 299.

42. POLUIÇÃO DA ÁGUA Repita o Problema 41 supondo que a espessura da mancha é dada por

$$T(r) = \frac{2}{1 + r^2}$$

com T e r em metros e sabendo que o raio da mancha no momento em que o vazamento é contido é 9 metros.

43. POLUIÇÃO DO AR As partículas de fuligem emitidas pela chaminé de uma fábrica se distribuem de tal forma que, a r quilômetros da chaminé, a densidade da poluição é $p(r)$ unidades por quilômetro quadrado, em que

$$p(r) = \frac{200}{5 + 2r^2}$$

a. Qual é a poluição total em um raio de 3 quilômetros da chaminé?
b. As autoridades de saúde determinam que é desaconselhável morar a menos de L quilômetros da chaminé, em que L é a distância para a qual a densidade de poluição é quatro unidades por quilômetro quadrado. Qual é o valor de L? Qual é o valor total da poluição na área considerada perigosa?

44. TAMANHO DE UM TUMOR Um tumor tem a forma aproximada do sólido formado fazendo girar em torno do eixo x a região sob a curva da função $y = x(4 - x)$, em que x e y estão em centímetros. Estime o volume do tumor usando uma integral.

45. TAMANHO DE UM TUMOR Um tumor tem a forma aproximada do sólido formado fazendo girar em torno do eixo x a região sob a curva da função $y = \sqrt{x}(3 - x)$, em que x e y estão em centímetros. Estime o volume do tumor usando uma integral.

46. TAMANHO DE UM TUMOR Um tumor tem a forma aproximada do sólido formado fazendo girar em torno do eixo x a região sob a curva da função $y = \sqrt{x}(A - x)$, em que A é uma constante e x e y estão em centímetros. Se o tumor tem um volume de 67 cm³, qual é o valor de A?

47. COLÔNIAS DE BACTÉRIAS Um experimento é realizado com duas colônias, cada uma com uma população inicial de 100.000 espécimes. Na primeira colônia, é introduzida uma toxina branda que restringe de tal forma a multiplicação das bactérias que apenas 50 novos espécimes são introduzidos na colônia por dia, e a fração de espécimes que sobrevivem pelo menos t dias é dada por $f(t) = e^{-0,011t}$. O crescimento da segunda colônia é restringido indiretamente, limitando-se a quantidade de nutrientes e o espaço disponível, e observa-se que após t dias a colônia contém

$$P(t) = \frac{5.000}{1 + 49e^{0,009t}}$$

mil espécimes. Qual das duas colônias é maior após 50 dias? E após 100 dias? E após 300 dias?

48. VOLUME DE UMA ESFERA Use uma integral para mostrar que o volume de uma esfera de raio r é dado por

$$V = \frac{4}{3}\pi r^3$$

[*Sugestão*: Pense na esfera como o sólido formado pela rotação em torno do eixo x da região sob a semicircunferência mostrada na figura.]

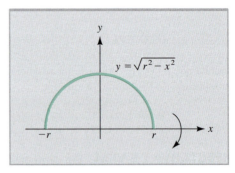

PROBLEMA 48

49. VOLUME DE UM CONE Use uma integral para mostrar que o volume de um cone circular reto, de altura h e raio da base r, é dado por

$$V = \frac{1}{3}\pi r^2 h$$

[*Sugestão*: Pense no cone como um sólido formado pela rotação em torno do eixo x do triângulo mostrado na figura.]

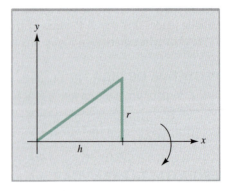

PROBLEMA 49

Termos, Símbolos e Fórmulas Importantes

Antiderivada; integral indefinida: (Seção 5.1)

$$\int f(x)\, dx = F(x) + C \text{ se e somente se } F'(x) = f(x)$$

Regra da potência: (Seção 5.1)

$$\int x^n\, dx = \frac{x^{n+1}}{n+1} + C \quad \text{para } n \neq -1$$

Regra do logaritmo: $\int \frac{1}{x}\, dx = \ln |x| + C$ (Seção 5.1)

Regra da exponencial: $\int e^{kx}\, dx = \frac{1}{k} e^{kx} + C$ (Seção 5.1)

Regra da multiplicação por uma constante: (Seção 5.1)

$$\int k f(x)\, dx = k \int f(x)\, dx$$

Regra da soma: (Seção 5.1)

$$\int [f(x) + g(x)]\, dx = \int f(x)\, dx + \int g(x)\, dx$$

Equação diferencial (Seção 5.1)
Solução de uma equação diferencial (Seção 5.1)
Problema de valor inicial (Seção 5.1)
Equação diferencial separável (Seção 5.1)
Integração por substituição: (Seção 5.2)

$$\int g(u(x)) u'(x)\, dx = \int g(u)\, du \quad \begin{array}{l} \text{em que } u = u(x) \\ du = u'(x)\, dx \end{array}$$

Modelo de ajuste de preços (Seção 5.2)
Integral definida: (Seção 5.3)

$$\int_a^b f(x)\, dx = \lim_{n \to +\infty} [f(x_1) + \cdots + f(x_n)] \Delta x$$

Área sob uma curva: (Seção 5.3)

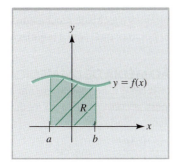

Área de $R = \int_a^b f(x)\, dx$

Regras para integrais definidas: (Seção 5.3)

$$\int_a^a f(x)\, dx = 0$$

$$\int_b^a f(x)\, dx = -\int_a^b f(x)\, dx$$

Regra da multiplicação por uma constante: (Seção 5.3)

$$\int_a^b k f(x)\, dx = k \int_a^b f(x)\, dx \quad \text{em que } k \text{ é uma constante}$$

Regra da soma: (Seção 5.3)

$$\int_a^b [f(x) + g(x)]\, dx = \int_a^b f(x)\, dx + \int_a^b g(x)\, dx$$

Regra da diferença: (Seção 5.3)

$$\int_a^b [f(x) - g(x)]\, dx = \int_a^b f(x)\, dx - \int_a^b g(x)\, dx$$

Regra da subdivisão: (Seção 5.3)

$$\int_a^b f(x)\, dx = \int_a^c f(x)\, dx + \int_c^b f(x)\, dx$$

Teorema fundamental do cálculo: (Seção 5.3)

$$\int_a^b f(x)\, dx = F(b) - F(a) \quad \text{em que } F'(x) = f(x)$$

Variação de $Q(x)$ no intervalo $a \leq x \leq b$: (Seção 5.3)

$$Q(b) - Q(a) = \int_a^b Q'(x)\, dx$$

Área entre duas curvas: (Seção 5.4)

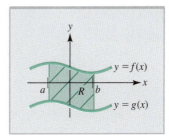

Área de $R = \int_a^b [f(x) - g(x)]\, dx$

Valor médio de uma função $f(x)$ em um intervalo $a \leq x \leq b$: (Seção 5.4)

$$V = \frac{1}{b-a} \int_a^b f(x)\, dx$$

Curva de Lorenz (Seção 5.4)

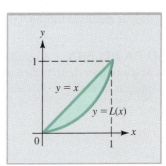

RESUMO DO CAPÍTULO

Índice de Gini = $2\int_0^1 [x - L(x)]\,dx$ (Seção 5.4)

Excesso líquido de lucro (Seção 5.4)
Valor futuro (montante) de um fluxo de receita (Seção 5.5)
Valor atual de um fluxo de receita (Seção 5.5)
Disposição do consumidor para gastar (Seção 5.5)
Excedente do consumidor: (Seção 5.5)

$EC = \int_0^{q_0} D(q)\,dq - p_0 q_0$, em que $p = D(q)$ é a demanda

Excedente do produtor: (Seção 5.5)

$EP = p_0 q_0 - \int_0^{q_0} S(q)\,dq$, em que $p = S(q)$ é a oferta

Sobrevivência e renovação (Seção 5.5)
Vazão de sangue em uma artéria (Seção 5.5)
População total a partir da densidade populacional (Seção 5.5)
Volume de um sólido (Seção 5.5)

Problemas de Verificação

1. Calcule as integrais indefinidas (antiderivadas) a seguir.

   a. $\int (x^3 - \sqrt{3x} + 5e^{-2x})\,dx$

   b. $\int \dfrac{x^2 - 2x + 4}{x}\,dx$

   c. $\int \sqrt{x}\left(x^2 - \dfrac{1}{x}\right)dx$

   d. $\int \dfrac{x}{(3 + 2x^2)^{3/2}}\,dx$

   e. $\int \dfrac{\ln\sqrt{x}}{x}\,dx$

   f. $\int xe^{1+x^2}\,dx$

2. Calcule as integrais definidas a seguir.

   a. $\int_1^4 \left(x^{3/2} + \dfrac{2}{x}\right)dx$

   b. $\int_0^3 e^{3-x}\,dx$

   c. $\int_0^1 \dfrac{x}{x+1}\,dx$

   d. $\int_0^3 \dfrac{x+3}{\sqrt{x^2 + 6x + 4}}\,dx$

3. Em cada caso, determine a área sob a região especificada.

   a. A região limitada pela curva $y = x + \sqrt{x}$, o eixo x e as retas $x = 1$ e $x = 4$.

   b. A região limitada pela curva $y = x^2 - 3x$ e a reta $y = x + 5$.

4. Determine o valor médio da função $f(x) = (x - 2)/x$ no intervalo $1 \le x \le 2$.

5. **VARIAÇÃO DA RECEITA** A receita marginal com a produção de q unidades de certa mercadoria é $R'(q) = q(10 - q)$ centenas de reais por unidade. Qual é a renda adicional quando o nível de produção aumenta de 4 para 9 unidades?

6. **BALANÇA COMERCIAL** O governo de certo país estima que daqui a t anos as importações estarão aumentando a uma taxa $I'(t)$ e as exportações a uma taxa $E'(t)$, ambas em bilhões de dólares por ano, em que

   $$I'(t) = 12{,}5e^{0{,}2t} \quad \text{e} \quad E'(t) = 1{,}7t + 3$$

   Qual será a variação do déficit comercial $D(t) = I(t) - E(t)$ desse país nos próximos cinco anos? O déficit terá aumentado ou diminuído nesse intervalo de tempo?

7. **EXCEDENTE DO CONSUMIDOR** Suponha que q centenas de unidades de certa mercadoria são demandadas pelos consumidores quando o preço unitário é $p = 25 - q^2$ reais. Qual é o excedente do consumidor da mercadoria quando o nível de produção é $q_0 = 4$ (400 unidades)?

8. **VALOR FUTURO DE UMA ANUIDADE** Depósitos são realizados continuamente em uma conta a uma taxa constante de R$ 5.000,00 por ano. A conta rende juros de 5% ao ano capitalizados continuamente. Qual é o saldo da conta após 3 anos?

9. **CRESCIMENTO POPULACIONAL** Os demógrafos estimam que a fração de pessoas que ainda estão morando em certa cidade t anos depois de se mudarem para a região é dada pela função $f(t) = e^{-0{,}02t}$. Se a população atual é 50.000 habitantes e a cidade recebe novos moradores à taxa de 700 por ano, qual será a população daqui a 20 anos?

10. **CONCENTRAÇÃO MÉDIA DE UM MEDICAMENTO** Um paciente recebe uma injeção de um medicamento; t horas depois, a concentração do medicamento no sangue do paciente é dada por

    $$C(t) = \dfrac{0{,}3t}{(t^2 + 16)^{1/2}} \quad \text{mg/cm}^3$$

    Qual é a concentração média do medicamento nas primeiras três horas após a injeção?

Problemas de Revisão

Nos Problemas 1 a 20, determine a integral indefinida indicada.

1. $\int (x^3 + \sqrt{x} - 9)\, dx$

2. $\int \left(x^{2/3} - \dfrac{1}{x} + 5 + \sqrt{x} \right) dx$

3. $\int (x^4 - 5e^{-2x})\, dx$

4. $\int \left(2\sqrt[3]{s} + \dfrac{5}{s} \right) ds$

5. $\int \left(\dfrac{5x^3 - 3}{x} \right) dx$

6. $\int \left(\dfrac{3e^{-x} + 2e^{3x}}{e^{2x}} \right) dx$

7. $\int \left(t^5 - 3t^2 + \dfrac{1}{t^2} \right) dt$

8. $\int (x + 1)(2x^2 + \sqrt{x})\, dx$

9. $\int \sqrt{3x + 1}\, dx$

10. $\int (3x + 1)\sqrt{3x^2 + 2x + 5}\, dx$

11. $\int (x + 2)(x^2 + 4x + 2)^5\, dx$

12. $\int \dfrac{x + 2}{x^2 + 4x + 2}\, dx$

13. $\int \dfrac{3x + 6}{(2x^2 + 8x + 3)^2}\, dx$

14. $\int (t - 5)^{12}\, dt$

15. $\int v(v - 5)^{12}\, dv$

16. $\int \dfrac{\ln(3x)}{x}\, dx$

17. $\int 5xe^{-x^2}\, dx$

18. $\int \left(\dfrac{x}{x - 4} \right) dx$

19. $\int \left(\dfrac{\sqrt{\ln x}}{x} \right) dx$

20. $\int \left(\dfrac{e^x}{e^x + 5} \right) dx$

Nos Problemas 21 a 30, calcule a integral definida indicada.

21. $\int_0^1 (5x^4 - 8x^3 + 1)\, dx$

22. $\int_1^4 (\sqrt{t} + t^{-3/2})\, dt$

23. $\int_0^1 (e^{2x} + 4\sqrt[3]{x})\, dx$

24. $\int_1^9 \dfrac{x^2 + \sqrt{x} - 5}{x}\, dx$

25. $\int_{-1}^2 30(5x - 2)^2\, dx$

26. $\int_{-1}^1 \dfrac{(3x + 6)}{(x^2 + 4x + 5)^2}\, dx$

27. $\int_0^1 2te^{t^2 - 1}\, dt$

28. $\int_0^1 e^{-x}(e^{-x} + 1)^{1/2}\, dx$

29. $\int_0^{e-1} \left(\dfrac{x}{x + 1} \right) dx$

30. $\int_e^{e^2} \dfrac{1}{x(\ln x)^2}\, dx$

ÁREA ENTRE CURVAS *Nos Problemas 31 a 38, faça um esboço da região R indicada e calcule a área por integração.*

31. R é a região sob a curva $y = x + 2\sqrt{x}$ no intervalo $1 \le x \le 4$.

32. R é a região sob a curva $y = e^x + e^{-x}$ no intervalo $-1 \le x \le 1$.

33. R é a região sob a curva $y = 1/x + x^2$ no intervalo $1 \le x \le 2$.

34. R é a região sob a curva $y = \sqrt{9 - 5x^2}$ no intervalo $0 \le x \le 1$.

35. R é a região limitada pela curva $y = 4/x$ e pela reta $x + y = 5$.

36. R é a região limitada pelas curvas $y = 8/x$ e $y = \sqrt{x}$ e pela reta $x = 8$.

37. R é a região limitada pela curva $y = 2 + x - x^2$ e pelo eixo x.

38. R é a região triangular com vértices nos pontos $(0, 0)$, $(2, 4)$ e $(0, 6)$.

VALOR MÉDIO DE UMA FUNÇÃO *Nos Problemas 39 a 42, determine o valor médio da função dada no intervalo indicado.*

39. $f(x) = x^3 - 3x + \sqrt{2x}$; para $1 \le x \le 8$

40. $f(t) = t\sqrt[3]{8 - 7t^2}$; para $0 \le t \le 1$

41. $g(v) = ve^{-v^2}$; para $0 \le v \le 2$

42. $h(x) = \dfrac{e^x}{1 + 2e^x}$; para $0 \leq x \leq 1$

EXCEDENTE DO CONSUMIDOR
Nos Problemas 43 a 46, $p = D(q)$ é a curva de demanda de uma mercadoria, ou seja, q unidades da mercadoria são demandadas quando o preço unitário é $p(q)$ reais. Em cada caso, para o nível de produção q_0 dado, determine $p_0 = D(q_0)$ e calcule o excedente do consumidor correspondente.

43. $D(q) = 4(36 - q^2)$; $q_0 = 2$ unidades

44. $D(q) = 100 - 4q - 3q^2$; $q_0 = 5$ unidades

45. $D(q) = 10e^{-0,1q}$; $q_0 = 4$ unidades

46. $D(q) = 5 + 3e^{-0,2q}$; $q_0 = 10$ unidades

CURVAS DE LORENZ
Nos Problemas 47 a 50, plote a curva de Lorenz $y = L(x)$ e determine o índice de Gini correspondente.

47. $L(x) = x^{3/2}$

48. $L(x) = x^{1,2}$

49. $L(x) = 0{,}3x^2 + 0{,}7x$

50. $L(x) = 0{,}75x^2 + 0{,}25x$

SOBREVIVÊNCIA E RENOVAÇÃO
Nos Problemas 51 a 54, são dadas uma população inicial P_0, uma taxa de renovação $R(t)$ e uma função de sobrevivência $S(t)$. Em cada caso, use as informações dadas para determinar a população no final do termo T indicado.

51. $P_0 = 75.000$; $R(t) = 60$; $S(t) = e^{-0,09t}$; t em meses; termo $T = 6$ meses

52. $P_0 = 125.000$; $R(t) = 250$; $S(t) = e^{-0,015t}$; t em anos; termo $T = 5$ anos

53. $P_0 = 100.000$; $R(t) = 90e^{0,1t}$; $S(t) = e^{-0,2t}$; t em anos; termo $T = 10$ anos

54. $P_0 = 200.000$; $R(t) = 50e^{0,12t}$; $S(t) = e^{-0,017t}$; t em horas; termo $T = 20$ horas

VOLUME DE UM SÓLIDO DE REVOLUÇÃO
Nos Problemas 55 a 58, determine o volume do sólido de revolução formado pela rotação em torno do eixo x da região R especificada.

55. R é a região sob a curva $y = x^2 + 1$ de $x = -1$ a $x = 2$.

56. R é a região sob a curva $y = e^{-x/10}$ de $x = 0$ a $x = 10$.

57. R é a região sob a curva $y = 1/\sqrt{x}$ de $x = 1$ a $x = 3$.

58. R é a região sob a curva $y = (x + 1)/\sqrt{x}$ de $x = 1$ a $x = 4$.

Nos Problemas 59 a 62, resolva o problema de valor inicial dado.

59. $\dfrac{dy}{dx} = 2$, em que $y = 4$ para $x = -3$

60. $\dfrac{dy}{dx} = x(x - 1)$, em que $y = 1$ para $x = 1$

61. $\dfrac{dx}{dt} = e^{-2t}$, em que $x = 4$ para $t = 0$

62. $\dfrac{dy}{dt} = \dfrac{t + 1}{t}$, em que $y = 3$ para $t = 1$

63. Determine a função cuja tangente tem inclinação $x(x^2 + 1)^{-1}$ para qualquer valor de x e cuja curva passa pelo ponto $(1, 5)$.

64. Determine a função cuja tangente tem inclinação xe^{-2x^2} para qualquer valor de x e cuja curva passa pelo ponto $(0, -3)$.

65. VALOR PATRIMONIAL LÍQUIDO Um fazendeiro estima que daqui a t dias a quantidade de arroz colhida estará aumentando a uma taxa de $0{,}5t^2 + 4(t + 1)^{-1}$ quilos por dia. Qual será o aumento do valor da colheita durante os próximos seis dias se o preço de mercado permanecer fixo em R$ 2,00 o quilo?

66. DEPRECIAÇÃO O valor de revenda de certa máquina industrial diminui a uma taxa que varia com o tempo. Quando a máquina tem t anos de idade, a taxa com a qual o valor varia é $200(t - 6)$ reais por ano. Se a máquina foi comprada nova por R$ 12.000,00, quanto valerá 10 anos depois?

67. VENDA DE INGRESSOS Os organizadores de uma feira agrícola estimam que t horas após os portões serem abertos às 9 horas, os visitantes estarão chegando à taxa de $-4(t + 2)^3 + 54(t + 2)^2$ pessoas por hora. Quantos visitantes entrarão na feira entre as 10 e as 12 horas?

68. CUSTO MARGINAL Em uma fábrica, o custo marginal é $6(q - 5)^2$ reais por unidade quando o nível de produção é q unidades. De quanto aumenta o custo quando o nível de produção aumenta de 10 para 13 unidades?

69. TRANSPORTE COLETIVO Estima-se que daqui a x semanas o número de usuários de uma nova linha de metrô estará aumentando à taxa de $18x^2 + 500$ por semana. No momento, a linha é usada por 8.000 passageiros. Quantos passageiros estarão usando a linha daqui a cinco semanas?

70. VARIAÇÃO DA BIOMASSA Uma amostra de proteína de massa m se decompõe em aminoácidos a uma taxa dada por

$$\dfrac{dm}{dt} = \dfrac{-15t}{t^2 + 5}$$

em que m é a massa em gramas e t é o tempo em horas. Qual é a variação da massa da amostra durante as primeiras 4 horas?

71. CONSUMO DE PETRÓLEO Estima-se que, t anos após o início do ano 2014, o consumo de petróleo em certo país estará variando à taxa de $D'(t) = (1 + 2t)^{-1}$ bilhões de barris por ano. O consumo de petróleo será maior em 2015 ou em 2016? Qual será a diferença?

72. VALOR FUTURO DE UM FLUXO DE RECEITA Depósitos são feitos continuamente em uma conta a uma taxa de $5.000e^{0,015t}$ reais por ano. A conta rende juros de 5% ao ano, capitalizados continuamente. Qual é o saldo da conta após 3 anos?

73. **VALOR FUTURO DE UM FLUXO DE RECEITA** Depósitos são feitos continuamente em uma conta a uma taxa constante de R$ 1.200,00 por ano. A conta rende juros de 8% ao ano, capitalizados continuamente. Qual é o saldo da conta após 5 anos?

74. **VALOR ATUAL DE UM FLUXO DE RECEITA** Qual é o valor atual de um investimento que gera receita continuamente a uma taxa constante de R$ 1.000 ao ano durante 10 anos se a taxa de juros permanece constante em 7% ao ano capitalizados continuamente?

75. **MERCADO IMOBILIÁRIO** Em certa região, a fração de casas colocadas à venda que permanecem sem ser vendidas por pelo menos t semanas é dada aproximadamente por $f(t) = e^{-0,2t}$. Se 200 casas são colocadas à venda esta semana e outras casas são colocadas à venda à taxa de 8 por semana, quantas casas estarão à venda daqui a 10 semanas?

76. **RECEITA MÉDIA** Um fabricante de bicicletas calcula que daqui a x meses estará vendendo 5.000 bicicletas por mês ao preço de $P(x) = 200 + 3\sqrt{x}$ reais. Qual é a receita média com a venda de bicicletas esperada pelo fabricante para os próximos 16 meses?

77. **REJEITOS NUCLEARES** Uma usina nuclear produz rejeitos radioativos a uma taxa constante de 300 quilogramas por ano. Os rejeitos decaem espontaneamente com uma meia-vida de 35 anos. Qual será a quantidade de rejeitos da usina daqui a 200 anos, se a usina continuar funcionando até lá?

78. **CRESCIMENTO DE UMA ÁRVORE** Uma árvore foi transplantada e, após x anos, está crescendo a uma taxa de
$$h'(x) = 0,5 + \frac{1}{(x+1)^2}$$
metros por ano. Quantos metros a árvore cresce durante o segundo ano?

79. **RECEITA FUTURA** Certo poço de petróleo que produz 900 barris de petróleo bruto por mês estará seco em três anos. O preço do barril de petróleo bruto é atualmente 92 dólares e deverá aumentar a uma taxa constante de 80 cents por barril por mês. Se o petróleo for vendido assim que for extraído do solo, qual será a receita futura total com o poço?

80. **EXCEDENTE DO CONSUMIDOR** A função demanda de certo produto é $D(q) = 50 - 3q - q^2$ reais por unidade.
    a. Determine o número de unidades que serão vendidas se o preço do mercado for R$ 32,00 por unidade.
    b. Determine a disposição do consumidor para gastar para um número de unidades vendidas igual ao do item (a).
    c. Determine o excedente do consumidor para um preço de mercado de R$ 32,00 a unidade.
    d. Use uma calculadora para plotar a curva de demanda. Interprete a disposição do consumidor para gastar e o excedente do consumidor como regiões da curva.

81. **PREÇO MÉDIO** Os registros indicam que, t meses após o início do ano, o preço do bacon nos supermercados de certa região era $P(t) = 0,06t^2 - 0,2t + 6,2$ reais o quilo. Qual foi o preço médio do bacon nos primeiros seis meses do ano?

82. **ÁREA DA SUPERFÍCIE DO CORPO DE UMA CRIANÇA** A área S da superfície do corpo de uma criança de 1,20 m de altura e w kg de peso varia a uma taxa dada por
$$S'(w) = 1.500w^{-0,575} \text{ cm}^2/\text{kg}$$
O corpo de uma criança com 1,20 m de altura e 23 kg de peso tem uma área superficial de 8.531 cm². Se a criança ganha 1 kg e a altura permanece a mesma, qual é o aumento da área superficial?

83. **VARIAÇÃO DE TEMPERATURA** Em uma cidade do sul do Brasil, t horas após a meia-noite a temperatura T está variando a uma taxa dada por
$$T'(t) = -0,02(t-7)(t-14) \quad °\text{C/h}$$
Qual é a variação de temperatura entre as 8 e as 20 h?

84. **EFEITO DE UMA TOXINA** Uma toxina é introduzida em uma colônia de bactérias e t horas depois a população $P(t)$ da colônia está variando a uma taxa
$$\frac{dP}{dt} = -(\ln 3)3^{4-t}$$
Se havia 1 milhão de bactérias na colônia quando a toxina foi introduzida, qual é a função $P(t)$? [*Sugestão*: Note que $3^x = e^{x \ln 3}$.]

85. **ANÁLISE MARGINAL** Em certa região do país, o preço de ovos tipo A é atualmente R$ 2,50 a dúzia. Os estudos indicam que daqui a x semanas o preço $p(x)$ estará variando à taxa de $p'(x) = 0,2 + 0,003x^2$ centavos por semana.
    a. Use uma integral para determinar $p(x)$ e plote a função em uma calculadora gráfica. Quanto custarão os ovos daqui a 10 semanas?
    b. Suponha que a taxa de variação do preço fosse $p'(x) = 0,3 + 0,003x^2$. Como isso afetaria $p(x)$? Verifique se o seu palpite está correto plotando no mesmo gráfico as funções obtidas nos itens (a) e (b). Nesse caso, quanto custariam os ovos daqui a 10 semanas?

86. **INVESTINDO EM UM MERCADO EM BAIXA** Jane aplica R$ 5.000,00 em um fundo de ações no início de janeiro e deposita R$ 200,00 por mês no fundo a partir de fevereiro. Infelizmente, a bolsa está em baixa e a moça descobre que após t meses, cada real investido vale apenas $100f(t)$ centavos, em que $f(t) = e^{-0,01t}$. Se a tendência continuar, quanto valerá a aplicação após 2 anos?

[*Sugestão*: Pense nesse problema como um problema de sobrevivência e renovação.]

87. **DISTÂNCIA E VELOCIDADE** Após t minutos, um corpo que se move em linha reta tem uma velocidade $v(t) = 1 + 4t + 3t^2$ metros por minuto. Que distância o corpo percorre no terceiro minuto?

88. **POPULAÇÃO MÉDIA** A população de uma cidade (em milhares de habitantes) t anos após 1º de janeiro de 2005 é dada pela função
$$P(t) = \frac{150e^{0,03t}}{1 + e^{0,03t}}$$
Qual será a população média da cidade durante a década 2005-2015?

89. **DISTRIBUIÇÃO DE RENDA** Um estudo mostra que a distribuição de renda dos assistentes sociais e dos fisioterapeutas pode ser representada pelas curvas de Lorenz $y = L_1(x)$ e $y = L_2(x)$, respectivamente, em que
$$L_1(x) = x^{1,6} \quad \text{e} \quad L_2(x) = 0,65x^2 + 0,35x$$
Em qual das duas profissões a distribuição de renda é menos desigual?

90. **DISTRIBUIÇÃO DE RENDA** Um estudo realizado em certo país mostra que a distribuição de renda dos professores do segundo grau e dos corretores de imóveis pode ser representada pelas funções
$$L_1(x) = 0,67x^4 + 0,33x^3$$
$$L_2(x) = 0,72x^2 + 0,28x$$
respectivamente. Em qual das duas profissões a distribuição de renda é menos desigual?

91. **ECOLOGIA** Um lago tem aproximadamente a forma da metade inferior do sólido obtido pela rotação da curva $2x^2 + 3y^2 + 6$ em torno do eixo x, com x e y em quilômetros. Os conservacionistas querem que o lago contenha 1.000 trutas por quilômetro cúbico. Se o lago contém atualmente 5.000 trutas, quantas devem ser introduzidas no lago para que os conservacionistas fiquem satisfeitos?

92. **HORTICULTURA** Um sistema de irrigação borrifa água em um jardim de tal forma que $28e^{-r^2/90}$ centímetros de água são aplicados por hora a uma distância de r centímetros do borrifador. Qual é a quantidade total de água aplicada pelo sistema em um raio de 1,5 metro durante um período de 20 minutos?

93. **VELOCIDADE E DISTÂNCIA** Um carro está se movendo de tal forma que após t horas a velocidade é $S(t)$ quilômetros por hora.
   a. Escreva uma integral definida que forneça a velocidade média do carro durante as primeiras N horas.
   b. Escreva uma integral definida que forneça a distância percorrida pelo carro durante as primeiras N horas.
   c. Discuta a relação entre as integrais dos itens (a) e (b).

94. Use uma calculadora gráfica para plotar no mesmo gráfico as curvas $y = -x^3 - 2x^2 + 5x - 2$ e $y = x \ln x$. Use **TRACE** e **ZOOM** ou outro recurso da calculadora para determinar os pontos de interseção das curvas e calcule a área da região limitada pelas curvas.

95. Repita o Problema 94 para as curvas
$$y = \frac{x-2}{x+1} \quad \text{e} \quad y = \sqrt{25 - x^2}$$

SOLUÇÕES DOS EXERCÍCIOS EXPLORE!

Solução do Exercício Explore! 1

Entre com as constantes $\{-4, -2, 2, 4\}$ em L1 e com as funções Y1 = X^3 e Y2 = Y1 + L1. Plote Y1 em negrito, usando uma janela decimal modificada $[-4.7, 4.7]1$ por $[-6, 6]1$. Em $x = 1$ (em que foi traçada uma reta vertical no gráfico da direita), todas as curvas parecem ter a mesma inclinação.

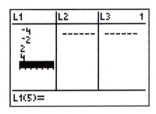

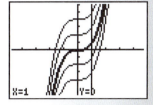

Usando a rotina de reta tangente da calculadora, trace retas tangentes a essas curvas passando por pontos com $x = 1$. Todas as retas tangentes têm uma inclinação de 3, embora interceptem o eixo y em pontos diferentes.

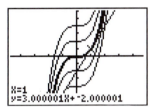
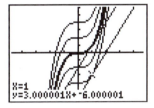
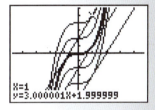

Solução do Exercício Explore! 2

Para ter acesso à função integral numérica, **fnInt**(expressão, variável, limite inferior, limite superior), aperte a tecla **MATH** e escolha a opção **9:fnInt(**, que pode ser usada para entrar com a função Y1 da figura abaixo à esquerda. Obtemos uma família de curvas que parecem ser parábolas, com vértices no eixo y em $y = 0$, -1 e -4. A antiderivada de $f(x) = 2x$ é $F(x) = x^2 + C$, em que $C = 0$, -1 e -4, no nosso caso.

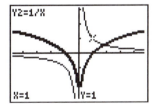

Solução do Exercício Explore! 3

Entre com $y = F(x) = \ln|x|$ em Y1 como ln(abs(X)), entre com $f(x) = 1/x$ em Y2 e plote as duas curvas usando uma janela decimal e o estilo negrito para a primeira curva. Faça $x = 1$ e compare a derivada $F'(1)$, que é mostrada no gráfico da esquerda como $dy/dx = 1.0000003$, com o valor $y = 1$ de $f(1)$ no gráfico da direita. A pequena diferença pode ser atribuída, nesse caso, ao uso da derivação numérica. Na maioria dos casos, $F'(x)$ é exatamente igual a $f(x)$. Por exemplo: para $x = -2$, temos $F'(-2) = -0,5 = f(-2)$.

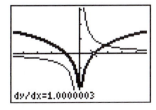
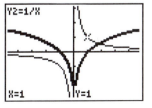

Solução do Exercício Explore! 4

Entre com os números inteiros de -5 a 5 em L1 (**STAT EDIT 1**). Entre em Y1 e Y2 com as funções mostradas abaixo. Plote com a janela-padrão e observe que as curvas das antiderivadas são geradas sequencialmente, começando pela de baixo. Use **TRACE** para assinalar o ponto (2, 6) e observe que a antiderivada que passa por esse ponto é a segunda na lista de L1. Essa curva é $F(x) = x^3 + x - 4$, que também pode ser calculada analiticamente, como no Exemplo 5.1.4. Para $f(x) = 3x^2 - 2$, a família de antiderivadas é $F(x) = x^2 - 2x + L1$ e a mesma janela pode ser usada para gerar o gráfico da direita. A antiderivada desejada é a oitava de baixo para cima e corresponde a $F(x) = x^3 - 2x + 2$, cujo termo constante pode ser confirmado algebricamente.

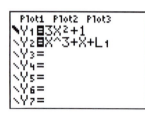 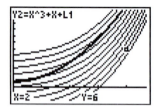 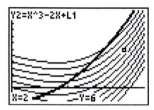

Solução do Exercício Explore! 8

Como no Exemplo 5.3.3, faça Y1 = $x^3 + 1$ e plote usando uma janela $[-1, 3]1$ por $[-1, 2]1$. Entre na rotina de integração numérica com **CALC, 7:∫f(x)dx**, especificando o limite inferior como X = 0 e o limite superior como X = 1 para obter $\int_0^1 (x^3 + 1)\, dx = 1.25$. A integração numérica também pode ser realizada a partir da tela inicial usando **MATH, 9:fnInt(**, como mostra a figura da direita.

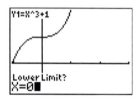 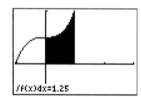 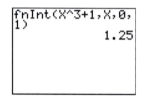

Solução do Exercício Explore! 10

Como no Exemplo 5.4.2, faça Y1 = 4X e Y2 = $X^3 + 3X^2$ no editor de equações. Plote usando uma janela $[-6, 2]1$ por $[-25, 10]5$. As coordenadas x dos pontos de interseção são $x = -4$, 0 e 1. Considerando $y = 4x$ como linha de base, a área entre Y1 e Y2 pode ser vista como a área da curva diferença Y3 = Y2 − Y1. Desative Y1 e Y2 e plote Y3 usando uma janela $[-4.5, 1.5]0.5$ por $[-5, 15]5$. A interação numérica dessa curva entre $x = -4$ e $x = 0$ nos dá uma área de 32 unidades quadradas para o primeiro setor limitado pelas duas curvas. A área do segundo setor, entre $x = 0$ e $x = 1$, é −0,75. A área total limitada pelas duas curvas é 32 + |−0,75| = 32,75.

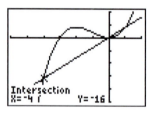 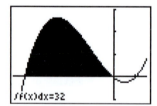 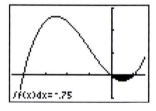

Solução do Exercício Explore! 11

Faça Y1 = $x^3 - 6x^2 + 10x - 1$ e use a opção **CALC, 7:∫f(x)dx** para determinar que a área sob a curva de $x = 1$ a $x = 4$ é 9,75 unidades quadradas, o que é igual à parte retangular sob Y2 = 9,75/(4 − 1) = 3,25 de largura 3. É como se a área sob $f(x)$ no intervalo [1, 4] se tornasse líquida e escorresse para ocupar uma região com altura constante de 3,25, o valor médio de $f(x)$. Esse valor é atingido para $x \approx 1,874$ (assinalado na figura da direita) e também para $x = 3,473$. Note que é preciso apagar o sombreado anterior, usando **DRAW, 1:ClrDraw**, para passar ao gráfico seguinte.

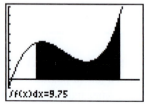 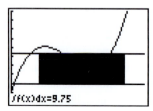 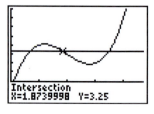

Solução do Exercício Explore! 12

Entre com $D_{\text{nova}}(q)$ em negrito como Y2 = $4(23 - X^2)$ e com $D(q)$ como Y1 = $4(25 - X^2)$, usando uma janela [0, 5]1 por [0, 150]10. Visualmente, $D_{\text{nova}}(q)$ é menor que $D(q)$ em todo o intervalo de observação, o que confirma a conjectura de que a área sob a curva de $D_{\text{nova}}(q)$ é menor que a de $D(q)$ no intervalo [0, 3]. O valor calculado para essa área é R$ 240,00, menor que o valor de R$ 264,00 obtido para a área de $D(q)$ na Figura 5.21.

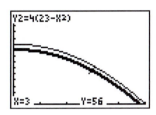 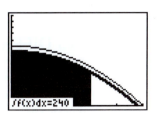

PARA PENSAR

PEQUENAS DIFERENÇAS DE PERCEPÇÃO

O cálculo permite conhecer melhor a percepção humana, ajudando, por exemplo, a descobrir quantas frequências sonoras e quantas cores uma pessoa é capaz de distinguir (veja a figura). Nosso objetivo nesse ensaio é mostrar que o cálculo integral pode ser usado para estimar o número de frequências diferentes que uma pessoa consegue perceber quando a frequência sonora aumenta desde a menor frequência audível, 15 Hz, até a maior frequência audível, 18.000 Hz. (Hz é a abreviação de hertz, a unidade de frequência do SI, que corresponde a 1 ciclo por segundo.)

Um modelo matemático* da percepção auditiva humana usa a expressão $y = 0{,}767x^{0{,}439}$, em que y (em Hz) é a menor variação de frequência que pode ser detectada na frequência x (em Hz). Assim, no caso da menor frequência audível, 15 Hz, a menor variação de frequência que uma pessoa é capaz de detectar é $y = 0{,}767 \times 15^{0{,}439} \approx 2{,}5$ Hz, enquanto no caso da maior frequência audível, 18.000 Hz, a menor diferença perceptível é $y = 0{,}767 \times 18.000^{0{,}439} \approx 57$ Hz. Se a menor variação perceptível fosse a mesma para todas as frequências, poderíamos calcular o número de frequências que um ser humano é capaz de distinguir, simplesmente dividindo a faixa de frequências audíveis por essa menor variação perceptível. Infelizmente, acabamos de ver que a menor variação perceptível de frequência aumenta quando a frequência aumenta, de modo que essa abordagem simples não é praticável. Entretanto, podemos estimar o número de frequências que uma pessoa é capaz de perceber usando uma integral.

Para isso, vamos chamar de $f(x)$ a menor diferença de frequência que uma pessoa é capaz de perceber quando a frequência é x e escolher números $x_0, x_1,\ldots, x_n$, começando com $x_0 = 15$ Hz e terminando com $x_n = 18.000$ Hz, de tal forma que para $j = 0, 2, \ldots, n-1$,

$$x_j + f(x_j) = x_{j+1}$$

Assim, x_{j+1} é o número que obtemos somando a x_j a menor diferença perceptível quando a frequência é x_j. Nesse caso, a largura do intervalo de ordem j é dada por

$$\Delta x_j = x_{j+1} - x_j = f(x_j)$$

Dividindo por $f(x_j)$, obtemos

$$\frac{\Delta x_j}{f(x_j)} = \frac{x_{j+1} - x_j}{f(x_j)} = 1$$

e, portanto,

$$\sum_{j=0}^{n-1} \frac{\Delta x_j}{f(x_j)} = \sum_{j=0}^{n-1} \frac{x_{j+1} - x_j}{f(x_j)} = \frac{x_1 - x_0}{f(x_0)} + \frac{x_2 - x_1}{f(x_1)} + \cdots + \frac{x_n - x_{n-1}}{f(x_n)}$$
$$= \underbrace{1 + 1 + \cdots + 1}_{n \text{ termos}} = n$$

A soma do lado esquerdo dessa equação é uma soma de Riemann, e como os intervalos $\Delta x_j = x_{j+1} - x_j$ são muito pequenos, a soma é aproximadamente igual a uma integral definida. Assim, temos:

---

*Parte deste ensaio se baseia em Anthony Barcellos, *Applications of Calculus: Selected Topics from the Environmental and Life Sciences*, New York: McGraw-Hill, 1994, pp. 21–24.

$$\int_{x_0}^{x_n} \frac{dx}{f(x)} \approx \sum_{j=0}^{n-1} \frac{\Delta x_j}{f(x_j)} = n$$

Finalmente, fazendo $f(x) = 0{,}767 x^{0{,}439}$, $x_0 = 15$ e $x_n = 18.000$, obtemos

$$\begin{aligned}
\int_{x_0}^{x_n} \frac{dx}{f(x)} &= \int_{15}^{18.000} \frac{dx}{0{,}767 x^{0{,}439}} \\
&= \frac{1}{0{,}767}\left(\frac{x^{0{,}561}}{0{,}561}\right)\bigg|_{15}^{18.000} \\
&= 2{,}324(18.000^{0{,}561} - 15^{0{,}561}) \\
&= 556{,}2
\end{aligned}$$

Assim, existem aproximadamente 556 frequências perceptíveis no intervalo de 15 Hz a 18.000 Hz.

Seguem algumas questões que envolvem a aplicação desses princípios à percepção auditiva e visual.

Questões

1. As 88 teclas de um piano vão de 15 Hz a 4.186 Hz. Se o número de teclas fosse baseado nas menores diferenças de frequência que uma pessoa é capaz de perceber, quantas teclas teria um piano?

2. Um monitor monocromático de 8 bits é capaz de representar 256 tons de cinza. Seja x uma tonalidade de cinza, com $x = 0$ para o branco e $x = 1$ para o preto. Um modelo para a percepção de tons de cinza utiliza a expressão $y = Ax^{0{,}3}$, em que A é uma constante positiva e y é a menor mudança que pode ser detectada pelo olho humano quando o tom de cinza é x. Como os experimentos mostram que o olho humano é incapaz de distinguir 256 tons diferentes de cinza, o número n de tons de cinza que o olho humano é capaz de perceber entre $x = 0$ e $x = 1$ deve ser menor que 256. A partir da hipótese de que $n < 256$, determine um valor mínimo para a constante A na expressão $y = Ax^{0{,}3}$.

3. Um modelo da capacidade da visão humana de distinguir cores utiliza a expressão $y = 2{,}9 \times 10^{-24} x^{8{,}52}$, em que y é a menor diferença de cor que o olho pode distinguir para uma cor com um comprimento de onda x, com x e y em nanômetros (nm).
   a. A luz amarela tem um comprimento de onda de 580 nm. Qual é a menor diferença que o olho humano pode perceber para esse comprimento de onda?
   b. A luz vermelha tem um comprimento de onda de 760 nm. Qual é a menor diferença que o olho humano pode perceber para esse comprimento de onda?
   c. Quantos matizes o olho humano é capaz de perceber entre o amarelo e o vermelho?

4. Use um modelo da forma $y = ax^k$ para os matizes que o olho humano é capaz de perceber entre o amarelo, com 580 nm, e o violeta, com 400 nm, levando em conta o fato de que a menor diferença que o olho humano pode perceber no caso da luz amarela é 1 nm, e no caso da luz violeta é 0,043 nm.

CAPÍTULO 6

Depósito de rejeitos nucleares na Península de Kola, na Rússia. Os efeitos a longo prazo dos rejeitos nucleares podem ser estudados usando integrais impróprias.

Outros Tópicos de Integração

1 Integração por Partes; Tabelas de Integrais
2 Integração Numérica
3 Integrais Impróprias
   Resumo do Capítulo
      Termos, Símbolos e Fórmulas Importantes
      Problemas de Verificação
      Problemas de Revisão
   Soluções de Exercícios Explore!
   Para Pensar

SEÇÃO 6.1 Integração por Partes; Tabelas de Integrais

Objetivos do Aprendizado
1. Usar a integração por partes para calcular integrais e resolver problemas práticos.
2. Conhecer e usar uma tabela de integrais.

A integração por partes é uma técnica de integração baseada na regra do produto para derivadas. Em particular, se $u(x)$ e $v(x)$ são funções deriváveis de x, temos:

$$\frac{d}{dx}[u(x)v(x)] = u(x)\frac{dv}{dx} + v(x)\frac{du}{dx}$$

e, portanto,

$$u(x)\frac{dv}{dx} = \frac{d}{dx}[u(x)v(x)] - v(x)\frac{du}{dx}$$

Integrando ambos os membros da equação em relação a x, obtemos:

$$\int \left[u(x)\frac{dv}{dx}\right] dx = \int \frac{d}{dx}[u(x)v(x)] \, dx - \int \left[v(x)\frac{du}{dx}\right] dx$$

$$= u(x)v(x) - \int \left[v(x)\frac{du}{dx}\right] dx$$

já que $u(x)v(x)$ é uma antiderivada de $\frac{d}{dx}[u(x)v(x)]$. Podemos escrever essa expressão na forma mais compacta

$$\int u \, dv = uv - \int v \, du$$

pois

$$dv = \frac{dv}{dx}dx \quad \text{e} \quad du = \frac{du}{dx}dx$$

A equação $\int u \, dv = uv - \int v \, du$ é chamada de **fórmula de integração por partes**. A grande vantagem dessa fórmula é que, se uma integral da forma $\int f(x) \, dx$ puder ser expressa na forma $\int f(x) \, dx = \int u \, dv$, em que u e v são funções de x,

$$\int f(x) \, dx = \int u \, dv = uv - \int v \, du$$

e a integral que queremos resolver poderá ser substituída diretamente por $\int v \, du$. Se $\int v \, du$ é mais fácil de calcular que $\int u \, dv$, a substituição facilita o cálculo de $\int f(x) \, dx$. Segue um exemplo.

EXEMPLO 6.1.1 Integração por Partes

Determine $\int x^2 \ln x \, dx$.

Solução

Nossa estratégia consiste em expressar $\int x^2 \ln x \, dx$ como $\int u \, dv$ escolhendo u e v de tal forma que $\int v \, du$ seja mais fácil de calcular que $\int u \, dv$. Nesse exemplo, o melhor é fazer

$$u = \ln x \quad \text{e} \quad dv = x^2\, dx$$

pois

$$du = \frac{1}{x}\, dx$$

é uma expressão mais simples que ln *x*, enquanto *v* pode ser obtida pela integração relativamente simples

$$v = \int x^2\, dx = \frac{1}{3}x^3$$

(Para facilitar os cálculos, omitimos o "+ *C*" até o resultado.) Usando esses valores de *u* e *v* na fórmula de integração por partes, obtemos:

$$\int \underbrace{x^2}_{u}\, \underbrace{\ln x\, dx}_{dv} = \int (\ln x)(x^2\, dx) = \underbrace{(\ln x)}_{u}\underbrace{\left(\frac{1}{3}x^3\right)}_{v} - \int \underbrace{\left(\frac{1}{3}x^3\right)}_{v}\underbrace{\left(\frac{1}{x}\, dx\right)}_{du}$$

$$= \frac{1}{3}x^3 \ln x - \frac{1}{3}\int x^2\, dx = \frac{1}{3}x^3 \ln x - \frac{1}{3}\left(\frac{1}{3}x^3\right) + C$$

$$= \frac{1}{3}x^3 \ln x - \frac{1}{9}x^3 + C$$

Segue um resumo do método que acabamos de ilustrar.

Integração por Partes

Para determinar uma integral $\int f(x)\, dx$ usando a fórmula de integração por partes:

1º passo. Escolha funções *u* e *v* tais que $f(x)\, dx = u\, dv$. Procure escolher um *u* para o qual *du* seja mais simples que *u* e um *dv* que seja fácil de integrar.

2º passo. Organize os cálculos de *du* e *v* da seguinte forma:

$$\begin{array}{cc} u & dv \\ du & v = \int dv \end{array}$$

3º passo. Complete a integração calculando $\int v\, du$. O resultado é o seguinte:

$$\int f(x)\, dx = \int u\, dv = uv - \int v\, du$$

Acrescente "+ *C*" apenas quando terminar os cálculos.

A escolha de *u* e *dv* para integrar por partes requer habilidade e experiência. No Exemplo 6.1.1, as coisas não correriam tão bem se tivéssemos escolhido $u = x^2$ e $dv = \ln x\, dx$. Certamente, $du = 2x\, dx$ é mais simples que $u = x^2$, mas o que faríamos com $v = \int \ln x\, dx$? Na verdade, o cálculo dessa integral é tão difícil quanto o da integral original (veja o Exemplo 6.1.4). Os Exemplos 6.1.2, 6.1.3 e 6.1.4 ilustram várias formas de escolher *u* e *dv* em integrais que podem ser calculadas usando o método da integração por partes.

EXEMPLO 6.1.2 Integração por Partes

Determine $\int x e^{2x}\, dx$.

Solução

Embora os dois fatores, x e e^{2x}, sejam fáceis de integrar, apenas x se torna mais simples quando é derivado. Assim, fazemos $u = x$ e $dv = e^{2x}\,dx$ para obter

$$u = x \qquad dv = e^{2x}\,dx$$
$$du = dx \qquad v = \frac{1}{2}e^{2x}$$

> **LEMBRETE**
>
> Como foi visto na Seção 5.1,
>
> $$\int e^{kx}\,dx = \frac{1}{k}e^{kx} + C$$

Substituindo na fórmula de integração por partes, obtemos:

$$\int \underbrace{x}_{u}\underbrace{(e^{2x}\,dx)}_{dv} = \underbrace{x}_{u}\underbrace{\left(\frac{1}{2}e^{2x}\right)}_{v} - \int \underbrace{\left(\frac{1}{2}e^{2x}\right)}_{v}\underbrace{dx}_{du}$$

$$= \frac{1}{2}xe^{2x} - \frac{1}{2}\left(\frac{1}{2}e^{2x}\right) + C \quad \text{colocando } \frac{1}{2}e^{2x} \text{ em evidência}$$

$$= \frac{1}{2}\left(x - \frac{1}{2}\right)e^{2x} + C$$

EXEMPLO 6.1.3 Integração por Partes

Determine $\int x\sqrt{x+5}\,dx$.

Solução

Nesse caso, os dois fatores, x e $\sqrt{x+5}$, são fáceis de derivar e de integrar, mas apenas x se torna mais simples ao ser derivado. Assim, é melhor escolher

$$u = x \qquad dv = \sqrt{x+5}\,dx = (x+5)^{1/2}\,dx$$

o que nos dá

$$du = dx \qquad v = \frac{2}{3}(x+5)^{3/2}$$

Substituindo na fórmula de integração por partes, obtemos

$$\int \underbrace{x}_{u}\underbrace{(\sqrt{x+5}\,dx)}_{dv} = \underbrace{x}_{u}\underbrace{\left[\frac{2}{3}(x+5)^{3/2}\right]}_{v} - \int \underbrace{\left[\frac{2}{3}(x+5)^{3/2}\right]}_{v}\underbrace{dx}_{du}$$

$$= \frac{2}{3}x(x+5)^{3/2} - \frac{2}{3}\left[\frac{2}{5}(x+5)^{5/2}\right] + C$$

$$= \frac{2}{3}x(x+5)^{3/2} - \frac{4}{15}(x+5)^{5/2} + C$$

> **NOTA** Algumas integrais podem ser calculadas tanto por substituição como por integração por partes. No caso da integral do Exemplo 6.1.3, podemos usar a substituição $u = x + 5$, $du = dx$, caso em que
>
> $$\int x\sqrt{x+5}\,dx = \int (u-5)\sqrt{u}\,du = \int (u^{3/2} - 5u^{1/2})\,du$$
>
> $$= \frac{u^{5/2}}{5/2} - \frac{5u^{3/2}}{3/2} + C$$
>
> $$= \frac{2}{5}(x+5)^{5/2} - \frac{10}{3}(x+5)^{3/2} + C$$

Esse resultado não é igual ao obtido no Exemplo 6.1.3. Para mostrar que as duas formas são equivalentes, basta executar algumas manipulações algébricas:

$$\frac{2x}{3}(x+5)^{3/2} - \frac{4}{15}(x+5)^{5/2} = (x+5)^{3/2}\left[\frac{2x}{3} - \frac{4}{15}(x+5)\right]$$

$$= (x+5)^{3/2}\left(\frac{2x}{5} - \frac{4}{3}\right) = (x+5)^{3/2}\left[\frac{2}{5}(x+5) - \frac{10}{3}\right]$$

$$= \frac{2}{5}(x+5)^{5/2} - \frac{10}{3}(x+5)^{3/2}$$

que é igual à antiderivada obtida por substituição. Esse exemplo ilustra o fato de que a resposta do aluno pode estar correta mesmo que não seja exatamente igual à que aparece no final do livro. ■

Integração Definida por Partes

A fórmula da integração por partes pode ser aplicada a integrais definidas observando que

$$\int_a^b u\,dv = uv\Big|_a^b - \int_a^b v\,du$$

A integração definida por partes é usada no Exemplo 6.1.4 para calcular uma área.

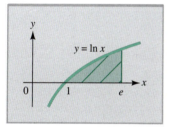

FIGURA 6.1 A região sob a curva $y = \ln x$ no intervalo $1 \leq x \leq e$.

EXEMPLO 6.1.4 Cálculo de uma Área Usando Integração por Partes

Determine a área da região limitada pela curva $y = \ln x$, pelo eixo x e pelas retas $x = 1$ e $x = e$.

Solução

A região aparece na Figura 6.1. Como $\ln x \geq 0$ para $1 \leq x \leq e$, a área é dada pela integral definida

$$A = \int_1^e \ln x\,dx$$

Para calcular essa integral usando integração por partes, pensamos em $\ln x\,dx$ como $(\ln x)(1\,dx)$ e fazemos

$$u = \ln x \qquad dv = 1\,dx$$
$$du = \frac{1}{x}dx \qquad v = \int 1\,dx = x$$

Assim, a área pedida é

$$A = \int_1^e \ln x\,dx = x\ln x\Big|_1^e - \int_1^e x\left(\frac{1}{x}dx\right)$$

$$= x\ln x\Big|_1^e - \int_1^e 1\,dx = (x\ln x - x)\Big|_1^e$$

$$= [e\ln e - e] - [1\ln 1 - 1] \qquad \ln e = 1 \text{ e } \ln 1 = 0$$

$$= [e(1) - e] - [1(0) - 1]$$

$$= 1$$

Como mais uma ilustração das aplicações práticas da integração por partes, vamos usá-la no Exemplo 6.1.5 para calcular o valor futuro de um fluxo de receita contínuo (veja a Seção 5.5).

EXEMPLO 6.1.5 Cálculo do Valor Futuro de um Investimento

Marília está pensando em fazer um investimento de cinco anos e estima que, daqui a t anos, esse investimento estará gerando um fluxo de receita contínuo de $3.000 + 50t$ reais por ano. Se a taxa de juros permanecer constante em 4% ao ano, capitalizados continuamente durante todo o termo, qual será o valor do investimento daqui a cinco anos?

Solução

O valor do investimento de Marília é igual ao valor futuro do fluxo de receita. Como vimos na Seção 5.5, o valor futuro VF de um fluxo de receita depositado continuamente à taxa $f(t)$ em uma conta que rende uma taxa anual r de juros capitalizados continuamente por um termo de T anos é dado pela integral

$$\text{VF} = \int_0^T f(t) e^{r(T-t)}\, dt$$

No caso desse investimento, temos $f(t) = 3.000 + 50t$; $r = 0,04$; $T = 5$ e, portanto, o valor futuro é dado por

$$\text{VF} = \int_0^5 (3.000 + 50t) e^{0,04(5-t)}\, dt$$

Integrando por partes com

$$u = 3.000 + 50t \qquad dv = e^{0,04(5-t)}\, dt$$
$$du = 50\, dt \qquad v = \frac{e^{0,04(5-t)}}{-0,04} = -25 e^{0,04(5-t)}$$

obtemos

$$\text{VF} = \left[(3.000 + 50t)(-25) e^{0,04(5-t)}\right]_0^5 - \int_0^5 (50)(-25) e^{0,04(5-t)}\, dt$$

$$= \left[(-75.000 - 1.250t) e^{0,04(5-t)}\right]_0^5 + 1.250 \left[\frac{e^{0,04(5-t)}}{0,04}\right]_0^5 \quad \text{combinando termos}$$

$$= \left[(-106.250 - 1.250t) e^{0,04(5-t)}\right]_0^5$$

$$= [-106.250 - 1.250(5)] e^0 - [-106.250 - 1.250(0)] e^{0,04(5)}$$

$$\approx 17.274,04$$

Assim, o investimento de Marília valerá aproximadamente R$ 17.300,00 daqui a cinco anos.

Aplicação Repetida da Integração por Partes

Às vezes, a integração por partes leva a uma nova integral que também precisa ser calculada pelo método da integração por partes. Essa situação é ilustrada no Exemplo 6.1.6.

EXEMPLO 6.1.6 Uso Repetido da Integração por Partes

Determine $\int x^2 e^{2x}\, dx$.

Solução

Como o fator e^{2x} é fácil de integrar e a derivada de x^2 é mais simples que a função original, fazemos

$$u = x^2 \qquad dv = e^{2x}\, dx$$

o que nos dá

$$du = 2x\,dx \qquad v = \int e^{2x}\,dx = \frac{1}{2}e^{2x}$$

Integrando por partes, obtemos

$$\int x^2 e^{2x}\,dx = x^2\left(\frac{1}{2}e^{2x}\right) - \int\left(\frac{1}{2}e^{2x}\right)(2x\,dx)$$

$$= \frac{1}{2}x^2 e^{2x} - \int xe^{2x}\,dx$$

A integral $\int xe^{2x}\,dx$ também pode ser calculada pelo método da integração por partes. Como vimos no Exemplo 6.1.2,

$$\int xe^{2x}\,dx = \frac{1}{2}\left(x - \frac{1}{2}\right)e^{2x} + C$$

e, portanto,

$$\int x^2 e^{2x}\,dx = \frac{1}{2}x^2 e^{2x} - \int xe^{2x}\,dx$$

$$= \frac{1}{2}x^2 e^{2x} - \left[\frac{1}{2}\left(x - \frac{1}{2}\right)e^{2x}\right] + C$$

$$= \frac{1}{4}(2x^2 - 2x + 1)e^{2x} + C$$

Uso de Tabelas de Integrais

A maioria das integrais encontradas nas ciências sociais, econômicas e biológicas pode ser calculada usando as expressões básicas da Seção 5.1 e os métodos de substituição e integração por partes. Às vezes, porém, aparecem integrais que não podem ser calculadas por esses métodos. Algumas, como $\int \frac{e^x}{x}\,dx$, não possuem solução analítica; outras são encontradas em **tabelas de integrais**.

A Tabela 6.1, uma pequena tabela de integrais,* aparece nas páginas seguintes. Observe que a tabela está dividida em seções como "Expressões da forma $a + bu$" e que as expressões são dadas em termos de constantes como a, b e n. O uso da tabela é ilustrado nos Exemplos 6.1.7 a 6.1.10.

EXEMPLO 6.1.7 Uso de uma Tabela de Integrais

Determine $\int \frac{1}{6 - 3x^2}\,dx$.

Solução

Se o coeficiente de x^2 fosse 1 em vez de 3, poderíamos usar a fórmula 16. Isso nos leva a escrever o integrando na forma

$$\frac{1}{6 - 3x^2} = \frac{1}{3}\left(\frac{1}{2 - x^2}\right)$$

---

*Tabelas mais completas podem ser encontradas na internet e em livros especializados, como Seymour Lipschutz, Murray Spiegel e John Lium, *Schaum's Outline of Mathematical Handbook of Formulas and Tables*, 4th Edition (Schaum's Outline Series), New York: McGraw-Hill, 2012.

e usar a fórmula 16 com $a = \sqrt{2}$, o que nos dá:

$$\int \frac{1}{6 - 3x^2} dx = \frac{1}{3} \int \frac{1}{2 - x^2} dx$$

$$= \frac{1}{3}\left(\frac{1}{2\sqrt{2}}\right) \ln\left|\frac{\sqrt{2} + x}{\sqrt{2} - x}\right| + C$$

EXEMPLO 6.1.8 Uma Integral que Não Está na Tabela

Determine $\int \dfrac{1}{3x^2 + 6} dx$.

Solução

É natural tentar reduzir essa integral à da fórmula 16 escrevendo

$$\int \frac{1}{3x^2 + 6} dx = -\frac{1}{3} \int \frac{1}{-2 - x^2} dx$$

Entretanto, como −2 é um número negativo, não pode ser escrito como o quadrado a^2 de um número real a e, portanto, a fórmula 16 não pode ser aplicada. Na verdade, existe uma fórmula para essa integral, mas envolve funções trigonométricas inversas, que não são discutidas neste livro.

EXEMPLO 6.1.9 Uso de uma Tabela de Integrais

Determine $\int \dfrac{1}{\sqrt{4x^2 - 9}} dx$.

Solução

Para colocar essa integral na forma da fórmula 20, escrevemos

$$\frac{1}{\sqrt{4x^2 - 9}} = \frac{1}{\sqrt{4(x^2 - 9/4)}} = \frac{1}{2\sqrt{x^2 - 9/4}}$$

Aplicando a fórmula com $a^2 = 9/4$, obtemos

$$\int \frac{1}{\sqrt{4x^2 - 9}} dx = \frac{1}{2} \int \frac{1}{\sqrt{x^2 - 9/4}} dx = \frac{1}{2} \ln|x + \sqrt{x^2 - 9/4}| + C$$

Uma equação diferencial da forma

$$\frac{dQ}{dt} = kQ(M - Q)$$

em que k e M são constantes é conhecida como **equação logística** e o gráfico da solução $y = Q(t)$ recebe o nome de **curva logística**. As equações logísticas são usadas para modelar a progressão de epidemias, o comportamento de populações cujo crescimento é limitado por algum fator ambiental e muitas outras grandezas de interesse. No Exemplo 6.1.10, uma fórmula da tabela de integrais é usada para resolver uma equação logística que descreve a disseminação de um boato.

EXEMPLO 6.1.10 Uso de uma Tabela de Integrais para Estudar a Disseminação de um Boato

Às 6 horas da manhã, dois operadores de uma corretora ouviram dizer que uma nova ação seria lançada ao meio-dia. O boato se espalhou entre os 26 operadores da corretora a uma taxa dada por

$$\frac{dN}{dt} = 0{,}025\,N(26 - N)$$

em que $N(t)$ é o número de operadores que tiveram conhecimento do boato t horas após as 6 horas da manhã.

a. Determine a função $N(t)$.
b. Quantos operadores não tinham conhecimento do boato quando a ação foi lançada ao meio-dia?

TABELA 6.1 Uma Pequena Tabela de Integrais

Formas envolvendo $a + bu$

1. $\displaystyle\int \frac{u\,du}{a + bu} = \frac{1}{b^2}[a + bu - a\ln|a + bu|] + C$

2. $\displaystyle\int \frac{u^2\,du}{a + bu} = \frac{1}{2b^3}[(a + bu)^2 - 4a(a + bu) + 2a^2\ln|a + bu|] + C$

3. $\displaystyle\int \frac{u\,du}{(a + bu)^2} = \frac{1}{b^2}\left[\frac{a}{a + bu} + \ln|a + bu|\right] + C$

4. $\displaystyle\int \frac{u\,du}{\sqrt{a + bu}} = \frac{2}{3b^2}(bu - 2a)\sqrt{a + bu} + C$

5. $\displaystyle\int \frac{du}{u\sqrt{a + bu}} = \frac{1}{\sqrt{a}}\ln\left|\frac{\sqrt{a + bu} - \sqrt{a}}{\sqrt{a + bu} + \sqrt{a}}\right| + C \qquad a > 0$

6. $\displaystyle\int \frac{du}{u(a + bu)} = \frac{1}{a}\ln\left|\frac{u}{a + bu}\right| + C$

7. $\displaystyle\int \frac{du}{u^2(a + bu)} = \frac{-1}{a}\left[\frac{1}{u} + \frac{b}{a}\ln\left|\frac{u}{a + bu}\right|\right] + C$

8. $\displaystyle\int \frac{du}{u^2(a + bu)^2} = \frac{-1}{a^2}\left[\frac{a + 2bu}{u(a + bu)} + \frac{2b}{a}\ln\left|\frac{u}{a + bu}\right|\right] + C$

Formas envolvendo $\sqrt{a^2 + u^2}$

9. $\displaystyle\int \sqrt{a^2 + u^2}\,du = \frac{u}{2}\sqrt{a^2 + u^2} + \frac{a^2}{2}\ln|u + \sqrt{a^2 + u^2}| + C$

10. $\displaystyle\int \frac{du}{\sqrt{a^2 + u^2}} = \ln|u + \sqrt{a^2 + u^2}| + C$

11. $\displaystyle\int \frac{du}{u\sqrt{a^2 + u^2}} = \frac{-1}{a}\ln\left|\frac{\sqrt{a^2 + u^2} + a}{u}\right| + C$

12. $\displaystyle\int \frac{du}{(a^2 + u^2)^{3/2}} = \frac{u}{a^2\sqrt{a^2 + u^2}} + C$

13. $\displaystyle\int u^2\sqrt{a^2 + u^2}\,du = \frac{u}{8}(a^2 + 2u^2)\sqrt{a^2 + u^2} - \frac{a^4}{8}\ln|u + \sqrt{a^2 + u^2}| + C$

Formas envolvendo $\sqrt{a^2 - u^2}$

14. $\displaystyle\int \frac{du}{u\sqrt{a^2 - u^2}} = \frac{-1}{a}\ln\left|\frac{a + \sqrt{a^2 - u^2}}{u}\right| + C$

15. $\displaystyle\int \frac{du}{u^2\sqrt{a^2 - u^2}} = -\frac{\sqrt{a^2 - u^2}}{a^2 u} + C$

16. $\displaystyle\int \frac{du}{a^2 - u^2} = \frac{1}{2a}\ln\left|\frac{a + u}{a - u}\right| + C$

17. $\displaystyle\int \frac{\sqrt{a^2 - u^2}}{u}\,du = \sqrt{a^2 - u^2} - a\ln\left|\frac{a + \sqrt{a^2 - u^2}}{u}\right| + C$

TABELA 6.1 Uma Pequena Tabela de Integrais (*continuação*)

Formas envolvendo $\sqrt{u^2 - a^2}$

18. $\int \sqrt{u^2 - a^2}\, du = \dfrac{u}{2}\sqrt{u^2 - a^2} - \dfrac{a^2}{2}\ln|u + \sqrt{u^2 - a^2}| + C$

19. $\int \dfrac{\sqrt{u^2 - a^2}}{u^2}\, du = \dfrac{-\sqrt{u^2 - a^2}}{u} + \ln|u + \sqrt{u^2 - a^2}| + C$

20. $\int \dfrac{du}{\sqrt{u^2 - a^2}} = \ln|u + \sqrt{u^2 - a^2}| + C$

21. $\int \dfrac{du}{u^2\sqrt{u^2 - a^2}} = \dfrac{\sqrt{u^2 - a^2}}{a^2 u} + C$

Formas envolvendo e^{au} e $\ln u$

22. $\int u e^{au}\, du = \dfrac{1}{a^2}(au - 1)e^{au} + C$

23. $\int \ln u\, du = u \ln u - u + C$

24. $\int \dfrac{du}{u \ln u} = \ln|\ln u| + C$

25. $\int u^m \ln u\, du = \dfrac{u^{m+1}}{m+1}\left(\ln u - \dfrac{1}{m+1}\right) \quad m \neq -1$

Fórmulas de redução

26. $\int u^n e^{au}\, du = \dfrac{1}{a} u^n e^{au} - \dfrac{n}{a}\int u^{n-1} e^{au}\, du$

27. $\int (\ln u)^n\, du = u(\ln u)^n - n\int (\ln u)^{n-1}\, du$

28. $\int u^n \sqrt{a + bu}\, du = \dfrac{2}{b(2n+3)}\left[u^n(a+bu)^{3/2} - na\int u^{n-1}\sqrt{a+bu}\, du\right] \quad n \neq -\dfrac{3}{2}$

Solução

a. Separando as variáveis da equação diferencial e integrando, obtemos

$\int \dfrac{dN}{N(26 - N)} = \int 0{,}025\, dt$ fórmula 6 da tabela de integrais com $u = N$, $a = 26$ e $b = -1$

$\dfrac{1}{26} \ln \left| \dfrac{N}{26 - N} \right| = 0{,}025 t + C_1$ multiplicando ambos os membros por 26; $|26 - N| = 26 - N$, pois $N \leq 26$

$\ln \left(\dfrac{N}{26 - N} \right) = 0{,}65 t + 26 C_1$ tomando exponenciais de ambos os membros; $e^{26 C_1} = C$

$\dfrac{N}{26 - N} = e^{0{,}65 t} e^{26 C_1} = C e^{0{,}65 t}$ multiplicando ambos os membros por $26 - N$

$N = (26 - N) C e^{0{,}65 t}$ explicitando N

$(1 + C e^{0{,}65 t}) N = 26 C e^{0{,}65 t}$

de modo que

$$N(t) = \dfrac{26 C e^{0{,}65 t}}{1 + C e^{0{,}65 t}}$$

Para obter o valor da constante C, usamos o fato de que $N(0) = 2$ operadores tinham conhecimento do boato no instante inicial, o que nos dá

$$N(0) = 2 = \frac{26Ce^0}{1 + Ce^0} \quad \text{multiplicando ambos os membros por } 1 + C$$
$$2 + 2C = 26C \quad \text{explicitando } C$$
$$C = \frac{1}{12} \quad \begin{array}{l}\text{substituindo na expressão de } N(t) \text{ e}\\ \text{simplificando}\end{array}$$

e, portanto,

$$N(t) = \frac{26\left(\frac{1}{12}\right)e^{0,65t}}{1 + \left(\frac{1}{12}\right)e^{0,65t}} = \frac{26e^{0,65t}}{12 + e^{0,65t}}$$

b. Ao meio-dia ($t = 6$),

$$N(6) = \frac{26e^{0,65(6)}}{12 + e^{0,65(6)}} \approx 21$$

operadores tinham conhecimento do boato e, portanto, $26 - 21 = 5$ não tinham conhecimento do boato.

PROBLEMAS ▪ 6.1

Nos Problemas 1 a 26, use o método da integração por partes para determinar a integral dada.

1. $\int xe^{-x}\, dx$
2. $\int xe^{x/2}\, dx$
3. $\int (1 - x)e^x\, dx$
4. $\int (3 - 2x)e^{-x}\, dx$
5. $\int t \ln 2t\, dt$
6. $\int t \ln t^2\, dt$
7. $\int ve^{-v/5}\, dv$
8. $\int we^{0,1w}\, dw$
9. $\int x\sqrt{x - 6}\, dx$
10. $\int x\sqrt{1 - x}\, dx$
11. $\int x(x + 1)^8\, dx$
12. $\int (x + 1)(x + 2)^6\, dx$
13. $\int \frac{x}{\sqrt{x + 2}}\, dx$
14. $\int \frac{x}{\sqrt{2x + 1}}\, dx$
15. $\int_{-1}^{4} \frac{x}{\sqrt{x + 5}}\, dx$
16. $\int_{0}^{2} \frac{x}{\sqrt{4x + 1}}\, dx$
17. $\int_{0}^{1} \frac{x}{e^{2x}}\, dx$
18. $\int_{1}^{e} \frac{\ln x}{x^2}\, dx$
19. $\int_{1}^{e^2} x \ln \sqrt[3]{x}\, dx$
20. $\int_{0}^{1} x(e^{-2x} + e^{-x})\, dx$
21. $\int_{1/2}^{e/2} t \ln 2t\, dt$
22. $\int_{1}^{2} (t - 1)e^{1-t}\, dt$
23. $\int \frac{\ln x}{x^2}\, dx$
24. $\int x(\ln x)^2\, dx$
25. $\int x^3 e^{x^2}\, dx$ [Sugestão: $dv = xe^{x^2}\, dx$.]
26. $\int \frac{x^3}{\sqrt{x^2 + 1}}\, dx$ $\left[\text{Sugestão: } dv = \frac{x}{\sqrt{x^2 + 1}}\, dx.\right]$

Use a tabela de integrais (Tabela 6.1) para calcular as integrais dos Problemas 27 a 38.

27. $\int \frac{x\, dx}{3 - 5x}$
28. $\int \sqrt{x^2 - 9}\, dx$
29. $\int \frac{\sqrt{4x^2 - 9}}{x^2}\, dx$
30. $\int \frac{dx}{(9 + 2x^2)^{3/2}}$
31. $\int \frac{dx}{x(2 + 3x)}$
32. $\int \frac{t\, dt}{\sqrt{4 - 5t}}$
33. $\int \frac{du}{16 - 3u^2}$
34. $\int we^{-3w}\, dw$
35. $\int (\ln x)^3\, dx$
36. $\int x^2\sqrt{2 + 5x}\, dx$
37. $\int \frac{dx}{x^2(5 + 2x)^2}$
38. $\int \frac{\sqrt{9 - x^2}}{x}\, dx$

Nos Problemas 39 a 42, resolva o problema de valor inicial dado por $y = f(x)$. Note que os Problemas 41 e 42 envolvem equações diferenciais separáveis.

39. $\dfrac{dy}{dx} = xe^{-2x}$, onde $y = 0$ para $x = 0$

40. $\dfrac{dy}{dx} = x^2 \ln x$, onde $y = 0$ para $x = 1$

41. $\dfrac{dy}{dx} = \dfrac{xy}{\sqrt{x+1}}$, onde $y = 1$ para $x = 0$

42. $\dfrac{dy}{dx} = xye^{x/2}$, onde $y = 1$ para $x = 0$

43. Determine a função cujas retas tangentes têm uma inclinação $(x + 1)e^{-x}$ para qualquer valor de x e cuja curva passa pelo ponto $(1, 5)$.

44. Determine a função cujas retas tangentes têm uma inclinação $x \ln \sqrt{x}$ para qualquer valor de $x > 0$ e cuja curva passa pelo ponto $(2, -3)$.

PROBLEMAS APLICADOS DE ECONOMIA E FINANÇAS

45. EFICIÊNCIA Após t horas no emprego, um operário consegue produzir $100te^{-0{,}5t}$ unidades por hora. Quantas unidades o operário consegue produzir nas primeiras 3 horas?

46. CUSTO MARGINAL Um fabricante observou que o custo marginal é $(0{,}1q + 1)e^{0{,}03q}$ reais por unidade quando q unidades são produzidas. O custo total para produzir 10 unidades é R\$ 200,00. Qual é o custo total para produzir as primeiras 20 unidades?

Os Problemas 47 a 55 envolvem aplicações da integração apresentadas nas Seções 5.4 e 5.5.

47. VALOR FUTURO DE UM INVESTIMENTO Depósitos são realizados em uma conta à taxa de $R(t) = 3.000 + 5t$ reais por ano durante 10 anos, em que t é o número de anos após o ano 2010. Se a conta rende 5% de juros ao ano capitalizados continuamente, qual será o saldo da conta no final do período de 10 anos (ou seja, em 2020)?

48. VALOR FUTURO DE UM INVESTIMENTO Depósitos são realizados em uma conta à taxa de $R(t) = 3.000 + 5t$ reais por ano por 5 anos. Se a conta rende 4% de juros ao ano capitalizados continuamente, qual é o saldo da conta após o período de 5 anos?

49. VALOR ATUAL DE UM INVESTIMENTO Um investimento produz um fluxo de receita contínuo à taxa de $R(t) = 20 + 3t$ centenas de reais por ano durante cinco anos. Se a taxa de juros permanece constante em 7% ao ano capitalizados continuamente, qual é o valor atual do investimento?

50. VALOR DE UM INVESTIMENTO Uma cadeia nacional de pizzarias pretende vender uma franquia de seis anos para um restaurante em Fortaleza. A experiência com estabelecimentos semelhantes mostra que daqui a t anos a franquia deverá estar gerando lucro continuamente à taxa de $R(t) = 300 + 5t$ milhares de reais por ano. Se a taxa de juros permanecer durante os próximos seis anos em 6% ao ano capitalizados continuamente, qual é preço justo para a franquia? [*Sugestão*: Use o valor atual como uma medida do "preço justo" da franquia.]

51. EXCEDENTE DO CONSUMIDOR Um fabricante observou que quando q milhares de unidades de uma mercadoria são produzidas, o preço para o qual todas as unidades são vendidas é $p = D(q)$ reais, em que D é a função demanda

$$D(q) = 10 - qe^{0{,}02q}$$

a. Que preço corresponde a uma demanda de 5.000 unidades ($q_0 = 5$)?
b. Qual é o excedente do consumidor para uma demanda de 5.000 unidades?

52. EXCEDENTE DO CONSUMIDOR Responda às perguntas do Problema 51 para a função demanda

$$D(q) = \ln\left(\dfrac{52}{q+1}\right)$$

e uma demanda de 12.000 unidades ($q_0 = 12$).

53. CURVA DE LORENZ Determine o índice de Gini para uma distribuição de renda cuja curva de Lorenz é o gráfico da função $L(x) = xe^{x-1}$ para $0 \leq x \leq 1$.

54. COMPARAÇÃO DE DISTRIBUIÇÕES DE RENDA Em um país, as curvas de Lorenz para as distribuições de renda de advogados e engenheiros são $y = L_1(x)$ e $y = L_2(x)$, respectivamente, em que

$$L_1(x) = 0{,}6x^2 + 0{,}4x \quad \text{e} \quad L_2(x) = x^2 e^{x-1}$$

Determine o índice de Gini para as duas curvas. Em qual das duas profissões a distribuição de renda é menos desigual?

55. LUCRO MÉDIO Um empresário observa que quando x centenas de unidades de uma mercadoria são produzidas, o lucro gerado é $P(x)$ milhares de reais, em que

$$P(x) = \dfrac{500 \ln(x+1)}{(x+1)^2}$$

Qual é o lucro médio se a produção varia no intervalo $0 \leq x \leq 10$?

PROBLEMAS APLICADOS DE CIÊNCIAS SOCIAIS E BIOLÓGICAS

56. COLÔNIA DE BACTÉRIAS A população $P(t)$ de uma colônia de bactérias, t horas após a introdução de uma toxina, está variando a uma taxa $P'(t) = (1 - 0{,}5t)e^{0{,}5t}$ milhares de bactérias por hora. De quanto varia a população durante a quarta hora?

57. CRESCIMENTO POPULACIONAL Estima-se que, daqui a t anos, a população de uma cidade estará variando à taxa de $t \ln \sqrt{t+1}$ milhares de habitantes por ano. Se a população atual é 2 milhões de habitantes, qual será a população daqui a 5 anos?

58. CAMPANHA BENEFICENTE Após t semanas, as contribuições para uma campanha beneficente estavam variando à taxa de $2.000te^{-0{,}2t}$ reais por semana. Qual foi a quantia levantada nas primeiras cinco semanas?

Os Problemas 59 a 61 envolvem aplicações da integração apresentadas nas Seções 5.4 e 5.6.

59. **CONCENTRAÇÃO MÉDIA DE UM MEDICAMENTO** A concentração de um medicamento t horas após ser injetado no sangue de um paciente é dada por $C(t) = 4te^{(2-0,3t)}$ mg/mL. Qual é a concentração média do medicamento no sangue do paciente durante as primeiras 6 horas após a injeção?

60. **DISSEMINAÇÃO DE UMA EPIDEMIA** Uma doença virótica acaba de ser considerada epidêmica pelas autoridades. No momento, 10.000 pessoas sofrem da doença; estima-se que daqui a t dias novos casos surgirão à taxa de $R(t) = 10te^{-0,1t}$ casos por dia. Se a fração de pacientes que ainda são portadores do vírus t dias após contraírem a doença é dada por $S(t) = e^{-0,015t}$, quantas pessoas estarão infectadas pelo vírus daqui a 90 dias? E daqui a um ano (365 dias)? [*Sugestão:* pense nesse problema como um problema de sobrevivência e renovação.]

61. **QUADRO DE ASSOCIADOS** Um clube do livro compilou estatísticas que mostram que a fração de membros que continuam ativos t meses após entrarem para o clube é dada pela função $S(t) = e^{-0,02t}$. O clube atualmente tem 5.000 membros e espera atrair novos membros à taxa de $R(t) = 5t$ por mês. Quantos membros deverá ter o clube daqui a nove meses? [*Sugestão:* Pense nesse problema como um problema de sobrevivência e renovação.]

62. **CORRUPÇÃO NO GOVERNO** O número de pessoas acusadas em um escândalo político aumenta a uma taxa conjuntamente proporcional ao número $G(t)$ de pessoas acusadas e o número de pessoas envolvidas que ainda não foram acusadas, ou seja,

$$\frac{dG}{dt} = kG(M - G)$$

em que M é o número total de pessoas envolvidas no escândalo. Suponha que sete pessoas são acusadas quando um jornal publica uma denúncia, mais nove são acusadas durante os três meses seguintes e 28 pessoas ao todo são acusadas no final de seis meses.
   a. Use uma fórmula da Tabela 6.1 para determinar a função $G(t)$.
   b. Qual é o número total de pessoas envolvidas no escândalo?

PROBLEMAS VARIADOS

63. **ESPIONAGEM** Depois de indenizar o dono do cavalo que atropelou (Problema 73 da Seção 5.1), nosso espião fica sabendo que seu inimigo, Scélérat, está escondido em uma cabana nos Alpes. O espião resolve se hospedar em uma aldeia próxima, disfarçado de depenador de patos, para coletar informações. No dia em que chega à aldeia, seus agentes avançados, os irmãos Hans e Fritz Redselig, eram os únicos que conheciam sua identidade. No dia seguinte, porém, a namorada de Hans, Phalla Deyra, ficou sabendo. Em pouco tempo, a identidade do espião começa a se espalhar pelos 60 moradores da aldeia a uma taxa conjuntamente proporcional ao número $N(t)$ de pessoas que conheciam sua identidade t dias após sua chegada e ao número $60 - N(t)$ de pessoas que ainda não conhecem sua identidade, de modo que

$$\frac{dN}{dt} = kN(60 - N)$$

O espião calcula que Scélérat ficará sabendo quem ele é se pelo menos 20 moradores conhecerem sua identidade. Se o bandido precisa de uma semana para conseguir as informações que deseja, nosso espião conseguirá completar a missão ou se tornará um pato depenado?

64. **DISTÂNCIA** Após t segundos, um corpo está se movendo a uma velocidade de $te^{-t/2}$ metros por segundo. Expresse a posição do corpo em função do tempo.

CENTRO DE UMA REGIÃO Seja $f(x)$ uma função contínua com $f(x) \geq 0$ para $a \leq x \leq b$. Seja R a região limitada pela curva $y = f(x)$, pelo eixo x e pelas retas $x = a$ e $x = b$. Nesse caso, o **centroide** (ou centro) de R é o ponto $(\bar{x}, \bar{y})$, em que

$$\bar{x} = \frac{1}{A}\int_a^b xf(x)\,dx \quad \text{e} \quad \bar{y} = \frac{1}{2A}\int_a^b [f(x)]^2\,dx$$

e A é a área da região R.

Nos Problemas 65 e 66, determine o centroide da região indicada. Pode ser preciso usar uma ou mais fórmulas da Tabela 6.1.

65.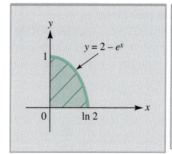

66.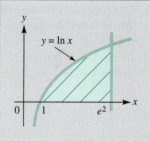

PROBLEMA 65   **PROBLEMA 66**

67. **SEGURANÇA DE UM SHOPPING** A região sombreada da figura é o estacionamento de um shopping. As dimensões estão em centenas de metros. Para aumentar a segurança, a administração do shopping pretende instalar uma guarita de observação no centro do estacionamento (veja a definição que precede os Problemas 65 e 66).
   a. Onde deve ser instalada a guarita? Indique a localização em termos do sistema de coordenadas indicado na figura. (*Sugestão*: Pode ser preciso usar uma fórmula da Tabela 6.1.)
   b. Escreva um ensaio de pelo menos 10 linhas a respeito da segurança do estacionamento dos shoppings. Em particular, você acha que a localização central deve ser a consideração mais importante na hora de instalar uma cabine de observação ou existem outros fatores que devem ser levados em conta?

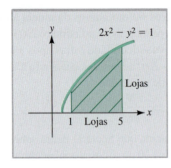

PROBLEMA 67

68. Use o método da integração por partes para demonstrar a fórmula de redução 27:

$$\int (\ln u)^n \, du = u(\ln u)^n - n \int (\ln u)^{n-1} \, du$$

69. Use o método da integração por partes para demonstrar a fórmula de redução 26:

$$\int u^n e^{au} \, du = \frac{1}{a} u^n e^{au} - \frac{n}{a} \int u^{n-1} e^{au} \, du$$

70. Escreva uma fórmula de redução para a integral

$$\int u^n (\ln u)^m \, du$$

71. Escreva uma fórmula de redução para a integral

$$\int \frac{e^{kx}}{x^n} \, dx$$

72. Use uma calculadora gráfica para plotar no mesmo gráfico as curvas das funções $y = x^2 e^{-x}$ e $y = 1/x$. Use **ZOOM** e **TRACE** ou outra rotina da calculadora para determinar os pontos de interseção das curvas e calcule a área da região limitada pelas curvas.

73. Repita o Problema 72 para as curvas

$$\frac{x^2}{5} - \frac{y^2}{2} = 1 \quad \text{e} \quad y = x^3 - 3{,}5x^2 + 2x$$

74. Repita o Problema 72 para as curvas

$$y = \ln x \quad \text{e} \quad y = x^2 - 5x + 4$$

75. Repita o Problema 72 para as curvas

$$y = e^{2x} + 4 \quad \text{e} \quad y = 5e^x$$

Use a rotina de integração numérica da sua calculadora para calcular as integrais dos Problemas 76 a 79. Em cada caso, mostre que o resultado está correto usando uma fórmula de integração apropriada da Tabela 6.1.

76. $\int_1^2 x^2 \ln \sqrt{x} \, dx$

77. $\int_2^3 \sqrt{4x^2 - 7} \, dx$

78. $\int_0^1 x^3 \sqrt{4 + 5x} \, dx$

79. $\int_0^1 \frac{\sqrt{x^2 + 2x}}{(x+1)^2} \, dx$

80. Use a Tabela 6.1 para calcular $\int \frac{1}{x(3x-6)} \, dx$. Entre com

$$f(x) = \frac{1}{x(3x-6)}$$

em Y1 e

$$F(x) = -\frac{1}{6} \ln \left(\text{abs}\left(\frac{x}{3x-6} \right) \right)$$

em Y2 usando o estilo negrito. Plote as duas funções usando uma janela decimal modificada $[-3{,}7, 5{,}7]1$ por $[-2, 2]1$. Confirme que $F'(x) = f(x)$ para $x = -2$ e $x = 1$.

SEÇÃO 6.2   Integração Numérica

Objetivos do Aprendizado

1. Conhecer a regra do trapézio e a regra de Simpson para integração numérica.
2. Usar limites de erro em integrações numéricas.
3. Interpretar dados usando integração numérica.

Nesta seção serão discutidas algumas técnicas para calcular o valor aproximado de integrais definidas. Os métodos numéricos se tornam necessários quando a função a ser integrada não possui uma antiderivada que possa ser expressa em termos de funções elementares, como é o caso, por exemplo, das funções $\sqrt{x^3 + 1}$ e e^x/x.

Aproximação por Retângulos

Se $f(x)$ é positiva no intervalo $a \leq x \leq b$, a integral definida $\int_a^b f(x) \, dx$ é igual à área sob a curva de f entre $x = a$ e $x = b$. Como vimos na Seção 5.3, um modo de determinar o valor aproximado dessa área é usar n retângulos, como mostra a Figura 6.2. Em particular, podemos dividir o intervalo $a \leq x \leq b$ em n subintervalos iguais de largura $\Delta x = (b-a)/n$ e chamar de x_j a coordenada x do início do j-ésimo subintervalo. A base do j-ésimo retângulo é o j-ésimo intervalo e a altura do retângulo é $f(x_j)$. Assim, a área do j-ésimo retângulo é $f(x_j)\Delta x$. Como a soma das

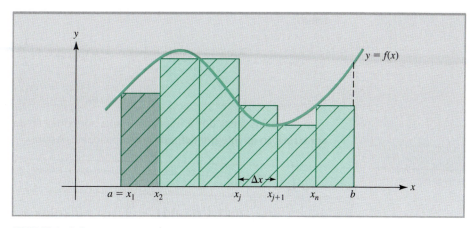

FIGURA 6.2 Aproximação por retângulos de uma integral definida.

áreas dos n retângulos é uma aproximação da área sob a curva, uma aproximação da integral definida correspondente é

$$\int_a^b f(x)\, dx \approx f(x_1)\Delta x + \cdots + f(x_n)\Delta x$$

Como essa aproximação se torna cada vez melhor à medida que o número de retângulos aumenta, é possível estimar a integral com um grau arbitrário de precisão simplesmente escolhendo um valor suficientemente grande para n. Como, porém, é preciso usar um valor muito grande de n para obter uma precisão razoável, a aproximação por retângulos raramente é usada na prática.

Aproximação por Trapézios   Para o mesmo valor de n, a precisão da aproximação aumenta consideravelmente quando usamos trapézios em vez de retângulos. A Figura 6.3a mostra a área da Figura 6.2 sendo aproximada por n trapézios. É fácil observar que essa aproximação é muito melhor que a aproximação por retângulos.

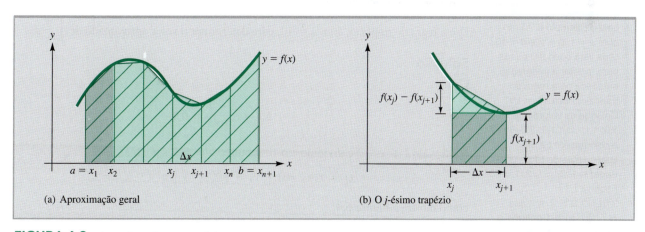

FIGURA 6.3 Aproximação por trapézios.

O j-ésimo trapézio é mostrado com mais detalhes na Figura 6.3b. Observe que o trapézio é a combinação de um retângulo e um triângulo retângulo. Como

$$\text{Área do retângulo} = f(x_{j+1})\Delta x$$

e

$$\text{Área do triângulo} = \frac{1}{2}[f(x_j) - f(x_{j+1})]\Delta x$$

temos:

$$\text{Área do } j\text{-ésimo trapézio} = f(x_{j+1})\Delta x + \frac{1}{2}[f(x_j) - f(x_{j+1})]\Delta x$$

$$= \frac{1}{2}[f(x_j) + f(x_{j+1})]\Delta x$$

A soma das áreas dos n trapézios é uma aproximação da área sob a curva e, portanto, uma aproximação da integral definida correspondente. Assim,

$$\int_a^b f(x)\,dx$$

$$\approx \frac{1}{2}[f(x_1) + f(x_2)]\Delta x + \frac{1}{2}[f(x_2) + f(x_3)]\Delta x + \cdots + \frac{1}{2}[f(x_n) + f(x_{n+1})]\Delta x$$

$$= \frac{\Delta x}{2}[f(x_1) + 2f(x_2) + \cdots + 2f(x_n) + f(x_{n+1})]$$

Essa fórmula de aproximação é conhecida como **regra do trapézio** e se aplica mesmo que a função f não seja positiva em todos os pontos do intervalo de integração.

> **Regra do Trapézio**
>
> $$\int_a^b f(x)\,dx \approx \frac{\Delta x}{2}[f(x_1) + 2f(x_2) + \cdots + 2f(x_n) + f(x_{n+1})]$$

Note que, na expressão da regra de trapézio, o primeiro e o último valor da função são multiplicados por 1 e os outros valores são multiplicados por 2. O uso da regra do trapézio é ilustrado no Exemplo 6.2.1.

EXPLORE!

Leia o Exemplo 6.2.1, no qual $a = 1$, $b = 2$ e $n = 10$. Uma lista pode ser usada para facilitar a integração numérica pela regra do trapézio. Faça Y1 = 1/x. Coloque os valores de x 1,0; 1,1; ... ; 1,9; 2,0 em L1 e coloque em L2 os coeficientes da regra do trapézio 1, 2, ..., 2, 1. Escreva L3 = Y1(L1)*L2*H/2, em que $H = (b - a)/n$. Confirme o resultado obtido no Exemplo 6.2.1. Para mais detalhes, veja as Soluções de Exercícios Explore!, no final do capítulo.

EXEMPLO 6.2.1 Uso da Regra do Trapézio

Use a regra do trapézio, com $n = 10$, para determinar o valor aproximado de $\int_1^2 \frac{1}{x}\,dx$.

Solução

Como

$$\Delta x = \frac{2 - 1}{10} = 0,1$$

o intervalo $1 \leq x \leq 2$ é dividido em 10 subintervalos pelos pontos

$$x_1 = 1, x_2 = 1,1, x_3 = 1,2, \ldots, x_{10} = 1,9, x_{11} = 2$$

como mostra a Figura 6.4.

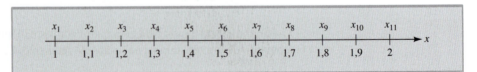

FIGURA 6.4 Divisão do intervalo $1 \leq x \leq 2$ em 10 subintervalos.

Nesse caso, de acordo com regra do trapézio,

$$\int_1^2 \frac{1}{x} dx \approx \frac{0,1}{2}\left(\frac{1}{1} + \frac{2}{1,1} + \frac{2}{1,2} + \frac{2}{1,3} + \frac{2}{1,4} + \frac{2}{1,5} + \frac{2}{1,6} + \frac{2}{1,7} + \frac{2}{1,8} + \frac{2}{1,9} + \frac{1}{2}\right)$$
$$\approx 0{,}693771$$

A integral do Exemplo 6.2.1 pode ser calculada diretamente. O resultado é o seguinte:

$$\int_1^2 \frac{1}{x} dx = \ln|x|\Big|_1^2 = \ln 2 \approx 0{,}693147$$

Assim, a aproximação dessa integral pela regra do trapézio com $n = 10$ tem uma precisão (após o arredondamento) de duas casas decimais.

Precisão da Regra do Trapézio

A diferença entre o valor exato da integral $\int_a^b f(x)\,dx$ e o valor aproximado obtido usando a regra do trapézio com n subintervalos é representada pelo símbolo E_n. A demonstração da estimativa do valor absoluto de E_n apresentada a seguir está fora do escopo deste livro, mas pode ser encontrada em livros de cálculo avançado.

> **Estimativa do Erro da Regra do Trapézio** ■ Se K é o valor máximo de $|f''(x)|$ no intervalo $a \leq x \leq b$, temos:
> $$|E_n| \leq \frac{K(b-a)^3}{12n^2}$$

O uso dessa expressão é ilustrado no Exemplo 6.2.2.

EXEMPLO 6.2.2 Estimativa de Erro na Aplicação da Regra do Trapézio

Estime a precisão da aproximação da integral $\int_1^2 \frac{1}{x} dx$ pela regra do trapézio com $n = 10$.

LEMBRETE

A derivada de $\frac{1}{x}$ pode ser calculada usando a regra da potência (Seção 2.2):

$$\frac{d}{dx}\left(\frac{1}{x^n}\right) = \frac{d}{dx}(x^{-n})$$
$$= -nx^{-n-1} = \frac{-n}{x^{n+1}}$$

Solução

Começando com $f(x) = 1/x$, calculamos as derivadas

$$f'(x) = -\frac{1}{x^2} \quad \text{e} \quad f''(x) = \frac{2}{x^3}$$

e observamos que o valor máximo de $|f''(x)|$ no intervalo $1 \leq x \leq 2$ é $|f''(1)| = 2$.

Aplicando a fórmula do erro com

$$K = 2 \quad a = 1 \quad b = 2 \quad \text{e} \quad n = 10$$

obtemos

$$|E_{10}| \leq \frac{2(2-1)^3}{12(10)^2} \approx 0{,}00167$$

Assim, o erro da aproximação do Exemplo 6.2.1 não pode ser maior que 0,00167. (Na verdade, o erro, arredondado para cinco casas decimais, é 0,00062, como se pode constatar comparando a aproximação obtida no Exemplo 6.2.1 com a representação decimal de ln 2.)

É importante manter o erro de aproximação pequeno quando se usa a regra do trapézio para calcular o valor de uma integral definida. Usando a estimativa de erro, podemos decidir de antemão qual é o número de subintervalos necessário para obter a precisão desejada. Segue um exemplo.

> **EXEMPLO 6.2.3** Cálculo do Número de Subintervalos
>
> Quantos subintervalos são necessários para garantir que o erro seja menor que 0,00005 na aproximação de $\int_1^2 \frac{1}{x}\,dx$ usando a regra do trapézio?
>
> **Solução**
>
> De acordo com o Exemplo 6.2.2, $K = 2$ para $a = 1$ e $b = 2$ e, portanto,
>
> $$|E_n| \leq \frac{2(2-1)^3}{12n^2} = \frac{1}{6n^2}$$
>
> Assim, temos de determinar o menor número inteiro positivo n para o qual
>
> $$\frac{1}{6n^2} < 0{,}00005$$
>
> o que nos dá
>
> $$n^2 > \frac{1}{6(0{,}00005)}$$
>
> e
>
> $$n > \sqrt{\frac{1}{6(0{,}00005)}} \approx 57{,}74$$
>
> Como o menor número inteiro que satisfaz essa desigualdade é 58, são necessários 58 subintervalos para obter a precisão desejada.

Aproximação Usando Parábolas: Regra de Simpson

O número relativamente grande de subintervalos necessário no Exemplo 6.2.3 para assegurar um erro menor que 0,00005 mostra que a aproximação por trapézios pode não ser prática em certas situações. Existe outra fórmula de aproximação, conhecida como **regra de Simpson**, que não é mais difícil de usar que a regra do trapézio e, em geral, exige um número bem menor de cálculos para garantir a mesma precisão. Como no caso da regra do trapézio, a ideia é substituir a área sob uma curva por colunas; a diferença está no fato de que, no alto das colunas, são usados arcos de parábola em vez de segmentos de reta.

Mais especificamente, a aproximação de uma integral definida usando parábolas se baseia na seguinte construção (ilustrada na Figura 6.5 para $n = 6$): dividimos o intervalo $a \leq x \leq b$ em um número **par** de subintervalos para que todos os subintervalos vizinhos possam ser emparelhados. Substituímos a parte da curva que está acima do primeiro par de subintervalos pela (única) parábola que passa pelos pontos $(x_1, f(x_1))$, $(x_2, f(x_2))$ e $(x_3, f(x_3))$ e usamos a área sob essa parábola entre x_1 e x_3 como uma aproximação da área sob a curva entre os mesmos pontos. Fazemos o mesmo para todos os outros pares de subintervalos e usamos a soma das áreas resultantes como uma aproximação da área total sob a curva. A fórmula que resulta dessa construção é a seguinte:

> **Regra de Simpson** ■ Para um número inteiro par n,
>
> $$\int_a^b f(x)\,dx \approx \frac{\Delta x}{3}[f(x_1) + 4f(x_2) + 2f(x_3) + 4f(x_4) + \cdots + 2f(x_{n-1}) + 4f(x_n) + f(x_{n+1})]$$

Observe que o primeiro e o último valor da função na expressão da regra de Simpson são multiplicados por 1, enquanto os outros valores são multiplicados alternadamente por 4 e 2.

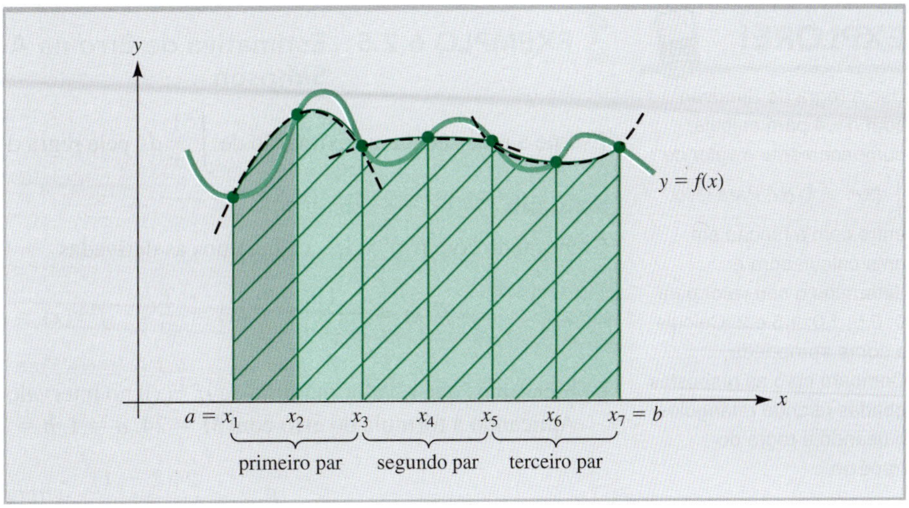

FIGURA 6.5 Aproximação por parábolas de uma integral definida.

A demonstração da regra de Simpson se baseia no fato de que a equação de uma parábola é um polinômio da forma $y = Ax^2 + Bx + C$. Para cada par de subintervalos, os três pontos dados são usados para determinar os coeficientes A, B e C e o polinômio resultante é integrado para obter a área correspondente. A demonstração, embora conceitualmente simples, é trabalhosa e não será apresentada aqui.

2 EXPLORE!

Leia o Exemplo 6.2.4, no qual $a = 1$, $b = 2$ e $n = 10$. Uma lista pode ser usada para facilitar a integração numérica pela regra de Simpson. Faça Y1 = 1/x. Coloque os valores de x 1,0;1,1; . . . ;1,9; 2,0 em L1 e coloque em L2 os coeficientes da regra de Simpson 1, 4, 2, . . . , 4, 1. Escreva L3 = Y1(L1)*L2*H/3, em que $H = (b - a)/n$. Confirme o resultado obtido no Exemplo 6.2.4. Compare com a integração pela regra do trapézio, no EXPLORE! 1.

EXEMPLO 6.2.4 Uso da Regra de Simpson

Use a regra de Simpson com $n = 10$ para determinar o valor aproximado de $\int_1^2 \frac{1}{x}\,dx$.

Solução

Como no Exemplo 6.2.1, $\Delta x = 0,1$ e, portanto, o intervalo $1 \leq x \leq 2$ é dividido em 10 subintervalos pelos pontos

$$x_1 = 1, x_2 = 1,1, x_3 = 1,2, \ldots, x_{10} = 1,9, x_{11} = 2$$

Nesse caso, de acordo com a regra de Simpson,

$$\int_1^2 \frac{1}{x}\,dx \approx \frac{0,1}{3}\left(\frac{1}{1} + \frac{4}{1,1} + \frac{2}{1,2} + \frac{4}{1,3} + \frac{2}{1,4} + \frac{4}{1,5} + \frac{2}{1,6} + \frac{4}{1,7} + \frac{2}{1,8} + \frac{4}{1,9} + \frac{1}{2}\right)$$
$$\approx 0,693150$$

Observe que essa é uma excelente aproximação do valor exato, ln 2 = 0,693147. . . , pois tem uma precisão (após o arredondamento) de cinco casas decimais.

Precisão da Regra de Simpson

Do mesmo modo como a estimativa do erro da regra do trapézio se baseia no valor máximo da derivada segunda, a estimativa do erro da regra de Simpson se baseia no valor máximo da derivada quarta. A expressão é a seguinte:

Estimativa de Erro da Regra de Simpson ■ Se M é o valor máximo de $|f^{(4)}(x)|$ no intervalo $a \leq x \leq b$, temos:

$$|E_n| \leq \frac{M(b-a)^5}{180n^4}$$

O Exemplo 6.2.5 ilustra o uso dessa expressão.

> **3 EXPLORE!**
>
> Use a regra de Simpson com $n = 4$ para calcular numericamente o valor de $\int_0^2 (3x^2 + 1)\,dx$. Para isso, entre com a função em uma calculadora e determine o seu valor para 0; 0,5; 1,0; 1,5 e 2. Calcule a soma apropriada. Compare com as respostas obtidas usando retângulos e usando a regra do trapézio.

EXEMPLO 6.2.5 Estimativa de Erro na Aplicação da Regra de Simpson

Estime a precisão da aproximação de $\int_1^2 \frac{1}{x}\,dx$ pela regra de Simpson com $n = 10$.

Solução

Começando com $f(x) = 1/x$, calculamos as derivadas

$$f'(x) = -\frac{1}{x^2} \qquad f''(x) = \frac{2}{x^3} \qquad f^{(3)}(x) = -\frac{6}{x^4} \qquad f^{(4)}(x) = \frac{24}{x^5}$$

e observamos que o valor máximo de $|f^{(4)}(x)|$ no intervalo $1 \leq x \leq 2$ é $|f^{(4)}(1)| = 24$.

Aplicando a fórmula do erro com $M = 24$, $a = 1$, $b = 2$ e $n = 10$, obtemos

$$|E_{10}| \leq \frac{24(2-1)^5}{180(10)^4} \approx 0{,}000013$$

Assim, o erro da aproximação do Exemplo 6.2.4 não pode ser maior que 0,000013.

No Exemplo 6.2.6, a estimativa de erro é usada para determinar o número de subintervalos necessários para obter a precisão desejada.

EXEMPLO 6.2.6 Cálculo do Número de Subintervalos

Quantos subintervalos são necessários para garantir que o erro seja menor que 0,00005 na aproximação de $\int_1^2 \frac{1}{x}\,dx$ usando a regra de Simpson?

Solução

De acordo com o Exemplo 6.2.5, $M = 24$ para $a = 1$ e $b = 2$ e, portanto,

$$|E_n| \leq \frac{24(2-1)^5}{180 n^4} = \frac{2}{15 n^4}$$

Assim, temos de determinar o menor número inteiro positivo n (par) para o qual

$$\frac{2}{15n^4} < 0{,}00005$$

o que nos dá

$$n^4 > \frac{2}{15(0{,}00005)}$$

e

$$n > \left[\frac{2}{15(0{,}00005)}\right]^{1/4} \approx 7{,}19$$

Como o menor número inteiro par que satisfaz essa desigualdade é 8, são necessários oito subintervalos para obter a precisão desejada, enquanto, como vimos no Exemplo 6.2.3, são necessários 58 subintervalos para conseguir a mesma precisão usando a regra trapezoidal.

Análise de Dados Usando Integração Numérica

A integração numérica também é muito usada para estimar uma grandeza da forma $\int_a^b f(x)$ quando tudo o que se sabe a respeito de $f(x)$ são pontos experimentais da forma $(x_j, f(x_j))$. O Exemplo 6.2.7 ilustra o uso da integração numérica para estimar uma área com base em medições isoladas.

EXEMPLO 6.2.7 Cálculo de uma Área por Integração Numérica

Jorge gostaria de conhecer a área da piscina da sua casa de campo para comprar um toldo, mas isso é difícil por causa da forma irregular da piscina. Suponha que Jorge faça as medições mostradas na Figura 6.6 a intervalos regulares ao longo do comprimento da piscina (todos os valores estão em metros). Como estimar a área com base nesses resultados, usando a regra do trapézio?

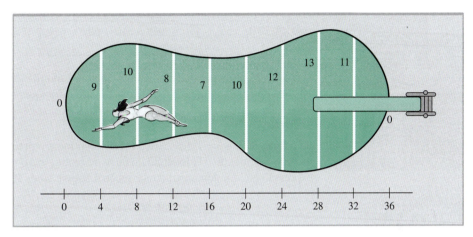

FIGURA 6.6 Medições em uma piscina.

Solução

Se Jorge conhecesse as funções $f(x)$ e $g(x)$ que descrevem as duas bordas da piscina, poderia calcular a área usando a integral definida $A = \int_0^{36} [f(x) - g(x)]\,dx$. A forma irregular torna impossível, ou pelo menos muito difícil, encontrar expressões matemáticas para f e g. Entretanto, de acordo com as medições realizadas por Jorge, sabemos que

$$f(0) - g(0) = 0 \quad f(4) - g(4) = 9 \quad f(8) - g(8) = 10 \ldots f(36) - g(36) = 0$$

Substituindo esses dados na aproximação da regra do trapézio e fazendo $\Delta x = 36/9 = 4$ (a largura das faixas em que a piscina foi dividida), Jorge obtém:

$$A = \int_0^{36} [f(x) - g(x)]\,dx$$
$$= \frac{4}{2}[0 + 2(9) + 2(10) + 2(8) + 2(7) + 2(10) + 2(12) + 2(13) + 2(11) + 0]$$
$$= \frac{4}{2}(160) = 320$$

Assim, a área da piscina é, aproximadamente, 320 m².

NOTA O leitor pode estar se perguntando por que não usamos a regra de Simpson em vez da regra do trapézio. Acontece que não podemos usar a regra de Simpson porque, para medições realizadas a cada 4 metros, o número de subintervalos é ímpar. No Problema 49, a área da mesma piscina é estimada aplicando a regra de Simpson a um conjunto de medições realizadas a cada 6 metros em vez de 4 metros, o que nos dá um número par de subintervalos. ■

EXEMPLO 6.2.8 Determinação do Preço Justo Usando Integração Numérica

O dono de uma cadeia de *pet shops* pretende colocar à venda uma franquia de 10 anos. A experiência com estabelecimentos similares mostra que daqui a t anos a franquia deverá gerar renda à taxa de $f(t)$ milhares de reais por ano, em que $f(t)$ está indicada na tabela a seguir para uma década típica.

Ano t	0	1	2	3	4	5	6	7	8	9	10
Fluxo de renda $f(t)$	510	580	610	625	654	670	642	610	590	573	550

Se a taxa de juros permanecer em 5% ao ano, capitalizados continuamente durante o termo de 10 anos da franquia, qual é o preço justo para a franquia?

Solução

Se o fluxo de renda $f(t)$ fosse uma função contínua, o preço justo da franquia poderia ser determinado calculando o valor atual do fluxo de renda para o termo de 10 anos. De acordo com uma expressão que foi demonstrada na Seção 5.5, esse valor atual seria dado pela integral definida

$$VA = \int_0^{10} f(t) e^{-0,05t} \, dt$$

já que a taxa anual de juros é 5% ($r = 0,05$). Como não dispomos de uma função contínua $f(t)$, vamos usar a regra de Simpson com $n = 10$ e $\Delta t = 1$ para *estimar* o valor atual. Temos:

$$\begin{aligned}
VA &= \int_0^{10} f(t) e^{-0,05t} \, dt \\
&\approx \frac{\Delta t}{3} [f(0)e^{-0,05(0)} + 4f(1)e^{-0,05(1)} + 2f(2)e^{-0,05(2)} + \cdots + 4f(9)e^{-0,05(9)} \\
&\quad + f(10)e^{-0,05(10)}] \\
&\approx \frac{1}{3}[(510)e^{-0,05(0)} + 4(580)e^{-0,05(1)} + 2(610)e^{-0,05(2)} + 4(625)e^{-0,05(3)} \\
&\quad + 2(654)e^{-0,05(4)} + 4(670)e^{-0,05(5)} + 2(642)e^{-0,05(6)} + 4(610)e^{-0,05(7)} \\
&\quad + 2(590)e^{-0,05(8)} + 4(573)e^{-0,05(9)} + (550)e^{-0,05(10)}] \\
&\approx \frac{1}{3}(14.387) \approx 4.796
\end{aligned}$$

Assim, o valor atual do fluxo de renda para um termo de 10 anos é aproximadamente 4.796 milhares de reais (R$ 4.796.000,00). O dono da cadeia de *pet shops* pode usar esse valor como uma estimativa do preço justo para a franquia.

PROBLEMAS ■ 6.2

Nos Problemas 1 a 14, determine o valor aproximado da integral dada, usando (a) a regra do trapézio e (b) a regra de Simpson com o número especificado de subintervalos.

1. $\int_1^2 x^2 \, dx; \, n = 4$
2. $\int_4^6 \frac{1}{\sqrt{x}} \, dx; \, n = 10$
3. $\int_0^1 \frac{1}{1 + x^2} \, dx; \, n = 4$
4. $\int_2^3 \frac{1}{x^2 - 1} \, dx; \, n = 4$
5. $\int_{-1}^0 \sqrt{1 + x^2} \, dx; \, n = 4$
6. $\int_0^3 \sqrt{9 - x^2} \, dx; \, n = 6$
7. $\int_0^1 e^{-x^2} \, dx; \, n = 4$
8. $\int_0^2 e^{x^2} \, dx; \, n = 10$
9. $\int_2^4 \frac{dx}{\ln x}; \, n = 6$
10. $\int_1^2 \frac{\ln x}{x + 2} \, dx; \, n = 4$
11. $\int_0^1 \sqrt[3]{1 + x^2} \, dx; \, n = 4$
12. $\int_0^1 \frac{dx}{\sqrt{1 + x^3}}; \, n = 6$
13. $\int_0^1 e^{-\sqrt{x}} \, dx; \, n = 8$
14. $\int_1^2 \frac{e^x}{x} \, dx; \, n = 4$

Nos Problemas 15 a 20, determine o valor aproximado da integral dada e estime o erro cometido $|E_n|$ usando (a) a regra do trapézio e (b) a regra de Simpson com o número especificado de subintervalos.

15. $\int_1^2 \dfrac{1}{x^2}\,dx;\ n=4$

16. $\int_0^2 x^3\,dx;\ n=8$

17. $\int_1^3 \sqrt{x}\,dx;\ n=10$

18. $\int_1^2 \ln x\,dx;\ n=4$

19. $\int_0^1 e^{x^2}\,dx;\ n=4$

20. $\int_0^{0,6} e^{x^3}\,dx;\ n=6$

Nos Problemas 21 a 26, determine quantos subintervalos são necessários para garantir uma precisão de 0,00005 na aproximação da integral dada (a) pela regra do trapézio e (b) pela regra de Simpson.

21. $\int_1^3 \dfrac{1}{x}\,dx$

22. $\int_0^4 (x^4+2x^2+1)\,dx$

23. $\int_1^2 \dfrac{1}{\sqrt{x}}\,dx$

24. $\int_1^2 \ln(1+x)\,dx$

25. $\int_{1,2}^{2,4} e^x\,dx$

26. $\int_0^2 e^{x^2}\,dx$

27. Um quarto de circunferência de raio 1 é descrito pela equação $y=\sqrt{1-x^2}$ para $0\le x\le 1$ e tem uma área $\pi/4$. Isso significa que $\int_0^1 \sqrt{1-x^2}\,dx = \pi/4$. Use essa relação para estimar o valor de π aplicando:
 a. A regra do trapézio.
 b. A regra de Simpson.
 Nos dois casos, utilize $n=8$ subintervalos.

28. Use a regra do trapézio com $n=8$ para estimar a área limitada pela curva $y=\sqrt{x^3+1}$, o eixo x e as retas $x=0$ e $x=1$.

29. Use a regra do trapézio com $n=10$ para estimar o valor médio da função $f(x)=\dfrac{e^{-0,4x}}{x}$ no intervalo $1\le x\le 6$.

30. Use a regra do trapézio com $n=6$ para estimar o valor médio da função $y=\sqrt{\ln x}$ no intervalo $1\le x\le 4$.

31. Use a regra do trapézio com $n=7$ para estimar o volume do sólido gerado pela rotação da região sob a curva $y=x/(1+x)$ entre $x=0$ e $x=1$ em torno do eixo x.

32. Use a regra de Simpson com $n=6$ para estimar o volume do sólido gerado pela rotação da região sob a curva $y=\ln x$ entre $x=1$ e $x=2$ em torno do eixo x.

PROBLEMAS APLICADOS DE ECONOMIA E FINANÇAS

33. VALOR FUTURO DE UM INVESTIMENTO Um investimento gera renda continuamente à taxa de $f(t)=\sqrt{t}$ milhares de reais por ano, em que t é o tempo em anos. Se a taxa anual de juros é 6% ao ano, capitalizados continuamente, use a regra do trapézio com $n=5$ para estimar o valor futuro do investimento para um termo de 10 anos. (Veja o Exemplo 5.5.2.)

34. VALOR ATUAL DE UMA FRANQUIA A administração de uma rede nacional de lanchonetes está vendendo uma franquia de 5 anos para operar em Porto Alegre. A experiência com estabelecimentos similares mostra que daqui a t anos a franquia deverá gerar lucro continuamente à taxa de $f(t)=12.000\sqrt{t}$ reais por ano. Suponha que a taxa de juros permanecerá durante os próximos cinco anos em 5% ao ano, capitalizados continuamente. Use a regra de Simpson com $n=10$ para estimar o valor atual da franquia.

35. RECEITA Um economista que está estudando a demanda de um produto obtém os dados da tabela a seguir, que expressam o número de unidades q do produto (em milhares) que são demandadas (vendidas) pelo preço de p reais a unidade.

q (1.000 unidades)	0	4	8	12	16	20	24
p (reais por unidade)	49,12	42,90	31,32	19,83	13,87	10,58	7,25

Use essas informações e a regra de Simpson para estimar a receita total

$$R=\int_0^{24} p(q)\,dq \quad \text{mil unidades}$$

quando o nível de produção varia de 0 a 24.000 unidades (de $q=0$ até $q=24$).

36. EXCEDENTE DO CONSUMIDOR Um economista modela a demanda de um produto pela função

$$p=D(q)=\dfrac{100}{q^2+q+1}$$

de acordo com a qual q centenas de unidades são vendidas quando o preço unitário é p reais. Use a regra de Simpson com $n=6$ para estimar o excedente do consumidor quando 500 unidades ($q_0=5$) são fabricadas e vendidas. (Veja o Exemplo 5.5.5.)

37. VALOR FUTURO DE UM INVESTIMENTO Marcos fez um pequeno investimento que produz um fluxo de receita variável. O dinheiro é depositado continuamente em uma conta que rende 4% de juros ao ano, capitalizados continuamente. Marcos verifica o fluxo de receita no dia primeiro do mês, a cada dois meses, durante um ano, obtendo os resultados que aparecem na tabela a seguir.

Mês	Jan.	Mar.	Maio	Jul.	Set.	Nov.	Jan.
Fluxo de renda	R$ 437	R$ 357	R$ 615	R$ 510	R$ 415	R$ 550	R$ 593

Assim, por exemplo, o fluxo de receita foi R$ 615,00 por mês no dia 1º de maio, mas diminuiu para R$ 510,00 por mês no dia 1º de julho. Use essas informações e a regra de Simpson para estimar o valor futuro do fluxo de receita para o período de um ano. [*Sugestão*: Veja o Exemplo 5.5.2.]

38. **LUCRO MÉDIO** No primeiro dia de cada mês, o gerente de uma pequena empresa estima a taxa com a qual o lucro deverá aumentar durante o mês. Os resultados para os seis primeiros meses do ano aparecem na tabela a seguir, em que $P'(t)$ é a taxa de aumento do lucro em milhares de reais por mês durante o mês t ($t = 1$ para janeiro e $t = 6$ para junho). Use essas informações e a regra do trapézio para estimar o lucro total obtido pela empresa durante o período de seis meses de janeiro a junho.

t (mês)	1	2	3	4	5	6
Taxa de lucro $P'(t)$	0,65	0,43	0,72	0,81	1,02	0,97

39. **EXCEDENTE DO PRODUTOR** Um economista que está estudando a oferta de um produto obtém os dados da tabela a seguir, que expressam o número de unidades q do produto (em milhares) que são oferecidos ao mercado pelos produtores a um preço de p reais a unidade. Use essas informações e a regra do trapézio para estimar o excedente do produtor quando são oferecidas 7.000 unidades ($q_0 = 7$).

q (1.000 unidades)	0	1	2	3	4	5	6	7
p (reais por unidade)	1,21	3,19	3,97	5,31	6,72	8,16	9,54	11,03

40. **EXCEDENTE DO CONSUMIDOR** Um economista que está estudando a demanda de um produto obtém os dados da tabela a seguir, que expressam o número de unidades q do produto (em milhares) que são demandadas (vendidas) a um preço de p reais a unidade. Use essas informações e a regra de Simpson para estimar o excedente do consumidor quando são produzidas 24.000 unidades ($q_0 = 24$).

q (1.000 unidades)	0	4	8	12	16	20	24
p (reais por unidade)	49,12	42,90	31,32	19,83	13,87	10,58	7,25

41. **DISTRIBUIÇÃO DE RENDA** Um sociólogo que estuda a distribuição de renda em um país industrializado compila os dados que aparecem na tabela a seguir, em que $L(x)$ é a fração da renda total anual recebida pelos $100x\%$ de assalariados menos bem remunerados do país. Use essas informações e a regra do trapézio para estimar o índice de Gini (IG) para esse país, dado pela expressão

$$IG = 2\int_0^1 [x - L(x)]\, dx$$

x	0	0,125	0,25	0,375	0,5	0,625	0,75	0,875	1
$L(x)$	0	0,0063	0,0631	0,1418	0,2305	0,3342	0,4713	0,6758	1

42. **CONSTRUÇÃO CIVIL** Quando é preciso realizar escavações para a construção de uma estrada, os empreiteiros costumam pagar aos moradores locais para despejar o entulho nas suas terras, evitando assim os custos de transporte. Uma moradora, Susana Morais, recebe uma oferta de R$ 0,20 por metro cúbico para que o entulho seja jogado até uma espessura de 2 metros em um terreno ocioso. O terreno tem 120 metros de comprimento e Susana dispõe de um levantamento topográfico que mostra a largura a cada 20 metros, começando pela extremidade esquerda. As larguras, em metros são as seguintes: 42, 61, 59, 54, 66, 88 e 54.
   a. Use a regra de Simpson para estimar o volume de terra que será descarregado no terreno de Susana. [*Sugestão*: O volume é igual à área do terreno vezes a espessura da terra depositada.]
   b. Quanto Susana espera receber?

PROBLEMAS APLICADOS DE CIÊNCIAS SOCIAIS E BIOLÓGICAS

43. DISSEMINAÇÃO DE UMA EPIDEMIA Uma epidemia causada por uma nova linhagem do vírus da gripe acaba de ser descoberta pelas autoridades sanitárias. No momento, 3.000 pessoas estão infectadas e o número de pessoas infectadas está aumentando à taxa de $R(t) = 50\sqrt{t}$ pessoas por semana. Além disso, a fração de pessoas infectadas que ainda estão doentes t semanas após o início dos sintomas é dada por $S(t) = e^{-0,01t}$. Use a regra de Simpson com $n = 8$ para estimar o número de pessoas que estarão doentes daqui a oito semanas. [*Sugestão*: Pense nesse problema como um problema de sobrevivência e renovação, como o Exemplo 5.6.2.]

44. TRATAMENTO PSIQUIÁTRICO Um hospital psiquiátrico acaba de ser inaugurado. O hospital aceita inicialmente 300 pacientes para tratamento e pretende aceitar novos pacientes à taxa de 10 por mês. Seja $f(t)$ a fração de pacientes que recebem tratamento continuamente durante pelo menos t dias. Nos primeiros 60 dias, os valores de $f(t)$ foram os seguintes:

t (dias)	0	5	10	15	20	25	30	35	40	45	50	55	60
$f(t)$	1	$\frac{3}{4}$	$\frac{3}{5}$	$\frac{1}{2}$	$\frac{1}{3}$	$\frac{3}{10}$	$\frac{1}{5}$	$\frac{1}{6}$	$\frac{1}{7}$	$\frac{1}{9}$	$\frac{1}{12}$	$\frac{1}{15}$	$\frac{1}{20}$

Use essas informações e a regra do trapézio para estimar o número de pacientes que permanecem internados na clínica 60 dias após a inauguração. [*Sugestão*: Pense nesse problema como um problema de sobrevivência e renovação, como o Exemplo 5.6.1.]

45. CONTROLE DA POLUIÇÃO Uma fábrica despeja rejeitos em um rio. Os poluentes são levados pela correnteza e, três horas depois, apresentam a distribuição mostrada na figura. As medições, em metros, são realizadas a intervalos de 5 metros. Use essas informações e a regra do trapézio para estimar a área da região contaminada.

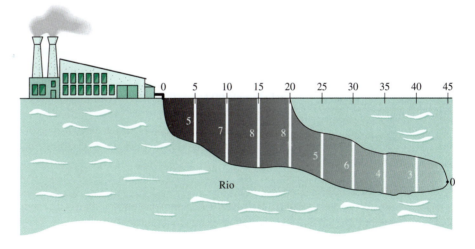

PROBLEMA 45

46. TEMPERATURA MÉDIA Um modo de calcular a temperatura média do dia é medir a temperatura a intervalos regulares por 24 horas e calcular a média aritmética das medições. Uma abordagem mais sofisticada consiste em usar a regra de Simpson e a fórmula para calcular o valor médio de uma função apresentada na Seção 5.4. As temperaturas medidas aparecem na tabela a seguir.

Tempo (h)	0	2	4	6	8	10	12	14	16	18	20	22	0
Temperatura (°C)	20	18	16	16	22	23	26	27	27	26	24	21	18

a. Calcule a média aritmética das temperaturas medidas e arredonde a resposta para duas casas decimais.

b. Calcule a temperatura média usando a regra de Simpson e a fórmula para calcular o valor médio de uma função. Compare o resultado com o do item (a). Qual dos dois resultados você considera mais próximo do conceito de temperatura média? Justifique sua resposta.

c. Repita os itens (a) e (b), usando desta vez apenas as temperaturas medidas a cada seis horas a partir das 12 horas. O resultado facilita a comparação dos dois métodos?

47. **DENSIDADE POPULACIONAL** Um estudo demográfico revela que a densidade populacional a r quilômetros do centro de uma cidade é $D(r)$ habitantes por quilômetro quadrado, em que D tem os valores indicados na tabela a seguir para $0 \leq r \leq 10$ a intervalos de 2 quilômetros.

Distância r do centro da cidade (km)	0	2	4	6	8	10
Densidade populacional $D(r)$ (habitantes/km^2)	3.120	2.844	2.087	1.752	1.109	879

Use a regra do trapézio para estimar o número de pessoas que vivem a menos de 10 quilômetros do centro da cidade. (Veja o Exemplo 5.6.3.)

48. **MORTES PROVOCADAS PELA AIDS** A tabela a seguir mostra o número de mortes provocadas pela Aids durante o ano t após 1995, para o período de 1995 a 2006. (Fonte: *Centers for Disease Control and Prevention, National Center for HIV, STD, and TB Prevention.*)

Ano	t	Mortes por Aids	Ano	t	Mortes por Aids
1995	0	51.670	2001	6	15.603
1996	1	38.396	2002	7	16.948
1997	2	22.245	2003	8	16.690
1998	3	18.823	2004	9	16.395
1999	4	18.249	2005	10	16.268
2000	5	16.672	2006	11	14.016

Não podemos dizer que a tabela reflete perfeitamente a realidade, já que muitas mortes provocadas pela Aids não são comunicadas aos órgãos de saúde ou são atribuídas a outras causas. Seja $D(t)$ a função que expressa o número acumulado de mortes causadas pela Aids até o ano t. Nesse caso, os dados da tabela podem ser interpretados como a taxa de variação de $D(t)$, ou seja, como a taxa de mortalidade. Assim, por exemplo, de acordo com a tabela, em 1997 ($t = 2$), as mortes causadas pela Aids estavam acontecendo à taxa de 22.245 por ano.

a. Supondo que a função $D(t)$ seja derivável, explique por que o número total N de mortes causadas pela Aids no período 1995-2006 é dado pela integral
$$N = \int_0^{11} D'(t)\, dt$$

b. Estime o valor de N usando os dados da tabela e a regra do trapézio para calcular o valor aproximado da integral do item (a).

c. Por que a função mortalidade $D(t)$ provavelmente *não é* derivável? Esse fato invalida a estimativa de N obtida no item (b)? Escreva um ensaio de pelo menos 10 linhas defendendo ou combatendo o método usado para estimar o valor de N nesse problema.

49. **ÁREA DE UMA PISCINA** Jorge, o dono da piscina do Exemplo 6.2.7, decide fazer medições a intervalos de 6 metros para que o número de subintervalos seja par e ele possa usar a regra de Simpson para calcular a área. Os resultados das medições são mostrados na tabela a seguir. Qual é o novo valor da área, calculado usando a regra de Simpson?

Coordenada do ponto x_j (m)	0	6	12	18	24	30	36
Largura da piscina em x_j (m)	0	10	8	8	12	12	0

OUTROS TÓPICOS DE INTEGRAÇÃO   439

SEÇÃO 6.3   Integrais Impróprias

Objetivos do Aprendizado
1. Calcular integrais impróprias com limites de integração infinitos.
2. Usar integrais impróprias em problemas práticos.

A definição de integral definida $\int_a^b f(x)\,dx$, apresentada na Seção 5.3, exige que o intervalo de integração $a \leq x \leq b$ seja finito; entretanto, para resolver certos problemas, é interessante considerar integrais com um intervalo de integração *infinito*, como $x \geq a$. Nesta seção, vamos definir essas **integrais impróprias** e discutir algumas de suas propriedades e aplicações.

A Integral Imprópria
$$\int_a^{+\infty} f(x)\,dx$$

A integral imprópria de $f(x)$ no intervalo infinito $x \geq a$ é representada pelo símbolo $\int_a^{+\infty} f(x)\,dx$. Se $f(x) \geq 0$ para $x \geq a$, a integral pode ser interpretada como a área da região entre a curva $y = f(x)$ à direita de $x = a$, como mostra a Figura 6.7a. Embora essa região tenha uma extensão infinita, a área pode ser finita ou infinita, dependendo da rapidez com a qual $f(x)$ tende a zero quando x tende a infinito. Um dos métodos para obter a área de uma região desse tipo consiste em usar uma integral definida para calcular a área de $x = a$ até uma coordenada finita $x = N$ à direita de a e, em seguida, fazer N tender a infinito na expressão resultante, como mostra a expressão a seguir:

$$\text{Área total} = \lim_{N \to +\infty} (\text{área de } a \text{ a } N) = \lim_{N \to +\infty} \int_a^N f(x)\,dx$$

Esse método está representado graficamente na Figura 6.7b e leva à seguinte definição de integral imprópria:

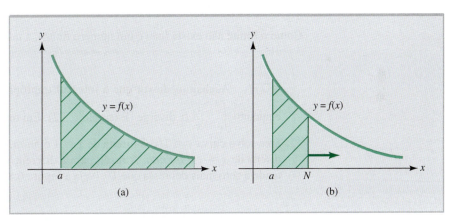

FIGURA 6.7 Área $= \int_a^{+\infty} f(x)\,dx = \lim_{N \to +\infty} \int_a^N f(x)\,dx$.

Integral Imprópria $\int_a^{+\infty} f(x)\,dx$ ■ Se $f(x)$ é uma função contínua para $x \geq a$,

$$\int_a^{+\infty} f(x)\,dx = \lim_{N \to +\infty} \int_a^N f(x)\,dx$$

Se o limite que define a integral imprópria existe, dizemos que a integral **converge**; se o limite não existe, dizemos que a integral **diverge**.

> **4 EXPLORE!**
>
> Leia o Exemplo 6.3.1. Entre com $f(x) = 1/x^2$ em Y1 do editor de equações e escreva Y2 = **fnInt(Y1, X, 1, X, 0.001)**, a função de integração numérica. Defina uma tabela de valores que comece em X = 500 com incrementos de 500. Explique o que você observa.

EXEMPLO 6.3.1 Cálculo de uma Integral Imprópria

Calcule o valor da integral imprópria

$$\int_1^{+\infty} \frac{1}{x^2} dx$$

ou mostre que a integral diverge.

Solução

Em primeiro lugar, calculamos a integral de 1 a N; em seguida, fazemos N tender a infinito. O resultado é o seguinte:

$$\int_1^{+\infty} \frac{1}{x^2} dx = \lim_{N \to +\infty} \int_1^N \frac{1}{x^2} dx = \lim_{N \to +\infty} \left(-\frac{1}{x} \bigg|_1^N \right) = \lim_{N \to +\infty} \left(-\frac{1}{N} + 1 \right) = 1$$

EXEMPLO 6.3.2 Cálculo de uma Integral Imprópria

Calcule o valor da integral imprópria

$$\int_1^{+\infty} \frac{1}{x} dx$$

ou mostre que a integral diverge.

Solução

$$\int_1^{+\infty} \frac{1}{x} dx = \lim_{N \to +\infty} \int_1^N \frac{1}{x} dx = \lim_{N \to +\infty} \left(\ln |x| \bigg|_1^N \right) = \lim_{N \to +\infty} \ln N = +\infty$$

Como o limite não existe (não é um número finito), a integral imprópria diverge.

> **NOTA** Acabamos de ver que a integral imprópria $\int_1^{+\infty} \frac{1}{x^2}$ converge (Exemplo 6.3.1), enquanto $\int_1^{+\infty} \frac{1}{x} dx$ diverge (Exemplo 6.3.2). Em termos geométricos, isso significa que a área sob a curva $y = 1/x^2$ à direita de $x = 1$ é *finita*, enquanto a área sob a curva $y = 1/x$ à direita de $x = 1$ é *infinita*. A razão para a diferença é que, quando x tende a infinito, $1/x^2$ tende a zero mais depressa que $1/x$ (veja a Figura 6.8).

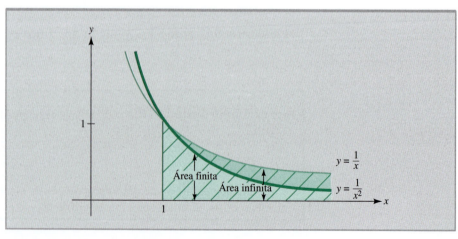

FIGURA 6.8 Comparação das áreas sob $y = \frac{1}{x}$ e sob $y = \frac{1}{x^2}$.

O cálculo das integrais impróprias que aparecem em problemas práticos frequentemente envolve limites da forma

$$\lim_{N\to\infty} \frac{N^p}{e^{kN}} = \lim_{N\to\infty} N^p e^{-kN} \quad (\text{para } k > 0)$$

Como uma expressão exponencial da forma e^{kN} aumenta muito mais depressa com N do que *qualquer* expressão da forma N^p, o produto

$$N^p e^{-kN} = \frac{N^p}{e^{kN}}$$

tende a zero para grandes valores de N. Resumindo:

> **Um Limite Útil para Integrais Impróprias** ■ Para qualquer expoente p e qualquer número positivo k,
>
> $$\lim_{N\to\infty} N^p e^{-kN} = 0$$

5 EXPLORE!

Leia o Exemplo 6.3.3. Plote a função $f(x) = xe^{-2x}$ usando uma janela [0, 9.4]1 por [−0.05, 0.02]1. Use a rotina de integração numérica da calculadora, **CALC (2nd TRACE),** 7: $\int f(x)\,dx$, para mostrar que a área sob a curva de $f(x)$ entre 0 e um valor relativamente grande de x tende para o valor 1/4.

EXEMPLO 6.3.3 Cálculo de uma Integral Imprópria Usando Integração por Partes

Calcule o valor da integral imprópria

$$\int_0^{+\infty} xe^{-2x}\,dx$$

ou mostre que a integral diverge.

Solução

$$\int_0^{+\infty} xe^{-2x}\,dx = \lim_{N\to+\infty} \int_0^N xe^{-2x}\,dx \qquad \text{integrando por partes}$$

$$= \lim_{N\to+\infty} \left(-\frac{1}{2}xe^{-2x}\Big|_0^N + \frac{1}{2}\int_0^N e^{-2x}\,dx \right) \qquad \int e^{-2x}\,dx = \frac{-1}{2}e^{-2x} + C$$

$$= \lim_{N\to+\infty} \left(-\frac{1}{2}xe^{-2x} - \frac{1}{4}e^{-2x} \right)\Big|_0^N$$

$$= \lim_{N\to+\infty} \left(-\frac{1}{2}Ne^{-2N} - \frac{1}{4}e^{-2N} + 0 + \frac{1}{4} \right)$$

$$= \frac{1}{4}$$

pois $e^{-2N} \to 0$ e $Ne^{-2N} \to 0$ quando $N \to +\infty$.

Existem outros tipos de integrais impróprias. Por exemplo: se $f(x)$ é contínua no intervalo $x \leq b$, a integral imprópria $\int_{-\infty}^b f(x)\,dx$ é definida pela relação

$$\int_{-\infty}^b f(x)\,dx = \lim_{N\to-\infty} \int_N^b f(x)\,dx$$

No caso mais geral, se $f(x)$ é contínua para qualquer valor de x, a integral imprópria para todo o eixo x é definida da seguinte forma:

> **A Integral Imprópria** $\int_{-\infty}^{\infty} f(x)\,dx$ ■ Se $\int_c^{\infty} f(x)\,dx$ e $\int_{-\infty}^c f(x)\,dx$ convergem para um número c, a integral imprópria de $f(x)$ no intervalo $+\infty < x < \infty$ é dada por
>
> $$\int_{-\infty}^{\infty} f(x)\,dx = \int_c^{\infty} f(x)\,dx + \int_{-\infty}^c f(x)\,dx$$

EXEMPLO 6.3.4 Cálculo de uma Integral Imprópria no Intervalo $-\infty < x < \infty$

Calcule o valor da integral imprópria $\int_{-\infty}^{\infty} xe^{-0,1x^2}\,dx$ ou mostre que a integral diverge.

Solução

Em primeiro lugar, calculamos a integral indefinida $\int xe^{-0,1x^2}\,dx$.

$$\int xe^{-0,1x^2}\,dx = \int e^u\left[\frac{du}{-0,2}\right] \qquad \text{fazendo } u = -0,1x^2,\ du = -0,2x\,dx$$
$$= -5e^u + C = -5e^{-0,1x^2} + C$$

Em seguida, fazemos $c = 0$ na definição de $\int_{-\infty}^{\infty} f(x)\,dx$. Assim:

$$\int_0^{\infty} xe^{-0,1x^2}\,dx = \lim_{N\to\infty} \int_0^N xe^{-0,1x^2}\,dx$$
$$= \lim_{N\to\infty}[-5e^{-0,1x^2}]_0^N$$
$$= \lim_{N\to\infty}[-5e^{-0,1N^2} - (-5e^0)] = 5$$

e

$$\int_{-\infty}^0 xe^{-0,1x^2}\,dx = \lim_{N\to -\infty}[-5e^{-0,1x^2}]_N^0$$
$$= \lim_{N\to -\infty}[(-5e^0) - (-5e^{-0,1N^2})] = -5$$

o que nos dá

$$\int_{-\infty}^{\infty} xe^{-0,1x}\,dx = \int_0^{\infty} xe^{-0,1x}\,dx + \int_{-\infty}^0 xe^{-0,1x}\,dx$$
$$= 5 + (-5) = 0$$

Aplicações da Integral Imprópria

Vamos agora discutir duas aplicações da integral imprópria que são generalizações de aplicações da integral definida discutidas no Capítulo 5. Em ambos os casos, a estratégia consiste em expressar uma grandeza como uma integral definida com um limite superior de integração variável e, em seguida, fazer o limite superior de integração tender a infinito. Ao estudar os exemplos a seguir, talvez seja conveniente reler os problemas correspondentes com integrais definidas, que foram apresentados no Capítulo 5.

Valor Atual de um Fluxo de Renda Perpétuo

Na Seção 5.5, vimos que o valor atual de um investimento que gera renda continuamente durante um período finito de tempo é dado por uma integral definida. Se a geração de renda continua por um tempo indefinido, o valor atual do investimento é dado por uma integral imprópria, como ilustra o Exemplo 6.3.5.

EXEMPLO 6.3.5 Determinação do Valor Atual de um Fluxo de Renda

Um milionário deseja fazer uma doação a uma universidade particular que produza uma renda perpétua de 25.000 + 1.200t reais por ano. Supondo que a taxa de juros permaneça constante em 5% ao ano capitalizados continuamente, qual deve ser o valor da doação?

Solução

O valor da doação deve ser igual ao valor atual do fluxo de renda perpétuo. Como vimos na Seção 5.5, o valor atual de um fluxo de renda contínuo $f(t)$ aplicado continuamente em uma conta a uma taxa anual r de juros capitalizados continuamente por um termo de T anos é dado pela integral

$$VA = \int_0^T f(t)e^{-rt}\, dt$$

Como desejamos que $f(t) = 25.000 + 1.200t$ e sabemos que $r = 0,05$, o valor atual para um termo de T anos é

Valor atual da bolsa por T anos $\quad VA = \int_0^T (25.000 + 1.200t)e^{-0,05t}\, dt$

Integrando por partes, com

$$u = 25.000 + 1.200t \qquad dv = e^{-0,05t}\, dt$$
$$du = 1.200\, dt \qquad v = \frac{e^{-0,05t}}{-0,05} = -20e^{-0,05t}$$

o valor atual é dado por

$$VA = \int_0^T (25.000 + 1.200t)e^{-0,05t}\, dt$$
$$= [(25.000 + 1.200t)(-20e^{-0,05t})]\Big|_0^T - \int_0^T 1.200(-20e^{-0,05t})\, dt$$
$$= [(-500.000 - 24.000t)e^{-0,05t}]\Big|_0^T + 24.000\left(\frac{e^{-0,05t}}{-0,05}\right)\Big|_0^T$$
$$= [(-980.000 - 24.000t)e^{-0,05t}]\Big|_0^T$$
$$= [(-980.000 - 24.000T)e^{-0,05T}] - [(-980.000 - 24.000(0))e^0]$$
$$= (-980.000 - 24.000T)e^{-0,05T} + 980.000$$

Para determinar o valor atual para um fluxo perpétuo, tomamos o limite para $T \to +\infty$, ou seja, calculamos a integral imprópria

Valor atual da bolsa para um termo infinito $\quad \int_0^{+\infty}(25.000 + 1.200t)e^{-0,05t}\, dt$

$$= \lim_{T \to +\infty}[(-980.000 - 24.000T)e^{-0,05T} + 980.000]$$
$$= 0 + 980.000 \qquad \text{como } e^{-0,05T} \to 0 \text{ e}$$
$$= 980.000 \qquad \quad Te^{-0,05T} \to 0 \text{ para } T \to +\infty$$

Assim, o milionário deve doar R$ 980.000,00

Rejeitos Nucleares Na Seção 5.6, analisamos um problema de sobrevivência e renovação por um termo de duração finita durante o qual a renovação acontecia a uma taxa constante. No Exemplo 6.3.6, vamos considerar um problema semelhante no qual o processo de sobrevivência e renovação continua indefinidamente.

EXEMPLO 6.3.6 Acúmulo de Rejeitos Nucleares

Estima-se que daqui a t anos uma usina nuclear estará produzindo lixo radioativo à taxa de $f(t) = 400$ quilogramas por ano. O lixo decai exponencialmente à taxa de 2% ao ano. O que acontecerá a longo prazo com a quantidade de lixo radioativo produzida pela usina?

Solução

A função renovação é $R(t) = 400$ e a função sobrevivência é $S(t) = e^{-0,02t}$. Suponha que a quantidade de rejeitos acumulados até o momento é A_0 quilogramas. Nesse caso, de acordo com a expressão obtida na Seção 5.6, a quantidade de rejeitos acumulados em um período de T anos é

$$A(T) = A_0 S(T) + \int_0^T R(t) S(T - t) \, dt$$

$$= A_0 e^{-0,02T} + \int_0^T 400 e^{-0,02(T-t)} \, dt$$

$$= A_0 e^{-0,02T} + 400 e^{-0,02T} \int_0^T e^{0,02t} \, dt$$

$$= A_0 e^{-0,02T} + 400 e^{-0,02T} \left[\frac{e^{0,02t}}{0,02} \right]_0^T$$

$$= A_0 e^{-0,02T} + 20.000 e^{-0,02T} [e^{0,02T} - 1]$$

$$= A_0 e^{-0,02T} + 20.000[1 - e^{-0,02T}]$$

Para determinar a quantidade de lixo radioativo W que se acumulará a longo prazo, calculamos o limite de $A(T)$ para $T \to \infty$:

$$W = \lim_{T \to +\infty} A(T) = \lim_{T \to +\infty} [A_0 e^{-0,02T} + 20.000(1 - e^{-0,02T})] \quad e^{-0,02T} \to 0 \text{ como } T \to \infty$$

$$= 0 + 20.000 - 20.000(0) = 20.000$$

A longo prazo, portanto, a quantidade de lixo radioativo tende para o valor constante de 20.000 kg.

População de uma Região Urbana

Como vimos na Seção 5.6, se a densidade populacional de uma região urbana é $p(r)$ habitantes por quilômetro quadrado, em que r é a distância em quilômetros do centro da cidade, a população em um raio de R quilômetros do centro da cidade é dada por

$$P(R) = \int_0^R 2\pi r p(r) \, dr$$

No Exemplo 6.3.7, fazemos o raio R tender a infinito para obter a integral indefinida que expressa a população total da região urbana.

EXEMPLO 6.3.7 População Total de uma Região Urbana

Uma região urbana tem uma densidade populacional $p(r)$ $1.100 e^{-0,002 r^2}$ habitantes por metro quadrado, em que r é a distância em quilômetros do centro da cidade. Estime a população total da área urbana.

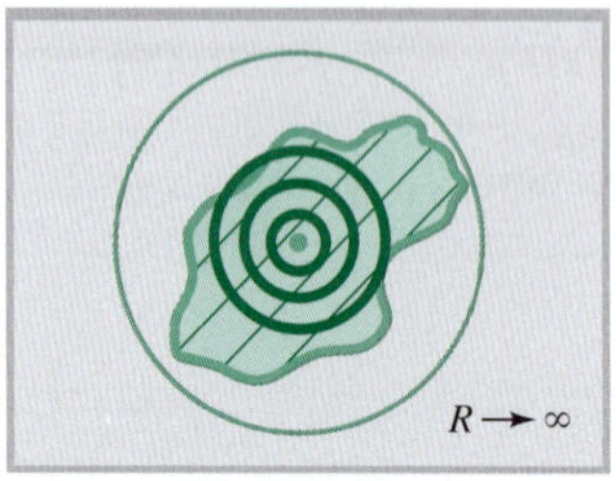

Solução

Podemos estimar a população total da região urbana calculando a população em um raio de R quilômetros do centro da cidade e fazendo R tender a infinito, como mostra a Figura 6.9. Em outras palavras, a população total PT é dada pela integral imprópria

$$PT = \int_0^\infty 2\pi r p(r) \, dr = \lim_{R \to \infty} \int_0^R 2\pi r (1.100 e^{-0,002 r^2}) \, dr$$

FIGURA 6.9 Uma área (circunferência maior) que inclui toda a população de uma região urbana.

Para facilitar o cálculo, determinamos primeiro a integral indefinida

$$\int 2\pi r(1.100e^{-0,002r^2})\,dr \quad \begin{array}{l} \text{fazendo } u = -0,002r^2,\, du = -0,004r\,dr \\ \text{e } r\,dr = \dfrac{1}{-0,004}\,du = -250\,du \end{array}$$

$$= 2.200\pi \int e^u[-250\,du] \quad \text{integrando e fazendo } u = -0,002r^2$$

$$= -550.000\pi e^u + C = -550.000\pi e^{-0,002r^2} + C$$

e depois obtemos o valor da integral imprópria:

$$PT = \int_0^\infty 2\pi r(1.100e^{-0,002r^2})\,dr = \lim_{R\to\infty} \int_0^R 2.200\pi re^{-0,002r^2}\,dr$$

$$= \lim_{R\to\infty}[-550.000\pi e^{-0,002r^2}]_0^R = -550.000\pi \lim_{R\to\infty}[e^{-0,002R^2} - e^0]$$

$$= -550.000\pi[0 - 1] \qquad \lim_{R\to\infty} e^{-0,002R^2} = 0 \text{ e } e^0 = 1$$

$$\approx 1.727.876$$

Assim, a população total da região urbana é da ordem de 1.700.000 habitantes.

PROBLEMAS ■ 6.3

Nos Problemas 1 a 30, calcule o valor da integral imprópria ou mostre que a integral diverge.

1. $\int_1^{+\infty} \dfrac{1}{x^3}\,dx$
2. $\int_1^{+\infty} x^{-3/2}\,dx$
3. $\int_1^{+\infty} \dfrac{1}{\sqrt{x}}\,dx$
4. $\int_1^{+\infty} x^{-2/3}\,dx$
5. $\int_3^{+\infty} \dfrac{1}{2x-1}\,dx$
6. $\int_3^{+\infty} \dfrac{1}{\sqrt[3]{2x-1}}\,dx$
7. $\int_3^{+\infty} \dfrac{1}{(2x-1)^2}\,dx$
8. $\int_0^{+\infty} e^{-x}\,dx$
9. $\int_0^{+\infty} 5e^{-2x}\,dx$
10. $\int_1^{+\infty} e^{1-x}\,dx$
11. $\int_1^{+\infty} \dfrac{x^2}{(x^3+2)^2}\,dx$
12. $\int_1^{+\infty} \dfrac{x^2}{x^3+2}\,dx$
13. $\int_1^{+\infty} \dfrac{x^2}{\sqrt{x^3+2}}\,dx$
14. $\int_0^{+\infty} xe^{-x^2}\,dx$
15. $\int_1^{+\infty} \dfrac{e^{-\sqrt{x}}}{\sqrt{x}}\,dx$
16. $\int_0^{+\infty} xe^{-x}\,dx$
17. $\int_0^{+\infty} 2xe^{-3x}\,dx$
18. $\int_0^{+\infty} xe^{1-x}\,dx$
19. $\int_1^{+\infty} \dfrac{\ln x}{x}\,dx$
20. $\int_1^{+\infty} \dfrac{\ln x}{x^2}\,dx$
21. $\int_2^{+\infty} \dfrac{1}{x \ln x}\,dx$
22. $\int_2^{+\infty} \dfrac{1}{x\sqrt{\ln x}}\,dx$
23. $\int_0^{+\infty} x^2 e^{-x}\,dx$
24. $\int_1^{+\infty} \dfrac{e^{1/x}}{x^2}\,dx$
25. $\int_{-\infty}^0 3e^{4x}\,dx$
26. $\int_{-\infty}^1 e^{1-x}\,dx$
27. $\int_{-\infty}^{-1} \dfrac{1}{x^2}\,dx$
28. $\int_{-\infty}^0 \dfrac{1}{(2x-1)^2}\,dx$
29. $\int_{-\infty}^{\infty} xe^{-x}\,dx$
30. $\int_{-\infty}^{\infty} \dfrac{x}{(x^2+1)^{3/2}}\,dx$

PROBLEMAS APLICADOS DE ECONOMIA E FINANÇAS

31. **VALOR ATUAL DE UM INVESTIMENTO** Um investimento é capaz de gerar R$ 2.400,00 ao ano por um prazo indeterminado. Se o dinheiro é aplicado continuamente e a taxa de juros permanece fixa em 4% ao ano capitalizados continuamente, qual é o valor atual do investimento?

32. **VALOR ATUAL DO ALUGUEL DE UM APARTAMENTO** Estima-se que daqui a t anos o aluguel de um apartamento estará gerando receita para o proprietário à taxa de $f(t) = 80.000 + 500t$ reais por ano. Se a receita é gerada por tempo indeterminado e a taxa de juros permanece fixa em 5% ao ano capitalizados continuamente, qual é o valor atual do aluguel do apartamento?

33. **VALOR ATUAL DE UMA FRANQUIA** Uma cadeia nacional de lanchonetes está vendendo uma franquia permanente em Manaus. A experiência em locais semelhantes mostra que daqui a t anos a franquia estará gerando receita à taxa de $f(t) = 100.000 + 900t$ reais por ano. Se a taxa de juros permanece fixa em 5% ao ano capitalizados continuamente, qual é o valor atual da franquia?

34. **DOAÇÃO** Um milionário deseja doar uma cátedra de matemática a uma pequena universidade particular. O matemático que ocupar a cátedra receberá R$ 70.000,00 por ano em salários e benefícios. Se os juros se mantiverem em 8% ao ano capitalizados continuamente, qual deve ser a quantia doada?

35. **CUSTO CAPITALIZADO** O **custo capitalizado** de um bem é a soma do custo do bem com o valor atual da quantia necessária para mantê-lo. Uma companhia precisa comprar uma máquina e tem de escolher entre dois modelos. O modelo 1 custa R$ 10.000,00 e daqui a t anos custará $M_1(t) = 1.000(1 + 0,06t)$ reais por ano para manter; o modelo 2 custa R$ 8.000,00 e o custo de manutenção é $M_2 = $ R$ 1.100,00 por ano.
    a. Se a taxa de juros é 9% ao ano capitalizados continuamente, qual é o custo capitalizado de cada modelo? Que modelo a empresa deve comprar?
    b. Leia a respeito dos métodos usados pelos economistas para fazer comparações entre bens. Escreva um ensaio de pelo menos dez linhas a respeito desses métodos.

36. **VALOR ATUAL** Daqui a t anos, um investimento estará gerando $f(t) = A + Bt$ reais por ano, em que A e B são constantes. Se a renda é gerada por um tempo indefinido e supondo uma taxa anual r de juros, capitalizados continuamente, mostre que o valor atual do investimento é $A/r + B/r^2$ reais.

37. **VALOR ATUAL** Um investimento irá produzir renda indefinidamente à taxa contínua de Q reais por ano. Supondo uma taxa anual r de juros, capitalizados continuamente, use uma integral imprópria para mostrar que o valor atual do investimento é Q/r reais.

38. **CONFIABILIDADE DE UM PRODUTO** O gerente de uma firma de eletrônica estima que a fração de componentes que duram mais de t meses é dada pela integral imprópria

$$\int_t^\infty 0,008 e^{-0,008x}\, dx$$

Qual é maior, a fração de componentes que duram mais de cinco anos (60 meses) ou a fração de componentes que duram menos de 10 anos?

PROBLEMAS APLICADOS DE CIÊNCIAS SOCIAIS E BIOLÓGICAS

39. **TRATAMENTO MÉDICO** A fração de pacientes que ainda estarão recebendo tratamento em uma clínica t meses após a primeira consulta é $f(t) = e^{-t/20}$. Se a clínica recebe novos pacientes à taxa de 10 pacientes por mês, quantos pacientes estarão sendo tratados na clínica a longo prazo?

40. **CRESCIMENTO POPULACIONAL** Estudos demográficos realizados em uma cidade revelam que a fração de residentes que permanecem na cidade durante pelo menos t anos é $f(t) = e^{-t/10}$. A população atual da cidade é 200.000 habitantes e estima-se que a cidade receberá mais 100 moradores por ano. Se essa estimativa estiver correta, qual será a população da cidade a longo prazo?

41. **MEDICINA** Um paciente internado em um hospital recebe cinco unidades por hora de um medicamento por via intravenosa. A fração do medicamento que permanece no corpo do paciente após t horas é $f(t) = e^{-t/10}$. Se o tratamento continuar por um longo tempo, quantas unidades do medicamento haverá no corpo do paciente?

42. **REJEITOS NUCLEARES** Uma usina nuclear produz lixo radioativo à taxa de 600 quilogramas por ano. O lixo decai exponencialmente à taxa de 2% ao ano. Qual é a quantidade de lixo radioativo a longo prazo?

43. **EPIDEMIOLOGIA** A fração P de pessoas suscetíveis que são infectadas t semanas após o início de uma epidemia é dada pela integral

$$\int_0^t C(e^{-ax} - e^{-bx})\, dx$$

em que a e b são parâmetros que dependem da doença e C é uma constante. Supondo que todas as pessoas suscetíveis ficam doentes mais cedo ou mais tarde, determine o valor de C em termos de a e b.

POPULAÇÃO DE UMA REGIÃO URBANA *Nos Problemas 44 e 45, a densidade populacional $p(r)$ de uma região urbana é dada. Em cada caso, use uma integral imprópria para estimar a população total da região urbana.*

44. $p(r) = 100 e^{-0,02r}$
45. $p(r) = 100 e^{-0,02r} + 2.000 e^{-0,001 r^2}$

Termos, Símbolos e Fórmulas Importantes

Integração por partes: (Seção 6.1)

$$\int u\, dv = uv - \int v\, du$$

Tabela de integrais: (Seção 6.1)
    Expressões da forma $a + bu$ (Seção 6.1)
    Expressões da forma $\sqrt{a^2 + u^2}$ (Seção 6.1)
    Expressões da forma $\sqrt{a^2 - u^2}$ (Seção 6.1)
    Expressões da forma $\sqrt{u^2 - a^2}$ (Seção 6.1)

    Expressões da forma e^{au} e $\ln u$ (Seção 6.1)
    Fórmulas de redução   (Seção 6.1)

Regra do trapézio: (Seção 6.2)

$$\int_a^b f(x)\, dx$$
$$\approx \frac{\Delta x}{2}[f(x_1) + 2f(x_2) + \cdots + 2f(x_n) + f(x_{n+1})]$$

    Estimativa do erro: (Seção 6.2)

$$|E_n| \leq \frac{K(b-a)^3}{12n^2}$$

em que K é o valor máximo de $|f''(x)|$ no intervalo $[a, b]$

Regra de Simpson: para n par, (Seção 6.2)

$$\int_a^b f(x)\, dx \approx \frac{\Delta x}{3}[f(x_1) + 4f(x_2) + 2f(x_3) + \cdots$$
$$+ 2f(x_{n-1}) + 4f(x_n) + f(x_{n+1})]$$

Estimativa do erro: (Seção 6.2)

$$|E_n| \leq \frac{M(b-a)^5}{180n^4}$$

em que M é o valor máximo de $|f^{(4)}(x)|$ no intervalo $[a, b]$

Integral imprópria: (Seção 6.3)

$$\int_a^{+\infty} f(x)\, dx = \lim_{N \to +\infty} \int_a^N f(x)\, dx$$

$$\int_{-\infty}^{+\infty} f(x)\, dx = \lim_{N \to +\infty} \int_{-N}^0 f(x)\, dx + \lim_{N \to +\infty} \int_0^N f(x)\, dx$$

Um limite útil: (Seção 6.3)
Para qualquer potência p e $k > 0$,

$$\lim_{N \to +\infty} N^p e^{-kN} = 0$$

Valor atual de um fluxo de renda perpétuo (Seção 6.3)

$$VA = \int_0^{\infty} f(t) e^{-rt}\, dt$$

Problemas de Verificação

1. Use o método de integração por partes para calcular as integrais indefinidas e definidas.

   a. $\int \sqrt{2x} \ln x^2\, dx$
   b. $\int_0^1 x e^{0.2x}\, dx$
   c. $\int_{-4}^0 x\sqrt{1-2x}\, dx$
   d. $\int \frac{x-1}{e^x}\, dx$

2. Em cada caso, calcule o valor da integral imprópria ou mostre que a integral diverge.

   a. $\int_1^{+\infty} \frac{1}{x^{1,1}}\, dx$
   b. $\int_1^{+\infty} x e^{-2x}\, dx$
   c. $\int_1^{+\infty} \frac{x}{(x+1)^2}\, dx$
   d. $\int_{-\infty}^{+\infty} x e^{-x^2}\, dx$

3. Use a tabela de integrais (Tabela 6.1) para calcular as integrais dadas.

   a. $\int (\ln \sqrt{3x})^2\, dx$
   b. $\int \frac{dx}{x\sqrt{4+x^2}}$
   c. $\int \frac{dx}{x^2\sqrt{x^2-9}}$
   d. $\int \frac{dx}{3x^2 - 4x}$

4. **REJEITOS NUCLEARES** Após t anos de operação, uma usina nuclear produz rejeitos radioativos à taxa de $R(t)$ quilogramas por ano, em que
$$R(t) = 300 e^{0,001t}$$
Os rejeitos decaem exponencialmente à taxa de 3% ao ano. Qual será a quantidade de material radioativo presente na usina a longo prazo?

5. **VALOR ATUAL DE UM BEM** Estima-se que daqui a t anos um edifício de escritórios estará gerando lucro para o proprietário a uma taxa de $R(t) = 50 + 3t$ milhares de reais por ano. Se o lucro é gerado em perpetuidade e a taxa de juros permanece constante em 6% ao ano, qual é o valor atual do edifício?

6. **CONCENTRAÇÃO DE UM MEDICAMENTO** Um paciente em um hospital recebe 0,7 mg por hora de um medicamento por via intravenosa. O medicamento é eliminado exponencialmente de tal modo que a fração que permanece no sangue do paciente após t horas é $f(t) = e^{-0,2t}$. Se o tratamento prossegue indefinidamente, quantos miligramas permanecem no sangue do paciente?

7. **POLUIÇÃO DA ÁGUA** Um poluente está sendo despejado em um rio por uma fábrica à taxa de $R(t) = 800 e^{-0,05t}$ unidades por hora, em que t é o tempo em horas. Qual será a quantidade total de poluentes despejados no rio?

8. Use a regra do trapézio com $n = 8$ para calcular o valor aproximado da integral
$$\int_3^4 \frac{\sqrt{25 - x^2}}{x}\, dx$$
Em seguida, use a Tabela 6.1 para determinar o valor exato da integral é compará-lo com o valor aproximado.

9. **DISSEMINAÇÃO DE UM BOATO** Se a taxa com a qual um boato se dissemina em uma comunidade de 2.000 pessoas é conjuntamente proporcional ao número $N(t)$ de pessoas que ouviram o boato e ao número $2000 - N(t)$ que ainda não ouviram o boato,
$$\frac{dN}{dt} = kN(2.000 - N)$$
Inicialmente (ou seja, no instante $t = 0$), 50 pessoas ouviram o boato; um dia depois, o número de pessoas que ouviram o boato aumentou para 75.

   a. Use uma fórmula da tabela de integrais para determinar $N(t)$.
   b. Quantas pessoas ouviram o boato após uma semana?
   c. Quanto tempo é necessário para que 1.000 pessoas ouçam o boato?

Problemas de Revisão

Nos Problemas 1 a 10, use o método da integração por partes para determinar a integral.

1. $\displaystyle\int te^{1-t}\,dt$

2. $\displaystyle\int (5+3x)e^{-x/2}\,dx$

3. $\displaystyle\int x\sqrt{2x+3}\,dx$

4. $\displaystyle\int_{-9}^{-1} \frac{y\,dy}{\sqrt{4-5y}}$

5. $\displaystyle\int_{1}^{4} \frac{\ln\sqrt{s}}{\sqrt{s}}\,ds$

6. $\displaystyle\int (\ln x)^2\,dx$

7. $\displaystyle\int_{-2}^{1} (2x+1)(x+3)^{3/2}\,dx$

8. $\displaystyle\int \frac{w^3}{\sqrt{1+w^2}}\,dw$

9. $\displaystyle\int x^3\sqrt{3x^2+2}\,dx$

10. $\displaystyle\int_{0}^{1} \frac{x+2}{e^{3x}}\,dx$

Nos Problemas 11 a 16, use a Tabela 6.1 para determinar a integral.

11. $\displaystyle\int \frac{5\,dx}{8-2x^2}$

12. $\displaystyle\int \frac{2\,dt}{\sqrt{9t^2+16}}$

13. $\displaystyle\int w^2 e^{-w/3}\,dw$

14. $\displaystyle\int \frac{4\,dx}{x(9+5x)}$

15. $\displaystyle\int (\ln 2x)^3\,dx$

16. $\displaystyle\int \frac{dx}{x\sqrt{4-x^2}}$

Nos Problemas 17 a 20, resolva o problema do valor inicial usando integração por partes ou uma fórmula da Tabela 6.1. Note que os Problemas 19 e 20 envolvem equações diferenciais separáveis.

17. $\dfrac{dy}{dx} = x\ln\sqrt{x}$, onde $y=3$ para $x=1$

18. $\dfrac{dy}{dx} = \dfrac{4}{x^2+2x-3}$, onde $y=1$ para $x=0$

19. $\dfrac{dy}{dx} = \dfrac{e^y}{xy}$, onde $y=0$ para $x=1$

20. $\dfrac{dy}{dx} = \dfrac{xy}{3+x}$, onde $y=1$ para $x=1$

Nos Problemas 21 a 34, calcule o valor da integral imprópria ou mostre que a integral diverge.

21. $\displaystyle\int_{0}^{+\infty} \frac{1}{\sqrt[3]{1+2x}}\,dx$

22. $\displaystyle\int_{0}^{+\infty} (1+2x)^{-3/2}\,dx$

23. $\displaystyle\int_{0}^{+\infty} \frac{3t}{t^2+1}\,dt$

24. $\displaystyle\int_{0}^{+\infty} 3e^{-5x}\,dx$

25. $\displaystyle\int_{0}^{+\infty} xe^{-2x}\,dx$

26. $\displaystyle\int_{0}^{+\infty} 2x^2 e^{-x^3}\,dx$

27. $\displaystyle\int_{0}^{+\infty} x^2 e^{-2x}\,dx$

28. $\displaystyle\int_{2}^{+\infty} \frac{1}{t(\ln t)^2}\,dt$

29. $\displaystyle\int_{1}^{+\infty} \frac{\ln x}{\sqrt{x}}\,dx$

30. $\displaystyle\int_{0}^{+\infty} \frac{x-1}{x+2}\,dx$

31. $\displaystyle\int_{-\infty}^{-1} xe^{x+1}\,dx$

32. $\displaystyle\int_{-\infty}^{0} e^{2x} + \frac{1}{(x-1)^2}\,dx$

33. $\displaystyle\int_{-\infty}^{\infty} x^3 e^{-x^2}\,dx$

34. $\displaystyle\int_{-\infty}^{\infty} (e^x + e^{-x})\,dx$

35. **VALOR ATUAL DE UM INVESTIMENTO** Estima-se que daqui a t anos um investimento estará gerando receita a uma taxa $f(t) = 8.000 + 400t$ reais por ano. Se a receita é gerada em perpetuidade e a taxa de juros permanece constante em 5% ao ano capitalizados continuamente, determine o valor atual do investimento.

36. **PRODUÇÃO** Depois de t horas de trabalho, um operário produz $100te^{-0,5t}$ unidades por hora. Quantas unidades um operário que chega ao trabalho às 8 h produz entre 10 h e meio-dia?

37. **DEMOGRAFIA** Estudos demográficos realizados em uma cidade mostram que a fração dos residentes que permanecem na cidade durante pelo menos t anos é $f(t) = e^{-t/20}$. A cidade tem atualmente 100.000 habitantes e estima-se que, daqui a t anos, a cidade receberá novos moradores à taxa de $100t$ pessoas por ano. Se essa estimativa estiver correta, o que acontecerá com a população da cidade a longo prazo?

38. **NÚMERO DE ASSINANTES** A editora de uma revista de grande circulação verificou que a fração de assinantes da revista durante pelo menos t anos é $f(t) = e^{-t/10}$. No momento, a revista tem 20.000 assinantes e estima-se que novas assinaturas serão vendidas à taxa de 1.000 assinaturas por ano. Quantos assinantes terá a revista a longo prazo?

39. **REJEITOS NUCLEARES** Após t anos de operação, uma usina nuclear produz rejeitos radioativos à taxa de $R(t)$ quilogramas por ano, em que

$$R(t) = 300 - 200e^{-0,03t}$$

Os rejeitos decaem exponencialmente à taxa de 2% ao ano. Qual será a quantidade de material radioativo presente na usina a longo prazo?

40. **TESTES PSICOLÓGICOS** Em um experimento de psicologia, observa-se que a fração de participantes que levam mais de t minutos para executar uma tarefa é dada por

$$\int_{t}^{+\infty} 0{,}07 e^{-0{,}07u}\,du$$

a. Determine a fração de participantes que levam mais de 5 minutos para executar a tarefa.

b. Determine a fração de participantes que levam entre 10 e 15 minutos para executar a tarefa.

Nos Problemas 41 a 44, calcule o valor aproximado da integral e estime o erro para o número especificado de subintervalos
  (a) *Usando a regra do trapézio.*
  (b) *Usando a regra de Simpson.*

41. $\int_1^3 \frac{1}{x}\,dx; n = 10$ **42.** $\int_0^2 e^{x^2}\,dx; n = 8$

43. $\int_1^2 \frac{e^x}{x}\,dx; n = 10$ **44.** $\int_1^2 xe^{1/x}\,dx; n = 8$

Nos Problemas 45 e 46, determine o número de subintervalos necessário para garantir uma precisão de 0,00005 do valor exato da integral
  (a) *Usando a regra do trapézio.*
  (b) *Usando a regra de Simpson.*

45. $\int_1^3 \sqrt{x}\,dx$ **46.** $\int_{0,5}^1 e^{-1,1x}\,dx$

47. CUSTO TOTAL A PARTIR DO CUSTO MARGINAL Um fabricante observa que o curso marginal para produzir q unidades de uma mercadoria é $C'(q) = \sqrt{q}e^{0,01q}$ reais por unidade.
  a. Expresse o custo total para produzir as primeiras 8 unidades como uma integral definida.
  b. Estime o valor da integral do item (a) usando a regra do trapézio com $n = 8$ subintervalos.

48. Uma criança que está na origem de um sistema de coordenadas segura uma das pontas de uma corda de 5 metros de comprimento que está amarrada em um trenó. Quando a criança caminha ao longo do eixo x, a corda se mantém sempre esticada, como mostra a figura (as coordenadas estão em metros).

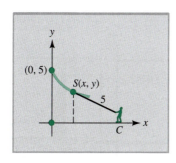

Se o trenó parte do ponto $(0, 5)$ e está no ponto $S(x, y)$ quando a criança está no ponto C, é possível mostrar que

$$\frac{dy}{dx} = \frac{-y}{\sqrt{25 - y^2}}$$

  a. Escreva a equação da curva seguida pelo trenó (a curva é chamada de **tratriz**). [*Sugestão:* use uma das fórmulas da Tabela 6.1.]

  b. Use uma calculadora para plotar a curva. Em seguida, use **ZOOM** e **TRACE** ou outro recurso da calculadora para determinar o ponto da curva que está a 3 metros do eixo x.

49. Use uma calculadora para plotar as curvas $y = -x^3 - 2x^2 + 5x - 2$ e $y = x \ln x$ para $x > 0$ no mesmo gráfico. Em seguida, use **ZOOM** e **TRACE** ou outro recurso da calculadora para determinar os pontos de interseção das duas curvas e determine a área da região limitada pelas curvas.

50. Repita o Problema 49 para as curvas

$$y = \frac{x-2}{x+1} \quad \text{e} \quad y = \sqrt{25-x^2}$$

Se a sua calculadora dispõe de uma rotina de integração numérica, use-a para determinar o valor das integrais dos Problemas 51 e 52. Em cada caso, verifique se o resultado está correto usando uma das fórmulas de integração da Tabela 6.1.

51. $\int_{-1}^1 \frac{2}{9-x^2}\,dx$

52. $\int_0^1 x^2\sqrt{9+4x^2}\,dx$

53. Use a rotina de integração numérica de uma calculadora para determinar o valor de

$$I(N) = \int_0^N \frac{1}{\sqrt{\pi}}e^{-x^2}\,dx$$

para $N = 1$, 10 e 50. Com base nesses resultados, você acha que a integral imprópria

$$\int_0^{+\infty} \frac{1}{\sqrt{\pi}}e^{-x^2}\,dx$$

converge? Se a resposta for afirmativa, para que valor?

54. Use a rotina de integração numérica de uma calculadora para determinar o valor de

$$I(N) = \int_1^N \frac{\ln(x+1)}{x}\,dx$$

para $N = 10$, 100, 1.000 e 10.000. Com base nesses resultados, você acha que a integral imprópria

$$\int_1^{+\infty} \frac{\ln(x+1)}{x}\,dx$$

converge? Se a resposta for afirmativa, para que valor?

SOLUÇÕES DOS EXERCÍCIOS EXPLORE!

Solução do Exercício Explore! 1

A rotina de gerar listas da calculadora pode ser usada para facilitar os cálculos necessários para aplicar a regra do trapézio aos problemas de integração numérica. No Exemplo 6.2.1, temos $f(x) = 1/x$, $a = 1$, $b = 2$ e $n = 10$. Faça Y1 = 1/x. Em uma tela inicial limpa, entre com 1 em A, 2 em B e 10 em N e defina (B − A)/N como H. Um modo rápido de gerar os números 1,0; 1,1; ... ; 1,9; 2,0 em L1 (ao qual se tem acesso por meio de **STAT**, **EDIT**, **1: Edit**) é escrever **L1 = seq(A+HX, X, 0, N)**, em que o comando de sequência pode ser encontrado em **LIST (2nd STAT), OPS, 5:seq(**. As três telas a seguir mostram esses passos.

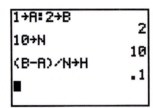
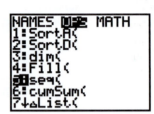

Agora entre com os coeficientes da regra do trapézio 1, 2,...2, 1 em L2. Escreva L3 = **Y1(L1)*L2*H/2**, lembrando-se de que é preciso colocar o cursor sobre a linha do cabeçalho de L3 para escrever o comando desejado. As telas do meio e da direita mostram todos os dados.

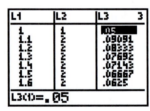
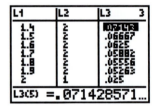

Finalmente, a soma da lista L3 fornece a aproximação desejada para $f(x) = 1/x$ no intervalo [1, 2], com $n = 10$, usando a regra do trapézio, como se pode ver nas telas a seguir. O comando de soma pode ser encontrado em **LIST (2nd STAT), MATH, 5:sum(**, como mostra a tela da esquerda. A resposta coincide com a do Exemplo 6.2.1 e é uma boa aproximação da resposta obtida resolvendo diretamente a integral.

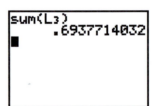
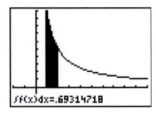

Usando os mesmos passos descritos nesse exercício, é possível escrever um programa para calcular a integral de qualquer função $f(x)$ em um intervalo $[a, b]$, com n subintervalos. Para praticar, refaça o cálculo com $n = 20$ em vez de $n = 10$.

Solução do Exercício Explore! 4

Leia o Exemplo 6.3.1. Entre com $f(x) = 1/x^2$ em Y1 do editor de equações e entre com Y2 = **fnInt(Y1, X, 1, X, 0.001)**, usando a rotina de integração numérica, encontrada no menu da tecla **MATH, 9:fnInt(**. Desative Y1 para mostrar apenas os valores de Y2. Programe a tabela para começar em X = 500 em incrementos de 500, como mostra a tela do meio. A tabela da direita mostra a área sob a curva $f(x) = 1/x^2$ de $x = 1$ até o valor especificado de X. Parece que a integral converge lentamente para 1. A calculadora pode levar alguns segundos para mostrar os valores de Y2.

OUTROS TÓPICOS DE INTEGRAÇÃO   **451**

Solução do Exercício Explore! 5

Leia o Exemplo 6.3.3. Entre com $f(x) = xe^{-2x}$ em Y1 e plote a função usando uma janela [0, 9.4]1 por [−0.05, 0.2]1, como mostra a tela da esquerda. O resultado é mostrado na tela do meio. Use a rotina de integração gráfica da calculadora, **CALC(2nd TRACE), 7:**$\int f(x)dx$ para calcular a área sob a função $f(x)$. Como parece que a maior parte da área sob a curva $f(x)$ para números reais não negativos está no intervalo $0 < x < 10$ (tela do meio), escolha 0 como limite inferior e um valor intermediário, $x = 6$, por exemplo, como limite superior. Nesse intervalo, a área sob a curva, mostrada na tela da direita, é aproximadamente 0,24998, enquanto a área no intervalo [0, ∞) é 0,25, o que significa que uma fração muito pequena da área está no intervalo [6, ∞). Repita o processo usando $x = 7$ ou $x = 9$ como limite superior para mostrar que o resultado é ainda mais próximo de 0,25.

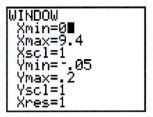
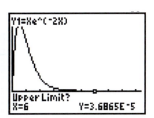
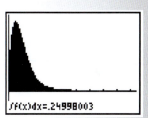

PARA PENSAR

MEDIÇÃO DO DÉBITO CARDÍACO

Débito cardíaco é o volume de sangue bombeado pelo coração por unidade de tempo. A medição do débito cardíaco ajuda os médicos a avaliar o estado em que se encontra o coração de uma pessoa que sofreu um ataque cardíaco e planejar o tratamento a ser seguido. No caso de um indivíduo saudável em repouso, o débito cardíaco está entre 4 e 5 litros por minuto e é relativamente constante; nos pacientes com doenças cardiovasculares graves, pode cair para 2 ou 3 litros por minuto. Devido à importância do débito cardíaco na cardiologia, os cientistas desenvolveram vários métodos para medi-lo. Nesse ensaio, são discutidos dois métodos que utilizam integrais para medir o débito cardíaco, um dos quais envolve integrais impróprias.[*]

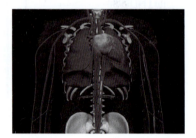

No método conhecido como **diluição de corante**, um corante é injetado em uma veia próxima do coração. O sangue contendo o corante passa pelo lado direito do coração, pelos pulmões, pelo lado esquerdo do coração e volta ao sistema circulatório através da artéria aorta. A concentração do corante no sangue que passa por uma artéria é medida a intervalos fixos de tempo e, a partir dessa concentração, o débito cardíaco é calculado. O corante mais usado é o verde indocianina. A quantidade desse corante que volta ao coração depois de passar pelo corpo é muito pequena, porque ele é metabolizado pelo fígado.

Suponha que X_0 unidades do corante são introduzidas em uma veia próxima do coração, misturando-se com o sangue. Seja $C(t)$ a concentração do corante na entrada da artéria pulmonar no instante t. A concentração do corante é zero no instante inicial, aumenta rapidamente até um valor máximo e volta a zero depois de um período de tempo T relativamente curto. A taxa com a qual o corante deixa o coração no instante t é $F \cdot C(t)$, em que F é o débito cardíaco.

Para calcular o valor de F, começamos por dividir o intervalo de $t = 0$ a $t = T$ em n subintervalos iguais, começando nos pontos $t_0 = 0$, $t_1 = T/n$, $t_2 = 2T/n$, ..., $t_n = T$. Observe que $C_j(t)$, a concentração de corante no j-ésimo subintervalo, é praticamente constante e, portanto, a massa de corante que deixa o coração durante o j-ésimo subintervalo é, aproximadamente,

$$F \cdot C_j(t)\Delta t$$

A massa total de corante que deixa o coração é a soma dos termos correspondentes a todos os subintervalos:

$$X_0 = \sum_{j=0}^{n-1} F C_j(t) \Delta t$$

---

[*]O ensaio foi adaptado de um artigo do *The UMAP Journal* e de um Módulo UMAP, ambos citados nas referências.

Tomando o limite para $n \to \infty$, obtemos a relação

$$X_0 = F \int_0^T C(t)\, dt$$

o que nos dá

$$F = \frac{X_0}{\displaystyle\int_0^T C(t)\, dt}$$

Para entender como essa expressão para F é usada em um caso concreto, suponha que $X_0 = 5$ miligramas do corante verde indocianina são injetados em uma veia próxima do coração de um paciente que estava se exercitando e que a concentração do corante, $C(t)$ (em miligramas por litro), medida a cada 4 segundos, é a que aparece na Tabela 1.

TABELA 1 Dados de Concentração de um Corante Usados para Medir o Débito Cardíaco

Tempo t (segundos)	Concentração $C(t)$ (mg/L)
0	0
4	1,2
8	4,5
12	3,1
16	1,4
20	0,5
24	0

Usando a regra de Simpson para estimar a integral da concentração $C(t)$ no intervalo de tempo $0 \leq t \leq 24$, obtemos

$$\int_0^{24} C(t)\, dt \approx \frac{4}{3}[0 + 4(1{,}2) + 2(4{,}5) + 4(3{,}1) + 2(1{,}4) + 4(0{,}5) + 0] \approx 41{,}33$$

o que nos dá

$$F = \frac{X_0}{\displaystyle\int_0^{24} C(t)\, dt} \approx \frac{5}{41{,}33} \approx 0{,}121$$

Assim, o débito cardíaco F é aproximadamente 0,121 litro por segundo, ou seja,

(60 segundos/minuto) (0,121 litro/segundo) = 7,26 litros/minuto

o que é normal para alguém que esteve se exercitando.

Devido à necessidade de coletar muitas amostras de sangue, a medida do débito cardíaco por esse método é trabalhosa. Além disso, o corante pode se decompor prematuramente ou circular mais de uma vez pelo corpo, dois fenômenos que levam a resultados incorretos. Por essas razões, outras formas de medir o débito cardíaco começaram a ser investigadas. Na década de 1970, foi proposto um método para medir o débito cardíaco conhecido como **termodiluição**. Nesse método, um cateter com a ponta em forma de balão é introduzido em uma veia do braço do paciente. O cateter é guiado até a veia cava superior. Em seguida, um termistor, dispositivo usado para medir temperaturas, é guiado pelo lado direito do coração e posicionado no interior da artéria pulmonar. Depois que o termistor está no lugar, é injetada uma solução fria, por exemplo, 10 mililitros de uma solução de 5% de dextrose em água a 0 °C. Quando a solução se mistura com o sangue no lado direito do coração, a temperatura do sangue diminui. A temperatura da mistura é medida pelo termistor. O termistor está ligado a um computador que registra a temperatura para vários instantes de tempo. A Figura 1 mos-

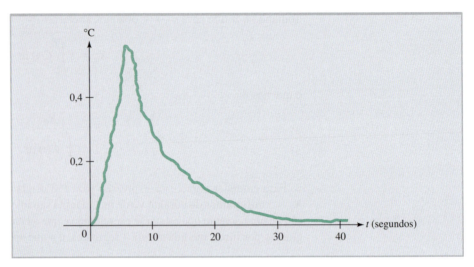

FIGURA 1 Variação da temperatura do sangue na artéria pulmonar, T_{var}, em função do tempo t após a injeção de uma solução fria na artéria pulmonar.

tra um gráfico típico da variação da temperatura do sangue na artéria pulmonar em função do tempo após a injeção de uma solução fria.

Vejamos agora como é possível determinar o débito cardíaco a partir das temperaturas medidas pelo termistor. Sejam T_s a temperatura da solução injetada e T_c a temperatura do corpo do paciente, ou seja, a temperatura do sangue antes de a solução ser injetada. Nesse caso, Q_{ent}, o efeito de resfriamento da solução, é igual ao produto do volume V da solução injetada pela diferença de temperatura $T_c - T_s$ entre a temperatura do corpo e a temperatura da solução:

$$Q_{ent} = V(T_c - T_s)$$

Em um pequeno intervalo de tempo Δt, o efeito de resfriamento é dado pelo produto da variação de temperatura medida, T_{var}, pela quantidade total de sangue, $F\Delta t$, que passou pela artéria pulmonar durante o intervalo. Assim, o efeito de resfriamento *total* (para todos os instantes $t \geq 0$) é dado pela integral imprópria

$$Q_{sai} = \int_0^\infty FT_{var}dt = F\int_0^\infty T_{var}dt$$

Para calcular o débito cardíaco, resta apenas reconhecer que

$$Q_{sai} = rQ_{ent}$$

em que r é um fator de correção associado à perda de poder de resfriamento quando a solução é introduzida no sangue. (O valor de r para cada situação pode ser determinado experimentalmente.) Substituindo Q_{ent} e Q_{sai} por seus valores na última equação, obtemos

$$rV(T_c - T_s) = F\int_0^\infty T_{var}dt$$

Explicitando o débito cardíaco F, obtemos a seguinte equação:

$$F = \frac{rV(T_c - T_s)}{\int_0^\infty T_{var}dt}$$

Para ilustrar o uso do método, vamos modelar a variação de temperatura usando a função $T_{var} = 0{,}1t^2e^{-0{,}13t}$, cujo gráfico aparece na Figura 2.

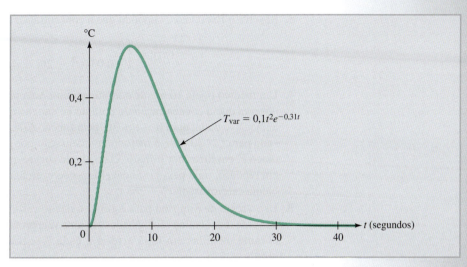

FIGURA 2 Modelagem da variação de temperatura pela função $T_{var} = 0{,}1t^2 e^{-0{,}13t}$.

Vamos supor ainda que $T_c = 37\ °C$, $T_s = 0\ °C$, $V = 10$ mL e $r = 0{,}9$ (o que significa que 10% do poder de resfriamento da solução são perdidos quando a solução é introduzida no sangue). Substituindo esses valores na equação de F, temos:

$$F = \frac{(0{,}9)(10)(37 - 0)}{\int_0^\infty 0{,}1t^2 e^{-0{,}31t}\, dt}$$

Calculando essa integral imprópria pelo método de integração por partes (os detalhes ficam por conta do leitor), obtemos o seguinte resultado:

$$F = \frac{333}{0{,}1[2/(0{,}31)^3]} \approx 49{,}6\ \text{mL/s} = 2{,}98\ \text{L/min}$$

Observe que o numerador da fórmula de F está expresso em mililitros vezes graus Celsius e o denominador em graus Celsius vezes segundos, o que significa que F é calculado em mililitros por segundo. Para converter esse valor para litros por minuto, basta multiplicar por $60/1.000 = 0{,}06$. Um débito cardíaco de 2,98 litros/minuto significa que o paciente tem um sério problema cardiovascular.

Questões

1. Um médico injeta 5 mg de corante em uma veia próxima do coração de um paciente e observa que a concentração de corante no sangue que deixa o coração t segundos após a injeção é dada, para $0 \le t \le 20$ s, pela função

$$C(t) = 1{,}54 t e^{-0{,}12t} - 0{,}007 t^2 \quad \text{mg/L}$$

e pode ser desprezada para $t > 20$ s. Use o método de integração por partes para determinar o débito cardíaco F, em litros por minuto.

2. Um médico injeta 5 mg de corante em uma veia próxima do coração de um paciente e observa que a concentração de corante no sangue que deixa o coração t segundos após a injeção é dada, para $0 \le t \le 24$ s, pela função

$$C(t) = -0{,}028 t^2 + 0{,}672 t\ \text{mg/L}$$

e pode ser desprezada para $t > 24$ s.

   a. Use essa informação para calcular o débito cardíaco do paciente.
   b. Plote o gráfico de $C(t)$ e compare-o com o gráfico da Figura 2. Qual é a semelhança entre os gráficos? Qual é a diferença?

3. Resolva o Exercício 2 supondo que a concentração do corante é

$$C(t) = \begin{cases} 0 & \text{para } 0 \le t \le 2 \\ -0{,}034(t^2 - 26t + 48) & \text{para } 2 \le t \le 24 \end{cases}$$

4. Um médico injeta 10 mg de corante em uma veia próxima do coração de um paciente e observa que a concentração de corante no sangue que deixa o coração t segundos após a injeção é dada, para $0 \le t \le 30$, pela função $C(t) = 4te^{-0{,}15t}$ mg/L, e pode ser desprezada para $t > 30$. Use o método de integração por partes para determinar o débito cardíaco F, em litros por minuto. O resultado sugere que o paciente é uma pessoa saudável em repouso, uma pessoa saudável fazendo exercício ou uma pessoa com um sério problema cardiovascular?

5. Use a regra de Simpson para estimar o débito cardíaco de um paciente se 7 miligramas de verde indocianina são injetados em uma veia próxima do coração e as concentrações de corante medidas em uma artéria a cada 3 segundos são as mostradas na tabela a seguir.

Tempo t (segundos)	Concentração $C(t)$ (mg/L)
0	0
3	1
6	3,5
9	5,8
12	4,4
15	3,2
18	2,1
21	1,2
24	0,5

O resultado sugere que o paciente é uma pessoa saudável em repouso, uma pessoa saudável fazendo exercício ou uma pessoa com um sério problema cardiovascular?

6. O método de termodiluição é usado para medir o débito cardíaco de um paciente. A variação de temperatura é modelada pela função $T_{var} = 0{,}2t^2 e^{-0{,}43t}$. A temperatura do paciente é 36 °C, 12 mL de solução a uma temperatura de 5 °C são injetados na artéria pulmonar e o fator de correção é $r = 0{,}9$. Determine o débito cardíaco F do paciente.

7. O método de diluição de corante usado para medir o débito cardíaco pode ser aplicado a outros problemas de vazão de líquidos. Use a mesma abordagem para escrever uma expressão para P, a descarga diária de poluentes em um rio com uma vazão constante F, sabendo que, em um ponto situado rio abaixo em relação à indústria responsável pela descarga, a concentração do poluente no instante t é dada pela função $C(t)$.

8. Uma fábrica de baterias começa a despejar cádmio em um rio à meia-noite. As concentrações C de cádmio e as concentrações de corante medidas a intervalos de 3 horas durante as 24 horas seguintes são as mostradas na tabela a seguir. Se a vazão do rio é $F = 2{,}3 \times 10^5$ m³/h, use a expressão encontrada no Exercício 7 para calcular a quantidade total de cádmio que foi despejada no rio pela fábrica durante o período de 24 horas. Suponha que a concentração de cádmio no rio era nula quando começou o despejo, ou seja, que $C(0) = 0$.

Tempo	Concentração (mg/m³)
3	8,5
6	12,0
9	14,5
Meio-dia	13,0
15	12,5
18	10,0
21	7,5
Meia-noite	6,0

Referências

M. R. Cullen, *Linear Models in Biology*, Chichester: Ellis Horwood Ltd., 1985.

Arthur Segal, "Flow System Integrals", *The UMAP Journal*, Vol. III, No. 1, 1982.

Brindell Horelick e Sinan Koont, "Measuring Cardiac Output", *UMAP Module 71*, Birkhauser-Boston Inc., 1979.

William Simon, *Mathematical Techniques for Biology and Medicine*, Mineola, N.Y.: Dover Publications, 1986: pp. 194-210 (Chapter IX).

CAPÍTULO 7

A forma de uma superfície pode ser visualizada por meio de curvas de nível que, no caso de uma montanha, são curvas de altitude constante.

Cálculo de Várias Variáveis

1. Funções de Várias Variáveis
2. Derivadas Parciais
3. Máximos e Mínimos de Funções de Duas Variáveis
4. O Método dos Mínimos Quadrados
5. Otimização com Restrições: o Método dos Multiplicadores de Lagrange
6. Integrais Duplas

   Resumo do Capítulo

   Termos, Símbolos e Fórmulas Importantes

   Problemas de Verificação

   Problemas de Revisão

   Soluções dos Exercícios Explore!

   Para Pensar

SEÇÃO 7.1 Funções de Várias Variáveis

Objetivos do Aprendizado

1. Conhecer a definição e as propriedades das funções de duas ou mais variáveis.
2. Interpretar gráficos e curvas de nível de funções de duas variáveis.
3. Aplicar funções de produção de Cobb-Douglas, isoquantas e curvas de indiferença a problemas de economia.

No comércio, se x unidades de um produto são vendidas no mercado interno por R$ 90,00 a unidade, e y unidades são vendidas no mercado externo pelo equivalente a R$ 110,00 a unidade, a receita total obtida com as vendas do produto é dada por

$$R = 90x + 110y$$

Na psicologia, o quociente de inteligência (QI) de uma pessoa é medido pela expressão

$$\text{QI} = \frac{100m}{a}$$

em que a e m são a idade cronológica e a idade mental, respectivamente.

Um carpinteiro que está construindo uma arca com x centímetros de comprimento, y centímetros de largura e z centímetros de altura sabe que a arca terá um volume V e uma área S, em que

$$V = xyz \quad \text{e} \quad S = 2xy + 2xz + 2yz$$

Essas são situações típicas em que uma grandeza de interesse depende dos valores de duas ou mais variáveis. Outros exemplos são o volume de água no reservatório de uma cidade, que pode depender da quantidade de chuva e do número de habitantes, e a produção de uma fábrica, que pode depender do capital disponível, do número de operários e do preço das matérias-primas.

Neste capítulo, vamos estender os métodos do cálculo às funções de duas ou mais variáveis independentes. A maior parte do tempo, lidaremos com funções de duas variáveis, que, como vamos ver, podem ser representadas geometricamente como superfícies no espaço tridimensional. Vamos começar com algumas definições.

Função de Duas Variáveis ■ Uma função f de duas variáveis independentes x e y é uma regra que atribui a cada par ordenado (x, y) pertencente a um dado conjunto D (o **domínio** de f) um e apenas um número real, representado pelo símbolo $f(x, y)$.

NOTA **Convenção de Domínio:** A menos que seja dito explicitamente o contrário, o domínio de f é o conjunto de todos os pares (x, y) para os quais a expressão $f(x, y)$ é definida. ■

Como no caso das funções de uma variável, uma função de duas variáveis, $f(x, y)$, pode ser imaginada como uma "máquina" que produz uma "saída" $f(x, y)$ para cada "entrada" (x, y), como mostra a Figura 7.1. O domínio de f é o conjunto de todas as entradas possíveis; o conjunto de

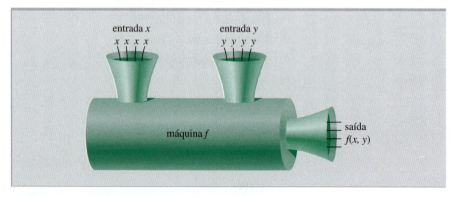

FIGURA 7.1 Uma função de duas variáveis representada como uma "máquina".

CÁLCULO DE VÁRIAS VARIÁVEIS **461**

todas as saídas possíveis é o **contradomínio** de *f*. Funções de três variáveis independentes, *f*(*x*, *y*, *z*), de quatro variáveis independentes, *f*(*x*, *y*, *z*, *t*) ou de um número maior de variáveis podem ser definidas de forma semelhante.

1 EXPLORE!

Em geral, as calculadoras gráficas são capazes de plotar apenas funções de uma variável.
Uma forma de representar funções de duas variáveis independentes é plotar os valores da variável dependente em função de uma das variáveis independentes para diferentes valores da outra variável independente.
Por exemplo: entre com a função $f(x, y) = x^3 - x^2y^2 - xy^3 - y^4$ em Y1 como X^3 − X^2*L1^2 − X*L1^3 − L1^4, em que L1 pode assumir os valores {−1, 0, 1.5, 2, 2.25, 2.5}. Plote as várias curvas usando uma janela [−9.4, 9.4]1 por [−150, 100]20. Como a mudança do valor de L1 afeta a forma das curvas?

EXEMPLO 7.1.1   Valores de uma Função de Duas Variáveis

Dada a função $f(x, y) = \dfrac{3x^2 + 5y}{x - y}$.

a. Determine o domínio de *f*.
b. Calcule $f(1, -2)$.

Solução

a. Como é possível dividir um polinômio por qualquer número real, exceto zero, a função dada pode ser calculada para qualquer par ordenado (*x*, *y*) tal que $x - y \neq 0$ (ou seja, $x \neq y$). Geometricamente, esse é o conjunto de todos os pontos do plano *xy*, exceto os pontos pertencentes à reta $y = x$.

b. $f(1,-2) = \dfrac{3(1)^2 + 5(-2)}{1-(-2)} = \dfrac{3-10}{1+2} = -\dfrac{7}{3}$.

EXEMPLO 7.1.2   Valores de uma Função de Duas Variáveis

Dada a função $f(x, y) = xe^y + \ln x$.

a. Determine o domínio de *f*.
b. Calcule $f(e^2, \ln 2)$

Solução

a. Como a expressão xe^y é definida para todos os números reais *x* e *y* e ln *x* é definido apenas para $x > 0$, o domínio de *f* é constituído por todos os pares ordenados (*x*, *y*) de números reais tais que $x > 0$.
b. $f(e^2, \ln 2) = e^2 e^{\ln 2} + \ln e^2 = 2e^2 + 2 = 2(e^2 + 1) \approx 16{,}78$

EXEMPLO 7.1.3   Valores de uma Função de Três Variáveis

Dada a função de três variáveis $f(x, y, z) = xy + xz + yz$, calcule $f(-1, 2, 5)$.

Solução

Fazendo $x = -1$, $y = 2$ e $z = 5$ na expressão de $f(x, y, z)$, temos:

$$f(-1, 2, 5) = (-1)(2) + (-1)(5) + (2)(5) = 3$$

Aplicações   Seguem exemplos de aplicações de funções de duas variáveis ao comércio, economia, finanças e biologia.

EXEMPLO 7.1.4   Receita em Função de Duas Variáveis

Uma loja de artigos esportivos em Foz do Iguaçu oferece dois tipos de raquetes de tênis, um com a assinatura de Serena Williams e outro com a assinatura de Maria Sharapova. De acordo com as pesquisas, a demanda de cada raquete não depende apenas do preço da própria raquete, mas também do preço da raquete rival. Assim, se a raquete Serena for vendida por *x* reais e a raquete Sharapova por *y* reais, a demanda da raquete Serena será $D_1 = 300 - 20x + 30y$ raquetes por ano e a demanda da raquete Sharapova será $D_2 = 200 + 40x - 10y$ raquetes por ano. Expresse a receita total anual da loja com a venda dos dois tipos de raquetes em função dos preços *x* e *y*.

Solução

Seja R a receita total anual. Nesse caso,

R = (número de raquetes Serena vendidas) (preço da raquete Serena) + (número de raquetes Sharapova vendidas) (preço da raquete Sharapova)

Assim,

$$R(x, y) = (300 - 20x + 30y)(x) + (200 + 40x - 10y)(y)$$
$$= 300x + 200y + 70xy - 20x^2 - 10y^2$$

A produção Q de uma fábrica muitas vezes é considerada uma função do capital imobilizado K e do volume L da mão de obra. Funções de produção da forma

$$Q(K, L) = AK^\alpha L^\beta$$

em que A, α e β são constantes positivas, com $\alpha + \beta = 1$, se revelaram particularmente úteis em análises econômicas e são conhecidas como **funções de produção de Cobb-Douglas**.[1] Segue um exemplo envolvendo esse tipo de função.

2 | EXPLORE!

Leia o Exemplo 7.1.5. Entre com a equação $0 = Q - 60K^\wedge(1/3)*L^\wedge(2/3)$ em uma calculadora gráfica. Determine o valor de Q para $K = 512$ e $L = 1.000$. O que acontece com Q quando L é multiplicado por dois?

EXEMPLO 7.1.5 Produção em Função de Duas Variáveis

A produção de certa fábrica é dada pela função produção de Cobb-Douglas $Q(K, L) = 60K^{1/3}L^{2/3}$ unidades, em que K é o capital imobilizado em milhares de reais, e L é o volume de mão de obra em homens-horas.

a. Calcule a produção da fábrica para um capital imobilizado de R$ 512.000,00 e um volume de mão de obra de 1.000 homens-horas.

b. Mostre que a produção calculada no item (a) será duas vezes maior se o capital imobilizado e o volume de mão de obra forem multiplicados por dois.

Solução

a. Calculamos $Q(K, L)$ para $K = 512$ (milhares) e $L = 1.000$:

$$Q(512, 1.000) = 60(512)^{1/3}(1.000)^{2/3}$$
$$= 60(8)(100) = 48.000 \text{ unidades}$$

b. Calculamos $Q(K, L)$ para $K = 2(512)$ e $L = 2(1.000)$:

$$Q[2(512), 2(1.000)] = 60[2(512)]^{1/3}[2(1.000)]^{2/3}$$
$$= 60(2)^{1/3}(512)^{1/3}(2)^{2/3}(1.000)^{2/3} = 96.000 \text{ unidades}$$

que é duas vezes maior que a produção calculada no item (a).

EXEMPLO 7.1.6 Valor Atual em Função de Quatro Variáveis

Como vimos na Seção 4.1, o valor atual de B reais investidos durante t anos a uma taxa anual r de juros capitalizados k vezes por ano é dado por

$$P(B, r, k, t) = B\left(1 + \frac{r}{k}\right)^{-kt}$$

Determine o valor atual de R$ 10.000,00 investidos durante cinco anos a juros de 6% ao ano, capitalizados trimestralmente.

---

[1] Veja, por exemplo, Dominick Salvatore, *Managerial Economics*, New York: McGraw-Hill, 1989, pp. 332–336. (N.T.)

Solução

Para $B = 10.000$, $r = 0,06$ (juros de 6% ao ano), $k = 4$ (juros capitalizados 4 vezes por ano) e $t = 5$, o valor atual é

$$P(10.000, 0,06, 4, 5) = 10.000\left(1 + \frac{0,06}{4}\right)^{-4(5)}$$
$$\approx 7.424,7$$

ou, aproximadamente, R$ 7.400,00.

EXEMPLO 7.1.7 População em Função de Três Variáveis

Uma população que cresce exponencialmente satisfaz a equação

$$P(A, k, t) = Ae^{kt}$$

em que P é a população no instante t, A é a população inicial (para $t = 0$) e k é a taxa relativa de crescimento (taxa de crescimento *per capita*). A população de certo país é atualmente 5 milhões de habitantes e está crescendo à taxa de 3% ao ano. Qual será a população daqui a sete anos?

Solução

Seja P a população em milhões de habitantes. Fazendo $A = 5$, $k = 0,03$ (crescimento anual de 3%) e $t = 7$ na função população, temos:

$$P(5, 0,03, 7) = 5e^{0,03(7)} \approx 6,16839$$

Assim, daqui a sete anos a população será aproximadamente 6.200.000 habitantes.

Gráficos de Funções de Duas Variáveis

O **gráfico** de uma função de duas variáveis $f(x, y)$ é o conjunto de todos os grupos ordenados de três números (x, y, z) tais que o par (x, y) pertence ao domínio de f e $z = f(x, y)$. Para poder visualizar um gráfico desse tipo, precisamos definir um **sistema de coordenadas tridimensional**, acrescentando um terceiro eixo (o eixo z) perpendicular aos eixos x e y usados nos gráficos bidimensionais, como mostra a Figura 7.2. Observe que, por convenção, supomos que o plano xy é horizontal e o sentido positivo do eixo z é "para cima".

A posição de um ponto no espaço tridimensional pode ser especificada por três coordenadas. Assim, por exemplo, o ponto que está quatro unidades diretamente acima do ponto do plano xy cujas coordenadas são $x = 1$, $y = 2$ é representado pelo grupo ordenado de três números $(x, y, z) = (1, 2, 4)$. Da mesma forma, o grupo ordenado de três números $(2, -1, -3)$ representa um ponto que está três unidades diretamente abaixo do ponto $(2, -1)$ do plano xy. Esses pontos são mostrados na Figura 7.2.

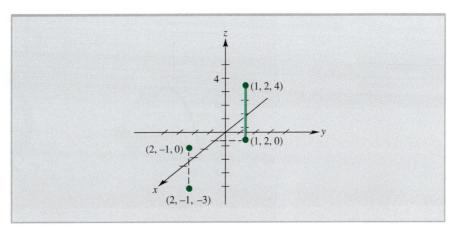

FIGURA 7.2 Sistema de coordenadas tridimensional.

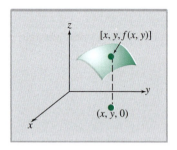

FIGURA 7.3 Gráfico de uma função $z = f(x, y)$.

Para plotar uma função $f(x, y)$ de duas variáveis independentes x e y, costuma-se usar a letra z para representar a variável dependente, isto é, fazer $z = f(x, y)$ (Figura 7.3). Os pares ordenados (x, y) do domínio de f são considerados pontos do plano xy, e a função f é usada para calcular a "altura" de cada ponto (ou "profundidade", se o valor de z for negativo). Assim, se $f(1, 2) = 4$, a igualdade pode ser representada graficamente plotando o ponto $(1, 2, 4)$ no espaço tridimensional. Quando isso é feito para todos os pontos do domínio da função, o resultado é uma superfície no espaço tridimensional.

A Figura 7.4 mostra quatro dessas superfícies. A superfície da Figura 7.4a é um **cone**, a da Figura 7.4b um **paraboloide**, a da Figura 7.4c um **elipsoide** e a da Figura 7.4d uma **sela**. Superfícies como essas desempenham um papel importante nos exemplos e exercícios deste capítulo.

Curvas de Nível

Em geral, não é fácil traçar o gráfico de uma função de duas variáveis. A Figura 7.5 mostra uma das formas de visualizar uma superfície. Quando o plano $z = C$ intercepta a superfície $z = f(x, y)$, o resultado é uma curva no espaço. O conjunto de pontos (x, y) do plano xy que satisfazem a equação $f(x, y) = C$ é chamado de **curva de nível** de f em C; fazendo variar o valor de C, é possível gerar uma família de curvas de nível. Plotando membros dessa família no plano xy, obtemos a forma aproximada da superfície $z = f(x, y)$.

Imagine, por exemplo, que a superfície $z = f(x, y)$ seja uma "montanha" cuja "altitude" no ponto (x, y) é dada por $f(x, y)$, como mostra a Figura 7.6a. A curva de nível $f(x, y) = C$ está diretamente abaixo de uma trilha na montanha cuja altitude é constante e igual a C. Para plotar a montanha, podemos indicar as trilhas de altitude constante traçando a família de curvas de nível e espetando uma "bandeira" em cada curva para mostrar qual é a elevação correspondente (Figura 7.6b). Essa figura "plana" é conhecida como **mapa topográfico** da superfície $z = f(x, y)$.

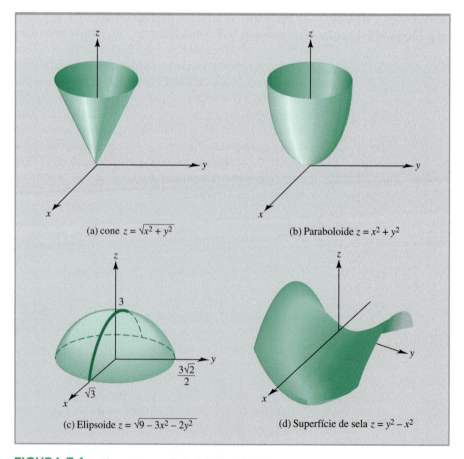

FIGURA 7.4 Algumas superfícies tridimensionais.

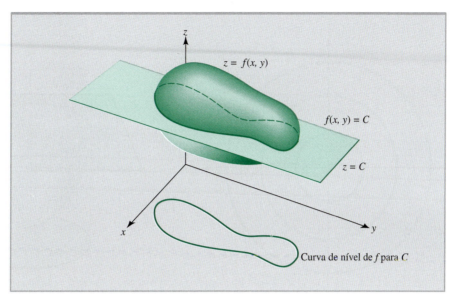

FIGURA 7.5 Uma curva de nível da superfície $z = f(x, y)$.

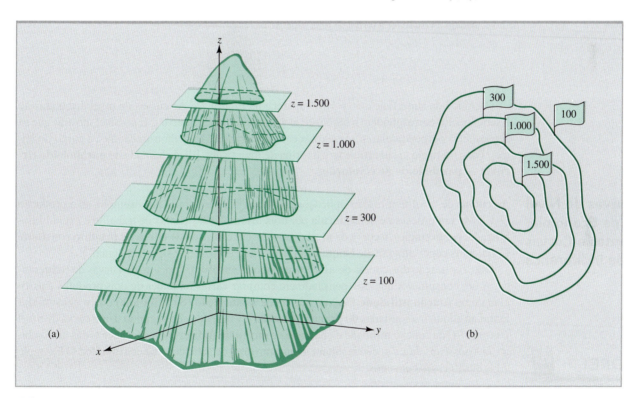

FIGURA 7.6 (a) A superfície $z = f(x, y)$ como uma montanha; (b) as curvas de nível constituem um mapa topográfico de $z = f(x, y)$.

LEMBRETE

A equação $(x - h)^2 + (y - k)^2 = r^2$ representa uma circunferência de raio r e centro no ponto (h, k). Isso significa que a equação $x^2 + y^2 = C$ representa uma circunferência de raio $\sqrt{C}$ e centro no ponto $(0, 0)$.

EXEMPLO 7.1.8 Curvas de Nível

Discuta as curvas de nível da função $f(x, y) = x^2 + y^2$.

Solução

A equação da curva de nível $f(x, y) = C$ é $x^2 + y^2 = C$. Para $C = 0$, a equação corresponde ao ponto $(0, 0)$; para $C > 0$, a equação corresponde a uma circunferência de raio $\sqrt{C}$; para $C < 0$, a equação não tem solução.

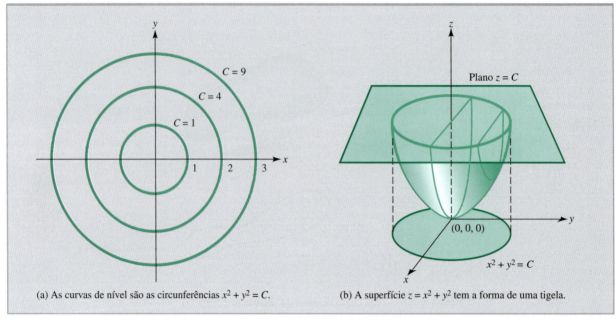

(a) As curvas de nível são as circunferências $x^2 + y^2 = C$.

(b) A superfície $z = x^2 + y^2$ tem a forma de uma tigela.

FIGURA 7.7 As curvas de nível ajudam a visualizar a forma de uma superfície.

O gráfico da superfície $z = x^2 + y^2$ aparece na Figura 7.7. As curvas de nível discutidas no Exemplo 7.1.8 correspondem a seções retas perpendiculares ao eixo z. É possível mostrar que as seções retas perpendiculares aos eixos x e y são parábolas (a demonstração fica a cargo do leitor). Por essa razão, a superfície tem a forma de uma tigela. Ela é chamada de **paraboloide circular** ou **paraboloide de revolução**.

Curvas de Nível na Economia: Isoquantas e Curvas de Indiferença

As curvas de nível têm muitas aplicações práticas. Na economia, por exemplo, se a produção $Q(x, y)$ de um processo é determinada por dois insumos x e y (horas de trabalho e capital imobilizado, por exemplo), a curva de nível $Q(x, y) = C$ é chamada de **curva de produto constante** C, ou, mais concisamente, de **isoquanta** ("iso" é um prefixo que significa "igual").

Outra aplicação das curvas de nível na economia envolve o conceito de curvas de indiferença. A um consumidor que está pensando em comprar várias unidades de dois produtos é associada uma **função utilidade** $U(x, y)$, que mede a satisfação (ou **utilidade**) que o consumidor extrai ao adquirir x unidades do primeiro produto e y unidades do segundo. Uma curva de nível $U(x, y) = C$ da função utilidade é chamada de **curva de indiferença** e fornece todas as combinações possíveis de x e y, que resultam no mesmo grau de satisfação do consumidor. O Exemplo 7.1.9 ilustra esses conceitos.

 3 EXPLORE!

Leia o Exemplo 7.1.9. Plote as curvas de indiferença $U(x, y) = x^{3/2}y = C$ explicitando y para obter $y = Cx^{-3/2}$. Entre com X^(−3/2)*L1 como Y1 no editor de equações, em que L1 = {800, 1.280, 2.000, 3.000} inclui alguns níveis de utilidade constante C. Use uma janela [0, 37.6]5 por [0, 150]10. Qual é o efeito sobre as curvas do valor de C? Localize o ponto (16, 20) da curva de indiferença $x^{3/2}y = 1.280$.

EXEMPLO 7.1.9 Aplicação das Curvas de Nível a um Problema de Economia

Suponha que a utilidade para um consumidor da aquisição de x unidades de um produto e y unidades de um segundo produto é dada pela função utilidade $U(x, y) = x^{3/2}y$. Se o consumidor possui $x = 16$ unidades do primeiro produto e $y = 20$ unidades do segundo, determine o nível de utilidade do consumidor e plote a curva de indiferença correspondente.

Solução

O nível de utilidade é

$$U(16, 20) = (16)^{3/2}(20) = 1.280$$

e a curva de indiferença correspondente é

$$x^{3/2}y = 1.280$$

ou $y = 1.280x^{-3/2}$. A curva é constituída por todos os pontos (x, y) para os quais o nível de utilidade $U(x, y)$ é igual a 1.280. A Figura 7.8 mostra a curva $x^{3/2}y = 1.280$ e outras curvas da família $x^{3/2}y = C$.

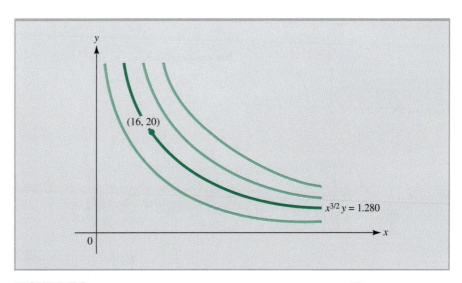

FIGURA 7.8 Curvas de indiferença da função utilidade $U(x, y) = x^{3/2}y$.

Gráficos Gerados em Computador

Como raramente é necessário plotar funções de duas variáveis nos problemas práticos de economia, biologia e ciências sociais, não vamos perder mais tempo discutindo os métodos usados para plotar esse tipo de função.

Hoje em dia, existem programas de computador bastante sofisticados para plotar funções de duas variáveis. Esses programas permitem escolher escalas diferentes para os três eixos coordenados e visualizar as superfícies resultantes a partir de diferentes pontos de vista. A Figura 7.9 mostra alguns gráficos de funções de duas variáveis gerados em computador.

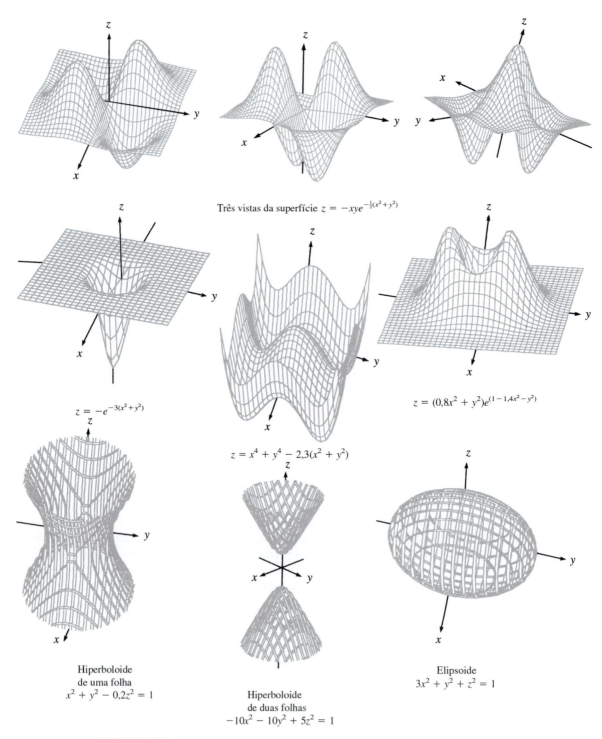

FIGURA 7.9 Alguns gráficos de superfícies tridimensionais gerados em computador.

PROBLEMAS ■ 7.1

Nos Problemas 1 a 16, calcule o valor da função nos pontos especificados.

1. $f(x, y) = 5x + 3y; f(-1, 2), f(3, 0)$
2. $f(x, y) = x^2 + x - 4y; f(1, 3), f(2, -1)$
3. $g(x, y) = x(y - x^3); g(1, 1), g(-1, 4)$
4. $g(x, y) = xy - x(y + 1); g(1, 0), g(-2, 3)$
5. $f(x, y) = (x - 1)^2 + 2xy^3; f(2, -1), f(1, 2)$
6. $f(x, y) = \dfrac{3x + 2y}{2x + 3y}; f(1, 2), f(-4, 6)$
7. $g(x, y) = \sqrt{y^2 - x^2}; g(4, 5), g(-1, 2)$
8. $g(u, v) = 10u^{1/2}v^{2/3}; g(16, 27), g(4, -1{,}331)$
9. $f(r, s) = \dfrac{s}{\ln r}; f(e^2, 3), f(\ln 9, e^3)$
10. $f(x, y) = xye^{xy}; f(1, \ln 2), f(\ln 3, \ln 4)$
11. $g(x, y) = \dfrac{y}{x} + \dfrac{x}{y}; g(1, 2), g(2, -3)$
12. $f(s, t) = \dfrac{e^{st}}{2 - e^{st}}; f(1, 0), f(\ln 2, 2)$
13. $f(x, y, z) = xyz; f(1, 2, 3), f(3, 2, 1)$
14. $g(x, y, z) = (x + y)e^{yz}; g(1, 0, -1), g(1, 1, 2)$
15. $F(r, s, t) = \dfrac{\ln(r + t)}{r + s + t}; F(1, 1, 1), F(0, e^2, 3e^2)$
16. $f(x, y, z) = xye^z + xze^y + yze^x$;
    $f(1, 1, 1), f(\ln 2, \ln 3, \ln 4)$

Nos Problemas 17 a 22, descreva o domínio da função.

17. $f(x, y) = \dfrac{5x + 2y}{4x + 3y}$
18. $f(x, y) = \sqrt{9 - x^2 - y^2}$
19. $f(x, y) = \sqrt{x^2 - y}$
20. $f(x, y) = \dfrac{x}{\ln(x + y)}$
21. $f(x, y) = \ln(x + y - 4)$
22. $f(x, y) = \dfrac{e^{xy}}{\sqrt{x - 2y}}$

Nos Problemas 23 a 30, plote a curva de nível $f(x, y) = C$ para os valores especificados de C.

23. $f(x, y) = x + 2y; C = 1, C = 2, C = -3$
24. $f(x, y) = x^2 + y; C = 0, C = 4, C = 9$
25. $f(x, y) = x^2 - 4x - y; C = -4, C = 5$
26. $f(x, y) = \dfrac{x}{y}; C = -2, C = 2$
27. $f(x, y) = xy; C = 1, C = -1, C = 2, C = -2$
28. $f(x, y) = ye^x; C = 0, C = 1$
29. $f(x, y) = xe^y; C = 1, C = e$
30. $f(x, y) = \ln(x^2 + y^2); C = 4, C = \ln 4$

PROBLEMAS APLICADOS DE ECONOMIA E FINANÇAS

31. **PRODUÇÃO** Usando x operários especializados e y operários não especializados, uma fábrica é capaz de produzir $Q(x, y) = 10x^2y$ unidades por dia. No momento, a fábrica opera com 20 operários especializados e 40 operários não especializados.
    a. Quantas unidades estão sendo produzidas por dia?
    b. Qual será a variação na produção diária se a fábrica puder contar com mais um operário especializado?
    c. Qual será a variação da produção diária se a fábrica puder contar com mais um operário não especializado?
    d. Qual será a variação da produção diária se a fábrica puder contar com mais um operário especializado e mais um operário não especializado?

32. **CUSTO DE PRODUÇÃO** Um fabricante produz calculadoras científicas por um custo de R$ 40,00 a unidade e calculadoras comerciais por um custo de R$ 20,00 a unidade.
    a. Expresse o custo de produção mensal do fabricante em função do número de calculadoras científicas e comerciais produzidas.
    b. Calcule o custo mensal, se 500 calculadoras científicas e 800 calculadoras comerciais forem produzidas.
    c. O fabricante pretende fabricar 50 calculadoras científicas a mais por mês que o número que aparece no item (b). Qual deve ser a variação do número de calculadoras comerciais produzidas para que o custo mensal total não varie?

33. **VENDAS A VAREJO** Uma loja de tintas vende duas marcas de tinta látex. Os dados de vendas mostram que, se as latas da primeira marca forem vendidas por x_1 reais e as latas da segunda por x_2 reais, a demanda da primeira marca será $D_1(x_1, x_2) = 200 - 10x_1 + 20x_2$ latas por mês, e a demanda da segunda marca será $D_2(x_1, x_2) = 100 + 5x_1 - 10x_2$ latas por mês.
    a. Expresse a receita total da loja com a venda de tinta látex em função dos preços x_1 e x_2.
    b. Calcule a receita do item (a) se as latas da primeira marca forem vendidas por R$ 21,00 e as latas da segunda por R$ 16,00.

34. **PRODUÇÃO** A produção de certa fábrica é $Q(K, L) = 120K^{2/3}L^{1/3}$ unidades, em que K é o capital imobilizado em milhares de reais e L é o volume de mão de obra em homens-horas.
    a. Calcule a produção se o capital imobilizado for de R$ 125.000,00 e o volume da mão de obra for de 1.331 homens-horas.
    b. Que acontecerá com a produção do item (a) se o capital imobilizado e o volume de mão de obra forem reduzidos à metade?

35. **PRODUÇÃO** A Fazenda Boa Esperança calcula que, se $100x$ homens-horas de trabalho forem usados em y hectares de terra, o número de sacos de trigo produzidos será $f(x, y) = Ax^a y^b$, em que A, a e b são constantes positivas. Suponha que a fazenda decida multiplicar por dois os fatores de produção x e y. Determine de que forma essa decisão afeta a produção de trigo nos seguintes casos:
    a. $a + b > 1$
    b. $a + b < 1$
    c. $a + b = 1$

36. **PRODUÇÃO** Quando x máquinas e y homens-horas são usados, certa fábrica produz $Q(x, y) = 10xy$ telefones celulares por dia. Descreva a relação entre os insumos que resulta em uma produção diária de 1.000 telefones celulares. (Isso equivale a determinar uma curva de nível de Q.)

37. **VENDAS A VAREJO** Um fabricante com direitos exclusivos para produzir uma nova máquina industrial sofisticada pretende vender um número limitado dessas máquinas a firmas nacionais e estrangeiras. O preço que o fabricante espera receber pelas máquinas depende do número de máquinas produzidas. O fabricante calcula que, se fornecer x máquinas ao mercado interno e y máquinas ao mercado externo, as máquinas serão vendidas por $60 - x/5 + y/20$ reais por unidade no mercado interno e pelo equivalente a $50 - x/10 + y/20$ reais no mercado externo. Expresse a receita do fabricante, R, em função de x e y.

38. **VENDAS A VAREJO** Um fabricante pretende vender um novo produto por um preço unitário de A reais e estima que, se gastar x mil reais no desenvolvimento do produto e y mil reais em publicidade, os consumidores comprarão $320y/(y + 2) + 160x/(x + 4)$ unidades do produto. Expresse o lucro total em função de x e y, sabendo que o custo de fabricação do produto é R$ 50,00 por unidade. [*Sugestão:* lucro = receita − custo total de fabricação, desenvolvimento e publicidade.]

39. **CURVAS DE PRODUÇÃO CONSTANTE** Usando x operários especializados e y operários não especializados, um fabricante é capaz de produzir $Q(x, y) = 3x + 2y$ unidades por dia. No momento, a mão de obra da fábrica consiste em 10 operários especializados e 20 operários não especializados.
    a. Calcule a produção diária da fábrica.
    b. Escreva uma equação que relacione o número de operários especializados com o número de operários não especializados supondo que a produção se mantenha constante nos níveis atuais.
    c. Plote a isoquanta (curva de produção constante) correspondente à produção atual em um sistema de coordenadas bidimensional.
    d. Qual deve ser a variação do número de operários não especializados para que a produção se mantenha inalterada se mais dois operários especializados forem contratados?

40. **CURVAS DE INDIFERENÇA** A utilidade para o consumidor de x unidades de um produto e y unidades de um segundo produto é dada pela função utilidade $U(x, y) = 2x^3y^2$. Um consumidor possui $x = 5$ unidades do primeiro produto e $y = 4$ unidades do segundo. Determine o nível de utilidade do consumidor e plote a curva de indiferença correspondente.

41. **CURVAS DE INDIFERENÇA** Bianca estima que, quando está se correspondendo com x amigos e está trabalhando em y projetos interessantes, sua satisfação total é dada pela função utilidade $U(x, y) = (x + 1)(y + 2)$. Qual é sua satisfação quando está se correspondendo com 25 amigos e trabalhando em 8 projetos interessantes? Plote a curva de indiferença correspondente. Explique o significado de indiferença nessa situação.

42. **RETORNOS CONSTANTES DE ESCALA** Suponha que a produção Q de uma fábrica seja dada pela função de Cobb-Douglas $Q(K,L) = AK^\alpha L^{1-\alpha}$, em que A e α são constantes positivas e $0 < \alpha < 1$. Prove que, se K e L forem multiplicadas pelo mesmo número positivo m, a produção Q também será multiplicada por m, isto é, mostre que $Q(mK, mL) = mQ(K, L)$. Quando uma função produção possui essa propriedade, dizemos que apresenta *retornos constantes de escala*.

43. **AMORTIZAÇÃO DE UMA DÍVIDA** Um empréstimo de A reais deve ser amortizado durante n anos a uma taxa anual r de juros capitalizados mensalmente. Seja $i = r/12$ a taxa mensal de juros equivalente. Nesse caso, o valor das prestações mensais é M reais, em que

$$M(A, n, i) = \frac{Ai}{1 - (1 + i)^{-12n}}$$

    (Veja os Problemas 56 a 59 da Seção 4.1.)
    a. Alice comprou um apartamento por R$ 250.000,00 financiados em 15 anos a juros fixos de 5,2% ao ano. Qual é o valor das prestações mensais? Qual é o valor total dos juros que a moça vai pagar?
    b. Jorge também comprou um apartamento por R$ 250.000,00, mas o financiamento foi em 30 anos, a juros fixos de 5,6% ao ano. Qual é o valor das prestações mensais? Qual é o valor total dos juros que o rapaz vai pagar?

44. **CONTROLE DE ESTOQUE** Uma empresa consome N unidades por ano de certo produto. Cada remessa do produto custa D reais e o custo de armazenamento do produto é S reais por ano. As unidades são consumidas (ou vendidas) a uma taxa constante, e uma nova remessa chega no instante em que a remessa anterior se esgota.
    a. Mostre que o custo $C(x)$ para manter o estoque do produto quando x unidades são encomendadas em cada remessa é o menor possível para $x = Q$, em que

$$Q(N, D, S) = \sqrt{\frac{2DN}{S}}$$

    (Veja o Exemplo 3.5.7.)
    b. O valor de Q obtido no item (a) é chamado de *lote econômico de compra* (LEC). Qual é o LEC quando 9.720 unidades são encomendadas por ano a um custo de R$ 35,00 por remessa e um custo unitário de armazenamento de 84 centavos por ano?

45. PRODUÇÃO A função produção com **elasticidade de substituição constante** (ESC) tem a forma geral

$$Q(K, L) = A[\alpha K^{-\beta} + (1 - \alpha)L^{-\beta}]^{-1/\beta}$$

em que K é o capital imobilizado, L é o volume de mão de obra e A, α e β são constantes que satisfazem as desigualdades $A > 0$, $0 < \alpha < 1$ e $\beta > -1$. Mostre que uma função desse tipo tem *retornos constantes de escala*, ou seja, que

$$Q(sK, sL) = sQ(k, L)$$

para qualquer valor da constante s. (Compare com o resultado do Problema 42.)

46. PRODUÇÃO A produção de certa fábrica é dada pela função produção de Cobb-Douglas $Q(K, L) = 57K^{1/4}L^{3/4}$, em que K é o capital em milhares de reais e L é a mão de obra disponível em homens-horas.

a. Use uma calculadora para obter o valor de $Q(K, L)$ para os valores de K e L que aparecem na tabela a seguir.

K (R$ 1.000,00)	277	311	493	554	718
L	743	823	1.221	1.486	3.197
$Q(K, L)$					

b. Observe na tabela que a produção é multiplicada por dois quando o capital é multiplicado por dois, de 277 para 554, e o volume de mão de obra também é multiplicado por dois, de 743 para 1.486. Demonstre que, da mesma forma, a produção é multiplicada por três quando K e L são multiplicados por três e é reduzida à metade quando K e L são reduzidos à metade. O que acontece quando o capital K é multiplicado por dois e o volume de mão de obra L é reduzido à metade? Use uma calculadora para verificar se a sua resposta está correta.

PROBLEMAS APLICADOS DE CIÊNCIAS SOCIAIS E BIOLÓGICAS

47. ÁREA SUPERFICIAL DO CORPO HUMANO Os pediatras e biólogos às vezes usam uma expressão empírica[*] que relaciona a área superficial S (em m²) de uma pessoa com o peso W (em kg) e a altura H (em cm):

$$S(W, H) = 0,0072W^{0,425}H^{0,725}$$

a. Calcule o valor de $S(15,83; 87,11)$. Trace a curva de nível da função $S(W, H)$ que passa pelo ponto $(15,83; 87,11)$. Trace outras curvas de nível de $S(W, H)$. O que representam essas curvas?

b. Se Marcos pesa 18,37 kg e tem uma área superficial de 0,648 m², quanto deve medir de altura, aproximadamente?

c. Suponha que, em algum instante da vida, Jane pese duas vezes mais e tenha uma altura três vezes maior que no dia em que nasceu. Qual foi a variação correspondente da área superficial do corpo?

48. ENERGIA EÓLICA As máquinas eólicas convertem a energia cinética do vento em energia mecânica com o auxílio de pás giratórias, como um moinho. Suponha que um vento de velocidade v esteja passando por uma máquina eólica de seção reta A. De acordo com os princípios da física,[*] a potência gerada pelo vento é dada por uma expressão da forma

$$P(v, A) = abAv^3$$

em que $b = 1,2$ kg/m³ é a massa específica do ar e a é uma constante positiva.

a. No caso de uma máquina eólica ideal (com uma eficiência de 100%), $a = 1/2$ na expressão de $P(v, A)$. Qual é a potência produzida por um moinho ideal com pás de 15 metros de raio se a velocidade do vento é de 22 metros por segundo?

b. Nenhuma máquina eólica é 100% eficiente. Na verdade, foi demonstrado que a eficiência máxima que podemos esperar de uma máquina real é 59% da eficiência ideal, de modo que uma boa expressão empírica para a potência pode ser obtida tomando $a = 8/27$. Calcule $P(v, A)$ usando esse valor de a se o raio das pás do moinho do item (a) for multiplicado por dois e a velocidade do vento for reduzida à metade.

c. A humanidade vem tentando aproveitar a energia eólica há pelo menos 4.000 anos, às vezes com consequências interessantes ou grotescas. Por exemplo: na fonte citada na nota de rodapé, o autor observa que, durante a Segunda Guerra Mundial, foi construído em Vermont um moinho cujas pás tinham 53 metros de raio! Leia a respeito de moinhos de vento e outros equipamentos usados para aproveitar a energia eólica. Você acha que esses equipamentos são compatíveis com o mundo moderno? Justifique sua resposta.

49. CONSUMO DIÁRIO DE ENERGIA Suponha que uma pessoa com I anos de idade tenha p quilogramas de peso e a centímetros de altura. Nesse caso, de acordo com as *equações de Harris-Benedict*, o consumo basal diário de energia, em quilocalorias, será dado por

$$B_h(p, a, I) = 66,47 + 13,75p + 5,00a - 6,77I,$$

no caso de um homem e por

$$B_m(p, a, I) = 655,10 + 9,60p + 1,85a - 4,68I,$$

no caso de uma mulher.

a. Determine o consumo basal de energia de um homem de 22 anos de idade com 90 kg de peso e 1 m e 90 cm de altura.

b. Determine o consumo basal de energia de uma mulher de 27 anos de idade com 61 kg de peso e 1 m e 70 cm de altura.

c. Um homem mantém um peso de 85 kg e uma altura de 1 m e 93 cm durante toda a vida adulta. Em que idade seu consumo basal de energia é 2.018 quilocalorias?

d. Uma mulher mantém um peso de 67 kg e uma altura de 173 cm durante toda a vida adulta. Em que idade seu consumo basal de energia é 1.504 quilocalorias?

---

[*]J. Routh, *Mathematical Preparation for Laboratory Technicians*, Philadelphia: Saunders Co., 1971, p. 92.

[*]Raymond A. Serway, Physics, 3rd ed., Philadelphia: Saunders, 1992, pp. 408–410.

50. POLUIÇÃO DO AR Quando uma grande quantidade de terra está sendo manipulada, o ar pode ficar contaminado com partículas. Para estimar a emissão de partículas, foi proposta a seguinte fórmula empírica:*

$$E(V, M) = k(0{,}0032)\left(\frac{V}{5}\right)^{1{,}3}\left(\frac{M}{2}\right)^{-1{,}4}$$

em que E é o fator de emissão (em libras de partículas liberadas por tonelada de terra manipulada), V é a velocidade do vento (em milhas por hora), M é a umidade do material (na forma de uma porcentagem) e k é uma constante que depende do tamanho das partículas.

a. Para partículas pequenas (com 5 mm de diâmetro), $k = 0{,}2$. Calcule $E(10, 13)$.
b. A emissão total é dada pelo fator de emissão E multiplicado pela quantidade de terra manipulada em toneladas. Suponha que 19 toneladas do material do item (a) sejam manipuladas. Quantas toneladas de um segundo tipo de material com $k = 0{,}48$ (partículas com 15 mm de diâmetro) e 27% de umidade teriam que ser manipuladas para produzir a mesma emissão total, supondo que a velocidade do vento seja a mesma?
c. Trace várias curvas de nível de $E(V, M)$ supondo que o tamanho de partícula permaneça constante. O que representam essas curvas?

51. HEMODINÂMICA De acordo com uma das leis de Poiseuille,** a velocidade V do sangue (em cm/s) a uma distância r (em cm) do eixo de um vaso sanguíneo de raio R (em cm) e comprimento L (em cm) é dada por

$$V(P, L, R, r) = \frac{9{,}3 \times 10^{-5} P}{L}(R^2 - r^2)$$

em que P (em N/cm²) é a pressão no interior do vaso. Suponha que certo vaso tem 0,0075 cm de raio e 1,675 cm de comprimento.
a. Com que velocidade o sangue está circulando a uma distância de 0,004 cm do eixo do vaso se a pressão no vaso é de 0,03875 N/cm²?
b. Como R e L são fixos para esse vaso, V é função apenas de P e r. Trace várias curvas de nível de $V(P, r)$ e explique o que representam.

52. PSICOLOGIA O quociente de inteligência (QI) de uma pessoa é dado pela função

$$I(m, a) = \frac{100m}{a}$$

em que a é a idade cronológica da pessoa e m é a idade mental.
a. Calcule $I(12, 11)$ e $I(16, 17)$.
b. Plote várias curvas de nível de $I(m, a)$. Que aspecto têm essas curvas?

PROBLEMAS VARIADOS

53. OSMOSE REVERSA A água usada na fabricação de semicondutores deve ser extremamente pura. Para separar a água das impurezas, utiliza-se um processo conhecido como **osmose reversa**, no qual se faz a água passar por uma membrana semipermeável. Um parâmetro importante desse processo é a **pressão osmótica**, que pode ser calculada pela **equação de van't Hoff**:*

$$P(N, C, T) = 0{,}075 NC(273{,}15 + T)$$

em que P é a pressão osmótica em atmosferas, N é o número de íons por molécula do soluto, C é a concentração do soluto em gramas-mols por litro, e T é a temperatura do soluto em graus Celsius. Determine a pressão osmótica de uma solução de cloreto de sódio (NaCl) com uma concentração de 0,53 g-mol/L a uma temperatura de 23 °C. (Cada molécula de NaCl contém dois íons: Na^+ e Cl^-.)

54. ÓTICA De acordo com a equação das lentes delgadas,

$$\frac{1}{d_o} + \frac{1}{d_i} = \frac{1}{F}$$

em que d_o é a distância entre um objeto e uma lente delgada de forma esférica, d_i é a distância entre a lente e a imagem do objeto, e F é a distância focal da lente (veja a figura). Expresse F em função de d_o e d_i e desenhe várias curvas de nível da função $F(d_o, d_i)$, ou seja, curvas de distância focal constante.

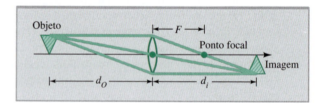

PROBLEMA 54

55. QUÍMICA De acordo com a **equação de van der Waal**, 1 mol de um gás confinado satisfaz a equação

$$T(P, V) = 0{,}0122\left(P + \frac{a}{V^2}\right)(V - b) - 273{,}15$$

em que T é a temperatura do gás em graus Celsius, V é o volume do gás em centímetros cúbicos, P é a pressão do gás em atmosferas e a e b são constantes que dependem do gás.
a. Trace algumas curvas de nível de T. Essas curvas são chamadas de **curvas de temperatura constante** ou **isotermas**.
b. Quando o gás confinado é o cloro, os resultados experimentais mostram que $a = 6{,}49 \times 10^6$ e $b = 56{,}2$. Determine $T(1{,}13; 31{,}275 \times 10^3)$, isto é, a temperatura que corresponde a 31,275 cm³ de cloro à pressão de 1,13 atmosfera.

---

*M. D. LaGrega, P. L. Buckingham e J. C. Evans, *Hazardous Waste Management*, New York: MacGraw-Hill, 1994, p. 140.
**E. Batschelet, *Introduction to Mathematics for Life Scientists*, 2nd ed., New York: Springer-Verlag, 1979, pp. 102–103.

*M. D. LaGrega, P. L. Buckingham e J. C. Evans, *Hazardous Waste Management*, New York: McGraw-Hill, 1994, pp. 530–543.

CÁLCULO DE VÁRIAS VARIÁVEIS   473

56. **PALEOCLIMATOLOGIA** As curvas de nível nas regiões emersas da figura indicam a altura do gelo em relação ao nível do mar, em metros, durante a última glaciação (cerca de 18.000 anos atrás). As curvas de nível no mar indicam a temperatura na superfície do mar. Assim, por exemplo, o gelo tinha 1.000 metros de espessura perto da cidade de Nova York e a temperatura da água nas proximidades do arquipélago do Havaí era de 24 °C. Em que parte da terra a camada de gelo era mais espessa? Em que parte do mundo uma área continental coberta de gelo era banhada por águas mais quentes?

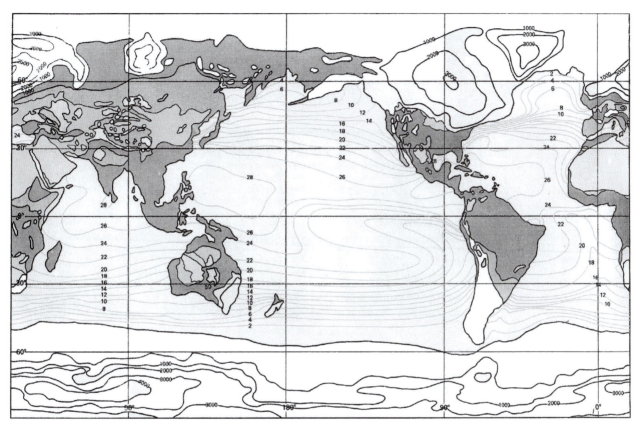

PROBLEMA 56
Fonte: The Cambridge Encyclopedia of Earth Sciences, New York: Crown/Cambridge Press, 1981, p. 302.

SEÇÃO 7.2   Derivadas Parciais

Objetivos do Aprendizado

1. Calcular e interpretar derivadas parciais.
2. Aplicar derivadas parciais a problemas de análise marginal na economia.
3. Calcular derivadas parciais de segunda ordem.
4. Aplicar a regra da cadeia à derivação parcial para calcular taxas de variação e fazer aproximações incrementais.

Em muitos problemas que envolvem funções de duas variáveis, estamos interessados em calcular a taxa de variação da função com uma das variáveis enquanto a outra permanece constante, o que corresponde a derivar a função em relação a uma das variáveis mantendo fixa a outra variável. Esse processo é conhecido como **derivação parcial**; a derivada resultante é chamada de **derivada parcial** da função.

Suponha, por exemplo, que, de acordo com um estudo realizado em uma fábrica,

$$Q(x, y) = 5x^2 + 7xy$$

unidades de certo produto são fabricadas quando x operários especializados e y operários não especializados estão trabalhando. Nesse caso, se o número de operários não especializados permanece constante, a taxa de variação da produção com o número de operários especializados pode ser obtida derivando $Q(x, y)$ apenas em relação a x. O resultado é chamado de **derivada parcial de Q em relação a x** e representado pelo símbolo $Q_x(x, y)$. Assim,

$$Q_x(x, y) = 5(2x) + 7(1)y = 10x + 7y$$

Da mesma forma, se o número de operários especializados permanece constante, a taxa de variação da produção com o número de operários não especializados é dada pela **derivada parcial de Q em relação a y**, que é obtida derivando $Q(x, y)$ em relação a y:

$$Q_x(x, y) = (0) + 7x(1) = 7x$$

Apresentamos, a seguir, uma definição geral de derivada parcial e uma notação alternativa.

Derivada Parcial ■ Se $z = f(x, y)$, a derivada parcial de f em relação a x é representada por

$$\frac{\partial z}{\partial x} \quad \text{ou} \quad f_x(x, y)$$

e é a função obtida derivando f em relação a x enquanto y é tratada como constante. A derivada parcial de f em relação a y é representada por

$$\frac{\partial z}{\partial y} \quad \text{ou} \quad f_y(x, y)$$

e é a função obtida derivando z em relação a y enquanto x é tratada como constante.

NOTA Como vimos no Capítulo 2, a derivada de uma função de uma variável, $f(x)$, é definida como o limite de um quociente diferença:

$$f'(x) = \lim_{h \to 0} \frac{f(x+h) - f(x)}{h}$$

Analogamente, a derivada parcial $f_x(x, y)$ é dada por

$$f_x(x, y) = \lim_{h \to 0} \frac{f(x+h, y) - f(x, y)}{h}$$

e a derivada parcial $f_y(x, y)$ é dada por

$$f_y(x, y) = \lim_{h \to 0} \frac{f(x, y+h) - f(x, y)}{h}$$ ■

Cálculo de Derivadas Parciais

Não são necessárias novas regras para calcular derivadas parciais. Para calcular f_x, basta derivar f em relação à variável x, tratando a variável y como constante; para calcular f_y, basta derivar f em relação à variável y, tratando a variável x como constante. Seguem alguns exemplos.

EXEMPLO 7.2.1 Cálculo de Derivadas Parciais

Calcule as derivadas parciais f_x e f_y da função $f(x, y) = x^2 + 2xy^2 + \dfrac{2y}{3x}$.

Solução

Os cálculos ficam mais simples se a função for escrita na forma

$$f(x, y) = x^2 + 2xy^2 + \frac{2}{3}yx^{-1}$$

CÁLCULO DE VÁRIAS VARIÁVEIS

4 EXPLORE!

Uma calculadora pode ser usada para calcular e visualizar derivadas parciais em pontos particulares. Como no Exemplo 7.2.1, faça $f(x, y) = x^2 + 2xy^2 + 2y/3x$ e entre em Y1 com a expressão correspondente, X^2 + 2X*L1^2 + 2L1/(3X). Suponha que esteja interessado em calcular a derivada parcial $f_x(-2, -1)$. Entre com -1, o valor de y, em L1. Plote Y1 usando uma janela decimal e determine o valor de $f_x(-2, -1)$ usando a rotina para derivação numérica da calculadora.

Para calcular f_x, derivamos a função termo a termo, considerando x como variável e y como constante:

$$f_x(x, y) = 2x + 2(1)y^2 + \frac{2}{3}y(-x^{-2}) = 2x + 2y^2 - \frac{2y}{3x^2}$$

Para calcular f_y, derivamos a função termo a termo, considerando y como variável e x como constante:

$$f_y(x, y) = 0 + 2x(2y) + \frac{2}{3}(1)x^{-1} = 4xy + \frac{2}{3x}$$

EXEMPLO 7.2.2 Cálculo de Derivadas Parciais

Calcule as derivadas parciais $\dfrac{\partial z}{\partial x}$ e $\dfrac{\partial z}{\partial y}$ da função $z = (x^2 + xy + y)^5$.

Solução

Mantendo y constante e usando a regra da cadeia para derivar z em relação a x, obtemos:

$$\frac{\partial z}{\partial x} = 5(x^2 + xy + y)^4 \frac{\partial}{\partial x}(x^2 + xy + y)$$
$$= 5(x^2 + xy + y)^4(2x + y)$$

Mantendo x constante e usando a regra da cadeia para derivar z em relação a y, temos:

$$\frac{\partial z}{\partial y} = 5(x^2 + xy + y)^4 \frac{\partial}{\partial y}(x^2 + xy + y)$$
$$= 5(x^2 + xy + y)^4(x + 1)$$

EXEMPLO 7.2.3 Cálculo de Derivadas Parciais

Calcule as derivadas parciais f_x e f_y da função $f(x, y) = xe^{-2xy}$.

Solução

De acordo com a regra do produto,

$$f_x(x, y) = x(-2ye^{-2xy}) + e^{-2xy} = (-2xy + 1)e^{-2xy}$$

e de acordo com a regra da multiplicação por uma constante,

$$f_y(x, y) = x(-2xe^{-2xy}) = -2x^2 e^{-2xy}$$

Interpretação Geométrica das Derivadas Parciais

Como vimos na Seção 7.1, as funções de duas variáveis podem ser representadas graficamente como superfícies em um sistema de coordenadas tridimensional. Em particular, se $z = f(x, y)$, um par ordenado (x, y) pertencente ao domínio de f pode ser associado a um ponto no plano xy e o valor correspondente da função, $z = f(x, y)$, pode ser associado a uma "altura" em relação a esse ponto. O gráfico de f é a superfície formada por todos os pontos (x, y, z) do espaço tridimensional cuja altura z é igual a $f(x, y)$.

As derivadas parciais de uma função de duas variáveis podem ser interpretadas geometricamente da seguinte forma: Para cada número fixo y_0, os pontos (x, y_0, z) formam um plano vertical cuja equação é $y = y_0$. Se $z = f(x, y)$ e y é mantido fixo com o valor $y = y_0$, os pontos correspondentes $(x, y_0, f(x, y_0))$ formam uma curva no espaço tridimensional que é a interseção da superfície $z = f(x, y)$ com o plano $y = y_0$. Em cada ponto dessa curva, a derivada parcial $\partial z/\partial x$ é simplesmente a inclinação da reta, pertencente ao plano $y = y_0$, que é tangente à curva no ponto em questão. Em outras palavras, $\partial z/\partial x$ é a inclinação da tangente na direção x (Figura 7.10a).

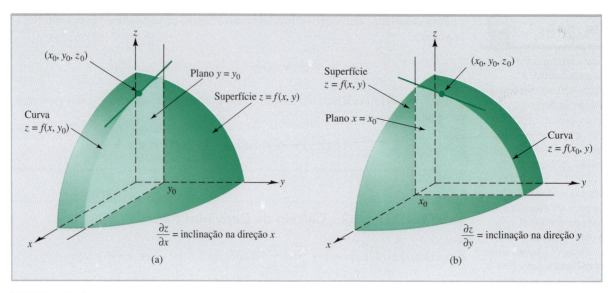

FIGURA 7.10 Interpretação geométrica das derivadas parciais.

Da mesma forma, se x é mantido fixo com o valor $x = x_0$, os pontos correspondentes $(x_0, y, f(x_0, y))$ formam uma curva que é a interseção da superfície $z = f(x, y)$ com o plano vertical $x = x_0$. Em cada ponto da curva, a derivada parcial $\partial z/\partial y$ é a inclinação da reta, pertencente ao plano $x = x_0$, que é tangente à curva no ponto em questão. Em outras palavras, $\partial z/\partial y$ é a inclinação da tangente na direção y (Figura 7.10b).

Análise Marginal   Em economia, o termo **análise marginal** se refere ao uso de uma derivada para estimar a variação do valor de uma função em consequência de uma mudança no valor de uma das variáveis. Na Seção 2.5, vimos alguns exemplos de análise marginal envolvendo derivadas ordinárias de funções de uma variável. O exemplo a seguir ilustra o uso de derivadas parciais em problemas do mesmo tipo.

EXEMPLO 7.2.4   Uso de Análise Marginal para Analisar a Produção

Estima-se que a produção semanal de uma fábrica é dada pela função $Q(x, y) = 1.200x + 500y + x^2y - x^3 - y^2$ unidades, em que x é o número de operários especializados e y o número de operários não especializados utilizados no trabalho. No momento, a mão de obra disponível é constituída por 30 operários especializados e 60 operários não especializados. Use a análise marginal para estimar a variação da produção, se mais um operário especializado for contratado e o número de operários não especializados permanecer constante.

Solução
A derivada parcial

$$Q_x(x, y) = 1.200 + 2xy - 3x^2$$

é a taxa de variação da produção com o número de operários especializados. Para quaisquer valores de x e y, essa derivada parcial pode ser considerada uma aproximação do número de unidades a mais que serão produzidas por semana se o número de operários especializados aumentar de x para $x + 1$ e o número y de operários não especializados permanecer constante. Em particular, se o número de operários especializados aumentar de 30 para 31 e o número de operários não especializados permanecer constante em 60, a variação da produção será, aproximadamente,

$$Q_x(30, 60) = 1.200 + 2(30)(60) - 3(30)^2 = 2.100 \text{ unidades}$$

Para praticar, calcule a variação exata, $Q(31, 60) - Q(30, 60)$. Comparando a variação exata com a variação estimada, você diria que a análise marginal levou a uma boa aproximação?

Se $Q(K, L)$ é o resultado de um processo de produção que envolve o uso de K unidades de capital imobilizado e L unidades de mão de obra, a derivada parcial $Q_K(K, L)$, conhecida como **produtividade marginal do capital**, é uma medida da variação da produção com o capital imobilizado quando o volume da mão de obra permanece constante. Analogamente, a derivada parcial $Q_L(K, L)$, conhecida como **produtividade marginal da mão de obra**, é uma medida da variação da produção com a mão de obra quando o capital imobilizado permanece constante. O Exemplo 7.2.5 ilustra o uso dessas derivadas parciais em problemas de economia.

EXEMPLO 7.2.5 Produtividade Marginal do Capital e da Mão de Obra

Um fabricante estima que a produção mensal de uma fábrica é dada pela função de Cobb-Douglas

$$Q(K, L) = 50K^{0,4}L^{0,6}$$

em que K é o capital imobilizado em milhares de reais e L é o volume de mão de obra em homens-horas.

a. Determine a produtividade marginal do capital, Q_K, e a produtividade marginal da mão de obra, Q_L, para um capital imobilizado de R\$ 750.000,00 e um volume de mão de obra de 991 homens-horas.

b. O fabricante deve aumentar o capital imobilizado ou o volume de mão de obra para aumentar rapidamente a produção?

Solução

a.
$$Q_K(K, L) = 50(0,4K^{-0,6})L^{0,6} = 20K^{-0,6}L^{0,6}$$

e

$$Q_L(K, L) = 50K^{0,4}(0,6L^{-0,4}) = 30K^{0,4}L^{-0,4}$$

e, portanto, para $K = 750$ (R\$ 750.000,00) e $L = 991$,

$$Q_K(750, 991) = 20(750)^{-0,6}(991)^{0,6} \approx 23,64$$

e

$$Q_L(750, 991) = 30(750)^{0,4}(991)^{-0,4} \approx 26,84$$

b. De acordo com o resultado do item (a), um aumento de uma unidade (R\$ 1.000,00) no capital imobilizado resulta em um aumento da produção de 23,64 unidades, que é menor que o aumento de 26,84 unidades resultante de um aumento de uma unidade no volume de mão de obra. Assim, o fabricante deve aumentar o volume de mão de obra para aumentar rapidamente a produção.

Produtos Substitutos e Complementares

Dois produtos são chamados de **produtos substitutos** se o aumento da demanda de um resulta na diminuição da demanda do outro. Produtos substitutos são competitivos, como manteiga e margarina.

Por outro lado, dois produtos são chamados de **produtos complementares** se o aumento da demanda de um resulta no aumento da demanda do outro. É o caso, por exemplo, de câmeras digitais e cartões de memória. Se a demanda de câmeras digitais cair, é provável que a demanda de cartões de memória também diminua.

As derivadas parciais podem ser usadas para verificar se dois produtos são substitutos ou complementares. Suponha que $D_1(p_1, p_2)$ unidades de um produto e $D_2(p_1, p_2)$ unidades de um segundo produto sejam vendidas quando os preços unitários dos dois produtos são p_1 e p_2. É razoável esperar que as demandas diminuam quando os preços aumentam, de modo que

$$\frac{\partial D_1}{\partial p_1} < 0 \quad \text{e} \quad \frac{\partial D_2}{\partial p_2} < 0$$

No caso de produtos substitutos, a demanda de um produto aumenta quando o preço do outro aumenta e, portanto,

$$\frac{\partial D_1}{\partial p_2} > 0 \quad \text{e} \quad \frac{\partial D_2}{\partial p_1} > 0$$

No caso de produtos complementares, por outro lado, a demanda de um produto diminui quando o preço do outro aumenta e, portanto,

$$\frac{\partial D_1}{\partial p_2} < 0 \quad \text{e} \quad \frac{\partial D_2}{\partial p_1} < 0$$

O Exemplo 7.2.6 ilustra o uso desses critérios para verificar se dois produtos são complementares, substitutos ou independentes.

EXEMPLO 7.2.6 Produtos Substitutos e Complementares

A demanda de farinha de trigo em certa cidade é dada por

$$D_1(p_1, p_2) = 500 + \frac{10}{p_1 + 2} - 5p_2$$

enquanto a demanda de pão é dada por

$$D_2(p_1, p_2) = 400 - 2p_1 + \frac{7}{p_2 + 3}$$

em que p_1 é o preço do quilo de farinha de trigo e p_2 é o preço do pão francês de 50 gramas. Verifique se o pão e a farinha de trigo são produtos substitutos ou complementares.

Solução

Calculando as derivadas parciais relevantes, temos:

$$\frac{\partial D_1}{\partial p_2} = -5 < 0 \quad \text{e} \quad \frac{\partial D_2}{\partial p_1} = -2 < 0$$

Como as duas derivadas parciais são negativas, independentemente dos valores de p_1 e p_2, chegamos à conclusão de que o pão e a farinha de trigo (como era de se esperar) são produtos complementares.

Derivadas Parciais de Segunda Ordem

As derivadas parciais podem ser novamente derivadas; as funções resultantes recebem o nome de **derivadas parciais de segunda ordem**. Apresentamos a seguir uma lista das quatro possíveis derivadas parciais de segunda ordem de uma função de duas variáveis.

Derivadas Parciais de Segunda Ordem ■ Se $z = f(x, y)$, a derivada parcial de f_x em relação a x é

$$f_{xx} = (f_x)_x \quad \text{ou} \quad \frac{\partial^2 z}{\partial x^2} = \frac{\partial}{\partial x}\left(\frac{\partial z}{\partial x}\right)$$

A derivada parcial de f_x em relação a y é

$$f_{xy} = (f_x)_y \quad \text{ou} \quad \frac{\partial^2 z}{\partial y \, \partial x} = \frac{\partial}{\partial y}\left(\frac{\partial z}{\partial x}\right)$$

A derivada parcial de f_y em relação a x é

$$f_{yx} = (f_y)_x \quad \text{ou} \quad \frac{\partial^2 z}{\partial x \, \partial y} = \frac{\partial}{\partial x}\left(\frac{\partial z}{\partial y}\right)$$

A derivada parcial de f_y em relação a y é

$$f_{yy} = (f_y)_y \quad \text{ou} \quad \frac{\partial^2 z}{\partial y^2} = \frac{\partial}{\partial y}\left(\frac{\partial z}{\partial y}\right)$$

O Exemplo 7.2.7 ilustra o cálculo de derivadas parciais de segunda ordem.

EXEMPLO 7.2.7 Cálculo de Derivadas Parciais de Segunda Ordem

Calcule as quatro derivadas parciais de segunda ordem da função

$$f(x, y) = xy^3 + 5xy^2 + 2x + 1$$

Solução

Como

$$f_x = y^3 + 5y^2 + 2$$

temos:

$$f_{xx} = 0 \quad \text{e} \quad f_{xy} = 3y^2 + 10y$$

Como

$$f_y = 3xy^2 + 10xy$$

temos:

$$f_{yy} = 6xy + 10x \quad \text{e} \quad f_{yx} = 3y^2 + 10y$$

NOTA As derivadas parciais de segunda ordem f_{xy} e f_{yx} são chamadas de **derivadas parciais mistas** de f. Observe que as derivadas parciais mistas calculadas no Exemplo 7.2.7 são iguais. Isso não é coincidência. Na grande maioria dos casos, as derivadas parciais mistas de uma função $f(x, y)$ são iguais, ou seja,

$$f_{xy} = f_{yx}$$

Isso significa que, se derivarmos $f(x, y)$ em relação a x e derivarmos o resultado em relação a y e se derivarmos $f(x, y)$ em relação a y e derivarmos o resultado em relação a x, quase sempre o resultado será o mesmo. ■

O Exemplo 7.2.8 ilustra o uso da derivada parcial de segunda ordem em um problema prático.

EXEMPLO 7.2.8 Interpretação de uma Derivada de Segunda Ordem

A produção Q de uma fábrica depende do capital imobilizado K e do volume de mão de obra L, medido em homens-horas. Qual é o significado econômico do sinal da derivada parcial de segunda ordem $\partial^2 Q/\partial L^2$?

Solução

Se $\partial^2 Q/\partial L^2$ é negativa, a produtividade marginal da mão de obra $\partial Q/\partial L$ diminui quando L diminui. Isso significa que, para um capital imobilizado constante, o efeito sobre a produção do aumento da mão de obra em 1 unidade é maior quando o volume de mão de obra é pequeno.

Se, por outro lado, $\partial^2 Q/\partial L^2$ é positiva, o efeito sobre a produção do aumento da mão de obra em 1 unidade é maior quando o volume de mão de obra é grande.

Na maioria das fábricas que operam com uma mão de obra adequada, $\partial^2 Q/\partial L^2$ é negativa. O leitor pode apresentar uma explicação para esse fato?

Regra da Cadeia para Funções de Duas Variáveis

Em muitos problemas práticos, uma grandeza é função de duas ou mais variáveis, que por sua vez dependem de outra variável, e o objetivo é determinar a taxa de variação da grandeza com essa outra variável. Assim, por exemplo, a demanda de um produto pode depender do preço do produto e do preço de um produto concorrente, os dois preços podem estar variando com o tempo e o objetivo pode ser determinar a taxa de variação da demanda com o tempo. Podemos resolver problemas desse tipo usando uma generalização da regra da cadeia

$$\frac{dz}{dt} = \frac{dz}{dx}\frac{dx}{dt}$$

demonstrada na Seção 2.4.

> **Regra da Cadeia para Funções de Duas Variáveis** ■ Suponha que z é uma função de x e y e que x e y são funções de t. Nesse caso, z também é função de t e
> $$\frac{dz}{dt} = \frac{\partial z}{\partial x}\frac{dx}{dt} + \frac{\partial z}{\partial y}\frac{dy}{dt}$$

Observe que a expressão de dz/dt é a soma de dois termos, cada um dos quais pode ser interpretado usando a regra da cadeia para funções de uma variável. Em particular,

$$\frac{\partial z}{\partial x}\frac{dx}{dt} \text{ é a taxa de variação de } z \text{ com } t \text{ para } y \text{ constante}$$

e

$$\frac{\partial z}{\partial y}\frac{dy}{dt} \text{ é a taxa de variação de } z \text{ com } t \text{ para } x \text{ constante}$$

De acordo com a regra da cadeia para funções de duas variáveis, a taxa de variação total de z com t é a soma das duas taxas de variação "parciais". O exemplo a seguir ilustra o uso da regra da cadeia para funções de duas variáveis.

EXEMPLO 7.2.9 Uso da Regra da Cadeia para Calcular uma Taxa de Demanda

Uma loja de produtos naturais vende dois tipos de cápsulas vitamínicas, A e B. As pesquisas de mercado mostram que, se um vidro do tipo A for vendido por x reais e um vidro do tipo B for vendido por y reais, a demanda do tipo A será

$$Q(x, y) = 300 - 20x^2 + 30y \quad \text{vidros por mês}$$

Estima-se que daqui a t meses o preço de um vidro do tipo A será

$$x = 2 + 0{,}05t \quad \text{reais}$$

e o preço de um vidro do tipo B será

$$y = 2 + 0{,}1\sqrt{t} \quad \text{reais}$$

Qual será a taxa de variação com o tempo da demanda do tipo A daqui a quatro meses? A demanda está aumentando ou diminuindo nessa ocasião?

Solução

Estamos interessados em calcular dQ/dt para $t = 4$. Usando a regra da cadeia, obtemos

$$\frac{dQ}{dt} = \frac{\partial Q}{\partial x}\frac{dx}{dt} + \frac{\partial Q}{\partial y}\frac{dy}{dt} = -40x(0{,}05) + 30(0{,}05t^{-1/2})$$

Para $t = 4$, $\qquad x = 2 + 0{,}05(4) = 2{,}2$
e, portanto,

$$\frac{dQ}{dt} = -40(2{,}2)(0{,}05) + 30(0{,}05)(0{,}5) = -3{,}65$$

Assim, daqui a quatro meses a demanda do tipo A estará diminuindo à taxa de 3,65 vidros por mês.

Como vimos na Seção 2.5, é possível usar incrementos para estimar a variação de uma função em consequência de uma pequena variação da variável independente. Em particular, se y é função de x, temos:

$$\Delta y \approx \frac{dy}{dx} \Delta x$$

em que Δx é uma pequena variação de x, e Δy é a variação correspondente de y. Existe uma aproximação análoga para funções de duas variáveis, baseada na regra da cadeia.

> **Fórmula da Aproximação Incremental para Funções de Duas Variáveis** ■ Suponha que z é função de x e y. Se Δx é uma pequena variação de x, e Δy é uma pequena variação de y, a variação correspondente de z é dada por
>
> $$\Delta z \approx \frac{\partial z}{\partial x} \Delta x + \frac{\partial z}{\partial y} \Delta y$$

As aproximações da análise marginal utilizadas nos Exemplos 7.2.4 e 7.2.5 envolviam incrementos unitários. A fórmula da aproximação incremental permite um uso mais abrangente das técnicas de análise marginal, como ilustra o Exemplo 7.2.10.

EXEMPLO 7.2.10 Aproximação Incremental da Produção

Em uma fábrica, a produção diária é $Q = 60K^{1/2}L^{1/3}$ unidades, em que K representa o capital imobilizado em milhares de reais e L representa o volume de mão de obra em homens-horas por dia. No momento, o capital imobilizado é de R$ 900.000,00 e estão sendo usados 1.000 homens-horas. Estime a variação de produção resultante de um aumento de R$ 1.000,00 no capital imobilizado e um aumento de 2 no número de homens-horas por dia.

Solução

Aplicando a fórmula da aproximação incremental com $K = 900$, $L = 1.000$, $\Delta K = 1$ e $\Delta L = 2$, obtemos:

$$\begin{aligned}
\Delta Q &\approx \frac{\partial Q}{\partial K} \Delta K + \frac{\partial Q}{\partial L} \Delta L \\
&= 30K^{-1/2}L^{1/3} \Delta K + 20K^{1/2}L^{-2/3} \Delta L \\
&= 30\left(\frac{1}{30}\right)(10)(1) + 20(30)\left(\frac{1}{100}\right)(2) \\
&= 22 \text{ unidades}
\end{aligned}$$

Assim, a produção aumentará de aproximadamente 22 unidades.

PROBLEMAS ■ 7.2

Nos Problemas 1 a 20, calcule todas as derivadas parciais de primeira ordem da função.

1. $f(x, y) = 7x - 3y + 4$
2. $f(x, y) = x - xy + 3$
3. $f(x, y) = 4x^3 - 3x^2y + 5x$
4. $f(x, y) = 2x(y - 3x) - 4y$
5. $f(x, y) = 2xy^5 + 3x^2y + x^2$
6. $z = 5x^2y + 2xy^3 + 3y^2$
7. $z = (3x + 2y)^5$
8. $f(x, y) = (x + xy + y)^3$
9. $f(s, t) = \dfrac{3t}{2s}$
10. $z = \dfrac{t^2}{s^3}$

11. $z = xe^{xy}$

12. $f(x, y) = xye^x$

13. $f(x, y) = \dfrac{e^{2-x}}{y^2}$

14. $f(x, y) = xe^{x+2y}$

15. $f(x, y) = \dfrac{2x + 3y}{y - x}$

16. $z = \dfrac{xy^2}{x^2y^3 + 1}$

17. $z = u \ln v$

18. $f(u, v) = u \ln uv$

19. $f(x, y) = \dfrac{\ln(x + 2y)}{y^2}$

20. $z = \ln\left(\dfrac{x}{y} + \dfrac{y}{x}\right)$

Nos Problemas 21 a 28, calcule as derivadas parciais $f_x(x, y)$ e $f_y(x, y)$ no ponto (x_0, y_0).

21. $f(x, y) = x^2 + 3y$ no ponto $(1, -1)$

22. $f(x, y) = x^3y - 2(x + y)$ no ponto $(1, 0)$

23. $f(x, y) = \dfrac{y}{2x + y}$ no ponto $(0, -1)$

24. $f(x, y) = x + \dfrac{x}{y - 3x}$ no ponto $(1, 1)$

25. $f(x, y) = 3x^2 - 7xy + 5y^3 - 3(x + y) - 1;$ no ponto $(-2, 1)$

26. $f(x, y) = (x - 2y)^2 + (y - 3x)^2 + 5;$ no ponto $(0, -1)$

27. $f(x, y) = xe^{-2y} + ye^{-x} + xy^2;$ no ponto $(0, 0)$

28. $f(x, y) = xy \ln\left(\dfrac{y}{x}\right) + \ln(2x - 3y)^2;$ no ponto $(1, 1)$

Nos Problemas 29 a 34, calcule todas as derivadas parciais de segunda ordem, incluindo as derivadas parciais mistas.

29. $f(x, y) = 5x^4y^3 + 2xy$

30. $f(x, y) = \dfrac{x + 1}{y - 1}$

31. $f(x, y) = e^{x^2y}$

32. $f(u, v) = \ln(u^2 + v^2)$

33. $f(s, t) = \sqrt{s^2 + t^2}$

34. $f(x, y) = x^2ye^x$

Nos Problemas 35 a 40, use a regra da cadeia para determinar a derivada dz/dt. Expresse a resposta em termos de x, y e t.

35. $z = 2x + 3y;\ x = t^2,\ y = 5t$

36. $z = x^2y;\ x = 3t + 1,\ y = t^2 - 1$

37. $z = \dfrac{3x}{y};\ x = t,\ y = t^2$

38. $z = x^{1/2}y^{1/3};\ x = 2t,\ y = 2t^2$

39. $z = xy;\ x = e^{2t},\ y = e^{-3t}$

40. $z = \dfrac{x + y}{x - y};\ x = t^3 + 1,\ y = 1 - t^2$

PROBLEMAS APLICADOS DE ECONOMIA E FINANÇAS

PRODUTOS SUBSTITUTOS E COMPLEMENTARES *Nos Problemas 41 a 46, são dadas as funções demanda de dois produtos. Use derivadas parciais para determinar se os produtos são substitutos, complementares ou independentes.*

41. $D_1 = 500 - 6p_1 + 5p_2;\ D_2 = 200 + 2p_1 - 5p_2$

42. $D_1 = 1.000 - 0{,}02p_1^2 - 0{,}05p_2^2;$
    $D_2 = 800 - 0{,}001p_1^2 - p_1p_2$

43. $D_1 = 3.000 + \dfrac{400}{p_1 + 3} + 50p_2;$
    $D_2 = 2.000 - 100p_1 + \dfrac{500}{p_2 + 4}$

44. $D_1 = 2.000 + \dfrac{100}{p_1 + 2} - 25p_2;$
    $D_2 = 1.500 - \dfrac{p_2}{p_1 + 7}$

45. $D_1 = \dfrac{7p_2}{1 + p_1^2};\ D_2 = \dfrac{p_1}{1 + p_2^2}$

46. $D_1 = 200p_1^{-1/2}p_2^{-1/2};\ D_2 = 300p_1^{-1/2}p_2^{-3/2}$

47. **ANÁLISE MARGINAL** Em uma fábrica, a produção diária é $Q(K, L) = 60K^{1/2}L^{1/3}$ unidades, em que K é o capital imobilizado em milhares de reais e L é o volume de mão de obra em homens-horas. O capital imobilizado atual é de R$ 900.000,00 e o volume de mão de obra é 1.000 homens-horas por dia. Use a análise marginal para estimar o efeito de um investimento adicional de R$ 1.000,00 sobre a produção diária se o volume de mão de obra permanecer constante.

48. **PRODUTIVIDADE MARGINAL** Um fabricante estima que a produção anual de certa fábrica é dada por

$$Q(K, L) = 30K^{0,3}L^{0,7}$$

unidades, em que K é o capital imobilizado em milhares de reais e L é o volume de mão de obra em homens-horas.

a. Determine a produtividade marginal do capital, Q_K, e a produtividade marginal da mão de obra, Q_L, para um capital imobilizado de R$ 630.000,00 e um volume de mão de obra de 830 homens-horas.

b. Para aumentar rapidamente a produtividade, o fabricante deve aumentar o investimento ou a mão de obra?

49. **PRODUTIVIDADE DE UM PAÍS** A produção anual de um país é dada por

$$Q(K, L) = 150[0{,}4K^{-1/2} + 0{,}6L^{-1/2}]^{-2}$$

unidades, em que K é o capital imobilizado em milhões de dólares e L é o volume da mão de obra em milhares de homens-horas.

a. Determine a produtividade marginal do capital, Q_K, e a produtividade marginal da mão de obra, Q_L.
b. No momento, o capital imobilizado é de 5,041 bilhões de dólares ($K = 5.041$) e o volume de mão de obra é 4.900.000 homens-horas ($L = 4.900$). Calcule as produtividades marginais Q_K e Q_L para esses valores de K e L.
c. Para que a produtividade aumente o mais depressa possível, o governo do país deve estimular o aumento do capital imobilizado ou da mão de obra?

50. **ANÁLISE MARGINAL** O lucro diário de um varejista com a venda de duas marcas de suco de caju é
$$P(x, y) = (x - 30)(70 - 5x + 4y) + (y - 40)(80 + 6x - 7y)$$
centavos, em que x é o preço de uma garrafa do primeiro suco e y é o preço de uma garrafa do segundo. No momento, uma garrafa do primeiro suco está sendo vendida por 50 centavos e uma garrafa do segundo por 52 centavos. Use a análise marginal para estimar qual será a variação do lucro diário se o varejista aumentar de 1 centavo o preço da garrafa do segundo suco e mantiver inalterado o preço da garrafa do primeiro.

51. **DEMANDA** Um revendedor de bicicletas constatou que, se as bicicletas de 10 marchas forem vendidas por x reais a unidade e o preço da gasolina for y centavos o litro, o número de bicicletas vendidas por mês será dado por
$$F(x, y) = 200 - 24\sqrt{x} + 4(0,1y + 3)^{3/2}$$
No momento, as bicicletas estão sendo vendidas por R$ 324,00 e a gasolina custa R$ 3,80 o litro. Use a análise marginal para determinar a variação da demanda de bicicletas de 10 marchas se o preço da gasolina diminuir de 1 centavo por litro e o preço das bicicletas não for alterado.

52. **DEMANDA** A demanda mensal de certa marca de torradeira é dada por uma função $f(x, y)$, em que x é o investimento em propaganda (em milhares de reais) e y é o preço unitário das torradeiras (em reais). O que significam, do ponto de vista econômico, as derivadas parciais f_x e f_y? Qual o valor esperado para os sinais dessas derivadas em circunstâncias econômicas normais?

53. **DEMANDA** Duas marcas rivais de cortadores de grama motorizados são vendidas na mesma cidade. Os cortadores da primeira marca custam x reais e os da segunda marca, y reais. A demanda de cortadores da primeira marca é dada por uma função $D(x, y)$.
a. Como a demanda de cortadores da primeira marca será provavelmente afetada por um aumento de x? Como será afetada por um aumento de y?
b. Responda ao item (a) em termos dos sinais das derivadas parciais de D.
c. Se $D(x, y) = a + bx + cy$, o que se pode dizer a respeito dos sinais dos coeficientes b e c para que as conclusões dos itens (a) e (b) sejam válidas?

54. **PRODUTIVIDADE MARGINAL** Se a produção Q de uma fábrica depende do valor K do capital imobilizado e do volume L da mão de obra disponível, qual é o significado, em termos econômicos, da derivada parcial de segunda ordem $\partial^2 Q/\partial K^2$?

55. **PRODUTIVIDADE MARGINAL** Em certa fábrica, a produção é $Q = 120K^{1/2}L^{1/3}$ unidades, em que K é o capital imobilizado em milhares de reais e L é o volume de mão de obra em homens-horas.
a. Determine o sinal da derivada parcial de segunda ordem $\partial^2 Q/\partial L^2$ e explique o que significa em termos econômicos.
b. Determine o sinal da derivada parcial de segunda ordem $\partial^2 Q/\partial K^2$ e explique o que significa em termos econômicos.

56. **PRODUTOS SUBSTITUTOS E COMPLEMENTARES** A função demanda de manteiga é
$$D_1(p_1, p_2) = 800 - 0,03p_1^2 - 0,04p_2^2$$
e a função demanda de um segundo produto é
$$D_2(p_1, p_2) = 500 - 0,002p_1^3 - p_1p_2$$
É mais provável que o segundo produto seja pão ou margarina? Justifique sua resposta.

57. **PRODUTOS SUBSTITUTOS E COMPLEMENTARES** A função demanda de canetas esferográficas é
$$D_1(p_1, p_2) = 700 - 4p_1^2 + 7p_1p_2$$
e a função demanda de um segundo produto é
$$D_2(p_1, p_2) = 300 - 2\sqrt{p_2} + 5p_1p_2$$
É mais provável que o segundo produto seja lápis ou papel? Justifique sua resposta.

58. **LEI DOS RETORNOS DECRESCENTES** Em geral, a produção diária Q de uma fábrica depende do valor K do capital imobilizado e do volume L da mão de obra disponível. De acordo com a **lei dos retornos decrescentes**, em certas circunstâncias existe um valor L_0 tal que a produção marginal da mão de obra é crescente para $L < L_0$ e decrescente para $L > L_0$.
a. Enuncie a lei dos retornos decrescentes em termos do sinal de uma derivada parcial de segunda ordem.
b. Leia a respeito dos retornos decrescentes em livros de economia e escreva um ensaio de pelo menos 10 linhas sobre os fatores econômicos que podem ser responsáveis pelo fenômeno.

59. **ANÁLISE MARGINAL** Estima-se que a produção semanal de certa fábrica é dada por
$$Q(x, y) = 1.175x + 483y + 3,1x^2y - 1,2x^3 - 2,7y^2$$
unidades, em que x é o número de operários especializados e y é o número de operários não especializados que trabalham na fábrica. No momento, a fábrica emprega 37 operários especializados e 71 operários não especializados.
a. Entre com a função produção em uma calculadora como
$$1.175X + 483Y + 3,1(X^2)*Y - 1,2(X^3) - 2,7(Y^2)$$

Entre com 37 como X e 71 como Y e calcule o valor de $Q(37, 71)$. Faça o mesmo para $Q(38, 71)$ e $Q(37, 72)$.

b. Entre com a derivada parcial $Q_x(x, y)$ na sua calculadora e calcule o valor de $Q_x(37, 71)$. Use o resultado para estimar a variação da produção se a fábrica admitir mais um operário especializado. Compare essa variação estimada com a variação real, dada pela diferença entre $Q(38, 71)$ e $Q(37, 71)$.

c. Use a derivada parcial $Q_y(x, y)$ para estimar a variação da produção se a fábrica admitir mais um operário não especializado. Compare essa variação estimada com a variação real, dada pela diferença entre $Q(37, 72)$ e $Q(37, 71)$.

60. ANÁLISE MARGINAL Repita o Problema 59 para a função produção

$$Q(x, y) = 1.731x + 925y + x^2y - 2{,}7x^2 - 1{,}3y^{3/2}$$

e valores iniciais $x = 43$ e $y = 85$.

Os Problemas 61 a 68 envolvem a regra da cadeia para derivadas parciais ou a fórmula da aproximação por incrementos para funções de duas variáveis.

61. EFEITO DA MÃO DE OBRA SOBRE A PRODUÇÃO Usando x horas de mão de obra especializada e y horas de mão de obra não especializada, um fabricante é capaz de produzir $Q(x, y) = 10xy^{1/2}$ unidades. No momento, 30 horas de mão de obra especializada e 36 horas de mão de obra não especializada estão sendo usadas. Se o fabricante reduz de 3 horas a quantidade de mão de obra especializada e aumenta de 5 horas a quantidade de mão de obra não especializada, use os métodos do cálculo para determinar o efeito aproximado das mudanças sobre a produção.

62. DEMANDA DE CARROS HÍBRIDOS Um revendedor de automóveis estima que, se os carros híbridos (que podem funcionar com gasolina e eletricidade) forem vendidos por x reais e o preço do litro de gasolina for y reais, aproximadamente ΔH carros híbridos serão vendidos por ano, em que

$$H(x, y) = 3.500 - 19x^{1/2} + 6(0{,}1y + 16)^{3/2}$$

O revendedor estima também que daqui a t anos os carros híbridos serão vendidos por

$$x(t) = 35.050 + 350t$$

reais e que o preço do litro de gasolina será

$$y(t) = 300 + 10(3t)^{1/2}$$

Qual será a taxa de variação com o tempo da demanda anual de carros híbridos daqui a três anos? A demanda estará aumentando ou diminuindo?

63. DEMANDA A demanda de certo produto é

$$Q(x, y) = 200 - 10x^2 + 20xy$$

unidades por mês, em que x é o preço do produto e y é o preço de um produto concorrente. Estima-se que daqui a t meses o preço do produto será

$$x(t) = 10 + 0{,}5t$$

reais, enquanto o preço do produto concorrente será

$$y(t) = 12{,}8 + 0{,}2t^2$$

reais.

a. Qual será a taxa de variação da demanda do produto com o tempo daqui a 4 meses?

b. Qual será a taxa de variação percentual com o tempo $100Q'(t)/Q(t)$ da demanda do produto daqui a 4 meses?

64. EFEITO DOS RECURSOS SOBRE A PRODUÇÃO Em certa fábrica, quando o capital imobilizado é K milhares de reais e L homens-horas de mão de obra são usados, a produção diária é $Q = 120K^{1/2}L^{1/3}$ unidades. O capital imobilizado no momento é de R$ 400.000,00 ($K = 400$) e está aumentando à taxa de R$ 9.000,00 por dia, enquanto 1.000 homens-horas estão sendo usadas e a mão de obra está diminuindo à taxa de 4 homens-horas por dia. Qual é, no momento, a taxa de variação da produção? A produção está aumentando ou diminuindo?

65. EFEITO DA MÃO DE OBRA SOBRE A PRODUÇÃO A produção de certa fábrica é

$$Q(x, y) = 0{,}08x^2 + 0{,}12xy + 0{,}03y^2$$

unidades por dia, em que x é o número de horas de mão de obra especializada e y o número de horas de mão de obra não especializada. No momento, são empregadas diariamente 80 horas de mão de obra especializada e 200 horas de mão de obra não especializada. Use os métodos do cálculo para estimar a variação da produção se forem empregadas mais meia hora de mão de obra especializada e mais duas horas de mão de obra não especializada por dia.

66. VENDA DE LIVROS O dono de uma editora estima que, se investir x milhares de reais na produção e y milhares de reais em publicidade, aproximadamente $Q(x, y) = 20x^{3/2}y$ exemplares de um novo livro serão vendidos. A ideia inicial é investir R$ 36.000,00 na produção e R$ 25.000,00 em publicidade. Use os métodos do cálculo para estimar de que forma as vendas serão afetadas se a quantia investida na produção for aumentada em R$ 500,00 e a quantia investida em publicidade for reduzida em R$ 1.000,00.

67. VENDAS A VAREJO O lucro diário do dono de uma mercearia com a venda de duas marcas de suco de laranja é

$$P(x, y) = (x - 40)(55 - 4x + 5y) + (y - 45)(70 + 5x - 7y)$$

centavos, em que x é o preço de uma garrafa da primeira marca e y é o preço de uma garrafa da segunda marca, ambos em centavos. No momento, o preço da garrafa é 70 centavos para a primeira marca e 73 centavos para a segunda marca.

a. Determine as funções lucro marginal das duas marcas, P_x e P_y.

b. Calcule P_x e P_y para os valores atuais de x e y.

c. Use os métodos do cálculo para estimar a variação do lucro diário se o preço da primeira marca for aumentado em 1 centavo e o preço da segunda marca for aumentado em 2 centavos.

d. Estime a variação do lucro se o preço da primeira marca for aumentado em 2 centavos e o preço da segunda marca for aumentado em 1 centavo.

68. **SATISFAÇÃO DO INVESTIDOR** A satisfação de um investidor com x ações de uma empresa e y debêntures de uma segunda empresa é dada pela função utilidade

$$U(x, y) = (2x + 3)(y + 5)$$

No momento, o investidor possui $x = 27$ ações e $y = 12$ debêntures.
a. Determine as utilidades marginais U_x e U_y.
b. Calcule U_x e U_y para os valores atuais de x e y.
c. Use os métodos do cálculo para determinar qual será a variação da satisfação do investidor se ele comprar três ações e vender duas debêntures.
d. Calcule quantas debêntures o investidor deve comprar para substituir uma ação sem que a satisfação seja afetada.

PROBLEMAS APLICADOS DE CIÊNCIAS SOCIAIS E BIOLÓGICAS

69. **HEMODINÂMICA** Quanto menor a resistência à vazão dos vasos sanguíneos, menor a energia gasta pelo coração para bombear o sangue. De acordo com uma das leis de Poiseuille,* a resistência à vazão em um vaso sanguíneo é dada pela expressão

$$F(L, r) = \frac{kL}{r^4}$$

em que L é o comprimento do vaso, r é o raio do vaso e k é uma constante que depende da viscosidade do sangue.
a. Calcule F, $\partial F/\partial L$ e $\partial F/\partial r$ para $L = 3{,}17$ cm e $r = 0{,}085$ cm. Deixe a resposta em função de k.
b. Suponha que o vaso do item (a) seja alongado e estreitado de tal forma que o comprimento fique 20% maior e o raio 20% menor. Como as mudanças afetam a vazão $F(L, r)$? Qual é o efeito das mudanças sobre os valores de $\partial F/\partial L$ e $\partial F/\partial r$?

70. **ÁREA SUPERFICIAL DO CORPO HUMANO** Como foi visto no Problema 47 da Seção 7.1, a área superficial do corpo de uma pessoa é dada pela expressão empírica

$$S(W, H) = 0{,}0072 W^{0{,}425} H^{0{,}725}$$

em que W (kg) e H (cm) são, respectivamente, o peso e a altura da pessoa. No momento, certa criança pesa 34 kg e tem 1 m e 20 cm de altura.
a. Calcule as derivadas parciais $S_W(34, 120)$ e $S_H(34, 120)$ e interprete-as como taxas de variação.
b. Estime qual será a variação da área superficial se a criança engordar 1 kg e a altura permanecer a mesma.

71. **CIRCULAÇÃO DO SANGUE** A passagem de sangue de uma artéria para um capilar é dada pela expressão

$$F(x, y, z) = \frac{c\pi x^2}{4}\sqrt{y - z} \quad \text{cm}^3/\text{s}$$

em que c é uma constante positiva, x é o diâmetro do capilar, y é a pressão na artéria e z é a pressão no capilar. Qual é a expressão da taxa de variação da vazão de sangue com a pressão no capilar, supondo que a pressão na artéria e o diâmetro do capilar permanecem constantes? A taxa é crescente ou decrescente?

72. **CARDIOLOGIA** Para estimar a porcentagem de sangue que passa por um dos pulmões de um paciente, os cardiologistas usam a expressão empírica

$$P(x, y, u, v) = \frac{100xy}{xy + uv}$$

na qual x é a quantidade de dióxido de carbono que sai do pulmão, y é a diferença entre as quantidades de dióxido de carbono que entram e saem do pulmão, u é a quantidade de dióxido de carbono que sai do outro pulmão e v é a diferença entre as quantidades de dióxido de carbono que entram e saem do outro pulmão.

Sabe-se que a principal função dos pulmões é introduzir oxigênio no sangue e remover dióxido de carbono; a diferença entre as quantidades de dióxido de carbono que entram e saem do pulmão é uma medida da eficiência com que o órgão executa essa função. (A medida desse parâmetro é executada por um instrumento conhecido como **capnógrafo**.) O ar carregado de dióxido de carbono é exalado para que o ar carregado de oxigênio possa ser inalado.

Calcule as derivadas parciais P_x, P_y, P_u e P_v e explique o que significam em termos fisiológicos.

PROBLEMAS VARIADOS

*Se $z_{xx} + z_{yy} = 0$, em que $z = f(x, y)$, dizemos que z satisfaz a **equação de Laplace**. As funções que satisfazem a equação de Laplace desempenham um papel importante em vários campos da física, especialmente na eletricidade e no magnetismo. Nos Problemas 73 a 76, verifique se a função dada satisfaz a equação de Laplace.*

73. $z = x^2 - y^2$
74. $z = xy$
75. $z = xe^y - ye^x$
76. $z = [(x - 1)^2 + (y + 3)^2]^{-1/2}$

77. **EMBALAGENS** Uma lata de refrigerante é um cilindro de altura H e raio R; o volume da lata é dado por $V = \pi R^2 H$. Certa lata tem 12 cm de altura e 3 cm de raio. Use os métodos do cálculo para estimar a variação de volume se o raio for aumentado de 1 cm e a altura for mantida em 12 cm.

78. **EMBALAGENS** A superfície da lata de refrigerante do Problema 77 tem uma área $S = 2\pi R^2 + 2\pi RH$. Use os métodos do cálculo para estimar a variação da área da superfície da lata:

---

*E. Batschelet, *Introduction to Mathematics for Life Scientists*, 2nd ed., New York: Springer-Verlag, 1979, p. 279.

a. Se o raio aumentar de 3 para 4 cm e a altura permanecer constante em 12 cm.

b. Se a altura diminuir de 12 para 11 cm e a altura permanecer constante em 3 cm.

79. FÍSICO-QUÍMICA Segundo a **lei dos gases ideais**, $PV = nRT$, em que P é a pressão exercida pelo gás, V é o volume do gás, n é o número de mols do gás, T é a temperatura absoluta do gás e R é uma constante, conhecida como **constante dos gases ideais**. Calcule o valor do produto

$$\frac{\partial V}{\partial T}\frac{\partial T}{\partial P}\frac{\partial P}{\partial V}$$

80. CIRCUITOS ELÉTRICOS Em um circuito elétrico com dois resistores de resistências R_1 e R_2 ligados em paralelo, a resistência total R é dada pela expressão

$$\frac{1}{R} = \frac{1}{R_1} + \frac{1}{R_2}$$

Mostre que

$$R_1\frac{\partial R}{\partial R_1} + R_2\frac{\partial R}{\partial R_2} = R$$

Os Problemas 81 a 85 envolvem a regra da cadeia para derivadas parciais ou a fórmula da aproximação por incrementos para funções de duas variáveis.

81. EMBALAGENS Uma lata de refrigerante tem H cm de altura e um raio de R cm. O preço do material da lata é 0,0005 centavos por cm² e o refrigerante custa 0,001 centavo por cm³.

a. Escreva a função $C(R, H)$ que expressa o custo de uma lata cheia de refrigerante. (*Sugestão*: Use as fórmulas de volume e de área dos Problemas 77 e 78.)

b. A maioria das latas de refrigerante tem 12 cm de altura e 3 cm de raio. Use os métodos do cálculo para estimar o efeito sobre o custo de um aumento de 0,3 cm no raio e uma diminuição de 0,2 cm na altura.

82. PAISAGISMO Um jardim retangular com 30 metros de frente e 40 metros de profundidade é cercado por uma calçada de cimento com 0,8 metro de largura. Use os métodos do cálculo para calcular a área da calçada.

83. CONSTRUÇÃO CIVIL Um silo cilíndrico feito de concreto tem um diâmetro interno de 12 m e uma altura de 80 m sem o teto. Se o teto do silo e as paredes curvas têm 6 cm e 4 cm de espessura, respectivamente, use os métodos do cálculo para estimar o volume de concreto necessário para construir o silo.

84. Suponha que $y = h(x)$ é uma função derivável de x e que $f(x, y) = C$, em que C é uma constante. Use a regra da cadeia (com x assumindo o papel de t) para chegar à equação

$$\frac{\partial F}{\partial x} + \frac{\partial F}{\partial y}\frac{dy}{dx} = 0$$

segundo a qual a inclinação em um ponto (x, y) da curva de nível $F(x, y) = C$ é dada por

$$\frac{dy}{dx} = -\frac{F_x}{F_y}$$

85. Use a relação do Problema 84 para calcular a inclinação da curva de nível

$$x^2 + xy + y^3 = 1$$

no ponto $(-1, 1)$. Qual é a equação da reta tangente à curva de nível nesse ponto?

86. Use a relação obtida do Problema 84 para calcular a inclinação da curva de nível

$$x^2y + 2y^3 - 2e^{-x} = 14$$

no ponto $(0, 2)$. Qual é a equação da reta tangente à curva de nível nesse ponto?

SEÇÃO 7.3 Máximos e Mínimos de Funções de Duas Variáveis

Objetivos do Aprendizado

1. Determinar e classificar os extremos relativos de uma função de duas variáveis usando o teste das derivadas parciais de segunda ordem.
2. Analisar problemas aplicados que envolvem a otimização de funções de duas variáveis.
3. Aplicar a propriedade dos valores extremos a funções de duas variáveis para determinar os extremos absolutos em uma região limitada.

Muitos problemas práticos envolvem a determinação dos máximos e mínimos de funções de duas variáveis. Suponha, por exemplo, que um fabricante produz dois modelos de *Blu-ray player*, um modelo de luxo e um modelo-padrão, e que o custo total para produzir x unidades do modelo de luxo e y unidades do modelo-padrão é dado pela função $C(x, y)$. Quais são os valores de x e y para os quais o custo é mínimo? Outro exemplo: Suponha que a produção de uma fábrica é dada por uma função $Q(K, L)$, em que K é o capital imobilizado e L é o volume da mão de obra. Para que valores de K e L a produção é máxima?

Na Seção 3.4, aprendemos a usar a derivada primeira, $f'(x)$, para determinar os valores máximos e mínimos de funções de uma variável, $f(x)$; nesta seção, vamos aplicar o mesmo método a funções de duas variáveis, $f(x, y)$. Começamos com uma definição.

Extremos Relativos ■ Dizemos que uma função $f(x, y)$ possui um **máximo relativo** em um ponto (a, b) do domínio de f se $f(a, b) \geq f(x, y)$ para todos os pontos (x, y) situados no interior de um disco circular com centro em (a, b). Analogamente, dizemos que uma função $f(x, y)$ possui um **mínimo relativo** em um ponto (c, d) do domínio de f se $f(c, d) \leq f(x, y)$ para todos os pontos (x, y) situados no interior de um disco circular com centro em (c, d).

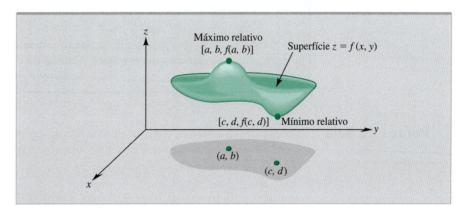

FIGURA 7.11 Extremos relativos da função $f(x, y)$.

Em termos geométricos, existe um máximo relativo de $f(x, y)$ no ponto (a, b) se a superfície $z = f(x, y)$ possui um pico no ponto $(a, b, f(a, b))$, ou seja, se o ponto $(a, b, f(a, b))$ é pelo menos tão alto quanto qualquer ponto vizinho. Analogamente, existe um mínimo relativo de $f(x, y)$ no ponto (c, d) se o ponto $(c, d, f(c, d))$ está no fundo de uma depressão, ou seja, se o ponto $(c, d, f(c, d))$ é pelo menos tão baixo quanto qualquer ponto vizinho. A função $f(x, y)$ da Figura 7.11, por exemplo, possui um máximo relativo no ponto (a, b) e um mínimo relativo no ponto (c, d).

Pontos Críticos   Os pontos (a, b) do domínio de $f(x, y)$ para os quais $f_x(a, b) = 0$ e $f_y(a, b) = 0$ são chamados de **pontos críticos** de f. Como os números críticos das funções de uma variável, os pontos críticos desempenham um papel importante no estudo dos máximos e mínimos relativos.

Para ter uma ideia da relação que existe entre os pontos críticos e os extremos relativos, suponha que $f(x, y)$ possua um máximo relativo no ponto (a, b). Nesse caso, a curva que resulta da interseção da superfície $z = f(x, y)$ com o plano vertical $y = b$ possui um máximo relativo e, portanto, uma tangente horizontal no ponto $x = a$ (Figura 7.12a). Como a inclinação da tangente é dada pela derivada parcial $f_x(a, b)$, devemos ter necessariamente $f_x(a, b) = 0$. Da mesma forma, a curva que resulta da interseção da superfície $z = f(x, y)$ com o plano vertical $x = a$ possui um máximo relativo e, portanto, uma tangente horizontal no ponto $y = b$, de modo que $f_y(a, b) = 0$ (Figura 7.12b). Isso mostra que um ponto no qual uma função de duas variáveis possui um máximo relativo ou um mínimo relativo deve ser necessariamente um ponto crítico.

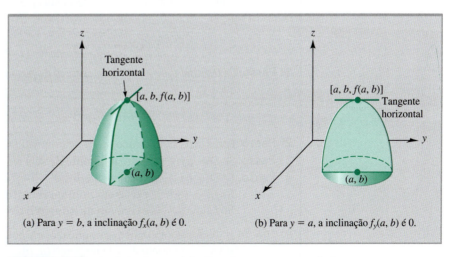

(a) Para $y = b$, a inclinação $f_x(a, b)$ é 0.   (b) Para $y = a$, a inclinação $f_y(a, b)$ é 0.

FIGURA 7.12   As derivadas parciais são nulas nos extremos relativos.

Segue uma descrição mais precisa da relação entre pontos críticos e extremos relativos.

> **Pontos Críticos e Extremos Relativos** ■ Um ponto (a, b) do domínio de uma função $f(x, y)$ para o qual as derivadas parciais f_x e f_y existem é chamado de *ponto crítico* de f se
>
> $$f_x(a, b) = 0 \quad \text{e} \quad f_y(a, b) = 0$$
>
> Quando as derivadas parciais de primeira ordem de f existem em todos os pontos de uma região R do plano xy, os extremos relativos de f em R só podem ocorrer em pontos críticos.

Pontos de Sela

Embora todos os extremos relativos de uma função devam ocorrer em pontos críticos, os pontos críticos não são necessariamente extremos relativos. Assim, por exemplo, se $f(x, y) = y^2 - x^2$,

$$f_x(x, y) = -2x \quad \text{e} \quad f_x(x, y) = 2y$$

e, portanto, $f_x(0, 0) = f_y(0, 0) = 0$. Assim, a origem $(0, 0)$ é um ponto crítico de $f(x, y)$ e a superfície $z = y^2 - x^2$ possui tangentes horizontais na origem tanto na direção do eixo x como na direção do eixo y. Entretanto, a interseção da superfície com o plano xz (no qual $y = 0$) é a parábola $z = -x^2$, cuja concavidade é para baixo, enquanto a interseção com o plano yz (no qual $x = 0$) é a parábola $z = y^2$, cuja concavidade é para cima. Isso significa que, na origem, a superfície $z = y^2 - x^2$ possui um *máximo relativo* na direção x e um *mínimo relativo* na direção y.

Em vez de possuir um pico ou uma depressão no ponto crítico $(0, 0)$, a superfície $z = y^2 - x^2$ tem a forma de uma sela, como mostra a Figura 7.13, e, por essa razão, recebe o nome de **superfície de sela**. Para que um ponto crítico seja um extremo relativo, é preciso que o extremo seja do mesmo tipo *em todas as direções*. Um ponto crítico (como a origem, nesse exemplo) que é um máximo relativo em uma direção e um mínimo relativo em outra direção é chamado de **ponto de sela**.

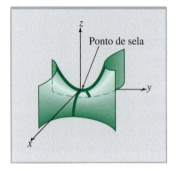

FIGURA 7.13 Gráfico da função $z = y^2 - x^2$, que é uma superfície de sela.

Teste das Derivadas Parciais de Segunda Ordem

Vamos apresentar, a seguir, um método, baseado nas derivadas parciais de segunda ordem, para determinar se um ponto crítico é um máximo relativo, ou um mínimo relativo ou um ponto de sela. Esse método é uma extensão do teste da derivada segunda para funções de uma variável, apresentado na Seção 3.2.

> **Teste das Derivadas Parciais de Segunda Ordem**
>
> Seja $f(x, y)$ uma função de x e y cujas derivadas parciais f_x, f_y, f_{xx}, f_{yy} e f_{xy} existem, e seja $D(x, y)$ a função
>
> $$D(x, y) = f_{xx}(x, y) f_{yy}(x, y) - [f_{xy}(x, y)]^2$$
>
> **1º Passo.** Determine todos os pontos críticos de $f(x, y)$, ou seja, todos os pontos (a, b) tais que
>
> $$f_x(a, b) = 0 \quad \text{e} \quad f_y(a, b) = 0$$
>
> **2º Passo.** Para cada ponto crítico (a, b) determinado no item 1, calcule o valor de $D(a, b)$.
> **3º Passo.** Se $D(a, b) < 0$, existe um **ponto de sela** em (a, b).
> **4º Passo.** Se $D(a, b) > 0$, calcule $f_{xx}(a, b)$.
>   Se $f_{xx}(a, b) > 0$, existe um **mínimo relativo** em (a, b).
>   Se $f_{xx}(a, b) < 0$, existe um **máximo relativo** em (a, b).
>
> Se $D(a, b) = 0$, o teste não pode ser aplicado, e f pode possuir um máximo relativo, um mínimo relativo ou um ponto de sela no ponto (a, b).

Observe que só existe um ponto de sela no ponto crítico (a, b) se o parâmetro D do teste das derivadas parciais de segunda ordem for negativo. Se D for positivo, existe um máximo relativo ou um mínimo relativo *em todas as direções*. Para verificar se se trata de um máximo ou de um mínimo, basta escolher uma direção (a direção x, digamos) e usar o sinal da derivada parcial de segunda ordem f_{xx} exatamente da mesma forma como a derivada segunda é usada no teste para funções de uma variável, discutido no Capítulo 3:

$f(x, y)$ é um mínimo relativo se $f_{xx}(a, b) > 0$

$f(x, y)$ é um máximo relativo se $f_{xx}(a, b) < 0$

As conclusões do teste das derivadas parciais de segunda ordem estão resumidas na tabela a seguir.

Sinal de D	Sinal de f_{xx}	Comportamento em (a, b)
+	+	Mínimo relativo
+	−	Máximo relativo
−		Ponto de sela

A demonstração do teste das derivadas parciais de segunda ordem está fora do escopo deste livro e será omitida. Os Exemplos 7.3.1 a 7.3.3 ilustram o uso do teste.

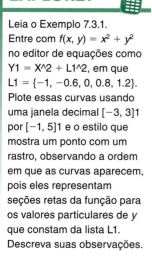

5 EXPLORE!

Leia o Exemplo 7.3.1. Entre com $f(x, y) = x^2 + y^2$ no editor de equações como Y1 = X^2 + L1^2, em que L1 = {−1, −0.6, 0, 0.8, 1.2}. Plote essas curvas usando uma janela decimal [−3, 3]1 por [−1, 5]1 e o estilo que mostra um ponto com um rastro, observando a ordem em que as curvas aparecem, pois eles representam seções retas da função para os valores particulares de y que constam da lista L1. Descreva suas observações.

EXEMPLO 7.3.1 Classificação de Pontos Críticos

Determine os pontos críticos da função $f(x, y) = x^2 + y^2$ e classifique cada um como máximo relativo, mínimo relativo, ou ponto de sela.

Solução

Como

$$f_x = 2x \quad \text{e} \quad f_y = 2y$$

o único ponto crítico de f é o ponto $(0, 0)$. Para verificar qual é a natureza desse ponto, usamos as derivadas parciais de segunda ordem

$$f_{xx} = 2 \quad f_{yy} = 2 \quad \text{e} \quad f_{xy} = 0$$

para obter

$$D(x, y) = f_{xx}f_{yy} - (f_{xy})^2 = (2)(2) - 0^2 = 4$$

Assim, $D(x, y) = 4$ para *qualquer ponto* (x, y) e, em particular,

$$D(0, 0) = 4 > 0$$

Isso significa que f possui um extremo relativo no ponto $(0, 0)$. Além disso, como

$$f_{xx}(0, 0) = 2 > 0$$

sabemos que o extremo relativo no ponto $(0, 0)$ é um mínimo. A título de ilustração, a Figura 7.14 mostra o gráfico de f.

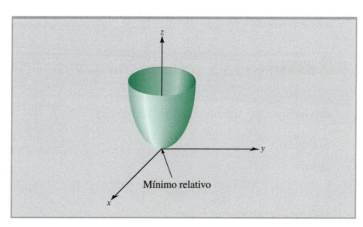

FIGURA 7.14 Gráfico da superfície $z = x^2 + y^2$, que possui um mínimo relativo no ponto $(0, 0)$.

EXEMPLO 7.3.2 Classificação de Pontos Críticos

Determine os pontos críticos da função $f(x, y) = 12x - x^3 - 4y^2$ e classifique cada um como máximo relativo, mínimo relativo, ou ponto de sela.

Solução

Como

$$f_x = 12 - 3x^2 \quad \text{e} \quad f_y = -8y$$

podemos obter os pontos críticos resolvendo o sistema de equações

$$12 - 3x^2 = 0$$
$$-8y = 0$$

De acordo com a segunda equação, $y = 0$; de acordo com a primeira,

$$3x^2 = 12$$
$$x = 2 \text{ ou } -2$$

Assim, existem dois pontos críticos, $(2, 0)$ e $(-2, 0)$.

Para determinar a natureza desses pontos, usamos as derivadas de segunda ordem

$$f_{xx} = -6x \quad f_{yy} = -8 \quad \text{e} \quad f_{xy} = 0$$

para formar a expressão

$$D = f_{xx}f_{yy} - (f_{xy})2 = (-6x)(-8) - 0 = 48x$$

Aplicando o teste das derivadas parciais de segunda ordem aos dois pontos críticos, obtemos

$$D(2, 0) = 48(2) = 96 > 0 \quad \text{com} \quad f_{xx}(2, 0) = -6(2) = -12 < 0$$

e

$$D(-2, 0) = 48(-2) = -96 < 0$$

o que significa que existe um máximo relativo em $(2, 0)$ e um ponto de sela em $(-2, 0)$. Esses resultados aparecem na tabela a seguir.

Ponto crítico (a, b)	Sinal de $D(a, b)$	Sinal de $f_{xx}(a, b)$	Comportamento em (a, b)
$(2, 0)$	$+$	$-$	Máximo relativo
$(-2, 0)$	$-$		Ponto de sela

Resolver o sistema de equações $f_x = 0$ e $f_y = 0$ para determinar os pontos críticos raramente é tão simples como nos Exemplos 7.3.1 e 7.3.2. O Exemplo 7.3.3 dá uma ideia melhor das dificuldades envolvidas. Antes de prosseguir, talvez seja conveniente consultar o Apêndice A.2, no qual é discutida a solução de sistemas de duas equações com duas incógnitas.

EXEMPLO 7.3.3 Classificação de Pontos Críticos

Determine os pontos críticos da função $f(x, y) = x^3 - y^3 + 6xy$ e classifique cada um como máximo relativo, mínimo relativo, ou ponto de sela.

Solução

Como

$$f_x = 3x^2 + 6y \quad \text{e} \quad f_y = -3y^2 + 6x$$

podemos determinar os pontos críticos de f resolvendo o sistema de equações

$$3x^2 + 6y = 0 \quad \text{e} \quad -3y^2 + 6x = 0$$

LEMBRETE

Lembre-se de que
$a^3 - b^3 = (a - b)(a^2 + ab + b^2)$
e, portanto,
$x^3 - 8 = (x - 2)(x^2 + 2x + 4)$.
Como a equação $x^2 + 2x + 4 = 0$ não possui soluções reais (o que pode ser constatado usando a equação de Bhaskara), a única solução real da equação $x^3 - 8 = 0$ é $x = 2$.

Explicitando y na primeira equação, obtemos $y = -x^2/2$. Substituindo y por esse valor na segunda equação, obtemos:

$$-3\left(\frac{-x^2}{2}\right)^2 + 6x = 0$$

$$-\frac{3x^4}{4} + 6x = 0 \quad \text{multiplicando ambos os membros por } 4/3 \text{ e colocando } -x \text{ em evidência}$$

$$-x(x^3 - 8) = 0$$

As soluções dessa equação, $x = 0$ e $x = 2$, são as coordenadas x dos pontos críticos de f. Para obter as coordenadas y correspondentes, basta substituir esses valores de x na equação $y = -x^2/2$ (ou em uma das equações originais). Para $x = 0$, $y = 0$; para $x = 2$, $y = -2$. Isso significa que os pontos críticos de f são $(0, 0)$ e $(2, -2)$.

As derivadas parciais de segunda ordem de f são

$$f_{xx} = 6x \qquad f_{yy} = -6y \qquad \text{e} \qquad f_{xy} = 6$$

o que nos dá

$$D(x, y) = f_{xx}f_{yy} - (f_{xy})^2 = -36xy - 36 = -36(xy + 1)$$

Como

$$D(0, 0) = -36[(0)(0) + 1] = -36 < 0$$

chegamos à conclusão de que o ponto $(0, 0)$ é um ponto de sela. Como

$$D(2, -2) = -36[2(-2) + 1] = 108 > 0$$

e

$$f_{xx}(2, -2) = 6(2) = 12 > 0$$

chegamos à conclusão de que o ponto $(2, -2)$ é um mínimo relativo. Esses resultados estão resumidos na tabela a seguir.

Ponto crítico (a, b)	$D(a, b)$	$f_{xx}(a, b)$	Comportamento em (a, b)
$(0, 0)$	−		Ponto de sela
$(2, -2)$	+	+	Mínimo relativo

Os Exemplos 7.3.4 e 7.3.5 ilustram o uso dos métodos que acabamos de apresentar em problemas práticos de otimização.

EXEMPLO 7.3.4   Maximização do Lucro

O único empório de uma pequena cidade do interior trabalha com duas marcas de suco de laranja: uma marca local, que custa no atacado 30 centavos a garrafa, e uma marca nacional, muito conhecida, que custa no atacado 40 centavos a garrafa. O dono do empório estima que, se cobrar x centavos pela garrafa da marca local e y centavos pela garrafa da marca nacional, venderá $70 - 5x + 4y$ garrafas da marca local e $80 + 6x - 7y$ garrafas da marca nacional por dia. Por quanto deve vender as duas marcas de suco de laranja para maximizar o lucro? (Suponha que o lucro máximo coincide com o máximo relativo da receita diária.)

Solução

Como

$$\begin{pmatrix} \text{Lucro} \\ \text{total} \end{pmatrix} = \begin{pmatrix} \text{lucro com a venda} \\ \text{da marca local} \end{pmatrix} + \begin{pmatrix} \text{lucro com a venda} \\ \text{da marca nacional} \end{pmatrix}$$

o lucro diário com a venda de suco de laranja é dado pela função

$$f(x, y) = \underbrace{(70 - 5x + 4y)}_{\text{latas vendidas}} \cdot \underbrace{(x - 30)}_{\text{lucro por lata}} + \underbrace{(80 + 6x - 7y)}_{\text{latas vendidas}} \cdot \underbrace{(x - 40)}_{\text{lucro por lata}}$$

$$\text{marca local} \qquad\qquad\qquad \text{marca nacional}$$

$$= -5x^2 + 10xy - 20x - 7y^2 + 240y - 5.300$$

Calculamos as derivadas parciais

$$f_x = -10x + 10y - 20 \quad \text{e} \quad f_y = 10x - 14y + 240$$

e igualamos as derivadas a zero para obter

$$-10x + 10y - 20 = 0 \quad \text{e} \quad 10x - 14y + 240 = 0$$

ou

$$-x + y = 2 \quad \text{e} \quad 5x - 7y = -120$$

Resolvemos esse sistema de equações para obter

$$x = 53 \quad \text{e} \quad y = 55$$

Assim, (53, 55) é o único ponto crítico de f.

O passo seguinte consiste em aplicar o teste das derivadas parciais de segunda ordem. Como

$$f_{xx} = -10 \quad f_{yy} = -14 \quad \text{e} \quad f_{xy} = 10$$

obtemos

$$D(x, y) = f_{xx}f_{yy} - (f_{xy})^2 = (-10)(-14) - (10)^2 = 40$$

Como

$$D(53, 55) = 40 > 0 \quad \text{e} \quad f_{xx}(53, 55) = -10 < 0$$

a conclusão é que f possui um máximo (relativo) para $x = 53$, $y = 55$. Em outras palavras, o dono do supermercado pode maximizar o lucro vendendo a marca local de suco de laranja por 53 centavos a garrafa e a marca nacional por 55 centavos a garrafa.

EXEMPLO 7.3.5 Melhor Localização de um Depósito

Um funcionário do setor de planejamento da Distribuidora Tabajara verifica que as lojas dos três clientes mais importantes da distribuidora estão localizadas nos pontos $A(1, 5)$, $B(0, 0)$ e $C(8, 0)$, em que os valores estão em quilômetros. Em que ponto $W(x, y)$ deve ser instalado um depósito para que a soma dos quadrados das distâncias do ponto W aos pontos A, B e C seja mínima? (Veja a Figura 7.15.)

Solução

A soma dos quadrados das distâncias entre W e os pontos A, B e C é dada pela função

$$\underbrace{S(x, y)}_{\substack{\text{soma dos quadrados} \\ \text{das distâncias}}} = \underbrace{[(x - 1)^2 + (y - 5)^2]}_{\substack{\text{quadrado da} \\ \text{distância de } W \text{ a } A}} + \underbrace{(x^2 + y^2)}_{\substack{\text{quadrado da} \\ \text{distância de } W \text{ a } B}} + \underbrace{[(x - 8)^2 + y^2]}_{\substack{\text{quadrado da} \\ \text{distância de } W \text{ a } C}}$$

Para minimizar $S(x, y)$, começamos por calcular as derivadas parciais

$$S_x = 2(x - 1) + 2x + 2(x - 8) = 6x - 18$$
$$S_y = 2(y - 5) + 2y + 2y = 6y - 10$$

Igualando S_x e S_y a zero, obtemos:

$$6x - 18 = 0$$
$$6y - 10 = 0$$

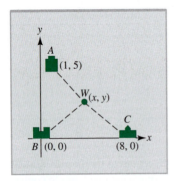

FIGURA 7.15 Localização dos clientes A, B e C e da distribuidora W.

o que nos dá $x = 3$ e $y = 5/3$. Como $S_{xx} = 6$, $S_{xy} = 0$ e $S_{yy} = 6$, temos:

$$D = S_{xx}S_{yy} - S_{xy}^2 = (6)(6) - 0^2 = 36 > 0$$

e

$$S_{xx}\left(3, \frac{5}{3}\right) = 6 > 0$$

Assim, o ponto procurado é o ponto $W(3, 5/3)$.

Determinação dos Extremos em uma Região Fechada e Limitada

Até agora, discutimos apenas os extremos relativos de uma função de duas variáveis. Dizemos que uma função $f(x, y)$ possui um **máximo absoluto** no ponto (x_0, y_0) de uma região R do plano xy, se $f(x_0, y_0) \geq f(x, y)$ para qualquer ponto (x, y) que pertença a R. Da mesma forma, dizemos que uma função $f(x, y)$ possui um **mínimo absoluto** no ponto (x_0, y_0) de uma região R do plano xy, se $f(x_0, y_0) \leq f(x, y)$ para qualquer ponto (x, y) que pertença a R. Na Seção 3.4, conhecemos um modo de determinar os extremos absolutos baseado na propriedade dos valores extremos, segundo a qual

> Os extremos absolutos de uma função $f(x)$ contínua no intervalo fechado $a \leq x \leq b$ estão em uma das extremidades do intervalo (a e b) ou em um ponto crítico c tal que $a < c < b$.

No caso das funções de duas variáveis, a propriedade dos valores extremos assume a seguinte forma:

Propriedade dos Valores Extremos para uma Função de Duas Variáveis ■ Os extremos absolutos de uma função $f(x, y)$ contínua em uma região R fechada e limitada do plano xy estão em um ponto da fronteira de R ou em um ponto crítico do interior de R.

O que significam, exatamente, as expressões "uma região fechada e limitada R" e "um ponto da fronteira de R"? Em primeiro lugar, um **ponto da fronteira** de R é um ponto (c, d) tal que qualquer círculo com centro em (c, d), por menor que seja o seu raio, contém pontos no interior e no exterior de R. O conjunto de pontos da fronteira de R é chamado de **fronteira** de R. Dizemos que R é uma região **fechada** se contém todos os pontos da fronteira, e dizemos que R é uma região **limitada** se todos os pontos de R estão contidos em um círculo de raio finito (Figura 7.16).

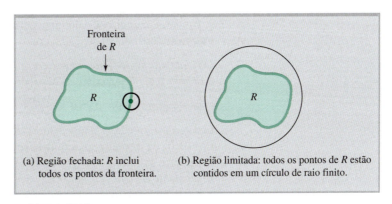

FIGURA 7.16 Uma região R fechada e limitada no plano xy.

A partir da propriedade dos valores extremos, podemos determinar os extremos absolutos de uma função contínua em uma região fechada e limitada R usando o seguinte método:

494 CAPÍTULO 7

> **Método para Determinar os Extremos Absolutos de uma Função f(x, y) em uma Região R Fechada e Limitada**
>
> **1º Passo.** Determinar todos os pontos críticos de $f(x, y)$ da região R.
> **2º Passo.** Determinar todos os pontos da fronteira de R que podem estar associados a valores extremos.
> **3º Passo.** Calcular os valores de $f(x_i, y_i)$ para todos os pontos (x_i, y_i) encontrados nos dois primeiros passos. O maior desses valores é o máximo absoluto da função $f(x, y)$ na região R e o menor é o mínimo absoluto.

Quando a região tem uma forma irregular, pode ser difícil determinar os pontos da fronteira que podem estar associados a valores extremos (2º Passo). Entretanto, as regiões que precisam ser analisadas em problemas práticos são muitas vezes delimitadas por linhas retas ou curvas simples, como circunferências e parábolas. O Exemplo 7.3.6. ilustra a aplicação do método para determinar extremos absolutos de uma região de triangular. No Exemplo 7.3.7, o método é usado para resolver um problema prático de otimização.

EXEMPLO 7.3.6 Determinação dos Extremos Absolutos de uma Função

Determine o máximo absoluto e o mínimo absoluto da função

$$f(x, y) = 4xy - x^2 - 4y + 9$$

em uma região triangular R que tem como vértices os pontos $(0, 0)$, $(8, 0)$ e $(0, 16)$ e cujo gráfico aparece na Figura 7.17.

Solução

1º Passo. **Determinar todos os pontos críticos de $f(x, y)$ da região R.**
As derivadas parciais de f são

$$f_x(x, y) = 4y - 2x \quad \text{e} \quad f_y(x, y) = 4x - 4$$

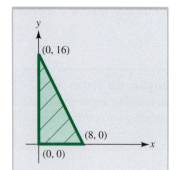

FIGURA 7.17 A região R do Exemplo 7.3.6.

Essas derivadas parciais existem para qualquer valor de x e y, mas

$$f_x(x, y) = 4y - 2x = 0 \quad \text{e} \quad f_y(x, y) = 4x - 4 = 0$$

apenas para $x = 1$ e $y = 1/2$; assim, o único ponto crítico da função na região R é o ponto $(1, 1/2)$. [O leitor saberia explicar por que sabemos que o ponto $(1, 1/2)$ está no interior da região R?]

2º Passo. **Determinar todos os pontos da fronteira de R que podem estar associados a valores extremos.**
A fronteira da região R é definida pelas retas $y = -2x + 16$, $x = 0$ e $y = 0$. Vamos examinar separadamente cada reta.

O segmento de reta horizontal entre os pontos (0, 0) e (8, 0). Nesse segmento de reta, $y = 0$ e, portanto, $f(x, y)$ depende apenas de x:

$$u(x) = f(x, 0) = -x^2 + 9 \quad \text{para } 0 \leq x \leq 8$$

Como $u'(x) = -2x = 0$ nesse intervalo apenas para $x = 0$, que corresponde ao vértice $(0, 0)$ da fronteira, os valores extremos de $u(x)$ podem estar associados apenas aos pontos extremos do segmento $(0, 0)$ e $(0, 8)$.

O segmento de reta vertical entre os pontos (0, 0) e (0, 16). Nesse segmento de reta, $x = 0$ e, portanto, $f(x, y)$ depende apenas de y:

$$v(y) = -4y + 9 \quad \text{para } 0 \leq y \leq 16$$

Como $v'(y) = -4 \neq 0$ para qualquer valor de y, os valores extremos de $f(x, y)$ podem estar associados apenas aos pontos extremos do segmento, $(0, 0)$ e $(0, 16)$.

CÁLCULO DE VÁRIAS VARIÁVEIS 495

O segmento de reta entre os pontos (0, 16) *e* (8, 0). Esse segmento é descrito pela equação $y = -2x + 16$. Substituindo y pelo seu valor em termos de x na equação de $f(x, y)$, obtemos:

$$w(x) = 4x(-2x + 16) - x^2 - 4(-2x + 16) + 9$$
$$= -9x^2 + 72x - 55 \quad \text{para } 0 \leq x \leq 8$$

e, portanto, $w'(x) = -18x + 72$. Assim, $w'(x) = 0$ para

$$x = 4 \quad \text{e} \quad y = -2(4) + 16 = 8$$

Isso significa que os pontos extremos de $w(x)$ podem estar associados ao ponto crítico (4, 8) ou aos pontos extremos do segmento, (0, 16) e (8, 0).

3º Passo. **Calcular os valores de $f(x_i, y_i)$ para todos os pontos (x_i, y_i) encontrados nos dois primeiros passos.**

A tabela a seguir mostra, na linha de cima, os pontos que podem estar associados a valores extremos (os pontos críticos e os vértices do triângulo), e, na linha de baixo, os valores correspondentes da função $f(x, y) = 4xy - x^2 - 4y + 9$.

(x_0, y_0)	$\left(1, \dfrac{1}{2}\right)$	(4, 8)	(0, 0)	(8, 0)	(0, 16)
$f(x_0, y_0)$	8	89	9	−55	−55

Comparando os valores da segunda linha da tabela, vemos que o máximo absoluto da função $f(x, y)$ na região R é 89, no ponto (4, 8), e o mínimo absoluto é −55, nos pontos (8, 0) e (0, 16).

EXEMPLO 7.3.7 Aplicação da Propriedade dos Valores Extremos a um Problema de Economia

Paulo Roberto é um vendedor cuja área de atuação é definida em parte pela margem de um lago e pode ser descrita, em termos de coordenadas x e y, como a região limitada pela curva $y = x^2$ (a margem do lago) e pelas retas $y = 0$ e $x = 3$, como mostra a Figura 7.18, em que x e y estão em quilômetros. Ele observa que o número de produtos $S(x, y)$ que consegue vender em cada ponto (x, y) de sua área de atuação é dado pela função

$$S(x, y) = 4x^2 - 16x + 4y^2 - 4y + 20$$

Em que ponto (ou pontos) Paulo Roberto vende mais produtos? Em que ponto (ou pontos) Paulo Roberto vende menos produtos? Qual é o número de produtos vendidos nos dois casos?

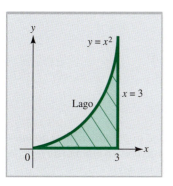

FIGURA 7.18 Área de atuação de um vendedor (Exemplo 7.3.7).

Solução

As derivadas parciais de S são

$$S_x(x, y) = 8x - 16 \quad \text{e} \quad S_y(x, y) = 8y - 4$$

As derivadas parciais existem para qualquer valor de x e y. Como, porém,

$$S_x(x, y) = 8x - 16 = 0 \quad \text{e} \quad S_y(x, y) = 8y - 4 = 0$$

apenas para $x = 2$ e $y = 1/2$, o ponto $(2, 1/2)$ é o único ponto crítico interno. A fronteira da região é formada pelo segmento de reta horizontal entre os pontos (0, 0) e (3, 0), o segmento de reta vertical entre os pontos (3, 0) e (3, 9) e a parte da curva $y = x^2$ entre os pontos (0, 0) e (3, 9).

Na reta horizontal $y = 0$, a função $S(x, y)$ se torna

$$u(x) = 4x^2 - 16x + 20$$

Como $u'(x) = 8x - 16 = 0$ apenas para $x = 2$, os valores extremos de $S(x, y)$ nessa parte da fronteira só podem estar no ponto (2, 0) ou nos pontos extremos do segmento de reta, que são os pontos (0, 0) e (3, 0).

Na reta vertical $x = 3$, a função $S(x, y)$ se torna

$$v(y) = 4(3)^2 - 16(3) + 4y^2 - 4y + 20 = 4y^2 - 4y + 8$$

Como $v'(y) = 8y - 4 = 0$ apenas para $y = 1/2$, os valores extremos de $S(x, y)$ nessa parte da fronteira só podem estar no ponto $(3, 1/2)$ ou nos pontos extremos do segmento de reta, que são os pontos $(3, 0)$ e $(3, 9)$.

A parte curva da fronteira é descrita pela equação $y = x^2$. Substituindo y pelo seu valor em termos de x na equação de $S(x, y)$, obtemos

$$w(x) = 4x^2 - 16x + 4(x^2)^2 - 4(x^2) + 20 = 4x^4 - 16x + 20$$

Como o único número real que satisfaz a equação $w'(x) = 16x^3 - 16 = 0$ é $x = 1$, os valores extremos de $S(x, y)$ só podem estar no ponto $(1, 1)$ ou nos pontos extremos da parte curva da fronteira, que são os pontos $(0, 0)$ e $(3, 9)$.

A tabela a seguir mostra, na linha de cima, os pontos que podem estar associados a valores extremos e, na linha de baixo, os valores correspondentes da função $S(x, y)$.

(x_0, y_0)	$\left(2, \dfrac{1}{2}\right)$	$(0, 0)$	$(2, 0)$	$(3, 0)$	$\left(3, \dfrac{1}{2}\right)$	$(3, 9)$	$(1, 1)$
$f(x_0, y_0)$	3	20	4	8	7	296	8

Comparando os valores da segunda linha da tabela, vemos que Paulo Roberto vende o maior número de produtos (296) no ponto $(3, 9)$ e o menor número de produtos (3) no ponto $(2, ½)$.

PROBLEMAS ■ 7.3

Nos Problemas 1 a 22, determine quais são os pontos críticos da função e classifique cada um como máximo relativo, mínimo relativo ou ponto de sela. (Nota: As manipulações algébricas dos Problemas 19 a 22 são especialmente trabalhosas.)

1. $f(x, y) = 5 - x^2 - y^2$
2. $f(x, y) = 2x^2 - 3y^2$
3. $f(x, y) = xy$
4. $f(x, y) = x^2 + 2y^2 - xy + 14y$
5. $f(x, y) = \dfrac{16}{x} + \dfrac{6}{y} + x^2 - 3y^2$
6. $f(x, y) = xy + \dfrac{8}{x} + \dfrac{8}{y}$
7. $f(x, y) = 2x^3 + y^3 + 3x^2 - 3y - 12x - 4$
8. $f(x, y) = (x - 1)^2 + y^3 - 3y^2 - 9y + 5$
9. $f(x, y) = x^3 + y^2 - 6xy + 9x + 5y + 2$
10. $f(x, y) = -x^4 - 32x + y^3 - 12y + 7$
11. $f(x, y) = xy^2 - 6x^2 - 3y^2$
12. $f(x, y) = x^2 - 6xy - 2y^3$
13. $f(x, y) = (x^2 + 2y^2)e^{1-x^2-y^2}$
14. $f(x, y) = e^{-(x^2+y^2-6y)}$
15. $f(x, y) = x^3 - 4xy + y^3$
16. $f(x, y) = (x - 4)\ln(xy)$
17. $f(x, y) = 4xy - 2x^4 - y^2 + 4x - 2y$
18. $f(x, y) = 2x^4 + x^2 + 2xy + 3x + y^2 + 2y + 5$
19. $f(x, y) = \dfrac{1}{x^2 + y^2 + 3x - 2y + 1}$
20. $f(x, y) = xye^{-(16x^2 + 9y^2)/288}$
21. $f(x, y) = x \ln\left(\dfrac{y^2}{x}\right) + 3x - xy^2$
22. $f(x, y) = \dfrac{x}{x^2 + y^2 + 4}$

Nos Problemas 23 a 28, determine os pontos críticos no interior e na fronteira da região e o máximo e o mínimo da função $f(x, y)$ na região (valores e coordenadas).

23. $f(x, y) = xy - x - 3y$ em uma região triangular que tem como vértices os pontos $(0, 0)$, $(5, 0)$ e $(5, 5)$.
24. $f(x, y) = 4xy - 8x - 4y + 5$ em uma região triangular que tem como vértices os pontos $(0, 0)$, $(2, 0)$ e $(0, 3)$.
25. $f(x, y) = 2x^2 + y^2 + xy^2 - 2$ em uma região quadrada que tem como vértices os pontos $(5, 5)$, $(-5, 5)$, $(5, -5)$ e $(-5, -5)$.
26. $f(x, y) = x^2 + 3y^2 - 4x + 6y - 3$ em uma região quadrada que tem como vértices os pontos $(0, 0)$, $(3, 0)$, $(3, -3)$ e $(0, -3)$.
27. $f(x, y) = x^4 + 2y^3$ em uma região circular limitada pela circunferência $x^2 + y^2 = 1$.
28. $f(x, y) = xy^2$ na região de um quarto de círculo limitada pela circunferência $x^2 + y^2 = 12$ com $x \geq 0$ e $y \geq 0$.

PROBLEMAS APLICADOS DE ECONOMIA E FINANÇAS

Nos Problemas 29 a 35, suponha que o valor extremo pedido é um extremo relativo.

29. **VENDAS A VAREJO** Uma loja de produtos esportivos vende dois modelos de *grip*, um assinado por Roger Federer e outro por Rafael Nadal. O dono da loja compra os dois modelos pelo mesmo preço, R$ 2,00, e estima que, se os grips Federer forem vendidos por x reais a unidade e os grips Nadal por y reais a unidade, os fregueses comprarão $40 - 50x + 40y$ grips Federer e $20 + 60x - 70y$ grips Nadal por dia. Quanto o dono da loja deve cobrar pelos grips para obter o maior lucro possível?

30. **PREÇOS** A companhia telefônica está lançando dois novos sistemas de comunicações para executivos que pretende vender a grandes empresas. Estima-se que, se o preço de um dos sistemas for x centenas de reais e o preço do outro for y centenas de reais, serão vendidos $40 - 8x + 5y$ sistemas do primeiro tipo e $50 + 9x - 7y$ do segundo. Se o custo de fabricação do primeiro sistema é R$ 1.000,00 e o custo de fabricação do segundo é R$ 3.000,00, quanto a companhia deve cobrar pelos sistemas para obter o maior lucro possível?

31. **VENDAS NO VAREJO** Uma fábrica produz x unidades do produto A e y unidades do produto B. Todas as unidades serão vendidas se o preço do produto A for $p(x) = 100 - x$ reais e o preço do produto B for $q(y) = 100 - y$ reais. A função de custo conjunto dos produtos é $C(x, y) = x^2 + xy + y^2$ reais. Quais devem ser os valores de x e y para que o lucro seja máximo?

32. **VENDAS NO VAREJO** Repita o Problema 31 para o caso em que $p = 20 - 5x$, $q = 4 - 2y$ e $C = 2xy + 4$.

33. **POLÍTICA DE VENDAS** Um fabricante com direitos de exclusividade em relação a um novo e sofisticado modelo de máquina industrial pretende vender um número limitado das máquinas no mercado interno e no mercado externo. O preço de mercado das máquinas depende do número de máquinas fabricadas. (Se um número pequeno de máquinas for colocado à venda, a competição entre os possíveis compradores fará o preço subir.) Estima-se que, se o fabricante colocar à venda x máquinas no mercado interno e y máquinas no mercado externo, as máquinas serão vendidas por $60 - x/5 + y/20$ milhares de reais no mercado interno e pelo equivalente a $50 - y/10 + x/20$ milhares de reais no mercado externo. Se o custo unitário de fabricação das máquinas é R$ 10.000,00, qual deve ser o número de máquinas colocadas à venda no mercado interno e no mercado externo para que o lucro seja o maior possível?

34. **POLÍTICA DE VENDAS** Um fabricante com direitos de exclusividade sobre uma nova máquina industrial pretende vender um número limitado das máquinas e estima que, se x máquinas forem colocadas à venda no mercado interno e y máquinas forem colocadas à venda no mercado externo, as máquinas serão vendidas por $150 - x/6$ milhares de reais no mercado interno e pelo equivalente a $100 - y/20$ milhares de reais no mercado externo. Os custos operacionais não dependem significativamente do número de máquinas fabricadas.

   a. Quantas máquinas o fabricante deve colocar à venda no país para que o lucro nas transações do mercado interno seja o maior possível?
   b. Quantas máquinas o fabricante deve colocar à venda no exterior para que o lucro nas transações do mercado externo seja o maior possível?
   c. Quantas máquinas o fabricante deve colocar à venda nos dois mercados para que o lucro *total* seja o maior possível?
   d. A relação entre as respostas dos itens (a), (b) e (c) é mera coincidência? Justifique sua resposta. Existe uma relação semelhante no caso do Problema 33? Qual é a diferença entre os dois problemas sob esse aspecto?

35. **DISTRIBUIÇÃO DE RECURSOS** Um fabricante pretende vender um novo produto por R$ 210,00 a unidade e estima que, se investir x mil reais em desenvolvimento e y mil reais em publicidade, os consumidores comprarão $640y/(y + 3) + 216x/(x + 5)$ unidades do produto. Se o custo de fabricação do produto é R$ 135,00 a unidade, quanto deve gastar o fabricante em desenvolvimento e em propaganda para que o lucro seja máximo? [*Sugestão*: Lucro = (número de unidades)(preço unitário − custo unitário) − investimento total em desenvolvimento e propaganda.]

Nos Problemas 36 a 39, é preciso usar a propriedade dos valores extremos.

36. **VENDAS** Maria do Rosário, uma colega do vendedor do Exemplo 7.3.7, tem uma área de atuação limitada pela curva $y = x^2$ e pela reta $y = 16$, em que x e y estão em quilômetros. A moça observa que o número de unidades $S(x, y)$ que consegue vender é dado pela função

$$S(x, y) = 6x^2 - 36x + 9y^2 - 6y + 60$$

Em que ponto (ou pontos) Maria do Rosário vende mais produtos? Em que ponto (ou pontos) Maria do Rosário vende menos produtos? Qual é o número de produtos vendidos nos dois casos?

37. **VENDAS** Lucas, o gerente de uma loja de eletrodomésticos, calcula que, se cobrar x reais pelo modelo básico de um leitor de livros digitais e y reais pelo modelo avançado, venderá $400 - x - y$ unidades do modelo básico e $600 - 2x - y$ unidades do modelo avançado. Ele sabe também que o custo operacional total associado aos dois tipos de leitores é C reais, em que

$$C(x, y) = x^2 - 280x + y^2 - 380y + 60.000$$

   a. Note que x e y não podem ser negativos e devem satisfazer as desigualdades $400 - x - y \geq 0$ e $600 - 2x - y \geq 0$. Descreva a região fechada e limitada do plano xy que satisfaz essas condições.
   b. Que preços Lucas deve cobrar para minimizar o custo operacional? Qual é o custo operacional mínimo?

38. **LUCRO** Nesse problema, o Exemplo 7.3.4 é reexaminado como um problema de otimização em uma região fechada e limitada. (*Advertência*: Esse problema envolve manipulações algébricas bastante trabalhosas.)

a. Explique por que, nas condições do Exemplo 7.3.4, as variáveis x e y devem satisfazer as desigualdades

$$x \geq 30, y \geq 40$$
$$70 - 5x + 4y \geq 0$$
$$80 + 6x - 7y \geq 0$$

Mostre que o conjunto de todos os pontos (x, y) que satisfazem essas desigualdades é uma região triangular, e determine os vértices do triângulo.

b. Resolva o Exemplo 7.3.4 determinando o valor máximo da função lucro

$$f(x, y) = -5x^2 + 10xy - 20x - 7y^2 + 240y - 5.300$$

na região triangular definida no item (a). A solução é a mesma do Exemplo 7.3.4? Para que valores de x e y o lucro é *mínimo*?

39. LUCRO Nesse problema, o Problema 29 é reexaminado como um problema de otimização em uma região fechada e limitada. (*Advertência*: Esse problema envolve manipulações algébricas bastante trabalhosas.)

a. Explique por que, nas condições do Problema 29, as variáveis x e y devem satisfazer as desigualdades

$$x \geq 2, y \geq 2$$
$$40 - 50x + 40y \geq 0$$
$$20 + 60x - 70y \geq 0$$

Mostre que o conjunto dos pontos (x, y) que satisfazem essas desigualdades é uma região triangular, e determine os vértices do triângulo.

b. Resolva o Problema 29 determinando o valor máximo da função lucro

$$P(x, y) = -50x^2 + 100xy + 20x - 70y^2 + 80y - 120$$

na região triangular definida no item (a). A solução é a mesma do Problema 29? Para que valores de x e y o lucro é *mínimo*?

PROBLEMAS APLICADOS DE CIÊNCIAS SOCIAIS E BIOLÓGICAS

Nos Problemas 40 a 49, suponha que o valor extremo pedido é um extremo relativo.

40. ECOLOGIA A aceitabilidade social de uma indústria frequentemente envolve uma comparação entre as vantagens comerciais do empreendimento e o impacto ambiental. A indústria madeireira, por exemplo, gera empregos e oferece produtos úteis, mas pode colocar em risco a sobrevivência de animais silvestres. Suponha que a aceitabilidade social de uma indústria seja dada pela função

$$D(x, y) = (16 - 6x)x - (y^2 - 4xy + 40)$$

em que x é uma medida da vantagem comercial (produtos oferecidos e empregos criados) e y é uma medida dos danos causados ao ambiente. A indústria é considerada desejável, se $D \geq 0$, e indesejável, se $D < 0$.

a. Para que valores de x e y a aceitabilidade social da indústria é máxima? Interprete o resultado. É possível que a indústria seja desejável, dependendo dos valores de x e y?

b. A função do item (a) pode ser artificial, mas a ideia é válida. Leia a respeito da ética na indústria e escreva um ensaio sobre o modo como você acredita que as decisões desse tipo devem ser tomadas.[*]

41. RESPOSTA A ESTÍMULOS Considere um experimento no qual um paciente executa uma tarefa enquanto está sendo submetido a dois estímulos diferentes (um som e uma luz, por exemplo). O desempenho é melhor na presença de estímulos fracos; acima de certa intensidade, os estímulos distraem a atenção e o desempenho piora. Em um experimento no qual são aplicadas x unidades do estímulo A e y unidades do estímulo B, o desempenho de um paciente é dado por uma função da forma

$$f(x, y) = C + xye^{1-x^2-y^2}$$

em que C é uma constante positiva. Quantas unidades de cada estímulo produzem o melhor desempenho possível?

42. MANUTENÇÃO Quatro poços de petróleo estão localizados nos pontos $(-300, 0)$, $(-100, 500)$, $(0, 0)$ e $(400, 300)$ de um sistema retangular de coordenadas no qual as distâncias são medidas em metros. Em que ponto $M(a, b)$ deve ser instalado um galpão de manutenção para que a soma dos quadrados das distâncias entre o galpão e os quatro poços seja a menor possível?

43. PLANEJAMENTO URBANO Quatro pequenas cidades em uma região rural estão interessadas em instalar uma repetidora de televisão. Se as cidades estão localizadas nos pontos $(-5, 0)$, $(1, 7)$, $(9, 0)$ e $(0, -8)$ de um sistema retangular de coordenadas no qual as distâncias são medidas em quilômetros, em que ponto $S(a, b)$ deve ficar a repetidora para que a soma dos quadrados das distâncias entre a repetidora e as quatro cidades seja a menor possível?

44. APRENDIZADO Em um experimento de aprendizado, uma pessoa examina uma lista de fatos durante x minutos. Em seguida, a lista é retirada e a pessoa dispõe de y minutos para se preparar mentalmente para um exame baseado nos fatos da lista. Suponha que os resultados mostrem que o número de acertos é dado pela expressão

$$S(x, y) = -x^2 + xy + 10x - y^2 + y + 15$$

a. Qual é o número de acertos de uma pessoa que faz o exame "a frio" (ou seja, sem se preparar)?

b. Quanto tempo uma pessoa deve passar se preparando para obter o maior número possível de acertos? Qual é esse número?

45. GENÉTICA Formas alternativas de um mesmo gene são chamadas de *alelos*. Três alelos, A, B e O, determinam os tipos sanguíneos humanos, A, B, O e AB. Suponha que p, q e r sejam as proporções de A, B e O em certa população, de modo que $p + q + r = 1$. Nesse caso, de acordo com a lei de Hardy-Weinberg da genética, a proporção de indivíduos na população que possuem dois ale-

---

[*]Um bom lugar para começar é o artigo de K. R. Stollery, "Environmental Controls in Extractive Industries", *Land Economics*, Vol. 61, 1985, p. 169.

los diferentes é dada por $P = 2pq + 2pr + 2rq$. Quais são os valores de p, q, e r para os quais o valor de P é o maior possível? Qual é esse valor?

46. **PADRÕES DAS ASAS DAS BORBOLETAS** Há muitos anos que os belos padrões das asas das borboletas vêm sendo objeto de curiosidade e estudos científicos. Os modelos matemáticos usados para investigar esses padrões muitas vezes envolvem a concentração de um composto morfogênico (substância química que produz mudanças). Em um modelo para estudar padrões circulares,[*] um composto morfogênico é liberado em um ponto da asa, e a concentração do composto t dias mais tarde é dada por

$$S(r, t) = \frac{1}{\sqrt{4\pi t}} e^{-\left(\gamma k t + \frac{r^2}{4t}\right)} \qquad t > 0$$

em que r é o raio da região da asa afetada pela substância, e k e γ são constantes positivas.

   a. Determine um valor de t_m tal que $\partial S/\partial t = 0$. Mostre que a função $S_m(t)$ formada a partir de $S(r, t)$ mantendo r constante possui um máximo relativo em $t = t_m$. Isso equivale a dizer que a função de duas variáveis $S(r, t)$ possui um máximo relativo?

   b. Seja $M(r)$ o máximo determinado no item (a), ou seja, $M(r) = S(r, t_m)$. Escreva uma expressão para M em termos de $z = (1 + 4\gamma k r^2)^{1/2}$.

   c. Acontece que $M(z)$ é exatamente a função adequada para analisar os padrões circulares nas asas de borboleta. Leia as páginas 461 a 468 do livro citado nesse problema e escreva um ensaio de pelo menos 10 linhas a respeito do uso de uma combinação de biologia e matemática para estudar os padrões das asas das borboletas.

47. **ARQUITETURA** O *espaço de circulação* de uma moradia é o volume da região na qual uma pessoa de 1,80 m de altura pode caminhar ereta. Uma casa de campo tem y metros de comprimento e uma seção reta em forma de triângulo equilátero com x metros de lado, como mostra a figura. Se a área da superfície externa da casa (teto e fachadas dianteira e traseira) deve ter 45 m², quais são os valores de x e y para os quais o espaço de circulação é máximo?

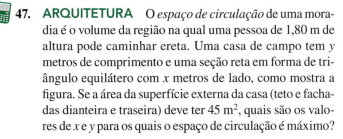
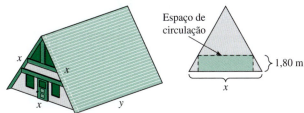

PROBLEMA 47

48. **ONCOLOGIA** Tumores malignos que não podem ser tratados por métodos convencionais, como cirurgia e quimioterapia, às vezes respondem a um método conhecido como **hipertermia**, que envolve a aplicação de calor ao tumor usando emissões de micro-ondas.[*] Um tipo de fonte de micro-ondas usado para esse fim produz um aquecimento que decai exponencialmente com a distância. Mais especificamente, a temperatura em um ponto situado a r unidades do eixo central do tumor e a z unidades da superfície do tumor (veja a figura) é dada por uma expressão da forma

$$T(r, z) = Ae^{-pr^2}(e^{-qz} - e^{-sz})$$

em que A, p, q e r são constantes positivas que dependem das propriedades do tumor e da fonte de micro-ondas. A que distância da superfície do tumor a temperatura é máxima? Expresse a resposta em termos de A, p, q e r. Não é necessário usar o teste das derivadas parciais de segunda ordem.

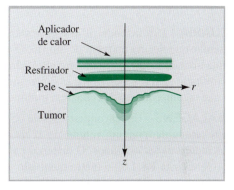

PROBLEMA 48

49. **TEMPO DE PERCURSO** Pedro, Paulo e Maria estão participando de uma corrida de revezamento. Pedro deve atravessar uma floresta e chegar à margem de um rio, onde passará o bastão para Paulo. Paulo deve remar até a margem oposta, onde se encontra Maria. Finalmente, Maria deve receber o bastão de Paulo e correr ao longo da margem até a linha de chegada. A figura mostra o percurso completo. As equipes partem do ponto S e devem chegar ao ponto F, mas Paulo e Maria podem se posicionar em qualquer lugar ao longo da margem para receber o bastão.

   a. Supondo que Pedro atravessa a floresta a 2 km/h, Paulo rema a 4 km/h e Maria corre a 6 km/h, onde Paulo e Maria devem receber o bastão para que a equipe complete o percurso no menor tempo possível? Qual é esse tempo?

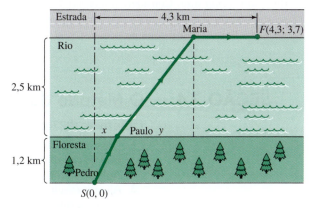

PROBLEMA 49

---

[*]J. D. Murray, *Mathematical Biology*, 2nd ed., New York: Springer-Verlag, 1993, pp. 461–468.

[*]As ideias deste problema se baseiam no artigo de Leah Edelstein-Keshet, "Heat Therapy for Tumors", *UMAP Modules 1991: Tools for Teaching*, Lexington, MA: Consortium for Mathematics and Its Applications, Inc., 1992, pp. 73–101.

500 CAPÍTULO 7

 b. Os maiores adversários de Pedro, Paulo e Maria são Roberto, Carlos e Alice. Se Roberto atravessa a floresta a 1,7 km/h, Carlos rema a 3,5 km/h e Alice corre a 6,3 km/h, qual das duas equipes ganha a corrida? Qual é a diferença entre os tempos das duas equipes?

c. Escreva uma história de espionagem baseada nas ideias matemáticas desse problema, que talvez tenha feito você se lembrar da aventura do espião no deserto (Problema 49 da Seção 3.5).

PROBLEMAS VARIADOS

Nos Problemas 50 a 52, suponha que o valor extremo pedido é um extremo relativo.

50. PECUÁRIA Um fazendeiro deseja cercar um pasto retangular que fica na margem de um rio. O pasto deve ter uma área de 6.400 m² e não será necessário cercar o lado limitado pelo rio. Determine as dimensões do pasto para que o comprimento da cerca seja mínimo.

51. EMBALAGENS Um carpinteiro deseja construir um caixote retangular com um volume de 32 m³. Três diferentes materiais serão usados. O material para os lados do caixote custa R$ 1,00 o metro quadrado, o material para o fundo custa R$ 3,00 o metro quadrado e o material para a tampa custa R$ 5,00 o metro quadrado. Quais são as dimensões do caixote mais barato?

52. FÍSICA DE PARTÍCULAS A energia do estado fundamental de uma partícula de massa m confinada em uma caixa retangular de dimensões x, y e z é dada por

$$E(x, y, z) = \frac{k^2}{8m}\left(\frac{1}{x^2} + \frac{1}{y^2} + \frac{1}{z^2}\right)$$

em que k é uma constante física. Se o volume da caixa satisfaz a equação $xyz = V_0$, na qual V_0 é uma constante, determine os valores de x, y e z para os quais a energia do estado fundamental é mínima.

53. Seja $f(x, y) = x^2 + y^2 - 4xy$. Mostre que f *não possui* um mínimo relativo no ponto crítico $(0, 0)$, embora possua um mínimo relativo em $(0, 0)$ tanto na direção x como na direção y. (*Sugestão*: Considere a direção definida pela reta $y = x$, ou seja, substitua y por x na expressão de f e analise a função de x resultante.)

 Nos Problemas 54 a 57, determine as derivadas parciais f_x e f_y e use uma calculadora gráfica para localizar os pontos críticos da função.

54. $f(x, y) = (x^2 + 3y - 5)e^{-x^2 - 2y^2}$

55. $f(x, y) = \dfrac{x^2 + xy + 7y^2}{x \ln y}$

56. $f(x, y) = 6x^2 + 12xy + y^4 + x - 16y - 3$

57. $f(x, y) = 2x^4 + y^4 - x^2(11y - 18)$

58. Às vezes é possível classificar os pontos críticos de uma função observando as curvas de nível associadas à função. Determine a natureza do ponto crítico de f em $(0, 0)$ para os dois casos mostrados na figura.

a.

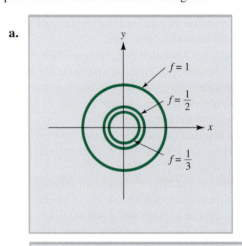

b.

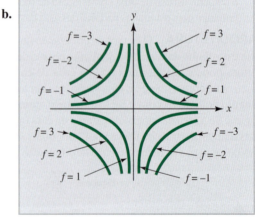

SEÇÃO 7.4 O Método dos Mínimos Quadrados

Objetivos do Aprendizado

1. Conhecer a definição do método dos mínimos quadrados como um problema de otimização de uma função de duas variáveis.
2. Aplicar o método dos mínimos quadrados a vários problemas práticos.
3. Ajustar resultados experimentais a funções não lineares usando o método dos mínimos quadrados.

Em vários exemplos deste livro, alguns dos quais baseados em pesquisas publicadas em revistas científicas, os resultados de medidas experimentais são modelados por funções matemáticas. O leitor talvez esteja curioso para saber como os cientistas chegam a essas funções. Uma das formas de associar uma função a um fenômeno físico consiste em colher pontos experimentais, plotá-los em um gráfico e descobrir a função que "melhor se ajusta" aos pontos, de acordo com algum critério matemático. Vamos agora apresentar um método baseado nessa ideia, conhecido como **método dos mínimos quadrados**, já mencionado no Exemplo 1.3.8, que tratava do ajuste de uma reta a dados relativos ao índice de desemprego.

O Método dos Mínimos Quadrados

Suponha que estejamos interessados em encontrar uma função $y = f(x)$ que se ajuste razoavelmente bem a um conjunto de dados experimentais. O primeiro passo é escolher o tipo de função que vamos usar. Às vezes isso pode ser feito a partir de uma análise teórica do fenômeno que está sendo estudado; outras vezes, é melhor partir de uma observação dos próprios dados. Os gráficos da Figura 7.19 foram criados a partir de dois conjuntos de dados; gráficos como esses são chamados de **gráficos de pontos**. Na Figura 7.19a, os pontos estão aproximadamente em linha reta, o que sugere o uso de uma função linear da forma $y = mx + b$. Na Figura 7.19b, os pontos parecem seguir uma curva exponencial, de modo que uma função da forma $y = Ae^{-kx}$ seria mais apropriada.

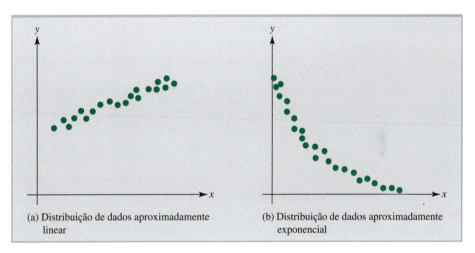

(a) Distribuição de dados aproximadamente linear

(b) Distribuição de dados aproximadamente exponencial

FIGURA 7.19 Dois gráficos de pontos.

Uma vez escolhido o tipo de função, o passo seguinte é determinar a função específica, do tipo escolhido, que "melhor se ajusta" ao conjunto de pontos. Uma forma conveniente de medir o grau de ajuste de uma curva a uma série de pontos é calcular a soma dos quadrados das distâncias verticais entre os pontos e a curva. Na Figura 7.20, por exemplo, calcularíamos a soma $d_1^2 + d_2^2 + d_3^2$. Quanto melhor o ajuste da curva, menor o valor da soma; a curva para a qual a soma é mínima é considerada o melhor ajuste aos dados de acordo com o **critério dos mínimos quadrados**.

O uso do critério dos mínimos quadrados para ajustar uma função linear a um conjunto de pontos é ilustrado no Exemplo 7.4.1. O cálculo envolve a técnica para minimizar uma função de duas variáveis que foi discutida na Seção 7.3.

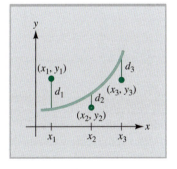

FIGURA 7.20 Distâncias verticais usadas para calcular a soma $d_1^2 + d_2^2 + d_3^2$.

EXEMPLO 7.4.1 Uso do Critério dos Mínimos Quadrados

Use o critério dos mínimos quadrados para obter a equação da reta que melhor se ajusta aos pontos (1, 1), (2, 3) e (4, 3).

Solução

Como mostra a Figura 7.21, a soma dos quadrados das distâncias verticais entre os três pontos dados e a reta $y = mx + b$ é

$$d_1^2 + d_2^2 + d_3^2 = (m + b - 1)^2 + (2m + b - 3)^2 + (4m + b - 3)^2$$

Como essa soma depende dos coeficientes m e b que definem a reta, pode ser considerada uma função $S(m, b)$ das variáveis m e b. O objetivo, portanto, é determinar os valores de m e b que minimizam a função

$$S(m, b) = (m + b - 1)^2 + (2m + b - 3)^2 + (4m + b - 3)^2$$

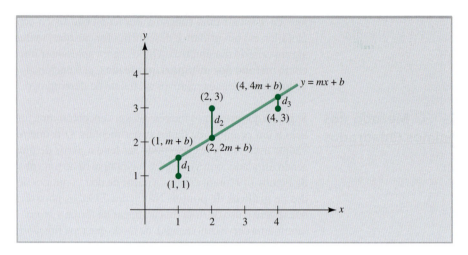

FIGURA 7.21 Minimização da soma $d_1^2 + d_2^2 + d_3^2$.

Para isso, igualamos a zero as derivadas parciais $\partial S/\partial m$ e $\partial S/\partial b$, o que nos dá

$$\frac{\partial S}{\partial m} = 2(m + b - 1) + 4(2m + b - 3) + 8(4m + b - 3)$$

$$= 42m + 14b - 38 = 0$$

e

$$\frac{\partial S}{\partial b} = 2(m + b - 1) + 2(2m + b - 3) + 2(4m + b - 3)$$

$$= 14m + 6b - 14 = 0$$

Resolvendo o sistema de equações

$$42m + 14b = 38$$
$$14m + 6b = 14$$

obtemos a solução

$$m = \frac{4}{7} \quad \text{e} \quad b = 1$$

É possível demonstrar que o ponto crítico $(m, b) = (4/7, 1)$ realmente minimiza a função $S(m, b)$, o que significa que

$$y = \frac{4}{7}x + 1$$

é a equação da reta que melhor se ajusta aos três pontos dados.

A Reta de Mínimos Quadrados

A reta que melhor se ajusta a um conjunto de pontos de acordo com o critério dos mínimos quadrados é chamada de **reta de mínimos quadrados**. (O termo **reta de regressão** também é usado, especialmente em trabalhos de estatística.) Generalizando o método adotado no Exemplo 7.4.1, podemos obter expressões para a inclinação m e o ponto b de interseção com o eixo y da reta de mínimos quadrados para um conjunto de n pontos $(x_1, y_1), (x_2, y_2), \ldots, (x_n, y_n)$. As expressões envolvem somatórios das coordenadas dos pontos. Todos os somatórios vão de $j = 1$ a $j = n$; para simplificar a notação, os índices são omitidos. Assim, por exemplo, Σx é usado para indicar $\sum_{j=1}^{n} x_j$.

> **Reta de Mínimos Quadrados** ■ A equação da reta de mínimos quadrados para n pontos $(x_1, y_1), (x_2, y_2), \ldots, (x_n, y_n)$ é $y = mx + b$, em que
>
> $$m = \frac{n\Sigma xy - \Sigma x \Sigma y}{n\Sigma x^2 - (\Sigma x)^2} \quad \text{e} \quad b = \frac{\Sigma x^2 \Sigma y - \Sigma x \Sigma xy}{n\Sigma x^2 - (\Sigma x)^2}$$

6 EXPLORE!

Uma calculadora pode ser usada para preparar e mostrar as listas e somatórios necessários para calcular os coeficientes de uma reta de mínimos quadrados. Usando os dados do Exemplo 7.4.2, coloque os valores de *x* em L1, os valores de *y* em L2 e escreva L3 = L1∗L2 e L4 = L1². Use a rotina de soma da calculadora para obter os totais por coluna necessários para calcular a inclinação e a interseção com o eixo *y* usando as fórmulas que aparecem antes do Exemplo 7.4.2.

EXEMPLO 7.4.2 Determinação de uma Reta de Mínimos Quadrados

Use as expressões gerais para determinar a reta de mínimos quadrados no caso dos pontos (1, 1), (2, 3) e (4, 3) do Exemplo 7.4.1.

Solução

Os somatórios podem ser calculados da seguinte forma:

x	y	xy	x²
1	1	1	1
2	3	6	4
4	3	12	16
$\Sigma x = 7$	$\Sigma y = 7$	$\Sigma xy = 19$	$\Sigma x^2 = 21$

Usando as expressões com $n = 3$, obtemos:

$$m = \frac{3(19) - 7(7)}{3(21) - (7)^2} = \frac{4}{7} \quad \text{e} \quad b = \frac{21(7) - 7(19)}{3(21) - (7)^2} = 1$$

e a equação da reta de mínimos quadrados é

$$y = \frac{4}{7}x + 1$$

O resultado, portanto, é o mesmo do Exemplo 7.4.1.

Previsões Usando Mínimos Quadrados

A reta (ou curva) que melhor se ajusta aos dados conhecidos pode ser usada para fazer previsões, como ilustra o Exemplo 7.4.3.

EXEMPLO 7.4.3 Previsão do CR Usando Mínimos Quadrados

Um funcionário da secretaria de uma escola de engenharia compilou os seguintes dados relativos aos coeficientes de rendimento dos alunos no Ciclo Básico e no Ciclo Profissional:

CR do CB	2,0	2,5	3,0	3,0	3,5	3,5	4,0	4,0
CR do CP	1,5	2,0	2,5	3,5	2,5	3,0	3,0	3,5

Determine por mínimos quadrados a equação da reta que melhor se ajusta a esses dados e use-a para prever o CR no Ciclo Profissional de um aluno que obteve um CR de 3,7 no Ciclo Básico.

Solução

Chamamos de *x* o CR do Ciclo Básico e de *y* o CR do Ciclo Profissional e dispomos os cálculos da seguinte forma:

x	y	xy	x²
2,0	1,5	3,0	4,0
2,5	2,0	5,0	6,25
3,0	2,5	7,5	9,0
3,0	3,5	10,5	9,0
3,5	2,5	8,75	12,25
3,5	3,0	10,5	12,25
4,0	3,0	12,0	16,0
4,0	3,5	14,0	16,0
$\Sigma x = 25,5$	$\Sigma y = 21,5$	$\Sigma xy = 71,25$	$\Sigma x^2 = 84,75$

Usando as expressões de m e b para a reta de mínimos quadrados com $n = 8$, obtemos:

$$m = \frac{8(71,25) - 25,5(21,5)}{8(84,75) - (25,5)^2} \approx 0,78$$

e

$$b = \frac{84,75(21,5) - 25,5(71,25)}{8(84,75) - (25,5)^2} \approx 0,19$$

A equação da reta de mínimos quadrados é, portanto,

$$y = 0,78x + 0,19$$

Para prever o CR de um aluno cujo CR no Ciclo Básico foi 3,7, basta fazer $x = 3,7$ na equação da reta de mínimos quadrados, o que nos dá

$$y = 0,78(3,7) + 0,19 \approx 3,08$$

A conclusão é que o CR do aluno no Ciclo Profissional deverá ser da ordem de 3,1.

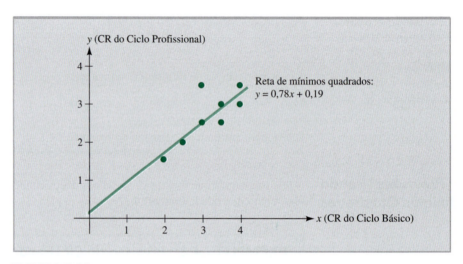

FIGURA 7.22 Reta de mínimos quadrados para o CR do Ciclo Profissional em função do CR do Ciclo Básico.

A Figura 7.22 mostra os dados do problema e a reta de mínimos quadrados $y = 0,78x + 0,19$. Na prática, é aconselhável plotar os pontos experimentais *antes* de tentar ajustar uma reta aos pontos. Simplesmente observando o gráfico, é possível dizer se uma linha reta constitui uma aproximação razoável para os pontos experimentais ou se é melhor usar outro tipo de função.

Ajustes Não Lineares

Nos Exemplos 7.4.1, 7.4.2 e 7.4.3, o critério dos mínimos quadrados foi usado para ajustar uma função linear a um conjunto de dados. O mesmo método pode ser usado, com modificações apropriadas, para ajustar aos dados funções não lineares. Um método de ajuste modificado é ilustrado no Exemplo 7.4.4.

7 EXPLORE!

Algumas calculadoras científicas podem ajustar várias funções não lineares a uma lista de pontos. Entre com os dados de produção e preço de demanda do Exemplo 7.4.4 nas listas L1 e L2, respectivamente. Em seguida, determine e plote a equação não linear que melhor se ajusta a esses dados, usando a tecla **STAT PLOT** da forma discutida no Material Suplementar *Introdução às Calculadoras Gráficas*.

EXEMPLO 7.4.4 Determinação de uma Curva Exponencial de Demanda

Um fabricante coleta uma série de dados sobre o nível x de produção de uma mercadoria (em centenas de unidades) em função do preço de demanda p da mercadoria (em reais por unidade) para o qual todas as x unidades serão vendidas:

Produção x (centenas de unidades)	Preço de Demanda p (reais)
6	743
10	539
17	308
22	207
28	128
35	73

a. Plote os dados em um gráfico de pontos, com o nível de produção no eixo x e o preço de demanda p no eixo y.
b. Observe que o gráfico de pontos do item (a) sugere que a função demanda é exponencial. Modifique o método dos mínimos quadrados para determinar a curva da forma $p = Ae^{mx}$ que melhor se ajusta aos dados da tabela.
c. Use a função demanda exponencial determinada no item (b) para prever a receita que o fabricante deve esperar, se produzir 4.000 unidades ($x = 40$).

Solução

a. O gráfico de pontos aparece na Figura 7.23.

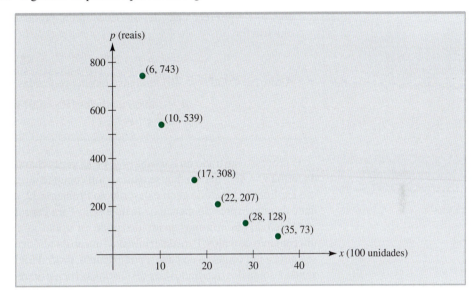

FIGURA 7.23 Diagrama de pontos para os dados do Exemplo 7.4.4.

> **LEMBRETE**
> De acordo com a regra do produto para logaritmos,
> $\ln(ab) = \ln a + \ln b$

b. Tomando o logaritmo de ambos os membros da equação $p = Ae^{mx}$, temos:

$$\begin{aligned} \ln p &= \ln(Ae^{mx}) &&\text{regra do produto para logaritmos} \\ &= \ln A + \ln(e^{mx}) &&\ln e^u = u \\ &= \ln A + mx \end{aligned}$$

que pode ser escrito na forma $y = mx + b$, com $y = \ln p$ e $b = \ln A$. Assim, para encontrar a curva da forma $p = Ae^{mx}$ que melhor se ajusta aos pontos dados (x_k, p_k) para $k = 1, \ldots, 6$, primeiro determinamos a reta de mínimos quadrados $y = mx + b$ para os pontos $(x_k, \ln p_k)$. Dispomos os cálculos da seguinte forma:

k	x_k	p_k	$y_k = \ln p_k$	$x_k y_k$	x_k^2
1	6	743	6,61	39,66	36
2	10	539	6,29	62,90	100
3	17	308	5,73	97,41	289
4	22	207	5,33	117,26	484
5	28	128	4,85	135,80	784
6	35	73	4,29	150,15	1.225
	$\Sigma x = \overline{118}$		$\Sigma y = \overline{33,10}$	$\Sigma xy = \overline{603,18}$	$\Sigma x^2 = \overline{2.918}$

Usando a expressão dos mínimos quadrados com $n = 6$, obtemos:

$$m = \frac{6(603,18) - (118)(33,10)}{6(2.918) - (118)^2} = -0,08$$

e

$$b = \frac{2.918(33,10) - (118)(603,18)}{6(2.918) - (118)^2} = 7,09$$

que significa que a equação da reta de mínimos quadrados é

$$y = -0{,}08x + 7{,}09$$

Finalmente, voltando à curva exponencial $p = Ae^{mx}$, lembramos que $\ln A = b$ e, portanto,

$$\ln A = b = 7{,}09$$
$$A = e^{7{,}09} = 1.200$$

Assim, a função exponencial que melhor se ajusta aos dados de demanda é

$$p = Ae^{mx} = 1.200e^{-0{,}08x}$$

c. Usando a função de demanda exponencial $p = 1.200e^{-0{,}08x}$ obtida no item (b), descobrimos que, se $x = 40$ (centenas de) unidades forem produzidas, serão todas vendidas se o preço unitário for

$$p = 1.200e^{-0{,}08(40)} = R\$\ 48{,}91$$

Assim, se 4.000 ($x = 40$) unidades forem produzidas, a receita gerada será

$$R = (4.000\ \text{unidades})(R\$\ 48{,}91\ \text{por unidade})$$
$$= R\$\ 195{,}64$$

O processo ilustrado no Exemplo 7.4.4 é às vezes chamado de **regressão log-linear**. A curva da forma $y = Ae^{mx}$ que melhor se ajusta a um conjunto de dados pode ser obtida usando a regressão log-linear. O método geral é descrito no Problema 32, no qual é usado para confirmar a validade de uma expressão mencionada no ensaio Para Pensar do Capítulo 1.

O método dos mínimos quadrados pode ser usado para ajustar outras funções não lineares a um conjunto de dados. Para determinar a função quadrática $y = Ax^2 + Bx + C$ cuja curva melhor se ajusta a um conjunto de dados, por exemplo, procederíamos como no Exemplo 7.4.1, minimizando a soma dos quadrados das distâncias verticais entre a curva da função e os pontos dados. Como esses cálculos são muito trabalhosos, costumam ser executados com o auxílio de um computador ou uma calculadora científica.

PROBLEMAS ■ 7.4

Nos Problemas 1 a 4, plote os pontos dados e use o método do Exemplo 7.4.1 para determinar a reta de mínimos quadrados correspondente.

1. (0, 1), (2, 3), (4, 2)
2. (1, 1), (2, 2), (6, 0)
3. (1, 2), (2, 4), (4, 4), (5, 2)
4. (1, 5), (2, 4), (3, 2), (6, 0)

Nos Problemas 5 a 12, use a expressão geral para determinar a reta de mínimos quadrados correspondente.

5. (1, 2), (2, 2), (2, 3), (5, 5)
6. (−4, −1), (−3, 0), (−1, 0), (0, 1), (1, 2)
7. (−2, 5), (0, 4), (2, 3), (4, 2), (6, 1)
8. (−6, 2), (−3, 1), (0, 0), (0, −3), (1, −1), (3, −2)
9. (0, 1), (1, 1,6), (2,2, 3), (3,1, 3,9), (4, 5)
10. (3, 5,72), (4, 5,31), (6,2, 5,12), (7,52, 5,32), (8,03, 5,67)
11. (−2,1, 3,5), (−1,3, 2,7), (1,5, 1,3), (2,7, −1,5)
12. (−1,73, −4,33), (0,03, −2,19), (0,93, 0,15), (3,82, 1,61)

Nos Problemas 13 a 16, modifique o método dos mínimos quadrados, como no Exemplo 7.4.4, para determinar a curva da forma $y = Ae^{mx}$ que melhor se ajusta aos pontos dados.

13. (1, 15,6), (3, 17), (5, 18,3), (7, 20), (10, 22,4)
14. (5, 9,3), (10, 10,8), (15, 12,5), (20, 14,6), (25, 17)
15. (2, 13,4), (4, 9), (6, 6), (8, 4), (10, 2,7)
16. (5, 33,5), (10, 22,5), (15, 15), (20, 10), (25, 6,8), (30, 4,5)

PROBLEMAS APLICADOS DE ECONOMIA E FINANÇAS

17. **DEMANDA E RECEITA** Um fabricante compila os dados que aparecem na tabela relativos ao nível x de produção (em centenas de unidades) de uma mercadoria e ao preço de demanda p (em reais por unidade) para o qual todas as unidades serão vendidas.

Produção x (centenas de unidades)	5	10	15	20	25	30	35
Preço de demanda p (reais)	44	38	32	25	18	12	6

a. Plote os dados em um gráfico.
b. Determine a equação da reta de mínimos quadrados.
c. Use a equação obtida no item (b) para prever o preço de demanda para uma produção de 4.000 unidades ($x = 40$).

18. **VENDAS** As vendas anuais de uma empresa (em unidades de 1 bilhão de reais) durante os primeiros cinco anos de funcionamento aparecem na tabela a seguir.

Ano	1	2	3	4	5
Vendas	0,9	1,5	1,9	2,4	3,0

a. Plote os dados em um gráfico.
b. Determine a equação da reta de mínimos quadrados.
c. Use a reta de mínimos quadrados para prever quais serão as vendas da empresa no sexto ano.

19. **ANÁLISE DE INVESTIMENTOS** Joana tem vários tipos de investimentos, cujo valor total $V(t)$ (em milhares de reais) no início do t-ésimo ano após a moça começar a investir aparece na tabela, para $1 \leq t \leq 10$:

Ano t	1	2	3	4	5	6	7	8	9	10
Valor de todos os investimentos, $V(t)$	57	60	62	65	62	65	70	75	79	85

a. Modifique o método dos mínimos quadrados, como no Exemplo 7.4.4, para determinar a função da forma $V(t) = Ae^{rt}$ que melhor se ajusta aos dados. Qual é a taxa anual de juros, capitalizados continuamente, que equivale ao crescimento do montante?
b. Use a função obtida no item (a) para prever o valor total dos investimentos no início do $20^{\underline{o}}$ ano após Joana começar a investir.
c. Joana estima que vai precisar de R$ 300.000,00 para se aposentar. Use a função obtida no item (a) para determinar quantos anos serão necessários para que atinja esse objetivo.
d. Um amigo de Joana, Marcos McGuyver, examina os cálculos da moça e exclama: "Que perda de tempo! Você pode obter os valores de A e r na função $V(t) = Ae^{rt}$ simplesmente tomando os valores $V(1) = 57$ e $V(10) = 85$ e usando um pouquinho de álgebra!" Determine os valores de A e r usando o método proposto por Marcos e comente a respeito dos méritos relativos dos dois métodos.

20. **POUPANÇA E CONSUMO** A tabela mostra a poupança e o consumo nos EUA (em bilhões de dólares) no período 2003-2008.

Ano	2003	2004	2005	2006	2007	2008
Poupança	9.759,5	10.436,9	11.158,9	11.929,7	12.321,6	12.493,8
Consumo	7.804,0	8.285,1	8.819,0	9.322,7	9.806,3	10.104,5

FONTE: U.S. Department of Commerce, Bureau of Economic Analysis, "Personal Consumption Expenditures by Major Type of Product" (http://www.bea.gov).

a. Plote os dados em um gráfico, com a poupança no eixo x e o consumo no eixo y.
b. Determine a equação da reta de mínimos quadrados.
c. Use o resultado do item (b) para prever o consumo correspondente a uma poupança de 13 trilhões de dólares.
d. Escreva um ensaio de pelo menos 10 linhas a respeito da relação entre poupança e consumo.

21. **PREÇO DA GASOLINA** A tabela mostra o preço médio por galão (em cents) da gasolina comum sem chumbo nos EUA, a intervalos de 3 anos, no período de 1992 a 2010.

Ano	1992	1995	1998	2001	2004	2007	2010
Preço (cents por galão)	109	111	103	142	185	280	276

FONTE: U.S. Department of Energy (http://www.eia.doe.gov).

a. Plote os dados em um gráfico, com o número de anos após 1992 no eixo x e o preço médio da gasolina no eixo y.

b. Determine a equação da reta de mínimos quadrados.

c. Qual é a previsão do preço da gasolina comum sem chumbo para o ano 2015?

22. MERCADO DE AÇÕES A tabela mostra o valor do índice Dow Jones Industrial Average (DJIA) no encerramento do primeiro dia de pregão dos anos indicados.

Ano	2001	2002	2003	2004	2005	2006
DJIA	10.646	10.073	10.454	10.783	10.178	12.463

FONTE: Dow Jones (http://www.djindexes.com).

a. Plote os dados em um gráfico, com o número de anos após 2001 no eixo x e o DJIA no eixo y.

b. Determine a equação da reta de mínimos quadrados.

c. O que a reta de mínimos quadrados prevê para o DJIA do primeiro dia de pregão de 2008? Use a Internet para descobrir qual foi o valor de fechamento do DJIA nesse dia (2 de janeiro de 2008) e compare com o valor previsto.

d. Escreva um ensaio de pelo menos 10 linhas a respeito da possibilidade de prever o comportamento futuro da bolsa de valores usando um modelo matemático.

23. PRODUTO INTERNO BRUTO A tabela mostra o produto interno bruto (PIB) da China (em bilhões de yuans) no período 2004-2009.

Ano	2004	2005	2006	2007	2008	2009
PIB	15.988	18.494	21.631	26.581	31.405	34.051

FONTE: *Site* do governo chinês (http://www.china.org.cn).

a. Determine a reta de mínimos quadrados $y = mt + b$ para esses dados, em que y é o PIB da China t anos após 2004.

b. Use o resultado do item (a) para estimar o PIB da China em 2020.

PROBLEMAS APLICADOS DE CIÊNCIAS SOCIAIS E BIOLÓGICAS

24. USO DE DROGAS A tabela mostra, para nove anos diferentes, a porcentagem de alunos americanos do segundo grau que experimentaram cocaína pelo menos uma vez nesse ano.

Ano	1991	1993	1995	1997	1999	2001	2003	2005	2007
Porcentagem dos que usaram cocaína ao menos uma vez	6,0	4,9	7,0	8,2	9,5	9,4	8,7	7,6	7,2

FONTE: The White House Office of National Drug Control Policy, "2002 National Drug Control Strategy" (http://www.whitehousedrugpolicy.gov).

a. Plote os dados em um gráfico, com o número de anos após 1991 no eixo x e a porcentagem de usuários de cocaína no eixo y.

b. Determine a equação da reta de mínimos quadrados.

c. Use a reta obtida no item (b) para estimar a porcentagem de alunos americanos do segundo grau que experimentaram cocaína pelo menos uma vez em 2013.

25. MATRÍCULAS Nos últimos 4 anos, a secretaria de uma universidade compilou os dados a seguir (em 1.000 unidades) relativos ao número de catálogos pedidos por estudantes do segundo grau até 1º de dezembro e ao número de pedidos de matrícula recebidos até 1º de março.

Catálogos pedidos	4,5	3,5	4,0	5,0
Pedidos de matrícula	1,0	0,8	1,0	1,5

a. Plote os dados em um gráfico.

b. Determine a equação da reta de mínimos quadrados.

c. Use a reta de mínimos quadrados para prever o número de pedidos de matrícula até 1º de março se 4.800 catálogos forem pedidos até 1º de dezembro.

26. DEMOGRAFIA A tabela mostra a população dos EUA (em milhões de habitantes), a cada 10 anos, no período de 1950 a 2000.

Ano	1950	1960	1970	1980	1990	2000
População	150,7	179,3	203,2	226,5	248,7	291,4

FONTE: U.S. Census Bureau (http://www.census.gov).

a. Determine a reta de mínimos quadrados $y = mt + b$ para esses dados, em que y é a população dos EUA t décadas após 1950.
b. Use a reta obtida no item (b) para prever a população dos EUA no ano 2010. Consulte a Internet para saber qual era a população dos EUA em 2010 e compare esse valor com o valor previsto.

27. **DEMOGRAFIA** Modifique o método dos mínimos quadrados do Exemplo 7.4.4 para determinar a função da forma $P(t) = Ae^{rt}$ que melhor se ajusta aos dados do Problema 26, em que $P(t)$ é a população dos EUA t décadas após 1950.
    a. Qual é a taxa de crescimento percentual da população dos EUA?
    b. Use a função $P(t)$ para calcular a população dos EUA nos anos 2005 e 2010.

28. **SAÚDE PÚBLICA** Em um estudo de cinco regiões industriais, um pesquisador obteve os seguintes valores para o número médio de unidades de certo poluente no ar e a incidência (por 100.000 pessoas) de certa doença:

Unidades do poluente	3,4	4,6	5,2	8,0	10,7
Incidência da doença	48	52	58	76	96

a. Plote os dados em um gráfico.
b. Determine a equação da reta de mínimos quadrados.
c. Use o resultado do item (b) para estimar a incidência da doença em uma região na qual a poluição do ar é 7,3 unidades.

29. **COMPARECIMENTO ÀS URNAS** No dia da eleição, a votação em certo distrito eleitoral começa às 8 horas. A cada duas horas, um membro da mesa verifica qual porcentagem dos eleitores inscritos já votou. Os dados até as 18 horas são os seguintes:

Hora	10:00	12:00	2:00	4:00	6:00
Comparecimento (%)	12	19	24	30	37

a. Plote os dados em um gráfico (chame de x o número de horas após 8 horas).
b. Determine a equação da reta de mínimos quadrados.
c. Use a reta obtida no item (b) para prever qual porcentagem dos eleitores inscritos terá votado até às 20 horas, hora de encerramento da votação.

30. **COLÔNIA DE BACTÉRIAS** Um biólogo que estuda o crescimento de uma colônia de bactérias mede a população de hora em hora e obtém os seguintes resultados:

Tempo, t (horas)	1	2	3	4	5	6	7	8
População, $P(t)$ (milhares)	280	286	292	297	304	310	316	323

a. Plote os dados em um gráfico. O gráfico de pontos sugere que o aumento da população é linear ou exponencial?
b. Se você acha que o gráfico de pontos do item (a) sugere que o crescimento é linear, determine a função da forma $P(t) = mt + b$ que melhor se ajusta aos dados. Se acha que o gráfico de pontos sugere que o crescimento é exponencial, modifique o método dos mínimos quadrados, como no Exemplo 7.4.4, para determinar a função da forma $P(t) = Ae^{kt}$ que melhor se ajusta aos dados.
c. Use a função obtida do item (b) para estimar o tempo necessário para que a população chegue a 400.000 bactérias. Se a população é de 280.000 bactérias, qual é o tempo necessário para que a população atinja o dobro desse valor?

31. **DISSEMINAÇÃO DA AIDS** A tabela mostra o número de casos conhecidos de Aids nos EUA de acordo com o ano em que foram registrados, a intervalos de 4 anos, a partir de 1980.

Ano	1980	1984	1988	1992	1996	2000	2004	2008
Casos conhecidos de Aids	99	6.360	36.064	79.477	61.109	42.156	37.726	37.991

FONTE: World Health Organization e Nações Unidas (http://www.unaids.org).

a. Plote os dados em um gráfico com o tempo t (anos após 1980) no eixo x.
b. Determine a equação da reta de mínimos quadrados.

c. Use o resultado do item (b) para estimar o número de novos casos de Aids em 2012.

d. Você acha que a reta de mínimos quadrados se ajusta bem aos dados? Se a resposta for negativa, escreva um ensaio de pelo menos 10 linhas justificando o uso de uma das funções a seguir para modelar a disseminação da Aids nos EUA.
1. $y = At^2 + Bt + C$ (polinômio do segundo grau)
2. $y = At^3 + Bt^2 + Ct + D$ (polinômio do terceiro grau)
3. $y = Ae^{kt}$ (exponencial)
4. $y = Ate^{kt}$

(*Sugestão*: Leia o ensaio "Para Pensar", do Capítulo 3, no qual é realizada uma análise semelhante para o número de mortes provocadas pela Aids.)

32. **ALOMETRIA** O estudo das relações entre as dimensões de várias partes de um organismo é objeto de um ramo da biologia conhecido como *alometria*.[*] (Veja o ensaio "Para Pensar", do Capítulo 1.) Um biólogo observa que a altura h e a envergadura w dos chifres de um alce, ambas em centímetros (cm), estão relacionadas da forma indicada na tabela.

Altura, h (cm)	Envergadura dos chifres, w (cm)
87,9	52,4
95,3	60,3
106,7	73,1
115,4	83,7
127,2	98,0
135,8	110,2

a. Para cada ponto (h, w) da tabela, plote o ponto $(\ln h, \ln w)$ em um gráfico. Observe que, de acordo com o gráfico de pontos, parece existir uma relação linear entre $y = \ln w$ e $x = \ln h$.

b. Determine a reta de mínimos quadrados $y = mx + b$ para os dados $(\ln h, \ln w)$ obtidos no item (a).

c. Determine os valores de constantes a e c tais que $w = ah^c$. [*Sugestão*: Faça $y = \ln w$ e $x = \ln h$, como no item (a), para a reta de mínimos quadrados obtida no item (b).]

33. **ALOMETRIA** A tabela mostra o peso C da garra maior de um caranguejo-violinista e o peso W do resto do corpo do caranguejo, ambos em miligramas (mg).

Peso do corpo, W (mg)	57,6	109,2	199,7	300,2	355,2	420,1	535,7	743,3
Peso da garra, C (mg)	5,3	13,7	38,3	78,1	104,5	135,0	195,6	319,2

a. Para cada ponto (W, C) da tabela, plote o ponto $(\ln W, \ln C)$ em um gráfico. Observe que, de acordo com o gráfico de pontos, parece existir uma relação linear entre $y = \ln C$ e $x = \ln W$.

b. Determine a reta de mínimos quadrados $y = mx + b$ para os dados $(\ln W, \ln C)$ obtidos no item (a).

c. Determine os valores de constantes a e k tais que $C = aW^k$. [*Sugestão*: Faça $y = \ln C$ e $x = \ln W$, como no item (a), para a reta de mínimos quadrados obtida no item (b).]

SEÇÃO 7.5 Otimização com Restrições: o Método dos Multiplicadores de Lagrange

Objetivos do Aprendizado

1. Estudar o método dos multiplicadores de Lagrange como uma forma de identificar os pontos de um gráfico nos quais pode ocorrer otimização com restrições.
2. Usar o método dos multiplicadores de Lagrange em problemas práticos, como os de utilidade e distribuição de recursos.
3. Conhecer a interpretação física do multiplicador de Lagrange.

---

[*]Roger V. Jean, "Differential Growth, Huxley's Allometric Formula, and Sigmoid Growth", *UMAP Modules 1983: Tools for Teaching*, Lexington, MA: Consortium for Mathematics and Its Applications, Inc., 1984.

Em muitos problemas práticos, uma função de duas variáveis deve ser otimizada com certas **restrições**. Uma editora, por exemplo, obrigada a respeitar um orçamento de R$ 60.000,00 para o lançamento de um livro, pode ter que decidir qual é a melhor forma de dividir essa quantia entre a produção e a publicidade de modo a maximizar as vendas do livro. Chamando de x a quantia destinada à produção, y a quantia destinada à publicidade e $f(x, y)$ o número de livros vendidos, a editora está interessada em maximizar a função de vendas $f(x, y)$ com a restrição de que $x + y =$ R$ 60.000,00.

Para visualizar o que significa o processo de otimização de uma função de duas variáveis com restrições, pense na função como uma superfície no espaço tridimensional e na restrição (que é uma equação envolvendo x e y) como uma curva no plano xy. Quando procuramos o máximo ou mínimo de uma função com uma dada restrição, estamos limitando a busca à parte da superfície que está verticalmente acima da curva que representa a restrição. O ponto mais alto dessa parte da superfície é o máximo com a restrição, e o ponto mais baixo é o mínimo com a restrição (veja a Figura 7.24).

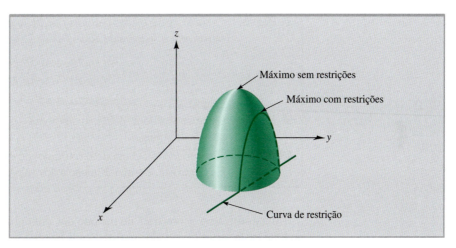

FIGURA 7.24 Extremos de uma função de duas variáveis com e sem restrições.

Já vimos alguns problemas de otimização de funções de duas variáveis com restrições no Capítulo 3, como o Exemplo 3.5.1. A técnica usada no Capítulo 3 para resolver esse tipo de problema consistia em reduzi-lo a um problema de uma variável explicitando uma das variáveis da equação que expressava a restrição e substituindo a expressão resultante na função a ser otimizada. Essa técnica só pode ser usada quando é possível explicitar uma das variáveis, o que nem sempre acontece na prática. Nesta seção, vamos discutir uma técnica mais versátil, conhecida como **método dos multiplicadores de Lagrange**, na qual a introdução de uma *terceira* variável (o multiplicador) permite resolver problemas de otimização com restrições sem explicitar uma das variáveis da equação que expressa a restrição.

Mais especificamente, o método dos multiplicadores de Lagrange se baseia no fato de que todos os extremos relativos de uma função $f(x, y)$ sujeita à restrição $g(x, y) = k$ ocorrem em pontos críticos da função

$$F(x, y) = f(x, y) - \lambda[g(x, y) - k]$$

em que λ é uma nova variável (o **multiplicador de Lagrange**). Para determinar os pontos críticos de F, calculamos as derivadas parciais

$$F_x = f_x - \lambda g_x \quad F_y = f_y - \lambda g_y \quad F_\lambda = -(g - k)$$

e resolvemos o sistema de equações $F_x = 0, F_y = 0, F_\lambda = 0$:

$$F_x = f_x - \lambda g_x = 0 \quad \text{ou} \quad f_x = \lambda g_x$$
$$F_y = f_y - \lambda g_y = 0 \quad \text{ou} \quad f_y = \lambda g_y$$
$$F_\lambda = -(g - k) = 0 \quad \text{ou} \quad g = k$$

Finalmente, calculamos $f(a, b)$ nos pontos críticos (a, b) de F.

NOTA O método dos multiplicadores de Lagrange se baseia no fato de que os extremos com restrições ocorrem necessariamente em pontos críticos da função $F(x, y)$, mas não pode ser usado para mostrar que os extremos com restrições existem ou para verificar se um ponto crítico (a, b) corresponde a um máximo com restrições, a um mínimo com restrições ou a um ponto ordinário. Entretanto, *para as funções consideradas neste livro, podemos supor que, se f possui um máximo (mínimo) com restrições, esse máximo (mínimo) é dado pelo maior (menor) dos valores críticos f(a, b)*. ■

Segue um resumo do método dos multiplicadores de Lagrange para determinar o maior e o menor valor de uma função de duas variáveis sujeita a uma restrição.

Método dos Multiplicadores de Lagrange

1º Passo. (*Formulação*) O objetivo é determinar o maior (ou menor) valor de $f(x, y)$ com a restrição de que $g(x, y) = k$, supondo que o valor extremo exista.

2º Passo. Calcular as derivadas parciais f_x, f_y, g_x e g_y e determinar os números a e b que satisfazem o sistema de equações de Lagrange

$$f_x(a, b) = \lambda g_x(a, b)$$
$$f_y(a, b) = \lambda g_y(a, b)$$
$$g(a, b) = k$$

3º Passo. Calcular os valores de $f(x, y)$ nos pontos (a, b) que satisfazem o sistema de equações de Lagrange.

4º Passo. (*Interpretação*): O máximo (mínimo) de $f(x, y)$ com a restrição de que $g(x, y) = k$, caso exista, é o maior (menor) dos valores obtidos no passo anterior.

Uma justificativa geométrica do método dos multiplicadores de Lagrange será apresentada no final desta seção. O método é ilustrado nos Exemplos 7.5.1 e 7.5.2. Em particular, o Exemplo 7.5.1 mostra como o método dos multiplicadores pode ser usado para resolver um problema de otimização com restrições que já tinha sido resolvido anteriormente (veja o Exemplo 3.5.1) utilizando a equação da restrição para eliminar uma variável.

FIGURA 7.25 Área de piquenique de forma retangular.

EXEMPLO 7.5.1 Uso do Método dos Multiplicadores de Lagrange em um Problema de Obras Civis

O Departamento de Estradas de Rodagem pretende construir uma área de piquenique para motoristas à beira de uma rodovia movimentada. O terreno deve ser retangular, com uma área de 5.000 metros quadrados, e deve ser cercado nos três lados que não dão para a rodovia. Qual é o menor comprimento da cerca necessária para a obra? Quais devem ser o comprimento e a largura da área de piquenique para que o comprimento da cerca seja o menor possível?

Solução

Vamos chamar de x e y os lados da área de piquenique, como na Figura 7.25, e de $f(x, y)$ o comprimento total da cerca. Nesse caso,

$$f(x, y) = x + 2y$$

O objetivo é minimizar $f(x, y)$ com a condição de que a área do terreno deve ser 5.000 metros quadrados, isto é, com a restrição

$$g(x, y) = xy = 5.000$$

Calculando as derivadas parciais

$$f_x = 1 \quad f_y = 2 \quad g_x = y \quad \text{e} \quad g_y = x$$

obtemos as três equações de Lagrange

$$1 = \lambda y \quad 2 = \lambda x \quad \text{e} \quad xy = 5.000$$

Combinando as duas primeiras equações, obtemos

$$\lambda = \frac{1}{y} \quad \text{e} \quad \lambda = \frac{2}{x}$$

Como $y \neq 0$ e $x \neq 0$, isso nos dá

$$\frac{1}{y} = \frac{2}{x} \quad \text{e, portanto,} \quad x = 2y$$

Fazendo $x = 2y$ na terceira equação de Lagrange, obtemos:

$$2y^2 = 5.000 \quad \text{ou} \quad y = \pm 50$$

Finalmente, fazendo $y = 50$ na equação $x = 2y$, obtemos $x = 100$. Isso significa que $x = 100$ e $y = 50$ são os valores que minimizam a função $f(x, y) = x + 2y$ com a restrição de que $xy = 5.000$. Assim, a área de piquenique deve ter 100 metros de comprimento (ao longo da estrada), 50 metros de largura, e pode ser cercada com $100 + 50 + 50 = 200$ metros de cerca.

EXEMPLO 7.5.2 Uso do Método dos Multiplicadores de Lagrange

Determine os valores máximo e mínimo da função $f(x, y) = xy$ com a restrição de que $x^2 + y^2 = 8$.

Solução

Vamos fazer $g(x, y) = x^2 + y^2$ e usar as derivadas parciais

$$f_x = y \quad f_y = x \quad g_x = 2x \quad \text{e} \quad g_y = 2y$$

para obter as três equações de Lagrange

$$y = 2\lambda x \quad x = 2\lambda y \quad \text{e} \quad x^2 + y^2 = 8$$

Como as três equações não têm solução, a menos que x e y sejam diferentes de zero (o leitor sabe explicar por quê?), podemos escrever as duas primeiras equações na forma

$$2\lambda = \frac{y}{x} \quad \text{e} \quad 2\lambda = \frac{x}{y}$$

o que nos dá $\quad \dfrac{y}{x} = \dfrac{x}{y} \quad$ ou $\quad x^2 = y^2$

Fazendo $x^2 = y^2$ na terceira equação de Lagrange, obtemos

$$2x^2 = 8 \quad \text{ou} \quad x = \pm 2$$

Se $x = 2$, a equação $x^2 = y^2$ nos dá $y = 2$ ou $y = -2$; se $x = -2$, a equação $x^2 = y^2$ também nos dá $y = 2$ ou $y = -2$. Assim, os quatro pontos nos quais podem existir extremos com restrições são $(2, 2)$, $(2, -2)$, $(-2, 2)$ e $(-2, -2)$. Como

$$f(2, 2) = f(-2, -2) = 4 \quad \text{e} \quad f(2, -2) = f(-2, 2) = -4$$

temos que, se $x^2 + y^2 = 8$, o valor máximo de $f(x, y)$ é 4, nos pontos $(2, 2)$ e $(-2, -2)$, e o valor mínimo é -4, nos pontos $(2, -2)$ e $(-2, 2)$.

Para praticar, resolva o mesmo problema usando os métodos do Capítulo 3.

NOTA Nos Exemplos 7.5.1 e 7.5.2, as duas primeiras equações de Lagrange foram usadas para eliminar a nova variável λ; em seguida, a expressão resultante foi substituída na equação da restrição. Na maioria dos problemas de otimização com restrições, essa sequência de operações leva rapidamente à solução desejada.

Maximização da Utilidade

A *função utilidade* $U(x, y)$ é usada para medir o grau de satisfação ou *utilidade* para o consumidor de possuir x unidades de certo produto e y unidades de outro. O Exemplo 7.5.3 ilustra o uso do método dos multiplicadores de Lagrange para determinar quantas unidades de cada produto o consumidor deve comprar para maximizar a utilidade sem exceder determinada quantia.

EXEMPLO 7.5.3 Maximização da Utilidade

Evandro tem R\$ 600,00 para gastar em dois produtos, o primeiro dos quais custa R\$ 20,00 e o segundo, R\$ 30,00. A utilidade para Evandro de possuir x unidades do primeiro produto e y unidades do segundo é dada pela **função utilidade de Cobb-Douglas** $U(x, y) = 10x^{0,6}y^{0,4}$. Quantas unidades de cada produto Evandro deve comprar para que a utilidade seja a maior possível?

Solução

O gasto total com a compra de x unidades do primeiro produto e y unidades do segundo é $20x + 30y$. Como Evandro dispõe de R\$ 600,00 para gastar, o objetivo é maximizar a função $U(x, y)$ com a restrição de que $20x + 30y = 600$.

As três equações de Lagrange são

$$6x^{-0,4}y^{0,4} = 20\lambda \quad 4x^{0,6}y^{-0,6} = 30\lambda \quad \text{e} \quad 20x + 30y = 600$$

As duas primeiras equações nos dão

$$\frac{6x^{-0,4}y^{0,4}}{20} = \frac{4x^{0,6}y^{-0,6}}{30} = \lambda$$

$$9x^{-0,4}y^{0,4} = 4x^{0,6}y^{-0,6}$$

$$9y = 4x \quad \text{ou} \quad y = \frac{4}{9}x$$

Fazendo $y = 4x/9$ na terceira equação, obtemos

$$20x + 30\left(\frac{4}{9}x\right) = 600$$

$$\left(\frac{100}{3}\right)x = 600$$

e, portanto,

$$x = 18 \quad \text{e} \quad y = \frac{4}{9}(18) = 8$$

Assim, para que a utilidade seja a maior possível, Evandro deve comprar 18 unidades do primeiro produto e 8 unidades do segundo.

Como vimos na Seção 7.1, as curvas de nível de uma função utilidade são chamadas de *curvas de indiferença*. O gráfico da Figura 7.26 mostra a relação entre a curva ótima de indiferença $U(x, y) = C$, em que $C = U(18, 8)$, e a reta de restrição financeira $20x + 30y = 600$. Note que a curva ótima de indiferença é a curva de indiferença que tangencia a reta de restrição financeira. Isso não acontece por acaso; voltaremos ao assunto mais adiante.

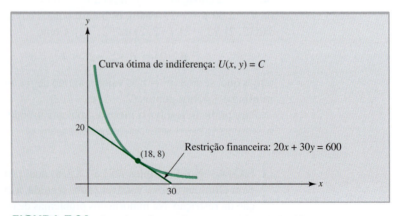

FIGURA 7.26 Restrição financeira e curva ótima de indiferença.

Distribuição de Recursos

Uma classe importante de problemas de economia e finanças diz respeito à distribuição de recursos com restrições. Segue um exemplo no qual a produção deve ser maximizada com uma restrição do custo.

EXEMPLO 7.5.4 Otimização da Distribuição de Recursos

Um empresário tem R$ 600.000,00 para investir na fabricação de um produto e estima que, se x unidades de capital e y unidades de mão de obra forem aplicadas na produção, P unidades serão fabricadas, em que P é dado pela função produção de Cobb-Douglas

$$P(x, y) = 120x^{4/5}y^{1/5}$$

Suponha que uma unidade de capital custa R$ 5.000,00 e uma unidade de mão de obra custa R$ 3.000,00. Qual deve ser a distribuição de recursos entre capital e mão de obra para que a produção seja a maior possível?

Solução

Como o custo de capital é $3.000x$ e o custo de mão de obra é $5.000y$, o custo total dos recursos é $g(x, y) = 3.000x + 5.000y$. O objetivo é maximizar a função produção $P(x, y) = 120x^{4/5}y^{1/5}$ com a restrição de custo $g(x, y) = 600.000$. As equações da Lagrange correspondentes são

$$120\left(\frac{4}{5}\right)x^{-1/5}y^{1/5} = 3.000\lambda \qquad 120\left(\frac{1}{5}\right)x^{4/5}y^{-4/5} = 5.000\lambda$$

e

$$3.000x + 5.000y = 600.000$$

ou, simplificando,

$$96x^{-1/5}y^{1/5} = 3.000\lambda \quad 24x^{4/5}y^{-4/5} = 5.000\lambda \quad \text{e} \quad 3x + 5y = 600$$

Explicitando λ nas duas primeiras equações, obtemos:

$$\lambda = 0{,}032x^{-1/5}y^{1/5} = 0{,}0048x^{4/5}y^{-4/5}$$

Multiplicando ambos os membros da equação por $x^{1/5}y^{4/5}$, obtemos

$$[0{,}032x^{-1/5}y^{1/5}]x^{1/5}y^{4/5} = [0{,}0048x^{4/5}y^{-4/5}]x^{1/5}y^{4/5}$$
$$0{,}032y = 0{,}0048x$$

e, portanto,

$$y = 0{,}15x$$

Substituindo na equação de restrição de custo $3x + 5y = 600$, obtemos

$$3x + 5(0{,}15x) = 600$$

o que nos dá

$$x = 160$$

e

$$y = 0{,}15x = 0{,}15(160) = 24$$

Assim, para maximizar a produção, o empresário deve aplicar 160 unidades de capital e 24 unidades de mão de obra. Nesse caso,

$$P(160, 24) = 120(160)^{4/5}(24)^{1/5} \approx 13.138 \text{ unidades}$$

serão produzidas.

O gráfico da Figura 7.27 mostra a relação entre a reta de restrição e a curva de nível que otimiza a produção.

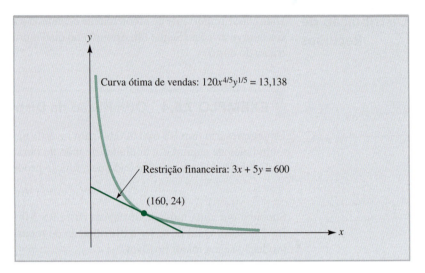

FIGURA 7.27 Curva ótima de produção e reta de restrição.

Significado do Multiplicador de Lagrange

A maioria dos problemas de otimização com restrições pode ser resolvida pelo método dos multiplicadores de Lagrange sem que seja preciso calcular o valor de λ, o multiplicador de Lagrange. Existe, porém, uma interpretação física do multiplicador de Lagrange que leva ao uso do valor numérico de λ em alguns problemas de otimização.

> **O Multiplicador de Lagrange como uma Taxa** ■ Se M é o valor máximo (ou mínimo) de $f(x, y)$ com a restrição de que $g(x, y) = k$, o multiplicador de Lagrange λ é a taxa de variação de M em relação a k, ou seja,
>
> $$\lambda = \frac{dM}{dk}$$
>
> Assim, λ é aproximadamente igual à variação de M produzida por uma variação unitária de k.

EXEMPLO 7.5.5 Uso do Multiplicador de Lagrange como uma Taxa de Variação

Suponha que o empresário do Exemplo 7.5.4 consegue mais R$ 1.000,00 para investir na fabricação do produto, ou seja, passa a dispor de R$ 601.000,00 em vez de R$ 600.000,00. Estime o efeito desse acréscimo de R$ 1.000,00 no nível ótimo da produção.

Solução

No Exemplo 7.5.4, para determinar o valor máximo M de $P(x, y) = 120x^{4/5}y^{1/5}$ com a restrição de que $3.000x + 5.000y = 600.000$, resolvemos as equações de Lagrange

$$96x^{-1/5}y^{1/5} = 3.000\lambda \quad 24x^{4/5}y^{-4/5} = 5.000\lambda \quad \text{e} \quad 3x + 5y = 600$$

para obter $x = 160$ e $y = 24$ e o nível máximo de produção

$$P(160, 24) \approx 13.138 \text{ unidades}$$

Para determinar λ, substituímos os valores conhecidos de x e y na primeira ou na segunda equação de Lagrange. Usando a primeira equação, obtemos

$$\lambda = 0{,}032x^{-1/5}y^{1/5} = 0{,}032(160)^{-1/5}(24)^{1/5} \approx 0{,}0219$$

Isso significa que a produção aumentará de aproximadamente 0,0219 unidades se a quantia investida aumentar de R$ 1,00. Como o aumento da quantia investida é de R$ 1.000,00, o aumento da produção é de aproximadamente

$$(0{,}0219)(1.000) = 21{,}9 \text{ unidades}$$

e, portanto, a produção aumenta para

$$13.138 + 21{,}9 = 13.159{,}9 \text{ unidades}$$

Resolvendo o problema do Exemplo 7.5.4 com a nova restrição,

$$3.000x + 5.000y = 601.000$$

vemos que o máximo acontece para $x = 160{,}27$ e $y = 24{,}04$ (a verificação fica a cargo do leitor) e, portanto, a produção máxima é

$$P(160{,}27,\ 24{,}04) = 120(160{,}27)^{4/5}(24{,}04)^{1/5} \approx 13.159{,}82$$

um valor praticamente igual ao obtido usando o multiplicador de Lagrange.

> **NOTA** Um problema como o do Exemplo 7.5.4, no qual a produção é maximizada com uma restrição de custo, é chamado de **problema de orçamento fixo** (veja o Problema 29). No contexto de um problema desse tipo, o multiplicador de Lagrange λ recebe o nome de **produtividade marginal do dinheiro**. Analogamente, em um problema de utilidade como o do Exemplo 7.5.3, o multiplicador é chamado de **utilidade marginal do dinheiro** (veja o Problema 25). ∎

Multiplicadores de Lagrange para Funções de Três Variáveis

O método dos multiplicadores de Lagrange pode ser estendido a problemas de otimização envolvendo funções de mais de duas variáveis e mais de uma restrição. Assim, por exemplo, para otimizar a função $f(x, y, z)$ com a restrição de que $g(x, y, z) = k$, temos que resolver o sistema de equações

$$f_x = \lambda g_x \quad f_y = \lambda g_y \quad f_z = \lambda g_z \quad \text{e} \quad g = k$$

Segue um exemplo envolvendo esse tipo de otimização com restrições.

EXEMPLO 7.5.6 Minimização do Custo de Fabricação

Pretende-se fabricar um porta-joias com materiais que custam R$ 1,00 por centímetro quadrado para o fundo, R$ 2,00 por centímetro quadrado para os lados e R$ 5,00 por centímetro quadrado para a tampa. Se a caixa precisa ter um volume total de 96 cm³, quais devem ser as dimensões para que o custo do material seja mínimo? Qual é o custo mínimo?

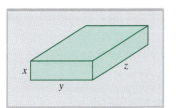

Solução

Sejam x a altura da caixa, y a largura e z o comprimento, como na figura ao lado. Nesse caso, o volume da caixa é $V = xyz$, e o custo do material é dado por

$$C = \underbrace{1yz}_{\text{fundo}} + \underbrace{2(2xy + 2xz)}_{\text{lados}} + \underbrace{5yz}_{\text{tampa}} = 6yz + 4xy + 4xz$$

Estamos interessados em minimizar a função $C = 6yz + 4xy + 4xz$ com a restrição de que $V = xyz = 96$. As equações de Lagrange são

$$\begin{array}{lll} C_x = \lambda V_x & \text{ou} & 4y + 4z = \lambda(yz) \\ C_y = \lambda V_y & \text{ou} & 6z + 4x = \lambda(xz) \\ C_z = \lambda V_z & \text{ou} & 6y + 4x = \lambda(xy) \end{array}$$

e $xyz = 96$. Explicitando λ nas três primeiras equações, obtemos:

$$\frac{4y + 4z}{yz} = \frac{6z + 4x}{xz} = \frac{6y + 4x}{xy} = \lambda$$

Multiplicando as expressões por xyz, temos:

$$4xy + 4xz = 6yz + 4yx$$
$$4xy + 4xz = 6yz + 4xz$$
$$6yz + 4yx = 6yz + 4xz$$

Esse sistema de equações pode ser simplificado cancelando termos comuns nos dois lados de cada equação para obter

$$4xz = 6yz$$
$$4xy = 6yz$$
$$4yx = 4xz$$

Dividindo ambos os membros da primeira equação por z, ambos os membros da segunda por y e ambos os membros da terceira por x, obtemos

$$4x = 6y \quad \text{e} \quad 4x = 6z \quad \text{e} \quad 4y = 4z$$

e, portanto, $y = 2x/3$ e $z = 2x/3$. Substituindo essas expressões na equação da restrição, $xyz = 96$, obtemos

$$x\left(\frac{2}{3}x\right)\left(\frac{2}{3}x\right) = 96$$
$$\frac{4}{9}x^3 = 96$$
$$x^3 = 216 \quad \text{logo, } x = 6$$

e
$$y = z = \frac{2}{3}(6) = 4$$

Assim, o custo é mínimo quando a caixa tem 6 centímetros de altura e uma base quadrada com 4 centímetros de lado. Para essas dimensões, o custo é

$$C_{\min} = 6(4)(4) + 4(6)4 + 4(6)4 = \text{R\$ } 228,00$$

Justificativa do Método dos Multiplicadores de Lagrange

Embora uma demonstração rigorosa do método dos multiplicadores de Lagrange esteja fora do escopo deste livro, existe uma demonstração geométrica que o leitor provavelmente achará interessante. A demonstração se baseia no fato de que a inclinação da curva de nível $F(x, y) = C$ em um ponto (x, y) é dada por

$$\frac{dy}{dx} = -\frac{F_x}{F_y}$$

contanto que $F_y \neq 0$ (veja o Problema 84 da Seção 7.2). Os Problemas 56 e 57 ilustram o uso dessa relação.

Considere agora o seguinte problema de otimização com restrições:

Maximize $f(x, y)$ com a restrição de que $g(x, y) = k$

Geometricamente, isso significa que é preciso encontrar a curva de nível de f de maior valor que possui pelo menos um ponto em comum com a curva da restrição, $g(x, y) = k$. Como mostra a Figura 7.28, $f(x, y)$ é máxima quando as duas curvas têm apenas um ponto em comum, ou seja, quando a curva de nível é tangente à curva de restrição, o que significa que a inclinação da curva da restrição $g(x, y) = k$ é igual à inclinação da curva de nível $f(x, y) = C$.

De acordo com a expressão proposta no início dessa discussão, temos

inclinação da curva de restrição = inclinação da curva de nível

$$-\frac{g_x}{g_y} = -\frac{f_x}{f_y}$$

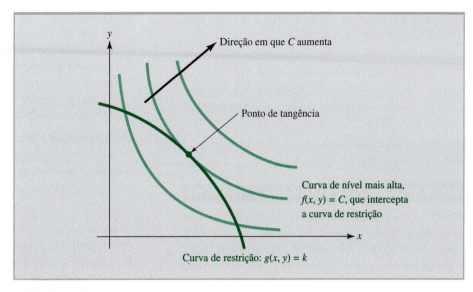

FIGURA 7.28 Curvas de nível para valores crescentes de C e a curva de restrição.

ou seja,

$$\frac{f_x}{g_x} = \frac{f_y}{g_y}$$

Chamando de λ essa razão, temos:

$$\frac{f_x}{g_x} = \lambda \quad \text{e} \quad \frac{f_y}{g_y} = \lambda$$

o que nos dá as duas primeiras equações de Lagrange

$$f_x = \lambda g_x \quad \text{e} \quad f_y = \lambda g_y$$

A terceira equação de Lagrange,

$$g(x, y) = k$$

expressa simplesmente o fato de que o ponto de tangência está sobre a curva da restrição.

PROBLEMAS ■ 7.5

Nos Problemas 1 a 16, use o método dos multiplicadores de Lagrange para determinar o extremo pedido. Suponha que o extremo existe.

1. Determine o valor máximo da função $f(x, y) = xy$ com a restrição de que $x + y = 1$.

2. Determine os valores máximo e mínimo da função $f(x, y) = xy$ com a restrição de que $x^2 + y^2 = 1$.

3. Seja $f(x, y) = x^2 + y^2$. Determine o valor mínimo de $f(x, y)$ com a restrição de que $xy = 1$.

4. Seja $f(x, y) = x^2 + 2y^2 - xy$. Determine o valor mínimo de $f(x, y)$ com a restrição de que $2x + y = 22$.

5. Determine o valor mínimo de $f(x, y) = x^2 - y^2$ com a restrição de que $x^2 + y^2 = 4$.

6. Seja $f(x, y) = 8x^2 - 24xy + y^2$. Determine os valores máximo e mínimo da função $f(x, y)$ com a restrição de que $8x^2 + y^2 = 1$.

7. Seja $f(x, y) = x^2 - y^2 - 2y$. Determine os valores máximo e mínimo da função $f(x, y)$ com a restrição de que $x^2 + y^2 = 1$.

8. Determine o valor máximo da função $f(x, y) = xy^2$ com a restrição de que $x + y^2 = 1$.

9. Seja $f(x, y) = 2x^2 + 4y^2 - 3xy - 2x - 23y + 3$. Determine o valor mínimo da função $f(x, y)$ com a restrição de que $x + y = 15$.

10. Seja $f(x, y) = 2x^2 + y^2 + 2xy + 4x + 2y + 7$. Determine o valor mínimo da função $f(x, y)$ com a restrição de que $4x^2 + 4xy = 1$.

11. Determine os valores máximo e mínimo da função $f(x, y) = e^{xy}$ com a restrição de que $x^2 + y^2 = 4$.

12. Determine o valor máximo da função $f(x, y) = \ln(xy^2)$ com a restrição de que $2x^2 + 3y^2 = 8$ para $x > 0$ e $y > 0$.

13. Determine o valor máximo da função $f(x, y, z) = xyz$ com a restrição de que $x + 2y + 3z = 24$.

14. Determine os valores máximo e mínimo de $f(x, y, z) = x + 3y - z$ com a restrição de que $z = 2x^2 + y^2$.

15. Seja $f(x, y, z) = x + 2y + 3z$. Determine os valores máximo e mínimo de $f(x, y, z)$ com a restrição de que $x^2 + y^2 + z^2 = 16$.

16. Determine o valor mínimo de $f(x, y, z) = x^2 + y^2 + z^2$ com a restrição de que $4x^2 + 2y^2 + z^2 = 4$.

PROBLEMAS APLICADOS DE ECONOMIA E FINANÇAS

17. **LUCRO** Uma fábrica de aparelhos de televisão produz dois modelos, A e B. O gerente estima que, se x centenas de unidades do modelo A e y unidades do modelo B forem fabricadas por ano, o lucro anual será $P(x, y)$ reais, em que

    $$P(x, y) = -0{,}3x^2 - 0{,}5xy - 0{,}4y^2 + 85x + 125y - 2.500$$

    A fábrica pode produzir 30.000 aparelhos por ano. Quantas unidades do modelo A e quantas unidades do modelo B devem ser produzidas para que o lucro seja máximo?

18. **LUCRO** Uma fábrica fornece geladeiras a duas lojas, A e B. O gerente estima que se x geladeiras forem fornecidas por mês à loja A e y geladeiras forem fornecidas por mês à loja B, o lucro mensal será $P(x, y)$ centenas de reais, em que

    $$P(x, y) = -0{,}02x^2 - 0{,}03xy - 0{,}05y^2 + 15x + 40y - 3.000$$

    A fábrica pode produzir 700 geladeiras por mês. Quantas geladeiras devem ser fornecidas à loja A e quantas devem ser fornecidas à loja B para que o lucro mensal seja o maior possível?

19. **VENDAS** O dono de uma editora dispõe de R$ 60.000 para investir na produção e na publicidade de um livro. De acordo com as estimativas, se x milhares de reais forem gastos na produção do livro e y milhares de reais forem gastos em publicidade, serão vendidos aproximadamente

    $$S(x, y) = 20x^{3/2}y$$

    exemplares.
    a. Quanto o empresário deve investir na produção do livro e quanto deve investir em publicidade para que o número de exemplares vendidos seja o maior possível?
    b. Suponha que o dono da editora disponha de mais R$ 1.000,00 para investir no livro. Use o multiplicador de Lagrange λ para estimar qual será o aumento do número de exemplares vendidos.

20. **VENDAS** Um gerente dispõe de R$ 80.000,00 para gastar na fabricação e na propaganda de um novo produto. De acordo com as estimativas, se x milhares de reais forem gastos em desenvolvimento e y milhares de reais forem gastos em propaganda,

    $$f(x, y) = 50x^{1/2}y^{3/2}$$

    unidades do produto serão vendidas.

    a. Que quantia o gerente deve destinar à fabricação e que quantia deve destinar à propaganda para que o número de unidades vendidas seja o maior possível?
    b. Suponha que o gerente disponha de mais R$ 1.000,00 para investir no produto. Use o multiplicador de Lagrange λ para estimar qual será o aumento do número de unidades vendidas.

21. **DISTRIBUIÇÃO DE RECURSOS** Quando x milhares de reais são investidos em mão de obra e y milhares de reais são investidos em equipamentos, a produção de certa fábrica é Q unidades, em que

    $$Q(x, y) = 60x^{1/3}y^{2/3}$$

    Suponha que o dono da fábrica dispõe de R$ 120.000,00 para investir em mão de obra e equipamentos.
    a. Que quantia deve ser investida em mão de obra e que quantia deve ser investida em equipamentos para que a produção seja a maior possível?
    b. Use o multiplicador de Lagrange λ para estimar qual será o aumento da produção se a quantia de que o dono da fábrica dispõe para investir em mão de obra e equipamentos for aumentada para R$ 121.000,00.

22. **DISTRIBUIÇÃO DE RECURSOS** Um fabricante pretende vender um novo produto por R$ 150,00 a unidade e estima que, se gastar x mil reais em desenvolvimento e y mil reais em publicidade, $320y/(y + 2) + 160x/(x + 4)$ unidades serão vendidas. O custo de fabricação do produto é R$ 50,00 a unidade. Se o fabricante dispõe de R$ 8.000,00 para investir em desenvolvimento e publicidade, como deve aplicar o dinheiro para que o lucro seja o maior possível? [*Sugestão*: Lucro = (número de unidades)(preço unitário − custo unitário) − custo total com desenvolvimento e publicidade.]

23. **ANÁLISE MARGINAL** Suponha que o fabricante do Problema 22 decida investir R$ 8.100,00 em vez de R$ 8.000,00 no desenvolvimento e publicidade do novo produto. Use λ, o multiplicador de Lagrange, para estimar qual será o efeito dessa mudança sobre o maior lucro possível.

24. **DISTRIBUIÇÃO DE RECURSOS ILIMITADOS**
    a. Caso disponha de um suprimento ilimitado de fundos, quanto o fabricante do Problema 22 deve gastar em desenvolvimento e quanto deve gastar em publicidade para que o lucro seja o maior possível? (*Sugestão*: Use os métodos da Seção 7.3.)
    b. Suponha que o problema de distribuição de recursos do item (a) seja resolvido pelo método dos multiplicadores de Lagrange. Qual é o valor de λ, o multiplicador da Lagrange, que corresponde ao orçamento ótimo? Justifique a resposta à luz da interpretação de λ como dM/dk.
    c. A resposta do item (b) sugere outro método para resolver o problema proposto no item (a). Resolva o problema usando esse novo método.

25. **UTILIDADE** Um consumidor dispõe de R$ 280,00 para gastar em dois produtos, o primeiro dos quais custa R$ 2,00 a unidade e o segundo R$ 5,00 a unidade. A

utilidade para o consumidor de x unidades do primeiro produto e y unidades do segundo é dada por $U(x, y) = 100x^{0,25}y^{0,75}$.

a. Quantas unidades de cada produto o consumidor deve comprar para maximizar a utilidade?

b. Calcule o multiplicador de Lagrange λ e o interprete em termos econômicos. (No contexto da maximização da utilidade, λ é chamado de **utilidade marginal do dinheiro**.)

26. **UTILIDADE** Um consumidor dispõe de k reais para gastar em dois produtos, o primeiro dos quais custa a reais a unidade e o segundo b reais a unidade. A utilidade para o consumidor de x unidades do primeiro produto e y unidades do segundo é dada pela função utilidade de Cobb-Douglas $U(x, y) = x^{\alpha}y^{\beta}$, em que $0 < \alpha < 1$ e $\alpha + \beta = 1$. Mostre que a utilidade é a maior possível para $x = k\alpha/a$ e $y = k\beta/b$.

27. **UTILIDADE** Qual é a variação da utilidade máxima no Problema 26 se k aumenta de 1 real?

Nos Problemas 28 a 30, $Q(x, y)$ é uma função produção, na qual x e y representam unidades de mão de obra e capital, respectivamente. Se os custos unitários da mão de obra e do capital são dados por p e q, respectivamente, $px + qy$ representa o custo total da produção.

28. **CUSTO MÍNIMO** Use os multiplicadores de Lagrange para mostrar que, para um nível constante de produção c, o custo total é mínimo para

$$\frac{Q_x}{p} = \frac{Q_y}{q} \quad \text{e} \quad Q(x, y) = c$$

contanto que Q_x e Q_y não sejam ambos nulos e p e q sejam diferentes de zero. (Esse problema é conhecido como **problema do custo mínimo**, e a solução é chamada de **combinação de insumos para o custo mínimo**.)

29. **ORÇAMENTO FIXO** Mostre que os insumos x e y que maximizam o nível de produção $Q(x, y)$ com a restrição de que o custo total seja k satisfazem as equações

$$\frac{Q_x}{p} = \frac{Q_y}{q} \quad \text{e} \quad px + qy = k$$

(Suponha que p e q são diferentes de 0.) Esse problema é conhecido como **problema do orçamento fixo**.

30. **CUSTO MÍNIMO** Mostre que, com um nível fixo de produção $Ax^{\alpha}y^{\beta} = k$, em que k é uma constante e α e β são positivos com $\alpha + \beta = 1$, a função de custo $C(x, y) = px + qy$ é minimizada para

$$x = \frac{k}{A}\left(\frac{\alpha q}{\beta p}\right)^{\beta} \quad y = \frac{k}{A}\left(\frac{\beta p}{\alpha q}\right)^{\alpha}$$

PRODUÇÃO DE ESC *Uma função produção de elasticidade de substituição constante (ESC) tem a forma geral*

$$Q(K, L) = A[\alpha K^{-\beta} + (1 - \alpha)L^{-\beta}]^{-1/\beta}$$

em que K é o capital imobilizado, L é o volume de mão de obra e A, α e β são constantes tais que $A > 0$, $0 < \alpha < 1$ e $\beta > -1$. Os Problemas 31 a 33 tratam desse tipo de função produção.

---

31. Use o método dos multiplicadores de Lagrange para maximizar a função produção de ESC

$$Q = 55[0,6K^{-1/4} + 0,4L^{-1/4}]^{-4}$$

com a restrição

$$2K + 5L = 150$$

32. Use o método dos multiplicadores de Lagrange para maximizar a função produção de ESC

$$Q = 50[0,3K^{-1/5} + 0,7L^{-1/5}]^{-5}$$

com a restrição

$$5K + 2L = 140$$

33. Suponha que haja interesse em maximizar a função produção de ESC

$$Q(K, L) = A[\alpha K^{-\beta} + (1 - \alpha)L^{-\beta}]^{-1/\beta}$$

com a restrição linear $c_1 K + c_2 L = B$.

Mostre que os valores de K e L para os quais a função é máxima satisfazem a relação

$$\left(\frac{K}{L}\right)^{\beta+1} = \frac{c_2}{c_1}\left(\frac{\alpha}{1-\alpha}\right)$$

34. **ANÁLISE MARGINAL** Seja $P(K, L)$ uma função produção, em que K e L representam o capital e a mão de obra necessários para certo processo de fabricação. Suponha que estejamos interessados em maximizar $P(K,L)$ com certa restrição de custo $C(K, L) = A$, em que A é uma constante. Use o método dos multiplicadores de Lagrange para mostrar que o nível ótimo de produção é aquele para o qual

$$\frac{\dfrac{\partial P}{\partial K}}{\dfrac{\partial C}{\partial K}} = \frac{\dfrac{\partial P}{\partial L}}{\dfrac{\partial C}{\partial L}}$$

ou seja, é aquele para o qual a razão entre a produtividade marginal do capital e o custo marginal do capital é igual à razão entre a produtividade marginal da mão de obra e o custo marginal da mão de obra.

PROBLEMAS APLICADOS DE CIÊNCIAS SOCIAIS E BIOLÓGICAS

35. **GERENCIAMENTO DE REJEITOS** Um estudo realizado em um depósito de rejeitos revelou que o solo estava contaminado em uma região que podia ser descrita aproximadamente como o interior da elipse

$$\frac{x^2}{4} + \frac{y^2}{9} = 1$$

em que x e y estão em quilômetros. O responsável pelo depósito pretende construir um muro circular para delimitar a área poluída.

 a. Se o escritório do depósito fica no ponto $S(1, 1)$, qual é o raio da menor circunferência com o centro em S que contém toda a região poluída? [*Sugestão*: Como o quadrado da distância entre o ponto $S(1, 1)$ e o ponto $P(x, y)$ é dado pela função

$$f(x, y) = (x - 1)^2 + (y - 1)^2$$

a distância pedida pode ser calculada minimizando $f(x, y)$ com certa restrição.]

b. Leia a respeito do gerenciamento de rejeitos e escreva um ensaio de pelo menos 10 linhas sobre o gerenciamento de aterros sanitários e outros tipos de depósitos de rejeitos.*

36. **ÁREA SUPERFICIAL DO CORPO HUMANO** Como vimos no Problema 47 da Seção 7.1, uma expressão empírica que relaciona a área superficial com o peso e altura de uma pessoa é

$$S(W, H) = 0{,}0072 W^{0{,}425} H^{0{,}725}$$

em que W é o peso em quilogramas e H é a altura em centímetros. Suponha que, durante um curto período de tempo, Maria perca peso enquanto está crescendo, de tal forma que $W + H = 160$. Com essa restrição, quais devem ser o peso e a altura para que a área superficial do corpo de Maria seja a maior possível?

Nos Problemas 37 e 38, o leitor precisa saber que o volume de um cilindro de raio R e comprimento L é $V = \pi R^2 L$ e a área da superfície é $S = 2\pi RL + 2\pi R^2$. O volume de um hemisfério de raio R é $V = 2\pi R^3/3$ e a área da superfície é $S = 2\pi R^2$.

37. **MICROBIOLOGIA** Uma bactéria tem a forma de um bastão cilíndrico. Se o volume da bactéria é constante, qual deve ser a relação entre o raio R e o comprimento C para que a área da superfície seja mínima?

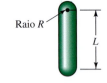

PROBLEMA 37   **PROBLEMA 38**

38. **MICROBIOLOGIA** Uma bactéria tem a forma de um bastão cilíndrico com duas calotas hemisféricas nas extremidades. Se o volume da bactéria é constante, qual deve ser a relação entre o raio R e o comprimento L para que a área da superfície seja mínima?

39. **ECOLOGIA** Uma ilha é habitada por C centenas de coelhos e R centenas de raposas. Um ecologista observa que as populações de raposas e coelhos estão relacionadas pela equação

$$(C - 20)^2 + 25(R - 5)^2 = 234$$

Qual é o valor máximo da população total $C + R$ de coelhos e raposas na ilha?

40. **GENÉTICA** Formas alternativas de um mesmo gene são chamadas de *alelos*. Três alelos, A, B e O, determinam os tipos sanguíneos humanos, A, B, O e AB. Suponha que p, q e r sejam as proporções de A, B e O em certa população, de modo que $p + q + r = 1$. Nesse caso, de acordo com a lei de Hardy-Weinberg da genética, a proporção de indivíduos na população que possuem dois alelos diferentes é dada por $P = 2pq + 2pr + 2rq$. No Problema 45 da Seção 7.3, o objetivo era maximizar P com a condição adicional de que $p + q + r = 1$. Resolva o mesmo problema de otimização com restrições usando o método dos multiplicadores de Lagrange.

PROBLEMAS VARIADOS

41. **PECUÁRIA** Um fazendeiro precisa cercar um pasto retangular situado na margem de um rio. A área do pasto é de 3.200 metros quadrados e não é necessário cercar o lado que dá para o rio. Determine as dimensões do pasto para que a despesa com a construção da cerca seja a menor possível.

42. **PECUÁRIA** Um fazendeiro dispõe de 320 metros de material para cercar um pasto retangular. Que dimensões ele deve escolher para que o pasto tenha a maior área possível?

43. **TARIFAS POSTAIS** De acordo com o regulamento do correio americano, a soma da cintura com o comprimento de um pacote não pode exceder 108 polegadas no caso de uma remessa de quarta classe. Qual é o maior volume de um pacote retangular com dois lados quadrados para que possa ser enviado como uma remessa de quarta classe? (Veja a figura.)

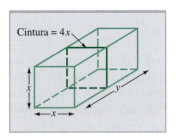

PROBLEMA 43

44. **TARIFAS POSTAIS** Repita o Problema 43 para o caso de um pacote cilíndrico. (O volume de um cilindro de raio R e altura H é $\pi R^2 H$.)

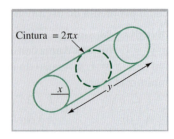

PROBLEMA 44

45. **EMBALAGENS** Use o fato de que 1 litro equivale a 1 decímetro cúbico para determinar as dimensões de uma lata de refrigerante de 330 mL construída com a menor quantidade possível de metal. (Lembre-se de que o volume de um cilindro de raio r e altura h é $\pi r^2 h$, a circunferência de um círculo de raio r é $2\pi r$ e a área de um círculo de raio r é πr^2.)

---

*Um excelente estudo de caso pode ser encontrado em M. D. LaGrega, P. L. Buckingham e J. C. Evans, *Hazardous Waste Management*, New York: McGraw-Hill, 1994, pp. 946–955.

46. **EMBALAGENS** Um recipiente cilíndrico tem capacidade para 65π mL de suco de laranja. O custo por centímetro quadrado para fazer a tampa e o fundo de metal é duas vezes maior que o custo por centímetro quadrado para fazer o lado de papelão. Quais são as dimensões da lata mais barata? (Veja as observações do Problema 45.)

47. **ÓTICA** De acordo com a fórmula das lentes delgadas da ótica, a distância focal L de uma lente delgada está relacionada com a distância do objeto d_o e a distância da imagem d_i pela relação

$$\frac{1}{d_o} + \frac{1}{d_i} = \frac{1}{L}$$

Se L é constante e d_o e d_i podem variar, qual é a distância mínima $s = d_o + d_i$ entre o objeto e a imagem?

48. **ARTESANATO** Um porta-joias é construído dividindo uma caixa de base quadrada em quatro compartimentos, como mostra a figura. A caixa deve ter um volume de 800 cm³. Determine as dimensões para que a área total (incluindo a tampa, o fundo, os lados e as divisões internas) seja mínima. Observe que nada foi dito a respeito da localização das divisões internas. Por quê?

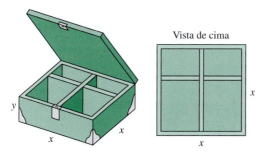

PROBLEMA 48

49. **ARTESANATO** Suponha que o material da tampa do porta-joias do Problema 48 seja duas vezes mais caro que o material do fundo e dos lados, e três vezes mais caro que o material das divisões internas. Quais devem ser as dimensões do porta-joias para que o custo do material usado para construir a caixa seja mínimo?

50. **ESPIONAGEM** Depois de ser descoberto (Problema 63 da Seção 6.1), nosso espião consegue escapar da aldeia vizinha e entra em uma casa à procura de Scélérat. Quando a porta é fechada bruscamente e a temperatura começa a aumentar, ele percebe, tarde demais, que se encontra na temida sala quente de Scélérat. Procurando desesperadamente uma forma de escapar, o espião percebe que as paredes têm a forma da circunferência $x^2 + y^2 = 60$. Usando o termômetro do relógio de pulso para medir a temperatura em vários pontos da sala, observa que a temperatura é dada pela função

$$T(x, y) = x^2 + y^2 + 3xy + 5x + 15y + 130$$

De acordo com o relato de um informante, existe uma saída secreta, que, pela lógica, deve ser o ponto mais frio da parede, mas onde está esse ponto? Qual é a temperatura da sala nesse ponto?

51. **FÍSICA DE PARTÍCULAS** A energia do estado fundamental de uma partícula de massa m confinada em uma caixa retangular de dimensões x, y e z é dada por

$$E(x, y, z) = \frac{k^2}{8m}\left(\frac{1}{x^2} + \frac{1}{y^2} + \frac{1}{z^2}\right)$$

em que k é uma constante física. No Problema 52 da Seção 7.3, o objetivo era determinar os valores de x, y e z para os quais a energia do estado fundamental é mínima, com a condição adicional de que o volume da caixa deve ter certo valor $V_0 = xyz$. Resolva o mesmo problema de otimização com restrições usando o método dos multiplicadores de Lagrange.

52. **CONSTRUÇÃO CIVIL** Um galpão de forma retangular deve ser construído com materiais que custam R$ 31,00 o metro quadrado para o teto, R$ 27,00 o metro quadrado para os lados e o fundo e R$ 55,00 para a fachada. Se o galpão deve ter um volume de 16.000 metros cúbicos, quais devem ser as dimensões para que o custo dos materiais seja mínimo?

53. **CONSTRUÇÃO CIVIL** Um galpão de forma retangular deve ser construído com materiais que custam R$ 15,00 o metro quadrado para o teto, R$ 12,00 o metro quadrado para os lados e o fundo e R$ 20,00 o metro quadrado para a fachada. Quais são as dimensões do galpão de maior capacidade volumétrica que pode ser construído por R$ 8.000,00?

54. **INDÚSTRIA AEROESPACIAL** Uma sonda espacial tem a forma da superfície

$$4x^2 + y^2 + 4z^2 = 16$$

em que x, y e z estão em metros. Quando a sonda penetra de volta na atmosfera terrestre, começa a se aquecer de tal forma que a temperatura em cada ponto $P(x, y, z)$ da superfície é dada por

$$T(x, y, z) = 4x^2 + 2yz - 16z + 300$$

em que T é a temperatura em graus Celsius. Use o método dos multiplicadores de Lagrange para determinar o ponto mais quente e o ponto mais frio da superfície da sonda. Quais são as temperaturas nesses pontos?

55. Use os multiplicadores de Lagrange para determinar os possíveis pontos de máximo e mínimo da parte da superfície $z = x - y$ para a qual $y = x^5 + x - 2$. Em seguida, use uma calculadora gráfica para plotar a curva $y = x^5 + x - 2$ e as curvas de nível da superfície $f(x, y) = x - y$ e mostre que os pontos encontrados não representam máximos e mínimos relativos. O que é possível concluir a partir dessa observação?

56. Seja $F(x, y) = x^2 + 2xy - y^2$.
    a. Se $F(x, y) = k$, em que k é uma constante, use o método de derivação implícita discutido no Capítulo 2 para determinar dy/dx.
    b. Calcule as derivadas parciais F_x e F_y e mostre que

$$\frac{dy}{dx} = -\frac{F_x}{F_y}$$

57. Repita o Problema 56 para a função
$$F(x, y) = xe^{xy^2} + \frac{y}{x} + x \ln(x + y)$$

Nos Problemas 58 a 61, use o método dos multiplicadores de Lagrange para determinar o máximo ou mínimo indicado. O leitor poderá necessitar de uma calculadora ou de um computador para encontrar as raízes de uma equação.

58. Maximize a função $f(x, y) = e^{x+y} - x \ln(y/x)$ com a restrição de que $x + y = 4$.

59. Minimize a função $f(x, y) = \ln(x + 2y)$ com a restrição de que $xy + y = 5$.

60. Minimize a função $f(x, y) = \frac{1}{x^2} + \frac{3}{xy} + \frac{1}{y^2}$ com a restrição de que $x + 2y = 7$.

61. Maximize a função $f(x, y) = xe^{x^2-y}$ com a restrição de que $x^2 + 2y^2 = 1$.

SEÇÃO 7.6 Integrais Duplas

Objetivos do Aprendizado

1. Conhecer e calcular integrais duplas em regiões retangulares e não retangulares do plano *xy*.
2. Usar integrais duplas em problemas relativos a áreas, volumes, valores médios e densidades populacionais.

Nos Capítulos 5 e 6, integramos uma função de uma variável, $f(x)$, invertendo o processo de derivação. Um processo semelhante pode ser usado para integrar uma função de duas variáveis $f(x, y)$. Como, nesse caso, existem duas variáveis, integramos $f(x, y)$ mantendo fixa uma das variáveis e integrando em relação à outra. Assim, por exemplo, para calcular a integral parcial $\int_1^2 xy^2 \, dx$, integramos em relação a *x* usando o teorema fundamental do cálculo e tratando *y* como uma constante:

$$\int_1^2 xy^2 \, dx = \frac{1}{2}x^2y^2 \Big|_{x=1}^{x=2}$$

$$= \left[\frac{1}{2}(2)^2 y^2\right] - \left[\frac{1}{2}(1)^2 y^2\right] = \frac{3}{2}y^2$$

Da mesma forma, para calcular $\int_{-1}^{1} xy^2 \, dy$, integramos em relação a *y* e tratamos *x* como uma constante:

$$\int_{-1}^{1} xy^2 \, dy = x\left(\frac{1}{3}y^3\right)\Big|_{y=-1}^{y=1}$$

$$= \left[x\left(\frac{1}{3}(1)^3\right)\right] - \left[x\left(\frac{1}{3}(-1)^3\right)\right] = \frac{2}{3}x$$

Ao integrar uma função $f(x, y)$ em relação a *x*, obtemos uma função apenas de *y*, que pode, em seguida, ser integrada como uma função de uma variável. O resultado é a chamada **integral repetida**, $\int \left[\int f(x, y) \, dx\right] dy$. Da mesma forma, a integral repetida $\int \left[\int f(x, y) \, dy\right] dx$ é obtida integrando primeiro em relação a *y*, considerando *x* como uma constante, e depois integrando em relação a *x*. Assim, por exemplo,

$$\int_{-1}^{1}\left(\int_1^2 xy^2 \, dx\right) dy = \int_{-1}^{1} \frac{3}{2}y^2 \, dy = \frac{1}{2}y^3 \Big|_{y=-1}^{y=1} = 1$$

e

$$\int_1^2\left(\int_{-1}^{1} xy^2 \, dy\right) dx = \int_1^2 \frac{2}{3}x \, dx = \frac{1}{3}x^2 \Big|_{x=1}^{x=2} = 1$$

Observe que, nesse exemplo, as duas integrais repetidas têm o mesmo valor; o mesmo acontece para todas as integrais repetidas apresentadas neste livro. A integral dupla de $f(x, y)$ em uma região retangular do plano *xy* pode ser definida da seguinte forma em termos de uma integral repetida:

Integral Dupla em uma Região Retangular

A **integral dupla** $\iint_R f(x, y)\, dA$ na região retangular

$$R: a \leq x \leq b, c \leq y \leq d$$

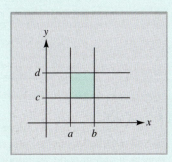

é dada pelo valor comum das integrais repetidas

$$\int_a^b \left[\int_c^d f(x, y)\, dy \right] dx \quad \text{e} \quad \int_c^d \left[\int_a^b f(x, y)\, dx \right] dy$$

ou seja:

$$\iint_R f(x, y)\, dA = \int_a^b \left[\int_c^d f(x, y)\, dy \right] dx = \int_c^d \left[\int_a^b f(x, y)\, dx \right] dy$$

O Exemplo 7.6.1 ilustra o cálculo desse tipo de integral dupla.

EXEMPLO 7.6.1 Cálculo de uma Integral Dupla

Calcule a integral dupla

$$\iint_R xe^{-y}\, dA$$

em que R é a região retangular $-2 \leq x \leq 1, 0 \leq y \leq 5$:

a. integrando primeiro em relação a x
b. integrando primeiro em relação a y

Solução

a. Integrando primeiro em relação a x:

$$\iint_R xe^{-y}\, dA = \int_0^5 \left(\int_{-2}^1 xe^{-y}\, dx \right) dy$$

$$= \int_0^5 \frac{1}{2} x^2 e^{-y} \Big|_{x=-2}^{x=1} dy$$

$$= \int_0^5 \frac{1}{2} e^{-y} [(1)^2 - (-2)^2]\, dy = \int_0^5 -\frac{3}{2} e^{-y}\, dy$$

$$= -\frac{3}{2}(-e^{-y}) \Big|_{y=0}^{y=5} = \frac{3}{2}(e^{-5} - e^0) = \frac{3}{2}(e^{-5} - 1)$$

b. Integrando primeiro em relação a y:

$$\iint_R xe^{-y}\,dA = \int_{-2}^{1}\left(\int_{0}^{5} xe^{-y}\,dy\right)dx$$
$$= \int_{-2}^{1} x(-e^{-y})\Big|_{y=0}^{y=5}\,dx = \int_{-2}^{1}[-x(e^{-5}-e^{0})]\,dx$$
$$= \left[-(e^{-5}-1)\left(\frac{1}{2}x^2\right)\right]\Big|_{x=-2}^{x=1}$$
$$= -\frac{1}{2}(e^{-5}-1)[(1)^2 - (-2)^2] = \frac{3}{2}(e^{-5}-1)$$

No Exemplo 7.6.1, a ordem de integração não faz diferença: não só os cálculos levam ao mesmo resultado, mas as integrações têm praticamente o mesmo grau de dificuldade. Às vezes, porém, a ordem pode ser importante, como ilustra o Exemplo 7.6.2.

EXEMPLO 7.6.2 Cálculo de uma Integral Dupla

Calcule a integral dupla

$$\iint_R xe^{xy}\,dA$$

em que R é a região retangular $0 \leq x \leq 2$, $0 \leq y \leq 1$.

Solução

Integrando primeiro em relação a x, ou seja, escrevendo a integral na forma

$$\int_{0}^{1}\left(\int_{0}^{2} xe^{xy}\,dx\right)dy$$

temos que usar o método da integração por partes para calcular a primeira integral:

$$u = x \qquad dv = e^{xy}\,dx$$
$$du = dx \qquad v = \frac{1}{y}e^{xy}$$

$$\int_{0}^{2} xe^{xy}\,dx = \frac{x}{y}e^{xy}\Big|_{x=0}^{x=2} - \int_{0}^{2}\frac{1}{y}e^{xy}\,dx$$
$$= \left(\frac{x}{y} - \frac{1}{y^2}\right)e^{xy}\Big|_{x=0}^{x=2} = \left(\frac{2}{y} - \frac{1}{y^2}\right)e^{2y} - \left(\frac{-1}{y^2}\right)$$

e a segunda integral se torna

$$\int_{0}^{1}\left[\left(\frac{2}{y} - \frac{1}{y^2}\right)e^{2y} + \frac{1}{y^2}\right]dy$$

E agora? Alguma ideia?

Por outro lado, integrando primeiro em relação a y, as duas integrais são triviais:

$$\int_{0}^{2}\left(\int_{0}^{1} xe^{xy}\,dy\right)dx = \int_{0}^{2} \frac{xe^{xy}}{x}\Big|_{y=0}^{y=1}\,dx$$
$$= \int_{0}^{2}(e^x - 1)\,dx = (e^x - x)\Big|_{x=0}^{x=2}$$
$$= (e^2 - 2) - e^0 = e^2 - 3$$

CÁLCULO DE VÁRIAS VARIÁVEIS **527**

Integrais Duplas em Regiões Não Retangulares

Nos exemplos anteriores, a região de integração era um retângulo, mas integrais duplas também podem ser aplicadas a regiões não retangulares. Antes de discutir a integração propriamente dita, vamos apresentar um método eficiente de descrever algumas dessas regiões em termos de desigualdades.

Limites Verticais

A região R da Figura 7.29 é limitada abaixo pela curva $y = g_1(x)$, acima pela curva $y = g_2(x)$ e dos lados pelas retas verticais $x = a$ e $x = b$. A região pode ser descrita pelas desigualdades

$$R: a \leq x \leq b, g_1(x) \leq y \leq g_2(x)$$

A primeira desigualdade especifica o intervalo de variação de x, enquanto a segunda indica os limites superior e inferior de R para cada valor de x pertencente ao intervalo. Em palavras:

R é uma região tal que, para cada valor de x entre a e b, y varia de $g_1(x)$ a $g_2(x)$.

Esse método de descrever uma região é ilustrado no Exemplo 7.6.3.

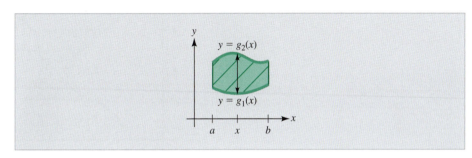

FIGURA 7.29 Uso de limites verticais. A região $R: a \leq x \leq b, g_1(x) \leq y \leq g_2(x)$.

EXEMPLO 7.6.3 Definição de uma Região Usando Limites Verticais

Seja R a região entre a curva $y = x^2$ e a reta $y = 2x$. Use desigualdades para descrever R em termos de uma região com limites verticais.

Solução

Começamos com um esboço da curva e da reta, como o da Figura 7.30. Identificamos a região R e resolvemos o sistema de equações $y = x^2$ e $y = 2x$ para determinar os pontos de interseção, $(0, 0)$ e $(2, 4)$. Observe que, na região R, a variável x assume todos os valores possíveis entre $x = 0$ e $x = 2$ e que, para cada um desses valores de x, a região é limitada abaixo pela curva $y = x^2$ e acima pela reta $y = 2x$. Assim, a região R pode ser descrita pelas desigualdades

$$0 \leq x \leq 2 \quad \text{e} \quad x^2 \leq y \leq 2x$$

8 EXPLORE!

Plote a região para a qual a integral dupla está sendo calculada no Exemplo 7.6.3. Entre com $y = x^2$ em Y1 e $y = 2x$ em Y2 do editor de equações e plote usando uma janela $[-0.15, 2.2]1$ por $[-0.5, 4.5]1$. Use TRACE ou a rotina da calculadora para determinar interseções da calculadora para localizar os pontos de interseção de Y1 e Y2. Use a rotina da calculadora para mostrar os limites da integração por meio de retas verticais.

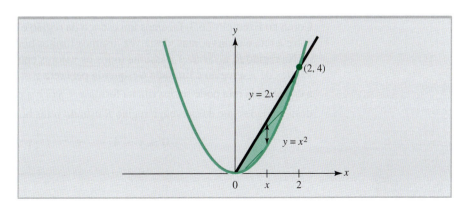

FIGURA 7.30 A região R entre $y = x^2$ e $y = 2x$ descrita, por meio de limites verticais, como $R: 0 \leq x \leq 2, x^2 \leq y \leq 2x$.

Limites Horizontais

A região R da Figura 7.31 é limitada à esquerda pela curva $x = h_1(y)$, à direita pela curva $x = h_2(y)$, abaixo pela reta horizontal $y = c$ e acima pela reta $y = d$. A região pode ser descrita pelo par de desigualdades

$$R: c \leq y \leq d, h_1(y) \leq x \leq h_2(y)$$

A primeira desigualdade especifica o intervalo de variação de y, enquanto a segunda indica os limites esquerdo ("traseiro") e direito ("dianteiro") de R para cada valor de y pertencente ao intervalo. Em palavras:

R é a região na qual, para cada valor de y entre c e d,
x varia de $h_1(y)$ a $h_2(y)$.

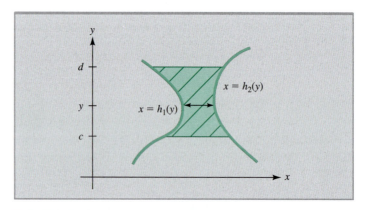

FIGURA 7.31 Uso de limites horizontais. A região $R: c \leq y \leq d$, $h_1(y) \leq x \leq h_2(y)$.

Esse método de descrever uma região é ilustrado no Exemplo 7.6.4 para a mesma região descrita usando limites verticais no Exemplo 7.6.3.

EXEMPLO 7.6.4 Definição de uma Região Usando Limites Horizontais

Descreva a região R limitada pela curva $y = x^2$ e pela reta $y = 2x$ em termos de uma região com limites horizontais.

Solução

Como no Exemplo 7.6.3, fazemos um esboço da região e determinamos os pontos de interseção entre a reta e a curva, mas, desta vez, usamos limites horizontais (Figura 7.32).

Na região R, a variável y assume todos os valores entre $y = 0$ e $y = 4$. Para cada um desses valores de y, a região é limitada à esquerda pela reta $y = 2x$ e à direita pela curva $y = x^2$. Como a equação da reta pode ser escrita na forma $x = y/2$ e a equação da curva na forma $x = \sqrt{y}$, as desigualdades que descrevem a região R usando retas horizontais como limites são

$$0 \leq y \leq 4 \quad \text{e} \quad \frac{1}{2}y \leq x \leq \sqrt{y}$$

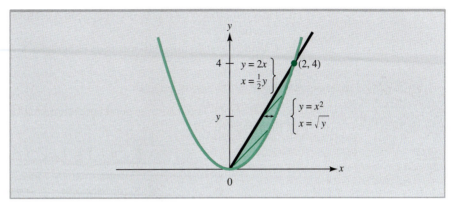

FIGURA 7.32 A região R entre $y = x^2$ e $y = 2x$ descrita, por meio de limites horizontais, como R: $0 \leq y \leq 4$, $y/2 \leq x \leq \sqrt{y}$.

Para calcular uma integral dupla em uma região R usando limites verticais ou horizontais, escrevemos uma integral dupla cujos limites de integração são expressos a partir de desigualdades que descrevem a região. Segue uma descrição mais precisa da forma como os limites de integração são determinados.

Limites de Integração para Integrais Duplas ■ Se a região R pode ser descrita pelas desigualdades

$$a \leq x \leq b \quad \text{e} \quad g_1(x) \leq y \leq g_2(x)$$

temos:

$$\iint_R f(x,y)\,dA = \int_a^b \left[\int_{g_1(x)}^{g_2(x)} f(x,y)\,dy \right] dx$$

Se a região R pode ser descrita pelas desigualdades

$$c \leq y \leq d \quad \text{e} \quad h_1(y) \leq x \leq h_2(y)$$

temos:

$$\iint_R f(x,y)\,dA = \int_c^d \left[\int_{h_1(y)}^{h_2(y)} f(x,y)\,dx \right] dy$$

NOTA Ao calcular uma integral dupla que envolve limites de integração variáveis, é importante escolher corretamente a ordem das integrações. No Exemplo a seguir, é muito mais fácil calcular a integral usando uma ordem para as integrações do que a ordem inversa. ■

EXEMPLO 7.6.5 Cálculo de uma Integral Dupla em uma Região

Seja I a integral dupla

$$I = \int_0^1 \int_0^y y^2 e^{xy}\,dx\,dy$$

a. Faça um esboço da região de integração e escreva a integral com a ordem de integração invertida.

b. Calcule I usando uma das ordens de integração.

Solução

a. Comparando I com a forma geral para a ordem de integração $dx\,dy$, vemos que a região de integração é

$$R:\ \underbrace{0 \leq y \leq 1}_{\substack{\text{limites externos}\\\text{de integração}}}\ ,\ \underbrace{0 \leq x \leq y}_{\substack{\text{limites internos}\\\text{de integração}}}$$

Assim, se y é um número no intervalo $0 \leq y \leq 1$, para cada valor de y a região R se estende de $x = 0$ à esquerda até $x = y$ à direita. A região é o triângulo mostrado na Figura 7.33a. Como se pode ver na Figura 7.33b, a mesma região R pode ser descrita tomando, para cada valor de x no intervalo $0 \leq x \leq 1$, um intervalo limitado abaixo por $y = x$ e acima por $y = 1$. Em termos de desigualdades, isso significa que

$$R: 0 \leq x \leq 1,\ x \leq y \leq 1$$

portanto, a integral pode ser escrita na forma

$$I = \int_0^1 \int_x^1 y^2 e^{xy}\, dy\, dx$$

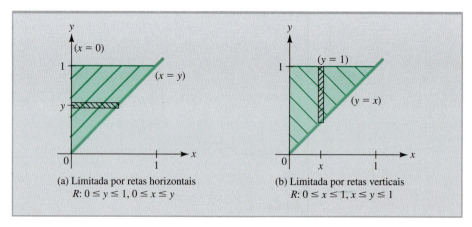

FIGURA 7.33 A região de integração de $I = \int_0^1 \int_0^y y^2 e^{xy}\, dx\, dy$.

b. Para a ordem de integração indicada no enunciado, o cálculo é o seguinte:

$$\int_0^1 \int_0^y y^2 e^{xy}\, dx\, dy = \int_0^1 \left(y e^{xy} \Big|_{x=0}^{x=y} \right) dy \qquad \text{pois } \int e^{xy}\, dx = \frac{1}{y} e^{xy}$$

$$= \int_0^1 (y e^{y^2} - y)\, dy$$

$$= \left(\frac{1}{2} e^{y^2} - \frac{1}{2} y^2 \right) \Big|_0^1$$

$$= \left(\frac{1}{2} e - \frac{1}{2} \right) - \left(\frac{1}{2} - 0 \right) = \frac{1}{2} e - 1$$

Tente calcular a integral usando a outra ordem de integração, ou seja, integrando primeiro em relação a y. O que acontece?

Aplicações das Integrais Duplas

Vamos agora apresentar algumas aplicações das integrais duplas que, na verdade, não são mais que generalizações de aplicações já conhecidas de integrais definidas de funções de uma variável. Mais especificamente, vamos mostrar que a integração dupla pode ser usada para calcular áreas, volumes, valores médios e densidades populacionais.

Área de uma Região de um Plano

A área de uma região R do plano xy pode ser calculada por uma integral dupla em R da função constante $f(x, y) = 1$.

> **Fórmula da Área** ■ A área de uma região R do plano xy é dada pela expressão
> $$\text{Área de } R = \iint_R 1\, dA$$

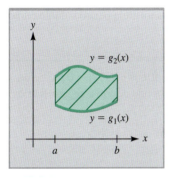

FIGURA 7.34 Área de uma região calculada pela integral dupla $\iint_R 1\, dA$.

Para ter uma ideia de como funciona a fórmula da área, considere a região elementar R da Figura 7.34, que é limitada acima pela curva $y = g_2(x)$ e abaixo pela curva $y = g_1(x)$ e se estende de $x = a$ a $x = b$. De acordo com a fórmula do cálculo da área por uma integral dupla,

$$\begin{aligned}
\text{Área de } R &= \iint_R 1\, dA \\
&= \int_a^b \int_{g_1(x)}^{g_2(x)} 1\, dy\, dx \\
&= \int_a^b \left[y \Big|_{y=g_1(x)}^{y=g_2(x)} \right] dx \\
&= \int_a^b [g_2(x) - g_1(x)]\, dx
\end{aligned}$$

que é exatamente a expressão da área entre duas curvas a que chegamos na Seção 5.4. O exemplo a seguir ilustra o uso da fórmula da área.

9 EXPLORE!

Determine a área da região R do Exemplo 7.6.6 usando a rotina de integração numérica de uma calculadora para calcular $\int_0^1 (x^2 - x^3)\, dx$. Compare o resultado com o do Exemplo 7.6.6.

EXEMPLO 7.6.6 Cálculo de uma Área Usando uma Integral Dupla

Determine a área da região R limitada pelas curvas $y = x^2$ e $y = x^3$.

Solução

A região aparece na Figura 7.35. Usando a fórmula da área, temos:

$$\begin{aligned}
\text{Área de } R &= \iint_R 1\, dA = \int_0^1 \int_{x^3}^{x^2} 1\, dy\, dx \\
&= \int_0^1 \left(y \Big|_{y=x^3}^{y=x^2} \right) dx \\
&= \int_0^1 (x^2 - x^3)\, dx \\
&= \left[\frac{1}{3}x^3 - \frac{1}{4}x^4 \right]\Big|_0^1 \\
&= \frac{1}{12}
\end{aligned}$$

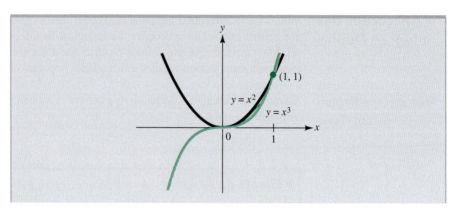

FIGURA 7.35 A região limitada pelas curvas $y = x^2$ e $y = x^3$.

O Volume como uma Integral Dupla

Vimos na Seção 5.3 que a área da região sob a curva $y = f(x)$ em um intervalo $a \leq x \leq b$, em que $f(x)$ é contínua e $f(x) \geq 0$, é dada por $A = \int_a^b f(x)\,dx$. Um raciocínio semelhante para uma função contínua, não negativa, de duas variáveis, $f(x, y)$, leva a uma fórmula para o volume como uma integral dupla.

O Volume como uma Integral Dupla ■ Se $f(x, y)$ é contínua e $f(x, y) \geq 0$ na região R, a região tridimensional sob a superfície $z = f(x, y)$ que se estende a toda a região R tem um volume dado por

$$V = \iint_R f(x, y)\,dA$$

EXEMPLO 7.6.7 Cálculo do Volume de uma Biomassa Usando uma Integral Dupla

Uma biomassa cobre o fundo triangular de um recipiente de vértices (0, 0), (6, 0) e (3, 3) até uma altura $h(x, y) = \dfrac{x}{y + 2}$ em todos os pontos (x, y) da região, com todas as dimensões em centímetros. Qual é o volume da biomassa?

Solução

O volume é dado pela integral dupla $V = \iint_R h(x, y)\,dA$, em que R é a região triangular mostrada na Figura 7.36.

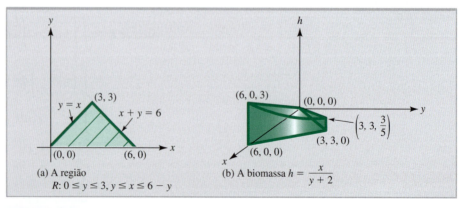

(a) A região
$R: 0 \leq y \leq 3,\ y \leq x \leq 6 - y$

(b) A biomassa $h = \dfrac{x}{y + 2}$

FIGURA 7.36 Volume de uma biomassa.

Observe que, como a região é limitada pelo eixo x ($y = 0$) e pelas retas $x = y$ e $x + y = 6$, ela pode ser descrita da seguinte forma:

$$R: 0 \leq y \leq 3, y \leq x \leq 6 - y$$

Assim, o volume da biomassa é dado por

$$\begin{aligned}
V &= \int_0^3 \int_y^{6-y} \frac{x}{y+2} \, dx \, dy \\
&= \int_0^3 \frac{1}{y+2} \left(\frac{x^2}{2}\right)\bigg|_y^{6-y} dy = \int_0^3 \frac{1}{2(y+2)}[(6-y)^2 - y^2] \, dy \\
&= \int_0^3 \frac{1}{2(y+2)} [36 - 12y] \, dy \qquad \text{dividindo } -12y + 36 \text{ por } 2y + 4 \\
&= \int_0^3 \left[-6 + \left(\frac{60}{2y+4}\right)\right] dy \\
&= -6y + 30 \ln |2y + 4| \bigg|_0^3 \\
&= [-6(3) + 30 \ln(2(3) + 4)] - [-6(0) + 30 \ln(0 + 4)] \\
&\approx 9{,}489
\end{aligned}$$

O volume da biomassa, é, portanto, aproximadamente 9,5 cm³.

Valor Médio de uma Função $f(x, y)$

Como vimos na Seção 5.4, o valor médio de uma função $f(x)$ em um intervalo $a \leq x \leq b$ é dado pela expressão

$$\text{VM} = \frac{1}{b-a} \int_a^b f(x) \, dx$$

Assim, para calcular o valor médio de uma função de uma variável em um intervalo dado, temos que integrar a função nesse intervalo e dividir o resultado pela largura do intervalo. No caso de uma função de duas variáveis, o método é semelhante: para calcular o valor médio de uma função de duas variáveis $f(x, y)$ em uma região retangular R, integramos a função na região R e dividimos o resultado pela área de R.

Fórmula do Valor Médio ■ O valor médio da função $f(x, y)$ em uma região retangular R é dado pela expressão

$$\text{VM} = \frac{1}{\text{área de } R} \iint_R f(x, y) \, dA$$

EXEMPLO 7.6.8 Cálculo da Produção Média Mensal

Em uma fábrica, a produção é dada pela função produção de Cobb-Douglas

$$Q(K, L) = 50K^{3/5} L^{2/5}$$

em que K é o capital imobilizado em milhares de reais e L é o volume de mão de obra em homens-horas. O capital imobilizado mensal varia entre R$ 10.000,00 e R$ 12.000,00 e o volume de mão de obra utilizado mensalmente varia entre 2.800 e 3.200 homens-horas. Determine a produção média mensal da fábrica.

Solução

É razoável estimar a produção média mensal da fábrica pelo valor médio de $Q(K, L)$ na região retangular R definida pelas desigualdades $10 \leq K \leq 12$ e $2.800 \leq L \leq 3.200$. A área da região é dada por

$$A = \text{área de } R = (12 - 10) \times (3.200 - 2.800) = 800$$

e, portanto, a produção média é

$$\begin{aligned}
\text{VM} &= \frac{1}{800} \iint_R 50 K^{3/5} L^{2/5} \, dA \\
&= \frac{1}{800} \int_{2.800}^{3.200} \left(\int_{10}^{12} 50 K^{3/5} L^{2/5} \, dK \right) dL \\
&= \frac{1}{800} \int_{2.800}^{3.200} 50 L^{2/5} \left(\frac{5}{8} K^{8/5} \right) \Big|_{K=10}^{K=12} dL \\
&= \frac{1}{800} (50) \left(\frac{5}{8} \right) \int_{2.800}^{3.200} L^{2/5} (12^{8/5} - 10^{8/5}) \, dL \\
&= \frac{1}{800} (50) \left(\frac{5}{8} \right) (12^{8/5} - 10^{8/5}) \left(\frac{5}{7} L^{7/5} \right) \Big|_{L=2.800}^{L=3.200} \\
&= \frac{1}{800} (50) \left(\frac{5}{8} \right) \left(\frac{5}{7} \right) (12^{8/5} - 10^{8/5}) [(3.200)^{7/5} - (2.800)^{7/5}] \\
&\approx 5.181{,}23
\end{aligned}$$

Assim, a produção média mensal é, aproximadamente, 5.200 unidades.

Densidade Populacional

Na Seção 5.6, mostramos que a população total em uma região de forma circular pode ser calculada integrando a densidade populacional, ou seja, a função $p(r)$ que expressa o número de pessoas por quilômetro quadrado a uma distância r do centro da região. No caso geral, se conhecemos a densidade populacional $p(x, y)$ em todos os pontos (x, y) de uma região R, a população total Δp em uma pequena sub-região ΔR é dada por

$$\underset{\substack{\text{número de} \\ \text{habitantes da} \\ \text{sub-região}}}{\Delta P} = \underset{\substack{\text{densidade} \\ \text{populacional}}}{p(x, y)} \cdot \underset{\substack{\text{área da} \\ \text{sub-região}}}{\Delta A}$$

em que ΔA é a área da sub-região.

Usando uma integral dupla para "somar" as populações de todas as sub-regiões, podemos calcular a população total P da região R pela expressão

$$P = \iint_R p(x, y) \, dA$$

A mesma expressão também pode ser aplicada a populações mais restritas, como a de pessoas que foram influenciadas por uma campanha publicitária ou a de indivíduos suscetíveis a uma doença contagiosa. No Exemplo 7.6.9, a expressão é usada para prever o resultado de um plebiscito.

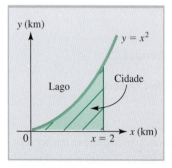

FIGURA 7.37 Uma cidade à beira de um lago.

EXEMPLO 7.6.9 Cálculo de uma População a Partir da Densidade Populacional

Uma pequena cidade à beira de um lago, cujos limites são mostrados na Figura 7.37, vai realizar um plebiscito para a reforma de uma praça. Com base em uma pesquisa de opinião, uma empresa de consultoria estima que a densidade de votantes favoráveis à proposta é $p(x, y) = 50 x e^{-0,04 y}$ centenas de pessoas por metro quadrado no ponto (x, y) da figura, em que x e y estão em quilômetros. Se o número total de votantes é 35.000, a reforma da praça é aprovada ou rejeitada?

CÁLCULO DE VÁRIAS VARIÁVEIS **535**

Solução

A cidade ocupa a região R limitada pela curva $y = x^2$, o eixo x e a reta $x = 2$. Podemos calcular o número total N de votos favoráveis usando a integral $\iint p(x, y)\, dA$ para toda a região R, integrando primeiro em relação a y de $y = 0$ a $y = x^2$ e depois em relação a x de $x = 0$ a $x = 2$. O resultado é o seguinte:

$$N = \iint_R p(x, y)\, dA$$

$$= \int_0^2 \int_0^{x^2} 50xe^{-0{,}04y}\, dy\, dx \qquad \text{regra da exponencial}$$

$$= \int_0^2 50x \left[\frac{e^{-0{,}04y}}{-0{,}04}\right]_{y=0}^{y=x^2} dx$$

$$= \int_0^2 -1.250x[e^{-0{,}04x^2} - e^0]\, dx \qquad \text{fazendo } u = -0{,}04x^2,\, du = -0{,}08x\, dx \\ \text{e usando a regra da exponencial}$$

$$= -1.250\left[\frac{e^{-0{,}04x^2}}{-0{,}08} - \frac{1}{2}x^2\right]_0^2$$

$$= -1.250[-12{,}5e^{-0{,}16} - 2] - (-1.250)[-12{,}5 - 0]$$

$$= 189{,}75$$

Assim, a estimativa é de que 18.975 pessoas (189,75 centenas) votarão a favor da proposta e $35.000 - 18.975 = 16.025$ pessoas votarão contra a proposta, o que significa que a proposta deverá ser aprovada.

PROBLEMAS ■ 7.6

Calcule as integrais duplas dos Problemas 1 a 18.

1. $\displaystyle\int_0^1 \int_1^2 x^2 y\, dx\, dy$
2. $\displaystyle\int_1^2 \int_0^1 x^2 y\, dy\, dx$
3. $\displaystyle\int_0^{\ln 2} \int_{-1}^0 2xe^y\, dx\, dy$
4. $\displaystyle\int_2^3 \int_{-1}^1 (x + 2y)\, dy\, dx$
5. $\displaystyle\int_1^3 \int_0^1 \frac{2xy}{x^2 + 1}\, dx\, dy$
6. $\displaystyle\int_0^1 \int_0^1 x^2 e^{xy}\, dy\, dx$
7. $\displaystyle\int_0^4 \int_{-1}^1 x^2 y\, dy\, dx$
8. $\displaystyle\int_0^1 \int_1^5 y\sqrt{1 - y^2}\, dx\, dy$
9. $\displaystyle\int_2^3 \int_1^2 \frac{x + y}{xy}\, dy\, dx$
10. $\displaystyle\int_1^2 \int_2^3 \left(\frac{y}{x} + \frac{x}{y}\right) dy\, dx$
11. $\displaystyle\int_0^4 \int_0^{\sqrt{x}} x^2 y\, dy\, dx$
12. $\displaystyle\int_0^1 \int_1^5 xy\sqrt{1 - y^2}\, dx\, dy$
13. $\displaystyle\int_0^1 \int_{y-1}^{1-y} (2x + y)\, dx\, dy$
14. $\displaystyle\int_0^1 \int_{x^2}^x 2xy\, dy\, dx$
15. $\displaystyle\int_0^1 \int_0^4 \sqrt{xy}\, dy\, dx$
16. $\displaystyle\int_0^1 \int_x^{2x} e^{y-x}\, dy\, dx$
17. $\displaystyle\int_1^e \int_0^{\ln x} xy\, dy\, dx$
18. $\displaystyle\int_0^3 \int_{y^2/4}^{\sqrt{10-y^2}} xy\, dx\, dy$

Nos Problemas 19 a 24, use desigualdades para descrever R em termos de limites verticais e horizontais.

19. R é a região limitada por $y = x^2$ e $y = 3x$.

20. R é a região limitada por $y = \sqrt{x}$ e $y = x^2$.
21. R é o retângulo cujos vértices são os pontos $(-1, 1)$, $(2, 1)$, $(2, 2)$ e $(-1, 2)$.
22. R é o triângulo cujos vértices são os pontos $(1, 0)$, $(1, 1)$ e $(2, 0)$.
23. R é a região limitada por $y = \ln x$, $y = 0$ e $x = e$.
24. R é a região limitada por $y = e^x$, $y = 2$ e $x = 0$.

Nos Problemas 25 a 36, determine o valor da integral dupla dada para a região R especificada.

25. $\displaystyle\iint_R 3xy^2\, dA$, em que R é o retângulo limitado pelas retas $x = -1$, $x = 2$, $y = -1$ e $y = 0$.

26. $\displaystyle\iint_R (x + 2y)\, dA$, em que R é o triângulo que tem como vértices os pontos $(0, 0)$, $(1, 0)$ e $(0, 2)$.

27. $\displaystyle\iint_R xe^y\, dA$, em que R é o triângulo que tem como vértices os pontos $(0, 0)$, $(1, 0)$ e $(1, 1)$.

28. $\displaystyle\iint_R 48xy\, dA$, em que R é a região limitada por $y = x^3$ e $y = \sqrt{x}$.

29. $\iint_R (2y - x)\, dA$, em que R é a região limitada por $y = x^3$ e $y = 2x$.

30. $\iint_R 12x\, dA$, em que R é a região limitada por $y = x^2$ e $y = 6 - x$.

31. $\iint_R (2x + 1)\, dA$, em que R é o triângulo que tem como vértices os pontos $(-1, 0)$, $(1, 0)$ e $(0, 1)$.

32. $\iint_R 2x\, dA$, em que R é a região limitada por $y = 1/x^2$, $y = x$ e $x = 2$.

33. $\iint_R \dfrac{1}{y^2 + 1}\, dA$, em que R é o triângulo limitado pelas retas $y = x/2$, $y = -x$ e $y = 2$.

34. $\iint_R e^{y^3}\, dA$, em que R é a região limitada por $y = \sqrt{x}$, $y = 1$ e $x = 0$.

35. $\iint_R 12x^2 e^{y^2}\, dA$, em que R é a região do primeiro quadrante limitada por $y = x^3$ e $y = x$.

36. $\iint_R y\, dA$, em que R é a região limitada por $y = \ln x$, $y = 0$ e $x = e$.

Nos Problemas 37 a 44, faça um esboço da região de integração da integral dada e escreva uma integral equivalente com a ordem de integração invertida.

37. $\displaystyle\int_0^2 \int_0^{4-x^2} f(x, y)\, dy\, dx$ **38.** $\displaystyle\int_0^1 \int_0^{2y} f(x, y)\, dx\, dy$

39. $\displaystyle\int_0^1 \int_{x^3}^{\sqrt{x}} f(x, y)\, dy\, dx$ **40.** $\displaystyle\int_0^4 \int_{y/2}^{\sqrt{y}} f(x, y)\, dx\, dy$

41. $\displaystyle\int_1^{e^2} \int_{\ln x}^{2} f(x, y)\, dy\, dx$ **42.** $\displaystyle\int_0^{\ln 3} \int_{e^x}^{3} f(x, y)\, dy\, dx$

43. $\displaystyle\int_{-1}^{1} \int_{x^2+1}^{2} f(x, y)\, dy\, dx$ **44.** $\displaystyle\int_{-1}^{1} \int_{-\sqrt{y+1}}^{\sqrt{y+1}} f(x, y)\, dy\, dx$

Nos Problemas 45 a 54, use uma integral dupla para determinar a área de R.

45. R é o triângulo que tem como vértices os pontos $(-4, 0)$, $(2, 0)$ e $(2, 6)$.

46. R é o triângulo que tem como vértices os pontos $(0, -1)$, $(-2, 1)$ e $(2, 1)$.

47. R é a região limitada por $y = x^2/2$ e $y = 2x$.

48. R é a região limitada por $y = \sqrt{x}$ e $y = x^2$.

49. R é a região limitada por $y = x^2 - 4x + 3$ e o eixo x.

50. R é a região limitada por $y = x^2 + 6x + 5$ e o eixo x.

51. R é a região limitada por $y = \ln x$, $y = 0$ e $x = e$.

52. R é a região limitada por $y = x$, $y = \ln x$, $y = 0$ e $y = 1$.

53. R é a região do primeiro quadrante limitada por $y = 4 - x^2$, $y = 3x$ e $y = 0$.

54. R é a região limitada por $y = 16/x$, $y = x$ e $x = 8$.

Nos Problemas 55 a 64, determine o volume do sólido sob a superfície $z = f(x, y)$ e para a região R dada.

55. $f(x, y) = 6 - 2x - 2y$; $R: 0 \leq x \leq 1, 0 \leq y \leq 2$

56. $f(x, y) = 9 - x^2 - y^2$; $R: -1 \leq x \leq 1, -2 \leq y \leq 2$

57. $f(x, y) = \dfrac{1}{xy}$; $R: 1 \leq x \leq 2, 1 \leq y \leq 3$

58. $f(x, y) = e^{x+y}$; $R: 0 \leq x \leq 1, 0 \leq y \leq \ln 2$

59. $f(x, y) = xe^{-y}$; $R: 0 \leq x \leq 1, 0 \leq y \leq 2$

60. $f(x, y) = (1 - x)(4 - y)$; $R: 0 \leq x \leq 1, 0 \leq y \leq 4$.

61. $f(x, y) = 2x + y$; R é limitada por $y = x$, $y = 2 - x$ e $y = 0$.

62. $f(x, y) = e^y$; R é limitada por $x = 2y$, $x = 0$ e $y = 1$.

63. $f(x, y) = x + 1$; R é limitada por $y = 8 - x^2$ e $y = x^2$.

64. $f(x, y) = 4xe^y$; R é limitada por $y = 2x$, $y = 2$ e $x = 0$.

Nos Problemas 65 a 72, determine o valor médio da função $f(x, y)$ na região dada R.

65. $f(x, y) = xy(x - 2y)$; $R: -2 \leq x \leq 3, -1 \leq y \leq 2$

66. $f(x, y) = \dfrac{y}{x} + \dfrac{x}{y}$; $R: 1 \leq x \leq 4, 1 \leq y \leq 3$

67. $f(x, y) = xye^{x^2y}$; $R: 0 \leq x \leq 1, 0 \leq y \leq 2$

68. $f(x, y) = \dfrac{\ln x}{xy}$; $R: 1 \leq x \leq 2, 2 \leq y \leq 3$

69. $f(x, y) = 6xy$; R é o triângulo que tem como vértices os pontos $(0, 0)$, $(0, 1)$ e $(3, 1)$.

70. $f(x, y) = e^x$; R é o triângulo que tem como vértices os pontos $(0, 0)$, $(1, 0)$ e $(1, 1)$.

71. $f(x, y) = x$; R é a região limitada por $y = 4 - x^2$ e $y = 0$.

72. $f(x, y) = e^x y^{-1/2}$; R é a região limitada por $x = \sqrt{y}$, $y = 0$ e $x = 1$.

Nos Problemas 73 a 76, calcule o valor da integral dupla na região especificada R. Escolha a ordem de integração que for mais conveniente.

73. $\iint_R \dfrac{\ln(xy)}{y}\, dA$; R: $1 \le x \le 3$, $2 \le y \le 5$

74. $\iint_R y e^{xy}\, dA$; R: $-1 \le x \le 1$, $1 \le y \le 2$

75. $\iint_R x^3 e^{x^2 y}\, dA$; R: $0 \le x \le 1$, $0 \le y \le 1$

76. $\iint_R e^{x^3}\, dA$; R: $\sqrt{y} \le x \le 1$, $0 \le y \le 1$

PROBLEMAS APLICADOS DE ECONOMIA E FINANÇAS

77. **PRODUÇÃO** Em certa fábrica, a produção Q está relacionada com os insumos x e y pela expressão
$$Q(x, y) = 2x^3 + 3x^2 y + y^3$$
Se $0 \le x \le 5$ e $0 \le y \le 7$, qual é a produção média da fábrica?

78. **PRODUÇÃO** Um vendedor de bicicletas observou que, se bicicletas de 10 marchas são vendidas por x reais e o preço da gasolina é y centavos o litro, aproximadamente
$$Q(x, y) = 200 - 24\sqrt{x} + 4(0{,}1y + 3)^{3/2}$$
bicicletas são vendidas por mês. Se em um mês típico o preço das bicicletas varia entre R\$ 289,00 e R\$ 324,00 e o preço da gasolina varia entre R\$ 2,96 e R\$ 3,05, quantas bicicletas são vendidas, em média, por mês?

79. **LUCRO MÉDIO** Um fabricante estima que, quando x unidades de certa mercadoria são vendidas no mercado interno e y unidades são exportadas, o lucro é dado por
$$P(x, y) = (x - 30)(70 + 5x - 4y) + (y - 40)(80 - 6x + 7y)$$
centenas de reais. Se as vendas mensais no mercado interno variam entre 100 e 125 unidades e as vendas mensais no exterior variam entre 70 e 89 unidades, qual é o lucro médio mensal?

80. **VALOR DE UM TERRENO** O mapa de um bairro é um quadriculado no qual as retas são paralelas a duas avenidas que se cruzam no centro do bairro. Cada ponto do bairro é definido nesse quadriculado por coordenadas (x, y), para $-10 \le x \le 10$, $-8 \le y \le 8$, com x e y em quilômetros. Suponha que o valor da terra no ponto (x, y) é V milhares de reais, em que
$$V(x, y) = (250 + 17x)e^{-0{,}01x - 0{,}05y}$$
Estime o valor de um terreno que ocupa a região retangular $1 \le x \le 3$, $0 \le y \le 2$.

81. **VALOR DE UM TERRENO** Repita o Problema 80 para
$$V(x, y) = (300 + x + y)e^{-0{,}01x}$$
e a região $-1 \le x \le 1$, $-1 \le y \le 1$.

82. **VALOR DE UM TERRENO** Repita o Problema 80 para
$$V(x, y) = 400 x e^{-y}$$
e a região R: $0 \le y \le x$, $0 \le x \le 1$.

83. **EFEITO DA PUBLICIDADE** Uma firma de consultoria verifica que a densidade de pessoas influenciadas positivamente por uma campanha publicitária na região mostrada na figura é $p(x, y) = x \ln y$ milhares de pessoas por quilômetro quadrado no ponto (x, y), no qual x e y estão em quilômetros. Quantos moradores da região são influenciados positivamente pela campanha?

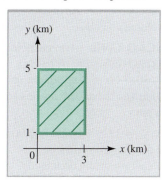

PROBLEMA 83

84. **MARKETING** João Barbosa é um analista de marketing que investiga o lançamento de um novo produto. Ele estima que, na região mostrada na figura, a densidade de possíveis compradores do produto é $p(x, y) = y^2 e^{-0{,}5x}$ pessoas por quilômetro quadrado no ponto (x, y), em que x e y estão em quilômetros. Quantos moradores da região deverão comprar o produto?

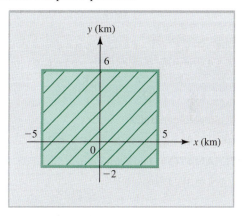

PROBLEMA 84

PROBLEMAS APLICADOS DE CIÊNCIAS SOCIAIS E BIOLÓGICAS

85. **ALTITUDE MÉDIA** Um mapa de um pequeno parque municipal é um quadriculado limitado pelas retas $x = 0$, $x = 4$, $y = 0$ e $y = 3$, no qual as distâncias estão em quilômetros. A altitude de cada ponto (x, y) do parque em relação ao nível do mar é dada por
$$E(x, y) = 90(2x + y^2) \text{ pés}$$
Determine a altitude média do parque.

86. **RESPOSTA MÉDIA A ESTÍMULOS** Em um experimento de psicologia, x unidades do estímulo A e y unidades do estímulo B são aplicadas a um indivíduo cujo desempenho em certa tarefa é medido pela função
$$P(x, y) = 10 + xy e^{1 - x^2 - y^2}$$

Suponha que x varia de 0 a 1 enquanto y varia de 0 a 3. Qual é a resposta média do indivíduo aos estímulos?

87. CONSTRUÇÃO CIVIL   Um galpão tem a forma de um sólido limitado acima pela superfície

$$z = 20 - x^2 - y^2$$

abaixo pelo plano xy e dos lados pelo plano $y = 0$ e pelo cilindro parabólico $4 - x^2$, em que x, y e z estão em metros. Calcule o volume do galpão.

88. CONSTRUÇÃO CIVIL   Um edifício tem um telhado curvo e uma base retangular. A base é a região retangular $-30 \leq x \leq 30$, $-20 < y < 20$, em que x e y estão em metros. A altura do telhado acima de cada ponto (x, y) da base é dada por

$$h(x, y) = 12 - 0{,}003x^2 - 0{,}005y^2$$

a. Calcule o volume do edifício.
b. Calcule a altura média do telhado.

89. CONTÁGIO   É razoável supor que a probabilidade de que uma pessoa com uma doença infecciosa contagie outras pessoas em um lugar público é uma função $f(s)$ da distância s entre as pessoas. Suponha que as pessoas infectadas estão distribuídas uniformemente em uma região retangular R do plano xy. Nesse caso, a probabilidade de que uma pessoa situada na origem $(0, 0)$ seja infectada é proporcional ao índice de exposição E, dado pela integral dupla

$$E = \iint_R f(s)\, dA$$

em que $s = \sqrt{x^2 + y^2}$ é a distância entre os pontos $(0, 0)$ e (x, y). Determine o valor de E para o caso em que

$$f(s) = 1 - \frac{s^2}{9}$$

e R é a região quadrada

$$R: -2 \leq x \leq 2,\ -2 \leq y \leq 2$$

90. ARTESANATO   Um estojo tem a forma de um sólido limitado acima pelo plano

$$3x + 4y + 2x = 12$$

abaixo pelo plano xy e dos lados pelos planos $x = 0$ e $y = 0$, em que x, y e z estão em centímetros. Determine o volume do estojo.

91. POPULAÇÃO   A densidade populacional é $f(x, y) = 2.500e^{-0{,}01x - 0{,}02y}$ habitantes por quilômetro quadrado nos pontos (x, y) de uma região triangular R que tem como vértices os pontos $(-5, -2)$, $(0, 3)$ e $(5, -2)$. Determine a população total da região R.

92. POPULAÇÃO   A densidade populacional é $f(x, y) = 1.000y^2 e^{-0{,}01x}$ habitantes por quilômetro quadrado nos pontos (x, y) de uma região triangular R limitada pela parábola $x = y^2$ e a reta vertical $x = 4$. Determine a população da região R.

93. SAÚDE PÚBLICA   Um sanitarista está interessado em estimar o número de pessoas suscetíveis a um novo vírus de gripe. Exames realizados na região R mostrada na figura revelam que a densidade de pessoas suscetíveis é $p(x, y) = xy$ mil moradores por quilômetro quadrado. Quantos moradores da região são suscetíveis à doença?

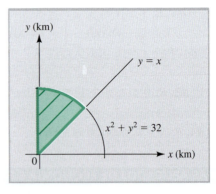

PROBLEMA 93

94. CRIAÇÃO DE UM MUNICÍPIO   Um estado decide criar um novo município na região mostrada na figura. Estudos revelam que a densidade populacional na região é $p(x, y) = ye^{-0{,}2x}$ mil habitantes por quilômetro quadrado.

a. Se $c = 9$, qual é a população total da região?
 b. O governo do estado decide que o município só será criado se houver pelo menos 800.000 moradores da região. Qual é o valor mínimo de c para que essa exigência seja cumprida?

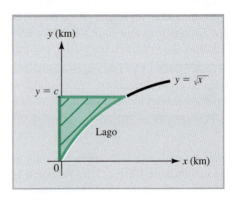

PROBLEMA 94

95. ÁREA SUPERFICIAL DO CORPO HUMANO   De acordo com o Problema 47 da Seção 7.1, a área superficial do corpo de uma pessoa pode ser estimada pela fórmula empírica

$$S(W, H) = 0{,}0072 W^{0{,}425} H^{0{,}725}$$

em que W é o peso em quilogramas, H é a altura em centímetros e a área superficial S é medida em metros quadrados.

a. Determine o valor médio da função $S(W, H)$ na região

$$R: 3{,}2 \leq W \leq 80,\ 38 \leq H \leq 180$$

b. Uma criança pesa 3,2 kg e tem 38 cm ao nascer; quando se torna adulta, tem um peso estável de 80 kg e uma altura de 180 cm. O valor médio do item (a) pode ser interpretado como o valor médio da área superficial do corpo da pessoa durante a vida? Justifique sua resposta.

PROBLEMAS VARIADOS

Nos Problemas 96 a 98, use uma integral dupla para determinar a grandeza pedida. Caso seja necessário, use a rotina de integração numérica de uma calculadora para calcular o valor da integral.

96. Determine a área da região limitada acima pela curva (elipse) $4x^2 + 3y^2 = 7$ e abaixo pela parábola $y = x^2$.

97. Determine o volume do sólido limitado acima pela curva da função $f(x, y) = x^2 e^{-xy}$ e abaixo pela região retangular R: $0 \leq x \leq 2$, $0 \leq y \leq 3$.

98. Determine o valor médio da função $f(x, y) = xy \ln(y/x)$ na região retangular limitada pelas retas $x = 1$, $x = 2$, $y = 1$ e $y = 3$.

Termos, Símbolos e Fórmulas Importantes

Função de duas variáveis: $z = f(x, y)$ (Seção 7.1)

Convenção de domínio (Seção 7.1)

Função produção de Cobb-Douglas (Seção 7.1)

Sistema de coordenadas tridimensional (Seção 7.1)

Curva de nível: $f(x, y) = C$ (Seção 7.1)

Mapa topográfico (Seção 7.1)

Utilidade (Seção 7.1)

Curva de indiferença (Seção 7.1)

Derivadas parciais de $z = f(x, y)$: (Seção 7.2)

$$f_x = \frac{\partial z}{\partial x} \quad f_y = \frac{\partial z}{\partial y}$$

Produtividade marginal (Seção 7.2)

Produtos substitutos e complementares (Seção 7.2)

Derivadas parciais de segunda ordem: (Seção 7.2)

$$f_{xx} = \frac{\partial^2 z}{\partial x^2} \quad f_{xy} = \frac{\partial^2 z}{\partial y\, \partial x} \quad f_{yx} = \frac{\partial^2 z}{\partial x\, \partial y} \quad f_{yy} = \frac{\partial^2 z}{\partial y^2}$$

Igualdade de derivadas parciais mistas de segunda ordem:

$$f_{xy} = f_{yx} \quad \text{(Seção 7.2)}$$

Regra da cadeia para derivadas parciais: (Seção 7.2)

$$\frac{dz}{dt} = \frac{\partial z}{\partial x}\frac{dx}{dt} + \frac{\partial z}{\partial y}\frac{dy}{dt}$$

Fórmula da aproximação incremental para funções de duas variáveis $z = f(x, y)$: (Seção 7.2)

$$\Delta z \approx \frac{\partial z}{\partial x}\Delta x + \frac{\partial z}{\partial y}\Delta y$$

Máximo relativo; mínimo relativo (Seção 7.3)

Ponto crítico: $f_x = f_y = 0$ (Seção 7.3)

Ponto de sela (Seção 7.3)

Teste das derivadas parciais de segunda ordem em um ponto crítico (a, b): (Seção 7.3)

Seja $D(a, b) = f_{xx}f_{yy} - (f_{xy})^2$.

Se $D < 0$, existe um ponto de sela em (a, b).

Se $D > 0$ e $f_{xx} < 0$, existe um máximo relativo em (a, b).

Se $D > 0$ e $f_{xx} > 0$, existe um mínimo relativo em (a, b).

Se $D = 0$, o teste não pode ser aplicado.

Máximo e mínimo absolutos (Seção 7.3)

Propriedade dos valores extremos: (Seção 7.3)

Os extremos absolutos de uma função $f(x, y)$ contínua em uma região R fechada e limitada do plano xy estão em um ponto da fronteira de R ou em um ponto crítico do interior de R.

Gráfico de pontos (Seção 7.4)

Critério dos mínimos quadrados (Seção 7.4)

Reta de mínimos quadrados: $y = mx + b$, em que

$$m = \frac{n\Sigma xy - \Sigma x \Sigma y}{n\Sigma x^2 - (\Sigma x)^2} \quad \text{e} \quad b = \frac{\Sigma x^2 \Sigma y - \Sigma x \Sigma xy}{n\Sigma x^2 - (\Sigma x)^2} \quad \text{(Seção 7.4)}$$

Regressão log-linear (Seção 7.4)

Método dos multiplicadores de Lagrange: (Seção 7.5)

Para determinar os valores extremos de $f(x, y)$ com a restrição de que $g(x, y) = k$, resolvemos o sistema de equações

$$f_x = \lambda g_x \quad f_y = \lambda g_y \quad \text{e} \quad g = k$$

O multiplicador de Lagrange: (Seção 7.5)

$$\lambda = \frac{dM}{dk},$$

em que M é o máximo ou o mínimo de $f(x, y)$ com a restrição de que $g(x, y) = k$.

Integral dupla (Seção 7.6)

na região R: $a \leq x \leq b$, $g_1(x) \leq y \leq g_2(x)$

$$\iint_R f(x, y)\, dA = \int_a^b \left[\int_{g_1(x)}^{g_2(x)} f(x, y)\, dy \right] dx$$

na região R: $c \leq y \leq d$, $h_1(y) \leq x \leq h_2(y)$

$$\iint_R f(x, y)\, dA = \int_c^d \left[\int_{h_1(y)}^{h_2(y)} f(x, y)\, dx \right] dy$$

A área da região R no plano xy é

$$\text{Área de } R = \iint_R 1\, dA \quad \text{(Seção 7.6)}$$

O volume sob a superfície $z = f(x, y)$ para uma região R na qual $f(x, y) \geq 0$ é

$$V = \iint_R f(x, y)\, dA \quad \text{(Seção 7.6)}$$

Volume médio de $f(x, y)$ para um retângulo R: (Seção 7.6)

$$\text{VM} = \frac{1}{\text{área de } R} \iint_R f(x, y)\, dA \quad \text{(Seção 7.6)}$$

População P de uma região R com uma densidade populacional $p(x, y)$:

$$P = \iint_R p(x, y)\, dA$$

Problemas de Verificação

1. Em cada caso, primeiro descreva o domínio da função dada e depois calcule as derivadas parciais f_x, f_y, f_{xx} e f_{yx}.
   a. $f(x, y) = x^3 + 2xy^2 - 3y^4$
   b. $f(x, y) = \dfrac{2x + y}{x - y}$
   c. $f(x, y) = e^{2x-y} + \ln(y^2 - 2x)$

2. Descreva as curvas de nível das seguintes funções:
   a. $f(x, y) = x^2 + y^2$
   b. $f(x, y) = x + y^2$

3. Em cada caso, determine os pontos críticos da função dada e use o teste das derivadas parciais de segunda ordem para classificar cada ponto como máximo relativo, mínimo relativo ou ponto de sela.
   a. $f(x, y) = 4x^3 + y^3 - 6x^2 - 6y^2 + 5$
   b. $f(x, y) = x^2 - 4xy + 3y^2 + 2x - 4y$
   c. $f(x, y) = xy - \dfrac{1}{y} - \dfrac{1}{x}$

4. Use o método dos multiplicadores de Lagrange para determinar os seguintes extremos com restrições:
   a. O menor valor da função $f(x, y) = x^2 + y^2$ com a restrição de que $x + 2y = 4$.
   b. O maior e o menor valor da função $f(x, y) = xy^2$ com a restrição de que $2x^2 + y^2 = 6$.

5. Calcule o valor das seguintes integrais duplas:
   a. $\displaystyle\int_{-1}^{3}\int_{0}^{2} x^3 y \, dx \, dy$
   b. $\displaystyle\int_{0}^{2}\int_{-1}^{1} x^2 e^{xy} \, dx \, dy$
   c. $\displaystyle\int_{1}^{2}\int_{1}^{y} \dfrac{y}{x} \, dx \, dy$
   d. $\displaystyle\int_{0}^{2}\int_{0}^{2-x} xe^{-y} \, dy \, dx$

6. **PRODUTIVIDADE MARGINAL** Uma empresa produz $Q(K, L) = 120K^{3/4}L^{1/4}$ centenas de unidades de uma mercadoria quando o capital imobilizado é K milhares de reais e o volume de mão de obra é L homens-horas. Determine a produtividade marginal do capital Q_K e a produtividade marginal da mão de obra Q_L quando o capital imobilizado é R$ 1.296.000,00 e o volume de mão de obra é 20.736 homens-horas.

7. **UTILIDADE** Geraldo acaba de receber R$ 500,00 de presente de aniversário e pretende gastar o dinheiro em DVDs e videogames. Para ele, a utilidade (satisfação) associada à compra de x DVDs e y videogames é
$$U(x, y) = \ln(x^2 \sqrt{y})$$
Se cada DVD custa R$ 20,00 e cada videogame custa R$ 50,00, quantos DVDs e quantos videogames Geraldo deve comprar para que a utilidade seja a maior possível?

8. **MEDICINA** Certa doença pode ser tratada administrando pelo menos 70 unidades do medicamento C, mas o remédio pode produzir graves efeitos colaterais. Em busca de uma alternativa menos arriscada, um médico decide usar os medicamentos A e B, que não produzem efeitos colaterais se a dose combinada dos dois remédios for menor que 60 unidades. O médico sabe que, se x unidades do medicamento A e y unidades do medicamento B forem administradas a um paciente, o efeito será equivalente ao de administrar E unidades do medicamento C, em que
$$E = 0{,}05(xy - 2x^2 - y^2 + 95x + 20y)$$
Para que doses dos medicamentos A e B o nível equivalente E é máximo? Se o médico administrar doses adequadas dos medicamentos A e B, será possível tratar a doença sem efeitos colaterais?

9. **TEMPERATURA MÉDIA** Uma placa fina de metal no plano xy é aquecida de tal forma que a temperatura no ponto (x, y) é T °C, em que
$$T(x, y) = 10ye^{-xy}$$
Determine a temperatura média em uma região retangular da placa para a qual $0 \leq x \leq 2$ e $0 \leq y \leq 1$.

10. **LUCRO** A tabela mostra o lucro anual de uma empresa (em milhões de reais) nos primeiros cinco anos de funcionamento.

Ano	1	2	3	4	5
Lucro (milhões de reais)	1,03	1,52	2,03	2,41	2,84

   a. Plote os dados.
   b. Determine a equação da reta de mínimos quadrados.
   c. Use o resultado do item (b) para estimar o lucro anual da empresa no sexto ano de funcionamento.

Problemas de Revisão

Nos Problemas 1 a 10, determine as derivadas parciais f_x e f_y.

1. $f(x, y) = 2x^3 y + 3xy^2 + \dfrac{y}{x}$
2. $f(x, y) = (xy^2 + 1)^5$
3. $f(x, y) = \sqrt{x}(x - y^2)$
4. $f(x, y) = xe^{-y} + ye^{-x}$
5. $f(x, y) = \sqrt{\dfrac{x}{y}} + \sqrt{\dfrac{y}{x}}$
6. $f(x, y) = x \ln(x^2 - y) + y \ln(y - 2x)$
7. $f(x, y) = \dfrac{x^3 - xy}{x + y}$
8. $f(x, y) = xye^{xy}$

9. $f(x, y) = \dfrac{x^2 - y^2}{2x + y}$

10. $f(x, y) = \ln\left(\dfrac{xy}{x + 3y}\right)$

Nos Problemas 11 a 14, calcule as derivadas parciais de segunda ordem f_{xx}, f_{yy}, f_{xy} e f_{yx}.

11. $f(x, y) = e^{x^2 + y^2}$
12. $f(x, y) = x^2 + y^3 - 2xy^2$
13. $f(x, y) = x \ln y$
14. $f(x, y) = (5x^2 - y)^3$

15. Para cada uma das funções, trace as curvas de nível indicadas.
    a. $f(x, y) = x^2 - y;\ f = 2,\ f = -2$
    b. $f(x, y) = 6x + 2y;\ f = 0,\ f = 1,\ f = 2$

16. Para cada uma das funções, determine a inclinação da curva de nível especificada no ponto dado.
    a. $f(x, y) = x^2 - y^3;\ f = 2;\ x = 1$
    b. $f(x, y) = xe^y;\ f = 2;\ x = 2$

Nos Problemas 17 a 24, determine os pontos críticos da função e use o teste das segundas derivadas parciais para classificá-los como máximo relativo, mínimo relativo ou ponto de sela.

17. $f(x, y) = (x + y)(2x + y - 6)$
18. $f(x, y) = (x + y + 3)^2 - (x + 2y - 5)^2$
19. $f(x, y) = x^3 + y^3 + 3x^2 - 3y^2$
20. $f(x, y) = x^3 + y^3 + 3x^2 - 18y^2 + 81y + 5$
21. $f(x, y) = x^2 + y^3 + 6xy - 7x - 6y$
22. $f(x, y) = 3x^2y + 2xy^2 - 10xy - 8y^2$
23. $f(x, y) = xe^{2x^2 + 5xy + 2y^2}$
24. $f(x, y) = 8xy - x^4 - y^4$

Nos Problemas 25 a 30, determine os pontos críticos e os máximos absolutos da função $f(x, y)$ (valores e coordenadas) na região especificada.

25. $f(x, y) = x^2 + 2x + y^2 - 4y + 12$ na região triangular que tem como vértices os pontos $(-4, 0)$, $(1, 0)$ e $(0, 4)$.
26. $f(x, y) = x^2 - 2x + 4y^2 - 6y + 15$ na região triangular que tem como vértices os pontos $(0, 0)$, $(5, 5)$ e $(-5, 5)$.
27. $f(x, y) = x^3 - 4xy + 4x + y^2$ na região quadrada que tem como vértices os pontos $(1, 2)$, $(4, 2)$, $(1, 5)$ e $(4, 5)$.
28. $f(x, y) = ye^{x^2 - y}$ na região limitada pela curva $x^2 + y^2 = 2$.
29. $f(x, y) = e^{x^2 + 4x + y^2}$ na região limitada pela curva $x^2 + 4x + y^2 = 0$.
30. $f(x, y) = (y - 1)e^x - y^2$ na região quadrada que tem como vértices os pontos $(0, 0)$, $(1, 0)$, $(1, 1)$ e $(0, 1)$.

Nos Problemas 31 a 34, use o método dos multiplicadores de Lagrange para determinar os valores máximo e mínimo da função dada com a restrição indicada.

31. $f(x, y) = x^2 + 2y^2 + 2x + 3;\ x^2 + y^2 = 4$
32. $f(x, y) = 4x + y;\ \dfrac{1}{x} + \dfrac{1}{y} = 1$
33. $f(x, y) = x + 2y;\ 4x^2 + y^2 = 68$
34. $f(x, y) = x^2 + y^3;\ x^2 + 3y = 4$

35. **ANÁLISE MARGINAL** Em certa fábrica, a produção diária é aproximadamente $40K^{1/3}L^{1/2}$ unidades, em que K é o capital imobilizado em milhares de reais e L é o volume de mão de obra em homens-horas. No momento, o capital imobilizado é de R$ 125.000,00 e o volume de mão de obra é 900 homens-horas por dia. Use a análise marginal para estimar o efeito de um aumento de R$ 1.000,00 no capital imobilizado sobre a produção diária se o volume de mão de obra permanecer constante.

36. **ANÁLISE MARGINAL** Na economia, a produtividade marginal da mão de obra é a taxa de variação da produção Q com a mão de obra L para um valor fixo do capital imobilizado K. Segundo uma lei da economia, em certas circunstâncias a produtividade marginal da mão de obra aumenta quando o capital imobilizado aumenta. Expresse essa lei em termos matemáticos usando uma derivada parcial de segunda ordem.

37. **ANÁLISE MARGINAL** Usando x operários especializados e y operários não especializados, uma fábrica produz $Q(x, y) = 60x^{1/3}y^{2/3}$ unidades por dia. No momento, a fábrica emprega 10 operários especializados e 40 operários não especializados e pretende contratar mais 1 operário especializado. Use os métodos do cálculo para estimar qual deverá ser a mudança no número de operários não especializados para que a produção continue a mesma.

38. Use o método dos multiplicadores de Lagrange para provar que, de todos os triângulos isósceles de mesmo perímetro, o triângulo equilátero é o que possui a maior área.

39. Use o método dos multiplicadores de Lagrange para provar que, de todos os retângulos de mesmo perímetro, o quadrado é o que possui a maior área.

40. **DISTRIBUIÇÃO DE RECURSOS** Um fabricante pretende vender um novo produto por R$ 350,00 a unidade e estima que, se gastar x mil reais em desenvolvimento e y mil reais em publicidade, os consumidores comprarão aproximadamente $250y/(y + 2) + 100x/(x + 5)$ unidades do produto. Se o custo de fabricação do produto é R$ 150,00 por unidade, quanto o fabricante deve investir em desenvolvimento e quanto deve investir em publicidade para que o lucro seja o maior possível? Suponha que o fabricante dispõe de um suprimento ilimitado de fundos.

41. **DISTRIBUIÇÃO DE RECURSOS** Suponha que o fabricante do Problema 40 dispõe apenas de R$ 11.000,00 para investir no desenvolvimento e publicidade do novo produto. Quanto deve investir em desenvolvimento e quanto deve investir em publicidade para que o lucro seja o maior possível?

42. DISTRIBUIÇÃO DE RECURSOS Suponha que o fabricante do Problema 41 decida gastar R$ 12.000,00 em vez de R$ 11.000,00 no novo produto. Use λ, o multiplicador de Lagrange, para estimar o efeito da mudança no lucro máximo possível.

43. Seja $f(x, y) = 12/x + 18/y + xy$, em que $x > 0$, $y > 0$. Por que é possível afirmar que f possui um mínimo na região $x > 0$, $y > 0$? Determine a localização desse mínimo.

Nos Problemas 44 a 51, calcule a integral dupla, mudando, se necessário, a ordem de integração.

44. $\int_0^1 \int_{-2}^0 (2x + 3y)\, dy\, dx$

45. $\int_0^1 \int_0^2 e^{-x-y}\, dy\, dx$

46. $\int_0^1 \int_0^2 x\sqrt{1-y}\, dx\, dy$

47. $\int_0^1 \int_{-1}^1 xe^{2y}\, dy\, dx$

48. $\int_0^2 \int_{-1}^1 \frac{6xy^2}{x^2+1}\, dy\, dx$

49. $\int_1^e \int_1^e \ln(xy)\, dy\, dx$

50. $\int_0^1 \int_0^{1-x} x(y-1)^2\, dy\, dx$

51. $\int_1^2 \int_0^x e^{y/x}\, dy\, dx$

Nos Problemas 52 e 53, calcule a integral dupla na região especificada R.

52. $\iint_R 6x^2 y\, dA$, em que R é o retângulo que tem como vértices os pontos $(-1, 0)$, $(2, 0)$, $(2, 3)$ e $(-1, 3)$.

53. $\iint_R (x + 2y)\, dA$, em que R é o retângulo limitado pelas retas $x = 0$, $x = 1$, $y = -2$ e $y = 2$.

54. Calcule o volume sob a superfície $z = 2xy$ e acima do retângulo que tem como vértices os pontos $(0, 0)$, $(2, 0)$, $(0, 3)$ e $(2, 3)$.

55. Calcule o volume sob a superfície $z = xe^{-y}$ e acima do retângulo formado pelas retas $x = 1$, $x = 2$, $y = 2$ e $y = 3$.

56. Determine o valor médio da função $f(x, y) = xy^2$ na região retangular que tem como vértices os pontos $(-1, 3)$, $(-1, 5)$, $(2, 3)$ e $(2, 5)$.

57. Encontre três números positivos, x, y e z, tais que $x + y + z = 20$ e o produto $P = xyz$ seja o maior possível. (*Sugestão*: Use o fato de que $z = 20 - x - y$ para expressar P como uma função de apenas duas variáveis.)

58. Encontre três números positivos, x, y e z tais que $2x + 3y + z = 60$ e a soma $S = x^2 + y^2 + z^2$ seja a menor possível. (Veja a sugestão do Problema 57.)

59. Determine a menor distância entre a origem e a superfície $y^2 - z^2 = 10$ e as coordenadas dos pontos que estão a essa distância da superfície. [*Sugestão*: Expresse a distância $\sqrt{x^2 + y^2 + z^2}$ entre a origem e um ponto (x, y, z) da superfície em termos das variáveis x e y e minimize o *quadrado* da função resultante.]

60. Plote os pontos $(1, 1)$, $(1, 2)$, $(3, 2)$ e $(4, 3)$ e use derivadas parciais para determinar a reta de mínimos quadrados correspondente.

61. VENDAS O chefe do departamento de marketing de uma empresa compilou os seguintes dados mensais (em milhares de reais) para as despesas com publicidade e as vendas de um produto (em unidades de R$ 1.000,00):

Propaganda	3	4	7	9	10
Vendas	78	86	138	145	156

a. Plote os dados.
b. Determine a reta de mínimos quadrados e incorpore-a ao gráfico do item (a).
c. Use o resultado do item (b) para prever o valor das vendas em um mês, se forem gastos R$ 5.000,00 em publicidade.

62. UTILIDADE Suponha que a utilidade para um consumidor de x unidades de um produto e y unidades de um segundo produto seja dada pela função utilidade $U(x, y) = x^3 y^2$. O consumidor possui no momento $x = 5$ unidades do primeiro produto e $y = 4$ unidades do segundo. Use os métodos do cálculo para estimar quantas unidades do segundo produto o consumidor poderia trocar por 1 unidade do primeiro produto sem que a utilidade total fosse afetada.

63. DEMANDA Uma loja de tintas vende duas marcas de tinta acrílica. Os dados indicam que, se uma lata da primeira tinta é vendida por x reais e uma lata da segunda é vendida por y reais, a demanda da primeira marca é Q latas por mês, em que

$$Q(x, y) = 200 + 10x^2 - 20y$$

Estima-se que daqui a t meses o preço de uma lata da primeira marca será $x(t) = 18 + 0,02t$ reais e o preço de uma lata da segunda marca será $y(t) = 21 + 0,4\sqrt{t}$ reais. Qual será a taxa de variação com o tempo da demanda da primeira marca de tinta daqui a 9 meses?

64. RESFRIAMENTO DO CORPO DE UM ANIMAL A diferença entre a temperatura da superfície do corpo de um animal e a temperatura ambiente produz uma transferência de energia por convecção. O coeficiente de convecção h é dado por

$$h = \frac{kV^{1/3}}{D^{2/3}}$$

em que V é a velocidade do vento, D é o diâmetro do corpo do animal e k é uma constante.

a. Determine as derivadas parciais h_V e h_D. Interprete as derivadas como taxas de variação.
b. Calcule a razão h_V/h_D.

65. DEMANDA Suponha que, quando as maçãs são vendidas por x centavos o quilo e os padeiros ganham y reais por hora, o preço da torta de maçã em certa rede de supermercados é

$$p(x, y) = \frac{1}{4} x^{1/3} y^{1/2}$$

reais. Suponha também que daqui a t meses o preço das maçãs será

$$x = 129 - \sqrt{8t}$$

centavos o quilo e o salário dos padeiros será

$$y = 15{,}60 + 0{,}2t$$

reais por hora. Se a rede de supermercados pode vender $Q = 4.184/p$ tortas por semana quando o preço da torta é p reais, qual será a taxa de variação da demanda semanal Q de tortas daqui a 2 meses?

66. **VIDA MARINHA** Arnaldo, o mexilhão friorento, é o molusco mais inteligente do mundo. Arnaldo detesta o frio; usando o sistema de coordenadas dos crustáceos, que aprendeu com um amigo caranguejo, verificou que, nos pontos (x, y) do fundo do mar, a temperatura (em °C) é dada por

$$T(x, y) = 2x^2 - xy + y^2 - 2y + 1$$

O mundo de Arnaldo é uma região quadrada, no fundo do mar, que tem como vértices os pontos $(-1, -1)$, $(-1, 1)$, $(1, -1)$ e $(1, 1)$. Como tem muita dificuldade para se mover, Arnaldo pretende permanecer onde está enquanto a temperatura média da região permanecer acima de 5 °C. Arnaldo fica onde está ou é obrigado a se mudar?

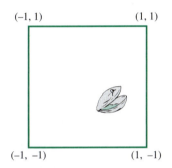

PROBLEMA 66

67. **POLUIÇÃO DO AR** Em uma fábrica, a poluição do ar produzida em um dia é dada pela função $Q(E, T) = 125E^{2/3}T^{1/2}$, em que E é o número de empregados e T é a temperatura média durante a jornada de trabalho em graus Celsius. No momento, a fábrica tem 151 empregados e a temperatura média é de 10 °C. Se a temperatura média está caindo à taxa de 0,21 °C por dia e o número de empregados está aumentando à taxa de 2 por mês, use os métodos do cálculo para estimar o efeito dessas variações sobre a taxa de variação da poluição com o tempo. Expresse a resposta em unidades por dia. Suponha que o mês tem 22 dias úteis.

68. **POPULAÇÃO** Um demógrafo constrói um reticulado para indicar a posição das casas e edifícios em um bairro de uma grande cidade. Em relação a esse reticulado, a densidade populacional no ponto (x, y) é dada por

$$f(x, y) = 1 + 3y^2$$

centenas de pessoas por quilômetro quadrado, em que x e y estão em quilômetros. Um conjunto habitacional ocupa a região R limitada pela curva $y^2 = 4 - x$ e o eixo y ($x = 0$). Qual é a população da região R?

69. **POLUIÇÃO** Duas fábricas poluem o ar de uma pequena cidade. As autoridades sanitárias verificaram que um ponto situado a r quilômetros da fábrica A e a s quilômetros da fábrica B está sujeito a

$$N(r, s) = 40e^{-r/2}\, e^{-s/3}$$

unidades de poluição. Um conjunto habitacional ocupa uma região R definida por

$$2 \leq r \leq 3 \quad \text{e} \quad 1 \leq s \leq 2$$

Qual é a poluição total no interior da região R?

70. **REJEITOS NUCLEARES** O lixo radioativo às vezes é colocado em recipientes hermeticamente fechados e lançado no mar. É importante que os recipientes não atinjam uma velocidade suficiente para se romperem ao se chocarem com o fundo do mar. Suponha que, enquanto o recipiente afunda, está sujeito a uma força de arraste proporcional à velocidade. Nesse caso, é possível demonstrar que a distância $s(W, t)$ percorrida por um recipiente de peso W após um tempo t é dada pela expressão

$$s(W, t) = \left(\frac{W - B}{k}\right)t + \frac{W(W - B)}{k^2 g}[e^{-(kgt/W)} - 1]$$

em que B é a força (constante) de empuxo, k é a constante de arraste e $g = 9{,}8\ m/s^2$ é a aceleração da gravidade.

a. Calcule $\partial s/\partial W$ e $\partial s/\partial t$. Interprete essas derivadas como taxas de variação. É possível que uma delas seja nula?

b. A velocidade do recipiente para um dado peso é $\partial s/\partial t$. Suponha que o recipiente se parta se a velocidade que possui ao se chocar com o fundo do mar for maior que 10 m/s. Se $B = 1.983$ newtons e $k = 0{,}597$ kg/s, qual é a maior profundidade na qual se pode lançar com segurança um recipiente com $W = 2.417$ newtons de peso?

c. Leia a respeito do problema dos rejeitos radioativos. Você acha que é melhor se desfazer dos rejeitos enterrando-os ou lançando-os ao mar? Justifique sua resposta em um ensaio de pelo menos 10 linhas.

PROBLEMA 70

71. **PRODUÇÃO** Para uma função produção dada por $Q = x^a y^b$, em que $a > 0$ e $b > 0$, mostre que

$$x\frac{\partial Q}{\partial x} + y\frac{\partial Q}{\partial y} = (a + b)Q$$

Em particular, se $b = 1 - a$ com $0 < a < 1$, temos:

$$x\frac{\partial Q}{\partial x} + y\frac{\partial Q}{\partial y} = Q$$

SOLUÇÕES DOS EXERCÍCIOS EXPLORE!

Solução do Exercício Explore! 1

Entre com $f(x, y) = x^3 - x^2y^2 - xy^3 - y^4$ em Y1 como X^3 − X^2*L1^2 − X^2*L1^3 − L1^4, em que L1 é a lista de valores {0, 1.5, 2.0, 2.25, 2.5}. Plote usando a janela decimal modificada [−9.4, 9.4]1 por [−150, 100]20. Aperte a tecla **TRACE** e posicione o cursor em $x = 2$ para observar os diferentes valores de Y = $f(x, L1)$ associados aos diferentes valores de L1. Quanto maior o valor de L1, menor (mais negativo) o valor de Y em $x = 2$.

 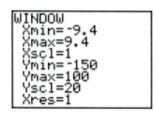 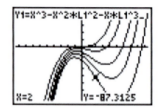

Solução do Exercício Explore! 6

Usando os dados do Exemplo 7.4.2, coloque os valores de x em L1 e os valores de y em L2. Escreva L3 = L1*L2 e L4 = L1^2 para ver as listas de valores. Para obter todas as somas necessárias para aplicar as fórmulas da inclinação m e da interseção b com o eixo y, aperte a tecla **STAT**, desloque o cursor para a direita até **CALC**, escolha a opção **2:2-Var Stats** e entre com L1 e L2, como mostra a tela do meio. Apertando **ENTER** e deslocando o cursor para cima e para baixo nessa tela, é possível obter todas as somas desejadas, como mostra a tela da direita.

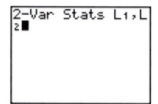 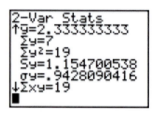

Entretanto, um método mais simples é usar diretamente as rotinas estatísticas da calculadora, apertando a tecla **VARS**, escolhendo a opção **5:Statistics** e usando os menus **XY** e Σ, como mostram as telas da esquerda e do meio. As expressões da inclinação m e da interseção b com o eixo y são calculadas na tela da direita; o resultado é $m = 0{,}5714\ldots$ (ou 4/7) e $b = 1$.

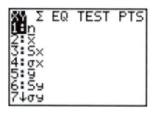 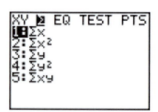 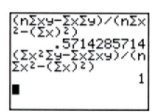

Solução do Exercício Explore! 7

Usando os dados do Exemplo 7.4.4, entre com os valores de nível de produção e preço de demanda nas listas L1 e L2, respectivamente. Usando a tecla **STAT PLOT** da forma discutida no Material Suplementar *Introdução às Calculadoras Gráficas*, obtenha um gráfico de pontos como o que aparece na tela do meio, que lembra a curva de uma função exponencial com um expoente negativo. Aperte **STAT**, mova o cursor para a direita até **CALC** e escolha a opção **0:ExpReg**, indicando as listas e função desejadas. Mais especificamente, escreva **ExpReg L1, L2, Y1** antes de apertar a última tecla. Lembre-se de que o símbolo **Y1** é obtido pela sequência de teclas **VARS, Y-VARS, 1:Function, 1:Y1**.

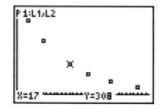 

A forma da equação exponencial é $Y = a*b^x$ e obtemos $a = 1.200$, $b = 0,92315$. Fazendo $b^x = e^{mx}$, obtemos $m = -0,079961$, ou seja, $0,92315 = e^{-0,079961}$. Apertando **ZOOM**, **9:ZoomStat**, obtemos a tela à direita, que mostra um ajuste quase perfeito aos dados de uma curva exponencial cuja equação é $Y = 1.200(0,92315)^x = 1.200e^{-0,079961x} \approx 1.200e^{0,08x}$, a solução obtida no item (b) do Exemplo 7.4.4. Escolhendo o modelo de Regressão Exponencial, executamos uma regressão log-linear sem que houvesse necessidade de calcular os logaritmos do nível de produção e do preço de demanda.

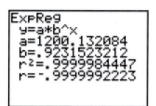
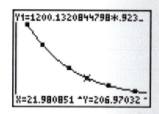

Solução do Exercício Explore! 8

Leia o Exemplo 7.6.3. Entre com $y = x^2$ em Y1 e $y = 2x$ em Y2 do editor de equações e plote usando uma janela $[-0.15, 2.2]1$ por $[-0.5, 4,5]1$. Os pontos de interseção de Y e Y2 podem ser facilmente localizados usando **TRACE** E **ZOOM**. As retas verticais a serem usadas como limites podem ser especificadas usando a tecla **DRAW** (**2n PRGM**), opção **4:Vertical**. Movendo as retas verticais para a direita ou para a esquerda, é possível assinalar partes da área entre Y1 e Y2 que correspondem a possíveis limites de integração.

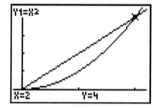
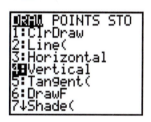
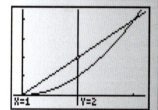

PARA PENSAR

MODELAGEM DA DIFUSÃO DE POPULAÇÕES

Em 1905, cinco ratos almiscarados foram acidentalmente libertados perto de Praga, na atual República Tcheca. Com o tempo, a população de ratos almiscarados cresceu e se espalhou, como mostra a Figura 1. Na figura, as curvas fechadas com datas são curvas de nível que ligam locais em que o número de ratos almiscarados era apenas suficiente para que fossem detectados. A curva de 1920, por exemplo, mostra que, naquele ano, os ratos já haviam chegado a Viena. Uma dispersão de população como essa pode ser estudada usando modelos matemáticos baseados em *equações diferenciais parciais*, ou seja, equações que envolvem funções de duas ou mais variáveis e suas derivadas parciais. Vamos examinar um desses modelos e verificar até que ponto pode ser usado para descrever a dispersão dos ratos almiscarados.

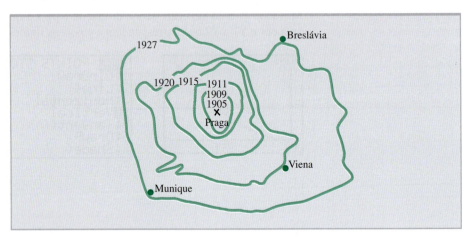

FIGURA 1 Curvas de nível da população de ratos almiscarados na Europa.
Fonte: Leah Edelstein-Keshet, *Mathematical Models in Biology*, McGraw-Hill, Boston: 1988, p. 439.

O modelo que vamos discutir se baseia na **equação de difusão**, uma equação diferencial parcial extremamente versátil, com importantes aplicações na física, biologia e economia. *Difusão* é o nome usado para o processo pelo qual partículas se espalham enquanto colidem entre si e mudam aleatoriamente de direção depois de serem introduzidas em um local. Suponha que as partículas possam se mover apenas em uma direção (por estarem confinadas no interior de um tubo estreito, por exemplo). Nesse caso, $C(x, t)$, a concentração de partículas no instante t a uma distância de x unidades da fonte (ponto de inserção) satisfaz a equação de difusão unidimensional

$$\frac{\partial C}{\partial t} = \alpha \frac{\partial^2 C}{\partial x^2}$$

em que α é uma constante positiva chamada *coeficiente de difusão*. Analogamente, a equação de difusão bidimensional

$$\frac{\partial C}{\partial t} = \alpha \left(\frac{\partial^2 C}{\partial x^2} + \frac{\partial^2 C}{\partial y^2} \right)$$

é usada para modelar a dispersão de partículas que se movem aleatoriamente em um plano, no qual $C(x, y, t)$ é a concentração de partículas no ponto (x, y) no instante t.

Os biólogos têm usado a equação de difusão para modelar a dispersão de organismos vivos, tanto plantas como animais. Vamos examinar um desses modelos, proposto por J. G. Skellam. Suponha que, em certo instante ($t = 0$), um organismo seja introduzido em um ponto (conhecido como "fonte") no qual anteriormente não existia. Skellam supôs que a população do organismo se dispersa a partir da fonte de duas formas:

a. Crescendo exponencialmente com uma taxa de reprodução constante r.
b. Movendo-se ao acaso no plano xy, com a fonte na origem.

Com base nessas hipóteses, Skellam modelou a dispersão da população usando a equação de difusão bidimensional modificada

$$(1) \quad \frac{\partial N}{\partial t} = D\underbrace{\left(\frac{\partial^2 N}{\partial x^2} + \frac{\partial^2 N}{\partial y^2}\right)}_{\text{expansão por movimento aleatório}} + \underbrace{rN}_{\text{crescimento exponencial por reprodução}}$$

em que $N(x, y, t)$ é a densidade populacional no ponto (x, y) no instante t, e D é uma constante positiva, conhecida como *coeficiente de dispersão*, que é análoga ao coeficiente de difusão.

É possível mostrar que uma solução da equação de Skellam é a função

$$(2) \quad N(x, y, t) = \frac{M}{4\pi Dt} e^{rt - (x^2 + y^2)/(4Dt)}$$

na qual M é o número de indivíduos inicialmente introduzidos na fonte (veja o Exercício 5). A *taxa assintótica de expansão da população*, V, é a distância entre locais com mesma densidade populacional em anos sucessivos; é possível provar que, no modelo de Skellam,

$$(3) \quad V = \sqrt{4rD}$$

(veja o Exercício 4). Da mesma forma, a *taxa de crescimento intrínseco*, r, pode ser estimada usando dados sobre o crescimento de populações existentes, e o coeficiente de dispersão, D, pode ser estimado usando a expressão

$$(4) \quad D \approx \frac{2A^2(t)}{\pi t}$$

em que $A(t)$ é a distância média percorrida pelos organismos no instante t.

O modelo de Skellam tem sido usado para estudar a dispersão de muitos organismos, como carvalhos, besouros e borboletas. Para ilustrar a aplicação do modelo, vamos voltar à população de ratos almiscarados na Europa Central, mencionada no primeiro parágrafo e representada na Figura 1. Os estudos mostraram que r, a taxa de crescimento intrínseco da população de ratos almiscarados, não foi maior que 1,1 ao ano e que D, o coeficiente de dispersão, não ultrapassou 230 km²/ano. Em consequência, a solução do modelo de Skellam expressa pela equação (2) prevê que a distribuição de ratos almiscarados, nas circunstâncias mais favoráveis à espécie, é dada por

$$(5) \quad N(x, y, t) = \frac{5}{4\pi(230)t} e^{1,1t - (x^2 + y^2)/(920t)}$$

em que (x, y) é o ponto x km a leste e y km ao norte do ponto de introdução, perto de Praga, e t é o tempo em anos (após 1905). De acordo com a equação (3), a taxa máxima de expansão da população é

$$V = \sqrt{4rD} = \sqrt{4(1,1)(230)} \approx 31{,}8 \text{ km/ano}$$

que é um pouco maior que a taxa observada de 25,4 km/ano.

A demonstração da equação de difusão pode ser encontrada em muitos livros sobre equações diferenciais e também no livro de Edward Batschelet, *Introduction to Mathematics for Life Scientists*, 3rd ed., New York: Springer-Verlag, 1979, pp. 392-395. O modelo de Skellam e algumas variações são discutidos no livro de Leah Edelstein-Keshet *Mathematical Models in Biology*, Boston: McGraw-Hill, 1988, pp. 436-441. É importante enfatizar que a equação de difusão modificada, equação (1), possui outras soluções além da equação (2). A solução de equações diferenciais parciais costuma ser muito difícil; em muitos casos, o melhor que se pode fazer é encontrar soluções com certas formas específicas. Essas soluções podem ser aplicadas a problemas práticos, como o da expansão dos ratos almiscarados.

Questões

1. Mostre que a função $C(x,t) = \dfrac{M}{2\sqrt{\pi D t}} e^{-(x^2/4Dt)}$ satisfaz a equação de difusão

$$\frac{\partial C}{\partial t} = \alpha \frac{\partial^2 C}{\partial x^2}$$

calculando as derivadas parciais e substituindo-as na equação.

2. Que relação deve haver entre os coeficientes a e b para que a função $C(x,t) = e^{ax+bt}$ seja uma solução da equação de difusão

$$\frac{\partial C}{\partial t} = \alpha \frac{\partial^2 C}{\partial x^2}$$

3. Uma população de organismos se expande ao longo de uma linha unidimensional de acordo com a equação diferencial parcial

$$\frac{\partial N}{\partial t} = D\frac{\partial^2 N}{\partial x^2} + rN$$

Mostre que a função $N(x,t) = \dfrac{M}{2\sqrt{\pi D t}} e^{rt-(x^2/4Dt)}$ é uma solução dessa equação diferencial parcial, em que M é a população de organismos em $x = 0$ no instante $t = 0$.

4. Mostre que nas curvas de nível de densidade populacional constante, ou seja, nas curvas da forma $N(x,t) = A$, em que A é uma constante, a razão $\dfrac{x}{t}$ é dada por

$$\frac{x}{t} = \pm\left[4rD - \frac{2D}{t}\ln t - \frac{4D}{t}\ln\left(\sqrt{2\pi D}\,\frac{A}{M}\right)\right]^{1/2}$$

Usando essa expressão, é possível mostrar que $\dfrac{x}{t} \approx \pm 2\sqrt{rD}$, o que nos dá uma fórmula para a taxa de expansão da população.

5. Mostre que a função $N(x,y,t) = \dfrac{M}{4\pi D t} e^{rt-(x^2+y^2)/4Dt}$ é uma solução da equação diferencial parcial

$$\frac{\partial N}{\partial t} = D\left(\frac{\partial^2 N}{\partial x^2} + \frac{\partial^2 N}{\partial y^2}\right) + rN$$

6. Use a equação (5), obtida a partir do modelo de Skellam, para calcular a densidade populacional dos ratos almiscarados em 1925 em uma localidade 50 km ao norte e 50 km a oeste do ponto de introdução (fonte), perto de Praga.

7. Use o modelo de Skellam para escrever uma função que expresse a densidade populacional da borboleta *Pieris rapae* se o maior coeficiente de difusão observado é 129 km²/ano e a maior taxa de crescimento intrínseco observada é 31,5/ano. Qual é a maior taxa de expansão populacional prevista? Como esse valor se compara com a maior taxa de expansão populacional observada, que foi de 170 km/ano?

8. Nesse exercício, vamos usar uma abordagem alternativa para analisar o problema dos ratos almiscarados à luz do modelo de Skellam. Como vimos, a taxa de crescimento intrínseco da população de ratos almiscarados foi $r = 1,1$ e a taxa máxima de dispersão observada foi $V = 25,4$.

   a. Use esses valores de r e V na equação (3) para estimar o coeficiente de dispersão D.
   b. Fazendo $r = 1,1$ na equação (2) e usando o valor de D calculado no item (a), calcule a densidade populacional dos ratos almiscarados em 1925 em uma localidade 50 km ao norte e 50 km a oeste do ponto de introdução (fonte), perto de Praga. Compare a resposta com a do Exercício 6.
   c. Use a equação (4) para estimar a distância média A entre a população de ratos almiscarados e a fonte em 1925.

Referências

D. A. Andow, P. M. Kareiva, Simon A. Levin e Akira Okubo, "Spread of Invading Organisms", *Landscape Ecology*, Vol. 4, n°s 2/3, 1990, pp. 177–188.

Leah Edelstein-Keshet, *Mathematical Models in Biology*, Boston: McGraw-Hill, 1988.

J. G. Skellam, "The Formulation and Interpretation of Mathematical Models of Diffusionary Processes in Population Biology", em *The Mathematical Theory of the Dynamics of Biological Populations*, editado por M. S. Bartlett e R. W. Hiorns, New York: Academic Press, 1973, pp. 63–85.

J. G. Skellam, "Random Dispersal in Theoretical Populations", *Biometrika*, Vol. 28, 1951, pp. 196–218.

Apêndice A

Revisão de Álgebra

A.1 Uma Breve Revisão de Álgebra
A.2 Fatoração de Polinômios e Solução de Sistemas de Equações
A.3 Determinação de Limites Usando a Regra de L'Hôpital
A.4 Notação de Somatório
    Resumo do Apêndice
      Termos, Símbolos e Fórmulas Importantes
      Problemas de Revisão
    Para Pensar

SEÇÃO A.1 Uma Breve Revisão de Álgebra

Existem muitas técnicas da álgebra elementar que são usadas no cálculo. Este apêndice apresenta uma revisão de algumas dessas técnicas. Vamos começar com uma discussão dos sistemas de numeração.

Números Reais

Um **número inteiro** é qualquer número do conjunto . . . −3, −2, −1, 0, 1, 2, 3, . . . Assim, por exemplo, 875, −15 e −83 são números inteiros, enquanto $\frac{2}{3}, \sqrt{2}$ e 8,71 não são números inteiros.

Um **número racional** é um número que pode ser expresso como uma razão $\frac{a}{b}$ de dois números inteiros, com $b \neq 0$. Assim, por exemplo, $\frac{2}{3}, \frac{8}{5}$ e $-\frac{4}{7}$ são números racionais, como também

$$-6\frac{1}{2} = -\frac{13}{2} \qquad \text{e} \qquad 0{,}25 = \frac{25}{100} = \frac{1}{4}$$

Todo número inteiro é um número racional, já que pode ser expresso como a razão entre o próprio número e o número 1. Quando são expressos em forma decimal, os números racionais podem ter um número finito de casas decimais ou um número infinito de casas decimais que se repetem periodicamente. Eis alguns exemplos:

$$\frac{5}{8} = 0{,}625 \qquad \frac{1}{3} = 0{,}33\ldots \qquad \text{e} \qquad \frac{13}{11} = 1{,}181818\ldots$$

Um número que não pode ser expresso como uma razão de dois números inteiros é chamado de **número irracional**. Por exemplo:

$$\sqrt{2} \approx 1{,}41421356 \qquad \text{e} \qquad \pi \approx 3{,}14159265$$

são números irracionais.

Os números racionais e irracionais formam o conjunto dos **números reais**, que podem ser representados geometricamente como pontos sobre uma reta, conhecida como **reta dos números reais**. Para desenhar a reta dos números reais, traçamos uma reta e escolhemos um ponto sobre a reta para representar o número 0. Esse ponto é chamado de **origem**. Escolhemos outro ponto para representar o número 1. Isso determina a escala da reta dos números reais; os outros números são colocados a distâncias apropriadas (múltiplas da distância entre 0 e 1) da origem. Se a reta for horizontal, os números positivos ficam, por convenção, à direita da origem, e os números negativos ficam à esquerda, como mostra a Figura A.1. A **coordenada** de um ponto qualquer da linha é o número associado a esse ponto.

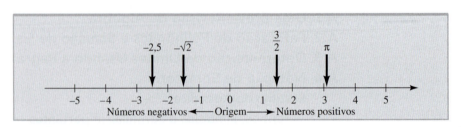

FIGURA A.1 A reta dos números reais.

Desigualdades

Se a e b são números reais e a está à direita de b na reta dos números reais, dizemos que a **é maior que** b e escrevemos $a > b$. Se a está à esquerda de b, dizemos que a **é menor que** b e escrevemos $a < b$ (Figura A.2). Por exemplo:

$$5 > 2 \qquad -12 < 0 \qquad \text{e} \qquad -8{,}2 < -2{,}4$$

FIGURA A.2 Desigualdades.

Além disso,

$$\frac{6}{7} < \frac{7}{8}$$

como podemos constatar observando que

$$\frac{6}{7} = \frac{48}{56} \quad e \quad \frac{7}{8} = \frac{49}{56}$$

Algumas propriedades básicas das desigualdades são apresentadas no quadro a seguir. Note especialmente a propriedade 3, segundo a qual o sentido de uma desigualdade é conservado se os dois membros são multiplicados por um número positivo e *invertido* se os dois membros são multiplicados por um número negativo.

Propriedades das Desigualdades

1. **Propriedade transitiva:** Se $a > b$ e $b > c$, então $a > c$.
2. **Propriedade aditiva:** Se $a > b$ e $c > d$, então $a + c > b + d$.
3. **Propriedade multiplicativa:** Se $a > b$, então $ac > bc$ se $c > 0$ e $ac < bc$ se $c < 0$.

Assim, por exemplo, como $7 > 3$, temos $7 - 9 > 3 - 9$, o que nos dá $-2 > -6$. Como $5 > 2$ e $3 > 0$, temos $5 \times 3 > 2 \times 3$, o que nos dá $15 > 6$. Como $5 > 2$ e $-2 < 0$, temos $5 \times -2 < 2 \times -2$, o que nos dá $-10 < -4$.

O símbolo $\geq$ significa **maior ou igual a**, e o símbolo $\leq$ significa **menor ou igual a**. Por exemplo:

$$-3 \geq -4 \quad -3 \geq -3 \quad -4 \leq -3 \quad e \quad -4 \leq -4$$

Dizemos que um número real satisfaz uma desigualdade que envolve uma variável se a igualdade é satisfeita quando a variável é substituída pelo número. Dizemos que uma desigualdade foi **resolvida** se todos os números que satisfazem a desigualdade são conhecidos. O conjunto de todos os números que satisfazem uma desigualdade é chamado de **conjunto de soluções** da desigualdade.

EXEMPLO A.1.1 Solução de uma Desigualdade

Resolva a desigualdade bilateral $-5 < 2x - 3 \leq 1$.

Solução

Somando 3 a ambos os membros da desigualdade e aplicando a propriedade 2, obtemos:

$$-2 < 2x \leq 4$$

Multiplicando ambos os membros da nova desigualdade por 1/2, temos:

$$-1 < x \leq 2$$

Assim, o conjunto de soluções é o conjunto dos números reais compreendidos entre -1 e 2, incluindo o número 2 (e não incluindo o número -1).

Intervalos

Um conjunto de números reais que pode ser representado na reta de números reais por um segmento de reta é chamado de **intervalo**. As desigualdades podem ser usadas para descrever intervalos. Assim, por exemplo, o intervalo $a \leq x < b$ é formado por todos os números reais situados entre a e b, incluindo a e excluindo b. Esse intervalo é mostrado na Figura A.3. Os números a e b são chamados de **extremidades** do intervalo. O sinal de colchete no ponto a indica que a pertence ao intervalo, enquanto o sinal de parêntese no ponto b indica que b não pertence ao intervalo.

Os intervalos podem ser finitos ou infinitos e podem ou não conter as extremidades. Todas as possibilidades estão representadas na Figura A.4, que mostra também a notação e a terminologia normalmente usadas.

FIGURA A.3 O intervalo $a \leq x < b$.

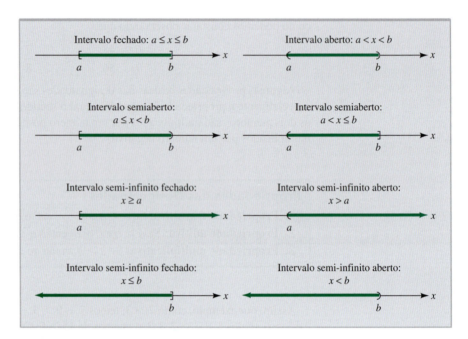

FIGURA A.4 Intervalos de números reais.

EXEMPLO A.1.2 Uso de Desigualdades para Representar Intervalos

Use desigualdades para descrever os intervalos mostrados na figura.

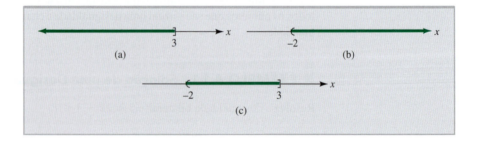

Solução

a. $x \leq 3$ b. $x > -2$ c. $-2 < x \leq 3$

EXEMPLO A.1.3 Uso de Gráficos para Representar Intervalos

Represente os intervalos a seguir como segmentos de reta em uma reta de números reais.

a. $x < -1$ b. $-1 \leq x \leq 2$ c. $x > 2$

Solução

Valor Absoluto

O **valor absoluto** de um número real x, representado pelo símbolo $|x|$, é a distância entre x e 0 na reta de números reais. Como a distância é um número não negativo, $|x| \geq 0$. Assim, por exemplo,

$$|4| = 4 \quad |-4| = 4 \quad |0| = 0 \quad |5 - 9| = 4 \quad |\sqrt{3} - 3| = 3 - \sqrt{3}$$

Segue uma definição formal de valor absoluto.

Valor Absoluto ■ Para qualquer número real x, o valor absoluto de x é dado por

$$|x| = \begin{cases} x & \text{para } x \geq 0 \\ -x & \text{para } x < 0 \end{cases}$$

Note que $|-a| = |a|$ para qualquer número real a. Essa é apenas uma das propriedades úteis do valor absoluto que aparecem no quadro a seguir.

Propriedades do Valor Absoluto

Sejam a e b dois números reais. Nesse caso,

1. $|-a| = |a|$
2. $|ab| = |a||b|$
3. $\left|\dfrac{a}{b}\right| = \dfrac{|a|}{|b|}$ para $b \neq 0$
4. $|a + b| \leq |a| + |b|$ (desigualdade do triângulo)

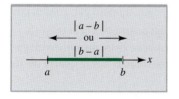

FIGURA A.5 A distância entre a e b é $|a - b| = |b - a|$.

Como mostra a Figura A.5, a distância entre dois números a e b é o valor absoluto da diferença entre os números, tomada em qualquer ordem ($a - b$ ou $b - a$). Por exemplo: a distância entre $a = -2$ e $b = 3$ é $|-2 - 3| = 5$ (Figura A.6).

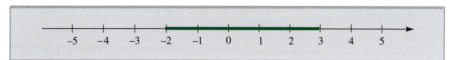

FIGURA A.6 Distância entre -2 e 3.

O conjunto de soluções de uma desigualdade da forma $|x| \leq c$ para $c > 0$ é o intervalo $-c \leq x \leq c$, ou seja, o intervalo $[-c, c]$. Essa propriedade é usada no Exemplo A.1.4.

EXEMPLO A.1.4 Solução de uma Desigualdade Envolvendo um Valor Absoluto

Determine o intervalo formado por todos os números reais x tais que $|x - 1| \leq 3$.

Solução

Em termos geométricos, os números x para os quais $|x - 1| \leq 3$ são aqueles cuja distância de 1 é menor ou igual a 3. Como mostra a Figura A.7, esses são os números que satisfazem a desigualdade $-2 \leq x \leq 4$.

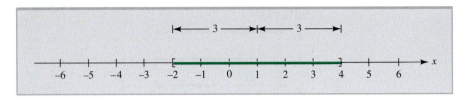

FIGURA A.7 O intervalo no qual $|x - 1| \leq 3$ é $-2 \leq x \leq 4$.

Para determinar esse intervalo algebricamente, sem recorrer à geometria, escrevemos a desigualdade $|x - 1| \leq 3$ na forma

$$-3 \leq x - 1 \leq 3$$

e somamos 1 aos três membros para obter

$$-3 + 1 \leq x - 1 + 1 \leq 3 + 1$$

o que nos dá

$$-2 \leq x \leq 4$$

Expoentes e Raízes

Se a é um número real e n é um número inteiro positivo, a expressão

$$a^n = \underbrace{a \cdot a \cdots a}_{n \text{ termos}}$$

indica que a deve ser multiplicado por si mesmo n vezes. O número a é chamado de **base** da expressão exponencial a^n; n é chamado de **expoente**. Se $a \neq 0$, definimos

$$a^{-n} = \frac{1}{a^n} \quad \text{e} \quad a^0 = 1$$

Note que a expressão 0^0 não tem um valor definido.

Se m é um número inteiro positivo, $a^{1/m}$ é o número cuja potência de ordem m é a. Esse valor é chamado de **raiz emésima** de a e também pode ser representado pelo símbolo $\sqrt[m]{a}$, ou seja,

$$a^{1/m} = \sqrt[m]{a}$$

A raiz emésima de um número negativo não é definida quando m é um número par. Assim, por exemplo, $\sqrt[4]{-5}$ não é definida porque não existe um número real cuja quarta potência seja -5.

Por convenção, quando m é par, $a^{1/m}$ é tomado como positivo, embora exista um número negativo cuja emésima potência é a. Assim, por exemplo, $2^4 = (-2)^4 = 16$, mas a raiz quarta de 16 é considerada como 2, ou seja,

$$\sqrt[4]{16} = 16^{1/4} = 2$$

e não ± 2.

Finalmente, escrevemos $a^{n/m}$ para indicar a enésima potência da raiz emésima de a, que tem o mesmo valor que a raiz emésima da enésima potência de a:

$$a^{n/m} = (a^{1/m})^n = (a^n)^{1/m}$$

Por exemplo:

$$8^{-2/3} = (8^{-2})^{1/3} = \left(\frac{1}{8^2}\right)^{1/3} = \left(\frac{1}{64}\right)^{1/3} = \frac{1}{4} \quad \text{Pois } \left(\frac{1}{4}\right)^3 = 64$$

e também

$$8^{-2/3} = (8^{1/3})^{-2} = 2^{-2} = \frac{1}{2^2} = \frac{1}{4}$$

O quadro a seguir mostra as regras que definem a notação exponencial.

> **Notação Exponencial** ■ Seja a um número real e sejam m e n dois números inteiros positivos. Nesse caso,
>
> **Potências inteiras positivas:** $a^n = \underbrace{a \cdot a \cdots a}_{n \text{ termos}}$ e $a^0 = 1$
>
> **Potências inteiras negativas:** $a^{-n} = \dfrac{1}{a^n}$
>
> **Potências inteiras recíprocas (raízes):** $a^{1/m} = \sqrt[m]{a}$
>
> **Expoentes fracionários:** $a^{n/m} = (a^{1/m})^n = (a^n)^{1/m}$

EXEMPLO A.1.5 Cálculo do Valor de Expressões com Expoentes

Determine o valor das expressões a seguir, sem usar uma calculadora.

a. $9^{1/2}$ **b.** $27^{2/3}$ **c.** $8^{-1/3}$ **d.** $\left(\dfrac{1}{100}\right)^{-3/2}$ **e.** 5^0

Solução

a. $9^{1/2} = \sqrt{9} = 3$

b. $27^{2/3} = (\sqrt[3]{27})^2 = 3^2 = 9$
$= \sqrt[3]{(27)^2} = \sqrt[3]{729} = 9$

c. $8^{-1/3} = \dfrac{1}{8^{1/3}} = \dfrac{1}{\sqrt[3]{8}} = \dfrac{1}{2}$

d. $\left(\dfrac{1}{100}\right)^{-3/2} = 100^{3/2} = (\sqrt{100})^3 = 10^3 = 1.000$

e. $5^0 = 1$

Os expoentes obedecem às leis que se seguem.

> **Leis dos Expoentes** ■ Para dois números reais a e b e dois números inteiros m e n, as seguintes leis são válidas sempre que todas as grandezas envolvidas sejam definidas:
>
> **Lei da identidade:** Se $a^m = a^n$, então $m = n$.
>
> **Lei do produto:** $a^m \times a^n = a^{m+n}$
>
> **Lei do quociente:** $\dfrac{a^m}{a^n} = a^{m-n}$ se $a \neq 0$
>
> **Leis da potência:** $(a^m)^n = a^{mn}$ e $(ab)^n = a^n \cdot b^n$

As leis dos expoentes são ilustradas nos Exemplos A.1.6 a A.1.9.

EXEMPLO A.1.6 Cálculo do Valor de Expressões com Expoentes

Determine o valor das expressões dadas, sem usar uma calculadora.

a. $(2^{-2})^3$ **b.** $\dfrac{3^3}{3^{1/3}(3^{2/3})}$ **c.** $2^{7/4}(8^{-1/4})$

Solução

a. $(2^{-2})^3 = 2^{-6} = \dfrac{1}{2^6} = \dfrac{1}{64}$

b. $\dfrac{3^3}{3^{1/3}(3^{2/3})} = \dfrac{3^3}{3^{1/3+2/3}} = \dfrac{3^3}{3^1} = 3^2 = 9$

c. $2^{7/4}(8^{-1/4}) = 2^{7/4}(2^3)^{-1/4} = 2^{7/4}(2^{-3/4}) = 2^{7/4-3/4} = 2^1 = 2$

EXEMPLO A.1.7 Solução de Equações com Expoentes

Determine o valor de n nas equações a seguir.

a. $\dfrac{a^5}{a^2} = a^n$ **b.** $(a^n)^5 = a^{20}$

Solução

a. Como $\dfrac{a^5}{a^2} = a^{5-2} = a^3$, a solução é $n = 3$.

b. Como $(a^n)^5 = a^{5n}$, $5n = 20$ e, portanto, a solução é $n = 4$.

EXEMPLO A.1.8 Simplificação de Expressões com Expoentes

Simplifique as expressões a seguir e as expresse em termos de expoentes positivos.

a. $(x^3)^{-2}$ **b.** $(x^{-5})^{-2}$ **c.** $(x^{-2}y^{-3})^{-4}$

d. $\left(\dfrac{x^{-3}}{y^4}\right)^{-2}$ **e.** $\dfrac{4x^{-3}y^2}{2x^2y^{-5}}$

Solução

a. $(x^3)^{-2} = x^{3(-2)} = x^{-6} = \dfrac{1}{x^6}$

b. $(x^{-5})^{-2} = x^{(-5)(-2)} = x^{10}$

c. $(x^{-2}y^{-3})^{-4} = x^{(-2)(-4)}y^{(-3)(-4)} = x^8 y^{12}$

d. $\left(\dfrac{x^{-3}}{y^4}\right)^{-2} = (x^{-3}y^{-4})^{-2} = x^{(-3)(-2)}y^{(-4)(-2)} = x^6 y^8$

e. $\dfrac{4x^{-3}y^2}{2x^2y^{-5}} = \dfrac{4}{2}x^{-3-2}y^{2-(-5)} = 2x^{-5}y^7 = \dfrac{2y^7}{x^5}$

EXEMPLO A.1.9 Simplificação de Expressões com Raízes

Simplifique as seguintes expressões, que envolvem raízes.

a. $3\sqrt{64} + 5\sqrt{72} - 9\sqrt{50}$

b. $\sqrt{a^{-5}b^{-8}c^{10}}$, $a > 0$, $b \neq 0$

c. $\sqrt{\dfrac{36x^3}{y^3}}\sqrt{\dfrac{y^8}{25x}}$, $x > 0$, $y > 0$

Solução

a. $3\sqrt{64} + 5\sqrt{72} - 9\sqrt{50} = 3\sqrt{8^2} + 5\sqrt{6^2 \cdot 2} - 9\sqrt{5^2 \cdot 2}$
$= 3(8) + 5(6)\sqrt{2} - 9(5)\sqrt{2} = 24 - 15\sqrt{2}$

b. $\sqrt{a^{-5}b^{-8}c^{10}} = \sqrt{\dfrac{c^{10}}{a^5 b^8}} = \dfrac{c^5}{b^4 \sqrt{a^4}\sqrt{a}} = \dfrac{c^5}{b^4 a^2 \sqrt{a}}$

c. $\sqrt{\dfrac{36x^3}{y^3}}\sqrt{\dfrac{y^8}{25x}} = \sqrt{\dfrac{36}{25}}\sqrt{\dfrac{x^3 y^8}{xy^3}} = \dfrac{6}{5}\sqrt{x^2 y^5} = \dfrac{6}{5}\sqrt{x^2(y^4 \cdot y)}$
$= \dfrac{6}{5}\sqrt{x^2}\sqrt{y^4}\sqrt{y} = \dfrac{6}{5}xy^2\sqrt{y}$

O Exemplo A.1.10 ilustra o modo como, em certos casos, colocar um fator comum em evidência no numerador e no denominador de uma fração pode simplificar consideravelmente uma expressão algébrica.

EXEMPLO A.1.10 Simplificação de uma Expressão Algébrica

Simplifique a expressão $\dfrac{4(x+3)^4(x-2)^2 - 6(x+3)^3(x-2)^3}{(x+3)(x-2)^3}$

Solução

Colocando em evidência no numerador o fator comum $2(x+3)^3(x-2)^2$, obtemos:

$$\dfrac{4(x+3)^4(x-2)^2 - 6(x+3)^3(x-2)^3}{(x+3)(x-2)^3} = \dfrac{2(x+3)^3(x-2)^2[2(x+3) - 3(x-2)]}{(x+3)(x-2)^3}$$
$$= \dfrac{2(x+3)^3(x-2)^2(2x+6-3x+6)}{(x+3)(x-2)^3}$$
$$= \dfrac{2(x+3)^3(x-2)^2(12-x)}{(x+3)(x-2)^3}$$

Agora podemos dividir o numerador e o denominador pelo fator comum $(x+3)(x-2)^2$, o que nos dá

$$\dfrac{4(x+3)^4(x-2)^2 - 6(x+3)^3(x-2)^3}{(x+3)(x-2)^3} = \dfrac{2(x+3)^2(12-x)}{x-2}$$

Racionalização Às vezes é necessário, ou pelo menos desejável, escrever uma fração que não tenha raízes no numerador ou no denominador. O método algébrico usado para conseguir esse objetivo é chamado de **racionalização**. Segue o Exemplo A.1.11 no qual uma raiz é removida do denominador.

EXEMPLO A.1.11 Racionalização de um Denominador

Racionalize o denominador da expressão $\dfrac{5}{3\sqrt{x}}$.

Solução

Multiplicando por $\sqrt{x}$ o numerador e o denominador da expressão dada, obtemos:

$$\dfrac{5}{3\sqrt{x}} = \dfrac{5(\sqrt{x})}{3\sqrt{x}(\sqrt{x})} = \dfrac{5(\sqrt{x})}{3(\sqrt{x})^2}$$
$$= \dfrac{5\sqrt{x}}{3x}$$

A identidade algébrica

$$(x + y)(x - y) = x^2 - y^2$$

pode ser usada para racionalizar frações quando o numerador ou o denominador contém um fator da forma $a + \sqrt{b}$. O segredo está em notar que a raiz pode ser removida da expressão $a + \sqrt{b}$ multiplicando-a pela expressão complementar $a - \sqrt{b}$, já que

$$(a + \sqrt{b})(a - \sqrt{b}) = a^2 - (\sqrt{b})^2 = a^2 - b$$

Uma expressão da forma $a - \sqrt{b}$ pode ser racionalizada analogamente, multiplicando-a pela expressão complementar $a + \sqrt{b}$. O método é ilustrado no Exemplo A.1.12.

EXEMPLO A.1.12 Racionalização de um Numerador

Racionalize o numerador da expressão $\dfrac{4 - \sqrt{3}}{7}$.

Solução

Multiplicando o numerador e o denominador por $4 + \sqrt{3}$, obtemos

$$\frac{4 - \sqrt{3}}{7} = \frac{(4 - \sqrt{3})(4 + \sqrt{3})}{7(4 + \sqrt{3})} = \frac{4^2 - (\sqrt{3})^2}{7(4 + \sqrt{3})} = \frac{16 - 3}{7(4 + \sqrt{3})} = \frac{13}{7(4 + \sqrt{3})}$$

PROBLEMAS ■ A.1

Nos Problemas 1 a 4, use desigualdades para descrever o intervalo indicado.

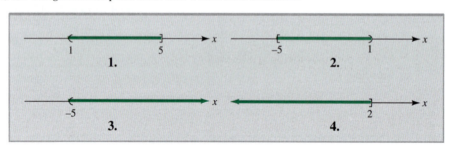

Nos Problemas 5 a 8, represente o intervalo dado como um segmento de reta em uma reta de números reais.

5. $x \geq 2$
6. $-6 \leq x < 4$
7. $-2 < x \leq 0$
8. $x > 3$

Nos Problemas 9 a 12, determine a distância na reta de números reais entre o par de números dado.

9. 0 e -4
10. 2 e 5
11. -2 e 3
12. -3 e -1

Nos Problemas 13 a 18, determine o(s) intervalo(s) formado(s) por todos os números reais x que satisfazem a desigualdade dada.

13. $|x| \leq 3$
14. $|x - 2| \leq 5$
15. $|x + 4| \leq 2$
16. $|1 - x| < 3$
17. $|x + 2| \geq 5$
18. $|x - 1| > 3$

Nos Problemas 19 a 26, determine o valor da expressão dada sem usar uma calculadora.

19. 5^3
20. 2^{-3}
21. $16^{1/2}$
22. $36^{-1/2}$
23. $8^{2/3}$
24. $27^{-4/3}$
25. $\left(\dfrac{1}{4}\right)^{1/2}$
26. $\left(\dfrac{1}{4}\right)^{-3/2}$

Nos Problemas 27 a 34, determine o valor da expressão dada sem usar uma calculadora.

27. $\dfrac{2^5(2^2)}{2^8}$
28. $\dfrac{3^4(3^3)}{(3^2)^3}$
29. $\dfrac{2^{4/3}(2^{5/3})}{2^5}$
30. $\dfrac{5^{-3}(5^2)}{(5^{-2})^3}$

31. $\dfrac{2(16^{3/4})}{2^3}$

32. $\dfrac{\sqrt{27}\,(\sqrt{3})^3}{9}$

33. $[\sqrt{8}\,(2^{5/2})]^{-1/2}$

34. $[\sqrt{27}\,(3^{5/2})]^{1/2}$

Nos Problemas 35 a 42, determine o valor de n na equação dada. (Suponha que $a > 0$ e $a \neq 1$.)

35. $a^3 a^7 = a^n$

36. $\dfrac{a^5}{a^2} = a^n$

37. $a^4 a^{-3} = a^n$

38. $a^2 a^n = \dfrac{1}{a}$

39. $(a^3)^n = a^{12}$

40. $(a^n)^5 = \dfrac{1}{a^{10}}$

41. $a^{3/5} a^{-n} = \dfrac{1}{a^2}$

42. $(a^n)^3 = \dfrac{1}{\sqrt{a}}$

Nos Problemas 43 a 76, simplifique a expressão o máximo possível. Suponha que a, b e c são números reais positivos.

43. $(a^3 b^2 c^5)(a^2 b^6 c^3)$

44. $(a^5 b^2 c)^3$

45. $\left(\dfrac{a^2 c^3}{b}\right)^4$

46. $\left(\dfrac{a^{-2} b}{c^{-3}}\right)^2$

47. $\left(\dfrac{a^2 b^3 c^{-3}}{a^{-3} b^4 c^4}\right)^2$

48. $\left(\dfrac{a^{-3} b^{-2} c^{-4}}{a^4 b^3 c^5}\right)^{-3}$

49. $[(a^3 b^2)^{-2} c^2]^{-3}$

50. $[a^3 (b^3 c^{-1})^{-3}]^{-2}$

51. $\dfrac{a^{-2} b^{-3} + a^{-3} b + bc^{-1}}{ab^2 c^3}$

52. $\left(\dfrac{3a^{-3}}{c^2}\right)^{-1} \left(\dfrac{2c^{-2}}{a^3}\right)^2$

53. $\dfrac{a^{-3} + b^{-1}}{(ab)^{-2}}$

54. $(a^{-1} + b^{-2})^2$

55. $\sqrt[7]{128} + \sqrt[3]{-64}$

56. $\sqrt{18} + \sqrt[3]{-162(27)}$

57. $\sqrt[3]{6^5 5^8 3^6}$

58. $\sqrt[3]{(-2)^{15}(-3)^{18}}$

59. $2\sqrt{32} + 5\sqrt{72}$

60. $3\sqrt{96} + \sqrt{294}$

61. $3\sqrt{24} - 2\sqrt{54} + \sqrt{486}$

62. $3\sqrt[3]{15} - \sqrt[3]{120} + 5\sqrt[3]{405}$

63. $\sqrt[5]{a^{15} b^{20} c^{35}}$

64. $\dfrac{\sqrt[3]{-64 a^9 b^{-6}}}{\sqrt{a^2 b^4}}$

65. $\sqrt{\dfrac{25 a^2}{b}} \sqrt{\dfrac{b^3}{49 a^4}}$

66. $\sqrt[3]{\dfrac{a^6 b^9}{64 c^{15}}}$

67. $\sqrt[3]{\dfrac{a^5}{b^7 c^9}}$

68. $\sqrt[5]{\dfrac{a^8 b^{-16}}{c^7}}$

69. $(a^4 b^2 c^{12})^{-1/2}$

70. $\dfrac{a^2 b}{(a^6 b^4)^{-1/4}}$

71. $(a^{1/6} b^{-1/3} c^{1/4})^{12}$

72. $\dfrac{(a^{25} b^{35})^{-3/5}}{(a^{16} b^{12})^{-3/4}}$

73. $(a^{1/2} + b^{1/4})(a^{1/2} - b^{1/4})$

74. $(a^{2/3} + b^{2/3})(a^{2/3} - b^{2/3})$

75. $\sqrt[3]{\dfrac{a^{17} b^9}{c^{11}}}$

76. $\sqrt[5]{(a^{24} b^{-8} c^{11})^4}$

Nos Problemas 77 a 88, fatore e simplifique a expressão o máximo possível.

77. $x^5 - 4x^4$

78. $3x^3 - 12x^4$

79. $100 - 25(x - 3)$

80. $60 - 20(4 - x)$

81. $8(x + 1)^3 (x - 2)^2 + 6(x + 1)^2 (x - 2)^3$

82. $12(x + 3)^5 (x - 1)^3 - 8(x + 3)^6 (x - 1)^2$

83. $x^{-1/2}(2x + 1) + 4x^{1/2}$

84. $x^{-1/4}(3x + 5) + 4x^{3/4}$

85. $\dfrac{(x + 3)^3 (x + 1) - (x + 3)^2 (x + 1)^2}{(x + 3)(x + 1)}$

86. $\dfrac{3(x - 2)^2 (x + 1)^2 - 2(x - 2)(x + 1)^3}{(x - 2)^4}$

87. $\dfrac{4(1 - x)^2 (x + 3)^3 + 2(1 - x)(x + 3)^4}{(1 - x)^4}$

88. $\dfrac{6(x + 2)^2 (1 - x)^4 - 4(x + 2)^6 (1 - x)^3}{(x + 2)^8 (1 - x)^2}$

Nos Problemas 89 a 96, racionalize o numerador ou o denominador da expressão.

89. $\dfrac{\sqrt{3} - \sqrt{2}}{5}$

90. $\dfrac{\sqrt{7} + 3}{2}$

91. $\dfrac{7}{3 - \sqrt{3}}$

92. $\dfrac{5}{\sqrt{5} + \sqrt{2}}$

93. $\dfrac{\sqrt{5} + 2}{3}$

94. $\dfrac{\sqrt{5} - \sqrt{11}}{4}$

95. $\dfrac{5}{\sqrt{5} + 1}$

96. $\dfrac{3}{2 - \sqrt{7}}$

97. Mostre que
$$\sqrt{x + h} - \sqrt{x} = \dfrac{h}{\sqrt{x + h} + \sqrt{x}}$$
em que x e h são números positivos.

98. Simplifique a expressão
$$\dfrac{1}{\sqrt{x + h}} - \dfrac{1}{\sqrt{x}}$$
em que x e h são números positivos.

99. ECOLOGIA A atmosfera acima de cada cm² da superfície terrestre tem uma massa de 1 kg.
   a. Supondo que a Terra é uma esfera de raio $R = 6.440$ km, use a expressão $S = 4\pi R^2$ para calcular a área da superfície terrestre e a massa total da atmosfera.
   b. O oxigênio constitui aproximadamente 22% da massa da atmosfera e as plantas produzem aproximadamente $0{,}9 \times 10^{13}$ kg de oxigênio por ano. Se nenhum oxigênio fosse consumido pelas plantas e pelos animais (nem por processos de combustão), quanto tempo seria necessário para acumular a massa de oxigênio que existe atualmente na atmosfera (item a)?[*]

100. Mostre que $(\sqrt[n]{x})^m = \sqrt[n]{x^m}$ no caso em que m é um número inteiro negativo.

---

[*]Adaptado de um problema do livro de E. Batschelet, *Introduction to Mathematics for Life Scientists*, 2nd ed., New York: Springer-Verlag, 1979, p. 31.

SEÇÃO A.2 Fatoração de Polinômios e Solução de Sistemas de Equações

Um **polinômio** é uma expressão da forma

$$a_0 + a_1 x + a_2 x^2 + \cdots + a_n x^n$$

em que n é um número inteiro não negativo e $a_0, a_1, a_2, \ldots, a_n$ são números reais, conhecidos como **coeficientes** do polinômio. Os polinômios estão presentes em muitas áreas da matemática e o primeiro objetivo desta seção é discutir algumas importantes propriedades algébricas dos polinômios.

Se $a_n \neq 0$, dizemos que n é o **grau** do polinômio. Uma constante diferente de zero é considerada um **polinômio de grau 0**. (A rigor, o número 0 também é um polinômio, mas não possui um grau.) Assim, por exemplo, $3x^5 - 7x + 12$ é um polinômio de grau 5 cujos termos são $3x^5$, $-7x$ e 12. **Termos similares** em dois polinômios da variável x são termos do mesmo grau. Assim, no polinômio do quinto grau $3x^5 - 5x^2 + 3$ e no polinômio do terceiro grau $-2x^3 + 2x^2 + 7x - 9$, os termos $-5x^2$ e $2x^2$ são termos similares. Os polinômios são multiplicados por constantes, somados e subtraídos combinando termos similares, como ilustra o Exemplo A.2.1.

EXEMPLO A.2.1 Operações com Polinômios

Dados $p(x) = 3x^2 - 5x + 7$ e $q(x) = -4x^2 + 9$, determine os polinômios $2p(x)$ e $p(x) + q(x)$.

Solução

Temos:

$$2p(x) = 2(3)x^2 - 2(5)x + 2(7) = 6x^2 - 10x + 14$$

e

$$p(x) + q(x) = [3 + (-4)]x^2 + [-5 + 0]x + [7 + 9]$$
$$= -x^2 - 5x + 16$$

Uma forma conveniente de não esquecer nenhum termo na multiplicação de dois polinômios de primeiro grau $p(x) = ax + b$ e $q(x) = cx + d$ é usar o método "ac-adbc-bd":

$$(ax + b)(cx + d) = \underbrace{(ac)}_{\substack{ac \\ \text{Primeiro} \\ \text{produto}}}x^2 + \underbrace{(ad)}_{\substack{ad \\ \text{Produto} \\ \text{externo}}}x + \underbrace{(bc)}_{\substack{bc \\ \text{Produto} \\ \text{interno}}}x + \underbrace{(bd)}_{\substack{bd \\ \text{Último} \\ \text{produto}}}$$

Segue o Exemplo A.2.2 sobre o assunto.

EXEMPLO A.2.2 Multiplicação de Polinômios

Calcule o produto $(3x + 5)(-2x + 7)$

Solução

Aplicando o método ac-adbc-bd, obtemos:

$$(3x + 5)(-2x + 7) = (3)(-2)x^2 + (3)(7)x + (5)(-2)x + (5)(7)$$
$$= -6x^2 + 11x + 35$$

Para multiplicar dois polinômios que não são ambos do primeiro grau, usamos a lei distributiva dos números reais:

$$a(b + c) = ab + ac \quad \text{e} \quad (a + b)c = ac + bc$$

Segue o Exemplo A.2.3 sobre esse método.

EXEMPLO A.2.3 Multiplicação de Polinômios

Calcule o produto $(-x^2 + 3x + 5)(x^2 + 2x - 4)$.

Solução

Para obter o produto pedido, devemos multiplicar, um a um, os termos de $-x^2 + 3x + 5$ por todos os termos de $x^2 + 2x - 4$ e depois combinar os termos similares. O resultado é o seguinte:

$$\begin{aligned}
&(-x^2 + 3x + 5)(x^2 + 2x - 4) \\
&= -x^2(x^2 + 2x - 4) + 3x(x^2 + 2x - 4) + 5(x^2 + 2x - 4) \\
&= [-x^4 - 2x^3 + 4x^2] + [3x^3 + 6x^2 - 12x] + [5x^2 + 10x - 20] \\
&= -x^4 + (-2 + 3)x^3 + (4 + 6 + 5)x^2 + (-12 + 10)x - 20 \\
&= -x^4 + x^3 + 15x^2 - 2x - 20
\end{aligned}$$

O cálculo também pode ser feito "verticalmente":

$$\begin{array}{r}
-x^2 + 3x + 5 \\
\underline{x^2 + 2x - 4} \\
4x^2 - 12x - 20 \\
-2x^3 + 6x^2 + 10x \\
\underline{-x^4 + 3x^3 + 5x^2 \quad\quad\quad} \\
-x^4 + x^3 + 15x^2 - 2x - 20
\end{array}$$

Fatoração de Polinômios com Coeficientes Inteiros

Muitos dos polinômios que aparecem em problemas práticos têm coeficientes inteiros (ou estão relacionados de perto com polinômios de coeficientes inteiros). As técnicas para fatorar polinômios de coeficientes inteiros são ilustradas nos Exemplos A.2.4 e A.2.5. Nesses exemplos, o objetivo é escrever o polinômio dado como um produto de polinômios de grau menor, também com coeficientes inteiros.

EXEMPLO A.2.4 Fatoração de um Polinômio

Fatore o polinômio $x^2 - 2x - 3$ usando coeficientes inteiros.

Solução

O objetivo é escrever o polinômio como um produto da forma

$$x^2 - 2x - 3 = (x + a)(x + b)$$

em que a e b são números inteiros. De acordo com a lei distributiva, temos:

$$(x + a)(x + b) = x^2 + (a + b)x + ab$$

Assim, temos que encontrar números inteiros a e b tais que

$$x^2 - 2x - 3 = x^2 + (a + b)x + ab$$

o que equivale a dizer que

$$a + b = -2 \quad \text{e} \quad ab = -3$$

Da lista

$$1, -3 \quad \text{e} \quad -1, 3$$

de pares de números inteiros cujo produto é -3, escolhemos $a = -3$ e $b = 1$ como o único par cuja soma é -2. Assim, temos:

$$x^2 - 2x - 3 = (x - 3)(x + 1)$$

Para verificar que essa igualdade está correta, basta efetuar o produto do lado direito.

EXEMPLO A.2.5 Fatoração de um Polinômio

Fatore o polinômio $12x^2 - 11x - 15$ usando coeficientes inteiros.

Solução

Estamos interessados em escrever o polinômio como um produto da forma

$$12x^2 - 11x - 15 = (ax + b)(cx + d)$$

Expandindo o produto da esquerda pelo método ac-adbc-bd, obtemos:

$$12x^2 - 11x - 15 = (ac)x^2 + (bc + ad)x + bd$$

Nosso objetivo é encontrar números inteiros a, b, c e d tais que

$$ac = 12 \qquad bc + ad = -11 \qquad \text{e} \qquad bd = -15$$

Como o produto ac deve ser positivo, não há problema em supor que a e c são positivos (o que acontece se a e c forem negativos)? Os coeficientes 12 e -15 podem ter os seguintes fatores:

12		-15	
a	c	b	d
12	1	15	-1
6	2	5	-3
4	3	3	-5
3	4	1	-15
2	6		
1	12		

Tentamos combinar cada par da esquerda com cada par da direita, com o objetivo de encontrar uma combinação tal que $bc + ad = -11$. Depois de algumas tentativas, descobrimos que o par $a = 4$, $c = 3$ combinado com o par $b = 3$, $d = -5$ fornece o resultado correto. Obtemos assim a seguinte fatoração:

$$12x^2 - 11x - 15 = (4x + 3)(3x - 5)$$

Certos tipos de polinômio são tão frequentes que vale a pena dispor de fórmulas especiais para fatorá-los:

Fórmulas de Fatoração

Quadrado de uma soma: $A^2 + 2AB + B^2 = (A + B)^2$

Quadrado de uma diferença: $A^2 - 2AB + B^2 = (A - B)^2$

Diferença de quadrados: $A^2 - B^2 = (A - B)(A + B)$

Diferença de cubos: $A^3 - B^3 = (A - B)(A^2 + AB + B^2)$

Soma de cubos: $A^3 + B^3 = (A + B)(A^2 - AB + B^2)$

EXEMPLO A.2.6 Fatoração de uma Diferença de Cubos

Fatore o polinômio $x^3 - 8$ usando coeficientes inteiros.

Solução

Como $8 = 2^3$, podemos usar a fórmula da diferença de cubos com $A = x$ e $B = 2$, o que nos dá a fatoração

$$x^3 - 8 = x^3 - 2^3 = (x - 2)(x^2 + 2x + 4)$$

Às vezes um polinômio pode ser fatorado agrupando adequadamente os termos, como no Exemplo A.2.7.

EXEMPLO A.2.7 Fatoração de Polinômios

Fatore os seguintes polinômios:
a. $p(x) = 4(x - 2)^3 + 3(x - 2)^2$
b. $q(x) = 9x^2 - 49$

Solução

a. Colocando $(x - 2)^2$ em evidência, obtemos
$$4(x - 2)^3 + 3(x - 2)^2 = (x - 2)^2[4(x - 2) + 3]$$
$$= (x - 2)^2(4x - 5)$$

b. O polinômio $q(x) = 9x^2 - 49$ pode ser escrito como uma diferença de quadrados $A^2 - B^2$, com $A = 3x$ e $B = 7$. Assim, temos:
$$9x^2 - 49 = (3x)^2 - 7^2 = (3x - 7)(3x + 7)$$

Expressões Racionais

O quociente de dois polinômios é chamado de **expressão racional**. Por exemplo:

$$\frac{1}{x} \qquad \frac{4}{2x^2 + 3} \qquad \frac{-2x^3 + 7x - 1}{5x^2 + 3x + 9} \qquad \text{e} \qquad \frac{x^3 + x - 6}{2}$$

são expressões racionais. Um dos nossos objetivos ao trabalhar com expressões racionais é reduzir uma expressão desse tipo à *forma mais simples*, ou seja, eliminar todos os fatores comuns ao numerador e ao denominador. As propriedades das frações apresentadas a seguir podem ajudar nesse processo.

Propriedades das Frações

1. Regra da soma: $\dfrac{a}{b} + \dfrac{c}{d} = \dfrac{ad + bc}{bd}$

2. Regra do produto: $\left(\dfrac{a}{b}\right)\left(\dfrac{c}{d}\right) = \dfrac{ac}{bd}$

3. Regra do quociente: $\dfrac{a/b}{c/d} = \dfrac{a}{b} \cdot \dfrac{d}{c} = \dfrac{ad}{bc}$

EXEMPLO A.2.8 Simplificação de Expressões Racionais

Reduza as seguintes expressões à forma mais simples:

a. $\dfrac{-2}{x^2 - 1} + \dfrac{x}{x - 1}$ **b.** $\left(\dfrac{x^3 - 7x^2 + 10x}{x^2 + 6x + 9}\right)\left(\dfrac{x + 3}{x - 5}\right)$

Solução

a. $\dfrac{-2}{x^2-1} + \dfrac{x}{x-1} = \dfrac{-2}{x^2-1} + \dfrac{x}{x-1}\dfrac{x+1}{x+1}$

$= \dfrac{-2}{x^2-1} + \dfrac{x^2+x}{x^2-1} = \dfrac{x^2+x-2}{x^2-1}$

$= \dfrac{(x+2)(x-1)}{(x+1)(x-1)} = \dfrac{x+2}{x+1}$ para $x \neq 1, -1$

b. $\left(\dfrac{x^3-7x^2+10x}{x^2+6x+9}\right)\left(\dfrac{x+3}{x-5}\right)$

$= \dfrac{x(x^2-7x+10)(x+3)}{(x+3)^2(x-5)}$

$= \dfrac{x(x-2)(x-5)(x+3)}{(x+3)(x-5)(x+3)} = \dfrac{x^2-2x}{x+3}$ para $x \neq 5, -3$

Uma expressão racional com frações no numerador e no denominador é chamada de **fração composta**. Muitas vezes, uma fração composta pode ser expressa como o quociente de dois polinômios, como mostra o Exemplo A.2.9.

EXEMPLO A.2.9 Simplificação de uma Fração Composta

Simplifique a fração composta

$$\dfrac{1 + 3/x - 4/x^2}{1 + 4/x - 5/x^2}$$

Solução

Escrevendo o numerador e o denominador como expressões racionais, fatorando e simplificando, obtemos:

$\dfrac{1 + 3/x - 4/x^2}{1 + 4/x - 5/x^2} = \dfrac{\dfrac{x^2+3x-4}{x^2}}{\dfrac{x^2+4x-5}{x^2}}$

$= \dfrac{(x^2+3x-4)x^2}{(x^2+4x-5)x^2}$ pois $\dfrac{a/b}{c/d} = \dfrac{ad}{bc}$

$= \dfrac{(x+4)(x-1)x^2}{(x+5)(x-1)x^2}$

$= \dfrac{x+4}{x+5}$ para $x \neq 0, 1, -5$

Solução de Equações por Fatoração

As **soluções** de uma equação são os valores da variável que tornam a equação verdadeira. Assim, por exemplo, $x = 2$ é uma solução da equação

$$x^3 - 6x^2 + 12x - 8 = 0$$

porque a substituição de x por 2 nos dá

$$2^3 - 6(2^2) + 12(2) - 8 = 8 - 24 + 24 - 8 = 0$$

Nos Exemplos A.2.10 e A.2.11, vamos ver que a fatoração pode ser usada para resolver certas equações. A técnica se baseia no fato de que se o produto de dois (ou mais) fatores é zero, pelo menos um dos fatores deve ser igual a zero. Por exemplo: se $ab = 0$, $a = 0$ ou $b = 0$ (ou $a = b = 0$).

EXEMPLO A.2.10 Solução de uma Equação por Fatoração

Resolva a equação $x^2 - 3x = 10$.

Solução

Em primeiro lugar, subtraímos 10 de ambos os membros para obter

$$x^2 - 3x - 10 = 0$$

Em seguida, fatoramos o polinômio do lado esquerdo para obter

$$(x - 5)(x + 2) = 0$$

Como o produto $(x - 5)(x + 2)$ só pode ser zero se pelo menos um dos fatores for zero, as soluções são $x = 5$ (que anula o primeiro fator) e $x = -2$ (que anula o segundo fator).

EXEMPLO A.2.11 Solução de uma Equação Racional

Resolva a equação $1 - \dfrac{1}{x} - \dfrac{2}{x^2} = 0$.

Solução

Reduzindo as frações do lado esquerdo ao mesmo denominador, temos:

$$\frac{x^2}{x^2} - \frac{x}{x^2} - \frac{2}{x^2} = 0$$

e, portanto,

$$\frac{x^2 - x - 2}{x^2} = 0$$

Fatorando o polinômio do numerador, obtemos:

$$\frac{(x + 1)(x - 2)}{x^2} = 0$$

Como uma fração é zero apenas se o numerador é zero e o denominador é *diferente* de zero, $x = -1$ e $x = 2$ são as soluções pedidas.

Completando o Quadrado

Uma equação da forma

$$ax^2 + bx + c = 0 \qquad \text{em que } a \neq 0$$

é chamada de **equação do segundo grau**. Uma equação do segundo grau pode ter no máximo duas soluções reais. Como vimos, uma das maneiras de obter as soluções é fatorar a equação. Outra é usar um processo algébrico conhecido como **completar o quadrado**, no qual a equação é escrita na forma

$$(x + r)^2 = s$$

em que r e s são números reais. Os passos do método são os seguintes:

1º passo. Dividimos por a (lembre-se de que $a \neq 0$) ambos os membros da equação dada

$$ax^2 + bx + c = 0$$

para obter

$$x^2 + \left(\frac{b}{a}\right)x + \left(\frac{c}{a}\right) = 0$$

Em seguida, subtraímos $\dfrac{c}{a}$ de ambos os membros:

$$x^2 + \left(\frac{b}{a}\right)x = -\frac{c}{a}$$

2º passo. Somamos o quadrado de $\frac{1}{2}\left(\frac{b}{a}\right)$ a ambos os membros:

$$x^2 + \left(\frac{b}{a}\right)x + \left(\frac{b}{2a}\right)^2 = -\frac{c}{a} + \left(\frac{b}{2a}\right)^2$$

3º passo. Note que o lado esquerdo da equação é equivalente a $\left(x + \frac{b}{2a}\right)^2$. Sendo assim, a equação pode ser escrita na seguinte forma:

$$\left(x + \frac{b}{2a}\right)^2 = -\frac{c}{a} + \left(\frac{b}{2a}\right)^2$$

EXEMPLO A.2.12 Solução de uma Equação Completando o Quadrado

Resolva a equação do segundo grau $x^2 + 5x + 4 = 0$ completando o quadrado.

Solução

$$x^2 + 5x + 4 = 0 \quad \text{subtraindo 4 de ambos os membros}$$
$$x^2 + 5x = -4 \quad \text{somando } (5/2)^2 \text{ a ambos os membros}$$
$$x^2 + 5x + \left(\frac{5}{2}\right)^2 = -4 + \left(\frac{5}{2}\right)^2 \quad x^2 + 5x + (5/2)^2 = (x + 5/2)^2$$
$$\left(x + \frac{5}{2}\right)^2 = \frac{9}{4}$$

o que nos dá

$$x + \frac{5}{2} = \sqrt{\frac{9}{4}} = \frac{3}{2} \quad \text{e} \quad x + \frac{5}{2} = -\sqrt{\frac{9}{4}} = -\frac{3}{2}$$

e as soluções são

$$x = \frac{3}{2} - \frac{5}{2} = -1 \quad \text{e} \quad x = -\frac{3}{2} - \frac{5}{2} = -4$$

EXEMPLO A.2.13 Solução de uma Equação Completando o Quadrado

Resolva a equação do segundo grau $3x^2 + 5x + 7 = 0$ completando o quadrado.

Solução

Temos:

$$3x^2 + 5x + 7 = 0 \quad \text{dividindo todos os termos por 3}$$
$$x^2 + \left(\frac{5}{3}\right)x + \left(\frac{7}{3}\right) = 0 \quad \text{subtraindo 7/3 de ambos os membros}$$
$$x^2 + \left(\frac{5}{3}\right)x = -\frac{7}{3} \quad \text{somando } (5/6)^2 \text{ a ambos os membros}$$
$$x^2 + \left(\frac{5}{3}\right)x + \left(\frac{5}{6}\right)^2 = -\frac{7}{3} + \left(\frac{5}{6}\right)^2$$
$$\left(x + \frac{5}{6}\right)^2 = -\frac{59}{36}$$

Como é impossível que o quadrado $\left(x + \frac{5}{6}\right)^2$ seja igual ao número negativo $-\frac{59}{36}$, concluímos que a equação não tem solução (real).

Fórmula de Bhaskara

Completando o quadrado na equação geral do segundo grau

$$ax^2 + bx + c = 0 \quad \text{(em que } a \neq 0\text{)}$$

podemos obter uma solução geral para equações do segundo grau conhecida como **fórmula de Bhaskara**.

> **Fórmula de Bhaskara** ■ As soluções da equação do segundo grau
> $$ax^2 + bx + c = 0 \quad \text{(em que } a \neq 0\text{)}$$
> são dadas pela expressão
> $$x = \frac{-b \pm \sqrt{b^2 - 4ac}}{2a}$$

O termo $b^2 - 4ac$ da fórmula de Bhaskara é chamado de **discriminante** da equação do segundo grau. Se o discriminante é positivo, a equação tem duas soluções reais, uma com o sinal $\pm$ da fórmula de Bhaskara substituído por $+$, e outra com o sinal $\pm$ substituído por $-$. Se o discriminante é nulo, a equação tem apenas uma solução real, já que a fórmula se reduz a $x = \frac{-b}{2a}$.

Se o discriminante é negativo, a equação não tem soluções reais, já que não existem raízes quadradas reais de números negativos.

O uso da fórmula de Bhaskara é ilustrado nos Exemplos A.2.14 a A.2.16.

EXEMPLO A.2.14 Uso da Fórmula de Bhaskara

Resolva a equação $x^2 + 3x + 1 = 0$.

Solução

Trata-se de uma equação do segundo grau com $a = 1$, $b = 3$ e $c = 1$. Usando a fórmula de Bhaskara, obtemos

$$x = \frac{-3 + \sqrt{5}}{2} \approx -0{,}38 \quad \text{e} \quad x = \frac{-3 - \sqrt{5}}{2} \approx -2{,}62$$

EXEMPLO A.2.15 Uso da Fórmula de Bhaskara

Resolva a equação $x^2 + 18x + 81 = 0$.

Solução

Trata-se de uma equação do segundo grau com $a = 1$, $b = 18$ e $c = 81$. Usando a fórmula de Bhaskara, descobrimos que o discriminante é zero e a única solução é

$$x = \frac{-18 \pm \sqrt{0}}{2} = -\frac{18}{2} = -9$$

EXEMPLO A.2.16 Uso da Fórmula de Bhaskara

Resolva a equação $x^2 + x + 1 = 0$.

Solução

Trata-se de uma equação do segundo grau com $a = 1$, $b = 1$ e $c = 1$. Usando a fórmula de Bhaskara, obtemos

$$x = \frac{-1 \pm \sqrt{-3}}{2}$$

Como o número -3 não possui uma raiz quadrada real, a equação não tem soluções reais.

Sistemas de Equações

Um conjunto de equações que devem ser resolvidas simultaneamente é chamado de **sistema de equações**. Alguns dos problemas de cálculo do Capítulo 7 envolvem a solução de sistemas de duas (ou mais) equações com duas (ou mais) incógnitas. Um exemplo típico é encontrar os números reais x e y que satisfazem o sistema

$$2x + 3y = 5$$
$$x + 2y = 4$$

O método para resolver um sistema de duas equações com duas incógnitas consiste em eliminar (temporariamente) uma das variáveis, reduzindo assim o problema a uma única equação com uma variável, que pode ser resolvida para obter o valor dessa variável. Depois de obtido o valor de uma das variáveis, basta substituí-lo em uma das equações originais e resolvê-la para obter o valor da outra variável.

As técnicas mais comuns de eliminação de variáveis são ilustradas nos Exemplos A.2.17 e A.2.18.

EXEMPLO A.2.17 Solução de um Sistema de Equações

Resolva o sistema

$$4x + 3y = 13$$
$$3x + 2y = 7$$

Solução

Para eliminar y, multiplicamos ambos os membros da primeira equação por 2 e ambos os membros da segunda equação por -3, fazendo com que o sistema se torne

$$8x + 6y = 26$$
$$-9x - 6y = -21$$

Em seguida, somamos as equações para obter

$$-x + 0 = 5 \quad \text{e} \quad x = -5$$

Para obter o valor de y, fazemos $x = -5$ em uma das equações originais. Escolhendo a segunda equação, obtemos:

$$3(-5) + 2y = 7 \quad 2y = 22 \quad \text{e} \quad y = 11$$

o que significa que a solução do sistema é $x = -5$ e $y = 11$.

Para verificar se a resposta está correta, fazemos $x = -5$ e $y = 11$ nas duas equações originais. No caso da primeira equação, obtemos:

$$4(-5) + 3(11) = -20 + 33 = 13$$

No caso da segunda equação, obtemos

$$3(-5) + 2(11) = -15 + 22 = 7$$

o que mostra que a solução está correta.

EXEMPLO A.2.18 Solução de um Sistema de Equações

Resolva o sistema

$$2y^2 - x^2 = 14$$
$$x - y = 1$$

Solução

Explicitando x na segunda equação, obtemos

$$x = y + 1$$

e podemos substituir esse valor na primeira equação para eliminar x. O resultado é o seguinte:

$$2y^2 - (y + 1)^2 = 14$$
$$2y^2 - (y^2 + 2y + 1) = 14$$
$$2y^2 - y^2 - 2y - 1 = 14$$
$$y^2 - 2y - 15 = 0$$

e

$$(y + 3)(y - 5) = 0$$

o que nos dá

$$y = -3 \quad \text{e} \quad y = 5$$

Se $y = -3$, a segunda equação nos dá

$$x - (-3) = 1 \quad \text{e} \quad x = -2$$

e se $y = 5$, a segunda equação nos dá

$$x - 5 = 1 \quad \text{e} \quad x = 6$$

Assim, o sistema tem duas soluções,

$$x = 6, y = 5 \quad \text{e} \quad x = -2, y = -3$$

Para verificar se as respostas estão corretas, substituímos os dois pares de valores x, y na primeira equação. Para $x = 6$ e $y = 5$, obtemos

$$2(5^2) - 6^2 = 50 - 36 = 14$$

e para $x = -2$ e $y = -3$, obtemos

$$2(-3)^2 - (-2)^2 = 18 - 4 = 14$$

o que mostra que as soluções estão corretas.

PROBLEMAS ■ A.2

Nos Problemas 1 a 10, calcule o produto indicado.

1. $3x(x - 9)$
2. $-2x^2(3 - 4x)$
3. $(x - 7)(x + 2)$
4. $(x + 1)(x + 5)$
5. $(3x - 7)(4 - 2x)$
6. $(-x - 3)(5 - 3x)$
7. $(x - 1)(x^2 + 2x - 3)$
8. $(3x^2 - 5x + 4)(x + 2)$
9. $(x^3 - 3x + 4)(x^2 - 3x + 2)$
10. $(2x^3 + x^2 - 5)(x^2 - x - 3)$

Nos Problemas 11 a 28, simplifique a expressão racional.

11. $\dfrac{x + 3}{x - 3} + \dfrac{x}{x + 3}$

12. $\dfrac{4}{x^2 + 5x + 6} + \dfrac{x - 2}{x + 3}$

13. $\dfrac{-5x - 6}{x^2 + 2x - 3} + \dfrac{x + 2}{x - 1}$

14. $\dfrac{x - 6}{x^2 + 3x - 10} - \dfrac{x + 3}{x - 5}$

15. $\dfrac{x-2}{2x^2 - 7x - 15} - \dfrac{1}{2x+3}$

16. $\left(\dfrac{x^3 - 8}{x}\right)\left(\dfrac{x^2 - 3x}{x - 2}\right)$

17. $\dfrac{4}{x+2} - \dfrac{3}{x-1} - \dfrac{2x}{x^2 + x - 2}$

18. $\dfrac{-2}{x-4} + \dfrac{1}{x+4} + \dfrac{1-2x}{x^2 - 16}$

19. $\dfrac{4}{x+3} - \dfrac{2}{x+4} - \dfrac{2x+3}{x^2 + 7x + 12}$

20. $\dfrac{7}{x-1} + \dfrac{5}{2x+3} - \dfrac{x+2}{2x^2 + x - 3}$

21. $\dfrac{1/x - 1/3}{1/x + 1/3}$

22. $\dfrac{1/x}{1 + (1/x)}$

23. $\dfrac{\dfrac{x-3}{x+3} - \dfrac{x+3}{x-3}}{\dfrac{x}{x-3} - \dfrac{x}{x+3}}$

24. $\dfrac{\dfrac{3x^2 + 5x - 8}{x^3 - 1}}{\dfrac{3x + 8}{x^2 + x + 1}}$

25. $1 - \dfrac{1}{1 + \dfrac{x}{2x-1}}$

26. $3 + \dfrac{5}{1 - \dfrac{x-1}{x+1}}$

27. $\dfrac{\dfrac{1}{x} - 2 + \dfrac{x}{x+1}}{\dfrac{3x-1}{x^2 + x}}$

28. $\dfrac{\dfrac{x}{x^2 - 9} - \dfrac{1}{x+3}}{\dfrac{3}{x-3}}$

Nos Problemas 29 a 58, fatore o polinômio usando coeficientes inteiros.

29. $x^2 + x - 2$
30. $x^2 + 3x - 10$
31. $x^2 - 7x + 12$
32. $x^2 + 8x + 12$
33. $x^2 - 2x + 1$
34. $x^2 + 6x + 9$
35. $16x^2 - 25$
36. $3x^2 - x - 14$
37. $x^3 - 1$
38. $x^3 - 27$
39. $x^7 - x^5$
40. $x^3 + 2x^2 + x$
41. $2x^3 - 8x^2 - 10x$
42. $x^4 + 5x^3 - 14x^2$
43. $x^2 + x - 12$
44. $x^2 - 9x + 14$
45. $2x^2 - x - 15$
46. $3x^2 - 22x + 35$
47. $x^2 - 7x - 18$
48. $x^2 + 8x + 15$
49. $28x^2 + 2x - 6$
50. $12x^2 - x - 20$
51. $x^3 + 2x^2 - 15x$
52. $25x^3 - 16x$
53. $x^3 + 27$
54. $25x^2 - 81$
55. $x^5 + x^2$
56. $x^4 - 9x^2$
57. $3(x+2)^3 - 5(x+2)^2$
58. $5(x-1)^4 + 3(x-1)^2$

Nos Problemas 59 a 74, resolva a equação dada pelo método de fatoração.

59. $x^2 - 2x - 8 = 0$
60. $x^2 - 4x + 3 = 0$
61. $x^2 + 10x + 25 = 0$
62. $x^2 + 8x + 16 = 0$
63. $x^2 - 16 = 0$
64. $x^2 - 25 = 0$
65. $2x^2 + 3x + 1 = 0$
66. $x^2 - 2x + 1 = 0$
67. $4x^2 + 12x + 9 = 0$
68. $6x^2 + 7x - 3 = 0$
69. $1 + \dfrac{4}{x} - \dfrac{5}{x^2} = 0$
70. $\dfrac{9}{x^2} - \dfrac{6}{x} + 1 = 0$
71. $2 + \dfrac{2}{x} - \dfrac{4}{x^2} = 0$
72. $\dfrac{3}{x^2} - \dfrac{5}{x} - 2 = 0$
73. $\dfrac{x}{x-2} - \dfrac{4}{x+3} - \dfrac{10}{x^2 + x - 6} = 0$
74. $\dfrac{x}{x+1} + \dfrac{3}{2x+3} - \dfrac{11x + 10}{2x^2 + 5x + 3} = 0$

Nos Problemas 75 a 82, resolva a equação do segundo grau dada completando o quadrado.

75. $x^2 + 2x - 3 = 0$
76. $2x^2 + 11x + 15 = 0$
77. $15x^2 - 14x + 3 = 0$
78. $21x^2 + 11x - 2 = 0$
79. $x^2 + 5x + 11 = 0$
80. $4x^2 + 3x + 1 = 0$
81. $6x^2 + 17x - 4 = 0$
82. $7x^2 + 12x - 5 = 0$

Nos Problemas 83 a 88, use a fórmula de Bhaskara para resolver a equação dada.

83. $2x^2 + 3x + 1 = 0$
84. $-x^2 + 3x - 1 = 0$
85. $x^2 - 2x + 3 = 0$
86. $x^2 - 2x + 1 = 0$
87. $4x^2 + 12x + 9 = 0$
88. $x^2 + 12 = 0$

Nos Problemas 89 a 94, resolva o sistema de equações dado.

89. $\begin{aligned} x + 5y &= 13 \\ 3x - 10y &= -11 \end{aligned}$

90. $\begin{aligned} 2x - 3y &= 4 \\ 3x - 5y &= 2 \end{aligned}$

91. $\begin{aligned} 5x - 4y &= 12 \\ 2x - 3y &= 2 \end{aligned}$

92. $\begin{aligned} 3x^2 - 9y &= 0 \\ 3y^2 - 9x &= 0 \end{aligned}$

93. $\begin{aligned} 2y^2 - x^2 &= 1 \\ x - 2y &= 3 \end{aligned}$

94. $\begin{aligned} 2x^2 - y^2 &= -7 \\ 2x + y &= 1 \end{aligned}$

SEÇÃO A.3 Determinação de Limites Usando a Regra de L'Hôpital

Regra de L'Hôpital: Indeterminações do Tipo $\dfrac{0}{0}$ e $\dfrac{\infty}{\infty}$

No traçado de curvas e outras aplicações do cálculo, é frequentemente necessário calcular limites da forma

$$\lim_{x \to c} \dfrac{f(x)}{g(x)}$$

em que c é um número finito ou ∞. Se $\lim_{x \to c} g(x) \neq 0$, a regra do quociente para limites pode ser usada, mas se $f(x)$ e $g(x)$ tendem a 0 quando x tende a c, praticamente qualquer coisa pode acontecer. Assim, por exemplo,

$$\lim_{x \to \infty} \frac{(1/x^3) - (1/x^2)}{1/x} \qquad \lim_{x \to 0} \frac{2x^3 + 3x^2}{x^5 + x^4} \qquad e \qquad \lim_{x \to 1} \frac{x-1}{x^3 - 1}$$

apresentam essa propriedade, mas o limite da esquerda é 0, o limite do centro é ∞ e o limite da direita é $\frac{1}{3}$.

Limites como esses são chamados de **indeterminações do tipo** $\frac{0}{0}$. Analogamente, limites de quocientes nos quais o numerador e o denominador aumentam indefinidamente quando $x \to c$ são chamados de **indeterminações do tipo** $\frac{\infty}{\infty}$.

Existe um método geral para analisar indeterminações, conhecido como **regra de L'Hôpital**. De acordo com a regra de L'Hôpital, se a tentativa de obter o limite de um quociente leva a uma indeterminação do tipo $\frac{0}{0}$ ou $\frac{\infty}{\infty}$, basta calcular as derivadas do numerador e denominador e repetir o processo. Segue uma descrição simbólica do método.

Regra de L'Hôpital

Se $\lim_{x \to c} f(x) = 0$ e $\lim_{x \to c} g(x) = 0$,

$$\lim_{x \to c} \frac{f(x)}{g(x)} = \lim_{x \to c} \frac{f'(x)}{g'(x)}$$

Se $\lim_{x \to c} f(x) = \infty$ e $\lim_{x \to c} g(x) = \infty$,

$$\lim_{x \to c} \frac{f(x)}{g(x)} = \lim_{x \to c} \frac{f'(x)}{g'(x)}$$

O uso da regra de L'Hôpital é ilustrado nos Exemplos A.3.1 a A.3.4. Ao aplicar a regra de L'Hôpital, o leitor deve prestar atenção nos seguintes pontos:

1. A regra de L'Hôpital envolve a derivação do numerador e do denominador *separadamente*. Um engano comum é derivar a expressão completa usando a regra do quociente.
2. A regra de L'Hôpital se aplica apenas a quocientes cujos limites são indeterminações do tipo $\frac{0}{0}$ ou $\frac{\infty}{\infty}$. Limites da forma $\frac{0}{\infty}$ e $\frac{\infty}{0}$ *não* são indeterminados: o primeiro é 0 e o segundo é ∞.

EXEMPLO A.3.1 Uso da Regra de L'Hôpital

Use a regra de L'Hôpital para calcular o limite

$$\lim_{x \to \infty} \frac{x}{(x+1)^2}$$

Solução

Como se trata de uma indeterminação do tipo $\frac{\infty}{\infty}$, podemos aplicar a regra de L'Hôpital. O resultado é o seguinte:

$$\lim_{x \to \infty} \frac{x}{(x+1)^2} = \lim_{x \to \infty} \frac{(x)'}{[(x+1)^2]'} = \lim_{x \to \infty} \frac{1}{2(x+1)} = 0$$

EXEMPLO A.3.2 Uso da Regra de L'Hôpital

Use a regra de L'Hôpital para calcular o limite

$$\lim_{x \to 1} \frac{x^5 - 3x^4 + 5x - 3}{4x^5 + 2x^3 - 5x^2 - 1}$$

Solução

Fazendo $x = 1$ no numerador e no denominador, vemos que se trata de uma indeterminação do tipo $\frac{0}{0}$. Poderíamos calcular esse limite usando o método de fatoração apresentado no Capítulo 1, mas é muito mais fácil usar a regra de L'Hôpital:

$$\lim_{x \to 1} \frac{x^5 - 3x^4 + 5x - 3}{4x^5 + 2x^3 - 5x^2 - 1} = \lim_{x \to 1} \frac{(x^5 - 3x^4 + 5x - 3)'}{(4x^5 + 2x^3 - 5x^2 - 1)'}$$

$$= \lim_{x \to 1} \frac{5x^4 - 12x^3 + 5}{20x^4 + 6x^2 - 10x} = -\frac{2}{16} = -\frac{1}{8}$$

EXEMPLO A.3.3 Uso Errôneo da Regra de L'Hôpital

Calcule $\lim\limits_{x \to 2} \frac{2x + 5}{x^2 + 3x - 10}$.

Solução

Se aplicássemos cegamente a regra de L'Hôpital, o resultado seria o seguinte:

$$\lim_{x \to 2} \frac{2x + 5}{x^2 + 3x - 10} = \lim_{x \to 2} \frac{2}{2x + 3} = \frac{2}{7}$$

Entretanto, se o leitor usar uma calculadora para determinar o valor do quociente dado para um número muito próximo de 2 (2,0001, digamos), verá que o resultado é um número muito maior que 2/7. Por quê? Na verdade, o resultado obtido aplicando a regra de L'Hôpital está errado, já que o limite proposto não é indeterminado. Fazendo $x = 2$, obtemos:

$$\lim_{x \to 2} \frac{2x + 5}{x^2 + 3x - 10} = \frac{9}{0}$$

o que mostra que o limite é infinito.

EXEMPLO A.3.4 Uso da Regra de L'Hôpital

Calcule $\lim\limits_{x \to \infty} \frac{3 - e^x}{x^2}$.

Solução

O limite é uma indeterminação do tipo $\frac{\infty}{\infty}$. Aplicando a regra de L'Hôpital, obtemos

$$\lim_{x \to \infty} \frac{3 - e^x}{x^2} = \lim_{x \to \infty} \frac{-e^x}{2x}$$

Como esse novo limite também é da forma $\frac{\infty}{\infty}$, aplicamos novamente a regra de L'Hôpital para obter

$$\lim_{x \to \infty} \frac{-e^x}{2x} = \lim_{x \to \infty} \frac{-e^x}{2} = -\infty$$

e concluímos que

$$\lim_{x \to \infty} \frac{3 - e^x}{x^2} = -\infty$$

Embora a regra de L'Hôpital se aplique apenas a indeterminações da forma $\frac{0}{0}$ e $\frac{\infty}{\infty}$, limites que envolvem outras formas de indeterminação podem ser calculados combinando a regra de L'Hôpital com transformações algébricas, como ilustram os Exemplos A.3.5 e A.3.6.

EXEMPLO A.3.5 Aplicação da Regra de L'Hôpital a uma Indeterminação da Forma $0 \cdot \infty$

Calcule $\lim_{x \to \infty} e^{-x} \ln x$.

Solução

Esse limite é uma indeterminação da forma $0 \cdot \infty$, mas pode ser escrito como

$$\lim_{x \to \infty} \frac{e^{-x}}{1/\ln x} \quad \left(\text{da forma } \frac{0}{0}\right)$$

ou como

$$\lim_{x \to \infty} \frac{\ln x}{e^x} \quad \left(\text{da forma } \frac{\infty}{\infty}\right)$$

Aplicando a regra de L'Hôpital à segunda fração, que é mais simples, obtemos

$$\lim_{x \to \infty} e^{-x} \ln x = \lim_{x \to \infty} \frac{\ln x}{e^x} = \lim_{x \to \infty} \frac{1/x}{e^x} = 0$$

Como ilustração final dessa técnica, vamos calcular o limite que foi usado na Seção 4.1 para definir o número e.

EXEMPLO A.3.6 Aplicação da Regra de L'Hôpital a uma Indeterminação da Forma 1^∞

Calcule $\lim_{x \to \infty} \left(1 + \frac{1}{x}\right)^x$.

Solução

Esse limite é uma indeterminação da forma 1^∞. Para simplificar o problema, vamos fazer

$$y = \left(1 + \frac{1}{x}\right)^x$$

Nesse caso, $\ln y = x \ln\left(1 + \dfrac{1}{x}\right)$

$$\lim_{x \to \infty} \ln y = \lim_{x \to \infty} x \ln\left(1 + \dfrac{1}{x}\right) \quad (\infty \cdot 0)$$

$$\lim_{x \to \infty} \ln y = \lim_{x \to \infty} \dfrac{\ln(1 + 1/x)}{1/x} \quad \left(\dfrac{0}{0}\right) \qquad \text{regra de L'Hôpital}$$

$$= \lim_{x \to \infty} \dfrac{\dfrac{d}{dx}[\ln(1 + 1/x)]}{\dfrac{d}{dx}[1/x]} = \lim_{x \to \infty} \dfrac{\dfrac{(-1/x^2)}{(1 + 1/x)}}{-1/x^2} \qquad \text{simplificando}$$

$$= \lim_{x \to \infty} \dfrac{1}{1 + 1/x}$$

$$= 1$$

Se $\ln y \to 1$, $y \to e^1 = e$. Assim,

$$\lim_{x \to \infty}\left(1 + \dfrac{1}{x}\right)^x = e$$

PROBLEMAS ■ A.3

Nos Problemas 1 a 16, use a regra de L'Hôpital para calcular o limite dado se o limite for indeterminado.

1. $\displaystyle\lim_{x \to 0} \dfrac{x^3 - 3x^2}{3x^4 + 2x}$

2. $\displaystyle\lim_{x \to 0} \dfrac{x^2(x - 1)}{3x^3 + 2x - 5}$

3. $\displaystyle\lim_{x \to \infty} \dfrac{x^2 - 2x + 3}{2x^2 + 5x + 1}$

4. $\displaystyle\lim_{x \to \infty} \dfrac{x^2 + x - 5}{1 - 2x - x^3}$

5. $\displaystyle\lim_{x \to \infty} \dfrac{(1/x) - (2/x^2)}{(1/x^3) + (2/x^2) - (3/x)}$

6. $\displaystyle\lim_{x \to 3} \dfrac{x^2 + 2x - 15}{x^3 - 19x + 3}$

7. $\displaystyle\lim_{x \to -1} \dfrac{x^3 + 3x^2 + 3x + 1}{2x^3 + 3x^2 - 1}$
[*Sugestão*: Use duas vezes a regra de L'Hôpital.]

8. $\displaystyle\lim_{x \to 1/2} \dfrac{-8x^3 + 2x^2 + 3x - 1}{(2x - 1)^3}$

9. $\displaystyle\lim_{x \to \infty} \dfrac{e^{-x}}{1 + e^{-2x}}$

10. $\displaystyle\lim_{x \to \infty} x^2 e^{-x}$

11. $\displaystyle\lim_{t \to 0} \dfrac{\sqrt{t}}{e^t}$

12. $\displaystyle\lim_{t \to \infty} \dfrac{\ln \sqrt{t}}{t}$

13. $\displaystyle\lim_{x \to \infty} \dfrac{(\ln x)^2}{x}$

14. $\displaystyle\lim_{x \to \infty} x^{1/x}$

15. $\displaystyle\lim_{x \to 0} (1 + 2x)^{1/x}$

16. $\displaystyle\lim_{x \to \infty}\left(1 + \dfrac{1}{x}\right)^{x^2}$

SEÇÃO A.4 Notação de Somatório

Somas da forma $a_1 + a_2 + \cdots + a_n$ aparecem na matemática com tanta frequência que foi criada uma notação especial para descrevê-las. Para descrever somas desse tipo, basta especificar o termo geral a_j e indicar que n termos da mesma forma devem ser somados, começando com o termo para o qual $j = 1$ e terminando com o termo para o qual $j = n$. É costume usar a letra grega Σ (sigma maiúsculo) para representar esse tipo de soma, conhecido como **somatório**.

> **Notação de Somatório** ■ O somatório dos números $a_1, \ldots, a_n$ é dado por
>
> $$a_1 + a_2 + \cdots + a_n = \sum_{j=1}^{n} a_j$$

O uso da notação de somatório é ilustrado nos Exemplos A.4.1 e A.4.2.

EXEMPLO A.4.1 Cálculo do Valor de um Somatório

Calcule o valor dos seguintes somatórios:

a. $\sum_{j=1}^{4}(j^2 + 1)$

b. $\sum_{j=1}^{3}(-2)^j$

Solução

a. $\sum_{j=1}^{4}(j^2 + 1) = (1^2 + 1) + (2^2 + 1) + (3^2 + 1) + (4^2 + 1)$
$= 2 + 5 + 10 + 17 = 34$

b. $\sum_{j=1}^{3}(-2)^j = (-2)^1 + (-2)^2 + (-2)^3 = -2 + 4 - 8 = -6$

EXEMPLO A.4.2 Uso na Notação de Somatório

Use a notação de somatório para representar as somas a seguir.

a. $1 + 4 + 9 + 16 + 25 + 36 + 49 + 64$

b. $(1 - x_1)^2\Delta x + (1 - x_2)^2\Delta x + \cdots + (1 - x_{15})^2\Delta x$

Solução

a. Essa é uma soma de 8 termos da forma j^2, começando com $j = 1$ e terminando com $j = 8$. Assim,

$$1 + 4 + 9 + 16 + 25 + 36 + 49 + 64 = \sum_{j=1}^{8} j^2$$

b. O j-ésimo termo dessa soma é $(1 - x_j)^2\Delta x$. Assim,

$$(1 - x_1)^2\Delta x + (1 - x_2)^2\Delta x + \cdots + (1 - x_{15})^2\Delta x = \sum_{j=1}^{15}(1 - x_j)^2\Delta x$$

PROBLEMAS ■ A.4

Nos Problemas 1 a 4, calcule o valor do somatório.

1. $\sum_{j=1}^{4}(3j + 1)$

2. $\sum_{j=1}^{5} j^2$

3. $\sum_{j=1}^{10}(-1)^j$

4. $\sum_{j=1}^{5} 2^j$

Nos Problemas 5 a 10, use a notação de somatório para representar a soma dada.

5. $1 + \dfrac{1}{2} + \dfrac{1}{3} + \dfrac{1}{4} + \dfrac{1}{5} + \dfrac{1}{6}$

6. $3 + 6 + 9 + 12 + 15 + 18 + 21 + 24 + 27 + 30$

7. $2x_1 + 2x_2 + 2x_3 + 2x_4 + 2x_5 + 2x_6$

8. $1 - 1 + 1 - 1 + 1 - 1$

9. $1 - 2 + 3 - 4 + 5 - 6 + 7 - 8$

10. $x - x^2 + x^3 - x^4 + x^5$

APÊNDICE A

Termos, Símbolos e Fórmulas Importantes

Número inteiro (Seção A.1)
Número racional (Seção A.1)
Número irracional (Seção A.1)
Número real (Seção A.1)
Reta de números reais (Seção A.1)
Desigualdade (Seção A.1)
Intervalo (Seção A.1)
Valor absoluto: (Seção A.1)

$$|x| = \begin{cases} x & \text{para } x \geq 0 \\ -x & \text{para } x < 0 \end{cases}$$

Distância em uma reta de números reais (Seção A.1)
Notação exponencial: (Seção A.1)

$$a^n = \underbrace{a \cdot a \cdots a}_{n \text{ termos}}$$

$a^{-n} = \dfrac{1}{a^n}$ (potência negativa) (Seção A.1)

$a^{n/m} = \left(\sqrt[m]{a}\right)^n = \sqrt[m]{a^n}$ (potência fracionária) (Seção A.1)

Leis dos expoentes: (Seção A.1)

$$a^r a^s = a^{r+s} \text{ (lei do produto)}$$

$$\dfrac{a^r}{a^s} = a^{r-s} \text{ (lei do quociente)}$$

$$(a^r)^s = a^{rs} \text{ (lei da potência)}$$

Racionalização (Seção A.1)
Polinômios:
    Coeficientes de um polinômio (Seção A.2)
    Grau de um polinômio (Seção A.2)
Fatoração (Seção A.2)
Leis de números usadas para fatoração:
    Lei distributiva $ab + ac = a(b + c)$ (Seção A.2)
    Diferença de dois quadrados (Seção A.2)

$$a^2 - b^2 = (a + b)(a - b)$$

Expressões racionais (Seção A.2)

Propriedades das frações (Seção A.2)

$$\dfrac{a}{b} + \dfrac{c}{d} = \dfrac{ad + bc}{bd}$$

$$\left(\dfrac{a}{b}\right)\left(\dfrac{c}{d}\right) = \dfrac{ac}{bd}$$

$$\dfrac{a/b}{c/d} = \dfrac{ad}{bc}$$

Solução de equações por fatoração (Seção A.2)
Completando o quadrado (Seção A.2)
Fórmula de Bhaskara: (Seção A.2)
    As soluções da equação $ax^2 + bx + c = 0$ para $a \neq 0$ são

$$x = \dfrac{-b \pm \sqrt{b^2 - 4ac}}{2a}$$

O discriminante da equação do segundo grau

$$ax^2 + bx + c = 0 \text{ é } b^2 - 4ac \quad \text{(Seção A.2)}$$

Sistemas de equações (Seção A.2)
Solução de sistemas de equações por eliminação (Seção A.2)
Regra de L'Hôpital: (Seção A.3)

$\left(\text{tipo } \dfrac{0}{0}\right)$ Se $\lim_{x \to c} f(x) = 0$ e $\lim_{x \to c} g(x) = 0$,

$$\lim_{x \to c} \dfrac{f(x)}{g(x)} = \lim_{x \to c} \dfrac{f'(x)}{g'(x)}$$

$\left(\text{tipo } \dfrac{\infty}{\infty}\right)$ Se $\lim_{x \to c} f(x) = \infty$ e $\lim_{x \to c} g(x) = \infty$,

$$\lim_{x \to c} \dfrac{f(x)}{g(x)} = \lim_{x \to c} \dfrac{f'(x)}{g'(x)}$$

Notação de somatório: (Seção A.4)

$$\sum_{j=1}^{n} a_j = a_1 + a_2 + \cdots + a_n$$

Problemas de Revisão

Nos Problemas 1 e 2, use desigualdades para descrever o intervalo.

1.

Nos Problemas 3 a 6, represente o intervalo como um segmento da reta de números reais.

3. $-3 \leq x < 2$
4. $-1 < x < 5$
5. $x \geq 1$
6. $2 \leq x < 7$

Nos Problemas 7 e 8, determine a distância na reta de números reais entre o par de números reais.

7. 0 e 3
8. -5 e -2

2.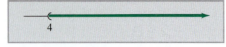

Nos Problemas 9 e 10, determine o(s) intervalo(s) formado(s) pelos números reais x que satisfazem a desigualdade.

9. $|x - 3| \leq 1$
10. $|2x + 1| > 3$

Nos Problemas 11 a 20, determine o valor da expressão sem usar uma calculadora.

11. 3^5
12. 4^{-2}
13. $8^{2/3}$
14. $49^{-3/2}$
15. $\dfrac{4(32)^{3/4}}{(\sqrt{2})^3}$
16. $\left(\dfrac{1}{9}\right)^{-5/2}$
17. $16^{3/2} + 27^{2/3}$
18. $\dfrac{2^{3/2}(4^{5/2})}{8^{2/3}}$
19. $\dfrac{\sqrt[3]{54}\,\sqrt[6]{2}}{\sqrt{8}}$
20. $\dfrac{\sqrt[3]{81}(6^{2/3})}{2^{4/3}}$

Nos Problemas 21 a 24, resolva a equação para determinar o valor de n (suponha que a > 0 e a ≠ 1).

21. $a^{2/3}a^{1/2} = a^{3n}$
22. $\dfrac{a^3}{(\sqrt{a})^5} = a^{2n}$
23. $a^2 a^{-5} = (a^n)^3$
24. $a^{2n} a^3 = a^{-7}$

Nos Problemas 25 a 28, calcule o valor do somatório.

25. $\sum_{k=1}^{3}(2k + 3)$
26. $\sum_{k=1}^{4}(k + 1)^2$
27. $\sum_{k=1}^{5}(2k^2 - k)$
28. $\sum_{k=1}^{4}\left[\dfrac{k-1}{k+3}\right]^2$

Nos Problemas 29 e 30, expresse a soma na forma de um somatório.

29. $1 + \dfrac{1}{2} - \dfrac{1}{3} + \dfrac{1}{4} - \dfrac{1}{5} + \dfrac{1}{6} - \dfrac{1}{7}$
30. $3 + 12 + 27 + 48 + 75$

Nos Problemas 31 a 34, fatore a expressão.

31. $x^4 - 9x^2$
32. $x^3 + 3(x - 12)$
33. $x^{16} - (2x)^4$
34. $2(x - 3)^2(x + 1) - 5(x - 3)^3(2x)$

Nos Problemas 35 e 36, simplifique o quociente o máximo que for possível.

35. $\dfrac{x^2(x-1)^3 - 2x(x-1)^2}{x^2 - x - 2}$
36. $\dfrac{x(x+2)^4 - x^3(x+2)^2}{x^2 + 3x + 2}$

Nos Problemas 37 a 42, fatore o polinômio usando coeficientes inteiros.

37. $x^2 + 2x - 15$
38. $2x^2 + 5x - 3$
39. $4x^2 + 12x + 9$
40. $12x^2 + 5x - 3$
41. $x^3 + 3x^2 - x - 3$
42. $x^4 - 5x^2 + 4$

Nos Problemas 43 a 48, resolva a equação por fatoração.

43. $x^2 + 3x - 4 = 0$
44. $2x^2 - 3x - 2 = 0$
45. $x^2 + 14x + 49 = 0$
46. $x^2 - 64 = 0$
47. $1 - \dfrac{1}{x} - \dfrac{2}{x^2} = 0$
48. $4 + \dfrac{9}{x^2} = \dfrac{12}{x}$

Nos Problemas 49 a 54, use a fórmula de Bhaskara para determinar os números reais x que satisfazem a equação dada.

49. $14x^2 - x - 3 = 0$
50. $24x^2 + x - 10 = 0$
51. $x^2 - 3x + 5 = 0$
52. $7x^2 + 3x - 2 = 0$
53. $3x^2 + 5x - 2 = 0$
54. $2x^2 + 12x + 11 = 0$

Nos Problemas 55 a 58, resolva o sistema de equações.

55. $3x + 5y = -1$
    $2x + 7y = 3$
56. $2x + y = 7$
    $-x + 4y = 1$
57. $3x^2 - y^2 = -1$
    $2x + y = 4$
58. $5x^2 - 2y^2 = 2$
    $5x - 2y = 4$

Nos Problemas 59 a 64, use a regra de L'Hôpital para calcular o limite se o limite for indeterminado.

59. $\lim\limits_{x \to 1} \dfrac{x^2 - 1}{2x^3 + x - 3}$

60. $\lim\limits_{x \to -2} \dfrac{x^3 + 8}{3x^3 - 7x + 10}$

61. $\lim\limits_{x \to \infty} \dfrac{e^{-2x}}{3 + 2e^{-2x}}$

62. $\lim\limits_{x \to \infty} \sqrt{x}\, e^{-x}$

63. $\lim\limits_{x \to \infty} x(e^{1/x} - 1)$

64. $\lim\limits_{x \to \infty} \left(1 - \dfrac{3}{x}\right)^{2x}$

PARA PENSAR

ESPAÇO VITAL

Para viver confortavelmente, estima-se que uma pessoa precise de aproximadamente 60 m² para moradia, 40 m² para trabalhar, 50 m² para edifícios públicos e lazer, 90 m² para transporte (estradas, por exemplo) e 4.000 m² para produção de alimentos.

Questões

1. A Suíça tem aproximadamente 11.000 km² de espaço útil (terras habitáveis e aráveis). Quantas pessoas podem viver confortavelmente na Suíça? Verifique qual é a população atual da Suíça. Com base nesses números, a Suíça está superpovoada ou a população do país pode aumentar sem problemas?
2. Verifique qual é a população atual da Índia. De quanto espaço útil a Índia teria que dispor para acomodar confortavelmente a população? Verifique qual é a área total da Índia. Ainda que toda a área da Índia pudesse ser aproveitada, haveria espaço suficiente para que a população vivesse confortavelmente?
3. O leitor provavelmente ouviu falar que a Índia está enfrentando um problema de superpopulação. Escolha outro país em que o problema não seja tão óbvio (Bolívia? Zimbábue? San Marino?) e verifique se a população pode viver confortavelmente no país escolhido.

Fonte: Adaptado de um problema do livro de E. Batschelet *Introduction to Mathematics for Life Scientists*, 2nd ed. New York: Springer-Verlag, 1979, p. 31. O leitor talvez se interesse em examinar os problemas de cálculo aplicado à biologia que aparecem nas páginas 31 a 33 do livro de Batschelet.

TABELAS

TABELA I Potências de e

x	e^x	e^{-x}	x	e^x	e^{-x}	x	e^x	e^{-x}
0,00	1,0000	1,00000	0,50	1,6487	0,60653	1,00	2,7183	0,36788
0,01	1,0101	0,99005	0,51	1,6653	0,60050	1,10	3,0042	0,33287
0,02	1,0202	0,98020	0,52	1,6820	0,59452	1,20	3,3201	0,30119
0,03	1,0305	0,97045	0,53	1,6989	0,58860	1,30	3,6693	0,27253
0,04	1,0408	0,96079	0,54	1,7160	0,58275	1,40	4,0552	0,24660
0,05	1,0513	0,95123	0,55	1,7333	0,57695	1,50	4,4817	0,22313
0,06	1,0618	0,94176	0,56	1,7507	0,57121	1,60	4,9530	0,20190
0,07	1,0725	0,93239	0,57	1,7683	0,56553	1,70	5,4739	0,18268
0,08	1,0833	0,92312	0,58	1,7860	0,55990	1,80	6,0496	0,16530
0,09	1,0942	0,91393	0,59	1,8040	0,55433	1,90	6,6859	0,14957
0,10	1,1052	0,90484	0,60	1,8221	0,54881	2,00	7,3891	0,13534
0,11	1,1163	0,89583	0,61	1,8404	0,54335	3,00	20,086	0,04979
0,12	1,1275	0,88692	0,62	1,8589	0,53794	4,00	54,598	0,01832
0,13	1,1388	0,87809	0,63	1,8776	0,53259	5,00	148,41	0,00674
0,14	1,1503	0,86936	0,64	1,8965	0,52729	6,00	403,43	0,00248
0,15	1,1618	0,86071	0,65	1,9155	0,52205	7,00	1096,6	0,00091
0,16	1,1735	0,85214	0,66	1,9348	0,51685	8,00	2981,0	0,00034
0,17	1,1853	0,84366	0,67	1,9542	0,51171	9,00	8103,1	0,00012
0,18	1,1972	0,83527	0,68	1,9739	0,50662	10,00	22026,5	0,00005
0,19	1,2092	0,82696	0,69	1,9937	0,50158			
0,20	1,2214	0,81873	0,70	2,0138	0,49659			
0,21	1,2337	0,81058	0,71	2,0340	0,49164			
0,22	1,2461	0,80252	0,72	2,0544	0,48675			
0,23	1,2586	0,79453	0,73	2,0751	0,48191			
0,24	1,2712	0,78663	0,74	2,0959	0,47711			
0,25	1,2840	0,77880	0,75	2,1170	0,47237			
0,26	1,2969	0,77105	0,76	2,1383	0,46767			
0,27	1,3100	0,76338	0,77	2,1598	0,46301			
0,28	1,3231	0,75578	0,78	2,1815	0,45841			
0,29	1,3364	0,74826	0,79	2,2034	0,45384			
0,30	1,3499	0,74082	0,80	2,2255	0,44933			
0,31	1,3634	0,73345	0,81	2,2479	0,44486			
0,32	1,3771	0,72615	0,82	2,2705	0,44043			
0,33	1,3910	0,71892	0,83	2,2933	0,43605			
0,34	1,4049	0,71177	0,84	2,3164	0,43171			
0,35	1,4191	0,70469	0,85	2,3396	0,42741			
0,36	1,4333	0,69768	0,86	2,3632	0,42316			
0,37	1,4477	0,69073	0,87	2,3869	0,41895			
0,38	1,4623	0,68386	0,88	2,4109	0,41478			
0,39	1,4770	0,67706	0,89	2,4351	0,41066			
0,40	1,4918	0,67032	0,90	2,4596	0,40657			
0,41	1,5068	0,66365	0,91	2,4843	0,40252			
0,42	1,5220	0,65705	0,92	2,5093	0,39852			
0,43	1,5373	0,65051	0,93	2,5345	0,39455			
0,44	1,5527	0,64404	0,94	2,5600	0,39063			
0,45	1,5683	0,63763	0,95	2,5857	0,38674			
0,46	1,5841	0,63128	0,96	2,6117	0,38289			
0,47	1,6000	0,62500	0,97	2,6379	0,37908			
0,48	1,6161	0,61878	0,98	2,6645	0,37531			
0,49	1,6323	0,61263	0,99	2,6912	0,37158			

Extraída de R. S. Burington, *Handbook of Mathematical Tables and Formulas*, 5th ed. Copyright © 1973 by McGraw-Hill, Inc. Usada com permissão de McGraw-Hill Book Company.

TABELA II Logaritmos Naturais (Base e)

x	ln x	x	ln x	x	ln x	x	ln x
0,01	−4,60517	0,50	−0,69315	1,00	0,00000	1,5	0,40547
0,02	−3,91202	0,51	0,67334	1,01	0,00995	1,6	7000
0,03	0,50656	0,52	0,65393	1,02	0,01980	1,7	0,53063
0,04	0,21888	0,53	0,63488	1,03	0,02956	1,8	8779
		0,54	0,61619	1,04	0,03922	1,9	0,64185
0,05	−2,99573	0,55	0,59784	1,05	0,04879	2,0	9315
0,06	0,81341	0,56	0,57982	1,06	0,05827	2,1	0,74194
0,07	0,65926	0,57	0,56212	1,07	0,06766	2,2	8846
0,08	0,52573	0,58	0,54473	1,08	0,07696	2,3	0,83291
0,09	0,40795	0,59	0,52763	1,09	0,08618	2,4	7547
0,10	−2,30259	0,60	−0,51083	1,10	0,09531	2,5	0,91629
0,11	0,20727	0,61	0,49430	1,11	0,10436	2,6	5551
0,12	0,12026	0,62	0,47804	1,12	0,11333	2,7	9325
0,13	0,04022	0,63	0,46204	1,13	0,12222	2,8	1,02962
0,14	−1,96611	0,64	0,44629	1,14	0,13103	2,9	6471
0,15	0,89712	0,65	0,43078	1,15	0,13976	3,0	9861
0,16	0,83258	0,66	0,41552	1,16	0,14842	4,0	1,38629
0,17	0,77196	0,67	0,40048	1,17	0,15700	5,0	1,60944
0,18	0,71480	0,68	0,38566	1,18	0,16551	10,0	2,30258
0,19	0,66073	0,69	0,37106	1,19	0,17395		
0,20	−1,60944	0,70	−0,35667	1,20	0,18232		
0,21	0,56065	0,71	0,34249	1,21	0,19062		
0,22	0,51413	0,72	0,32850	1,22	0,19885		
0,23	0,46968	0,73	0,31471	1,23	0,20701		
0,24	0,42712	0,74	0,30111	1,24	0,21511		
0,25	0,38629	0,75	0,28768	1,25	0,22314		
0,26	0,34707	0,76	0,27444	1,26	0,23111		
0,27	0,30933	0,77	0,26136	1,27	0,23902		
0,28	0,27297	0,78	0,24846	1,28	0,24686		
0,29	0,23787	0,79	0,23572	1,29	0,25464		
0,30	−1,20397	0,80	−0,22314	1,30	0,26236		
0,31	0,17118	0,81	0,21072	1,31	0,27003		
0,32	0,13943	0,82	0,19845	1,32	0,27763		
0,33	0,10866	0,83	0,18633	1,33	0,28518		
0,34	0,07881	0,84	0,17435	1,34	0,29267		
0,35	−1,04982	0,85	−0,16252	1,35	0,30010		
0,36	0,02165	0,86	0,15032	1,36	0,30748		
0,37	−0,99425	0,87	0,13926	1,37	0,31481		
0,38	0,96758	0,88	0,12783	1,38	0,32208		
0,39	0,94161	0,89	0,11653	1,39	0,32930		
0,40	−0,91629	0,90	−0,10536	1,40	0,33647		
0,41	0,89160	0,91	0,09431	1,41	0,34359		
0,42	0,86750	0,92	0,08338	1,42	0,35066		
0,43	0,84397	0,93	0,07257	1,43	0,35767		
0,44	0,82098	0,94	0,06188	1,44	0,36464		
0,45	0,79851	0,95	0,05129	1,45	0,37156		
0,46	0,77653	0,96	0,04082	1,46	0,37844		
0,47	0,75502	0,97	0,03046	1,47	0,38526		
0,48	0,73397	0,98	0,02020	1,48	0,39204		
0,49	0,71335	0,99	0,01005	1,49	0,39878		

Extraída de S. K. Stein, *Calculus and Analytic Geometry*. Copyright © 1973 by McGraw-Hill, Inc. Usada com permissão de McGraw-Hill Book Company.

TABELA III Funções Trigonométricas

Graus	Radianos	Sen	Cos	Tan	Graus	Radianos	Sen	Cos	Tan
0	0,0000	0,0000	1,000	0,0000	45	0,7854	0,7071	0,7071	1,000
1	0,01745	0,01745	0,9998	0,01746	46	0,8028	0,7193	0,6947	1,036
2	0,03491	0,03490	0,9994	0,03492	47	0,8203	0,7314	0,6820	1,072
3	0,05236	0,05234	0,9986	0,05241	48	0,8378	0,7431	0,6691	1,111
4	0,06981	0,06976	0,9976	0,06993	49	0,8552	0,7547	0,6561	1,150
5	0,08727	0,08716	0,9962	0,08749	50	0,8727	0,7660	0,6428	1,192
6	0,1047	0,1045	0,9945	0,1051	51	0,8901	0,7772	0,6293	1,235
7	0,1222	0,1219	0,9926	0,1228	52	0,9076	0,7880	0,6157	1,280
8	0,1396	0,1392	0,9903	0,1405	53	0,9250	0,7986	0,6018	1,327
9	0,1571	0,1564	0,9877	0,1584	54	0,9425	0,8090	0,5878	1,376
10	0,1745	0,1736	0,9848	0,1763	55	0,9599	0,8192	0,5736	1,428
11	0,1920	0,1908	0,9816	0,1944	56	0,9774	0,8290	0,5592	1,483
12	0,2094	0,2079	0,9782	0,2126	57	0,9948	0,8387	0,5446	1,540
13	0,2269	0,2250	0,9744	0,2309	58	1,012	0,8480	0,5299	1,600
14	0,2444	0,2419	0,9703	0,2493	59	1,030	0,8572	0,5150	1,664
15	0,2618	0,2588	0,9659	0,2680	60	1,047	0,8660	0,5000	1,732
16	0,2792	0,2756	0,9613	0,2868	61	1,065	0,8746	0,4848	1,804
17	0,2967	0,2924	0,9563	0,3057	62	1,082	0,8830	0,4695	1,881
18	0,3142	0,3090	0,9511	0,3249	63	1,100	0,8910	0,4540	1,963
19	0,3316	0,3256	0,9455	0,3443	64	1,117	0,8988	0,4384	2,050
20	0,3491	0,3420	0,9397	0,3640	65	1,134	0,9063	0,4226	2,144
21	0,3665	0,3584	0,9336	0,3839	66	1,152	0,9136	0,4067	2,246
22	0,3840	0,3746	0,9272	0,4040	67	1,169	0,9205	0,3907	2,356
23	0,4014	0,3907	0,9205	0,4245	68	1,187	0,9272	0,3746	2,475
24	0,4189	0,4067	0,9136	0,4452	69	1,204	0,9336	0,3584	2,605
25	0,4363	0,4226	0,9063	0,4663	70	1,222	0,9397	0,3420	2,748
26	0,4538	0,4384	0,8988	0,4877	71	1,239	0,9455	0,3256	2,904
27	0,4712	0,4540	0,8910	0,5095	72	1,257	0,9511	0,3090	3,078
28	0,4887	0,4695	0,8830	0,5317	73	1,274	0,9563	0,2924	3,271
29	0,5062	0,4848	0,8746	0,5543	74	1,292	0,9613	0,2756	3,487
30	0,5236	0,5000	0,8660	0,5774	75	1,309	0,9659	0,2588	3,732
31	0,5410	0,5150	0,8572	0,6009	76	1,326	0,9703	0,2419	4,011
32	0,5585	0,5299	0,8480	0,6249	77	1,344	0,9744	0,2250	4,332
33	0,5760	0,5446	0,8387	0,6494	78	1,361	0,9782	0,2079	4,705
34	0,5934	0,5592	0,8290	0,6745	79	1,379	0,9816	0,1908	5,145
35	0,6109	0,5736	0,8192	0,7002	80	1,396	0,9848	0,1736	5,671
36	0,6283	0,5878	0,8090	0,7265	81	1,414	0,9877	0,1564	6,314
37	0,6458	0,6018	0,7986	0,7536	82	1,431	0,9903	0,1392	7,115
38	0,6632	0,6157	0,7880	0,7813	83	1,449	0,9926	0,1219	8,144
39	0,6807	0,6293	0,7772	0,8098	84	1,466	0,9945	0,1045	9,514
40	0,6981	0,6428	0,7660	0,8391	85	1,484	0,9962	0,08716	11,43
41	0,7156	0,6561	0,7547	0,8693	86	1,501	0,9976	0,06976	14,30
42	0,7330	0,6691	0,7431	0,9004	87	1,518	0,9986	0,05234	19,08
43	0,7505	0,6820	0,7314	0,9325	88	1,536	0,9994	0,03490	28,64
44	0,7679	0,6947	0,7193	0,9657	89	1,553	0,9998	0,01745	57,29
45	0,7854	0,7071	0,7071	1,000	90	1,571	1,000	0,0000	—

Respostas dos Problemas Ímpares, dos Problemas de Verificação e dos Problemas de Revisão Ímpares

CAPÍTULO 1   Seção 1

1. $f(0) = 5; f(-1) = 2; f(2) = 11$
3. $f(0) = -2; f(-2) = 0; f(1) = 6$
5. $g(-1) = -2; g(1) = 2; g(2) = \frac{5}{2}$
7. $h(2) = 2\sqrt{3}; h(0) = 2; h(-4) = 2\sqrt{3}$
9. $f(1) = 1; f(5) = \frac{1}{27}; f(13) = \frac{1}{125}$
11. $f(1) = 0; f(2) = 2; f(3) = 2$
13. $h(3) = 10; h(1) = 2; h(0) = 4; h(-3) = 10$
15. Sim
17. Não, $f(t)$ não é definida para $t > 1$
19. Todos os números reais x, exceto $x = -2$
21. Todos os números reais x para os quais $x \geq -3$
23. Todos os números reais t para os quais $-3 < t < 3$
25. $f(g(x)) = 3x^2 + 14x + 10$
27. $f(g(x)) = x^3 + 2x^2 + 4x + 2$
29. $f(g(x)) = \dfrac{1}{(x-1)^2}$
31. $f(g(x)) = |x|$
33. $\dfrac{f(x+h) - f(x)}{h} = -5$
35. $\dfrac{f(x+h) - f(x)}{h} = 4 - 2x - h$
37. $\dfrac{f(x+h) - f(x)}{h} = \dfrac{1}{(x+1)(x+h+1)}$
39. $f(g(x)) = \sqrt{1 - 3x}; g(f(x)) = 1 - 3\sqrt{x};$
    $f(g(x)) = g(f(x))$ para $x = 0$
41. $f(g(x)) = x; g(f(x)) = x; f(g(x)) = g(f(x))$ para todos os números reais, exceto $x = 1$ e $x = 2$
43. $f(x - 2) = 2x^2 - 11x + 15$
45. $f(x - 1) = x^5 - 3x^2 + 6x - 3$
47. $f(x^2 + 3x - 1) = \sqrt{x^2 + 3x - 1}$
49. $f(x + 1) = \dfrac{x}{x + 1}$

Nota: As respostas dos Problemas 51 a 55 podem variar. Seguem exemplos.

51. $h(x) = x - 1; g(u) = u^2 + 2u + 3$
53. $h(x) = x^2 + 1; g(u) = \dfrac{1}{u}$
55. $h(x) = 2 - x; g(u) = \sqrt[3]{u} + \dfrac{4}{u}$
57. a. $C = $ R\$ 12.000,00; $CM = $ R\$ 1.200,00 por unidade
    b. $C(10) - C(9) = $ R\$ 1.090,00
59. a. $R(x) = -0,02x^2 + 29x;$
       $P(x) = -1,45x^2 + 10,7x - 15,6$
    b. $P(x) > 0$ para $2 < x < 5,38$
61. a. $R(x) = -0,5x^2 + 39x;$
       $P(x) = -2x^2 + 29,8x - 67$
    b. $P(x) > 0$ para $2,76 < x < 12,14$
63. a. Todos os números reais x, exceto $x = 300$
    b. Todos os números reais x tais que $0 \leq x \leq 100$
    c. $W(50) = 120$ horas
    d. $W(100) = 300$ horas
    e. 60%
65. a. R\$ 8,70 em 1990; R\$ 47,20 em 2006
    b. No início de 2008
    c. R\$ 812,80
67. $Q(p(t)) = \dfrac{4.374}{(0,04t^2 + 0,2t + 12)^2}$
    b. $Q(p(10)) = 13,5$ quilogramas por semana
    c. $t = 0$
69. a. Todos os números reais x, exceto $x = 200$
    b. Todos os números reais x para os quais $0 \leq x \leq 100$
    c. $C(50) = 50$ milhões de reais
    d. $C(100) - C(50) = 100$ milhões de reais
    e. 40%
71. a. $P(9) = 97/5$; 19.400 habitantes
    b. $P(9) - P(8) = 67$ habitantes
    c. $P(t)$ tende a 20 (20.000 habitantes)
73. a. $S(0) = 25,344$ cm/s
    b. $S(6 \times 10^{-3}) = 19,008$ cm/s
75. a. $s(8) = 5,8 \approx 6$ espécies
    b. $s_2 = \sqrt[3]{2} s_1$
    c. 41.000 km², aproximadamente
77. a. $H(2) = 60,4$ metros
    b. $d = H(2) - H(3) = 24,5$ metros
    c. $H(0) = 80$ metros
    d. $H(t) = 0$ para $t = 4$ segundos
79. Todos os números reais x, exceto $x = 1$ e $x = -1,5$
81. $f(g(2,3)) = 6,31$

CAPÍTULO 1   Seção 2

1.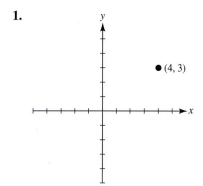

588 RESPOSTAS

3.

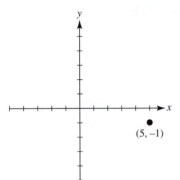

5.

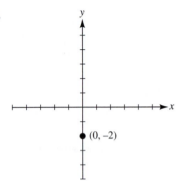

7. $D = 2\sqrt{5}$
9. $D = 2\sqrt{10}$
11. a. Função potência
b. Polinômio
c. Polinômio
d. Função racional
13. $f(x) = x$

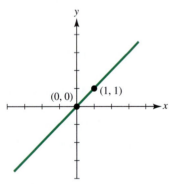

15. $f(x) = \sqrt{x}$

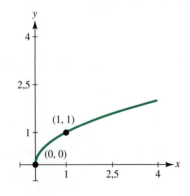

17. $f(x) = 2x - 1$

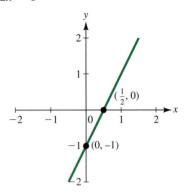

19. $f(x) = x(2x + 5)$

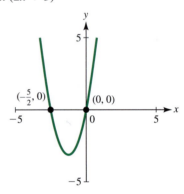

21. $f(x) = -2x^2 - 2x + 15$

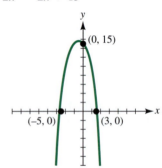

23. $f(x) = x^3$

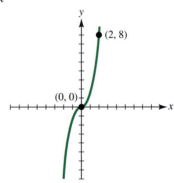

25. $f(x) = \begin{cases} x - 1 & \text{para } x \leq 0 \\ x + 1 & \text{para } x > 0 \end{cases}$

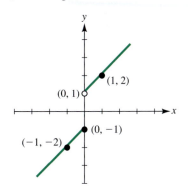

27. $f(x) = \begin{cases} x^2 + x - 3 & \text{para } x < 1 \\ 1 - 2x & \text{para } x \geq 1 \end{cases}$

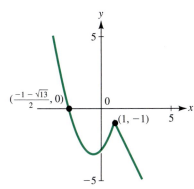

29. $y = 3x + 5$ e $y = -x + 3$; $\left(-\dfrac{1}{2}, \dfrac{7}{2}\right)$

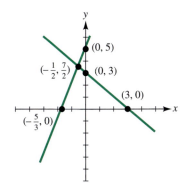

31. $y = x^2$ e $y = 3x - 2$; $(2, 4)$ e $(1, 1)$

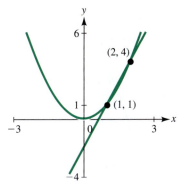

33. $3y - 2x = 5$ e $y + 3x = 9$; $(2, 3)$

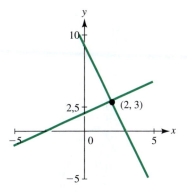

35.
 a. $(0, -1)$
 b. $(1, 0)$
 c. $f(x) = 3$ para $x = 4$
 d. $f(x) = -3$ para $x = -2$

37.
 a. $(0, 2)$
 b. $(-1, 0)$, $(3,5; 0)$
 c. $f(x) = 3$ para $x = 2$
 d. $f(x) = -3$ para $x = 4$

39. $P(p) = (p - 40)(120 - p)$; o preço ótimo é R$ 80,00.

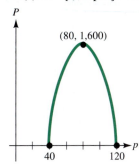

41. $P(x) = (27 - x)(5x - 75)$; o preço ótimo é R$ 21,00; 30 jogos.

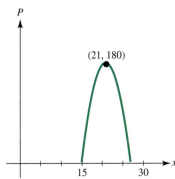

43. a. $E(p) = -200p^2 + 12.000p$

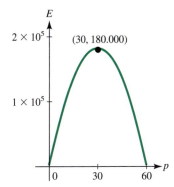

590 RESPOSTAS

b. Os pontos em que a função $E(p)$ intercepta o eixo p representam os preços para os quais a quantia gasta pelos consumidores para adquirir o produto é zero.

c. R$ 30,00

45. a. $P(x) = -0{,}07x^2 + 35x - 574{,}77$

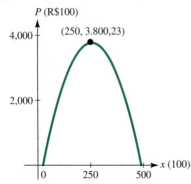

b. Para $P = 37$, $x = 20$ e $PM(20) = $ R$ 4,86 por unidade

c. 25.000 unidades; R$ 25,50

47. a.

Dias de Treinamento	Cortadores por Dia
2	6
3	7,23
5	8,15
10	8,69
50	8,96

b. O número de cortadores montados por dia tende a 9.

c.

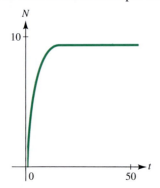

49. a.
$$C(m) = \begin{cases} 19 & \text{para } 0 \le m \le 200 \\ 19 + 0{,}04 - (m - 200) & \text{para } 200 < m \le 1.000 \end{cases}$$

b.

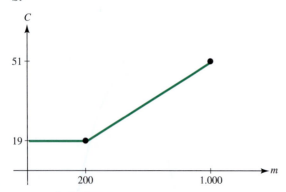

51. a. $R(p) = -0{,}05p^2 + 210p$

b.

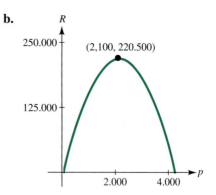

c. R$ 2.100,00 por mês; R$ 220.500,00

53. a.

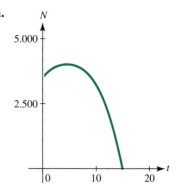

b. 3.967 toneladas

c. 4,27 anos após 1990, ou seja, março de 1994.

d. Não, de acordo com a expressão, a emissão seria negativa após dezembro de 2004.

55. $D = 0{,}008v^2 + 0{,}028v$.

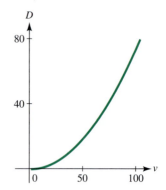

57. a. $H(t) = -4{,}9t^2 + 49t$

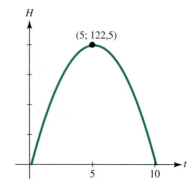

b. Após 10 s

c. 122,5 m

59. Sim

61. Não

63. As respostas podem variar.

65. a. O gráfico de $y = x^2 + 3$ é o gráfico de $y = x^2$ deslocado três unidades para cima.
   b.
   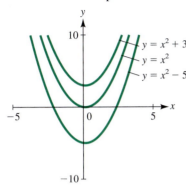
   c. O gráfico de $g(x)$ é o gráfico de $f(x)$ deslocado $|c|$ unidades para cima, se $c > 0$, ou para baixo, se $c < 0$.

67. a. O gráfico de $y = (x - 2)^2$ é o gráfico de $y = x^2$ deslocado duas unidades para a direita.
   b.
   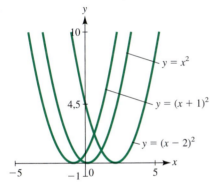
   c. O gráfico de $g(x)$ é o gráfico de $f(x)$ deslocado $|c|$ unidades para a direita, se $c > 0$, ou para a esquerda, se $c < 0$.

69.
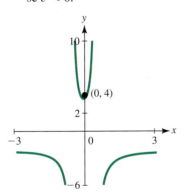

$f(x)$ é definida para $x \neq \dfrac{-1 \pm \sqrt{17}}{8}$

71.
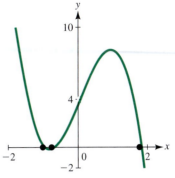

Pontos de interseção: $x = -1;\ -0{,}76;\ 1{,}76$.

73. a. $(x - 2)^2 + (y + 3)^2 = 16$
   b. Centro: $(2, -3)$; raio: $2\sqrt{6}$
   c. Não existem pontos (x, y) que satisfaçam a equação.

CAPÍTULO 1   Seção 3

1. $m = -\dfrac{7}{2}$

3. $m = -1$

5. m não é definida.

7. $m = 0$

9. Inclinação: 2; interseção: $(0, 0)$; $y = 2x$

11. Inclinação: $-\dfrac{5}{3}$; interseções: $(0, 5)$, $(3, 0)$; $y = -\dfrac{5}{3}x + 5$

13. Inclinação: não é definida; interseção: $(3, 0)$

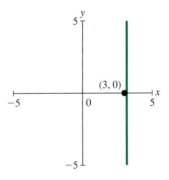

15. Inclinação: 3; interseção: $(0, 0)$

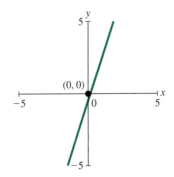

592 RESPOSTAS

17. Inclinação: $-\dfrac{3}{2}$; interseções: (2, 0), (0, 3)

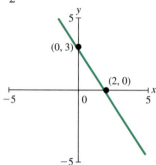

19. Inclinação: $-\dfrac{5}{2}$; interseções: (2, 0), (0, 5)

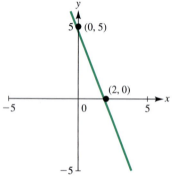

21. $y = x - 2$

23. $y = -\dfrac{1}{2}x + \dfrac{1}{2}$

25. $y = 5$

27. $y = -x + 1$

29. $y = -\dfrac{45}{52}x + \dfrac{43}{52}$

31. $y = 5$

33. $y = -2x + 9$

35. $y = x + 2$

37. a. $y = C(x) = 60x + 5.000$

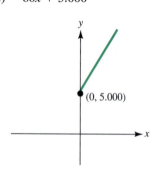

b. $CM(x) = \dfrac{5.000}{x} + 60$; $CM(20) = R\$310/\text{unidades}$

39. a. $y = D(t) = 254{,}8t + 7.853$

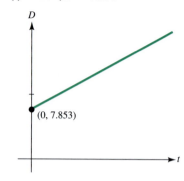

b. R$ 10.401,00
c. 2036

41. $f(t) = -150t + 1.500$

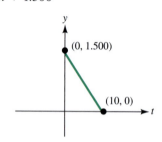

43. a. $B = \left(\dfrac{S - V}{N}\right)t + V$ **b.** R$ 30.800,00

45. a.

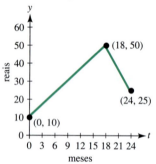

b.

c.

47. a. $v(1930) = $ R\$ 800,00; $v(2000) = $ R\$ 102.400,00; $v(2020) = $ R\$ 409.600,00
b. Não, não é linear.

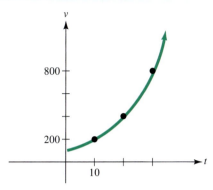

49. a. $y = f(t) = 35t + 220$
b. 325
c. 220

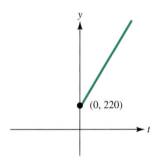

51. a. 95,5 cm
b. 15,4 anos
c. 50 cm; sim
d. 180 cm; sim

53. a. $y = f(t) = -4t + 248$

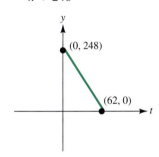

b. $f(8) = 216$ milhões de litros

55. a. $F = \dfrac{9}{5}C + 32$
b. 59°F
c. 20°C
d. -40 °C $= -40$ °F

57. a. $y = -6(t - 2005) + 575$
b. 515
c. 2013

59. a. $N(x) = 0,0325x + 93,75$
b. 104; 192 mg/m³
c. As respostas podem variar.

61.

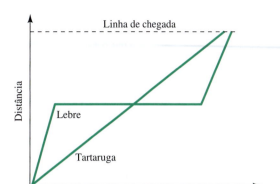

63. As duas retas não são paralelas; elas não têm a mesma inclinação.

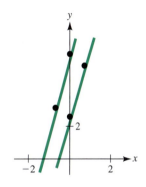

65. Sabemos que as retas L_1 e L_2 são perpendiculares e que a inclinação de L_1 é $m_1 = b/a$, enquanto a de L_2 é $m_2 = c/a$. No triângulo retângulo OAB, o comprimento da hipotenusa é $|AB| = |b - c|$ e os catetos têm comprimentos $|OA| = \sqrt{a^2 + b^2}$ e $|OB| = \sqrt{a^2 + c^2}$. Assim, de acordo com o teorema de Pitágoras,

$$(a^2 + b^2) + (a^2 + c^2) = (b - c)^2$$
$$a^2 + b^2 + a^2 + c^2 = b^2 - 2bc + c^2$$
$$2a^2 = -2bc$$
$$\frac{bc}{a^2} = -1$$
$$\left(\frac{b}{a}\right)\left(\frac{c}{a}\right) = -1$$
$$m_1 m_2 = -1$$

e

$$m_2 = \frac{-1}{m_1}$$

CAPÍTULO 1 Seção 4

1. $S = x + \dfrac{318}{x}$

3. $R = kP$; R: taxa de aumento da população; P: tamanho da população

5. $A = 2L(500 - L)$

7. $A = x(160 - x)$; 80 m por 80 m

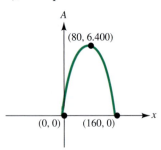

9. $V = x\left(1.000 - \dfrac{x^2}{2}\right)$

11. $R = k(T_0 - T_m)$; R: taxa de variação da temperatura; T_0: temperatura do objeto; T_m: temperatura do meio.

13. $R = kP(T - P)$; R: taxa de aumento do número de políticos envolvidos; P: número de políticos envolvidos; T: número total de políticos envolvidos.

15. $C = \dfrac{k_1}{R} + k_2 R$, em que R é a velocidade do caminhão

17. **a.** $P(x) = 3x - 17.000$
    b. Um lucro de R$ 43.000,00; um prejuízo de R$ 2.000,00; 5.667 unidades
    c. $LM(x) = 3 - \dfrac{17.000}{x}$; $LM(10.000) =$ R$ 1,30 por unidade

19. $P(p) = (53.000 - 1.000p)(p - 29)$

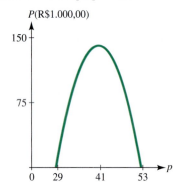

O preço ótimo é R$ 41,00.

21.
a. $f(x) = \begin{cases} 0{,}1x & \text{para } 0 \leq x \leq 8.375 \\ 0{,}15x - 419 & \text{para } 8.375 < x \leq 34.000 \\ 0{,}25x - 3.819 & \text{para } 34.000 < x \leq 82.400 \\ 0{,}28x - 6.291 & \text{para } 82.400 < x \leq 171.850 \end{cases}$

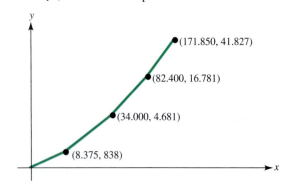

b. Como as inclinações dos segmentos são 0,1; 0,15; 0,25 e 0,28, as inclinações aumentam com a renda. Isso significa que quanto maior a renda, maior o imposto pago em termos percentuais.

23. $R(x) = (8 - 0{,}05x)(140 + x)$, em que x é o número de dias a partir de 1º de julho

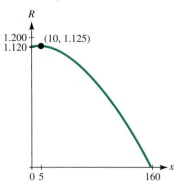

O fazendeiro deve realizar a colheita no dia $x = 5$ (6 de julho).

25. $R(x) = \begin{cases} 2.400 & \text{para } 1 \leq x \leq 40 \\ x\left(80 - \dfrac{1}{2}x\right) & \text{para } 40 < x < 80 \\ 40x & \text{para } x \geq 80 \end{cases}$

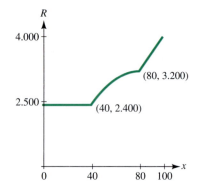

27. Se $N \leq 6.000$ ou $N \geq 126.000$, o escritor deve optar pela editora A; caso contrário, deve optar pela editora B.

29. $C(x) = 20x + \dfrac{5.120}{x}$

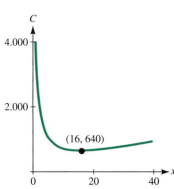

A companhia deve usar 16 máquinas.

31. **a.** $x_e = 25$; $p_e = 225$

b.
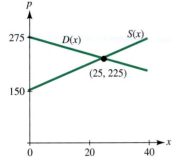

c. $0 < x < 25; x > 25$

33. a. $x_e = 9; p_e = 25,43$
b.
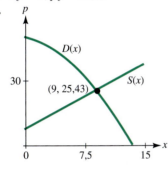

c. $0 < x < 9; x > 9$

35. a. $x_e = 10; p_e = 35$
b.
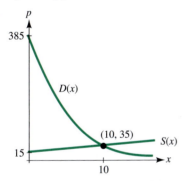

c. $S(0) = 15$. Não será produzida nenhuma unidade se o preço for 15 reais ou menos.

37. a. $R(x) = 110x; C(x) = 7.500 + 60x; L(x) = 50x - 7.500$
b. 150
c. $-R\$ 2.500,00$ (prejuízo)
d. 175

39. a. $V(x) = 20x(160 - x)$
b. Altura: 20 m; lados: 80 m por 80 m

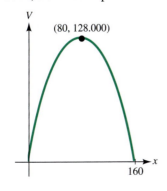

c. R\$ 9.880.000,00

41. a. $a > 0; b > 0; c < 0; d > 0$
b. $q_e = \dfrac{d - b}{a - c}; p_e = \dfrac{ad - bc}{a - c}$
c. Quando a aumenta, q_e diminui; quando d aumenta, q_e aumenta.

43. $I = k\pi r^2$

45. a. $B(t) = 0,31t + 46; E(t) = 0,07t + 76$
b. $A = 84,75$ anos.

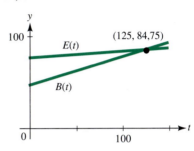

47.
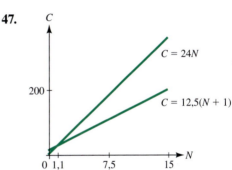

49. a. 95,2 mg
b. Como $0,0072(2W)^{0,425}(2H)^{0,725}$
$= 0,0072(2)^{0,425}(W)^{0,425}(2)^{0,725}(H)^{0,725}$
$= (2)^{0,425}(2)^{0,725}0,0072(W)^{0,425}(H)^{0,725}$
$\approx 2,22[0,0072(W)^{0,425}(H)^{0,725}]$

a criança maior tem uma área superficial 2,22 vezes maior que a da criança menor. Multiplicando S por 2,22 na expressão $C = \dfrac{SA}{1,7}$, C é multiplicada pelo mesmo fator.

51. $y = \dfrac{K_m}{R_m}x + \dfrac{1}{R_m}$

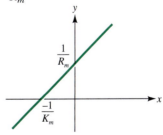

53. $V = \pi r(60 - r^2)$

55. $C = 0,08\pi\left(r^2 + \dfrac{2}{r}\right)$

57. $A(x) = 8x + \dfrac{100}{x} + 57$

59. $V(x) = 4x - \dfrac{x^3}{3}$

61. 2 horas e 45 minutos após o segundo avião levantar voo.

CAPÍTULO 1   Seção 5

1. $\lim_{x \to a} f(x) = b$

3. $\lim_{x \to a} f(x) = b$

5. O limite não existe.

7. 4

9. 7

11. 16

13. $\dfrac{4}{7}$

15. O limite não existe.

17. 2

19. 7

21. $\dfrac{5}{3}$

23. 5

25. $\dfrac{1}{4}$

27. $+\infty; -\infty$

29. $-\infty; -\infty$

31. $\dfrac{1}{2}; \dfrac{1}{2}$

33. 0; 0

35. $+\infty; -\infty$

37. 1; -1

39.

x	1,9	1,99	1,999	2	2,001	2,01	2,1
$f(x)$	1,71	1,9701	1,997001		2,003001	2,0301	2,31

$\lim_{x \to 2} f(x) = 2$

41.

x	0,9	0,99	0,999	1	1,001	1,01	1,1
$f(x)$	$-17,29$	$-197,0299$	$-1.997,002999$		2.003,003001	203,0301	23,31

$\lim_{x \to 1} f(x)$ não existe.

43. $\lim_{x \to c} [2f(x) - 3g(x)] = 2(5) - 3(-2) = 16$

45. $\lim_{x \to c} \sqrt{f(x) + g(x)} = \sqrt{5 + (-2)} = \sqrt{3}$

47. $\lim_{x \to c} \dfrac{f(x)}{g(x)} = -\dfrac{5}{2}$

49. $\lim_{x \to \infty} \dfrac{2f(x) + g(x)}{x + f(x)} = \lim_{x \to \infty} \dfrac{\dfrac{2f(x)}{x} + \dfrac{g(x)}{x}}{1 + \dfrac{f(x)}{x}}$

$= \dfrac{0 + 0}{1 + 0} = 0$

51. **a.** $P(t) = \dfrac{\sqrt{9t^2 + 0,5t + 179}}{0,2t + 1.500}$ milhares de dólares por pessoa

b. $\lim_{t \to \infty} P(t) = 15.000$ dólares por pessoa

53. R$ 7,50. Quando o número de unidades produzidas aumenta muito, a contribuição do custo fixo para o custo total se torna insignificante.

55. R$ 700,00 ($C = 7$)

57. R$ 1.051,27

59. **a.** $C(0) = 0,413$ mg/mL

b. $C(5) - C(4) \approx -0,013$
A concentração diminui de aproximadamente 0,013 mg/mL.

c. $\lim_{t \to \infty} C(t) = 0,013$
A concentração residual é 0,013 mg/mL.

61. **a.** Espécie I: 10.000 indivíduos; espécie II: 16.000 indivíduos

b. Quando t aumenta, $P(t)$ tende a 0; quando t tende a 4 pela esquerda, $Q(t)$ tende a ∞.

c.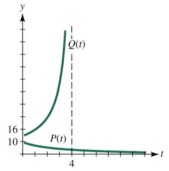

d. As respostas podem variar.

63. **a.** $\lim_{S \to +\infty} I(S) = a$. Por maior que seja o tamanho da mordida, a necessidade de vigilância limita a ingestão de alimentos.

b. As respostas podem variar.

65. **a.** 0

b. $\dfrac{a_n}{b_m}$

c. $+\infty$ se a_n e b_m tiverem o mesmo sinal e $-\infty$ se a_n e b_m tiverem sinais diferentes.

67. 1,8 cm.

CAPÍTULO 1   Seção 6

1. -2; 1; não existe
3. 2; 2; existe e é igual a 2
5. 39
7. 0
9. $\dfrac{5}{4}$
11. 0
13. $\dfrac{1}{4}$
15. 15; 0
17. Sim
19. Sim
21. Não
23. Não
25. Não
27. Sim
29. $f(x)$ é contínua para qualquer valor de x.
31. $f(x)$ é contínua para qualquer valor de x, exceto $x = 2$.
33. $f(x)$ é contínua para qualquer valor de x, exceto $x = -1$.
35. $f(x)$ é contínua para qualquer valor de x, exceto $x = -3$ e $x = 6$.
37. $f(x)$ é contínua para qualquer valor de x, exceto $x = 0$ e $x = 1$.
39. $f(x)$ é contínua para qualquer valor de x.
41. $f(x)$ é contínua para qualquer valor de x, exceto $x = 0$.
43. **a.** $C(0) \approx 0{,}333$; $C(100) \approx 7{,}179$
    b. $C(x)$ não é contínua no intervalo $0 \leq x \leq 100$, porque não existe no ponto $x = 80$.
45. **a.** R\$ 4.000,00; R\$ 12.000,00
    b.
    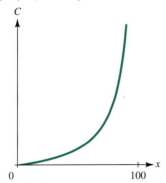
    c. $\lim\limits_{x \to 100} C(x) = \infty$; não é possível remover toda a poluição.

47. O gráfico é descontínuo em $t = 10$ e $t = 25$. Essas são as ocasiões em que Susana para em posto de gasolina para reabastecer o carro.
49. $\lim\limits_{t \to \infty} p(t) = 20$ e, portanto, $\lim\limits_{t \to \infty} c = c(20) = 8{,}4$ ppm
51. **a.** 80°; 86°
    b. 70%
    c. O índice de calor é contínuo nos dois casos.
53. $p(x)$ é descontínua em $x = 1$ e $x = 2$.

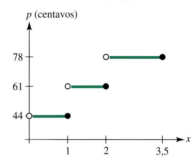

55. $f(x)$ é contínua no intervalo aberto $0 < x < 1$. $f(x)$ é contínua em todos os pontos do intervalo fechado $0 \leq x \leq 1$, exceto o ponto $x = 0$.
57. $A = 6$
59. Seja $f(x) = \sqrt[3]{x - 8} + 9x^{2/3} - 29$. $f(x)$ é contínua no intervalo $0 \leq x \leq 8$, $f(0) = -31 < 0$ e $f(8) = 7 > 0$. De acordo com a propriedade do valor intermediário, $f(x) = 0$ para algum valor entre 0 e 8.
61. **a.** $\lim\limits_{x \to 2} f(x)$ existe, mas $f(x)$ não é contínua no ponto $x = 2$.
    b. $\lim\limits_{x \to -2} f(x)$ não existe e, portanto, $f(x)$ não é contínua no ponto $x = -2$.
63. A cada hora, o ponteiro dos minutos ultrapassa o ponteiro das horas descrevendo um movimento contínuo. Isso significa que existe um momento em que os dois ponteiros estão alinhados.

CAPÍTULO 1   Problemas de Verificação

1. Todos os números reais tais que $-2 < x < 2$
2. $g(h(x)) = \dfrac{2x + 1}{4x + 5}$; $x \neq -\dfrac{1}{2}$
3. **a.** $y = -\dfrac{1}{2}x + \dfrac{3}{2}$
   b. $y = 2x - 3$

598 RESPOSTAS

4. a.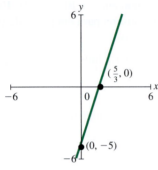

   b.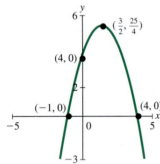

5. a. 2 b. 4 c. 1 d. $-\infty$
6. Não
7. a. $p(t) = 0{,}02t + 2{,}7$

   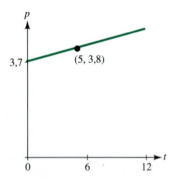

   b. R$ 3,70 o litro
   c. R$ 3,88 o litro
8. $D(t) = 30\sqrt{5t^2 - 20t + 100}$
9. a. $A = 3, B = -1$; R$ 52,00
   b.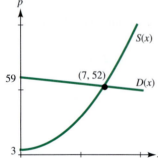

   c. $-$R$ 26,00; R$ 54,00
10. a. $t = 9$
    b. Como a função $g(t) = f(t) - 10$ é contínua, $g(1) = -2$ e $g(7) = 6$, de acordo com a propriedade do valor intermediário, $g(t) = 0$ e, portanto, $f(t) = 10$ em algum instante entre $t = 1$ e $t = 7$.

11. $M = 2{,}5D + 0{,}2$; $0{,}2\%$

CAPÍTULO 1 Problemas de Revisão

1. a. Qualquer valor de x
   b. Qualquer valor de x, exceto $x = 1$ e $x = -2$
   c. Todos os valores de x para os quais $|x| \geq 3$
3. a. $g(h(x)) = x^2 - 4x + 4$
   b. $g(h(x)) = \dfrac{1}{2x + 5}$
5. a. $f(3 - x) = -x^2 + 7x - 8$
   b. $f(x^2 - 3) = x^2 - 4$
   c. $f(x + 1) - f(x) = \dfrac{-1}{x(x - 1)}$
7. *Nota*: As respostas podem variar. Seguem exemplos.
   a. $g(u) = u^5$; $h(x) = x^2 + 3x + 4$
   b. $g(u) = (u - 1)^2 + \dfrac{5}{2u^3}$; $h(x) = 3x + 2$
9. $f(x) = x^2 + 2x - 8$

   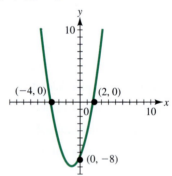

11. a. $m = 3, b = 2$

    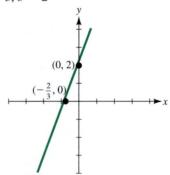

    b. $m = 5/4, b = -5$

    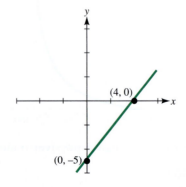

13. **a.** $y = 5x - 4$
    b. $y = -2x + 5$
    c. $2x + y = 14$
15. **a.** $(3, -4)$

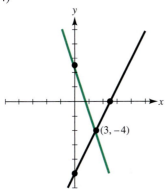

b. Não há pontos de interseção

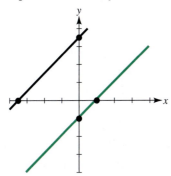

17. $c = -4$
19. $\dfrac{3}{2}$
21. -12
23. O limite não existe.
25. 0
27. $-\infty$
29. 0
31. 0
33. $x = -3$
35. A função é contínua para qualquer valor de x
37. **a.** $P(5) = $ R\$ 45,00
    b. $P(5) - P(4) = -1$ (uma queda de R\$ 1,00)
    c. 9 meses
    d. O preço tende a R\$ 40,00.
39. **a.**

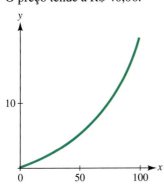

b. 5 semanas
c. 20 semanas

41. $V = \dfrac{4\pi}{3}\left(\sqrt{\dfrac{S}{4\pi}}\right)^3 = \dfrac{S^{3/2}}{6\sqrt{\pi}}$; V é multiplicado por $2^{3/2}$.

43. Para x máquinas, $C(x) = 80x + \dfrac{11.520}{x}$

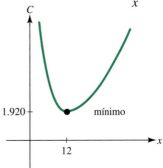

O custo é mínimo para $x = 12$

45. $P(p) = 2(360 - p)(p - 150)$; preço ótimo $p = $ R\$ 255,00

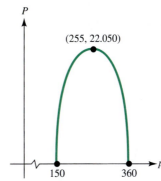

47. Escolha o Plano A, se $V < 30.000$; caso contrário, escolha o Plano B.

49. **a.** 150 unidades
    b. Lucro de R\$ 1.500,00
    c. 180 unidades

51. $y = k(N - x)$, em que y é o número de fatos lembrados por unidade de tempo, x é o número de fatos que foram lembrados, e N é o número total de fatos.

53. $C = 60x + (2\pi - 6)x^2$

55. $C(x) = 1.500 + 2x$ para $0 \leq x \leq 5.000$

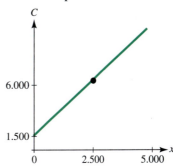

$C(x)$ é contínua no intervalo $0 \leq x \leq 5.000$.

57. $A = \dfrac{B}{(4.000)^3}$

600 RESPOSTAS

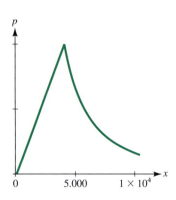

59. O limite existe e é 0.

61.

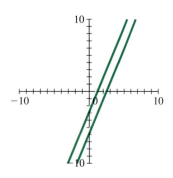

Não, pois $\frac{21}{9} \neq \frac{654}{279}$.

63. A função é descontínua em $x = 1$.

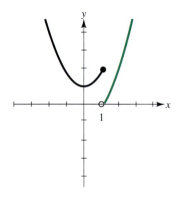

CAPÍTULO 2   Seção 1

1. $f'(x) = 0$; $m = 0$
3. $f'(x) = 5$; $m = 5$
5. $f'(x) = 4x - 3$; $m = -3$
7. $f'(x) = 3x^2$; $m = 12$
9. $g'(t) = -\frac{2}{t^2}$; $m = -8$
11. $H'(u) = -\frac{1}{2u\sqrt{u}}$; $m = -\frac{1}{16}$
13. $f'(x) = 0$; $y = 2$
15. $f'(x) = -2$; $y = -2x + 7$
17. $f'(x) = 2x$; $y = 2x - 1$
19. $f'(x) = \frac{2}{x^2}$; $y = 2x + 4$
21. $f'(x) = \frac{1}{\sqrt{x}}$; $y = \frac{1}{2}x + 2$
23. $f'(x) = -\frac{3}{x^4}$; $y = -3x + 4$
25. $\frac{dy}{dx} = 0$
27. $\frac{dy}{dx} = 3$
29. $\frac{dy}{dx} = 3$
31. $\frac{dy}{dx} = 2$
33. a. $m_{\text{sec}} = -3,9$
    b. $m_{\text{tan}} = -4$
35. a. $m_{\text{sec}} = 3,31$
    b. $m_{\text{tan}} = 3$
37. a. taxa$_{\text{med}} = -13/16$
    b. taxa$_{\text{ins}} = -1$
39. a. taxa$_{\text{med}} = 4$
    b. taxa$_{\text{ins}} = 8$
41. a. A taxa média de variação de temperatura entre t_0 e $t_0 + h$ horas após a meia-noite. A taxa instantânea de variação da temperatura t_0 horas após a meia-noite.
    b. A taxa média de variação da concentração de álcool no sangue entre t_0 e $t_0 + h$ horas depois de beber uma lata de cerveja. A taxa instantânea de variação da concentração de álcool no sangue t_0 horas depois de beber uma lata de cerveja.
    c. A taxa média de variação dos juros de um financiamento em 30 anos entre t_0 e $t_0 + h$ anos após 2005. A taxa instantânea de variação dos juros de um financiamento em 30 anos t_0 anos após 2005.
43. a. $P'(x) = 4.000(17 - 2x)$
    b. $P'(x) = 0$ para $x = 17/2$, ou seja, 850 unidades. Para esse nível de produção, o lucro não está aumentando nem diminuindo.
45. a. 2,94 (R$ 2.940,00) por unidade
    b. $C'(10) = 2,90$ (R$ 2.900,00) por unidade; aumentando
47. As respostas podem variar.
49. $V'(30) \approx \frac{65 - 50}{50 - 30} = \frac{3}{4}$; tende a 0
51. Aproximadamente $-0,009$ °C/m; aproximadamente 0°C/m
53. a. $H'(t) = 4,4 - 9,8t$; em $t = 1$ s, $H(t)$ está diminuindo à taxa de $-5,4$ m/s.
    b. $H'(t) = 0$ para $t = 0,449$ s; esse é o ponto mais alto do salto.

c. A pulga volta ao chão no instante $t = 0{,}898$ s; $-4{,}4$ m/s; diminuindo

55. a. 0,0211 mm por mm de mercúrio
    b. 0,022 mm por mm de mercúrio; aumentando
    c. 72,22 mm de mercúrio. Para essa pressão, o diâmetro da aorta não está aumentando nem diminuindo.

57. a. $v_{\text{ins}} = \dfrac{2}{\sqrt{t+1}}$
    b. 2 m/s
    c. 4 m; 1 m/s

59. a. A curva de $y = x^2 - 3$ é a curva de $y = x^2$ deslocada três unidades para baixo. Assim, as duas curvas têm a mesma inclinação para qualquer valor de x, e as duas derivadas são iguais: $y' = 2x$.
    b. $y' = 2x$.
       $y' = 2x$.
    b. $y' = 2x$

61. a. $\dfrac{dy}{dx} = 2x; \dfrac{dy}{dx} = 3x^2$
    b. $\dfrac{dy}{dx} = 4x^3; \dfrac{dy}{dx} = 27x^{26}$

63. Para $x > 0$, temos $f(x) = x$ e
$$f'(x) = \lim_{h \to 0} \dfrac{(x+h) - (x)}{h} = 1$$
e para $x < 0$, temos $f(x) = -x$ e
$$f'(x) = \lim_{h \to 0} \dfrac{-(x+h) - (-x)}{h} = -1$$
Para $x = 0$, a derivada seria
$$f'(0) = \lim_{h \to 0} \dfrac{|0+h| - 0}{h} = \lim_{h \to 0} \dfrac{|h|}{h}$$
que não existe, já que os dois limites unilaterais em $x = 0$ são diferentes (o limite pela esquerda é -1 e o limite pela direita é $+1$).

65. Como $f(x)$ não é contínua em $x = 1$, como mostra o gráfico, não pode ser derivada nesse ponto.

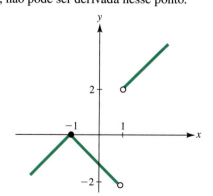

CAPÍTULO 2   Seção 2

1. $\dfrac{dy}{dx} = 0$

3. $\dfrac{dy}{dx} = 5$

5. $\dfrac{dy}{dx} = -4x^{-5}$

7. $\dfrac{dy}{dx} = 3{,}7x^{2{,}7}$

9. $\dfrac{dy}{dr} = 2\pi r$

11. $\dfrac{dy}{dx} = \dfrac{\sqrt{2}}{2\sqrt{x}}$

13. $\dfrac{dy}{dt} = \dfrac{-9}{2\sqrt{t^3}}$

15. $\dfrac{dy}{dx} = 2x + 2$

17. $f'(x) = 9x^8 - 40x^7 + 1$

19. $f'(x) = -0{,}06x^2 + 0{,}3$

21. $\dfrac{dy}{dt} = -\dfrac{1}{t^2} - \dfrac{2}{t^3} + \dfrac{1}{2\sqrt{t^3}}$

23. $f'(x) = \dfrac{3}{2}\sqrt{x} - \dfrac{3}{2\sqrt{x^5}}$

25. $\dfrac{dy}{dx} = -\dfrac{x}{8} - \dfrac{2}{x^2} - \dfrac{3}{2}x^{1/2} - \dfrac{2}{3x^3} + \dfrac{1}{3}$

27. $\dfrac{dy}{dx} = 2x + \dfrac{4}{x^2}$

29. $y = 10x + 2$

31. $y = -\dfrac{1}{16}x + 2$

33. $y = x + 3$

35. $y = -4x - 1$

37. $y = 3x - 3$

39. $y = -3x + \dfrac{22}{3}$

41. $f'(-1) = -5$

43. $f'(1) = -\dfrac{3}{2}$

45. $f'(1) = \dfrac{1}{2}$

47. $\dfrac{f'(x)}{f(x)} = \dfrac{6x^2 - 10x}{2x^3 - 5x^2 + 4}; \dfrac{f'(1)}{f(1)} = -4$

67.

h	$-0{,}02$	$-0{,}01$	$-0{,}001$	0	0,001	0,01	0,02
$x + h$	3,83	3,84	3,849	3,85	3,851	3,86	3,87
$f(x)$	4,37310	4,37310	4,37310	4,37310	4,37310	4,37310	4,37310
$f(x + h)$	4,35192	4,36251	4,37204	4,37310	4,37415	4,38368	4,39426
$\dfrac{f(x+h) - f(x)}{h}$	1,05880	1,05870	1,05860	não existe	1,05858	1,05849	1,05838

49. $\dfrac{f'(x)}{f(x)} = \dfrac{4x + 3\sqrt{x}}{2(x\sqrt{x} + x^2)}; \dfrac{f'(4)}{f(4)} = \dfrac{11}{24}$

51. **a.** R$ 10.800,00 por ano
b. 17,53%

53. **a.** $T'(0) =$ R$ 40,00 por ano
b. R$ 480,00

55. **a.** $C(x) = 4x + \dfrac{9.800}{x}$ reais
b. $C'(40) \approx -$R$ 2,13 por km/h; diminuindo

57. **a.** $f(t) = \dfrac{100(2.000)}{45.000 + 2.000t} = \dfrac{200}{45 + 2t}$

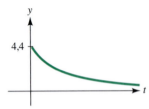

b. 4,26%
c. A taxa de variação tende a zero.

59. **a.** $f'(x) = -6$ pontos por ano
b. A variação da nota média de matemática não varia de ano para ano. A nota média de matemática está diminuindo de ano para ano.

61. $P'(x) = 2 + 6x^{1/2}$
a. $P'(9) = 20$ pessoas por ano
b. 0,39%

63. Aproximadamente 2.435 pessoas por dia.

65. **a.** $T'(t) = -204,21t^2 + 61,96t + 12,52$
b. $T'(0) = 12,52$, aumentando; $T'(0,713) = -47,12$, diminuindo
c. $t = 0,442$ dia ou 10,61 horas; 42,8°C, que é a temperatura máxima no período.

67. **a.** 0,2 parte por milhão por ano
b. 0,15 parte por milhão
c. 0,4 parte por milhão

69. Em Marte.

71. **a.** $v(t) = 6t + 2; a(t) = 6$
b. Nenhum

73. **a.** $v(t) = 4t^3 - 12t^2 + 8; a(t) = 12t^2 - 24t$
b. $t = 1$ e $t = 1 + \sqrt{3}$

75. **a.** 9,8 m/s
b. 39,2 m
c. −9,8 m/s
d. −29,4 m/s

77. $a = -1, b = 5, c = 0$

79. $(f + g)'(x)$
$= \lim_{h \to 0} \dfrac{(f+g)(x+h) - (f+g)(x)}{h}$
$= \lim_{h \to 0} \dfrac{[f(x+h) + g(x+h)] - [f(x) + g(x)]}{h}$
$= \lim_{h \to 0} \dfrac{[f(x+h) - f(x)] + [g(x+h) - g(x)]}{h}$
$= \lim_{h \to 0} \left[\dfrac{f(x+h) - f(x)}{h} + \dfrac{g(x+h) - g(x)}{h} \right]$
$= \lim_{h \to 0} \dfrac{f(x+h) - f(x)}{h} + \lim_{h \to 0} \dfrac{g(x+h) - g(x)}{h}$
$= f'(x) + g'(x)$

CAPÍTULO 2   Seção 3

1. $f'(x) = 12x - 1$

3. $\dfrac{dy}{du} = -300u - 20$

5. $f'(x) = \dfrac{1}{3}\left(6x^5 - 12x^3 + 4x + 1 + \dfrac{1}{x^2}\right)$

7. $\dfrac{dy}{dx} = \dfrac{-3}{(x-2)^2}$

9. $f'(t) = \dfrac{-(t^2 + 2)}{(t^2 - 2)^2}$

11. $\dfrac{dy}{dx} = \dfrac{-3}{(x+5)^2}$

13. $f'(x) = \dfrac{11x^2 - 10x - 7}{(2x^2 + 5x - 1)^2}$

15. $f'(x) = 10(2 + 5x)$

17. $g'(t) = \dfrac{4\sqrt{t^5} + 20\sqrt{t^3} - 2t + 5}{2\sqrt{t}(2t+5)^2}$

19. $y = 17x - 4$

21. $y = 3x + 2$

23. $y = -\dfrac{11}{2}x + \dfrac{19}{2}$

25. $(1, -4), (-1, 0)$

27. $(0, 1), \left(-2, -\dfrac{1}{3}\right)$

29. -18

31. 4

33. $y = \dfrac{2}{5}x + \dfrac{3}{5}$

35. $y = \dfrac{1}{31}(-x - 371)$

37. 483

39. $-\dfrac{13}{64}$

41. a.–d. $y' = \dfrac{9 - 4x}{x^4}$

43. $f''(x) = 8x^3 - 24x + 18$

45. $\dfrac{d^2y}{dx^2} = \dfrac{4}{3x^3} + \dfrac{\sqrt{2}}{4x^{3/2}} - \dfrac{1}{8x^{5/2}}$

47. $\dfrac{d^2y}{dx^2} = 36x^2 + 30x + 12$

49. a. $S'(2) = $ R$ 378,07 por ano
    b. As vendas tendem para um valor limite de R$ 6.666.666,67.

51. a. $P'(5) = 1.900/441 \approx 4{,}3\%$ de aumento por semana
    b. A porcentagem tende a 100% a longo prazo; a taxa de variação tende a 0.

53. a. $R(x) = 17{,}5x - 0{,}0125x^2$;
    $R'(x) = 17{,}5 - 0{,}025x$ reais por unidade
    $R'(1.000) = -7{,}5$ reais por unidade; diminuindo
    b. A receita média é $R(x)/x = 17{,}5 - 0{,}0125x$ reais por unidade.
    A receita média está variando à taxa constante de $-0{,}0125$ reais por unidade ao quadrado e, portanto, está diminuindo.

55. a. $P'(16) = -0{,}631$ por milhão de reais; diminuindo
    b. Aumentando para $0 < x < 10$; diminuindo para $x > 10$

57. a. $S = \dfrac{2}{3}KM - M^2$

    b. $\dfrac{dS}{dM} = \dfrac{2}{3}K - 2M$ representa a taxa de variação da sensibilidade com a quantidade de medicamento presente no sangue.

59. a. $P'(t) = \dfrac{6}{(t+1)^2}$

    b. 1.500 moradores por ano
    c. 1.000 moradores
    d. 60 moradores por ano
    e. Tenderá a zero.

61. a. $v(t) = 15t^4 - 15t^2$; $a(t) = 60t^3 - 30t$

    b. $a(t) = 0$ para $t = 0, \dfrac{\sqrt{2}}{2}$

63. a. $v(t) = -3t^2 + 14t + 1$
    $a(t) = -6t + 14$

    b. $a(t) = 0$ para $t = \dfrac{7}{3}$

65. a. 9,8 m/min
    b. 9,83 m

67. a. $a(t) = -9{,}8$ m/s^2
    b. $a(t)$ é constante.
    c. Significa que a aceleração é para baixo.

69. $\dfrac{3}{8x^{5/2}} + \dfrac{3}{x^4}$

71. a. $\dfrac{d}{dx}\left(\dfrac{fg}{h}\right) = \dfrac{hfg' + hf'g - fgh'}{h^2}$

b. $\dfrac{dy}{dx} = \dfrac{12x^3 + 51x^2 + 70x - 33}{(3x+5)^2}$

75.

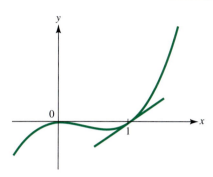

$f'(x) = 0$ para $x = 0$ e $x = 2/3$.

77.

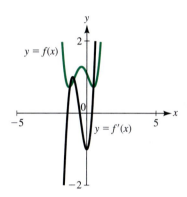

Os pontos nos quais $f'(x)$ intercepta o eixo x são $x = -0{,}5$, $x = -\dfrac{1}{2} + \dfrac{\sqrt{3}}{2} \approx 0{,}366$ e $x = -\dfrac{1}{2} - \dfrac{\sqrt{3}}{2} \approx -1{,}366$.
Os máximos e mínimos de uma função sempre ocorrem em pontos nos quais a tangente à curva de $f(x)$ é horizontal, ou seja, em pontos nos quais $f'(x) = 0$.

CAPÍTULO 2 Seção 4

1. $\dfrac{dy}{dx} = 6(3x - 2)$

3. $\dfrac{dy}{dx} = \dfrac{x+1}{\sqrt{x^2 + 2x - 3}}$

5. $\dfrac{dy}{dx} = \dfrac{-4x}{(x^2 + 1)^3}$

7. $\dfrac{dy}{dx} = \dfrac{-2x}{(x^2 - 1)^2}$

9. $\dfrac{dy}{dx} = 1 + \dfrac{1}{\sqrt{x}}$

11. $\dfrac{dy}{dx} = -\dfrac{2+x}{x^3}$

13. 20

15. -160

17. $\dfrac{2}{3}$

RESPOSTAS

19. -16

21. $f'(x) = 2{,}8(2x + 3)^{0,4}$

23. $f'(x) = 8(2x + 1)^3$

25. $f'(x) = 8x^2(x^5 - 4x^3 - 7)^7(5x^2 - 12)$

27. $f'(t) = \dfrac{-2(5t - 3)}{(5t^2 - 6t + 2)^2}$

29. $g'(x) = \dfrac{-4x}{(4x^2 + 1)^{3/2}}$

31. $f'(x) = \dfrac{24x}{(1 - x^2)^5}$

33. $h'(s) = \dfrac{15(1 + \sqrt{3s})^4}{2\sqrt{3s}}$

35. $f'(x) = (x + 2)^2(2x - 1)^4(16x + 17)$

37. $f'(x) = \dfrac{(x + 1)^4(9 - x)}{(1 - x)^5}$

39. $y = \dfrac{3}{4}x + 2$

41. $y = -48x - 32$

43. $y = -12x + 13$

45. $y = \dfrac{2}{3}x - \dfrac{1}{3}$

47. $x = 0;\ x = -1;\ x = -\dfrac{1}{2}$

49. $x = -\dfrac{2}{3}$

51. $x = 2$

53. $f'(x) = 6(3x + 5)$

55. $f''(x) = 180(3x + 1)^3$

57. $h''(t) = 80(t^2 + 5)^6(3t^2 + 1)$

59. $f''(x) = (1 + x^2)^{-3/2}$

61. $\dfrac{1}{2}$

63. 6

65. a. R$ 2.295,00 ao ano
b. 10,4% ao ano

67. a. −12 libras por dólar
b. $(-12)(0{,}5) = -6$ libras por semana; diminuindo

69. 875 unidades por mês; aumentando

71. a. R$ 64.000,00; 8.000 unidades
b. 6.501 unidades por mês; aumentando

73. a. $A'(r) = 1.000\left(1 + \dfrac{0{,}01r}{12}\right)^{119}$

$A'(5) = $ R$ 1.640,18
A unidade de A' é o real por %.
b. $A(6) - A(5) = $ R$ 1.723,87

75. a. 0,4625 ppm por mil pessoas
b. 0,308 ppm por ano; aumentando

77. a. $C'(p) = 0{,}65p^{1,6};\ C'(60) \approx 455$ mm/kg
b. Um tigre de 100 dias pesa $p(100) = 24$ kg e tem $C(24) \approx 969$ mm de comprimento. De acordo com a regra da cadeia,
$$C'(I) = C'(p)p'(I) = (0{,}65p^{1,6})(0{,}21)$$
e, portanto, para $I = 100$, $p = 24$, temos
$$C'(100) = (0{,}65)(0{,}21)(24)^{1,6} \approx 22{,}1$$
Assim, o comprimento do tigre está aumentando à taxa de 22,1 mm por dia, aproximadamente.

79. a. Diminuindo à taxa de 0,2254% ao dia
b. Aumentando
c. A longo prazo, a concentração de oxigênio tende a voltar ao nível normal.

81. a. $V'(T) = 0{,}41(-0{,}02T + 0{,}4)$
b. $m'(V) = \dfrac{0{,}39}{(1 + 0{,}09V)^2}$
c. $V(10) = 2{,}6732$ cm³; 0,02078 g/°C

83. a. $v(t) = \dfrac{3}{2}(1 - 2t)(3 + t - t^2)^{1/2}$

$a(t) = \dfrac{24t^2 - 24t - 33}{4(3 + t - t^2)^{1/2}}$

b. $t = \dfrac{1}{2};\ s\left(\dfrac{1}{2}\right) = \dfrac{13\sqrt{13}}{8} \approx 5{,}86$

$a\left(\dfrac{1}{2}\right) = \dfrac{-3\sqrt{13}}{2} \approx -5{,}41$

c. $a(t) = 0$ para $t = \dfrac{2 + \sqrt{26}}{4} \approx 1{,}775$

$s(1{,}775) \approx 2{,}07;\ v(1{,}775) \approx -4{,}875$

d.

e. O objeto está freando para $0 \le t < 0{,}5$ e $1{,}775 < t \le 2$.

85. $\dfrac{dy}{dx} = \dfrac{d}{dx}[h(x)h(x)] = h(x)\dfrac{dh(x)}{dx} + \dfrac{dh(x)}{dx}h(x)$

$= 2h(x)\dfrac{dh(x)}{dx}$

87. $f'(1) \approx 0{,}2593,\ f'(-3) \approx -0{,}4740$; uma tangente horizontal, no ponto $x = 0$, $y = 2{,}687$.

89. $g'(x) = \dfrac{2}{1 + (2x + 1)^2}$

CAPÍTULO 2   Seção 5

1. **a.** $C'(x) = \dfrac{2}{5}x + 4; R'(x) = 12 - \dfrac{x}{2}$

    b. $C'(20) = R\$12,00; C(21) - C(20) = R\$12,20$

    c. $R'(20) = R\$2,00; R(21) - R(20) = R\$1,75$

3. **a.** $C'(x) = \dfrac{2}{3}x + 2; R'(x) = -3x^2 - 20x + 4.000$

    b. $C'(20) = R\$15,33; C(21) - C(20) = R\$15,67$

    c. $R'(20) = R\$2.400,00; R(21) - R(20) = R\$2.329,00$

5. **a.** $C'(x) = \dfrac{x}{2}; R'(x) = \dfrac{2x^2 + 4x + 3}{(1+x)^2}$

    b. $C'(20) = R\$10,00; C(21) - C(20) = R\$10,25$

    c. $R'(20) = R\$2,00; R(21) - R(20) = R\$2,00$

7. 2,1

9. $\dfrac{100 f'(4)}{f(4)}(0,3) \approx 0,20; 20\%$

11. **a.** $\$232,00$; sim

    b. $R(81) - R(80) = R\$231,95$

13. **a.** $R\$241,00$

    b. $R\$244,00$

15. A receita diminuirá de aproximadamente R$ 150,80.

17. A produção diária aumentará de aproximadamente oito unidades.

19. A produção diária aumentará de aproximadamente 825 unidades.

21. 0,2 unidade

23. 200

25. **a.** $R(t) = -3t^2 + 18t + 48$

    b. $R'(t) = -6t + 18$

    c. Como $R'(3) = 0$, a variação estimada é $\dfrac{R'(3)}{12} = 0$. A variação real é $R\left(3 + \dfrac{1}{12}\right) - R(3)$, ou seja, 21 pessoas a menos que a variação estimada.

27. $\dfrac{3c}{|c - b|}$

29. 46,67%

31. 3,85 cm

33. A reta tangente no ponto $x = x_0$ é
    $y = f'(x_0)(x - x_0) + f(x_0)$.
    Fazendo $y = 0$ e $x = x_1$, obtemos:
    $0 = f'(x_0)(x_1 - x_0) + f(x_0) \Rightarrow x_1 - x_0 \dfrac{-f(x_0)}{f'(x_0)} \Rightarrow x_1 - x_0$
    $\dfrac{f(x_0)}{f'(x_0)}$. Repetindo o processo n vezes, obtemos $x_n = x_{n-1}$
    $- \dfrac{f(x_{n-1})}{f'(x_{n-1})}$.

35. 3,82070437, 1,61179338

37. **a.** $x_{n+1} = x_n - \dfrac{f(x_n)}{f'(x_n)} = x_n - \dfrac{x_n^{1/3}}{\dfrac{1}{3}x_n^{-2/3}}$
    $= x_n - 3x_n = -2x_n$

    b. Para qualquer valor de $x_0 \neq 0$, a sequência $x_0, -2x_0, 4x_0, \ldots$ aumenta sem limite e alterna de sinal, de modo que não pode tender a um valor finito.

CAPÍTULO 2   Seção 6

1. $\dfrac{dy}{dx} = -\dfrac{2}{3}$

3. **a.** $\dfrac{dy}{dx} = \dfrac{3x^2}{2y} = \pm\dfrac{3x^2}{2\sqrt{x^3 - 5}}$

    b. $\dfrac{dy}{dx} = \pm\dfrac{3x^2}{2\sqrt{x^3 - 5}}$

5. **a.** $\dfrac{dy}{dx} = -\dfrac{y}{x} = \dfrac{-(4/x)}{x}$

    b. $\dfrac{dy}{dx} = -\dfrac{4}{x^2}$

7. **a.** $\dfrac{dy}{dx} = \dfrac{-y}{x + 2} = \dfrac{-[3/(x+2)]}{x + 2}$

    b. $\dfrac{dy}{dx} = \dfrac{-3}{(x+2)^2}$

9. $\dfrac{dy}{dx} = -\dfrac{x}{y}$

11. $\dfrac{dy}{dx} = \dfrac{y - 3x^2}{3y^2 - x}$

13. $\dfrac{dy}{dx} = \dfrac{3 - 2y^2}{2y(1 + 2x)}$

15. $\dfrac{dy}{dx} = -\dfrac{\sqrt{y}}{\sqrt{x}}$

17. $\dfrac{dy}{dx} = \dfrac{y - 1}{1 - x}$

19. $\dfrac{dy}{dx} = \dfrac{1}{3(2x + y)^2} - 2$

21. $\dfrac{dy}{dx} = \dfrac{y - 5x(x^2 + 3y^2)^4}{15y(x^2 + 3y^2)^4 - x}$

23. $y = \dfrac{1}{3}x + \dfrac{4}{3}$

25. $y = -\dfrac{1}{2}x + 2$

27. $y = \dfrac{5}{8}x - \dfrac{9}{4}$

29. $y = \dfrac{13}{12}x + \dfrac{11}{12}$

31. **a.** Nenhum

    b. (9, 0)

606 RESPOSTAS

33. **a.** Nenhum
    b. (0, 0) e (64, 2)

35. **a.** (1, −2), (−1, 2)
    b. (−2, 1), (2, −1)

37. $\dfrac{d^2y}{dx^2} = \dfrac{-3y^2 - x^2}{9y^3} = \dfrac{-5}{9y^3}$

39. −1,704 homem-hora

41. $\dfrac{dx}{dt} = 1{,}74$, ou seja, está aumentando à taxa de 174 unidades por mês

43. $\dfrac{dD}{dt} = -2$ torradeiras por mês; estará diminuindo

45. $\dfrac{dK}{dt} = -\dfrac{2}{5}(\text{R\$1.000,00}) = -\text{R\$ }400{,}00$ por semana

47. $\dfrac{dR}{dt} = 20$ mm/min

49. $0{,}476$ cm³ por mês

51. **a.** 14,04 kcal por dia²
    b. −9,87 kcal por dia²

53. Como $v = \dfrac{KR^2}{L} = $ constante no centro da artéria ($r = 0$), temos

$$0 = v'(t) = K\left[\dfrac{2R}{L}R' - \dfrac{R^2}{L^2}L'\right]$$

e, portanto,

$$\dfrac{2R}{L}R' = \dfrac{R^2}{L^2}L'$$

$$\dfrac{L'}{L} = 2\dfrac{R'}{R}$$

e, portanto, a taxa de variação relativa de L com o tempo é duas vezes maior que a taxa de variação relativa de R.

55. **a.** $\dfrac{dF}{dC} = -\dfrac{kD^2}{2\sqrt{A-C}}$; aumenta
    b. $\dfrac{50}{A-C}\%$

57. 1,06 m/s

59. −0,5 atm/s; diminuindo

61. $\dfrac{x^2}{a^2} + \dfrac{y^2}{b^2} = 1$; $\dfrac{2x}{a^2} + \dfrac{2yy'}{b^2} = 0$; $2b^2x + 2a^2yy' = 0$,

$y' = -\dfrac{2b^2x}{2a^2y} = -\dfrac{b^2x}{a^2y}$. No ponto $P(x_0, y_0)$ $m = -\dfrac{b^2x_0}{a^2y_0}$

e a equação da reta tangente é

$$y - y_0 = -\dfrac{b^2x_0}{a^2y_0}(x - x_0)$$

$$a^2yy_0 - a^2y_0^2 = -b^2xx_0 + b^2x_0^2$$

$$b^2xx_0 + a^2yy_0 = b^2x_0^2 + a^2y_0^2$$

$$\dfrac{x_0x}{a^2} + \dfrac{y_0y}{b^2} = \dfrac{x_0^2}{a^2} + \dfrac{y_0^2}{b^2} = 1$$

pois $P(x_0, y_0)$ está sobre a curva e, portanto, satisfaz a equação da curva.

63. Se $y = x^{r/s}$, $y^s = x^r$ e $sy^{s-1}\dfrac{dy}{dx} = rx^{r-1}$, o que nos dá

$\dfrac{dy}{dx} = \dfrac{rx^{r-1}}{sy^{s-1}}$. Como $y^{s-1} = \dfrac{y^s}{x^{r/s}} = \dfrac{x^r}{x^{r/s}}$,

$$\dfrac{dy}{dx} = \dfrac{r}{s} \cdot x^{r-1} \cdot \dfrac{x^{r/s}}{x^r}$$

$$= \dfrac{r}{s} \cdot x^{r-1+r/s-r}$$

$$= \dfrac{r}{s} \cdot x^{r/s-1}$$

65. As tangentes horizontais são $y = 1{,}24$ e $y = -1{,}24$.

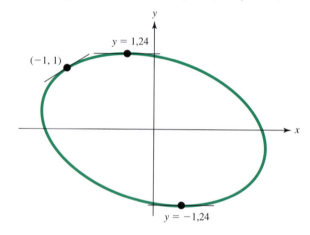

67. As tangentes horizontais são $y = 1{,}23$ e $y = -1{,}23$.

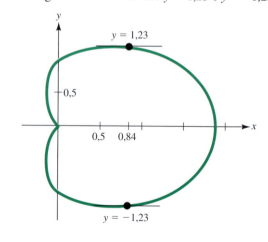

CAPÍTULO 2 Problemas de Verificação

1. **a.** $\dfrac{dy}{dx} = 12x^3 - \dfrac{2}{\sqrt{x}} - \dfrac{10}{x^3}$

    b. $\dfrac{dy}{dx} = -15x^4 + 39x^2 - 2x - 4$

    c. $\dfrac{dy}{dx} = \dfrac{-10x^2 + 10x + 1}{(1 - 2x)^2}$

    d. $\dfrac{dy}{dx} = (9x - 6)(3 - 4x + 3x^2)^{1/2}$

2. $f''(t) = 24t + 8$
3. $y = -4x$
4. $\dfrac{3}{8}$
5. **a.** 58 dólares por ano
    b. 2,98% por ano
6. **a.** $v(t) = 6t^2 - 6t;\ a(t) = 12t - 6$
    b. Está parado em $t = 0$ e $t = 1$; está recuando para $0 < t < 1$; está avançando para $1 < t < 2$.
    c. 6
7. **a.** $C'(4{,}09)(0{,}01) = 5{,}3272(0{,}01) = 0{,}053272$ mil reais $\approx$ R\$ 53,27
    b. $C(4{,}1) - C(4{,}09) = 0{,}053276$ mil reais $\approx$ R\$ 53,27
8. A produção terá um aumento de aproximadamente 10.714 unidades.
9. 0,001586 m³ por semana
10. **a.** $2{,}25\pi$ cm²
    b. $\dfrac{8}{3}\%$

CAPÍTULO 2 Problemas de Revisão

1. $f'(x) = 2x - 3$
3. $f'(x) = 24x^3 - 21x^2 + 2$
5. $\dfrac{dy}{dx} = \dfrac{-14x}{(3x^2 + 1)^2}$
7. $f'(x) = 10(20x^3 - 6x + 2)(5x^4 - 3x^2 + 2x + 1)^9$
9. $\dfrac{dy}{dx} = 2\left(x + \dfrac{1}{x}\right)\left(1 - \dfrac{1}{x^2}\right) + \dfrac{5}{2\sqrt{3x^3}}$
11. $f'(x) = 3\sqrt{6x + 5} + \dfrac{9x + 3}{\sqrt{6x + 5}}$
13. $\dfrac{dy}{dx} = \dfrac{-7}{2(3x + 2)^2}\sqrt{\dfrac{3x + 2}{1 - 2x}}$
15. $y = -x - 1$
17. $y = -\dfrac{2}{3}x + \dfrac{5}{3}$
19. **a.** $f'(0) = 0$
    b. $f'(1) = -\dfrac{1}{4}$
21. **a.** -400%
    b. -100%

23. **a.** $\dfrac{dy}{dx} = -2(2 - x)$

    b. $\dfrac{dy}{dx} = -\dfrac{1}{(2x + 1)^{3/2}}$

25. **a.** 2
    b. $\dfrac{3}{2}$

27. **a.** $f''(x) = 24x$
    b. $f''(x) = 24(x + 4)(x + 2)$
    c. $f''(x) = \dfrac{2(x - 5)}{(x + 1)^4}$

29. **a.** $\dfrac{dy}{dx} = -\dfrac{2y}{x}$

    b. $\dfrac{dy}{dx} = -\left[\dfrac{1 + 10y^3(1 - 2xy^3)^4}{4 + 30xy^2(1 - 2xy^3)^4}\right]$

31. **a.** $m = -\dfrac{5}{9}$
    b. $m = -1$

33. $\dfrac{d^2y}{dx^2} = \dfrac{6y^2 - 9x^2}{4y^3} = \dfrac{-9}{2y^3}$

35. **a.** 8.000 habitantes por ano
    b. -18.000 habitantes por ano²

37. **a.** $v(t) = \dfrac{-2(t + 4)(t - 3)}{(t^2 + 12)^2}$,

    $a(t) = \dfrac{2(2t^3 + 3t^2 - 72t - 12)}{(t^2 + 12)^3}.$

    O corpo está avançando para $0 < t < 3$ e recuando para $3 < t < 4$. O corpo está sempre freando para $0 < t < 4$.

    b. $\dfrac{11}{42}$.

39. **a.** A produção aumentará de aproximadamente 12.000 unidades.
    b. A produção aumentará de 12.050 unidades.
41. A produção diminuirá de aproximadamente 5.000 unidades por dia.
43. A poluição aumentará de aproximadamente 10%.
45. **a.** 0,2837 habitante por quilômetro quadrado
    b. 2,41 milhões de habitantes
    c. 55 anos; 60,67 animais por ano
47. 1,5%
49. $425{,}25 \leq A \leq 479{,}53$; a precisão é de 6%
51. $100\dfrac{\Delta Q}{Q} \approx 0{,}67\%$
53. $17{,}01 \leq V \leq 19{,}18$; a precisão é de 6%
55. $\dfrac{dx}{dt} = 0{,}15419$, ou seja, um aumento de 15,419 unidades por mês

57. 10,7%

59. 5,5 segundos; 70,4 metros

61. a. R$ 195,00 por unidade por mês
b. −R$ 16,00 por unidade por mês ao quadrado
c. −R$ 8,00 por unidade por mês
d. −R$ 8,75 por unidade por mês

63. −R$ 99,00 por mês

65. 455,9 cm^3

67. 0,9 m/s

69. 2,25 m/s

71. −0,99 m/s

73. 0,48 m/s^2

75. A taxa de variação tende a 0, pois, se $y = mx + b$, $\dfrac{100y'}{y} = \dfrac{100m}{mx + b}$, que tende a 0 quando x tende a ∞.

77.

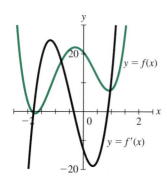

$f'(x) = 0$ para $x \approx -1{,}78$, $-0{,}35$ e $0{,}88$.

79. a.

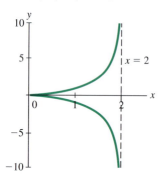

b. No ponto (1, 1), a reta tangente é $y = 2x - 1$; no ponto (1, −1), é $y = -2x + 1$.
c. Quando $x \to 2^-$, o ramo superior da curva cresce sem limite ($y \to +\infty$), enquanto o ramo inferior diminui sem limite ($y \to -\infty$).
d. O eixo x (a reta $y = 0$) é tangente na origem aos dois ramos da curva.

CAPÍTULO 3 Seção 1

1. $f'(x) > 0$ para $-2 < x < 2$; $f'(x) < 0$ para $x < -2$ e $x > 2$

3. $f'(x) > 0$ para $x < -4$ e $0 < x < 2$; $f'(x) < 0$ para $-4 < x < -2$, $-2 < x < 0$ e $x > 2$

5. B

7. D

9. $f(x)$ é crescente para $x > 2$ e decrescente para $x < 2$.

11. $f(x)$ é crescente para $x < -1$ e $x > 1$ e decrescente para $-1 < x < 1$.

13. $g(t)$ é crescente para $t < 0$ e $t > 4$ e decrescente para $0 < t < 4$.

15. $f(t)$ é crescente para $0 < t < 2$ e $t > 2$ e decrescente para $t < -2$ e $-2 < t < 0$.

17. $h(u)$ é crescente para $-3 < u < 0$ e decrescente para $0 < u < 3$.

19. $F(x)$ é decrescente para $x < 0$ e para $x > 0$.

21. $f(x)$ é crescente para $x > 1$ e decrescente para $0 < x < 1$.

23. $x = 0, 1$; $(0, 2)$, mínimo relativo; $(1, 3)$, ponto ordinário

25. $x = -1$; $(-1, 3)$, ponto ordinário

27. $x = 1$; $(1, 0)$, ponto ordinário

29. $t = -\sqrt{3}, \sqrt{3}$; $\left(\sqrt{3}, \dfrac{\sqrt{3}}{6}\right)$, máximo relativo; $\left(-\sqrt{3}, -\dfrac{\sqrt{3}}{6}\right)$, mínimo relativo

31. $t = 0, 4$; $(0, 0)$, máximo relativo; $\left(4, \dfrac{8}{9}\right)$, mínimo relativo. Os pontos −2 e 1, que anulam o denominador, não pertencem ao domínio de $h(t)$ e, portanto, não são pontos críticos.

33. $t = 0, -1, 1$; $(0, 1)$, máximo relativo; $(-1, 0)$ e $(1, 0)$, mínimos relativos

35.

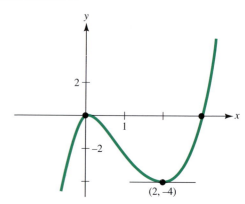

37.

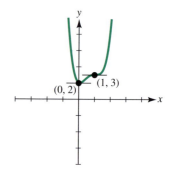

39.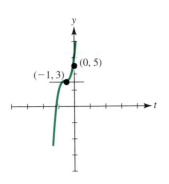

41.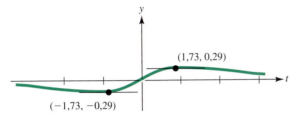

43.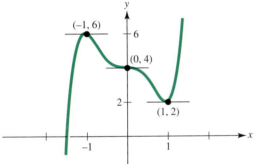

45.

Número Crítico	Classificação
−2	Mínimo relativo
0	Ponto ordinário
2	Máximo relativo

47.

Número Crítico	Classificação
−1	Ponto ordinário
$\frac{4}{3}$	Máximo relativo

49. Uma possibilidade:

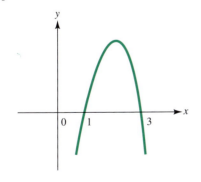

51. Uma possibilidade:

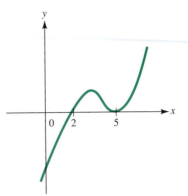

53. **a.** $A'(x) = 2x - 20 - \dfrac{242}{x^2}$
b. Crescente: $x > 11$; decrescente: $0 \le x < 11$
c. O custo médio é mínimo para $x = 11$; o custo médio mínimo é R\$ 102.000,00 por unidade.

55. $R(x) = x(10 - 3x)^2$; $\dfrac{dR}{dx} = (10 - 3x)(10 - 9x)$;

A receita é máxima para $x = \dfrac{10}{9}$ centenas de unidades (≈ 111 unidades).

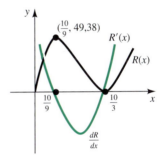

57. **a.**

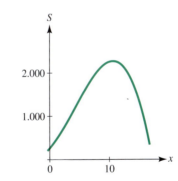

b. 207
c. R\$ 11.000,00; 2.264 unidades

59. **a.** $1 \le r \le 5{,}495$
b. 5,495%; 1.137 pedidos

61. **a.** 1971, 1976, 1980, 1983, 1988, 1994
b. 1973, 1979, 1981, 1985, 1989
c. Aproximadamente 0,5% ao ano
d. Aproximadamente 0,5% ao ano

610 RESPOSTAS

63. A concentração é máxima no instante $t = 0{,}9$ h.

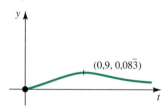

65. a. $Y(t) = \dfrac{9.300}{31 + t}(3 + t - 0{,}05t^2)$

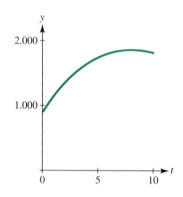

b. 8 semanas; 1.860 quilogramas

67.

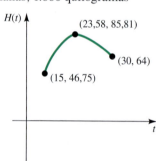

$23{,}58°C$; $85{,}81\%$

69.

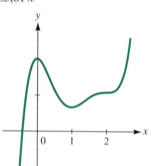

71.

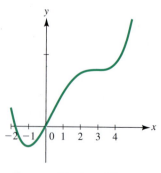

73. $a = 2;\ b = 3;\ c = -12;\ d = -12$

75.

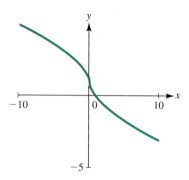

77. Pela regra do produto, $\dfrac{dy}{dx} = (x - p)(1) + (1)(x - q) = 2x - p - q$. Resolvendo a equação $\dfrac{dy}{dx} = 0$, obtemos $x = \dfrac{p + q}{2}$, o ponto médio das duas interseções da curva da função com o eixo x.

79.

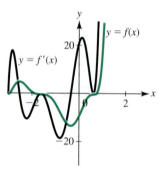

$f'(x) = 0$ para $x = -3;\ -2{,}529;\ -1{,}618;\ -0{,}346;\ 0{,}618$

81.

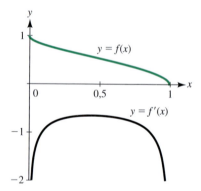

$f'(x)$ não se anula para nenhum valor de x.

83. A metade superior de uma circunferência.

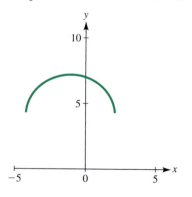

CAPÍTULO 3 Seção 2

1. $f''(x) > 0$ para $x > 2$; $f''(x) < 0$ para $x < 2$
3. $f''(x) > 0$ para $x < -1$ e $x > 1$; $f''(x) < 0$ para $-1 < x < 1$
5. Concavidade para cima para $x > -1$; concavidade para baixo para $x < -1$; ponto de inflexão em $(-1, 2)$
7. Concavidade para cima para $x > -1/3$; concavidade para baixo para $x < -1/3$; ponto de inflexão em $(-1/3, -1/27)$
9. Concavidade para cima para $t < 0$ e $t > 1$; concavidade para baixo para $0 < t < 1$; ponto de inflexão em $(1, 0)$
11. Concavidade para cima para $x < 0$ e $x > 3$; concavidade para baixo para $0 < x < 3$; pontos de inflexão em $(0, -5)$ e $(3, -65)$
13. Crescente para $x < -3$ e $x > 3$; decrescente para $-3 < x < 3$; concavidade para cima para $x > 0$; concavidade para baixo para $x < 0$; máximo em $(-3, 20)$; mínimo em $(3, -16)$; ponto de inflexão em $(0, 2)$

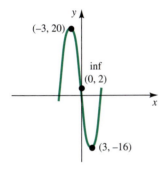

15. Crescente para $x > 3$; decrescente para $x < 3$; concavidade para cima para $x < 0$ e $x > 2$; concavidade para baixo para $0 < x < 2$; mínimo em $(3, -17)$; pontos de inflexão em $(0, 10)$ e $(2, -6)$

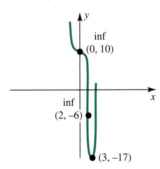

17. Crescente para qualquer valor de x; concavidade para cima para $x > 2$; concavidade para baixo para $x < 2$; ponto de inflexão em $(2, 0)$

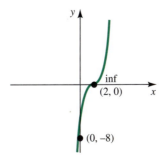

19. Crescente para $x > 0$; decrescente para $x < 0$; concavidade para cima para $x < -\sqrt{5}$, $-1 < x < 1$ e $x > \sqrt{5}$; concavidade para baixo para $-\sqrt{5} < x < -1$ e $1 < x < \sqrt{5}$; mínimo em $(0, -125)$; pontos de inflexão em $(-\sqrt{5}, 0)$, $(\sqrt{5}, 0)$, $(-1, -64)$ e $(1, -64)$

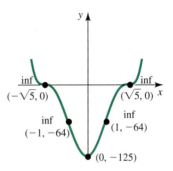

21. Crescente para $s > -1$; decrescente para $s < -1$; concavidade para cima para $s < -4$ e $s > -2$; concavidade para baixo para $-4 < s < -2$; mínimo em $(-1, -54)$; pontos de inflexão em $(-4, 0)$ e $(-2, -32)$

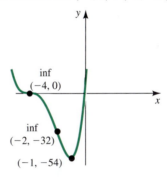

23. Crescente para $x > 0$; decrescente para $x < 0$; concavidade para cima para qualquer valor de x; mínimo em $(0, 1)$

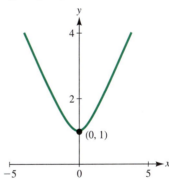

25. Crescente para $x < -1/2$; decrescente para $x > -1/2$; concavidade para cima para $x < -1$ e $x > 0$; concavidade para baixo para $-1 < x < 0$; máximo em $(-1/2, 4/3)$; pontos de inflexão em $(-1, 1)$ e $(0, 1)$

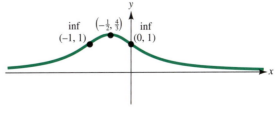

27. $f''(x) = 6(x + 1)$; máximo em $(-2, 5)$; mínimo em $(0, 1)$

612 RESPOSTAS

29. $f''(x) = 12(x^2 - 3)$; máximo em (0, 81); mínimo em (3, 0) e (−3, 0)
31. $f''(x) = 36/x^3$; máximo em (−3, −11); mínimo em (3, 13)
33. $f''(x) = 12x^2 - 60x + 50$; máximo em (5/2, 625/16); mínimo em (0, 0) e (5, 0)
35. $f''(x) = \dfrac{4(3t^2 - 1)}{(1 + t^2)^3}$; máximo em (0, 2)
37. $f''(x) = \dfrac{24(x - 2)}{x^4}$; máximo em (−4; −13,5). O teste não funciona para $x = 2$ [existe um ponto de inflexão em (2, 0)].
39. Concavidade para cima para $x < 0$, para $0 < x < 1$ e para $x > 3$; concavidade para baixo para $1 < x < 3$; pontos de inflexão em $x = 1$ e $x = 3$
41. Concavidade para cima para $x > 1$; concavidade para baixo para $x < 1$; ponto de inflexão em $x = 1$
43. **a.** Crescente para $x < 0$ e $x > 4$; decrescente para $0 < x < 4$
    b. Concavidade para cima para $x > 2$; concavidade para baixo para $x < 2$
    c. Mínimo relativo em $x = 4$; máximo relativo em $x = 0$; ponto de inflexão em $x = 2$
    d.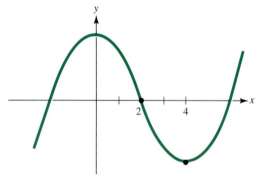
45. **a.** Crescente para $-\sqrt{5} < x < \sqrt{5}$; decrescente para $x > \sqrt{5}$ e $x < -\sqrt{5}$
    b. Concavidade para cima para $x < 0$ e concavidade para baixo para $x > 0$
    c. Máximo relativo em $x = \sqrt{5}$; mínimo relativo em $x = -\sqrt{5}$; ponto de inflexão em $x = 0$
    d.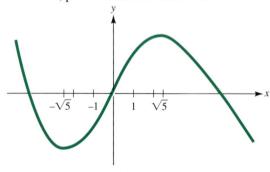

47. A figura mostra um gráfico típico.

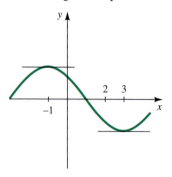

49. $f(x)$ é crescente para $x > 2$.
    $f(x)$ é decrescente para $x < 2$.
    A concavidade de $f(x)$ é para cima para qualquer valor de x.
    $f(x)$ possui um mínimo relativo em $x = 2$.
    $f(x)$ não possui pontos de inflexão.

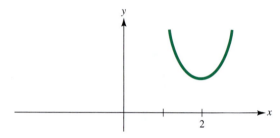

51. $f(x)$ é crescente para $x > 2$.
    $f(x)$ é decrescente para $x < -3$ e $-3 < x < 2$.
    A concavidade de $f(x)$ é para cima para $x < -3$ e para $x > -1$.
    A concavidade de $f(x)$ é para baixo para $-3 < x < -1$.
    $f(x)$ possui um mínimo relativo em $x = 2$.
    $f(x)$ possui pontos de inflexão em $x = -3$ e $x = -1$.

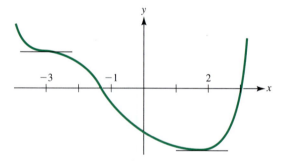

53. $C(x) = 0{,}3x^3 - 5x^2 + 28x + 200$
    a. $C'(x) = 0{,}9x^2 - 10x + 28$

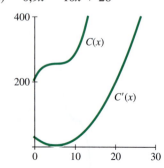

b. O único ponto em que $C(x) = 0$ é $x = 5{,}56$, que corresponde a um mínimo de $C'(x)$ e a um ponto de inflexão na curva de $C(x)$.

55. a. Serão vendidas 1.000 unidades.
b. O gráfico possui um ponto de inflexão em $x = 11$. Esse ponto indica que a taxa de aumento das vendas é máxima quando R\$ 11.000,00 são investidos em comercialização.

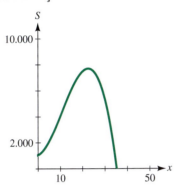

57. A produtividade é dada por $Q'(t) = -3t^2 + 9t + 15$.
a. A produtividade é máxima para $t = 1{,}5$ (9 h 30 min)
b. A produtividade é mínima para $t = 4$ (meio-dia)

59. a. $M'(r) = \dfrac{0{,}02 - 0{,}018r - 0{,}00018r^2}{(1 + 0{,}009r^2)^2}$

$M''(r) = \dfrac{-0{,}018 - 0{,}00108r + 0{,}000486r^2 + 0{,}00000324r^3}{(1 + 0{,}009r^2)^3}$

b.

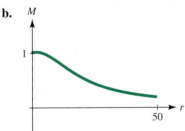

c. 7,10%

61. a. $S'(t) = \dfrac{18 - 3t}{(t + 2)^3}$; $S''(t) = \dfrac{6t - 60}{(t + 2)^4}$
b. 6 meses após o início da campanha; 519 pares.
c. 10 meses após o início da campanha; 517 pares; $-0{,}7$ par por mês.

63. a. $N'(t) = \dfrac{60 - 5t^2}{(12 + t^2)^2}$;

$N''(t) = \dfrac{10t^3 - 360t}{(12 + t^2)^3}$

b. 3,5 semanas após o início do surto; 722 novos casos
c. 6 semanas após o início do surto; 62,5 novos casos

65. A taxa de crescimento é dada por $P'(t) = -3t^2 + 18t + 48$.
a. A taxa é máxima para $t = 3$ anos.
b. A taxa é mínima para $t = 0$ ano.
c. A taxa de variação de $P'(t)$ é $P''(t) = -6t + 18$, que é máxima para $t = 0$.

67. a. $R'(t) = A''(t) = \dfrac{d}{dt}[(k\sqrt{A(t)})(M - A(t))]$

$= k\left(\dfrac{1}{2}\right)\dfrac{A'(t)}{\sqrt{A(t)}}[M - A(t)] + k\sqrt{A(t)}(-A'(t))$

$= \dfrac{kA'(t)}{2\sqrt{A(t)}}[M - 3A(t)]$

$= 0$ para $A = \dfrac{M}{3}$.

b. Máxima
c. A curva de $A(t)$ possui um ponto de inflexão no ponto no qual $A(t) = M/3$.

69. $f'(x) = 4x^3 + 1$; $f''(x) = 12x^2$. Embora $f'(0) = f''(0) = 0$, $f'(x)$ e $f''(0)$ não mudam de sinal em $x = 0$ e, portanto, a curva de $f(x)$ não possui nem um extremo relativo nem um ponto de inflexão em $x = 0$.

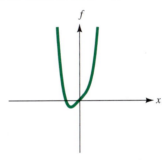

71. Sejam $f(x) = \dfrac{1}{6}x^3 - x^2$ e $g(x) = -\dfrac{1}{6}x^3 + x^2$; f e g possuem pontos de inflexão em $x = 2$, mas $h(x) = f(x) + g(x) = 0$ não possui pontos de inflexão.

73. a.

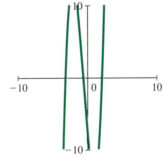

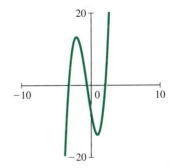

b.

x	−4	−2	−1	0	1	2
f(x)	−39	13	6	−7	−14	−3
f'(x)	60	0	−12	−12	0	24
f''(x)	−42	−18	−6	6	18	30

c. $(-3{,}08; 0)$, $(-0{,}54; 0)$, $(2{,}12; 0)$; $(0; -7)$

614 RESPOSTAS

    d. Máximo relativo em (−2, 13); mínimo relativo em (1, −14)
    e. $x < -2$ e $x > 1$
    f. $-2 < x < 1$
    g. $\left(-\dfrac{1}{2}, -\dfrac{1}{2}\right)$
    h. $x > -\dfrac{1}{2}$
    i. $x < -\dfrac{1}{2}$
    j. As respostas podem variar.
    k. 13; −39

CAPÍTULO 3 SEÇÃO 3

1. Assíntota vertical $x = 0$; assíntota horizontal $y = 0$
3. Assíntota horizontal $y = 0$
5. Assíntotas verticais $x = -2$ e $x = 2$; assíntotas horizontais $y = 2$ e $y = 0$
7. Assíntota vertical $x = 2$; assíntota horizontal $y = 0$
9. Assíntota vertical $x = -2$; assíntota horizontal $y = 3$
11. Assíntota horizontal $y = 1$
13. Assíntotas verticais $t = 2$ e $t = 3$; assíntota horizontal $y = 1$
15. Assíntotas verticais $x = 0$ e $x = 1$; assíntota horizontal $y = 0$

17.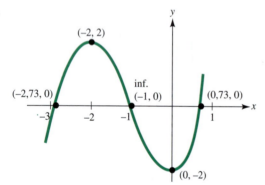

19.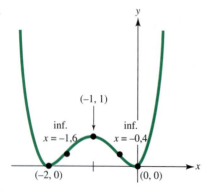

21.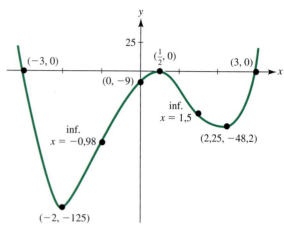

23.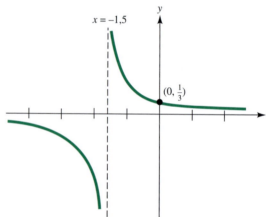

25.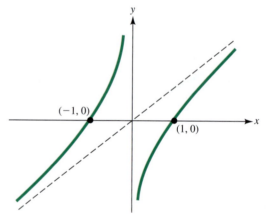

27.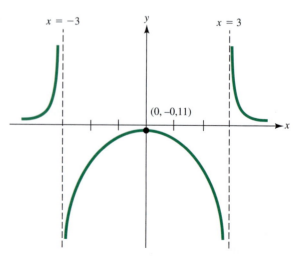

29.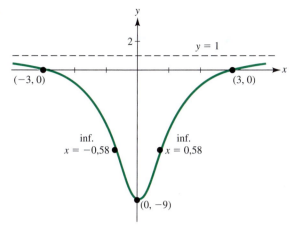

31.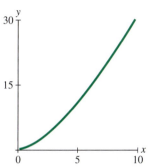

33. As respostas podem variar. Segue um exemplo.

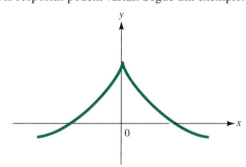

35. As respostas podem variar. Segue um exemplo.

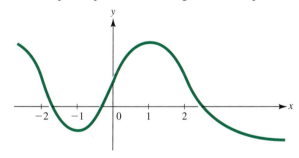

37. As respostas podem variar. Segue um exemplo.

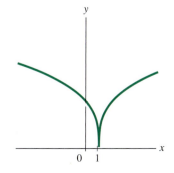

39. a. $f(x)$ é crescente $[f'(x) > 0]$ para $0 < x < 2$ e $x > 2$ e decrescente $[f'(x) < 0]$ para $x < 0$.
  b. $f(x)$ possui um mínimo relativo em $x = 0$.
  c. $f''(x) = x^2(x-2)(5x-6)$; a concavidade de $f(x)$ é para cima para $x < 0$, $0 < x < \frac{6}{5}$ e $x > 2$ e para baixo para $\frac{6}{5} < x < 2$.
  d. $x = \frac{6}{5}$ e $x = 2$

41. a. $f(x)$ é crescente $[f'(x) > 0]$ para $-3 < x < 2$ e $x > 2$ e decrescente $[f'(x) < 0]$ para $x < -3$.
  b. $f(x)$ possui um mínimo relativo em $x = -3$.
  c. $f''(x) = \dfrac{-x - 8}{(x-2)^3}$; a concavidade de $f(x)$ é para cima para $-8 < x < 2$ e para baixo para $x < -8$ e $x > 2$.
  d. $x = -8$

43. $B = -\dfrac{5}{2}$; $A = -10$

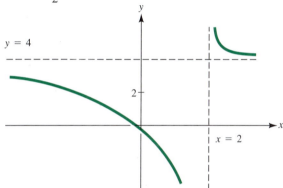

45. a. Uma assíntota vertical, $x = 0$; não há assíntotas horizontais
  b. A curva do custo médio $A(x)$ tende para a reta $y = 3x + 1$ quando x tende a infinito.
  c.

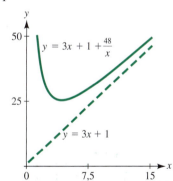

47. a.

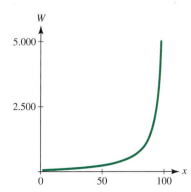

  b. 11,8%

616 RESPOSTAS

49. a.

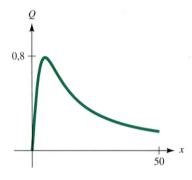

  b. R$ 5.196,00; 674 unidades
  c. R$ 9.000,00

51. a. $C(x) = \dfrac{7.293,6}{x} + 1,56x$

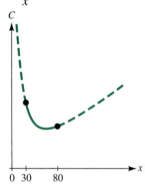

  b. 68 km/h; R$ 213,00

53. As respostas podem variar. Segue um exemplo.

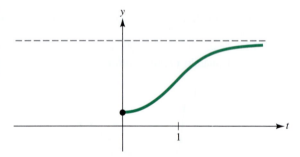

55. a.

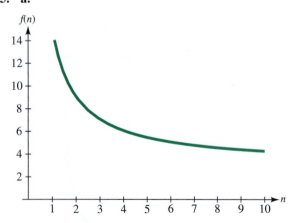

  b. Os pontos correspondentes a $n = 1, 2, 3, \ldots$
  c. As respostas podem variar.

57. a.

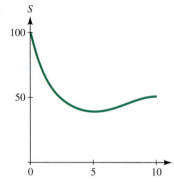

  b. $t = 5$; 41,2%
  c. Positiva; diminuindo

59. a.

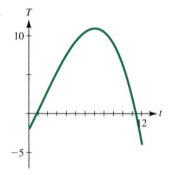

  b. A temperatura é máxima às 13 h. A temperatura máxima é 10,9°C.

61. a. $f'(x) = \dfrac{10(x-1)}{3x^{1/3}}$; $f(x)$ é crescente para $x < 0$ e $x > 1$ e decrescente para $0 < x < 1$; possui um mínimo relativo em $(1, -3)$ e um máximo relativo em $(0, 0)$.

  b. $f''(x) = \dfrac{10(2x+1)}{9x^{4/3}}$; a concavidade de $f(x)$ é para cima para $x > -\dfrac{1}{2}$; a concavidade de $f(x)$ é para baixo para $x < -\dfrac{1}{2}$; existe um ponto de inflexão em $\left(-\dfrac{1}{2}, -3\sqrt[3]{2}\right)$.

  c. $(0, 0)$, $(5/2, 0)$; não existem assíntotas

  d.

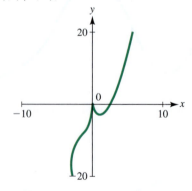

63. a.

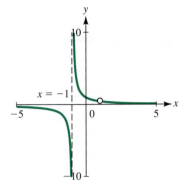

A curva possui um buraco em $x = 1$.

b.

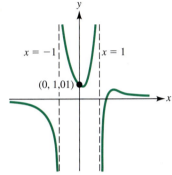

Assíntotas verticais $x = 1$ e $x = -1$; assíntotas horizontais $y = 0$.

CAPÍTULO 3   Seção 4

1. Máximo absoluto em $(1, 10)$; mínimo absoluto em $(-2, 1)$
3. Máximo absoluto em $(0, 2)$; mínimo absoluto em $(2, -40/3)$
5. Máximo absoluto em $(-1, 2)$; mínimo absoluto em $(-2, -56)$
7. Máximo absoluto em $(-3, 3.125)$; mínimo absoluto em $(0, -1.024)$
9. Máximo absoluto em $(3, 10/3)$; mínimo absoluto em $(1, 2)$
11. Mínimo absoluto em $(1, 2)$; não existe máximo absoluto
13. Não existe máximo absoluto nem mínimo absoluto
15. Mínimo absoluto em $(0, 1)$; não existe mínimo absoluto
17. **a.** $R(q) = 49q - q^2$; $R'(q) = 49 - 2q$;

    $C'(q) = \dfrac{1}{4}q + 4$;

    $P(q) = -\dfrac{9}{8}q^2 + 45q - 200$;

    O lucro é máximo para $q = 20$.

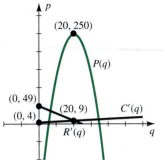

b. $A(q) = \dfrac{1}{8}q + 4 + \dfrac{200}{q}$. O custo médio é mínimo para $q = 40$.

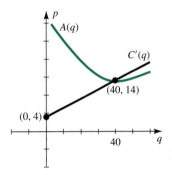

19. **a.** $R(q) = 180q - 2q^2$; $R'(q) = 180 - 4q$;
    $C'(q) = 3q^2 + 5$;
    $P(q) = -q^3 - 2q^2 + 175q - 162$;
    O lucro é máximo para $q = 7$.

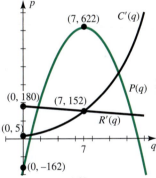

b. $A(q) = q^2 + 5 + \dfrac{162}{q}$. O custo médio é mínimo para $q = 4{,}327$.

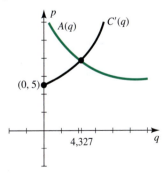

618 RESPOSTAS

21. a. $R(q) = 1{,}0625q - 0{,}0025q^2$;
$R'(q) = 1{,}0625 - 0{,}005q$;
$C'(q) = \dfrac{q^2 + 6q - 1}{(q+3)^2}$;
$P(q) = \dfrac{-0{,}0025q^3 + 0{,}055q^2 + 3{,}1875q - 1}{q+3}$;
O lucro é máximo para $q = 17{,}3$

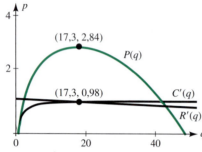

b. $A(q) = \dfrac{q^2 + 1}{q(q+3)}$. O custo médio é mínimo para
$q = \dfrac{1 + \sqrt{10}}{3} \approx 1{,}3874$.

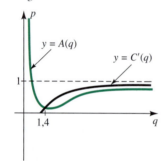

23. $E(p) = \dfrac{1{,}3p}{-1{,}3p + 10}$; $E(4) = \dfrac{13}{12}$, elástica

25. $E(p) = \dfrac{-2p^2}{p^2 - 200}$; $E(10) = 2$, elástica

27. $E(p) = \dfrac{-30}{p - 30}$; $E(10) = \dfrac{3}{2}$, elástica

29. A inclinação $f'(x) = 4x - x^2$ tem o maior valor absoluto para $x = -1$. A inclinação da curva é máxima no ponto $\left(-1, \dfrac{7}{3}\right)$. A inclinação da tangente é -5.

31. a. $P'(q) = -4q + 68$;
$A(q) = \dfrac{P(q)}{q} = -2q + 68 - \dfrac{128}{q}$
b. $P'(q) = A(q)$ para $q = 8$
c. A é crescente ($A' > 0$) para $0 < q < 8$ e decrescente ($A' < 0$) para $q > 8$

d.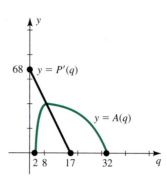

33. a. $E = \dfrac{3p}{2q + 3p}$
b. Para $p = 3$, $q = 2$, $E = 9/13$ e a demanda é inelástica.

35. a. $225 \leq p \leq 250$
b. $E(p) = \dfrac{p}{250 - p}$
A demanda é elástica para $p > 125$, inelástica para $p < 125$ e de elasticidade unitária para $p = 125$.
c. A receita total é crescente para $p < 125$ e decrescente para $p > 125$.
d. Se for possível aumentar o número de reproduções colocadas à venda, a receita total é maximizada fazendo $p = 125$ reais e vendendo 250 reproduções; se não, a receita é maximizada vendendo as 50 reproduções por $p = 225$ reais cada uma.

37. 400 Lalás e 700 Lilis

39. 11 horas

41. a. $E(p) = \dfrac{ap}{b - ap}$
b. $E(p) = 1 \Rightarrow ap = (1)(b - ap)$
$\Rightarrow 2ap = b \Rightarrow p = \dfrac{b}{2a}$
c. Elástica para $\dfrac{b}{2a} < p \leq \dfrac{b}{a}$, inelástica para $0 \leq p < \dfrac{b}{2a}$

43. $E(p) = -\dfrac{p}{q}\dfrac{dq}{dp} = -\dfrac{p}{\left(\dfrac{a}{p^m}\right)}\left(\dfrac{-ma}{p^{m+1}}\right)$
$= -\left(\dfrac{p^{m+1}}{a}\right)\left(\dfrac{-ma}{p^{m+1}}\right) = m$

Se $m = 1$, a demanda é de elasticidade unitária; se $m > 1$, a demanda é elástica; se $0 < m < 1$, a demanda é inelástica.

45. a. O maior em 2013 ($x = 15$); o menor em 2009 ($x = 11$)
b. O maior: 58.500 em 2013; o menor: 12.100 em 2009

47. A velocidade do sangue é máxima para $r = 0$, ou seja, no eixo central.

49. $p = \dfrac{n}{m}$

51. a. $v = 39$ km/h
b. As respostas podem variar.

53. **a.** $D = \dfrac{C}{2}; \dfrac{C^2}{4}$

b. $\dfrac{C^3}{12}$

55. **a.** $R(x) = \dfrac{AB + A(1-m)x^m}{(B+x^m)^2}$; $x = \left(\dfrac{B}{m-1}\right)^{1/m}$

b. $R'(x) = \dfrac{-Amx^{m-1}[(1-m)x^m + (1+m)B]}{(B+x^m)^3}$;

$= 0$ para $x = 0$ e $x = \left[\dfrac{B(m+1)}{m-1}\right]^{1/m}$

c. Máximo relativo, de acordo com o teste da derivada primeira.

57. $R = r$

59. $F'(v) = 0$ para $v = \sqrt[4]{\dfrac{B}{A}}$. Como F é decrescente ($F' < 0$) para $0 < v < \sqrt[4]{\dfrac{B}{A}}$ e crescente ($F' > 0$) para $v > \sqrt[4]{\dfrac{B}{A}}$, existe um mínimo em $v = \sqrt[4]{\dfrac{B}{A}}$.

61. $R'(p) = q[-E(p) + 1]$, em que $q > 0$.
Se a demanda é elástica, $E(p) > 1$, $-E(p) + 1 < 0$, $R'(p) < 0$ e $R(p)$ é decrescente.
Se a demanda é inelástica, $E(p) < 1$, $-E(p) + 1 > 0$, $R'(p) > 0$ e $R(p)$ é crescente.
Se a demanda é de elasticidade unitária, $E(p) = 1$, $-E(p) + 1 = 0$, $R'(p) = 0$ e $R(p)$ é máxima.

CAPÍTULO 3   Seção 5

1. $\dfrac{1}{2}$
3. $x = 25, y = 25$
5. Um quadrado com 60 m de lado.
7. Seja x o comprimento do retângulo, y a largura e p o valor (fixo) do perímetro. Nesse caso, $p = 2(x + y)$ e $y = \dfrac{1}{2}(p - 2x)$. A área é

$$A = xy = x\left[\dfrac{1}{2}(p - 2x)\right] = -x^2 + \dfrac{1}{2}px$$

Derivando, obtemos

$$A' = -2x + \dfrac{1}{2}p = 0$$

para $x = p/4$. Como $A'' = -2 < 0$, a área é máxima para $x = p/4$ e

$$y = \dfrac{1}{2}\left[p - 2\left(\dfrac{p}{4}\right)\right] = \dfrac{p}{4}$$

ou seja, quando o retângulo é um quadrado.

9. 6 por 2,5
11. R$ 40,83 ≈ R$ 41,00
13. 80 árvores
15. R$ 8,12 (ou R$ 8,13)
17. Totalmente no fundo do rio.
19. Daqui a cinco anos
21. 17 andares
23. **a.** 200 vidros
b. de três em três meses
25. **a.** 10 máquinas
b. R$ 400,00
c. R$ 200,00
27. Suponha que o custo de implantação e o custo de operação sejam aN e b/N, respectivamente, em que a e b são constantes positivas. Nesse caso, o custo total é $C = aN + b/N$. Para que o custo seja mínimo, devemos ter

$$C' = a - \dfrac{b}{N^2} = 0$$

$$aN = \dfrac{b}{N}$$

ou seja, o custo de implantação aN deve ser igual ao custo de operação b/N.

29. **a.** $P(x) = x\left(15 - \dfrac{3}{8}x\right) - \dfrac{7}{8}x^2 - 5x - 100 - tx$;

Assim, $P'(x) = -\dfrac{5}{2}x + 10 - t = 0$

para $x = \dfrac{2}{5}(10 - t)$

b. $t = 5$
c. O monopolista vai absorver R$ 4,25 dos R$ 5,00 de imposto cobrados por unidade. R$ 0,75 serão repassados ao consumidor.
d. As respostas podem variar.

31. A 4,5 quilômetros da fábrica A

33. O ponto P deve estar a $\dfrac{5\sqrt{3}}{3} \approx 2{,}9$ quilômetros do ponto A.

35. **a.**

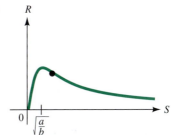

O gráfico parece ter um máximo $\left(\text{em } x = \sqrt{\dfrac{a}{b}}\right)$, um mínimo (em $x = 0$) e um ponto de inflexão. A taxa de aumento parece tender a 0 quando S tende a infinito.

b. As respostas podem variar.

37. **a.** $E'(v) = \dfrac{Cv^{k-1}[(v - v_w)k - v]}{(v - v_w)^2} = 0$ se o numerador for igual a zero, o que nos dá $v = \dfrac{v_w k}{k-1}$. Esse número crítico corresponde a um mínimo relativo.

b. $F(k) = \dfrac{v_w k}{k - 1}, k > 2$

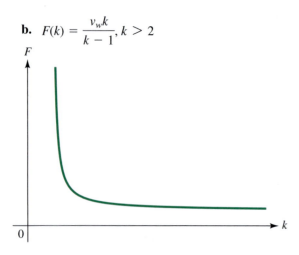

$F(k)$ tende a v_w para grandes valores de k.

39. Largura: 22 cm; comprimento: 44 cm

41. $r = 3{,}75$ cm; $h = 7{,}47$ cm

43. $r = \dfrac{2}{3}h$

45. 2 por 2 por $\dfrac{4}{3}$ metros

47. João está certo. No Exemplo 3.5.5, substitua 3.000 por qualquer distância fixa $D \geq 1.200$. O resultado é o mesmo, já que a constante D é eliminada no cálculo de C'.

49. Sim, ele chega 5 minutos e 17 segundos antes do prazo fatal.

51. $S = Kwh^3 = Kh^3\sqrt{225 - h^2}$;

$S'(h) = \dfrac{675h^2 - 4h^4}{\sqrt{225 - h^2}} = 0$ para $h \approx 13$ cm;

$w = \sqrt{15^2 + h^2} \approx 7{,}5$ cm.

53. $x = 18; y = 36; V = 11.664$ polegadas³

CAPÍTULO 3   Problemas de Verificação

1. O gráfico de $f(x)$ é (a) e o gráfico de $f'(x)$ é (b). As respostas podem variar. Uma razão é que os pontos em que a curva (b) intercepta o eixo x correspondem ao máximo e ao mínimo na curva (a).

2. a. Crescente para $x < 0$ e $0 < x < 3$; decrescente para $x > 3$

Número Crítico	Classificação
0	Ponto ordinário
3	Máximo relativo

b. Crescente para $t < 1$ e $t > 2$; decrescente para $1 < t < 2$

Número Crítico	Classificação
1	Máximo relativo
2	Mínimo relativo

c. Crescente para $-3 < t < 3$; decrescente para $t < -3$ e $t > 3$

Número Crítico	Classificação
-3	Mínimo relativo
3	Máximo relativo

d. Crescente para $x < -1$ e $x > 9$; decrescente para $-1 < x < 9$

Número Crítico	Classificação
-1	Máximo relativo
9	Mínimo relativo

3. a. Concavidade para cima para $x > 2$; concavidade para baixo para $x < 0$ e $0 < x < 2$; ponto de inflexão em $x = 2$

b. Concavidade para cima para $-5 < x < 0$ e $x > 1$; concavidade para baixo para $x < -5$ e $0 < x < 1$; pontos de inflexão em $x = -5, x = 0$ e $x = 1$

c. Concavidade para cima para $t > 1$; concavidade para baixo para $t < 1$; não possui pontos de inflexão

d. Concavidade para cima para $-1 < t < 1$; concavidade para baixo para $t < -1$ e $t > 1$; pontos de inflexão em $t = -1$ e $t = 1$

4. a. Assíntota vertical, $x = -3$; assíntota horizontal, $y = 2$

b. Assíntotas verticais, $x = -1$ e $x = 1$; assíntota horizontal, $y = 0$

c. Assíntotas verticais, $x = -\dfrac{3}{2}$ e $x = 1$; assíntota horizontal $y = \dfrac{1}{2}$

d. Assíntota vertical, $x = 0$; assíntota horizontal, $y = 0$

5. a. Ponto de interseção com os eixos x e y, $(0, 0)$; ponto de interseção com o eixo x, $\left(\dfrac{4}{3}, 0\right)$; mínimo relativo em $(1, -1)$; pontos de inflexão em $(0, 0)$ e $\left(\dfrac{2}{3}, -\dfrac{16}{27}\right)$

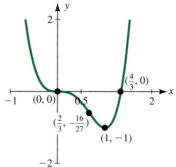

b. Ponto de interseção com o eixo y, $(0, 1)$; mínimo relativo em $(0, 1)$; pontos de inflexão em $(1, 2)$ e $\left(\dfrac{1}{2}, \dfrac{23}{16}\right)$

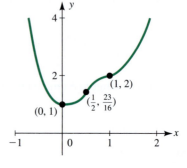

c. Assíntota vertical, $x = 0$; assíntota horizontal, $y = 1$; ponto de interseção com o eixo x, $(-1, 0)$; mínimo relativo em $(-1, 0)$; ponto de inflexão em $\left(-\dfrac{3}{2}, \dfrac{1}{9}\right)$

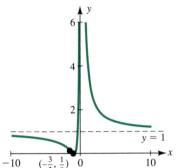

d. Assíntota vertical, $x = 1$; assíntota horizontal, $y = 0$; ponto de interseção com o eixo x, $\left(\dfrac{1}{2}, 0\right)$; ponto de interseção com o eixo y, $(0, 1)$; máximo relativo em $(0, 1)$; ponto de inflexão em $\left(-\dfrac{1}{2}, \dfrac{8}{9}\right)$

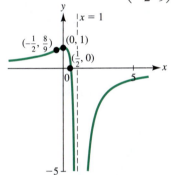

6. As respostas podem variar. Segue um exemplo.

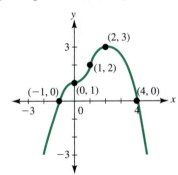

7. a. Máximo absoluto de 6 em $x = -1$; mínimo absoluto de -26 em $x = 3$
   b. Máximo absoluto de 23 em $t = 2$; mínimo absoluto de -69 em $t = 4$
   c. Máximo absoluto de 19 em $u = 16$; mínimo absoluto de 3 em $u = 0$
8. $f''(t) = 0$ para $t = 7/3$; 8h20min
9. R$ 135,00

10. a.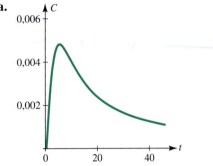

    b. $t = 9$
    c. A concentração tende a 0.
11. a. 1,667 milhão
    b. $t = 2$ horas; 5 milhões

    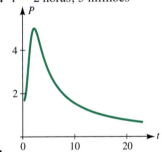

    c. A população tende a 0.

CAPÍTULO 3 Problemas de Revisão

1. $f(x)$ é crescente para $-1 < x < 2$ e decrescente para $x < -1$ e $x > 2$; a concavidade é para cima para $x < 1/2$, e para baixo para $x > 1/2$; a função possui um máximo relativo em $(2, 15)$, um mínimo relativo em $(-1, -12)$ e um ponto de inflexão em $(1/2, 3/2)$.

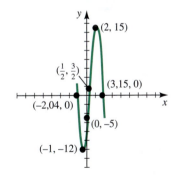

3. $f(x)$ é crescente para $x < -0,79$ e $x > 1,68$ e decrescente para $-0,79 < x < 1,68$; a concavidade é para cima para $x > 4/9$, e para baixo para $x < 4/9$; a função possui máximo relativo em $(-0,79; 22,51)$, um mínimo relativo em $(1,68; -0,23)$ e um ponto de inflexão em $(0,44; 11,14)$.

622 RESPOSTAS

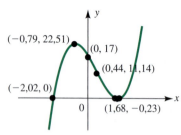

5. $f(x)$ é crescente para $t < -2$ e $t > 2$ e decrescente para $-2 < t < 2$; a concavidade é para cima para $-\sqrt{2} < t < 0$ e para $t > \sqrt{2}$, e para baixo para $t < -\sqrt{2}$ e para $0 < t < \sqrt{2}$; a função possui um máximo relativo em $(-2, 64)$, um mínimo relativo em $(2, 64)$ e pontos de inflexão em $(-\sqrt{2}; 39,6)$ e $(\sqrt{2}; -39,6)$.

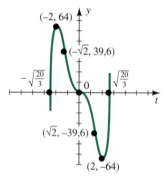

7. $g(x)$ é crescente para $t < -2$ e $t > 0$ e decrescente para $-2 < t < -1$ e $-1 < t < 0$; a concavidade é para cima para $t > -1$ e para baixo para $t < -1$; a função possui um máximo relativo em $(-2, -4)$, um mínimo relativo em $(0, 0)$ e não possui pontos de inflexão.

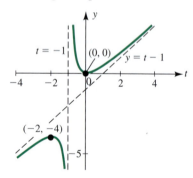

9. $F(x)$ é crescente para $x < -2$ e $x > 2$ e decrescente para $-2 < x < 0$ e para $0 < x < 2$; a concavidade é para cima para $x > 0$ e para baixo para $x < 0$; a função possui um máximo relativo em $(-2, -6)$, um mínimo relativo em $(2, 10)$ e não possui pontos de inflexão.

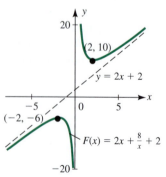

11. O gráfico de $f(x)$ é (b) e o gráfico de $f'(x)$ é (a). As respostas podem variar. Uma razão é que a curva (b) é sempre crescente e a curva (a) é sempre positiva.

13.

Número Crítico	Classificação
-1	Máximo relativo
0	Mínimo relativo
3/2	Ponto ordinário
7	Mínimo relativo

15.

Número Crítico	Classificação
0	Mínimo relativo
2	Ponto ordinário

17. As respostas podem variar; segue um exemplo.

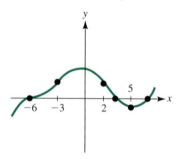

19. As respostas podem variar; segue um exemplo.

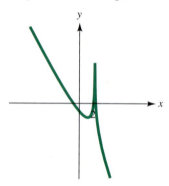

21. Máximo relativo em $(2, 15)$; mínimo relativo em $(-1, -12)$

23. Máximo relativo em $(-2, -4)$; mínimo relativo em $(0, 0)$

25. Máximo absoluto de 40 para $x = -3$; mínimo absoluto de -12 para $x = -1$

27. Máximo absoluto de $1/2$ para $s = -1/2$ e $s = 1$; mínimo absoluto de 0 para $s = 0$

29. **a.** $f(x)$ é crescente para $0 < x < 1$ e $x > 1$ e decrescente para $x < 0$.
b. A concavidade de $f(x)$ é para cima para $x < 1/3$ e $x > 1$ e para baixo para $1/3 < x < 1$.
c. $f(x)$ possui um mínimo relativo em $x = 0$ e pontos de inflexão em $x = 1/3$ e $x = 1$.

d.

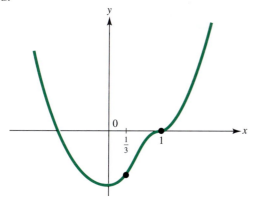

31. R$ 12,50
33. $r = \dfrac{2}{3}h$
35. a. Um quadrado de 80 m por 80 m
    b. 160 m no lado paralelo ao muro e 80 m nos outros dois lados
37. O homem deve remar até o destino.
39. 12 máquinas
41. a. $E = \dfrac{2p^2}{100 - p^2}$
    b. Para $p = 6$, $E = \dfrac{9}{8}$. Como $E > 1$, a demanda é elástica (ou seja, quando o preço aumenta, a receita diminui).
    c. R$ 5,77
43. a. $E(p) = \dfrac{1,4p^2}{300 - 0,7p^2}$
    b. $E(8) = 0,351$; aumentar o preço
45. Retângulo: 39 cm por 42 cm; lado do triângulo: 39 cm
47. 4.000 mapas
49. *Sugestão*: Para uma remessa de x unidades, $C = k_1 x + \dfrac{k_2}{x}$.
51. a. $x = \sqrt{\dfrac{pq}{ns}}$
    b. Se $x = \sqrt{\dfrac{pq}{ns}}$, o custo de preparação é $C_s = sx = s\sqrt{\dfrac{pq}{ns}}$ e o custo de operação é $C_o = pt = p\left(\dfrac{q}{nx}\right) = \dfrac{pq}{n\sqrt{\dfrac{pq}{ns}}} = s\sqrt{\dfrac{pq}{ns}}$, o que significa que $C_s = C_o$.
53. a. Um mínimo relativo em $x = \dfrac{1}{c}$
    b. Máximo de $\dfrac{\pi}{3}(5 - 3\sqrt{2})$; mínimo de $\dfrac{\pi}{6}$
    c. Máximo de $\dfrac{\sqrt{3}\pi}{16}$; mínimo de $\dfrac{\sqrt{3}\pi}{4(2 + \sqrt{2})^2}$
    d. $\lim\limits_{x \to \infty} f(x) = Kc^2$; se $r \gg R$, a fração de empacotamento depende apenas da geometria da rede cristalina.
    e. As respostas podem variar.

CAPÍTULO 4 Seção 1

1. $e^2 \approx 7{,}389$, $e^{-2} \approx 0{,}135$, $e^{0,05} \approx 1{,}051$, $e^{-0,05} \approx 0{,}951$, $e^0 = 1$, $e \approx 2{,}718$, $\sqrt{e} \approx 1{,}649$, $\dfrac{1}{\sqrt{e}} \approx 0{,}607$

3.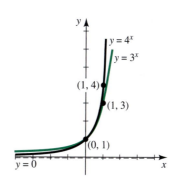

5. a. 9
   b. $\dfrac{1}{27}$
7. a. 12
   b. $\dfrac{189}{1.331}\sqrt{7}$
9. a. 3
   b. 4
11. a. 243
    b. $e^{14/3}$
13. a. $9x^4$
    b. $2x^{2/3}y$
15. a. $\dfrac{1}{x^{1/3}y^{1/2}}$
    b. $x^{1,1}y^2$
17. a. $\dfrac{1}{t}$
    b. t
19. $\dfrac{3}{2}$
21. 1
23. 1
25. $-2, 2$
27. $0, \dfrac{3}{2}$
29.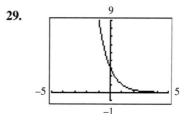

624 RESPOSTAS

31.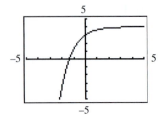

33. $b = 2, C = 3$

35. a. R$ 1.967,15
    b. R$ 2.001,60
    c. R$ 2.009,66
    d. R$ 2.013,75

37. a. R$ 7.129,86
    b. R$ 7.068,25
    c. R$ 7.047,12
    d. R$ 7.046,88

39. $r_e \approx 6{,}14\%$

41. $r_e \approx 5{,}13\%$

43. R$ 4.093,65

45. a. R$ 40,60
    b. R$ 4.060,00
    c. A receita diminui de R$ 1.458,00 quando são produzidas 100 unidades.

47. d, c, b, a

49. R$ 608,33

51. a. 0,5488
    b. 0,1813
    c. 0,1215

53. Os índios teriam tido um lucro de 2,7676 trilhões de dólares

55. a. PIB $= 500(1{,}027)^t$ bilhões de dólares
    b. 652,6 bilhões de dólares

57. R$ 1.206,93

59. a. Não. Uma prestação justa seria de R$ 166,07.
    b. As respostas podem variar.

61. a. 12.000 habitantes por quilômetro quadrado
    b. 5.959 habitantes por quilômetro quadrado

63. a. 50.000.000 habitantes
    b. 91.105.940 habitantes

65. a. 3 mg/mL; 1,78 mg/mL
    b. $-0{,}72$ mg/mL por hora

67. a. $A = \dfrac{10.000}{2^{0{,}01}} \approx 9931$
    b. 9.931; 10.070; 10.353 bactérias
    c. 440 bactérias por hora ou 7,33 bactérias por minuto

69. a. 0,13 g/cm^3
    b. 0,1044 g/cm^3; 0,0795 g/cm^3
    c. $-0{,}0016$ g/cm^3 por minuto
    d. Quando $t \to \infty$, $C(t) \to 0{,}065$ g/cm^3

e.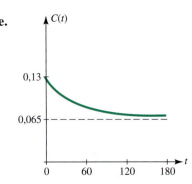

71. $\dfrac{1}{\sqrt[3]{10}} I_0 \approx 0{,}46 I_0$

73. 329,7 g

75.
x	$-2{,}2$	$-1{,}5$	0	1,5	2,3
$f(x)$	10,5561	4	0,5	0,0625	0,0206

77. Quando $n \to -\infty$, $\left(1 + \dfrac{1}{n}\right)^n \to e \approx 2{,}71828$

79. $\lim\limits_{n \to +\infty} \left(2 - \dfrac{5}{2n}\right)^{n/3} = +\infty$

CAPÍTULO 4   Seção 2

1. $\ln 1 = 0$, $\ln 2 \approx 0{,}693$, $\ln e = 1$, $\ln 5 \approx 1{,}609$, $\ln \dfrac{1}{5} \approx -1{,}609$, $\ln e^2 = 2$, $\ln 0$ e $\ln -2$ não existem, pois e^x não pode ser igual a 0 nem igual a um número negativo.

3. 3

5. 5

7. $\dfrac{8}{25}$

9. $3 + \log_3 2 + \log_3 5$

11. $2 \log_3 2 + 2 \log_3 5$

13. $4 \log_2 x + 3 \log_2 y$

15. $\dfrac{1}{3}[\ln x + \ln(x-1)]$

17. $2 \ln x + \dfrac{2}{3}\ln(3-x) - \dfrac{1}{2}\ln(x^2 + x + 1)$

19. $3 \ln x - x^2$

21. $\dfrac{\ln 53}{\ln 4} \approx 2{,}864$

23. 5

25. $\dfrac{\ln 2}{0{,}06} \approx 11{,}552$

27. $\dfrac{\ln 5}{4} \approx 0{,}402$

29. $e^{-C-t/50}$

31. 4

33. $\dfrac{2}{\ln 3} \approx 1{,}820$

33. $\dfrac{2}{\ln 3} \approx 1{,}820$

35. $10 \ln 2 \approx 6{,}931$

37. $5 \ln 2 \approx 3{,}4657$

39. $7 \ln 5 - \ln 2 \approx 10{,}5729$

41. $-5{,}5$

43. $\dfrac{\ln 2}{0{,}06} \approx 11{,}55$ anos

45. $\dfrac{\ln 2}{13} \approx 5{,}33\%$

47. $\dfrac{12 \ln 3}{\ln 2} \approx 19{,}02$ anos

49. $\ln 1{,}06 \approx 5{,}83\%$

51. $Q(t) = 500 - 200e^{-0{,}1331t}$; 459,5 unidades

53. **a.** $10 - \ln 11 \approx R\$7{,}60$
    b. $\ln 102 \approx R\$4{,}62$
    c. $x_e = \dfrac{-3 + \sqrt{1 + 4e^{10}}}{2} \approx 147$ unidades
    $P_e \approx R\$5{,}00$

55. **a.** $300 \ln 3 \approx \$329{,}6$ milhões
    b. 6 anos
    c. $e^{10/3} - 3 \approx 25{,}03$ anos

57. **a.** 0,765 g/cm³; 0,784 g/cm³
    b. $-50 \ln\left(\dfrac{0{,}125}{0{,}13}\right) \approx 1{,}96$ s

59. **a.**
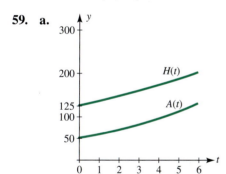

   b. $A = \dfrac{2H^2}{625}$

61. 10.523 anos

63. 24,84 anos; 95,6%

65. **a.** $51 + 100 \ln 3 \approx 161.000$ habitantes
    b. $e^{271/100} - 3 \approx 12$ anos
    c. $10 \ln(13/3) \approx 14.700$ habitantes/ano

67. **a.** 45%
    b. 2,34%

69. **a.** 0,89
    b. $\dfrac{\ln 0{,}557}{\ln 0{,}85} \approx 3{,}6$ s

c.
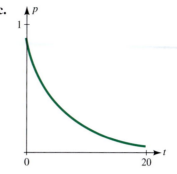

71. 5.614 anos

73. $f(t) = 20 + 80e^{-kt}$; a temperatura ideal é 60°C

75. Scélérat; 0h20min de quarta-feira

77. **a.** 8,25
    b. $10^{17{,}9}$ joules

79. Como a reta $y = x$ tem inclinação 1, é perpendicular à reta que passa pelos pontos $A(a, b)$ e $B(b, a)$, que tem inclinação $m = \dfrac{a - b}{b - a} = -1$. Se O é a origem e M é o ponto de interseção da reta $y = x$ com o segmento de reta AB, os triângulos retângulos OMA e OMB são semelhantes, já que têm o lado OM em comum e
$$|OA| = \sqrt{a^2 + b^2} = \sqrt{b^2 + a^2} = |OB|$$
Assim, $|AM| = |BM|$, o que significa que os pontos A e B são simétricos em relação à reta $y = x$.

81. Para $y = Cx^k$, sejam $Y = \ln y$ e $X = \ln x$. Nesse caso, $Y = mX + b$, em que $m = k$ e $b = \ln C$.

83. $x \approx -17{,}4213$ (usando uma calculadora)

85. $x \approx 1{,}1697$ (usando uma calculadora)

87. **a.** $(\log_a b)(\log_b a) = \left(\dfrac{\ln b}{\ln a}\right)\left(\dfrac{\ln a}{\ln b}\right) = 1$

    b. $\log_a x = \dfrac{\ln x}{\ln a}$
    $= \dfrac{(\ln x)(\ln b)}{(\ln b)(\ln a)} = (\log_b x)(\log_a b)$
    $= \dfrac{\log_b x}{\log_b a}$ usando o resultado do item (a)

CAPÍTULO 4   Seção 3

1. $f'(x) = 5e^{5x}$
3. $f'(x) = xe^x + e^x$
5. $f'(x) = -0{,}5e^{-0{,}05x}$
7. $f'(x) = (6x^2 + 20x + 33)e^{6x}$
9. $f'(x) = -6e^x(1 - 3e^x)$
11. $f'(x) = \dfrac{3}{2\sqrt{3x}} e^{\sqrt{3x}}$
13. $f'(x) = \dfrac{3}{x}$
15. $f'(x) = 2x \ln x + x$

626 RESPOSTAS

17. $f'(x) = \dfrac{2}{3}e^{2x/3}$

19. $f'(x) = \dfrac{-2}{(x+1)(x-1)}$

21. $f'(x) = -2e^{-2x} + 3x^2$

23. $g'(s) = (e^s + 1)(2e^{-s} + s) + (e^s + s + 1)(-2e^{-s} + 1)$
$= 1 + 2s + e^s + se^s - 2se^{-s}$

25. $h'(t) = \dfrac{te^t \ln t + t \ln t - e^t - t}{t(\ln t)^2}$

27. $f'(x) = \dfrac{e^x - e^{-x}}{2}$

29. $f'(t) = \dfrac{t+1}{2t\sqrt{\ln t + t}}$

31. $f'(x) = \dfrac{1 - e^{-x}}{x + e^{-x}}$

33. $g'(u) = \dfrac{1}{\sqrt{u^2 + 1}}$

35. $f'(x) = \dfrac{2^x(x \ln 2 - 1)}{x^2}$

37. $\dfrac{1 + \ln x}{\ln 10}$

39. $e;\ 1$

41. $3e^{-4/3};\ -1$

43. $\dfrac{3\sqrt{3}}{8}e^{-3/2};\ 0$

45. $\dfrac{1}{e};\ 0$

47. $y = x$

49. $y = e^2$

51. $y = \dfrac{1}{2}x - \dfrac{1}{2}$

53. $f''(x) = 4e^{2x} + 2e^{-x}$

55. $f''(t) = 2 \ln t + 3$

57. $f'(x) = f(x)\left[\dfrac{4}{2x+3} + \dfrac{1 - 10x}{2(x - 5x^2)}\right]$

59. $f'(x) = f(x)\left[\dfrac{5}{x+2} - \dfrac{1}{2(3x-5)}\right]$

61. $f'(x) = f(x)\left[\dfrac{3}{x+1} - \dfrac{2}{6-x} + \dfrac{2}{3(2x+1)}\right]$

63. $f'(x) = x(2 \ln 5)5^{x^2}$

65. **a.** $E(p) = -0{,}04p$; elástica para $p > 25$, inelástica para $p < 25$ e de elasticidade unitária para $p = 25$
b. A demanda diminuirá de aproximadamente 1,2%.
c. $R(p) = 3.000pe^{-0{,}04p};\ p = 25$

67. **a.** $E(p) = \dfrac{-p^2 - p}{10(p+11)}$; elástica para $p > 15{,}91$, inelástica para $p < 15{,}91$ e de elasticidade unitária para $p = 15{,}91$

b. A demanda diminuirá de aproximadamente 1,85%.
c. $R(p) = 5.000p(p + 11)e^{-0{,}1p};\ p = 15{,}91$

69. **a.** $C'(x) = 0{,}2e^{0{,}2x}$
b. 5 unidades

71. **a.** $C'(x) = \dfrac{6e^{x/10}}{\sqrt{x}}\left(1 + \dfrac{x}{5}\right)$
b. 5 unidades

73. **a.** O valor está diminuindo à taxa de R$ 1.082,68 por ano.
b. Uma taxa constante de -40% por ano

75. **a.** Aproximadamente 406 exemplares
b. 368 exemplares

77. $\dfrac{R'(t_0)}{R(t_0)} = \dfrac{0{,}09(11) - 0{,}02(8)}{19} \approx 0{,}0437;\ 4{,}37\%$

79. $\dfrac{-(\ln q)'}{(\ln p)'} = \dfrac{-\dfrac{1}{q}\dfrac{dq}{dp}}{\dfrac{1}{p}\dfrac{dp}{dp}} = -\dfrac{p}{q}\dfrac{dq}{dp} = E(p)$

81. **a.** $F'(t) = -k(1 - B)e^{-kt}$ é a taxa com a qual os fatos são esquecidos.
b. $F'(t) = -k[F(t) - B]$, o que significa que a taxa com a qual os fatos são esquecidos é proporcional à fração de fatos que ainda não foram esquecidos.
c.

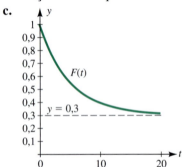

83. **a.** A população está aumentando à taxa de 1,22 milhão de habitantes por ano.
b. Uma taxa constante de 2% por ano

85. **a.** $N'(t) = \dfrac{36e^{-0{,}02t}}{(1+3e^{-0{,}02t})^2}$; a população é crescente para qualquer valor de t.
b. A taxa de variação da população é crescente para $t < 50 \ln 3$ e decrescente para $t > 50 \ln 3$.
c. A população tende a 600 membros.

87. **a.** $P'_1(10) \approx 1{,}556$ cm/dia
$P''_2(10) \approx -0{,}257$ cm/dia²; decrescente
b. As plantas têm a mesma altura, aproximadamente 20 cm, após 20,71 dias. Como $P'_1(20, 71) \approx 0{,}286$ e $P'_2(20, 71) \approx 0{,}001$, a primeira planta está crescendo muito mais depressa nessa ocasião.

89. **a.** $b^x = e^{x \ln b}$
$\dfrac{d}{dx}(b^x) = e^{x \ln b}[\ln b]$
$= (\ln b)\, b^x$

b. $y = b^x$
$\ln y = x \ln b$
$\dfrac{1}{y}\dfrac{dy}{dx} = \ln b$
$\dfrac{dy}{dx} = (\ln b) y = (\ln b) b^x$

91. $f(x) = \dfrac{1}{3}\ln(x+1) - 4\ln(1+3x)$

$f'(x) = \dfrac{1}{3(x+1)} - \dfrac{12}{1+3x}$; $f'(0{,}65) \approx -3{,}87$

A reta tangente no ponto $(0{,}65; -4{,}16)$ é $y = -3{,}87x - 1{,}65$.

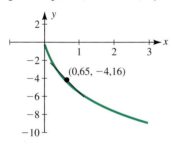

93. $100\left[\dfrac{tk-1}{t}\right]$

CAPÍTULO 4   Seção 4

1. $f_5(x)$

3. $f_3(x)$

5. $f(t)$ é crescente para qualquer valor de t. A concavidade é para cima para qualquer valor de t. Existe uma assíntota horizontal, $y = 2$.

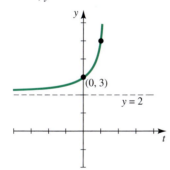

7. $g(x)$ é decrescente para qualquer valor de x. A concavidade é para baixo para qualquer valor de x. Existe uma assíntota horizontal, $y = 2$.

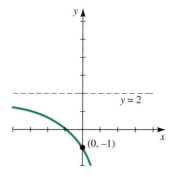

9. $f(x)$ é crescente para qualquer valor de x. A concavidade é para cima para
$x < 0{,}549$ e para baixo para $x > 0{,}549$. Existe um ponto de inflexão, $(0{,}549; 1)$. Existem duas assíntotas horizontais, $y = 2$ e $y = 0$.

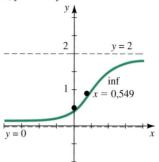

11. $f(x)$ é crescente para $x > -1$ e decrescente para $x < -1$. A concavidade é para cima para $x > -2$ e para baixo para $x < -2$. Existe um mínimo relativo, $\left(-1, -\dfrac{1}{e}\right)$.

Existe um ponto de inflexão, $\left(-2, -\dfrac{2}{e^2}\right)$. Existe uma assíntota horizontal, $y = 0$.

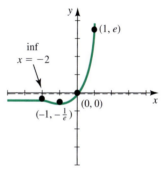

13. $f(x)$ é crescente para $x < 1$ e decrescente para $x > 1$. A concavidade é para cima para $x > 2$ e para baixo para $x < 2$. Existe um máximo relativo, $(1, e)$. Existe um ponto de inflexão, $(2, 2)$. Existe uma assíntota horizontal, $y = 0$.

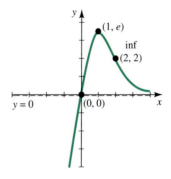

15. $f(x)$ é crescente para $0 < x < 2$ e decrescente para $x < 0$ e $x > 2$. A concavidade é para cima para $x < 0{,}6$ e $x > 3{,}4$ e para baixo para $0{,}6 < x < 3{,}4$. Existe um mínimo relativo, $(0, 0)$. Existe um máximo relativo, $\left(2, \dfrac{4}{e^2}\right)$.
Existem dois pontos de inflexão, $(0{,}6; 0{,}2)$ e $(3{,}4; 0{,}4)$. Existe uma assíntota horizontal, $x = 0$.

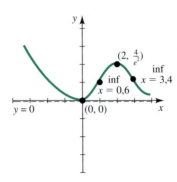

17. $f(x)$ é crescente para qualquer valor de x. A concavidade é para cima para $x < 0$ e para baixo para $x > 0$. Existe um ponto de inflexão, $(0, 3)$. Existem duas assíntotas horizontais, $y = 0$ e $y = 6$.

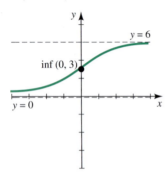

19. $f(x)$ é crescente para $x > 1$ e decrescente para $x < 1$. A concavidade é para cima para $x < e$ e para baixo para $x > e$. Existe um mínimo relativo, $(1, 0)$. Existe um ponto de inflexão, $(e, 1)$. Existe uma assíntota vertical, $x = 0$.

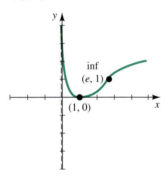

21. 36 bilhões de hambúrgueres

23. a.

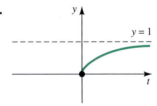

Quando $t \to \infty$, $f(t) \to 1$
b. 0,741
c. 0,089

25. 37,5 unidades por dia

27. a. Aproximadamente 403 exemplares
b. 348 exemplares

29. $C = \dfrac{1}{199}$; $k = 0{,}1745$

A taxa de variação da fração de ações envolvidas em negócios especulativos é dada pela função

$$p'(t) = \frac{199ke^{kt}}{(199 + e^{kt})^2}$$

que é máxima para

$$p''(t) = 0; t \approx 30{,}33 \text{ semanas}$$
$$p(30{,}33) \approx 0{,}5$$

31. Daqui a 69,44 anos
33. Daqui a 6,5 anos
35. a. $V(5) = $ R\$ 207,64;
$V'(t) = V_0 \left(1 - \dfrac{2}{L}\right)^t \ln\left(1 - \dfrac{2}{L}\right)$,
$V'(5) = -$R\$ 60,00 por ano
b. $100 \ln\left(1 - \dfrac{2}{L}\right)$

37.

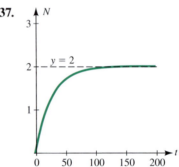

O valor de N tende para um máximo de 2 milhões de pessoas.

39. 202,5 milhões de habitantes
41. a. $e - 1 \approx 1{,}7$ ano
b. A taxa de aumento da capacidade de aprender, $L'(t)$, é máxima para $t = 0$ (o instante do nascimento).
43. a. 0,15% por ano
b. 70,24 anos; 0,15% por ano
45. a. $C = 9$, $k = \dfrac{1}{2} \ln 3$
b. 4 horas
c. 4 horas
47. a.

b. 500
c. 1.572
d. 2.000

49. 0,45 ano

51. a. $C = \dfrac{b}{aR}$; $E''\left(\dfrac{b}{aR}\right) = \dfrac{2a^3R^3}{b} > 0$

b. $k = \dfrac{b}{aR}$; $m = \dfrac{4}{e}a^2R^2$

53. a. $Q(t) = 1.139e^{0,06t}$, $Q(7) = 1.734$ funcionários
b. $t \approx 11,6$ anos
c. As respostas podem variar.

55. a. $E(t) = 1.000w(t)p(t)$
b. $t - 82$ dias; 3.527 quilogramas
c.

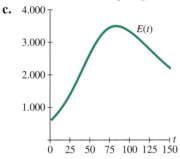

57. a.

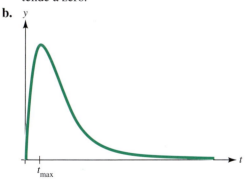

b. Se dispuser de tempo suficiente, a pessoa conseguirá se lembrar de todos os fatos relevantes.

59. $f''(t) = 0$ para $\dfrac{\ln C}{k}$; $f\left(\dfrac{\ln C}{k}\right) = \dfrac{A}{2}$

61. a. $t_{max} = \dfrac{1}{b-a}\ln\left(\dfrac{b}{a}\right)$; a longo prazo, a concentração tende a zero.

b.

63. a. $N(0) = 15$ empregados; $N(5) = 482$ empregados; 2,10 anos; 500 empregados

b.

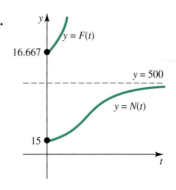

65. a. $x = r$; $p''(r) < 0$

b. Os pontos de inflexão são dados por $x = \dfrac{r(s - \sqrt{s})}{s}$ e $x = \dfrac{r(s + \sqrt{s})}{s}$. Para $s > 1$, os dois pontos de inflexão correspondem a valores positivos de x.

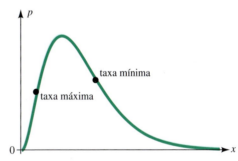

A taxa de produção de células do sangue é máxima no primeiro ponto de inflexão e mínima no segundo.

c.

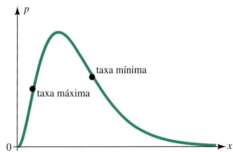

Para $0 \leq s \leq 1$, existe apenas um ponto de inflexão, $x = \dfrac{r(s + \sqrt{s})}{s}$, que corresponde a um valor positivo de x. A taxa de produção de células do sangue é máxima na origem e diminui progressivamente até o ponto de inflexão.

d. As respostas podem variar.

67. a. $A = 85$, $k = \dfrac{1}{20}\ln\dfrac{17}{6}$

630 RESPOSTAS

b.

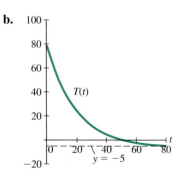

A temperatura tende a –5°C.

c. 12,8°C
d. Após 54,4 minutos

69. a. $f'(x) = -\dfrac{1}{\sigma^3\sqrt{2\pi}}(x-\mu)e^{-(x-\mu)^2/2\sigma^2}$

$f''(x) = \dfrac{1}{\sigma^5\sqrt{2\pi}}[-\sigma^2 + (x-\mu)^2]e^{-(x-\mu)^2/2\sigma^2}$

$f'(x) = 0$ para $x = \mu$; $f'(x) > 0$ para $x < \mu$; $f'(x) < 0$ para $x > \mu$. Assim, $f(x)$ possui um máximo absoluto em $x = \mu$.

$[(\mu \pm \sigma) - \mu]^2 = \sigma^2$ e, portanto, $f''(x) = 0$ para $x = \mu + \sigma$ e $x = \mu - \sigma$. Assim, $f(x)$ possui pontos de inflexão em $x = \mu + \sigma$ e $x = \mu - \sigma$.

b. $[(\mu + c) - \mu]^2 = c^{2'}$; portanto, $f(\mu + c) = f(\mu - c)$ para qualquer número c. Isso significa que a curva de $f(x)$ é simétrica em relação à reta $x = \mu$.

CAPÍTULO 4   Problemas de Verificação

1. a. 1
   b. $\dfrac{10}{3}$
   c. 0
   d. $\dfrac{16}{81}$

2. a. $27x^6y^3$
   b. $\dfrac{1}{\sqrt{3}xy^{2/3}}$
   c. $\dfrac{y^{7/6}}{x^{1/6}}$
   d. $\dfrac{1}{x^{6,5}y^8}$

3. a. $x = 3, x = -1$
   b. $x = \dfrac{1}{\ln 4}$
   c. $x = -4, x = 4$
   d. $t = -2\ln\dfrac{11}{3}$

4. a. $\dfrac{dy}{dx} = \dfrac{e^x(x^2 - 5x + 3)}{(x^2 - 3x)^2}$
   b. $\dfrac{dy}{dx} = \dfrac{3x^2 + 4x - 3}{x^3 + 2x^2 - 3x}$

   c. $\dfrac{dy}{dx} = x^2(1 + 3\ln x)$

5. a. $f(x)$ é crescente para $0 < x < 2$ e decrescente para $x < 0$ e $x > 2$. A concavidade é para cima para $x < 0,59$ e para $x > 3,41$ e para baixo para $0,59 < x < 3,41$. Existe um máximo relativo, $(2, 4e^{-2})$, e existe um mínimo relativo, $(0, 0)$. Existem dois pontos de inflexão, $(0,59; 0,19)$ e $(3,41; 0,38)$. Existe uma assíntota horizontal, $y = 0$.

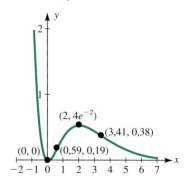

b. $f(x)$ é crescente para $0 < x < \sqrt{e}$ e decrescente para $x > \sqrt{e}$. A concavidade é para cima para $x > 2,30$ e para baixo para $x < 2,30$. Existe um máximo relativo, $(\sqrt{e}, \dfrac{1}{4e})$. Existe um ponto de inflexão, $(2,30; 0,08)$. Existe uma assíntota vertical, $x = 0$, e existe uma assíntota horizontal, $y = 0$.

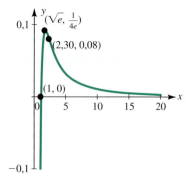

c. $f(x)$ é crescente para $0 < x < \dfrac{1}{4}$ e $x > 1$ e decrescente para $\dfrac{1}{4} < x < 1$. A concavidade é para baixo para $x \neq 1$. Existe um máximo relativo, $(\dfrac{1}{4}, -\ln 16)$. Existem duas assíntotas verticais, $x = 0$ e $x = 1$.

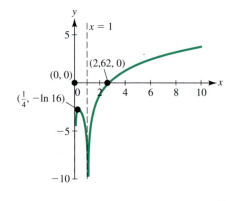

d. $f(x)$ é crescente para qualquer valor de x. A concavidade é para cima para $x < 0$ e para baixo para $x > 0$. Existe um ponto de inflexão, $(0, 2)$. Existem duas assíntotas horizontais, $y = 0$ e $y = 4$.

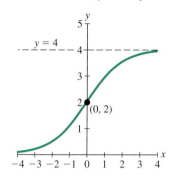

6. R$ 2.323,67; 8,1 anos

7. a. R$ 4.323,25
b. R$ 4.282,09

8. a. Está aumentando para $0 \leq t < e - 1$; está diminuindo para $t > e - 1$
b. $t = e^{3/2} - 1$
c. O preço tende a R$ 500,00.

9. a. $q'(p) = -1.000e^{-p}(p + 1) < 0$ para $p \geq 0$
b. $p = \sqrt{2}$ ou R$ 141,42; R$ 117.387,14

10. 6.601 anos

11. a. 80.000
b. 2 horas; 81.873
c. A população tende a 0.

CAPÍTULO 4 Problemas de Revisão

1.

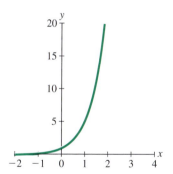

3.

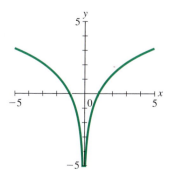

5. a. $f(4) = \dfrac{3.125}{8}$

b. $f(3) = \dfrac{100}{3}$

c. $f(9) = \dfrac{65}{2}$

d. $f(10) = \dfrac{6}{5}$

7. $x = 25 \ln 4$

9. $x = e^2$

11. $x = \dfrac{41}{2}$

13. $x = 0$

15. $\dfrac{dy}{dx} = xe^{-x}(2 - x)$

17. $\dfrac{dy}{dx} = 2 \ln x + 2$

19. $\dfrac{dy}{dx} = \dfrac{2}{x \ln 3}$

21. $\dfrac{dy}{dx} = e^x$ (Note que $y = e^x$.)

23. $\dfrac{dy}{dx} = \dfrac{-(1 + 2e^{-x})}{1 + e^{-x}}$

25. $\dfrac{dy}{dx} = \dfrac{-e^{-x}(x^2 + x + 1 + x \ln x)}{x(x + \ln x)^2}$

27. $\dfrac{dy}{dx} = \dfrac{ye^{x-x^2}(2x - 1) + 1}{e^{x-x^2} - 1}$

29. $\dfrac{dy}{dx} = 2y\left[\dfrac{3x + 3e^{2x}}{x^2 + e^{2x}} - 1 - \dfrac{1 - 2x}{3(1 + x - x^2)}\right]$

31. $f(x)$ é crescente para qualquer valor de x. A concavidade é para cima para $x > 0$ e para baixo para $x < 0$. Existe um ponto de inflexão, $(0, 0)$.

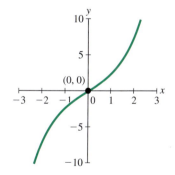

33. $f(t)$ é crescente para $t > 0$ e decrescente para $t < 0$. A concavidade é para cima para qualquer valor de t. Existe um mínimo relativo, $(1, 0)$.

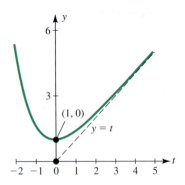

35. $F(u)$ é crescente para $-2 < u < -1$ e $u > -1$. A concavidade é para cima para $u > -1$ e para baixo para $-2 < u < -1$. Existe um ponto de inflexão, $(-1, 1)$. Existe uma assíntota vertical, $u = -2$.

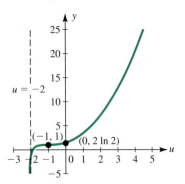

37. $G(x)$ é decrescente para qualquer valor de x. A concavidade é para cima para qualquer valor de x.

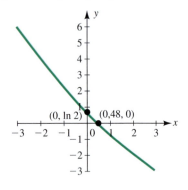

39. ln 4; ln 3

41. $\left(e + \dfrac{1}{e}\right)^5$; 32

43. $y = 2x - 2$

45. $y = 4x$

47. 8

49. O montante será quatro vezes maior que a quantia inicial.

51. 204,8 gramas

53. 20.480 bactérias

55. a.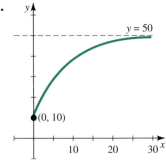

b. 10.000
c. 32.027
d. 9,81 milhares de reais (R$ 9.808,29)
e. Pouco menos de 50.000 unidades

57. a. 11,57 anos
b. 11,45 anos

59. a. R$ 4.975,96
b. R$ 5.488,12

61. 8,20% ao ano, capitalizados continuamente

63. a.

b. 10 milhões de habitantes
c. 17,28 milhões de habitantes (17.283.507)
d. A população tende para 30 milhões de habitantes.

65. a. 0,13 parte por milhão por ano
b. A taxa é constante, com um valor de 3% ao ano.

67. Daqui a 200 anos. Realisticamente, você deve conservar o bem enquanto puder.

69. a. Como $\lambda = \dfrac{\ln 2}{k}$, $k = \dfrac{\ln 2}{\lambda}$ e $Q(t) = Q_0 e^{-(\ln 2/\lambda)t}$.

b. $Q_0(0,5)^{kt} = Q_0 e^{-(\ln 2/\lambda)t}$

$kt \ln 0,5 = -\left(\dfrac{\ln 2}{\lambda}\right)t$

e, $k = \dfrac{1}{\lambda}$

71. Supondo que a Idade do Bronze tenha começado por volta de 5.000 anos atrás (3.000 a.C.), a maior porcentagem seria 55%.

73. 0,8110 minuto = 48,66 segundos; $-8,64°C$ por minuto

75. a. $A = 5e$, $k = \dfrac{1}{2}$
b. $t = 9,78$ horas

77. $C = \dfrac{37}{3}$, $k = 0,021$,

$P(50) \approx 7,525$ bilhões de habitantes

79. $10^{-1,6} \approx 0{,}0251$

81. a. $D(10) = 0{,}00195$; $D(25) = 0{,}000591$

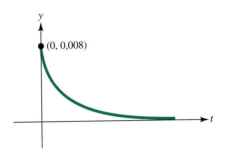

83. a. $2{,}31 \times 10^{-198}$ por cento, uma concentração tão pequena que não pode ser medida.
b. As respostas podem variar.

85. a.
1790	3.867.087
1800	5.256.550
1830	12.956.719
1860	30.207.500
1880	50.071.364
1900	77.142.427
1920	108.425.601
1940	138.370.607
1960	162.289.822
1980	178.782.499
1990	184.566.652
2000	189.034.385

b. De acordo com o modelo, a população dos EUA estava aumentando com maior rapidez por volta de 1915.

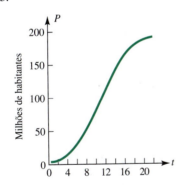

c. As respostas podem variar.

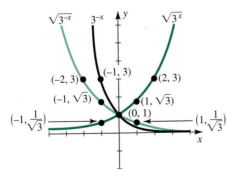

89. $x = 1{,}066$

91.

n	$(\sqrt{n})^{\sqrt{n+1}}$	$(\sqrt{n+1})^{\sqrt{n}}$
8	22,63	22,36
9	32,27	31,62
12	88,21	85,00
20	957,27	904,84
25	3.665	3.447
31	16.528	15.494
37	68.159	63.786
38	85.679	80.166
43	261.578	244.579
50	1.165.565	1.089.362
100	$1{,}12 \times 10^{10}$	$1{,}05 \times 10^{10}$
1.000	$2{,}87 \times 10^{47}$	$2{,}76 \times 10^{47}$

$(\sqrt{n})^{\sqrt{n+1}} > (\sqrt{n+1})^{\sqrt{n}}$

CAPÍTULO 5   Seção 1

1. $-3x + C$

3. $\dfrac{x^6}{6} + C$

5. $-\dfrac{1}{x} + C$

7. $4\sqrt{t} + C$

9. $\dfrac{5}{3}u^{3/5} + C$

11. $t^3 - \dfrac{2\sqrt{5}}{3}t^{3/2} + 2t + C$

13. $2y^{3/2} + y^{-2} + C$

15. $\dfrac{e^x}{2} + \dfrac{2}{5}x^{5/2} + C$

17. $\dfrac{u^{1,1}}{3.3} - \dfrac{u^{2,1}}{2.1} + C$

19. $x + \ln x^2 - \dfrac{1}{x} + C$

21. $-\dfrac{5}{4}x^4 + \dfrac{11}{3}x^3 - x^2 + C$

23. $\dfrac{2}{7}t^{7/2} - \dfrac{2}{3}t^{3/2} + C$

25. $\dfrac{1}{2}e^{2t} + 2e^t + t + C$

27. $\dfrac{1}{3}\ln|y| - 10\sqrt{y} - 2e^{-y/2} + C$

29. $\dfrac{2}{5}t^{5/2} - \dfrac{2}{3}t^{3/2} + 4t^{1/2} + C$

31. $y = \dfrac{3}{2}x^2 - 2x - \dfrac{3}{2}$

33. $y = \ln x^2 + \dfrac{1}{x} - 2$

35. $f(x) = 2x^2 + x - 1$

634 RESPOSTAS

37. $f(x) = -\dfrac{1}{3}x^3 - \dfrac{1}{2}x^2 + \dfrac{31}{6}$

39. $f(x) = \dfrac{x^4}{4} + \dfrac{2}{x} + 2x - \dfrac{5}{4}$

41. $f(x) = -e^{-x} + \dfrac{x^3}{3} + 5$

43. $y = 3e^{-2x}$

45. $e^{-y} = 2 - e^x$

47. R$ 22.360,00

49. R$ 646,20

51. 3.253

53. **a.** $P(q) = 100q - q^2 - 200$
    b. 50; R$ 2.300,00

55. $c(x) = 0{,}9x + 0{,}2x^{3/2} + 10$

57. R$ 986.880,00

59. 10.128 habitantes

61. 206.152

63. **a.** 7 palavras por minuto
    b. $f(x) = x + 0{,}6x^2 - 0{,}02x^2$
    c. 100 palavras

65. **a.** $48\dfrac{1}{3}$ (18 elementos)
    b. $48\dfrac{1}{3}$ (48 elementos)

67. **a.** $V(t) = 0{,}15t - 15e^{0{,}006t} + 45$
    b. 32,5 cm³; 32,2 cm³
    c. Não, já que $V(90) = 32{,}8$ cm³

69. $v(r) = \dfrac{1}{2}a(R^2 - r^2)$

71. **a.** $T(t) = 16 - 20e^{-0{,}35t}$
    b. 6,1°C
    c. 3,44 horas

73. Como o carro percorre 64,5 metros antes de parar, o cavalo leva um grande susto, mas escapa ileso.

75. **a.** $v(t) = -7t + 20$; $s(t) = -\dfrac{7}{2}t^2 + 20t$
    b.
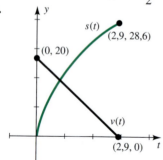
    c. 2,9 s; 28,6 m; 14,25 m/s

77. $\displaystyle\int b^x\, dx = \int e^{x \ln b}\, dx = \dfrac{e^{x \ln b}}{\ln b} + C = \dfrac{b^x}{\ln b} + C$

CAPÍTULO 5 Seção 2

1. **a.** $u = 3x + 4$
   b. $u = 3 - x$
   c. $u = 2 - t^2$
   d. $u = 2 + t^2$

3. $\dfrac{1}{12}(2x + 6)^6 + C$

5. $\dfrac{1}{6}(4x - 1)^{3/2} + C$

7. $-e^{1-x} + C$

9. $\dfrac{1}{2}e^{x^2} + C$

11. $\dfrac{1}{12}(t^2 + 1)^6 + C$

13. $\dfrac{4}{21}(x^3 + 1)^{7/4} + C$

15. $\dfrac{2}{5}\ln|y^5 + 1| + C$

17. $\dfrac{1}{26}(x^2 + 2x + 5)^{13} + C$

19. $\dfrac{3}{5}\ln|x^5 + 5x^4 + 10x + 12| + C$

21. $-\dfrac{3}{2}\left(\dfrac{1}{u^2 - 2u + 6}\right) + C$

23. $\dfrac{1}{2}(\ln 5x)^2 + C$

25. $\dfrac{-1}{\ln x} + C$

27. $\dfrac{1}{2}[\ln(x^2 + 1)]^2 + C$

29. $\ln|e^x - e^{-x}| + C$

31. $\dfrac{1}{2}x - \dfrac{1}{4}\ln|2x + 1| + C$

33. $\dfrac{1}{10}(2x + 1)^{5/2} - \dfrac{1}{6}(2x + 1)^{3/2} + C$

35. $2\ln(\sqrt{x} + 1) + C$

37. $y = -\dfrac{1}{6}(3 - 2x)^3 + \dfrac{9}{2}$

39. $y = \ln|x + 1| + 1$

41. $y = \dfrac{1}{2}\ln|x^2 + 4x + 5| - \dfrac{1}{2}\ln 2 + 3$

43. $f(x) = \dfrac{1}{5} - \dfrac{1}{5}(1 - 2x)^{5/2}$

45. $f(x) = \dfrac{3}{2} - \dfrac{1}{2}e^{4-x^2}$

47. $y = 2 + Ce^{1/(x+1)}$

49. $y^2 = 2 + Cx^{-2}$

51. a. $C(q) = (q-4)^3 + 64 + k$, em que k é o custo fixo
    b. R$ 1.500,00
53. a. $R(x) = 50x - 175e^{-0,01x^2} + 175$
    b. R$ 50.175,00
55. R$ 7.120,00
57. a. $p(x) = \dfrac{300}{\sqrt{x^2+9}} + 15$
    b. R$ 66,45; R$ 115,00
    c. 265 pares de sapatos
59. a. $p(x) = \ln(x+3) + \dfrac{3}{x+3} - 0,25$
    b. R$ 2,55
61. a. A taxa de variação do montante
    $$\dfrac{dM}{dt} = \begin{bmatrix}\text{taxa de}\\\text{depósitos}\end{bmatrix} - \begin{bmatrix}\text{taxa de}\\\text{retiradas}\end{bmatrix}$$
    $$= rM - R$$
    Separando as variáveis, obtemos
    $$\dfrac{dM}{rM - D} = dt$$
    A solução particular com $M(0) = D$ é
    $$M = \dfrac{R}{r} + \left(D - \dfrac{R}{r}\right)e^{rt}$$
    b. R$ 175.639,00
    c. R$ 25.000,00
    d. 7,5 anos
63. a. $p(t) = -0,01t^2 + 0,06t + 1$
    b. $p(4) = 1,08$
    c. $p \to -\infty$; o preço diminui indefinidamente (na prática, como o preço não pode ser negativo, o limite é $p = 0$ para $t = 13,44$).
65. a. $p(t) = 2 - e^{-2t/25}$
    b. $p(4) = 1,27$
    c. $p \to 2$
67. 2,3 metros
69. a. $C(t) = \dfrac{1}{e^{0,01t} + 1}$
    b. 0,3543 mg/cm³; 0,1419 mg/cm³
    c. 294 minutos
71. a. $L(t) = 0,03\sqrt{-t_2 + 16t + 36} + 003$ para $t = 8$ (15 h); 0,37 ppm
    b.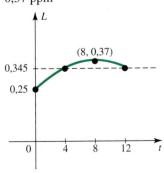

A concentração de ozônio às 11 h ($t = 4$) é $L(4) = 0,345$. A concentração é a mesma para $t = 12$ (19 h).

73. a. $x(t) = -\dfrac{4}{9}(3t+1)^{3/2} + \dfrac{40}{9}$
    b. $x(4) = -16,4$
    c. $t = 0,4$
75. a. $x(t) = \sqrt{2t+1} - 1$
    b. $x(4) = 2$
    c. $t = \dfrac{15}{2}$
77. $e^x + 1 - \ln(e^x + 1) + C$
79. $\dfrac{3}{7}(x^{2/3} + 1)^{7/2} - \dfrac{3}{5}(x^{2/3} + 1)^{5/2} + C$
81. $\displaystyle\int \dfrac{dx}{1+e^x} = \int \dfrac{e^{-x}\,dx}{e^{-x}+1}$
    $= \displaystyle\int \dfrac{-1}{u}\,du = -\ln(e^{-x}+1) + C$
    (Fazendo $u = e^{-x} + 1$, $du = -e^{-x}\,dx$)

CAPÍTULO 5 Seção 3

1. 4
3. 9; 8
5. 2,148; 2,333
7. 0,725; 0,693
9. 7; 8
11. 21,500; 25,333
13. 1,429; 1,609
15. 15
17. $\dfrac{95}{2}$
19. $\dfrac{6}{5}$
21. $-\dfrac{6}{5}$
23. $3 - \dfrac{4}{e}$
25. 1,95
27. 144
29. $\dfrac{8}{3} + \ln 3 \approx 3,7653$
31. $\dfrac{2}{9}$
33. 3,2
35. $\dfrac{4}{3}$
37. $\dfrac{7}{6}$

636 RESPOSTAS

39. e

41. $\dfrac{8}{3}$

43. $e^3 - e^2$

45. -20

47. 0

49. 3

51. $\dfrac{33}{5}$

53. $\dfrac{112}{9}$

55. 4

57. $\dfrac{3}{2} \ln 3 \approx 1{,}6479$

59. $V(5) - V(0)$

61. R$ 480,00

63. R$ 75,00

65. R$ 1.870,00

67. $1.500\left(\dfrac{3}{2} + \dfrac{5}{4}\ln\dfrac{11}{9}\right) \approx 2.626$ telefones

69. **a.** $-$R$ 48.036,33
    b. R$ 28.546,52

71. $+0{,}75$ ppm

73. Cerca de 98 habitantes.

75. $2 \ln 2 \approx 1{,}386$ grama

77. $8\sqrt{11} - 8\sqrt{6} \approx 7$ fatos

79. A concentração diminui de $0{,}8283$ mg/cm³.

81. $27{,}9$ m

83. **a.** $\dfrac{\pi}{4}$
    b. $\dfrac{\pi}{4}$; parte da área sob a circunferência $(x-1)^2 + y^2 = 1$

CAPÍTULO 5 Seção 4

1. $\dfrac{5}{12}$

3. $2 \ln 2 - \dfrac{1}{2}$

5. Área $= 1$

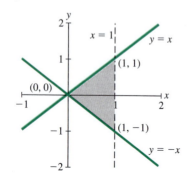

7. Área $= \dfrac{4}{3}$

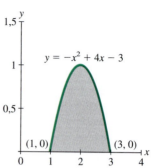

9. Área $= \dfrac{4}{3}$

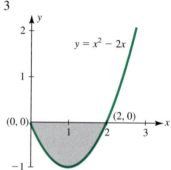

11. Área $= 9$

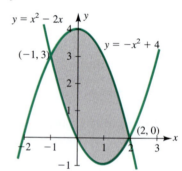

13. Área $= \dfrac{443}{6}$

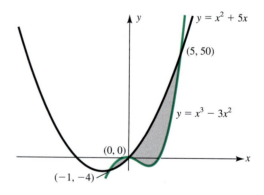

15. Área = 18

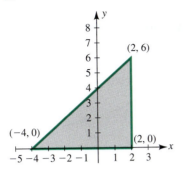

17. Área = 14

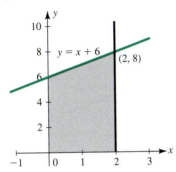

19. -2

21. $\dfrac{3}{2}\left(e - \dfrac{1}{e}\right)$

23. $\dfrac{\ln 5 - \ln 3}{\ln 3}$

25. Valor médio = $\dfrac{2}{3}$

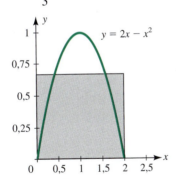

27. Valor médio = $\dfrac{\ln 2}{2}$

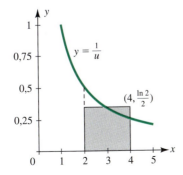

29. 0,5
31. 0,1833
33. 0,383
35. 2.400 unidades
37. 30.000 kg
39. a. R$ 11.361,02
   b. As respostas podem variar.
41. a. 16 anos
   b. R$ 209.067,00
   c.

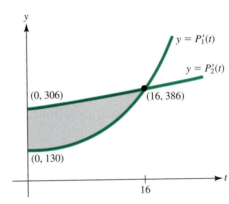

43. a. 14,7 anos
   b. R$ 582.221,00
   c.

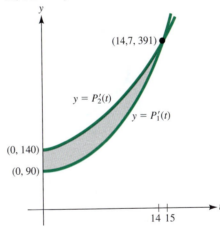

45. a. 65.244 unidades
   b. 1.491 homens-horas
47. R$ 88.480,00
49. R$ 241.223,76
51. Voleibol: 1/3; basquete, 5/18; futebol, 9/25. A distribuição menos desigual é a dos jogadores de basquete; a mais desigual é a dos jogadores de futebol.
53. 2.272,2 bactérias
55. 5.710 habitantes
57. a. $M_0 + 20,833$

b.

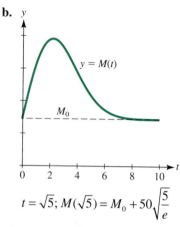

$t = \sqrt{5}$; $M(\sqrt{5}) = M_0 + 50\sqrt{\dfrac{5}{e}}$

59. $\dfrac{1}{40}$ mg/cm^3

61. a. $S' = F''(M) = \dfrac{1}{3}(2k - 6M) = 0$ para $M = \dfrac{k}{3}$.

O extremo corresponde a um máximo, já que $S'' = -2 < 0$.

b. $\dfrac{k^3}{108}$

63. a. 0°C

b. 8 h e 14 h

65.

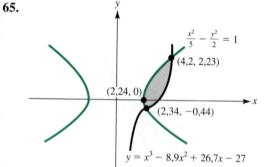

$A = \displaystyle\int_{\sqrt{5}}^{2,34}\left[\sqrt{\dfrac{2x^2}{5} - 2} - \left(-\sqrt{\dfrac{2x^2}{5} - 2}\right)\right]dx$
$+ \displaystyle\int_{2,34}^{4,2}\left[\sqrt{\dfrac{2x^2}{5} - 2} - (x^3 - 8{,}9x^2 + 26{,}7x - 27)\right]dx$
$\approx 2{,}097$

67. As respostas podem variar.

CAPÍTULO 5   Seção 5

1. a. R$ 624,00

b.

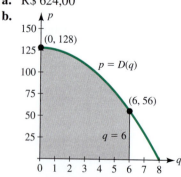

3. a. 1.600 ln 2 = R$ 1.109,04

b.

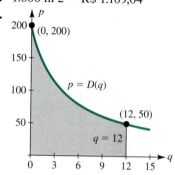

5. a. $800\left(1 - \dfrac{1}{\sqrt{e}}\right) \approx$ R$ 314,78

b.

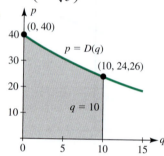

7. $p_0 =$ R$ 110,00; EC = R$ 36,00

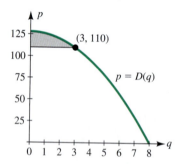

9. $p_0 =$ R$ 31,15; EC = R$ 21,21

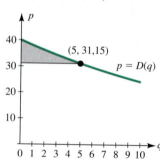

11. $p_0 = $ R\$ 34,80; EP = R\$ 12,80

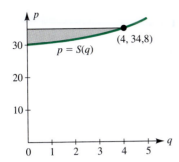

13. $p_0 = $ R\$ 26,41; EP = R\$ 2,14

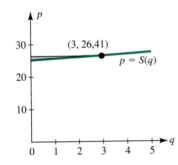

15. a. R\$ 104,00
b. EC = R\$ 162,00, EP = R\$ 324,00

17. a. R\$ 40,00
b. EC = R\$ 200,00, EP = R\$ 116,67

19. a. R\$ 1,00
b. EC = R\$ 3,09, EP = R\$ 0,67

21. a. 11 anos
b. R\$ 26.620,00
c.

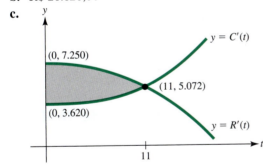

23. a. 8
b. R\$ 15.069,00
c. A receita líquida pode ser representada como a área entre a curva $R'(t) = 6.537e^{-0,3t}$ e a reta horizontal $y = 593$.

25. R\$ 17.182,82

27. R\$ 237.730,00; R\$ 319.453,00

29. R\$ 5.308,78

31. A primeira proposta é melhor, pois em 5 anos produz uma receita líquida de R\$ 37.465,00, enquanto a segunda produz uma receita líquida de R\$ 22.479,00 no mesmo período.

33. a. $P(q) = -q^3 + 24q^2 + 108q - 3.000$
b. 18 unidades
c. R\$ 162,00

35. a. $P(t) = 32,5e^{0,04t} - 32,5$; 4,14 bilhões de barris; 4,67 bilhões de barris
b. 12 anos
c. 1.646,44 bilhão de dólares
d. As respostas podem variar.

37. a. $P(t) = 60e^{0,02t} - 60$; 3,71 bilhões de barris; 3,94 bilhões de barris
b. 9,12 anos
c. 1.218 bilhões de dólares
d. As respostas podem variar.

39. R\$ 1.929.148,00

41. a. R\$ 137.334,29
b. R\$ 44.585,04

43. a. 1.287.360 dólares
b. As respostas podem variar.

45. a.
$$\text{VF} = \int_0^T f(t)e^{r(T-t)}\,dt$$
$$= \int_0^T Me^{r(T-t)}\,dt$$
$$= Me^{rT}\int_0^T e^{-rt}\,dt$$
$$= Me^{rT}\left(\frac{1}{r} - \frac{e^{-rT}}{r}\right)$$
$$= \frac{M}{r}(e^{rT} - 1)$$

b.
$$\text{VA} = \int_0^T f(t)e^{-rt}\,dt$$
$$= \int_0^T Me^{-rt}\,dt$$
$$= M\int_0^T e^{-rt}\,dt$$
$$= M\left(\frac{1}{r} - \frac{e^{-rT}}{r}\right)$$
$$= \frac{M}{r}(1 - e^{-rT})$$

CAPÍTULO 5   Seção 6

1. 30.484

3. 468.130

5. 451.404

7. $7\pi \approx 21,99$ unidades cúbicas

9. $\dfrac{1.532}{15}\pi \approx 320,86$ unidades cúbicas

11. $\dfrac{32}{3}\pi \approx 33,51$ unidades cúbicas

640 RESPOSTAS

13. $2\pi \approx 6{,}28$ unidades cúbicas
15. 61.070.138 habitantes
17. Cerca de 80 membros
19. 4.097,62 (4.098 pessoas)
21. 515,48 bilhões de barris
23. 4.207 assinantes
25. Como é demonstrado no Exemplo 5.6.4, a vazão de sangue na artéria é dada por

$$\int_0^R 2\pi kr(R^2 - r^2)\, dr = \frac{\pi k R^4}{2}$$

Como a área da seção reta da artéria é πR^2, a velocidade média do sangue na artéria é

$$V_{méd} = \frac{\pi k R^4/2}{\pi R^2} = \frac{kR^2}{2}$$

Como a velocidade do sangue é máxima para $r = 0$, a velocidade máxima é $S(0) = kR^2 = 2V_{méd}$. Assim, a velocidade média do sangue é metade da velocidade máxima.

27. 208.128 habitantes
29. a. O nível de LDL diminui 6,16 unidades.
    b. $L(t) = \frac{3}{28}(49 - t^2)^{1,4} + 120 - \frac{21}{4}(49)^{0,4}$
    c. 5,8 dias
31. 1.565,83 (1.566 animais)
33. 10.125 moradores
35. $\int_0^{12} [W'(t) - D'(t)]\, dt = 0{,}363$;
    cerca de 36 pessoas; 18,1%
37. a. 55 anos; 74,7 anos
    b. 70,78 anos
    c. 86,36 anos; já excedeu a expectativa de vida.
    d. 71,69 anos
39. a. 2,37 s
    b. 0,905 L
    c. 0,382 L/s
41. a.
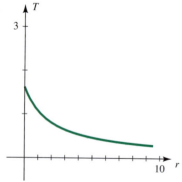
    b. $r(T) = \frac{3}{T} - 2$

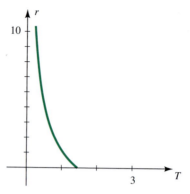

c. $\pi\left[12\left(\ln\frac{1}{3} - \ln\frac{3}{2}\right) + \frac{77}{3}\right] \approx 23{,}93 \text{ m}^3$

43. a. $100\pi \ln\frac{23}{5} \approx 479{,}42$ unidades
    b. $L = \frac{3\sqrt{10}}{2} \approx 4{,}74$ km; $100\pi \ln 10 \approx 723{,}38$ unidades

45. $V = \int_0^3 \pi[\sqrt{x}(3-x)]^2\, dx$
    $\approx 21{,}21 \text{ cm}^3$

47. Após T anos, a primeira população é

$$P_1(T) = \left(100.000 - \frac{50}{0{,}011}\right)e^{-0{,}011T} + \frac{50}{0{,}011}$$

Assim, $P(50) > P_1(50)$, $P(100) > P_1(100)$ e $P_1(300) > P(300)$.

49. A hipotenusa do triângulo é dada por $y = \frac{r}{h}x$ e o volume é

$$V = \pi\int_0^h \left(\frac{r}{h}x\right)^2 dx = \pi\int_0^h \frac{r^2}{h^2}x^2\, dx$$
$$= \frac{\pi r^2}{h^2}\left(\frac{1}{3}x^3\right)\Big|_0^h = \frac{\pi r^2}{3h^2}(h^3 - 0)$$
$$= \frac{1}{3}\pi r^2 h$$

CAPÍTULO 5 Problemas de Verificação

1. a. $\dfrac{x^4}{4} - \dfrac{2\sqrt{3}}{3}x^{3/2} - \dfrac{5}{2}e^{-2x} + C$
   b. $\dfrac{x^2}{2} - 2x + 4\ln|x| + C$
   c. $\dfrac{2}{7}x^{7/2} - 2x^{1/2} + C$
   d. $\dfrac{-1}{2\sqrt{3 + 2x^2}} + C$
   e. $\dfrac{1}{4}(\ln x)^2 + C$
   f. $\dfrac{1}{2}e^{1+x^2} + C$

2. a. $\dfrac{62}{5} + 4\ln 2$

   b. $e^3 - 1$

   c. $1 - \ln 2$

   d. $\sqrt{31} - 2$

3. a. $\dfrac{73}{6}$

   b. 36

4. $1 - 2\ln 2$

5. R$ 10.333,33

6. 71,14 bilhões de dólares; aumentado

7. R$ 4.266,67

8. R$ 16.183,42

9. 45.055 habitantes

10. 0,1 mg/cm³

CAPÍTULO 5 Problemas de Revisão

1. $\dfrac{1}{4}x^4 + \dfrac{2}{3}x^{3/2} - 9x + C$

3. $\dfrac{x^5}{5} + \dfrac{5}{2}e^{-2x} + C$

5. $\dfrac{5}{3}x^3 - 3\ln|x| + C$

7. $\dfrac{1}{6}t^6 - t^3 - \dfrac{1}{t} + C$

9. $\dfrac{2}{9}(3x + 1)^{3/2} + C$

11. $\dfrac{1}{12}(x^2 + 4x + 2)^6 + C$

13. $\dfrac{-3}{4(2x^2 + 8x + 3)} + C$

15. $\dfrac{1}{14}(v - 5)^{14} + \dfrac{5}{13}(v - 5)^{13} + C$

17. $-\dfrac{5}{2}e^{-x^2} + C$

19. $\dfrac{2}{3}(\ln x)^{3/2} + C$

21. 0

23. $\dfrac{1}{2}(e^2 + 5)$

25. 1.710

27. $1 - \dfrac{1}{e}$

29. $e - 2$

31. Área $= \dfrac{101}{6}$

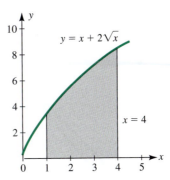

33. Área $= \ln 2 + \dfrac{7}{3}$

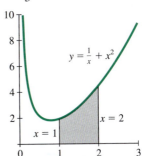

35. Área $= \dfrac{15}{2} - 8\ln 2$

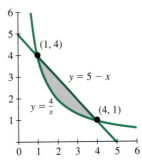

37. Área $= \dfrac{9}{2}$

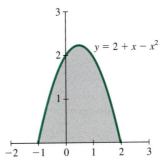

39. $\dfrac{11.407}{84} - \dfrac{2\sqrt{2}}{21} \approx 135,7$

41. $\dfrac{1}{4}\left(1 - \dfrac{1}{e^4}\right) \approx 0,245$

43. R$ 128,00; R$ 21,33

45. R$ 6,70; R$ 6,16

642 RESPOSTAS

47. IG = $\frac{1}{5}$

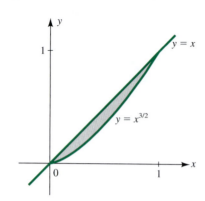

49. IG = $\frac{1}{10}$

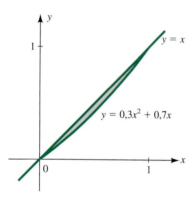

51. 43.984 indivíduos

53. 14.308 indivíduos

55. $\frac{78\pi}{5} \approx 49,01$ unidades cúbicas

57. $\pi \ln 3 \approx 3,45$ unidades cúbicas

59. $y = 2x + 10$

61. $x = \frac{9}{2} - \frac{1}{2}e^{-2t}$

63. $y = \frac{1}{2} \ln(x^2 + 1) + 5 - \frac{1}{2} \ln 2$

65. R$ 87,57

67. 1.220 visitantes

69. 11.250 passageiros

71. Em 2015. (O consumo em 2015 será 0,2554 bilhão de barris, enquanto em 2016 o consumo será 0,1682 bilhão de barris.) A diferença, será, portanto, de 0,0872 bilhão de barris.

73. R$ 7.377,37

75. 61,65 (62 casas)

77. 14.860 quilogramas

79. 3.447.360 dólares

81. R$ 6,32 o quilo

83. A temperatura diminui 2,88°C

85. a. $p_1(x) = 0,2x + 0,001x^3 + 250$; $p_1(10) =$ R$ 2,53 a dúzia
  b. $p_2(x) = 0,3x + 0,001x^3 + 250$; $p_2(10) =$ R$ 2,54 a dúzia

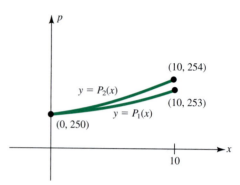

87. 30 metros

89. Na dos fisioterapeutas.

91. 2.255 trutas

93. a. $\dfrac{1}{N} \displaystyle\int_0^N S(t)\, dt$

  b. $\displaystyle\int_0^N S(t)\, dt$

  c. A velocidade média é igual à distância total percorrida dividida pelo tempo necessário para percorrê-la.

95. A região limitada pelas curvas é apenas a região entre $x = -4,66$ e $x = -1,82$, embora as curvas também se interceptem em $x = 4,98$. A área é aproximadamente 3.

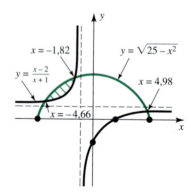

CAPÍTULO 6 Seção 1

1. $-(x + 1)e^{-x} + C$

3. $(2 - x)e^x + C$

5. $\frac{1}{2}t^2\left(\ln 2t - \frac{1}{2}\right) + C$

7. $-5(v + 5)e^{-v/5} + C$

9. $\frac{2}{3}x(x - 6)^{3/2} - \frac{4}{15}(x - 6)^{5/2} + C$

11. $\frac{1}{9}x(x + 1)^9 - \frac{1}{90}(x + 1)^{10} + C$

13. $2x\sqrt{x + 2} - \frac{4}{3}(x + 2)^{3/2} + C$

15. $\dfrac{8}{3}$

17. $\dfrac{1}{4}(1 - 3e^{-2})$

19. $\dfrac{1}{12}(3e^4 + 1)$

21. $\dfrac{1}{16}(e^2 + 1)$

23. $-\dfrac{1}{x}(\ln x + 1) + C$

25. $\dfrac{1}{2}e^{x^2}(x^2 - 1) + C$

27. $\dfrac{1}{25}(3 - 5x - 3\ln|3 - 5x|) + C$

29. $\dfrac{-\sqrt{4x^2 - 9}}{x} + 2\ln|2x + \sqrt{4x^2 - 9}| + C$

31. $\dfrac{1}{2}\ln\left|\dfrac{x}{2 + 3x}\right| + C$

33. $\dfrac{\sqrt{3}}{24}\ln\left|\dfrac{4 + \sqrt{3}u}{4 - \sqrt{3}u}\right| + C$

35. $x(\ln x)^3 - 3x(\ln x)^2 + 6x\ln x - 6x + C$

37. $-\dfrac{1}{25}\left[\dfrac{5 + 4x}{x(5 + 2x)} + \dfrac{4}{5}\ln\left|\dfrac{x}{5 + 2x}\right|\right] + C$

39. $y = \left(-\dfrac{x}{2} - \dfrac{1}{4}\right)e^{-2x} + \dfrac{1}{4}$

41. $\ln y = \dfrac{2}{3}(x + 1)^{3/2} - 2(x + 1)^{1/2} + \dfrac{4}{3}$

43. $f(x) = 5 + \dfrac{3}{e} - \dfrac{x + 2}{e^x}$

45. 176 unidades

47. $62.000e^{0,5} - 63.000 \approx$ R$ 39.220,72

49. R$ 11.417,35

51. a. R$ 4,47
b. R$ 14.263,84

53. $1 - \dfrac{2}{e} \approx 0,2642$

55. R$ 34.555,00

57. 2.008.876

59. $\dfrac{40}{27}(5e^2 - 14e^{1/5}) \approx 29{,}4$ mg/mL

61. 4.367

63. $N(t) = \dfrac{60}{1 + 29e^{-0,423t}}$

Como $N(t) = 20$ para $t = 6{,}32 < 7$, nosso amigo vai ser descoberto antes que a semana termine.

65. (0,2437; 0,3528)

67. a. (3,481; 2,402)
b. As respostas podem variar.

69. Fazendo $U = u^n \qquad dV = e^{au}\,du$
$dU = nu^{n-1}\,du \qquad V = \dfrac{1}{a}e^{au}$

Temos:
$\int u^n e^{au}\,du$
$= u^n\left(\dfrac{1}{a}e^{au}\right) - \int \dfrac{1}{a}e^{au}(nu^{n-1}\,du)$
$= \dfrac{1}{a}u^n e^{au} - \dfrac{n}{a}\int u^{n-1} e^{au}\,du$

71. Integrando por partes com $u = e^{kx}$ e $dv = x^{-n}\,dx$, temos:

$u = e^{kx},\, dv = x^{-n}\,dx$

$\int x^{-n}e^{kx}\,dx = \dfrac{1}{n-1}\left[-x^{-n+1}e^{kx} + k\int x^{-n+1}e^{kx}\,dx\right]$

73. Área = 0,75834

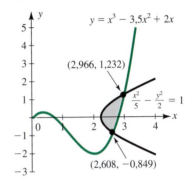

75. Área = 1,95482

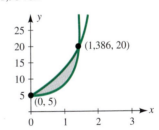

77. 4,2265

79. 0,4509

CAPÍTULO 6   Seção 2

1. a. 2,343750
b. $\dfrac{7}{3}$

3. a. 0,782794
b. 0,785392

5. a. 1,151479
b. 1,147782

7. a. 0,742984
b. 0,746855

9. a. 1,930756
   b. 1,922752
11. a. 1,096997
    b. 1,094800
13. a. 0,849195
    b. 0,836203
15. a. 0,508994; $|E_n| \leq 0,031250$
    b. 0,500418; $|E_n| \leq 0,002604$
17. a. 2,796731; $|E_n| \leq 0,001667$
    b. 2,797432; $|E_n| \leq 0,000017$
19. a. 1,490679; $|E_n| \leq 0,084946$
    b. 1,463711; $|E_n| \leq 0,004483$
21. a. 164
    b. 18
23. a. 36
    b. 6
25. a. 179
    b. 8
27. a. 3,0898
    b. 3,1212
29. 0,138569
31. 0,358531 unidade cúbica
33. R$ 26.072,45
35. R$ 586.653,00
37. R$ 5.950,00
39. R$ 34.200,00
41. 0,39425
43. 3.496 pessoas
45. 230 m²
47. 475.197 pessoas
49. 320 m²

CAPÍTULO 6 Seção 3

1. 1/2
3. Diverge
5. Diverge
7. 1/10
9. 5/2
11. 1/9
13. Diverge
15. 2/e
17. 2/9
19. Diverge
21. Diverge
23. 2
25. 3/4
27. 1
29. Diverge
31. R$ 60.000,00
33. R$ 2.360.000,00
35. a. Modelo 1: R$ 28.519,00
       Modelo 2: R$ 20.222,00
       A empresa deve comprar o modelo 2.
    b. As respostas podem variar.
37. $VA = \int_0^\infty Qe^{-rt}\, dt$
    $= \lim_{R\to\infty} \int_0^R Qe^{-rt}\, dt$
    $= \lim_{R\to\infty} \left[-\frac{Q}{r} e^{-rt} \right]_0^R$
    $= \lim_{R\to\infty} -\frac{Q}{r}\left[e^{-rR} - 1 \right]$
    $= \frac{Q}{r}$
39. 200 pacientes
41. 50 unidades
43. $C = \dfrac{ab}{b-a}$
45. 7.853.982 habitantes

CAPÍTULO 6 Problemas de Verificação

1. a. $\dfrac{4\sqrt{2}}{9} x^{3/2}(-2 + 3\ln|x|) + C$
   b. $25 - 20e^{1/5}$
   c. $-\dfrac{298}{15}$
   d. $-xe^{-x} + C$
2. a. 10
   b. $\dfrac{3}{4} e^{-2}$
   c. Diverge
      $\lim_{N\to\infty} \int_1^N \dfrac{x}{(x+1)^2}\, dx$
      $= \lim_{N\to +\infty} \left(\dfrac{1}{x+1} + \ln|x+1| \right)\Big|_1^N$
      $= \lim_{N\to +\infty} \left(\dfrac{1}{N+1} + \ln|N+1| - \dfrac{1}{2} - \ln 2 \right) = \infty$
   d. 0
3. a. $\dfrac{x}{4}[(\ln|3x|)^2 - 2\ln|3x| + 2] + C$
   b. $-\dfrac{1}{2} \ln\left| \dfrac{\sqrt{4+x^2}+2}{x} \right| + C$

c. $\dfrac{\sqrt{x^2-9}}{9x} + C$

d. $-\dfrac{1}{4}\ln\left|\dfrac{x}{3x-4}\right| + C$

4. A quantidade de material radioativo aumenta indefinidamente.

5. R$ 1.666.666,67

6. 3,5 mg

7. 16.000 unidades

8. Usando a regra do trapézio, $\displaystyle\int_3^4 \dfrac{\sqrt{25-x^2}}{x}\,dx \approx 1{,}0276$.

   O valor exato é $-1 + 5\log\dfrac{3}{2} \approx 1{,}0273$.
   O erro da aproximação é $\approx 0{,}0003$.

9. a. $N(t) = \dfrac{2.000 e^{0{,}4184t}}{39 + e^{0{,}4184t}}$

   b. 648 pessoas
   c. $8{,}76 \approx 9$ dias

CAPÍTULO 6 Problemas de Revisão

1. $-(1+t)e^{1-t} + C$

3. $\dfrac{x}{3}(2x+3)^{3/2} - \dfrac{1}{15}(2x+3)^{5/2} + C$

5. $-2 + 4\ln 2$

7. $\dfrac{74}{7}$

9. $\dfrac{x^2}{9}(3x^2+2)^{3/2} - \dfrac{2}{135}(3x^2+2)^{5/2} + C$

11. $\dfrac{5}{8}\ln\left|\dfrac{2+x}{2-x}\right| + C$

13. $-3(18 + 6w + w^2)e^{-w/3} + C$

15. $x[-6 + 6\ln 2x - 3(\ln 2x)^2 + (\ln 2x)^3] + C$

17. $y = \dfrac{1}{2}x^2 \ln\sqrt{x} - \dfrac{1}{8}x^2 + \dfrac{25}{8}$

19. $(y+1)e^{-y} = 1 - \ln|x|$

21. Diverge

    $\displaystyle\lim_{N\to\infty}\int_0^N \dfrac{1}{\sqrt[3]{1+2x}}\,dx = \lim_{N\to\infty}\left[-\dfrac{3}{4} + \dfrac{3(1+2N)^{2/3}}{4}\right]$
    $= \infty$

23. Diverge

    $\displaystyle\lim_{N\to\infty}\int_0^N \dfrac{3t}{t^2+1}\,dt = \lim_{N\to\infty}\dfrac{3}{2}\ln(1+N^2) = \infty$

25. $\dfrac{1}{4}$

27. $\dfrac{1}{4}$

29. Diverge

    $\displaystyle\lim_{N\to\infty}\int_1^N \dfrac{\ln x}{\sqrt{x}}\,dx = \lim_{N\to\infty} 2(2 - 2\sqrt{N} + \sqrt{N}\ln N) = \infty$

31. -2

33. 0

35. R$ 320.000,00

37. A população aumentará indefinidamente.

39. 15.000 kg

41. a. $1{,}1016$ e $|E| \le \dfrac{1}{75}$

    b. $1{,}0987$ e $|E| \le \dfrac{4}{9.375}$

43. a. $3{,}0607$ e $|E| \le \dfrac{e}{1.200}$

    b. $3{,}0591$ e $|E| \le \dfrac{e}{200.000}$

45. a. 58
    b. 8

47. a. $\displaystyle\int_0^8 \sqrt{q}\, e^{0{,}01q}\,dq$

    b. $15{,}6405$ (R$ 15,64)

49. a.

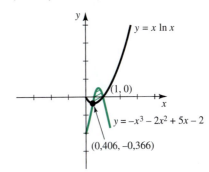

    b. $0{,}1692$

51. $\dfrac{2}{3}\ln 2 \approx 0{,}4621$

53. $I(1) \approx 0{,}4214$
    $I(10) \approx 0{,}5$
    $I(50) \approx 0{,}5$
    $I(N)$ converge para $0{,}5$ quando $N \to \infty$

CAPÍTULO 7 Seção 1

1. $f(-1, 2) = 1;\ f(3, 0) = 15$

3. $g(1, 1) = 0;\ g(-1, 4) = -5$

5. $f(2, -1) = -3,\ f(1, 2) = 16$

7. $g(4, 5) = 3,\ g(-1, 2) = \sqrt{3} \approx 1{,}7321$

9. $f(e^2, 3) = \dfrac{3}{2};\ f(\ln 9, e^3) = 25{,}515$

11. $g(1, 2) = 2{,}5;\ g(2, -3) = -\dfrac{13}{6} \approx -2{,}167$

13. $f(1, 2, 3) = 6;\ f(3, 2, 1) = 6$

15. $F(1, 1, 1) = \dfrac{\ln 2}{3} \approx 0{,}2310;\ F(0, e^2, 3e^2) \approx 0{,}1048$

17. Todos os pares ordenados (x, y) de números reais tais que $y \neq -4x/3$

19. Todos os pares ordenados (x, y) de números reais tais que $y \leq x^2$

21. Todos os pares ordenados (x, y) de números reais tais que $x > 4 - y$

23.
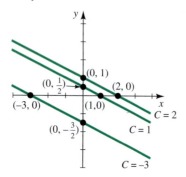

25.
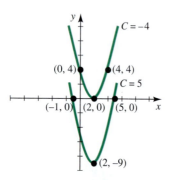

27.
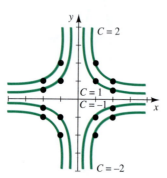

29.
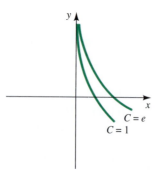

31. a. 160.000 unidades
  b. A produção aumentará de 16.400 unidades.
  c. A produção aumentará de 4.000 unidades.
  d. A produção aumentará de 20.810 unidades.

33. a. $R(x_1, x_2) = 200x_1 - 10x_1^2 + 25x_1x_2 + 100x_2 - 10x_2^2$
  b. R$ 7.230,00

35. a. Se $a + b > 1$, a produção mais do que dobra
  b. Se $a + b < 1$, a produção aumenta, mas não dobra
  c. Se $a + b = 1$, a produção dobra

37. $R(x, y) = 60x - \dfrac{x^2}{5} + \dfrac{xy}{10} + 50y - \dfrac{y^2}{10}$

39. a. 70 unidades
  b. $y = -\dfrac{3}{2}x + 35$
  c.
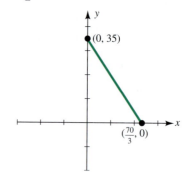
  d. Três operários não especializados devem ser dispensados.

41. 260
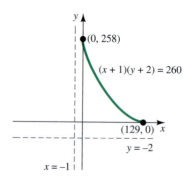

43. a. R$ 2.003,13; R$ 110.563,40
  b. R$ 1.435,20; R$ 266.672,00

45. Para $Q(K, L) = A[\alpha K^{-\beta} + (1 - \alpha)L^{-\beta}]^{-1/\beta}$,
$$Q(sK, sL) = A[\alpha(sK)^{-\beta} + (1 - \alpha)(sL)^{-\beta}]^{-1/\beta}$$
$$= A[\alpha s^{-\beta}K^{-\beta} + (1 - \alpha)s^{-\beta}L^{-\beta}]^{-1/\beta}$$
$$= A[s^{-\beta}\{\alpha K^{-\beta} + (1 - \alpha)L^{-\beta}\}]^{-1/\beta}$$
$$= A[s^{-\beta}]^{-1/\beta}[\alpha K^{-\beta} + (1 - \alpha)L^{-\beta}]^{-1/\beta}$$
$$= sA[\alpha K^{-\beta} + (1 - \alpha)L^{-\beta}]^{-1/\beta}$$
$$= sQ(K, L)$$

47. a. $S(15{,}83;\ 87{,}11) = 0{,}5938$
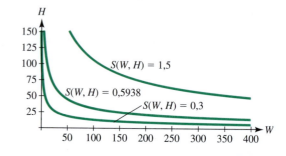

As curvas representam diferentes combinações de peso e altura que resultam na mesma área superficial.
  b. Altura = 90,05 cm
  c. 254%
49. a. 2105,03 quilocalorias
   b. 1428,84 quilocalorias
   c. 27 anos
   d. 24,4 anos
51. a. 0,866 cm/s
   b.
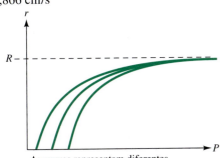
   As curvas representam diferentes combinações de pressão e distância do eixo que resultam na mesma velocidade.

53. 23,54 atmosferas
55. a.
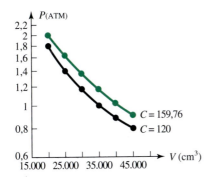
   b. 159,76 °C

CAPÍTULO 7   Seção 2

1. $f_x = 7; f_y = -3$
3. $f_x = 12x^2 - 6xy + 5; f_y = -3x^2$
5. $f_x = 2y^5 + 6xy + 2x; f_y = 10xy^4 + 3x^2$
7. $\frac{\partial z}{\partial x} = 15(3x + 2y)^4; \frac{\partial z}{\partial y} = 10(3x + 2y)^4$
9. $f_s = -\frac{3t}{2s^2}; f_t = \frac{3}{2s}$
11. $\frac{\partial z}{\partial x} = (xy + 1)e^{xy}; \frac{\partial z}{\partial y} = x^2 e^{xy}$
13. $f_x = \frac{-e^{2-x}}{y^2}; f_y = \frac{-2e^{2-x}}{y^3}$
15. $f_x = \frac{5y}{(y-x)^2}; f_y = \frac{-5x}{(y-x)^2}$
17. $\frac{\partial z}{\partial u} = \ln v; \frac{\partial z}{\partial v} = \frac{u}{v}$

19. $f_x = \frac{1}{y^2(x+2y)}; f_y = \frac{2[y - (x+2y)\ln(x+2y)]}{y^3(x+2y)}$
21. $f_x(1, -1) = 2; f_y(1, -1) = 3$
23. $f_x(0, -1) = 2; f_y(0, -1) = 0$
25. $f_x(-2, 1) = -22; f_y(-2, 1) = 26$
21. $f_x(1, -1) = 2; f_y(1, -1) = 3$
23. $f_x(0, -1) = 2; f_y(0, -1) = 0$
25. $f_x(-2, 1) = -22; f_y(-2, 1) = 26$
27. $f_x(0, 0) = 1; f_y(0, 0) = 1$
29. $f_{xx} = 60x^2 y^3; f_{xy} = 2(30x^3 y^2 + 1);$
    $f_{yx} = 2(30x^3 y^2 + 1); f_{yy} = 30x^4 y$
31. $f_{xx} = 2y(2x^2 y + 1)e^{x^2 y}; f_{xy} = 2x(x^2 y + 1)e^{x^2 y};$
    $f_{yx} = 2x(x^2 y + 1)e^{x^2 y}; f_{yy} = x^4 e^{x^2 y}$
33. $f_{ss} = \frac{t^2}{\sqrt{(s^2 + t^2)^3}}; f_{st} = \frac{-st}{\sqrt{(s^2 + t^2)^3}};$
    $f_{ts} = \frac{-st}{\sqrt{(s^2 + t^2)^3}}; f_{tt} = \frac{s^2}{\sqrt{(s^2 + t^2)^3}}$
35. $\frac{dz}{dt} = 4t + 15$
37. $\frac{dz}{dt} = \frac{3}{y} - \frac{6xt}{y^2} = \frac{-3}{t^2}$
39. $\frac{dz}{dt} = 2ye^{2t} - 3xe^{-3t} = -e^{-t}$
41. Substitutos
43. Independentes
45. Substitutos
47. A produção diária aumenta de aproximadamente 10 unidades.
49. a. $Q_K = 60K^{-3/2}[0,4K^{-1/2} + 0,6L^{-1/2}]^{-3}$
      $Q_L = 90L^{-3/2}[0,4K^{-1/2} + 0,6L^{-1/2}]^{-3}$
   b. Para $K = 5.041$ e $L = 4.900$, $Q_K \approx 58,48$ e $Q_L \approx 91,54$.
   c. Da mão de obra
51. A demanda mensal de bicicletas diminui de $3,84 \approx 4$ unidades.
53. a. Um aumento de x faz com que a demanda $D(x, y)$ de cortadores da primeira marca diminua. Um aumento de y faz com que a demanda $D(x, y)$ de cortadores da primeira marca aumente.
   b. $\frac{\partial D}{\partial x} < 0, \frac{\partial D}{\partial y} > 0$
   c. $b < 0, c > 0$
55. a. $\frac{\partial^2 Q}{\partial L^2} < 0$; para um nível fixo de capital imobilizado, o efeito sobre a produção de um aumento de um homem-hora no volume de mão de obra é maior quando o volume de mão de obra é pequeno do que quando o volume de mão de obra é grande.

b. $\dfrac{\partial^2 Q}{\partial K^2} < 0$; para um volume fixo de mão de obra, o efeito sobre a produção de um aumento de R$ 1.000,00 no capital imobilizado é maior quando o capital imobilizado é pequeno do que quando o capital imobilizado é grande.

57. Lápis; as equações mostram que se trata de produtos substitutos.

59. **a.** $Q(37, 71) = 304.691$; $Q(38, 71) = 317.310$; $Q(37, 72) = 309.031$
b. $Q_x(37, 71) = 12.534$ unidades; $Q(38, 71) - Q(37, 71) = 12.619$ unidades
c. $Q_y(37, 71) = 4.344$ unidades; $Q(37, 72) - Q(37, 71) = 4.340$ unidades

61. O número de unidades produzidas diminui de aproximadamente 55 unidades.

63. **a.** 424 unidades por mês
b. 16,31%

65. O número de unidades produzidas aumentará de 61,6 unidades por dia.

67. **a.** $P_x = -8x + 10y - 10$, $P_y = -14y + 10x + 185$
b. Para $x = 70$ e $y = 73$, $P_x = 160$ e $P_y = -137$
c. O lucro diminui de 114 centavos
d. O lucro aumenta de 457 centavos

69. **a.** $F(3,17, 0,085) = 60.727,24k$;
$\dfrac{\partial F}{\partial L} = \dfrac{k}{r^4} = 19.156,86k$;
$\dfrac{\partial F}{\partial r} = -\dfrac{4kL}{r^5} = -2.857.752,58k$
b. $F(1,2L, 0,8r) = \dfrac{k(1,2L)}{(0,8r)^4} = 2,93 F(L, r)$;
$\dfrac{\partial F}{\partial L}(1,2L, 0,8r) = 2,44 \dfrac{\partial F}{\partial L}(L, r)$;
$\dfrac{\partial F}{\partial r}(1,2L, 0,8r) = 3,66 \dfrac{\partial F}{\partial r}(L, r)$

71. $\dfrac{\partial F}{\partial z} = \dfrac{-c\pi x^2}{8\sqrt{y-z}}$; decrescente, pois $F_{22} < 0$

73. Sim

75. Não

77. O volume aumenta de 72π cm^3.

79. $\dfrac{\partial V}{\partial T} \dfrac{\partial T}{\partial P} \dfrac{\partial P}{\partial V} = \dfrac{nR}{P} \cdot \dfrac{V}{nR} \cdot \left(-\dfrac{nRT}{V^2}\right) = -\dfrac{nRT}{PV} = -1$

81. **a.** $C(R,H) = 0,001\pi(R^2 + RH + R^2H)$
b. O custo aumenta de aproximadamente 0,08 centavo por lata.

83. 1062 m^3

85. $\dfrac{dy}{dx} = \dfrac{1}{2}$; $x - 2y = -3$

CAPÍTULO 7 Seção 3

	Máximo relativo	Mínimo relativo	Ponto de sela
1.	(0, 0)	Nenhum	Nenhum
3.	Nenhum	Nenhum	(0, 0)
5.	Nenhum	Nenhum	(2, −1)
7.	(−2, −1)	(1, 1)	(−2, 1); (1, −1)
9.	Nenhum	$\left(4, \dfrac{19}{2}\right)$	$\left(2, \dfrac{7}{2}\right)$
11.	(0, 0)	Nenhum	(3, 6); (3, −6)
13.	(0, 1); (0, −1)	(0, 0)	(1, 0); (−1, 0)
15.	Nenhum	$\left(\dfrac{4}{3}, \dfrac{4}{3}\right)$	(0, 0)
17.	(1, 1); (−1, −3)	Nenhum	(0, −1)
19.	$\left(-\dfrac{3}{2}, 1\right)$	Nenhum	Nenhum
21.	(e, 1); (e, −1)	Nenhum	Nenhum

23. Pontos críticos: (3, 1) e (2, 2); máximo: 5 em (5, 5); mínimo: −5 em (5, 0)

25. Pontos críticos: (0, 0), (−1,2), (−1, −2), (−5, 0) e (5, 0); máximo: 198 em (5, 5) e (5, −5); mínimo: −52 em (−5, 5) e (−5, −5)

27. Pontos críticos: (0, 0), (1, 0), (−1, 0), $\left(\dfrac{\sqrt{3}}{2}, \dfrac{1}{2}\right)$ e $\left(-\dfrac{\sqrt{3}}{2}, \dfrac{1}{2}\right)$; máximo: 1 em (1, 0) e (−1, 0); mínimo: 0 em (0, 0)

29. Grip Federer: x = R$ 2,70; grip Nadal: R$ 2,50

31. x = R$ 20,00; y = R$ 20,00

33. $x = 200$; $y = 300$

35. R$ 4.000,00 em desenvolvimento e R$ 9.000,00 em propaganda

37. **a.** Um quadrilátero de vértices (0, 0), (300, 0), (200, 200) e (0, 400)
b. R$ 140,00 pelo modelo básico e R$ 190,00 pelo modelo avançado; o custo operacional será de R$ 4.300,00

39. **a.** Para que os lucros não sejam negativos, é preciso que $x \geq 2$ e $y \geq 2$; para que o número de grips vendidos não seja negativo, é preciso que $40 - 50x + 40y \geq 0$ e $20 + 60x - 70y \geq 0$. Os vértices da região triangular são os pontos (2, 2), $\left(\dfrac{12}{5}, 2\right)$ e $\left(\dfrac{36}{11}, \dfrac{34}{11}\right)$.
b. A solução é a mesma. O lucro é mínimo para os valores de x e y correspondentes aos vértices do triângulo.

41. $x = \dfrac{\sqrt{2}}{2}$; $y = \dfrac{\sqrt{2}}{2}$

43. $S\left(\dfrac{5}{4}, -\dfrac{1}{4}\right)$

45. $p = q = r = \dfrac{1}{3}$; $P = \dfrac{2}{3}$

47. O problema pode ser enunciado da seguinte forma:

Maximizar $V = 1{,}8\left[x - 2\left(\dfrac{1{,}8}{\sqrt{3}}\right)\right]y$

com a restrição de que $2xy + 2\left(\dfrac{1}{2}\dfrac{\sqrt{3}}{2}x^2\right) = 45$

A solução é $x \approx 4{,}16$ m e $y \approx 3{,}61$ m

49. a. O tempo de percurso é mínimo para $x = 0{,}424$ km e $y = 2{,}236$. Assim, Paulo deve esperar no ponto $(0{,}424; 1{,}2)$ e Maria deve esperar no ponto $(2{,}66; 3{,}7)$; o tempo mínimo é $1{,}748$ h.
   b. Pedro, Paulo e Maria vão ganhar por uma diferença de $0{,}2080$ hora ($12{,}5$ minutos).
   c. As respostas podem variar.

51. A base do caixote deve ser um quadrado com 2 m de lado e o caixote deve ter 8 m de altura.

53. $\dfrac{\partial f}{\partial x} = 2x - 4y$; $\dfrac{\partial f}{\partial y} = 2y - 4x$. Assim, $(0, 0)$ é um ponto crítico. Como $\dfrac{\partial^2 f}{\partial x^2} = 2 > 0$, o teste da derivada segunda revela que existe um mínimo na direção x. Da mesma forma, o fato de que $\dfrac{\partial^2 f}{\partial y^2} = 2 > 0$ revela que existe um mínimo na direção y. Entretanto, na direção da reta $y = x$, temos $f = -2x^2$, que possui um máximo relativo no ponto $(0, 0)$.

55. $f_x = \dfrac{x^2 - 7y^2}{x^2 \ln y}$;

$f_y = \dfrac{y(x + 14y)\ln y - (x^2 + xy + 7y^2)}{xy(\ln y)^2}$

Pontos críticos: $(\sqrt{7}e, e)$, $(-\sqrt{7}e, e)$

57. $f_x = 8x^3 - 22xy + 36$; $f_y = 4y^3 - 11x^2$
    Ponto crítico: $(0, 0)$

CAPÍTULO 7   Seção 4

1. $y = \dfrac{1}{4}x + \dfrac{3}{2}$

3. $y = 3$

5. $y = \dfrac{7}{9}x + \dfrac{19}{18}$

7. $y = -\dfrac{1}{2}x + 4$

9. $y = 1{,}018x + 0{,}802$

11. $y = -0{,}915x + 1{,}683$

13. $y = 15{,}018e^{0{,}04x}$

15. $y = 20{,}03e^{-0{,}201x}$

17. a.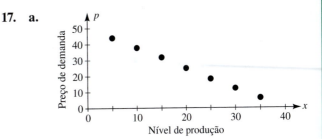

b. $p = -1{,}29x + 50{,}71$
c. $p(40) = -51{,}60 + 50{,}71 = -0{,}89$. Como o preço calculado é negativo, o fabricante não conseguirá vender 4.000 unidades, qualquer que seja o preço cobrado.

19. a. $V = 53{,}90e^{0{,}041t}$; $4{,}09\%$
    b. R$ 112.380,00
    c. Aproximadamente 42 anos
    d. A fórmula de Marcos é $V = 54{,}52e^{0{,}044t}$. É mais fácil de calcular, mas é menos precisa, porque leva em conta apenas o primeiro ponto e o último ponto da série.

21. a.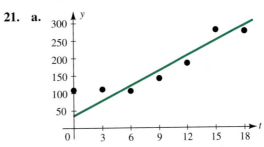

b. $y = 10{,}96t + 73{,}61$
c. 3 dólares e 26 centavos

23. a. $y = 3.828{,}5t + 15.120{,}4$
    b. $76.376{,}4$ bilhões de yuans

25. a.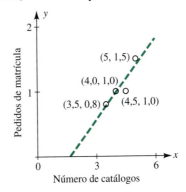

b. $y = 0{,}42x - 0{,}71$
c. Se 4.800 catálogos ($x = 4{,}8$) forem pedidos, $y = 0{,}42(4{,}8) - 0{,}71 = 1{,}306$ e, portanto, 1.306 pedidos de matrícula deverão ser recebidos.

27. a. Aproximadamente $12{,}5\%$ por década
    b. $308{,}4$ milhões de habitantes; $328{,}4$ milhões de habitantes

29. a.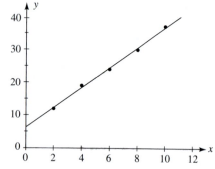

b. $y = 3{,}05x + 6{,}10$

c. Quando a votação é encerrada às 20 h, $x = 12$ e $y = 3{,}05(12) + 6{,}10 = 42{,}7$, o que significa que 42,7% dos eleitores inscritos terão votado.

31. a.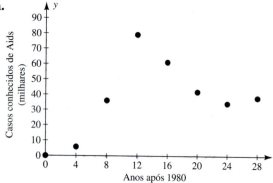

b. $y = 1.255{,}9t + 20.040{,}2$

c. 60.229

d. As respostas podem variar.

33. a.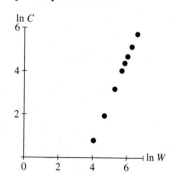

b. $y = 1{,}631x - 4{,}975$

c. $C = 0{,}0069W^{1{,}631}$

CAPÍTULO 7 Seção 5

1. $f\left(\dfrac{1}{2}, \dfrac{1}{2}\right) = \dfrac{1}{4}$

3. $f(1, 1) = f(-1, -1) = 2$

5. $f(0, 2) = f(0, -2) = -4$

7. $f\left(\dfrac{\sqrt{3}}{2}, -\dfrac{1}{2}\right) = f\left(-\dfrac{\sqrt{3}}{2}, -\dfrac{1}{2}\right) = \dfrac{3}{2}$ (máximo); $f(0, 1) = -3$ (mínimo)

9. $f(8, 7) = -18$

11. $f(\sqrt{2}, \sqrt{2}) = f(-\sqrt{2}, -\sqrt{2}) = e^2$ (máximo); $f(\sqrt{2}, -\sqrt{2}) = f(-\sqrt{2}, \sqrt{2}) = e^{-2}$ (mínimo)

13. $f\left(8, 4, \dfrac{8}{3}\right) = \dfrac{256}{3}$ (máximo)

15. $f\left(\dfrac{4}{\sqrt{14}}, \dfrac{8}{\sqrt{14}}, \dfrac{12}{\sqrt{14}}\right) = \dfrac{56}{\sqrt{14}}$ (máximo); $f\left(-\dfrac{4}{\sqrt{14}}, -\dfrac{8}{\sqrt{14}}, -\dfrac{12}{\sqrt{14}}\right) = \dfrac{-56}{\sqrt{14}}$ (mínimo)

17. 12.500 unidades do modelo A e 17.500 unidades do modelo B

19. a. R$ 36.000,00 na produção e R$ 24.000,00 em publicidade; 103.680 exemplares.

b. Serão vendidos mais 4.320 livros, aproximadamente.

21. a. R$ 40.000,00 em mão de obra e R$ 80.000,00 em equipamentos

b. Mais 31,75 serão produzidas, aproximadamente.

23. $\lambda = 306{,}12$, o que corresponde à variação aproximada por R$ 1.000,00. Como o acréscimo no investimento é de apenas R$ 100,00, o aumento do maior lucro possível é aproximadamente $(0{,}1)(306{,}21) = R\$ 30{,}61$.

25. a. $x = 35$ unidades, $y = 42$ unidades

b. $\lambda = 14{,}33$ é a variação aproximada da utilidade máxima associada a um aumento de uma unidade no orçamento.

27. A utilidade máxima aumenta de $\lambda = \left(\dfrac{\alpha}{a}\right)^\alpha \left(\dfrac{\beta}{b}\right)^\beta$

29. Sejam $Q(x, y)$ a função produção e $C(x, y) = px + qy = k$. Nesse caso, $C_x = p$, $C_y = q$. Assim, $Q_x = \lambda p$, $Q_y = \lambda q$ e, portanto, $\dfrac{Q_x}{p} = \dfrac{Q_y}{q}$.

31. $Q(40, 14) \approx 1.398$

33. As equações de Lagrange são

$$A\alpha K^{-\beta-1}[\alpha K^{-\beta} + (1-\alpha)L^{-\beta}]^{-1/\beta-1} = c_1\lambda$$
$$A(1-\alpha)L^{-\beta-1}[\alpha K^{-\beta} + (1-\alpha)L^{-\beta}]^{-1/\beta-1} = c_2\lambda$$
$$c_1 K + c_2 L = B$$

Eliminando λ nas duas primeiras equações e simplificando, obtemos

$$c_2\alpha K^{-\beta-1} = c_1(1-\alpha)L^{-\beta-1}$$

35. a. $f(-0{,}49; -2{,}91) \approx 4{,}18$ km

b. As respostas podem variar.

37. $C = 2R$

39. 4.060 (3.500 coelhos e 560 raposas)

41. 40 metros por 80 metros

43. 11.664 polegadas cúbicas, com $x = 18$ e $y = 36$

45. $r = 3{,}22$ cm; $h = 6{,}44$ cm

47. $s_{\min} = 4L$

49. $x = 8{,}93$ cm, $y = 10{,}04$ cm

51. $x = y = z = \sqrt[3]{V_0}$

53. 11,5 m de frente, 15,4 m de lado, 7,2 m de altura

55. $x = 0, y = -2$. O ponto crítico $(0, -2)$ não é um extremo relativo e sim um ponto de inflexão.

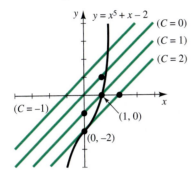

57. $\dfrac{dy}{dx} = \dfrac{\dfrac{y}{x^2} - (1 + xy^2)e^{xy^2} - \ln(x+y) - \dfrac{x}{x+y}}{2x^2 y e^{xy^2} + \dfrac{1}{x} + \dfrac{x}{x+y}}$

59. $f(2{,}1623, 1{,}5811) = 1{,}6723$

61. $f(0{,}9729, -0{,}1635) = 2{,}9522$

CAPÍTULO 7 Seção 6

1. $\dfrac{7}{6}$

3. -1

5. $4 \ln 2 = \ln 16$

7. 0

9. $\ln 3$

11. 32

13. $\dfrac{1}{3}$

15. $\dfrac{32}{9}$

17. $\dfrac{e^2 - 1}{8}$

19. Limites verticais: $0 \leq x \leq 3$
$\qquad\qquad\qquad x^2 \leq y \leq 3x$
Limites horizontais: $0 \leq y \leq 9$
$\qquad\qquad\qquad \dfrac{y}{3} \leq x \leq \sqrt{y}$

21. Limites verticais: $-1 \leq x \leq 2$
$\qquad\qquad\qquad 1 \leq y \leq 2$
Limites horizontais: $1 \leq y \leq 2$
$\qquad\qquad\qquad -1 \leq x \leq 2$

23. Limites verticais: $1 \leq x \leq e$
$\qquad\qquad\qquad 0 \leq y \leq \ln x$
Limites horizontais: $0 \leq y \leq 1$
$\qquad\qquad\qquad e^y \leq x \leq e$

25. $\dfrac{3}{2}$

27. $\dfrac{1}{2}$

29. $\dfrac{44}{15}$

31. 1

33. $\dfrac{3}{2} \ln 5$

35. $2(e - 2)$

37.

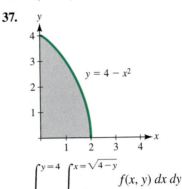

$\displaystyle\int_{y=0}^{y=4} \int_{x=0}^{x=\sqrt{4-y}} f(x,y)\, dx\, dy$

39.

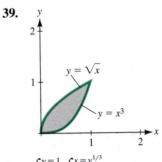

$\displaystyle\int_{y=0}^{y=1} \int_{x=y^2}^{x=y^{1/3}} f(x,y)\, dx\, dy$

41.

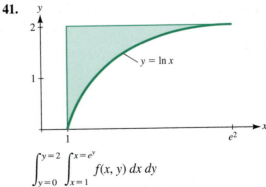

$\displaystyle\int_{y=0}^{y=2} \int_{x=1}^{x=e^y} f(x,y)\, dx\, dy$

43.

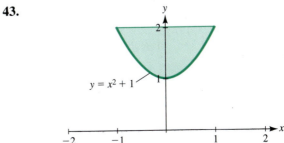

$$\int_{y=1}^{y=2}\int_{x=-\sqrt{y-1}}^{x=\sqrt{y-1}} f(x,y)\,dx\,dy$$

45. $\int_{x=-4}^{x=2}\int_{y=0}^{y=x+4} 1\,dy\,dx = 18$

47. $\int_{x=0}^{x=4}\int_{y=\frac{1}{2}x^2}^{y=2x} 1\,dy\,dx = \frac{16}{3}$

49. $\int_{x=1}^{x=3}\int_{y=x^2-4x+3}^{0} 1\,dy\,dx = \frac{4}{3}$

51. $\int_{x=1}^{x=e}\int_{y=0}^{y=\ln x} 1\,dy\,dx = 1$

53. $\int_{y=0}^{y=3}\int_{x=y/3}^{x=\sqrt{4-y}} 1\,dx\,dy = \frac{19}{6}$

55. $\int_{y=0}^{y=2}\int_{x=0}^{x=1} (6-2x-2y)\,dx\,dy = 6$

57. $\int_{x=1}^{x=2}\int_{y=1}^{y=3} \frac{1}{xy}\,dy\,dx = (\ln 3)(\ln 2)$

59. $\int_{x=0}^{x=1}\int_{y=0}^{y=2} xe^{-y}\,dy\,dx = \frac{1}{2}\left(1 - \frac{1}{e^2}\right)$

61. $\int_{y=0}^{y=1}\int_{x=y}^{x=2-y} (2x+y)\,dx\,dy = \frac{7}{3}$

63. $\int_{x=-2}^{x=2}\int_{y=x^2}^{y=8-x^2} (x+1)\,dy\,dx = \frac{64}{3}$

65. Área $= \int_{x=-2}^{x=3}\int_{y=-1}^{y=2} 1\,dy\,dx = 15$

Média $= \frac{1}{15}\int_{x=-2}^{x=3}\int_{y=-1}^{y=2} xy(x-2y)\,dy\,dx = \frac{1}{6}$

67. Área $= \int_{x=0}^{x=1}\int_{y=0}^{y=2} 1\,dy\,dx = 2$

Média $= \frac{1}{2}\int_{y=0}^{y=2}\int_{x=0}^{x=1} xye^{x^2y}\,dx\,dy = \frac{e^2-3}{4}$

69. Área $= \int_{x=0}^{x=3}\int_{y=x/3}^{y=1} 1\,dy\,dx = \frac{3}{2}$

Média $= \frac{2}{3}\int_{x=0}^{x=3}\int_{y=x/3}^{y=1} 6xy\,dy\,dx = \frac{9}{2}$

71. Área $= \int_{x=-2}^{x=2}\int_{y=0}^{y=4-x^2} 1\,dy\,dx = \frac{32}{3}$

Média $= \frac{3}{32}\int_{x=-2}^{x=2}\int_{y=0}^{y=4-x^2} x\,dy\,dx = 0$

73. $\int_{x=1}^{x=3}\int_{y=2}^{y=5} \frac{\ln(xy)}{y}\,dy\,dx$

$= (3\ln 3 - 2)\ln\frac{5}{2} + (\ln 5)^2 - (\ln 2)^2$

75. $\int_{x=0}^{x=1}\int_{y=0}^{y=1} x^3 e^{x^2 y}\,dy\,dx = \frac{e-2}{2}$

77. Área $= \int_{x=0}^{x=5}\int_{y=0}^{y=7} 1\,dy\,dx = 35$

Média $= \frac{1}{35}\int_{x=0}^{x=5}\int_{y=0}^{y=7} (2x^3 + 3x^2 y + y^3)\,dy\,dx$

$= \frac{943}{4}$

79. Média $= \frac{1}{25 \cdot 19}\int_{x=100}^{x=125}\int_{y=70}^{y=89} [(x-30)(70+5x-4y)$
$+ (y-40)(80-6x+7y)]\,dy\,dx$
$= 24.896,5$ (R\$ 2.489.650,00)

81. Valor $= \int_{x=-1}^{x=1}\int_{y=-1}^{y=1} (300+x+y)e^{-0,01x}\,dy\,dx$
$= 79.800e^{0,01} - 80.200e^{-0,01} \approx 1.200$
(R\$ 1.200.000,00)

83. $\frac{9}{2}(5\ln 5 - 4) \approx 18{,}212$ (18.212 pessoas)

85. Altitude média $= \frac{1}{12}\int_{x=0}^{x=4}\int_{y=0}^{y=3} 90(2x+y^2)\,dy\,dx$
$= 630$ metros

87. $V = \frac{17.408}{105} \approx 166$ m³

89. $E = \frac{304}{27} \approx 11{,}26$

91. 62.949 habitantes

93. 64.000 moradores

95. a. 0,991 metro quadrado
    b. Não; deve ser interpretado como o valor médio da área superficial do corpo da pessoa, do nascimento até a idade adulta.

97. $\frac{7e^{-6}}{9} + \frac{17}{9} \approx 1{,}891$ unidade cúbica

CAPÍTULO 7   Problemas de Verificação

1. a. Domínio: todos os pares ordenados (x, y) de números reais

$$f_x = 3x^2 + 2y^2$$
$$f_y = 4xy - 12y^3$$
$$f_{xx} = 6x$$
$$f_{yx} = 4y$$

b. Domínio: todos os pares ordenados (x, y) de números reais para os quais $x \neq y$

$$f_x = \frac{-3y}{(x-y)^2}$$

$$f_y = \frac{3x}{(x-y)^2}$$

$$f_{xx} = \frac{6y}{(x-y)^3}$$

$$f_{yx} = \frac{-3(x+y)}{(x-y)^3}$$

c. Domínio: todos os pares ordenados (x, y) de números reais para os quais $y^2 > 2x$

$$f_x = 2e^{2x-y} - \frac{2}{y^2 - 2x}$$

$$f_y = -e^{2x-y} + \frac{2y}{y^2 - 2x}$$

$$f_{xx} = 4e^{2x-y} - \frac{4}{(y^2 - 2x)^2}$$

$$f_{yx} = -2e^{2x-y} + \frac{4y}{(y^2 - 2x)^2}$$

2. a. Circunferências com o centro na origem e o ponto isolado $(0, 0)$

b. Parábolas com o vértice no eixo x e a abertura para a esquerda

3. a. Máximo relativo: $(0, 0)$; mínimo relativo: $(1, 4)$; pontos de sela: $(1, 0)$ e $(0, 4)$

b. Ponto de sela: $(-1, 0)$

c. Mínimo relativo: $(-1, -1)$

4. a. $\dfrac{16}{5}$ no ponto $\left(\dfrac{4}{5}, \dfrac{8}{5}\right)$

b. Máximo de 4 nos pontos $(1, 2)$ e $(1, -2)$; mínimo de -4 nos pontos $(-1, 2)$ e $(-1, -2)$

5. a. 16

b. $\dfrac{1}{4}(e^2 + 3e^{-2})$

c. $2 \ln 2 - \dfrac{3}{4}$

d. $1 - \dfrac{1}{e^2}$

6. $Q_K = 180$; $Q_L = 3{,}75$

7. 20 DVDs e 2 videogames

8. 30 unidades do medicamento A e 25 unidades do medicamento B, que produzem um efeito equivalente a $E(30, 25) = 83{,}75$ unidades. Como o número total de unidades é 55, que é menor que 60, não há risco de efeitos colaterais; como $E(30, 25) > 70$, a combinação é eficaz.

9. $\dfrac{5}{2}(1 + e^{-2}) \approx 2{,}84°C$

10. a.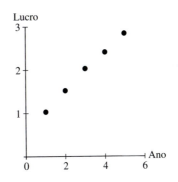

b. $y = 0{,}45x + 0{,}61$

c. 3,31 milhões de reais

CAPÍTULO 7   Problemas de Revisão

1. $f_x = 6x^2y + 3y^2 - \dfrac{y}{x^2}; f_y = 2x^3 + 6xy + \dfrac{1}{x}$

3. $f_x = \dfrac{3x - y^2}{2\sqrt{x}}; f_y = -2y\sqrt{x}$

5. $f_x = \dfrac{1}{2\sqrt{xy}} - \dfrac{\sqrt{y}}{2x^{3/2}}; f_y = \dfrac{1}{2\sqrt{xy}} - \dfrac{\sqrt{x}}{2y^{3/2}}$

7. $f_x = \dfrac{2x^3 + 3x^2y - y^2}{(x+y)^2}; f_y = \dfrac{-x^2(x+1)}{(x+y)^2}$

9. $f_x = \dfrac{2(x^2 + xy + y^2)}{(2x+y)^2}; f_y = \dfrac{-x^2 - 4xy - y^2}{(2x+y)^2}$

11. $f_{xx} = (4x^2 + 2)e^{x^2+y^2}; f_{yy} = (4y^2 + 2)e^{x^2+y^2};$
$f_{xy} = 4xy\, e^{x^2+y^2}; f_{yx} = 4xy\, e^{x^2+y^2}$

13. $f_{xx} = 0; f_{yy} = -\dfrac{x}{y^2}; f_{xy} = \dfrac{1}{y}; f_{yx} = \dfrac{1}{y}$

15. a.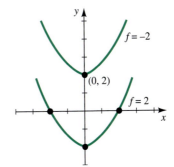

b.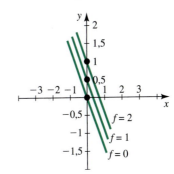

17. Ponto de sela em $(6, -6)$

19. Máximo relativo em $(-2, 0)$; mínimo relativo em $(0, 2)$; pontos de sela em $(0, 0)$ e $(-2, 2)$

21. Mínimo relativo em $\left(-\frac{23}{2}, 5\right)$; ponto de sela em $\left(\frac{1}{2}, 1\right)$

23. Pontos de sela em $\left(\frac{2}{3}, -\frac{5}{6}\right)$ e $\left(-\frac{2}{3}, \frac{5}{6}\right)$

25. Pontos críticos: $(-1, 2)$, $(-1, 0)$, $\left(-\frac{3}{2}, \frac{5}{2}\right)$, $\left(\frac{7}{17}, \frac{40}{17}\right)$; máximo de 20 em $(-4, 0)$; mínimo de 7 em $(-1, 2)$

27. Pontos críticos: $(2, 4)$, $\left(\frac{2\sqrt{3}}{3}, 2\right)$, $\left(\frac{4\sqrt{3}}{3}, 5\right)$; máximo de 52 em $(4, 2)$; mínimo de 0 em $(2, 4)$

29. Ponto crítico: $(-2, 0)$; máximo de 1 em todos os pontos da curva que limita a região; mínimo de $e^{-4} \approx 0{,}018$ em $(-2, 0)$

31. Máximo de 12 em $(1, \pm\sqrt{3})$; mínimo de 3 em $(-2, 0)$

33. Máximo de 17 em $(1, 8)$; mínimo de -17 em $(-1, -8)$

35. A produção diária aumentará de aproximadamente 16 unidades.

37. Dois operários não especializados devem ser dispensados.

39. Estamos interessados em maximizar a área $A = xy$ com a restrição de que o perímetro deve ter um valor fixo P, ou seja, $2x + 2y = P$. As condições de Lagrange são $y = \lambda x$, $x = \lambda y$ e $2x + 2y = C$. Como x e y são positivos, λ é positivo e a solução das duas primeiras equações é $\lambda = 1$, $x = y$, de modo que o retângulo de maior área é, na realidade, um quadrado.

41. O fabricante deve investir R$ 4.000,00 em desenvolvimento e R$ 7.000,00 em publicidade.

43. Temos $f_x = y - \frac{12}{x^2}$ e $f_y = x - \frac{18}{y^2}$, de modo que $f_x = f_y = 0$ para $x = 2$ e $y = 3$. Como $f(x, y)$ tem um valor elevado para valores muito grandes ou muito pequenos de x e y, concluímos que o extremo do ponto $(2, 3)$ é um mínimo relativo. Para confirmar esse fato, note que

$$D = \left(\frac{24}{x^3}\right)\left(\frac{24}{y^3}\right) - 1 \quad \text{e} \quad f_{xx} = \frac{24}{x^3}$$

de modo que $D(2, 3) > 0$ e $f_{xx}(2, 3) > 0$.

45. $\dfrac{e^3 - e^2 - e + 1}{e^3} \approx 0{,}5466$

47. $\dfrac{1}{4}(e^2 - e^{-2})$

49. $2e - 2$

51. $\dfrac{3}{2}(e - 1)$

53. 2

55. $\dfrac{3}{2}(e^{-2} - e^{-3})$ unidades cúbicas

57. $x = y = z = \dfrac{20}{3}$

59. $\sqrt{10}$; $(0, \sqrt{10}, 0)$ e $(0, -\sqrt{10}, 0)$

61. a.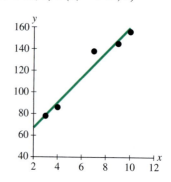

b. $y = 11{,}54x + 44{,}45$

c. R$ 102.150,00, aproximadamente

63. 5,94; isso significa que a demanda da primeira marca de tinta estará aumentando à taxa de cerca de seis latas por mês.

65. -3; isso significa que a demanda estará diminuindo à taxa de três tortas por semana.

67. A poluição está diminuindo à taxa de 113 unidades por dia.

69. 7.056 unidades

71. $Q(x, y) = x^a y^b$
$Q_x = ax^{a-1}y^b$; $Q_y = bx^a y^{b-1}$
$xQ_x + yQ_y = x(ax^{a-1}y^b) + y(bx^a y^{b-1})$
$\qquad\qquad = (a + b)x^a y^b = (a + b)Q$
Se $a + b = 1$, $xQ_x + yQ_y = Q$.

ÍNDICE

A

Aceleração, 119, 123
Acidez (pH) de uma solução, 315
Aerodinâmica, 224
Água, poluição da, 154
Aids
   epidemia, 158
   mortes provocadas pela, nos EUA, 249
Ajustes não lineares, 504
Alometria, 85, 280, 510
   lei da, 335
Aluguel
   de automóveis, 35
   de imóveis, 24, 25
   de máquinas, 36
   de um equipamento, 24
Amortização de dívidas, 265
Amplitude de oscilações, 224
Análise
   custo-benefício, 76
   de custos, 48
   de equilíbrio, 46, 51, 81
      fábrica de móveis, 46, 47
      usando propriedade do valor intermediário, 74
   de estoque, 81
   de investimento, 265
   marginal, 136-145, 178, 194, 221, 293, 476
      gerenciamento de mão de obra, 148
      para analisar a produção, 476
      para custo médio mínimo, 216
      para lucro máximo, 215
      para tomar decisão empresarial, 138
      princípios gerais, 215
Antiderivação, 322
Antiderivada(s)
   geral de uma função, 322, 323
   propriedade fundamental das, 323
   verificação de uma, 322
Anuidade, 379
   valor futuro, 379, 380
Aplicação repetida da integração por partes, 418, 419
Aprendizado, 81, 223
Aproximação
   incremental, 138, 139
      da produção, 481
   por incrementos, 136-145
   por retângulos, 426, 427
   por trapézios, 427, 428
   usando parábolas, 430, 431
Área(s)
   cálculo, 49
      usando o limite de uma soma, 351, 352
   como limite de uma soma, 349-352
   como uma integral definida, 352
   da superfície de um tumor, 159
   determinação usando o teorema fundamental do cálculo, 353, 354
   entre duas curvas, 364-367
   sob uma curva, 350
Arqueologia, 280
Arquitetura, 25
Arteriosclerose, 144
Assíntota
   horizontal, 198
   vertical, 196, 197
      da curva, 169
Astronomia, 38
Aumento de uma população
   exponencialmente, 254
   modelo
      logístico, 254
      malthusiano, 254

B

Bactérias, colônia de, 159
Bicho da maçã, modelagem do comportamento, 164
Biologia marinha, 238
Bioquímica, 53

C

Caixa
   área da superfície, 49
   -d'água cilíndrica, 42
   volume, 49
Cálculo
   da aceleração de um objeto, 119
   da derivada de uma função constante, 101, 102
   da inclinação da reta tangente por derivação implícita, 147
   da meia-vida, 277
   da receita marginal, 137
   da taxa
      de custo relacionada, 149
      de variação, 95
         de custo, 127
         de produção, 118
   da velocidade de um objeto, 119
   de áreas, 49
   de custos, 81
   de limites, 58
   de uma derivada segunda, 117, 118
   de uma inclinação, 95
   do custo marginal, 137
   financeiro, aplicações, 274
Campo
   de beisebol, 161
   magnético, intensidade, 77
Capitalização contínua, 65
   de juros, 259
Capnógrafo, 485
Cardiologia, 100
Catenária, 309
Centroide, 425
Ciência forense, 315
Circulação
   de um jornal, 80, 110, 143
   do sangue, 13, 24
   sanguínea, 154, 159, 223
Cobra do Kansas, 85
Coeficiente
   de absorção, 267
   de dilatação térmica, 144
   de difusão, 546
Colheita, 50
Colônia de bactérias, 66, 78, 122, 159
Combinação de insumos para o custo mínimo, 521
Comissão do leiloeiro, 50
Composição
   de funções, 7
   funcional, 7
Concavidade, 180-195
   determinação usando sinal de f, 182
   intervalo de, 182, 183
   para baixo, 181
   para cima, 181
   para traçar gráficos, 186
Cone, 464
Confiabilidade de um produto, 265
Conjunto(s)
   contradomínio, 2
   domínio, 2
Constante
   de integração, 324
   de Michaelis, 53
   isoquanta, 149
   regra da multiplicação por, 103
Consumidor(es)
   defesa do, 80
   demanda do, 12
   despesa do, 99
   gastos dos, 24
Consumo
   de água, 37
   de combustível, 76
   interno de um país, 222
Conta bancária, 50
Contabilidade, 35
   forense, 319
Continuidade
   de polinômios, 67-82
   de uma função derivável, 95, 96
   em um intervalo, 73
Contradomínio, 461
Controle
   da poluição, 111, 122, 179
   de estoque, 76
      taxa de transporte, 233
   do alcoolismo, 294

Convenção de domínio, 3
Conversão de temperatura, 37
Coordenada(s)
    abscissa, 14
    de P, 14
    ordenada, 14
    retangulares, 14, 15
Crescimento
    de insetos, 135
    de plantas, 295
    de um tecido, 195
    de um tumor, 154, 157
    de uma célula, 143
    de uma criança, 37
    decrescente, 302
    do PIB, 265
    exponencial, 298
    populacional, 12, 48, 99, 110, 122, 159, 195
Cristalografia, 245
Critério dos mínimos quadrados, 501
    uso do, 501, 502
Cursos superiores, taxas, 3
Curva(s)
    assíntota vertical, 169
    da pressão arterial em função do tempo, 97
    de aprendizado, 300, 311, 335
    de custo, 46
    de funções logarítmicas, 271
    de Gompertz, 308
    de indiferença, 466
    de Lorenz, 369-371
    de nível, 464
        aplicação a um problema de economia, 466, 467
    de Phillips, 99
    de produto constante, 466
    de receita, 46
    de temperatura constante, 472
    de uma função, ponto de inflexão, 184
    exponencial
        de demanda, 504, 505
        traçado, 296, 297
    logarítmicas, traçado, 296
    logística, 301, 311, 420
        capacidade de suporte, 301
        nível de saturação, 301
    relação entre, 271
    reta secante, 90
    traçado de, 196-208, 296
    uso da derivada, 185, 186
Cúspides, 202
Custo(s)
    capitalizado, 446
    de aluguel de carros, 48
    de armazenamento, 207
        fixo, 235
        minimização, 233
        variáveis, 235
    de construção, 51
        de uma janela, 81
    de distribuição, 11, 207
    de fabricação, 23, 35, 161
    caixa
        fechada, 53
        sem tampa, 53
    fixo, 82
    minimização dos, 517
    de impressão, 36
    de instalação, 236
    de produção, 11, 12, 49, 98, 157, 160
        pranchas de isopor, 50
    de transporte, 49, 50
    de um telefone celular, 24
    de uma obra, minimização, 230
    expresso, 8
    gerenciamento, 76, 110, 207
    marginal, 136
    médio, 178, 207
        minimização, 214
    mínimo, 221
    total
        cálculo a partir do custo marginal, 327
        de fabricação, 143

D

Datação por carbono, 277, 278, 311
Débito cardíaco, 143, 452
Decaimento
    exponencial, 298, 311
    radioativo, 49, 267, 277
Decibel, 281
Decisão editorial, 50
Defesa do consumidor, 80
Déficits comerciais, 166
Demanda, 51
    de calculadoras científicas, 121
    de obras de arte, 221
    de passagens aéreas, 221
    do consumidor, 12
        torradeira elétrica, 153
    elástica, 217, 218
    elasticidade, 209-224, 244
        estudo da, 289
        -preço, 216
        -renda, 222
        unitária, 218
    inelástica, 218
    redução percentual, 216
Demografia, 280
    animal, 314
Denominador, 148
Densidade populacional, 13, 159, 391
    cálculo da população total, 392
Depreciação, 134, 178
    linear, 35
Derivação, 87-164
    de funções
        exponenciais, 282-295
        logarítmicas, 282-295
    implícita, 145-157
        inclinação da reta tangente, 147
    logarítmica, 290
    parcial, 473
    técnicas de, 101-112

Derivada(s), 88-101
    critério para funções
        crescentes, 167
        decrescentes, 167
    das funções logarítmicas, 285, 286
    de b^x, 288
    de e, 282
    de funções
        da forma b^x, 288
        exponenciais, 283
    de ordem, 119
        superior, 112-124
            regra, 112, 114, 115
    de um polinômio, 104
    de uma função, 91
    de uma soma de funções, 104
    do múltiplo de uma função, 103
    enésima, 119
    f, significado, 94
    inclinação como uma, 92
    na estimativa da variação de custo, 139
    para determinar uma inclinação, 92, 93
    parcial(is), 473
        análise marginal, 476
        cálculo de, 474
        de segunda ordem, 478
            cálculo, 479
            interpretação, 479
        interpretação geométrica das, 475, 476
        mistas, 479
    primeira, 117
        para extremos relativos, 171
    quociente diferença, 91
    segunda, 117
        para esboçar curvas, 117
    taxa de variação como, 92
    variação de população, 104
Derivabilidade, 95
Descarte, fólio de, 155
Desemprego, 99
Diagrama do movimento retilíneo, 106
Diagramação, 53
Diástole, 96
Diferencial(is)
    de x, 141
    de y, 141
Diluição de corante, 452
Disposição do consumidor para gastar, 382-384
Disseminação
    de epidemia, 49, 111, 194
    de um boato, 195
Distância, 78
    entre veículos em movimento, 239
Distribuição
    de recursos, 515
        otimização, 515
    de renda, estudo da, 370, 371
Dívidas em cartão de crédito, 35
Domínio, 460
    convenção de, 3
    de uma função, 4
    natural, 3

Dosagem de um medicamento, 122
Drosophila, 99

E

Ecologia, 13
Eficiência da mão de obra, 109, 122, 194, 222, 160
Elasticidade
    da demanda, 209-224
    de substituição constante, 471
    efeito sobre a receita, 219, 220
    -preço da demanda, 216
    receita, 222
    -renda da demanda, 222
    variação da receita, 218
Eletrodomésticos novos, 208
Eliminação de rejeitos, 238
Elipsoide, 464
Embalagens
    lata de refrigerante, 53
    projeto de, 81
Entomologia, 37
Epidemiologia, 208
Equação(ões)
    de difusão, 546
    de Haldane, 238
    de Harris-Benedict, 471
    de Laplace, 485
    de uma reta
        ponto-inclinação da, 29
        que passa por dois pontos, 30
        tangente, 287
    de van der Waal, 472
    de van't Hoff, 472
    diferencial(is), 328
        cálculo de juros compostos usando uma, 331
        solução por substituição, 342
    exponencial(is), 273
        solução de uma, 258
    fundamental da glotocronologia, 267
    logarítmicas, 273
    logística, 420
    separável, 329
Equilíbrio
    análise de, 46
    do mercado, 50
        função
            demanda, 44
            oferta, 44
        preço de, 45
Erro
    de medição, 139, 140
    percentual, 141
    propagação do, 139
    relativo, 141
Escala Richter, 281
Espaço de circulação, 499
Espionagem, 54, 111
Estimativa
    da variação
        de custo, usando derivada, 139
        de mão de obra, 140, 141

    percentual do PIB, 141
    de erro, da regra
        de Simpson, 431, 432
        do trapézio, 429
    de máxima probabilidade, 223
    de um erro de medição, 139, 140
Estoque *just in time*, 234
Estudo
    ambiental em um município, 143
    da elasticidade da demanda, 289
    da poluição do ar, função composta para o, 9, 10
    da qualidade de vida, 134
    de uma epidemia, 302
    de variação de uma população com tempo, 115, 116
Exame vestibular, 37
Excedente
    do consumidor, 383
    do produtor, 384
Excesso líquido de lucro, 367-369
Expoente negativo na regra da potência, 102
Expressões exponenciais, cálculo, 258
Extinção, 66
Extremos
    absolutos
        de uma função, 209
            contínua, 210
        intervalos
            abertos, 213
            fechados, 210
        teste da derivada segunda, 213
    relativos, 169, 170, 487, 488

F

Fábrica, gerência de uma, 65
Fabricação, 153
Fábula antiga, velocidade constante, 38
Falsificação de obras de arte, 280
Farmacologia, 122
Financiamento de um orfanato, 80
Físico-química, 111
Fluxo de receita
    valor
        atual, 380
        futuro, 380
Fólio de descarte, 155
Forma, inclinação-interseção, da equação de uma reta, 28
Fórmula(s)
    da aproximação incremental para funções de duas variáveis, 481
    da distância, 15, 16
    da taxa de juros efetiva, 263
    de Bhaskara, 47
    de conversão de base para logaritmos, 274
    de Debye, 111
    de juros compostos, 331
Fração de empacotamento, 245
Função(ões), 2-14
    cálculo do valor, 3

    como mapeamento, 2
    como máquina, 2
    composição de, 7
    composta, 7, 8
        custo expresso, 8, 9
        no estudo da poluição, do ar, 9, 10
    comum, 9
    concavidade, 182
        para baixo, 182
        para cima, 182
    conjunto da
        contradomínio, 2
        domínio, 2
    constante, cálculo da derivada, 101, 102
    contínua, 71
        valores possíveis, 73
    crescentes, 166-180
        intervalos, 167, 168
    custo, 5-7
        linear, 30
        médio, 5
        total, 31
    da forma b^x, derivadas de, 288
    de duas variáveis, 460
        fórmula da aproximação incremental para, 481
        gráficos de, 463, 464
        máximos, 486-500
        mínimos, 486-500
        produção em, 462
        receita em, 461, 462
        regra da cadeia para, 479-481
        valores de uma, 461
    de Michaelis-Menten, 62
    de produção de Cobb-Douglas, 153, 462
    de quatro variáveis, valor atual em, 462, 463
    de surto, 308
    de três variáveis, população em, 463
    decrescentes, 166-180
        intervalos, 167, 168
    definida
        implicitamente, 146
        por partes, 4, 72
            cálculo dos valores, 4, 5
    demanda, 5
    densidade de probabilidade normal, 297
    derivada de uma, 91
    derivável, 91
    descontínua, 71
    determinação pela inclinação da tangente, 327
    do segundo grau, 20
    domínio, 4
    exponencial(is), 253-267, 274
        de base b, 255
        de demanda, 259
        de população, 259
        derivadas, 283
        gráficos de, 256
        propriedades, 257
        regra
            da cadeia, 284
            dos números, 257

forma, explícita, 145
gráfico de, 14-26
limite de, 55
lineares, 26-38
   limites de, 57
logarítmicas, 268-282
   curvas de, 271
   derivadas, 285, 286
   propriedades, 271
   regra da cadeia, 287
lucro, 5
máximos absolutos, 209, 210
mínimos absolutos, 209, 210
na economia, 5
não contínua, 67
oferta, 5
ponto de quebra, 96
potência, 19
preço, linear, 31
quociente, diferença, 91
racional, 20
   contínua, 71, 72
   limite de, 58
raiz, uso da regra da cadeia, 127
receita, 5
renovação, 388
sobrevivência, 388
utilidade, 466
   Cobb-Douglas, 514
valor médio de uma, 371

G

Gasto(s)
   do governo, 194
   dos consumidores, 24
Gerência financeira, 142
Gerenciamento
   de custos, 76
   de mão de obra, uso de análise
     marginal, 148
   de produção, 81
   de uma conta, 245
Glotocronologia, 267
Gottfried Wilhelm Leibniz, 88
Gráfico(s)
   da derivada de f para traçar gráfico de f, 188
   da função comportamento, 186
   da reta, 29
   de f para traçar derivada f, 174
   de funções exponenciais, 256
   de Lineweaver-Burk, 53
   de parábolas, 20, 21
   de pontos, 501
   de uma função, 14-26
     a partir de alguns pontos, 16
     definida por partes, 16, 17
   gerados em computador, 467
   picos, 169
   traçado do, de uma função
     racional, 199-201
   traçados
     com cúspides, 201

     com tangentes verticais, 201
     usando derivada, 172, 173
   vales, 169
Grandeza proporcional
   conjuntamente, 44
   diretamente, 44
   inversamente, 44
Grau do polinômio, 20

H

Habitação, 194
Hipertermia, 499

I

Imóveis refinanciamento, 178
Imposto(s)
   de renda, 49
   pagamento de, 81
   predial, 110, 143, 156
Inclinação
   como derivada, 92
   das retas tangentes a partir de uma
     função implícita, 147
   de uma reta, 26, 27
   para traçar reta, 28
Índice
   de desemprego, 36
     nos EUA, 34
   de desigualdade de renda, 370
   de Gini, 370
   de inclinação, 88, 89
     reta tangente, 88
   de inflação, nível de desemprego, 89
Inflação, 160
   efeito da, 265
Integração
   definida, 352
     e problemas práticos, 363
     por partes, 417, 418
   indefinida, 322
     regras algébricas para, 326
   numérica, 426-438
     análise de dados, 432-434
     cálculo de uma área, 433
   para determinar a área de um terreno, 354
   por partes, 415
     aplicação repetida, 418, 419
     cálculo
       de uma área, 417
       de uma integral imprópria, 441, 442
     fórmula de, 414
     valor futuro de um investimento, 418
   por substituição, 337
Integral(is)
   definida(s), 324, 349, 352
     aplicações da, 363, 364
     aproximação por parábolas, 431
     cálculo, 354, 355
     uso da substituição em, 356, 357
   dupla(s), 524
     aplicações das, 531

     cálculo, 525, 526
     de uma área, 531
     do volume de uma biomassa, 532
     em uma região, 529
     em região(ões)
       não retangulares, 527
       retangular, 525
   imprópria, 439
     cálculo, 440
       usando integração por
         partes, 441, 442
     limite útil para, 441
   indefinida, 323-328
     cálculo das, 325
   repetida, 524
Integrando, 324
Intensidade do campo magnético, 77
Intervalo de concavidade, 182, 183
Inversão térmica, 99, 100
Investimento, valor futuro de um, 260
Isaac Newton, 88
Isoquanta, 466
Isotermas, 472

J

Juro(s)
   capitalização contínua, 65, 259
   compostos, 134
     cálculo usando uma equação
       diferencial, 331
   taxa
     efetiva, 262
     nominal, 262

L

Lei(s)
   da alometria, 335
   da demanda, 45
   da oferta, 45
   de Benford, 319
   de Bouguer-Lambert, 267
   de Boyle, 155
   de Fick, 315
   de Hoorweg, 307
   de Parkinson, 307
   de Poiseuille, 13
   de Stefan, 144
   dos gases ideais, 486
   dos retornos decrescentes, 483
Limite(s), 54-67
   abordagem intuitiva, 54
   cálculo de, 58
   de duas funções lineares, 57
   de integração para integrais duplas, 529
   de um polinômio, 58
   de uma função, 55, 56
     racional, 58
   existência de um, 70
   horizontais, 528
     definição de uma região usando, 528
   inferior de integração, 352
   infinito, 57, 63, 196

lucro médio, 63
mostrando que um, não existe, 58, 59
no infinito, 60, 61, 62
    aplicação prática, 62
propriedades algébricas, 57
simplificando uma fração, 59, 60
superior de integração, 352
tabela para estimar, 55
unilaterais, 67-82
    infinitos, 69, 70
    para determinar um limite bilateral, 70
verticais, 527
    definição de uma região usando, 527
Linha reta, inclinação, 27
Logaritmo(s), 268
    cálculo, 268
    naturais, 272
    regra
        da igualdade, 269
        da inversão, 269
        da potência, 269
        do produto, 269
        do quociente, 269
    solução de equações, 268
Lote econômico
    de compra (LEC), 237
    de produção (LEP), 237
Lucro, 24, 98, 122
    de um fabricante, 49
    de um monopólio, 178
    de uma editora, 51
    marginal, 136
    maximização, 214, 226
    máximo, 40, 41, 221
        análise, 40
        formulação, 40
        interpretação, 40
        testes, 41
    médio, 221
        limite infinito, 63

M

Mão de obra, eficiência, 12
Mapa topográfico, 464
Material de construção, 160
Matrícula, 36
Máxima eficiência, 335
Maximização
    da utilidade, 514
    de uma função receita com dados inteiros, 232
    do custo de fabricação, 227, 228
    do lucro, 214, 226, 491, 492
        alternativa para problema de, 227
Máximo(s)
    absoluto(s), 493
        de uma função, 209, 210
    relativo(s), 169, 170, 487, 488
Medicina, 153, 179
    infantil, 157
Meio ambiente, 80
Mercado imobiliário, 244

Metabolismo basal, 86, 154
Meteorologia, 77
Método(s)
    de Newton, 144
    de separação de variáveis, 332
    dos mínimos quadrados, 33, 501
    dos multiplicadores de Lagrange, 511, 512
        em um problema de obras civis, 512
        justificativa do, 518
        uso do, 513
    geral de traçados de curvas, 199
    just in time, 68
    para determinar ponto de inflexão, 184
    para esboçar gráfico de uma função contínua, 172
    para resolver problemas de taxas relacionadas, 149
Microbiologia, 80
Minimização
    do comprimento de uma cerca, 225
    do custo
        de armazenamento, 233
        de uma obra, 230
        médio, 214
Mínimo(s)
    absoluto, 493
    de uma função, 209, 210
    quadrados
        método, 501
        previsões usando, 503
        reta, 502
    relativos, 169, 170, 487, 488
Modelagem
    com função definida por partes, 42, 43
    com proporcionalidade, 44
    custo de construção, 41, 42
    de uma epidemia, 249
    do comportamento, bicho da maçã, 164
    do equilíbrio do mercado, 45, 46
    matemática, 39
Modelo(s)
    alométricos, 85
    de ajuste de preços, 344
    de aprendizado, análise de, 300
    de Mitscherlich, 348
    exponenciais, aplicações, 295-304
    funcionais, 39-54
    matemático, 39
Monopolista, 237
Movimento
    balístico, 111
    de um objeto, 107
    de um projétil, 25, 107, 108
    de uma bola, 13
    de veículos, 244
    retilíneo, 106, 111, 157
        aceleração, 106
        velocidade, 106
Multiplicador de Lagrange, 511
    como uma taxa de variação, 516, 517
    para funções de três variáveis, 517

    significado, 516
Mutações, 78

N

Notação de somatório, 364
Numerador, 147
Número(s)
    críticos, 170
        classificação, 171
        determinação, 171
    de subintervalos, cálculo, 430
    no contradomínio, 2
    no domínio, 2
Nutrição, 37

O

Oferta, 51
    e demanda, 78
Oscilações, amplitude de, 224
Osmose reversa, 472
Otimização, 209-224
    casos gerais, 212
    problemas práticos, 225

P

Paisagismo, 48
Paraboloide, 464
    circular, 466
    de revolução, 466
Percepção, 410, 411
Período, 3
Polinômio, 20
    contínuo, 71-74
    grau do, 20
    limite de, 58
Política, 223
Ponto(s)
    críticos, 170, 487, 488
        classificação, 489, 490
    de crescimento decrescente, 302
    de equilíbrio do mercado, 44-46
    de inflexão, 180-195
        de uma função f, 184
    de interseção, 17
        com eixo
            y, 18, 19, 28
            x, 18, 19
        de um gráfico, 19, 20
        determinação, 18
    de pressão
        máxima, 96
        mínima, 96
    de quebra, 96, 97, 169
    de retornos decrescentes, 180
        na curva de produção, 191
    em que a tangente é horizontal, 129
    fronteira, 493
    sela, 488
População, 158
    de uma colônia de bactérias, 207
    de uma região urbana, 444

distribuição, 179
    representação gráfica, 203
    total, cálculo a partir da densidade populacional, 392
    variação de tempo, 204
Posição a partir da aceleração, determinação da, 328
Potências inversas, 61
Preço(s)
    cálculo a partir da taxa de variação, 343
    da gasolina, 78
    de ações, 12, 36
    de calculadoras, 80
    de equilíbrio, 45
    de ingressos, 50
    lata de refrigerante, 31
    modelo de ajuste de, 344
    ótimo de venda, 81
Pressão
    arterial, 100
    do ar, 281
    osmótica, 472
Probabilidade máxima, estimativa, 223
Problema
    da área, 88
        integração, 88
    da tangente, 88
    de orçamento fixo, 517
    de valor inicial, 330
    do custo mínimo, 521
Produção, 158, 159, 207
    agrícola, 52
    controle da, 222
    das células do sangue, 123
    de madeira, 154
    de um novo produto, 65
    de um operário, 191
    de uma fábrica, 24, 99
    eficiência de, 81
    industrial, 157
    média mensal, 533
    processo de, 5, 6
    sanguínea, 224
Produtividade, 65
    marginal
        da mão de obra, 477
        do capital, 477
        do dinheiro, 517
    máxima possível, 62
Produto(s)
    complementares, 477
    da moda, 175
    interno bruto (PIB), 105, 110, 158, 178
    substitutos, 477
Projeto de embalagem, 81
Propagação do erro, 139
Propaganda, 50
Proporcionalidade, 43, 44
Propriedade(s)
    algébricas dos limites, 57
    de uma função exponencial, 257
    do valor intermediário, 73
Pulso arterial, 96

Q

Quadrantes, 14
Quadro de associados, 222
Quociente, diferença, 10

R

Radiodifusão, 224
Receita, 122
    adicional, 288
    anual
        bruta, 133
        de uma empresa, 109
    de vendas, 49
    elasticidade, 244
    marginal, 136, 288
    máxima, determinação da, 21, 22, 175
    média, determinação da, 372
Reciclagem de garrafas, 52
Recursos renováveis, 99
Refinanciamento de imóveis, 178
Refrigeração, 155
Regra(s)
    algébricas para integração indefinida, 326
    da cadeia, 124-135
        com uma função, raiz, 127
        determinação de uma reta, 126
        para calcular taxa de demanda, 480
        para funções
            de duas variáveis, 480
            exponenciais, 284
            logarítmicas, 287
    da constante, 101, 324
    da diferença, 326
    da exponencial, 324
    da multiplicação por uma constante, 103, 326
    da potência, 102, 324
        com quocientes, 116
        expoente negativo, 102
        generalizada, 128
            com potência negativa, 129
            para calcular derivada segunda, 130
            uso repetido, 130
    da soma, 104, 326
    das potências inversas, 61
    de Cowling, remédios para crianças, 52
    de Friend, remédios para crianças, 52
    de Simpson, 430
        estimativa de erro da, 431, 432
        precisão, 431, 432
    do logaritmo, 324
    do produto, 112, 113
        demonstração da, 120
    do quociente, 114, 115
    do trapézio, 428
        estimativa de erro da, 429
        precisão, 429
    dos logaritmos, uso, 270
    dos números, funções exponenciais, 257
    para integrais definidas
        da diferença, 355
        da multiplicação por uma constante, 355
        da soma, 355
        da subdivisão, 355
        uso das, 356
    para integrar funções comuns, 324
Regressão log-linear, 506
Rejeitos nucleares, 443, 444
Renda *per capita*, 65
Renovação, 388-391
    cálculo de, 389, 390
Rentabilidade, 11
Respiração, 224
Restrições, 511
Reta(s)
    assíntotas horizontais, 60
    de mínimos quadrados, 33, 502, 503
        determinação, 503
    de regressão, 502
    equação de uma, 29
    horizontais, 28, 29
    inclinação de uma, 26, 27
    paralelas, 32, 33, 38
    perpendiculares, 32, 33, 38
    secante, 90
    tangente, 88
        e uma curva, 113
        horizontais por derivação implícita, 147
        usando regra da cadeia, 126
    verticais, 28, 29

S

Salários, 76
    aumento de, 110
Segurança
    nas estradas, 25
    no trânsito, 160
Sela, 464
Semélparas, 302
Sinal de integração, 324
Sismologia, escala Richter, 281
Sistema(s)
    cardiovascular, 159
    de coordenadas
        cartesianas, 14
        retangulares, 14, 15
        tridimensional, 463
Sístole, 96
Sobrevivência, 388-391
    cálculo de, 389, 390
    de animais aquáticos, 223
Solução, 328
    de uma equação diferencial
        para determinar uma receita, 330
        separável, 329
    geral, 329
Soma de Riemann, 352, 410, 411
Substituição
    de um denominador, 340
    de um expoente, 338, 339
    de um logaritmo, 340, 341

de um radicando, 340
de uma função linear, 338
solução de equações diferenciais por, 342
transformação algébrica antes da, 341
uma integral que não pode ser resolvida por, 342
uso em integrais definidas, 356, 357
Superávits comerciais, 166
Superfície de sela, 488

T

Tabela(s)
de integrais, 419, 420
para estudar a disseminação de um boato, 420
para estimar limite, 55
Tangente
horizontal, 129
vertical, 203
Taxa(s), 3
assintótica de expansão da população, 547
da eficiência, variação de, 180
de aprendizado, 335
de crescimento
de um mamífero, 134
intrínseco, 547
percentual, 105
relativa, 291
de custo relacionada, cálculo de, 149
de demanda, 153, 159
de juros
cálculo, 276
efetiva, 262
fórmulas, 263
primeira, 263
segunda, 263
terceira, 263
nominal, 262
de mortalidade, 316
de oferta, 153
de produção de calor de um animal, 86
de reprodução *per capita*, 302
de variação, 88
cálculo do preço a partir da, 343
da demanda, fábrica de eletrodomésticos, 131
da poluição do ar, 131
de custo, 127
de um lucro, 93, 94
de uma receita, 114
de vendas, 299
estimativa, 88, 89
instantânea, 89
como derivada, 92
média, 89, 90

percentual, 105
PIB, 105
relativa, 105
sensibilidade, 223
escolares, cursos superiores, 3
marginal de substituição técnica (TMST), 149
relacionadas, 145-157
para estudar
a oferta, 151
população de peixes, 151
vazamento de petróleo, 150
Temperatura
ambiente, 208
corporal de espécies de aves, 111
do ar, 77
média, determinação da, 373
variação de, 49
Tempo
de percurso, 244
de uma população, 204
para atingir uma meta, 275, 276
para um investimento dobrar de valor, cálculo, 275
Tendência marginal
para o consumo, 222, 334
para poupança, 222
Teorema fundamental do cálculo, 324, 349, 352-355
determinação de uma área, 353, 354
para um caso particular, 359, 360
Termodiluição, 453
Termodinâmica, 155
Teste(s)
da derivada segunda, 189
para extremos absolutos, 213
produtividade, 190
da reta vertical, 18
escolares, 110
Thomas Malthus, 254
Traçado de curvas, 296
exponenciais, 296, 297
logarítmicas, 296
Transferência de dados, 12

U

Utilidade marginal do dinheiro, 517

V

Valor(es)
atual
cálculo, 262
de um fluxo de renda, 443
de um investimento, 261
fluxo de receita, 380

para comparar dois fluxos de renda, 380, 381
de uma função, 3
problema prático, 4
extremos
de uma função exponencial, 285
propriedades, 210
futuro
anuidade, 379, 380
cálculo, 261
de um investimento, 260
fluxo de receita, 380
médio
de uma função, 371
interpretação
como uma taxa, 374
geométrica, 374
tempo para dobrar de, 275
Valorização de um bem, 36
Variação
da receita, elasticidade, 218
de temperatura, 12
de uma população, uso de derivada, 104
do tempo de uma população, 204
percentual
de radiação, 144
do PIB, 141
total
da massa de proteína, 358, 359
do custo, 358
Variável(is)
de integração, 324
dependente, 3
independente, 3
Velocidade, 123
de um lagarto, 154
de uma ave, 223
determinação da, 328
foguete de brinquedo, 100
instantânea, 89
máxima
de um carro no cruzamento, 211
do ar durante um acesso de tosse, 212
menos negativa, 107
mínima de um carro no cruzamento, 211
Vendas, 194, 207
a varejo, 49
de uma joalheria, 121
receita de, 49
varejo, 23, 24
Vértice da parábola, 20
Viagens aéreas, 54
Volume
de um sólido, 395, 396
de um tumor, 53
fórmula, 395

Índice de Problemas Aplicados (*continuação*)

Ciências Sociais (*continuação*)
População mundial, 4.4.52
População urbana, E6.3.7, 6.3.44, 6.3.45
Preço de ingressos, 5.3.60
Projeto de embalagens, 1.R.46
Psicologia experimental, 1.1.72, 1.5.60, 3.3.55
Quadro de associados, 3.4.45, 5.6.17, 5.6.30, 6.1.61
Qualidade de vida, 2.4.78
Radiodifusão, 3.4.58
Reciclagem, 3.5.34
Recursos renováveis, 2.1.49
Renda *per capita*, 4.3.76
Satisfação total, 7.1.41
Saúde pública, 7.4.28
Segurança de um shopping, 6.1.67
Segurança nas estradas, 1.2.55
Sistema penitenciário, 5.1.64
Sudário de Turim, 4.2.64
Tarifas postais, 1.6.53, 3.5.53, 3.5.54
Taxa de frequência, 1.3.52
Tempo de espera, E11.2.6
Tempo de percurso, 3.R.37
Tendência marginal para o consumo, 5.1.55
Tendências políticas, 5.6.18
Testes escolares, 2.2.59
Transporte coletivo, 2.2.60, 2.R.38
Transporte solidário, 1.3.54
Velocidade dos carros em um cruzamento, E3.4.2
Venda de ingressos, 5.R.67
Viagens aéreas, 1.4.61

Economia
Agricultura, 5.3.63
Aluguel de automóveis, 1.3.40, E1.4.7
Aluguel de máquinas, 1.2.46, 1.3.46
Amortização de uma dívida, 7.1.43
Análise custo-benefício, 1.6.45
Análise de investimentos, 4.1.47, 4.1.48
Análise Marginal, E2.5.1, 2.5.11 a 2.5.22, E2.6.4, 3.1.54, 3.1.55, 3.2.53, 3.2.54, 3.4.31, 3.4.32, 3.4.40, E4.3.11, 4.3.75
Aposentadoria, 5.2.61, 5.5.27, 5.5.28
Balança comercial, 5.V.6
Campanha beneficente, 5.5.22
Construção civil, 6.2.42
Consumo interno de um país, 3.4.38
Conta bancária, 1.4.28
Contabilidade, 1.3.43, 4.4.35
Contratos esportivos, 5.6.40
Curvas de indiferença, 7.1.40, 7.1.41
Custo de produção, 3.R.39
Custo de transporte, 1.4.15, 1.4.25, 3.5.26
Demanda do consumidor, 1.1.67, 2.4.67
Demanda e receita, 2.3.48
Desemprego, E1.3.8, 1.3.48, E2.1.1, 2.1.47
Disposição do consumidor para gastar, E5.5.3, 5.5.1 a 5.5.6
Distribuição de renda, E5.4.4, 5.4.50, 5.4.51, 5.R.90, 6.1.54, 6.2.41
Dívidas em cartão de crédito, 1.3.39
Eficiência da mão de obra, 1.1.66, 2.2.52, 2.3.52, 2.R.58, 3.2.57, 3.2.58, 3.4.39, 3.5.28, 3.V.8
Elasticidade da demanda, E3.4.6, E3.4.7, 3.4.33, 3.4.34, 3.4.43, 3.R.40, 3.4.41, E4.3.12, 4.3.79
Elasticidade da receita, E3.4.7, 3.R.42
Elasticidade-preço da demanda, E3.4.6
Elasticidade-renda da demanda, 3.4.42
Equilíbrio do mercado, E1.4.5, 1.4.30 a 1.4.38
Excedente do consumidor, 5.5.7 a 5.5.10, 5.5.33, 5.5.34, 5.R.80
Excedente do consumidor e excedente do produtor, E5.5.4
Excedente do produtor, 5.5.11 a 5.5.14
Gasto dos consumidores, 1.2.44, 1.R.40, 2.1.48
Gastos do governo, 3.2.60
Habitação, 3.2.59
Imposto de renda, 1.4.21
Impostos, 3.5.29
Inflação, 2.R.61, 4.1.49, 4.1.50
Loteria, 5.6.38, 5.6.39
Lucro de um monopólio, 3.1.56
Lucro durante a vida útil de uma máquina, 5.5.20
Melhor ocasião para vender, E4.4.3, 4.4.31 a 4.4.34, 4.4.38, 4.R.67
Oferta e demanda, 1.4.35, 1.4.41, 1.V.9, 4.2.53
Orçamento fixo, 7.5.29
Pagamento de uma dívida, 4.R.59
Poupança e consumo, 7.4.20
Preço da gasolina, 1.V.7, 7.4.21
Produção agrícola, 1.4.42, E1.5.9, 3.5.13
Produto interno bruto, E2.2.7, 2.2.58, E2.5.6, 2.R.42, 3.1.61, 4.1.55, 4.2.54, 4.R.82, 7.4.23
Tarifas postais, 1.2.56
Utilidade, E7.1.9, 7.1.40, 7.1.41, E7.5.37, 7.5.25 a 7.5.27, 7.V.7, 7.R.62
Valor da terra, 5.2.62, 5.3.59, 5.4.49
Valor de uma propriedade, 5.4.49
Valor de um terreno, 7.6.80 a 7.6.82

Finanças e Investimentos
Análise de investimentos, 4.1.47, 4.1.48, 5.5.31, 5.5.32, 7.4.19, 7.6.84
Aposentadoria, 5.2.61, 5.5.27, 5.5.28,
Balança comercial, 5.V.6
Cálculo de uma taxa de juros, E4.2.12
Capitalização contínua, 1.5.57, 4.2.43 a 4.2.45, 4.2.49, 5.4.39, 5.5.24 a 5.5.32, 5.5.41
Comparação de investimentos, E4.1.8
Curvas de rentabilidade, 5.4.40 a 5.4.43
Custo capitalizado, 6.3.35
Decisão sobre uma reforma, 5.5.26
Depreciação, 2.4.74, 3.1.60, 4.3.73, 4.R.62
Doação, 6.3.34
Investindo em um mercado em baixa, 5.R.86
Juros compostos, 2.4.73, 4.1.43, 4.1.44, E4.2.11, 4.2.43 a 4.2.45, 4.2.49, 4.3.74, 4.R.49, 4.R.50, 4.R.52, 4.R.57, 4.R.58, 4.R.60
Mercado de ações, 7.4.22
Mercado imobiliário, 4.1.53
Modelagem do equilíbrio do mercado, E1.4.5, 1.4.30 a 1.4.33
Montante de um fluxo de receita, 5.5.24
Pagamento de uma dívida, 4.R.59
Poupança, 3.R.50
Prestações, 4.1.56 a 4.1.59
Refinanciamento de imóveis, 3.1.59
Regra dos 70, 4.R.68
Satisfação do investidor, 7.2.68
Taxa efetiva de juros, 4.R.61
Tempo para atingir uma meta, E4.2.11, 5.2.60, 5.2.61
Tempo para triplicar, 4.2.46, 4.2.47
Tempo para um investimento dobrar de valor, E4.2.10
Valor atual, E4.1.7, 4.V.7, E5.5.2, 5.5.29, 5.5.30, 5.5.41, 5.5.45, 5.R.74, 6.1.49, 6.2.34, E6.3.5, 6.3.36, 6.3.37, 6.V.5, 6.R.35, E7.1.6
Valor de um investimento, 6.1.50
Valor futuro, E4.1.6, 4.V.6, E5.5.1, 5.6.45, 5.V.8, 5.R.72, 5.R.73, E6.1.5, 6.1.47, 6.1.48, 6.2.37
Valorização de um bem, 1.3.47

Negócios
Ajuste de preços, E5.2.11, 5.2.63 a 5.2.66
Análise de equilíbrio, E1.4.6, 1.4.36, 1.4.37, 1.4.38, E1.6.9, 1.R.49
Análise de preços, 4.V.8
Análise marginal, 4.4.27, 4.4.36, 5.1.56, 5.R.85, E7.2.4, E7.2.5, 7.2.47, 7.2.59, 7.2.60, 7.5.23, 7.5.34, 7.R.37
Atendimento ao cliente, E1.1.3
Aumento de salários, 2.2.57